建筑结构工程检测鉴定手册

高小旺　邸小坛　主编

中国建筑工业出版社

本手册较系统地介绍建筑结构工程的材料、施工工序和结构实体的质量检测、结构安全与抗震能力鉴定的内容、方法和评定要求等，力求使建筑结构工程检测鉴定成为较完整的体系。手册共分5篇：第1篇总论，较简要介绍了建筑结构工程检测鉴定的内容、程序和基本要求；第2篇建筑结构工程材料检测，主要介绍钢筋混凝土结构、钢结构、砌体结构、木结构工程所用材料的检测项目、抽样数量、检测方法及结果的评价等；第3篇建筑结构工程施工质量检验，主要介绍钢筋混凝土结构、钢结构、砌体结构、木结构工程工序检验和实体检验的项目、抽样数量、检测方法、结果评价等；第4篇建筑结构工程现场检测，主要介绍钢筋混凝土结构、钢结构、网架结构、砌体结构、木结构工程、结构工程的实荷检验、建筑结构动力测试等现场检测的检验内容、方法与结果评价等；第5篇建筑结构工程鉴定，主要介绍结构工程质量评定，结构工程的安全、耐久性和可靠性鉴定，既有建筑的抗震鉴定的内容、鉴定方法和应注意的问题等。

本手册可供从事建筑工程检测鉴定技术人员和建筑工程专业的大专院校师生使用，也可供从事建筑结构工程设计、质量监督、施工、监理和结构加固等方面的技术人员参考使用。

《建筑结构工程检测鉴定手册》编写人员名单

主编： 高小旺、邸小坛

编委： 袁海军、关淑君、韩继云、彭立新、杨　志、高　炜、陆建雯、费毕刚、任胜谦、刘维刚、苏贵峰、张　轲、闫熙臣、孙立富、李清洋、杨　晨、申克常、徐　彦、刘智星、刘贵文、王　伟

第一篇由高小旺编写

第二篇由关淑君、杨　志、陆建雯、徐彦编写

第三篇由高　炜、刘维刚、苏贵峰、刘贵文编写

第四篇由袁海军、韩继云、彭立新、费毕刚、任胜谦、李清洋、杨　晨、申克常、刘智星编写

第五篇由邸小坛、高小旺、张　轲、闫熙臣、孙立富、王　伟编写

前　言

　　建筑工程中主体结构工程等涉及建筑工程的安全。因此，对建筑结构工程的质量控制和检测鉴定就显得更为重要。建筑结构工程检测可分为新建工程（包括施工阶段和通过验收不满二年的工程）和既有建筑工程（已建成二年以上且投入使用的建筑工程）两大类。

　　对于新建结构工程的检测，包括：①建筑结构工程所用建筑材料的力学性能、化学性能及其有害物质含量以及外加剂与水泥等材料的适应性等检测；②建筑结构工程施工过程质量控制的工序、检验批、分项工程、分部工程、单位工程的质量检验以及对涉及结构安全和使用功能的重要分部工程应进行抽样检测；③对新建结构工程质量有怀疑或达不到正常验收的要求，需要进行结构实体的现场抽样检测来确定结构工程的施工质量等。

　　对于既有建筑结构工程的检测，包括：①既有建筑中存在质量缺陷，需要进行结构检测以确定是否对结构安全造成影响和影响的程度；②既有建筑中需要改变功能与用途、变动结构主体的改造以及加层或扩建等，需要对其质量状况作出真实、可靠的评价；③既有建筑物受到灾害或环境侵蚀影响，通过检测确认对结构安全的影响程度等；④既有建筑物使用工程中检查与检测，通过对既有建筑物结构的安全与耐久性的检查与检测，确认既有建筑结构工程需要进行的维护、加固处理措施等。

　　建筑结构工程安全、可靠性鉴定与抗震能力评定统称为结构鉴定。建筑结构的可靠性包括结构的安全性、适用性和耐久性。所以，建筑结构的可靠性是一个更为广泛的概念。建筑抗震鉴定是建筑结构是否满足当地抗震设防烈度要求的抗震能力评定。而建筑工程质量评定既包括施工质量评定又包括设计质量评定。建筑结构工程的安全与抗震性能是由结构布置、结构体系、构造措施和结构与构件承载能力综合决定的。不能仅从结构构件承载能力是否满足要求这一个方面来衡量。结构布置的合理性能使结构构件的受力较为合理；结构体系的合理性不仅使结构分析模型的建立较为符合实际，而且使结构的传力明确、合理和不间断；结构和构件承载力应包括结构变形能力和构件承载能力；结构构造与结构和构件的变形能力及结构破坏形态、整体安全与抗震能力关系较大。

　　为了适应我国结构工程的检测鉴定工作深入开展的需要，我们编写了这本建筑结构工程检测鉴定手册。本手册较系统的介绍了建筑结构工程的材料、施工工序和结构实体的质量检测、结构安全与抗震能力的鉴定的内容、方法和评定要求等，力求使建筑结构工程检测鉴定成为较完整的体系。

　　本手册共分5篇。第1篇绪论，简要介绍建筑结构工程检测鉴定的内容、程序和基本要求；第2篇建筑结构工程材料检测，主要介绍钢筋混凝土结构、钢结构、砌体结构、木结构工程材料的检测项目、抽样数量、检测方法及结果的评价等；第3篇建筑结构工程施工工序质量检验，主要介绍钢筋混凝土结构、钢结构、砌体结构、木结构工程工序检验和实体检验的项目、抽样数量、检测方法、结果评价等；第4篇建筑结构工程现场检测，主要介绍钢筋混凝土结构、钢结构、网架结构、砌体结构、木结构工程、结构工程的实荷检验、建筑结构动力测试等现场检测的检验内容、方法与结果评价等；第5篇建筑结构工程鉴定，主要介绍了结构工程质量评定，结构工程的安全、耐久性和可靠性鉴定，既有建筑的抗震鉴定的内容、鉴定方法和应注意的问题等。

  本手册虽然由长期从事建筑结构工程检测鉴定的技术人员编写，但限于编写者的水平及编写时间较仓促，书中难免有疏漏不当之处，敬请读者批评指正。

编者

2007年11月

目 录

第1篇 总论 ... 1

第1章 建筑结构检测分类和主要内容 ... 2
1.1.1 新建结构工程检测 ... 2
1.1.2 既有建筑工程结构检测 ... 4

第2章 建筑结构检测的工程程序与基本要求 ... 7

第3章 建筑结构检测方法和抽样方案 ... 9
1.3.1 建筑结构检测方法 ... 9
1.3.2 建筑结构检测抽样方法 ... 11
1.3.3 建筑结构检测中检测批的最小容量和结果判别 ... 12

第4章 检验批中异常数据的判断处理 ... 18
1.4.1 检验批中异常数据的判断处理 ... 18
1.4.2 格拉布斯检验法的应用 ... 19

第5章 建筑结构鉴定 ... 23
1.5.1 新建工程结构安全鉴定 ... 23
1.5.2 既有建筑可靠性鉴定 ... 23
1.5.3 建筑抗震鉴定 ... 24

第2篇 建筑结构材料检验 ... 25

第1章 混凝土结构材料检验 ... 26
2.1.1 混凝土原材料 ... 26
2.1.2 混凝土 ... 151
2.1.3 钢筋 ... 185
2.1.4 预应力混凝土用钢材及产品 ... 201

第2章 砌体结构材料检验 ... 228
2.2.1 砌墙砖 ... 228
2.2.2 建筑砌块 ... 261

第3章 钢结构材料检验 ... 308
2.3.1 金属材料力学和工艺性能试验方法 ... 308
2.3.2 钢材 ... 331
2.3.3 钢结构用高强度螺栓连接副 ... 347

第4章 木结构材料检验 ... 359

2.4.1	木材	359
2.4.2	胶合剂	382
2.4.3	钢连接件	385

第3篇 建筑结构施工工序和实体质量检验 ··· 387
第1章 建筑工程的施工质量检验 ··· 388
- 3.1.1 建筑工程质量验收规范的规定 ··· 388
- 3.1.2 建筑工程质量检验 ··· 390

第2章 钢筋混凝土结构工程施工工序和实体质量检验 ··· 392
- 3.2.1 模板分项工程的施工工序质量检验 ··· 392
- 3.2.2 钢筋分项工程的施工工序质量检验 ··· 393
- 3.2.3 预应力分项工程的施工工序质量检验 ··· 399
- 3.2.4 混凝土分项工程的施工工序质量检验 ··· 404
- 3.2.5 现浇结构分项工程的质量检验 ··· 408
- 3.2.6 装配式结构分项工程的质量检验 ··· 411
- 3.2.7 混凝土结构实体检验 ··· 414

第3章 砌体结构工程施工工序质量检验 ··· 418
- 3.3.1 砌筑砂浆分项工程的施工工序质量检验 ··· 418
- 3.3.2 砖砌体工程施工质量检验 ··· 419
- 3.3.3 混凝土小型空心砌块砌体工程的施工质量检验 ··· 422
- 3.3.4 石砌体工程的施工质量检验 ··· 423
- 3.3.5 配筋砌体工程施工质量检验 ··· 425
- 3.3.6 填充墙砌体工程施工质量检验 ··· 427

第4章 钢结构工程施工工序质量检验 ··· 429
- 3.4.1 原材料及成品进场检验 ··· 429
- 3.4.2 钢结构焊接工程质量检验 ··· 433
- 3.4.3 钢结构紧固件连接工程 ··· 437
- 3.4.4 钢结构钢零件及钢部件加工工程 ··· 439
- 3.4.5 钢构件组装工程质量检验 ··· 445
- 3.4.6 钢构件预拼装工程质量检验 ··· 448
- 3.4.7 单层钢结构安装工程质量检验 ··· 450
- 3.4.8 多层及高层结构安装工程质量检验 ··· 456
- 3.4.9 钢网架结构安装工程 ··· 462
- 3.4.10 压型金属板工程质量检验 ··· 464
- 3.4.11 钢结构涂装工程质量检验 ··· 467

第5章 木结构工程施工工序质量检验 ··· 469
- 3.5.1 方木和原木结构施工质量检验 ··· 469
- 3.5.2 胶合木结构工程施工质量检验 ··· 474

  3.5.3 轻型木结构工程施工质量检验 ·· 478
  3.5.4 木结构的防护 ·· 487

第4篇 建筑结构工程现场检测 ·· 489
第1章 建筑工程结构检测的基本原则与方法选用 ····················· 490
  4.1.1 明确建筑工程结构检测的目的 ·· 490
  4.1.2 了解建筑工程结构检测的对象 ·· 491
  4.1.3 确认检测的范围、内容和项目 ·· 491
  4.1.4 选择合适的抽样方案 ··· 491
  4.1.5 选择合适的检测方法 ··· 492
  4.1.6 检测项目的抽样数量应符合检测方法标准的要求 ······················· 493
第2章 混凝土结构工程现场检测 ·· 494
  4.2.1 混凝土强度检测方法 ··· 494
  4.2.2 构件外观质量与裂缝检测 ·· 508
  4.2.3 钢筋配置与钢筋锈蚀检测 ·· 509
  4.2.4 变形检测 ··· 513
第3章 砌体结构工程现场检测 ·· 524
  4.3.1 砌筑块材的检测 ··· 524
  4.3.2 砌筑砂浆的检测 ··· 528
  4.3.3 砌体强度的检测 ··· 533
  4.3.4 砌筑质量与构造 ··· 538
  4.3.5 变形与损伤 ·· 539
第4章 钢结构工程现场检测 ·· 541
  4.4.1 构件平整度的检测 ·· 541
  4.4.2 构件表面缺陷的检测 ··· 542
  4.4.3 连接的检测 ·· 544
  4.4.4 钢材锈蚀的检测 ··· 561
  4.4.5 防火涂层厚度的检测 ··· 562
第5章 钢网架结构工程现场检测 ·· 564
  4.5.1 网架节点的承载力 ·· 564
  4.5.2 网架焊缝质量 ·· 565
  4.5.3 网架杆件的不平直度 ··· 566
  4.5.4 网架的挠度 ·· 566
  4.5.5 钢网架质量检测鉴定工程实例 ·· 566
第6章 木结构工程现场检测 ·· 576
  4.6.1 木材性能 ··· 576
  4.6.2 木材（构件）缺陷 ·· 579
  4.6.3 尺寸与偏差 ·· 579

  4.6.4 木结构连接检测 ····················· 579
  4.6.5 变形与损伤 ························· 581
 第 7 章 建筑结构性能试验 ························· 583
  4.7.1 建筑结构性能试验的目的和分类 ········· 583
  4.7.2 预制构件结构性能检验 ················ 583
  4.7.3 预制和现浇楼板的实荷检验 ············ 588
 第 8 章 建筑结构的现场动力试验 ················· 591
  4.8.1 激振法 ····························· 591
  4.8.2 自由振动法 ························· 595
  4.8.3 脉动法 ····························· 597
  4.8.4 人工震动的现场结构试验实例 ·········· 606

第 5 篇 建筑结构工程鉴定 ····························· 611
 第 1 章 建筑工程结构质量和安全与可靠性鉴定及抗震能力评定概述 ········ 612
  5.1.1 建筑结构质量评定 ··················· 612
  5.1.2 建筑工程结构安全和可靠性鉴定与抗震能力评定 ········ 613
  5.1.3 建筑结构安全鉴定和可靠性鉴定与抗震鉴定的基本要求 ····· 615
 第 2 章 建筑结构工程安全鉴定 ··················· 618
  5.2.1 建筑结构安全性问题 ················· 618
  5.2.2 建筑结构安全性评定内容 ············· 619
  5.2.3 结构体系与构件布置的评定 ··········· 623
  5.2.4 构造与连接的评定 ··················· 626
 第 3 章 既有建筑结构的可靠性鉴定 ·············· 628
  5.3.1 概述 ······························· 628
  5.3.2 民用建筑的可靠性鉴定的分类和鉴定内容与评级 ········ 629
  5.3.3 民用建筑可靠性鉴定的安全鉴定评级 ··· 636
  5.3.4 民用建筑正常使用性鉴定评级 ········· 651
  5.3.5 民用建筑可靠性评级和适修性评估 ····· 659
  5.3.6 工业厂房可靠性鉴定 ················· 660
 第 4 章 既有建筑工程的抗震鉴定 ················ 664
  5.4.1 概述 ······························· 664
  5.4.2 现有建筑抗震鉴定的步骤 ············· 665
  5.4.3 未经抗震设防建筑的抗震鉴定 ········· 665
  5.4.4 建筑工程改造或加层的抗震鉴定 ······· 695
 第 5 章 建筑结构的耐久性评定 ··················· 702
  5.5.1 耐久性与极限状态的概念 ············· 702
  5.5.2 建筑结构的耐久性问题 ··············· 705
  5.5.3 我国混凝土结构的耐久性状况 ········· 717

5.5.4 结构耐久性评估等级标准 … 718
第6章 建筑结构工程质量的评定 … 722
5.6.1 概述 … 722
5.6.2 建筑结构工程施工质量评定 … 723
5.6.3 不同建造年代施工质量验收规范的演变、进展与主要差异 … 730
5.6.4 关于既有建筑工程质量评定检测与建筑工程安全鉴定检测的差异 … 734
5.6.5 建筑结构工程设计质量的评定 … 734

第一篇

总　论

第1章 建筑结构检测分类和主要内容

建筑工程是由地基基础、主体结构、防水工程、装修工程和给排水、电气、空调工程等分部工程构成的。其中，地基基础和主体结构工程等涉及建筑工程的安全。因此，对地基基础和主体结构工程的质量控制就显得更为重要。对主体结构工程而言，在施工阶段要进行建筑材料进场复验和见证取样送样检测、施工过程中的工序检验、结构工程的实体检验和对结构质量有怀疑的抽样检测。对既有建筑则应根据使用功能的改变或质量状况进行安全性、耐久性检测等。建筑结构检测可分为新建工程（包括施工阶段和通过验收不满二年的工程）和既有建筑工程（已建成二年以上且投入使用的建筑工程）两大类。在这两大类中的每一类又可以根据检测的性质进行再分类。

1.1.1 新建结构工程检测

新建结构工程检测可分为施工过程中的质量控制检验、质量验收检验、结构工程的实体检验和对结构工程质量有怀疑或不符合验收要求的检测等几种类别。

1.1.1.1 建筑材料的进场复验和见证取样送样检测

建筑材料力学性能将直接影响结构构件的承载能力和结构的安全，建筑材料的化学性能及其有害物质含量以及外加剂与水泥等材料的适应性将直接影响工程质量和结构的耐久性能。因此，建筑材料的性能检验是保证所有建筑材料满足设计要求和工程质量的重要环节。在我国建筑材料的质量控制由两个环节组成，一是生产厂的生产过程质量控制和在出厂前对建筑材料进行检验，确认符合有关规范要求后才能出厂，对每批产品应有检验合格证明书；二是对每批进入工地现场的建筑材料根据有关规范的要求进行复验，经过复验合格后才允许在建筑工程中使用，其中涉及主体结构安全的建筑材料应进行见证取样检测。所谓见证取样检测，就是在监理单位或建设单位监督下，由施工单位有关人员现场取样，并送至具备相应资质的检测单位所进行的检测。根据建设部建建〔2000〕211号文规定，下列试块、试件和材料必须实施见证取样和送检：

(1) 用于承重结构的混凝土试块；
(2) 用于承重墙体的砌筑砂浆试块；
(3) 用于承重结构的钢筋及连接接头试块；
(4) 用于承重结构的砖和混凝土小型砌块；
(5) 用于拌制混凝土和砌筑砂浆的水泥；
(6) 用于承重结构的混凝土中使用的掺加剂；
(7) 地下、屋面、厕浴间使用的防水材料；
(8) 国家规定必须实行见证取样和送检的其它试块、试件和材料。

其见证取样的数量不得低于有关技术标准中规定应取样数量的30%。

1.1.1.2 建筑结构工程施工工序的检验

整个建筑工程是由一道道工序完成的，各道工序的质量不仅影响本道工序而且还会影响下道工序的施工和质量。因此，各道工序的质量控制是整个施工质量过程控制最基本的和最重要的。每道工序均应按相应的技术标准进行质量控制，使之达到建筑工程施工质量验收规范的要求。施工单位应根据建筑结构工程的特点，有的放矢地制订每道工序的操作工艺要求、应达到的质量标准，并对每道工序完成后进行质量检查。相关各专业工种之间，还应进行交接检验，以确认是否满足下道工序和相关专业的施工要求。

各工序的质量检验体现了施工单位的预控、过程控制和自行检查评定。只有在施工单位自检合格的基础上才能填写检验批验收报验单。再由监理单位组织施工方质量检查员等进行抽样检验，以确认该检验批的质量。

1.1.1.3 建筑结构工程检验批的质量检验

《建筑工程施工质量验收统一标准》GB50300—2001把建筑工程的质量验收划分为单位（子单位）工程、分部（子分部）工程、分项工程和检验批。所谓单位工程是指"具备独立施工条件并能形成独立使用功能的建筑物及构筑物。"分部工程是根据专业性质和建筑部位来确定的，比如地基基础分部工程、主体结构分部工程、装修分部工程、给排水分部工程、电气分部工程等。分项工程是在每个分部（子分部）工程中根据不同工种、材料、施工工艺、设备类别等进行划分的。比如主体结构中的混凝土结构子分部所包含的分项工程为模板、钢筋、混凝土、预应力、现浇结构，装配式结构等。对于分项工程还可以按楼层、施工段、变形缝等划分为一个或若干个检验批。

上面介绍的建筑工程质量验收的划分，对于实际工程是由一道道工序组合起来完成的，作为建筑工程的验收应从检验批开始。所谓检验批应是按同一的生产条件或按规定的方式汇总起来供检验用的，由一定数量样本组成的检验体。比如现浇钢筋混凝土框架结构的第一层柱钢筋检验批、柱模板检验批，若结构体型比较大还可以按施工段来进一步划分，如把一层中施工段轴线柱钢筋安装划分为一个检验批等等，其目的是为了便于及时验收。

检验批是工程质量验收的最小单位，是分项工程乃至整个建筑工程质量验收的基础。对于检验批的质量验收，根据验收项目对该检验批质量影响的重要性又分为主控项目和一般项目，主控项目是对检验批的基本质量起决定性作用的检验项目，因此必须全部符合有关专业工程验收规范的规定。一般项目的质量标准较主控项目有所放宽，但也不允许出现严重缺陷和过大的超差。

检验批的质量验收，是施工单位在自行检查评定的基础上，由施工单位填好"检验批质量验收记录"，然后由监理工程师组织施工单位专业质量（技术）负责人进行抽样检验，并按有关专业验收规范的质量标准，确认所验检验批的质量。达不到专业验收的规范质量标准的检验批应视质量事故的情况进行返修或重做，对于返修或重做的检验批完成后还应进行重新验收。

1.1.1.4 分部工程的抽样检验

《建筑工程施工质量验收统一标准》规定"对涉及结构安全和使用功能的重要分部工程应进行抽样检测"。分部工程的抽样检测均是在各分项工程验收合格的基础上进行的，是对重要项目进行验证性的检验，其目的是为了加强该分部工程重要项目的验收，真实的反映该分部工程重要项目的质量指标，确保结构安全和达到使用功能的要求。

在《混凝土结构工程施工质量验收规范》GB50204—2002中规定，对影响结构安全的混凝土强度和主要受力构件的钢筋保护层厚度进行实体抽样检测。

1.1.1.5 建筑结构工程的质量检测

建筑工程主体结构的验收，应按《建筑工程施工质量验收统一标准》和相应的专业工程验收规范进行，当遇到下列情况之一时，应进行建筑结构工程的检测：

（1）涉及结构安全的试块、试件及有关材料检验数量不足或达不到设计要求；

（2）对结构工程质量抽样检测结果达不到设计要求或有争议；

（3）对结构工程施工质量有怀疑或有争议，需要通过检测进行确认；

（4）发生结构工程事故，需要通过检测分析事故的原因及对结构安全的影响。

对于主体结构的检测应在对被检测对象现场调查、收集资料的基础上，制订合理的检测方案，该检测方案应重点包括检测的依据，检测的项目和选用的检测方案以及检测的数量等。

关于检测方法，从对主体结构构件损伤程度来区分可分为：非破损检测方法，如回弹法检测混凝土抗压强度、回弹法检测砌筑砂浆强度等；局部破损检测方法，如钻芯法检测混凝土抗压强度、点荷法检测砌筑砂浆强度等。这主要是指对实体结构构件材料强度的检测方法而言的。对于建筑结构施工质量的检测除包括实体结构构件材料强度外还应包括结构损伤与变形（裂缝、不均匀沉降、构件过大变形等）、结构构件内部缺陷（不密实、夹渣、空洞等）、结构构件尺寸偏差和结构施工偏差（标高和平整度、垂直度等）以及连接与构造缺陷等，而这些检测内容所采用的方法多为非破损的。

建筑结构施工质量检测的内容不仅因建筑结构体系不同（混凝土结构、钢结构、砌体结构、木结构、钢管混凝土与型钢混凝土结构等）、而且还因结构施工质量缺陷表征的不同所进行检测内容与项目也有较大的差异。但最根本的还是应根据检测的目的和建筑结构的状况以及委托方的要求，合理地确定检测项目和内容。

1.1.2 既有建筑工程结构检测

所谓既有建筑，按照《民用建筑可靠性鉴定标准》GB50292—1999的定义为已建成二年以上且已投入使用的建筑物。对于这类房屋检测的原因，可分为下列情况，一是这类建筑中有少量存在一定的质量缺陷，需要进行结构检测以确定是否对结构安全造成影响和影响的程度。至于既有建筑工程出现质量问题原因，主要有：①极少量的建筑结构施工验收不够规范，本应在建筑工程施工验收阶段返工或补强的建筑却作为合格工程放过了，这必然在使用过程中会显露出来；②有些质量缺陷比如不均匀沉降和裂缝，是需一段时间才更加明显，而在竣工验收时还没有明显出现；③改变原有结构用途，其使用活荷载超过原设计标准，比如把设计为 2.0kN/m^2 活荷载的厂房，实际堆载了 3.0kN/m^2 甚至更多；④原结构设计存在结构体系或传力方面的缺陷等等。二是这类建筑中，少量的需要改变用途、改造、加层或扩建等，这就要求对其质量状况作出真实、可靠的评价；三是既有建筑物受到灾害或环境侵蚀影响,通过检测确认对结构安全的影响程度等。

以前,我国没有建立对既有建筑现状质量定期进行检查、检测和维护的规定,这对于及时发现既有建筑结构的质量缺陷,做到及时处理确保安全使用是不利的。

因此,对于既有建筑结构安全和正常使用功能的检查、检测可分为使用者的正常使用检查、常规检测、专项检测和既有建筑的可靠性鉴定检测等方面。

1.1.2.1 既有建筑的正常检查

既有建筑结构的正常检查工作可由建筑物的产权所有者、管理者或使用者实施,检查的内容可包括建筑构件的裂缝、损伤、过大位移或变形,建筑物内外装饰层是否出现脱落空鼓,拦杆扶手是否松动失效等通过仔细观察能够发现的现状缺陷。当正常检查发现存在影响既有建筑正常使用的问题,应及时维修;当发现结构构件变形较大或裂缝开展较多等影响结构安全的问题时,应委托有资质的检测单位进行建筑结构的检测。

1.1.2.2 建筑结构的常规检测

一般情况下,办公楼、宾馆等公共建筑 10 年左右就要装修一次。在装修前对建筑结构进行常规检测是非常必要的,可及时发现结构的安全隐患和耐久性方面存在的问题,以便及时得到解决。对于有腐蚀介区介质侵蚀的工业建筑、受到污染影响的建筑物或构筑物、处于严重冻融影响环境的建筑物或构筑物、土质较差地基上的建筑物或构筑物等,常规检测的时间可适当缩短。

建筑结构的常规检测不能只是构件外观质量及其损伤的检查,需要根据既有建筑结构的现状质量与损伤、设计质量、施工质量、使用环境类别及其使用功能和荷载的变化等,确定检测的重点、检测的项目和相应的检测方法。

建筑结构的常规检测宜以下列部位列为检测重点:
(1) 出现渗水漏水部位的构件;
(2) 受到较大反复荷载或动力荷载作用的构件;
(3) 暴露在室外的构件;
(4) 受到腐蚀性介质侵蚀的构件;
(5) 受到污染影响的构件;
(6) 与侵蚀性土壤直接接触的构件;
(7) 受到冻融影响的构件;
(8) 委托方正常检查怀疑有安全隐患的构件;
(9) 容易受到磨损、冲撞损伤的构件;
(10) 悬挑构件等。

1.1.2.3 建筑结构的专项检测

既有建筑专项检测主要是因建筑使用功能的改造等而带来的建筑结构主体变动、使用荷载增大和建筑结构使用中出现明显的裂缝及损伤等。其建筑结构专项检测的针对性很强,应根据检测的目的,确定检测的范围和项目及其相适应的方法。

1. 对于建筑工程裂缝检测,应根据裂缝形状初步判断裂缝的类型,其现场检测应着重对裂缝出现的范围、构件类型、裂缝的宽度、深度和长度及其出现裂缝构件的材料强度等级、施工质量、设计构造是否满足相应规范的要求等。一般不应扩大到未出现裂缝的构件上。只有当受力构件裂缝较为普遍和裂缝较宽、甚至会造成构件的脆性破坏时，才应对建筑结构进行全面检测鉴定。

2. 对因火灾和爆炸引起建筑结构的检测，应初步划定影响范围，对直接破坏区应逐个构件进行检测，指明损伤的程度及其不同程度的范围，对其影响区域应根据与破坏最重区域的距离，在检查外观破坏现象的基础上进行抽样检测。该项检测应提供出最重破坏区、影响轻微区和对结构安全不会造成影响区域的范围，为处理方案提供可靠的依据。

3. 对改变建筑结构使用功能引起结构主体变动者，则应根据主体结构变动所涉及的构件及其原建筑结构的类型、结构体系等情况，确定检测方案，在确定检测方案中还应听取改造设计者的意见，了解他的需要提供哪些构件的检测数据等。但不能把局部进行改造的结构也变成为全面的结构检测鉴定。

1.1.2.4　建筑结构可靠性鉴定检测

既有建筑结构的可靠性鉴定，是一项较为全面评价结构正常使用、安全性和耐久性的工作。因此，对建筑结构可靠性鉴定的检测应根据结构的现状质量确定检测的重点部位、主要构件及其主要的检测项目。其抽样数量要与新建工程施工质量检测有所区别，即重要部位、主要构件应多抽样，其余构件可采用随机抽样的原则。这里所讲的主要构件应是对建筑结构承载能力和性能起主要有影响的构件。比如，框架柱与框架梁、板相比，框架柱则更重一些，这主要是框架柱是框架结构主要承重和抗侧力的构件，框架梁、板的影响仅限于该层某个范围，而框架柱则会影响到该层及其相应的上部楼层等。

第2章 建筑结构检测的工程程序与基本要求

建筑结构检测无论是新建工程的施工质量检测还是既有建筑的检测，均涉及到建筑结构的安全。因此，从事建筑结构检测工作必须遵守正确的工作程序。《建筑结构检测技术标准》GB50344—2004 给出的检测工程程序是对整个检测工作全过程和几个主要阶段的阐述，其检测工作程序框图如图 1.2-1 所示。

该框图中描述了一般建筑结构检测从接受委托到提交检测报告的各个阶段都是必不可少的。对于特殊情况的检测，则应根据建筑结构现场检测的目的确定其检测程序和相应的检测内容。下面就建筑结构检测工作程序的有关问题给予说明。

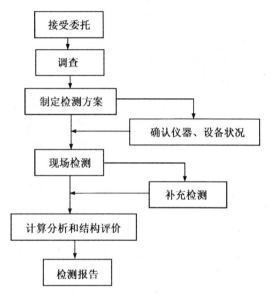

图 1.2-1 检测工作程序框图

1. 现场调查

建筑结构检测工作中的现场调查和有关资料的调查是非常重要的。了解建筑结构的状况和收集有关资料，不仅有利于较好地制定检测方案，而且有助于确定检测的内容和重点。现场调查主要是了解被检测建筑结构的现状缺陷、使用期间的加固维修及用途和荷载等变更情况，同时应和委托方探讨确定检测的目的、内容和重点。其主要调查工作内容为：

（1）收集被检测建筑结构的设计图纸、设计变更、施工记录、施工验收和工程地质勘察等资料；

（2）调查被检测建筑结构现状缺陷、环境条件、使用期间的加固与维修情况和用途与荷载等变更情况；

（3）向有关人员进行调查；

（4）进一步明确委托方的检测目的和具体要求，并了解是否已进行过检测。

2. 建筑结构检测方案

建筑结构检测方案应根据检测的目的、委托方的要求和对建筑结构现状调查结构来制定，宜包括下列主要内容：

（1）建筑结构概况，主要包括结构类型、建筑面积、总层数、设计、施工及监理单位，建造年代等；

（2）检测目的或委托方的检测要求；

（3）检测依据，主要包括检测所依据的标准及有关的技术资料等；

（4）检测项目和选用的检测方法以及检测的数量；

（5）检测人员和仪器设备情况；

（6）检测工作进度计划；

（7）所需要的配合工作；

（8）检测中的安全措施；

（9）检测中的环保措施。

3. 检测所用的仪器设备

检测时应确保所使用的仪器设备在检定或校准周期内，并处于正常状态。仪器设备的精度应满足检测项目的要求。

4. 现场检测

现场检测应按已制定好的检测方案进行，根据区分重点与一般部位和随机取样等原则布置好检测的构件和相应测区。当现场检测条件不能完全按照已制定好的方案进行时，应修改检测方案；但该修改检测方案应得到检测单位技术负责人和委托方的认可。现场检测其他注意事项为：

（1）检测的原始记录，应记录在专用记录纸上，数据准确、字迹清晰，信息完整，不得追记、涂改，如有笔误，应进行改改。当采用自动记录时，应符合有关要求。原始记录必须由检测及记录人员签字。

（2）对建筑结构现场检测取样运回到试验室测试的样品，应满足样品标识、传递、安全储存等规定。

（3）在现场检测完成后整理数据中，当发现检测数量不满足规定要求或检测数据出现异常情况时应进行补充检测的要求。

（4）检测工作完成后应及时进行计算分析和提出相应检测报告，以便使建筑结构所存在的问题能得到及时的处理。

（5）在建筑结构检测中，当采用局部破损或微破损方法检测时，在检测工作完成后应立即修补结构构件局部损伤的部位，在修补中宜采用高于原设计强度等级的构件材料。

第3章 建筑结构检测方法和抽样方案

建筑结构检测方法和抽样方案的选择是非常重要的。其检测方法不仅涉及对结构的损伤和是否与检测项目的状况相适应，而且直接关系到是否符合建筑结构的实际，并且对建筑结构的安全评价构成较大的影响；其抽样方案不仅涉及检测数量，而且涉及检测方案与结构现状的适应性，同时对建筑结构安全性评价构成一定的影响。因此应重视建筑结构检测方法和抽样方案的选择和应用。

1.3.1 建筑结构检测方法

1.3.1.1 建筑结构检测方法选择的原则

建筑结构检测方法选择的原则是根据检测项目、检测目的、建筑结构状况和现场条件选择相适宜的检测方法。

建筑结构检测方法选择的这些原则是相辅相成、互相联系、缺一不可的。比如，建筑结构检测的目的决定是全面检测还是局部或专项检测，不同检测目的决定着检测项目的多少；而建筑结构的质量状况又与建筑结构检测的目的和项目选择相联系；对建筑结构质量缺陷较为突出的楼层（或部位）的构件其检测项目可能会较现状良好的楼层要多，不仅如此，还会直接影响整个建筑结构检测项目的确定。

不同的检测项目采用不同的检测方法。就同一检测项目中有多种方法可供选择时，应根据建筑结构状况和现场条件选择相适应的方法。比如，在混凝土结构构件抗压强度检测中有回弹法、超声法、钻芯法、回弹超声综合法和钻芯修正回弹法等等可供选择，如何进行选择要根据建筑结构状况，现场条件和各种方法的适用范围等方面综合确定；比如，对于龄期不超过1000天的混凝土结构，当混凝土表面与内部较一致时，采用回弹法检测构件混凝土抗压强度；当仅对个别构件的混凝土强度有怀疑时，可采用钻芯法检测；虽然龄期不超过1000天，但是混凝土表面损伤和碳化严重等，应采用钻芯修正回弹法；当建筑结构现状良好且正在正常使用时，可先少量抽检，当发现存在混凝土强度比较低的构件时再扩大检测面。

1.3.1.2 建筑结构检测可供选择的方法类型

建筑结构检测方法的类型，可分以下几种：

（1）有相应检测标准规范规定的检测方法。这类检测方法均给出了该方法的适用范围、仪器设备要求、检测中的注意事项和检测结果的评价。

（2）有关规范、标准规定或建议的检测方法。这类检测方法不是在专门的检测方法标准中给出的，而是在设计、加固或施工验收规范中作为一章或一节。比如采用碳纤维加固后的检测，其检测方法就是在《碳纤维片材加固混凝土结构技术规程》CECS146：2003给出的。

(3) 扩大（扩充）有关检测标准适用范围的检测方法。虽然其检测方法是有关检测标准中已经给出的，但对标准中给出的适用范围扩充后，应进行必要的验证和提出应用中的注意事项等。

(4) 检测单位自行开发或引进的检测方法。这类方法的使用应经过验证和比对，证明所开发或引进检测方法的正确性，一般情况下应通过专家鉴定，并应在试用中积累经验和不断完善。

1.3.1.3 在使用各类建筑结构检测方法中应注意的问题

1. 在选用有相应检测标准规范规定的检测方法时，应注意以下问题：

(1) 对于建筑结构的通用检测项目，比如构件材料强度、变形、构造等，应优先选用国家标准或行业标准及协会标准给出的检测方法，并应注意所选用方法的适用范围。

(2) 对于有地区特点的检测项目，可选用地方标准。这主要是由具有地方特点的建筑材料建成的结构的检测。

(3) 对同一种检测方法，既有国家或行业标准，又有地方标准，对地方标准与国家或行业标准不一致时，有地区特点的部分宜按地方标准执行，但检测的基本原则、基本操作要求和检测结果的评价方法应按国家或行业标准执行。这里主要指得是回弹法检测混凝土强度及回弹法，贯入法检测砌筑砂浆强度等。由于回弹法检测混凝土强度是通过检测构件表面混凝土的硬度来推定构件混凝土抗压强度，所以需要建立相应的推定曲线，该推定曲线与构成混凝土的水泥、砂、石和搅拌水等原材料有较大的关系，加上我国地域辽阔，粗、细骨料的差异，包括不同品种外加剂的使用，使得行业标准的测强推定曲线差异相对比较大。而对于同一地区，在粗、细骨料大体相同情况下得到的测强推定曲线相对更接近该地区的实际，其检测结果更为合理，与实际结构实际抗压强度的误差会更小一些。

(4) 当国家标准、行业标准或地方标准的规定与实际情况确有差异或明显不适用问题时，可对相应规定作适当修正，但调整与修正应有充分依据；调整与修正的内容应在检测方案中予以说明，必要时应向委托方提供调整与修正的检测细则。这主要是指规范本身可能有不够完善之处，需要积累数据进行改进和修改。

2. 在选用有关标准、规范规定或建议的检测方法时，应注意以下问题：

(1) 当检测方法有相应的检测标准时，与有相应检测标准规定检测方法的注意问题是一样的。比如，验收规范中关于构件尺寸偏差、标高和构件挠度及整体变形的量测，可按《建筑变形测量规程》JGJ8 的规定进行。

(2) 当检测方法没有相应检测标准时，检测单位应进行一定数量的试验、熟悉相应的检测方法、仪器设备和评价指标，制定相应的检测细则，使该检测方法更为完善和规范操作。

3. 在采用扩大相应检测标准适用范围的检测方法时，应注意以下问题：

(1) 所检测项目的目的与相应检测标准相同。比如，采用回弹法检测建筑结构龄期超过1000天的构件混凝土抗压强度属于这种情况。

(2) 检测对象的性质与相应检测标准检测对象的性质相近。

(3) 应采取有效措施，消除因检测对象差异而存在的检测误差。对于这些有效措施，应编写成相应的检验细则。

4. 在采用检测单位自行开发或引进的检测仪器及检测方法时，应注意以下问题：

(1) 该自行开发或引进的检测方法必须进行试验，包括已有成熟方法的对比试验，该对比试验应有两家以上单位参与，以验证该方法的有效性。

(2) 该自行研究方法或引入方法在对比试验的基础上，应扩展到实际工程中进行验证，在验证有效的基础上，应通过专家鉴定。

1.3.2 建筑结构检测抽样方法

抽样方案对于所有检测工作都是非常重要的。通过正确的抽样方案和合理的抽样数量，达到对所检测的建筑材料和工程质量给出正确评价结果的目的。只要是抽样检测，总是要存在二类风险，即生产方风险和使用方风险。对于抽样方案的选择，则要根据所测对象的重要性及其性质等确定较合理的生产方风险和使用方风险。我们把运用概率理论考虑生产方风险和使用方风险的抽样方案称作为基于概率的抽样方案，有些文献把生产方风险也称为错判概率，把使用方风险也称为漏判概率。

在《建筑工程施工质量验收统一标准》GB50300—2001 给出了检验批质量检验的抽样方案是应根据检验项目的特点在下列抽样方案中进行选择的规定：

(1) 计量、计数或计量——计等抽样方案；

(2) 一次、二次或多次抽样方案；

(3) 根据生产连续性和生产控制稳定性情况，尚可采用调整性抽样方案；

(4) 对重要的检验项目可采用简易快速的检验方法时，可选用全数检验方案；

(5) 经实验检验有效的抽样方案。

并规定了在制定检验批的抽样方案时，对生产方风险（或错判概率 α）和使用方风险（或漏判概率 β）可采取；

(1) 主控项目：对应于合格质量水平的 α 和 β 均不宜超过 5%。

(2) 一般项目：对应于合格质量水平的 α 不宜超过 5%，β 不宜超过 10%。

《建筑工程施工质量验收统一标准》GB50300—2001 规定了建筑工程施工质量验收的划分、程序和组织及各专业验收规范编制的共同原则，包括检验批质量验收的抽样方案的选择、检验批质量验收应根据对该检验批质量的影响程度划分为主控项目和一般项目、合格质量的设定，分项工程和分部（子分部）工程质量验收的原则和要求等；同时对单位工程验收的原则和要求给出了规定。

由于这次建筑工程施工质量验收规范修订时间短等原因，与《建筑工程施工质量验收统一标准》相配套的各专业施工质量验收规范并没有采用其规定的基于概率的抽样方案，而是仍沿用了原各专业施工及验收规范的百分比抽样方案。这种根据同一检验批样本（构件）数量抽取 3%、5% 或 10% 进行检验的抽样方案，是没有确定的生产方风险和使用方风险的概率，是随着同一检验批数量的多少而变化的。

图 1.3-1 示出了按 10% 抽样的五种方案的检验特性曲线。由图中可以看出，即使相同

不合格品率的产品，由于所含批量大小不同，按百分比抽样结果批合格概率也有很大的变化。例如不合格品率为 4% 的产品，当批量 $N=50$ 时，批合格概率为 81%；当批量 $N=100$ 时，批合格概率为 65%；当批量 $N=200$ 时，批合格概率为 42%；而当批量 $N=1000$ 时，批合格概率只剩下 2% 了。

由图 1.3-1 还可看出，不合格品率较小的检查批，N 增加时，OC 曲线变陡，供方风险增大；而对于不合格品率较大的检查批来说，N 减少，用户方风险增大，检检批质量一定时，质量保证概率是不同的。

虽然如此，由于在各专业施工质量验收规范中所给出的按百分比抽样和按合格点率判断合格与否是配套的，所以在建筑工程施工质量验收的抽样检测中我们仍可按相应结构工程施工质量验收规范规定的抽样方案进行。对于《建筑工程施工质量验收统一标准》GB50300—2001 给出的基

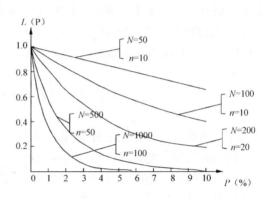

图 1.3-1 按 10% 抽样的五种方案的检验特性曲线

于生产方风险（错判概率）和使用方风险（漏判概率）的抽样方案应大力开展示范应用。

《建筑结构检测技术标准》GB/T50344—2004，结合建筑结构工程检测项目的特点，给出了下列可供选择的方案：

（1）建筑结构外部缺陷的检测，宜选用全数检测方案；
（2）结构与构件几何尺寸与尺寸偏差的检测，宜选用一次或二次计数抽样方案；
（3）结构连接构造的检测，应选择对结构安全影响大的部件进行抽样；
（4）构件结构性能的实荷检验，应选择同类构件中荷载效应相对较大和施工质量相对较差构件或受到灾害影响、环境侵蚀影响构件中有代表性的构件。

对于新建工程结构分部工程施工质量的验收，一般可按照相应结构工程施工质量验收规范规定的抽样方案。对于既有建筑工程的安全性、可靠性和抗震鉴定，则应按照《建筑结构检测技术标准》GB/T50344—2004 的规定进行。不仅如此，而且还应根据结构的现状缺陷，区分重点检测区域和一般检测区域。既使是对既有建筑的安全性鉴定，其检测也应区分重点楼层和主要受力构件等，对于重点楼层和主要抗侧力构件可采取加严抽样方案，对于一般楼层和次要受力构件可采用一般的抽样方案，对于非结构构件则可采用放宽的抽样方案等。

1.3.3 建筑结构检测中检测批的最小容量和结果判别

1. 建筑结构检测中，检测批的最小样本容量不宜小于表 1.3.3-1 的限定值。规定建筑结构检测批检测时抽样的最少容量，其目的是要保证抽样检测结果具有代表性，最小样本容量并不一定是最佳的样本容量，实际检测时可根据具体情况和相应技术标准规定来确定样本容量，但样本容量不应少于表 1.3.3-1 的限定量。

建筑结构抽样检测的最小样本容量　　　　　表 1.3.3-1

检测批的容量	检测类别和样本最小容量			检测批的容量	检测类别和样本最小容量		
	A	B	C		A	B	C
2～8	2	2	3	501～1200	32	80	125
9～15	2	3	5	1201～3200	50	125	200
16～25	3	5	8	3201～10000	80	200	315
26～50	5	8	13	10001～35000	125	315	500
51～90	5	13	20	35001～150000	200	500	800
91～150	8	20	32	150001～500000	315	800	1250
151～280	13	32	50	>500000	500	1250	2000
281～500	20	50	80	—	—	—	—

注：检测类别 A 适用于一般施工质量的检测，检测类别 B 适用于结构质量或性能的检测，检测类别 C 适用于结构质量或性能的严格检测或复检。

2. 计数抽样检测时，检测批的合格判定，应符合下列规定：

（1）计数抽样检测的对象为主控项目时，正常一次抽样应按表 1.3.3-2 判定，正常二次抽样应按表 1.3.3-3 判定。

（2）计数抽样检测的对象为一般项目时，正常一次抽样应按表 1.3.3-4 判定，正常二次抽样应按表 1.3.3-5 判定。

主控项目正常一次性抽样的判定　　　　　表 1.3.3-2

样本容量	合格判定数	不合格判定数	样本容量	合格判定数	不合格判定数
2～5	0	1	80	7	8
8～13	1	2	125	10	11
20	2	3	200	14	15
32	3	4	>315	21	22
50	5	6			

主控项目正常二次性抽样的判定　　　　　表 1.3.3-3

抽样次数与样本容量	合格判定数	不合格判定数	抽样次数与样本容量	合格判定数	不合格判定数
（1）2～6	0	1	（1）—50 （2）—100	3 9	6 10
（1）—5 （2）—10	0 1	2 2	（1）—80 （2）—160	5 12	9 13
（1）—8 （2）—16	0 1	2 2	（1）—125 （2）—250	7 18	11 19

续表

抽样次数与样本容量	合格判定数	不合格判定数	抽样次数与样本容量	合格判定数	不合格判定数
(1) -13	0	3	(1) -200	11	16
(2) -26	3	4	(2) -400	26	27
(1) -20	1	3	(1) -315	11	16
(2) -40	3	4	(2) -630	26	27
(1) -32	2	5	—	—	—
(2) -64	6	7			

注：(1) 和 (2) 表示抽样批次，(2) 对应的样本容量为二次抽样的累计数量。

一般项目正常一次性抽样的判定 表 1.3.3-4

样本容量	合格判定数	不合格判定数	样本容量	合格判定数	不合格判定数
2~5	1	2	32	7	8
8	2	3	50	10	11
13	3	4	80	14	15
20	5	6	≥125	21	22

一般项目正常二次性抽样的判定 表 1.3.3-5

抽样次数与样本容量	合格判定数	不合格判定数	抽样次数与样本容量	合格判定数	不合格判定数
(1) -2	0	2	(1) -80	11	16
(2) -4	1	2	(2) -160	26	27
(1) -3	0	2	(1) -125	11	16
(2) -6	1	2	(2) -250	26	27
(1) -5	0	3	(1) -200	11	16
(2) -10	3	4	(2) -400	26	27
(1) -8	1	3	(1) -315	11	16
(2) -16	4	5	(2) -630	26	27
(1) -13	2	5	(1) -500	11	16
(2) -26	6	7	(2) -1000	26	27
(1) -20	3	6	(1) -800	11	16
(2) -40	9	10	(2) -1600	26	27
(1) -32	5	9	(1) -1250	11	16
(2) -64	12	13	(2) -2500	26	27
(1) -50	7	11	(1) -2000	11	16
(2) -100	18	19	(2) -4000	26	27

注：(1) 和 (2) 表示抽样次数，(2) 对应的样本容量为二次抽样的累计数量。

3. 计量抽样的结果判别

(1) 计量抽样检测批的检测结果，宜提供推定区间。推定区间的置信度宜为 0.90，并使错判概率和漏判概率均为0.05。特殊情况下，推定区间的置信度可为0.85，使漏判概率为0.10，错判概率仍为0.05。

（2）结构材料强度计量抽样的检测结果，推定区间的上限值与下限值之差值应予以限制，不宜大于材料相邻强度等级的差值和推定区间上限值与下限值算术平均值的10%两者中的较大值。

（3）当检测批的检测结果不能满足第（1）条和第（2）条的要求时，可提供单个构件的检测结果，单个构件的检测结果的推定应符合相应检测标准的规定。

（4）检测批中的异常数据，可予以舍弃；异常数据的舍弃应符合《正态样本异常值的判断和处理》GB 4883或其他标准的规定。

（5）检测批的标准差 σ 为未知时，计量抽样检测批均值 μ（0.5分位值）的推定区间上限值和下限值可按式（1.3.3-1）计算。

$$\mu_1 = m + ks$$
$$\mu_2 = m - ks$$
(1.3.3-1)

式中 μ_1——均值（0.5分位值）μ 推定区间的上限值；

μ_2——均值（0.5分位值）μ 推定区间的下限值；

m——样本均值；

s——样本标准差；

k——推定系数，取值见表1.3.3-6。

标准差未知时推定区间上限值与下限值系数 表1.3.3-6

样本容量	标准差未知时推定区间上限值与下限值系数					
	0.5分位值		0.05分位值			
	k(0.05)	k(0.1)	k_1(0.05)	k_2(0.05)	k_1(0.1)	k_2(0.1)
5	0.95339	0.68567	0.81778	4.20268	0.98218	3.39983
6	0.82264	0.60253	0.87477	3.70768	1.02822	3.09188
7	0.73445	0.54418	0.92037	3.39947	1.06516	2.89380
8	0.66983	0.50025	0.95803	3.18729	1.09570	2.75428
9	0.61985	0.46561	0.98987	3.03124	1.12153	2.64990
10	0.57968	0.43735	1.01730	2.91096	1.14378	2.56837
11	0.54648	0.41373	1.04127	2.81499	1.16322	2.50262
12	0.51843	0.39359	1.06247	2.73634	1.18041	2.44825
13	0.49432	0.37615	1.08141	2.67050	1.19576	2.40240
14	0.47330	0.36085	1.09848	2.61443	1.20958	2.36311
15	0.45477	0.34729	1.11397	2.56600	1.22213	2.32898
16	0.43826	0.33515	1.12812	2.52366	1.23358	2.29900
17	0.42344	0.32421	1.14112	2.48626	1.24409	2.27240
18	0.41003	0.31428	1.15311	2.45295	1.25379	2.24862
19	0.39782	0.30521	1.16423	2.42304	1.26277	2.22720
20	0.38665	0.29689	1.17458	2.39600	1.27113	2.20778

续表

样本容量	标准差未知时推定区间上限值与下限值系数					
	0.5 分位值		0.05 分位值			
	$k(0.05)$	$k(0.1)$	$k_1(0.05)$	$k_2(0.05)$	$k_1(0.1)$	$k_2(0.1)$
21	0.37636	0.28921	1.18425	2.37142	1.27893	2.19007
22	0.36686	0.28210	1.19330	2.34896	1.28624	2.17385
23	0.35805	0.27550	1.20181	2.32832	1.29310	2.15891
24	0.34984	0.26933	1.20982	2.30929	1.29956	2.14510
25	0.34218	0.26357	1.21739	2.29167	1.30566	2.13229
26	0.33499	0.25816	1.22455	2.27530	1.31143	2.12037
27	0.32825	0.25307	1.23135	2.26005	1.31690	2.10924
28	0.32189	0.24827	1.23780	2.24578	1.32209	2.09881
29	0.31589	0.24373	1.24395	2.23241	1.32704	2.08903
30	0.31022	0.23943	1.24981	2.21984	1.33175	2.07982
31	0.30484	0.23536	1.25540	2.20800	1.33625	2.07113
32	0.29973	0.23148	1.26075	2.19682	1.34055	2.06292
33	0.29487	0.22779	1.26588	2.18625	1.34467	2.05514
34	0.29024	0.22428	1.27079	2.17623	1.34862	2.04776
35	0.28582	0.22092	1.27551	2.16672	1.35241	2.04075
36	0.28160	0.21770	1.28004	2.15768	1.35605	2.03407
37	0.27755	0.21463	1.28441	2.14906	1.35955	2.02771
38	0.27368	0.21168	1.28861	2.14085	1.36292	2.02164
39	0.26997	0.20884	1.29266	2.13300	1.36617	2.01583
40	0.26640	0.20612	1.29657	2.12549	1.36931	2.01027
41	0.26297	0.20351	1.30035	2.11831	1.37233	2.00494
42	0.25967	0.20099	1.30399	2.11142	1.37526	1.99983
43	0.25650	0.19856	1.30752	2.10481	1.37809	1.99493
44	0.25343	0.19622	1.31094	2.09846	1.38083	1.99021
45	0.25047	0.19396	1.31425	2.09235	1.38348	1.98567
46	0.24762	0.19177	1.31746	2.08648	1.38605	1.98130
47	0.24486	0.18966	1.32058	2.08081	1.38854	1.97708
48	0.24219	0.18761	1.32360	2.07535	1.39096	1.97302
49	0.23960	0.18563	1.32653	2.07008	1.39331	1.96909
50	0.23710	0.18372	1.32939	2.06499	1.39559	1.96529
60	0.21574	0.16732	1.35412	2.02216	1.41536	1.93327
70	0.19927	0.15466	1.37364	1.98987	1.43095	1.90903
80	0.18608	0.14449	1.38959	1.96444	1.44366	1.88988
90	0.17521	0.13610	1.40294	1.94376	1.45429	1.87428
100	0.16604	0.12902	1.41433	1.92654	1.46335	1.86125
110	0.15818	0.12294	1.42421	1.91191	1.47121	1.85017
120	0.15133	0.11764	1.43289	1.89929	1.47810	1.84059

（6）检测批的标准差 σ 为未知时，计量抽样检测批具有 95% 保证率的标准值（0.05 分位值）x_k 的推定区间上限值和下限值可按式（1.3.3-2）计算。

$$x_{k,1} = m - k_1 s$$
$$x_{k,2} = m - k_2 s$$
(1.3.3-2)

式中 $x_{k,1}$——标准值（0.05 分位值）推定区间的上限值；

$x_{k,2}$——标准值（0.05 分位值）推定区间的下限值；

m——样本均值；

s——样本标准差；

k_1 和 k_2——推定系数，取值见表 1.3.3-6。

（7）计量抽样检测批的判定，当设计要求相应数值小于或等于推定上限值时，可判定为符合设计要求；当设计要求相应数值大于推定上限值时，可判定为低于设计要求。

第4章 检验批中异常数据的判断处理

在实际检测中,有时会出现个别数值明显偏离其余数值的情况,对于这种情况如何进行处理是检测人员所关心的问题。下面简要介绍《数据的统计处理和解释正态样本异常值的判断和处理》GB4883—85 有关异常值的判断和处理。

1.4.1 检验批中异常数据的判断处理

1. 异常值定义

异常值是指样本中的个别值,其数值明显偏离它(或它们)所属样本的其余观测值。

2. 异常值的属性

(1) 异常值可能是总体固有的随机变异性的极端现象。这种异常值和样本的其余观测值属同一总体。

(2) 异常值也可能是试验条件和方法的偶然偏离,或产生于观测、计算、记录中的失误。这种异常值和样本的其余观测值不属同一总体。

3. 异常值的类别

(1) 上侧情形:异常值为高端值;

(2) 下侧情形:异常值为低端值;

(3) 双侧情形:异常值在两端可能出现极端值。

4. 处理异常值得一般规则

(1) 对检出的异常值,应尽可能寻找产生异常值的技术上的、物理上的原因,作为处理异常值得依据。

(2) 处理异常值的方式有:

1) 异常值保留在样本中参加其后的数据分析;

2) 允许剔出异常值,即把异常值从样本中排除;

3) 允许剔出异常值,并追加适宜的观测值计入样本;

4) 在找到实际原因时修正异常值。

(3) 采用选择处理异常值的方式的规则为:

1) 对任何异常值,若无充分的技术上的、物理上的说明其异常的理由,则不得随意剔除或修正;

2) 异常值除有充分的技术上的、物理上的说明其异常的理由者外,表现在统计上高度异常的,也允许剔除或修正。

5. 判断和处理异常值的规则:

(1) 标准差已知——奈尔(Nair)检验法;

(2) 标准差未知——格拉布斯（Grubbs）检验法和狄克逊（Dixon）检验法。

6. 标准差未知——格拉布斯（Grubbs）检验法

由于在实际的建筑结构检测中，其检测数据的统计量的标准差都是未知的，所以我们只介绍标准差未知——格拉布斯（Grubbs）检验法。

对于异常值可能为上侧、下侧和两侧等情况，下面介绍其检验的步骤。

(1) 判断有无异常值

1) 计算统计量—样本均值和样本标准差

$$\mu_x = (x_1 + x_2 + \cdots + x_n)/n$$

$$s = (\sum(x_i - \mu_x)^2/(n-1))^{1/2}$$

2) 计算统计量

对于上侧的检验法，$G_n = (x(n) - \mu_x)/s$

对于下侧的检验法，$G'_n = (\mu_x - x(1))/s$

3) 确定检出水平 α，$\alpha = 5\%$；对于判断单侧异常值情况，查表 1.4-1 得出对应 n，a 的临界值 $G_{1-\alpha}(n)$；对于判断双侧异常值情况；查表 1.4-1 得出对应 n，$a/2$ 的临界值 $G_{1-\alpha/2}(n)$；

4) 判断是否存在异常值

当 $G_n > G_{1-\alpha}(n)$，则判断最大值 $x(n)$ 为异常值，否则无异常值；

当 $G'_n > G_{1-\alpha}(n)$，则判断最小值 $x(1)$ 为异常值，否则无异常值；

对于双侧检验，当 $G_n > G'_n$，且 $G_n > G_{1-\alpha/2}(n)$，则判断最大值 $x(n)$ 为异常值；当 $G'_n > G_n$，且 $G'_n > G_{1-\alpha/2}(n)$，则判断最小值 $x(1)$ 为异常值，否则无异常值。

(2) 判断是否能剔除异常值

对于判断检测样本数据中不存在异常值时，该检验批的数据统计不能剔除数据应按所有数据进行统计分析；对于判断检测样本数据中存在异常值时，则应进一步判断该异常值是否为高度异常值，而只有高度异常值才能给以剔除。

1) 给出剔除水平 a^*（a^* 取 1%）的 $G_{1-a^*}(n)$；对于判断单侧高度异常值情况，查表 1.4-1 得出对应 n，a^* 的临界值 $G_{1-a^*}(n)$；对于判断双侧高度异常值情况；查表 1.4-1 得出对应 n，$a^*/2$ 的临界值 $G_{1-a^*/2}(n)$。

2) 判断是否存在高度异常值

当 $G_n > G_{1-a^*}(n)$，则判断最大值 $x(n)$ 为高度异常值，否则无高度异常值；

当 $G'_n > G_{1-a^*}(n)$，则判断最小值 $x(1)$ 为高度异常值，否则无高度异常值。

对于双侧检验，当 $G_n > G'_n$，且 $G_n > G_{1-a^*/2}(n)$，则判断最大值 $x(n)$ 为高度异常值；当 $G'_n > G_n$，且 $G'_n > G_{1-a^*/2}(n)$，则判断最小值 $x(1)$ 为高度异常值；否则无高度异常值。

1.4.2　格拉布斯检验法的应用

(1) 某 10 个样品砖的抗压强度分别为（MPa）：4.7，5.4，6.0，6.5，7.3，7.7，8.2，9.0，10.1，14.0。试运用格拉布斯检验法确定上限是否为高端异常值。

$\mu_x = (x_1 + x_2 + \cdots + x_{10})/10 = 7.89$;

$s = (\sum(x_i - \mu_x)^2/(n-1))^{1/2} = 2.704$;

$G_{10} = (x_{10} - \mu_x)/s = (14.0 - 7.89)/2.704 = 2.26$;

对 $n=10$，查表1.4-1，$G_{0.95}(10) = 2.176$，$G_{10} > G_{0.95}(10)$，判断 x_{10} 为异常值。$G_{0.99} = 2.410$，还不是高度异常值，不能剔除。

（2）某钢筋混凝土工程的混凝土强度检测采用钻芯法修正进行检测，其中一个检验批的6个芯样与回弹的比值为：1.10，1.12，1.18，1.19，1.20，1.49。试运用格拉布斯检验法确定上限是否为高端异常值。

$\mu_x = (x_1 + x_2 + \cdots + x_6)/6 = 1.213$;

$s = \sum(x_i - \mu_x)^2/(n-1))^{1/2} = 0.141$;

$G_6 = (x_6 - \mu_x)/s = (1.49 - 1.213)/0.141 = 1.964$;

对 $n=6$，查表1.4-1，$G_{0.95}(6) = 1.822$，$G_6 > G_{0.95}(6)$，判断 x_6 为异常值。$G_{0.99}(6) = 1.944$，为高度异常值，可以剔除。

（3）钢筋混凝土工程的混凝土强度检测采用钻芯法修正进行检测，其中一个检验批的6个芯样与回弹的比值为：0.86，1.10，1.12，1.18，1.19，1.20；试运用格拉布斯检验法确定下限是否为高端异常值。

$\mu_x = (x_1 + x_2 + \cdots + x_6)/6 = 1.1083$;

$s = (\sum(x_i - \mu_x)^2/(n-1))^{1/2} = 0.1281$;

$G_1 = (x_1 - \mu_x)/s = (1.1083 - 0.86)/0.1281 = 1.938$;

对 $n=6$，查表1.4-1，$G_{0.95}(6) = 1.822$，$G_1 > G_{0.95}(6)$，判断 x_1 为异常值。$G_{0.99} = 1.944$，不为高度异常值，不应剔除。

格拉布斯检验法的临界值表　　　表1.4-1

n	95%	97.5%	99%	99.5%	n	95%	97.5%	99%	99.5%
3	1.153	1.155	1.155	1.155	13	2.331	2.462	2.607	2.699
4	1.463	1.481	1.492	1.496	14	2.371	2.507	2.659	2.755
5	1.672	1.715	1.749	1.764	15	2.409	2.549	2.705	2.806
6	1.822	1.887	1.944	1.973	16	2.443	2.585	2.747	2.852
7	1.938	2.020	2.097	2.139	17	2.475	2.620	2.785	2.894
8	2.032	2.126	2.221	2.274	18	2.504	2.651	2.821	2.932
9	2.110	2.215	2.323	2.387	19	2.532	2.681	2.854	2.968
10	2.176	2.290	2.410	2.482	20	2.557	2.709	2.884	3.001
11	2.234	2.355	2.485	2.564	21	2.580	2.733	2.912	3.031
12	2.285	2.412	2.550	2.636	22	2.603	2.758	2.939	3.060

续表

n	95%	97.5%	99%	99.5%	n	95%	97.5%	99%	99.5%
23	2.624	2.781	2.963	3.087	60	3.025	3.199	3.411	3.560
24	2.644	2.802	2.987	3.112	61	3.032	3.205	3.418	3.566
25	2.663	2.822	3.009	3.135	62	3.037	3.212	3.424	3.573
26	2.681	2.841	3.029	3.157	63	3.044	3.218	3.430	3.579
27	2.698	2.859	3.049	3.178	64	3.049	3.224	3.437	3.586
28	2.714	2.876	3.068	3.199	65	3.055	3.230	3.442	3.592
29	2.730	2.893	3.085	3.218	66	3.061	3.235	3.449	3.598
30	2.745	2.908	3.103	3.236	67	3.066	3.241	3.454	3.605
31	2.759	2.924	3.119	3.253	68	3.071	3.246	3.460	3.610
32	2.773	2.938	3.135	3.270	69	3.076	3.252	3.466	3.617
33	2.786	2.952	3.150	3.286	70	3.082	3.257	3.471	3.622
34	2.799	2.965	3.164	3.301	71	3.087	3.262	3.476	3.627
35	2.811	2.979	3.178	3.316	72	3.092	3.267	3.482	3.633
36	2.823	2.991	3.191	3.330	73	3.098	3.272	3.487	3.638
37	2.836	3.003	3.204	3.343	74	3.102	3.278	3.492	3.643
38	2.846	3.014	3.216	3.356	75	3.107	3.282	3.496	3.648
39	2.857	3.025	3.228	3.369	76	3.111	3.287	3.502	3.654
40	2.866	3.036	3.240	3.381	77	3.117	3.291	3.507	3.658
41	2.877	3.046	3.251	3.393	78	3.121	3.297	3.511	3.663
42	2.887	3.057	3.261	3.404	79	3.125	3.301	3.516	3.669
43	2.896	3.067	3.271	3.415	80	3.130	3.305	3.521	3.673
44	2.905	3.075	3.282	3.425	81	3.134	3.309	3.525	3.677
45	2.914	3.085	3.292	3.435	82	3.139	3.315	3.529	3.682
46	2.923	3.094	3.302	3.445	83	3.143	3.319	3.534	3.687
47	2.931	3.103	3.310	3.455	84	3.147	3.323	3.539	3.691
48	2.940	3.111	3.319	3.464	85	3.151	3.327	3.543	3.695
49	2.948	3.120	3.329	3.474	86	3.155	3.331	3.547	3.699
50	2.956	3.128	3.336	3.483	87	3.160	3.335	3.551	3.704
51	2.964	3.136	3.345	3.491	88	3.163	3.339	3.555	3.708
52	2.971	3.143	3.353	3.500	89	3.167	3.343	3.559	3.712
53	2.978	3.151	3.361	3.507	90	3.171	3.347	3.563	3.716
54	2.986	3.158	3.368	3.516	91	3.174	3.350	3.567	3.720
55	2.992	3.166	3.376	3.524	92	3.179	3.355	3.570	3.725
56	3.000	3.172	3.383	3.531	93	3.182	3.358	3.575	3.728
57	3.006	3.180	3.391	3.539	94	3.186	3.362	3.579	3.732
58	3.013	3.186	3.397	3.546	95	3.189	3.365	3.582	3.736
59	3.019	3.193	3.405	3.553	96	3.193	3.369	3.586	3.739

续表

n	95%	97.5%	99%	99.5%	n	95%	97.5%	99%	99.5%
97	3.196	3.372	3.589	3.744	99	3.204	3.380	3.597	3.750
98	3.201	3.377	3.593	3.747	100	3.207	3.383	3.600	3.754

参考文献

[1] 中华人民共和国国家标准。数据的统计处理和解释正态样本异常值的判断和处理 GB4883—85

第5章 建筑结构鉴定

建筑结构鉴定是对实体结构能否满足构件安全和结构整体安全的评价。该种评价的基础数据为结构计算参数,对于进行了检测的结构,应依据检测的结果。

依据鉴定的目的可分为新建工程质量缺陷对结构安全造成多大影响的鉴定,既有建筑结构安全与可靠性鉴定和未经抗震设防建筑的抗震鉴定以及经过抗震设防的抗震性能鉴定。这些鉴定既有联系又有区别,其联系是都应给出实际结构是否安全的评价。

1.5.1 新建工程结构安全鉴定

新建工程的质量缺陷或不合格的检验批等对结构安全的影响有些是局部的,有些是带有全局的。比如由混凝土收缩产生的楼板裂缝,当楼板配筋和混凝土强度满足设计要求,则不会对楼板的承载力和安全构成影响,其影响仅限于出现裂缝的楼板,对结构整体安全则不会构成影响,但应进行处理,至于如何处理应根据裂缝的宽度、深度等提出处理方案;对于多层与高层混凝土结构中某一或几个楼层构件混凝土强度不满足设计要求,则应依据检测结果对构件进行承载力验算和整体结构抗震、抗风的验算,以确定对该结构及构件安全的影响和提出是否需要加固及其加固构件范围的意见。因此,对新建工程的质量缺陷和因标养试件、同条件试块达不到设计要求者,首先应进行结构质量缺陷和所涉及构件质量的检测。只有检测结果不满足设计要求时才进行结构构件安全鉴定。

新建工程施工质量检测结果的评价即合格标准的判定,应依据相应的结构工程施工质量验收规范。新建工程结构安全性鉴定应依据该工程结构设计所应用的规范,即所谓现行设计规范。而不能用《民用建筑可靠性鉴定标准》GB50292—1999、《工业建筑可靠性鉴定标准》GBJ144—90 和《建筑抗震鉴定标准》GB50023—95 来评价新建工程结构的安全性。

1.5.2 既有建筑可靠性鉴定

既有建筑为经过验收合格投入使用两年以上建筑的安全性和正常使用性鉴定。

这里所讲的既有建筑的可靠性鉴定通常是指在恒载、活荷载、风荷载以及温度应力作用下的结构安全性、正常使用性和耐久性的评价。对于地震区、特殊地基土地区或特殊环境中既有建筑的可靠性鉴定,满足通常的既有建筑可靠性鉴定的基础上,还应对是否满足结构整体抗震安全和特殊环境下的安全可靠作出评价。

目前,正在应用的《民用建筑可靠性鉴定标准》和《工业建筑可靠性鉴定标准》都是与89系列设计规范相配套的,对于按2001系列设计规范设计的既有建筑在应用既有建筑可靠性鉴定标准中应注意有关参数的差异。

1.5.3 建筑抗震鉴定

需要进行抗震鉴定的现有建筑主要为两类：一类是未经抗震设防的建筑工程，由于我国第一本正式颁布的抗震设计规范为 1974 年，在此之前建造的建筑工程没有可能进行抗震设计；另一类为该城市的抗震设防烈度提高了，则该城市的现有建筑应区分轻重缓急进行抗震鉴定。

这里讲的现有建筑不包括已按《工业与民用建筑抗震设计规范》TJ11—78 和《建筑抗震设计规范》GBJ 11—89 及《建筑抗震设计规范》GB 50011—2001 等抗震设计规范进行抗震设防的建筑（该城市抗震设防烈度提高者除外），一些新的建筑由于没有按设计图纸施工或出现施工质量问题而达不到现行抗震设计规范的要求，则应按抗震设计规范的要求进行抗震鉴定和加固，而不能用建筑抗震鉴定标准去评价。这主要是建筑抗震鉴定标准对结构抗震性能和要求，要低于按建筑抗震设计规范的要求；因而，不可按建筑抗震鉴定标准的要求去衡量新建工程，把不合格的工程验收为合格工程。

在建筑抗震鉴定中，与建筑可靠性鉴定一样都应重视原始资料收集和建筑结构现状质量的调查以及必要的检测，这些是搞好鉴定的基础。由于结构的抗震性能不仅决定于结构构件的承载力，而且还决定于结构布置、结构体系的合理性以及结构抗震构造措施，因此，综合抗震能力分析是建筑抗震鉴定的特点，应依据建筑结构的现状质量、结构布置、结构体系、构造和抗震承载力等因素综合进行分析，对现有建筑的整体抗震性能作出评价，对不符合鉴定要求的建筑提出相应的维修、加固、改造或拆除等抗震减灾对策。

第二篇 建筑结构材料检验

第1章 混凝土结构材料检验

混凝土结构工程所用全部原材料的质量均应符合国家相应产品标准的质量要求或符合国家、行业相关标准的质量要求。所有原材料均应具有出厂合格证或检验合格证明。在用于混凝土结构工程之前，应对所有原材料进行随机抽样的质量检验（复检）。随机抽样检验不合格的原材料不得用于混凝土结构工程。

当使用商品混凝土时，应要求商品混凝土提供商提供原材料的质量要求、检验要求和合格标准。

混凝土结构材料主要包括：混凝土、钢材。

2.1.1 混凝土原材料

混凝土原材料主要包括水泥、掺合料、外加剂、粗骨料、细骨料、拌合水等。原材料都应满足有关产品标准的要求．有出厂检验报告或合格证明。原材料进场后还需进行复检，涉及结构安全的材料、试件应进行见证检测。

2.1.1.1 水泥

用于结构工程的水泥，主要包括硅酸盐水泥、普通硅酸盐水泥、矿渣硅酸盐水泥、粉煤灰硅酸盐水泥、火山灰质硅酸盐水泥、复合硅酸盐水泥和砌筑水泥。硅酸盐水泥、普通硅酸盐水泥、矿渣硅酸盐水泥、粉煤灰硅酸盐水泥、火山灰质硅酸盐水泥和复合硅酸盐水泥一般统称为通用水泥，应符合 GB175—2007 的规定；砌筑水泥应符合 GB/T3183—2003 的规定。

（一）水泥的取样

水泥的取样按同一生产厂家、同一等级、同一品种、同一批号且连续进场的水泥，袋装不超过200t为一批，散装不超过500t为一批。每批抽样不少于1次。水泥的取样应有代表性。袋装水泥应随机从不少于20袋中各取等量水泥，经混拌均匀后，再从中称取不少于12kg的水泥作为试样。散装水泥一般随机从不少于3个车罐中各取等量水泥，经混拌均匀后，再从中称取不少于12kg的水泥作为试样。

（二）水泥的技术要求

通用水泥的技术要求见表2.1.1-1和表2.1.1-3。砌筑水泥的技术要求见表2.1.1-2。

（三）水泥的试验方法

1. 细度

水泥的细度是采用80μm和45μm方孔筛对水泥进行筛析试验，筛网上所得筛余物的质量占试样原始数量的百分数即为水泥的细度。

通用水泥的强度等级　　　　　　　　表2.1.1-1

品　种	强度等级	抗压强度≥		抗折强度≥	
		3d	28d	3d	28d
硅酸盐水泥 （P·Ⅰ、P·Ⅱ）	42.5	17.0	42.5	3.5	6.5
	42.5R	22.0	42.5	4.0	6.5
	52.5	23.0	52.5	4.0	7.0
	52.5R	27.0	52.5	5.0	7.0
	62.5	28.0	62.5	5.0	8.0
	62.5R	32.0	62.5	5.5	8.0
普通硅酸盐水泥 （P·O）	42.5	17.0	42.5	3.5	6.5
	42.5R	22.0	42.5	4.0	6.5
	52.5	23.0	52.5	4.0	7.0
	52.5R	27.0	52.5	5.0	7.0
矿渣硅酸盐水泥 （P·S） 粉煤灰硅酸盐水泥 （P·F） 火山灰硅酸盐水泥 （P·P）复合硅酸盐水泥 （P·C）	32.5	10.0	32.5	2.5	5.5
	32.5R	15.0	32.5	3.5	5.5
	42.5	15.0	42.5	3.5	6.5
	42.5R	19.0	42.5	4.0	6.5
	52.5	21.0	52.5	4.0	7.0
	52.5R	23.0	52.5	4.5	7.0

砌筑水泥的强度等级　　　　　　　　表2.1.1-2

强度等级	抗压强度		抗折强度	
	7d	28d	7d	28d
12.5	7.0	12.5	1.5	3.0
22.5	10.0	22.5	2.0	4.0

水泥的其他技术要求　　　　　　　　表2.1.1-3

项目名称		水　泥　品　种							
		P·Ⅰ	P·Ⅱ	P·O	P·S	P·F	P·P	P·C	M
细度	比表面积（m²/kg）	≥300			—				—
	80μm筛筛余（%）	—			≤10%				≥10%
凝结时间	初凝（min）	≥45							≥60
	终凝（h）	≤6.5			≤10				≤12
安定性		用沸煮法检验合格							
氧化镁		不宜超过5.0%，压蒸安定性合格放宽至6.0%			水泥中不宜超过6.0%				—

续表

项目名称	水泥品种							
	P·Ⅰ	P·Ⅱ	P·O	P·S	P·F	P·P	P·C	M
三氧化硫（%）		≤3.5		≤4.0	≤3.5	≤3.5	≤3.5	≤4.0
不溶物（%）	≤0.75	≤1.50	—	—	—	—	—	—
烧失量（%）	≤3.0	≤3.5	≤5.0					
碱含量	低碱水泥≤0.6%			供需双方商定				—
保水率	—							≮80%
氯离子（%）	≤0.06							—

（1）试验仪器

1）80μm 的方孔试验筛；45μm 的方孔试验筛；

2）负压筛析仪：筛析仪负压可调范围为 4000Pa~6000Pa；

3）水筛架和喷头；

4）天平：最小分度值不大于 0.01g。

（2）样品处理

水泥样品应充分搅拌，通过 0.9mm 方孔筛，记录筛余物的情况，要防止过筛时混进其它杂物和结块。

（3）操作程序

试验前所用试验筛应保持清洁，负压筛和手工筛应保持干燥。试验时，80μm 筛析试验称取试样 25g，45μm 筛析试验称取试样 10g。

1）负压筛法

a. 筛析试验前，应把负压筛放在筛座上，盖上筛盖，接通电源，检查控制系统，调节负压至 4000~6000Pa 范围内。

b. 称取试样精确至 0.01g，置于洁净的负压筛中，放在筛座上，盖上筛盖，开动筛析仪连续筛析 2min，在此期间如有试样附着在筛盖上，可轻轻地敲击，使试样落下。筛毕，用天平称量筛余物。

2）水筛法

a. 筛析试验前，应检查水中无泥、砂，调整好水压及水筛架的位置，使其能正常运转。喷头底面和筛网之间距离为 35~75mm。

b. 称取试样精确至 0.01g，置于洁净的水筛中，立即用谈水冲洗至大部分细粉通过后，放在水筛架上，用水压为（0.05±0.02）MPa 的喷头连续冲洗 3min。筛毕，用少量水把筛余物冲至蒸发皿中，等水泥颗粒全部沉淀后，小心倒出清水，烘干并用天平称量筛余物。

3）手工干筛法

在没有负压筛析仪和水筛的情况下，允许用手工干筛法测定。称取试样精确至 0.01g 倒入干筛中，用一只手执筛往复摇动，另一只手轻轻拍打，往复摇动和拍打过程应保持近于水平。拍打速度每分钟约 120 次，每 40 次向同一方向转动 60°，使试样均匀分布在筛网上，直至每分钟通过的试样量不超过 0.03g 为止。称量筛余物。

4）试验筛的清洗

试验筛必须经常保持洁净，筛孔通畅，使用 10 次后要进行清洗。金属丝筛、铜丝网筛清洗时应用专门的清洗剂，不可用弱酸浸泡。

（4）试验结果

1）水泥试样筛余百分数按下式计算：

$$F = \frac{R_s}{W} \times 100 \qquad (2.1.1\text{-}1)$$

式中　F——水泥试样的筛余百分数（%）；
　　　R_s——水泥筛余物的质量，g；
　　　W——水泥试样的质量，g。

结果计算至 0.1%。

2）筛余结果的修正

为使试验结果可比，应采用试验筛修正系数方法修正 1）条的计算结果。修正的方法是将 1）条的计算结果乘以修正系数，即为最终结果。修正系数的测定如下：

将符合 GSB14—1511 的标准样品装入干燥洁净的密闭广口瓶中，盖上盖子摇动 2min，消除结块。静置 2min 后，用一根干燥洁净的搅拌棒搅匀样品。按照（3）称量标准样品精确至 0.01g，将标准样品倒进被标定试验筛，中途不得有任何损失。接着按（3）进行筛析试验操作。每个试验筛的标定应称取二个标准样品连续举行，中间不得插做其他样品试验。

以两个样品结果的算术平均值为最终值，但当两个样品筛余结果相差大于 0.3% 时应称第三个样品进行试验，并取接近的二个结果平均作为最终结果。

修正系数按下式计算：

$$C = F_s / F_t \qquad (2.1.1\text{-}2)$$

式中　C——试验筛修正系数；
　　　F_s——标准样品的筛余标准值，单位为质量百分数（%）；
　　　F_t——标准样品在试验筛上的筛余值，单位为质量百分数（%）。

当 C 值在 0.80~1.20 范围内时，可作为修正系数；超出这个范围，试验筛应予淘汰。

3）负压筛法与水筛法或手工干筛法测定的结果发生争议时，以负压筛法为准。

2. 凝结时间和安定性

水泥凝结时间和安定性是指水泥在标准稠度用水量情况下测得的水泥的凝结时间和安定性。

（1）试验用仪器设备

1）水泥净浆搅拌机；
2）标准法维卡仪；
3）代用法维卡仪；

4) 雷氏夹；

5) 沸煮箱：沸煮箱应能在 30min±5 min 内将箱内的试验用水由室温升至沸腾状态并保持 3h 以上，并且整个试验过程不需补充水量；

6) 雷氏夹膨胀测定仪：标尺最小刻度为 0.5mm；

7) 量水器：最小刻度 0.1mL，精度 1%；

8) 天平：最大称量不小于 1000g，分度值不大于 1g。

(2) 试验用水

试验用水必须是洁净的饮用水，如有争议时应以蒸馏水为准。

(3) 试验条件

1) 试验室温度为 20±2℃，相对湿度应不低于 50%；水泥试样、拌和水、仪器和用具的温度应与试验室一致；

2) 湿气养护箱的温度为 20±1℃，相对湿度不低于 90%。

(4) 标准稠度用水量的测定

标准稠度用水量的测定分为标准法（试杆法）和代用法（试锥法）。

1) 试验前必须做到

a. 维卡仪的金属棒能自由滑动；

b. 标准法调整至试杆接触玻璃板时指针对准零点；代用法调整至试锥接触锥模顶面时指针对准零点；

c. 搅拌机运行正常。

2) 水泥净浆的拌制

用水泥净浆搅拌机搅拌，搅拌锅和搅拌叶片先用湿布擦过，将拌和水倒入搅拌锅内，然后在 5~10s 内小心将称好的 500g 水泥加入水中，防止水和水泥溅出；拌和时，先将锅放在搅拌机的锅座上，升至搅拌位置，启动搅拌机，低速搅拌 120s，停 15s，同时将叶片和锅壁上的水泥浆刮入锅中间，接着高速搅拌 120s 停机。

3) 标准稠度用水量的测定步骤

a. 标准法：拌和结束后，立即将拌制好的水泥净浆装入已置于玻璃底板上的试模中，用小刀插捣，轻轻振动数次，刮去多余的净浆；抹平后迅速将试模和底板移到维卡仪上，并将其中心定在试杆下，降低试杆直至与水泥净浆表面接触，拧紧螺丝 1~2s 后，突然放松，使试杆垂直自由地沉入水泥净浆中。在试杆停止沉入或释放试杆 30s 时记录试杆距底板之间的距离，升起试杆后，立即擦净；整个操作应在搅拌后 1.5min 内完成。以试杆沉入净浆并距底板（6±1）mm 的水泥净浆为标准稠度净浆。其拌和水量为该水泥的标准稠度用水量（P），按水泥质量的百分比计。

b. 代用法：采用代用法测定水泥标准稠度用水量可用调整水量和不变水量两种方法的任一种测定。

采用调整水量方法时拌和水量按经验找水，采用不变水量方法时拌和水量用 142.5mL。

拌和结束后，立即将拌制好的水泥净浆装入锥模中，用小刀插捣，轻轻振动数次，刮去多余的净浆；抹平后迅速放到试锥下面固定的位置上，将试锥降至净浆表面，拧紧螺丝

1~2s 后,突然放松,使试锥垂直自由地沉入水泥净浆中。在试锥停止沉入或释放试锥 30s 时记录试锥下沉深度。整个操作应在搅拌后 1.5min 内完成。

用调整水量方法测定时,以试锥下沉深度 28mm±2mm 时的净浆为标准稠度净浆。其拌和水量为该水泥的标准稠度用水量(P),按水泥质量的百分比计。如下沉深度超出范围需另称试样,调整水量,重新试验,直至达到(28 ± 2)mm 为止。

用不变水量方法测定时,根据测得的试锥下沉深度 S(mm)按式(2.1.1-3)(或仪器上对应标尺)计算得到标准稠度用水量 P(%)。

$$P = 33.4 - 0.185S \qquad (2.1.1\text{-}3)$$

当试锥下沉深度小于 13mm 时,应改用调整水量法测定。

(5)凝结时间的测定

1)测定前准备工作:调整凝结时间测定仪的试针接触玻璃板时,指针对准零点。

2)试件的制备:以标准稠度用水量按(4)2)将水泥拌制成标准稠度净浆一次装满试模,振动数次刮平,立即放入湿气养护箱中。记录水泥全部加入水中的时间作为凝结时间的起始时间。

3)初凝时间的测定:试件在湿气养护箱中养护至加水后 30min 时进行第一次测定。测定时,从湿气养护箱中取出试模放到试针下,降低试针与水泥净浆表面接触。拧紧螺丝 1~2s 后,突然放松,试针垂直自由地沉入水泥净浆。观察试针停止下沉或释放试针 30s 时指针的读数。当试针沉至距底板(4 ± 1)mm 时,为水泥达到初凝状态;由水泥全部加入水中至初凝状态的时间为水泥的初凝时间,用"min"表示。

4)终凝时间的测定:为了准确观测试针沉入的状况,在终凝针上安装了一个环形附件,在完成初凝时间测定后,立即将试模连同浆体以平移的方式从玻璃板取下,翻转 180°,直径大端向上,小端向下放在玻璃板上,再放入湿气养护箱中继续养护,临近终凝时间时每隔 15min 测定一次,当试针沉入试体 0.5mm 时,即环形附件开始不能在试体上留下痕迹时,为水泥达到终凝状态,由水泥全部加入水中至终凝状态的时间为水泥的终凝时间,用"min"表示。

5)测定时应注意,在最初测定的操作时应轻轻扶持金属柱,使其徐徐下降,以防试针撞弯,但结果以自由下落为准;在整个测试过程中试针沉入的位置至少要距试模内壁 10mm。临近初凝时,每隔 5min 测定一次,临近终凝时每隔 15min 测定一次,到达初凝或终凝时应立即重复测一次,当两次结论相同时才能定为到达初凝或终凝状态。每次测定不能让试针落入原针孔,每次测试完毕须将试针擦净并将试模放回湿气养护箱内,整个测试过程要防止试模受振。

(6)安定性的测定

水泥安定性的测定分为标准法(雷氏法)和代用法(试饼法)。

1)测定前的准备工作

标准法(雷氏法)每个试样需成型两个试件,每个雷氏夹需配备质量约 75~85g 的玻璃板两块,凡与水泥净浆接触的玻璃板和雷氏夹内表面都要稍稍涂上一层油。

代用法(试饼法)每个样品需准备两块约 100mm×100mm 的玻璃板,凡与水泥净浆接触的玻璃板都要稍稍涂上一层油。

2）试件的成型

标准法（雷氏法）须成型雷氏夹试件。即将预先准备好的雷氏夹放在已稍擦油的玻璃板上，并立即将已制好的标准稠度净浆一次装满雷氏夹，装浆时一只手轻轻扶持雷氏夹，另一只手用宽约 10mm 的小刀插捣数次，然后抹平，盖上稍涂油的玻璃板，接着立即将试件移至湿气养护箱内养护（24±2）h。

代用法（试饼法）须成型试饼。即将制好的标准稠度净浆取出一部分分成两等份，使之成球形，放在预先准备好的玻璃板上，轻轻振动玻璃板并用湿布擦过的小刀由边缘向中央抹，做成直径 70~80mm、中心厚约 10mm、边缘渐薄、表面光滑的试饼，接着将试饼放入湿气养护箱内养护（24±2）h。

3）沸煮

调整好沸煮箱内的水位，使能保证在整个沸煮过程中都超过试件，不需中途添补试验用水，同时又能保证在 30min±5min 内升至沸腾。

雷氏夹试件应脱去玻璃板取下试件，先测量雷氏夹指针尖端间的距离（A），精确到 0.5mm，接着将试件放入沸煮箱水中的试件架上，指针朝上，然后在（30±5）min 内加热至沸并恒沸（180±5）min。

试饼试件应脱去玻璃板取下试饼，在试饼无缺陷的情况下将试饼放在沸煮箱水中的箅板上，然后在（30±5）min 内加热至沸并恒沸（180±5）min。

4）结果判别

沸煮结束后，立即放掉沸煮箱中的热水，打开箱盖，待箱体冷却至室温，取出试件进行判别。

标准法应测量雷氏夹指针尖端的距离（C），准确至 0.5mm，当两个试件煮后增加距离（C-A）的平均值不大于 5.0mm 时，即认为该水泥安定性合格，当两个试件的（C-A）值相差超过 4.0mm 时，应用同一样品立即重做一次试验。再如此，则认为该水泥为安定性不合格。

代用法应目测试饼未发现裂缝，用钢直尺检查也没有弯曲（使钢直尺和试饼底部紧靠，以两者间不透光为不弯曲）的试饼为安定性合格，反之为不合格。当两个试饼判别结果有矛盾时，该水泥的安定性为不合格。

3. 强度

(1) 试验条件及记录要求

试体成型试验室温度应保持在为 20±2℃，相对湿度应不低于 50%；水泥试样、拌和水、砂、试验仪器和用具的温度应与试验室一致。

试体带模养护的养护箱或雾室温度应保持在 20±1℃，相对湿度不低于 90%。

试体养护池水温度应在 20±1℃ 范围内。

试验室空气温度和相对湿度及养护池水温在工作期间应每天至少记录一次。

养护箱或雾室温度和相对湿度至少每 4 小时记录 1 次，在自动控制的情况下记录次数可以酌减至 1 天记录二次。在温度给定范围内，控制所设定的温度应为此范围中值。

(2) 试验设备

1) 符合 GB/T6003 要求的金属丝网试验筛；

2）行星式水泥胶砂搅拌机；

3）40mm×40mm×160mm 的水泥胶砂试模；

4）符合 JC/T682 的水泥胶砂振实台，振实台应安装在高度约 400mm 的混凝土基座上。混凝土的体积约为 0.25m³，重约为 600kg；

5）符合 JC/T724 要求的水泥抗折强度试验机；

6）抗压强度试验机：其精度应为 1%，并具有按（2400±200）N/s 速率加荷的能力；

7）符合 JC/T683 要求的受压面积为 40mm×40mm 的抗压强度试验机用夹具。

(3) 试验用材料

试验砂应为 ISO 标准砂。仲裁试验或其它重要试验应用蒸馏水，其他试验可用饮用水。当试验水泥从取样至试验要保存 24h 以上时，应贮存在基本装满和气密的容器内，这个容器应不与水泥起反应。

(4) 胶砂的制备

1）配合比

胶砂的质量配合比应为一份水泥三份标准砂和半份水（水灰比为 0.5）。一锅胶砂成型三条试体，每锅材料需要量如表 2.1.1-4。

每锅胶砂的材料数量（g） 表 2.1.1-4

水泥品种＼材料量	水泥	标准砂	水
硅酸盐水泥	450±2	1350±5	225±1
普通硅酸盐水泥			
矿渣硅酸盐水泥			
粉煤灰硅酸盐水泥			
复合硅酸盐水泥			
石灰石硅酸盐水泥			

2）配料

水泥、砂、水和试验用具的温度与试验室相同，称量用的天平精度应为 ±1g。当用自动滴管加 225mL 水时，滴管精度应达到 ±1mL。

3）搅拌

每锅胶砂用搅拌机进行机械搅拌。先使搅拌机处于待工作状态，然后按以下的程序进行操作：

把水加入锅里，再加入水泥，把锅放在固定架上，上升至固定位置。

然后立即开动机器，低速搅拌 30s 后，在第二个 30s 开始的同时均匀地将砂子加入。当各级砂是分装时，从最粗粒级开始，依次将所需的每级砂量加完。把机器转至高速再拌 30s。

停拌 90s，在第 1 个 15s 内用一胶皮刮具将叶片和锅壁上的胶砂，刮入锅中间。在高速下继续搅拌 60s。各个搅拌阶段，时间误差应在 ±1s 以内。

4）试件的制备

a. 尺寸应是 40mm×40mm×160mm 的棱柱体。

b. 成型

a）用振实台成型

胶砂制备后立即进行成型。将空试模和模套固定在振实台上，用一个适当勺子直接从搅拌锅里将胶砂分二层装入试模，装第一层时，每个槽里约放 300g 胶砂，用大播料器垂直架在模套顶部沿每个模槽来回一次将料层播平，接着振实 60 次。再装入第二层胶砂，用小播料器播平，再振实 60 次。移走模套，从振实台上取下试模，用一金属直尺以近似 90°的角度架在试模模顶的一端，然后沿试模长度方向以横向锯割动作慢慢向另一端移动，一次将超过试模部分的胶砂刮去，并用同一直尺以近乎水平的情况下将试体表面抹平。

在试模上作标记或加字条标明试件编号和试件相对于振实台的位置。

b）用振动台成型

当使用代用的振动台成型时，操作如下：

在搅拌胶砂的同时将试模和下料漏斗卡紧在振动台的中心。将搅拌好的全部胶砂均匀地装入下料漏斗中，开动振动台，胶砂通过漏斗流入试模。振动 120s±5s 停车。振动完毕，取下试模，用刮平尺以 a）规定的刮平手法刮去高出试模的胶砂并抹平。接着在试模上作标记或用字条表明试件编号。

5）试件的养护

a. 脱模前的处理和养护

去掉留在模子四周的胶砂。立即将作好标记的试模放入雾室或湿箱的水平架子上养护，湿空气应能与试模各边接触。养护时不应将试模放在其他试模上。一直养护到规定的脱模时间时取出脱模。脱模前，用防水墨汁或颜料笔对试体进行编号和做其他标记。二个龄期以上的试体，在编号时应将同一试模中的三条试体分在二个以上龄期内。

b. 脱模

脱模应非常小心。对于 24h 龄期的，应在破型试验前 20min 内脱模。对于 24h 以上龄期的，应在成型后 20~24h 之间脱模。

注：如经 24h 养护，会因脱模对强度造成损害时，可以延迟至 24h 以后脱模，但在试验报告中应予说明。

已确定作为 24h 龄期试验（或其他不下水直接做试验）的已脱模试体，应用湿布覆盖至做试验时为止。

c. 水中养护

将做好标记的试件立即水平或竖直放在 20±1℃水中养护，水平放置时刮平面应朝上。试件放在不易腐烂的篦子上，并彼此间保持一定间距，以让水与试件的六个面接触。养护期间试件之间间隔或试体上表面的水深不得小于 5mm。

注：不宜用木篦子。

每个养护池只养护同类型的水泥试件。

最初用自来水装满养护池（或容器），随后随时加水保持适当的恒定水位，不允许在养护期间全部换水。

除 24h 龄期或延迟至 48h 脱模的试体外，任何到龄期的试体应在试验（破型）前 15min 从水中取出。揩去试体表面沉积物，并用湿布覆盖至试验为止。

d. 强度试验试体的龄期

试体龄期是从水泥加水搅拌开始试验时算起。不同龄期强度试验在下列时间里进行：
— 24h ± 15min；
— 48h ± 30min；
— 72h ± 45min；
— 7d ± 2h；
— >28d ± 8h。

6）试验程序

a. 总则

用抗折强度试验机以中心加荷法测定抗折强度。

在折断后的棱柱体上进行抗压试验，受压面是试体成型时的两个侧面，面积为 40mm×40mm。

当不需要抗折强度数值时，抗折强度试验可以省去。但抗压强度试验应在不使试件受有害应力情况下折断的两截棱柱体上进行。

b. 抗折强度测定

将试体一个侧面放在抗折试验机的支撑圆柱上，试体长轴垂直于支撑圆柱，通过加荷圆柱以（50±10）N/s 的速率均匀地将荷载垂直地加在棱柱体相对侧面上，直至折断。

保持两个半截棱柱体处于潮湿状态直至抗压试验。

抗折强度 R_f 以牛顿每平方毫米（MPa）表示，按式（2.1.1-4）进行计算：

$$R_f = \frac{1.5 F_f L}{b^3} \tag{2.1.1-4}$$

式中　F_f——折断时施加于棱柱体中部的荷载，N；
　　　L——支撑圆柱之间的距离，mm；
　　　b——棱柱体正方形截面的边长，mm。

c. 抗压强度测定

抗压强度试验使用抗压强度试验机及抗压强度试验机用夹具，在经过抗折强度试验后的半截棱柱体的侧面上进行。

半截棱柱体中心与压力机压板受压中心差应在 ±0.5mm 内，棱柱体露在压板外的部分约有 10mm。

在整个加荷过程中以（2400±200）N/s 的速率均匀地加荷直至破坏。

抗压强度 R_c 以牛顿每平方毫米（MPa）为单位，按式（2.2.1-5）进行计算：

$$R_c = \frac{F_c}{A} \tag{2.1.1-5}$$

式中　F_c——破坏时的最大荷载，N；

A——受压部分面积，mm^2（$40mm \times 40mm = 1600mm^2$）。

7）试验结果的确定

a. 抗折强度

以一组三个棱柱体抗折结果的平均值作为试验结果。当三个强度值中有超出平均值 $\pm 10\%$ 时，应剔除后再取平均值作为抗折强度试验结果。

b. 抗压强度

以一组三个棱柱体上得到的六个抗压强度测定值的算术平均值为试验结果。

如六个测定值中有一个超出六个平均值的 $\pm 10\%$，就应剔除这个结果，而以剩下五个的平均数为结果。如果五个测定值中再有超过它们平均数 $\pm 10\%$ 的，则此组结果作废。

c. 试验结果的计算

各试体的抗折强度记录至 0.1MPa，按①的规定计算平均值。计算精确至 0.1MPa。

各个半棱柱体得到的单个抗压强度结果计算至 0.1MPa，按②的规定计算平均值，计算精确至 0.1MPa。

8）试验报告

报告应包括所有各单个强度结果（包括按7）a、b规定舍去的试验结果）和计算出的平均值。

4. 烧失量、不溶物、氧化镁、三氧化硫、碱含量

烧失量、不溶物、氧化镁、三氧化硫、碱含量测定时，每项测定的试验次数为两次。用两次试验平均值表示测定结果。在进行化学分析时，除另有说明外，必须同时做烧失量的测定；其它各项测定应同时进行空白试验，并对所测结果加以校正。

（1）烧失量的测定

烧失量的测定是将试样在950~1000℃的马弗炉中灼烧，驱除水分和二氧化碳，同时将存在的易氧化元素氧化。由硫化物的氧化引起的烧失量误差必须进行校正，而其他元素存在引起的误差一般可忽略不计。

1）分析步骤

称取约1g试样（m_7），精确至0.0001g，置于已灼烧恒量的瓷坩埚中，将盖斜置于坩埚上，放在马弗炉内从低温开始逐渐升高温度，在950~1000℃下灼烧15~20min，取出坩埚置于干燥器中冷却至室温，称量。反复灼烧，直至恒量。

2）结果表示

a. 烧失量的质量百分数 X_{LOI} 按式（2.1.1-6）计算：

$$X_{LOI} = \frac{m_7 - m_8}{m_7} \times 100 \tag{2.1.1-6}$$

式中　X_{LOI}——烧失量的质量百分数，%；

　　　m_7——试料的质量，g；

　　　m_8——灼烧后试料的质量，g。

b. 矿渣水泥在灼烧过程中由于硫化物的氧化引起烧失量测定的误差，可通过下式进行校正：

0.8×(水泥灼烧后测得的SO_3百分数－水泥未经灼烧时的SO_3百分数)＝0.8×(由于硫化物的氧化产生的SO_3百分数)＝吸收空气中氧的百分数

校正后的烧失量(%)＝测得的烧失量(%)＋吸收空气中氧的百分数

3) 允许差

同一试验室的允许差为0.15%。

(2) 不溶物的测定

不溶物的测定是将试样先以盐酸溶液处理，滤出的不溶残渣再以氢氧化钠溶液处理，经盐酸中和、过滤后，残渣在高温下灼烧，称量。

1) 分析步骤

称取约1g试样(m_9)，精确至0.0001g，置于150mL烧杯中，加25mL水，搅拌使其分散。在搅拌下加入5mL盐酸，用平头玻璃棒压碎块状物使其分解完全(如有必要可将溶液稍稍加温几分钟)，加水稀释至50mL，盖上表面皿，将烧杯置于蒸汽浴中加热15min。用中速滤纸过滤，用热水充分洗涤10次以上。

将残渣和滤纸一并移入原烧杯中，加入100mL氢氧化钠溶液(10g/L)，盖上表面皿，将烧杯置于蒸汽浴中加热15min，加热期间搅动滤纸及残渣2～3次。取下烧杯，加入1～2滴甲基红指示剂溶液(将0.2g甲基红溶于100mL95%的乙醇中)，滴加盐酸(1＋1)至溶液呈红色，再过量8～10滴。用中速滤纸过滤，用热的硝酸铵溶液(20g/L)充分洗涤14次以上。

将残渣和滤纸一并移入已灼烧恒量的瓷坩埚中，灰化后在950～1 000℃的马弗炉内灼烧30min，取出坩埚置于干燥器中冷却至室温，称量。反复灼烧，直至恒量。

2) 结果表示

不溶物的质量百分数X_{IR}按式(2.1.1-7)计算：

$$X_{IR} = \frac{m_{10}}{m_9} \times 100 \qquad (2.1.1-7)$$

式中　X_{IR}——不溶物的质量百分数(%)；

　　　m_{10}——灼烧后不溶物的质量，g；

　　　m_9——试料的质量，g。

3) 允许差

同一试验室的允许差为：含量＜3%时，0.10%

　　　　　　　　　　　含量＞3%时，0.15%

不同试验室的允许差为：含量＜3%时，0.10%

　　　　　　　　　　　含量＞3%时，0.20%

(3) 氧化镁的测定

氧化镁的测定分为基准法和代用法，代用法包括两种：一是配位滴定法，一是原子吸光谱法。

基准法是以氢氟酸-高氯酸分解或用硼酸锂熔融-盐酸溶解试样的方法制备溶液，分取一定量的溶液，用锶盐消除硅、铝、钛等对镁的抑制干扰，在空气-乙炔火焰中，于

285.2nm 处测定吸光度。然后在氧化镁标准工作曲线上查出氧化镁的浓度。

代用法——配位滴定法是在 pH10 的溶液中，以三乙醇胺、酒石酸钾钠为掩蔽剂，用酸性铬蓝 K-萘酚绿 B 混合指示剂，以 EDTA 标准滴定溶液滴定。当试样中一氧化锰含量在 0.5% 以上时，在盐酸羟胺存在下，测定钙、镁、锰总量，差减法求得氧化镁含量。

代用法——原子吸收光谱法是用氢氧化钠熔融-盐酸分解的方法制备溶液。分取一定量的溶液，以锶盐消除硅、铝、钛等对镁的抑制干扰，在空气-乙炔火焰中，于 285.2nm 处测定吸光度。

1）基准法

a. 分析步骤

氢氟酸-高氯酸分解：称取约 0.1g 试样（m_{15}），精确至 0.0001g，置于铂坩埚（或铂皿）中，用 0.5~1mL 水润湿，加 5~7mL 氢氟酸和 0.5mL 高氯酸，置于电热板上蒸发。近干时摇动铂坩埚以防溅失，待白色浓烟驱尽后取下放冷。加入 20mL 盐酸（1+1），温热至溶液澄清，取下放冷。转移到 250mL 容量瓶中，加 5mL 氯化锶溶液（锶 50g/L），用水稀释至标线，摇匀。此溶液即为 B。

硼酸锂熔融：称取约 0.1g 试样（m_{16}），精确至 0.0001g，置于铂坩埚中，加入 0.4g 硼酸锂（将 74g 碳酸锂和 124g 硼酸混匀，在 400℃ 灼烧数小时，研细，保存于塑料器皿中），搅匀。用喷灯在低温下熔融，逐渐升高温度至 1 000℃ 使熔成玻璃体，取下放冷。在铂坩埚内放入一个搅拌子（塑料外壳），并将坩埚放入预先盛有 150mL 盐酸（1+10）并加热至约 45℃ 的 200mL 烧杯中，用磁力搅拌器搅拌溶解，待熔块全部溶解后取出坩埚及搅拌子，用水洗净，将溶液冷却至室温，移至 250mL 容量瓶中，加 5mL 氯化锶溶液（锶 50g/L），用水稀释至标线，摇匀。此溶液即为 C。

氧化镁的测定：从上述溶液 B 或 C 中吸取一定量的溶液放入容量瓶中（试样溶液的分取量及容量瓶的容积视氧化镁的含量而定），加入盐酸（1+1）及氯化锶溶液（锶 50g/L），使测定溶液中盐酸的浓度为 6%（V/V），锶浓度为 1mg/mL。用水稀释至标线，摇匀。用原子吸收光谱仪，镁空心阴极灯，于 285.2nm 处在与绘制氧化镁工作曲线时相同的仪器条件下测定溶液的吸光度，在工作曲线上查出氧化镁的浓度（c_1）。

b. 结果表示

氧化镁的质量百分数 X_{MgO} 按式（2.1.1-8）计算：

$$X_{MgO} = \frac{c_1 \times V_{15} \times n \times 10^{-3}}{m_{17}} \times 100 = \frac{c_1 \times V_{15} \times n \times 0.1}{m_{17}} \quad (2.1.1\text{-}8)$$

式中 X_{MgO}——氧化镁的质量百分数（%）；

c_1——测定溶液中氧化镁的浓度，mg/mL；

V_{15}——测定溶液的体积，mL；

m_{17}——溶液 B 或溶液 C 中试料的质量（m_{15} 或 m_{16}），g；

n——全部试样溶液与所分取试样溶液的体积比。

c. 允许差

同一试验室的允许差为 0.15%；

不同试验室的允许差为 0.25%。

2) 配位滴定法测定氧化镁（代用法）

a. 分析步骤

一氧化锰含量在 0.5% 以下时：

称取约 0.5g 试样（m_{28}），精确至 0.0001g，置于银坩埚中，加入 6~7g 氢氧化钠，在 650~700℃ 的高温下熔融 20min。取出冷却，将坩埚放入已盛有 100mL 近沸腾水的烧杯中，盖上表面皿，于电热板上适当加热，待熔块完全浸出后，取出坩埚，用水冲洗坩埚和盖，在搅拌下一次加入 25-30mL 盐酸，再加入 1mL 硝酸。用热盐酸（1+5）洗净坩埚和盖，将溶液加热至沸，冷却，然后移入 250mL 容量瓶中，加水稀释至标线，摇匀。此溶液即为 E。

称取约 0.5g 试样（m_{11}），精确至 0.0001g，置于铂坩埚中，在 950~1000℃ 下灼烧 5min，冷却。用玻璃棒仔细压碎块状物，加入 0.3g 无水碳酸钠粉末，混匀，再将坩埚置于 950~1000℃ 下灼烧 10min，放冷。将烧结块移入瓷蒸发皿中，加少量水润湿，用平头玻璃棒压碎块状物，盖上表面皿，从皿口滴入 5mL 盐酸及 2~3 滴硝酸，待反应停止后取下表面皿，用平头玻璃棒压碎块状物使分解完全，用热盐酸（1+1）清洗坩埚数次，洗液合并于蒸发皿中。将蒸发皿置于沸水浴上，皿上放一玻璃三角架，再盖上表面皿。蒸发至糊状后，加入 1g 氯化铵，充分搅匀，继续在沸水浴上蒸发至干。取下蒸发皿，加入 10~20mL 热盐酸（3+97），搅拌使可溶性盐类溶解。用中速滤纸过滤，用胶头扫棒以热盐酸（3+97）擦洗玻璃棒及蒸发皿，并洗涤沉淀 3~4 次，然后用热水充分洗涤沉淀，直至检验无氯离子为止。滤液及洗液保存在 250mL 容量瓶中。在沉淀上加 3 滴硫酸（1+4），然后将沉淀连同滤纸一并移入铂坩埚中，烘干并灰化后放入 950~1000℃ 的马弗炉内灼烧 1h，取出坩埚置于干燥器中冷却至室温，称量。反复灼烧，直至恒量（m_{12}）。向坩埚中加数滴水润湿沉淀，加 3 滴硫酸（1+4）和 10mL 氢氟酸，放入通风橱内电热板上缓慢蒸发至干，升高温度继续加热至三氧化硫白烟完全逸尽。将坩埚放入 950~1000℃ 的马弗炉内灼烧 30min，取出坩埚置于干燥器中冷却至室温，称量。反复灼烧，直至恒量（m_{13}）。经过氢氟酸处理后得到的残渣中加入 0.5g 焦硫酸钾熔融，熔块用热水和数滴盐酸（1+1）溶解，溶液并入分离二氧化硅后得到的滤液和洗液中。用水稀释至标线，摇匀。此溶液即为 A。

从上述溶液 E 或溶液 A 中吸取 25.00mL 溶液放入 400mL 烧杯中，加水稀释至约 200mL，加 1mL 酒石酸钾钠溶液（100g/L），5mL 三乙醇胺（1+2），搅拌，然后加入 25mL pH10 缓冲标准滴定溶液（67.5g 氯化铵+570mL 氨水/L）及少许酸性铬蓝 K-萘酚绿 B 混合指示剂（1.00g 酸性铬蓝 K+2.5g 苯酚绿 B+50g 已在 105℃ 烘干过的硝酸钾混合研细），用 [c(EDTA)=0.015mol/L] EDTA 标准滴定溶液滴定，近终点时应缓慢滴定至纯蓝色。

氧化镁的质量百分数 X_{MgO} 按下式计算：

$$X_{MgO} = \frac{T_{MgO} \times (V_{22} - V_{23}) \times 10}{m_{29} \times 1000} \times 100 = \frac{T_{MgO} \times (V_{22} - V_{23})}{m_{29}} \quad (2.1.1\text{-}9)$$

式中 X_{MgO}——氧化镁的质量百分数（%）；

T_{MgO}——每毫升 EDTA 标准滴定溶液相当于氧化镁的毫克数，mg/mL；

V_{22}——滴定钙、镁总量时消耗 EDTA 标准滴定溶液的体积，mL；

V_{23}——测定氧化钙时消耗 EDTA 标准滴定溶液的体积，mL；

m_{29}——溶液 E（m_{28}）或溶液 A（m_{11}）中试料的质量，g。

一氧化锰含量在 0.5% 以上时，除将三乙醇胺（1+2）的加入量改为 10mL，并在滴定前加入 0.5~1g 盐酸羟胺外，其余分析步骤同上。

氧化镁的质量百分数 X_{MgO} 按下式计算：

$$X_{MgO} = \frac{T_{MgO} \times (V_{24} - V_{23}) \times 10}{m_{29} \times 1000} \times 100 - 0.57 \times X_{MnO}$$

$$= \frac{T_{MgO} \times (V_{24} - V_{23})}{m_{29}} - 0.57 \times X_{MnO} \qquad (2.1.1-10)$$

式中 X_{MgO}——氧化镁的质量百分数（%）；

T_{MgO}——每毫升 EDTA 标准滴定溶液相当于氧化镁的毫克数，mg/mL；

V_{24}——滴定钙、镁、锰总量时消耗 EDTA 标准滴定溶液的体积，mL；

V_{23}——测定氧化钙时消耗 EDTA 标准滴定溶液的体积，mL；

m_{29}——溶液 E（m_{28}）或溶液 A（m_{11}）中试料的质量，g；

T_{MnO}——测得的氧化锰的质量百分数；

0.57——一氧化锰对氧化镁的换算系数。

b. 允许差

同一试验室的允许差为：含量 <2% 时，0.15%

　　　　　　　　　　　含量 >2% 时，0.20%

不同试验室的允许差为：含量 <2% 时，0.25%

　　　　　　　　　　　含量 >2% 时，0.30%

3）原子吸收光谱法测定氧化镁（代用法）

a. 分析步骤

称取约 0.1g 试样（m_{30}），精确至 0.0001g，置于银坩埚中，加入 3~4g 氢氧化钠，在 750~780℃ 的高温下熔融 5min。取出冷却，将坩埚放入已盛有 70mL 以上近沸腾水的烧杯中，盖上表面皿，待熔块完全浸出后（必要时可适当加热），取出坩埚，用水冲洗坩埚和盖，在搅拌下一次加入 35mL 盐酸（1+1），用热盐酸（1+9）洗净坩埚和盖，将溶液加热至沸，冷却，然后移入 250mL 容量瓶中，用水稀释至标线，摇匀。分取一定量的溶液放入容量瓶中（溶液的分取量及容量瓶的容积视氧化镁含量而定），然后按标准法进行氧化镁的测定。

b. 结果表示

氧化镁的质量百分数 X_{MgO} 按下式计算：

$$X_{MgO} = \frac{c_2 \times V_{25} \times n \times 10^{-3}}{m_{30}} \times 100 = \frac{c_2 \times V_{25} \times n \times 0.1}{m_{30}} \qquad (2.1.1-11)$$

式中 X_{MgO}——氧化镁的质量百分数（%）；

c_2——测定溶液中氧化镁的浓度，mg/mL；

V_{25}——测定溶液的体积，mL；

m_{30}——试料的质量，g；

n——全部试样溶液与所分取试样溶液的体积比。

c. 允许差

同一试验室的允许差为 0.15%；

不同试验室的允许差为 0.25%。

(4) 硫酸盐-三氧化硫的测定（基准法）

硫酸盐-三氧化硫的测定分为基准法和代用法。代用法包括碘量法、硫酸钡-铬酸钡分光光度法和离子交换法。

基准法的测定是在酸性溶液中，用氯化钡溶液沉淀硫酸盐，经过滤灼烧后，以硫酸钡形式称量。测定结果以三氧化硫计。

碘量法是将水泥先经磷酸处理，使硫化物分解逸出后，再加氯化亚锡-磷酸溶液，将硫酸盐硫还原成硫化氢，收集于氨性硫酸锌溶液中，然后用碘量法测定。

硫酸钡-铬酸钡分光光度法是将样品经盐酸溶解，在 pH2 时，加入过量铬酸钡，使生成与硫酸根等物质的量的铬酸根。在微碱性条件下，使过量铬酸钡重新析出。干过滤后在 420nm 处测定游离铬酸根离子的吸光度。

采用碘量法和硫酸钡-铬酸钡分光光度法时，如试样中除硫化物（S^{2-}）和硫酸盐外，还有其他状态硫存在时，将给测定造成误差。

离子交换法是在水介质中，用氢型阳离子交换树脂对水泥中的硫酸钙进行两次静态交换，生成等物质的量的氢离子，以酚酞为指示剂，用氢氧化钠标准滴定溶液滴定。

离子交换法只适用于掺加天然石膏并且不含有氟、磷、氯的水泥中三氧化硫的测定。

1) 基准法测硫酸盐-三氧化硫

a. 分析步骤

称取约 0.5g 试样（m_{18}），精确至 0.0001g，置于 300mL 烧杯中，加入 30~40mL 水使其分散。加 10mL 盐酸（1+1），用平头玻璃棒压碎块状物，慢慢地加热溶液，直至水泥分解完全。将溶液加热微沸 5min。用中速滤纸过滤，用热水洗涤 10~12 次。调整滤液体积至 200mL，煮沸，在搅拌下滴加 10mL 热的氯化钡溶液（100g/L），继续煮沸数分钟，然后移至温热处静置 4h 或过夜（此时溶液的体积应保持在 200mL）。用慢速滤纸过滤，用温水洗涤，直至检验无氯离子为止。

将沉淀及滤纸一并移入已灼烧恒量的瓷坩埚中，灰化后在 800℃ 的马弗炉内灼烧 30min，取出坩埚置于干燥器中冷却至室温，称量。反复灼烧，直至恒量。

b. 结果表示

三氧化硫的质量百分数 X_{SO_3} 按下式计算：

$$X_{SO_3} = \frac{m_{19} \times 0.343}{m_{18}} \times 100 \tag{2.1.1-12}$$

式中 X_{SO_3}——三氧化硫的质量百分数（%）；

m_{19}——灼烧后沉淀的质量，g；

m_{18}——试料的质量，g；

0.343——硫酸钡对三氧化硫的换算系数。

2）碘量法测硫酸盐－三氧化硫

a. 分析步骤

称取约 0.5g 试样（m_{32}），精确至 0.0001g，置于 100mL 的干燥反应瓶中，加 10mL 磷酸，置于电炉上加热至沸，然后继续在微沸温度下加热至无大气泡、液面平静、无白烟出现时为止。放冷，加入 10mL 氯化亚锡－磷酸溶液（将 1000mL 磷酸放在烧杯中，在通风橱中于电热板上加热脱水，至溶液体积缩减至 850～950mL 时，停止加热。待溶液温度降至 100℃以下时，加入 100g 氯化亚锡（$SnCl_2 \cdot H_2O$）继续加热至溶液透明，并无大气泡冒出时为止。此溶液的使用期不宜超过两周），按图 2.1.1-1 中仪器装置图连接各部件。

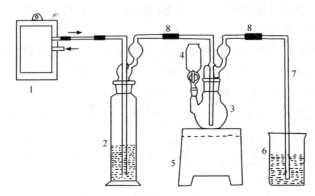

1—微型空气泵；2—洗气瓶（250mL），内盛 100mL 硫酸
铜溶液（50g/L）；3—反应瓶（100mL）；4—加液漏斗（20mL）；
5—电炉（600W，与 1～2kVA 调压变压器相连接）；
6—吸收杯（400mL），内盛 300mL 水及 20mL 氨性硫酸
锌溶液（100g/L）；7—导气管；8—硅橡胶管

图 2.1.1-1　测定硫化物及硫酸盐的仪器装置示意图

开动空气泵，保持通气速度为每秒钟 4～5 个气泡，于电压 200V 下加热 10min，然后将电压降至 160V，加热 5min 后停止加热，取下吸收杯，关闭空气泵。

用水冲洗插入吸收液内的玻璃管，加 10mL 明胶溶液（5g/L），用滴定管加入 15.00mL [c（1/6KIO_3）=0.03mol/L] 碘酸钾标准滴定液，在搅拌下一次加入 30mL 硫酸（1+2），用 [c（$Na_2S_2O_3$）=0.03mol/L] 硫代硫酸钠标准滴定溶液滴定至淡黄色，加入 2mL 淀粉溶液（10g/L），再继续滴定至蓝色消失。

b. 结果表示

三氧化硫的质量百分数 X_{SO_3} 按下式计算：

$$X_{SO_3} = \frac{T_{SO_3} \times (V_{29} - K_1 \times V_{30})}{m_{32} \times 1000} \times 100 = \frac{T_{SO_3} \times (V_{29} - K_1 \times V_{30}) \times 0.1}{m_{32}} \quad (2.1.1\text{-}13)$$

式中　X_{SO_3}——三氧化硫的质量百分数（%）；

T_{SO_3}——每毫升碘酸钾标准滴定溶液相当于三氧化硫的毫克数，mg/mL；

V_{29}——加入碘酸钾标准滴定溶液的体积，mL；

V_{30}——滴定时消耗硫代硫酸钠标准滴定溶液的体积，mL；

K_1——每毫升硫代硫酸钠标准滴定溶液相当于碘酸钾标准滴定溶液的毫升数;

m_{32}——试料的质量,g。

3) 硫酸钡-铬酸钡分光光度法测硫酸盐-三氧化硫

a. 分析步骤

称取 0.33~0.36g 试样(m_{34}),精确至 0.0001g,置于带有标线的 200mL 烧杯中,加 4mL 甲酸(1+1),分散试样,低温干燥,取下。加 10mL 盐酸(1+2)及 1~2 滴过氧化氢(1+1),将试样搅起后加热至小气泡冒尽,冲洗杯壁,再煮沸 2min,其间冲洗杯壁 2 次。取下,加水至约 90mL,加 5mL 氨水(1+2),并用盐酸(1+1)和氨水(1+1)调节酸度至 pH2(用精密 pH 试纸检验),稀释至 100mL。加 10mL 铬酸钡溶液(10g/L),搅匀。流水冷却至室温并放置,时间不少于 10min,放置期间搅拌三次。加入 5mL 氨水(1+2),将溶液连同沉淀转移到 150mL 容量瓶中,用水稀释至标线,摇匀。用中速滤纸干过滤,收集滤液于 50mL 烧杯中,使用分光光度计,20nm 比色皿,以水作参比,于 420nm 处测定溶液的吸光度。在工作曲线上查出三氧化硫的含量(m_{33})。

b. 结果表示

三氧化硫的质量百分数 X_{SO_3} 按式(2.1.1-14)计算:

$$X_{SO_3} = \frac{m_{33}}{m_{34} \times 1000} \times 100 = \frac{m_{33} \times 0.1}{m_{34}} \quad (2.1.1\text{-}14)$$

式中 X_{SO_3}——三氧化硫的质量百分数(%);

m_{33}——测定溶液中三氧化硫的含量,mg;

m_{34}——试料的质量,g。

4) 离子交换法测硫酸盐-三氧化硫

a. 分析步骤

称取约 0.2g 试样(m_{35}),精确至 0.0001g,置于已盛有 5g 树脂(H 型 732 苯乙烯强酸性阳离子交换树脂)、一根搅拌子及 10mL 热水的 150mL 烧杯中,摇动烧杯使其分散。向烧杯中加入 40mL 沸水,置于磁力搅拌器上,加热搅拌 10min,以快速滤纸过滤,并用热水洗涤烧杯与滤纸上的树脂 4~5 次。滤液及洗液收集于另一装有 2g 树脂(H 型 732 苯乙烯强酸性阳离子交换树脂)及一根搅拌子的 150mL 烧杯中(此时溶液体积在 100mL 左右)。再将烧杯置于磁力搅拌器上搅拌 3min,用快速滤纸过滤,用热水冲洗烧杯与滤纸上的树脂 5~6 次,滤液及洗液收集于 300mL 烧杯中。

向溶液中加入 5~6 滴酚酞指示剂溶液(1g 酚酞溶于 100mL95% 乙醇中),用[c(NaOH)= 0.06mol/L]氢氧化钠标准滴定溶液滴定至微红色。保存用过的树脂以备再生。

b. 结果表示

三氧化硫的质量百分数 X_{SO_3} 按下式计算:

$$X_{SO_3} = \frac{T_{SO_3} \times V_{31}}{m_{35} \times 1000} \times 100 = \frac{T_{SO_3} \times V_{31} \times 0.1}{m_{35}} \quad (2.1.1\text{-}15)$$

式中 X_{SO_3}——三氧化硫的质量百分数(%);

T_{SO_3}——每毫升氢氧化钠标准滴定溶液相当于三氧化硫的毫克数,mg/mL;

V_{31}——滴定时消耗氢氧化钠标准滴定溶液的体积,mL;

m_{35}——试料的质量，g。

5）硫酸盐-三氧化硫测定时的允许差

同一试验室的允许差为：0.15%；

不同试验室的允许差为：0.20%。

（5）碱含量的测定

水泥的碱含量以 $Na_2O + 0.658K_2O$ 表示。水泥碱含量的测定就是水泥中的氧化钾和氧化钠的测定。氧化钾和氧化钠的测定分为基准法和代用法。

基准法是将水泥经氢氟酸-硫酸蒸发处理除去硅，用热水浸取残渣。以氨水和碳酸铵分离铁、铝、钙、镁。滤液中的钾、钠用火焰光度计进行测定。

代用法是分取一定量的试样溶液，用空气-液化石油气火焰时，以锶盐消除硅、铝、钛的化学干扰；用空气-乙炔火焰时，加铯盐抑制钾、钠的电离，分别在 766.5nm 处和 589.0nm 处测定钾和钠的吸光度。

1）基准法测定氧化钾和氧化钠

a. 分析步骤

称取约 0.2g 试样（m_{24}），精确至 0.0001g，置于铂皿中，用少量水润湿，加 5~7mL 氢氟酸及 15~20 滴硫酸（1+1），置于低温电热板上蒸发。近干时摇动铂皿，以防溅失，待氢氟酸驱尽后逐渐升高温度，继续将三氧化硫白烟赶尽。取下放冷，加入 50mL 热水，压碎残渣使其溶解，加 1 滴甲基红指示剂溶液（0.2g 甲基红溶于 100mL 95% 乙醇中），用氨水（1+1）中和至黄色，加入 10mL 碳酸铵溶液（100g/L），搅拌，置于电热板上加热 20~30min。用快速滤纸过滤，以热水洗涤，滤液及洗液盛于 100mL 容量瓶中，冷却至室温。用盐酸（1+1）中和至溶液呈微红色，用水稀释至标线，摇匀。在火焰光度计上，按仪器使用规程进行测定。在工作曲线上分别查出氧化钾和氧化钠的含量（m_{25}）和（m_{26}）。

b. 结果表示

氧化钾和氧化钠的质量百分数 X_{K_2O} 和 X_{Na_2O} 按式（2.1.1-16a）和按式（2.1.1-16b）计算：

$$X_{K_2O} = \frac{m_{25}}{m_{24} \times 1000} \times 100 = \frac{m_{25} \times 0.1}{m_{24}} \quad (2.1.1\text{-}16a)$$

$$X_{Na_2O} = \frac{m_{26}}{m_{24} \times 1000} \times 100 = \frac{m_{26} \times 0.1}{m_{24}} \quad (2.1.1\text{-}16b)$$

式中　X_{K_2O}——氧化钾的质量百分数（%）；

X_{Na_2O}——氧化钠的质量百分数（%）；

m_{25}——100mL 测定溶液中氧化钾的含量，mg；

m_{26}——100mL 测定溶液中氧化钠的含量，mg；

m_{24}——试料的质量，g。

2）代用法测定氧化钾和氧化钠

a. 分析步骤

分取一定量的溶液 B 或溶液 C，放入容量瓶中（试样溶液的分取量及容量瓶的容积视氧化钾、氧化钠的含量而定），加入盐酸（1+1），使测定溶液中盐酸的浓度为 6%（V/

V），当采用空气-液化石油气火焰时，加入氯化锶溶液（锶50g/L），使测定溶液中锶浓度为1mg/mL，当采用空气-乙炔火焰时，加入氯化铯溶液（铯50g/L），使测定溶液中铯浓度为1mg/mL，用水稀释至标线，摇匀。用原子吸收光谱仪，分别用钾元素空心阴极灯在766.5nm处和用钠元素空心阴极灯在589.0nm处，在与标定工作曲线时相同的仪器条件下测定溶液的吸光度。在工作曲线上查出氧化钾（c_5）和氧化钠（c_6）的浓度。

b. 结果表示

氧化钾和氧化钠的质量百分数 X_{K_2O} 和 X_{Na_2O} 按式（2.1.1-17a）和按式（2.1.1-17b）计算：

$$X_{K_2O} = \frac{c_5 \times V_{28} \times n \times 10^{-3}}{m_{31}} \times 100 = \frac{c_5 \times V_{28} \times n \times 0.1}{m_{31}} \quad (2.1.1-17a)$$

$$X_{Na_2O} = \frac{c_6 \times V_{28} \times n \times 10^{-3}}{m_{31}} \times 100 = \frac{c_6 \times V_{28} \times n \times 0.1}{m_{31}} \quad (2.1.1-17b)$$

式中 X_{K_2O}——氧化钾的质量百分数（%）；

X_{Na_2O}——氧化钠的质量百分数（%）；

c_5——测定溶液中氧化钾的浓度，mg/mL；

c_6——测定溶液中氧化钠的浓度，mg/mL；

V_{28}——测定溶液的体积，mL；

m_{31}——溶液B（m_{14}）或溶液C（m_{15}）中试料的质量，g；

n——全部试样溶液与所分取试样溶液的体积比。

3）氧化钾和氧化钠测定时的允许差

同一试验室的允许差：K_2O 与 Na_2O 均为0.10%；

不同试验室的允许差：K_2O 与 Na_2O 均为0.15%。

5. 氯离子的测定

氯离子的测定是用规定的蒸馏装置在170~280℃温度梯度下，以磷酸和过氧化氢分解试样，以净化空气做载体，进行蒸馏分离氯，用0.1mol/L硝酸做吸收液，蒸馏5~8min后，向蒸馏液中加入相当于体积75%（体积分数）的乙醇。在pH3.5左右，以二苯偶氮碳酰肼为指示剂，用硝酸汞标准滴定溶液进行滴定。

（1）仪器设备

1）测氯装置，见图2.1.1-2；

2）微量滴定管（10mL）；

3）试管架；

4）分析天平。

（2）分析步骤

1）试验前须按图2.1.1-2连接蒸馏装置并对各部件进行检验。

2）试样称取量可根据氯的含量确定，准确至0.0001g。氯含量小于0.2%时，称取0.3~0.5g；氯含量为0.2%~1%时，称取0.3~0.1g；碳酸盐样品以0.3g为宜。

3）将称量的试料置于已烘干的石英蒸馏管中，勿使试料粘附于管壁。

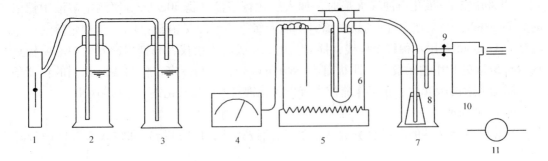

1—气体转子流量计（最大量程约500mL/min）；2—洗气瓶（250mL），内盛0.1mol/L硝酸银溶液；
3—洗气瓶（250mL），内盛水；4—控温仪（可控温度20～300℃）；5—加热炉（可控炉温为170～280℃温度梯度）；
6—石英蒸馏管（内径20mm，高200mm），以磨口帽连接，进气管离底部约5mm；
7—抽气瓶（内径70mm，高120mm）；8—锥形瓶（50mL）；9—流速调节夹；
10—小型电磁抽气泵；11—镍铬丝固定架

图 2.1.1-2 测氯装置示意图

4) 向50mL锥形瓶中加2mL水及5滴0.5mol/L硝酸，将锥形瓶置于抽气瓶中，塞紧橡皮塞。

5) 将固定架套在石英蒸馏管上，向蒸馏管中加入5滴过氧化氢（30%）溶液，摇匀后加入5mL磷酸（85%），待试料分解产生的二氧化碳气体大部分溢出后，立即套上磨口塞，并将其置于170～280℃温度梯度的加热炉内，迅速地以硅橡胶管连接好蒸馏管的进出口部分，盖上炉盖。

6) 开动抽气泵，调节气流速度在230±50mL/min。蒸馏5min后关闭抽气泵，拆下连接管，取出蒸馏管于试管架内。

7) 用95%乙醇吹洗连接抽气瓶的细玻璃管及其下端于锥形瓶内（乙醇用量约12mL）。由抽气瓶中取出锥形瓶，向其中加入2滴0.1%溴酚蓝指示剂，用0.5mol/L氢氧化钠溶液调至溶液呈蓝色，然后用0.5mol/L硝酸调至溶液刚好变黄，再过量1滴，加入10滴1%二苯偶氮碳酰肼指示剂，用0.001mol/L硝酸汞标准滴定溶液滴定至樱桃红色出现。

8) 氯含量为0.2%～1%时，蒸馏时间应为8min；用硝酸汞标准滴定溶液[$c(Hg(NO_3)_2) = 0.005$mol/L]进行滴定。

9) 进行试样分析时，应同时进行空白试验，并对测试结果加以校正。

(3) 结果表示与计算

1) 氯离子的含量按式（2.1.1-18）计算：

$$X_{Cl} = \frac{T_{Cl}(V_3 - V_2)}{m \times 1000} \times 100 \tag{2.1.1-18}$$

式中 X_{Cl}——氯离子的质量分数，%；
T_{Cl}——硝酸汞标准滴定溶液对氯离子的滴定度，单位为毫克每毫升（mg/ml）；
V_2——空白试验消耗硝酸汞标准滴定溶液的体积，单位为毫升（mL）；
V_3——滴定时消耗硝酸汞标准滴定溶液的体积，单位为毫升（mL）；

m——试料的质量,单位为克(g)。

2)允许差:

同一试验室的允许差为:含量<0.10%时,0.002%;
含量0.1%~1.0%时,0.020%;

不同试验室的允许差为:含量<0.10%时,0.002%;
含量0.1%~1.0%时,0.030%。

6. 保水率

砌筑水泥的保水率是用规定流动度范围的新拌砂浆,按规定的方法进行吸水处理,吸水处理后砂浆中保留的水的质量与原始水量的质量百分比。

(1)仪器和设备

1)刚性试模,圆形,内径为(100±1)mm,内部有效深度(25±1)mm;

2)刚性底板,圆形,无孔,直径(110±5)mm,厚度(5±1)mm;

3)干燥滤纸,慢速定量滤纸,直径为(110±1)mm;

4)金属滤网,网格尺寸45μm,圆形、直径为(110±1)mm;

5)金属刮刀;

6)电子天平,称量2kg、感量0.1g;

7)铁砣,质量为2kg。

(2)操作步骤

1)将空的干燥的试模称量,精确到0.1g;将8张未使用的滤纸称量精确到0.1g。

2)称取(450±2)g水泥,(1350±5)gISO标准砂,量取(225±1)mL水,按GB/T17671制备砂浆,并按GB/T2419测定砂浆的流动度,调整水量以水泥胶砂流动度在(180~190)mm范围内的用水量为准。

3)当砂浆的流动度在180~190mm范围内时,将搅拌锅中剩余的砂浆在低速下重新搅拌15s,然后用刮刀将砂浆装满试模并抹平表面。

4)将装满砂浆的试模称量精确到0.1g。用滤网盖住砂浆表面,并在滤网顶部放上8张已称量的滤纸,滤纸上放上刚性底板,将试模翻转180°倒放在一平面上并在倒转的试模底上放上质量为2kg的铁砣。5min±5s后拿掉铁砣,再倒放回去,去掉刚性底板、滤纸和滤网,并称量滤纸精确到0.1g。

5)重复试验一次。

6)保水率的计算

首先按下式计算吸水前砂浆中的水量(Z):

$$Z = \frac{Y \times (W - U)}{1350 + 450 + Y} \tag{2.1.1-19}$$

式中 U——空模的质量,单位为克(g);

W——装满砂浆的试模的质量,单位为克(g);

Y——制备流动度值为180~190mm的砂浆的用水量,单位为克(g)。

按下式计算保水率(R):

$$R = \frac{[Z - (X - Y)] \times 100}{Z} \tag{2.1.1-20}$$

式中　Y——吸水前 8 张滤纸的质量，单位为克（g）；
　　　X——吸水后 8 张滤纸的质量，单位为克（g）；
　　　Z——吸水前砂浆中的水量，单位为克（g）。

计算两次试验的保水率的平均值，精确到整数。如果两个试验值与平均值的偏差 >2%，重复试验，再用一批新拌的砂浆作两组试验。

（四）水泥的评定

水泥根据各项技术要求分为合格品、不合格品与废品。

水泥符合各项技术要求的为合格品。

通用水泥任何一项技术要求不符合标准规定时，均为不合格品。砌筑水泥凡细度、终凝时间、保水率中的任一项不符合标准规定或 22.5 级砌筑水泥强度低于标准规定的指标时为不合格品。水泥包装标志中水泥品种、强度等级、生产者名称和出厂编号不全的也属于不合格品。

砌筑水泥凡三氧化硫、初凝时间、安定性中任一项不符合标准规定或 12.5 级砌筑水泥强度低于标准规定的指标时，均为废品。

水泥试验报告中应包括各项技术要求和细度的检测结果、混合材料名称和掺加量、属旋窑或立窑生产。

在工程施工中，当发现水泥质量有明显下降或上述水泥出厂超过 3 个月时，应对其质量进行复验，并按复验结果使用。

2.1.1.2　掺合料

用于混凝土中的掺合料，主要有粉煤灰、粒化高炉矿渣粉、天然沸石粉等。粉煤灰应符合现行国家标准《用于水泥和混凝土中的粉煤灰》GB1596、矿渣粉应符合现行国家标准《用于水泥中的粒化高炉矿渣》GB/T18046 的规定。其他用于高性能混凝土的矿物外加剂应符合 GB/T18736 的要求。当采用其他品种的掺合料时，其烧失量及有害物质含量等质量指标应通过试验，确认符合混凝土质量要求时，方可使用。

（一）粉煤灰

1. 工程的取样

（1）以连续供应相同等级的不超过 200t 为一验收批，每批取试样一组（不少于 1kg）。

（2）散装灰取样，从不同部位取 15 份试样，每份 1～3kg，混合拌匀按四分法缩取出 1kg 送试（平均样）。

（3）袋装灰取样，从每批任抽 10 袋，每袋不少于 1kg，按上述方法取平均样 1kg 送试。

2. 技术要求

粉煤灰掺合料应符合表 2.1.1-5 规定的技术要求。

粉煤灰掺合料的技术要求　　　　表 2.1.1-5

指　　标	级　　别		
	Ⅰ	Ⅱ	Ⅲ
细度（0.045mm 方孔筛筛余%）≥	12.0	25.0	45.0
需水量比（%）≥	95	105	115

续表

指　　标		级　　别		
		Ⅰ	Ⅱ	Ⅲ
烧失量（%）⩾		5.0	8.0	15.0
含水率（%）⩾		1.0		
三氧化硫（%）⩾		3.0		
游离氧化钙（%）⩾	F类粉煤灰	1.0		
	C类粉煤灰	4.0		
安定性 雷氏夹煮沸后增加距离（mm）⩾		5.0		

3. 试验方法

（1）细度

细度试验同水泥负压筛法，筛孔直径为0.045mm。

（2）需水量比

1）试样组成

试验样品：75g粉煤灰，175g标准水泥和750g标准砂，加水量125mL。

对比样品：250g标准水泥，750g标准砂。

2）试验步骤

按GB2419分别测定试验样品的流动度达到130~140mm时的需水量W_1（mL）。搅拌步骤按GB/T17671规定进行。

3）结果计算

粉煤灰需水量比按下式计算：

$$需水量比 = \frac{W_1}{125} \times 100 \qquad (2.1.1-21)$$

计算结果取整数。

（3）烧失量、三氧化硫和碱含量

同水泥。

（4）含水量

1）试验步骤

称取粉煤灰试样约50g（w_1），精确至0.01g，倒入蒸发皿中。将粉煤灰试样放入温度控制在105~110℃的烘干箱内烘至恒重，取出放在干燥器中冷却至室温后称重（w_0），精确至0.01g。

2）结果计算

含水量按下式计算：

$$W = [(w_1 - w_0)/w_1] \times 100 \qquad (2.1.1-22)$$

计算至 0.1%。

(5) 游离氧化钙

游离氧化钙的测定方法分为两种——基准法和代用法。基准法是在 pH13 以上的强碱性溶液中，以三乙醇胺为掩蔽剂，用钙黄绿素-甲基百里香酚蓝-酚酞混合指示剂，用 EDTA 标准滴定溶液滴定。代用法是预先在酸性溶液中加入适量氟化钾，以抑制硅酸的干扰，然后在 pH13 以上的强碱性溶液中，以三乙醇胺为掩蔽剂，用钙黄绿素-甲基百里香酚蓝-酚酞混合指示剂，用 EDTA 标准滴定溶液滴定。

1）试验过程

a. 基准法

从使用配位滴定法测定氧化镁配制的溶液 A 中吸取 25.00mL 溶液放入 300mL 烧杯中，加水稀释至约 200mL，加 5mL 三乙醇胺（1+2）及少许的钙黄绿素-甲基百里香酚蓝-酚酞混合指示剂，在搅拌下加入氢氧化钾溶液至出现绿色荧光后再过量 5~8mL，此时溶液在 pH13 以上，用 [c（EDTA）= 0.015mol/L] EDTA 标准滴定溶液滴定至绿色荧光消失并呈现红色。

b. 代用法

从使用配位滴定法测定氧化镁配制的溶液 E 中吸取 25.00mL 溶液放入 400mL 烧杯中，加入 7mL 氟化钾溶液，搅拌并放置 2min 以上，加水稀释至约 200mL，以下步骤与基准法试验步骤相同。

2）结果计算

氧化钙的质量百分数 X_{CaO} 按下式计算：

$$X_{CaO} = \frac{T_{CaO} \times V_{14} \times 10}{m_{11} \times 1000} \times 100 = \frac{T_{CaO} \times V_{14}}{m_{11}} \qquad (2.1.1\text{-}23)$$

式中　T_{CaO}——每毫升 EDTA 标准滴定溶液相当于氧化钙的毫克数，mg/mL；

　　　V_{14}——滴定时消耗 EDTA 标准滴定溶液的体积，mL；

　　　m_{11}——溶液 A、E 中试料的质量，g。

3）允许差

同一试验室的允许差为 0.25%；不同试验室的允许差为 0.40%。

4. 结果评定

符合各级技术要求的为等级品。若其中任何一项不符合要求的，应重新加倍取样，进行全部项目的复验。复验不合格的需降级处理。低于技术要求中最低级别技术要求的为不合格品。

(二) 粒化高炉矿渣粉

1. 取样

取样应有代表性，可连续取样也可在 20 个以上部位取等量样品，总取样量至少 20kg。

2. 技术要求

粒化高炉矿渣粉应符合表 2.1.1-6 规定的技术要求。

粒化高炉矿渣粉的技术要求　　　　表2.1.1-6

指　　标		级　　别		
		S105	S95	S75
密度（g/cm³）	≤	2.8		
比表面积（m²/g）	≤	500	400	300
活性指数（%）	7d ≤	95	75	55[1)]
	28d ≤	105	95	75
流动度比（%）	≤	95		
含水量（%）	≥	1.0		
三氧化硫（%）	≤	4.0		
氯离子[2)]（%）	≥	0.06		
烧失量[2)]（%）	≥	3.0		
玻璃体含量（%）	≤	85		
放射性		合格		

3. 试验方法

（1）密度 同水泥密度试验方法 GB/T208。

（2）比表面积

比表面积的测定按 GB/T8074 进行，具体参见水泥部分。

（3）活性指数及流动度比

活性指数是测试试验样品和对比样品同龄期的抗压强度之比。

流动度比为测定试验样品和对比样品的流动度之比。

1）样品

对比样品：符合 GB175 规定的强度等级为 42.5 的硅酸盐水泥或普通硅酸盐水泥，且7d 抗压强度 35MPa～45MPa，28d 抗压强度 50MPa～60MPa，比表面积 300m²/kg～400m²/kg，SO_3 含量 2.3%～2.8%，碱含量 0.5%～0.9%。

试验样品：由对比水泥和矿渣粉按质量1:1组成。

2）砂浆配比

砂浆配比见表 2.1.1-7。

砂浆配比　　　　表 2.1.1-7

砂浆种类	水泥（g）	矿渣粉（g）	中国 ISO 标准砂（g）	水（mL）
对比砂浆	450	—	1350	225
试验砂浆	225	225		

3）试验步骤

按水泥胶砂强度测试方法 GB/T17671 分别测定试验样品和对比样品 7d、28d 抗压强度 R_7、R_{28} 和 R_{07}、R_{028}。

按 GB/T2419 分别测定试验样品的对比样品的流动度 L 和 L_0。

4）结果计算

矿渣粉 7d 和 28d 活性指数分别按下式计算，计算结果取整数

$$A_7 = (R_7/R_{07}) \times 100 \tag{2.1.1-24}$$

式中 A_7——7d 活性指数（%）；
R_7——试验样品 7d 抗压强度，MPa；
R_{07}——对比样品 7d 抗压强度，MPa。

$$A_{28} = (R_{28}/R_{028}) \times 100 \tag{2.1.1-25}$$

式中 A_{28}——28d 活性指数（%）；
R_{28}——试验样品 28d 抗压强度，MPa；
R_{028}——对比样品 28d 抗压强度，MPa。

矿渣粉的流动度按下式计算，计算结果取整数：

$$F = (L/L_0) \times 100 \tag{2.1.1-26}$$

式中 F——流动度比（%）；
L——试验样品流动度，mm；
L_0——对比样品流动度，mm。

（4）含水量

用 1/100 的天平准确称取矿渣粉 50g，置于已知质量的瓷坩埚中，放入 105~110℃ 的恒温控制的烘箱内烘 2h，取出坩埚置于干燥器中冷却至室温，称量。

矿渣粉的含水量按下式计算，结果计算至 0.1%。

$$X = [(G - G_1)/G] \times 100 \tag{2.1.1-27}$$

式中 X——矿渣粉的含水量（%）；
G——烘干前试样的质量，g；
G_1——烘干后试样的质量，g。

（5）三氧化硫和烧失量

烧失量和三氧化硫的测定按 GB/T176 进行（具体见水泥部分），其中烧失量的灼烧时间为 15~20min。

矿渣粉在灼烧过程中由于硫化物的氧化引起的误差，可通过下式进行校正：

$$\overline{\omega}_{O_2} = 0.8 \times (\overline{\omega}_{灼SO_3} - \overline{\omega}_{未灼SO_3}) \tag{2.1.1-28a}$$

式中 $\overline{\omega}_{O_2}$——矿渣粉灼烧过程中吸收空气中氧的质量分数（%）；
$\overline{\omega}_{灼SO_3}$——矿渣灼烧后测得的 SO_3 质量分数（%）；
$\overline{\omega}_{未灼SO_3}$——矿渣未经灼烧测得的 SO_3 质量分数（%）。

$$X_{校正} = X_m + \overline{\omega}_{O_2} \tag{2.1.1-28b}$$

式中 $X_{校正}$——矿渣粉校正后的烧失量（%）；
X_m——矿渣粉试验测得的烧失量（%）。

（6）氯离子

按水泥原料中氯的分析方法 JC/T 420 的有关规定进行。

(7) 玻璃体含量

使用 X 射线衍射仪测定。

(8) 放谢性

按 GB 6566 进行，其中放射性试验样品为矿渣粉和硅酸盐水泥按质量比 1:1 混合制成。

4. 结果评定

符合矿渣粉技术要求的为合格品。若其中任一项不符合要求，应重新加倍取样，复验不合格项，评定时以复验结果为准。

（三）高强高性能混凝土用矿物外加剂

高强高性能混凝土用矿物外加剂主要包括磨细矿渣、磨细粉煤灰、磨细天然沸石和硅灰及其复合的矿物外加剂。

1. 取样

同类同等级的硅灰及其复合矿物外加剂以 30t 为一取样单位，其余矿物外加剂以 120t 为一取样单位，数量不足者也按一个取样单位计。取样可连续取样也可在 20 个以上部位取等量样品，每样总质量至少 12kg，硅灰取样量可酌减，但总质量至少 4kg。

2. 技术要求

矿物外加剂的技术要求见表 2.1.1-8。

矿物外加剂的技术要求　　　　表 2.1.1-8

试验项目			指标要求						
			磨细矿渣			磨细粉煤灰		磨细天然沸石		硅灰
			Ⅰ	Ⅱ	Ⅲ	Ⅰ	Ⅱ	Ⅰ	Ⅱ	
化学性能	MgO（%）	≤	14			—	—	—	—	—
	SO_3（%）	≤	4			3		—	—	—
	烧失量（%）	≤	3			5	8	—	—	6
	Cl（%）	≤	0.02			0.02		0.02		0.02
	SiO_2（%）	≥	—	—	—	—	—	—	—	85
	吸胺值（mmol/100g）	≥						130	100	
物理性能	比表面积（m^2/kg）	≥	750	550	350	600	400	700	500	15000
	含水率（%）	≤	1.0			1.0		—	—	3.0
胶砂性能	需水量比	≤	100			95	105	110	115	125
	活性指数（%）	3d ≥	85	70	55					
		7d ≥	100	85	75	80	75	—	—	
		28d ≥	115	105	100	90	85	90	85	85

3. 试验方法

（1）氧化镁、三氧化硫和烧失量按 GB/T176 进行，具体见水泥部分。

（2）氯离子按 JC/T420 进行，具体见粒化高炉矿渣。

（3）硅灰中的二氧化硅分析

1) 标准试剂

盐酸：36%～38%；

硫酸：95%～98%；

氢氟酸：40%；

无水碳酸钠；

动物胶：1%。

在分析中用体积比表示试剂稀释程度，例如：盐酸（1+2）表示：1份体积的浓盐酸与2份体积的水相混合。

2）分析步骤

将试样在105～110℃烘干。

称取0.5g试样于预先放入3～4g无水碳酸钠的铂坩埚中，搅拌均匀，送入预热至800℃的高温炉中，升温至1000℃熔融30min（空白置于近炉门处，到温度后可先取出），坩埚取出后立即倾斜放置，冷却。将坩埚置于250mL烧杯中，加入60mL冷的盐酸（1+2），待熔块脱离坩埚后，用水洗净坩埚，并用橡皮擦棒擦净，置于水浴上蒸发至湿盐状。在蒸发过程中，要经常搅拌溶液，使盐类成粉末状而不呈晶状析出，取下，冷却，加入6～8mL的1%动物胶溶液，空白加5mL，充分搅匀，放置5min以上，用水冲洗杯壁，加入20mL热水，搅拌使盐类溶解，待沉淀沉降后趁热过滤，烧杯中沉淀全部转移入漏斗中，用2%温热盐酸洗涤至无铁离子，再用水洗涤两次。

将沉淀连同滤纸放在铂坩埚中，低温灰化，在1000℃灼烧30～50min，干燥器中冷却，称重，再灼烧20～30min，直至恒重。然后沉淀用水润湿，加4滴硫酸（1+1）和5mL氢氟酸蒸发至冒三氧化硫白烟，最后在小电炉上使白烟冒尽。坩埚及残渣在950℃灼烧20min称量。用差减法计算结果。

（4）吸铵值的测定

1）标准试剂：

氯化铵溶液：1mol/L；

氯化钾溶液：1mol/L；

硝酸铵溶液：0.005mol/L；

硝酸银溶液：5%；

NaOH标准溶液：0.1mol/L；

甲醛溶液：38%；

酚酞酒精溶液：1%。

2）测定仪器：

干燥器：ϕ30cm～ϕ40cm；

电炉：300～500W；

烧杯：150mL；

锥形瓶：250～300mL；

漏斗：ϕ10cm～ϕ20cm，附中速定性滤纸；

滴定管：50mL，最小刻度0.1mL；

分析天平：200g，感量0.1mg。

3) 测试步骤

取通过 80μm 方孔筛的磨细天然沸石风干样，放入干燥器中 24h 后，称取 1g，精确至 0.1mg，置于 150mL 的烧杯中，放入 100mL 的 1 mol/L 的氯化铵溶液；

将烧杯放在电热板或调温电炉上加热微沸 2h（经常搅拌，可补充水，保持杯中溶液至少 30mL）；

趁热用中速滤纸过滤，取煮沸并冷却的蒸馏水洗烧杯和滤纸沉淀，再用 0.005mol/L 的硝酸铵淋洗至无氯离子（用黑色比色板滴两滴淋洗液，加入一滴硝酸银溶液，无白色沉淀产生，表明无氯离子）；

移去滤液瓶，将沉淀移到普通漏斗中，用煮沸的 1 mol/L 氯化钾溶液每次约 30mL 冲洗沉淀物用一干净烧杯承接，分四次洗至 100～120mL 为止；

在洗液中加入 10mL 甲醛溶液，静置 20min；

锥形洗液瓶中加入 2～8 滴酚酞指示剂，用氢氧化钠标准溶液滴定，直至微红色为终点（半分钟不褪色），记下消耗的氢氧化钠标准溶液体积。

4) 结果计算

磨细天然沸石吸铵值按下式计算

$$A = \frac{M \times V \times 100}{m} \qquad (2.1.1-29)$$

式中　A——吸铵值，mol/100g；

　　　M——NaOH 标准溶液的摩尔浓度，mol/L；

　　　V——消耗的 NaOH 标准溶液的体积，mL；

　　　m——磨细天然沸石风干样放入干燥器中 24h 的质量，g。

同一样品分别进行两次测试，所得测试结果之差不得大于 3%，取其平均值为试验结果。计算值取到小数后 1 位。当测试结果超过允许范围时，应查找原因，重新按上述试验方法进行测试。

(5) 比表面积

硅灰的比表面积用 BET 氮吸附法测定，磨细矿渣、磨细粉煤灰、磨细天然沸石采用激光粒度分析仪测定其粒度分布，并按说明书给定的方法计算出比表面积。

(6) 需水量比及活性指数

此方法规定了磨细矿渣、硅灰、粉煤灰、磨细天然沸石等及其复合的矿物外加剂胶砂需水量比及活性指数的测试方法。

1) 试验用仪器

采用 GB/T17671 水泥胶砂强度检验方法（ISO 法）中所规定的试验用仪器。

2) 试验用材料

水泥：采用混凝土外加剂 GB8076—1997 中规定的基准水泥。在因故得不到基准水泥时，允许采用 C_3A 含量 6%～8%，总碱量（$Na_2O\%+0.658K_2O\%$）不大于 1% 的熟料和二水石膏、矿渣共同磨制的强度等级大于（含）42.5 的普通硅酸盐水泥，但仲裁仍需用基准水泥。

砂：符合水泥胶砂强度检验方法 GB/T17671 规定的标准砂。

水：采用自来水或蒸馏水。

矿物外加剂：受检的矿物外加剂。
3）试验条件及方法

试验条件：试验室应符合 GB/T17671—1999 中 4.1 的规定。试验用各种材料和用具应预先放在试验室内，使其达到试验室相同的温度。

4）试验方法

胶砂的配比见表 2.1.1-9。

胶砂配比　　　　　　　　　　　表 2.1.1-9

材料	基准胶砂	受检胶砂				备注
		磨细矿渣	磨细粉煤灰	磨细天然沸石	硅灰	
水泥	450±2	225±1	315±1	405±1	405±1	表中所示为一次搅拌量
矿物外加剂	—	225±1	135±1	45±1	45±1	
ISO 砂	1350±5	1350±1	1350±1	1350±1	1350±1	
水	225±1	使受检胶砂流动度达基准胶砂流动度值±5mm				

搅拌：把水加入搅拌锅里，再加入预先混匀的水泥和矿物外加剂，把锅放置在固定架上，上升至固定位置。然后按 GB/T17671—1999 中 6.3 进行搅拌，开动机器后，低速搅拌 30s 后，在第二个 30s 开始的同时均匀地将砂子加入。当各级砂是分装时，从最粗粒级开始，依次将所需的每级砂量加完。把机器转至高速再拌 30s。停拌 90s，在第一个 15s 内用一胶皮刮具将叶片和锅壁上的胶砂刮入锅中间。在高速下继续搅拌 60s。各个搅拌阶段，时间误差应在 ±1s 以内。水泥胶砂流动度测定参照 GB/T2419 进行。

试件的制备和养护：按水泥胶砂强度检验方法 GB/T17671—1999 的有关规定进行。

强度和试验龄期：试体龄期是从水泥加水搅拌开始试验时算起，不同龄期强度试验在下列时间里进行。

——72h±45min；

——7d±2h；

——>28d±8h。

5）结果与计算

需水量比：根据表 2.1.1-9 配比，测得受检胶砂的需水量，按下式计算相应矿物外加剂的需水量之比：

$$R_w = \frac{W_t}{225} \times 100 \qquad (2.1.1-30)$$

式中　R_w——受检胶砂的需水量比（%）；

　　　W_t——受检胶砂的用水量，g；

　　　225——基准胶砂的用水量，g。

计算结果取为整数。

矿物外加剂活性指数：在测得相应龄期基准胶砂和试验胶砂抗压强度后，按下式计算矿物外加剂的相应龄期的活性指数。

$$A = \frac{R_t}{R_0} \times 100 \qquad (2.1.1\text{-}31)$$

式中 A——矿物外加剂的活性指数;

R_t——受检胶砂相应龄期的强度,MPa;

R_0——基准胶砂相应龄期的强度,MPa。

计算结果取为整数。

2.1.1.3 外加剂

混凝土中常用的外加剂有减水剂(包括普通减水剂、高效减水剂、早强减水剂、缓凝减水剂、引气减水剂)、早强剂、缓凝剂、引气剂以及泵送剂、防水剂、防冻剂、膨胀剂和速凝剂。减水剂、早强剂、缓凝剂、引气剂应符合《混凝土外加剂》GB8076 的规定;泵送剂应符合《混凝土泵送剂》JC473 的规定;防水剂应符合《砂浆、混凝土防水剂》JC474 的规定;防冻剂应符合《混凝土防冻剂》JC475 的规定;膨胀剂应符合《混凝土膨胀剂》JC476 的规定;速凝剂应符合《喷射混凝土用速凝剂》JC477 的规定。

(一)减水剂、早强剂、缓凝剂、引气剂

1. 工程中的取样

(1)掺量大于 1%(含 1%)的同品种、同一编号的外加剂,每 100t 为一验收批,不足 100t 也按一批计。掺量小于 1% 的同品种、同一编号的外加剂,每 50t 为一验收批,不足 50t 也按一批计。

(2)从不少于三个点取等量样品混匀。

(3)取样数量,不少于 0.5t 水泥所需量。

2. 技术要求

掺普通减水剂、高效减水剂、早强减水剂、缓凝减水剂、引气减水剂、早强剂、缓凝剂、引气剂的混凝土性能指标见表 2.1.1-11。外加剂的匀质性指标见表 2.1.1-10。

混凝土外加剂匀质性指标　　　　表 2.1.1-10

试验项目	指　　　标
含固量或含水量	a. 对液体外加剂,应在生产厂所控制值的相对量的 3% 内 b. 对固体外加剂,应在生产厂控制值的相对量的 5% 内
密　　度	对液体外加剂,应在生产厂所控制值的 $\pm 0.02\text{g/cm}^3$ 之内
氯离子含量	应在生产厂所控制值相对量的 5% 之内
水泥净浆流动度	应不小于生产控制值的 95%
细　　度	0.315mm 筛筛余应小于 15%
pH 值	应在生产厂所控制值 ± 1 之内
表面张力	应在生产厂所控制值 ± 1.5 之内
还原糖	应在生产厂所控制值 $\pm 3\%$
总碱量($Na_2O + 0.658K_2O$)	应在生产厂控制值的相对量的 5% 之内
硫酸钠	应在生产厂控制值的相对量的 5% 之内
泡沫性能	应在生产厂控制值的相对量的 5% 之内
砂浆减水率	应在生产厂控制值 $\pm 1.5\%$ 之内

掺外加剂混凝土性能指标

表 2.1.1-11

试验项目		普通减水剂		高效减水剂		早强减水剂		缓凝高效减水剂		缓凝减水剂		引气减水剂		早强剂		缓凝剂		引气剂	
		一等品	合格品	一等品	合格品	一等品	合格品	一等品	合格品	一等品	合格品	一等品	合格品	一等品	合格品	一等品	合格品	一等品	合格品
减水率（%），不小于		8	5	12	10	8	5	12	10	8	5	10	10	—	—	—	—	6	6
泌水率比（%），不大于		95	100	90	95	95	100	100	100	100	100	70	80	100	—	100	110	70	80
含气量（%）		≤3.0	≤4.0	≤3.0	≤4.0	≤3.0	≤4.0	<4.5		<5.5		>3.0	>3.0	—	—	—	—	>3.0	>3.0
凝结时间差，min	初凝	−90～+120		−90～+120		−90～+90		>+90		>+90		−90～+120		−90～+90		>+90		−90～+120	
	终凝	—		—		—		—		—		—		125		—		—	
抗压强度比，%，不小于	1d	115	—	140	—	140	130	—	—	—	—	115	—	135	125	—	—	—	—
	3d	115	110	130	130	130	120	125	120	100	100	—	—	130	120	90	90	95	95
	7d	115	110	125	125	115	110	125	115	110	110	110	110	110	105	100	100	95	95
	28d	110	105	120	120	110	100	120	110	110	105	100	100	100	95	100	100	90	90
收缩率比 % 不大于	28d	135		135		135		135		135		135		135		135		135	
相对耐久性指标(%)200次,不小于		—		—		—		—		—		60		—		80		60	
对钢筋锈蚀作用		应说明对钢筋有无锈蚀危害																	

注：1. 除含气量外，表中所列数据为掺外加剂混凝土与基准混凝土的差值或比值。2. 凝结时间指标，"−"号表示提前，"+"号表示延缓。3. 相对耐久性指标一栏中，"200次≥80和60"表示将28d龄期的掺外加剂混凝土试件冻融循环200次，动弹性模量保留值≥80%或≥60%。4. 对于可以用高频振捣排除的，由外加剂所引入的气泡的产品，允许用高频振捣，达到某类型性能指标要求的外加剂，但须在产品说明书和包装上注明"用于高频振捣"的×剂"。

3. 试验方法

受检混凝土的试验方法见混凝土拌合物性能试验和混凝土物理力学性能试验以及混凝土长期耐久性试验。

（1）试验用材料

水泥：采用基准水泥，如果没有基准水泥允许采用 C_3A 含量6%～8%，总碱含量不大于1%的熟料的二水石膏、矿渣共同磨制的标号大于 P.O42.5 的水泥。但仲裁仍需用基准水泥。

砂为中砂，细度模数为 2.6～2.9。

石子粒径为 5～20mm，采用二级配，其中 5～10mm 占 40%，10～20mm 占 60%。如有争议，以卵石试验结果为准。

（2）配合比

基准混凝土配合比按 JGJ/T55 进行设计，掺非引气型外加剂混凝土与基准混凝土的水泥、砂、石用量相同。

水泥用量：采用卵石时，(310 ± 5) kg/m³；采用碎石时，(330 ± 5) kg/m³。

砂率：基准混凝土和掺外加剂混凝土的砂率均为 36%～40%，但掺引气减水剂和引气剂的混凝土砂率应比基准混凝土低 1%～3%。

外加剂掺量：按生产单位推荐的掺量。

用水量：应使混凝土坍落度为 (80 ± 10) mm。

（3）混凝土搅拌

采用60L自落式混凝土搅拌机，全部材料及外加剂一次投入，拌合量应不少于15L，不大于45L，搅拌3min，出料后在铁板上用人工翻拌2～3次再进行试验。

各种混凝土材料及试验环境温度均应保持在 $20 \pm 3℃$。

（4）试件制作及试验所需试件数量

1）试件制作

混凝土试件制作及养护均按 GBJ80 进行，但混凝土预养温度为 $20 \pm 3℃$。

2）试验项目及所需数量详见表 2.1.1-12。

表 2.1.1-12

试验项目	外加剂类别	试验类别	试验所需数量			
			混凝土拌合批数	每批取样数目	掺外加剂混凝土总取样数目	基准混凝土总取样数目
减水率	除早强剂、缓凝剂外各种外加剂	混凝土拌合物	3	1次	3次	3次
泌水率比	各种外加剂		3	1个	3个	3个
含气量			3	1个	3个	3个
凝结时间差			3	1个	3个	3个
抗压强度比		硬化混凝土	3	9或12块	27或36块	27或36块
收缩比			3	1块	3块	3块
相对耐久性指标	引气剂、引气减水剂		3	1块	3块	3块
钢筋锈蚀	各种外加剂	新拌或硬化砂浆	3	1块	3块	3块

(5) 混凝土拌合物

1) 减水率

减水率是坍落度基本相同时基准混凝土和掺外加剂混凝土单位用水量之差与基准混凝土单位用水量之比。

减水率以三批试验的算术平均值计，精确到小数点后一位。若三批试验的最大值或最小值中有一个与中间值之差超过中间值的 15% 时，则把最大值与最小值一并舍去，取中间值作为该组试验的减水率。若有两个测值与中间值之差大于 15%，则该批试验结果无效，应重做。

2) 泌水率比

泌水率比为掺外加剂混凝土与基准混凝土泌水率的比值，精确至小数点后一位。

泌水率的测定及计算方法如下：

先用湿布润湿容积为 5L 的带盖筒（内径 185mm，高 200mm），将混凝土拌合物一次装入，在振动台上振动 20s，然后用抹刀轻轻抹平，加盖以防水分蒸发。试样表面应比筒口边低约 20mm。自抹面开始计算时间，在前 60min，每隔 10min 用吸液管吸出泌水一次，以后每隔 20min 吸水一次，直至连续三次无泌水为止。每次吸水前 5min，应将筒底一侧垫高约 20mm，使筒倾斜，以便于吸水。吸水后，将筒轻轻放平盖好。将每次吸出的水都注入带塞的量筒，最后计算出总的泌水量，准确至 1g，并按下式计算泌水率：

$$B = \frac{V_W}{(W/G)G_W} \times 100\% \quad (2.1.1\text{-}32)$$

$$G_W = G_1 - G_0 \quad (2.1.1\text{-}33)$$

式中　V_W——泌水总质量，g；
　　　W——混凝土拌合物的用水量，g；
　　　G——混凝土拌合物的总质量，g；
　　　G_W——试样质量，g；
　　　G_1——筒及试样质量，g；
　　　G_0——筒质量，g。

试验时，每批混凝土拌合物取一个试样，泌水率取三个试样的算术平均值。若三个试件的最大值或最小值中有一个与中间值之差超过中间值的 15% 时，则把最大值与最小值一并舍去，取中间值作为该组试验的结果。若有两个测值与中间值之差大于 15%，则该批试验结果无效，应重做。

3) 含气量

按混凝土拌合物试验方法测定混凝土含气量。但混凝土拌合物一次装满并稍高于容器，用振动台振实 15~20s，用高频插入式振捣器（直径 25mm，14000 次/min）在模型中心垂直插捣 10s。

试验时，每批混凝土拌合物取一个试样，含气量取三个试样测值的算术平均值。若三个试件的最大值或最小值中有一个与中间值之差超过中间值的 0.5% 时，则把最大值与最小值一并舍去，取中间值作为该组试验的结果。若有两个测值与中间值之差大于 0.5%，则应重做。

4) 凝结时间差

凝结时间差为掺外加剂混凝土的初凝或终凝时间与基准混凝土的初凝或终凝时间之差,以"min"表示。凝结时间采用贯入阻力仪测定,仪器精度为5N,测定方法如下:

将混凝土拌合物用5mm(圆孔筛)振动筛筛出砂浆,拌匀后装入上口内径为160mm,下口内径为150mm,净高150mm的刚性不渗水的金属圆筒,试样表面应低于筒口10mm,用振动台振实(约3~5s),置于20±3℃的环境中,容器加盖。一般基准混凝土在成型后3~4h,掺早强剂的在成型后1~2h,掺缓凝剂的在成型后4~6h开始测定,以后每隔0.5h或1h测定一次,但在临近初、终凝时,可以缩短测定间隔时间。每次测点应避开前一次测孔,其净距为试针直径的2倍,但至少不小于15mm,试针与容器边缘的距离不小于25mm。测定初凝时间用截面积为100mm² 的试针。贯入阻力 R 值按下式计算,MPa:

$$R = P/A \tag{2.1.1-34}$$

式中 P——贯入深度达25mm时所需的净压力,N;

A——贯入仪试针的截面积,mm²。

根据计算结果,以贯入阻力值为纵坐标,测试时间为横坐标,绘制贯入阻力与时间关系曲线,求出贯入阻力值达3.5MPa时对应的时间作为初凝时间及贯入阻力值达28MPa时对应的时间作为终凝时间。凝结时间从水泥与水接触时开始计算。

试验时,每批混凝土拌合物取一个试样,凝结时间取三个试样测值的平均值。若三批试验的最大值或最小值中有一个与中间值之差超过30min时,则把最大值与最小值一并舍去,取中间值作为该组试验的结果。若有两个测值与中间值之差大于30min,则应重做。

(6)硬化混凝土

1)抗压强度比

抗压强度比以掺外加剂混凝土与基准混凝土同龄期抗压强度之比表示。

试件用振动台振动15~20s,用插入式高频振捣器(直径25mm,14000次/min)振捣8~12s。试件预养温度为20±3℃。

试验结果以三批试验测值的平均值表示。若三批试验中有一批的最大值或最小值中有一个与中间值之差超过中间值的15%时,则把最大值与最小值一并舍去,取中间值作为该组试验的结果。若有两批测值与中间值之差超过中间值的15%时,则应重做。

2)收缩率比

收缩率比以龄期28d掺外加剂混凝土与基准混凝土干缩率比值表示。

试验成型方法同混凝土抗压强度比试验。每批混凝土拌合物取一个试样,以三个试样的收缩率的算术平均值表示。

3)相对耐久性试验

试样成型方法同混凝土抗压强度比试验,但高频振捣器插捣位置为距两端120mm处,垂直插捣。标准养护28d后进行冻融循环试验。

每批混凝土拌合物取一个试样,以三个试件动弹性模量的算术平均值表示。

4)钢筋锈蚀试验

钢筋锈蚀采用钢筋在新拌或硬化砂浆中阳极极化电位曲线表示。

a. 新拌砂浆法

a）仪器设备

恒电位仪：专用的钢筋锈蚀测量仪或恒电位/恒电流仪，或恒电流仪，或恒电位仪（输出电流范围不小于 0～2000μA，可连续变化 0～2V，精度≤1%）；

甘汞电极；

定时钟；

电线：铜芯塑料线；

绝缘涂料（石蜡:松香＝9:1）；

试模：塑料有底活动模（尺寸 40mm×100mm×150mm）。

b）试验步骤

制作钢筋电极：用汽油、乙醇、丙酮依次擦除加工成直径 7mm，长度 100mm，粗糙度 1.6 的 I 级建筑钢筋试件上的油脂，并在一端焊上长 130mm～150mm 的导线，再用乙醇仔细擦去焊油，钢筋两端浸涂热熔石蜡松香绝缘涂料，使钢筋中间暴露长度为 80mm，计算其表面积。经过处理的钢筋放入干燥器内备用，每组试件三根。

拌制新鲜砂浆：无特定要求时，采用水灰比 0.5，灰砂比 1:2 配制砂浆，水为蒸馏水，砂为检验水泥强度用标准砂，水泥为基准水泥。干拌 1min，湿拌 3min。外加剂按比例随拌合水加入。

将拌制好的砂浆浇入试模中，先浇一半（厚 20mm 左右）。将两根处理好的无锈迹的钢筋电极平行放在砂浆表面，间距 40mm，拉出导线，然后灌满砂浆抹平，并轻敲几下侧板，使其密实。

按图 2.1.1-3 连接试验装置，以一根钢筋作为阳极接仪器的"研究"与"＊号"接线孔，另一根钢筋为阴极接仪器的"辅助"接线孔，再将甘汞电极的下端与钢筋阳极的正中位置对准，与新鲜砂浆表面接触，并垂直于砂浆表面。甘汞电极的导线接仪器的"参比"接线孔。

未通外加电流前，先读出阳极钢筋的自然电位 V（即钢筋阳极与甘汞电极之间的电位差）。接通外加电流，并按电流密度 $50 \times 10^{-2} A/cm^2$ 调整 μA 表至需要值。同时，开始计算时间，依次按 2、4、6、8、10、15、20、25、30、60min，分别记录阳极极化电位值。

c）试验结果处理

以三个试验电极测量结果的平均值，作为钢筋阳极极化电位的测定值，以时间为横坐标，阳极极化电位为纵坐标，绘制电位-时间曲线。如图 2.1.1-4。

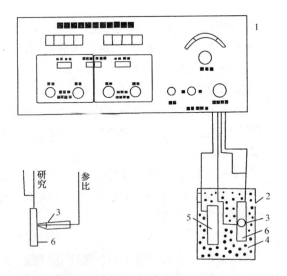

1—《钢筋锈蚀测量仪》或恒电位/恒电流仪；
2—硬塑料模；3—甘汞电极；4—新拌砂浆；
5—钢筋阴极；6—钢筋阳极

图 2.1.1-3　新鲜砂浆极化电位测试装置图

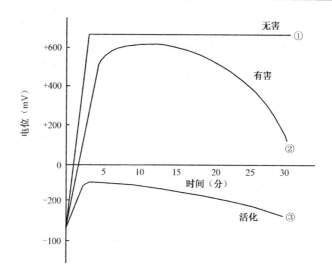

图 2.1.1-4　恒电流、电位－时间曲线分析图

根据电位-时间曲线判断砂浆中的水泥、外加剂等对钢筋锈蚀的影响。

①电极通电后，阳极钢筋电位迅速向正方向上升，并在 1～5min 内达到析氧电位值，经 30min 测试，电位值无明显降低，如上图中的曲线①，则属钝化曲线。表明阳极钢筋表面钝化膜完好无损，所测外加剂对钢筋是无害的。

②通电后，阳极钢筋电位先向正方向上升，随着又逐渐下降，如上图中的曲线②，说明钢筋表面钝化膜已部分受损。而图中的曲线③属活化曲线，说明钢筋表面钝化膜破坏严重。必须再作硬化砂浆阳极极化电位测量，进一步判别。

③通电后，阳极钢筋电位先正向升至较正电位值，持续一段时间，然后渐呈下降趋势，如电位值迅速下降，则属于第②种情况。如电位值下降缓慢，且变化不大，则试验和记录电位的时间再延长 30min，继续 35、40、45、50、55、60min 分别记录阳极极化电位值，如果电位曲线保持稳定不再下降，可认为钢筋表面尚能保持完好钝化膜，所测外加剂对钢筋无害；如果电位持续下降，可认为钢筋表面处于活化状态，这种情况还必须作硬化砂浆阳极极化电位测量，进一步判别。

b. 硬化砂浆法

a）仪器设备

不锈钢片电极；

搅拌锅、搅拌铲；

试模：8mm 厚硬聚氯乙烯板制成的长 95mm，宽和高均为 30mm 的棱柱体，模板两端中间有固定钢筋的凹孔，直径 7.5mm，深 2～3mm，半通孔。

其它设备与新拌砂浆法相同。

b）试验步骤

制作钢筋电极：用汽油、乙醇、丙酮依次擦除加工成直径 7mm，长度 100mm，光洁度 △6 的 Ⅰ 级建筑钢筋试件上的油脂，检查无锈痕后放入干燥器内备用，每组试件三根。

成型砂浆电极：将钢筋插入试模两端预留凹孔中，位于正中。用基准水泥、检验水泥强度用标准砂、蒸馏水（用水量为胶砂稠度5~7cm时的加水量），外加剂采用推荐掺量，拌制砂浆，灰砂比为1:2.5。干拌1min，湿拌3min后灌入安好钢筋的试模，用检验水泥强度用振动台振5~10s，抹平。

砂浆电极的养护及处理：试件成型后盖上玻璃板，移入标准养护室养护24h脱模，用水泥净浆覆盖外露的钢筋，继续标准养护2d。取出试块，除去端部净浆，擦净外露钢筋的锈斑。在一端焊上长130~150mm的导线，再用乙醇仔细擦去焊油，钢筋两端浸涂热熔石蜡松香绝缘涂料，使钢筋中间暴露长度为80mm，如图2.1.1-5所示。

测试：①将电极置于饱和氢氧化钙溶液，浸泡数小时直至浸透试件，表征为监测硬化砂浆电极在饱和氢氧化钙溶液中的自然电位至电位稳定且接近新拌砂浆中的自然电位（可能因存在欧姆电压降有电位差）。注意不得把不同类型或不同掺量外加剂试件放在同一容器中浸泡。

②将浸泡后的砂浆电极移入盛有饱和氢氧化钙的玻璃缸内，电极浸入深度8cm，以此为阳极，以不锈钢片为阴极，以甘汞电极为参比电极，按图2.1.1-6接好线路。

③未通外加电流前，先读出阳极钢筋的自然电位V。接通外加电流，并按电流密度 $50 \times 10^{-2} A/cm^2$ 调整μA表至需要值。同时，开始计算时间，依次按2、4、6、8、10、15、20、25、30、60min，分别记录阳极极化电位值。

c）结果处理

以三个试验电极测量结果的平均值，作为钢筋阳极极化电位的测定值，以时间为横坐标，阳极极化电位为纵坐标，绘制电位-时间曲线。

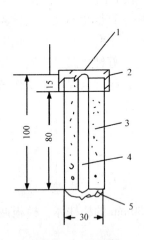

1—导线；2、5—石蜡；
3—砂浆；4—钢筋（mm）

图2.1.1-5 钢筋砂浆电极

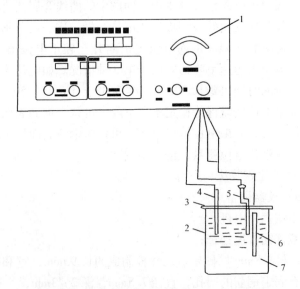

1—钢筋锈蚀测量仪或恒电位/恒电流仪；2—烧饼1000mL；
3—有机玻璃盖；4—不锈钢片（阴极）；5—甘汞电极；
6—硬化砂浆电极（阳极）；7—饱和氢氧化钙溶液

图2.1.1-6 硬化砂浆极化电位测试装置图

根据电位-时间曲线判断砂浆中的水泥、外加剂等对钢筋锈蚀的影响。

①电极通电后,阳极钢筋电位迅速向正方向上升,并在1~5min内达到析氧电位值,经30min测试,电位值无明显降低,如图2.1.1-4中的曲线①,则属钝化曲线。表明阳极钢筋表面钝化膜完好无损,所测外加剂对钢筋是无害的。

②通电后,阳极钢筋电位先向正方向上升,随着又逐渐下降,如图2.1.1-4中的曲线②,说明钢筋表面钝化膜已部分受损。而图2.1.1-4中的曲线③属活化曲线,说明钢筋表面钝化膜破坏严重。这两种情况均说明钢筋钝化膜已破坏,外加剂对钢筋有锈蚀危害。

5) 总碱含量的测定

a. 试剂与仪器

水:蒸馏水或同等纯度的水;

试剂:化学纯试剂;

氧化钾、氧化钠标准溶液:称取在130~150℃烘了2h的氧化钾0.7920g、氧化钠0.9430g,加水溶解至1000ml,放在干燥的带盖塑料瓶中。此标准溶液相当于每毫升氧化钾、氧化钠0.5mg;

盐酸(1+1);

氨水(1+1);

碳酸铵溶液[10%(w/v)];

甲基红指标剂{[0.2%(w/v)乙醇溶液]};

火焰光度计。

b. 工作曲线的绘制

分别向100mL容量瓶中注入0.00;1.00;2.00;4.00;8.00;12.00mL的氧化钾、氧化钠标准溶液,用水稀释至标线,摇匀,然后用火焰光度计进行测定,根据检流计数值与溶液的浓度关系,绘制氧化钾和氧化钠的工作曲线。

c. 分析步骤

准确称取一定量试样放在150mL瓷蒸发皿中,用80℃左右的热水润湿并稀释至30mL,在电加热板上加热蒸发,保持微沸5min后取下,冷却,加1滴甲基红指示剂,滴加氨水,使溶液呈黄色;加入10mL碳酸铵,搅拌,再在电热板上加热并保持微沸10min,用中速滤纸过滤,用热水洗涤,滤液与洗液盛于容量瓶中,冷却至室温,用盐酸中和至溶液呈红色,然后用水稀释至标线,摇匀,用火焰光度计测定。称样量及稀释倍数见表2.1.1-13。

称样量及稀释倍数　　　　　　　表2.1.1-13

总碱量(%)	称样量(g)	稀释体积(mL)	稀释倍数(n)
1.0	0.2	100	1
1.0~5.0	0.1	250	2.5
5.0~10.0	0.05	250或500	2.5或5.0
10.0	0.05	500或1000	5.0或10.0

6) 结果计算

氧化钾百分含量（X_1）按式（2.1.1-35）计算，氧化钠百分含量（X_2）的计算以 C_2 取代 C_1：

$$X_1 = \frac{C_1 \times n}{G \times 1000} \times 100\% \qquad (2.1.1\text{-}35)$$

式中 C_1——在工作曲线上查得的每 100mL 被测定液中氧化钾的含量，mg；
　　　C_2——在工作曲线上查得的每 100mL 被测定液中氧化钠的含量，mg；
　　　n——被测溶液的稀释倍数；
　　　G——试样质量，g。

总碱量% = 0.658 × K_2O% + Na_2O%。

分析结果的允许误差见表 2.1.1-14。

允许误差　　　　　　　　　　　　表 2.1.1-14

总碱量%	室内允许误差%	室间允许误差%	总碱量%	室内允许误差%	室间允许误差%
1.0	0.10	0.15	5.0 ~ 10.0	0.30	0.50
1.0 ~ 5.0	0.20	0.30	10.0	0.50	0.80

4. 外加剂匀质性试验方法

（1）固体含量

1）仪器

天平：精确至 0.001g；

鼓风电热恒温干燥箱：温度范围为 0℃ ~ 200℃；

带盖称量瓶：25mm × 65mm；

干燥器：内盛变色硅胶。

2）试验步骤

将洁净的称量瓶放入烘箱中在 100℃ ~ 105℃ 烘 30min，取出在干燥器中冷却 30min 后称量，重复上述步骤直至恒重，记录其质量为 m_0。

将被测试样装入已恒重的称量瓶，盖上盖称总重为 m_1。固体称 1.000 ~ 2.000g；液体称 3.000 ~ 5.000g。

将盛有试样的称量瓶放入烘箱，开启瓶盖，升温至 100 ~ 105℃ 烘干，盖上盖再在干燥器中冷却 30min 后称量，重复上述步骤直至恒重，记录其质量为 m_2。

3）结果计算

固体含量 $X_{固}$ 按式（2.1.1-36）计算：

$$X_{固} = \frac{m_2 - m_0}{m_1 - m_0} \times 100 \qquad (2.1.1\text{-}36)$$

其中　$X_{固}$——固体含量（%）；
　　　m_0——称量瓶质量，g；
　　　m_1——称量瓶加试样质量，g；
　　　m_2——称量瓶加烘干后试样质量，g。

室内允许差为 0.30%，室间允许差为 0.50%。

（2）密度

测试条件：液体样品直接测试；固体样品的浓度为 10g/L；被测溶液温度为 20℃±1℃；被测溶液必须清澈，如有沉淀须滤去。

1）比重瓶法

a. 仪器

比重瓶：25mL 或 50mL；

超级恒温器或同等条件的恒温设备；

天平及干燥器，同固体含量试验。

b. 试验步骤

校正比重瓶：依次用水、乙醇、丙酮和乙醚洗涤吹干比重瓶，带塞子一起放入干燥器内，取出，称量比重瓶质量 m_0，直至恒重。然后将预先煮沸并经冷却的水装入瓶内，塞上塞子，多余的水分从塞子毛细管流出，用吸水纸吸干瓶外的水，但不能吸出塞子毛细管里的水，水要与毛细管上口相平，称重 m_1。

容积 V 按式（2.1.1-37）计算：

$$V = \frac{m_1 - m_0}{0.9982} \tag{2.1.1-37}$$

式中　　V——比重瓶在 20℃的容积，mL；

m_0——干燥的比重瓶质量，g；

m_1——比重瓶盛满 20℃水的质量，g；

0.9982——20℃时纯水的密度，g/mL。

测定外加剂溶液密度 ρ：将已校正 V 值的比重瓶洗净、干燥，灌满被测溶液，塞上塞子后浸入 20℃±1℃超级恒温器内，恒温 20min 后取出，用吸水纸吸干瓶外的水及由毛细管溢出的溶液后，在天平上称出比重瓶装满外加剂溶液后的质量为 m_2。

c. 结果计算

外加剂溶液密度 ρ 按式（2.1.1-38）计算：

$$\rho = \frac{m_2 - m_0}{V} = \frac{m_2 - m_0}{m_1 - m_0} \times 0.9982 \tag{2.1.1-38}$$

式中　　ρ——20℃外加剂溶液密度，g/mL；

m_2——比重瓶盛满 20℃外加剂溶液后的质量，g。

2）液体比重天平法

a. 仪器

液体比重天平（如图 2.1.1-7）；

超级恒温器或同等条件的恒温设备。

b. 试验步骤

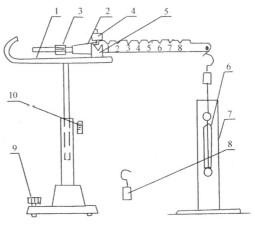

1—托架；2—横梁；3—平衡调节器；
4—灵敏度调节器；5—玛瑙刃座；
6—测锤；7—玻筒；8—等重砝码；
9—水平调节；10—紧固螺钉

图 2.1.1-7　液体比重天平

调试液体比重天平：将天平安装在平稳的水泥台上，周围不得有强力磁源及腐蚀性气体，在横梁的末端钩子上挂上等重砝码，调节水平调节螺丝，使横梁上的指针与托架指针成水平线相对，天平即调成水平；如无法调节平衡，可将平衡调节器的定位小螺丝钉松开，然后略微轻动平衡调节，直至平衡。仍旋紧中间定位螺丝钉，防止松动。取下等重砝码，换上整套测锤，此时天平必须保持平衡，允许有±0.0005的误差。如果天平灵敏度过高，可将灵敏度调节旋低，反之调高。

密度测定：将已恒温的被测溶液导入量筒，将测锤浸没在量筒中被测溶液的中央，在横梁V形槽与小钩上加骑码使横梁恢复平衡，记录所加骑码的读数d。

c. 结果计算

按式（2.1.1-39）得到被测溶液的密度ρ：

$$\rho = 0.9982d \tag{2.1.1-39}$$

式中 d——20℃时被测溶液所加骑码的数值。

3）精密密度计法

a. 仪器

波美比重计；

精密密度计；

超级恒温器或同等条件的恒温设备。

b. 试验步骤

将已恒温的外加剂溶液倒入500mL玻璃量筒内，用波美比重计测出该溶液密度。参考波美比重计的数据，选择精密密度计测出溶液的密度。

4）允许差

室内允许差为0.001g/mL；室间允许差为0.002 g/mL。

（3）细度

1）仪器

药物天平：称量100g，分度值0.1g；

试验筛：孔径0.315mm的铜丝网筛布，筛框直径150mm，高50mm，筛布紧绷在筛框上，接缝严密，并附有筛盖。

2）试验步骤

外加剂试样充分拌匀在100~105℃烘干，称取烘干试样10g倒入筛内，手工筛析，快筛完时，一手执筛往复摇动，一手拍打，摇动速度每分钟约120次。其间，筛子向一定方向旋转数次，使试样分散在筛布上，直至每分钟通过质量不超过0.05g，称量筛余物，精确至0.1g。

3）结果计算

细度用筛余（%）表示，为筛余物占试样量的百分含量。

室内允许差0.40%，室间允许差0.60%。

（4）pH值

1）仪器设备

酸度计；

甘汞电极；

玻璃电极；

复合电极。

2）测试条件

液体样品直接测试；固体样品溶液的浓度为10g/L；被测溶液的温度为20±3℃。

3）试验步骤

首先按仪器的出厂说明校正仪器。然后依次用水、测试溶液冲洗电极，再将电极浸入被测溶液，轻轻摇动试杯，使溶液均匀。待酸度计的读数稳定1min，记录读数，即为溶液的pH值。测量结束后，用水冲洗电极。

4）允许差

室内允许差为0.2；室间允许差为0.5。

(5) 表面张力

1）测试条件

与密度方法相同。

2）仪器

界面张力仪（图2.1.1-8）或自动界面张力仪；

天平：精确至0.0001g。

3）试验步骤

用比重瓶或液体天平测定外加剂的密度。

将界面张力仪调至水平，把铂环放在吊杆臂的下末端，把一块小纸片放在铂环的圆环上，把臂之制止器打开，调好放大镜，使臂上的指针与反射镜上的红线重合。

在铂圆环的小纸片上放一定质量的砝码，使指针与红线重合时，游标指示正好与计算值一致。若不一致调整臂长，保证铂环在试验中垂直地上下移动，再通过游标的前后移动达到调整一致。

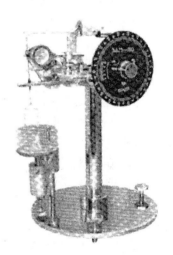

图2.1.1-8 界面张力仪

测量前，彻底清洁铂环和玻璃皿上的油污。

空白试验用无水乙醇作标样，测其表面张力，测定值与理论值之差不大于0.5mN/m。

将被测溶液倒入盛样皿内（离皿口5mm～7mm），升高样品座，使铂环浸入溶液内5mm～7mm。

旋转涡轮把手，匀速增加钢丝扭力，下降样品座，使向上和向下的两个力保持平衡（指针与反射镜上的红线重合），直至环被拉脱离液面，记录刻度盘的读数P。

用自动界面张力仪时，试验步骤按仪器说明进行。

4）结果计算

溶液表面张力σ按式（2.1.1-40）计算：

$$\sigma = F \cdot P \tag{2.1.1-40}$$

式中　σ——溶液的表面张力，mN/m；

　　　P——游标盘上读数，mN/m；

F——校正因子。

校正因子 F 按式（2.1.1-41）计算：

$$F = 0.7250 + \sqrt{\frac{0.01452P}{C^2(\rho - \rho_0)} + 0.04534 - \frac{1.679}{R/r}} \qquad (2.1.1-41)$$

式中　　C——铂环周长 $2\pi R$，cm；

R——铂环内半径和铂丝半径之和，cm；

ρ_0——空气密度，g/mL；

ρ——被测溶液密度，g/mL；

r——铂丝半径，cm。

室内允许差 1.0 mN/m；室间允许差 1.5 mN/m。

(6) 氯离子含量

1) 试剂与仪器

水：蒸馏水；

硝酸 (1+1)；

硝酸银溶液 (17g/L)；

氯化钠溶液 [c(NaCl) = 0.1000mol/L]；

电位测定仪或酸度仪；

银电极或氯电极；

甘汞电极；

电磁搅拌器；

滴定管 (25mL)；

移液管 (10mL)。

2) 试验步骤

准确称取外加剂试样 0.5000~5.0000g，放入烧杯，加入 200mL 水和 4mL 硝酸 (1+1)，搅拌至完全溶解，如不能溶解可用快速滤纸过滤，并用蒸馏水洗涤残渣至无氯离子。

用移液管加入 10mL 氯化钠溶液，烧杯内加入电磁搅拌子，将烧杯放在电磁搅拌器上，开动搅拌器插入银电极及甘汞电极，电极与电位计或酸度计相连，用硝酸银溶液缓慢滴定，记录电势和对应的滴定管读数。接近等当点时，每次定量加 0.1mL，当电势发生突变时，表示等当点已过，继续滴入硝酸银溶液，直至电势趋向变化平缓，得到第一个终点时硝酸银溶液消耗的体积 V_1。再加入 10mL 氯化钠溶液，继续用硝酸银溶液滴定，直至第二个等当点出现，记录电势和对应的硝酸银消耗体积 V_2。

空白试验：在干净的烧杯中加入 200mL 水和 4mL 硝酸。用移液管加入 10mL 氯化钠溶液，在不加试样的情况下，重复上述试验步骤。用二次微商法计算硝酸银溶液消耗体积 V_{01} 和 V_{02}。

3) 结果计算

用二次微商法计算结果。通过电压对体积二次导数变成零的办法求出滴定终点。假如在邻近等当点时，每次加入的硝酸银溶液相等，此函数必定会在正负两个符号发生变化的体积之间的某一点变成零，对应的体积即为终点体积。

外加剂中氯离子消耗的硝酸银体积 V 按式（2.1.1-42）计算：

$$V = \frac{(V_1 - V_{01}) + (V_2 - V_{02})}{2} \tag{2.1.1-42}$$

式中　V_1——试样溶液加10mL氯化钠标准溶液所消耗的硝酸银溶液体积，mL；

　　　V_2——试样溶液加20mL氯化钠标准溶液所消耗的硝酸银溶液体积，mL。

外加剂中氯离子含量 X_{Cl^-} 按式（2.1.1-43）计算：

$$X_{Cl^-} = \frac{c \cdot V \times 35.45}{m \times 1000} \times 100 \tag{2.1.1-43}$$

式中　X_{Cl^-}——外加剂氯离子含量（%）；

　　　m——外加剂样品质量，g。

用1.565乘氯离子含量即为无水氯化钙含量。

室内允许差为0.05%；室间允许差为0.08%。

(7) 硫酸钠含量

1) 重量法

a. 试剂与仪器

盐酸 (1+1)；

氯化铵溶液（50g/L）；

氯化钡溶液（100g/L）；

硝酸银溶液（1g/L）；

电阻高温炉：最高使用温度不低于900℃；

天平：精确至0.0001g；

电磁电热式搅拌器；

瓷坩埚：18mL-30mL；

烧杯：400mL；

长颈漏斗；

慢速定量滤纸，快速定性滤纸。

b. 试验步骤

准确称取试样约0.5g，于400mL烧杯中，加入200mL水搅拌溶解，再加入氯化铵溶液50mL，加热煮沸后，用快速定性滤纸过滤，用水洗涤数次后，将滤液浓缩至200mL左右，滴加盐酸至滤液呈酸性，再多加5~10滴盐酸，煮沸后在不断搅拌下加氯化钡溶液10mL，继续煮沸15min，取下烧杯，置于加热板上，保持50~60℃静置2~4h或常温静置8h。

用两张慢速定量滤纸过滤，烧杯中的沉淀用70℃水洗净，使沉淀全被转移到滤纸上，用温热水洗涤沉淀至无氯根为止。

将滤纸与沉淀移入预先灼烧恒重的坩埚中，小火烘干，灰化。在800℃高温炉中灼烧20min，取出冷却至室温称量，反复至恒重（连续两次称量之差小于0.0005g）。

2) 离子交换法

a. 试剂与仪器

同重量法；

经活化处理的717-OH型阴离子交换树脂。

b. 试验步骤

准确称取外加剂样品0.2000~0.5000g,置于盛有6g717-OH型阴离子交换树脂的100mL烧杯中,加入60mL水和电磁搅拌棒,在电磁电热式搅拌器上加热至60~65℃,搅拌10min,进行离子交换。取下烧杯,用快速定性滤纸过滤,弃去滤液。然后用50~60℃氯化铵溶液洗涤树脂5次,再用温水洗涤5次,将洗液收集在另一干净的300mL烧杯中,滴加盐酸至溶液呈酸性,再多加5~10滴盐酸,煮沸后在不断搅拌下加氯化钡溶液10mL,继续煮沸15min,取下烧杯,置于加热板上,保持50~60℃静置2~4h或常温静置8h。

用两张慢速定量滤纸过滤,烧杯中的沉淀用70℃水洗净,使沉淀全被转移到滤纸上,用温热水洗涤沉淀至无氯根为止。

将滤纸与沉淀移入预先灼烧恒重的坩埚中,小火烘干,灰化。在800℃高温炉中灼烧20min,取出冷却至室温称量,反复至恒重(连续两次称量之差小于0.0005g)。

c. 结果计算

硫酸钠含量 $X_{Na_2SO_4}$ 按式(2.1.1-44)计算:

$$X_{Na_2SO_4} = \frac{(m_2 - m_1) \times 0.6086}{m} \times 100 \qquad (2.1.1-44)$$

式中 $X_{Na_2SO_4}$——外加剂中硫酸钠含量(%);

m——试样质量,g;

m_1——空坩埚质量,g;

m_2——灼烧后滤渣加坩埚质量,g;

0.6086——硫酸钡换算成硫酸钠的系数。

室内允许差0.50%;室间允许差0.80%。

(8)还原糖含量

1)试剂与仪器

乙酸铅溶液(200g/mL);

草酸钾、磷酸氢二钠混合液:称取草酸钾($K_2C_2O_4 \cdot H_2O$)3g,磷酸氢二钾($Na_2HPO_4 \cdot 12H_2O$)7g溶于水,稀释至100mL;

斐林溶液A:称取34.6g硫酸铜($CuSO_4 \cdot 5H_2O$)溶于400mL水中,煮沸放置1d,然后再煮沸、过滤,稀释至1000mL;

斐林溶液B:称取酒石酸钾钠($C_4H_4O_6KNa \cdot 4H_2O$)173g,氢氧化钠50g,溶于水并稀释至1000mL;

葡萄糖溶液:称取2.75~2.76g葡萄糖于1L容量瓶中,加盐酸(密度1.19)1mL,加水稀释至刻度;

次甲基蓝指示剂(10g/L):称取1g次甲基蓝,在玛瑙研钵中加少量水研溶后,用水稀释至100mL;

磨口具塞量筒:50mL;

三角烧瓶:100mL;

移液管:5mL,10mL;

滴定管：25mL；

容量瓶：100mL。

2）试验步骤

准确称取固体样品 2.5g（液体试样换算成约 2.5g 固体的相应质量的试样），溶于 100mL 容量瓶中，用移液管吸取 10mL 置于 50mL 具塞量筒。在量筒中加入 7.5mL 乙酸铅溶液，振动量筒使溶液混合，加入 10mL 草酸钾、磷酸氢二钠混合液放置片刻，将量筒颠倒数次，使之混合均匀后，放置澄清，取上层清液为试样。

用移液管吸取 5mL 斐林溶液 A 及 B 于 100mL 三角烧瓶中，混合均匀后加水 20mL，然后用移液管吸取试样 10mL，置于三角烧瓶中，加适量葡萄糖溶液，混合均匀后在电炉上加热，沸腾后加一滴次甲基蓝指示剂，再沸腾 2min，继续用葡萄糖溶液滴定，不断移动，保持微沸状态，直至最后一滴使次甲基蓝指示剂退色。

用同样方法做空白试验，消耗的葡萄糖溶液的体积为 V_0。

3）结果计算

还原糖含量 $X_{还原糖}$ 按式（2.1.1-45）计算：

$$X_{还原糖} = \frac{(V_0 - V) \times 12.5}{m} \tag{2.1.1-45}$$

式中 $X_{还原糖}$——外加剂中还原糖含量（%）；

V_0——空白试验所消耗的葡萄糖溶液体积，mL；

V——试样消耗的葡萄糖溶液体积，mL；

m——试样质量，g。

注意：试样加乙酸铅溶液脱色是为了使还原物等有色物质与铅生成沉淀物；加草酸钾、磷酸氢二钠混合液是为了除去溶液中的铅，其用量以保证溶液中无过剩铅为准，若过量会影响脱色；滴定时必须先加适量葡萄糖溶液，使沸腾后滴定消耗量在 0.5mL 以内，否则终点不明显。

室内允许差为 0.50%；室间允许差为 1.20%。

（9）水泥净浆流动度

1）仪器

水泥净浆搅拌机；

截锥圆模：上口直径 36mm，下口直径 60mm，高度 60mm，内壁光滑无接缝的金属制品；

玻璃板：400mm × 400mm × 5mm；

秒表；

钢直尺：300mm；

刮刀；

药物天平：称量 100g，分度值 0.1g；称量 1000g，分度值 1g。

2）试验步骤

将玻璃板放在水平位置，用湿布抹擦玻璃板、截锥圆模、搅拌器及搅拌锅，使其表面湿而不带水渍。将截锥圆模放在玻璃板中央，用湿布覆盖待用。

称取水泥 300g，倒入搅拌锅内，加入推荐掺量的外加剂及 87g 或 105g 水，搅拌 3min。

将拌好的净浆迅速注入截锥圆模，用刮刀刮平，将截锥圆模按垂直方向提起，同时开启秒表计时，至30s，用直尺量取流淌部分相互垂直的两个方向的最大直径，取平均值为水泥净浆流动度。

3）结果表示

表示净浆流动度时，需注明加水量，所用水泥的强度等级标号、名称、型号及生产厂和外加剂掺量。

室内允许差为5mm；室间允许差为10mm。

（10）水泥砂浆工作性

1）仪器

胶砂搅拌机；

跳桌、截锥圆模及模套、圆柱捣棒、卡尺均应符合 GB/T2419 的规定；

抹刀；

药物天平：称量100g，分度值0.1g；

台秤：称量5kg。

2）材料

水泥；

ISO 标准砂；

外加剂。

3）试验步骤

a. 基准砂浆流动度用水量的测定

先将搅拌机置于待机状态，然后按水泥胶砂强度测定方法中搅拌胶砂相同的方法搅拌砂浆。在拌和砂浆同时，用湿布抹擦玻璃台面、捣棒、截锥圆模、及模套内壁，并将它们放在玻璃台面中央，盖上湿布，备用。将拌好的砂浆迅速分两次装入模内，第一次装至截锥圆模的三分之二处，用抹刀在相互垂直的两个方向各划5次，并用捣棒自边缘向中心均匀捣15次，接着装第二层砂浆，装至高出截锥圆模约20mm，用抹刀划10次，同样用捣棒捣10次，在装胶砂与捣实时，用手将圆模按住，不得产生移动。捣好后取下模套，用抹刀将高出圆模的砂浆刮去并抹平，随即将圆模垂直向上提起置于台上，立即开动跳桌，以每秒1次的频率使跳桌连续跳动30次。跳完用卡尺量出砂浆底部流动直径，取相互垂直的两个直径的平均值为该用水量的砂浆流动度，用 mm 表示。

重复上述步骤直至流动度达到180mm±5mm，此时的用水量即为基准砂浆用水量 M_0。

b. 将水和外加剂加入锅内搅拌均匀，按上述步骤测出掺外加剂砂浆流动度达到180mm±5mm 时的用水量。

4）结果表示

砂浆减水率（%）按式（2.1.1-46）计算：

$$砂浆减水率 = \frac{M_0 - M_1}{M_0} \times 100 \quad (2.1.1\text{-}46)$$

式中 M_0——基准砂浆流动度为180mm±5mm时的用水量，g；

M_1——掺外加剂的砂浆流动度为180mm±5mm时的用水量，g。

注明所用水泥的标号、名称、型号、生产厂。仲裁时,必须用基准水泥。
室内允许差为砂浆减水率1.0%;室间允许差为砂浆减水率1.5%。

5. 结果评定

产品经检验,匀质性符合上述指标的要求,各类减水剂的减水率、缓凝型外加剂的凝结时间差、引气型外加剂的含气量及硬化混凝土的各项性能指标符合掺外加剂混凝土的相应指标要求,则判定该编号的外加剂为相应等级的产品,如不符合时,则判该编号外加剂不合格。其余项目作为参考指标。

(二)混凝土泵送剂

1. 工程中的取样

(1)以同一生产厂,同品种、同一编号的泵送剂每50t为一验收批,不足50t也按一批计。
(2)应由3个以上等量试样混合均匀而成。
(3)取样数量,一般不少于0.5t水泥所需量。

2. 技术要求

泵送剂的匀质性应符合表2.1.1-15的要求,受检混凝土的性能应符合表2.1.1-16的要求。

泵送剂的匀质性指标 表2.1.1-15

试 验 项 目	指　　　标
含 固 量	液体泵送剂:应在生产厂控制值相对量的6%之内
含 水 量	固体泵送剂:应在生产厂控制值相对量的10%之内
密　　度	液体泵送剂:应在生产厂控制值的±0.02g/cm³之内
细　　度	固体泵送剂:0.315mm筛筛余应小于15%
氯离子含量	应在生产厂控制值相对量的5%之内
总碱量($Na_2O + 0.658K_2O$)	应在生产厂控制值的相对量的5%之内
水泥净浆流动度	应不小于生产控制值的95%

受检混凝土的性能指标 表2.1.1-16

试 验 项 目		性能指标	
		一等品	合格品
坍落度增加值,mm ≥		100	80
常压泌水率比(%), ≤		90	100
压力泌水率比(%), ≤		90	95
含气量(%) ≤		4.5	5.5
坍落度增加值,mm ≥	30min	150	120
	60min	120	100
抗压强度比(%), ≥	3d	90	85
	7d	90	85
	28d	90	85
收缩率比,% ≤	28d	135	135
对钢筋锈蚀作用		应说明对钢筋无锈蚀	

3. 试验方法

（1）泵送剂匀质性试验按 GB/T8077 进行。碱含量按照 GB8076 进行。

（2）受检混凝土性能

1）材料

混凝土所用材料应符合《混凝土外加剂》GB8076—1997 中的有关规定。但砂为二区中砂，细度模数为 2.4~2.8，含水率小于 2%。

2）配合比

基准混凝土配合比按《普通混凝土配合比设计规程》JGJ 55 进行设计，受检混凝土与基准混凝土的水泥、砂、石用量相同。

水泥用量：采用卵石时，(380 ± 5) kg/m³；采用碎石时，(395 ± 5) kg/m³。

砂率：44%。

泵送剂掺量：按生产单位推荐的掺量。

用水量：应使基准混凝土坍落度为 (100 ± 10) mm，受检混凝土坍落度为 (210 ± 10) mm。

3）搅拌

同混凝土外加剂 GB8076—1997 中的有关规定。

4）成型与养护条件

各种混凝土材料至少应提前 24h 移入试验室。材料及试验环境温度均应保持在 (20 ± 3)℃，并在此温度下静停 (24 ± 2) h 脱模。如果是缓凝型产品，可适当延长脱模时间。然后在 (20 ± 3)℃、相对湿度大于 90% 的条件下养护至规定龄期。

5）试验项目及数量

试验项目及数量见下表 2.1.1-17。

试验项目及数量 表 2.1.1-17

项　　目	试验类别	混凝土拌合次数	每次取样数目	受检混凝土总取样数	基准混凝土总取样数
坍落度增加值	新拌混凝土	3	1 次	3 次	3 次
常压泌水率比	新拌混凝土	3	1 块	3 块	3 块
压力泌水率比	新拌混凝土				
含气量	新拌混凝土				
坍落度保留值	新拌混凝土				
抗压强度比	硬化混凝土		9 块	27 块	27 块
收缩率比	硬化混凝土		1 块	3 块	3 块
钢筋锈蚀	新拌或硬化砂浆	1 块			

6）受检混凝土性能试验见混凝土拌合物性能试验和混凝土物理力学性能试验以及混凝土长期耐久性试验。

坍落度增加值：坍落度按照《混凝土拌合物性能试验方法》进行试验，但在试验受检混凝土坍落度时，分两层装入坍落度筒内，每层插捣 15 次。结果以三次试验的平均值表示，精确至 1mm。坍落度增加值以水灰比相同时受检混凝土与基准混凝土坍落度之差表示，精确至1mm。

常压泌水率比：按照《混凝土外加剂》GB8076—1997中的有关规定进行。

压力泌水率比：

仪器：压力泌水仪，主要由压力表、活节螺栓、筛网等部件构成，如图2.1.1-9所示。其工作活塞压强为3.0MPa，工作活塞公称直径为125mm，混凝土容积为1.66L，筛网孔径为0.335mm。

试验步骤

将混凝土拌合物装入试料筒内，用捣棒由外围向中心均匀捣插25次，将仪器按规定安装完毕。尽快给混凝土加压至3.0MPa，立即打开泌水管阀门，同时开始计时，并保持恒压，泌出的水接入量筒内。加压10s后读取泌水量V_{10}，加压140s后读取泌水量V_{140}。

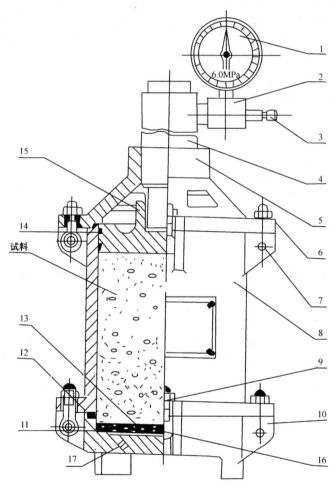

1—压力表；2—三通；3—（接手动油泵）输油管接头；4—油缸；
5—上盖；6—活节螺栓；7—螺栓销钉；8—缸体；9—活节螺栓；
10—底座；11—筛板；12—O型密封圈；13—筛板；
14—活塞密封圈；15—活塞；16—孔径为0.335mm的筛网；
17—泌水管阀门（M10×1t水阀孔，接DP-5型放水阀）

图2.1.1-9 混凝土压力泌水仪

结果计算:
压力泌水率按下式计算:
$$B_P = V_{10}/V_{140} \times 100 \quad (2.1.1\text{-}47)$$
结果以三次试验的平均值表示,精确至0.1%。
压力泌水率比按下式计算,精确至1%:
$$R_b = B_{PA}/B_{PO} \times 100 \quad (2.1.1\text{-}48)$$
式中 R_b——压力泌水率比(%);
B_{PO}——基准混凝土压力泌水率(%);
B_{PA}——受检混凝土压力泌水率(%)。

坍落度保留值:测完混凝土坍落度的混凝土拌合物立即将全部物料装入铁桶或塑料桶内,用盖子或塑料布密封。存放30min后将桶内物料倒在拌料板上,用铁锹翻拌两次,进行坍落度试验得出30min坍落度保留值;再将全部物料装入桶内,密封再存放30min,用上法再测定一次,得出60min坍落度保留值。

4. 结果评定

产品经检验各项指标均符合上述技术要求,则判定该批号泵送剂为相应等级的产品。如不符合上述要求时,则判定该批号泵送剂为不合格品。

(三) 混凝土防水剂

1. 工程中的取样

(1) 年产500t以上的防水剂每50t为一验收批,500t以下的防水剂每30t为一验收批,不足50t或30t也按一批计。

(2) 取样数量,不少于0.2t水泥所需量。

2. 技术要求

砂浆、混凝土防水剂匀质性指标见表2.1.1-18,受检砂浆的性能指标见表2.1.1-19,受检混凝土的性能指标见表2.1.1-20。

砂浆、混凝土防水剂匀质性指标　　　　表2.1.1-18

试验项目	指　标
含固量	液体防水剂,应在生产厂控制值的相对量的3%内
含水量	粉状防水剂,应在生产厂控制值的相对量的5%内
总碱量($Na_2O + 0.658K_2O$)	应在生产厂控制值的相对量的5%之内
密度	液体外加剂,应在生产厂控制值的$\pm 0.02g/cm^3$之内
氯离子含量	应在生产厂所控制相对量的5%之内
细度	0.315mm筛筛余应小于15%

注:含固量和密度可任选一项检验

受检砂浆的性能指标　　　　　　　　　　　表 2.1.1-19

试 验 项 目		性 能 指 标	
		一等品	合格品
净浆安定性		合格	合格
凝结时间	初凝 min 不小于	45	45
	终凝 h 不大于	10	10
抗压强度比（%）	7d 不小于	100	85
	28d 不小于	90	80
透水压力比（%）　不小于		300	200
48h 吸水量比（%）　不大于		65	75
28d 收缩率比（%）　不大于		125	135
对钢筋锈蚀作用		应说明对钢筋无锈蚀作用	

注：除凝结时间、安定性为受检净浆的试验结果外，表中所列数据均为受检砂浆与基准砂浆的比值

受检混凝土的性能指标　　　　　　　　　　表 2.1.1-20

试 验 项 目		性 能 指 标	
		一等品	合格品
净浆安定性		合格	合格
泌水率比，min 不大于		50	70
凝结时间差 min 不小于	初凝	−90	
	终凝	—	
抗压强度比（%），不小于	3d	100	90
	7d	110	100
	28d	100	90
透水高度比（%）　不大于		30	40
48h 吸水量比（%）　不大于		65	75
28d 收缩率比（%）　不大于		125	135
对钢筋锈蚀作用		应说明对钢筋无锈蚀作用	

注：除净浆安定性为净浆的试验结果外，表中所列数据均为受检混凝土与基准混凝土的差值或比值。

3. 试验方法

（1）防水剂匀质性试验按 GB/T8077 进行，具体见外加剂部分。

（2）受检砂浆性能试验

1）试验用原材料

水泥、拌和水应符合 GB8076 的规定，砂应为符合 GB178 规定的标准砂。

2）配合比

水泥与标准砂的质量比为 1:3。

用水量根据各项试验要求确定。

防水剂掺量采用生产厂推荐的最佳掺量。

3）搅拌

采用机械或人工搅拌。粉状防水剂掺入水泥中，液体或膏状防水剂掺入拌和水中。先将干物料干拌至基本均匀，再加入拌和水拌至均匀。

4）成型及养护条件

成型温度为（20±3）℃，并在此温度下静停（24±2）h脱模，如果是缓凝型产品，可适当延长脱模时间。然后在（20±3）℃、相对湿度大于90%的条件下养护至龄期。捣实采用振动频率为（20±3）Hz，空载时振幅约为0.5mm的混凝土振动台，振动时间为15s。

5）试验项目及数量

试验项目及数量见下表2.1.1-21。

试验项目及数量　　　　　　　　表2.1.1-21

试验项目	试验类别	砂浆（净浆）拌和次数	试验所需试件数量		
			每次取样数	基准砂浆取样数	受检砂浆取样数
安定性	净浆	3	1次	3次	3次
凝结时间	净浆		1次	3次	3次
抗压强度比	硬化砂浆		6块	18块	18块
透水压力比	硬化砂浆		2块	6块	6块
吸水量比	硬化砂浆		1块	3块	3块
收缩率比	硬化砂浆				
钢筋锈蚀	硬化砂浆			—	

6）凝结时间，安定性

按照水泥的凝结时间、安定性试验方法GB1346规定进行。

7）抗压强度比

按照GB2419确定基准砂浆和受检砂浆的用水量，但水泥与砂的比例为1:3，将两者流动度均控制在（140±5）mm。试验共进行3次，每次用有底试模成型70.7mm×70.7mm×70.7mm的基准和受检试件各二组，每组三块，二组的试件分别养护至7d，28d，测定抗压强度。

砂浆试件的抗压强度按式（2.1.1-49）计算：

$$R_d = \frac{P}{A} \tag{2.1.1-49}$$

式中　R_d——砂浆试件的抗压强度，MPa；

　　　P——破坏荷载，N；

　　　A——试件的受压面积，mm^2。

每组取三块试验结果的算术平均值（精确于 0.1MPa）作为该组砂浆的抗压强度值，3个测值中的最大值或最小值中如有一个与中间值的差值超过中间值的 15%，则把最大及最小值一并舍去，取中间值作为该组试件的抗压强度值；如果两个测值与中间值相差均超过15%，则此组试验结果无效。

抗压强度比按式（2.1.1-50）计算：

$$R_r = \frac{R_t}{R_c} \times 100 \qquad (2.1.1\text{-}50)$$

式中　R_r——抗压强度比（%）；
　　　R_t——受检砂浆的抗压强度，MPa；
　　　R_c——基准砂浆的抗压强度，MPa。

以 3 次试验的平均值作为抗压强度比值，计算精确至 1%。

8）透水压力比

参照 GB2419 确定基准砂浆和受检砂浆的用水量，两者保持相同的流动度，并以基准砂浆在 0.3~0.4MPa 压力下透水为准，确定水灰比。用上口直径 70mm，下口直径 80mm，高 30mm 的截头圆锥带底金属试模成型基准和受检试件，成型后用塑料布将试件盖好静停。脱模后放入（20±2）℃的水中养护至 7d，取出待表面干燥后，用密封材料密封装入渗透仪中进行透水试验。水压从 0.2MPa 开始，恒压 2h，增至 0.3MPa，以后每隔 1h 增加水压 0.1MPa。当六个试件中有三个试件端面呈现渗水现象时，即可停止试验，记下当时水压。若加压至 1.5MPa。恒压 1h 还未透水，应停止升压。砂浆透水压力为每组六个试件中四个未出现渗水时的最大水压力。

透水压力比按式（2.1.1-51）计算，精确至 1%：

$$P_r = \frac{P_t}{P_c} \times 100 \qquad (2.1.1\text{-}51)$$

式中　P_r——透水压力比（%）；
　　　P_t——受检砂浆的透水压力，MPa；
　　　P_c——基准砂浆的透水压力，MPa。

9）吸水量比

按抗压强度试件的成型和养护方法，成型基准和受检试件，养护 28d 后取出在 75℃ 80℃ 温度下烘干（48±0.5）h，用感量 1g，最大称量范围为 1000g 的天平称量后将试件放入水槽。放时试件的成型面朝下，下部用两根 φ10mm 的钢筋垫起，试件浸入水中的高度为 35mm。要经常加水，并在水槽上要求的水面高度处开溢水孔，以保持水面恒定。水槽应加盖，放入温度为（20±3）℃，相对温度 80% 以上恒温室中，但注意试件表面不得有结露或水滴。然后在（48±0.5）h 取出，用挤干的湿布擦去表面的水，称量并记录。

吸水量按式（2.1.1-52）计算：

$$W = M_1 - M_0 \qquad (2.1.1\text{-}52)$$

式中　W——吸水量，g；
　　　M_1——吸水后试件质量，g；
　　　M_0——干燥试件质量，g。

结果以三块试件平均值表示,精确至1g。

吸水量比按式(2.1.1-53)计算,精确至1%:

$$W_r = \frac{W_t}{W_c} \times 100 \tag{2.1.1-53}$$

式中　W_r——吸水量比(%);

　　　W_t——受检砂浆的吸水量 g;

　　　W_c——基准砂浆的吸水量,g。

10)收缩率比

按照抗压强度比试验确定的配比、JGJ70试验方法测定基准和受检砂浆试件的收缩值,但测定龄期为28d。

收缩率比按式(2.1.1-54)计算,精确至1%:

$$S_r = \frac{\varepsilon_t}{\varepsilon_c} \times 100 \tag{2.1.1-54}$$

式中　S_r——收缩率之比(%);

　　　ε_t——受检砂浆的收缩率(%);

　　　ε_c——基准砂浆的收缩率(%)。

11)钢筋锈蚀

钢筋锈蚀测定方法按混凝土外加剂 GB8076 的有关规定进行。

(3)受检混凝土的性能试验

1)试验用原材料

应符合外加剂 GB8076 的有关规定。

2)试验项目及数量见表2.1.1-22。

试验项目及数量　　　　　　　　　　　　　　　表 2.1.1-22

试验项目	试验类别	试验所需试件数量		
		混凝土拌和次数	每次取样数	受检混凝土取样总数目	基准混凝土取样总数目
安定性	净浆	3			
泌水率比	硬化混凝土		1次	3次	3次
凝结时间差	硬化混凝土				
抗压强度比	硬化混凝土		6块	18块	18块
渗透高度比	硬化混凝土		2块	6块	6块
吸水量比	硬化混凝土				3块
收缩率比	硬化混凝土	1块	3块	—	
钢筋锈蚀	硬化砂浆				

3)配合比、搅拌

基准混凝土与受检混凝土的配合比设计、搅拌、防水剂掺量应符合 GB8076 规定,但混凝土坍落度可以选择（80±10）mm 或（180±10）mm，当采用（180±10）mm 坍落度的混凝土时，砂率宜为38%～42%。

4）体积安定性

按照水泥的体积安定性 GB1346 规定进行试验。

5）泌水率比、凝结时间、收缩率比和抗压强度比按照 GB8076 规定进行试验。

6）渗透高度比

渗透高度比试验的混凝土一律采用坍落度为（180±10）mm 的配合比。参照混凝土长期耐久性规定的抗渗透性能试验方法，但初始压力为 0.4MPa。若基准混凝土在 1.2MPa 以下的某个压力透水，则受检混凝土也加到这个压力，并保持相同时间，然后劈开，在底边均匀取 10 点，测定平均渗透高度。若基准混凝土与受检混凝土在 1.2MPa 时都未透水，则停止升压，劈开，如上所述测定平均渗透高度。

渗透高度比按式（2.1.1-55）计算，精确至1%：

$$H_r = \frac{H_t}{H_c} \times 100 \quad (2.1.1-55)$$

式中　H_r——渗透高度比（%）；

　　　H_t——受检混凝土的渗透高度，mm；

　　　H_c——基准混凝土的渗透高度，mm。

7）吸水量比

按照成型抗压强度试件的方法成型试件，养护 28d，试件取出后放在 75～80℃ 烘箱中，烘（48±0.5）h 后用感量 1g，称量范围为 5kg 的天平称重。然后将试件成型面朝下放入水槽中，下部用两根 φ10mm 的钢筋垫起，试件浸入水中的高度为 50mm。要经常加水，并在水槽上要求的水面高度处开溢水孔，以保持水面恒定。水槽应加盖，并置于温度（20±3）℃、相对湿度 80% 以上恒温室中，试件表面不得有结露或水滴。在（48±0.5）h 时将试件取出，用挤干的湿布擦去表面的水，称量并记录。

吸水量比的计算同砂浆部分。

8）钢筋锈蚀

钢筋锈蚀测定方法按混凝土外加剂 GB8076 的有关规定进行。

4. 结果评定

产品经检验，各项技术指标均符合上述技术要求时，则判定该批号防水剂为相应等级的产品。如不符合上述要求时，则判该批号防水剂不合格。

（四）混凝土防冻剂

1. 工程中的取样

（1）以同一生产厂，同品种、同一编号的防冻剂，每 50t 为一验收批，不足 50t 也按一批计。

（2）取样数量不少于 0.15t 水泥所需量。

2. 技术要求

防冻剂的匀质性应符合表 2.1.1-23 的要求，受检混凝土的性能应符合表 2.1.1-24 的要求。

防冻剂的匀质性指标　　　　　　　　　　　　　　　　　　　　表 2.1.1-23

试验项目	指　　标
含固量	液体防冻剂：当固体含量≥20%时，应在生产厂控制值相对量的5%之内；当固体含量<20%时，应在生产厂控制值相对量的10%之内
含水率	固体防冻剂：当固体含量≥5%时，应在生产厂控制值相对量的10%之内；当固体含量<5%时，应在生产厂控制值相对量的20%之内
密度	液体防冻剂：当密度>1.1时，应在生产厂控制值的±0.03之内；当密度≤1.1时，应在生产厂控制值的±0.02之内
氯离子含量	无氯盐防冻剂：≤0.1%；其它防冻剂：不超过生产厂控制值
水泥净浆流动度	应不小于生产控制值的95%
碱含量	不超过生产厂提供的最大值
细度	粉状防冻剂细度应不超过生产厂提供的最大值

受检混凝土的性能指标　　　　　　　　　　　　　　　　　　　　表 2.1.1-24

试 验 项 目		性　能　指　标					
		一等品			合格品		
减水率（%）不小于		10			—		
泌水率比（%）不大于		80			100		
含气量（%）不小于		2.5			2.0		
凝结时间差，min	初凝	−150 ~ +150			−210 ~ +210		
	终凝						
抗压强度比（%），≥	规定温度	−5	−10	−15	−5	−10	−15
	R_{-7}	20	12	10	20	10	8
	R_{28}	100		95	95		90
	R_{-7+28}	95	90	85	90	85	80
	R_{-7+56}	100			100		
28d 收缩率比（%）不大于		135			135		
渗透高度比		不大于100					
50 次冻融强度损失率比（%）不大于		100					
对钢筋锈蚀作用		应说明对钢筋无锈蚀作用					

含有氨或氨基类防冻剂的释放氨量应符合 GB18588 规定的限值。

3. 试验方法

(1) 试件制作

混凝土试件制作及养护参照 GB/T50080 进行，混凝土坍落度控制为 8±1cm。试件制作采用振台振实，振动时间 10~15s，环境及预养温度为 20±3℃。掺防冻剂受检混凝土预养时间见表 2.1.1-25，也可按 $M = \sum (T+10) \Delta t$ 控制（式中：M 为度时积；T 为温度；Δt 为温度 T 的持续时间）。预养后，移入冰箱（或冰室）内并用塑料布覆盖试件，其环境温度应于 3~4h 内均匀地降至规定温度，养护 7d 后脱模，放置在（20±3）℃环境温度下解冻，解冻时间见表 2.1.1-25。解冻后进行抗压强度试验或转标准养护。

不同规定温度下混凝土试件的预养和解冻时间　　　表 2.1.1-25

防冻剂的规定温度（℃）	预养时间（h）	$M(℃·h)$	解冻时间（h）	防冻剂的规定温度（℃）	预养时间（h）	$M(℃·h)$	解冻时间（h）
-5	6	180	6	-15	4	120	4
-10	5	150	5				

（2）抗压强度比

以受检标养混凝土、受检负温混凝土与基准混凝土抗压强度之比表示：

$$R_{28} = \frac{f_{CA}}{f_C} \times 100 \qquad (2.1.1\text{-}56)$$

$$R_{-7} = \frac{f_{AT}}{f_C} \times 100 \qquad (2.1.1\text{-}57)$$

$$R_{-7+28} = \frac{f_{AT}}{f_C} \times 100 \qquad (2.1.1\text{-}58)$$

$$R_{-7+56} = \frac{f_{AT}}{f_C} \times 100 \qquad (2.1.1\text{-}59)$$

式中　　R——不同条件下的混凝土抗压强度比（%）；

f_{AT}——不同龄期（-7、-7+28d 或 -7+56d）的受检混凝土抗压强度，MPa；

f_{CA}——标养 28d 受检混凝土的抗压强度，MPa；

f_C——标养 28d 基准混凝土抗压强度，MPa；

以三组试验结果强度的平均值计算抗压强度比，精确到 1%。

（3）收缩率比

收缩率参照 GBJ82，基准混凝土试件应在 3d 龄期（从搅拌混凝土加水时算起）从标养室取出移入恒温恒湿室内 3~4h 测定初始长度，经 28d 后，再测量其长度。受检负温混凝土，在规定条件养护 7d，拆模后标养 3d，从标养室取出后移入恒温恒湿室内 3~4h 测定初始长度，经 28d 后，再测量其长度。

以 3 个试件测值的算术平均值作为该混凝土的收缩率，收缩率比按式（2.1.1-60）计算：

$$S_r = \frac{\varepsilon_{AT}}{\varepsilon_C} \times 100 \qquad (2.1.1\text{-}60)$$

式中　　S_r——收缩率之比（%）；

ε_{AT}——受检负温混凝土的收缩率；

ε_C——基准混凝土的收缩率。

计算精确到 1%。

（4）渗透高度比

参照GBJ82进行，基准混凝土到28d，受检负温混凝土到-7+56d进行抗渗试验。但按0.2，0.4，0.6，0.8，1.0MPa加压，每级恒压8h，加压到1.0MPa为止，取下试件，将其劈开，测试试件10个等分点透水高度平均值，以一组6个试件测值的平均值作为试验结果，按下式计算渗透高度之比，精确至1%。

$$H_r = \frac{H_{AT}}{H_c} \times 100 \qquad (2.1.1-61)$$

式中 H_r——透水高度之比（%）；

H_{AT}——受检负温混凝土6个试件测值的平均值，mm；

H_c——基准混凝土6个试件测值的平均值，mm。

（5）冻融强度损失率比

参照GBJ82进行试验和计算强度损失率，基准混凝土标准养护28d后进行冻融试验，受检负温混凝土龄期为-7+28d进行冻融试验。根据计算出的强度损失率再按式（2.1.1-62）计算受检负温混凝土与基准混凝土强度损失率之比，计算精确到1%：

$$\Delta f_r = \frac{f_{AT}}{f_c} \times 100 \qquad (2.1.1-62)$$

式中 Δf_r——50次冻融强度损失率比（%）；

f_{AT}——受检负温混凝土50次冻融强度损失率（%）；

f_c——基准混凝土50次冻融强度损失率（%）。

（6）钢筋锈蚀

试验采用钢筋在新拌和硬化砂浆中阳极极化曲线来测试，测试方法同混凝土外加剂GB 8076。

4. 结果评定

产品经检验新拌混凝土的含气量、硬化混凝土性能和钢筋锈蚀应全部符合上述技术要求，即可判定相应等级的产品，否则判为不合格品。

（五）混凝土膨胀剂

1. 工程中的取样

（1）以同一生产厂，同品种、同一编号的膨胀剂每200t为一验收批，不足200t也按一批计。

（2）从20个容器中取等量样品混匀。取样数量不少于10kg。

2. 技术要求

混凝土膨胀剂的性能指标应符合表2.1.1-26规定。

混凝土膨胀剂的性能指标　　　　表2.1.1-26

项 目			指 标 值
化学成分	氧化镁（%）	≤	5.0
	含水率（%）	≤	3.0
	总碱量（%）	≤	0.75
	氯离子（%）	≤	0.05

续表

项 目				指 标 值
物理性能	细度	比表面积，m²/kg	≥	250
		0.080mm 筛筛余，%	≤	12
		1.25mm 筛筛余，%	≤	0.5
	凝结时间	初凝，min	≥	45
		终凝，h	≤	10
	限制膨胀率，%	水中	7d ≥	0.025
			28d ≤	0.10
		空气中	21d ≥	−0.020
	抗压强度，MPa ≥		7d	25.0
			28d	45.0
	抗折强度，MPa ≥		7d	4.5
			28d	6.5

注：细度用比表面积和1.25mm筛筛余或0.08mm筛筛余和1.25mm筛筛余表示，仲裁检验用比表面积和1.25mm筛筛余。

3. 试验方法

（1）化学成分

氧化镁、总碱量按水泥化学分析方法 GB/T176 的有关规定进行；

含水率按喷射混凝土用速凝剂 JC477 的有关规定进行；

氯离子按水泥原料中氯的分析方法 JC/T420 的有关规定进行。

（2）物理性能

1）试验用材料

水泥采用基准水泥；

砂采用 ISO 标准砂；

水采用混凝土拌合用水。

2）细度

比表面积测定按水泥比表面积 GB/T8074 的规定进行。0.080mm 筛筛余测定按水泥细度检验方法 GB/T1345 的规定进行。1.25mm 筛筛余测定参照 GB/T1345 中干筛法进行。

3）凝结时间

按水泥凝结时间的测定方法 GB/T1346 进行。

4）限制膨胀率

a. 试验仪器：

搅拌机、振动台、试模及下料漏斗：同水泥胶砂强度试验方法 GB/T17671 的规定；

测量仪：由千分表和支架组成，千分表刻度值最小为 0.001mm；

纵向限制器：由纵向钢丝与钢板焊接制成，钢丝采用 GB4357 规定的 D 级弹簧钢丝，铜焊处拉脱强度不低于785MPa。纵向限制器不应变形，生产检验使用次数不应超过5次，仲裁检验不应超过一次。

b. 试验室温度、湿度：

试验室、养护箱、养护水的温度、湿度应符合《水泥胶砂强度试验方法》GB/T17671的规定。

恒温恒湿（箱）室温度为（20±2）℃，湿度为（60±5）%。

每日应检查并记录温度、湿度变化情况。

c. 试体制作：

试体全长158mm，其中胶砂部分尺寸为40mm×40mm×140mm。

d. 试验材料：见本条1）。

e. 水泥胶砂配合比

每成型三条试体需称量的材料和用量如表2.1.1-27。

限制膨胀率材料用量 表2.1.1-27

材 料	代 号	用 量	材 料	代 号	用 量
水　泥（g）	C	457.6	标准砂（g）	S	1040
膨胀剂（g）	E	62.4	拌和水（g）	W	208

注：1. $\dfrac{E}{C+E}=0.12$　$\dfrac{S}{C+E}=2.0$　$\dfrac{W}{C+E}=0.40$；

2. 混凝土膨胀剂检验时的最大掺量为12%，但允许小于12%。生产厂在产品说明书中，应对检验限制膨胀率、抗压强度和抗折强度规定统一的掺量。

f. 水泥胶砂搅拌、试体成型

按《水泥胶砂强度检验方法》GB/T17671规定进行。

g. 试体脱模

脱模时间以抗压强度（10+2）MPa确定。

h. 试体测长和养护

试体测长：试体脱模后在1h内测量初始长度。测量完初始长度的试体立即放入水中养护，测量水中第7d的长度（L_1）变化，即水中7d的限制膨胀率。测量完初始长度的试体立即放入水中养护，测量水中第28d的长度（L_1）变化，即水中28d的限制膨胀率。测量完水中养护7d试体长度后，放入恒温恒湿（箱）室养护21d，测量长度（L_1）变化，即为空气中21d的限制膨胀率。测量前3h，将测量仪、标准杆放在标准试验室内，用标准杆校正测量仪并调整千分表零点。测量前，将试体及测量仪测头擦净。每次测量时，试体记有标志的一面与测量仪的相对位置必须一致，纵向限制器测头与测量仪测头应正确接触，读数应精确至0.001mm。不同龄期的试体应在规定时间±1h内测量。

试体养护：养护时，应注意不损伤试体测头。试体之间应保持15mm以上间隔，试体支点距限制钢板两端约30mm。

i. 结果计算

限制膨胀率按式（2.1.1-63）计算：

$$\varepsilon = \frac{L_1 - L}{L_0} \times 100 \qquad (2.1.1\text{-}63)$$

式中 ε——限制膨胀率（％）；
L_1——所测龄期的限制试体长度，mm；
L——限制试体初始长度，mm；
L_0——限制试体的基长，140mm。

取相近的两条试体测量值的平均值作为限制膨胀率测量结果，计算应精确至小数点后第三位。

5）抗压强度与抗折强度

按《水泥胶砂强度检验方法》GB/T17671 执行。

每成型三条试体需称量的材料及用量如表 2.1.1-28。

抗压强度与抗折强度材料用量 表 2.1.1-28

材 料	代 号	用 量	材 料	代 号	用 量
水 泥（g）	C	396	标准砂（g）	S	1350
膨胀剂（g）	E	54	拌和水（g）	W	225

4. 结果评定

产品各项指标均符合相应指标要求时，判为合格品；若有一项指标不符合本标准要求时，则判为不合格品。

（六）喷射混凝土用速凝剂

1. 工程中的取样

（1）同一生产厂，同品种，同一编号，每 20t 为一验收批，不足 20t 也按一批计。

（2）从 16 个不同点取等量试样混匀。取样数量不少于 4kg。

2. 技术要求

速凝剂匀质性指标见表 2.1.1-29，掺速凝剂净浆及其硬化砂浆的性能见表 2.1.1-30。

速凝剂匀质性指标 表 2.1.1-29

试验项目	指 标	
	液 体	粉 体
密度	应在生产厂所控制值的 ±0.02g/cm³ 之内	—
氯离子含量	应小于生产厂最大控制值	应小于生产厂最大控制值
总碱含量	应小于生产厂最大控制值	应小于生产厂最大控制值
pH 值	应在生产厂控制值 ±1 之内	—
细度	—	80μm 筛余应小于 15%
含水率	—	≤2.0%
含固量	应大于生产厂最小控制值	—

掺速凝剂净浆及其硬化砂浆的性能   表 2.1.1-30

试验项目 产品等级	净浆凝结时间（min）不迟于		1d 抗压强度（MPa）不小于	28d 抗压强度比（%）不小于
	初凝	终凝		
一等品	3	8	7	75
合格品	5	12	6	70

3. 试验方法

（1）试验材料

水泥：基准水泥；砂：ISO 标准砂；水：混凝土拌和用水。

（2）密度、氯离子含量、总碱含量、pH 值、含固量

按《混凝土外加剂匀质性试验方法》GB8077 进行。

（3）细度

按《水泥细度试验方法》GB 1345 的手工干筛法进行。

（4）含水率

1）试验步骤

将洁净带盖的称量瓶放入烘箱内，于 105～110℃烘 30min。取出置于干燥器内，冷却 30min 后称量，重复上述步骤至恒重，称其重量 m_0。称取速凝剂试样 10g±0.2g，装入已烘至恒量的称量瓶内，盖上盖，称出试样及称量瓶的总质量 m_1。将盛有试样的称量瓶放入烘箱内，开启瓶盖升温至 105～110℃，恒温 2h，取出后盖上盖，立即置于干燥器内，冷却 30min 后称量，重复上述步骤至恒重，称其重量 m_2。

2）结果计算

含水率按下式计算，精确至 0.1%：

$$W = \frac{m_1 - m_2}{m_1 - m_0} \times 100 \tag{2.1.1-64}$$

含水率试验结果以 3 个试样试验结果的算术平均值表示。3 个数据中有一个与平均值相差超过 5%，取剩余两个数据的平均值；有两个数据与平均值相差超过 5%，须重做试验。

（5）凝结时间

1）试验步骤

凝结时间的测定参照水泥凝结时间的测定 GB/T 1346。

试验室温度和材料温度控制在（20±2）℃范围内。

粉状速凝剂：按推荐掺量将速凝剂加入 400g 水泥中，在拌合锅内干拌均匀（颜色一致）后，加入 160mL 水，迅速搅拌 25～30s，立即装入圆模，人工振动数次，削去多余水泥浆，并用洁净的刮刀修平表面。从加水时算起操作时间不应超过 50s。

液体速凝剂：先将 400g 水泥与计算加水量（160mL 减去速凝剂中的水量）搅拌均匀后，再按推荐掺量加入液体速凝剂，其余步骤与粉状速凝剂相同。

将装满水泥浆的试模放在水泥净浆标准稠度与凝结时间测定仪下，使针尖与水泥浆表

面接触。迅速放松测定仪杆上的固定螺丝,针即自由插入水泥净浆中,观察指针读数,每隔10s测定一次,直至终凝为止。

粉状速凝剂从加水时刻起,液体速凝剂从加入速凝剂起至试针沉入净浆中距底板4mm±1mm时达到初凝;当试针沉入浆体中小于0.5mm时,为浆体达到终凝。

2)结果评定

每一试样,应进行两次试验。试验结果以两次结果的算术平均值表示。如两次试验结果的差值大于30s时,本次试验结果无效,应重新进行试验。

(6)强度

1)配合比

水泥与砂的质量比为1:1.5,水灰比为0.5。

2)试验步骤

在室温(20±2)℃的条件下,称取基准水泥900g,标准砂1350g。

粉状速凝剂:将速凝剂按生产厂推荐掺量加入胶砂中,干拌均匀后,加入450mL水,人工迅速搅拌40~50s。

液体速凝剂:先计算推荐掺量速凝剂中的水量,从总水量中扣除,加入水后将胶砂搅拌至均匀,再加入液体速凝剂人工迅速搅拌40~50s。

然后装入40mm×40mm×160mm的试模中,立即在胶砂振动台上振动30s,刮去多余部分,抹平。

同时成型掺速凝剂的试块二组,不掺者一组,每组三块。在温度为(20±2)℃的室内放置,脱模后立即测试掺速凝剂试块的1d强度(从加水时计算时间)。测定1d强度的时间误差应为(24±0.5)h。检测时应先做抗折,再做抗压强度。其余试块在温度(20±2)℃,湿度95%以上的标准养护室养护,测其28d强度,并求出强度比。

3)结果计算

抗压强度计算与水泥相同。

抗压强度比R_r按下式计算:

$$R_r = \frac{f_t}{f_r} \times 100 \qquad (2.1.1-65)$$

式中 f_t——掺速凝剂砂浆抗压强度,MPa;

f_r——不掺速凝剂砂浆抗压强度,MPa。

每个龄期的三个试件可得出6个抗压强度值,其中与平均值相差超过10%的数值应予剔除,将剩下的数值取算术平均值。剩余的数值少于3个,必须重做试验。

4. 结果评定

所有项目都符合本标准规定的相应等级要求,则判为相应等级。不符合的为不合格品。

2.1.1.4 骨料

普通混凝土中所用骨料主要为砂子、石子,轻骨料混凝土所用骨料主要还涉及轻骨料(包括轻粗骨料和轻细骨料)。砂子、石子应符合《普通混凝土用砂、石质量标准及检验方法》的规定,轻骨料应符合《轻集料及其试验方法》GB/T17431—1998的规定。

(一) 普通骨料

1. 工程中的取样

(1) 以同一产地、同一规格每 $400m^3$ 或 600t 为一验收批,不足 $400m^3$ 或 600t 也按一批计。每一验收批取样一组 (20kg)。

(2) 当质量比较稳定、进料量较大时,可以 1000t 为一验收批。

(3) 从料堆上取样时,取样部位应均匀分布。取样前应先将取样部位表层铲除,然后由各部位抽取大致相等的砂 8 份,石为 16 份,组成各自一组样品。

从皮带运输机上取样时,应在皮带运输机机尾的出料处用接料器定时抽取砂 4 份、石 8 份组成各自一组样品。

从火车、汽车、货船上取样时,应从不同部位和深度抽取大致相等的砂 8 份,石 16 份组成各自一组样品。

2. 技术要求

(1) 砂

1) 砂的粗细程度按细度模数 μ_f 分为粗、中、细、特细四级,其范围应符合下列规定:

粗砂:$\mu_f = 3.7 \sim 3.1$

中砂:$\mu_f = 3.0 \sim 2.3$

细砂:$\mu_f = 2.2 \sim 1.6$

特细砂:$\mu_f = 1.5 \sim 0.7$

2) 砂筛应采用方孔筛。砂的公称粒径、砂筛筛孔的公称直径和方孔筛筛孔边长应符合表 2.1.1-31 的规定。

砂的公称粒径、砂筛筛孔的公称直径和方孔筛筛孔边长尺寸　　　表 2.1.1-31

砂的公称粒径	砂筛筛孔的公称直径	方孔筛筛孔边长	砂的公称粒径	砂筛筛孔的公称直径	方孔筛筛孔边长
5.00mm	5.00mm	4.75mm	315μm	315μm	300μm
2.50mm	2.50mm	2.36mm	160μm	160μm	150μm
1.25mm	1.25mm	1.18mm	80μm	80μm	75μm
630μm	630μm	600μm			

除特细砂外,砂的颗粒级配可按公称直径 630μm 筛孔的累计筛余量 (以质量百分率计,下同),分成三个级配区 (见表 2.1.1-32),且砂的颗粒级配应处于表 2.1.1-32 中的某一区内。

砂的实际颗粒级配与表 2.1.1-32 中的累计筛余相比,除公称粒径为 5.00mm 和 630μm (表 2.1.1-31) 的累计筛余外,其余公称粒径的累计筛余可稍有超出分界线,但总超出量不应大于 5%。

当天然砂的实际颗粒级配不符合要求时,宜采取相应的技术措施,并经试验证明能确保混凝土质量后,方允许使用。

砂颗粒级配区 表 2.1.1-32

累计筛余（%） 级配区 公称粒径	Ⅰ区	Ⅱ区	Ⅲ区
5.00mm	10~0	10~0	10~0
2.50mm	35~5	25~0	15~0
1.25mm	65~35	50~10	25~0
630μm	85~71	70~41	40~16
315μm	95~80	92~70	85~55
160μm	100~90	100~90	100~90

配制混凝土时宜优先选用Ⅱ区砂。当采用Ⅰ区砂时，应提高砂率，并保持足够的水泥用量，满足混凝土的和易性；当采用Ⅲ区砂时，宜适当降低砂率；当采用特细砂时，应符合相应的规定。

配制泵送混凝土，宜选用中砂。

3）天然砂的含泥量应符合表 2.1.1-33 的规定。

天然砂的含泥量 表 2.1.1-33

混凝土强度等级	≥C60	C55~C30	≤C25
含泥量（按质量计（%））	≤2.0	≤3.0	≤5.0

对于有抗冻、抗渗或其它特殊要求的小于或等于 C25 混凝土用砂，其含泥量不应大于 3.0%。

4）砂的泥块含量应符合表 2.1.1-34 的规定。

砂的泥块含量 表 2.1.1-34

混凝土强度等级	≥C60	C55~C30	≤C25
泥块含量（按质量计（%））	≤0.5	≤1.0	≤2.0

对于有抗冻、抗渗或其它特殊要求的小于或等于 C25 混凝土用砂，其泥块含量不应大于 1.0%。

5）人工砂或混合砂的石粉含量应符合表 2.1.1-35 的规定。

人工砂或混合砂的石粉含量 表 2.1.1-35

混凝土强度等级		≥C60	C55~C30	≤C25
石粉含量（%）	MB<1.4（合格）	≤5.0	≤7.0	≤10.0
	MB≥1.4（不合格）	≤2.0	≤3.0	≤5.0

6) 砂的坚固性应采用硫酸钠溶液检验，试样经 5 次循环后，其质量损失应符合表 2.1.1-36 的规定。

砂的坚固性指标 表 2.1.1-36

混凝土所处的环境条件及其性能要求	5 次循环后的质量损失（%）
在严寒及寒冷地区室外使用并经常处于潮湿或干湿交替状态下的混凝土	≤8
对于有抗疲劳、耐磨、抗冲击要求的混凝土	
有腐蚀介质作用或经常处于水位变化区的地下结构混凝土	
其它条件下使用的混凝土	≤10

7) 人工砂的总压碎值指标应小于 30%。

8) 当砂中含有云母、轻物质、有机物、硫化物及硫酸盐等有害物质时，其含量应符合表 2.1.1-37 的规定。

砂中的有害物质含量 表 2.1.1-37

项　目	质　量　指　标
云母含量（按质量计（%））	≤2.0
轻物质含量（按质量计（%））	≤1.0
硫化物及硫酸盐含量（折算成 SO_3 按质量计（%））	≤1.0
有机物含量（用比色法试验）	颜色不应深于标准色。当颜色深于标准色时，应按水泥胶砂强度试验方法进行强度对比试验，抗压强度比不应低于 0.95。

对于有抗冻、抗渗要求的混凝土用砂，其云母含量不应大于 1.0%。

当砂中含有颗粒状的硫酸盐或硫化物杂质时，应进行专门检验，确认能满足混凝土耐久性要求后，方可采用。

9) 对于长期处于潮湿环境的重要混凝土结构用砂，应采用砂浆棒（快速法）或砂浆长度法进行骨料的碱活性检验。经上述检验判断为有潜在危害时，应控制混凝土中的碱含量不超过 $3kg/m^3$，或采用能抑制碱—骨料反应的有效措施。

10) 砂中氯离子含量应符合下列规定：

a. 对于钢筋混凝土用砂，其氯离子含量不得大于 0.06%（以干砂的质量百分率计）；

b. 对于预应力混凝土用砂，其氯离子含量不得大于 0.02%（以干砂的质量百分率计）。

11) 海砂中贝壳含量应符合表 2.1.1-38 的规定。

海砂中贝壳含量 表 2.1.1-38

混凝土强度等级	≥C40	C35～C30	C25～C15
贝壳含量（按质量计（%））	≤3	≤5	≤8

对于有抗冻、抗渗或其它特殊要求的小于或等于C25混凝土用砂，其贝壳含量不应大于5%。

（2）石的质量要求

1）石筛应采用方孔筛。石的公称粒径、石筛筛孔的公称直径与方孔筛筛孔边长应符合表2.1.1-39的规定。

石筛筛孔的公称直径与方孔筛尺寸（mm） 表2.1.1-39

石的公称粒径	石筛筛孔的公称直径	方孔筛筛孔边长	石的公称粒径	石筛筛孔的公称直径	方孔筛筛孔边长
2.50	2.50	2.36	31.5	31.5	31.5
5.00	5.00	4.75	40.0	40.0	37.5
10.0	10.0	9.5	50.0	50.0	53.0
16.0	16.0	16.0	63.0	63.0	63.0
20.0	20.0	19.0	80.0	80.0	75.0
25.0	25.0	26.5	100.0	100.0	90.0

碎石或卵石的颗粒级配，应符合表2.1.1-40的要求。混凝土用石应采用连续粒级。

单粒级宜用于组合成满足要求的连续粒级；也可与连续粒级混合使用，以改善其级配或配成较大粒度的连续粒级。

当卵石的颗粒级配不符合本标准表2.1.1-40要求时，应采取措施并经试验证实能确保工程质量后，方允许使用。

碎石或卵石的颗粒级配范围 表2.1.1-40

级配情况	公称粒级（mm）	累计筛余，按质量（%） 方孔筛筛孔边长尺寸（mm）										
		2.36	4.75	9.5	16.0	19.0	26.5	31.5	37.5	53	63	75	90
连续粒级	5～10	95～100	80～100	0～15	0	—	—	—	—	—	—	—	—
	5～16	95～100	85～100	30～60	0～10	0	—	—	—	—	—	—	—
	5～20	95～100	90～100	40～80	—	0～10	0	—	—	—	—	—	—
	5～25	95～100	90～100	—	30～70	—	0～5	0	—	—	—	—	—
	5～31.5	95～100	90～100	70～90	—	15～45	—	0～5	0	—	—	—	—
	5～40	—	95～100	70～90	—	30～65	—	—	0～5	0	—	—	—
单粒级	10～20	—	95～100	85～100	—	0～15	0	—	—	—	—	—	—
	16～31.5	—	95～100	—	85～100	—	—	0～10	0	—	—	—	—
	20～40	—	—	95～100	—	80～100	—	—	0～10	0	—	—	—
	31.5～63	—	—	—	95～100	—	—	75～100	45～75	—	0～10	0	—
	40～80	—	—	—	—	95～100	—	—	70～100	—	30～60	0～10	0

2）碎石或卵石中针、片状颗粒含量应符合表2.1.1-41的规定。

针、片状颗粒含量　　　　　　　　　　　　表 2.1.1-41

混凝土强度等级	≥C60	C55～C30	≤C25
针、片状颗粒含量（按质量计(%))	≤8	≤15	≤25

3）碎石或卵石的含泥量应符合表2.1.1-42的规定。

碎石或卵石的含泥量　　　　　　　　　　　表 2.1.1-42

混凝土强度等级	≥C60	C55～C30	≤C25
含泥量（按质量计（%））	≤0.5	≤1.0	≤2.0

对于有抗冻、抗渗或其他特殊要求的混凝土，其所用碎石或卵石的含泥量不应大于1.0%。当碎石或卵石的含泥是非粘土质的石粉时，其含泥量可由表2.2.1-42的0.5%、1.0%、2.0%，分别提高到1.0%、1.5%、3.0%。

4）碎石或卵石的泥块含量应符合表2.1.1-43的规定。

碎石或卵石的泥块含量　　　　　　　　　　表 2.1.1-43

混凝土强度等级	≥C60	C55～C30	≤C25
泥块含量（按质量计（%））	≤0.2	≤0.5	≤0.7

对于有抗冻、抗渗或其他特殊要求的强度等级小于C30的混凝土，其所用碎石或卵石的泥块含量不应大于0.5%。

5）碎石的强度可用岩石的抗压强度和压碎值指标表示。岩石的抗压强度应比所配制的混凝土强度至少高20%。当混凝土强度等级大于或等于C60时，应进行岩石抗压强度检验。岩石强度首先应由生产单位提供，工程中可采用压碎值指标进行质量控制。碎石的压碎值指标宜符合表2.1.1-44的规定。

碎石的压碎值指标　　　　　　　　　　　　表 2.1.1-44

岩石品种	混凝土强度等级	碎石压碎值指标（%）
沉积岩	C60～C40	≤10
	≤C35	≤16
变质岩或深成的火成岩	C60～C40	≤12
	≤C35	≤20
喷出的火成岩	C60～C40	≤13
	≤C35	≤30

注：沉积岩包括石灰岩、砂岩等；变质岩包括片麻岩、石英岩等；深成的火成岩包括花岗岩、正长岩、闪长岩和橄榄岩等；喷出的火成岩包括玄武岩和辉绿岩等。

卵石的强度可用压碎值指标表示。其压碎值指标宜符合表 2.1.1-45 的规定。

卵石的压碎值指标表　　　　　　表 2.1.1-45

混凝土强度等级	C60～C40	≤C35
压碎值指标（%）	≤12	≤16

6）碎石或卵石的坚固性应用硫酸钠溶液法检验，试样经 5 次循环后，其质量损失应符合表 2.1.1-46 的规定。

碎石或卵石的坚固性指标　　　　　表 2.1.1-46

混凝土所处的环境条件及其性能要求	5 次循环后的质量损失（%）
在严寒及寒冷地区室外使用，并经常处于潮湿或干湿交替状态下的混凝土 有腐蚀性介质作用或经常处于水位变化区的地下结构或有抗疲劳、耐磨、抗冲击等要求的混凝土	≤8
在其他条件下使用的混凝土	≤12

7）碎石或卵石中的硫化物和硫酸盐含量以及卵石中有机物等有害物质含量，应符合表 2.1.1-47 的规定。

碎石或卵石中的有害物质含量　　　　表 2.1.1-47

项　目	质　量　要　求
硫化物及硫酸盐含量 （折算成 SO_3，按质量计（%））	≤1.0
卵石中有机物含量（用比色法试验）	颜色应不深于标准色。当颜色深于标准色时，应配制成混凝土进行强度对比试验，抗压强度比应不低于 0.95

当碎石或卵石中含有颗粒状硫酸盐或硫化物杂质时，应进行专门检验，确认能满足混凝土耐久性要求后，方可采用。

8）对于长期处于潮湿环境的重要结构混凝土，其所使用的碎石或卵石应进行碱活性检验。

进行碱活性检验时，首先应采用岩相法检验碱活性骨料的品种、类型和数量。当检验出骨料中含有活性二氧化硅时，应采用快速砂浆棒法和砂浆长度法进行碱活性检验；当检验出骨料中含有活性碳酸盐骨料时，应采用岩石柱法进行碱活性检验。

经上述检验，当判定骨料存在潜在碱—碳酸盐反应危害时，不宜作混凝土骨料，否则，应通过专门的混凝土试验，做最后评定。

当判定骨料存在潜在碱—硅反应危害时，应控制混凝土中的碱含量不超过 3kg/m³，或采用能抑制碱—骨料反应的有效措施。

3. 试验方法

（1）砂的筛分析试验

1）本方法适用于测定普通混凝土用砂的颗粒级配及细度模数。

2）砂的筛分析试验应采用下列仪器设备：

a. 试验筛-公称直径分别为 10.0mm、5.00mm、2.50mm、1.25mm、630μm、315μm、160μm 的方孔筛各一只，筛的底盘和盖各一只；筛框直径为 300mm 或 200mm。其产品质量要求应符合现行国家标准《金属丝编织网试验筛》（GB/T 6003.1）和《金属穿孔板试验筛》（GB/T 6003.2）的要求；

b. 天平-称量 1000g，感量 1g；

c. 摇筛机；

d. 烘箱-温度控制范围为 105±5℃；

e. 浅盘、硬、软毛刷等。

3）试样制备应符合下列规定：

用于筛分析的试样，其颗粒的公称粒径不应大于 10.0mm。试验前应先将来样通过公称直径 10.0mm 的方孔筛，并计算筛余。称取经缩分后样品不少于 550g 两份，分别装入两个浅盘，在 105±5℃ 的温度下烘干到恒重。冷却至室温备用。

注：恒重是指在相邻两次称量间隔时间不小于 3h 的情况下，前后两次称量之差小于该项试验所要求的称量精度（下同）。

4）筛分析试验应按下列步骤进行：

a. 准确称取烘干试样 500g（特细砂可称 250g），置于按筛孔大小顺序排列（大孔在上、小孔在下）的套筛的最上一只筛（公称直径为 5.00mm 的方孔筛）上；将套筛装入摇筛机内固紧，筛分 10min；然后取出套筛，再按筛孔由大到小的顺序，在清洁的浅盘上逐一进行手筛，直至每分钟的筛出量不超过试样总量的 0.1% 时为止；通过的颗粒并入下一只筛子，并和下一只筛子中的试样一起进行手筛。按这样顺序依次进行，直至所有的筛子全部筛完为止；

注：1. 当试样含泥量超过 5% 时，应先将试样水洗，然后烘干至恒重，再进行筛分。

2. 无摇筛机时，可改用手筛。

b. 试样在各只筛子上的筛余量均不得超过按式 2.1.1-66 计算得出的剩留量，否则应将该筛的筛余试样分成两份或数份，再次进行筛分，并以其筛余量之和作为该筛的筛余量。

$$m_r = \frac{A\sqrt{d}}{300} \tag{2.1.1-66}$$

式中　m_r——某一筛上的剩留量（g）；

d——筛孔边长（mm）；

A——筛的面积（mm^2）。

c. 称取各筛筛余试样的质量（精确至 1g），所有各筛的分计筛余量和底盘中的剩余量之和与筛分前的试样总量相比，相差不得超过 1%。

5）筛分析试验结果应按下列步骤计算：

a. 计算分计筛余（各筛上的筛余量除以试样总量的百分率），精确至0.1%；

b. 计算累计筛余（该筛的分计筛余与筛孔大于该筛的各筛的分计筛余之和），精确至0.1%；

c. 根据各筛两次试验累计筛余的平均值，评定该试样的颗粒级配分布情况，精确至1%；

d. 砂的细度模数应按下式计算，精确至0.01：

$$\mu_f = \frac{(\beta_2 + \beta_3 + \beta_4 + \beta_5 + \beta_6) - 5\beta_1}{100 - \beta_1} \quad (2.1.1\text{-}67)$$

式中　　μ_f——砂的细度模数；

β_1、β_2、β_3、β_4、β_5、β_6——分别为公称直径 5.00mm、2.50mm、1.25mm、630μm、315μm、160μm方孔筛上的累计筛余；

e. 以两次试验结果的算术平均值作为测定值，精确至0.1。当两次试验所得的细度模数之差大于0.20时，应重新取试样进行试验。

（2）砂的表观密度试验（标准法）

1）本方法适用于测定砂的表观密度。

2）标准法表观密度试验应采用下列仪器设备：

a. 天平——称量1000g，感量1g；

b. 容量瓶——容量500mL；

c. 烘箱——温度控制范围105±5℃；

d. 干燥器、浅盘、铝制料勺、温度计等。

3）试样制备应符合下列规定：

经缩分后不少于650g的样品装入浅盘，在温度为105±5℃的烘箱中烘干至恒重，并在干燥器内冷却至室温。

4）标准法表观密度试验应按下列步骤进行：

a. 称取烘干的试样300g（m_0），装入盛有半瓶冷开水的容量瓶中；

b. 摇转容量瓶，使试样在水中充分搅动以排除气泡，塞紧瓶塞。静置24h，然后用滴管加水至瓶颈刻度线平齐，再塞紧瓶塞，擦干容量瓶外壁的水分，称其质量（m_1）；

c. 倒出容量瓶中的水和试样，将瓶的内外壁洗净，再向瓶内加入与本条文第2款水温相差不超过2℃的冷开水至瓶颈刻度线。塞紧瓶塞，擦干容量瓶外壁水分，称质量（m_2）。

注：在砂的表观密度试验过程中应测量并控制水的温度，试验的各项称量可在15～25℃的温度范围内进行。从试样加水静置的最后2h起直至试验结束，其温度相差不应超过2℃。

5）表观密度（标准法）应按下式计算，精确至10kg/m³：

$$\rho = \left(\frac{m_0}{m_0 + m_2 - m_1} - \alpha_t\right) \times 1000 \quad (2.1.1\text{-}68)$$

式中　ρ——表观密度（kg/m³）；

m_0——试样的烘干质量（g）；

m_1——试样、水及容量瓶总质量（g）；

m_2——水及容量瓶总质量（g）；

α_t——水温对砂的表观密度影响的修正系数，见表2.1.1-48。

不同水温对砂的表观密度影响的修正系数　　　　表2.1.1-48

水温（℃）	15	16	17	18	19	20
α_t	0.002	0.003	0.003	0.004	0.004	0.005
水温（℃）	21	22	23	24	25	
α_t	0.005	0.006	0.006	0.007	0.008	

以两次试验结果的算术平均值作为测定值。当两次结果之差大于20kg/m³时，应重新取样进行试验。

(3) 砂的表观密度试验（简易法）

1) 本方法适用于测定砂的表观密度。

2) 简易法表观密度试验应采用下列仪器设备：

a. 天平——称量1000g，感量1g；

b. 李氏瓶——容量250mL；

c. 烘箱——温度控制范围为105±5℃；

d. 其它仪器设备应符合本条(2)的规定。

3) 试样制备应符合下列规定：

将样品缩分至不少于120g，在105±5℃的烘箱中烘干至恒重，并在干燥器中冷却至室温，分成大致相等的两份备用。

4) 简易法表观密度试验应按下列步骤进行：

a. 向李氏瓶中注入冷开水至一定刻度处，擦干瓶颈内部附着水，记录水的体积（V_1）；

b. 称取烘干试样50g（m_0），徐徐加入盛水的李氏瓶中；

c. 试样全部倒入瓶中后，用瓶内的水将粘附在瓶颈和瓶壁的试样洗入水中，摇转李氏瓶以排除气泡，静置约24h后，记录瓶中水面升高后的体积（V_2）。

注：在砂的表观密度试验过程中应测量并控制水的温度，允许在15～25℃的温度范围内进行体积测定，但两次体积测定（指V_1和V_2）的温差不得大于2℃。从试样加水静置的最后2h起，直至记录完瓶中水面高度时止，其相差温度不应超过2℃。

5) 表观密度（简易法）应按下式计算，精确至10kg/m³：

$$\rho = \left(\frac{m_0}{V_2 - V_1} - \alpha_t \right) \times 1000 \quad (2.1.1-69)$$

式中　ρ——表观密度（kg/m³）；

m_0——试样的烘干质量（g）；

V_1——水的原有体积（mL）；

V_2——倒入试样后的水和试样的体积（mL）；

α_t——水温对砂的表观密度影响的修正系数，见表2.1.1-48。

以两次试验结果的算术平均值作为测定值，两次结果之差大于 20kg/m³ 时，应重新取样进行试验。

（4）砂的吸水率试验

1）本方法适用于测定砂的吸水率，即测定以烘干质量为基准的饱和面干吸水率。

2）吸水率试验应采用下列仪器设备：

a. 天平——称量 1000g，感量 1g；

b. 饱和面干试模及质量为 340±15g 的钢制捣棒（见图 2.1.1-10）；

c. 干燥器、吹风机（手提式）、浅盘、铝制料勺、玻璃棒、温度计等；

d. 烧杯——容量 500mL；

e. 烘箱——温度控制范围为：105±5℃。

3）试样制备应符合下列规定：

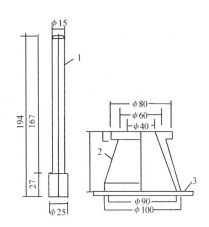

1—捣棒；2—试模；3—玻璃板

图 2.1.1-10 饱和面干试模及其捣棒（单位：mm）

饱和面干试样的制备，是将样品在潮湿状态下用四分法缩分至 1000g，拌匀后分成两份，分别装入浅盘或其它合适的容器中，注入清水，使水面高出试样表面 20mm 左右（水温控制在 20±5℃）。用玻璃棒连续搅拌 5min，以排除气泡。静置 24h 以后，细心地倒去试样上的水，并用吸管吸去余水。再将试样在盘中摊开，用手提吹风机缓缓吹入暖风，并不断翻拌试样，使砂表面的水分在各部位均匀蒸发。然后将试样松散地一次装满饱和面干试模中，捣 25 次（捣棒端面距试样表面不超过 10mm，任其自由落下），捣完后，留下的空隙不用再装满，从垂直方向徐徐提起试模。试样呈图 2.1.1-11（a）形状时，则说明砂中尚含有表面水，应继续按上述方法用暖风干燥，并按上述方法进行试验，直至试模提起后试样呈图 2.1.1-11（b）的形状为止。试模提起后，试样呈图 2.1.1-11（c）的形状时，则说明试样已干燥过分，此时应将试样洒水 5mL，充分拌均，并静置于加盖容器中 30min 后，再按上述方法进行试验，直至试样达到图 2.1.1-11（b）的形状为止。

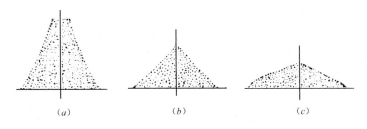

图 2.1.1-11 试样的塌陷情况

4）吸水率试验应按下列步骤进行：

立即称取饱和面干试样 500g，放入已知质量（m_1）烧杯中，于温度为 105±5℃ 的烘箱中烘干至恒重，并在干燥器内冷却至室温后，称取干样与烧杯的总质量（m_2）。

5) 吸水率 ω_{wa} 应按下式计算,精确至0.1%:

$$\omega_{wa} = \frac{500-(m_2-m_1)}{m_2-m_1} \times 100 \qquad (2.1.1-70)$$

式中 ω_{wa}——吸水率(%);
m_1——烧杯质量(g);
m_2——烘干的试样与烧杯的总质量(g)。

以两次试验结果的算术平均值作为测定值,当两次结果之差大于0.2%时,应重新取样进行试验。

(5) 砂的堆积密度和紧密密度试验

1) 本方法适用于测定砂的堆积密度、紧密密度及空隙率。
2) 堆积密度和紧密密度试验应采用下列仪器设备:
 a. 秤。称量5kg,感量5g;
 b. 容量筒。金属制,圆柱形,内径108mm,净高109mm,筒壁厚2mm,容积1L,筒底厚度为5mm;
 c. 漏斗(见图2.1.1-12)或铝制料勺;
 d. 烘箱——温度控制范围为105±5℃;
 e. 直尺、浅盘等。

3) 试样制备应符合下列规定:

先用公称直径5.00mm的筛子过筛,然后取经缩分后的样品不少于3L,装入浅盘,在温度为105±5℃烘箱中烘干至恒重,取出并冷却至室温,分成大致相等的两份备用。试样烘干后若有结块,应在试验前先予捏碎。

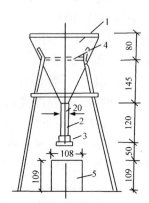

1—漏斗;2—φ20mm管子;
3—活动门;4—筛;
5—金属量筒

图2.1.1-12 标准漏斗
(单位:mm)

4) 堆积密度和紧密密度试验应按下列步骤进行:

 a. 堆积密度:取试样一份,用漏斗或铝制勺,将它徐徐装入容量筒(漏斗出料口或料勺距容量筒筒口不应超过50mm)直至试样装满并超出容量筒筒口。然后用直尺将多余的试样沿筒口中心线向相反方向刮平,称其质量(m_2)。

 b. 紧密密度:取试样一份。分两层装入容量筒。装完一层后,在筒底垫放一根直径为10mm的钢筋,将筒按住,左右交替颠击地面各25下,然后再装入第二层;第二层装满后用同样方法颠实(但筒底所垫钢筋的方向应与第一层放置方向垂直);二层装完并颠实后,加料直至试样超出容量筒筒口,然后用直尺将多余的试样沿筒口中心线向两个相反方向刮平,称其质量(m_2)。

5) 试验结果计算应符合下列规定:

 a. 堆积密度(ρ_L)及紧密密度(ρ_c),按下式计算,精确至10kg/m³:

$$\rho_L(\rho_c) = \frac{m_2-m_1}{V} \times 1000 \qquad (2.1.1-71)$$

式中 $\rho_L(\rho_c)$——堆积密度(紧密密度)(kg/m³);
m_1——容量筒的质量(kg);
m_2——容量筒和砂总质量(kg);

V——容量筒容积（L）。

以两次试验结果的算术平均值作为测定值。

b. 空隙率按下式计算，精确至1%：

$$空隙率 \ v_1 = \left(1 - \frac{\rho_L}{\rho}\right) \times 100 \qquad (2.1.1\text{-}72)$$

$$v_c = \left(1 - \frac{\rho_c}{\rho}\right) \times 100 \qquad (2.1.1\text{-}73)$$

式中　v_1——堆积密度的空隙率（%）；

　　　v_c——紧密密度的空隙率（%）；

　　　ρ_L——砂的堆积密度（kg/m³）；

　　　ρ——砂的表观密度（kg/m³）；

　　　ρ_c——砂的紧密密度（kg/m³）。

6）容量筒容积的校正方法：

以温度为20±2℃的饮用水装满容量筒，用玻璃板沿筒口滑移，使其紧贴水面。擦干筒外壁水分，然后称其质量。用下式计算筒的容积：

$$V = (m_2' - m_1') \qquad (2.1.1\text{-}74)$$

式中　V——容量筒容积（L）；

　　　m_1'——容量筒和玻璃板质量（kg）；

　　　m_2'——容量筒、玻璃板和水总质量（kg）。

（6）砂的含水率（标准法）

1）本方法适用于测定砂的含水率。

2）砂的含水率试验（标准法）应采用下列仪器设备：

a. 烘箱。温度控制范围为：105±5℃；

b. 天平。称量1000g，感量1g；

c. 容器。如浅盘等。

3）含水率试验（标准法）应按下列步骤进行：

由密封的样品中取各重500g的试样两份，分别放入已知质量的干燥容器（m_1）中称重，记下每盘试样与容器的总重（m_2）。将容器连同试样放入温度为105±5℃的烘箱中烘干至恒重，称量烘干后的试样与容器的总质量（m_3）。

4）砂的含水率（标准法）按下式计算，精确至0.1%：

$$\omega_{WC} = \frac{m_2 - m_3}{m_3 - m_1} \times 100 \qquad (2.1.1\text{-}75)$$

式中　ω_{WC}——砂的含水率（%）；

　　　m_1——容器质量（g）；

　　　m_2——未烘干的试样与容器的总质量（g）；

　　　m_3——烘干后的试样与容器的总质量（g）。

以两次试验结果的算术平均值作为测定值。

（7）砂的含水率试验（快速法）

1) 本方法适用于快速测定砂的含水率。对含泥量过大及有机杂质含量较多的砂不宜采用。

2) 砂的含水率试验（快速法）应采用下列仪器设备：

a. 电炉（或火炉）；

b. 天平——称量1000g，感量1g；

c. 炒盘（铁制或铝制）；

d. 油灰铲、毛刷等。

3) 含水率试验（快速法）应按下列步骤进行：

a. 由密封样品中取500g试样放入干净的炒盘（m_1）中，称取试样与炒盘的总质量（m_2）；

b. 置炒盘于电炉（或火炉）上，用小铲不断地翻拌试样，到试样表面全部干燥后，切断电源（或移出火外），再继续翻拌1min，稍予冷却（以免损坏天平）后，称干样与炒盘的总质量（m_3）。

4) 砂的含水率（快速法）应按下式计算，精确至0.1%：

$$\omega_{WC} = \frac{m_2 - m_3}{m_3 - m_1} \times 100 \qquad (2.1.1\text{-}76)$$

式中　ω_{WC}——砂的含水率（%）；

m_1——炒盘质量（g）；

m_2——未烘干的试样与炒盘的总质量（g）；

m_3——烘干后的试样与炒盘的总质量（g）。

以两次试验结果的算术平均值作为测定值。

(8) 砂的含泥量试验（标准法）

1) 本方法适用于测定粗砂、中砂和细砂的含泥量，特细砂的含泥量测定方法见（9）。

2) 含泥量试验应采用下列仪器设备：

a. 天平——称量1000g，感量1g；

b. 烘箱——温度控制范围为105±5℃；

c. 试验筛——筛孔公称直径为80μm及1.25mm的方孔筛各一个；

d. 洗砂用的容器及烘干用的浅盘等。

3) 试样制备应符合下列规定：

样品缩分至1100g，置于温度为105±5℃的烘箱中烘干至恒重，冷却至室温后，称取各为400g（m_0）的试样两份备用。

4) 含泥量试验应按下列步骤进行：

a. 取烘干的试样一份置于容器中，并注入饮用水，使水面高出砂面约150mm，充分拌匀后，浸泡2h，然后用手在水中淘洗试样，使尘屑、淤泥和粘土与砂粒分离，并使之悬浮或溶于水中。缓缓地将浑浊液倒入公称直径为1.25mm、80μm的方孔套筛（1.25mm筛放置于上面）上，滤去小于80μm的颗粒。试验前筛子的两面应先用水润湿，在整个试验过程中应避免砂粒丢失；

b. 再次加水于容器中，重复上述过程，直到筒内洗出的水清澈为止；

c. 用水淋洗剩留在筛上的细粒,并将 80μm 筛放在水中(使水面略高出筛中砂粒的上表面)来回摇动,以充分洗除小于 80μm 的颗粒。然后将两只筛上剩留的颗粒和容器中已经洗净的试样一并装入浅盘,置于温度为 105±5℃ 的烘箱中烘干至恒重。取出来冷却至室温后,称试样的质量(m_1)。

5) 砂的含泥量应按下式计算,精确至 0.1%:

$$\omega_c = \frac{m_0 - m_1}{m_0} \times 100 \tag{2.1.1-77}$$

式中 ω_c——砂的含泥量(%);

m_0——试验前的烘干试样质量(g);

m_1——试验后的烘干试样质量(g)。

以两个试样试验结果的算术平均值作为测定值。两次结果之差大于 0.5% 时,应重新取样进行试验。

(9) 砂的含泥量试验(虹吸管法)

1) 本方法适用于测定砂的含泥量。

2) 含泥量试验(虹吸管法)应采用下列仪器设备:

a. 虹吸管——玻璃管的直径不大于 5mm,后接胶皮弯管;

b. 玻璃容器或其它容器——高度不小于 300mm,直径不小于 200mm;

c. 其它设备应符合本标准第(8)2)条的要求。

3) 试样制备应按本标准第(8)3)条的规定进行。

4) 含泥量试验(虹吸管法)应按下列步骤进行:

a. 称取烘干的试样 500g(m_0),置于容器中,并注入饮用水,使水面高出砂面约 150mm,浸泡 2h,浸泡过程中每隔一段时间搅拌一次,确保尘屑、淤泥和粘土与砂分离;

b. 用搅拌棒均匀搅拌 1min(单方向旋转),以适当宽度和高度的闸板闸水,使水停止旋转。经 20~25s 后取出闸板,然后,从上到下用虹吸管细心地将浑浊液吸出,虹吸管吸口的最低位置应距离砂面不小于 30mm;

c. 再倒入清水,重复上述过程,直到吸出的水与清水的颜色基本一致为止;

d. 最后将容器中的清水吸出,把洗净的试样倒入浅盘并在 105±5℃ 的烘箱中烘干至恒重,取出,冷却至室温后称砂质量(m_1)。

5) 砂的含泥量(虹吸管法)应按下式计算,精确至 0.1%:

$$\omega_c = \frac{m_0 - m_1}{m_0} \times 100 \tag{2.1.1-78}$$

式中 ω_c——砂的含泥量(%);

m_0——试验前的烘干试样质量(g);

m_1——试验后的烘干试样质量(g)。

以两个试样试验结果的算术平均值作为测定值。两次结果之差大于 0.5% 时,应重新取样进行试验。

(10) 砂的泥块含量试验

1）本方法适用于测定砂的泥块含量。
2）砂的泥块含量试验应采用下列仪器设备：
  a. 天平——称量1000g，感量1g；称量5000g，感量5g；
  b. 烘箱——温度控制范围为105±5℃；
  c. 试验筛——筛孔公称直径为630μm及1.25mm的方孔筛各一只；
  d. 洗砂用的容器及烘干用的浅盘等。
3）试样制备应符合下列规定：

将样品缩分至5000g，置于温度为105±5℃的烘箱中烘干至恒重，冷却至室温后，用公称直径1.25mm的方孔筛筛分，取筛上的砂不少于400g分为两份备用。特细砂按实际筛分量。

4）泥块含量试验应按下列步骤进行：

  a. 称取试样约200g（m_1）置于容器中，并注入饮用水，使水面高出砂面150mm。充分拌匀后，浸泡24h，然后用手在水中碾碎泥块，再把试样放在公称直径630μm的方孔筛上，用水淘洗，直至水清澈为止。

  b. 保留下来的试样应小心地从筛里取出，装入水平浅盘后，置于温度为105±5℃烘箱中烘干至恒重，冷却后称重（m_2）。

5）砂的泥块含量应按下式计算，精确至0.1%：

$$\omega_{c,L} = \frac{m_1 - m_2}{m_1} \times 100 \qquad (2.1.1\text{-}79)$$

式中 $\omega_{c,L}$——泥块含量（%）；
    m_1——试验前的干燥试样质量（g）；
    m_2——试验后的干燥试样质量（g）。

以两次试样试验结果的算术平均值作为测定值。

（11）人工砂及混合砂的石粉含量试验（亚甲蓝法）
1）本方法适用于测定人工砂和混合砂的石粉含量。
2）石粉含量试验（亚甲蓝法）应采用下列仪器设备：
  a. 烘箱——温度控制范围为105±5℃；
  b. 天平——称量1000g，感量1g；称量100g，感量0.01g；
  c. 试验筛——筛孔公称直径为80μm及1.25mm的方孔筛各一只；
  d. 容器——要求淘洗试样时，保持试样不溅出（深度大于250mm）；
  e. 移液管——5mL、2mL移液管各一个；
  f. 三片或四片式叶轮搅拌器——转速可调（最高达600±60rpm），直径75±10mm；
  g. 定时装置——精度1s；
  h. 玻璃容量瓶——容量1L；
  i. 温度计——精度1℃；
  j. 玻璃棒——2支，直径8mm，长300mm；
  k. 滤纸——快速；
  l. 搪瓷盘、毛刷、容量为1000mL的烧杯等。

3）溶液的配制及试样制备应符合下列规定：

a. 亚甲蓝溶液的配制按下述方法：

将亚甲蓝（$C_{16}H_{18}C_1N_3S \cdot 3H_2O$）粉末在$105 \pm 5$℃下烘干至恒重，称取烘干亚甲蓝粉末10g，精确至0.01g，倒入盛有约600mL蒸馏水（水温加热至35℃~40℃）的烧杯中，用玻璃棒持续搅拌40min，直至亚甲蓝粉末完全溶解，冷却至20℃。将溶液倒入1L容量瓶中，用蒸馏水淋洗烧杯等，使所有亚甲蓝溶液全部移入容量瓶，容量瓶和溶液的温度应保持在20 ± 1℃，加蒸馏水至容量瓶1L刻度。振荡容量瓶以保证亚甲蓝粉末完全溶解。将容量瓶中溶液移入深色储藏瓶中，标明制备日期，失效日期（亚甲蓝溶液保质期应不超过28d），并置于阴暗处保存。

b. 将样品缩分至400g，放在烘箱中于105 ± 5℃下烘干至恒重，待冷却至室温后，筛除大于公称直径5.0mm的颗粒备用。

4）人工砂及混合砂中的石粉含量按下列步骤进行：

a. 亚甲蓝试验应按下述方法进行：

a）称取试样200g，精确至1g。将试样倒入盛有500 ± 5mL蒸馏水的烧杯中，用叶轮搅拌机以600 ± 60rpm转速搅拌5min，形成悬浮液，然后以（400 ± 40）r/min转速持续搅拌，直至试验结束；

b）悬浮液中加入5mL亚甲蓝溶液，以（400 ± 40）r/min转速搅拌至少1min后，用玻璃棒沾取一滴悬浮液（所取悬浮液滴应使沉淀物直径在8~12mm内），滴于滤纸（置于空烧杯或其他合适的支撑物上，以使滤纸表面不与任何固体或液体接触）上。若沉淀物周围未出现色晕，再加入5mL亚甲蓝溶液，继续搅拌1min，再用玻璃棒沾取一滴悬浮液，滴于滤纸上，若沉淀物周围仍未出现色晕，重复上述步骤，直至沉淀物周围出现约1mm宽的稳定浅蓝色色晕。此时，应继续搅拌，不加亚甲蓝溶液，每1min进行一次沾染试验。若色晕在4min内消失，再加入5mL亚甲蓝溶液；若色晕在第5min消失，再加入2mL亚甲蓝溶液。两种情况下，均应继续进行搅拌和沾染试验，直至色晕可持续5min；

c）记录色晕持续5min时所加入的亚甲蓝溶液总体积，精确至1mL；

d）亚甲蓝 MB 值按下式计算：

$$MB = \frac{V}{G} \times 10 \qquad (2.1.1\text{—}80)$$

式中 MB——亚甲蓝值 g/kg，表示每千克0~2.36mm粒级试样所消耗的亚甲蓝克数，精确至0.01；

G——试样质量（g）；

V——所加入的亚甲蓝溶液的总量（mL）。

注：公式中的系数10用于将每千克试样消耗的亚甲蓝溶液体积换算成亚甲蓝质量。

e）亚甲蓝试验结果评定应符合下列规定：

当 MB 值<1.4时，则判定是以石粉为主；当 MB 值≥1.4时，则判定为以泥粉为主的石粉。

b. 亚甲蓝快速试验应按下述方法进行：

a）应按本条第一款第一项的要求进行制样；

b) 一次性向烧杯中加入30mL亚甲蓝溶液，以（400±40）r/min转速持续搅拌8min，然后用玻璃棒蘸取一滴悬浊液，滴于滤纸上，观察沉淀物周围是否出现明显色晕，出现色晕的为合格，否则为不合格。

5) 人工砂及混合砂中的含泥量或石粉含量试验步骤及计算按本章节（8）砂的含泥量（标准法）的规定进行。

（12）人工砂压碎值指标试验

1) 本方法适用于测定粒级为0.315μm～5.00mm的人工砂的压碎指标。

2) 人工砂压碎指标试验应采用下列仪器设备：

 a. 压力试验机，荷载300kN；

 b. 受压钢模（图2.1.1-13）；

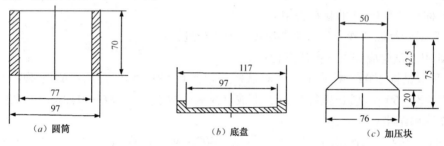

图2.1.1-13 受压钢模示意图（单位：mm）

 c. 天平——称量为1000g，感量1g；

 d. 试验筛——筛孔公称直径分别为5.00mm、2.50mm、1.25mm、630μm、315μm、160μm、80μm的方孔筛各一只；

 e. 烘箱——温度控制范围为105±5℃；

 f. 其他——瓷盘10个，小勺2把。

3) 试样制备应符合下列规定：

将缩分后的样品置于105±5℃的烘箱内烘干至恒重，待冷却至室温后，筛分成5.00～2.50mm、2.50～1.25mm、1.25mm～630μm、630～315μm四个粒级，每级试样质量不得少于1000g。

4) 试验步骤应符合下列规定：

 a. 置圆筒于底盘上，组成受压模，将一单级砂样约300g装入模内，使试样距底盘约为50mm；

 b. 平整试模内试样的表面，将加压块放入圆筒内，并转动一周使之与试样均匀接触；

 c. 将装好砂样的受压钢模置于压力机的支承板上，对准压板中心后，开动机器，以500N/s的速度加荷，加荷至25kN时持荷5s，而后以同样速度卸荷；

 d. 取下受压模，移去加压块，倒出压过的试样并称其质量（m_0），然后用该粒级的下限筛（如砂样为公称粒级5.00～2.50mm时，其下限筛为筛孔公称直径2.50mm的方孔筛）进行筛分，称出该粒级试样的筛余量（m_1）。

5) 人工砂的压碎指标按下述方法计算：

a. 第 i 单级砂样的压碎指标按下式计算,精确至 0.1%:

$$\delta_i = \frac{m_0 - m_1}{m_0} \times 100 \qquad (2.1.1\text{-}81)$$

式中 δ_i——第 i 单级砂样压碎指标(%);
m_0——第 i 单级试样的质量(g);
m_1——第 i 单级试样的压碎试验后筛余的试样质量(g)。

以三份试样试验结果的算术平均值作为各单粒级试样的测定值。

b. 四级砂样总的压碎指标按下式计算:

$$\delta_s \alpha = \frac{\alpha_1 \delta_1 + \alpha_2 \delta_2 + \alpha_3 \delta_3 + \alpha_4 \delta_4}{\alpha_1 + \alpha_2 + \alpha_3 + \alpha_4} \qquad (2.1.1\text{-}82)$$

式中 $\delta_s \alpha$——总的压碎指标(%),精确至 0.1%;
α_1、α_2、α_3、α_4——公称直径分别为 2.50mm、1.25mm、630μm、315μm 各方孔筛的分计筛余(%);
δ_1、δ_2、δ_3、δ_4——公称粒级分别为 5.00~2.50mm、2.50~1.25mm、1.25mm~630μm;630~315μm 单级试样压碎指标(%)。

(13)砂的有机物含量试验

1)本方法适用于近似地判断天然砂的有机物含量是否会影响混凝土质量。

2)有机物含量试验应采用下列仪器设备:

a. 天平——称量 100g,感量 0.1g 和称量 1000g,感量 1g 的天平各一台;

b. 量筒——容量为 250mL、100mL 和 10mL;

c. 烧杯、玻璃棒和筛孔公称直径为 5.00mm 的方孔筛;

d. 氢氧化钠溶液——氢氧化钠与蒸馏水之质量比为 3:97;

e. 鞣酸、酒精等。

3)试样的制备与标准溶液的配制应符合下列规定:

a. 筛除样品中的公称粒径 5.00mm 以上颗粒,用四分法缩分至 500g,风干备用;

b. 称取鞣酸粉 2g,溶解于 98mL 的 10% 酒精溶液中,即配得所需的鞣酸溶液;然后取该溶液 2.5mL,注入 97.5mL 浓度为 3% 的氢氧化钠溶液中,加塞后剧烈摇动,静置 24h,即配得标准溶液。

4)有机物含量试验应按下列步骤进行:

a. 向 250mL 量筒中倒入试样至 130mL 刻度处,再注入浓度为 3% 氢氧化钠溶液至 200mL 刻度处,剧烈摇动后静置 24h;

b. 比较试样上部溶液和新配制标准溶液的颜色,盛装标准溶液与盛装试样的量筒容积应一致。

5)结果评定应按下列方法进行:

a. 当试样上部的溶液颜色浅于标准溶液的颜色时,则试样的有机物含量判定合格;

b. 当两种溶液的颜色接近时,则应将该试样(包括上部溶液)倒入烧杯中放在温度为 60℃~70℃ 的水浴锅中加热 2~3h,然后再与标准溶液比色;

c. 当溶液颜色深于标准色时,则应按下法进一步试验:

取试样一份，用3%的氢氧化钠溶液洗除有机杂质，再用清水淘洗干净，直至试样上部溶液颜色浅于标准溶液的颜色，然后用洗除有机质和未洗除的试样分别按现行的国家标准《水泥胶砂强度试验方法》（GB/T 17671）配制两种水泥砂浆，测定28d的抗压强度，当未经洗除有机杂质的砂的砂浆强度与经洗除有机物后的砂的砂浆强度比不低于0.95时，则此砂可以采用，否则不可采用。

（14）砂中云母含量的试验

1）本方法适用于测定砂中云母的近似百分含量。

2）云母含量试验应采用下列仪器设备：

a. 放大镜（5倍）；

b. 钢针；

c. 试验筛——筛孔公称直径为5.00mm和315μm的方孔筛各一只；

d. 天平——称量100g，感量0.1g。

3）试样制备应符合下列规定：

称取经缩分的试样50g，在温度105±5℃的烘箱中烘干至恒重，冷却至室温后备用。

4）云母含量试验应按下列步骤进行：

先筛出粒径大于公称粒径5.00mm和小于公称粒径315μm的颗粒，然后根据砂的粗细不同称取试样10~20g（m_0），放在放大镜下观察，用钢针将砂中所有云母全部挑出，称取所挑出云母质量（m）。

5）砂中云母含量ω_m应按下式计算，精确至0.1%：

$$\omega_m = \frac{m}{m_0} \times 100 \qquad (2.1.1\text{-}83)$$

式中　ω_m——砂中云母含量（%）；

　　　m_0——烘干试样质量（g）；

　　　m——云母质量（g）。

（15）砂中轻物质含量试验

1）本方法适用于测定砂中轻物质的近似含量。

2）轻物质含量试验应采用下列仪器设备和试剂：

a. 烘箱——温度控制范围为105±5℃；

b. 天平——称量1000g，感量1g；

c. 量具——量杯（容量1000mL）、量筒（容量250mL）、烧杯（容量150mL）各一只；

d. 比重计——测定范围为1.0~2.0；

e. 网篮——内径和高度均为70mm，网孔孔径不大于150μm（可用坚固性检验用的网篮，也可用孔径150μm的筛）；

f. 试验筛——筛孔公称直径为5.00mm和315μm的方孔筛各一只；

g. 氯化锌——化学纯。

3）试样制备及重液配制应符合下列规定：

a. 称取经缩分的试样约800g，在温度为105±5℃的烘箱中烘干至恒重，冷却后将粒径大于公称粒径5.00mm和小于公称粒径315μm的颗粒筛去，然后称取每份为200g的试样两份备用；

b. 配制相对密度为 1950~2000kg/m³ 的重液：向 1000mL 的量杯中加水至 600mL 刻度处，再加入 1500g 氯化锌，用玻璃棒搅拌使氯化锌全部溶解，待冷却至室温后，将部分溶液倒入 250mL 量筒中测其相对密度；

c. 如溶液相对密度小于要求值，则将它倒回量杯，再加入氯化锌，溶解并冷却后测其相对密度，直至溶液相对密度满足要求为止。

4）轻物质含量试验应按下列步骤进行：

a. 将上述试样一份（m_0）倒入盛有重液（约 500mL）的量杯中，用玻璃棒充分搅拌，使试样中的轻物质与砂分离，静置 5min 后，将浮起的轻物质连同部分重液倒入网篮中，轻物质留在网篮中，而重液通过网篮流入另一容器，倾倒重液时应避免带出砂粒，一般当重液表面与砂表面相距约 20~30mm 时即停止倾倒，流出的重液倒回盛试样的量杯中，重复上述过程，直至无轻物质浮起为止；

b. 用清水洗净留存于网篮中的物质，然后将它倒入烧杯，在 105±5℃ 的烘箱中烘干至恒重，称取轻物质与烧杯的总质量（m_1）。

5）砂中轻物质的含量 ω_1 应按下式计算，精确到 0.1%：

$$\omega_1 = \frac{m_1 - m_2}{m_0} \times 100 \qquad (2.1.1\text{-}84)$$

式中　ω_1——砂中轻物质含量（%）；

　　　m_1——烘干的轻物质与烧杯的总质量（g）；

　　　m_2——烧杯的质量（g）；

　　　m_0——试验前烘干的试样质量（g）。

以两次试验结果的算术平均值作为测定值。

（16）砂的坚固性试验

1）本方法适用于通过测定硫酸钠饱和溶液渗入砂中形成结晶时的裂张力对砂的破坏程度，来间接地判断其坚固性。

2）坚固性试验应采用下列仪器设备和试剂：

a. 烘箱——温度控制范围为 105±5℃；

b. 天平——称量 1000g，感量 1g；

c. 试验筛——筛孔公称直径为 160μm、315μm、630μm、1.25mm、2.50mm、5.00mm 的方孔筛各一只；

d. 容器——搪瓷盆或瓷缸，容量不小于 10L；

e. 三脚网篮——内径及高均为 70mm，由铜丝或镀锌铁丝制成，网孔的孔径不应大于所盛试样粒级下限尺寸的一半；

f. 试剂——无水硫酸钠；

g. 比重计；

h. 氯化钡——浓度为 10%。

3）溶液的配制及试样制备应符合下列规定：

a. 硫酸钠溶液的配制应按下述方法进行：

取一定数量的蒸馏水（取决于试样及容器大小，加温至30℃~50℃），每1000mL蒸馏水加入无水硫酸钠（Na_2SO_4）300~350g，用玻璃棒搅拌，使其溶解并饱和，然后冷却至20℃~25℃，在此温度下静置两昼夜，其相对密度应为1151~1174kg/m^3；

b. 将缩分后的样品用水冲洗干净，在105±5℃的温度下烘干冷却至室温备用；

4）坚固性试验应按下列步骤进行：

a. 称取公称粒级分别为315~630μm、630μm~1.25mm、1.25~2.50mm 和2.50~5.00mm的试样各100g。若是特细砂，应筛去公称粒径160μm以下和2.50mm以上的颗粒，称取公称粒级分别为160~315μm、315~630μm、630μm~1.25mm、1.25~2.50mm 的试样各100g。分别装入网篮并浸入盛有硫酸钠溶液的容器中，溶液体积应不小于试样总体积的5倍，其温度应保持在20℃~25℃。三脚网篮浸入溶液时，应先上下升降25次以排除试样中的气泡，然后静置于该容器中。此时，网篮底面应距容器底面约30mm（由网篮脚高控制），网篮之间的间距应不小于30mm，试样表面至少应在液面以下30mm；

b. 浸泡20h后，从溶液中提出网篮，放在温度为105±5℃的烘箱中烘烤4h，至此，完成了第一次循环。待试样冷却至20~25℃后，即开始第二次循环，从第二次循环开始，浸泡及烘烤时间均为4h；

c. 第五次循环完成后，将试样置于20~25℃的清水中洗净硫酸钠，再在105±5℃的烘箱中烘干至恒重，取出并冷却至室温后，用孔径为试样粒级下限的筛，过筛并称量各粒级试样试验后的筛余量。

注：试样中硫酸钠是否洗净，可按下法检验：取冲洗过试样的水若干毫升，滴入少量10%的氯化钡（$BaCl_2$）溶液，如无白色沉淀，则说明硫酸钠已被洗净。

5）试验结果计算应符合下列规定：

a. 试样中各粒级颗粒的分计质量损失百分率δ_{ji}应按下式计算：

$$\delta_{ji} = \frac{m_i - m_i'}{m_i} \times 100 \qquad (2.1.1\text{-}85)$$

式中 δ_{ji}——各粒级颗粒的分计质量损失百分率（%）；

m_i——每一粒级试样试验前的质量（g）；

m_i'——经硫酸钠溶液试验后，每一粒级筛余颗粒的烘干质量（g）。

b. 300μm~4.75mm粒级试样的总质量损失百分率δ_j应按下式计算，精确至1%：

$$\delta_j = \frac{\alpha_1\delta_{j1} + \alpha_2\delta_{j2} + \alpha_3\delta_{j3} + \alpha_4\delta_{j4}}{\alpha_1 + \alpha_2 + \alpha_3 + \alpha_4} \times 100 \qquad (2.1.1\text{-}86)$$

式中 δ_j——试样的总质量损失百分率（%）；

α_1、α_2、α_3、α_4——公称粒级分别为315~630μm、630μm~1.25mm、1.25~2.50mm、2.50~5.00mm粒级在筛除小于公称粒径315μm及大于公称粒径5.00mm颗粒后的原试样中所占的百分率（%）；

δ_{j1}、δ_{j2}、δ_{j3}、δ_{j4}——公称粒级分别为315~630μm；630μm~1.25mm；1.25~2.50mm；2.50~5.00mm各粒级的分计质量损失百分率（%）；

c. 特细砂按下式计算，精确至1%：

$$\delta_j = \frac{\alpha_0 \delta_{j0} + \alpha_1 \delta_{j1} + \alpha_2 \delta_{j2} + \alpha_3 \delta_{j3}}{\alpha_0 + \alpha_1 + \alpha_2 + \alpha_3} \times 100 \qquad (2.1.1\text{-}87)$$

式中　　　　　　　δ_j——试样的总质量损失百分率（%）；

α_0、α_1、α_2、α_3——公称粒级分别为 160～315μm、315～630μm、630μm～1.25mm、1.25～2.50mm 粒级在筛除小于公称粒径160μm 及大于公称粒径2.50mm 颗粒后的原试样中所占的百分率（%）；

δ_{j0}，δ_{j1}，δ_{j2}，δ_{j3}——公称粒级分别为 160～315μm、315～630μm、630μm～1.25mm、1.25～2.50mm 各粒级的分计质量损失百分率（%）。

（17）砂中硫酸盐及硫化物含量试验

1）本方法适用于测定砂中的硫酸盐及硫化物含量（按 SO_3 百分含量计算）。

2）硫酸盐及硫化物试验应采用下列仪器设备和试剂：

a. 天平和分析天平——天平，称量1000g，感量1g；分析天平，称量100g，感量0.0001g；

b. 高温炉——最高温度1000℃；

c. 试验筛——筛孔公称直径为80μm 的方孔筛一只；

d. 瓷坩埚；

e. 其他仪器——烧瓶、烧杯等；

f. 10%（W/V）氯化钡溶液——10g 氯化钡溶于100mL 蒸馏水中；

g. 盐酸（1+1）——浓盐酸溶于同体积的蒸馏水中；

h. 1%（W/V）硝酸银溶液——1g 硝酸银溶于100 mL 蒸馏水中，并加入5～10mL 硝酸，存于棕色瓶中。

3）试样制备应符合下列规定：

样品经缩分至不少于10g，置于温度为105±5℃烘干至恒重，冷却至室温后，研磨至全部通过筛孔公称直径为80μm 的方孔筛，备用。

4）硫酸盐及硫化物含量试验应按下列步骤进行：

a. 用分析天平精确称取砂粉试样1g（m），放入300mL 的烧杯中，加入30～40mL 蒸馏水及10mL 的盐酸（1+1），加热至微沸，并保持微沸5min，试样充分分解后取下，以中速滤纸过滤，用温水洗涤10～12次；

b. 调整滤液体积至200mL，煮沸，搅拌同时滴加10mL10%氯化钡溶液，并将溶液煮沸数分钟，然后移至温热处静置至少4h（此时溶液体积应保持在200mL），用慢速滤纸过滤，用温水洗到无氯根反应（用硝酸银溶液检验）；

c. 将沉淀及滤纸一并移入已灼烧至恒重的瓷坩埚（m_1）中，灰化后在800℃的高温炉内灼烧30min。取出坩埚。置于干燥器中冷却至室温，称量，如此反复灼烧，直至恒重（m_2）。

5）硫化物及硫酸盐含量（以 SO_3 计）应按下式计算，精确至0.01%：

$$\omega_{SO_3} = \frac{(m_2 - m_1) \times 0.343}{m} \times 100 \tag{2.1.1-88}$$

式中　ω_{SO_3}——硫酸盐含量（%）；

　　　m——试样质量（g）；

　　　m_1——瓷坩埚的质量（g）；

　　　m_2——瓷坩埚质量和试样总质量（g）；

　　　0.343——$BaSO_4$ 换算成 SO_3 的系数。

以两次试验的算术平均值作为测定值，当两次试验结果之差大于 0.15% 时，须重做试验。

（18）砂中的氯离子含量试验

1）本方法适用于测定砂中的氯离子含量。

2）氯离子含量试验应采用下列仪器设备和试剂：

a. 天平——称量 1000g，感量 1g；

b. 带塞磨口瓶——容量 1L；

c. 三角瓶——容量 300mL；

d. 滴定管——容量 10mL 或 25mL；

e. 容量瓶——容量 500mL；

f. 移液管——容量 50mL，2mL；

g. 5%（W/V）铬酸钾指示剂溶液；

h. 0.01mol/L 的氯化钠标准溶液；

i. 0.01mol/L 的硝酸银标准溶液。

3）试样制备应符合下列规定：

取经缩分后样品 2kg，在温度 105±5℃ 的烘箱中烘干至恒重，经冷却至室温备用。

4）氯离子含量试验应按下列步骤进行：

a. 称取试样 500g（m），装入带塞磨口瓶中，用容量瓶取 500mL 蒸馏水，注入磨口瓶内，加上塞子，摇动一次，放置 2h，然后每隔 5min 摇动一次，共摇动 3 次，使氯盐充分溶解。将磨口瓶上部已澄清的溶液过滤，然后用移液管吸取 50mL 滤液，注入三角瓶中，再加入浓度为 5% 的（W/V）铬酸钾指示剂 1mL，用 0.01mol/L 硝酸银标准溶液滴定至呈现砖红色为终点，记录消耗的硝酸银标准溶液的毫升数（V_1）；

b. 空白试验：用移液管准确吸取 50mL 蒸馏水到三角瓶内，加入 5% 铬酸钾指示剂 1ml，并用 0.01mol/L 的硝酸银标准溶液滴定至溶液呈砖红色为止，记录此点消耗的硝酸银标准溶液的毫升数（V_2）。

5）砂中氯离子含量 ω_{Cl} 应按下式计算，精确至 0.001%：

$$\omega_{Cl} = \frac{C_{AgNO_3}(V_1 - V_2) \times 0.0355 \times 10}{m} \times 100 \tag{2.1.1-89}$$

式中　ω_{Cl}——砂中氯离子含量（%）；

　　　C_{AgNO_3}——硝酸银标准溶液的浓度（mol/L）；

　　　V_1——样品滴定时消耗的硝酸银标准溶液的体积（mL）；

V_2——空白试验时消耗的硝酸银标准溶液的体积(mL);

m——试样质量(g)。

(19) 海砂中贝壳含量试验(盐酸清洗法)

1)本方法适用于检验海砂中的贝壳含量。

2)贝壳含量试验应采用下列仪器设备和试剂:

a. 烘箱——温度控制范围为 105±5℃;

b. 天平——称量1000g、感量1g和称量5000g、感量5g的天平各一台;

c. 试验筛——筛孔公称直径为 5.00mm 的方孔筛一只;

d. 量筒——容量1000mL;

e. 搪瓷盆——直径200mm 左右;

f. 玻璃棒;

g. (1+5)盐酸溶液——由浓盐酸(比重1.18,浓度26%~38%)和蒸馏水按1:5的比例配制而成;

h. 烧杯——容量2000mL。

3)试样制备应符合下列规定:

将样品缩分至不少于2400g,置于温度为 105±5℃烘箱中烘干至恒重,冷却至室温后,过筛孔公称直径为 5.00mm 的方孔筛后,称取500g(m_1)试样两份,先测出砂的含泥量(ω_c),再将试样放入烧杯中备用。

4)海砂中贝壳含量应按下列步骤进行:

在盛有试样的烧杯中加入(1+5)盐酸溶液900mL,不断用玻璃棒搅拌,使反应完全。待溶液中不再有气体产生后,再加少量上述盐酸溶液,若再无气体生成则表明反应已完全。否则,应重复上一步骤,直至无气体产生为止。然后进行五次清洗,清洗过程中要避免砂粒丢失。洗净后,置于温度为 105±5℃的烘箱中,取出冷却至室温,称重(m_2)。

5)砂中贝壳含量 ω_b 应按下式计算,精确至0.1%:

$$\omega_b = \frac{m_1 - m_2}{m_1} \times 100 - \omega_c \qquad (2.1.1\text{-}90)$$

式中 ω_b——砂中贝壳含量(%);

m_1——试样总量(g);

m_2——试样除去贝壳后的质量(g);

ω_c——含泥量(%)。

以两次试验结果的算术平均值作为测定值,当两次结果之差超过0.5%时,应重新取样进行试验。

(20) 砂的碱活性试验(快速法)

1)本方法适用于在1mol/L氢氧化钠溶液中浸泡试样14天以检验硅质骨料与混凝土中的碱产生潜在反应的危害性,不适用于碱碳酸盐反应活性骨料检验。

2)快速法碱活性试验应采用下列仪器设备:

a. 烘箱——温度控制范围为 105±5℃;

b. 天平——称量1000g，感量1g；

c. 试验筛——筛孔公称直径为5.00mm、2.50mm、1.25mm、630μm、315μm、160μm的方孔筛各一只；

d. 测长仪——测量范围280~300mm，精度0.01mm；

e. 水泥胶砂搅拌机——应符合现行行业标准《行星式水泥胶砂搅拌机》（JC/T 681）的规定；

f. 恒温养护箱或水浴——温度控制范围为80±2℃；

g. 养护筒——由耐碱耐高温的材料制成，不漏水，密封，防止容器内湿度下降，筒的容积可以保证试件全部浸没在水中。筒内设有试件架，试件垂直于试件架放置；

h. 试模——金属试模，尺寸为25mm×25mm×280mm，试模两端正中有小孔，装有不锈钢测头；

i. 镘刀、捣棒、量筒、干燥器等。

3）试件的制作应符合下列规定：

a. 将砂样缩分成约5kg，按表2.1.1-49中所示级配及比例组合成试验用料，并将试样洗净烘干或晾干备用；

砂 级 配 表　　　　　　　表 2.1.1-49

公称粒级	5.00~2.50mm	2.50~1.25mm	1.25mm~630μm	630~315μm	315~160μm
分级质量（%）	10	25	25	25	15

注：对特细砂分级质量不作规定。

b. 水泥应采用符合现行国家标准《硅酸盐水泥、普通硅酸盐水泥》（GB175）要求的普通硅酸盐水泥。水泥与砂的质量比为1:2.25，水灰比为0.47。试件规格25mm×25mm×280mm，每组三条，称取水泥440g，砂990g；

c. 成型前24h，将试验所用材料（水泥、砂、拌和用水等）放入20±2℃的恒温室中；

d. 将称好的水泥与砂倒入搅拌锅，应按现行国家标准《水泥胶砂强度检验方法（ISO法）》（GB/T 17671）的规定进行搅拌；

e. 搅拌完成后，将砂浆分两层装入试模内，每层捣40次，测头周围应填实，浇捣完毕后用镘刀刮除多余砂浆，抹平表面，并标明测定方向及编号。

4）快速法试验应按下列步骤进行：

a. 将试件成型完毕后，带模放入标准养护室，养护24±4h后脱模；

b. 脱模后，将试件浸泡在装有自来水的养护筒中，并将养护筒放入温度80±2℃的烘箱或水浴箱中养护24h。同种骨料制成的试件放在同一个养护筒中；

c. 然后将养护筒逐个取出。每次从养护筒中取出一个试件，用抹布擦干表面，立即用测长仪测试件的基长（L_0）。每个试件至少重复测试两次，取差值在仪器精度范围内的两个读数的平均值作为长度测定值（精确至0.02mm），每次每个试件的测量方向应一致，待测的试件须用湿布覆盖，防止水分蒸发；从取出试件擦干到读数完成应在15±5s内结束，读完数后的试件应用湿布覆盖。全部试件测完基准长度后，把试件放入装有浓度为

1mol/L氢氧化钠溶液的养护筒中，并确保试件被完全浸泡。溶液温度应保持在80±2℃，将养护筒放回烘箱或水浴箱中；

注：用测长仪测定任一组试件的长度时，均应先调整测长仪的零点。

d. 自测定基准长度之日起，第3d、7d、10d、14d再分别测其长度（L_t）。测长方法与测基长方法相同。每次测量完毕后，应将试件调头放入原养护筒，盖好筒盖，放回80±2℃的烘箱或水浴箱中，继续养护到下一个测试龄期。操作时防止氢氧化钠溶液溢溅，避免烧伤皮肤；

e. 在测量时应观察试件的变形、裂缝、渗出物等，特别应观察有无胶体物质，并做详细记录。

5）试件中的膨胀率应按下式计算，精确至0.01%：

$$\varepsilon_t = \frac{L_t - L_0}{L_0 - 2\Delta} \times 100 \qquad (2.1.1\text{-}91)$$

式中　ε_t——试件在 t 天龄期的膨胀率（%）；

L_t——试件在 t 天龄期的长度（mm）；

L_0——试件的基长（mm）；

Δ——测头长度（mm）。

以三个试件膨胀率的平均值作为某一龄期膨胀率的测定值。任一试件膨胀率与平均值均应符合下列规定：

a. 当平均值小于或等于0.05%时，其差值均应小于0.01%；

b. 当平均值大于0.05%时，单个测值与平均值的差值均应小于平均值的20%；

c. 当三个试件的膨胀率均超过0.10%时，无精度要求；

d. 当不符合上述要求时，去掉膨胀率最小的，用其余两个试件的平均值作为该龄期的膨胀率。

6）结果评定应符合下列规定：

a. 当14d膨胀率小于0.10%时，可判定为无潜在危害；

b. 当14d膨胀率大于0.20%时，可判定为有潜在危害；

c. 当14d膨胀率在0.10%~0.20%之间时，应按本标准第6.21节的方法再进行试验判定。

（21）砂的碱活性试验（砂浆长度法）

1）本方法适用于鉴定硅质骨料与水泥（混凝土）中的碱产生潜在反应的危害性，不适用于碱碳酸盐反应活性骨料检验。

2）砂浆长度法碱活性试验应采用下列仪器设备：

a. 试验筛——应符合本节第（1）条的要求；

b. 水泥胶砂搅拌机——应符合现行行业标准《行星式水泥胶砂搅拌机》（JC/T 681）规定；

c. 镘刀及截面为14mm×13mm、长120~150mm的钢制捣棒；

d. 量筒、秒表；

e. 试模和测头——金属试模，规格为25mm×25 mm×280mm，试模两端正中应有小孔，测头在此固定埋入砂浆。测头用不锈钢金属制成；

　　f. 养护筒——用耐腐蚀材料制成，应不漏水，不透气，加盖后放在养护室中能确保筒内空气相对湿度为95%以上，筒内设有试件架，架下盛有水，试件垂直立于架上并不与水接触；

　　g. 测长仪——测量范围280 mm～300mm，精度0.01mm；

　　h. 室温为40±2℃的养护室；

　　i. 天平——称量2000g，感量2g；

　　j. 跳桌——应符合现行行业标准《水泥胶砂流动度测定仪》（JC/T 958）要求。

3）试件的制备应符合下列规定：

　　a. 制作试件的材料应符合下列规定：

　　a）水泥——在做一般骨料活性鉴定时，应使用高碱水泥，含碱量为1.2%。低于此值时，掺浓度为10%的氢氧化钠溶液，将碱含量调至水泥量的1.2%；对于具体工程，当该工程拟用水泥的含碱量高于此值，则应采用工程所使用的水泥；

　　注：水泥含碱量以氧化钠（Na_2O）计，氧化钾（K_2O）换算为氧化钠时乘以换算系数0.658。

　　b）砂——将样品缩分成约5kg，按表2.1.1-49中所示级配及比例组合成试验用料，并将试样洗净晾干。

　　b. 制作试件用的砂浆配合比应符合下列规定：

　　水泥与砂的质量比为1:2.25。每组3个试件，共需水泥440g，砂料990g，砂浆用水量应按现行国家标准《水泥胶砂流动度测定方法》（GB/T2419）确定，跳桌次数改为6s跳动10次，以流动度在105～120mm为准。

　　c. 砂浆长度法试验所用试件应按下列方法制作：

　　a）成型前24h，将试验所用材料（水泥、砂、拌和用水等）放入20±2℃的恒温室中；

　　b）先将称好的水泥与砂倒入搅拌锅内，开动搅拌机，拌合5s后徐徐加水，20～30s加完，自开动机器起搅拌180±5s停机，将粘在叶片上的砂浆刮下，取下搅拌锅；

　　c）砂浆分两层装入试模内，每层捣40次；测头周围应填实，浇捣完毕后用馒刀刮除多余砂浆，抹平表面并标明测定方向和编号。

4）砂浆长度法试验应按下列步骤进行：

　　a. 试件成型完毕后，带模放入标准养护室，养护（24±4）h后脱模（当试件强度较低时，可延至48h脱模），脱模后立即测量试件的基长（L_0）。测长应在（20±2）℃的恒温室中进行，每个试件至少重复测试两次，取差值在仪器精度范围内的两个读数的平均值作为长度测定值（精确至0.02mm）。待测的试件须用湿布覆盖，以防止水分蒸发；

　　b. 测量后将试件放入养护筒中，盖严后放入40±2℃养护室里养护（一个筒内的品种应相同）；

　　c. 自测基长之日起，14天、1个月、2个月、3个月、6个月再分别测其长度（L_t），如有必要还可适当延长。在测长前一天，应把养护筒从40±2℃养护室中取出，放入20±2℃的恒温室。试件的测长方法与测基长相同，测量完毕后，应将试件调头放入养护筒中，盖好筒盖，放回40±2℃养护室继续养护到下一测龄期；

d. 在测量时应观察试件的变形、裂缝和渗出物，特别应观察有无胶体物质，并做详细记录。

5）试件的膨胀率应按下式计算，精确至0.001%：

$$\varepsilon_t = \frac{L_t - L_0}{L_0 - 2\Delta} \times 100 \qquad (2.1.1-92)$$

式中　ε_t——试件在 t 天龄期的膨胀率（%）；
　　　L_0——试件的基长（mm）；
　　　L_t——试件在 t 天龄期的长度（mm）；
　　　Δ——测头长度（mm）。

以三个试件膨胀率的平均值作为某一龄期膨胀率的测定值。任一试件膨胀率与平均值均应符合下列规定：

a. 当平均值小于或等于0.05%时，其差值均应小于0.01%；

b. 当平均值大于0.05%时，其差值均应小于平均值的20%；

c. 当三个试件的膨胀率均超过0.10%时，无精度要求；

d. 当不符合上述要求时，去掉膨胀率最小的，用其余两个试件的平均值作为该龄期的膨胀率。

6）结果评定应符合下列规定：

当砂浆6个月膨胀率小于0.10%或3个月的膨胀率小于0.05%（只有在缺少6个月膨胀率时才有效）时，则判为无潜在危害。否则，应判为有潜在危害。

（22）碎石或卵石的筛分析试验

1）本方法适用于测定碎石或卵石的颗粒级配。

2）筛分析试验应采用下列仪器设备：

a. 试验筛——筛孔公称直径为100.0mm、80.0mm、63.0mm、50.0mm、40.0mm、31.5mm、25.0mm、20.0mm、16.0mm、10.0mm、5.00mm和2.50mm的方孔筛以及筛的底盘和盖各一只，其规格和质量要求应符合现行国家标准《金属穿孔板试验筛》（GB/T 6003.2）的要求，筛框直径为300mm；

b. 天平和秤——天平的称量5kg，感量5g；秤的称量20kg，感量20g；

c. 烘箱——温度控制范围为105±5℃；

d. 浅盘。

3）试验前，应将样品缩分至表2.1.1-50所规定的试样最少质量，并烘干或风干后备用。

筛分析所需试样的最少质量　　　　　　表2.1.1-50

公称粒径（mm）	10.0	16.0	20.0	25.0	31.5	40.0	63.0	80.0
试样最少质量（kg）	2.0	3.2	4.0	5.0	6.3	8.0	12.6	16.0

4）筛分析试验应按下列步骤进行：

a. 按表2.1.1-49的规定称取试样；

b. 将试样按筛孔大小顺序过筛，当每只筛上的筛余层厚度大于试样的最大粒径值时，应将该筛上的筛余试样分成两份，再次进行筛分，直至各筛每分钟的通过量不超过试样总量的 0.1%；

注：当筛余试样的颗粒粒径比公称粒径大 20mm 以上时，在筛分过程中，允许用手拨动颗粒。

c 称取各筛筛余的质量，精确至试样总质量的 0.1%。各筛的分计筛余量和筛底剩余量的总和与筛分前测定的试样总量相比，其相差不得超过 1%。

5）筛分析试验结果应按下列步骤计算：

a. 计算分计筛余（各筛上筛余量除以试样的百分率），精确至 0.1%；

b. 计算累计筛余（该筛的分计筛余与筛孔大于该筛的各筛的分计筛余百分率之总和），精确至 1%；

c. 根据各筛的累计筛余，评定该试样的颗粒级配。

(23) 碎石或卵石的表观密度试验（标准法）

1）本方法适用于测定碎石或卵石的表观密度。

2）标准法表观密度试验应采用下列仪器设备：

a. 天平——称量 5kg，感量 5g，其型号及尺寸应能允许在臂上悬挂盛试样的吊篮，并在水中称重；

b. 吊篮——直径和高度均为 150mm，由孔径为 1~2mm 的筛网或钻有孔径为 2~3mm 孔洞的耐锈蚀金属板制成；

c. 盛水容器——有溢流孔；

d. 烘箱——温度控制范围为 105±5℃；

e. 试验筛——筛孔公称直径为 5.00mm 的方孔筛一只；

f. 温度计——0℃~100℃；

g. 带盖容器、浅盘、刷子和毛巾等。

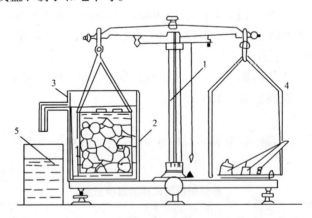

1—5kg 天平；2—吊篮；
3—带有溢流孔的金属容器；4—砝码；5—容器
图 2.1.1-14 液体天平

3）试样制备应符合下列规定：

试验前，将样品筛除公称粒径 5.00mm 以下的颗粒，并缩分至略重于两倍于表 2.1.1-

51 所规定的最少质量,冲洗干净后分成两份备用。

表观密度试验所需的试样最少质量 表 2.1.1-51

最大公称粒径(mm)	10.0	16.0	20.0	25.0	31.5	40.0	63.0	80.0
试样最少质量(kg)	2.0	2.0	2.0	2.0	3.0	4.0	6.0	6.0

4) 标准法表观密度试验应按以下步骤进行:

 a. 按表 2.1.1-51 的规定称取试样;

 b. 取试样一份装入吊篮,并浸入盛水的容器中,水面至少高出试样 50mm;

 c. 浸水 24h 后,移放到称量用的盛水容器中,并用上下升降吊篮的方法排除汽泡(试样不得露出水面)。吊篮每升降一次约为 1s,升降高度为 30~50mm;

 d. 测定水温(此时吊篮应全浸在水中),用天平称取吊篮及试样在水中的质量(m_2)。称量时盛水容器中水面的高度由容器的溢流孔控制;

 e. 提起吊篮,将试样置于浅盘中,放入 105±5℃的烘箱中烘干至恒重。取出来放在带盖的容器中冷却至室温后,称重(m_0);

 注:恒重是指相邻两次称量间隔时间不小于 3h 的情况下,其前后两次称量之差小于该项试验所要求的称量精度。下同。

 f. 称取吊篮在同样温度的水中质量(m_1),称量时盛水容器的水面高度仍应由溢流口控制。

 注:试验的各项称重可以在 15℃~25℃的温度范围内进行,但从试样加水静置的最后 2h 起直至试验结束,其温度相差不应超过 2℃。

5) 表观密度 ρ 应按下式计算,精确至 $10kg/m^3$:

$$\rho = \left(\frac{m_0}{m_0 + m_1 - m_2} - \alpha_t\right) \times 1000 \tag{2.1.1-93}$$

式中 ρ——表观密度(kg/m^3);

   m_0——试样的烘干质量(g);

   m_1——吊篮在水中的质量(g);

   m_2——吊篮及试样在水中的质量(g);

   α_t——水温对表观密度影响的修正系数,见表 2.1.1-52。

不同水温下碎石或卵石的表观密度影响的修正系数 表 2.1.1-52

水温(℃)	15	16	17	18	19	20	21	22	23	24	25
α_t	0.002	0.003	0.003	0.004	0.004	0.005	0.005	0.006	0.006	0.007	0.008

以两次试验结果的算术平均值作为测定值。当两次结果之差大于 $20kg/m^3$ 时,应重新取样进行试验。对颗粒材质不均匀的试样,两次试验结果之差大于 $20kg/m^3$ 时,可取四次测定结果的算术平均值作为测定值。

(24) 碎石或卵石表观密度试验(简易法)

1）本方法适用于测定碎石或卵石的表观密度，不宜用于测定最大公称粒径超过40mm的碎石或卵石的表观密度。

2）简易法测定表观密度应采用下列仪器设备：

a. 烘箱——温度控制范围为105±5℃；

b. 秤——称量20kg，感量20g；

c. 广口瓶——容量1000mL，磨口，并带玻璃片；

d. 试验筛——筛孔公称直径为5.00mm的方孔筛一只；

e. 毛巾、刷子等。

3）试样制备应符合下列规定：

试验前，筛除样品中公称粒径为5.00mm以下的颗粒，缩分至略重于两倍于表2.1.1-51所规定的量，洗刷干净后，分成两份备用。

4）简易法测定表观密度应按下列步骤进行：

a. 按本标准表2.1.1-51规定的数量称取试样；

b. 将试样浸水饱和，然后装入广口瓶中。装试样时，广口瓶应倾斜放置，注入饮用水，用玻璃片覆盖瓶口，以上下左右摇晃的方法排除气泡；

c. 气泡排尽后，向瓶中添加饮用水直至水面凸出瓶口边缘。然后用玻璃片沿瓶口迅速滑行，使其紧贴瓶口水面。擦干瓶外水分后，称取试样、水、瓶和玻璃片总质量（m_1）；

d. 将瓶中的试样倒入浅盘中，放在105±5℃的烘箱中烘干至恒重。取出，放在带盖的容器中冷却至室温后称取质量（m_0）；

e. 将瓶洗净，重新注入饮用水，用玻璃片紧贴瓶口水面，擦干瓶外水分后称取质量（m_2）。

注：试验时各项称重可以在15℃～25℃的温度范围内进行，但从试样加水静置的最后2h起直至试验结束，其温度相差不应超过2℃。

5）表观密度ρ应按下式计算，精确至10kg/m³：

$$\rho = \left(\frac{m_0}{m_0 + m_2 - m_1} - \alpha_1\right) \times 1000 \qquad (2.1.1-94)$$

式中　ρ——表观密度（kg/m³）；

m_0——烘干后试样质量（g）；

m_1——试样、水、瓶和玻璃片的总质量（g）；

m_2——水、瓶和玻璃片总质量（g）；

α_1——水温对表观密度影响的修正系数，见表2.1.1-52。

以两次试验结果的算术平均值作为测定值。当两次结果之差大于20kg/m³时，应重新取样进行试验。对颗粒材质不均匀的试样，如两次试验结果之差大于20kg/m³时，可取四次测定结果的算术平均值作为测定值。

（25）碎石或卵石的含水率试验

1）本方法适用于测定碎石或卵石的含水率；

2）含水率试验应采用下列仪器设备：

a. 烘箱——温度控制范围为105±5℃；

b. 秤——称量20kg,感量20g;

c. 容器——如浅盘等。

3）含水率试验应按下列步骤进行：

a. 按表2.1.1-53的要求称取试样，分成两份备用；

b. 将试样置于干净的容器中，称取试样和容器的总质量（m_1），并在105±5℃的烘箱中烘干至恒重；

c. 取出试样，冷却后称取试样与容器的总质量（m_2），并称取容器的质量（m_3）。

4）含水率ω_{wc}应按下式计算，精确至0.1%：

$$\omega_{wc} = \frac{m_1 - m_2}{m_2 - m_3} \times 100 \tag{2.1.1-95}$$

式中　ω_{wc}——含水率（%）；

　　　m_1——烘干前试样与容器总质量（g）；

　　　m_2——烘干后试样与容器总质量（g）；

　　　m_3——容器质量（g）。

以两次试验结果的算术平均值作为测定值。

注：碎石或卵石含水率简易测定法可采用"烘干法"。

（26）碎石或卵石的吸水率试验

1）本方法适用于测定碎石或卵石的吸水率，即测定以烘干质量为基准的饱和面干吸水率。

2）吸水率试验应采用下列仪器设备：

a. 烘箱——温度控制范围为105±5℃；

b. 秤——称量20kg，感量20g；

c. 试验筛——筛孔公称直径为5.00mm的方孔筛一只；

d. 容器、浅盘、金属丝刷和毛巾等。

3）试样的制备应符合下列要求：

试验前，筛除样品中公称粒称5.00mm以下的颗粒，然后缩分至两倍于表2.1.1-53所规定的质量，分成两份，用金属丝刷刷净后备用。

吸水率试验所需的试样最少质量　　　　表2.1.1-53

最大公称粒径（mm）	10.0	16.0	20.0	25.0	31.5	40.0	63.0	80.0
试样最少质量（kg）	2	2	4	4	4	6	6	8

4）吸水率试验应按下列步骤进行：

a. 取试样一份置于盛水的容器中，使水面高出试样表面5mm左右，24h后从水中取出试样，并用拧干的湿毛巾将颗料表面的水分拭干，即成为饱和面干试样。然后，立即将试样放在浅盘中称取质量（m_2），在整个试验过程中，水温必须保持在20±5℃；

b. 将饱和面干试样连同浅盘置于105±5℃的烘箱中烘干至恒重。然后取出，放入带盖的容器中冷却0.5~1h，称取烘干试样与浅盘的总质量（m_1），称取浅盘的质量

(m_3)。

5) 吸水率 ω_{wa} 应按下式计算,精确至 0.01%:

$$\omega_{wa} = \frac{m_2 - m_1}{m_1 - m_3} \times 100 \qquad (2.1.1-96)$$

式中 ω_{wa}——吸水率(%);
  m_1——烘干后试样与浅盘总质量(g);
  m_2——烘干前饱和面干试样与浅盘总质量(g);
  m_3——浅盘质量(g)。

以两次试验结果的算术平均值作为测定值。

(27) 碎石或卵石的堆积密度和紧密密度试验

1) 堆积密度和紧密密度试验应采用下列仪器设备:
  a. 秤——称量 100kg,感量 100g;
  b. 容量筒——金属制,其规格见表 2.1.1-54;
  c. 平头铁锹;
  d. 烘箱——温度控制范围为 105±5℃。

容量筒的规格要求　　　　表 2.1.1-54

碎石或卵石的最大公称粒径 (mm)	容量筒容积 (L)	容量筒规格 (mm)		筒壁厚度 (mm)
		内径	净高	
10.0; 16.0; 20.0; 25.0	10	208	294	2
31.5; 40.0	20	294	294	3
63.0; 80.0	30	360	294	4

注:测定紧密密度时,对最大公称粒径为 31.5mm、40.0mm 的骨料,可采用 10L 的容量筒,对最大公称粒径为 63.0mm、80.0mm 的骨料,可采用 20L 容量筒。

2) 试样的制备应符合下列要求:

按样品最大公称粒径的大小称取试样。最大公称粒径小于 25.0mm 时,最小取样质量为 40kg;最大公称粒径为 31.5mm 或 40.0mm 时,最小取样质量为 80kg;最大公称粒径在 400mm 以上时,最小取样量为 120kg。将样品放入浅盘,在 105±5℃ 的烘箱中烘干,也可摊在清洁的地面上风干,拌匀后分成两份备用。

3) 堆积密度和紧密密度试验应按以下步骤进行:

a. 堆积密度:取试样一份,置于平整干净的地板(或铁板)上,用平头铁锹铲起试样,使石子自由落入容量筒内。此时,从铁锹的齐口至容量筒上口的距离应保持为 50mm 左右。装满容量筒除去凸出筒口表面的颗粒,并以合适的颗粒填入凹陷部分,使表面稍凸起部分和凹陷部分的体积大致相等,称取试样和容量筒总质量(m_2)。

b. 紧密密度:取试样一份,分三层装入容量筒。装完一层后,在筒底垫放一根直径为 25mm 的钢筋,将筒按住并左右交替颠击地面各 25 下,然后装入第二层。第二层装满后,用同样方法颠实(但筒底所垫钢筋的方向应与第一层放置方向垂直)然后再装入第三层,如法颠实。待三层试样装填完毕后,加料直到试样超出容量筒筒口,用钢筋沿筒口边缘滚转,刮下高出筒口的颗粒,用合适的颗粒填平凹处,使表面稍凸起部分和凹陷部分的体积大致相等。称取试样和容量筒总质量(m_2)。

4)试验结果计算应符合下列规定:

a. 堆积密度(ρ_1)或紧密密度(ρ_c)按下式计算,精确至10kg/m³:

$$\rho_1(\rho_c) = \frac{m_2 - m_1}{V} \times 1000 \tag{2.1.1-97}$$

式中 ρ_1——堆积密度(kg/m³);
ρ_c——紧密密度(kg/m³);
m_1——容量筒的质量(kg);
m_2——容量筒和试样总质量(kg);
V——容量筒的体积(L)。

以两次试验结果的算术平均值作为测定值。

b. 空隙率(v_1、v_c)按式2.1.1-98及2.1.1-99计算,精确至1%:

$$v_1 = \left(1 - \frac{\rho_1}{\rho}\right) \times 100 \tag{2.1.1-98}$$

$$v_c = \left(1 - \frac{\rho_c}{\rho}\right) \times 100 \tag{2.1.1-99}$$

式中 v_1、v_c——空隙率(%);
ρ_1——碎石或卵石的堆积密度(kg/m³);
ρ_c——碎石或卵石的紧密密度(kg/m³);
ρ——碎石或卵石的表观密度(kg/m³)。

5)容量筒容积的校正应以20±5℃的饮用水装满容量筒,用玻璃板沿筒口滑移,使其紧贴水面,擦干筒外壁水分后称取质量。用下式计算筒的容积:

$$V = m_2' - m_1' \tag{2.1.1-100}$$

式中 V——容量筒的体积(L);
m_1'——容量筒和玻璃板质量(kg);
m_2'——容量筒、玻璃板和水总质量(kg)。

(28)碎石或卵石的含泥量试验

1)含泥量试验应采用下列仪器设备:

a. 秤——称量20kg,感量20g;

b. 烘箱——温度控制范围为105±5℃;

c. 试验筛——筛孔公称直径为1.25mm及80μm的方孔筛各一只;

d. 容器——容积约10L的瓷盘或金属盒;

e. 浅盘。

2)试样制备应符合下列规定:

将样品缩分至表2.1.1-55所规定的量(注意防止细粉丢失),并置于温度为105±5℃的烘箱内烘干至恒重,冷却至室温后分成两份备用。

含泥量试验所需的试样最少质量 表2.1.1-55

最大公称粒径（mm）	10.0	16.0	20.0	25.0	31.5	40.0	63.0	80.0
试样量不少于（kg）	2	2	6	6	10	10	20	20

3）含泥量试验应按下列步骤进行：

a. 称取试样一份（m_0）装入容器中摊平，并注入饮用水，使水面高出石子表面150mm；浸泡2h后，用手在水中淘洗颗粒，使尘屑、淤泥和粘土与较粗颗粒分离，并使之悬浮或溶解于水。缓缓地将浑浊液倒入公称直径为1.25mm及80μm的方孔套筛（1.25mm筛放置上面）上，滤去小于75μm的颗粒。试验前筛子的两面应先用水湿润。在整个试验过程中应注意避免大于75μm的颗粒丢失；

b. 再次加水于容器中，重复上述过程，直至洗出的水清澈为止；

c. 用水冲洗剩留在筛上的细粒，并将公称直径为80μm的方孔筛放在水中（使水面略高出筛内颗粒）来回摇动，以充分洗除小于75μm的颗粒。然后将两只筛上剩留的颗粒和筒中已洗净的试样一并装入浅盘，置于温度为105±5℃的烘箱中烘干至恒重。取出冷却至室温后，称取试样的质量（m_1）。

4）碎石或卵石的含泥量 ω_c 应按下式计算，精确至0.1%：

$$\omega_c = \frac{m_0 - m_1}{m_0} \times 100 \tag{2.1.1-101}$$

式中 ω_c——含泥量（%）；
   m_0——试验前烘干试样的质量（g）；
   m_1——试验后烘干试样的质量（g）。

以两个试样试验结果的算术平均值作为测定值。两次结果之差大于0.2%时，应重新取样进行试验。

(29) 碎石或卵石中泥块含量试验

1）泥块含量试验应采用下列仪器设备：

a. 秤——称量20kg，感量20g；

b. 试验筛——筛孔公称直径为2.50mm及5.00mm的方孔筛各一只；

c. 水筒及浅盘等；

d. 烘箱——温度控制范围为105±5℃。

2）试样制备应符合下列规定：

将样品缩分至略大于表2.1.1-55所示的量，缩分时应防止所含粘土块被压碎。缩分后的试样在105±5℃烘箱内烘至恒重，冷却至室温后分成两份备用。

3）泥块含量试验应按下列步骤进行：

a. 筛去公称粒径5.00mm以下颗粒，称取质量（m_1）；

b. 将试样在容器中摊平，加入饮用水使水面高出试样表面，24h后把水放出，用手碾压泥块，然后把试样放在公称直径为2.50mm的方孔筛上摇动淘洗，直至洗出的水清澈为止；

c. 将筛上的试样小心地从筛里取出,置于温度为 105±5℃烘箱中烘干至恒重。取出冷却至室温后称取质量(m_2)。

4) 泥块含量 $\omega_{c,l}$ 应按下式计算,精确至0.1%:

$$\omega_{c,l} = \frac{m_1 - m_2}{m_1} \times 100 \qquad (2.1.1\text{-}102)$$

式中 $\omega_{c,l}$——泥块含量(%);
m_1——4.75mm 筛上筛余量(g);
m_2——试验后烘干试样的质量(g)。

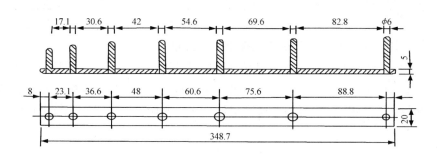

图 2.1.1-15 针状规准仪(单位 mm)

以两个试样试验结果的算术平均值作为测定值。

(30) 碎石或卵石中针状和片状颗粒的总含量试验

1) 针状和片状颗粒的总含量试验应采用下列仪器设备:

a. 针状规准仪(见图 2.1.1-15)和片状规准仪(见图 2.1.1-16),或游标卡尺;

b. 天平和秤——天平的称量2kg,感量2g;秤的称量20kg,感量20g;

c. 试验筛——筛孔公称直径分别为 5.00mm、10.0mm、20.0mm、25.0mm、31.5mm、40.0mm、63.0mm 和 80.0mm 的方孔筛各一只,根据需要选用;

d. 卡尺。

2) 试样制备应符合下列规定:

将样品在室内风干至表面干燥,并缩分至表 2.1.1-56 规定的量,称量(m_0),然后筛分成表 2.1.1-57 所规定的粒级备用。

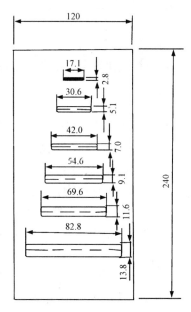

图 2.1.1-16 片状规准仪
(单位 mm)

第2篇 建筑结构材料检验

针状和片状颗粒的总含量试验所需的试样最少质量　　　　表 2.1.1-56

最大公称粒径（mm）	10.0	16.0	20.0	25.0	31.5	≥40.0
试样最少质量（kg）	0.3	1	2	3	5	10

针状和片状颗粒的总含量试验的粒级划分及其相应的规准仪孔宽或间距　　表 2.1.1-57

公称粒级（mm）	5.00~10.0	10.0~16.0	16.0~20.0	20.0~25.0	25.0~31.5	31.5~40.0
片状规准仪上相对应的孔宽（mm）	2.8	5.1	7.0	9.1	11.6	13.8
针状规准仪上相对应的间距（mm）	17.1	30.6	42.0	54.6	69.6	82.8

3）针状和片状颗粒的总含量试验应按下列步骤进行：

a. 按表 2.1.1-57 所规定的粒级用规准仪逐粒对试样进行鉴定，凡颗粒长度大于针状规准仪上相对应的间距的，为针状颗粒。厚度小于片状规准仪上相应孔宽的，为片状颗粒；

b. 公称粒径大于 40mm 的可用卡尺鉴定其针片状颗粒，卡尺卡口的设定宽度应符合表 2.1.1-58 的规定；

公称粒径大于 37.5mm 用卡尺卡口的设定宽度　　表 2.1.1-58

公称粒径（mm）	40.0~63.0	63.0~80.0	公称粒径（mm）	40.0~63.0	63.0~80.0
片状颗粒的卡口宽度（mm）	18.1	27.6	针状颗粒的卡口宽度（mm）	108.6	165.6

c. 称取由各粒级挑出的针状和片状颗粒的总质量（m_1）。

4）碎石或卵石中针状和片状颗粒的总含量 ω_p 应按下式计算，精确至 1%：

$$\omega_p = \frac{m_1}{m_0} \times 100 \quad (2.1.1-103)$$

式中　ω_p——针状和片状颗粒的总含量（%）；

m_1——试样中所含针状和片状颗粒的总质量（g）；

m_0——试样总质量（g）。

(31) 卵石中有机物含量试验

1）本方法适用于定性地测定卵石中的有机物含量是否达到影响混凝土质量的程度。

2）有机物含量试验应采用下列仪器、设备和试剂：

a. 天平——称量 2kg、感量 2g 和称量 100g、感量 0.1g 的天平各 1 台；

b. 量筒——容量为 100mL、250mL 和 1000mL；

c. 烧杯、玻璃棒和筛孔公称直径为 20mm 的试验筛；

d. 浓度为 3% 的氢氧化钠溶液——氢氧化钠与蒸馏水之质量比为 3:97；

e. 鞣酸、酒精等。

3）试样的制备和标准溶液配制应符合下列规定：

a. 试样制备：筛除样品中 19mm 以上的颗粒，缩分至约 1kg，风干后备用；

b. 标准溶液的配制方法：称取 2g 鞣酸粉，溶解于 98mL 的 10% 酒精溶液中，即得所需的鞣酸溶液，然后取该溶液 2.5mL，注入 97.5mL 浓度为 3% 的氢氧化钠溶液中，加塞后剧烈摇动，静置 24h 即得标准溶液。

4）有机物含量试验应按下列步骤进行：

a. 向 1000mL 量筒中，倒入干试样至 600mL 刻度处，再注入浓度为 3% 的氢氧化钠溶液至 800 mL 刻度处，剧烈搅动后静置 24h；

b. 比较试样上部溶液和新配制标准溶液的颜色。盛装标准溶液与盛装试样的量筒容积应一致。

5）结果评定应符合下列规定：

a. 若试样上部的溶液颜色浅于标准溶液的颜色，则试样有机物含量鉴定合格；

b. 若两种溶液的颜色接近，则应将该试样（包括上部溶液）倒入烧杯中放在温度为 60℃～70℃ 的水浴锅中加热 2～3h，然后再与标准溶液比色；

c. 若试样上部的溶液的颜色深于标准色，则应配制成混凝土作进一步检验。其方法为：取试样一份，用浓度 3% 氢氧化钠溶液洗除有机物，再用清水淘洗干净，直至试样上部溶液的颜色浅于标准色；然后用洗除有机物的和未经清洗的试样用相同的水泥、砂配成配合比相同、坍落度基本相同的两种混凝土，测其 28d 抗压强度。若未经洗除有机物的卵石混凝土强度与经洗除有机物的混凝土强度之比不低于 0.95，则此卵石可以使用。

（32）碎石或卵石的坚固性试验

1）本方法适用于以硫酸钠饱和溶液法间接地判断碎石或卵石的坚固性。

2）坚固性试验应采用下列仪器、设备及试剂：

a. 烘箱——温度控制范围为 105±5℃；

b. 台秤——称量 5kg，感量 5g；

c. 试验筛——根据试样粒级，按表 2.1.1-59 选用；

d. 容器——搪瓷盆或瓷盆，容积不小于 50L；

e. 三脚网篮——网篮的外径为 100mm，高为 150mm，采用网孔公称直径不大于 2.50mm 的网，由铜丝制成。检验公称粒径为 40.0～80.0mm 的颗粒时，应采用外径和高度均为 150mm 的网篮；

f. 试剂——无水硫酸钠。

坚固性试验所需的各粒级试样量　　　　　表 2.1.1-59

公称粒级（mm）	5.00～10.0	10.0～20.0	20.0～40.0	40.0～63.0	63.0～80.0
试样重（g）	500	1000	1500	3000	3000

注：1. 公称粒级为 10.0～20.0mm 试样中，应含有 40% 的 10.0～16.0mm 的粒级颗粒、60% 的 16.0～20.0mm 颗粒；

2. 公称粒级为 20.0～40.0mm 的试样中，应含有 40% 的 20.0～31.5mm 粒级颗粒、60% 的 31.5～40.0mm 粒级颗粒。

3）硫酸钠溶液的配制及试样的制备应符合下列规定：

a. 硫酸钠溶液的配制：取一定数量的蒸馏水（取决于试样及容器的大小）。加温至

30℃～50℃，每1000mL蒸馏水加入无水硫酸钠（Na_2SO_4）300～350g，用玻璃棒搅拌，使其溶解至饱和，然后冷却至20℃～25℃。在此温度下静置两昼夜。其相对密度保持在1151～1174kg/m³范围内；

b. 试样的制备：将样品按表2.1.1-59的规定分级，并分别擦洗干净，放入105℃～110℃烘箱内烘24h，取出并冷却至室温，然后按表2.1.1-59对各粒级规定的量称取试样（m_1）。

4）坚固性试验应按下列步骤进行：

a. 将所称取的不同粒级的试样分别装入三脚网篮并浸入盛有硫酸钠溶液的容器中。溶液体积应不小于试样总体积的5倍，其温度保持在20℃～25℃的范围内。三脚网篮浸入溶液时应先上下升降25次以排除试样中的气泡，然后静置于该容器中。此时，网篮底面应距容器底面约30mm（由网篮脚控制），网篮之间的间距应不小于30mm，试样表面至少应在液面以下30mm；

b. 浸泡20h后，从溶液中提出网篮，放在105±5℃的烘箱中烘4h。至此，完成了第一个试验循环。待试样冷却至20℃～25℃后，即开始第二次循环。从第二次循环开始，浸泡及烘烤时间均可为4h；

c. 第五次循环完后，将试样置于25℃～30℃的清水中洗净硫酸钠，再在105±5℃的烘箱中烘至恒重。取出冷却至室温后，用筛孔孔径为试样粒级下限的筛过筛，并称取各粒级试样试验后的筛余量（m_i'）；

注：试样中硫酸钠是否洗净，可按下法检验：取洗试样的水数毫升，滴入少量氯化钡（$BaCl_2$）溶液，如无白色沉淀，即说明硫酸钠已被洗净。

d. 对公称粒径大于20.0mm的试样部分，应在试验前后记录其颗粒数量，并作外观检查，描述颗粒的裂缝、开裂、剥落、掉边和掉角等情况所占颗粒数量，以作为分析其坚固性时的补充依据。

5）试样中各粒级颗粒的分计质量损失百分率δ_{ji}应按下式计算：

$$\delta_{ji} = \frac{m_i - m_i'}{m_i} \times 100 \qquad (2.1.1\text{-}104)$$

式中 δ_{ji}——各粒级颗粒的分计质量损失百分率（%）；

m_i——各粒级试样试验前的烘干质量（g）；

m_i'——经硫酸钠溶液法试验后，各粒级筛余颗粒的烘干质量（g）。

试样的总质量损失百分率δ_j应按下式计算，精确至1%：

$$\delta_j = \frac{\alpha_1\delta_{j1} + \alpha_2\delta_{j2} + \alpha_3\delta_{j3} + \alpha_4\delta_{j4} + \alpha_5\delta_{j5}}{\alpha_1 + \alpha_2 + \alpha_3 + \alpha_4 + \alpha_5} \qquad (2.1.1\text{-}105)$$

式中 δ_j——总质量损失百分率（%）；

α_1、α_2、α_3、α_4、α_5——试样中分别为5.00～10.0mm、10.0～20.0mm、20.0～40.0mm、40.0～63.0mm、63.0～80.0mm各公称粒级的分计百分含量（%）；

δ_{j1}、δ_{j2}、δ_{j3}、δ_{j4}、δ_{j5}——各粒级的分计质量损失百分率（%）。

（33）岩石的抗压强度试验

1）本方法适用于测定碎石的原始岩石在水饱和状态下的抗压强度。

2）岩石的抗压强度试验应采用下列设备：

a. 压力试验机——荷载1000kN；

b. 石材切割机或钻石机；

c. 岩石磨光机；

d. 游标卡尺，角尺等。

3）试样制备应符合下列规定：

试验时，取有代表性的岩石样品用石材切割机切割成边长为50mm的立方体，或用钻石机钻取直径与高度均为50mm的圆柱体。然后用磨光机把试件与压力机压板接触的两个面磨光并保持平行，试件形状须用角尺检查。

4）至少应制作六个试块。对有显著层理的岩石，应取两组试件（12块）分别测定其垂直和平行于层理的强度值。

5）岩石抗压强度试验应按下列步骤进行：

a. 用游标卡尺量取试件的尺寸（精确至0.1mm），对于立方体试件，在顶面和底面上各量取其边长，以各个面上相互平行的两个边长的算术平均值作为宽或高，由此计算面积。对于圆柱体试件，在顶面和底面上各量取相互垂直的两个直径，以其算术平均值计算面积。取顶面和底面面积的算术平均值作为计算抗压强度所用的截面积；

b. 将试件置于水中浸泡48h，水面应至少高出试件顶面20mm；

c. 取出试件，擦干表面，放在有防护网的压力机上进行强度试验，防止岩石碎片伤人。试验时加压速度应为0.5~1.0MPa/s。

6）岩石的抗压强度 f 应按下式计算，精确至1MPa：

$$f = \frac{F}{A} \qquad (2.1.1-106)$$

式中　f——岩石的抗压强度（MPa）；

F——破坏荷载（N）；

A——试件的截面积（mm^2）。

7）结果评定应符合下列规定：

以六个试件试验结果的算术平均值作为抗压强度测定值；当其中两个试件的抗压强度与其它四个试件抗压强度的算术平均值相差三倍以上时，应以试验结果相接近的四个试件的抗压强度算术平均值作为抗压强度测定值。

对具有显著层理的岩石，应以垂直于层理及平行于层理的抗压强度的平均值作为其抗压强度。

（34）碎石或卵石的压碎值指标试验

1）本方法适用于测定碎石或卵石抵抗压碎的能力，以间接地推测其相应的强度。

2）压碎值指标试验应采用下列仪器设备：

a. 压力试验机——荷载300kN；

b. 压碎值指标测定仪（图2.1.1-17）；

c. 秤——称量5kg，感量5g；

d. 试验筛——筛孔公称直径为 10.0mm 和 20.0mm 的方孔筛各一只。

3) 试样制备应符合下列规定：

a. 标准试样一律采用公称粒级为 10.0～20.0mm 的颗粒，并在风干状态下进行试验。

b. 对多种岩石组成的卵石，当其公称粒径大于 20.0mm 颗粒的岩石矿物成分与 10.0～20.0mm 粒级有显著差异时，应将大于 20.0mm 的颗粒应经人工破碎后，筛取 10.0～20.0mm 标准粒级另外进行压碎值指标试验。

c. 将缩分后的样品先筛除试样中公称粒径 10.0 mm 以下及 20.0mm 以上的颗粒，再用针状和片状规准仪剔除针状和片状颗粒，然后称取每份3kg的试样3份备用。

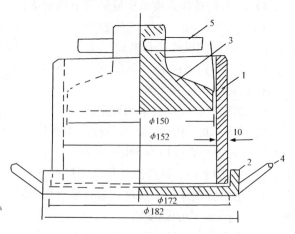

1—圆筒；2—底盘；3—加压头；4—手把；5—把手

图 2.1.1-17　压碎值指标测定仪

4). 压碎值指标试验应按下列步骤进行：

a. 置圆筒于底盘上，取试样一份，分二层装入圆筒。每装完一层试样后，在底盘下面垫放一直径为10mm 的圆钢筋，将筒按住，左右交替颠击地面各 25 下。第二层颠实后，试样表面距盘底的高度应控制为 100mm 左右；

b. 整平筒内试样表面，把加压头装好（注意应使加压头保持平正），放到试验机上在 160～300s 内均匀地加荷到 200kN，稳定5s，然后卸荷，取出测定筒。倒出筒中的试样并称其质量（m_0），用公称直径为 2.50mm 的方孔筛筛除被压碎的细粒，称量剩留在筛上的试样质量（m_1）。

5) 碎石或卵石的压碎值指标 δ_a，应按下式计算（精确至 0.1%）：

$$\delta_a = \frac{m_0 - m_1}{m_0} \times 100 \qquad (2.1.1\text{-}107)$$

式中　δ_a——压碎值指标（%）；

　　　m_0——试样的质量（g）；

　　　m_1——压碎试验后筛余的试样质量（g）。

多种岩石组成的卵石，应对公称粒径 20.0mm 以下和 20.0mm 以上的标准粒级（10.0～20.0mm）分别进行检验，则其总的压碎值指标 δ_a 应按下式计算：

$$\delta_a = \frac{\alpha_1 \delta_{a1} + \alpha_2 \delta_{a2}}{\alpha_1 + \alpha_2} \qquad (2.1.1\text{-}108)$$

式中　　　δ_a——总的压碎值指标（%）；

　　　α_1、α_2——公称粒径 20.0mm 以下和 20.0mm 以上两粒级的颗粒含量百分率；

　　　δ_{a1}、δ_{a2}——两粒级以标准粒级试验的分计压碎值指标（%）。

以三次试验结果的算术平均值作为压碎指标测定值。

(35) 碎石或卵石中硫化物及硫酸盐含量的试验

1) 本方法适用于测定碎石或卵石中硫化物及硫酸盐含量（按 SO_3 百分含量计）。

2) 硫化物及硫酸盐含量试验应采用下列仪器、设备及试剂：

a. 天平——称量 1000g，感量 1g；

b. 分析天平——称量 100g，感量 0.0001g；

c. 高温炉——最高温度 1000℃；

d. 试验筛——筛孔公称直径为 630μm 的方孔筛一只；

e. 烧瓶、烧杯等；

f. 10% 氯化钡溶液——10g 氯化钡溶于 100mL 蒸馏水中；

g. 盐酸（1+1）——浓盐酸溶于同体积的蒸馏水中；

h. 1% 硝酸银溶液——1g 硝酸银溶于 100mL 蒸馏水中，加入 5~10mL 硝酸，存于棕色瓶中。

3) 试样制作应符合下列规定：

试验前，取公称粒径 40.0mm 以下的风干碎石或卵石约 1000g，按四分法缩分至约 200g，磨细使全部通过公称直径为 630μm 的方孔筛，仔细拌匀，烘干备用。

4) 硫化物及硫酸盐含量试验应按下列步骤进行：

a. 精确称取石粉试样约 1g（m）放入 300mL 的烧杯中，加入 30~40mL 蒸馏水及 10mL 的盐酸（1+1），加热至微沸，并保持微沸 5min，使试样充分分解后取下，以中速滤纸过滤，用温水洗涤 10~12 次；

b. 调整滤液体积至 200mL，煮沸，边搅拌边滴加 10mL 氯化钡溶液（10%），并将溶液煮沸数分钟，然后移至温热处至少静置 4h（此时溶液体积应保持在 200mL），用慢速滤纸过滤，用温水洗至无氯根反应（用硝酸银溶液检验）；

c. 将沉淀及滤纸一并移入已灼烧至恒重（m_1）的瓷坩埚中，灰化后在 800℃ 的高温炉内灼烧 30min。取出坩埚，置于干燥器中冷却至室温，称重，如此反复灼烧，直至恒重（m_2）。

5) 水溶性硫化物及硫酸盐含量（以 SO_3 计）（ω_{SO_3}）应按下式计算，精确至 0.01%：

$$\omega_{SO_3} = \frac{(m_2 - m_1) \times 0.343}{m} \times 100 \qquad (2.1.1\text{-}109)$$

式中 ω_{SO_3}——硫化物及硫酸盐含量（以 SO_3 计）（%）；

m——试样质量（g）；

m_2——沉淀物与坩埚共重（g）；

m_1——坩埚质量（g）；

0.343——$BaSO_4$ 换算成 SO_3 系数。

以两次试验的算术平均值作为评定指标，当两次试验结果的差值大于 0.15% 时，应重做试验。

(36) 碎石或卵石碱活性试验（岩相法）

1) 本方法适用于鉴定碎石、卵石的岩石种类、成分，检验骨料中活性成分的品种和含量。

2) 岩相法试验应采用下列仪器设备：

a. 试验筛——筛孔公称直径为 80.0、40.0、20.0、5.00mm 的方孔筛以及筛的底盘和盖各一只；

b. 秤——称量 100kg，感量 100g；

c. 天平——称量 2000g，感量 2g；

d. 切片机、磨片机；

e. 实体显微镜、偏光显微镜。

3）试样制备应符合下列规定：

经缩分后将样品风干，并按表 2.1.1-60 的规定筛分、称取试样。

岩相试验样最少质量 表 2.1.1-60

公称粒级（mm）	40.0~80.0	20.0~40.0	5.00~20.0
试验最少质量（kg）	150	50	10

注：1. 大于 80.0mm 的颗粒，按照 40.0~80.0mm 一级进行试验；
  2. 试样最少数量也可以以颗粒计，每级至少 300 颗。

4）岩相试验应按下列步骤进行：

a. 用肉眼逐粒观察试样，必要时将试样放在砧板上用地质锤击碎（应使岩石碎片损失最小），观察颗粒新鲜断面。将试样按岩石品种分类；

b. 每类岩石先确定其品种及外观品质，包括矿物质成分、风化程度、有无裂缝、坚硬性、有无包裹体及断口形状等；

c. 每类岩石均应制成若干薄片，在显微镜下鉴定矿物质组成、结构等，特别应测定其隐晶质、玻璃质成分的含量。

5）结果处理应符合下列规定：

根据岩相鉴定结果，对于不含活性矿物的岩石，可评定为非碱活性骨料。

评定为碱活性骨料或可疑时，应进行进一步鉴定：当检验出骨料中含有活性二氧化硅时，应采用快速砂浆棒法和砂浆长度法进行碱活性检验；当检验出骨料中含有活性碳酸盐时，应采用岩石柱进行碱活性检验。

（37）碎石或卵石的碱活性试验（快速法）

1）本方法适用于检验硅质骨料与混凝土中的碱产生潜在反应的危害性，不适用于碳酸盐骨料检验。

2）快速法碱活性试验应采用下列仪器设备：

a. 烘箱——温度控制范围为 105 ± 5℃；

b. 台秤——称量 5000g，感量 5g；

c. 试验筛——筛孔公称直径为 5.00mm、2.50mm、1.25mm、630μm、315μm、160μm 的方孔筛各一只；

d. 测长仪——测量范围 280~300mm，精度 0.01mm；

e. 水泥胶砂搅拌机——应符合现行国家标准《行星式水泥胶砂搅拌机》（JC/T 681）要求；

f. 恒温养护箱或水浴——温度控制范围为 80±2℃；

g. 养护筒——由耐碱耐高温的材料制成，不漏水，密封，防止容器内温度下降，筒的容积可以保证试件全部浸没在水中。筒内设有试件架，试件垂直于试架放置；

h. 试模——金属试模尺寸为 25mm×25mm×280mm，试模两端正中有小孔，可装入不锈钢测头；

i. 镘刀、捣棒、量筒、干燥器等；

j. 破碎机。

3）试样制备应符合下列规定：

a. 将试样缩分成约 5kg，把试样破碎后筛分成按表 2.1.1-49 中所示级配及比例组合成试验用料，并将试样洗净烘干或晾干备用；

b. 水泥采用符合现行国家标准《硅酸盐水泥、普通硅酸盐水泥》（GB175）要求的普通硅酸盐水泥，水泥与砂的质量比为 1:2.25，水灰比为 0.47。每组试件称取水泥 440g，石料 990g；

c. 将称好的水泥与砂倒入搅拌锅，应按现行国家标准《水泥胶砂强度检验方法（ISO法）》（GB/T17671）规定的方法进行；

d. 搅拌完成后，将砂浆分两层装入试模内，每层捣 40 次，测头周围应填实，浇捣完毕后用镘刀刮除多余砂浆，抹平表面，并标明测定方向。

4）碎石或卵石快速法试验应按下列步骤进行：

a. 将试件成型完毕后，带模放入标准养护室，养护 24±4h 后脱模；

b. 脱模后，将试件浸泡在装有自来水的养护筒中，并将养护筒放入温度（80±2）℃的烘箱或水浴箱中，养护 24h，同种骨料制成的试件放在同一个养护筒中；

c. 然后将养护筒逐个取出，每次从养护筒中取出一个试件，用抹布擦干表面，立即用测长仪测试件的基长（L_0），测长应在 20±2℃恒温室中进行，每个试件至少重复测试两次，取差值在仪器精度范围内的两个读数的平均值作为长度测定值（精确至 0.02mm），每次每个试件的测量方向应一致，待测的试件须用湿布覆盖，以防止水分蒸发；从取出试件擦干到读数完成应在（15±5）s 内结束，读完数后的试件用湿布覆盖。全部试件测完基长后，将试件放入装有浓度为 1mol/L 氢氧化钠溶液的养护筒中，确保试件被完全浸泡，且溶液温度应保持在 80±2℃，将养护筒放回烘箱或水浴箱中；

注：用测长仪测定任一组试件的长度时，均应先调整测长仪的零点。

d. 自测定基长之日起，第 3d、7d、14d 再分别测长（L_t），测长方法与测基长方法一致。测量完毕后，应将试件调头放入原养护筒中，盖好筒盖放回 80±2℃的烘箱或水浴箱中，继续养护至下一测试龄期。操作时应防止氢氧化钠溶液溢溅烧伤皮肤；

e. 在测量时应观察试件的变形、裂缝和渗出物等，特别应观察有无胶体物质，并做详细记录。

5）试件的膨胀率按下式计算，精确至 0.01%：

$$\varepsilon_t = \frac{L_t - L_0}{L_0 - 2\Delta} \times 100 \qquad (2.1.1\text{-}110)$$

式中 ε_t——试件在 t 天龄期的膨胀率（%）；
L_0——试件的基长（mm）；
L_t——试件在 t 天龄期的长度（mm）；
Δ——测头长度，mm。

以三个试件膨胀率的平均值作为某一龄期膨胀率的测定值。任一试件膨胀率与平均值应符合下列规定：

  a. 当平均值小于或等于 0.05% 时，单个测值与平均值的差值均应小于 0.01%；

  b. 当平均值大于 0.05% 时，单个测值与平均值的差值均应小于平均值的 20%；

  c. 当三个试件的膨胀率均大于 0.10% 时，无精度要求；

  d. 当不符合上述要求时，去掉膨胀率最小的，用其余两个试件膨胀率的平均值作为该龄期的膨胀率。

6) 结果评定应符合下列规定：

  a. 当 14d 膨胀率小于 0.10% 时，可判定为无潜在危害；

  b. 当 14d 膨胀率大于 0.20% 时，可判定为有潜在危害；

  c. 当 14d 膨胀率在 0.10%～0.20% 之间时，需按（38）的方法再进行试验判定。

(38) 碎石或卵石碱活性试验（砂浆长度法）

1) 本方法适用于鉴定硅质骨料与水泥（混凝土）中的碱产生潜在反应的危险性，不适用于碱碳酸盐反应活性骨料检验。

2) 砂浆长度法碱活性试验应采用下列仪器设备：

  a. 试验筛——筛孔公称直径为 160μm、315μm、630μm、1.25mm、2.50mm、5.00mm 方孔筛各一只；

  b. 胶砂搅拌机——应符合现行国家标准《行星式水泥胶砂搅拌机》（JC/T 681）的规定；

  c. 镘刀及截面为 14 mm×13mm、长 130～150mm 的钢制捣棒；

  d. 量筒、秒表；

  e. 试模和测头（埋钉）——金属试模，规格为 25mm×25mm×280mm，试模两端板正中有小洞。测头以耐锈蚀金属制成；

  f. 养护筒——用耐腐材料（如塑料）制成，应不漏水、不透气，加盖后在养护室能确保筒内空气相对湿度为 95% 以上，筒内设有试件架，架下盛有水，试件垂直立于架上并不与水接触；

  g. 测长仪——测量范围 160～185mm，精度 0.01mm；

  h. 恒温箱（室）——温度为 40±2℃；

  i. 台秤——称量 5kg，感量 5g；

  j. 跳桌——应符合现行行业标准《水泥胶砂流动度测定仪》（JC/T 958）的要求。

3) 试样制备应符合下列规定：

  a. 制备试样的材料应符合下列规定：

   a) 水泥：水泥含碱量应为 1.2%，低于此值时，可掺浓度 10% 的 NaOH 溶液，将碱含量调至水泥量的 1.2%。当具体工程所用水泥含碱量高于此值时，则应采用工程所使用的水泥；

注：水泥含碱量以氧化钠（Na_2O）计，氧化钾（K_2O）换算为氧化钠时乘以换算系数0.658。

b）石料：将试样缩分至约5kg，破碎筛分后，各粒级都应在筛上用水冲净粘附在骨料上的淤泥和细粉，然后烘干备用。石料按表2.1.1-49的级配配成试验用料；

b. 制作试件用的砂浆配合比应符合下列规定：

水泥与石料的质量比为1:2.25。每组3个试件，共需水泥440g，石料990g。砂浆用水量按现行国家标准《水泥胶砂流动度测定方法》（GB/T2419）确定，跳桌跳动次数应为6s跳动10次，流动度应为105~120mm。

c. 砂浆长度法试验所用试件应按下列方法制作：

a）成型前24h，将试验所用材料（水泥、骨料、拌合用水等）放入20±2℃的恒温室中；

b）石料水泥浆制备：先将称好的水泥，石料倒入搅拌锅内，开动搅拌机。拌合5s后，徐徐加水，20~30s加完，自开动机器起搅拌120s。将粘在叶片上的料刮下，取下搅拌锅；

c）砂浆分二层装入试模内，每层捣40次，测头周围应捣实，浇捣完毕后用馒刀刮除多余砂浆，抹平表面，并标明测定方向及编号。

4）砂浆长度法试验应按下列步骤进行：

a. 试件成型完毕后，带模放入标准养护室，养护24h后，脱模（当试件强度较低时，可延至48h脱模）。脱模后立即测量试件的基长（L_0），测长应在20±2℃的恒温室中进行，每个试件至少重复测试两次，取差值在仪器精度范围内的两个读数的平均值作为测定值。待测的试件须用湿布覆盖，防止水分蒸发；

b. 测量后将试件放入养护筒中，盖严筒盖放入40±2℃的养护室里养护（同一筒内的试件品种应相同）；

c. 自测量基长起，第14天、1个月、2个月、3个月、6个月再分别测长（L_t），需要时可以适当延长。在测长前一天，应把养护筒从40±2℃的养护室取出，放入20±2℃的恒温室。试件的测长方法与测基长相同，测量完毕后，应将试件调头放入养护筒中。盖好筒盖，放回40±2℃的养护室继续养护至下一测试龄期；

d. 在测量时应观察试件的变形、裂缝和渗出物等，特别应观察有无胶体物质，并做详细记录。

5）试件的膨胀率应按下式计算，精确至0.001%：

$$\varepsilon_t = \frac{L_t - L_0}{L_0 - 2\Delta} \times 100 \qquad (2.1.1\text{-}111)$$

式中 ε_t——试件在 t 天龄期的膨胀率（%）；

L_0——试件的基长（mm）；

L_t——试件在 t 天龄期的长度（mm）；

Δ——测头长度（mm）。

以三个试件膨胀率的平均值作为某一龄期膨胀率的测定值。任一试件膨胀率与平均值应符合下列规定：

a. 当平均值小于或等于 0.05% 时，单个测值与平均值的差值均应小于 0.01%；

b. 当平均值大于 0.05% 时，单个测值与平均值的差值应小于平均值的 20%；

c. 当三个试件的膨胀率均超过 0.10% 时，无精度要求；

d. 当不符合上述要求时，去掉膨胀率最小的，用其余两个试件膨胀率的平均值作为该龄期的膨胀率。

6）结果评定应符合下列规定：

当砂浆半年膨胀率低于 0.10% 时或 3 个月膨胀率低于 0.05% 时（只有在缺半年膨胀率资料时才有效），可判为无潜在危害。否则，应判为具有潜在危害。

（39）碳酸盐骨料的碱活性试验（岩石柱法）

1）本方法适用于检验碳酸盐岩石是否具有碱活性。

2）岩石柱法试验应采用下列仪器、设备和试剂：

a. 钻机——配有小圆筒钻头；

b. 锯石机、磨片机；

c. 试件养护瓶——耐碱材料制成，能盖严以避免溶液变质和改变浓度；

d. 测长仪——量程 25~50mm，精度 0.01 mm；

e. 1mol/L 氢氧化钠溶液——40±1g 氢氧化钠（化学纯）溶于 1L 蒸馏水中。

3）试样制备应符合下列规定：

a. 应在同块岩石的不同岩性方向取样。岩石层理不清时，应在三个相互垂直的方向上各取一个试件；

b. 钻取的圆柱体试件直径为 9±1mm，长度为 35±5mm，试件两端面应磨光、互相平行且与试件的主轴线垂直，试件加工时应避免表面变质而影响碱溶液渗入岩样的速度。

4）岩石柱法试验应按下列步骤进行：

a. 将试件编号后，放入盛有蒸馏水的瓶中，置于 20±2℃ 的恒温室内，每隔 24h 取出擦干表面水分，进行测长，直至试件前后两次测得的长度变化不超过 0.02% 为止，以最后一次测得的试件长度为基长（L_0）；

b. 将测完基长的试件浸入盛有浓度为 1mol/L 氢氧化钠溶液的瓶中，液面应超过试件顶面至少 10mm，每个试件的平均液量至少应为 50mL。同一瓶中不得浸泡不同品种的试件，盖严瓶盖，置于 20±2℃ 的恒温室中。溶液每六个月更换一次；

c. 在 20±2℃ 的恒温室中进行测长（L_t）。每个试件测长方向应始终保持一致。测量时，试件从瓶中取出，先用蒸馏水洗涤，将表面水擦干后再测量。测长龄期从试件泡入碱液时算起，在 7d、14d、21d、28d、56d、84d 时进行测量，如有需要以后每 1 个月一次，一年后每 3 个月一次；

d. 试件在浸泡期间，应观测其形态的变化，如开裂、弯曲、断裂等，并做记录。

5）试件长度变化应按下式计算，精确至 0.001%：

$$\varepsilon_{st} = \frac{L_t - L_0}{L_0} \times 100 \qquad (2.1.1\text{-}112)$$

式中 ε_{st}——试件浸泡 t 天后的长度变化率；

L_t——试件浸泡 t 天后的长度（mm）；

L_0——试件的基长（mm）。

注：测量精度要求为同一试验人员、同一仪器测量同一试件，其误差不应超过 ±0.02%；不同试验人员，同一仪器测量同一试件，其误差不应超过 ±0.03%。

6）结果评定应符合下列规定：

a. 同块岩石所取的试样中以其膨胀率最大的一个测值作为分析该岩石碱活性的依据；

b. 试件浸泡 84d 的膨胀率超过 0.10%，应判定为具有潜在碱活性危害。

（二）轻骨料

1. 工程中的取样

（1）以同一产地、同一密度等级每 200m³ 为一验收批，不足 200m³ 也按一批计。

（2）试样可以从料堆自上到下不同部位、不同方向任选 10 点（袋装料应从 10 袋中抽取），应避免取离析的及面层的材料。

（3）初次抽取的试样量应不少于 10 份，其总料应多于试验用料量的 1 倍。拌合均匀后，按四分法缩分到试验所需的用料量。

2. 技术要求

国家标准《轻集料及其试验方法第一部分：轻集料》GB/T17431.1 对轻骨料的技术要求如下：

（1）颗粒级配

各种轻骨料的颗粒级配应符合表 2.1.1-61 的要求，但人造轻粗集料的最大粒径不宜大于 20.0mm。轻细集料的细度模数宜在 2.3~4.0 范围内。

颗粒级配　　　　　　　表 2.1.1-61

编号	轻集料种类	级配类别	公称粒级, mm	各号筛的累计筛余（按质量计），% 筛孔尺寸，mm									
				40.0	31.5	20.0	16.0	10.0	5.00	2.50	1.25	0.630	0.315	0.160
1	细集料	—	0~5						0	0~10	0~35	20~60	30~80	65~90	75~100
2	粗集料	连续粒级	5~40	0~10	—	40~60	—	50~85	90~100	95~100				
3			5~31.1	0~5	0~10	—	40~75	—	90~100	95~100				
4			5~20	—	0~5	0~10	40~80	90~100	95~100					
5			5~16			0~5	0~10	20~60	85~100	95~100				
6			5~10				0	0~15	80~100	95~100				
7		单粒级	10~16			0	0~15	85~100	90~100					

注：公称粒级的上限，为该粒级的最大粒径。

（2）堆积密度

轻骨料按堆积密度划分密度等级，密度等级见表 2.1.1-62。轻骨料的匀质性指标，以堆积密度的变异系数计，不应大于0.10。

密度等级　　　　　　　　　　　　　　　表2.1.1-62

密度等级		堆积范围，kg/m³	密度等级		堆积范围，kg/m³
轻粗集料	轻细集料		轻粗集料	轻细集料	
200	—	110~120	800	800	710~800
300	—	210~300	900	900	810~900
400	—	310~400	1000	1000	910~1000
500	500	410~500	1100	1100	1010~1100
600	600	510~600	—	1200	1110~1200
700	700	610~700			

堆积密度不大于500kg/m³的轻粗骨料称为超轻骨料，堆积密度大于510kg/m³的轻粗骨料称为普通轻骨料。

（3）筒压强度和强度标号

不同密度等级的超轻粗骨料和普通轻粗骨料的筒压强度应不低于表2.1.1-63的规定。

轻粗集料筒压强度　　　　　　　　　　　　表2.1.1-63

集料品种	密度等级	筒 压 强 度		
		优等品	一等品	合格品
粘土陶粒 页岩陶粒 粉煤灰陶粒	200	0.3	0.2	
	300	0.7	0.5	
	400	1.3	1.0	
	500	2.0	1.5	
其它超轻粗集料	≤500	—	—	
粘土陶粒 页岩陶粒 粉煤灰陶粒	600	3.0	2.0	
	700	4.0	3.0	
	800	5.0	4.0	
	900	6.0	5.0	
浮石 火山渣 煤渣	600	—	1.0	0.8
	700	—	1.2	1.0
	800	—	1.5	1.2
	900	—	1.8	1.5
自燃煤矸石 膨胀矿渣珠	900	—	3.5	3.0
	1000	—	4.0	3.5
	11000	—	4.5	4.0

高强轻粗骨料的筒压强度和强度标号不应低于表2.1.1-64的规定

高强轻粗集料的筒压强度和强度标号 表2.1.1-64

密度等级	筒压强度	强度标号	密度等级	筒压强度	强度标号
600	4.0	25	800	6.0	35
700	5.0	30	900	6.5	40

(4) 吸水率和软化系数

不同密度等级轻粗骨料的吸水率不应大于表2.1.1-65的规定。人造轻粗骨料和工业废料轻粗骨料的软化系数应不小于0.8；天然轻粗骨料的软化系数不应小于0.7。

轻粗集料的吸水率 表2.1.1-65

类别	轻集料品种	密度等级	吸水率%
超轻集料	粘土陶粒 页岩陶粒 粉煤灰陶粒	200	30
		300	25
		400	20
		500	15
普通轻集料	粘土陶粒、页岩陶粒	600~900	10
	粉煤灰陶粒	600~900	22
	煤渣	600~900	10
	自燃煤矸石	600~900	10
	膨胀矿渣珠	900~1100	15
	天然轻集料	—	不作规定
高强轻集料	粘土陶粒、页岩陶粒	600~900	8
	粉煤灰陶粒	600~900	15

(5) 粒型系数

不同粒型轻粗骨料的粒型系数见表2.1.1-66。

轻粗集料的粒型系数 表2.1.1-66

轻集料粒型	平均粒型系数		
	优等品	一等品	合格品
圆球型 ≤	1.2	1.4	1.6
普通型 ≤	1.4	1.6	2.0
碎石型 ≤	—	2.0	2.5

(6) 有害物质含量

轻骨料的有害物质含量见表2.1.1-67。

有害物质含量 表 2.1.1-67

项 目 名 称	质量指标	备 注
煮沸质量损失（%）≤	5	
烧失量（%）≤	5	天然轻集料不作规定；用于无筋混凝土的煤渣允许达 20
硫化物和硫酸盐含量（按 SO_3 计）≤	1.0	用于无筋混凝土的自燃煤矸石允许含量 ≤1.5
含泥量（%）≤	3	结构用轻集料≤2；不允许含有粘土块
有机物含量	不深于标准色	
放射性比活度	符合 GB9196 规定	煤渣、自燃煤矸石应符合 GB6763 的规定

3. 试验方法

（1）筛分析

筛分析主要用于测定轻骨料的颗粒级配及细度模数。所用主要仪器设备为台秤、套筛及摇筛机。套筛为 ISO 标准 C 系列筛。筛分粗骨料的筛为圆孔筛，筛分细骨料的筛包括圆孔筛和方孔筛，10.0、5.00、2.50mm 的筛为圆孔筛，1.25、0.63、0.315、0.160mm 的筛为方孔筛。对于颗粒级配我国习惯用累计筛余，而英美则用通过量。

试验步骤为：取样→烘至恒重→称样→筛分→称取筛余量→计算累计筛余及细度模数→结果评定。

（2）堆积密度、表观密度及空隙率

堆积密度是指在自然堆积状态下骨料单位体积的质量。测定所用主要仪器设备有：地秤、托盘天平、容量筒等。在试验过程中应根据骨料的最大粒径来选择容量筒的大小，粗骨料最大粒径大于 20mm 时，用 10L 的容量筒；粗骨料最大粒径小于或等于 20mm 时，用 5L 的容量筒；细骨料用 1L 的容量筒。

试验步骤为：取样→烘至恒重→称空容量筒的质量→装料→称取筒及料的质量→计算堆积密度→结果评定。

表观密度是粗骨料颗粒单位体积（包括颗粒内部孔隙）的干燥质量。测定所用主要仪器设备有：托盘天平、量筒、瓷盘、毛巾、5.00mm 的筛子。试验前应用 5.00mm 的筛子将粗骨料过筛，取筛余物作为试样。

试验步骤为：取样→过筛→烘至恒重→称量→浸水 1h→滤水→试样→表干→倒入量筒→注水 500mL→读数→计算表观密度→结果评定。

空隙率是指轻骨料在自然堆积状态下颗粒间的空隙率，它是在测定粗骨料堆积密度和表观密度的基础上，通过计算而得出的。

（3）筒压强度与软化系数

筒压强度是用承压筒法测定轻粗骨料颗粒的平均相对强度指标。软化系数是轻粗集料浸水前后的强度变化。

1) 测定所用主要仪器设备有：承压筒、压力机、天平、干燥箱等。

2) 筒压强度测试时，首先应将粗骨料进行筛分，取 10~20mm 的粒级（粉煤灰陶粒允许按 10~15mm 的粒级；超轻陶粒按 5~10mm 或 5~20mm 粒级）作为试样。对于粉煤灰陶粒和超轻陶粒主要是考虑其粒径一般较小这一实际情况而规定的。轻骨料的填充系数是统计的结果，因此对于具体的某种轻骨料来说，可能存在用木锤极难敲至要求的高度（冲压模的下刻线和导向筒的上缘重合）。在这种情况下有的单位用力将冲压模压至与导向筒的上缘重合，然后加压至冲压模压入深度 20mm，有的单位则以此时冲压模的下刻线为基础，加压至冲压模压入深度 20mm。两种测试得出的筒压强度值差异较大，此时应以第二种情况为准，不应强求将冲压模与导向筒的上缘重合。

筒压强度试验步骤为：取样→过筛→烘至恒重→测装料质量→称量→装料→加压→计算→筒压强度→结果评定。

3) 结果评定

轻粗集料的筒压强度按下式计算：

$$f_a = \frac{p}{F} \qquad (2.1.1\text{-}113)$$

式中　f_a——粗集料的筒压强度值，计算精确到 0.1MPa；

　　　p——压入深度为 20mm 时的压力值 N；

　　　F——承压面积（即冲压模面积 $F = 10000\text{mm}^2$）。

粗集料的筒压强度以 3 次试验结果的算术平均值作为测定值。若 3 次试验结果中最大值与最小值之差大于平均值的 15% 时，须重做。

轻粗集料的软化系数按式（2.1.1-114）计算：

$$\psi = \frac{f_t}{f_0} \qquad (2.1.1\text{-}114)$$

式中　ψ——粗集料的软化系数，计算精确至 0.01；

　　　f_t——浸水 1h 的面干饱和粗集料筒压强度值，MPa；

　　　f_0——干燥状态下粗集料的筒压强度值，MPa。

面干饱和试样和干燥试样筒压强度值试验结果的计算和评定方法与 9.4 同。

软化系数以 3 次试验结果的算术平均值作为测定值。

(4) 强度等级

强度标号是指用该陶粒制成的混凝土的合理强度值。

1) 仪器设备及材料

a. 压力试验机；

b. 振动台；

c. 100mm×100mm×100mm 的试模；

d. 拌合铲和球形钵；

e. 托盘天平：最大称量 2kg（分度值为 1g）；

f. 台秤：最大称量 5 kg（分度值为 5 g）；

g. 材料：普通中砂（细度模数 $M_X = 2.3 \sim 3.0$）和 42.5 级普通硅酸盐水泥。

2) 试验步骤

a. 筛取 5~20mm 粒级的陶粒 20L 作试样,将试样浸水一昼夜后取出,制备成饱和面干试样,然后盖上湿布,备用。称取试样 300 g,测定并计算其饱水状态下的颗粒表现密度值。

b. 砂浆的制备

砂浆量按 15L 计算。砂浆配合比为 1:1:(0.40~0.45)(水泥:砂:水)。分别称取

水泥:$C = 0.015 \times \rho_m \dfrac{1}{1+1+(0.40~0.45)}$;

砂:$S = C \times 1.0$;

水:$W = C \times (0.40~0.45)$。

式中 ρ_m——新拌砂浆的表观密度(kg/m³),若无试验值,可按 2200 kg/m³ 取值。

先将砂和水泥干拌均匀后,再加水搅拌成砂浆后备用。

c. 混凝土拌合物的制备

称取饱和面干陶粒和砂浆,拌合成陶粒混凝土拌合物。为确保每个试件内陶粒的绝对体积和含量恒定,每个试件的混凝土拌合物应单独称料拌合。其用量按式(2.1.1-115)和式(2.1.1-116)计算:

$$\omega_{ab} = n \times V_0 \times \rho^{ap} \quad (2.1.1\text{-}115)$$

$$M = (1-n) \times V_0 \times \rho_m \quad (2.1.1\text{-}116)$$

式中 ω_{ab}——每个试件的饱和面干陶粒用量,kg;

n——混凝土中陶粒的绝对体积含量,=0.45;

V_0——试件体积,=0.001m³;

ρ^{ap}——饱和面干陶粒的表观密度,kg/m³;

M——每个试件的砂浆用量,kg。

陶粒和砂浆在球型钵中用铲拌合成混凝土拌合物。拌合前,钵和铲先用水润湿。拌合时间应不大于 2min。共拌制 9 份拌合物备用。

d. 试件在振动台上成型。共成型 100mm×100mm×100mm 的砂浆和混凝土试件各 9 个。当混凝土试件振实抹光时只允许将多余的砂浆刮去,不准将上浮的陶粒剔出。如果振实时,试模内混凝土拌合物量不够时,应填补砂浆。

e. 试件成型一昼夜后拆模,并分成 3 组编号。每组包括砂浆和混凝土试件各 3 个。同时放在水温为 20~40℃ 的水中养护至规定龄期。

f. 试样养护一周后,进行抗压强度试验。3 组试件可在不同龄期进行试验。

试件在抗压试验前,应测定混凝土的湿表观密度。若一组混凝土试件密度的最小值与最大值之差大于平均值的 5% 时,则此组试件应舍去。

如果砂浆抗压强度低于 40MPa,应适当延长砂浆和混凝土的养护龄期,以确保在满足要求的强度条件下进行试压。

3) 结果计算

砂浆和混凝土立方体抗压强度按式(2.1.1-117)计算:

$$f = \frac{p}{F} \qquad (2.1.1\text{-}117)$$

式中 f——砂浆和混凝土立方体抗压强度，MPa，计算精确至1MPa；

p——破坏荷载，N；

F——立方体试件受压面积，mm^2。

4）根据各组试件所得的砂浆和混凝土抗压强度，查图2.1.1-18。按其在图中的区域，确定陶粒的强度。

3组试件中至少应有两组落在图2.1.1-18中的同一强度标号区内，则该区的强度标号确定为该陶粒的强度标号值，否则应重新进行试验。

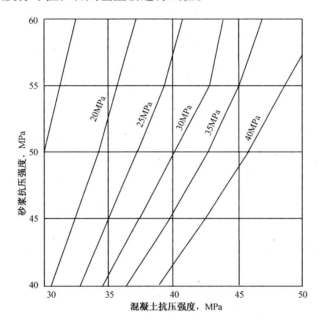

图2.1.1-18 按砂浆强度和混凝土强度确定陶粒强度

（5）吸水率

吸水率是指干燥状态下轻粗集料1h的吸水率。

1）仪器设备

a. 托盘天平：最大称量1kg（分度值为1g）；

b. 干燥箱；

c. 筛子：筛孔为5.00mm；

d. 容器、瓷盘及毛巾等。

2）试验步骤

取样→过筛→烘至恒重→浸水1h（不许颗粒上浮）→饱和面干→称量。

3）结果计算与评定

粗集料1h吸水率按式（2.1.1-118）计算：

$$\omega_a = \frac{m_1 - m_0}{m_0} \times 100 \qquad (2.1.1\text{-}118)$$

式中 ω_a——粗集料1h吸水率（%），计算精确至0.1%；
　　m_1——浸水试样质量，g；
　　m_0——烘干试样质量，g。

以3次试验结果的算术平均值作为测定值。

(6) 含泥量

含泥量是指轻粗集料中小于0.08mm的尘屑和粘土含量。

1) 仪器设备

a. 托盘天平：最大称量2kg（分度值为1g）；

b. 干燥箱；

c. 瓷盆、瓷盘及冲洗试样时能保持试样不溅出的足够大的容器；

d. 筛子：筛孔尺寸为10.0mm，1.25mm和0.08mm的筛子。

2) 试验步骤

a. 量取试样5~7L（注意防止细粉丢失），干燥至恒重，冷却至室温，备用。

b. 称取干燥后的试样1000~2000g装入瓷盆里，加水将其浸没，静置12h，然后搅拌5min，使尘屑和粘土与集料颗粒在水中分离。将10.0mm，1.25mm和0.08mm筛子叠置（10.0mm筛子放置上面），先用水湿润，然后将试样和水一起倒入套筛上，滤去小于0.08mm的颗粒。用水流冲筛上（从最大筛孔的筛子开始）集料，直至筛上剩余物中看不见有泥土，以及冲洗后的水变清澈为止。最后将0.08mm筛放在水中（使水面略高出筛内颗粒）来回摇动，以充分洗去小于0.08mm的尘屑。将三个筛上的筛余物，从最小号筛开始一并倒入瓷盘、置于干燥箱中干燥至恒重，取出，冷却至室温后，称取试样质量。

3) 结果计算与评定

粗集料的含泥量按式（2.1.1-119）计算：

$$\omega_c = \frac{m_1 - m_2}{m_1} \times 100 \qquad (2.1.1\text{-}119)$$

式中 ω_c——粗集料的含泥量（%），计算精确至0.1%；
　　m_1——冲洗前试样的干燥质量，g；
　　m_2——冲洗并干燥后试样的质量，g。

以两次试验结果的算术平均值作为测定值，如两次试验值的差值大于0.2%，须重做。

(7) 粘土块含量

1) 仪器设备

a. 托盘天平：最大称量1kg（分度值为1g）；

b. 台秤：最大称量5kg（分度值为5g）；

c. 筛子：孔径为2.50和5.00mm的筛各一个。

2) 试验步骤

量取试样5~7L，筛去5mm以下颗粒后，用四分法缩分至3kg试样量（对超轻陶粒，取试样量为1.5~3kg）。取两份试样放在干燥箱中干燥至恒量，冷却至室温后，分别称量

(m_3) 并在容器中摊成薄层，加入水将其浸没。在浸水 24h 后，把水放出，用手压碎粘土块，然后把试样放在 2.50mm 筛上用水冲洗。保留下来的试样小心地从筛中取出，并在干燥箱中干燥至恒重，冷却至室温，称量（m_4）。

3）结果计算与评定

粘土块含量按式（2.1.1-120）计算

$$\omega_c = \frac{m_3 - m_4}{m_3} \times 100 \tag{2.1.1-120}$$

式中 ω_c——粘土块含量（%），计算精确至 0.1%；

m_3——试验前试样的干燥质量，g；

m_4——试验后试样的干燥质量，g。

以两次试验结果的算术平均值作为测定值，两次测定值相差超过 0.2%，应重新试验。测定结果 <0.5% 时，则可认为是不含粘土块。

(8) 粒型系数

粒型系数是指轻粗集料颗粒的长向最大尺寸与中间截面最小尺寸之比。

1）仪器设备

a. 游标卡尺；

b. 容器：容积为 1L。

2）试样制备

取试样 1~2L，用四分法缩分，随机拣出 50 粒。

3）试验步骤

用游标卡尺量取每个颗粒的长向最大值和中间截面处的最小尺寸，精确至 1mm。

4）结果计算与评定

每颗的粒型系数按式（2.1.1-121）计算：

$$K_e^l = \frac{D_{\max}}{D_{\min}} \tag{2.1.1-121}$$

式中 K_e^l——每颗集料的粒型系数，计算精确至 0.1；

$D_{\max}$——粗集料颗粒长向最大尺寸，mm；

$D_{\min}$——粗集料颗粒中间截面的最小尺寸，mm。

粗集料的平均粒型系数按式（2.1.1-122）计算：

$$K_e = \frac{\sum_{i=1}^{n} K_{e,i}^l}{n} \tag{2.1.1-122}$$

式中 K_e——粗集料的平均粒型系数；

$K_{e,i}^l$——某一颗粒的粒型系数；

n——被测试样的颗粒数，$n=50$。

以两次试验结果的算术平均值作为测定值。

(9) 煮沸质量损失

煮沸质量损失主要是检验轻粗集料中生石灰等易分解物质对其安定性的影响。

1）仪器设备

a. 托盘天平：最大称量2kg（分度值为1g）；

b. 干燥箱；

c. 粗集料筛分用筛子一套；

d. 带盖带孔容器或自制的孔径不大于2.50mm的金属网；

e. 电炉；

f. 盛水容器：可放装有试样的带盖带孔容器。

2）试样制备

取轻粗集料试样2~4L，用被试验轻粗集料公称粒级相应的最大和最小孔径筛子过筛，取最小孔径筛上的筛余物，洗净颗粒表面粘附的碎屑和粉尘，干燥至恒重，分成两份备用。

3）试验步骤

将试样放入带孔容器中，放入盛水的容器中浸泡（容器中的水平面应比带孔容器中的试样高出20mm以上），48h后再将盛水容器连同装有试样的带孔容器一起放在电炉上加热至沸，沸煮4h后取出带孔容器，并干燥至恒重。取出集料，用孔径为试样粒级下限的筛子过筛，并称取筛余试样质量。

4）结果计算与评定

粗集料的煮沸质量损失按式（2.1.1-123）计算：

$$\omega_f = \frac{m_1 - m_2}{m_1} \times 100 \quad (2.1.1\text{-}123)$$

式中　ω_f——粗集料煮沸质量损失（%），计算精确至0.1%；

　　　m_1——试验前试样的干燥质量，g；

　　　m_2——试验后筛余试样的干燥质量，g。

（10）硫化物和硫酸盐含量

1）仪器设备

a. 干燥箱；

b. 高温炉：最高温度1000~1200℃；

c. 分析天平：最大称量100g（分度值为0.1mg）；

d. 干燥器、瓷坩埚、烧杯、瓷研钵等；

e. 0.080mm筛。

2）试剂配制

a. 氨水（1:1）：将浓氨水与等体积水混合；

b. 盐酸（1:1）：将浓盐酸溶于等体积的水中；

c. 10%（m/m）的氯化钡溶液：将10g氯化钡溶于100mL水中。若溶液浑浊需过滤后使用；

d. 1%（m/m）的硝酸银溶液：将1g硝酸银溶于100 mL水中，加入5~10 mL硝酸，贮存于棕色瓶中；

e. 0.2%（m/m）甲基红指示剂溶液：将0.2 g甲基红溶于100 mL95%乙醇中；

f. 0.1%（m/m）硝酸铵溶液。

3）试样制备

取烘干试样1L，破碎成最大粒径为2.5mm的颗粒（用轻细集料测定时，不用破碎），用四分法缩分至100g。仔细拌匀后再用四分法缩分至20~25g。把试样用瓷研钵研磨成粉，使其全部通过0.080mm的筛子，置烘箱中烘至恒重，然后放入干燥器内，冷却至室温，备用。

4）试验步骤

用分析天平称取1g试样（m），放入300mL的烧杯中，加入20~30mL蒸馏水及10mL的盐酸（1:1）中，然后将烧杯放在电炉上煮沸，使试样充分分解，再加上蒸馏水稀释至约150mL。

将溶液加热至沸，取下，加入2~3滴0.2%甲基红指示剂溶液，在搅拌下滴加氨水（1:1），至溶液呈黄色。过量滴加1~2滴，再稍加煮沸，取下静置片刻，以快速滤纸过滤。用中性热0.1%硝酸氨溶液充分洗涤至氯根反应消失为止（用硝酸银溶液检验）。滤液及洗涤液收集于400mL的烧杯中。

在上述溶液中滴加盐酸（1:1）至溶液呈红色，并过量2mL，加热浓缩至约150~200mL。在煮沸搅拌下滴加10 mL浓度为10%氯化钡溶液，再煮沸数分钟，移至温热处静置2~4h或放置过夜。然后用慢速定量滤纸过滤，并用水洗涤至氯根反应消失为止（用硝酸银溶液检验）。将沉淀物和滤纸一并放入已灼烧至恒重（m_1）的瓷坩埚内，置电炉上灰化后，在800℃高温炉内灼烧30min。取出坩埚，置于干燥器中冷却至室温，称量。如此反复灼烧至恒重（m_2）。

5）结果计算与评定

三氧化硫含量按式（2.1.1-124）计算：

$$\omega_{SO_3} = \frac{(m_2 - m_1) \times 0.343}{m} \times 100 \quad (2.1.1\text{-}124)$$

式中　　ω_{SO_3}——三氧化硫（SO_3）的含量（%），计算精确至0.01%；

m_1——灼烧恒重的瓷坩埚质量（g）；

m_2——灼烧恒重的瓷坩埚和灼烧后沉淀物总量，g；

0.343——硫酸钡折算为三氧化硫的换算系数。

以两次试验的算术平均值作为测定值，若两次试验结果之差大于0.15%时，须重做。

(11) 烧失量

1）仪器设备

a. 干燥箱；

b. 高温炉：最高温度1000~1200℃；

c. 托盘天平：最大称量2kg（分度值为1g）；

d. 分析天平：最大称量100g（分度值为0.1mg）；

e. 干燥器、瓷坩埚、瓷研钵和0.080mm筛。

2）试样制备方法同硫化物和硫酸盐含量的制备。

3）试验步骤

称取1g干燥试样，置于已烧灼至恒重的瓷坩埚中，放在高温炉内从低温开始逐渐升高温度，在985℃下灼烧45min后，取出，置于干燥器中，冷至室温恒重。再灼烧20min，取出，冷却后称量。两次冷却后称量误差小于0.02%，即为恒重。

4）结果计算与评定

轻集料的烧失量，按式（2.1.1-125）计算：

$$\omega_s = \frac{m_1 - m_2}{m} \times 100 \qquad (2.1.1-125)$$

式中 ω_s——轻集料的烧失量（%），计算精确至0.02%；

m_1——灼烧前试样的干燥质量，g；

m_2——灼烧后试样的重量，g。

以两次试验结果的算术平均值作为测定值。若两次试验结果之差大于0.20%时，须重做。

（12）有机物含量

1）仪器设备

a. 托盘天平：最大称量1 kg（分度值为0.5g）；

b. 工业分析天平：最大称量100 g（分度值为0.01g）；

c. 量筒：容积为10mL，100mL和250mL及500mL带塞量筒；

d. 筛子：筛孔为5.00mm和20.0mm的筛子；

e. 烧杯、玻璃棒等。

2）试剂制备

试剂：氢氧化钠溶液（氢氧化钠与蒸馏水之质量比为3:97）、鞣酸、乙醇等。

标准溶液的制备：

取2g鞣酸粉溶解于98mL浓度10%的乙醇溶液中，即得浓度为2%的鞣酸溶液。然后取该溶液10mL，注入390 mL浓度为3%的氢氧化钠溶液中，加塞后剧烈摇动，静置24h即得标准溶液。

3）试样制备

取轻细集料6L；粗集料最大粒径小于或等于20mm时取3~8L；粗集料最大粒径大于20mm时取4~10L。轻细集料用5.00mm的筛子，粗集料用20.0mm的筛子过筛。取筛下料，用四分法缩分，轻细集料取为500g，粗集料取约1kg，风干后备用。

4）试验步骤

a. 向250mL带塞量筒中倒入轻细集料试样至130mL刻度处，再注入浓度为3%的氢氧化钠溶液，至200mL刻度处，剧烈摇动后静置24h。

b. 向500mL带塞量筒中倒入轻粗集料试样至300mL刻度处，再注入浓度为3%的氢氧化钠溶液至400mL刻度处，剧烈摇动后静置24 h。

c. 比较试样上部溶液和新配制标准溶液的颜色，盛标准溶液与盛试样的量筒容积应一致。

5）结果评定

若试样上部的溶液颜色比标准溶液的颜色浅，则试样的有机质含量鉴定合格。

如两种溶液的颜色接近，则应将试样和溶液倒入烧杯中，放在温度为60~70℃的水浴锅中加热2~3h，然后再与标准液比色。

如溶液的颜色深于标准溶液的颜色，则应按下法作进一步检验：取试样一份，用3%氢氧化钠溶液洗出有机杂质，再用清水淘洗干净，直至试样用比色法检验时溶液的颜色浅于标准色。然后，用经淘洗和未经淘洗的试样分别以相同的配合比配成和易性基本相同的轻集料混凝土或轻砂水泥砂浆，测定7d和28d的抗压强度，如未经淘洗的试样制成的混凝土强度或砂浆强度不低于经淘洗的试样制成的混凝土强度或砂浆强度的95%，则此集料可以采用。

4. 结果评定

轻骨料检验后，各项性能指标都符合标准中相应等级的规定时，判为该等级。若有一项不符合时，应从同一批中加倍取样，对不符合项进行复检。复检后，仍不符合标准要求时，则该批产品判为降等或不合格。

2.1.2 混 凝 土

2.1.2.1 原材料的选择与配合比的设计

进行混凝土配合比设计和配制混凝土时，不仅各种原材料的性能要满足相应标准的要求，还应按照相应的技术规程的要求，选取原材料，并充分考虑施工技术和应用技术对混凝土及其原材料的要求。如《混凝土结构工程施工质量验收规范》GB50204—2002、《混凝土外加剂应用技术规程》GB50119—2003，《粉煤灰混凝土应用技术规程》GBJ146—90，《混凝土泵送施工技术规程》JGJ/T10—95等。

普通混凝土的配合比设计主要按《普通混凝土配合比设计规程》JGJ55—2000进行。轻骨料混凝土的配合比设计按《轻骨料混凝土技术规程》JGJ51—2002进行。

混凝土的强度等级应按立方体抗压强度标准值确定。立方体抗压强度标准值系指按照标准方法制作和养护的边长为150mm的立方体试件，在28d龄期，用标准试验方法测得的具有95%保证率的抗压强度。

2.1.2.2 混凝土拌合物

（一）混凝土拌合物的质量要求

混凝土拌合物应具有良好的和易性。各种混凝土拌合物均应检验其稠度；掺引气型外加剂的混凝土拌合物应检验其含气量；根据需要应检验混凝土拌合物的水灰比、水泥含量及均匀性。考虑到混凝土的耐久性时，还应检验混凝土拌合物中氯化物和碱的总含量。

1. 混凝土稠度

混凝土拌合物的稠度以坍落度或维勃稠度表示，坍落度适用于塑性和流动性混凝土拌合物，维勃稠度适用于干硬性混凝土拌合物。

混凝土拌合物根据其坍落度大小，分为4级，具体见表2.1.2-1。

混凝土按坍落度的分级　　　　　表2.1.2-1

级　别	名　称	坍落度（mm）
T1	低塑性混凝土	10～40
T2	塑性混凝土	50～90

续表

级别	名称	坍落度（mm）
T3	流动性混凝土	100~150
T4	大流动性混凝土	≥160

注：坍落度检测结果，在分级评定时，其表达取舍至临近的10mm。

混凝土拌合物根据其维勃稠度大小，分为4级，具体见表2.1.2-2。

混凝土按维勃稠度的分级   表2.1.2-2

级别	名称	维勃稠度（s）
V_0	超干硬性混凝土	≥31
V_1	特干硬性混凝土	30~21
V_2	干硬性混凝土	20~11
V_3	半干硬性混凝土	10~5

坍落度或维勃稠度的允许偏差应分别符合表2.1.2-3和表2.1.2-4的规定。

坍落度允许偏差   表2.1.2-3

坍落度（mm）	允许偏差（mm）	坍落度（mm）	允许偏差（mm）
≤40	±10	≥100	±30
50~90	±20		

维勃稠度允许偏差   表2.1.2-4

维勃稠度（s）	允许偏差（s）	维勃稠度（s）	允许偏差（s）
≤10	±3	21~30	±6
11~20	±4		

2. 混凝土含气量

掺引气型外加剂混凝土的含气量应满足设计和施工工艺的要求。根据混凝土采用粗骨料的最大粒径，其含气量的限值不宜超过表2.1.2-5的规定。检测结果与要求值的允许偏差范围为±1.5%。

掺引气型外加剂混凝土含气量的限值   表2.1.2-5

粗骨料最大粒径（mm）	混凝土含气量（%）	粗骨料最大粒径（mm）	混凝土含气量（%）
10	7.0	25	5.0
15	6.0	40	4.5
20	5.5		

3. 水灰比和水泥含量

混凝土的最大水灰比和最小水泥用量应符合现行国家标准《混凝土结构工程施工及验收规范》GB50204 的规定。混凝土拌合物的水灰比和水泥含量的检测方法应按现行国家标准《普通混凝土拌合物性能试验方法》GB50080 的规定进行。实测的水灰比和水泥含量，应符合设计要求。

4. 均匀性

混凝土拌合物应拌合均匀，颜色一致，不得有离析和泌水现象。

混凝土拌合物均匀性的检测方法应按现行国家标准《混凝土搅拌机性能试验方法》的规定进行。

检查混凝土拌合物均匀性时，应在搅拌机卸料过程中，从卸料流的 1/4 至 3/4 之间部位采取试样，进行试验，其检测结果应符合下列规定：

（1）混凝土中砂浆密度两次测值的相对误差不应大于 0.8%；
（2）单位体积混凝土中粗骨料含量两次测值的相对误差不应大于 5%。

5. 混凝土拌合物中的氯化物总含量

混凝土拌合物中的氯化物总含量（以氯离子重量计）应符合下列规定：

（1）对素混凝土，不得超过水泥重量的 2%；
（2）对处于干燥环境或有防潮措施的钢筋混凝土，不得超过水泥重量的 1%；
（3）对处在潮湿而不含有氯离子环境中的钢筋混凝土，不得超过水泥重量的 0.3%；
（4）对在潮湿并含有氯离子环境中的钢筋混凝土，不得超过水泥重量的 0.1%；
（5）预应力混凝土及处于易腐蚀环境中的钢筋混凝土，不得超过水泥重量的 0.06%。

6. 混凝土拌合物中的碱总含量

当混凝土骨料为碱活性骨料，混凝土中的最大碱含量为 $3.0 kg/m^3$。

（二）混凝土拌合物的取样和试样制备

1. 取样

同一组混凝土拌合物的取样应从同一盘混凝土或同一车混凝土中取样。取样量应多于试验所需量的 1.5 倍；且宜不小于 20L。

混凝土拌合物的取样应具有代表性，宜采用多次采样的方法。一般在同一盘混凝土或同一车混凝土中的约 1/4 处、1/2 处和 3/4 处之间分别取样，从第 次取样到最后一次取样不宜超过 15min，然后人工搅拌均匀。

从取样完毕到开始做各项性能试验不宜超过 5min。

2. 试样的制备

在试验室制备混凝土拌合物时，拌合时试验室的温度应保持在 20±5℃，所用材料的温度应与试验室温度保持一致（需要模拟施工条件下所用的混凝土时，所用原材料的温度宜与施工现场保持一致）。

试验室拌合混凝土时，材料用量应以质量计。称量精度：骨料为 ±1%；水、水泥、掺合料、外加剂均为 ±0.5%。

混凝土拌合物的制备应采用实际使用的原材料。混凝土搅拌方式，宜与生产时使用的方法相同。每盘混凝土的最小搅拌量应符合表 2.1.2-6 的规定；当采用机械搅拌时，其搅拌量不应小于搅拌机额定搅拌量的1/4。

从试样制备完毕到开始做各项性能试验不宜超过5min。

混凝土的最小搅拌量　　　　　　　　表2.1.2-6

骨料最大粒径（mm）	拌合物数量（L）	骨料最大粒径（mm）	拌合物数量（L）
31.5及以下	15	40	25

（三）混凝土拌合物性能试验方法

1. 稠度试验

（1）坍落度与坍落扩展度法

此方法适用于骨料最大粒径不大于40mm、坍落度不小于10mm的混凝土拌合物稠度测定。

1）仪器设备

坍落度与坍落扩展度试验所用的混凝土坍落度仪应符合《混凝土坍落度仪》JG 3021中有关技术要求的规定。

2）试验步骤

湿润坍落度筒及底板，在坍落度筒内壁和底板上应无明水。底板应放置在坚实水平面上，并把筒放在底板中心，然后用脚踩住二边的脚踏板，坍落度筒在装料时应保持固定的位置。

把按要求取得的混凝土试样用小铲分三层均匀地装入筒内，使捣实后每层高度为筒高的三分之一左右。每层用捣棒插捣25次。插捣应沿螺旋方向由外向中心进行，各次插捣应在截面上均匀分布。插捣筒边混凝土时，捣棒可以稍稍倾斜。插捣底层时，捣棒应贯穿整个深度，插捣第二层和顶层时，捣棒应插透本层至下一层的表面；浇灌顶层时，混凝土应灌到高出筒口。插捣过程中，如混凝土沉落到低于筒口，则应随时添加。顶层插捣完后，刮去多余的混凝土，并用抹刀抹平。

清除筒边底板上的混凝土后，垂直平稳地提起坍落度筒。坍落度筒的提离过程应在5~10s内完成；从开始装料到提坍落度筒的整个过程应不间断地进行，并应在150s内完成。

提起坍落度筒后，测量筒高与坍落后混凝土试体最高点之间的高度差，即为该混凝土拌合物的坍落度值；坍落度筒提离后，如混凝土发生崩坍或一边剪坏现象，则应重新取样另行测定；如第二次试验仍出现上述现象，则表示该混凝土和易性不好，应予记录备查。

观察坍落后的混凝土试体的黏聚性及保水性。黏聚性的检查方法是用捣棒在已坍落的混凝土锥体侧面轻轻敲打，此时如果锥体逐渐下沉，则表示黏聚性良好，如果锥体倒塌、部分崩裂或出现离析现象，则表示黏聚性不好。保水性以混凝土拌合物稀浆析出的程度来评定。坍落度筒提起后如有较多的稀浆从底部析出，锥体部分的混凝土也因失浆而骨料外露，则表明此混凝土拌合物的保水性能不好；如坍落度筒提起后无稀浆或仅有少量稀浆自底部析出，则表示此混凝土拌合物保水性良好。

当混凝土拌合物的坍落度大于220mm时，用钢尺测量混凝土扩展后最终的最大直径和最小直径，在这两个直径之差小于50mm的条件下，用其算术平均值作为坍落扩展度值；否则，此次试验无效。

如果发现粗骨料在中央集堆或边缘有水泥浆析出，表示此混凝土拌合物抗离析性不好，应予记录。

3) 结果表示

混凝土拌合物坍落度和坍落扩展度值以毫米为单位，测量精确至1mm，结果至5mm。

（2）维勃稠度法

此方法适用于骨料最大粒径不大于40mm，维勃稠度在5~30s之间的混凝土拌合物稠度测定。坍落度不大于50mm或干硬性混凝土和维勃稠度大于30s的特干硬性混凝土拌合物的稠度可采用增实因数法来测定。

1) 仪器设备

维勃稠度试验所用维勃稠度仪应符合《维勃稠度仪》JG 3043中技术要求的规定。

2) 试验步骤

维勃稠度仪应放置在坚实水平面上，用湿布把容器、坍落度筒、喂料斗内壁及其他用具润湿。

将喂料斗提到坍落度筒上方扣紧，校正容器位置，使其中心与喂料中心重合，然后拧紧固定螺丝。

把按要求取样或制作的混凝土拌合物试样用小铲分三层经喂料斗均匀地装入筒内，装料及插捣的方法与坍落度试验相同。

把喂料斗转离，垂直地提起坍落度筒，此时应注意不使混凝土试体产生横向的扭动。

把透明圆盘转到混凝土圆台体顶面，放松测杆螺钉，降下圆盘，使其轻轻接触到混凝土顶面。

拧紧定位螺钉，并检查测杆螺钉是否已经完全放松。

在开启振动台的同时用秒表计时，当振动到透明圆盘的底面被水泥浆布满的瞬间停止计时，当振动到透明圆盘的底面被水泥浆布满的瞬间停止计时，并关闭振动台。

3) 结果表示

由秒表读出时间即为该混凝土拌合物的维勃稠度值，精确至1s。

（3）增实因数法

此方法适用于骨料最大粒径不大于40mm、增实因数大于1.05的混凝土拌合物稠度测定。

1) 仪器设备

跳桌：应符合《水泥胶砂流动度测定方法》GB 2419中有关技术要求的规定。

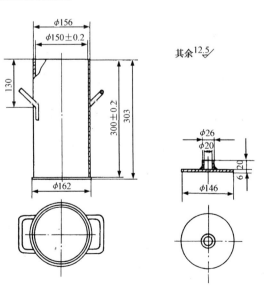

图 2.1.2-1　圆筒和盖板

台秤：称量20kg，感量20g；

圆筒：钢制，内径150±0.2mm，高300±0.2mm，连同提手共重4.3±0.3kg，见图2.1.2-1；

盖板：钢制，直径146±0.1mm，厚6±0.1mm，连同提手共重830±20kg，见图2.1.2-1；

量尺：刻度误差不大于1%，见图2.1.2-2。

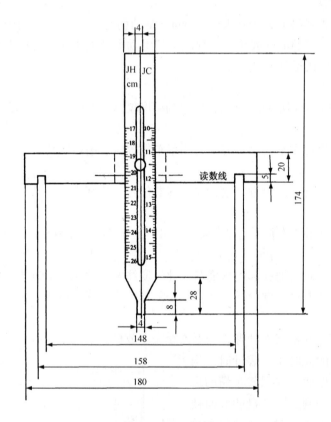

图2.1.2-2　量尺

2）拌合物质量的确定

当混凝土拌合物配合比及原材料的表观密度已知时，按下式确定混凝土拌合物的质量：

$$Q = 0.003 \times \frac{W+C+F+S+G}{\dfrac{W}{\rho_w}+\dfrac{C}{\rho_c}+\dfrac{F}{\rho_f}+\dfrac{S}{\rho_s}+\dfrac{G}{\rho_g}} \tag{2.1.2-1}$$

式中　　　　Q——绝对体积为3000mL时混凝土拌合物的质量（kg）；

W、C、F、S、G——分别为水、水泥、掺合料、细骨料和粗骨料的质量（kg）；

ρ_w、ρ_c、ρ_f、ρ_s、ρ_g——分别为水、水泥、掺合料、细骨料和粗骨料的表观密度（kg/m³）。

当混凝土拌合物配合比及原材料的表观密度未知时，按下述方法确定混凝土拌合物的质量。

先在圆筒内装入质量为 7.5kg 的混凝土拌合物,无需振实,将圆筒放在水平平台上,用量筒沿筒壁徐徐注水,并轻轻拍击筒壁,将拌合物中夹持气泡排出,直至筒内水面与筒口平齐;记录注入圆筒中的水的体积,混凝土拌合物的质量应按下式计算:

$$Q = 3000 \times \frac{7.5}{V - V_{\mathrm{W}}} \times (1 + A) \tag{2.1.2-2}$$

式中　Q——绝对体积为 3000mL 时混凝土拌合物的质量(kg);

　　　V——圆筒的容积(mL);

　　　V_{W}——注入圆筒中水的体积(mL);

　　　A——混凝土含气量。

计算应精确至 0.05kg。

3)试验步骤

将圆筒放在台秤上,用圆勺铲取混凝土拌合物,不加任何振动地装入圆筒,圆筒内混凝土拌合物的质量按上述规定的方法确定后称取。

用不吸水的小尺轻拨拌合物表面,使其大致成为一个水平面,然后将盖板轻放在拌合物上。

将圆筒轻轻移至跳桌台面中央,使跳桌台面以每秒一次的速度连续跳动 15 次。

将量尺的横尺置于筒口,使筒壁卡入横尺的凹槽中,滑动有刻度的竖尺,将竖尺的底端插入盖板中心的小筒内,读取混凝土增实因数 JC,精确至 0.01。

2. 含气量试验

此方法适于骨料最大粒径不大于 40mm 的混凝土拌合物含气量测定。

(1)试验仪器设备

1)含气量测定仪:容积为 7L,压力表的量程为 0~0.25MPa,精度为 0.01MPa。

2)捣棒:符合《混凝土坍落度仪》JG 3021 中有关技术要求的规定;

3)振动台:应符合《混凝土试验用振动台》JG/T 3020 中技术要求的规定;

4)台秤:称量 50kg,感量 50g;

5)橡皮锤:带有质量约 250g 的橡皮锤头。

(2)骨料含气量的测定

在进行拌合物含气量测定之前,应先测定拌合物所用骨料的含气量:

1)首先按下式计算每个试样中粗、细骨料的质量:

$$m_{\mathrm{g}} = \frac{V}{1000} \times m'_{\mathrm{g}} \tag{2.1.2-3}$$

$$m_{\mathrm{s}} = \frac{V}{1000} \times m'_{\mathrm{s}} \tag{2.1.2-4}$$

式中　m_{g}、m_{s}——分别为每个试样中的粗、细骨料质量(kg);

　　　m'_{g}、m'_{s}——分别为每立方米混凝土拌合物中粗、细骨料质量(kg);

　　　V——含气量测定仪容器容积(L)。

2)在容器中先注入 1/3 高度的水,然后把通过 40mm 网筛的质量为 m_{g}、m_{s} 的粗、细骨料称好、拌匀,慢慢倒入容器。水面每升高 25mm 左右,轻轻插捣 10 次,并略予搅动,以排除夹杂进去的空气，加料过程中应始终保持水面高出骨料的顶面；骨料全部加入后，应浸泡约5min，再用橡皮锤轻敲容器外壁，排净气泡，除去水面泡沫，加水至满，擦净容器上口边缘；装好密封圈，加盖拧紧螺栓。

3）关闭操作阀和排气阀，打开排水阀和加水阀，通过加水阀，向容器内注入水；当排水阀流出的水流不含气泡时，在注水的状态下，同时关闭加水阀和排水阀。

4）开启进气阀，用气泵向气室内注入空气，使气室内的压力略大于0.1MPa，待压力表显示值稳定；微开排气阀，调整压力至0.1MPa，然后关紧排气阀。

5）开启操作阀，使气室里的压缩空气进入容器，待压力表显示值稳定后记录示值P_{g1}，然后开启排气阀，压力仪表示值应回零。

重复上述4）和5）的试验，对容器内的试样再检测一次记录表值P_{g2}。

若P_{g1}和P_{g2}的相对误差小于0.2%时，则取P_{g1}和P_{g2}的算术平均值，按压力与含气量关系曲线查得骨料的含气量（精确至0.1%）；若不满足，则应进行第三次试验。测得压力值P_{g3}（MPa）。当P_{g3}与P_{g1}、P_{g2}中较接近一个值的相对误差不大于0.2%时，则取此二值的算术平均值。当仍大于0.2%时，则此次试验无效，应重做。

(3) 混凝土拌合物含气量测定

1）用湿布擦净容器和盖的内表面，装入混凝土拌合物试样。

2）采用手工或机械方法捣实混凝土。当拌合物坍落度大于70mm时，宜采用手工插捣，当拌合物坍落度不大于70mm时，宜采用机械振捣，如振动台或插入或振捣器等。

用捣棒捣实时，应将混凝土拌合物分3层装入，每层捣实后高度约为1/3容器高度；每层装料后由边缘向中心均匀地插捣25次，捣棒应插透本层高度，再用木锤沿容器外壁重击10~15次，使插捣留下的插孔填满。最后一层装料应避免过满。

采用机械捣实时，一次装入捣实后体积为容器容量的混凝土拌合物，装料时可用捣棒稍加插捣，振实过程中如拌合物低于容器口，应随时添加；振动至混凝土表面平整、表面出浆即止，不得过度振捣。

若使用插入式振动器捣实，应避免振动器触及容器内壁和底面。

在施工现场测定混凝土拌合物含气量时，应采用与施工振动频率相同的机械方法捣实。

3）捣实完毕后立即用刮尺刮平，表面如有凹陷应予填平抹光。

如需同时测定拌合物表观密度时，可在此时称量和计算。

然后在正对操作阀孔的混凝土拌合物表面贴一小片塑料薄膜，擦净容器上口边缘，装好密封垫圈，加盖并拧紧螺栓。

4）关闭操作阀和排气阀，打开排水阀和加水阀，通过加水阀，向容器内注入水；当排水阀流出的水流不含气泡时，在注水的状态下，同时关闭加水阀和排水阀。

5）然后开启进气阀，用气泵注入空气至气室内压力略大于0.1MPa，待压力示值表示值稳定后，微微开启排气阀，调整压力至0.1MPa，关闭排气阀。

6）开启操作阀，待压力示值仪稳定后，测得压力值P_{01}（MPa）。

7）开启排气阀，压力仪示值回零；重复上述5、6的步骤，对容器内试样再测一次压力值P_{02}（MPa）。

若 P_{01}、P_{02} 的相对误差小于 0.2% 时，则取 P_{01}、P_{02} 的算术平均值，按压力与含气量关系曲线查得含气量 A_0（精确至 0.1%）；若不满足，则应进行第三次试验，测得压力值 P_{03}（MPa）。当 P_{03} 与 P_{01}、P_{02} 中较接近一个值的相对误差不大于 0.2% 时，则取此二值的算术平均值查得 A_0；当仍大于 0.2%，此次试验无效。

(4) 混凝土拌合物含气量结果计算

混凝土拌合物含气量按下式计算：

$$A = A_0 - A_g \tag{2.1.2-5}$$

式中 A——混凝土拌合物含气量（%）；

A_0——两次含气量测定的平均值（%）；

A_g——骨料含气量（%）。

3. 混凝土配合比分析试验

此方法适用于用水洗分析法测定普通混凝土拌合物中四大组分（水泥、水、砂、石）的含量，不适用于骨料含泥量波动较大以及用特细砂、山砂和机制砂配制的混凝土。

(1) 使用的仪器设备

1) 广口瓶：容积为 2000mL 的玻璃瓶，并配有玻璃盖板；

2) 台秤：称量 50kg，感量 50g 和称量 10kg，感量 5g 各一台；

3) 托盘天平：称量 5kg，感量 5g；

4) 试样筒：容积为 5L 和 10L 的容量筒并配有玻璃盖板；

5) 标准筛：孔径为 5mm 和 0.16mm 标准筛各一个。

(2) 试验前，应测定水泥的表观密度、粗骨料、细骨料饱和面干状态的表观密度，并按下述方法测定细骨料的修正系数：

向广口瓶中注水至筒口，再一边加水一边徐徐推进玻璃板，注意玻璃板下不带有任何气泡，盖严后擦净板面和广口瓶壁的余水，如玻璃板下有气泡，必须排除。测定广口瓶、玻璃板和水的总质量后，取具有代表性的两个细骨料试样，每个试样的质量为 2kg，精确至 5g。分别倒入盛水的广口瓶中，充分搅拌、排气后浸泡约半小时；然后向广口瓶中注水至筒口，再一边加水一边徐徐推进玻璃板，注意玻璃板下不得带有任何气泡，盖严后擦净板面和瓶壁的余水，称得广口瓶、玻璃板、水和细粗骨料的总质量；则细骨料在水中的质量为：

$$m_{ys} = m_{ks} - m_p \tag{2.1.2-6}$$

式中 m_{ys}——细骨料在水中的质量（g）；

m_{ks}——细骨料和广口瓶、水及玻璃板的总质量（g）；

m_p——广口瓶、玻璃板和水的总质量（g）。

应以两个试样试验结果的算术平均值作为测定值，计算应精确至 1g。

然后用 0.16mm 的标准筛将细骨料过筛，用以上同样的方法测得大于 0.16mm 细骨料在水中的质量：

$$m_{ysl} = m_{ksl} - m_p \tag{2.1.2-7}$$

式中 m_{ysl}——大于 0.16mm 的细骨料在水中的质量（g）；

m_{ksl}——大于 0.16mm 的细骨料和广口瓶、水及玻璃板的总质量（g）；

m_p——广口瓶、玻璃板和水的总质量（g）。

应以两个试样试验结果的算术平均值作为测定值，计算应精确至1g。

细骨料修正系数为：

$$C_s = \frac{m_{ys}}{m_{ysl}} \qquad (2.1.2\text{-}8)$$

式中　C_s——细骨料修正系数；

　　　m_{ys}——细骨料在水中的质量（g）；

　　　m_{ysl}——大于0.16mm的细骨料在水中的质量（g）。

计算应精确至0.01。

（3）混凝土拌合物取样的注意事项

1）当混凝土中粗骨料的最大粒径≤40mm时，混凝土拌合物的取样量≥20L，混凝土中粗骨料最大粒径>40mm时，混凝土拌合物的取样量≥40L。

2）进行混凝土配合比分析时，当混凝土中粗骨料最大粒径≤40mm时，每份取12kg试样；当混凝土中粗骨料的最大粒径>40mm时，每份取15kg试样。剩余的混凝土拌合物试样，进行拌合物表观密度的测定。

（4）试验步骤

1）整个试验过程的环境温度应在15~25℃之间，从最后加水至试验结束，温差不应超过2℃。

2）称取质量为m_0的混凝土拌合物试样，精确至50g并应符合（3）中的有关规定；然后按下式计算混凝土拌合物试样的体积：

$$V = \frac{m_0}{\rho} \qquad (2.1.2\text{-}9)$$

式中　V——试样的体积（L）；

　　　m_0——试样的质量（g）；

　　　ρ——混凝土拌合物的表观密度（g/cm³）。

计算应精确至1g/cm³。

3）把试样全部移到5mm筛上水洗过筛，水洗时，要用水将筛上粗骨料仔细冲洗干净，粗骨料上不得粘有砂浆，筛下应备有不透水的底盘，以收集全部冲洗过筛的砂浆与水的混合物；称量洗净的粗骨料试样在饱和面干状态下的质量m_g，粗骨料饱和面干状态表观密度符号为ρ_g，单位g/cm³。

4）将全部冲洗过筛的砂浆与水的混合物全部移到试样筒中，加水至试样筒三分之二高度，用棒搅拌，以排除其中的空气；如水面上有不能破裂的气泡，可以加入少量的异丙醇试剂以消除气泡；让试样静置10min以使固体物质沉积于容器底部。加水至满，再一边加水一边徐徐推进玻璃板，注意玻璃板下不得带有任何气泡，盖严后应擦净板面和筒壁的余水。称出砂浆与水的混合物和试样筒、水及玻璃板的总质量。应按下式计算细砂浆的水中的质量：

$$m'_m = m_k - m_D \qquad (2.1.2\text{-}10)$$

式中　m'_m——砂浆在水中的质量（g）；

m_k——砂浆与水的混合物和试样筒、水及玻璃板的总质量（g）；
m_D——试样筒、玻璃板和水的总质量（g）。

计算应精确至1g。

5) 将试样筒中的砂浆与水的混合物在0.16mm筛上冲洗，然后将在0.16mm筛上洗净的细骨料全部移至广口瓶中，加水至满，再一边加水一边徐徐推进玻璃板，注意玻璃板下不得带有任何气泡，盖严后应擦净板面和瓶壁的余水；称出细骨料试样、试样筒、水及玻璃板总质量，应按下式计算细骨料在水中的质量：

$$m_s' = C_s (m_{cs} - m_p) \qquad (2.1.2\text{-}11)$$

式中　　m_s'——细骨料在水中的质量（g）；
　　　　C_s——细骨料修正系数；
　　　　m_{cs}——细骨料试样、广口瓶、水及玻璃板总质量（g）；
　　　　m_p——广口瓶、玻璃板和水的总质量（g）。

计算应精确至1g。

（5）结果计算

1) 混凝土拌合物试样中四种组分的质量按以下公式计算：

试样中的水泥质量按下式计算：

$$m_c = (m_m' - m_s') \times \frac{\rho_c}{\rho_c - 1} \qquad (2.1.2\text{-}12)$$

式中　　m_c——试样中的水泥质量（g）；
　　　　m_m'——砂浆在水中的质量（g）；
　　　　m_s'——细骨料在水中的质量（g）；
　　　　ρ_c——水泥的表观密度（g/cm³）。

计算应精确至1g。

试样中细骨料的质量应按下式计算：

$$m_s = m_s' \times \frac{\rho_s}{\rho_s - 1} \qquad (2.1.2\text{-}13)$$

式中　　m_s——试样中细骨料的质量（g）；
　　　　m_s'——细骨料在水中的质量（g）；
　　　　ρ_s——处于饱和面干状态下的细骨料的表观密度（g/cm³）。

计算应精确至1g。

试样中水的质量应按下式计算：

$$m_w = m_0 - (m_g + m_s + m_c) \qquad (2.1.2\text{-}14)$$

式中　　m_w——试样中水的质量（g）；
　　　　m_0——拌合物试样质量（g）；
　　　　m_g、m_s、m_c——分别为试样中粗骨料、细骨料和水泥的质量（g）。

计算应精确至1g。

混凝土拌合物试样中粗骨料的质量应按（4）3）测得的粗骨料饱和面干质量m_g，单位 g。

2）混凝土拌合物中水泥、水、粗骨料、细骨料的单位用量，分别按下式计算：

$$C = \frac{m_c}{V} \times 1000 \qquad (2.1.2\text{-}15)$$

$$W = \frac{m_w}{V} \times 1000 \qquad (2.1.2\text{-}16)$$

$$G = \frac{m_g}{V} \times 1000 \qquad (2.1.2\text{-}17)$$

$$S = \frac{m_s}{V} \times 1000 \qquad (2.1.2\text{-}18)$$

式中　　C、W、G、S——分别为水泥、水、粗骨料、细骨料的单位用量（kg/m³）；
　　　　m_c、m_w、m_g、m_s——分别为试样中水泥、水、粗骨料、细骨料的质量（g）；
　　　　V——试样体积（L）。

以上计算应精确至1kg/m³。

3）以两个试样试验结果的算术平均值作为测定值，两次试验结果差值的绝对值应符合下列规定：水泥：≤6 kg/m³；水：≤4 kg/m³；砂：≤20 kg/m³；石：≤30 kg/m³，否则此次试验无效。

4. 表观密度试验

此方法适用于测定混凝土拌合物捣实后的单位体积质量（即表观密度）。

（1）所用仪器设备

1）容量筒：金属制成的圆筒，两旁装有提手。对骨料最大粒径不大于40mm 的拌合物采用容积为5L 的容量筒，其内径与内高均为186±2mm，筒壁厚为3mm；骨料最大粒径大于40mm 时，容量筒的内径与内高均应大于骨料最大粒径的4 倍。容量筒上缘及内壁应光滑平整，顶面与底面应平行并与圆柱体的轴垂直；

2）台秤：称量50kg，感量50g；

3）振动台：应符合《混凝土试验用振动台》JG/T 3020 中技术要求的规定；

4）捣棒：符合《混凝土坍落度仪》JG 3021 中有关技术要求的规定。

（2）试验步骤

1）用湿布把容量筒内外擦干净，称出容量筒质量，精确至50g。

2）混凝土的装料及捣实方法应根据拌合物的稠度而定。坍落度不大于70mm 的混凝土，用振动台振实为宜；大于70mm 的用捣棒捣实为宜。采用捣棒捣实时，应根据容量筒的大小决定分层与插捣次数：用5L 容量筒时，混凝土拌合物应分两层装入，每层的插捣次数应为25 次；用大于5L 的容量筒时，每层混凝土的高度不应大于100mm，每层插捣次数应按每1000mm² 截面不小于12 次计算。各次插捣应由边缘向中心均匀地插捣，插捣底层时捣棒应贯穿整个深度，插捣第二层时，捣棒应插透本层至下一层的表面；每一层捣完后用橡皮锤轻轻沿容器外壁敲打5~10 次，进行振实，直至拌合物表面插捣孔消失并不见大气泡为止。

3）用刮尺将筒口多余的混凝土拌合物刮去，表面如有凹陷应填平；将容量筒外壁擦净，称出混凝土试样与容量筒总质量，精确至50g。

（3）结果计算

混凝土拌合物表观密度按下式计算：

$$\gamma_h = \frac{W_2 - W_1}{V} \times 1000 \tag{2.1.2-19}$$

式中　γ_h——表观密度（kg/m³）；

　　　W_1——容量筒质量（kg）；

　　　W_2——容量筒和试样总质量（kg）；

　　　V——容量筒容积（L）。

试验结果的计算精确至10kg/m³。

2.1.2.3 混凝土物理力学性能

混凝土物理力学性能主要包括混凝土立方体抗压强度、轴心抗压强度、静力受压弹性模量、劈裂抗拉强度和抗折强度。

混凝土力学性能试验应以三个试件为一组。

（一）试件的尺寸要求

不同试验所用标准试件和非标准试件的尺寸及尺寸公差列于表2.1.2-7。

不同试验所用标准试件和非标准试件的尺寸及尺寸公差　　　表2.1.2-7

物理力学性能	标准试件尺寸	非标准试件尺寸	尺　寸　公　差
立方体抗压强度 劈裂抗拉强度	150mm×150mm×150mm	100mm×100mm×100mm 200mm×200mm×200mm	试件承压面的平面度公差不得超过 0.0005d（d为边长），试件相邻面间 的夹角为90°，公差不得超过0.5°； 试件各边长、直径和高的尺寸公差不 得超过1mm
轴心抗压强度 静力受压弹性模量	150mm×150mm×300mm	100mm×100mm×300mm 200mm×200mm×400mm	
抗折强度	150mm×150mm×600mm 150mm×150mm×550mm	100mm×100mm×400mm	
特殊情况下可采用的 圆柱体试件	ϕ150mm×300mm	ϕ100mm×200mm ϕ200mm×400mm	

试件的截面尺寸应根据混凝土中骨料的最大粒径按表2.1.2-8选定。

混凝土试件尺寸选用表　　　表2.1.2-8

试件截面尺寸（mm）	骨料最大粒径	
	劈裂抗拉强度试验	其它试验
100×100	20	31.5
150×150	40	40
200×200	—	63

注：骨料最大粒径指的是符合《普通混凝土用碎石或卵石质量标准及检验方法》（JGJ53—92）中规定的圆孔筛的孔径

（二）混凝土的取样

1. 试块的留置

（1）每拌制 100 盘且不超过 $100m^3$ 的不同配合比的混凝土，取样不得少于一次。

（2）每工作班拌制的同一配合比的混凝土不足 100 盘时，取样不得少于一次。

（3）当一次连续浇筑超过 $1000m^3$ 时，同一配合比混凝土每 $200m^3$ 混凝土取样不得少于一次。

（4）每一楼层，同一配合比的混凝土，取样不得少于一次。

（5）冬期施工还应留置转常温试块和临界强度试块。

（6）对预拌混凝土，当一个分项工程连续供应相同配合比的混凝土量大于 $1000m^3$ 时，其交货检验的试样，每 $200m^3$ 混凝土取样不得少于一次。

（7）建筑地面的混凝土，以同一配合比，同一强度等级，每一层或每 $1000m^3$ 为一检验批，不足 $1000m^3$ 也按一批计。每批应至少留置一组试块。

2. 取样方法及数量

用于检查结构构件混凝土质量的试件，应在混凝土浇筑地点随机取样制作，每组试件所用的拌和物应从同一盘搅拌混凝土或同一车运送的混凝土中取出，对于预拌混凝土还应在卸料过程中卸料量的 1/4～3/4 之间取样，每个试样量应满足混凝土质量检验项目所需用量的 0.5 倍，但不少于 $0.2m^3$。

每次取样应至少留置一组标准养护试件，同条件养护试件的留置组数应根据实际需要确定。

3. 抗渗混凝土

（1）同一混凝土强度等级、抗渗等级、同一配合比，生产工艺基本相同，每单位工程不得少于两组抗渗试块（每组 6 个试块）。

（2）连续浇筑混凝土每 $500m^3$ 应留置一组抗渗试件（一组为 6 个抗渗试件），且每项工程不得少于 2 组。采用预拌混凝土的抗渗试件留置组数应视结构的规模和要求而定。

（3）留置抗渗试件的同时需留置抗压强度试件并应取自同一盘混凝土拌和物中。取样方法同普通混凝土中第（2）项。

（4）试块应在浇筑地点制作。

4. 轻集料混凝土

（1）同普通混凝土。

（2）混凝土干表观密度试验，连续生产的预制构件厂及预拌混凝土同配合比的混凝土每月不少于 4 次；单项工程每 $100m^3$ 混凝土至少一次，不足 $100m^3$ 也按 $100m^3$ 计。

（三）试件的制作及养护

混凝土力学性能试验应以三个试件为一组。每组试件所用的拌合物应从同一盘混凝土或同一车混凝土中取样。

制作试件前应将试模清擦干净并在其内表面涂一薄层矿物油或其它不与混凝土发生反应的脱膜剂。

试验室拌制混凝土时，其材料用量应以质量计，称量的精度为：水泥、掺合料、水和外加剂均为 ±0.5%；骨料为 ±1%。

取样或试验室拌制的混凝土应在尽量短的时间内成型，一般不宜超过 15min。试件的成型方法应根据混凝土的稠度确定。坍落度不大于 70mm 的混凝土，宜用振动台振实；大于 70mm 的宜用捣棒人工捣实。检验现浇混凝土工程和预制构件的混凝土，试件成型方法宜与实际采用的方法相同。

采用振动台成型时，应将混凝土拌合物一次装入试模，装料时应用抹刀沿试模内壁插捣并使混凝土拌合物高出试模口。振动时应将试模附着或固定在振动台上，振动时试模不得有任何跳动，振动应持续到混凝土表面出浆为止，不得过振。刮除多余的混凝土，待混凝土临近初凝时，用抹刀抹平。

采用捣棒人工捣实成型试件时，混凝土拌合物应分两层装入试模，每层的装料厚度大致相等。插捣应按螺旋方向从边缘向中心均匀进行，插捣底层时，捣棒应达到试模底部；插捣上层时，捣棒应贯穿上层后插入下层 20~30mm；插捣时捣棒应保持垂直，不得倾斜。然后应用抹刀沿试模内壁插拔数次。每层的插捣次数按每 10000mm^2 截面积不应少于 12 次。插捣后应用橡皮锤轻轻敲击试模四周，直至插捣棒留下的空洞消失为止，待混凝土临近初凝时，用抹刀抹平。

用插入式振捣棒成型试件时，应将混凝土拌合物一次装入试模，装料时应用抹刀沿试模内壁插捣并使混凝土拌合物高出试模口。用直径 ϕ25mm 的插入式振捣棒插入试模振捣，振捣时振捣棒应距试模底板 10~20mm 且不得触及试模底板，振动至表面出浆为止，并应避免过振，以防止混凝土离析。振捣时间一般为 20s。振捣棒拔出时要缓慢，拔出后不得留有孔洞。刮除多余的混凝土，待混凝土临近初凝时，用抹刀抹平。

试件成型后立即用不透水的薄膜覆盖表面。

标准养护的试件应在温度为 20±5℃ 的环境中静置一昼夜至两昼夜，然后编号、拆模。拆模后的试件应立即放在温度为 20±2℃，相对湿度为 95% 以上的标准养护室中养护，或在温度为 20±2℃ 的不流动 Ca(OH)$_2$ 饱和溶液中养护。标准养护室内的试件应放在架上，彼此间隔为 10~20mm，试件表面应保持潮湿，并不得被水直接冲淋。

同条件养护试件的拆模时间可与实际构件的拆模时间相同，拆模后，试件仍需保持同条件养护。

标准养护龄期为 28d（从搅拌加水开始计时）。

（四）物理力学性能试验方法

1. 立方体抗压强度

试件从养护地点取出后，应及时进行试验。

将试件表面与上下承压板面擦干净。将试件安放在试验机的下压板或垫板上，试件的承压面应与成型时的顶面垂直。试件的中心应与试验机下压板中心对准。开动试验机，当上压板与试件接近时，调整球座，使接触均衡。

试验过程中应连续而均匀地加荷，混凝土强度等级低于 C30 时，加荷速度取每秒钟 0.3~0.5MPa；混凝土强度等级 ≥C30 且 ≤C60 时，取每秒钟 0.5~0.8 MPa；混凝土强度等级 ≥C60 时，取每秒钟 0.8~1.0 MPa。当试件接近破坏而开始急剧变形时，应停止调整试验机油门，直至试件破坏。然后记录破坏荷载。

混凝土立方体试件抗压强度应按下式计算：

$$f_{cc} = \frac{F}{A} \quad (2.1.2\text{-}20)$$

式中 f_{cc}——混凝土立方体试件抗压强度（MPa）；

　　　F——破坏荷载（N）；

　　　A——试件承压面积（mm^2）。

混凝土立方体抗压强度计算应精确至 0.1 MPa。

以三个试件测试值的算术平均值作为该组试件的抗压强度值。三个测试值中的最大值或最小值中如有一个与中间值的差值超过中间值的 15% 时，则把最大值及最小值一并舍除，取中间值作为该组试件的抗压强度值。如有两个测试值与中间值的差均超过中间值的 15%，则该组试件的试验结果无效。

取 150mm×150mm×150mm 试件的抗压强度为标准值，用非标准尺寸试件测得的强度值均应乘以尺寸换算系数。当混凝土强度＜C60 时，对 200mm×200mm×200mm 试件换算系数为 1.05；对 100mm×100mm×100mmmm 试件换算系数为 0.95。当混凝土强度≥C60 时，宜使用标准试块，当使用非标准试块时，尺寸换算系数应由试验确定。

2. 轴心抗压强度

混凝土轴心抗压强度的试验步骤同立方体抗压强度，只是将试件直立放置在试验机上。

混凝土轴心抗压强度应按下式计算：

$$f_{cp} = \frac{F}{A} \qquad (2.1.2\text{-}21)$$

式中 f_{cp}——混凝土轴心抗压强度（N/mm^2）；

　　　F——破坏荷载（N）；

　　　A——试件承压面积（mm^2）。

混凝土轴心抗压强度计算应精确至 0.1 MPa。其结果评定和相应的换算系数同立方体抗压强度。

3. 静力受压弹性模量

混凝土静力受压弹性模量每次试验应制备 6 个试件，其中 3 个用于测定轴心抗压强度。

试件从养护地点取出后先将试件表面与上下承压板面擦干净。

取三个试件，测定混凝土的轴心抗压强度（f_{cp}）。

将变形测量仪安装在试件两侧的中线上并对称于试件的两端。仔细调整试件在压力试验机上的位置，使其轴心与下压板的中心线对准。开动压力试验机，当上压板与试件接近时调整球座，使接触均衡。

给试件加荷至基准应力为 0.5MPa 的初始荷载值 F_0，保持恒载 60s 并在以后的 30s 内记录每个测点的变形读数 ε_0。立即连续均匀地加荷至应力为 1/3 轴心抗压强度的荷载值 F_a（加荷速度同轴心抗压强度测试），保持恒载 60s 并在以后的 30s 内记录每一测点的变形读数 ε_a。当上述这些变形值之差与它们平均值之比大于 20% 时，应重新进行加荷试验。如果无法使其减少到低于 20%，则此次试验无效。

在确认试验有效后，以与加荷速度相同的速率卸荷至 0.5MPa（F_0），恒载 60s，然后用同样的加荷和卸荷速度以及 60s 的保持恒载（F_0 和 F_a），至少进行两次反复预压。在最后一次预压完成后,在基准应力为 0.5MPa(F_0)持荷 60s,并在以后的 30s 内记录每一个测点的变形读数 ε_0;再用同样的加荷速度加荷至 F_a,持荷 60s 并在以后的 30s 内记录每一个测点的变形读数 ε_a。

卸除变形测量仪,以同样的速度加荷至试件破坏,记录破坏荷载;如果试件的抗压强度与 f_{cp} 之差超过 f_{cp} 的 20% 时,则应在报告中注明。

混凝土的弹性模量值按下式计算:

$$E_c = \frac{F_a - F_0}{A} \times \frac{L}{\Delta n} \quad (2.1.2\text{-}22)$$

式中 E_c——混凝土弹性模量(MPa);
F_a——应力为 1/3 轴心抗压强度时的荷载(N);
F_0——应力为 0.5 MPa 时的初始荷载(N);
A——试件承压面积(mm^2);
L——测量标距(mm);
Δn——最后一次从 F_0 加荷到 F_a 时试件两侧变形的平均值(mm)。

$$\Delta n = \varepsilon_a - \varepsilon_0 \quad (2.1.2\text{-}23)$$

式中 ε_a——F_a 时试件两测变形的平均值(mm);
ε_0——F_0 时试件两测变形的平均值(mm)。

混凝土受压弹性模量计算精确至 100 MPa。

弹性模量按 3 个试件测试值的算术平均值计算。如果其中有一个试件的抗压强度值与用以确定试验控制荷载的轴心抗压强度值相差超过后者的 20% 时,则弹性模量值按另两个试件测值的算术平均值计算,如有两个试件超过上述规定,则试验结果无效。

4. 劈裂抗拉强度

试件从养护地点取出后应及时进行试验。

先将试件表面与上下承压板面擦干净。

将试件放在试验机下压板的中心位置,劈裂承压面和劈裂面应与试件成型时的顶面垂直;在上、下压板与试件之间垫以圆弧形垫块及垫条各一条,垫条与垫块应与试件上、下面的中心线对准并与成型时的顶面垂直。垫条及试件宜安装在定位架上使用。

开动试验机,当上压板与圆弧形垫块接近时,调整球座,使接触均衡。连续而均匀地加荷,当混凝土强度等级 < C30 时,加荷速度取每秒钟 0.02~0.05MPa;混凝土强度等级 ≥ C30 且 < C60 时,取每秒钟 0.05~0.08 MPa;混凝土强度等级 ≥ C60 时,取每秒钟 0.08~0.10 MPa。当试件接近破坏时,应停止调整试验机油门,直至试件破坏。然后记录破坏荷载。

混凝土劈裂抗拉强度应按下式计算:

$$f_{ts} = \frac{2F}{\pi A} = 0.637 \frac{F}{A} \quad (2.1.2\text{-}24)$$

式中 f_{ts}——混凝土劈裂抗拉强度(MPa);
F——试件破坏荷载(N);
A——试件劈裂面面积(mm^2)。

劈裂抗拉强度计算精确到0.01 MPa。

以3个试件测试值的算术平均值作为该组试件的劈裂抗拉强度值。3个测试值中的最大值或最小值中如有一个与中间值的差值超过中间值的15%,则把最大值及最小值一并舍除,取中间值作为该组试件的劈裂抗拉强度值。如有两个测试值与中间值的差均超过中间值的15%,则该组试件的试验结果无效。

采用100mm×100mm×100mm非标准试件取得的劈裂抗拉强度值,应乘以尺寸换算系数0.85。当混凝土强度≥C60时,宜使用标准试块,当使用非标准试块时,尺寸换算系数应由试验确定。

5. 抗折强度

抗折强度测试时,试件在长向中部1/3区段内不得有表面直径超过5mm、深度超过2mm的孔洞。

试件从养护地点取出后应及时进行试验。

先将试件表面擦拭干净,并按图2.1.2-3安装试块,安装尺寸偏差不应大于1mm。试件的承压面应为试件成型时的侧面。支座及承压面与圆柱的接触面应平稳、均匀,否则应垫平。

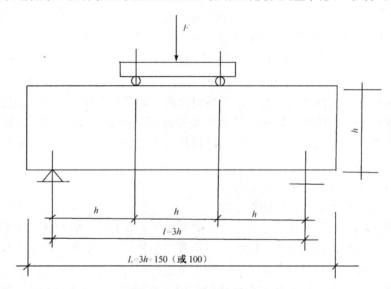

图2.1.2-3 抗折试验装置

连续而均匀地加荷,当混凝土强度等级<C30时,加荷速度取每秒钟0.02~0.05MPa;混凝土强度等级≥C30且<C60时,取每秒钟0.05~0.08 MPa;混凝土强度等级≥C60时,取每秒钟0.08~0.10 MPa。当试件接近破坏时,应停止调整试验机油门,直至试件破坏。然后记录破坏荷载。

混凝土劈裂抗拉强度应按下式计算:

$$f_f = \frac{Fl}{bh^2} \tag{2.1.2-25}$$

式中 f_f——混凝土抗折强度(N/mm²);

F——试件破坏荷载（N）；

l——支座间跨度（mm）；

b——试件截面宽度（mm）；

h——试件截面高度（mm）。

抗折强度计算精确到 0.1 MPa。

以 3 个试件测试值的算术平均值作为该组试件的抗折强度值。3 个测试值中的最大值或最小值中如有一个与中间值的差值超过中间值的15%，则把最大值及最小值一并舍除，取中间值作为该组试件的抗折强度值。如有两个测试值与中间值的差均超过中间值的15%，则该组试件的试验结果无效。

3 个试件中若有一个折断面位于 2 个集中荷载之外，则混凝土抗折强度值按另 2 个试件的试验结果计算。若这两个测试值的差值不大于两个测值中较小值的15%时，则该组试件的抗折强度值按两个测值的平均值计算，否则该组试件无效。若有两个试件的下边缘断裂位置位于两个集中荷载作用线之外，则该组试验无效。

采用 100mm×100mm×400mm 非标准试件时，应乘以尺寸换算系数 0.85。当混凝土强度≥C60 时，宜使用标准试块，当使用非标准试块时，尺寸换算系数应由试验确定。

2.1.2.4　混凝土长期性能和耐久性能

混凝土的长期性能和耐久性能主要包括：抗冻性能、动弹性模量、抗渗性能、收缩、徐变、碳化、钢筋锈蚀和抗压疲劳。

（一）混凝土的取样

制作长期性能和耐久性试验的试件及其相应的对比所用的拌合物应根据不同要求从同一盘搅拌或同一车运送的混凝土中取出，或在试验室用机械或人工单独拌制。

用于检验现浇混凝土工程或预制构件质量的试件分组及取样原则，同2.1.2.3（二）。

（二）试件的制作及养护

制作试件前应将试模清擦干净并在其内表面涂一薄层矿物油或其它不与混凝土发生反应的脱膜剂。

试验室拌制混凝土时，其材料用量应以质量计，称量的精度为：水泥、掺合料、水和外加剂均为 ±0.5%；骨料为 ±1%。

取样或试验室拌制的混凝土应在尽量短的时间内成型，一般不宜超过 15min。试件的成型方法应根据混凝土的稠度确定。坍落度不大于 70mm 的混凝土，宜用振动台振实；大于 70mm 的宜用捣棒人工捣实。检验现浇混凝土工程和预制构件的混凝土，试件成型方法宜与实际采用的方法相同。

采用振动台成型时，应将混凝土拌合物一次装入试模，装料时应用抹刀沿试模内壁插捣并使混凝土拌合物高出试模上口。振动时应将试模附着或固定在振动台上，振动时试模不得有任何跳动，振动应持续到混凝土表面出浆为止，不得过振。刮除多余的混凝土，待混凝土临近初凝时，用抹刀抹平。

采用捣棒人工捣实成型试件时，混凝土拌合物应分两层装入试模，每层的装料厚度大致相等。插捣应按螺旋方向从边缘向中心均匀进行，插捣底层时，捣棒应达到试模底部；插捣上层时，捣棒应贯穿上层后插入下层 20~30mm；插捣时捣棒应保持垂直，不得倾斜。

然后应用抹刀沿试模内壁插拔数次。每层的插捣次数按每 10000mm² 截面积不应少于 12 次。插捣后应用橡皮锤轻轻敲击试模四周，直至插捣棒留下的空洞消失为止，待混凝土临近初凝时，用抹刀抹平。

用插入式振捣棒成型试件时，应将混凝土拌合物一次装入试模，装料时应用抹刀沿试模内壁插捣并使混凝土拌合物高出试模口。用直径 $\phi 25mm$ 的插入式振捣棒插入试模振捣，振捣时振捣棒应距试模底板 10~20mm 且不得触及试模底板，振动至表面出浆为止，并应避免过振，以防混凝土离析。振捣时间一般为 20s。振捣棒拔出时要缓慢，拔出后不得留有孔洞。刮除多余的混凝土，待混凝土临近初凝时，用抹刀抹平。

试件成型后立即用不透水的薄膜覆盖表面。

标准养护的试件应在温度为 20℃±5℃ 的环境中静置一昼夜至两昼夜，然后编号、拆模。拆模后的试件应立即放在温度为 20±3℃，相对湿度为 95% 以上的标准养护室中养护。标准养护室内的试件应放在架上，彼此间隔为 10~20mm，试件表面应保持潮湿，并不得被水直接冲淋。当无标准养护室时，混凝土试件可在 20±3℃ 的不流动水中养护，水的 pH 值不应小于 7。

同条件养护试件的拆模时间可与实际构件的拆模时间相同，拆模后，试件仍需保持同条件养护。

标准养护龄期为 28d（从搅拌加水开始计时）。

（三）抗冻性能

混凝土的抗冻性能试验分为慢冻法和快冻法。慢冻法适用于检验以混凝土试件所能经受的冻融循环次数为指标的抗冻标号。快冻法适用于在水中经快速冻融来测定混凝土的抗冻性能。快冻法抗冻性能指标可用能经受快速冻融循环的次数或耐久性系数来表示。快冻法特别适用于抗冻性要求高的混凝土。

1. 慢冻法

(1) 慢冻法采用立方体试件，试件尺寸应根据混凝土中骨料的最大粒径按表 2.1.2-9 选定。

慢冻法所用试件尺寸的选用表 表 2.1.2-9

试件尺寸（mm）	骨料最大粒径（mm）	试件尺寸（mm）	骨料最大粒径（mm）
100×100×100	30	200×200×200	60
150×150×150	40		

每次试件所需的试件组数应符合表 2.1.2-10 规定。每组试件 3 块。

慢冻法试验所需的试件组数 表 2.1.2-10

设计抗冻标号	D25	D50	D100	D150	D200	D250	D300
检查强度时的冻融循环次数	25	50	50 及 100	100 及 150	150 及 200	200 及 250	250 及 300
鉴定 28 天强度所需试件组数	1	1	1	1	1	1	1

续表

设计抗冻标号	D25	D50	D100	D150	D200	D250	D300
冻融试件组数	1	1	2	2	2	2	2
对比试件组数	1	1	2	2	2	2	2
总计试件组数	3	3	5	5	5	5	5

（2）慢冻法测定混凝土抗冻性能试验的过程如下：

1）试件应在 28 天龄期时进行冻融试验。试验前 4 天将冻融试件从养护地点取出，进行外观检查，随后放在水面高出试件顶面 20mm 的 15～20℃水中浸泡，4 天后进行冻融试验。对比试件应保留在标准养护室内，直至冻融循环后，与抗冻试件同时试压。

2）浸泡完毕后，取出试件，用湿布擦除表面水分，称重，按编号置入框篮后即可放入冷冻箱开始试验。在箱内，框篮应架空，试件与框篮接触处应垫以垫条，并保证至少留有 20mm 的空隙，框篮中各试件之间至少保持 50mm 的空隙。

3）抗冻试验冻结时温度应保持在 -15～-20℃。试件在箱内温度到达 -20℃时放入，装完试件如温度有较大升高，则以温度重新降至 -15℃时起算冻结时间，每次从装完试件到重新降至 -15℃所需的时间不应超过 2h。冷冻箱内温度均以其中心温度为准。

4）每次循环中试件的冻结时间应按其尺寸而定，对 100mm×100mm×100mm 及 150mm×150mm×150mm 试件的冻结时间不应小于 4h，对 200mm×200mm×200mm 试件的冻结时间不应小于 6h。

如果在冷冻箱内同时进行不同规格尺寸试件的冻结试验，其冻结时间应按最大尺寸试件计。

5）冻结试验结束后，试件即可取出并应立即放入能使水温保持在 15～20℃的水槽中进行融化。此时，槽中水面应至少高出试件表面 20mm，试件在水中融化的时间不应小于 4h。融化完毕即为该次冻融循环结束，取出试件送入冷冻箱进行下一次循环试验。

6）经常对冻融试件进行外观检查。发现有严重破坏时应进行称重，如试件的平均失重率超过 5%，即可停止其冻融循环试验。

7）混凝土试件达到规定的冻融循环次数后，即应进行抗压强度试验。

抗压试验前应称重并进行外观检查，详细记录试件表面破损、裂缝及边角缺损情况。如果试件表面破损严重，应用石膏找平后再进行试压。

8）在冻融过程中，如因故需中断试验，为避免失水和影响强度，应将冻融试件移入标准养护室保存，直至恢复冻融试验为止。

9）混凝土冻融试验后按下式计算其强度损失率：

$$\Delta f_c = \frac{f_{c0} - f_{cn}}{f_{c0}} \times 100 \qquad (2.1.2\text{-}26)$$

式中 Δf_c ——N 次冻融循环后的混凝土强度损失率，以 3 个试件的平均值计算（%）；

f_{c0} ——对比试件的抗压强度平均值（MPa）；

f_{cn}——经 N 次冻融循环后的 3 个试件抗压强度平均值（MPa）。

混凝土试件冻融循环后的质量损失率可按下式计算：

$$\Delta W_m = \frac{m_0 - m_n}{m_0} \times 100 \quad (2.1.2\text{-}27)$$

式中　ΔW_m——N 次冻融循环后试件的质量损失率，以 3 个试件的平均值计算（%）；

m_0——冻融循环试验前的试件质量（kg）；

m_n——N 次冻融循环后的试件质量（kg）。

混凝土的抗冻标号，以同时满足强度损失率不超过 20%，质量损失率不超过 5% 时的最大循环次数表示。

2. 快冻法

（1）快冻试验采用 100mm×100mm×400mm 的棱柱体试件。混凝土试件每组 3 块，在试验过程中可连续使用，除制作冻融试件外，尚应制备同样形状尺寸，中心埋有热电偶的测温试件，制作测温试件所用混凝土的抗冻性能应高于冻融试件。

（2）快冻法测定混凝土抗冻性能试验所用设备应符合下列规定。

1）快速冻融装置：能使试件静置在水中不动，依靠热交换液体的温度变化而连续、自动地按照本方法第（3）条第五款的要求进行冻融的装置。满载运转时冻融箱内各点温度的极差不得超过 2℃。

2）试件盒：由 1～2mm 厚的钢板制成。其净截面尺寸应为 110mm×110mm，高度应比试件高出 50～100mm。试件底部垫起后盒内水面应至少能高出试件顶面 5mm。

3）案秤：称量 10kg，感量 5g，或称量 20kg，感量 10g。

4）动弹性模量测定仪：共振法或敲击法动弹性模量测定仪。

5）热电偶、电位差计：能在 20～-20℃ 范围内测定试件中心温度。测量精度不低于 ±0.5℃。

（3）快冻法混凝土抗冻性能试验按下列规定进行：

1）如无特殊规定，试件应在 28 天龄期时开始冻融试验。冻融试验前四天应把试件从养护地点取出，进行外观检查，然后在温度为 15～20℃ 的水中浸泡（包括测温试件）。浸泡时水面至少应高出试件顶面 20mm，试件浸泡 4 天后进行冻融试验。

2）浸泡完毕后，取出试件，用湿布擦除表面水分，称重，并按本节（四）的规定测定其横向基频的初始值。

3）将试件放入试件盒内，为了使试件受温均衡，并消除试件周围因水分结冰引起的附加压力，试件的侧面与底部应垫放适当宽度与厚度的橡胶板，在整个试验过程中，盒内水位高度应始终保持高出试件顶面 5mm 左右。

4）把试件盒放入冻融箱内。其中装有测温试件的试件盒应放在冻融箱的中心位置。此时即可开始冻融循环。

5）冻融循环过程应符合下列要求：

a. 每次冻融循环应在 2～4h 内完成，其中用于融化的时间不得小于整个冻融时间的 1/4。

b. 在冻结和融化终了时，试件中心温度应分别控制在 -17±2℃ 和 8±2℃。

c. 每块试件从 6℃ 降至 -15℃ 所用的时间不得少于冻结时间的 1/2。每块试件从 -15℃ 升至 6℃ 所用的时间也不得少于整个融化时间的 1/2，试件内外的温差不宜超过 28℃。

d. 冻和融之间的转换时间不宜超过 10min。

6) 试件每隔 25 次循环作一次横向基频测量，测量前应将试件表面浮渣清洗干净，擦去表面积水，并检查其外部损伤及质量损失。横向基频的测量方法及步骤应按动弹性模量试验的规定执行。测完后，应即把试件掉一个头重新装入试件盒内。试件的测量、称量及外观检查应尽量迅速，以免损失。

7) 为保证试件在冷液中冻结时温度稳定均衡，当有一部份试件停冻取出时，应另用试件填充空位。

如冻融循环因故中断，试件应保持在冻结状态下，并最好能将试件保存在原容器内用冰块围住。如无这一可能，则应将试件在潮湿状态下用防水材料包裹，加以密封，并存放在 -17 ± 2℃ 的冷冻室或冰箱中。

试件处在融解状态下的时间不宜超过两个循环。特殊情况下，超过两个循环周期的次数，在整个试验过程中只允许 1~2 次。

8) 冻融到达以下 3 种情况之一即可停止试验：

a. 已达到 300 次循环；

b. 相对动弹性模量下降到 60% 以下；

c. 质量损失率达 5%。

(4) 混凝土试件的相对动弹性模量可按下式计算：

$$P = \frac{f_n^2}{f_0^2} \times 100 \qquad (2.1.2\text{-}28)$$

式中 P——经 N 次冻融循环后试件的相对动弹性模量，以 3 个试件的平均值计算（%）；

f_n——N 次冻融循环后试件的横向基频（赫）；

f_0——冻融循环试验前测得的试件横向基频初始值（赫）。

混凝土试件冻融后的质量损失率应按下式计算：

$$\Delta W_m = \frac{m_0 - m_n}{m_0} \times 100 \qquad (2.1.2\text{-}29)$$

式中 ΔW_m——N 次冻融循环后试件的质量损失率，以 3 个试件的平均值计算（%）；

m_0——冻融循环试验前的试件质量（kg）；

m_n——N 次冻融循环后的试件质量（kg）。

混凝土耐快速冻融循环次数应以同时满足相对动弹性模量值不小于 60% 和质量损失率不超过 5% 时的最大循环次数来表示。混凝土耐久性系数应按下式计算：

$$K_n = P \times N/300$$

式中 K_n——混凝土耐久性系数；

N——达到第（3）条第八款要求时的冻融循环次数；

P——经 N 次冻融循环后试件的相对动弹性模量。

(四) 动弹性模量

动弹性模量试验适用于检验混凝土在经受冻融或其它侵蚀作用后遭受破坏的程度，并以此来评价混凝土的耐久性能。

1. 试件

试验采用截面为 100mm×100mm 的棱柱体试件，其高宽比一般为 3~5。一组为 3 个试件。

2. 所用设备

（1）混凝土动弹性模量测定仪。

混凝土动弹性模量测定仪包括以下 2 种形式：

共振法混凝土动弹性模量测定仪（简称共振仪）：输出频率可调范围为 100Hz~20000Hz，输出功率应能激励试件使产生受迫振动，以便能用共振的原理定出试件的基频振动频率（基频）。

敲击法混凝土动弹性模量测定仪：应能从试件受敲击后的复杂振动状态中析出基频振动，并通过计数显示系统显示出试件基频振动周期。仪器相应的频率测量范围应为 30Hz~30000Hz。

（2）试件支承体：硬橡胶韧型支座或约 20mm 厚的软泡沫塑料垫。

（3）案秤：称量 10kg，感量 5g；或称量 20kg，感量 10g。

3. 试验步骤

（1）测定试件的质量和尺寸。试件质量的测量精度应在 ±0.5% 以内，尺寸的测量精度应在 ±1% 以内。每个试件的长度和截面尺寸均取 3 个部位测量的平均值。

（2）将试件安放在支承体上，并定出换能器或敲击及接收点的位置，以共振法测量试件的横向基频振动频率时，其支承和换能器的安装位置见图 2.1.2-4a（测量时支承点，敲击点和接收点均应避开成型面）。以敲击法测量试件的横向基频振动频率时其支承、敲击点和接收换能器的安装位置见图 2.1.2-4b。

（3）用共振法测量混凝土动弹性模量时，先调整共振仪的激振功率和接收增益旋钮至适当位置，变换激振频率，同时注意观察指示电表的指针偏转，当指针偏转为最大时，即表示试件达到共振状态，这时所显示的激振频率即为试件的基频振动频率。每一测量应重复测读两次以上，如两次连续测值之差不超过 0.5%，取这两个测值的平均值作为该试件的测试结果。

采用以示波器作显示的仪器时，示波器的图形调成一个正圆时的频率即为共振频率。当仪器同时具有指示电表和示波器时，以电表指针达最大值时的频率作为共振频率。在测试过程中，如发现两个以上峰值时，宜采用以下方法测出其真实的共振峰：

1）将输出功率固定，反复调整仪器输出频率，从指示电表上比较幅值的大小，幅值最大者为真实的共振峰。

2）把接收换能器移至距端部 0.224 倍试件长处，此时如指示电表示值为零，即为真实的共振峰值。

（4）用敲击法测量混凝土动弹性模量时，用击锤激振。敲击时敲击力的大小以能激起试件振动为度，击锤下落后应任其自由弹起，此时即可从仪器数码管中读出试件的基频振动周期，试件的基频振动频率应按下式计算：

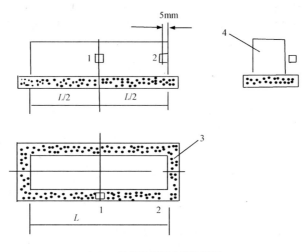

(a) 共振法测量动弹性模量
1—激振换能器；2—接收换能器；3—软泡沫塑料垫；
4—试件（测量时试件成型面朝上）

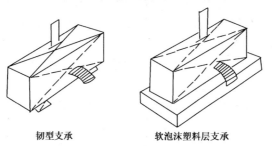

韧型支承　　　　　软泡沫塑料层支承

(b) 敲击法测量动弹性模量示意图

图 2.1.2-4

$$f = \frac{1}{T} \times 10^6 \tag{2.1.2-30}$$

式中 f——试件横向振动时的基振频率（Hz）；
T——试件基频振动周期（μs），取 6 个连续测值的平均值。

4. 结果计算

混凝土动弹性模量应按下式计算：

$$E_\mathrm{d} = 9.64 \times 10^{-4} \frac{mL^3 f^2}{a^4} \times K \tag{2.1.2-31}$$

式中 E_d——混凝土动弹性模量（N/mm²）；
a——正方形截面试件的边长（mm）；
L——试件的长度（mm）；
m——试件的质量（kg）；
f——试件横向振动时的基振频率（Hz）；

K——试件尺寸修正系数：$L/a = 3$ 时，$K = 1.68$；$L/a = 4$ 时，$K = 1.40$；$L/a = 5$ 时，$K = 1.26$。

混凝土动弹性模量以 3 个试件的平均值作为试验结果，计算精确到 100 N/mm²。

（五）抗渗性能

抗渗试验适用于测定硬化后混凝土的抗渗等级。

1. 试件

试验采用顶面直径为 175mm，底面直径为 185mm，高度为 150mm 的圆台体或直径与高度均为 150mm 的圆柱体试件（视抗渗设备要求而定）。

抗渗试件以 6 个为一组。

试件成型后 24h 拆模，用钢丝刷刷去两端面水泥浆膜，然后送入标准养护室养护。

试件一般养护至 28d 龄期进行试验，如有特殊要求，可在其它龄期进行。

2. 试验设备

（1）混凝土抗渗仪：应能使水压按规定的制度稳定地作用在试件上的装置；

（2）加压装置螺旋或其它形式，其压力以能把试件压入试件套内为宜。

3. 试验步骤

（1）试件养护至试验前一天取出，将表面晾干，然后在其侧面涂一层熔化的密封材料，随即在螺旋或其它加压装置上，将试件压入经烘箱预热过的试件套中，稍冷却后，即可解除压力、连同试件套装在抗渗仪上进行试验。

（2）试验从水压为 0.1N/mm² 开始。以后每隔 8h 增加水压 0.1N/mm²，并且要随时注意观察试件端面的渗水情况。

（3）当 6 个试件中有 3 个试件端面呈有渗水现象时，即可停止试验，记下当时的水压。

（4）在试验过程中，如发现水从试件周边渗出，则应停止试验，重新密封。

4. 结果计算

混凝土的抗渗标号以每组 6 个试件中 4 个试件未出现渗水时的最大水压力计算，其计算式为：

$$P = 10H - 1 \qquad (2.1.2\text{-}32)$$

式中　P——抗渗等级；

　　　H——6 个试件中 3 个渗水时的水压力（N/mm²）。

（六）收缩

收缩试验是测定混凝土试件在规定的温湿度条件下，不受外力作用所引起的长度变化。此方法也可以测定在其它条件下混凝土的收缩和膨胀。

1. 试件

试验以 100mm×100mm×515mm 的棱柱体试件为标准试件，它适用于骨料最大粒径不超过 30mm 的混凝土。混凝土骨料最大粒径大于 30mm 时可采用截面为 150mm×150mm（骨料最大粒径不超过 40mm）或截面为 200mm×200mm（骨料最大粒径不超过 60mm）的棱柱体试件。采用混凝土收缩仪时应用外形为 100mm×100mm×515mm 的棱柱体标准试件。试件两端应预埋测头或留有埋设测头的凹槽。测头应由不锈钢制成。

非标准试件采用接触式引伸仪时，所用试件的长度应至少比仪器的测量标距长出一个截面边长。测钉应粘贴在试件两测面的轴线上。

使用混凝土收缩仪时,制作试件的试模应具有能固定测头或预留凹槽的端板。使用接触式引伸仪时,可用一般棱柱体试模制作试件。试件成型时如用机油作隔离剂则所用机油的粘度不应过大,以免阻碍以后试件的湿度交换,影响测值。如无特殊规定,试件应带模养护1d~2d(视当时混凝土实际强度而定)。拆模后应立即粘或埋好测头或测钉,送至温度为20℃±3℃,湿度为90%以上的标准养护室养护。

2. 试验设备

(1) 变形测量装置。变形测量装置有以下两种形式:

1) 混凝土收缩仪测量标距为540mm,装有精度为0.01mm的百分表或测微器;

2) 其它形式的变形测量仪表其测量标距不应小于100mm及骨料最大粒径的3倍。并至少能达到相对变形为20×10^{-6}的测量精度。测量混凝土变形的装置应具有硬钢或石英玻璃制作的标准杆以便在测量前及测量过程中校核仪表的读数。

(2) 恒温恒湿室:能使室温保持在20±2℃,相对湿度保持在60±5%。

3. 试验步骤

(1) 测定代表某一混凝土收缩性能的特征值时,试件应在3d龄期(从搅拌混凝土加水时算起)从标准养护室取出并立即移入恒温恒湿室测定其初始长度,此后至少应按以下规定的时间间隔测量其变形读数:

1d、3d、7d、14d、28d、45d、60d、90d、120d、150d、180d(从移入恒温恒湿室内算起)。

测定混凝土在某一具体条件下的相对收缩值时(包括在徐变试验时的混凝土收缩变形测定)应按要求的条件安排试验,对非标准养护试件如需移入恒温恒湿室进行试验,应先在该室内预置4h,再测其初始值,以使它们具有同样的温度基准。测量时并应记下试件的初始干湿状态。

(2) 测量前应先用标准杆校正仪表的零点,并应在半天的测定过程中至少再复核1~2次(其中一次在全部试件测读完后)。如复核时发现零点与原值的偏差超过±0.01mm,调零后应重新测定。

(3) 试件每次在收缩仪上放置的位置、方向均应保持一致。为此,试件上应标明相应的记号。试件在放置及取出时应轻稳仔细,勿使碰撞表架及表杆,如发生碰撞,则应取下试件,重新以标准杆复核零点。

用接触式引伸仪测定时,也应注意使每次测量时试件与仪表保持同样的方向性。每次读数应重复3次。

(4) 试件在恒温恒湿室内应放置在不吸水的搁架上,底面架空,其总支承面积不应大于100乘试件截面边长(mm),每个试件之间应至少留有30mm的间隙。

(5) 需要测定混凝土自缩值的试件,在3d龄期时从标准养护室取出后应立即密封处理,密封处理可采用金属套或蜡封,采用金属套时试件装入后应盖严焊死,不得留有任何能使内外湿度交换的缝隙。外露测头的周围也应用石蜡反复封堵严实。采用蜡封时至少应涂蜡3次,每次涂蜡前应用浸蜡的纱布或蜡纸包缠严实,蜡封完毕后应套以塑料袋加以保护。

自缩试验期间，试件应无质量变化，如在 180d 试验间隔期内质量变化超过 10g，该试件的试验结果无效。

4. 结果计算

混凝土收缩值应按下式计算：

$$\varepsilon_{st} = \frac{L_0 - L_t}{L_b} \qquad (2.1.2\text{-}33)$$

式中 ε_{st}——试验期为 t（d）的混凝土收缩值，t 从测定初始长度时算起；

L_b——试件的测量标距，用混凝土收缩仪测定时应等于两测头内侧的距离，即等于混凝土试件的长度（不计测头凸出部分）减去 2 倍测头埋入深度（mm）；

L_0——试件长度的初始读数（mm）；

L_t——试件在试验期为 t 时测得的长度读数（mm）。

作为相互比较的混凝土收缩值为不密封试件于 t 龄期自标准养护室移入恒温恒湿室中放置 180d 所测得的收缩值。

取 3 个试件值的算术平均值作为该混凝土的收缩值，计算精确到 10×10^{-6}。

（七）徐变

徐变试验适用于测定混凝土试件在长期恒定轴向压力作用下的变形性能。

1. 试件

试验采用棱柱体试件，每组 3 块。试件的截面尺寸应根据混凝土中骨料的最大粒径选定（表 2.1.2-11）。

徐变试验试件尺寸选用表　　表 2.1.2-11

试件最小边长 mm	骨料最大粒径 mm	试件最小边长 mm	骨料最大粒径 mm
100	30	200	60
150	40		

试件的长度至少应比拟采用的测量标距长出一个截面边长。采用外装式变形测量装置时，徐变试验两侧面应有安装测量仪表的测头，测头宜采用埋入式。在对粘结的工艺及材料确有把握时允许采用胶粘。采用内埋式应变测量装置时，应注意使测头埋设在试件中部并保持其轴线与试件长轴一致。

采用埋入式测头时，试模的侧壁应具有能在成型时使测头定位的装置。如无特殊要求，试件拆模后应立即送入标准养护室养护到 7d 龄期（自混凝土搅拌加水开始起算）。然后移入恒温恒湿室待试。

作对比或检验混凝土的徐变性能时，试件应在 28 天龄期时加荷。当研究某一混凝土的徐变特性时，应至少制备 4 组徐变试件，并分别在龄期为 7d、14d、28d、90d 时加荷。

如需确定在具体使用条件下的混凝土徐变值，则应根据具体情况确定试件的养护及试验制度。制作徐变试件时应同时制作相应的棱柱体抗压试件及收缩试件以供确定试验荷载大小及测定收缩之用，收缩试件应与徐变试件相同，并装有与徐变试件相同的测量装置。抗压试件及收缩试件应随徐变试件一并养护。

2. 试验设备

（1）徐变仪：包括上、下压板、弹簧持荷装置以及 2~3 根承力丝杆。弹簧及丝杆的数量、尺寸应按徐变仪所要求的试验吨位而定。在试验荷载下，丝杆的拉应力一般不应大于材料屈服点的 30%，弹簧的工作压力不应超过允许极限荷载的 80%，但工作时弹簧的压缩变形也不得小于 20mm，以使它具有足够的调整能力。有条件时也可采用两个试件串叠受荷，以提高设备的利用率。

（2）加荷装置：包括加荷架、千斤顶及测力装置。

加荷架由接长杆及顶板组成，用以承受加荷时的反力。加荷时加荷架与徐变仪丝杆顶部相连。

千斤顶为一般起重千斤顶，其吨位应大于所要求的试验荷载。

测力装置标准箱（压力环）或其它形式的压力测定装置，其测量精度应达到所加荷载的 2%，其量程应能使试验压力值不小于全量程的 20%，也不大于全量程的 80%。

（3）变形测量装置：采用外装的带接长杆的千分表，差动式应变计或移动式的接触式引伸仪，它应能保证所测量的应变值至少具有 20×10^{-6} 的精度。

（4）恒温恒湿室：能使室温保持在 20 ± 2℃，相对湿度保持在 $60 \pm 5\%$。

3. 试验步骤

（1）试验前应作好充分准备，需要粘贴测头或测点的应在一天以前粘好，仪表安装好后应仔细检查，不得有任何松动或异常现象。加荷用的千斤顶、测力计等也应予以检查。

（2）把同条件养护的棱柱体抗压强度试件取出，试压，取得混凝土的棱柱体抗压强度。

（3）把徐变试件放在徐变仪的下压板上，此时试件、加荷千斤顶，测力计及徐变仪的轴线应重合。再次检查变形测量仪表的调零情况，记下初始读数。

（4）试件放好后，开始加荷。如无特殊要求，试验时取徐变应力为所测得的棱柱体抗压强度的 40%。如果采用外装仪表或接触式引伸仪，用千斤顶先加压至徐变应力的 20% 进行对中。此时，两侧的变形相差应小于其平均值的 10%，如超出此值，应松开千斤顶，重新调整后，再加荷到徐变应力的 20%，检查对中的情况。

对中完毕后，应立即继续加荷至徐变应力，读出两边的变形值。此时，两边变形的平均值即为在徐变荷载下的初始变形值。从对中完毕到测初始变形值之间的加荷及测量时间不得超过 1min。

拧紧承力螺杆上端的螺帽，放松千斤顶，观察两边变形值的变化情况。此时，试件两侧的读数相差应不超过平均值的 10%，否则应予以调整，调整应在试件持荷的情况下进行，调整过程中所产生的变形增值应计入徐变变形之中。再加荷到徐变应力，检查两侧变形读数，其总和与加荷前读数相比，误差不应超过 2%。否则应予以补足。

（5）按下列试验周期（由试件加荷时起算）测定混凝土试件的变形值：1d、3d、7d、14d、28d、45d、60d、90d、120d、150d、180d、360d。

在测读变形读数的同时应测定同条件放置收缩试件的收缩值。

（6）试件受压后应定期检查荷载的保持情况，一般在 7d、28d、60d、90d 各校核一次，如荷载变化大于 2%，应予以补足。

4. 结果计算

混凝土的徐变值应按下式计算：

$$\varepsilon_{ct} = \frac{L_t - \Delta L_0}{L_b} - \Delta \varepsilon_t \tag{2.1.2-34}$$

式中 ε_{ct}——加荷 t（d）后的混凝土徐变值；
L_t——加荷 t（d）后混凝土的总变形值（mm）；
ΔL_0——加荷时测得的混凝土初始变形值（mm）；
L_b——测量标距（mm）；
$\Delta \varepsilon_t$——同龄期混凝土的收缩值。

作为供对比的混凝土徐变值为经标准养护的混凝土试件，在 28d 龄期时经受 0.4 倍棱柱体抗压强度的恒定荷载 360d 的徐变值。

混凝土的徐变度应按下式计算：

$$C_t = \frac{\varepsilon_{ct}}{\delta} \tag{2.1.2-35}$$

式中 C_t——加荷 t（d）的混凝土徐变度（$1/N/mm^2$）；
δ——徐变应力（N/mm^2）。

混凝土的徐变系数可按下式计算：

$$\phi_t = \frac{\varepsilon_{ct}}{\varepsilon_0} \tag{2.1.2-36}$$

式中 ϕ_t——加荷 t（d）的混凝土徐变系数；
ε_0——混凝土在加荷时测得的初始应变值，即 $\varepsilon_0 = \Delta L_0 / L_b$。

（八）碳化

碳化试验适用于测定在一定浓度的二氧化碳气体介质中混凝土试件的碳化程度，以评定该混凝土的抗碳化能力。

1. 试件

碳化试验采用棱柱体混凝土试件，以 3 块为一组，试件的最小边长应根据骨料的最大粒径来选择，与徐变试件相同。棱柱体的高宽比应不小于 3。

无棱柱体试件时，也可用立方体试件代替，但其数量应相应增加。试件一般应在 28d 龄期进行碳化，采用掺和料的混凝土可根据其特性决定碳化前的养护龄期。碳化试验的试件宜采用标准养护。但应在试验前 2d 从标准养护室取出。然后在 60℃温度下烘 48h。

经烘干处理后的试件，除留下一个或相对的两个侧面外，其余表面应用加热的石蜡予以密封。在侧面上顺长度方向用铅笔以 10mm 间距画出平行线，以预定碳化深度的测量点。

2. 试验设备

（1）碳化箱：带密封盖的密闭容器，容器的容积至少应为预定进行试验的试件体积的两倍。箱内应有架空试件的铁架，二氧化碳引入口，分析取样用的气体引出口，箱内气体对流循环装置，温湿度测量以及为保持箱内恒温恒湿所需的设施。必要时，可设玻璃观察口以对箱内的温湿度进行读数；

（2）气体分析仪：能分析箱内气体中的二氧化碳浓度，精确到 1%；

（3）二氧化碳供气装置：包括气瓶、压力表及流量计。

3. 试验步骤

（1）将经过处理的试件放入碳化箱内的铁架上，各试件经受碳化的表面之间的间距至少应不小于50mm。

（2）将碳化箱盖严密封。密封可采用机械办法或油封，但不得采用水封以免影响箱内的湿度调节。开动箱内气体对流装置，徐徐充入二氧化碳，并测定箱内的二氧化碳浓度，逐步调节二氧化碳的流量，使箱内的二氧化碳浓度保持在20±3%。在整个试验期间可用去湿装置或放入硅胶，使箱内的相对湿度控制在70±5%的范围内。碳化试验应在20±5℃的温度下进行。

（3）每隔一定时期对箱内的二氧化碳浓度，温度及湿度作一次测定。一般在第一、二天每隔两小时测定一次，以后每隔4h测定一次。并根据所测得的二氧化碳浓度随时调节其流量。去湿用的硅胶应经常更换。

（4）碳化到了3d、7d、14d及28d时，应取出试件，破型以测定其碳化深度。棱柱体试件在压力试验机上用劈裂法从一端开始破型。每次切除的厚度约为试件宽度的一半，用石蜡将破型后试件的切断面封好，再放入箱内继续碳化，直到下一个试验期。如采用立方体试件，则在试件中部劈开。立方体试件只作一次检验，劈开后不再放回碳化箱重复使用。

（5）将切除所得的试件部分刮去断面上残存的粉末，随即喷上（或滴上）浓度为1%的酚酞酒精溶液（含20%的蒸馏水）。经30s后，按原先标划的每10mm一个测量点用钢板尺分别测出两侧面各点的碳化深度。如果测点处的碳化分界线上刚好嵌有粗骨料颗粒，则可取该颗粒两侧处碳化深度的平均值作为该点的深度值。碳化深度测量精确至1mm。

4. 结果计算

混凝土在各试验龄期时的平均碳化深度应按下式计算，精确到0.1mm：

$$d_\mathrm{t} = \frac{\sum\limits_{n}^{i=1} d_i}{n} \qquad (2.1.2\text{-}37)$$

式中　d_t——试件碳化t天后的平均碳化深度（mm）；

　　　d_i——两个侧面上各测点的碳化深度（mm）；

　　　n——两个侧面上的测点总数。

以标准条件下（即二氧化碳浓度为20±3%，温度为20±5℃，湿度为70±5%）的3个试件碳化28天的碳化深度平均值作为供相互对比用的混凝土碳化值，以此值来对比各种混凝土的抗碳化能力及对钢筋的保护作用。

以各龄期计算所得的碳化深度绘制碳化时间与碳化深度的关系曲线，以表示在该条件下的混凝土碳化发展规律。

（九）钢筋锈蚀

钢筋锈蚀试验适用于测定在给定条件下混凝土中钢筋的锈蚀程度，以对比不同混凝土对钢筋的保护作用；不适用于在侵蚀性介质中使用的混凝土内钢筋锈蚀。

1. 试件

试验采用100mm×100mm×300mm的棱柱体试件，每组3块。适用于骨料最大粒径不超过30mm的混凝土。

试件中埋的钢筋用直径为6mm的普通低碳钢热扎盘条调直制成，其表面不得有锈坑及其它严重缺陷。每根钢筋长为299mm±1mm。用砂轮将其一端磨出长约30mm的平面，用钢字打上标记，然后用12%盐酸溶液进行酸洗，经清水漂净后，用石灰水中和，并再用清水冲洗干净，擦干后在干燥器中至少存放4h，然后用分析天平称取每根钢筋的质量（精确至0.001g），存放在干燥器中备用。

试件成型前应将套有定位板的钢筋放入试模，定位板应紧贴试模的两个端板，为防止试模上的隔离剂玷污钢筋。安放完毕后应用丙酮擦净钢筋表面。

试件成型24~48h后编号拆模，然后用钢丝刷将试件两个端部混凝土刷毛，用1:2水泥砂浆抹上20mm厚的保护层，就地潮湿养护（或用塑料薄膜盖好）24h，移入标准养护室养护。

2. 试验设备

(1) 混凝土碳化试验装置：包括碳化箱、供气装置及气体分析仪（其要求同混凝土碳化试验）；

(2) 钢筋定位板：木质五合板或薄木板锯成，尺寸为100mm×100mm，板上并应钻有穿插钢筋的圆孔；

(3) 分析天平：称量1kg，感量0.001g。

3. 试验步骤

(1) 试验前试件应先进行碳化，碳化一般在28d龄期时开始，采用掺合料的混凝土可根据其特性决定碳化前的养护龄期。碳化应在二氧化碳浓度为20±3%，相对湿度70±5%，温度为20℃±5℃的条件下进行，碳化时间应为28d。

(2) 试件碳化处理后再移入标准养护室养护。在养护室中，试件间隔的距离不应小于50mm，并应避免试件直接淋水。在潮湿条件下存放56d后取出，破型，先测出碳化深度，然后进行钢筋锈蚀程度的测定。

(3) 取出试件中的钢筋，刮去钢筋上沾附的混凝土，用12%盐酸溶液进行酸洗，经清水漂净后，用石灰水中和，最后再以清水冲洗干净。擦干后在干燥器中至少存放4h，用分析天平称重（精确至0.001g），计算锈蚀质量损失。

4. 结果计算

钢筋锈蚀的质量损失率按下式计算：

$$L_w = \frac{m_0 - m}{m_0} \tag{2.1.2-38}$$

式中 L_w——钢筋锈蚀质量损失率（%）；

m_0——钢筋未锈前的质量（g）；

m——钢筋锈蚀后的质量（g）。

计算精确至0.01%。

（十）抗压疲劳强度

抗压疲劳试验适用于测定在给定循环次数为200万次作用下的混凝土抗压疲劳强度值。

1. 试件

试验所用试件应根据骨料最大粒径及疲劳试验机的允许吨位采用 100mm×100mm×300mm 或 150mm×150mm×450mm 的棱柱体试件。每组试件不应少于9个,其中3个做棱柱体抗压强度试验,其余的做抗压疲劳试验。

2. 试验设备

(1) 疲劳试验机:其吨位应能使试件预期的疲劳破坏荷载不小于全量程的 20%,也不大于全量程的 80%。脉冲频率以 4Hz 为宜;

(2) 上、下钢垫板:应具有足够的刚度,其尺寸应大于试件的承压面,不平度要求为每 100mm 不超过 0.02mm。

3. 试验步骤

(1) 全部试件在标准养护室养护至 28d 龄期后取出,在室温下(不低于 10℃)存放到 90d 龄期进行抗压疲劳试验。

(2) 试件在龄期约 90d 时从养护地点取出,先用3块试件测定其棱柱体抗压强度,其余试件按测得的棱柱体抗压强度值进行疲劳强度试验。

(3) 每一试件进行抗压疲劳强度试验前,应先在疲劳试验机上进行静压变形对中,对中时应力取 40% 的棱柱体抗压强度(荷载可近似取一整数吨位)。此时,试件两侧变形值之差不得大于平均值的 10%,否则应调整试件位置,直至符合对中要求方可进行疲劳试验。

(4) 疲劳强度试验荷载采用受压稳定脉冲荷载。试验荷载循环次数定为 200 万次。下限应力与上限应力的比值称为荷载循环特征系数(ρ)。该系数按使用要求取值,如无要求时取 0.15。

(5) 进行第一个试件的抗压疲劳强度试验时,可参照表 2.1.2-12 来取脉冲上限应力 δ_{max}(换算成荷载时可取到整数吨位)。若试件在此应力状态下经 200 万次循环后没有破坏,则取另一个试件,将上限应力增加 0.05 棱柱体抗压强度值(ρ 值保持不变),再进行 200 万次循环试验。如果仍未破坏,另取一试件再增加 0.05 棱柱体抗压强度值进行试验。以此类推,直到第 n 个试件在荷载不足 200 万次破坏为止。将第 $n-1$ 个试件的上限应力定为此组试件所能承受的初定疲劳极限应力。

如第一个试件循环不足 200 万次便破坏,则另取一个试件将上限应力减少 0.05 棱柱体抗压强度值(ρ 值保持不变)进行 200 万次循环试验,如仍不足 200 万次即已破坏,则再取一个试件,再降低荷载 0.05 棱柱体抗压强度值进行试验,以此类推,直至第 m 个试件经受荷载循环 200 万次破坏为止,并把第 m 个试件上限应力定为该组试件所能承受的初定疲劳极限应力。

疲劳试验第一个试件建议采用的脉冲上限应力值　　表 2.1.2-12

试验所用的 ρ 值	0.15	0.25	0.35	0.45
第一个试件建议取用的 δ_{max}	$0.60 f'_{cp}$	$0.65 f'_{cp}$	$0.70 f'_{cp}$	$0.75 f'_{cp}$

注:1. 对高标号混凝土建议取用的 δ_{max} 值尚可适当提高;
　　2. 表中的 f'_{cp} 为由试件测得的棱柱体抗压强度。

(6) 对取得的初定疲劳极限应力按下述方法进行验证：

取一试件，以上限应力为已测得的初定疲劳极限应力值进行 200 万次循环试验，如试件仍不破坏，则可确认该初定值即为该组试件的抗压疲劳极限应力；若该验证试件在上限应力为初定疲劳极限应力状态下循环不足 200 万次即破坏，则应再取一试件将上限应力减少 0.05 棱柱体抗压强度值进行 200 万次循环试验，以此类推，直至试件能经受 200 万次循环为止，并以该试件所承受的上限应力定为该组试件的抗压疲劳极限应力。

(7) 全部试验应连续进行，不宜中断。

4. 结果计算

经验证后的抗压疲劳极限应力即为该混凝土在给定 ρ 值下的抗压疲劳强度。

进行材料疲劳性能对比时取 ρ 为 0.15 的抗压疲劳强度作为其特征值。

如需计算在其它条件下的抗压疲劳折减系数，则可按下式计算：

$$K_{fi} = \frac{K_\rho}{K_n} \times \frac{f_{fi}}{f'_{cp}} \tag{2.1.2-39}$$

式中　K_{fi}——疲劳强度折减系数；

　　　f_{fi}——$\rho = 0.15$，$n = 200$ 万次时试验得出的疲劳强度（N/mm²）；

　　　f'_{cp}——同组试件的混凝土棱柱体抗压强度（N/mm²）；

　　　K_n——与疲劳荷载重复次数有关的修正系数，当 $n = 200$ 万次时，$K_n = 1.00$，当 $n = 700$ 万次时，$K_n = 1.10$；

　　　K_ρ——与荷载循环特征系数 ρ 有关的修正系数，可按表 2.1.2-13 取值。

K_ρ 系数取值表　　　表 2.1.2-13

ρ	0.15	0.25	0.35	0.45	0.55	0.65
k_ρ	1.00	1.07	1.15	1.25	1.35	1.44

2.1.2.5　混凝土的强度评定

按照《混凝土结构设计规范》GB 50010—2002 的规定，当把混凝土立方体抗压强度的分布视为正态分布时，混凝土立方体抗压强度的标准值 $f_{cu,k}$ 应该按下式确定：

$$f_{cu,k} = \mu_{cu} - 1.645\sigma \tag{2.1.2-40}$$

式中　μ_{cu}——混凝土立方体抗压强度的均值；

　　　σ——混凝土立方体抗压强度的标准差。

国家标准《混凝土强度检验评定标准》GBJ 107—87 给出了混凝土强度的评定方法。该标准规定的方法可分为统计法、非统计法等。

1. 统计方法

(1) 当混凝土的生产条件在较长时间内能保持一致，且同一品种混凝土的强度变异性能保持稳定时，可用统计方法按下面的方法进行评定，应由连续的 3 组试件组成一个验收批，其强度应同时满足下列要求：

$$f_{cu,m} \geq f_{cu,k} + 0.7s \tag{2.1.2-41a}$$

$$f_{cu,min} \geq f_{cu,k} - 0.7s \quad (2.1.2\text{-}41b)$$

当混凝土强度等级不高于 C20 时，其强度的最小值尚应满足下式要求：

$$f_{cu,min} \geq 0.85 f_{cu,k} \quad (2.1.2\text{-}41c)$$

当混凝土强度等级高于 C20 时，其强度的最小值尚应满足下式要求：

$$f_{cu,min} \geq 0.90 f_{cu,k} \quad (2.1.2\text{-}41d)$$

式中 $f_{cu,m}$——连续 3 组试件混凝土立方体抗压强度代表值的平均值（N/mm²）；

$f_{cu,k}$——混凝土立方体抗压强度标准值（N/mm²）；

s——检验期混凝土立方体抗压强度的标准差（N/mm²）；检验期不应超过 3 个月，且在该期间内强度数据的总批数不得少于 15；

$f_{cu,min}$——连续三组试件混凝土立方体抗压强度代表值的最小值（N/mm²）。

注：《混凝土强度检验评定标准》GBJ 107—87 中使用的 σ_0 实际上是样本的标准 s，该规范提供的 σ_0 的计算公式是用极差估计样本标准差的公式。

（2）当混凝土的生产条件在较长时间内不能保持一致，且混凝土强度变异性不能保持稳定时，或在前一个检验期内的同一品种混凝土没有足够的数据用以确定验收批混凝土立方体抗压强度的标准差时，应由不少于 10 组的试件组成一个验收批，其强度应同时满足下列公式的要求：

$$f_{cu,m} - s\lambda_1 \geq 0.90 f_{cu,k} \quad (2.1.2\text{-}42a)$$

$$f_{cu,min} \geq \lambda_2 f_{cu,k} \quad (2.1.2\text{-}42b)$$

式中 s——同一验收批混凝土立方体抗压强度的标准差（N/mm²）。当 s 值小于 $0.06 f_{cu,k}$ 时，取 $s = 0.06 f_{cu,k}$；

λ_1、λ_2——合格判定系数，按下表取用。

合格判定系数　　表 2.1.2-14

试件组数	10~14	15~24	≥25	试件组数	10~14	15~24	≥25
λ_1	1.70	1.65	1.60	λ_2	0.90	0.85	0.85

2. 非统计方法

按非统计方法评定混凝土强度时，应同时满足下列要求：

$$f_{cu,m} \geq 1.15 f_{cu,k} \quad (2.1.2\text{-}43a)$$

$$f_{cu,min} \geq 0.95 f_{cu,k} \quad (2.1.2\text{-}43b)$$

《混凝土强度检验评定标准》GBJ 107—87 规定的评定方法考虑了错判概率不大于 5%。

《混凝土结构设计规范》GB 50010—2002 中规定了混凝土强度等级与混凝土弹性模量和设计强度之间的换算关系。

2.1.3　钢　　筋

钢筋进场验收依据现行国家标准《混凝土结构工程施工质量验收规范》GB50204—

2002 规定。钢筋进场验收分为主控项目和一般项目。

1. 主控项目

（1）钢筋进场时，应按现行国家标准《钢筋混凝土用热轧带肋钢筋》GB1499 等的规定抽取试件作力学性能检验，其质量必须符合有关标准的规定。

检查数量：按进场的批次和产品的抽样检验方案确定。

检验方法：检查产品合格证、出厂检验报告和进场复验报告。

（2）对有抗震设防要求的框架结构，其纵向受力钢筋的强度应满足设计要求；当设计无具体要求时，对一、二级抗震等级，检验所得的强度实测值应符合下列规定：

1）钢筋的抗拉强度实测值与屈服强度实测值的比值不应小于1.25；

2）钢筋的屈服强度实测值与强度标准值的比值不应大于1.3；

检查数量：按进场的批次和产品的抽样检验方案确定。

检验方法：检查进场复验报告。

（3）当发现钢筋脆断、焊接性能不良或力学性能显著不正常等现象时，应对该批钢筋进行化学成分检验或其他专项检验。

检验方法：检查化学成分等专项检验报告。

2. 一般项目

钢筋应平直、无损伤，表面不得有裂纹、油污、颗粒状或片状老锈。

检查数量：进场时和使用前全数检查。

检验方法：观察。

钢筋混凝土结构工程常用钢筋有热轧钢筋、余热处理钢筋、涂层钢筋等。相应的现行国家产品标准或行业标准主要有：

《钢筋混凝土用钢　第 2 部分：热轧带肋钢筋》GB 1499.2—2007；

《钢筋混凝土用钢　第 1 部分：热轧光圆钢筋》GB 1499.1—2008；

《钢筋混凝土用余热处理钢筋》GB 13014—91；

《环氧树脂涂层钢筋》JG 3042—1997。

各类钢筋产品标准规定的检验项目主要有尺寸及偏差、化学成分、力学性能和工艺性能等。

2.1.3.1 热轧带肋钢筋

热轧带肋钢筋的性能应符合国家标准《钢筋混凝土用钢　第 2 部分：热轧带肋钢筋》GB 1499.2—2007。

（一）技术要求

1. 尺寸及允许偏差

带肋钢筋的横肋通常为月牙形，带有纵肋也可不带纵肋。带肋钢筋尺寸和允许偏差应符合表 2.1.3-1 的规定。

2. 化学成分

各牌号热轧带肋钢筋化学成分和碳当量（熔炼分析）应符合表 2.1.3-2 的规定。根据需要，钢中还可加入 V、Nb、Ti 等元素。

第1章 混凝土结构材料检验

带肋钢筋尺寸和允许偏差（mm）　　表 2.1.3-1

公称直径 d	公称横截面积 mm^2	内径 d_1 公称尺寸	内径 d_1 允许偏差	横肋高 h 公称尺寸	横肋高 h 允许偏差	纵肋高 h_1（不大于）	横肋顶宽 b	纵肋顶宽 a	间距 l 公称尺寸	间距 l 允许偏差	横肋末端最大间隙（公称周长的10%弦长）
6	28.27	5.8	±0.3	0.6	±0.3	0.8	0.4	1.0	4.0		1.8
8	50.27	7.7		0.8	+0.4 −0.3	1.1	0.5	1.5	5.5		2.5
10	78.54	9.6		1.0	±0.4	1.3	0.6	1.5	7.0	±0.5	3.1
12	113.1	11.5	±0.4	1.2		1.6	0.7	1.5	8.0		3.7
14	153.9	13.4		1.4	+0.4 −0.5	1.8	0.8	1.8	9.0		4.3
16	201.1	15.4		1.5		1.9	0.9	1.8	10.0		5.0
18	254.5	17.3		1.6		2.0	1.0	2.0	10.0		5.6
20	314.2	19.3		1.7	±0.5	2.1	1.2	2.0	10.0		6.2
22	380.1	21.3	±0.5	1.9		2.4	1.3	2.5	10.5	±0.8	6.8
25	490.9	24.2		2.1	±0.6	2.6	1.5	2.5	12.5		7.7
28	615.8	27.2		2.2		2.7	1.7	3.0	12.5		8.6
32	804.2	31.0	±0.6	2.4	+0.8 −0.7	3.0	1.9	3.0	14.0		9.9
36	1018	35.0		2.6	+1.0 −0.8	3.2	2.1	3.5	15.0	±1.0	11.1
40	1257	38.7	±0.7	2.9	±1.1	3.5	2.2	3.5	15.0		12.4
50	1964	48.5	±0.8	3.2	±1.2	3.8	2.5	4.0	16.0		15.5

注：1. 纵肋斜角 θ 为 $0°\sim30°$；
　　2. 尺寸 a、b 为参考数据。

各牌号热轧带肋钢筋化学成分和碳当量　　表 2.1.3-2

牌号	化学成分（质量分数），% 不大于					C_{eq}
	C	Si	Mn	P	S	
HRB335 HRBF335	0.25	0.80	1.60	0.045	0.045	0.52
HRB400 HRBF400						0.54
HRB500 HRBF500						0.55

注：HRB——普通热轧钢筋。HRBF——细晶粒热轧钢筋。

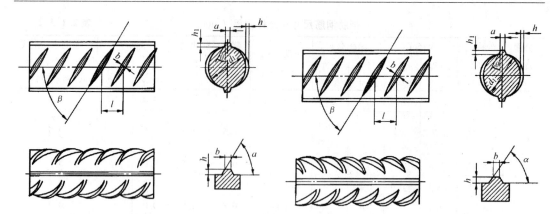

a—纵肋顶宽;b—横肋顶宽。d_1—钢筋内径;h—横肋高度;h_1—纵肋高度;
l—横肋间距,不大于钢筋公称直径的0.7倍;α—横肋斜角,不小于45°;
β—横肋与轴线夹角,不小于45°,当该夹角不大于70°时,钢筋相对两面上横肋的方向应相反;θ——纵肋斜角

图2.1.3-1 热轧带肋钢筋

(1) 碳当量 C_{eq}(%) 值可按式 (2.1.3-1) 计算:

$$C_{eq} = C + Mn/6 + (C_r + V + Mo)/5 + (Cu + Ni)/15 \qquad (2.1.3-1)$$

(2) 钢的氮含量应不大于0.012%。供方如能保证可不作分析。钢中如有足够数量的氮结合元素,含氮量的限制可适当放宽。

(3) 钢筋的化学成分允许偏差应符合 GB/T 222 的规定。碳当量 C_{eq} 的允许偏差 +0.03%。

3. 力学性能

钢筋的力学性能应符合表2.1.3-3的规定,可作为交货检验的最小保证值。

钢筋的力学性能 表2.1.3-3

牌 号	R_{eL},MPa	R_m,MPa	A,%	A_{gt},%
	不小于			
HRB335 HRBF335	335	455	17	
HRB400 HRBF400	400	540	16	7.5
HRB500 HRBF500	500	630	15	

(1) 直径28mm~40mm各牌号钢筋的断后伸长率A可降低1%;直径大于40mm各牌号钢筋的断后伸长率A可降低2%。

(2) 对于没有明显屈服强度的钢,屈服强度特征值R_{eL}采用规定非比例延伸强度$R_{p0.2}$。

(3) 日常检验伸长率采用 A，仲裁检验时采用 A_{gt}。

4. 工艺性能

按表 2.1.3-4 规定的弯心直径弯曲 180°后，钢筋受弯曲部位表面不得产生裂纹。

钢筋的力学弯心直径 表 2.1.3-4

牌 号	公称直径 d，mm	弯芯直径
HRB335 HRBF335	6~25	$3d$
	28~40	$4d$
	>40~50	$5d$
HRB400 HRBF400	6~25	$4d$
	28~40	$5d$
	>40~50	$6d$
HRB500 HRBF500	6~25	$6d$
	28~40	$7d$
	>40~50	$8d$

5. 反向弯曲性能

根据需方要求，钢筋可进行反向弯曲性能试验。

反向弯曲试验的弯芯直径比弯曲试验相应增加一个钢筋公称直径。

反向弯曲试验：先正向弯曲 90°后再反向弯曲 20°。两个弯曲角度均应在去载之前测量。经反向弯曲试验后，钢筋受弯曲部位表面不得产生裂纹。

6. 疲劳性能

经供需双方协议，可进行疲劳性能试验。疲劳试验的技术要求和试验方法由供需双方协商确定。

7. 表面质量

钢筋应无有害的表面缺陷。即表面锈皮、不平整或氧化铁皮经钢丝刷刷过后，试样的重量、尺寸、横截面积和拉伸性能不低于本部分的要求。

（二）取样

1. 组批

钢筋按批进行检查和验收，每批由同一牌号、同一炉罐号、同一规格的钢筋组成。每批重量通常不大于 60t。超过 60t 的部分，每增加 40t（或不足 40t 的余数），增加一个拉伸试验试样和一个弯曲试验试样。

允许由同一牌号、同一冶炼方法、同一浇注方法的不同炉罐号组成混合批。但各炉缺罐号含碳量之差不大于 0.02%，含锰量之差不大于 0.15%。混合批的重量不大于 60t。

2. 取样数量、取样方法

每批钢筋的取样数量和取样方法应符合表 2.1.3-5 的规定。

（三）试验项目和试验方法

1. 试验项目

每批钢筋的试验项目和试验方法应符合表 2.1.3-5 的规定。

每批钢筋的试验项目和试验方法　　表 2.1.3-5

序号	检验项目	取样数量	取样方法	试验方法
1	化学成分（熔炼分析）	1	GB/T 20066	GB/T 223 GB/T 4336
2	拉伸	2	任选两根钢筋切取	GB/T 228、本部分 2
3	弯曲	2	任选两根钢筋切取	GB/T 232、本部分 2
4	反向弯曲	1		YB/T 5126、本部分 2
5	疲劳试验	供需双方协议		
6	尺寸	逐支		本部分 3
7	表面	逐支		目视

注：对化学分析和拉伸试验结果有争议时，仲裁试验分别按 GB/T 223、GB/T 228 进行。

2. 力学和工艺性能试验方法

（1）拉伸、弯曲、反向弯曲试验试样不允许进行车削加工。

（2）计算钢筋强度用截面面积采用表 2.1.3-1 所列公称横截面积。

（3）反向弯曲试验时，经正向弯曲后的试样，应在 100℃ 温度下保温不少于 30min，经自然冷却后再反向弯曲。当供方能保证钢筋经人工时效后的反向弯曲性能时，正向弯曲后的试样亦可在室温下直接进行反向弯曲。

3. 尺寸测量

（1）钢筋内径的测量应精确到 0.1mm。

（2）带肋钢筋纵肋、横肋高度的测量采用测量同一截面两侧中心肋高度平均值的方法，即测取钢筋的最大外径，减去该处内径，所得数值的一半为该处肋高度，应精确到 0.1mm。

（3）带肋钢筋横肋间距采用测量平均肋距的方法进行测量。即测取钢筋一面上第 1 个与第 11 个横肋的中心距离，该数值除以 10 即为横肋间距，应精确到 0.1mm。

（四）评定

检验结果的数值修约与判定应符合 YB/T 081 的规定。

各检验项目的检验结果应符合本部分的有关规定。否则按 GB/T 17505 的规定复验。

2.1.3.2　热轧光圆钢筋

热轧光圆钢筋的性能应符合国家标准《钢筋混凝土用钢　第 1 部分：热轧光圆钢筋》GB/T 1499.1—2008。

（一）技术要求

1. 尺寸及允许偏差

光圆钢筋的直径允许偏差和不圆度应符合表 2.1.3-6 的规定，钢筋直径允许偏差工作交货条件。

光圆钢筋的直径允许偏差和不圆度 表 2.1.3-6

公称直径,mm	公称横截面面积,mm²	直径允许偏差,mm	不圆度,mm
6（6.5）	28.27（33.18）	±0.3	≤0.40
8	50.27		
10	78.54		
12	113.1		
14	153.9		
16	201.1	±0.4	
18	254.5		
20	314.2		
22	380.1		

2. 化学成分

钢筋的牌号及化学成分（熔炼分析）应符合表 2.1.3-7 的规定。

钢筋的牌号及化学成分 表 2.1.3-7

牌号	化学成分（质量分数),% 不大于				
	C	Si	Mn	P	S
HPB235	0.22	0.30	0.65	0.045	0.050
HPB300	0.25	0.55	1.50		

（1）钢中残余元素铬、镍、铜含量应各不大于 0.30%，供方如能保证可不作分析。

（2）钢筋成品的化学成分允许偏差应符合 GB/T 222 的有关规定。

3. 力学性能和工艺性能

钢筋的力学性能和工艺性能应符合表 2.1.3-8 的规定，可作为交货检验的最小保证值。

钢筋的力学性能和工艺性能 表 2.1.3-8

牌号	R_{eL}, MPa	R_m, MPa	A,%	A_{gt},%	弯试验 180° d—弯芯直径 a—钢筋公称直径
	不小于				
HPB235	235	370	25.0	10.0	$d=a$
HPB300	300	420			

（1）日常检验伸长率采用 A，仲裁检验时采用 A_{gt}。

（2）弯曲 180°后，钢筋受弯曲部位表面不得产生裂纹。

4. 表面质量

钢筋应无有害的表面缺陷。即表面锈皮、不平整或氧化铁皮经钢丝刷刷过后，试样的重量、尺寸、横截面积和拉伸性能不低于本部分的要求。

（二）取样

1. 组批

钢筋按批进行检查和验收。每批由同一牌号，同一炉罐号，同一规格的钢筋组成。每批重量通常不大于60t。超过60t的部分，每增加40t（或不足40t的余数），增加一个拉伸试验试样和一个弯曲试验试样。

允许由同一牌号、同一冶炼方法、同一浇注方法的不同炉罐号组成混合批。但各炉罐号含碳量之差不得大于0.02%，含锰量之差不得大于0.15%。混合批的重量不大于60t。

2. 取样数量、取样方法

每批钢筋的取样数量和取样方法应符合表2.1.3-9的规定。

（三）试验项目和试验方法

1. 试验项目

每批钢筋的试验项目和试验方法应符合表2.1.3-9的规定。

每批钢筋的取样数量和取样方法及试验方法 表2.1.3-9

序号	检验项目	取样数量	取样方法	试验方法
1	化学成分（熔炼分析）	1	GB/T 20066	GB/T 223 GB/T 4336
2	拉伸	2	任选两根钢筋切取	GB/T 228、本部分2
3	弯曲	2	任选两根钢筋切取	GB/T 228、本部分2
4	尺寸	逐支（盘）		本部分3
5	表面	逐支（盘）		目视

注：对化学分析和拉伸试验结果有争议时，仲裁试验分别按GB/T 223、GB/T 228进行。

2. 力学和工艺性能试验方法

(1) 拉伸、冷弯试验试样不允许进行车削加工。

(2) 计算钢筋强度用截面面积采用表2.1.2-6所列公称横截面积。

3. 尺寸测量

钢筋直径的测量精确到0.1mm。

（四）评定

检验结果的数值修约与判定应符合YB/T 081的规定。

各检验项目的检验结果应符合本部分的有关规定。否则按GB/T 2101的规定复验。

2.1.3.3 余热处理钢筋

余热处理钢筋的性能应符合国家标准《钢筋混凝土用余热处理钢筋》GB 13014—91。

（一）技术要求

1. 尺寸及允许偏差

余热处理钢筋尺寸和允许偏差应符合表2.1.3-10的规定。

余热处理钢筋尺寸和允许偏差（mm） 表 2.1.3-10

公称直径	公称横截面积，mm²	内径 d 公称尺寸	内径 d 允许偏差	横肋高 h 公称尺寸	横肋高 h 允许偏差	纵肋高 h₁ 公称尺寸	纵肋高 h₁ 允许偏差	横肋顶宽 b	纵肋顶宽 a	横肋间距 l 公称尺寸	横肋间距 l 允许偏差	横肋末端最大间隙（公称周长的10%弦长）
8	50.27	7.7	±0.4	0.8	+0.4 / −0.2	0.8	±0.5	0.5	1.5	5.5	±0.5	2.5
10	78.54	9.6		1.0	+0.4 / −0.3	1.0		0.6	1.5	7.0		3.1
12	113.1	11.5		1.2		1.2		0.7	1.5	8.0		3.7
14	153.9	13.4		1.4	±0.4	1.4		0.8	1.8	9.0		4.3
16	201.1	15.4		1.5		1.5	±0.8	0.9	1.8	10.0		5.0
18	254.5	17.3		1.6	+0.5 / −0.4	1.6		1.0	2.0	10.0		5.6
20	314.2	19.3		1.7	±0.5	1.7		1.2	2.0	10.0		6.2
22	380.1	21.3	±0.5	1.9		1.9		1.3	2.5	10.5		6.8
25	490.9	24.2		2.1	±0.6	2.1	±0.9	1.5	2.5	12.5	±0.8	7.7
28	615.8	27.2		2.2		2.2		1.7	3.0	12.5		8.6
32	804.2	31.0	±0.6	2.4	+0.8 / −0.7	2.4		1.9	3.0	14.0		9.9
36	1018	35.0		2.6	+1.0 / −0.8	2.6	±1.1	2.1	3.5	15.0	±1.0	11.1
40	1257	38.7	±0.7	2.9	±1.1	2.9		2.2	3.5	15.0		12.4

注：1. 纵肋斜角 θ 为 0°~30°。
2. 尺寸 a、b 为参考数据。
3. 外形及符号见图 2.1.3-1。

2. 化学成分

钢筋化学成分（熔炼分析）应符合表 2.1.3-11 的规定。

钢筋化学成分 表 2.1.3-11

表面形状	钢筋级别	强度代号	牌号	化学成分,% C	Si	Mn	P 不大于	S 不大于
月牙肋	Ⅲ	KL 400	20MnSi	0.17~0.25	0.40~0.80	1.20~1.60	0.045	0.045

（1）钢中铬、镍、铜的残余含量应各不大于 0.30%，其总量不大于 0.60%。经需方同意，铜的残余含量可大于 0.35%。供方保证可不作分析。

（2）氧气转炉钢的氮含量不应大于 0.008%，采用吹氧复合吹炼工艺冶炼的钢，氮含量可不大于 0.012%。供方保证可不作分析。

(3) 钢筋的化学成分允许偏差应符合 GB/T 222 的规定。

3. 力学性能和工艺性能

钢筋的力学性能和工艺性能应符合表 2.1.3-12 的规定。冷弯试验时受弯部位外表面不得产生裂纹。

钢筋的力学性能和工艺性能　　　　表 2.1.3-12

强度代号	公称直径 a，mm	屈服点 σ_s，MPa	抗拉强度 σ_b，MPa	伸长率 δ_5，%	冷弯 90° d—弯心直径
		不小于			
KL400	8～25 28～40	440	600	14	$d=3a$ $d=4a$

4. 表面质量

钢筋表面不得有裂纹、结疤和折叠。表面允许有凸块，但不得超过横肋的高度，钢筋表面上其他缺陷的深度和高度不得大于所在部位尺寸的允许偏差。

（二）取样

1. 组批

钢筋应按批进行检查和验收。每批由同一牌号、同一炉罐号、同一规格、同一交货状态的钢筋组成。每批重量不大于 60t。

公称容量不大于 30t 的冶炼炉冶炼制成的钢坯和连铸坯轧制的钢筋，允许由同一牌号、同一冶炼方法、同一浇注方法的不同炉罐号组成混合批，但每批不应多于 6 个炉罐号。各炉罐号含碳量之差不得大于 0.02%，含锰量之差不得大于 0.15%。

2. 取样数量、取样方法

每批钢筋的取样数量和取样方法应符合表 2.1.3-13 的规定。

（三）试验项目和试验方法

1. 试验项目

每批钢筋的试验项目和试验方法应符合表 2.1.3-13 的规定。

每批钢筋的试验项目和试验方法　　　　表 2.1.3-13

序号	检验项目	取样数量	取样方法	试验方法
1	化学成分	1	GB/T 222	GB/T 223
2	拉伸	3	任选三根钢筋切取	2.3.1
3	冷弯	3	任选三根钢筋切取	
4	尺寸	逐支		游标卡尺
5	表面	逐支		目测

2. 力学和工艺性能试验方法

（1）拉伸，弯曲试样不允许进行车削加工。

（2）计算钢筋强度用截面面积采用表 2.1.3-10 所列公称横截面积。

3. 尺寸测量

（1）带肋钢筋内径的测量精确到0.1mm。

（2）带肋钢筋肋高的测量可采用测量同一截面两侧肋高平均值的方法，即测取钢筋的最大外径，减去该处内径，所得数值的一半为该处肋高，精确到0.05mm。

（3）带肋钢筋横肋间距可采用测量平均肋距的方法进行测量。即测取钢筋一面上第1个与第11个横肋的中心距离，该数值除以10即为横肋间距，精确到0.1mm。

（四）评定

任何检验如有某一项试验结果不符合技术要求，则从同一批中再任取双倍数量的试样进行该不合格项目的复验（白点除外）。复验结果（包括该项试验所要求的任一指标）即使有一个指标不合格，则整批不得交货。供方可对复验不合格的产品重新分类或进行热处理，然后作为新的一批再提交检验。

2.1.3.4 低碳钢热轧圆盘条

低碳钢热轧圆盘条的性能应符合国家标准《低碳钢热轧圆盘条》GB/T 701—1997。分为建筑用盘条和拉丝用盘条。

（一）技术要求

1. 尺寸及允许偏差

常用盘条的尺寸和允许偏差应符合表2.1.3-14的规定。

常用盘条的尺寸和允许偏差　　表2.1.3-14

直径 mm	允许偏差，mm			不圆度，mm			横截面积 mm²	理论重量 kg/m
	A级精度	B级精度	C级精度	A级精度	B级精度	C级精度		
5.5	±0.40	±0.30	±0.15	≤0.50	≤0.24	≤0.24	23.8	0.187
6.0							28.3	0.222
6.5							33.2	0.260
7.0							38.5	0.302
7.5							44.2	0.347
8.0							50.3	0.395
8.5							56.7	0.445
9.0							63.6	0.499
9.5							70.9	0.556
10.0							78.5	0.617
10.5	±0.45	±0.35	±0.20	≤0.60	≤0.48	≤0.32	86.6	0.690
11.0							95.0	0.746
11.5							104	0.815
12.0							113	0.888
12.5							123	0.963
13.0							133	1.04
13.5							143	1.12
14.0							154	1.21
14.5							165	1.30

2. 化学成分

盘条的化学成分（熔炼分析）应符合表2.1.3-15的规定。

盘条的化学成分　　　　　　表2.1.3-15

牌号	化学成分,%					脱氧方法
	C	Mn	Si	S	P	
				不大于		
Q195	0.06~0.12	0.25~0.50	0.30	0.050	0.045	F、b、Z
Q195C	≤0.10	0.30~0.60		0.040	0.040	
Q215A	0.09~0.15	0.25~0.55	0.30	0.050	0.045	F、b、Z
Q215B				0.045		
Q215C	0.10~0.15	0.30~0.60		0.040	0.040	
Q235A	0.14~0.22	0.30~0.65	0.30	0.050	0.045	F、b、Z
Q235B	0.12~0.20	0.30~0.70		0.045		
Q235C	0.13~0.18	0.30~0.60		0.040	0.040	

（1）沸腾钢硅的含量不大于0.07%，半镇静钢硅的含量不大于0.17%。镇静钢硅的含量下限值为0.12%。允许用铝代硅脱氧。

（2）钢中残余元素铬、镍、铜含量应各不大于0.30%。经需方同意，A级钢的铜含量，可不大于0.35%，此时，供方应做铜含量的分析，并在质量证明书中注明其含量。

（3）钢中砷的残余含量应不大于0.080%。用含砷矿冶炼生铁所冶炼的钢，砷含量由供需双方协议规定。如原料中没有含砷，对钢中的砷含量可以不做分析。

（4）经供需双方协议，各牌号的Mn含量可不大于1.00%。

（5）盘条的化学成分允许偏差应符合GB 222的规定。

3. 力学性能和工艺性能

建筑用盘条的力学性能和工艺性能应符合表2.1.3-16的规定。冷弯试验时弯曲部位外表面不得产生裂纹。

建筑用盘条的力学性能和工艺性能　　　　　　表2.1.3-16

牌号	屈服点 σ_s, MPa	抗拉强度 σ_b, MPa	伸长率 δ_{10},%	冷弯90° d—弯心直径 a—试样直径
	不小于			
Q215	215	375	27	$d=0$
Q235	235	410	23	$d=0.5a$

经供需双方协议，拉丝用盘条的力学性能和工艺性能应符合表2.1.3-17的规定。

拉丝用盘条的力学性能和工艺性能　　　　　表 2.1.3-17

牌号	抗拉强度 σ_b，MPa	伸长率 δ_{10}，%	冷弯180°
	不小于	不小于	d—弯心直径 a—试样直径
Q195	390	30	$d=0$
Q215	420	28	$d=0$
Q235	490	23	$d=0.5a$

4. 表面质量

（1）盘条应将头尾有害缺陷部分切除。盘条的截面不得有分层及夹杂。

（2）盘条表面应光滑，不得有裂纹、折叠、耳子、结疤。盘条不得有夹杂及其他有害缺陷。

（二）取样

1. 组批

盘条应成批验收。每批由同一牌号、同一炉（罐）号、同一尺寸的盘条组成，其重量不得大于60t。允许同一牌号的A级钢（包括Q195）和B级钢，同一冶炼和浇铸方法、不同炉罐号的钢轧成的盘条组成混合批。但每批不得多于6个炉罐号，各炉罐号含碳量之差不得大于0.02%，含锰量之差不得大于0.15%。

2. 取样数量、取样方法

每批盘条的取样数量和取样方法应符合表2.1.3-18的规定。

（三）试验项目和试验方法

每批盘条的检验项目和试验方法应符合表2.1.3-18的规定。

每批盘条的检验项目和试验方法　　　　　表 2.1.3-18

序号	检验项目	取样数量	取样方法	试验方法
1	化学成分	1/每炉	GB 222	GB 223
2	拉伸	3	任选三根钢筋切取	2.3.1
3	冷弯	3	任选三根钢筋切取	
4	尺寸	逐盘	GB/T 14981	游标卡尺
5	表面	逐盘		目测

（四）评定

任何检验如有某一项试验结果不符合技术要求，则从同一批中再任取双倍数量的试样进行该不合格项目的复验（白点除外）。复验结果（包括该项试验所要求的任一指标）即使有一个指标不合格，则整批不得交货。供方可对复验不合格的产品重新分类或进行热处理，然后作为新的一批再提交检验。

2.1.3.5 钢筋机械连接接头

钢筋机械连接接头常用类型有套筒挤压接头、锥螺纹接头、镦粗直螺纹接头、滚轧直螺纹接头等。现行国家标准《混凝土结构工程施工质量验收规范》GB50204—2002规定，在施工现场,应按国家现行标准《钢筋机械连接通用技术规程》JGJ 107—2003 的规定,抽取钢筋机械连接接头试件作力学性能检验和外观检查,其质量应符合有关规程的规定。

(一)通用技术要求

1. 各级别接头的力学性能应符合表 2.1.3-19 的规定。

各级别接头的力学性能 表 2.1.3-19

项目		接头等级		
		Ⅰ级	Ⅱ级	Ⅲ级
单向拉伸	抗拉强度,MPa	$f_{mst}^0 \geq f_{st}^0$ 或 $\geq 1.10 f_{uk}$	$f_{mst}^0 \geq f_{uk}$	$f_{mst}^0 \geq 1.35 f_{yk}$
	非弹性变形,mm	$u \leq 0.10$ ($d \leq 32$) $u \leq 0.15$ ($d > 32$)		$u \leq 0.10$ ($d \leq 32$) $u \leq 0.15$ ($d > 32$)
	总伸长率,%	$\delta_{sgt} \geq 4.0$		$\delta_{sgt} \geq 2.0$
高应力反复拉压	残余变形,mm	$u_{20} \leq 0.3$		$u_{20} \leq 0.3$
大变形反复拉压	残余变形,mm	$u_4 \leq 0.3$ $u_8 \leq 0.6$		$u_4 \leq 0.6$

注:f_{mst}^0—接头试件实际抗拉强度;
f_{st}^0—接头试件中钢筋抗拉强度实测值;
f_{uk}—钢筋抗拉强度标准值;
f_{yk}—钢筋屈服强度标准值;
u—接头的非弹性变形;
u_{20}—接头经高应力反复拉压 20 次后的残余变形;
u_4—接头经大变形反复拉压 4 次后的残余变形;
u_8—接头经大变形反复拉压 8 次后的残余变形;
δ_{sgt}—接头试件总伸长率。

(1)用于型式检验的钢筋应符合有关标准的规定,当钢筋抗拉强度实测值大于抗拉强度标准值的 1.10 倍时,Ⅰ级接头试件的抗拉强度尚不应小于钢筋抗拉强度实测值 f_{st}^0 的 0.95 倍;Ⅱ级接头试件的抗拉强度尚不应小于钢筋抗拉强度实测值 f_{st}^0 的 0.90 倍。

(2)各级别接头应能经受规定的高应力和大变形反复拉压循环,且在经历拉压循环后,其抗拉强度仍应符合表 2.1.3-19 的规定。

2. 对直接承受动力荷载的结构构件,接头应满足设计要求的抗疲劳性能。当无专门要求时,对连接 HRB335 级钢筋的接头,其疲劳性能应能经受应力幅为 100N/mm²,最大应力为 180N/mm² 的 200 万次循环加载。对连接 HRB400 级钢筋的接头,其疲劳性能应能经受应力幅为 100N/mm²,最大应力为 190N/mm² 的 200 万次循环加载。

3. 当混凝土结构中钢筋接头部位的温度低于 -10℃ 时,应进行专门的试验。

(二)取样

1. 组批

钢筋接头应成批验收。每批由同一型式、级别、规格、材料、工艺的接头组成。每批数量不大于 500 个接头。

2. 取样数量、取样方法

每批接头的取样数量和取样方法应符合表 2.1.3-20 的规定。

(三)试验项目和试验方法

1. 试验项目

应对每种型式、级别、规格、材料、工艺的接头进行型式检验。检验项目应符合表 2.1.3-20 的规定。

每批接头的取样数量和检验项目　　　　　　　　　　表 2.1.3-20

项　　目	型式检验	工艺检验	现场检验	取样数量
单向拉伸	抗拉强度	抗拉强度	抗拉强度	3
	非弹性变形			
	总伸长率			
高应力反复拉压	残余变形			3
大变形反复拉压	残余变形			3
钢筋母材试件	抗拉强度	抗拉强度	抗拉强度	3
外观质量	依据各类型接头产品标准			

注：工艺检验是钢筋连接工程开始前及施工过程中，对每批进场钢筋接头进行检验，以确定接头工艺与现场钢筋匹配性。现场检验是指钢筋连接工程施工过程中，从工程结构中随机截取接头试件进行的检验。

2. 型式检验

（1）全部试件所用钢筋均应在同一根钢筋上截取。

（2）型式检验的变形测量标距应符合图 2.1.3-2 规定：

$$L_1 = L + 4d \quad (2.1.3-2)$$
$$L_2 = L + 8d \quad (2.1.3-3)$$

式中　L_1——非弹性变形、残余变形测量标距；

　　　L_2——总伸长率测量标距；

　　　L——机械接头长度；

　　　d——钢筋公称直径。

（3）接头试件型式检验加载制度按表 2.1.3-21 和图 2.1.3-3、图 2.1.3-4、图 2.1.3-5 进行。

1）E 线表示钢筋弹性模量 $2 \times 10^5 \text{N/mm}^2$。

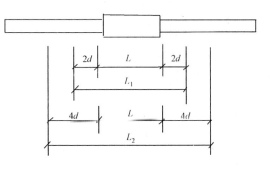

图 2.1.3-2　接头试件变形测量标距

接头试件型式检验加载制度　　　　　　　　　　表 2.1.3-21

试验项目	加　载　制　度
单向拉伸	$0 \to 0.6f_{yk} \to 0.02f_{yk} \to 0.6f_{yk} \to 0.02f_{yk} \to 0.6f_{yk}$（测量非弹性变形）→最大拉力→0（测定总伸长率）
高应力反复拉压	$0 \to (0.9f_{yk} \to -0.5f_{yk}) \to$ 破坏（反复20次）

续表

试验项目		加载制度
大变形反复拉压	Ⅰ级 Ⅱ级	$0 \to (2\varepsilon_{yk} \to -0.5f_{yk}) \to (5\varepsilon_{yk} \to -0.5f_{yk}) \to$ 破坏 （反复4次）（反复4次）
	Ⅲ级	$0 \to (2\varepsilon_{yk} \to -0.5f_{yk}) \to$ 破坏（反复4次）

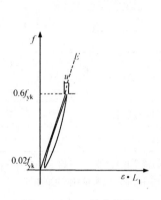

图 2.1.3-3　单向拉伸

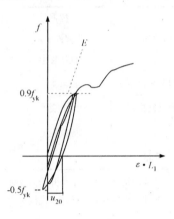

图 2.1.3-4　高应力反复拉压

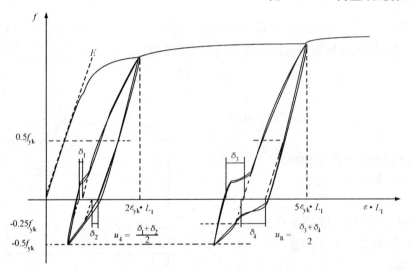

图 2.1.3-5　大变形反复拉压

2）δ_1 为 $2\varepsilon_{yk} \cdot L_1$ 反复加载四次后，在加载应力水平为 $0.5f_{yk}$ 及反向卸载应力水平为 $-0.25f_{yk}$ 处作 E 的平行线与横坐标交点之间的距离所代表的变形值。

3）δ_2 为 $2\varepsilon_{yk} \cdot L_1$ 反复加载四次后，在卸载应力水平为 $0.5f_{yk}$ 及反向加载应力水平为 $-0.25f_{yk}$ 处作 E 的平行线与横坐标交点之间的距离所代表的变形值。

4）δ_3、δ_4 为在 $5\varepsilon_{yk} \cdot L_1$ 反复加载四次后，按与 δ_1、δ_2 相同方法所得的变形值。

3. 工艺检验和现场检验

施工现场的接头抗拉强度试验可采用零到破坏的一次加载制度。

（四）评定

型式检验合格评定：

1. 强度检验：每个接头试件的强度实测值均应符合表 2.1.3-19 相应级别的规定；

2. 变形检验：对非弹性变形、总伸长率和残余变形，3 个试件的平均实测值应符合表 2.1.3-19 相应级别的规定。

工艺检验和现场检验合格评定：

1. 当 3 个接头试件的抗拉强度均符合表 2.1.3-19 中相应等级的要求时，该验收批评为合格。如有 1 个试件的强度不符合要求，应再取 6 个试件进行复检。复检仍有 1 个试件的强度不符合要求，则该验收批评为不合格。

2. 连续 10 个验收批抽样试件抗拉强度试验 1 次合格率为 100% 时，验收批接头数量可以扩大 1 倍。

2.1.4　预应力混凝土用钢材及产品

预应力混凝土用钢筋及产品进场验收依据现行国家标准《混凝土结构工程施工质量验收规范》GB50204—2002 规定。进场验收分为主控项目和一般项目。

1. 主控项目

（1）预应力筋进场时，应按现行国家标准《预应力混凝土用钢绞线》GB/T 5224 等的规定抽取试件作力学性能检验，其质量必须符合有关标准的规定。

检查数量：按进场的批次和产品的抽样检验方案确定。

检验方法：检查产品合格证、出厂检验报告和进场复验报告。

（2）无粘结预应力筋的涂包质量应符合无粘结预应力钢绞线标准的规定。

检查数量：每 60t 为一批，每批抽取一组试件。

检验方法：观察，检查产品合格证、出厂检验报告和进场复验报告。

注：当有工程经验，并经观察认为质量有保证时，可不作油脂用量和护套厚度的进场复验。

（3）预应力筋用锚具、夹具和连接器应按设计要求采用，其性能应符合现行国家标准《预应力筋用锚具、夹具和连接器》GB/T 14370 等的规定。

检查数量：按进场的批次和产品的抽样检验方案确定。

检验方法：检查产品合格证、出厂检验报告和进场复验报告。

注：对锚具用量较少的一般工程，如供货方提供有效的试验报告，可不作静载锚固性能试验。

2. 一般项目

（1）预应力筋使用前应进行外观检查，其质量应符合下列要求：

1）有粘结预应力筋展开后应平顺，不得有弯折，表面不应有裂纹、小刺、机械损伤、氧化铁皮和油污等；

2）无粘结预应力筋护套应光滑、无裂缝，无明显褶皱。

检查数量：全数检查。

检验方法：观察。

注：无粘结预应力筋护套轻微破损者应外包防水塑料胶带修补，严重破损者不得使用。

(2) 预应力筋用锚具、夹具和连接器使用前应进行外观检查，其表面应无污物、锈蚀、机械损伤和裂纹。

检查数量：全数检查。

检验方法：观察。

(3) 预应力混凝土用金属螺旋管的尺寸和性能应符合国家现行标准《预应力混凝土用金属螺旋管》JG/T 3013 的规定。

检查数量：按进场的批次和产品的抽样检验方案确定。

检验方法：检查产品合格证、出厂检验报告和进场复验报告。

注：对金属螺旋管用量较少的一般工程，当有可靠依据时，可不作径向刚度、抗渗漏性能的进场复验。

(4) 预应力混凝土用金属螺旋管在使用前应进行外观检查，其内外表面应清洁，无锈蚀，不应有油污、孔洞和不规则的褶皱，咬口不应有开裂或脱扣。

检查数量：全数检查。

检验方法：观察。

预应力混凝土常用钢筋有热处理钢筋、钢丝和钢绞线等。配套产品有锚具、夹具、连接器和金属螺旋管。其质量应分别符合以下产品标准：

《预应力混凝土用钢棒》GB/T 5223.3—2005

《预应力混凝土用钢丝》GB/T 5223—2002

《预应力混凝土用钢绞线》GB/T 5224—2003

《无粘结预应力钢绞线》JG 161—2004

《预应力筋用锚具、夹具和连接器》GB/T 14370—2007

《预应力筋用锚具、夹具和连接器应用技术规程》JGJ 85—2002

各产品标准规定的主要检验项目有尺寸及偏差、化学成分、力学性能和工艺性能等。

2.1.4.1 预应力混凝土用热处理钢筋

预应力混凝土用钢棒的性能应符合国家标准《预应力混凝土用钢棒》GB/T 5223.3—2005。

(一) 技术要求

1. 尺寸

钢棒的外形参见图 2.1.4-1 和图 2.1.4-2。钢棒的公称直径、横截面积应符合表 2.1.4-1 的规定。

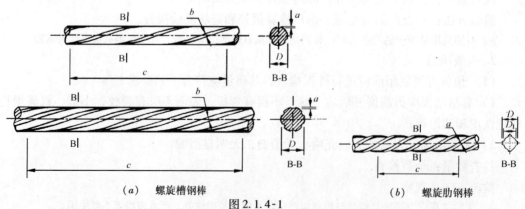

(a) 螺旋槽钢棒　　　　　　　　　　(b) 螺旋肋钢棒

图 2.1.4-1

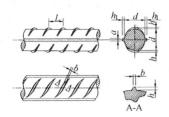

(a) 有纵肋带肋钢棒

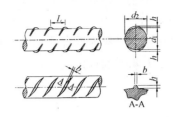

(b) 螺旋肋钢棒

图 2.1.4-2

钢棒的公称直径、横截面积　　表 2.1.4-1

表面形状类型	公称直径 D_n, mm	公称横截面积 S_n, mm²	横截面积 S, mm² 最小	横截面积 S, mm² 最大	每米参考重量 (g/m)	抗拉强度 R_m, MPa 不小于	规定非比例延伸强度 $R_{p0.2}$, MPa 不小于	弯曲性能 性能要求	弯曲性能 弯曲半径, mm
光圆 (P)	6	28.3	26.8	29.0	222	对所有规格钢棒 1080 1230 1420 1570	对所有规格钢棒 930 1080 1280 1420	反复弯曲不小于4次/180°	15
	7	38.5	36.3	39.5	302				20
	8	50.3	47.5	51.5	394				20
	10	78.5	74.1	80.4	616				25
	11	95.0	93.1	97.4	746			弯曲160°~180°后弯曲处无裂纹	弯芯直径为钢棒公称直径的10倍
	12	113	106.8	115.8	887				
	13	133	130.3	136.3	1044				
	14	154	145.6	157.8	1209				
	16	201	190.2	206.0	1578				
螺旋槽 (HG)	7.1	40	39.0	41.7	314			—	
	9	64	62.4	66.5	502				
	10.7	90	87.5	93.4	707				
	12.6	125	121.5	129.9	981				
螺旋肋 (HR)	6	28.3	26.8	29.0	222			反复弯曲不小于4次/180°	15
	7	38.5	36.3	39.5	302				20
	8	50.3	47.5	51.5	394				20
	10	78.5	74.1	80.4	616				25
	12	113	106.8	115.8	888			弯曲160°~180°后弯曲处无裂纹	弯芯直径为钢棒公称直径的10倍
	14	154	145.6	157.8	1209				
带肋 (R)	6	28.3	26.8	29.0	222			—	
	8	50.3	47.5	51.5	394				
	10	78.5	74.1	80.4	616				
	12	113	106.8	115.8	1209				
	14	154	145.6	157.8	1209				
	16	201	190.2	206.0	1578				

2. 化学成分

制造钢棒用原材料为低合金钢热轧圆盘条。各牌号化学成分（熔炼分析）中的杂质含量应符合表 2.1.4-2 的规定。

原材料成分有害杂质含量（质量分数），%　　　　表 2.1.4-2

P, 不大于	S, 不大于	Cu, 不大于
0.025	0.025	0.25

3. 力学性能

钢棒抗拉强度、延伸强度应符合表 2.1.4-1 的规定。伸长特性（包括延性级别和相应伸长率）应符合表 2.1.4-3 的规定。

钢棒伸长特性　　　　表 2.1.4-3

延性级别	最大力总伸长率, A_{gt}, %	断后伸长率（$L_0 = 8d_n$），A, % 不小于
延性 35	3.5	7.0
延性 25	2.5	5.0

注：1. 日常检验可用断后伸长率，仲裁试验以最大力总伸长率为准。
　　2. 最大力伸长率标距 $L_0 = 200$mm。
　　3. 断后伸长率标距 L_0 为钢棒公称直径的 8 倍，$L_0 = 8D_u$。

钢棒弯曲性能（螺旋槽钢棒、带肋钢棒除外）应符合表 2.1.4-1 的规定。

钢棒应进行初始应力为 70% 公称抗拉强度的 1000h 松弛试验。如需方要求，也应测定初始应力为 60% 和 80% 公称抗拉强度的 1000h 松弛值，其松弛值应符合表 2.1.4-4 的规定。

除非生产厂家另有规定，弹性模量为 200GPa ± 10GPa，但不作为交货条件。

钢棒最大松弛值　　　　表 2.1.4-4

初始应力为公称抗强度的百分数, %	1000h 松弛值, %	
	普通松弛（N）	普通松弛（L）
70	4.0	2.0
60	2.0	1.0
80	9.0	4.5

4. 表面质量

钢棒表面不得有影响使用的有害损伤和缺陷，允许有浮锈。

5. 伸直性

取弦长为 1m 的钢棒，放在一平面上，其弦与弧内侧最大自然矢高应不大于 5mm，伸裁时以每盘去掉一圈时的试样为准。

（二）取样

1. 组批

钢棒应成批检查和验收，每批钢棒由同一牌号、同一规格、同一加工状态的钢棒组成，每批重量不大于60t。

2. 取样数量、取样方法

每批钢棒的取样数量和取样方法应符合表2.1.4-5的规定。

（三）试验项目和试验方法

1. 试验项目

每批钢筋的试验项目和试验方法应符合表2.1.4-5的规定。

每批钢筋的试验项目和试验方法　　　　　表2.1.4-5

序号	检验项目	取样数量	取样部位	检验方法
1	表面	逐盘	在每（任一盘中任意一端截取）	目视
2	横截面积	1根/5盘		分度0.1g天平
3	伸直性	1根/5盘		分度1mm量具
4	抗拉强度	1根/盘		GB/T 228
5	规定非比例延伸强度	3根/每批		GB/T 228
6	最大力总伸长率	3根/每批		GB/T 228
7	断后伸长率	1根/盘		GB/T 228
8	弯曲性能	3根/每批		GB/T 283、GB/T 232
9	应力松弛性能	至少1根/每条生产线每月		GB/T 10120

注：更换原料牌号、规格及厂家时，应做松弛试验。

2. 横截面积测量

取一根长度不小于300mm的钢棒，钢棒长度测量精确到1mm，称量钢棒的重量，精确到0.1g，按面积=质量/长度计算钢棒横截面积，钢的密度取7.85（g/cm³）

3. 抗拉强度

钢棒的拉伸试验按GB/T 228的规定进行，计算抗拉强度时，取钢棒的公称横截面积值。

拉伸试验后，钢棒应显出缩颈韧性断口。

4. 规定非比例延伸强度

规定非比例延伸强度的测定按GB/T 228的规定进行。

钢棒的规定非比例延伸强度$R_{p0.2}$也可以用规定总延伸率为1%时的应力R_{t1}来代替，其值符合标准规定时可以交货，但仲裁试验时应测定$R_{p0.2}$，测量时预加负荷为公称非比例延伸负荷的10%。

5. 最大力伸长率

最大力伸长率的测定按 GB/T 228 的规定进行。

使用计算机采集数据或使用电子拉伸设备的，测量伸长率时预加负荷对试样所产生的伸长应加在总伸长内，测得的伸长率应修约到 0.5%。

6. 断后伸长率

断后伸长率的测定按 GB/T 228 的规定进行，标距 $L_0 = 8D_n$。试样的标距划痕不得导致断裂发生在划痕处。

试样长度应保证试验机上下钳口之间的距离超过原始标距 50mm 以上。

7. 弯曲试验

公称直径不大于 10mm 的钢棒（带肋钢棒、螺旋槽钢棒除外）的反复弯曲试验，按 GB/T 238 标准进行。弯曲半径应符合表 2.1.4-1 的规定。公称直径大于 10mm 的钢棒（带肋钢棒、螺旋槽钢棒除外）的弯曲试验按 GB/T 232 标准执行。

8. 应力松弛试验

钢棒的应力松弛性能试验按 GB/T 10120 规定进行。环境温度保持在 20℃ ±2℃ 的范围内。试样标距长度不小于公称直径的 60 倍，试样制备后不得进行任何热处理和冷加工。

初始负荷应在 3~5min 内均匀施加完毕，并保持负荷 1min 后开始记录。

可以采用试验数据的线性回归分析方法对不少于 100h 的试验数据推算 1000h 的松弛值。

9. 疲劳试验

疲劳试验试样从成品钢棒上直接截取，试样长度应保证两夹具之间的距离不小于 140mm。

钢棒应能经受 2×10^6 次 $0.7F_b \sim (0.7F_b - 2\Delta F_a)$ 脉动负荷后而不断裂。

光圆钢棒：$2\Delta F_a/S_n = 200$MPa

螺旋槽、螺旋肋钢棒及带肋钢棒：$2\Delta F_a/S_n = 180$MPa

式中 F_b——钢棒的公称破断力，单位为 N；

    $2\Delta F_a$——应力范围（两倍应力幅）的等效负荷值，单位为 N；

    S_n——钢棒的公称截面积，单位为 mm^2。

试验全过程应力的静态测量精度应达到 ±1%。脉动负荷循环频率不超过 120Hz。

由于缺口影响或局部过热引起试样在夹头内和夹持区域内（2 倍钢棒公称直径）断裂时试验无效。

试验过程中，试验室环境温度在 18~25℃ 范围内，试件温度不能超过 40℃。

（四）评定

检验结果的数值修约与判定应符合 YB/T 081 的规定。

各检验项目的检验结果应符合本部分的有关规定。否则按 GB/T 2101 及 GB/T 2103 的规定复验。

2.1.4.2 预应力混凝土用钢丝

预应力混凝土用钢丝的性能应符合国家标准《预应力混凝土用钢丝》GB/T 5223—2002。

(一) 技术要求
1. 尺寸及允许偏差

预应力混凝土用钢丝从外形上分为光圆钢丝（P）、螺旋肋钢丝（H）和刻痕钢丝（I）。光圆钢丝尺寸和允许偏差应符合表 2.1.4-6 的规定。

光圆钢丝尺寸和允许偏差　　　　　　表 2.1.4-6

公称直径 d_n，mm	直径允许偏差，mm	公称横截面积 S_n，mm²	每米参考质量，g/m
3.00	±0.04	7.07	55.5
4.00		12.57	98.6
5.00	±0.05	19.63	154
6.00		28.27	222
6.25		30.68	241
7.00		38.48	302
8.00	±0.06	50.26	394
9.00		63.62	499
10.00		78.54	616
12.00		113.1	888

螺旋肋钢丝尺寸和允许偏差应符合表 2.1.4-7 的规定。钢丝的公称横截面积、每米参考质量与光圆钢丝相同。

螺旋肋钢丝尺寸和允许偏差　　　　　　表 2.1.4-7

| 公称直径 d_n，mm | 螺旋肋数量，条 | 基圆尺寸 | | 外轮廓尺寸 | | 单肋尺寸 宽度 a，mm | 螺旋肋导程 C，mm |
		基圆直径 D_1，mm	允许偏差，mm	外轮廓直径 D，mm	允许偏差，mm		
4.00	4	3.85	±0.05	4.25	±0.05	0.90~1.30	24~30
4.80	4	4.60		5.10		1.30~1.70	28~36
5.00	4	4.80		5.30			
6.00	4	5.80		6.30		1.60~2.00	30~38
6.25	4	6.00		6.70			30~40
7.00	4	6.73		7.46		1.80~2.20	35~45
8.00	4	7.75		8.45	±0.10	2.00~2.40	40~50
9.00	4	8.75		9.45		2.10~2.70	42~52
10.00	4	9.75		10.45		2.50~3.00	45~58

光圆及螺旋肋钢丝的不圆度不得超出其直径公差的 1/2。

三面刻痕钢丝尺寸和允许偏差应符合表 2.1.4-8 的规定。钢丝的公称横截面积、每米参考质量与光圆钢丝相同。三条刻痕中的一条倾斜方向与其他两条相反。

三面刻痕钢丝尺寸和允许偏差 表2.1.4-8

公称直径 d_n, mm	刻痕深度		刻痕长度		刻痕长度		节距	
	公称深度 a, mm	允许偏差, mm	公称长度 b, mm	允许偏差, mm	公称长度 b, mm	允许偏差, mm	公称节距 L, mm	允许偏差, mm
≤5.00	0.12	±0.05	3.5	±0.05			5.5	±0.05
>5.00	0.15		5.0				8.0	

注：公称直径指横截面积等同于光圆钢丝横截面积时所对应的直径。

2. 化学成分

化学成分不作为交货条件。

3. 力学性能

冷拉钢丝的力学性能应符合表2.1.4-9的规定。规定非比例伸长应力 $\sigma_{p0.2}$ 值不小于公称抗拉强度的75%。除抗拉强度规定非比例伸长应力外，对压力管道用钢丝还需进行断面收缩率、扭转次数、松弛率的检验；对其他用途钢丝还需进行断后伸长率、弯曲次数的检验。

冷拉钢丝的力学性能 表2.1.4-9

公称直径 d_n, mm	抗拉强度 σ_b, MPa	规定非比例伸长应力 $\sigma_{p0.2}$, MPa	最大力下总伸长率 (L_0=200mm) δ_{gt}, %	弯曲次数 次/180°	弯曲半径 R mm	断面收缩率 ψ %	每210mm扭距的扭转次数 n	70%公称抗拉强度下1000h应力松弛率 r, %
	不小于	不小于	不小于	不小于		不小于	不小于	不大于
3.00	1470	1100	1.5	4	7.5	35	—	8
4.00	1570	1180		4	10		8	
5.00	1670	1250		4	15		8	
	1770	1330						
6.00	1470	1100		5	15	30	7	
7.00	1570	1180		5	20		6	
8.00	1670	1250		5	20			
	1770	1330						

消除应力的光圆及螺旋肋钢丝的力学性能应符合表2.1.4-10的规定。规定非比例伸长应力 $\sigma_{p0.2}$ 值对低松弛钢丝应不小于公称抗拉强度的88%，对普通松弛钢丝应不小于公称抗拉强度的85%。

消除应力的刻痕钢丝的力学性能应符合表2.1.4-11规定。规定非比例伸长应力 $\sigma_{p0.2}$ 值对低松弛钢丝应不小于公称抗拉强度的88%，对普通松弛钢丝应不小于公称抗拉强度的85%。

消除应力的光圆及螺旋肋钢丝的力学性能　　　　表2.1.4-10

公称直径 d_n mm	抗拉强度 σ_b MPa 不小于	规定非比例伸长应力 $\sigma_{P0.2}$, MPa 不小于		最大力下总伸长率 ($L_0=200$mm) δ_{gt},% 不小于	弯曲次数 次/180° 不小于	弯曲半径 R mm	应力松弛性能		
		低松弛	普通松弛				初始应力为公称抗拉强度的百分数%	1000h 应力松弛率 r,% 不大于	
								低松弛	普通松弛
							对所有规格		
4.00	1470	1290	1250		3	10			
	1570	1380	1330						
4.80	1670	1470	1410		4	15	60	1.0	4.5
	1770	1560	1500						
5.00	1860	1640	1580						
6.00	1470	1290	1250		4	15			
	1570	1380	1330	3.5	4				
6.25	1670	1470	1410		4	20	70	2.0	8
7.00	1770	1560	1500		4	20			
8.00	1470	1290	1250		4	20			
9.00	1570	1380	1330		4	25	80	4.5	12
10.00	1470	1290	1250		4	25			
12.00					4	30			

消除应力的刻痕钢丝的力学性能　　　　表2.1.4-11

公称直径 d_n mm	抗拉强度 σ_b MPa 不小于	规定非比例伸长应力 $\sigma_{P0.2}$, MPa 不小于		最大力下总伸长率 ($L_0=200$mm) δ_{gt},% 不小于	弯曲次数 次/180° 不小于	弯曲半径 R mm	应力松弛性能		
		低松弛	普通松弛				初始应力为公称抗拉强度的百分数%	1000h 应力松弛率 r,% 不大于	
								低松弛	普通松弛
							对所有规格		
≤5.0	1470	1290	1250			15			
	1570	1380	1330						
	1670	1470	1410				60	1.5	4.5
	1770	1560	1500	3.5	3				
	1860	1640	1580				70	2.5	8
>5.0	1470	1290	1250			20			
	1570	1380	1330				80	4.5	12
	1670	1470	1410						
	1770	1560	1500						

（1）为便于日常检验，表2.1.4-9中最大力下的总伸长率可采用 $L_0=200$mm 的断后伸长率代替，但其数值应不少于1.5%；表2.1.4-10和表2.1.4-11中最大力下的总伸长率可采用 $L_0=200$mm 的断后伸长率代替，但其数值应不少于3.0%。仲裁试验以最大力下总伸长率为准。

（2）每一交货批钢丝的实际强度不应高于其公称强度级200MPa。

(3) 钢丝弹性模量为（205±10）GPa，但不作为交货条件。

(4) 允许使用推算法确定1000h松弛值。

(5) 供轨枕用钢丝，供方应进行镦头强度检验，镦头强度不低于母材公称抗拉强度的95%，其他需镦头锚固使用的应在合同中注明，参照本条款执行。

(6) 经供需双方协商，并合同中注明，可对钢丝进行疲劳性能试验。

4. 表面质量

(1) 钢丝表面不得有裂纹和油污，也不允许有影响使用的拉痕、机械损伤等。

(2) 除非供需双方另有协议，否则钢丝表面只要没有目视可见的锈蚀麻点，表面浮锈不应作为拒收的理由。

(3) 消除应力的钢丝表面允许存在回火颜色。

(4) 成品钢丝不得存在电焊接头，在生产时为了连续作业而焊接的电焊接头，应切除掉。

(5) 消除应力钢丝的伸直性：取弦长为1m的钢丝，放在一平面上，其弦与弧内侧最大自然矢高，刻痕钢丝不大于25mm，光圆及螺旋肋钢丝不大于20mm。

（二）取样

1. 组批

钢丝应成批检查和验收，每批钢丝由同一牌号、同一规格、同一加工状态的钢丝组成，每批质量不大于60t。

2. 取样数量、取样方法

每批钢丝的取样数量和取样方法应符合表2.1.4-12的规定。

（三）试验项目和试验方法

1. 试验项目

每批钢丝的试验项目和试验方法应符合表2.1.4-12的规定。

每批钢丝的试验项目和试验方法 表2.1.4-12

序号	检验项目	取样数量	取样部位	试验方法
1	表面质量	逐盘	在每（任一）盘中任意一端截取	目测
2	外形尺寸	逐盘		游标卡尺
3	消除应力钢丝伸直性	1根/每盘		分度1mm量具
4	抗拉强度	1根/每盘		2.3.1
5	规定非比例伸长应力	3根/每批		
6	最大力下总伸长率	3根/每批		
7	断后伸长率	1根/每盘		
8	断面收缩率	1根/每盘		
9	弯曲	1根/每盘		6
10	扭转	1根/每盘		7
11	镦头强度	3根/每批		8
12	应力松弛	1根/每合同批		9
13	疲劳性能	1根/每合同批		

注：应力松弛试验和疲劳性能试验只进行型式检验。

2. 外形尺寸检验

(1) 钢丝直径应用分度值为 0.01mm 的量具测量,在任何部位同一截面两个垂直方向上测量。

(2) 螺旋肋钢丝的导程,刻痕钢丝的刻痕长度、节距应沿钢丝轴线方向测量,螺旋肋钢丝的肋宽应在螺旋肋法向上测量。

3. 每米质量测量

钢丝单位质量测量应采用如下方法:取 3 根长度不小于 500mm 的钢丝,每根钢绞线长度测量精确到 1mm。称量每根钢丝的质量,精确到 0.1g,然后按式 (2.1.4-1) 计算每根钢丝的单位质量。

$$M = \frac{1000 \times m}{L} \quad (2.1.4\text{-}1)$$

式中 M——钢丝单重,单位为克每米 (g/m);

m——称得的钢丝质量,单位为克 (g);

L——钢丝长度,单位为毫米 (mm)。

实测单位质量取 3 个计算值的平均值。

4. 拉伸试验

钢丝的拉伸试验按 GB/T 228 的规定进行。

(1) 抗拉强度

计算抗拉强度时取钢丝的公称横截面积值。

(2) 规定非比例伸长应力

为便于供方日常检验,钢丝的规定非比例伸长应力 $\sigma_{p0.2}$ 也可以用规定总伸长率为 1% 时的应力 σ_{t1} 来代替,其值符合本标准规定时可以交货,但仲裁试验时应测定 $\sigma_{p0.2}$。测量时预加负荷为公称非比例延伸长负荷的 10%。

(3) 最大力下总伸长率

使用计算机采集数据或使用电子拉伸设备时,测量伸长率时预加负荷对试样所产生的伸长应加在总伸长内,测得的伸长率应修约到 0.5%。

(4) 断后伸长率

在日常检验时,试样的标距划痕不得导致断裂发生在划痕处。试样长度应保证试验机上下钳口之间的距离超过原始标距 50mm 以上。测量断后标距的量具最小刻度应不大于 0.1mm。测得的伸长率应修约到 0.5%。

(5) 断面收缩率

钢丝拉断后在缩颈最小处两个相互垂直的方向上测量其直径(需要时,应将试样断裂部分在断裂处对接在一起)取平均值 d_1,螺旋肋钢丝测量外轮廓。

(6) 如试样在夹头内或距钳口 2 d_n 内断裂而性能达不到本标准规定时,试验无效。

5. 扭转试验

扭转试验按 GB/T 239 的规定进行。试样应平直。可用手对试样进行矫直,必要时可将试样置于木材、塑料或铜质平面上,用由这些材料制成的锤子或其他合适的方法轻轻矫直。矫直时,不得损伤试样表面,也不得扭曲试样。存在局部硬弯的试样不得用于试验。

试验在扭转试验机上进行。一般情况下,试验室温 10℃ ~35℃。

试验时试验机夹具间距离应不小于 210mm。扭转速率不大于 30 ±10% r/min。轴向拉力为钢丝公称抗拉强度所对应负荷的 0.5% ~2%。试样应扭转至完全断开,断裂的截面至少有 3/4 的面积与钢丝的轴线垂直。若试样在离夹头 2 d_n 范围内断裂,且未达到规定的扭转次数,则该试验无效。

6. 弯曲试验

弯曲试验按 GB/T 238 的规定进行。试样长度为 150 ~250mm。试样在其弯曲平面内允许有轻微的弯曲。可用手对试样进行矫直,必要时可将试样置于木材、塑料或铜质平面上,用由这些材料制成的锤子或其他合适的方法轻轻矫直。矫直时,不得损伤试样表面,也不得扭曲试样。

试验在线材反复弯曲试验机上进行。一般情况下,试验室温度 10℃ ~35℃。

为确保试样与弯曲圆弧良好接触,可施加不超过公称抗拉强度相应拉力负荷 2% 的拉紧力。操作应平稳而无冲击。弯曲速度每秒不超过一次,要防止温度升高影响试验结果。试样折断时的最后一次弯曲不计。

7. 应力松弛性能试验

试验期间环境温度应保持在 20℃ ±2℃ 的范围内。试样标距长度不小于公称直径的 60 倍。试样制备后不得进行任何热处理和冷加工。初始负荷应在 3 ~5min 内均匀施加完毕,持荷 1min 后开始记录松弛值。允许用不少于 100h 的测试数据推算 1000h 的松弛值。

8. 镦头强度试验

钢丝的镦头直径应不小于钢丝公称直径的 1.5 倍,带锚具进行拉伸试验,此时钢丝的最大力与钢丝公称截面积之比即为镦头强度。

9. 疲劳试验

疲劳试验所用试样应从成品钢丝上直接截取,试样长度应保证两夹具之间的距离不小于 140mm。钢丝应能经受 2×10^6 次 $0.7F_b$ ~ ($0.7F_b - 2\Delta F_a$) 脉动负荷后而不断裂。

光圆钢丝:$2\Delta F_a/S_n = 200MPa$

螺旋肋及刻痕钢丝:$2\Delta F_a/S_n = 180MPa$

式中　　F_b——钢丝的公称破断力,单位为牛(N);

$2\Delta F_a$——应力范围(两倍应力幅)的等效负荷值,单位为牛(N);

S_n——钢丝的公称截面积,单位为平方毫米(mm^2)。

在试验全过程中,脉动拉伸的最大应力保持恒定应力的静态测量精度应达到 ±1%。应力循环频率不超过 120Hz。应力沿轴向传递给试样,应无钳口和缺口影响,且应有相应装置限制夹头中试样的任何滑移。试验过程中,试件温度不能超过 40℃,试验室环境温度在 18℃ ~25℃ 范围内。

由于缺口影响或局部过热引起试样在夹头内或夹持区域内(2 倍钢丝公称直径)断裂时试验无效。

(四)评定

1. 如有某一项检验结果不符合产品技术要求,则该盘不得交货。并从同一批未经试验的钢丝盘中取双倍数量的试样进行该不合格项目的复验(包括该项试验所要求的任一指标）。复验结果即使有一个试样不合格，则整批不得交货，或逐盘检验合格者交货。供方可对复验不合格的钢丝进行加工分类（包括热处理）后，重新提交验收。

2. 扭转试验后试样表面如有目视可见或裸手可触摸到的螺纹裂纹，该盘钢丝应进行复验。复验试样按每 210mm 长度扭转 3 圈的比例进行扭转，当进行到规定圈数时停机检验，如仍有目视可见或裸手可触摸到的螺纹裂纹，该盘钢丝应判定为不合格。

2.1.4.3 预应力混凝土用钢绞线

预应力混凝土用钢绞线的性能应符合国家标准《预应力混凝土用钢绞线》GB/T 5224—2003。

（一）技术要求

1. 尺寸及允许偏差

钢绞线从结构上分为 5 类：

两根钢丝捻制的钢绞线	1×2
三根钢丝捻制的钢绞线	1×3
三根刻痕钢丝捻制的钢绞线	$1 \times 3I$
七根钢丝捻制的标准型钢绞线	1×7
七根钢丝捻制又经模拔的钢绞线	(1×7) C

1×2 结构钢绞线的尺寸和允许偏差应符合表 2.1.4-13 的规定。断面结构见图 2.1.4-3 （a）。

1×2 结构钢绞线的尺寸和允许偏差　　　　表 2.1.4-13

钢绞线结构	公称直径		钢绞线直径允许偏差 mm	钢绞线参考截面积 S_n, mm^2	每米钢绞线参考质量, g/m
	钢绞线直径 D_n, mm	钢丝直径 d, mm			
1×2	5.00	2.50	+0.15 −0.05	9.82	77.1
	5.80	2.90		13.2	104
	8.00	4.00	+0.25 −0.10	25.1	197
	10.00	5.00		39.3	309
	12.00	6.00		56.5	444

1×3 结构钢绞线的尺寸和允许偏差应符合表 2.1.4-14 的规定。断面结构见图 2.1.4-3 （b）。

  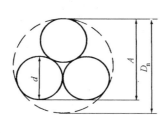

(a) 　　　　　　　　　　　　(b) 　　　　　　　　　　　　(c)

图 2.1.4-3　钢绞线断面

1×3 结构钢绞线的尺寸和允许偏差 表 2.1.4-14

钢绞线结构	公称直径 钢绞线直径 D_n, mm	公称直径 钢丝直径 d, mm	钢绞线测量尺寸 A, mm	测量尺寸 A 允许偏差, mm	钢绞线参考截面积 S_n, mm²	每米钢绞线参考质量, g/m
1×3	6.20	2.90	5.41	+0.15 -0.05	19.8	155
	6.50	3.00	5.60		21.2	166
	8.60	4.00	7.46	+0.20 -0.10	37.7	296
	8.74	4.05	7.56		38.6	303
	10.80	5.00	9.33		58.9	462
	12.90	6.00	11.2		84.8	666
1×3I	8.74	4.05	7.56		38.6	303

1×7 结构钢绞线的尺寸和允许偏差应符合表 2.1.4-15 的规定。断面结构见图 2.1.4-3（c）。

1×7 结构钢绞线的尺寸和允许偏差 表 2.1.4-15

钢绞线结构	公称直径 D_n, mm	直径允许偏差 mm	钢绞线参考截面积 S_n, mm²	每米钢绞线参考质量, g/m	中心钢丝直径 d_0 加大范围,%, 不小于
1×7	9.50	+0.30 -0.15	54.8	430	
	11.10		74.2	582	
	12.70	+0.40 -0.20	98.7	775	2.5
	15.20		140	1101	
	15.70		150	1178	
	17.80		191	1500	
(1×7) C	12.70	+0.40 -0.20	112	890	
	15.20		165	1295	
	18.00		223	1750	

2. 化学成分

化学成分不作为交货条件。

3. 力学性能

1×2 结构钢绞线的力学性能应符合表 2.1.4-16 的规定。

1×2 结构钢绞线的力学性能 表 2.1.4-16

钢绞线结构	钢绞线公称直径 D_n, mm	抗拉强度 R_m, MPa 不小于	整根钢绞线的最大力 F_m, kN 不小于	规定非比例延伸力 $F_{p0.2}$, kN 不小于	最大力总伸长率 ($L_0 \geq 400$ mm) A_{gt}, % 不小于	应力松弛性能 初始负荷相当于公称最大力的百分数, %	应力松弛性能 1000h 后应力松弛率 r, % 不大于
1×2	5.00	1570	15.4	13.9	对所有规格	对所有规格	对所有规格
		1720	16.9	15.2			
		1860	18.3	16.5			
		1960	19.2	17.3			
	5.00	1570	20.7	18.6		60	1.0
		1720	22.7	20.4		70	2.5
		1860	24.6	22.1	3.5	80	4.5
		1960	25.9	23.3			
	8.00	1470	36.9	33.2			
		1570	39.4	35.5			
		1720	43.2	38.9			
		1860	46.7	42.0			
		1960	49.2	44.3			
	10.00	1470	57.8	52.0			
		1570	61.7	55.5			
		1720	67.6	60.8			
		1860	73.1	65.8			
		1960	77.0	69.3			
	12.00	1470	83.1	74.8			
		1570	88.7	79.8			
		1720	97.2	87.5			
		1860	105	94.5			

注：规定非比例延伸力 $F_{p0.2}$ 值不小于整根钢绞线公称最大力 F_m 的 90%。

1×3 结构钢绞线的力学性能应符合表 2.1.4-17 的规定。

1×7 结构钢绞线的力学性能应符合表 2.1.4-18 的规定。

1×3结构钢绞线的力学性能 表2.1.4-17

钢绞线结构	钢绞线公称直径 D_n, mm	抗拉强度 R_m, MPa 不小于	整根钢绞线的最大力 F_m, kN 不小于	规定非比例延伸力 $F_{p0.2}$, kN 不小于	最大力总伸长率 ($L_0 \geq 500$ mm) A_{gt}, % 不小于	应力松弛性能 初始负荷相当于公称最大力的百分数, %	应力松弛性能 1000h后应力松弛率 r, % 不大于
1×3	6.20	1570	31.1	28.0	对所有规格	对所有规格	对所有规格
		1720	34.1	30.7			
		1860	36.8	33.1			
		1960	38.8	34.9			
	6.50	1570	33.3	30.0		60	1.0
		1720	36.5	32.9			
		1860	39.4	35.5			
		1960	41.6	37.4			
	8.60	1470	55.4	49.9	3.5	70	2.5
		1570	59.2	53.3			
		1720	64.8	58.3			
		1860	70.1	63.1			
		1960	73.9	66.5			
	8.74	1570	60.6	54.5		80	4.5
		1670	64.5	58.1			
		1860	71.8	64.6			
	10.80	1470	86.6	77.9			
		1570	92.5	83.3			
		1720	101	90.9			
		1860	110	99.0			
		1960	115	104			
	12.90	1470	125	113			
		1570	133	120			
		1720	146	131			
		1860	158	142			
		1960	166	149			
1×3I	8.74	1570	60.6	54.5			
		1670	64.5	58.1			
		1860	71.8	64.6			

注：规定非比例延伸力 $F_{p0.2}$ 值不小于整根钢绞线公称最大力 F_m 的90%。

1×7 结构钢绞线的力学性能   表 2.1.4-18

钢绞线结构	钢绞线公称直径 D_n, mm	抗拉强度 R_m, MPa 不小于	整根钢绞线的最大力 F_m, kN 不小于	规定非比例延伸力 $F_{p0.2}$, kN 不小于	最大力总伸长率 ($L_0 \geq 500$ mm) A_{gt}, % 不小于	应力松弛性能 初始负荷相当于公称最大力的百分数, %	1000h 后应力松弛率 r, % 不大于
1×7	9.50	1720	94.3	84.9	对所有规格	对所有规格	对所有规格
		1860	102	91.8			
		1960	107	96.3		60	1.0
	11.10	1720	128	115			
		1860	138	124			
		1960	145	131			
	12.70	1720	170	153			
		1860	184	166		70	2.5
		1960	193	174	3.5		
	15.2	1470	206	185			
		1570	220	198			
		1670	234	211			
		1720	241	217		80	4.5
		1860	260	234			
		1960	274	247			
	15.70	1770	266	239			
		1860	279	251			
	17.80	1720	327	294			
		1860	353	318			
(1×7) C	12.70	1860	208	187			
	15.20	1820	300	270			
	18.00	1720	384	346			

注：规定非比例延伸力 $F_{p0.2}$ 值不小于整根钢绞线公称最大力 F_m 的 90%。

按照美国标准 ASTM A416/A416M 生产的钢绞线，其力学性能应符合表 2.1.4-19 的规定。

（1）每一交货批钢绞线的实际强度不能高于其抗拉强度级别 200MPa。
（2）钢绞线弹性模量为（195±10）GPa，但不做为交货条件。
（3）允许使用推算法确定 1000h 松弛率。
（4）经供需双方协商，并在合同中注明，可对产品进行疲劳性能试验和偏斜拉伸试验。

4. 表面质量

按照美国标准 ASTM A416/A416M 生产的钢绞线的力学性能　　表 2.1.4-19

级别	标识	公称直径 mm	公称面积 mm²	每米钢绞线参考质量 g/m	伸长1%屈服力, kN 低松弛 不小于	伸长1%屈服力, kN 普通松弛 不小于	破断力 kN 不小于	延伸率, % 不小于	应力松弛性能（低松弛钢绞线）初始负荷为规定最小破断力的百分数,%	应力松弛性能（低松弛钢绞线）1000h 后应力松弛率, %, 不大于
1725	6	6.4	23.2	182	36.0	34.0	40.0	3.5	对所有规格	对所有规格
	8	7.9	37.4	294	58.1	54.7	64.5			
	9	9.5	51.6	405	80.1	75.6	89.0			
	11	11.1	69.7	548	108.1	102.3	120.1			
	13	12.7	92.9	730	144.1	136.2	160.1		70	2.5
	15	15.2	139.4	1094	216.2	204.2	240.2			
1860	9	9.53	54.8	432	92.1	87.0	102.3			
	11	11.11	74.4	582	124.1	117.2	137.9			
	13	12.70	98.7	775	165.3	156.1	183.7		80	3.5
	13a	13.20	107.7	844	180.1	170.1	200.2			
	14	14.29	123.9	970	207.1	195.5	230.0			
	15	15.24	140.0	1102	234.6	221.5	260.7			
	18	17.78	189.7	1487	318.0	300.2	353.2			

（1）除非需方有特殊要求，钢绞线表面不得有油、润滑脂等物质。钢绞线允许有轻微的浮锈，但不得有目视可见的腐蚀麻坑。

（2）钢绞线表面允许存在回火颜色。

（3）钢绞线的捻距为钢绞线公称直径的的 12~16 倍。模拔钢绞线捻距为钢绞线公称直径的 14~18 倍。

（4）钢绞线内不应有折断、横裂和相互交叉的钢丝。

（5）成品钢绞线应用砂轮锯切割，切断后应不松散，如离开原来位置，可以用手复原到原位。

（6）成品钢绞线只允许保留拉拔前的焊接点。

（7）钢绞线的伸直性：取弦长为 1m 的钢绞线，放在一平面上，其弦与弧内侧最大自然矢高不大于 25mm。

（二）取样

1. 组批

钢绞线应成批验收，每批钢绞线由同一牌号、同一规格、同一生产工艺捻制的钢绞线组成。每批质量不大于 60t。

2. 取样数量、取样方法

每批钢绞线的取样数量和取样方法应符合表 2.1.4-20 的规定。

(三) 试验项目和试验方法

1. 试验项目

每批钢绞线的试验项目和试验方法应符合表 2.1.4-20 的规定。

每批钢绞线的试验项目和试验方法　　表 2.1.4-20

序号	检验项目	取样数量	取样部位	检验方法
1	表面	逐盘卷		目测
2	外形尺寸	逐盘卷		游标卡尺
3	钢绞线的伸直性	3 根/每批		分度 1mm 量具
4	整根钢绞线最大力	3 根/每批	在每（任）盘卷中任意一端截取	2.3.1 的二
5	规定非比例延伸力	3 根/每批		
6	最大力总伸长率	3 根/每批		
7	应力松弛性能	不小于 1 根/每合同批[注]		5

注：合同批为一个订货合同的总量。应力松弛试验和疲劳性能试验只进行型式检验。

2. 外形尺寸检验

钢绞线的直径应用分度值为 0.02mm 的量具测量。对不同结构的钢绞线分别测量 D_n 值或 A 值，如图 2.1.4-3 所示，在同一截面不同方向上测量两次取平均值。

3. 每米质量测量

钢绞线每米质量测量应采用如下方法：取 3 根长度不小于 1m 的钢绞线，每根钢绞线长度测量精确到 1mm。称量每根钢绞线的质量，精确到 1g，然后按下式计算钢绞线的每米质量。

$$M = \frac{m}{L} \tag{2.1.4-2}$$

式中　M——钢绞线每米质量，单位为克每米（g/m）；

　　　m——钢绞线质量，单位为克（g）；

　　　L——钢绞线长度，单位为米（m）。

实测单重取 3 个计算值的平均值。

4. 拉伸试验

1) 最大力

测量整根钢绞线的最大力时，如试样在夹头内或距钳口 2 倍钢绞线公称直径内断裂且达不到本标准性能要求时，试验无效。计算抗拉强度时取钢绞线的参考截面积值。

2) 规定非比例延伸力

钢绞线规定非比例延伸力采用的是引伸计标距的非比例延伸达到原始标距 0.2% 时所受的力（$F_{p0.2}$）。为便于供方日常检验，也可以测定规定总延伸达到原始标距 1% 的力（F_{t1}），其值符合本标准规定的 $F_{p0.2}$ 值时可以交货，但仲裁试验时测定 $F_{p0.2}$。测定 $F_{p0.2}$ 和 F_{t1} 时，预加负荷为规定非比例延伸力的 10%。

3) 最大力总伸长率

使用计算机采集数据或使用电子拉伸设备测量伸长率时,预加负荷对试样所产生的伸长率应加在总伸长内。

5. 应力松弛性能试验

试验期间环境温度应保持在20℃±2℃的范围内。试样标距长度不小于公称直径的60倍。试样制备后不得进行任何热处理和冷加工。初始负荷应在3~5min内均匀施加完毕,持荷1min后开始记录松弛值。允许用不少于100h的测试数据推算1000h的松弛值。

6. 疲劳试验

疲劳试验所用试样应从成品钢绞线上直接截取,试样长度应保证两夹具之间的距离不小于500mm。钢绞线应能经受 2×10^6 次 $0.7F_m \sim (0.7F_m - 2\Delta F_a)$ 脉动负荷后而不断裂。

$$2\Delta F_a / S_n = 195 \text{MPa}$$

式中　　F_m——钢绞线的公称最大力,单位为牛(N);

　　　　$2\Delta F_a$——应力范围(两倍应力幅)的等效负荷值,单位为牛(N);

　　　　S_n——钢绞线的参考截面积,单位为平方毫米(mm^2)。

在试验全过程中,脉动拉伸的最大应力保持恒定应力的静态测量精度应达到±1%。应力循环频率不超过120Hz。应力沿轴向传递给试样,应无钳口和缺口影响,且应有相应装置限制夹头中试样的任何滑移。试验过程中,试件温度不能超过40℃,试验室环境温度在18℃~25℃范围内。

由于缺口影响或局部过热引起试样在夹头内或夹持区域内(2倍钢绞线公称直径)断裂时试验无效。

(四)评定

当某一项检验结果不符合技术要求的规定时,则该盘卷不得交货。并从同一批未经试验的钢绞线盘卷中取双倍数量的试样进行该不合格项目的复验,复验结果即使有一个试样不合格,则整批钢绞线不得交货,或进行逐盘检验合格后交货。供方有权对复验不合格产品进行重新组批提交验收。

2.1.4.4　无粘结预应力钢绞线

无粘结预应力钢绞线的性能应符合行业标准 JG 161—2004《无粘结预应力钢绞线》。

(一)技术要求

1. 钢绞线

无粘结预应力钢绞线的主要规格和性能要求应符合表2.1.4-21的规定。

无粘结预应力钢绞线的主要规格和性能要求　　表2.1.4-21

钢绞线			防腐润滑脂质量 W_3, g/m 不小于	护套厚度 mm 不小于	μ	κ
公称直径 mm	公称截面积 mm^2	公称强度 MPa				
9.50	54.8	1720	32	0.8	0.04~0.10	0.003~0.004
		1860				
		1960				

续表

钢绞线			防腐润滑脂质量 W_3, g/m 不小于	护套厚度 mm 不小于	μ	κ
公称直径 mm	公称截面积 mm²	公称强度 MPa				
12.70	98.7	1720	43	1.0	0.04~0.10	0.003~0.004
		1860				
		1960				
15.20	140.0	1570	50	1.0	0.04~0.10	0.003~0.004
		1670				
		1720				
		1860				
		1960				
15.70	150.0	1770	53	1.0	0.04~0.10	0.003~0.004
		1860				

注：经供需双方协商，也生产供应其他强度和直径的无粘结预应力钢绞线。

制作无粘结预应力筋用的钢绞线，质量应符合 GB/T 5224—2003 [见 2.1.4.3 预应力混凝土用钢绞线] 的规定，并应附有钢绞线生产厂提供的产品质量证明文件以及检测报告。

2. 防腐润滑脂

防腐润滑脂的性能应符合 JG 3007 规定。应具有良好的化学稳定性，对周围材料无侵蚀作用；能阻水防潮抗腐蚀，润滑性能好，减小摩擦阻力，在规定温度范围内高温不流淌低温不变脆。油脂生产厂应提供质量证明文件并出具产品检测报告。

3. 护套

（1）制作无粘结预应力钢绞线用的护套原料应采用挤塑型高密度聚乙烯树脂，其质量应符合 GB 11116 的规定。原料供应商应提供质量证明文件及该批产品性能检测报告。

（2）挤塑成型时不得掺和其他影响护套性能的填充料。护套颜色宜采用黑色，添加其它色母材料不能降低护套的性能。

（3）护套拉伸强度、弯曲屈服强度和断裂伸长率应符合表 2.1.4-22 中的规定。

护套拉伸强度、弯曲屈服强度和断裂伸长率　　　表 2.1.4-22

拉伸强度, MPa	弯曲屈服强度, MPa	断裂伸长率, %
不小于 30	不小于 10	不小于 600

4. 表面质量

（1）无粘结预应力钢绞线的护套表面应光滑、无凹陷、无可见钢绞线轮廓、无裂缝、无气孔、无明显折皱和机械损伤。

（2）无粘结预应力钢绞线护套轻微损伤处可采用外包防水聚乙烯胶带进行修补。

（3）无粘结预应力钢绞线的伸直性应符合 GB/T 5224—2003 [见 2.1.4.3 三．预应力混凝土用钢绞线] 的规定。

（二）取样

1. 无粘结预应力筋中钢绞线应按批验收，每批由同一钢号、同一规格、同一生产工艺生产的钢绞线组成。每批质量不大于60t。每批随机抽取3根钢绞线进行检验。

2. 防腐润滑脂质量按无粘结预应力钢绞线供货批验收，每不大于30t抽取3件试样进行检验。

3. 护套拉伸及弯曲试验按无粘结预应力钢绞线供货批验收，每不大于60t抽取3件试样进行检验。护套厚度按无粘结预应力钢绞线供货批验收，每不大于30t抽取3件试样进行检验。

4. 无粘结预应力钢绞线外观按供货数量100%检验。进场验收外观按供货10%检验。

（三）试验项目和试验方法

1. 试验项目

无粘结预应力钢绞线的型式检验、出厂检验和进场验收的现场抽样检验项目应符合表2.1.4-23的规定。

无粘结预应力钢绞线的型式检验、出厂检验和进场验收的现场抽样检验项目

表 2.1.4-23

序号	型式检验	出厂检验	进场检验	取样数量
钢 绞 线				
1	直径	直径	直径	3根/60t
2	整根钢绞线的最大力	整根钢绞线的最大力	整根钢绞线的最大力	
3	规定非比例延伸力	规定非比例延伸力	规定非比例延伸力	
4	最大力总伸长率	最大力总伸长率	最大力总伸长率	
5	伸直性	伸直性	—	
防腐润滑脂				
6	工作锥入度	—	—	3件/30t
7	滴 点	滴 点	—	
8	腐蚀试验	腐蚀试验	—	
9	盐雾试验	—	—	
10	对套管的兼容性	—	—	
11	防腐润滑脂质量	防腐润滑脂质量	防腐润滑脂质量	
护 套				
12	拉伸强度	拉伸强度	—	3件/60t
13	弯曲屈服强度	弯曲屈服强度	—	
14	断裂伸长率	断裂伸长率	—	
15	护套厚度	护套厚度	护套厚度	3件/30t
摩擦试验				
16	μ	—	—	
17	κ	—	—	
18	外观	外观	外观	100%，10%

2. 钢绞线试验

钢绞线试验方法按 GB/T 5224—2003［见 2.1.4.3 预应力混凝土用钢绞线］的有关规定进行。

3. 防腐润滑脂试验

（1）无粘结预应力钢绞线专用防腐润滑脂性能试验方法按 JG 3007 有关规定进行。

（2）油脂质量测量方法为取 1m 长无粘结预应力钢绞线，用精度不低于 1.0g 的量具称量质量（W_1），然后除净护套及钢绞线上的油脂，并称量其质量（W_2），每 m 油脂质量 $W_3 = W_1 - W_2$。

4. 护套试验

（1）高密度聚乙烯树脂原材料性能试验方法按 GB 11116 规定进行。

（2）护套拉伸和弯曲性能试验方法按 GB/T 1040 和 GB/T 9341 有关规定进行。

（3）护套厚度测量方法为取 1m 长无粘结预应力钢绞线，去除钢绞线及油脂，用精度不低于 0.02mm 的量具在护套每端口截面各均匀测量 3 点，取其最小值。

5. 摩擦系数 μ 和 κ 值试验

直线布筋及曲线（抛物线）布筋的混凝土构件或钢台座长度不应小于 5m，在张拉端及固定端分别设置精度不小于 0.5%FS 力传感器，张拉时根据两端拉力的差值，先推算出直线筋 κ 值，再按曲线筋算出 μ 值。每束无粘结预应力筋调换张拉端各作 3 次，共 6 次，取算术平均值。

κ 值按式 2.1.4-3 计算：

$$\kappa = \frac{-\ln(F_2/F_1)}{x} \quad （直线筋\ \theta = 0） \tag{2.1.4-3}$$

μ 值按式 2.1.4-4 计算：

$$\mu = \frac{-\ln(F_2/F_1) - \kappa x}{\theta} \tag{2.1.4-4}$$

式中 x——预应力筋长度，m；

θ——预应力筋曲线所包圆心角，rad；

F_1——张拉端力值，kN；

F_2——非张拉端力值，kN。

6. 无粘结预应力钢绞线外观检验

无粘结预应力钢绞线外观采用目测法检验。

（四）评定

当全部检验项目均符合技术要求时，该批产品为合格品；当检验结果有不合格项目时，对不合格项目应重新加倍取样进行复验，若复检结果仍不合格，应对全部供货产品逐盘进行检验，合格者方可出厂。

2.1.4.5 预应力筋用锚具、夹具和连接器

预应力筋用锚具、夹具、连接器的质量和性能应符合国家标准《预应力筋用锚具、夹

具和连接器》GB/T 14370—2007 和行业标准《预应力筋用锚具、夹具和连接器应用技术规程》JGJ 85—2002 的规定。

（一）技术要求

预应力筋用锚具、夹具、连接器的主要性能要求见表 2.1.4-24。

预应力筋用锚具、夹具、连接器的主要性能要求　　表 2.1.4-24

项目	锚具	夹具	连接器
外观质量	不得有裂纹		
硬度	按产品设计规定		
静载锚固性能	效率系数 $\eta_a \geq 0.95$ 总应变 $\varepsilon_{apu} \geq 2.0\%$ 锚具不得破坏	效率系数 $\eta_g \geq 0.92$ 夹具不得破坏	张拉后不拆卸的连接器应满足锚具的性能要求； 张拉后拆卸的连接器应满足夹具的性能要求
疲劳性能	循环 200 万次 锚具不得破坏 夹持区预应力筋破断面积不大于 5%	—	
周期荷载	循环 50 次 夹持区预应力筋不得破断	—	
其他性能	满足分级张拉及补张拉要求	良好的自锚性、松锚性和重复使用性	

（二）取样

1. 组批

每批产品的数量是指同一类产品，同一批原材料，用同一种工艺一次投料生产的数量。每个抽检组批锚具、夹具不得超过 1000 套；连接器不得超过 500 套。

2. 取样数量、取样方法

每批锚具、夹具、连接器的取样数量和取样方法应符合表 2.1.4-25 的规定。

（三）试验项目和试验方法

1. 试验项目

锚具、夹具、连接器的型式检验、出厂检验项目应符合表 2.1.4-25 的规定。

锚具、夹具、连接器的型式检验、出厂检验项目　　表 2.1.4-25

序号	产品	出厂检验	型式检验	进场检验	取样数量
1	锚具及张拉后不拆卸的连接器	外观	外观	外观	5%～10% 且不少于 10 套
2		硬度	硬度	硬度	3%～5% 且不少于 5 套
3		静载试验	静载试验	静载试验	6 套组成 3 个组件试件
4		—	疲劳试验	注	6 套组成 3 个组件试件
5		—	周期荷载试验	注	6 套组成 3 个组件试件
6		—	辅助性试验	注	6 套组成 3 个组件试件

续表

序号	产品	出厂检验	型式检验	进场检验	取样数量
7	夹具及张拉后拆卸的连接器	外观	外观	外观	5%~10%且不少于10套
8		硬度	硬度	硬度	3%~5%且不少于5套
9		静载试验	静载试验	静载试验	6套组成3个组装件试件
10	新型锚具	—	内缩量测定	—	3个组装件试件
11		—	锚固端摩阻损失测定	—	3个组装件试件
12		—	张拉锚固工艺性	—	1个组装件试件

注：按合同约定进行疲劳、周期荷载、辅助性试验。

2. 一般规定

（1）多孔预应力筋-锚具、夹具或连接器组装件受力长度不应小于3m，平行等长。单根钢绞线的组装件试件的受力长度不应小于0.8m。

（2）试验用的测力系统，其不确定度不得大于2%；测量总应变用的量具，其标距的不确定度不得大于标距的0.2%，指示应变的不确定度不得大于0.1%。

（3）试验用预应力钢材应经过选择，其直径公差应在锚具、夹具或连接器产品设计的允许范围之内。对符合要求的预应力钢材应先进行母材性能试验，试件不应少于6根，全部力学性能应符合国家或行业产品标准。

试验用的预应力钢材实测极限抗拉强度平均值 f_{pm} 所对应的预应力钢材等级，应不高于受检锚具、夹具或连接器设计使用的预应力钢材等级。用低等级预应力钢材检验合格的锚具、夹具或连接器，在工程中不得配用高等级的预应力钢材。

3. 静载试验

静载试验装置见图2.1.4-4。

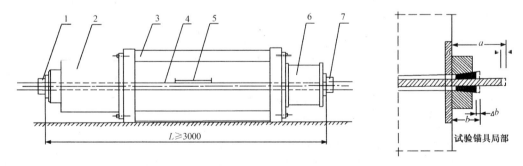

1、7—试验用锚具或夹具　2—加载千斤顶　3—承力台座　4—预应力筋　5—测量总应变装置　6—力传感器

图2.1.4-4　静载试验装置

（1）将各根预应力钢材的初应力调匀，初应力可取钢材抗拉强度标准值 f_{ptk} 的5%~10%。测量总应变装置的标距不小于1m，如用测量千斤顶活塞行程计算总应变，应扣除

承力台座压缩变形、缝隙压紧量和试验用锚具、夹具或连接器实测内缩量。预应力筋的计算长度为两端锚具起夹点的距离。

（2）按预应力钢材抗拉强度标准值 f_{ptk} 的 20%、40%、60%、80% 分 4 级等速加载，加载速度每分钟宜为 100MPa。

（3）达到预应力钢材抗拉强度标准值的 80% 后，持荷 1h，随后用低于每分钟 100MPa 的加载速度逐步加载至破坏。

（4）试验过程中测量和记录的项目包括：

1）有代表性的若干根预应力钢材与锚具、夹具或连接器之间在各级荷载时的相对位移 Δa；

2）锚具、夹具或连接器若干有代表性的零件之间在各级荷载时的相对位移 Δb；

3）达到 f_{ptk} 的 80% 持荷 1h 期间，Δa、Δb 应保持稳定；

4）试件的极限拉力 F_{apu}（或 F_{gpu}）；

5）达到极限拉力时的总应变 ε_{apu}；

6）记录试件的破坏部位与形式。破坏应是预应力钢材的断裂，锚具零件不应有过大的塑性变形，在满足技术要求的条件下夹片允许有纵向裂纹。

静载试验应连续进行三个组装件的试验，全部试验结果均应作出记录，并据此按公式（2.1.4-5）、公式（2.1.4-6）计算锚具、夹具或连接器的锚固效率系数 η_a 或 η_g 和相应的总应变 ε_{apu}。三个试验结果均应满足技术要求的规定，不得进行平均。

$$\eta_a = F_{apu} / (\eta_p \times F_{pm}) \tag{2.1.4-5}$$

$$\eta_g = F_{gpu} / F_{pm} \tag{2.1.4-6}$$

式中　F_{apu}——预应力筋-锚具组装件实测极限拉力；

　　　F_{pm}——预应力筋束实际平均极限拉力；

　　　F_{gpu}——预应力筋-夹具组装件实测极限拉力；

　　　η_p——预应力筋效率系数。预应力筋-锚具组装件中预应力钢材为 1 至 5 根时 $\eta_p = 1$，6 至 12 根时 $\eta_p = 0.99$，13 至 19 根时 $\eta_p = 0.98$，20 根以上时 $\eta_p = 0.97$。

4. 疲劳试验

（1）当疲劳试验机能力不够时，要以试验结果有代表性为原则，可以在实际锚板上少安装预应力钢材，或用本系列中较小规格的锚具组装成试验用组装件，但预应力钢材根数不得少于实际根数的 1/10。为了保证试验结果有代表性，直线形及有转折（如锚具有斜孔时）的预应力钢材都应包括在试验用组装件中。

（2）当锚固的预应力筋为钢丝、钢绞线或热处理钢筋时，试验应力上限取预应力钢材抗拉强度标准值 f_{ptk} 的 65%，疲劳应力幅度应不小于 80MPa。当锚固的预应力筋为有明显屈服台阶的预应力钢材时，试验应力上限取预应力钢材抗拉强度标准值 f_{ptk} 的 80%，疲劳应力幅度取 80MPa。如工程有特殊需要，试验应力上限及疲劳应力幅度取值可以另定。

（3）以约 100MPa/min 的速度加载至试验应力上限值，在调节应力幅度达到规定值后，开始记录循环次数。

（4）疲劳试验机的脉冲频率不应超过每分钟 500 次。

5. 周期荷载试验

(1) 当锚固的预应力筋为钢丝、钢绞线或热处理钢筋时,试验应力上限取预应力筋抗拉强度标准值 f_{ptk} 的 80%,下限取预应力钢材抗拉强度标准值 f_{ptk} 的 40%。当锚固的预应力筋为有明显屈服台阶的预应力钢材时,试验应力上限取预应力钢材抗拉强度标准值 f_{ptk} 的 90%,下限取预应力钢材抗拉强度标准值 f_{ptk} 的 40%。

(2) 以 100MPa/min~200MPa/min 的速度加荷至试验应力上限值,再卸荷至试验应力下限值为第一周期,然后荷载自下限值经上限值再回复到下限值为第 2 个周期,重复 50 个周期。

6. 辅助性试验

对新型锚具和连接器尚需进行下列辅助性试验:

(1) 锚具的内缩量测定

试验可用单根或小规格锚具,配合预应力筋在 5m~10m 长台座或构件孔道上进行。预应力筋张拉到 $0.8f_{ptk} \times A_p$ (A_p 预应力筋束总截面积)后放张,测定放张锚固过程中预应力筋的内缩量。可直接测量锚固处预应力筋相对位移,也可测出锚固前后预应力筋拉力差值换算。试验用的试件不得少于 3 个,取平均值。

(2) 锚固端摩阻损失测定

试件应包括锚具、喇叭型锚垫板等部件,测定预应力筋在锚具中的摩阻损失和在喇叭型锚垫板中弯折引起的拉力损失。试验可在模拟锚固区的混凝土构件或张拉台座上进行,试验张拉力为预应力筋的 $0.8f_{ptk} \times A_p$。用试件两端的力传感器测出锚具、喇叭型锚垫板前后预应力差值。试验取锚具系列中 3 个规格,每个规格 3 个试件,取平均值。

(3) 张拉锚固工艺试验

用预应力张拉锚固体系配套的全套机具进行张拉锚固工艺试验。进行分级张拉、多次张拉和放张,最高张拉力为预应力筋的 $0.8f_{ptk} \times A_p$。

通过张拉锚固工艺试验证明:

1) 有分级张拉或临时锚固的可能性;

2) 经过多次张拉锚固后,预应力筋内各根预应力钢材受力仍均匀;

3) 有将预应力筋全部放松的措施。

(四) 评定

1. 外观检验:尺寸和外观质量应符合图样规定。全部零件不得有裂纹,如发现 1 件有裂纹,应对本批全部产品进行逐件检验,合格者方可使用。

2. 硬度检验:按设计图样规定的位置和硬度范围检验和判定,如有 1 个零件不合格,另取双倍数量的零件重做检验;如仍有 1 个零件不合格,则应对本批零件逐个检查,合格者方可使用。

3. 静载锚固试验、疲劳塔载试验及周期荷载试验:如符合技术要求的规定,判为合格;如有 1 个试件不符合要求,可另取双倍数量试件重做试验,如仍有 1 个试件不合格,则该批产品不合格。

4. 辅助性试验为观测项目,不做合格与否的判定。

第2章 砌体结构材料检验

2.2.1 砌墙砖

一、烧结普通砖
以粘土、页岩、煤矸石、粉煤灰为主要原料经焙烧而成的普通砖。
（一）取样
1. 标志：
凡是到工程现场的产品，必须具有产品合格证，合格证的内容包括：生产厂名、产品标记、批量及编号、证书编号、本批产品实测技术性能和生产日期等；并有检验员和承检单位的签章。
2. 取样批量：
3.5万至15万块为一验收批，不足3.5万块按一批计。
3. 检验项目：
必须检验的项目：强度、其它项目：抗风化性能（包括5h沸煮吸水率、饱和系数）、泛霜、石灰爆裂、放射性、尺寸偏差，外观质量。
4. 各检验项目的取样数量：
外观质量：50块，尺寸偏差：20块，强度：10块，泛霜：5块，石灰爆裂：5块，冻融：5块，吸水率和饱和系数：5块，放射性：4块。
（二）技术要求
1. 尺寸偏差应符合表2.2.1-1

尺寸允许偏差（mm）　　　　　　表2.2.1-1

公称尺寸	优等品		一等品		合格品	
	样本平均偏差	样本极差≤	样本平均偏差	样本极差≤	样本平均偏差	样本极差≤
240	±2.0	6	±2.5	7	±3.0	8
115	±1.5	5	±2.0	6	±2.5	7
53	±1.5	4	±1.6	5	±2.0	6

2. 外观质量
砖的外观质量应符合表2.2.1-2的规定。

尺寸允许偏差（mm） 表2.2.1-2

项　目		优等品	一等品	合格
两条面高度差	≤	2	3	4
弯曲	≤	2	3	4
杂质凸出高度	≤	2	3	4
缺棱掉角的三个破坏尺寸 不得同时大于		5	20	3
裂纹长度≤	a、大面上宽度方向及其延伸至条面的长度	30	60	80
	b、大面上长度方向及其延伸至顶面的长度或条顶面上水平裂纹的长度	50	80	100
完整面a	不得少于	二条面和二顶面	一条面和一顶面	—
颜色		基本一致	—	—

注：为装饰面施加的色差，凹凸纹、拉毛、压花等不算作缺陷。

凡有下裂缺陷之一者，不得称为完整面：

a) 缺损在条面或顶面上造成的破坏面尺寸同时大于10mm×10mm。

b) 条面或顶面上裂纹宽度大于1mm，其长度超过30mm。

c) 压陷、粘底、焦花在条面或顶面上的凹陷或凸出超过2mm，区域尺寸同时大于10mm×10mm。

3. 强度

强度应符合表2.2.1-3规定。

强　　度（MPa） 表2.2.1-3

强度等级	抗压强度平均值 $\bar{f}$ ≥	变异系数 δ≤0.21 强度标准值 f_k ≥	变异系数 δ>0.21 单块最小抗压强度值 f_{min} ≥
MU30	30.0	22.0	25.0
MU25	25.0	18.0	22.0
MU20	20.0	14.0	16.0
MU15	15.0	10.0	12.0
MU10	10.0	6.5	7.5

4. 抗风化性能

（1）风化区的划分见表2.2.1-4。

（2）严重风化区中的1、2、3、4、5地区的砖必须进行冻融试验，风化地区砖的抗风性能符合表2.2.1-5规定时不做冻融试验，否则，必须进行冻融试验。

风化区划分 表 2.2.1-4

严重风化区		非严重风化区	
1. 黑龙江省	11. 河南省	1. 山东省	11. 福建省
2. 吉林省	12. 北京市	2. 河南省	12. 台湾省
3. 辽宁省	13. 天津市	3. 安徽省	13. 广东省
4. 内蒙古自治区		4. 江苏省	14. 广西壮族自治区
5. 新疆维吾尔自治区		5. 湖北省	15. 海南省
6. 宁夏回族自治区		6. 江西省	16. 云南省
7. 甘肃省		7. 浙江省	17. 西藏自治区
8. 青海省		8. 四川省	18. 上海市
9. 陕西省		9. 贵州省	19. 重庆市
10. 山西省		10. 湖南省	

风化区用风化指数进行划分。

风化指数是指日气温从正温降至负温或负温升至正温的每年平均天数与每年从霜冻之日起至消失霜冻之日止这一期间降雨总量（以 mm 计）的平均值的乘积。

风化指数大于等于 12700 为严重风化区，风化指数小于 12700 为非严重风化区。

抗风化性能 表 2.2.1-5

砖种类	严重风化区				非严重风化区			
	5h 沸煮吸水率/% ≤		饱和系数 ≤		5h 沸煮吸水率/% ≤		饱和系数 ≤	
	平均值	单块最大值	平均值	单块最大值	平均值	单块最大值	平均值	单块最大值
粘土砖	18	20	0.85	0.87	19	20	0.88	0.90
粉煤灰砖[a]	21	23			23	25		
页岩砖	16	18	0.74	0.77	18	20	0.78	0.80
煤矸石砖								

注[a]：粉煤灰掺入量（体积比）小于 30% 时，按粘土砖规定判定。

（3）冻融试验后，每块砖样不允许出现裂纹、分层、掉皮、缺棱、掉角等冻坏现象；质量损失不得大于 2%。

5. 泛霜

每块砖样应符合下列规定：

优等品：无泛霜；

一等品：不允许出现中等泛霜；

合格品：不允许出现严重泛霜。

6. 石灰爆裂

优等品：不允许出现最大破坏尺寸大于 2mm 的爆裂区域。

一等品：
（1）最大破坏尺寸大于 2mm 且小于等于 10mm 的爆裂区域，每组砖样不得多于 15 处。
（2）不允许出现最大破坏尺寸大于 10mm 的爆裂区域。
合格品：
（1）最大破坏尺寸大于 2mm 且小于等于 15mm 的爆裂区域，每组砖样不得多于 15 处。其中大于 10mm 的不得多于 7 处。
（2）不允许出现最大破坏尺寸大于 15mm 的爆裂区域。
7. 烧结普通砖的放射性水平应符合下列规定：

烧结普通砖作为主体材料，天然放射性核素镭—226、钍—232 和钾—40 的放射性比活度应同时满足 $I_{Ra}\leqslant 1.0$ 和 $I_r\leqslant 1.0$ 时，其产销与使用范围不受限制。

（三）试验方法：

1. 尺寸测量

（1）量具：

砖用卡尺（图 2.2.1-1）分度值为 0.5mm。

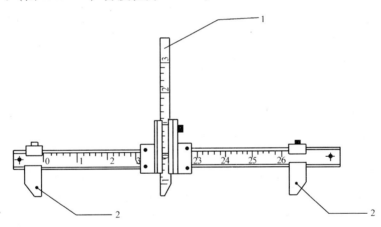

1—垂直尺；2—支脚

图 2.2.1-1　砖用卡尺

（2）测量方法：

长度应在砖的两个大面的中间处分别测量两个尺寸；宽度应在砖的两个大面的中间处分别测量两个尺寸；高度应在两上条面的中间处分别测两上尺寸，如图 2.2.1-2 所示。当被测处有缺损或凸出时，可在其旁边测量，但应选择不利的一侧。精确至 0.5mm。

（3）结果表示：

每一方向尺寸以两上测量值的算术平均值表示，精确至 1 mm。

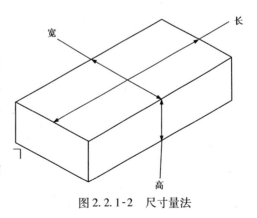

图 2.2.1-2　尺寸量法

2. 外观质量检查

(1) 量具：

1) 砖用卡尺（如图 2.2.1-1），分度值为 0.5mm；

2) 钢直尺，分度值为 1 mm。

(2) 测量方法：

1) 缺损：

①缺棱掉角在砖上造成的破损程度，以破损部分对长、宽、高三个棱边的投影尺寸来度量破坏尺寸，如图 2.2.1-3 所示。

②缺损造成的破坏面，系指缺损部分对条、顶面的投影面积，如图 2.2.1-4 所示。

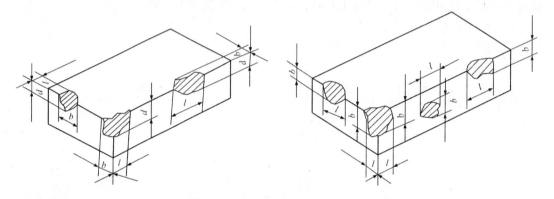

图 2.2.1-3 缺棱掉角破坏尺寸量法   图 2.2.1-4 缺损在条、顶面上造成破坏面量法

2) 裂纹：

①裂纹分为长度方向、宽度方向和水平方向三种，以被测方向的投影长度表示。如果裂纹从一个面延伸至其它面上时，则累计其延伸的投影长度，如图 2.2.1-5 所示。

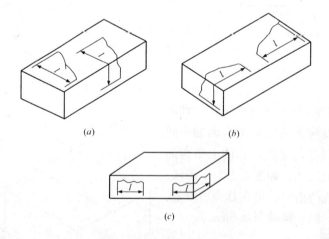

图 2.2.1-5 裂纹长度量法

②裂纹长度以在三个方向上分别测得的最长裂纹作为测量结果。

3) 弯曲：

①弯曲分别在大面和条面上测量，测量时将砖用卡尺的两支脚沿棱边两端放置，择其弯曲最大处将垂直尺推至砖面（图2.2.1-6），但不应将因杂质或碰伤造成的凹处计算在内。

②以弯曲中测得的较大者作为测量结果。

4) 杂质凸出高度：

杂质在砖面上造成的凸出度，以杂质距砖面的最大距离表示。测量时将砖用卡尺的两支脚置于凸出两边的砖平面上，以垂直尺测量（图2.2.1-7）。

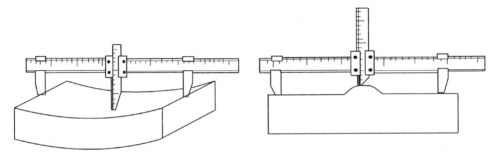

图2.2.1-6 弯曲量法　　　　　图2.2.1-7 杂质凸出量法

5) 结果处理：

外观测量以毫米为单位，不足1mm，按1mm计。

3. 抗压强度试验

（1）仪器设备：

1) 材料试验机：

试验机的示值机对误差不大于±1%，其下加压板应为球铰支座，预期最大破坏荷载应在量程的20%~80%之间；

2) 试件制备平台：

试件制备平台必须平整水平，可用金属或其他材料制作；

3) 水平尺：

规格为250mm~300mm；

4) 钢直尺：

分度值为1mm；

5) 振动台：

振幅0.3mm~0.6mm，振动频率2600次/分~3000次/分；

6) 制样模具；

7) 砂浆搅拌机；

8) 切割设备。

（2）试样：

试样数量10块。

（3）试样制备：

1）普通制样：

① 将试样切断或锯成两个半截砖，断开的半截砖长不得小于10mm，如图2.2.1-8所示。如果不足100mm，应另取备用试样补足。

② 在试样制备平台上，将已断开的两个半截砖放入室温的净水中浸10min～20min后取出，并以断口相反方向叠放，两者中间抹以厚度不超过5mm的用强度等级32.5的普通硅酸盐水泥调制成稠度适宜的水泥净浆粘结，上下两面用厚度不超过3mm的同种水泥浆抹平。制成的试件上下两面须相互平行，并垂直于侧面，如图2.2.1-9所示。

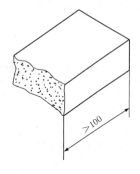

图2.2.1-8　半截砖长度示意图

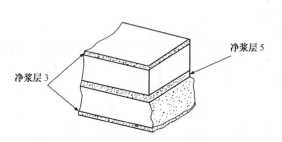

图2.2.1-9　水泥净浆层厚度示意图

2）模具制样：

① 将试样（烧结普通砖）切断成两个半截砖，截断面应平整，断开的半截砖长度不得小于100mm，如图2.2.1-9所示。如果不足100mm，应另取备用试样补足。

② 将已断开的半截砖放入室温的净水中浸20min～30min后取出，在铁丝网架上滴水20min～30min，以断口相反方向装入制样模具中。用插板控制两个半砖间距为5mm，砖大面与模具间距3mm，砖断面、顶面与模具间垫以橡胶垫或其他密封材料，模具内表面涂油或脱膜剂。制样模具及插板如图2.2.1-10所示。

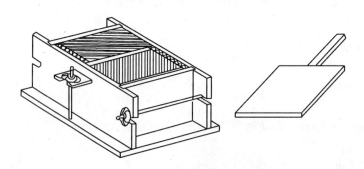

图2.2.1-10　制样模具及插板

③ 将经过1mm筛的干净细砂2%～5%与强度等级为32.5或42.5的普通硅酸盐水泥，用砂浆搅拌机调制砂浆，水灰比0.50～0.55左右。

④ 将装好砖样的模具置于振动台上,在砖样上加少量水泥砂浆,接通振动台电源,边振边向砖缝及砖模缝间加入水泥砂浆,加浆及振动过程为 0.5min~1min。关闭电源,停止振动,稍事静置,将模具上表面刮平整。

⑤ 两种制样方法并行使用,仲裁检验采用模具制样。

(4) 试件养护:

普通制样法制成的抹面试件应置于不低于 10℃ 的不通风室内养护 3d;机械制样的试件连同模具在不低于 10℃ 的不通风室内养护 24h 后脱膜,再在相同条件下养护 48h,进行试验。

(5) 试验步骤:

1) 测量每个试件连接面或受压面的长、宽尺寸各两个,分别取其平均值,精确至 1mm。

2) 将试件平放在加压板的中央,垂直于受压面加荷,应均匀平稳,不得发生冲击或振动,加荷速度为 5±0.5KN/S,直至试件破坏为止,记录最大破坏荷载 P。

(6) 结果计算与评定:

1) 每块试样的抗压强度(R_P)按式(2.2.1-1)计算,精确至 0.01MPa。

$$R_P = \frac{P}{LB} \tag{2.2.1-1}$$

式中 R_P——抗压强度,单位为兆帕(MPa);

P——最大破坏荷载,单位为牛顿(N);

L——受压面(连接面)的长度,单位为毫米(mm);

B——受压面(边接面)的宽度,单位米毫米(mm)。

2) 试验结果以试样抗压强度的算术平均值和标准值或单块最小值表示,精确至 0.1MPa。

3) 试验后按(2.2.1-2)或(2.2.1-3)分别计算出强度变异系数 δ、标准差 s。

$$\delta = \frac{S}{\bar{f}} \tag{2.2.1-2}$$

$$S = \sqrt{\frac{1}{9}\sum_{i=1}^{10}(f_t - \bar{f})^2} \tag{2.2.1-3}$$

式中 δ——砖强度变异系数,精确至 0.01;

S——10 块试样的抗压强度标准差,单位为兆帕(MPa),精确至 0.01;

$\bar{f}$——10 块试样的抗压强度平均值,单位为兆帕(MPa),精确至 0.01;

f_t——单块试样抗压强度平均值,单位为兆帕(MPa),精确至 0.01;

① 平均值—标准值方法评定:

变异系数 $\delta \leq 0.21$ 时,按表 2.2.1-3 中抗压强度平均值 $\bar{f}$、强度标准值 f_k 评定砖的强度等级。

样本量 $n=10$ 时的强度标准值按式 2.2.1-4 计算。

$$f_k = \bar{f} - 1.8s \tag{2.2.1-4}$$

式中 f_k——强度标准值,单位为兆帕(MPa)精确至 0.1。

② 平均值—最小值方法评定:

变异系数 δ>0.21 时，按表 2.2.1-3 中抗压强度平均值 f、单块最小抗压强度值 f_{min} 评定砖的强度等级，单块最小抗压强度值精确至 0.1MPa。

4. 冻融试验

（1）仪器设备：

1）低温箱或冷冻室：放入试样后箱（室）内温度可调至 -20℃ 或 -20℃ 以下；

2）水槽保持槽中水温 10℃~20℃ 为宜；

3）台秤，分度值 5g；

4）电热鼓风干燥箱：最高温度 200℃。

（2）试样数量：

试样数量 5 块。

（3）试验步骤：

1）用毛刷清理试样表面，将试样放入鼓风干燥箱中在 105℃±5℃ 下干燥至恒量（在干燥过程中，前后两次称量相差不超过 0.2%，前后两次称量时间间隔为 2h），称其质量 G_0，并检查外观，将缺棱掉角和裂纹作标记。

2）将试样浸在 10℃~20℃ 的水中，24h 后取出，用湿布拭去表面水分，以大于 20mm 的间距大面侧向立放于预先降温至 -15℃ 以下的冷冻箱中。

3）当箱内温度再降至 -15℃ 时开始计时，在 -15℃~20℃ 下冰冻；烧结砖浆 3h；然后取出放入 10℃~20℃ 的水中融化；烧结砖不少于 2h，如此为一次冻融循环。

4）每 5 次冻融循环，检查一次冻融过程中出现的破坏情况，如浆裂、缺棱、掉角、剥落等。

5）冻融过程中，发现试样的冻坏超过外观规定时，应继续试验至 15 次冻融循环结束为止。

6）15 次冻融循环后，检查并记录试样在冻融过程中的冻裂长度，缺棱掉角的剥落等破坏情况。

7）经 15 次冻融循环后的试样，放入鼓风干燥箱中，按 4、3、11 的规定干燥至恒量，称其质量 G_1。烧结砖若未发现冻坏现象，则可不进行干燥称量。

（4）结果计算与评定

1）外观结果：15 次冻融循环后，检查并记录试样在冻融过程中的冻裂长度，缺棱掉角和剥落等破坏情况。

2）质量损失率（G_m）按式（2.2.1-5）计算，精确至 0.1%。

$$G_m = \frac{G_0 - G_1}{G_0} \times 100 \qquad (2.2.1-5)$$

式中 G_m——质量损失率%；

G_0——试样冻融前干质量，单位为克（g）；

G_1——试样冻融后干质量，单位为克（g）。

3）试验结果以试样外观质量、质量损失率表示。

5. 石灰爆裂试验

（1）仪器设备：

1) 蒸煮箱；
2) 钢直尺，分度值为1mm。
（2）试样：
1) 试样为未经雨淋或浸水，且近期生产的砖样，数量为5块整砖。
2) 试验前检查每块试样，将不属于石灰爆裂的外观缺陷作标记。
（3）试验步骤：
1) 将试样平行侧立于蒸煮箱内的笆子板上，试样间隔不得小于50mm，箱内水面应低于笆子板40mm。
2) 加盖蒸6h后取出。
3) 检查每块试样上因石灰爆裂（含试验前已出现的爆裂）而造成的外观缺陷，记录其尺寸。
（4）结果评定
以试样石灰爆裂的尺寸最大者表示，精确至1mm。

6. 泛霜试验
（1）仪器设备：
1) 鼓风干燥箱；
2) 耐磨蚀的浅盘5个，容水深度25mm～35mm；
3) 能盖住浅盘的透明材料，在其中间部位开有大于试样宽度，高度或长度尺寸5mm～10mm的矩形孔；
4) 干、湿球温度计或其他温、湿度计。
（2）试样：
试样数量5块整砖。
（3）试验步骤：
1) 清理试样表面，然后放入105℃±5℃鼓风干燥箱中干燥24h，取出冷却至常温。
2) 将试样顶面朝上分别置于浅盘中，往浅盘中注入蒸馏水，水面高度不低于20mm。用透明材料覆盖在浅盘上，并将试样暴露在外面，记录时间。
3) 试样浸在盘中的时间为7d，开始2d内经常加水以保持盘水面高度，以后则保持浸在水中即可。试验过程中要求环境温度为16℃～32℃，相对湿度35%～60%。
4) 7d后取出试样，在同样的环境条件下放置4d。然后在105℃±5℃鼓风干燥箱中干燥至恒量。取出冷却至常温。记录干燥后的泛霜程度。
5) 7d后开始记录泛霜情况，每天一次。
（4）结果评定：
1) 泛霜程度根据记录以最严重者表示。
2) 泛霜程度划分如下：
无泛霜：试样表面的盐析几乎看不到。
轻微泛霜：试样表面出现一层细小明显的霜膜，但试样表面仍清晰。
中等泛霜：试样部分表面棱角出现明显霜层。
严重泛霜：试样表面出现起砖粉、掉屑及脱皮现象。

7. 吸水率和饱和系数试验

(1) 仪器设备：

1) 鼓风干燥箱；

2) 台秤、分度值为 5g；

3) 蒸煮箱。

(2) 试样：

试样数量 5 块整砖。

(3) 试验步骤：

1) 清理试样表面，然后置于 105℃±5℃ 鼓风干燥箱中干燥至恒量除去粉尘后，称其干质量 G_0。

2) 将干燥试样浸水 24h，水温 10℃～30℃。

3) 取出试样，用湿毛巾拭去表面水分，立即称量。称量时试样表面毛细孔渗出于秤盘中水的质量亦应计入吸水质量中，所得质量为浸泡 24h 的湿质量 G_{24}。

4) 将浸泡 24h 后的湿试样侧立放入蒸煮箱的箅子板上，试样间距不得小于 10mm，注入清水，箱内水面应高于试样表面 50mm，加热至沸腾，沸煮 3h，饱和系数试验沸煮 5h，停止加热冷却至常温。

5) 按 12.3.3 规定称量沸煮 3h 的湿质量 G_3，饱和系数试验称量沸煮 5h 的湿质量 G_5。

(4) 结果计算与评定：

1) 常温水浸泡 24h 试样吸水率 (W_{24}) 按式 (2.2.1-6) 计算，精确至 0.1%。

$$W_{24} = \frac{G_{24} - G_0}{G_0} \times 100 \qquad (2.2.1-6)$$

式中　W_{24}——常温水浸泡 24h 试样吸水率,%；

　　　G_0——试样干质量，单位为克 (g)；

　　　G_{24}——试样浸水 24h 的湿质量，单位为克 (g)。

2) 试样沸煮 3h 吸水率 (W_3) 按式 (2.2.1-7) 计算，精确至 0.1%。

$$W_3 = \frac{G_3 - G_0}{G_0} \times 100 \qquad (2.2.1-7)$$

式中　W_3——试样沸煮 3h 吸水率,%；

　　　G_3——试样沸煮 3h 的湿质量，单位为克 (g)；

　　　G_0——试样干质量，单位为克 (g)。

3) 每块试样的饱和系数 (K) 按式 (2.2.1-8) 计算，精确至 0.0001。

$$K = \frac{G_{24} - G_0}{G_5 - G_0} \times 100 \qquad (2.2.1-8)$$

式中　K——试样饱和系数；

　　　G_{24}——常温水浸泡 24h 试样湿质量，单位为克 (g)；

　　　G_0——试样干质量，单位为克 (g)；

　　　G_5——试样沸煮 5h 的湿质量，单位为克 (g)；

4) 吸水率以试样的算术平均值表示，精确至 1%，饱和系数以度样的算术平均值表示，精确至0.01。

8. 放射性物质检测

（1）仪器：

低本底多道γ能谱议。

（2）取样与制样：

1）取样：

随机抽取样品两份，每份不少于3kg。一份密封保存，另一份作为检验样品。

2）制样：

将检验样品破碎，磨细至粒径不大于0.16mm。将其放入与标准样品几何形态一致的样品盒中，称重（精确至1g）、密封、待测。

3）测量：

当检验样品中天然放射性衰变链基本达到平衡后，在与标准样品测量条件相同情况下，采用低本底多道γ能谱议对其进行镭—226、钍—232和钾—40比活度测量。

4）测量不确定度的要求：

当样品中镭-226、钍-232、钾-40放射性比活度之和大于$37Bq \cdot kg^{-1}$时，本标准规定的试验方法要求测量不确定度（扩展因子$K=1$）不大于20%。

5）检验结果的判定

① 建筑主体材料检验结果满足2.2.1（一）7（1）条时，判为合格。

② 装修材料检验结果按2.2.1（二）7（2）条进行分类判定。

（四）判定

1. 尺寸偏差

尺寸偏差符合表2.2.1-1相应等级规定，判尺寸偏差为该等级。否则，判不合格。

2. 外观质量

外观质量根据表2.2.1-2规定的质量指标，第一次50块检查出其中不合格品d_1，按下列规则判定：

$d_1 \leqslant 7$时，外观质量合格；

$d_1 \leqslant 11$时，外观质量不合格；

$d_1 \leqslant 7$，且$d_1 < 11$时，需再次从该产品中抽样50块检验，检查出不合格品数d_2，按下列规则判定：

$(d_1 + d_2) \leqslant 18$时，外观质量合格。

$(d_1 + d_2) \leqslant 19$时，外观质量不合格。

3. 强度

强度的试验结果应符合表2.2.1-3的规定。低于MU10判不合格。

4. 抗风化性能

抗风化性能应符合表2.2.1-5的规定。否则，判不合格。

5. 石灰爆裂和泛霜

石灰爆裂和泛霜试验结果应分别符合2.2.1（一）、5和2.2.1（二）、6相应等级的规定。否则，判不合格。

6. 放射性物质

放射性物质应符合 2.2.1（二）7 的规定。否则，判不合格，并停止该产品的生产和销售。

二、烧结多孔砖

以粘土、页岩、煤矸石、粉煤灰为主要原料，经焙烧而成主要用于承重部位的多孔砖

（一）取样

1. 标志

凡是使用于工程结构的材料，必须具有产品合格证，合格证主要内容包括：生产厂名、产品标记、批量及编号、证书编号、本批产品实测技术性能和生产日期，并由检验员和生产单位签章。

2. 取样批量

进入施工现场的烧结多孔砖每 5 万块为一验收批，不足 5 万块的按一批计。

3. 检验项目

必须检验的项目：抗压强度，其它项目根据使用需要选择：冻融、泛霜、石灰爆裂、吸水率和饱和系数、外观质量、尺寸偏差。孔型孔洞率及孔洞排列。

4. 各检验项目的取样数量（表 2.2.1-6）

取 样 数 量　　　　　　　　　　　表 2.2.1-6

序号	检验项目	抽样数量，块	序号	检验项目	抽样数量，块
1	外观质量	50（$n_1 = n_2 = 50$）	5	泛霜	5
2	尺寸偏差	20	6	石灰爆裂	5
3	强度等级	10	7	吸水率和饱和系数	5
4	孔型孔洞率及孔洞排列	5	8	冻融	5

（二）技术要求

1. 尺寸允许偏差

尺寸允许偏差应符合表 2.2.1-7 的规定。

尺寸允许偏差（mm）　　　　　　　　表 2.2.1-7

尺寸	优等品		一等品		合格品	
	样本平均偏差	样本极差≤	样本平均偏差	样本极差≤	样本平均偏差	样本极差≤
290、240	±2.0	6	±2.5	7	±3.0	8
190、180、175、140、115	±1.5	5	±2.0	6	±2.5	7
90	±1.5	4	±1.7	5	±2.0	6

2. 外观质量

砖的外观质量应符合表 2.2.1-8 的规定。

外 观 质 量（mm）　　　　　表 2.2.1-8

项 目	优等品	一等品	合格品
1. 颜色（一条面和一顶面）	一致	基本一致	—
2. 完整面 不得小于	一条面和一顶面	一条面和一顶面	—
3. 缺棱掉角的三个破坏尺寸不得同时大于	15	20	30
4. 裂纹长度 不大于			
a）大面上深入孔壁15mm以上宽度方向及其延伸到条面的长度	60	80	100
b）大面上深入孔壁15mm以上长度方向及其延伸到顶面的长度	60	100	120
c）条顶面上的水平裂纹	80	100	120
5. 杂质在砖面上造成的凸出高度 不大于	3	4	5

注：
1. 为装饰而施加的色差，凹凸纹、拉毛、压花等不算缺陷。
2. 凡有下列缺陷之一者，不能称为完整面：
a）缺损在条面或顶面上造成的破坏面尺寸同时大于20mm×30mm。
b）条面或顶面上裂纹宽度大于1mm，其长度超过70mm。
c）压陷、焦花、粘底在条面或顶面上的凹陷或凸出超过2mm，区域尺寸同时大于20mm×30mm。

3. 强度等级

强度等级应符合表2.2.1-9的规定。

强 度 等 级（MPa）　　　　　表 2.2.1-9

强度等级	抗压强度平均值 $\bar{f} \geq$	变异系数 $\delta \leq 0.21$ 强度标准值 f_k	变异系数 $\delta > 0.21$ 单块最小抗压强度值 $f_{min} \geq$
MU30	30.0	22.0	25.0
MU25	25.0	18.0	22.0
MU20	20.0	14.0	16.0
MU15	15.0	10.0	12.0
MU10	10.0	6.5	7.5

4. 孔型孔洞率及孔洞排列

孔型孔洞率及孔洞排列应符合表2.2.1-10的规定。

孔型孔洞率及孔洞排列　　　　　表 2.2.1-10

产品等级	孔 型	孔洞率，% ≥	孔洞排列
优等品	矩形条孔或矩形孔	25	交错排列，有序
一等品	矩形条孔或矩形孔	25	交错排列，有序
合格品	矩形孔或其他孔形	25	—

注：
1. 所有孔宽 b 应相等，孔长 $L \leq 50$ mm。
2. 孔洞排列上下，左右应对称，分布均匀，手抓孔的长度方向尺寸必须平行于砖的条面。
3. 矩形孔的孔长 L、孔宽 b 时，为矩形条孔。

5. 泛霜

每块砖样应符合下列规定：

优等品：无泛霜。

一等品：不允许出现中等泛霜。

合格品：不允许出现严重泛霜。

6. 石灰爆裂

优等品：不允许出现最大破坏尺寸大于2mm的爆裂区域。

一等品：

（1）最大破坏尺寸大于2mm且小于或等于10 mm的爆裂区域，每组砖样不得多于15处。

（2）不允许出现最大破坏尺寸大于10 mm的爆裂区域。

合格品：

（1）最大破坏尺寸大于2 mm且小于或等于15 mm的爆裂区域，每组砖样不得多于15处。其中大于10 mm的不得多于7处。

（2）不允许出现最大破坏尺寸大于15 mm的爆裂区域。

7. 抗风化性能

（1）风化区的划分见表2.2.1-4。

（2）严重风化区中的1、2、3、4、5地区的砖必须进行冻融试验，其他地区砖的抗风化性能符合表2.2.1-11规定时可不进行冻融试验，否则必须进行冻融试验。

抗风化性能　　　　表2.2.1-11

项目 砖种类	严重风化区				非严重风化区			
	5h沸煮吸水率/% ≤		饱和系数 ≤		5h沸煮吸水率/% ≤		饱和系数 ≤	
	平均值	单块最大值	平均值	单块最大值	平均值	单块最大值	平均值	单块最大值
	21	23	0.85	0.87	23	25	0.88	0.90
	23	25			30	32		
	16	18	0.74	0.77	18	20	0.78	0.80
	19	21			21	23		

注：粉煤灰掺入量（体积比）小于30%时按粘土砖规定判定。

（3）冻融试验后，每块砖样不允许出现裂纹、分层、掉皮、缺棱掉角等冻坏现象。

（三）试验方法

1. 尺寸偏差

同2.2.1（三）试验方法1。

2. 外观质量

（1）量具

同烧结普通砖2.2.1（三）2（1）。

（2）测量方法

1）缺损

同烧结普通砖，2.2.1（三）2（2）。

2）裂纹

① 裂纹长、宽、水平方向的长度测量方法同烧结普通砖，2.2.1（三）2（2）①。

② 多孔砖的孔洞与裂纹相通时，则将孔洞包括在裂纹内一并测量，如图2.2.1-11所示。

③ 裂纹长度以三个方向上分别测得的最长裂纹作为测量结果。

3）弯曲

同烧结普通砖，2.2.1（三）（2）、3）。

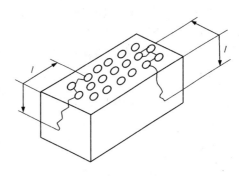

图2.2.1-11 多空砖裂纹通过孔洞时长度量法

4）杂质凸出度

同烧结普通砖，2.2.1（三）（2）、4）。

5）色差

装饰面朝上，随机分两排并列，在自然光下距离砖样2m处目测。

（3）外观测量以毫米为单位，不足1mm者，以1mm计。

3. 抗压强度试验

（1）仪器设备：

同烧结普通砖2.2.1（三）、3（1）

（2）试验数量10块。

（3）试样制备。

普通制样试件制作采用坐浆法操作。即将玻璃板置于试件制备平台上，其上铺一张湿的垫纸，纸上铺一层厚度不超过5mm的用强度等级32.5的普通硅酸盐水泥调制成稠度适宜的水泥净浆，再将试件在水中浸泡10min～20min，在钢丝网架上滴水3min～5min后，将试样受压面平稳地坐放在水泥浆上，在另一受压面上稍加压力，使整个水泥层与砖受面相互粘结，砖的侧面应垂直于玻璃板。待水泥浆适当凝固后，连同玻璃板翻放在另一铺纸放浆的玻璃上，再进行坐浆，用水平尺校正好玻璃板的水平。

（4）试件养护

试件应置于不低于10℃的不通风室内养护3d，然后进行试验。

（5）试验步骤及强度计算

同烧结普通砖2.2.1（三）.3.（3）、（4），其中试样数量为10块。试验后按式2.2.1-9、式2.2.1-10分别计算出强度变异系数δ、标准差S。

$$S = \frac{S}{f} \quad (2.2.1\text{-}9)$$

$$S = \sqrt{\frac{1}{9}\sum_{i=1}^{10}(f_1 - \bar{f})^2} \quad (2.2.1\text{-}10)$$

式中 δ——强度变异系数，精确至0.01MPa；

S——10块试样的抗压强度标准差，精确至0.01MPa；

$\bar{f}$——10块试样的抗压强度平均值，精确至0.01MPa；

f_1——单块试样抗压强度测定值，精确至0.01MPa。

(6) 结果计算与评定

1) 平均值—标准值方法评定：

变异系数 $\delta \leqslant 0.21$，按表2.2.1-9中抗压强度平均值 $\bar{f}$、强度标准值 f_k 指标评定砖的强度等级、精确至0.01MPa。

样本量 $n=10$ 时的强度标准值按式2.2.1-11计算。

$$f_k = \bar{f} - 1.8S \tag{2.2.1-11}$$

式中 f_k——强度标准值，精确至0.1MPa。

2) 平均值-最小值方法评定：

变异系数 $\delta > 0.21$，按表2.2.1-9中抗压强度平均值 $\bar{f}$、单块最小抗压强度值 $f_{\min}$ 评定砖的强度等级，精确至0.1MPa。

4. 孔型孔洞率及孔洞排列测定

(1) 设备

1) 台秤，分度值为5g；

2) 水池或水箱；

3) 水桶、大小应能悬浸一个被测砖样；

4) 吊架，见图2.2.1-12；

5) 砖用卡尺，分度值为0.5mm。

(2) 试样数量

试样数量5块。

(3) 试验步骤

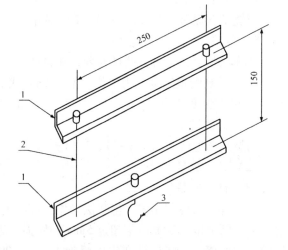

1—角钢（30mm×30mm）；2—拉筋；
3—钩子（与两端拉筋等距）单位：mm
图2.2.1-12 吊架

1) 测量试样的宽度和高度尺寸各2个，分别取其算术平均值，精确至1mm。计算每个试件的体积 v，精确至0.001mm³。

2) 将试件浸入室温的水中，水面应高出试件20mm以上，24h后将其分别移到水桶中，称出试件的悬浸质量 m_1，精确至5g。

3) 称取悬浸质量的方法如下：将秤置于平稳的支座上，在支座的下方与磅秤中线重合处放置水桶。在秤底盘上放置吊架，用铁丝把试件悬挂在吊架上，此时试件应离开水桶的底面且全部浸泡在水中，将秤读数减去吊架和铁丝的质量，即为悬浸质量。

4) 盲孔砖称取悬浸质量时，有孔洞的面朝上，称重前晃动砖体排出孔中的空气，待静置后称量，通孔砖任意放置。

5) 将试件从水中取出，放在铁丝网架上滴水1min，再用拧干的湿布拭去内、外表面的水、立即称其面干潮湿状态的质量 m_2，精确至5g。

6) 测量试件最薄处的壁厚、肋厚尺寸、精确至1mm。

(4) 结果计算与评定

1) 每个试件的孔洞率（Q）按式（2.2.1-12）计算。精确至0.1%。

$$Q = \left[1 - \frac{m_2 - m_1}{\dfrac{d}{v}}\right] \times 100 \qquad (2.2.1\text{-}12)$$

式中　　Q——试件孔洞率，%；

m_1——试件的悬浸质量，单位为千克（kg）；

m_2——试件面干潮湿状态的质量，单位为千克（kg）；

v——试件的体积，单位为立方米（m³）；

d——水的密度，为1000千克每立方米（1000kg/m³）。

试样的孔洞率以试件孔洞率的算术平均值表示，精确至1%。

2) 孔结构以孔洞排数及壁，肋厚最小尺寸表示。

5. 泛霜试验

同烧结普通砖2.2.1（三）6，浸水时将带孔的面朝上。

6. 石灰爆裂试验

同烧结普通砖2.2.1（三）5，试样可用1/2块的5块。

7. 吸水率和饱和系数试验

同烧结普通砖2.2.1（三）7，试样可用1/2块的5块。

8. 冻融试验

同烧结普通砖2.2.1（三）4，15次冻融循环后，检查并记录试样在冻融过程中的冻裂长度，缺棱掉角和剥落等破坏情况。

（四）判定

1. 尺寸偏差

尺寸偏差应符合表2.2.1-7相应等级的规定。

2. 外观质量

外观质量第一次50块取样根据2.2.1-8规定的外观质量指标，检查出其中不合格品数 d_1，按下列规定判定：

$d_1 \leqslant 7$ 时，外观质量合格；

$d_1 \geqslant 11$ 时，外观质量不合格；

$d_1 > 7$，且 $d_1 > 11$ 时，需再次从该产品批中抽样50块检验，检查出不合格品 d_2，按下列规则判定：

$d_1 + d_2 \leqslant 18$ 时，外观质量合格；

$d_1 + d_2 \geqslant 19$ 时，外观质量不合格。

3. 强度等级

强度等级的试验结果应符合表2.2.1-9的规定。

4. 孔型孔洞率及孔洞排列

孔型孔洞率及孔洞排列应符合表2.2.1-10相应等级的规定。

5. 泛霜和石灰爆裂

泛霜和石灰爆裂试验结果应分别符合表2.2.1-二（二）5和2.2.1-二（二）6相应等级的规定。

6. 抗风化性能

抗风化性能应符合表2.2.1-11规定。

三、蒸压灰砂砖

以石灰和砂为主要原料，允许掺入颜料和外加剂，经坯料制备，压制成型，蒸压养护而成的实心灰砂砖。

MU15、MU20、MU25的砖可用于基础及其他建筑；MU10的砖仅可用于防潮层以上的建筑。灰砂砖不得用于长期受热200℃以上、受急冷急热和酸性介质侵蚀的建筑部位。

（一）取样

1. 标志

凡使用于建筑工程结构的材料，必须具有产品合格证，产品合格证内容包括：生产厂名；商标；产品标记；本批产品测试结果和生产日期，并由检测员及生产单位签章。

2. 取样批量

同类型的灰砂砖每10万块为一批，不足10万块亦为一批。

3. 检验项目

必检项目：抗压强度、抗折强度，其它可根据工程需要选择；尺寸偏差和外观质量、颜色、抗冻性。

4. 各检验项目的取样数量（表2.2.1-12）

取 样 数 量　　　　　　　　　　　表2.2.1-12

项 目	抽样数量，块	项 目	抽样数量，块
尺寸偏差和外观质量	50（$n_1 = n_2 = 50$）	抗压强度	5
颜 色	36	抗冻性	5
抗折强度	5		

（二）技术要求

1. 尺寸偏差和外观

尺寸偏差和外观应符合表2.2.1-13的规定。

2. 颜色

颜色应基本一致，无明显色差，但对本色灰砂砖不作规定。

3. 抗压强度和抗折强度

抗压强度和抗折强度应符合表2.2.1-14的规定。

4. 抗冻性

抗冻性应符合表2.2.1-15的规定。

尺寸偏差和外观　　　　　　　　表 2.2.1-13

项　目			指　标		
			优等品	一等品	合格品
尺寸允许偏差，mm	长度	L	±2	±2	±3
	宽度	B	±2		
	高度	H	±1		
缺棱掉角	个数，不多于（个）		1	1	2
	最大尺寸不得大于，mm		10	15	20
	最小尺寸不得大于，mm		5	10	10
	对应高度差不得大于，mm		1	2	3
裂纹	条数，不多于（条）		1	1	2
	大面上宽度方向及其延伸到条面的长度不得大于，mm		20	50	70
	大面上长度方向及其延伸到顶面上的长度或条、顶面水平裂纹的长度不得大于，mm		30	70	100

力学性能（MPa）　　　　　　　　表 2.2.1-14

强度级别	抗压强度		抗折强度	
	平均值不小于	单块值不小于	平均值不小于	单块值不小于
MU25	25.0	20.0	5.0	4.0
MU20	20.0	16.0	4.0	3.2
MU15	15.0	12.0	3.3	2.6
MU10	10.0	8.0	2.5	2.0

抗冻性指标　　　　　　　　表 2.2.1-15

强度级别	冻后抗压强度、MPa平均值不小于	单块砖的干质量损失%不大于
MU25	20.0	2.0
MU20	16.0	2.0
MU15	12.0	2.0
MU10	8.0	2.0

注：优等品的强度级别不得小于MU15

（三）试验方法

1. 尺寸偏差

同烧结普通砖 2.2.1 –（三）.1。

2. 外观质量

同烧结普通砖 2.2.1 - （三）.2。

3. 抗压强度试验

（1）仪器设备

同 2.2.1（三）3（1）烧结普通砖。

（2）试样

试样数量 5 块。

（3）试样制备

同一块试样的两半截砖切断口相反叠放，叠合部分不得小于 100mm，如图 2.2.1-13 所示，即为抗压强度试件，如果不足 100mm 时，则应剔除，另取备用试件补足。

试件不需养护，直接进行试验。

（4）试验步骤

同烧结普通砖 2.2.1 - （三）.3（5）。

（5）结果计算与评定

同烧结普通砖 2.2.1 - （三）.3（5）。

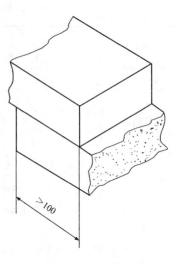

图 2.2.1-13 非烧结砖叠合示意图

4. 抗折强度试验

（1）仪器设备

1）材料试验机

试验机的示值相对误差不大于 ±1%，其下加压板应为球铰支座，预期最大破坏荷载应在量程的 20% ~ 80% 之时。

2）抗折夹具

抗折试验的加荷形式为三点加荷，其上压辊和下支辊的曲率半径为 15mm，下支辊应有一个为铰接固定。

3）钢直尺

分度值为 1mm。

（2）试样

1）试样数量 5 块。

2）试样处理

应放在温度为（20±5）℃的水中浸泡 24h 后取出，用湿布拭去其表面水分进行抗折强度试验。

（3）试验步骤

1）试样的宽度和高度尺寸各 2 个。分别取算术平均值，精确至 1mm。

2）调整抗折夹具下支辊的跨距为砖规格长度减去 40mm。但规格长度为 190mm 的砖，其跨距为 160mm。

3）将试样大面平放在下支辊上，试样两端与下支辊的距离应相同，当试样有裂缝或凹陷时，应使有裂缝或凹陷的大面朝下，以（50 ~ 150）N/s 的速度均匀加荷，直至试样断裂，记录最大破坏荷载 P。

4）结果计算与评定

① 每块试样的抗折强度（R_c）按式（1）计算，精确至 0.01MPa。

$$R_c = \frac{3PL}{2BH^2} \tag{2.2.1-13}$$

式中　R_c——抗折强度、单位为兆帕（MPa）；
　　　P——最大破坏荷载，单位为牛顿（N）；
　　　L——跨距，单位为毫米（mm）；
　　　B——试样宽度，单位为毫米（mm）；
　　　H——试样高度，单位为毫米（mm）。

② 试验结果以试样抗折强度的算术平均值和单块最小值表示，精确至 0.01MPa。

5. 冻融试验

（1）仪器设备

1）低温箱或冷冻室；放入试样后箱（室）内温度可调至 -20℃ 或 - 错误！链接无效。以下；

2）水槽，保持槽中水温 10℃~20℃ 为宜；

3）台秤，分度值 5g；

4）电热鼓风干燥箱，最高温度 200℃。

（2）试样数量

试样数量 5 块。

（3）试验步骤

1）用毛刷清理试样表面，将试样放入鼓风干燥箱中在 105℃±5℃ 下干燥至恒量（在干燥过程中，前后两次称量相差不超过 0.2%，前后两次称量时间间隔为 2h），称其质量 G_0，并检查外观，将缺棱掉角和裂纹作标记。

2）将试样浸在 10℃~20℃ 的水中，24h 后取出，用湿布拭去表面水分，以大于 20mm 的间距大面侧向立放于预先降温至 -15℃ 以下的冷冻箱中。

3）当箱内温度再降至 -15℃ 时开始计时，在 -15℃ ~ -20℃ 下冰冻：冻 5h，然后取出放入 10℃~20℃ 的水中融化；不少于 3h。如此为一次冻融循环。

4）每 5 次冻融循环，检查一次冻融过程中出现的破坏情况，如冻裂、缺棱、掉角、剥落等。

5）冻融过程中发现试样的冻坏超过外观规定时，应继续试验至 15 次冻融循环结束为止。

6）15 次冻融循环后，检查并记录试样在冻融过程中的冻裂长度，缺棱掉角和剥落破坏情况。

7）经 15 次冻融循环后的试样，放入鼓风干燥箱中，按本方法（3）、1）的规定干燥至恒量，称其质量 G_1。烧结砖若未发现冻坏现象，则可不进行干燥称量。

8）冻融干燥后的试样（再在 10℃~20℃ 的水中浸泡 24h）按本试验方法 3 的规定进行抗压强度试验。

（4）结果计算与评定

1）外观结果：15 次冻融循环后，检查并记录试样在冻融过程中的冻裂长度，缺棱掉角和剥落等破坏情况。

2）强度损失率（P_m）按式（2.2.1-14）计算，精确至 0.1%。

$$P_m = \frac{P_0 - P_1}{P_0} \times 100 \qquad (2.2.1\text{-}14)$$

式中　P_m——强度损失率,%;

P_0——试样冻融前强度，单位为兆帕（MPa）;

P_1——试样冻融后强度，单位为兆帕（MPa）。

3）质量损失率（G_m）按式（2.2.1-15）计算，精确至 0.1%。

$$G_m = \frac{G_0 - G_1}{G_0} \times 100 \qquad (2.2.1\text{-}15)$$

式中　G_m——质量损失率,%;

G_0——试样冻融前干质量，单位为克（g）;

G_1——试样冻融后干质量，单位为克（g）;

4）试验结果以试样抗压强度损失率、质量损失率表示与评定。

（四）判定

1. 尺寸偏差和外观质量

尺寸偏差和外观质量采用二次抽样方案，根据表 2.2.1-13 规定的质量指标，检查出其中不合格块数 d_1，按下列规则判定：

$d_1 \leqslant 5$ 时，尺寸偏差和外观质量合格；

$d_1 \geqslant 9$ 时，尺寸偏差和外观质量不合格；

$d_1 > 5$，且 < 9 时，需再次从该产品批中抽样 50 块检验，检查出不合格品数 d_2，按下更规则判定：

$(d_1 + d_2) \leqslant 12$ 时，尺寸偏差和外观质量合格；

$(d_1 + d_2) \geqslant 13$ 时，尺寸偏差和外观质量不合格。

2. 颜色抽检样品应无明显色差判为合格。

3. 抗压强度和抗折强度级别由试验结果的平均值和最小值按表 2.2.1-14 判定。

4. 抗冻性如符合表 2.2.1-15 相应强度级别时判为符合该级别，否则判不合格。

四、蒸压灰砂空心砖

以石灰，砂为主要原材料，经坯料制备，压制成型、蒸压而制成的孔洞率大于 15% 的蒸压灰砂空心砖，灰砂空心砖可用于防潮层以上的建筑部位，不得用于受热 200℃ 以上，受急冷急热和有酸性介质的建筑部位。

（一）取样

1. 标志

凡是到工程现场的产品，必须具有产品合格证，合格证的内容包括，生产厂名、商标、产品标记、每批产品实测的技术性能指标和生产日期，并有检验员和单位的签章。

2. 取样批量

每 10 万块砖为一验收批，不足 10 万块亦为一批。

3. 检验项目

必检项目：抗压强度；其它项目根据工程需要选择；尺寸、外观、抗冻性。
4. 各检验项目的取样数量
外观质量尺寸偏差见50块，抗压强度：10块；抗冻性：10块。
（二）技术要求
1. 尺寸允许偏差、外观质量和孔洞率
（1）蒸压灰砂空心砖规格及公称尺寸应符合表2.2.1-16。

蒸压灰砂空心砖规格及公称尺寸（mm） 表2.2.1-16

规格代号	公称尺寸		
	长	宽	高
NF	240	115	53
1.5NF	240	115	90
2NF	240	115	115
3NF	240	115	175

注：对于不符合本表尺寸的砖，不得用规格代号来表示，而用长×宽×高的尺寸来表示。

孔洞采用圆形或其他孔形。空洞应垂直于大面。
（2）尺寸允许偏差、外观质量和孔洞率
尺寸允许偏差、外观质量和孔洞率应符合表2.2.1-17的规定。

尺寸允许偏差、外观质量和孔洞率 表2.2.1-17

序号	项 目		指 标		
			优等品	一等品	合格品
1	尺寸允许偏差 长度，mm	≤	±2	±2	±3
	宽度，mm	≤	±1		
	高度，mm	≤	±1		
2	对应高度差，mm 过	≤	±1	±2	±3
3	孔洞率,%	≥	15		
4	外壁厚度，mm	≥	10		
5	肋厚度	≥	7		
6	尺寸缺棱掉角最小尺寸，mm	≤	15	20	23
7	完整面	不少于	1条面和1顶面	一条面或1顶面	一条面或1顶面
8	裂纹长度，mm ≤ a，条面上高度方向及其延伸到大面的长度		30	50	70
	b，条面上长度方向及其延伸到顶面上的水平裂纹长度		50	70	100

注：凡有以下缺陷者，均为非完整面。
a) 缺棱尺寸或掉角的最小尺寸大于8mm；
b) 灰球、粘土团、草根等杂物造成破坏面尺寸大于10mm×20mm；
c) 有汽泡、麻面、龟裂等缺陷造成的凹陷与凸起分别超过2mm。

2. 抗压强度

抗压强度应符合表 2.2.1-18 的规定。优等品的强度级别就不低于 15 级，一等品的强度级别应不低于 10 级。

抗压强度（MPa）　　　　　　　　　　　　　　表 2.2.1-18

强度级别	抗压强度	
	五块平均值≥	单块值≥
25	25.0	20.0
20	20.0	16.0
15	15.0	12.0
10	10.0	8.0
7.5	7.5	6.0

3. 抗冻性

抗冻性应符合表 2.2.1-19 的规定。

抗　冻　性　　　　　　　　　　　　　　表 2.2.1-19

强度级别	冻后抗压强度，MPa 平均值≥	单块砖的干质量损失，%≥
25	20.0	2.0
20	16.0	
15	12.0	
10	8.0	
7.5	6.0	

（三）试验方法

1. 尺寸偏差、外观质量和孔洞率的试验

按 2.2.1. 二（三）1、2、4 的方法测定。

2. 抗压强度试验

（1）仪器设备

材料试验机示值相对误差不超过 1%，量程的选择应使试样的最大破坏荷载在满载的 20%～80%。

（2）试样

1）试样数量和要求

①NF 砖，取 10 块整砖，以二块整砖叠合沿竖孔方向加压。

②除 NF 砖外，其他规格的砖取五块整砖，以单块整砖沿竖孔方向加压。

2）试样处理

将试样放在 15℃以上的水中浸泡 24h 后取出，用湿布擦去表面水分。

3) 试验步骤

①按 5.1 测量试样的长度和宽度（精确至 1mm）。

②将整块试样平放在材料试验机加压板中央，且竖孔开口朝下，以 2.5~5.0kN/s 的速度加荷直至试样破坏。

4) 结果计算与评定

①结果计算：抗压强度 f_F 按式（2.2.1-16）计算（精确至 0.01MPa）；

$$f_F = \frac{F}{L \cdot B} \quad (2.2.1-16)$$

式中 f_F——抗压强度，MPa；

F——破坏荷载，N；

L——试样长度，mm；

B——试样宽度，mm。

②结果评定：按五块试样抗压强度的算术均值和单块值来确定（精确至 0.1MPa）。

3. 抗冻试验：同蒸压灰砂砖 2.2.1. 三.（三）.5 冻融试验。

（四）判定

1. 若尺寸偏差、外观质量不符合表 2.2.1-17 优等品规定的砖数小于或等于五块，判该批砖外观质量为优等品，不符合一等品规定的砖数小于或等于五块，判该批砖为一等品；不符合合格品规定的砖数小于或等于五块，判该批砖为合格品。

2. 该批砖的强度级别由每组试验平均值和最小值按表 2.2.1-18 判定。

3. 每批砖的等级应根据尺寸偏差、外观质量、孔洞率、抗压强度和抗冻性按表 2.2.1-1、表 2.2.1-18 和表 2.2.1-19 判定。

五、粉煤灰砖

以粉煤灰、石灰或水为主要原料，掺加适量石膏、外加剂、颜料和集料等，经坯料制备、成型、高压或常压蒸汽养护而制成的实心粉煤灰砖。

（一）取样

1. 标志

凡是到现场的产品，必须具有产品合格证，产品合格证主要包括生产企业名称，产品标记、商标、批量编号、证书编号、并由检验员或承检单位签章。必要时，还应提供使用说明书。

2. 取样批量

每 10 万块为一验收批，不足 10 万块按一批计。

3. 检验项目

必须检验的抗压强度，抗折强度，其它根据需要选择：尺寸偏差；外观质量；色差；抗冻性；干燥收缩；碳化性能。

4. 各检验项目的取样数量

尺寸偏差：50 块，外观：50 块，强度：10 块，抗冻：10 块，干燥收缩：3 块，碳化性能：25 块或 15 块，色差：36 块。

（二）技术要求

1. 尺寸偏差和外观

尺寸偏差和外观应符合表 2.2.1-20 的规定。

尺寸偏差 mm 和外观　　　　　表 2.2.1-20

项 目		指　　标		
		优等品（A）	一等品（B）	合格品（C）
尺寸允许偏差： 　长 　宽 　高		±2 ±2 ±2	±3 ±3 ±2	±4 ±4 ±3
对应高度差	≤	1	2	3
缺棱掉角的最小破坏尺寸	≤	10	15	20
宽整面	不少于	二条面和一顶面或 二顶面和一条面	一条面和一顶面	一条面和一顶面
裂纹长度 a. 大面上宽度方向的裂纹（包括延伸到条面上的长度） b. 其他裂纹	≤	30 50	50 70	70 100
层　　裂		不允许		

注：在条面或顶面上破坏面的两个尺寸同时大于 10mm 和 20mm 者为非完整面。

2. 色差

色差应不显著。

3. 强度等级

强度等级应符合表 2.2.1-21 的规定，优等品砖的强度等级应不低于 MU15。

粉煤灰砖强度指标（MPa）　　　　　表 2.2.1-21

强度等级	抗压强度		抗折强度	
	10 块平均值≥	单块值≥	10 块平均值≥	单块值≥
MU30	30.0	24.0	6.2	5.0
MU25	25.0	20.0	5.0	4.0
MU20	20.0	16.0	4.0	3.2
MU15	15.0	12.0	3.3	2.6
MU10	10.0	8.0	2.5	2.0

4. 抗冻性

抗冻性应符合表 2.2.1-22 的规定。

5. 干燥收缩

干燥收缩值：优等品和一等品应不大于 0.65mm/m；合格品应不大于 0.75mm/m。

粉煤灰砖抗冻性　　　　　　表2.2.1-22

强度等级	抗压强度，MPa平均值≥	砖的干质量损失,% 单块值≤
MU30	24.0	2.0
MU25	20.0	
MU20	16.0	
MU15	16.0	
MU10	8.0	

6. 碳化性能

碳化系数 $K_c \geq 0.8$。

（三）试验方法

1. 尺寸偏差、外观质量测定

同烧结普通砖2.2.1-（三）.1.2。

2. 色差测定

取36块粉煤灰砖，平放在地上，在自然光照下，距离样品1.5mm处目测无明显色差。

3. 强度试验

抗压强度、抗折强度同2.2.1.三．蒸压灰砂砖中（三）3、4的方法。

4. 冻融试验：

同2.2.1.三蒸压灰砂砖中（三）.5。

5. 干缩试验：

（1）仪器设备

1）立式收缩仪，精度为0.01mm，上下测点采用900锥形凹座，如图2.2.1-14所示；

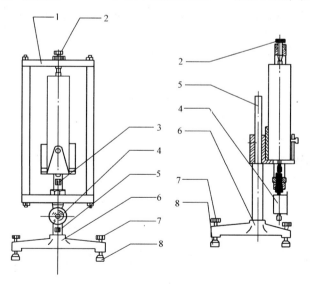

1—测量框架；2—上支点螺栓；3—下支点；
4—百分表；5—立柱；6—底座；7—调平螺栓；8—调平座

图2.2.1-14　收缩测定仪示意图

2) 收缩头，采用黄铜或不锈钢制成。如图 2.2.1-15 所示；

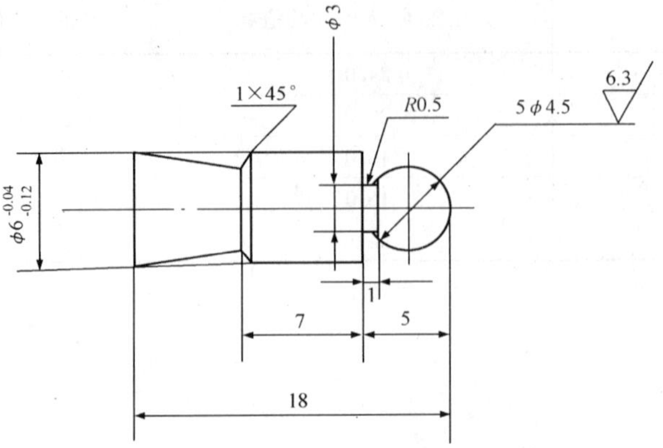

图 2.2.1-15　收缩头

3) 鼓风干燥箱或调温调湿箱，鼓风干燥箱或调温调湿箱的箱体容体不小于 $0.05m^3$ 或大于试件的总体积的 5 倍；

4) 搪瓷样盘；

5) 冷却箱：冷却箱可用金属板加工，且备有温度观测装置及具有良好的密封性；

6) 恒温水槽：水温 $(20±1)℃$。

（2）试件

1) 试件数量 3 块。

2) 试件处理

① 在试件两个顶面的中心，各钻一个直径 6mm～10mm，深度 13mm 孔洞。

② 将试件浸水 4h～6h 后取出在孔内灌入水玻璃水泥浆或其他粘结剂，然后埋置收缩头，收缩头中心线应与试件中心线重合，试件顶面必须平整。2h 后检查收缩头安装是否牢固，否则重装。

（3）试验步骤

1) 将试件放置 1d 后，浸入水温为 $(20±1)℃$ 恒温水槽中，水面应高出试件 20mm，保持 4d。

2) 将试件从水中取出，用湿布拭去表面水分并将收缩头擦干净。

3) 用标准杆调整仪表原点（一般取 5.00），然后按标明的测试方向立即测定试件初始长度，记下初始百分表读数。

4) 将试件放入温度为 $(50±1)℃$，温度以饱和氯化钙控制（每立方米箱体应给予不低于 $0.3m^3$ 暴露面积且含有充分固体的氯化钙饱和溶液）的鼓风干燥箱或调温湿箱中进行干燥。

5) 每隔 1d 从箱内取出试件测长度一次，当试件取出后应立即放入冷却箱中，在 $(20±1)℃$ 的房间内冷却 4d 后进行测试。测前应校准百分表原点。要求每组试件在 10min 内测完。

6) 按 4)、5) 条所述反复进行干燥、冷却和测试，直至两次测长读数差在 0.01mm

范围内时为止,以最后两次的平均值作为干燥后读数。

(4) 结果计算与评定

1) 干燥收缩值 (S) 按式 (2.2.1-17) 计算。

$$S = \frac{L_1 - L_2}{L_0 - (M_0 - L_1) - 2L} \times 1000 \quad (2.2.1-17)$$

式中　S——干燥收缩值,单位为毫米/米 (mm/m);

　　　L_0——标准杆长度,单位为毫米 (mm);

　　　L_1——试件初始长度 (百分表读数),单位为毫米 (mm);

　　　L_2——试件干燥后长度 (百分表读数),单位为毫米 (mm);

　　　L——收缩头长度,单位为毫米 (mm);

　　　M_0——百分表原点,单位为毫米 (mm);

　　　1000——系数,单位为毫米/米 (mm/m)。

2) 试验结果以试件干燥收缩值的算术平均值表示,精确至 0.01mm/m。

6. 碳化试验

(1) 仪器设备和试剂

1) 碳化箱:下部设有进气孔,上部设有排气孔,且有湿度观察装置,盖(门)必须严密;

2) 二氧化碳钢瓶;

3) 转子流量计;

4) 气体分析仪;

5) 台秤:分度值5g;

6) 干、湿球温度计或其他温、湿度计;最高温度100℃;

7) 二氧化碳气体:浓度大于80% (m/m);

8) 1% (m/m) 酚酞溶液:用浓度为70% (m/m) 的乙醇配制。

(2) 试件

取经尺寸偏差和外观检查合格的砖样25块,其中10块为对比试样(也可采用抗压强度试验结果若采用抗压强度试验结果作对比,则试样可取15块)。

10块用于测定碳化后强度,5块用于碳化深度检查。

(3) 试验条件

1) 湿度:碳化过程的相对湿度控制在90%以下。

2) 二氧化碳浓度:

① 二氧化碳浓度的测定

二氧化碳浓度采用气体分析仪测定,第一、二天每隔2h测定一次,以后每隔4h测定一次,精确至1%,并根据测得的二氧化碳浓度,随时调节其流量。

② 二氧化碳浓度的调节和控制:

如图2.2.1-16所示,装配人工碳化装置,调节二氧化碳钢瓶的针形阀,控制流量使二氧化碳浓度达60%以上。

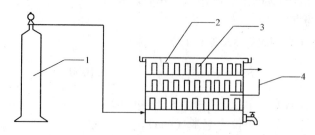

1—二氧化碳钢瓶；2—碳化箱；3—砖样；4—干、湿温度计

图 2.2.1-16　人工碳化装置示意图

（4）试验步骤

1）取 10 块对比试件按 2.2.1. 三中的（三）.3.4 进行抗压强度试验。

2）其余 15 块试件在室内放置 7d，然后放入碳化箱内进行碳化，试件间隔不得小于 20mm。

3）从第十天开始，每 5d 取一块试件劈开，用 10% 酚酞乙醇溶液检查碳化程度，当试件中心不呈显红色时，则认为试件已全部碳化。

4）将已全部碳化的 10 块试件于室内放置 24d~36d 后按 7.5 条进行抗压强度试验。

（5）结果计算与评定：

1）碳化系数（K_c）按式（2.2.1-18）计算，精确至 0.01。

$$K_c = \frac{R_c}{R_0} \qquad (2.2.1-18)$$

式中　K_c——碳化系数；

R_c——人工碳化抗压强度，单位为兆帕（MPa）；

R_0——砖的抗压强度，单位为兆帕（MPa）。

2）以试件人工碳化抗压强度的算术平均值表示，精确至 0.1MPa。

（四）判定

1. 尺寸偏差和外观质量

尺寸偏差和外观质量采用二次抽样方案。首先抽取第一样本（$n_1 = 50$），根据表 2.2.1-20 的质量指标检查出其中不合格数 d_1，按下列规则判定：

$d_1 \leq 5$ 时，尺寸偏差和外观质量合格；

$d_1 \geq 9$ 时，尺寸偏差和外观质量不合格；

$d_1 > 5$ 时，且 $d_1 < 9$ 时，需对第二样本（$n_2 = 50$）进行检验，检查出不合格品数 d_2，按下列规定判定：

$(d_1 + d_2) \leq 12$ 时，尺寸偏差和外观质量合格；

$(d_1 + d_2) \geq 13$ 时，尺寸偏差和外观质量不合格。

2. 彩色粉煤灰砖的色差符合本标准三、（二）、2 条规定时判为合格

3. 强度等级

强度等级符合表 2.2.1-21 相应规定时判为合格，且确定相应等级；否则判为不合格。

4. 抗冻性

抗冻性符合表 2.2.1-22 相应规定时判为合格，否则判不合格。

5. 干燥收缩

干燥收缩值符合三（二）、5 的规定时判为合格，且确定相应等级，否则判不合格。

6. 碳化性能

碳化性能符合三、（二）、6 的规定时判为合格，否则判不合格。

六、煤渣砖

以煤渣为主要原料，掺为适量石灰、石膏、经混合、压制成型蒸养或蒸压而成的实心煤渣砖。可用于工业与民用建筑的墙体和基础，但用于基础或用于易受冻融和干湿交替作用的建筑部位必须使用 15 级与 15 级以上的砖。不得用于长期受热 200℃ 以上，受急冷热和有酸性介质侵蚀的建筑部位。

（一）取样

1. 标志

进入建筑工程现场的产品，必须具有产品合格证，合格证内容包括：生产厂名、商标、产品标记、本批产品的批号和生产日期。产品的检测报告，并有检验员和单位的签章。

2. 取样批量

每 10 万块为一验收批，不足 10 万块亦为一批。

3. 检验项目

必须检验的项目：抗压强度、抗折强度，其它项目可根据需要选择：尺寸偏差、外观质量、抗冻性、碳化性能、放射性。

4. 各检验项目的取样数量

外观质量：50 块，尺寸偏差：20 块，抗压强度：5 块，抗折强度：5 块，抗冻性：5 块，碳化性能：15 块，放射性：4 块。

（二）技术要求

1. 尺寸偏差与外观质量

尺寸偏差与外观质量应符合表 2.2.1-23 规定。

2. 强度级别

强度级别应符合表 2.2.1-24 的规定，优等品的强度级别应不低于 15 级，一等品的强度级别不低于 10 级，合格品的强度级别应不低于 7.5 级。

3. 抗冻性

抗冻性应符合表 2.2.1-25 的规定。

4. 碳化性能

碳化性能应符合表 2.2.1-26 的规定。

5. 放射性

放射性应符合烧结普通砖技术要求 7 的规定。

当企业生产更换原料来源或配比时，必须预先进行放射性核素比活度检验，以保证产品满足放射性要求。

尺寸偏差及外观质量　　　　　　　　　　表 2.2.1-23

项　　目		指　　标		
		优等品	一等品	合格品
尺寸允许偏差： 　长度 　宽度 　高度		±2	±3	±4
对应高度差	不大于	1	2	3
每一缺棱掉角的最小破坏尺寸	不大于	10	20	30
完整面	不少于	二条面和一顶面或 二顶面和一条面	一条面和一顶面	一条面和一顶面
裂缝长度 a. 大面上宽度方向及其延伸到条面的长度； b. 大面上长度方向及其延伸到顶面上的长度或条，顶面水平裂纹的长度	不大于	30 50	50 70	70 100
层裂		不允许	不允许	不允许

注：在条面或顶上破坏面的两个尺寸同时大于10mm和20mm者为非完整面。

强 度 级 别（MPa）　　　　　　　　　　表 2.2.1-24

强度级别	抗压强度		抗折强度	
	10块平均值不小于	单块值不小于	10块平均值不小于	单块值不小于
20	20.0	15.0	4.0	3.0
15	15.0	11.2	3.2	2.4
10	10.0	7.5	2.5	1.9
7.5	7.5	5.6	2.0	1.5

注：强度级别经蒸汽养护后24~36h内的强度为准。

抗 冻 性　　　　　　　　　　表 2.2.1-25

强度级别	冻后抗压强度，MPa 平均值不小于	单块砖的干质量损失，% 不大于
20	16.0	2.0
15	12.0	2.0
10	8.0	2.0
7.5	6.0	2.0

碳 化 性 能　　　　　　　　　　表 2.2.1-26

强度级别	碳化后强度，MPa 平均值不小于	强度级别	碳化后强度，MPa 平均值不小于
20	14.0	10	7.0
15	10.5	7.5	5.2

（三）试验方法：
1. 尺寸偏差和外观质量
同烧结普通砖中试验方法1.2。
2. 强度试验
同蒸压灰砂砖中试验方法3.4。
3. 冻融试验
同蒸压灰砂砖试验方法5。
4. 碳化试验
同粉煤灰砖试验方法6。
5. 放射性
同烧结普通砖中试验方法8。
（四）判定
1. 若尺寸偏差，与外观质量不符合表1优等品规定的砖数不超过10块，判该批砖尺寸偏差与外观质量为优等品；不符合一等品规定的砖数不超过10块，判该批砖为一等品；不符合合格品规定的砖数不超过10块，判该批砖为合格品。
2. 该批砖的强度级别按表2.2.1-24的规定。
3. 每批砖的等级应在抗冻性和碳化性能符合表2.2.1-25和表2.2.1-26规定的前提下，根据尺寸偏差，外观质量和强度按表2.2.1-23、表2.2.1-24判定。
4. 放射性同烧结普通砖判定7。

2.2.2 建筑砌块

一、普通混凝土小型空心砌块
用于工业与民用建筑。
（一）取样
1. 标志
凡进入建筑工程施工现场墙体材料的产品，必须具有产品质量合格证书，内容包括：厂名和商标、批量编号与砌块数量；产品标记和检验结果；合格证编号；检验部门和检验人员签章。
2. 取样批量
砌块按外观质量等级和强度等级分批验收，以同一种原材料配制成相同外观质量等级、强度等级和同一工艺生产的一万块砌块为一批，不足一万块者亦按一批。
3. 检验项目
必须检验项目：强度，其它项目可根据需要选择：相对含水率、抗渗性、抗冻性、空心率。
4. 各检验项目的取样数量
尺寸偏差和外观质量：32块，强度等级；5块，相对含水率：3块，抗渗性：3块，抗冻性：10块，空心率：3块。

（二）技术要求

1. 规格

（1）规格尺寸

主规格尺寸为 390mm×190mm×190mm，其他规格尺寸可由供需双方协商。

（2）最小外壁厚应不小于 30mm，最小肋厚应不小于 25mm。

（3）空心率应不小于 25%。

（4）尺寸允许偏差应符合表 2.2.2-1 要求

尺寸允许偏差（mm）　　　　　　　　　　　表 2.2.2-1

项目名称	优等品（A）	一等品（B）	合格品（C）
长度	±2	±3	±3
宽度	±2	±3	±3
高度	±2	±3	+3 ±4

2. 外观质量应符合表 2.2.2-2 规定

外 观 质 量　　　　　　　　　　　表 2.2.2-2

项目名称			优等品（A）	一等品（B）	合格品（C）
弯曲，mm		不大于	2	2	3
掉角缺棱	个数，个	不多于	0	2	2
	三个方向投影尺寸的最小值，mm	不大于	0	20	30
裂纹延伸的投影尺寸累计，mm		不大于	0	20	30

3. 强度等级应符合表 2.2.2-3 的规定

强 度 等 级　　　　　　　　　　　表 2.2.2-3

强度等级（MPa）	砌块抗压强度	
	平均值不小于	单块最小值不小于
MU3.5	3.5	2.8
MU5.0	5.0	4.0
MU7.5	7.5	6.0
MU10.0	10.0	8.0
MU15.0	15.0	12.0
MU20.0	20.0	16.0

4. 相对含水率应符合表 2.2.2-4 规定

相对含水率

表 2.2.2-4

使用地区	潮湿	中等	干燥
相对含水率不大于（%）	45	40	35

注：潮湿——系指年平均相对湿度大于75%的地区；
　　中等——系指年平均相对湿度50%～70%的地区；
　　干燥——系指年平均相对湿度小于50%的地区。

5. 抗渗性：用于清水墙的砌块，其抗渗性应满足表2.2.2-5的规定

抗 渗 性

表 2.2.2-5

项目名称	指　　标
水面下降高度	三块中任一块不大于10mm

6. 抗冻性：应符合表2.2.2-6的规定

抗 冻 性

表 2.2.2-6

使用环境条件		抗冻标号	指　　标
非采暖地区		不规定	—
采暖地区	一般环境	D15	强度损失≤25%
	干湿交替环境	D25	质量损失≤5%

注：非采暖地区指最冷月平均气温高于-5℃的地区；
　　采暖地区指最冷月平均气温低于或等于-5℃的地区

（三）试验方法

1. 尺寸测量和外观质量检查

（1）量具

　　钢直尺或钢卷尺，分度值1mm。

（2）尺寸测量

1）长度在条面的中间，宽度在顶面的中间，高度在顶面的中间测量。每项在对应两面各测一次，精确至1mm。

2）壁、肋厚在最小部位测量，每选两处各测一次，精确至1mm。

（3）外观质量检查

1）弯曲测量：将直尺贴靠坐浆面、铺浆面和条面，测量直尺与试件之间的最大间距（见图2.2.2-1），精确至1mm。

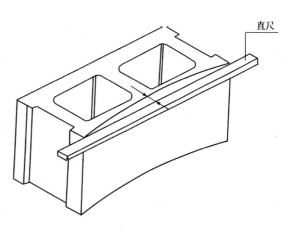

图 2.2.2-1　弯曲测量法

2）缺棱掉角检查：将直尺贴靠棱边，测量缺棱掉角在长、宽、高度三个方向的投影尺寸（见图2.2.2-2），精确至1mm。

3）裂纹检查：用钢直尺测量裂纹在所在面上的最大投影尺寸（如图2.2.2-3中的L_2和h_3），如裂纹由一个面延伸到另一个面时，则累计其延伸的投影尺寸（如图3中的$b_1 + h_1$），精确至1mm。

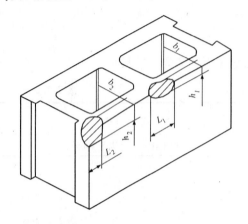

L—缺棱掉角的长度方向的投影尺寸；
b—缺棱掉角在宽度方向的投影尺寸；
h—缺棱掉角在高度方向的投影尺寸

图2.2.2-2 缺棱掉角尺寸测量法

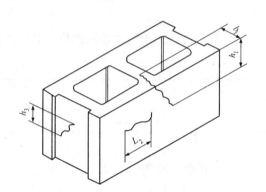

L—裂纹在长度方向的投影尺寸；
b—裂纹在宽度方向的投影尺寸；
h—裂纹在高度方向的投影尺寸

图2.2.2-3 裂纹长度测量法

（4）测量结果

1）试件的尺寸偏差以实际测量的长度、宽度和高度与规定尺寸的差值表示。

2）弯曲、缺棱掉角和裂纹长度的测量结果以最大测量值表示。

2. 抗压强度试验

（1）设备

1）材料试验机：示值误差应不大于2%，其量程选择应能使试件的预期破坏荷载落在满量程的20%~80%；

2）钢板：厚度不小于10mm，平面尺寸应大于440mm×240mm。钢板的一面需平整，精度要求在长度方向范围内的平面度不大于0.1mm；

3）玻璃平板：厚度不小于6mm，平面尺寸与钢板的要求同；

4）水平尺。

（2）试件

1）试件数量为五个砌块。

2）处理试件的坐浆面和铺浆面，使之成为互相平行的平面。将钢板置于稳固的底座上，平整面向上，用水平尺调至水平。在钢板上先薄薄地涂一层机油，或铺一层湿纸，然后铺一层以1份重量的32.5以上的普通硅酸盐水泥和2份细砂，加入适量的水调成的砂浆，将试件的坐浆面湿润后平稳地压入砂浆层内，使砂浆层尽可能均匀，厚度为3mm~5mm。将多余的砂浆沿试件棱边刮掉，静置24h以后，再按上述方法处理试件的铺浆面。

为使两面能彼此平行，在处理铺浆面时，应将水平尺置于现已向上的坐浆面上调至水平。在温度10℃以上不通风的室内养护3d后做抗压强度试验。

3）为缩短时间，也可在坐浆面砂浆层处理后，不经静置立即在向上的铺浆面上铺一层砂浆，压上事先涂油的玻璃平板，边压边观察砂浆层，将气泡全部排除，并用水平尺调至水平，直至砂浆层平面均匀，厚度达3mm~5mm。

（3）试验步骤

1）按2.2.1的方法测量每个试件的长度和宽度，分别求出各个方向的平均值，精确至1mm。

2）将试件置于试验机承压板上，使试件的轴线与试验机压板的压力中心重合，以10kN/s~30kN/s的速度加荷，直至试件破坏。记录最大破坏荷载P。

若试验机压板不足以覆盖试件受压面时，可在试件的上、下承压面加辅助钢压板。辅助钢压板的表面光洁度应与试验机原压板同，其厚度至少为原压板边至辅助钢压板最远角距离的三分之一。

（4）结果计算与评定

1）每个试件的抗压强度按式（2.2.2-1）计算，精确至0.1MPa。

$$R = \frac{R}{LB} \tag{2.2.2-1}$$

式中 R——试件的抗压强度，MPa；
P——破坏荷载，N；
L——受压面的长度，mm；
B——受压面的宽度，mm。

2）试验结果以五个试件抗压强度的算术平均值和单块最小值表示，精确至0.1MPa。

3. 块体密度和空心率试验

（1）设备

1）磅秤：最大称量50kg，感量0.05kg；

2）水池或水箱；

3）水桶：大小应能悬浸一个主规格的砌块；

4）吊架；

5）电热鼓风干燥箱。

（2）试件数量

试件数量为三个砌块。

（3）试验步骤

1）按2.2.1的方法测量试件的长度、宽度、高度、分别求出各个方向的平均值，计算每个试件的体积，精确至$0.001m^3$。

2）将试件放入电热鼓风干燥箱内，在（105±5）℃温度下至少干燥24h，然后每间隔2h称量一次，直至两次称量之差不超过后一次称量的0.2%为止。

3）待试件在电热鼓风干燥箱内冷却至与室温之差不超过20℃后取出，立即称其绝干质量m，精确至0.05kg。

4) 将试件浸入室外温度 15~25℃ 的水中，水面应高出试件 20mm 以上，24h 后将其分别移到水桶中，称出试件的悬浸质量 m，精确至 0.05kg。

5) 称取悬浸质量的方法如下：将磅砰置于平稳的支座上，在支座的下方与磅砰中线重合放置水桶。在磅砰底盘上放置吊架，用铁丝把试件悬挂在吊架上，此时试件应离开水桶的底面且全部浸泡在水中。将磅砰读数减去吊架扣铁丝的质量，即为悬浸质量。

6) 将试件从水中取出，放在铁丝网架上滴水 1min，再用拧干的湿布拭去内、外表面的水，立即称其面干潮湿状态的质量 m_2，精确至 0.05kg。

(4) 结果计算与评定

1) 每个试件的块体度按式 (2.2.2-2) 计算，精确至 $10kg/m^3$

$$r = \frac{m}{v} \qquad (2.2.2\text{-}2)$$

式中　r——试件的块体密度，kg/m^3；

　　　m——试件的绝干质量，kg；

　　　v——试件的体积，m^3。

块体密度以三个试件块体密度的算术平均值表示。精确至 $10kg/m^3$。

2) 每个试件的空心率按式 (2.2.2-3) 计算，精确至 1%：

$$K_r = \left[\frac{m_2 - m_1}{\frac{d}{v}}\right] \times 100 \qquad (2.2.2\text{-}3)$$

式中　K_r——试件的空心率，%；

　　　m_1——试件的悬浸质量，kg；

　　　m_2——试件面干潮湿状态的质量，kg；

　　　v——试件的体积，m^3；

　　　d——水的密度，$1000kg/m^3$。

砌块的空心率以三个试件空心率的算术平均值表示。精确至 1%。

4. 含水率、吸水率和相对含水率试验

(1) 设备

1) 电热鼓风干燥箱；

2) 磅砰：最大称量 50kg，感量 0.05kg；

3) 水池或水箱。

(2) 试件数量

试件数量为三个砌块。试件如需运至远离取样处试验，则在取样后立即用塑料袋包装密封。

(3) 试验步骤

1) 试件取样后立即称取其质量 m_0。如试件用塑料袋密封运输，则在拆袋前先将试件连同包装袋一起称量，然后减去包装袋的质量（袋内如有试件中析出的水珠，应将水珠拭干），即得试件在取样时的质量，精确至 0.05kg。

2) 按 3.（3）.2)、3.（3）.3) 的方法将试件烘干至恒重，称取其绝干质量 m。取出，按 5.3.6 的规定称量试件面干潮湿状态的质量 m_2，精确至 0.05kg。

（4）结果计算与评定

1）每个试件的含水率按式（2.2.2-4）计算，精确至 0.1%。

$$W_1 = \frac{m_0 - m}{m} \qquad (2.2.2\text{-}4)$$

式中　W_1——试件的含水率,%；

　　　m_0——试件在取样时的质量，kg；

　　　m——试件的绝干质量，kg。

砌块的含水率以三个试件含水率的算术平均值表示。精确至 0.1%。

2）每个试件的吸水率按式（2.2.2-5）计算，精确至 0.1%。

$$W_2 = \frac{m_2 - m}{m} \times 100 \qquad (2.2.2\text{-}5)$$

式中　W_2——试件的吸水率,%；

　　　m_2——试件面干潮湿状态的质量，kg；

　　　m——试件的绝干质量，kg。

砌块的吸水率以三个试件吸水率的算术平均值表示。精确至 0.1%。

3）砌块的相对含水率按式（2.2.2-6）计算，精确至 0.1%。

$$W = \frac{W_1}{W_2} \times 100 \qquad (2.2.2\text{-}6)$$

式中　W——砌块的相对含水率,%；

　　　W_1——砌块出厂时的含水率,%；

　　　W_2——砌块的吸水率,%。

5. 抗冻性试验

（1）设备

1）冷冻室或低温冰箱：最低温度能达到 $-20℃$；

2）水池或水箱；

3）抗压强度试验设备同 3.1。

（2）试件

试件数量为两组十个砌块。

（3）试验步骤

1）分别检查十个试件的外表面，在缺陷处涂上油漆，注明编号，静置待干。

2）将一组五个冻融试件浸入 10~20℃ 的水池或水箱中，水面应高出试件 20mm 以上，试件间距不得小于 20mm。另一组五个试件作对比试验。

3）浸泡 4d 后从水中取出试件，在支架上滴水 1min，再用拧干的湿布拭去内、外表面的水，立即称量试件饱和面干状态的质量 m_3，精确至 0.05kg。

4）将五个冻融试件放入预先降至 $-15℃$ 的冷冻室或低温冰箱中，试件应放置在断面为 20mm×20mm 的木条制作的格栅上，孔洞向上，间距不小于 20mm。当温度再次降至 $-15℃$ 时开始计时，冷冻 4h 后将试件取出，再置于水温为 10~20℃ 的水池或水箱中融化

2h。这样一个冷冻和融化的过程即为一个冻融循环。

5）每经 5 次冻融循环，检查一次试件的破坏情况，如开裂、缺棱、掉角、剥落等，并做出记录。

6）在完成规定次数的冻融循环后，将试件从水中取出，按 5.（3）.3 的方法作表面处理，在表面处理完 24h 后，按 5.（3）.2、5.（3）.3 和 2.（3）的方法进行泡水和抗压强度试验。

（4）结果计算与评定

1）报告五个冻融试件的外观检查结果。

2）砌块的抗压强度损失率按式（2.2.2-7）计算。精确至 1%。

$$K_R = \frac{R_f - R_R}{R_f} \times 100 \tag{2.2.2-7}$$

式中　K_R——砌块的抗压强度损失率，%；

R_f——五个未冻融试件的平均抗压强度，MPa；

R_R——五个冻融试件的平均抗压强度，MPa。

3）每个试件冻融后的质量损失率按式（2.2.2-8）计处，精确至 0.1%。

$$K_m = \frac{m_3 - m_4}{m_3} \times 100 \tag{2.2.2-8}$$

式中　K_m——试件的质量损失率，%；

m_3——试件冻融前的质量，kg；

m_4——试件冻融后的质量，kg。

砌块的质量损失率以五个冻融试件质量损失率的算术平均值表示，精确至 0.1%。

4）抗冻性以冻融试件的抗压强度损失率、质量损失率和外观检验结果表示。

6. 抗渗性试验

（1）设备

1）抗渗装置见图 2.2.2-4；

2）水池或水箱。

（2）试件

1）试件数量为三个砌块。

2）将试件浸入室温 15~25℃ 的水中，水面应高出试件 20mm 以上，2h 后将试件从水中取出，放在铁丝网架上滴水 1min，再用拧干的湿布拭去内、外表面的水。

（3）试验步骤

1）将试件放在抗渗装置中，使孔洞成水平状态（见图 2.2.2-4）。在试件周边 20mm 宽度处涂上黄油或其他密封材料，再铺上橡胶条，拧紧紧固螺栓，将上盖板压紧在试件上，使周边不漏水。

2）在 30s 内往玻璃筒内加水，使水面高出试件上表面 200mm。

3）自加水时算起 2h 后测量玻璃筒内水面下降的高度。

（4）结果评定

按三个试件上玻璃筒内水面下降的最大高度来评定。

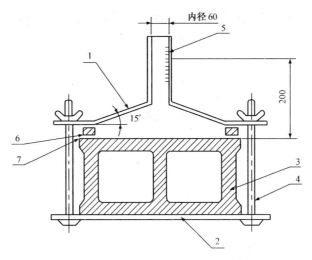

1—上盖板；2—下托板；3—试件；4—紧固螺栓；
5—带有刻度的玻璃管；6—橡胶海棉或泡沫橡胶条，
厚100mm，宽20mm；7—20mm周边处涂黄油或其他密封材料

图 2.2.2-4 抗渗装置示意图

（四）判定

1. 若受检砌块的尺寸偏差和外观质量均符合表2.2.2-2的相应指标时，则判该砌块符合相应等级。

2. 若受检的32块砌块中，尺寸偏差和外观质量的不合格数不超过7块时，则判该批砌块符合相应等级。

3. 当所有项目的检验结果均符合本节中第1条（二）各项技术要求的等级时，则判该批砌块为相应等级。

二、烧结空心砖和空心砌块

以粘土、页岩、煤矸石、粉煤灰为主要原料，经焙烧而成，主要用于非承重部分的空心砖和空心砌块。

（一）取样

1. 标志

凡进入建筑工程现场的产品，必须具有产品质量合格证，内容包括，生产厂名、产品标记、批量及编号、证书编号、本批产品实测技术性能和生产日期，并由检验员和单位签章。

2. 取样批量

每3万块为一验收批，不足3万块亦按一批计。

3. 检验项目

必须检验的项目：强度、密度、密度。其他项目可根据需要选择：尺寸偏差、外观质量、孔洞排列及其结构、泛霜、石灰爆裂、吸水率、抗风化性能、放射性物质等。

4. 各检验项目取样数量

尺寸偏差：20块；外观：50块；强度：10块；泛霜：5块；石灰爆裂：5块；冻融；

5块；吸水率和饱和系数：5块；放射性：3块；密度：5块；孔洞排列及其结构：5块。

(二) 技术要求

1. 尺寸偏差

尺寸允许偏差应符合表2.2.2-7的规定。

尺寸允许偏差 (mm)　　　　　表2.2.2-7

尺寸	优等品		一等品		合格品	
	样本平均偏差	样本极差≤	样本平均偏差	样本极差≤	样本平均偏差	样本极差≤
>300	±2.5	6.0	±3.0	7.0	±3.5	8.0
>200~300	±2.0	5.0	±2.5	6.0	±3.0	7.0
100~200	±1.5	4.0	±2.0	5.0	±2.5	6.0
<100	±1.5	3.0	±1.7	4.0	±2.0	5.0

2. 外观质量

砖和砌块的外观质量应符合表2.2.2-8的规定。

外观质量 (mm)　　　　　表2.2.2-8

项　　目	优等品	一等品	合格品
1. 弯曲　　　　　　　　　　　　　　≤	3	4	5
2. 缺棱掉角的三个破坏尺寸不得同时 >	15	30	40
3. 垂直度差儿　　　　　　　　　　　≤	3	4	5
4. 未贯穿裂纹长度　　　　　　　　　≤			
①大面上宽度方向及其延伸到条面的长度	不允许	100	120
②大面上长度方向或条面上水平面方向的长度	不允许	120	140
5. 贯穿裂纹长度			
① 大面上宽度方向及其延伸到条面的长度	不允许	40	60
② 壁、肋沿长度方向、宽度方向及其水平方向的长度	不允许	40	60
6. 肋、壁内残缺长度　　　　　　　　≤	不允许	40	60
7. 完整面　　　　　　　　　　　不少于	一条面和一大面	一条面或一大面	—

注：凡有下列缺陷之一者，不能称为完整面：
① 缺损在大面、条面上造成的破坏面尺寸同时大于20mm×30mm。
② 大面、条面上裂纹宽度大于1mm，其长度超过70mm。
③ 压陷、粘度、焦花在大面、条面上的凹陷或凸出超过2mm，区域尺寸同时大于20mm×30mm。

3. 强度等级

强度应符合表2.2.2-9的规定。

强 度 等 级　　　　　　　　　　　　　　　　表 2.2.2-9

强度等级	抗压强度/MPa			密度等级范围（kg/m³）
	抗压强度平均值 $\bar{f} \geq$	变异系数 $\delta \leq 0.21$	变异系数 $\delta > 0.21$	
		强度标准值 $f_k \geq$	单块最小抗压强度值 $f_{\min} \geq$	
MU10.0	10.0	7.0	8.0	≤1100
MU7.5	7.5	5.0	5.8	
MU5.0	5.0	3.5	4.0	
MU3.5	3.5	2.5	2.8	
MU2.5	2.5	1.6	1.8	≤800

4. 密度等级

密度等级应符合表2.2.2-10的规定。

密 度 等 级　　　　　　　　　　　　　　　　表 2.2.2-10

密度等级	5块密度平均值	密度等级	5块密度平均值
800	≤800	1000	901～1000
900	801～900	1100	1001～1100

5. 孔洞排列及其结构

孔洞率和孔洞排数应符合表2.2.2-11的规定。

孔洞排列及其结构　　　　　　　　　　　　表 2.2.2-11

等级	孔洞排列	孔洞排数/排		孔洞率/%
		宽度方向	高度方向	
优等品	有序给错排列	$b \geq 200mm \geq 7$ $b < 200mm \geq 5$	≥2	≥40
一等品	有序排列	$b \geq 200mm \geq 5$ $b < 200mm \geq 4$	≥2	
合格品	有序排列	≥3	—	

注：b 为宽度的尺寸。

6. 泛霜

每块砖的砌块应符合下列规定：

优等品：无泛霜。

一等品：不允许出现中等泛霜。

合格品：不允许出现严重泛霜。

7. 石灰爆裂

每组砖和砌块应符合下列规定：

优等品：不允许出现最大破坏尺寸大于 2mm 的爆裂区域。

一等品：

（1）最大破坏尺寸大于 2mm 且小于等于 10mm 的爆裂区域，每组砖和砌块不得多于 15 处；

（2）不允许出现最大破坏尺寸大于 10mm 的爆裂区域。

合格品：

（1）最大破坏尺寸大于 2mm 且小于等于 15mm 的爆裂区域，每组砖和砌块不得多于 15 处。其中大于 10mm 的不得多于 7 处；

（2）不允许出现最大破坏尺寸大于 15mm 的爆裂区域。

8. 吸水率

每组砖和砌块的吸水率平均值应符合表 2.2.2-12 规定。

吸 水 率（％）　　　　　　　　　　　　　　表 2.2.2-12

等级	吸 水 率	
	粘土砖和砌块、页岩砖和砌块、煤矸石砖和砌块	粉煤灰砖和砌块 a
优等品	16.0	20.0
一等品	18.0	22.0
合格品	20.0	24.0

注：粉煤灰掺入量（体积比）小于 30% 时，按粘土砖和砌块测定判定。

9. 抗风化性能

（1）风化区的划分同表 2.2.1-4；

（2）严重风化区中的 1、2、3、4、5 地区的砖和砌块必须进行冻融试验，其他地区砖和砌块的抗风化性能符合表 2.2.2-13 规定时可不做冻融试验，否则必须进行冻融试验。

抗 风 化 性 能　　　　　　　　　　　　　　表 2.2.2-13

分 类	饱和系数≤			
	严重风化区		非严重风化区	
	平均值	单块最大值	平均值	单块最大值
粘土砖和砌块	0.85	0.87	0.88	0.90
粉煤灰砖和砌块				
页岩砖和砌块	0.74	0.77	0.78	0.80
煤矸石砖和砌块				

（3）冻融试验后，每块砖或砌块不允许出现分层、掉皮、缺棱掉角等冻坏现象；冻后裂纹长度不大于表 2.2.2-8 中 4、5 项合格品的规定。

10. 欠火砖、酥砖

产品中不允许有火砖、酥砖。

11. 放射性物质

原材料中掺入煤矸石、粉煤灰及其他工业废渣的砖和砌块，应进行放射性物质检测，放射性物质应符合 2.2.1 烧结普通砖中技术要求 7 的规定。

（三）试验方法

1. 尺寸偏差

检验样品数为 20 块，其方法按 GB/T2542 规定进行。其中每一尺寸测量不足 0.55mm 和 0.5mm 计。样本平均偏差是 20 块试样同一方向 40 个测量尺寸的算术平均值减去其公称尺寸的差值，样本极差是抽检的 20 块试样中同一方向 40 个测量尺寸中最大测量值与最小测量值之差值。

2. 外观质量

（1）垂直度差：

砖或砌块各面之间构成的夹角不等于 90°时须测量垂直度差，测量方法见图 2.2.2-5 直角尺精度一级。

（2）外观质量中其他项目检验按烧结多孔砖中试验方法 2 的规定进行。

3. 强度

（1）强度以大面抗压强度结果表示，检验按烧结多孔砖中试验方法 3 的规定进行。

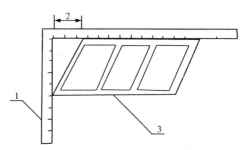

1—直角尺；2—垂直度差；3—砖或砌块

图 2.2.2-5 垂直度差测量方法

（2）强度变异系数、标准差

强度变异系数 δ、标准差 S 按式（2.2.2-9）式（2.2.2-10）分别计算。

$$\delta = \frac{S}{\overline{f}} \quad (2.2.2\text{-}9)$$

$$S = \sqrt{\frac{1}{9}\sum_{i=1}^{10}(f_i - \overline{f})^2} \quad (2.2.2\text{-}10)$$

式中　δ——砖和砌块强度变异系数，精确至 0.01；

　　　S——10 块试样的抗压强度标准差，单位为兆帕（MPa），精确 0.01；

　　　$\overline{f}$——10 块试样的抗压强度平均值，单位为兆帕（MPa），精确 0.01；

　　　f_i——单块试样抗压强度测定值，单位为兆帕（MPa），精确 0.01。

（3）结果计算与评定

1）平均值—标准值方法评定

强度变异系数 $\delta \leqslant 0.21$ 时，按表 2.2.2-9 中抗压强度平均值 $\overline{f}$、强度标准值 f_k 评定砖和砌块的强度等级。

样本量 $n = 10$ 时的强度标准值按式（2.2.2-11）计算。

$$f_k = \overline{f} - 1.8s \quad (2.2.2\text{-}11)$$

式中　f_k——强度标准值，单位为兆帕（MPa），精确 0.01。

2）平均值—最小值方法评定

强度变异系数 $\delta > 0.21$ 时，按表 3 中抗压强度平均值 $\overline{f}$、单块最小抗压强度值 $f_{\min}$ 评定砖和砌块的强度等级，单块最小抗压强度值精确至 0.1MPa。

4. 泛霜和石灰爆裂

密度、泛霜和石灰爆裂试验按烧结多孔砖的试验方法（三）中 5、6 规定进行。

5. 体积密度试验

（1）仪器设备

1）鼓风干燥箱；

2）台秤、分度值为 5g；

3）钢直尺，分度为 1mm；砖用卡尺，分度值为 0.5mm。

（2）试样

试样数量 5 块。

（3）试验步骤

1）清理试样表面，然后将试样置于 105℃±5℃鼓风干燥箱中干燥至恒量，称其质量 G_0，并检查外观情况，不得有缺棱、掉角等破损。如有破损者，须重新换取备用试样。

2）将干燥后的试样按 4.2 条的规定，测量其长、宽、高尺寸各两个，分别取其平均值。

（4）结果计算与评定

1）每块试样的体积密度（P）按式（2.2.2-12）计算，精确至 0.1kg/m³；

$$P = \frac{G_0}{L \cdot B \cdot H} \times 10^9 \tag{2.2.2-12}$$

式中 P——体积密度，单位为千克每立方米（kg/m³）；

G_0——试样干质量，单位为千克（kg）；

L——试样长度，单位为毫米（mm）；

B——试样宽度，单位为毫米（mm）；

H——试样高度，单位为毫米（mm）。

2）试验结果以试样体积密度的算术平均值表示，精确至 1kg/m³。

6. 孔洞排列及其结构

孔洞排列及其结构试验方法按烧结多孔砖的试验方法（三）中的 4 规定进行。

7. 吸水率和饱和系数

吸水率和饱和系数按烧结多孔砖的试验方法（三）中的 7 规定进行，吸水率以 5 块试样的 3 小时沸煮吸水率的算术平均值表示，饱和系数以 5 块试样的算术平均值表示。

8. 冻融试验

冻融试验方法按烧结普通砖的试验方法 4 的规定执行，结果评定以单块试样的外观破坏现象表示。

9. 放射性物质

放射性物质检验按烧结普通砖试验方法中 8 规定进行。

（四）判定

1. 尺寸偏差

尺寸偏差应符合表 1 相应等级规定。否则，判不合格。

2. 外观质量

外观质量采用二次抽样方案,根据表 2.2.2-8 规定的质量指标,检查出其中不合格品数 d_1,按下列规则判定:

$d_1 \leqslant 7$ 时,外观质量合格;

$d_1 \geqslant 11$ 时,外观质量不合格;

$d_1 > 7$,且 < 11 时,需再次从该产品中抽样 50 块进行检验,检查出不合格品数 d_2,按下列规则判定:

$(d_1 + d_2) \leqslant 18$ 时,外观质量合格;

$(d_1 + d_2) \geqslant 19$ 时,外观质量不合格。

3. 强度和密度

强度和密度的试验结果应分别符合表 2.2.2-9 和表 2.2.2-10 的规定。否则,判不合格。

4. 孔洞排列及其结构

孔洞排列及其结构应符合表 2.2.2-11 相应等级的规定。否则,判不合格。

5. 泛霜和石灰爆裂

泛霜和石灰爆裂结果应分别符合(二).6 和(二).7 相应等级的规定。否则判不合格。

6. 吸水率

吸水率试验结果应符合(二).8 相应等级的规定。否则,判不合格。

7. 抗风化性能

抗风化性能应符合(二).9 规定。否则,判不合格

8. 放射性物质

煤矸石、粉煤灰砖以及掺用用工业废渣的砖和砌块放射性物质应符合(二).11 规定。否则,应停止该产品的生产和销售。

三、粉煤灰小型空心砌块

以粉煤灰、水泥、各种轻重集料、水为主要组分(也可加入外加剂等)拌合制成的小型空心砌块,其中粉煤灰用量不应低于原材料重量的 20%,水泥用量不应低于原材料重量 10%。

(一)取样

1. 标志

凡用于建筑工程的墙体材料,必须具有产品质量合格证,合格证内容包括:厂名、商标、产品标志、批量编号与砌块数量合格证编号及出厂日期,产品性能检验结果及检验人员与检验部门的签字盖章。

2. 取样批量

每 10000 块为一批,不足 10000 块亦以一批计。

3. 检验项目

必须检验项目:抗压强度,其它项目可根据需要选择:尺寸偏差、外观质量、抗冻性、软化系数、放射性、碳化系数、干燥收缩率。

4. 各检验项目的取样数量

抗压强度：5块，尺寸偏差和外观质量：32块，抗冻性：10块，干燥收缩：3块，软化系数：10块，碳化：7块，放射性：3块。

(二) 技术要求

1. 规格

(1) 规格尺寸

主规格尺寸为390mm×190mm×190mm，其他规格尺寸可由供需双方商定。

(2) 尺寸允许仪式差：应符合表2.2.2-14要求。

2. 外观质量

应符合表2.2.2-15要求。

3. 强度等级

应符合表2.2.2-16要求。

4. 碳化系数

优等品应不小于0.80，一等品应不小于0.75，合格品应不小于0.70。

5. 干燥收缩率

应不小于0.060%。

6. 抗冻性

应符合表2.2.2-17要求。

尺 寸 偏 差 (mm)　　　　表 2.2.2-14

项目名称	优等品	一等品	合格品	项目名称	优等品	一等品	合格品
长 度	±2	±3	±3	高 度	±2	±3	+3/−4
宽 度	±2	±3	±3				

注：最小外壁厚不应小于25mm，肋厚不应小于20mm。

外 观 偏 差 (mm)　　　　表 2.2.2-15

项 目 名 称		优等品	一等品	合格品
缺棱掉角：				
个数，个	≤	0	2	2
3个方向投影的最小值 mm	≤	0	20	20
裂缝延伸投影的累计尺寸 mm	≤	0	20	20
弯曲 mm	≤	2	3	4

强 度 等 级 (MPa)　　　　表 2.2.2-16

强度等级	抗压强度	
	平均值≥	最小值≥
2.5	2.5	2.0
3.5	3.5	2.8

续表

强度等级	抗压强度	
	平均值≥	最小值≥
5.0	5.0	4.0
7.5	7.5	6.0
10.0	10.0	8.0
15.0	15.0	12.0

抗 冻 性　　　　　　表 2.2.2-17

使用环境条件	抗冻标号	指　标
非采暖地区	不规定	—
采暖地区		均应满足
一般环境	D_{15}	强度损失≤25%
干湿交替环境	D_{25}	质量损失≤5%

注：非采暖地区指最冷月份平均气温高于 -5℃的地区；
　　采暖地区指冷月份平均气温低于或等于 -5℃的地区。

7. 软化系数

软化系数应不小于0.75。

8. 放射性

应符合 2.2.1. 烧结普通砖中技术要求 7 的要求。

（三）试验方法：

1. 尺寸测量和外观质量检验

同普通混凝土小型砌块试验方法 1。

2. 抗压强度试验

同普通混凝土小型砌块试验方法 2。

3. 碳化系数试验

（1）设备、仪器和试剂

1）二氧化碳钢瓶；

2）碳化箱：可用铁板制作，大小应能容纳分两层放置七个试件，盖子宜紧密，碳化装置的连接见图 2.2.1-16；

3）二氧化碳气体分析仪；

4）1% 酚酞乙醇溶液：用浓度为 70% 的乙醇配制；

5）抗压强度试验设备同（三）.2。

（2）试件

1）试件数量为两组12个砌块。一组五块为对比试件，一组七块为碳化试件，其中两块用于测试碳化情况。

2）试件表面处理按普通混凝土小型砌块试验方法 2 的（2）.2）和 3）的规定进行。表面处理后应将试件孔洞处的砂浆层打掉。

(3) 试验步骤

1) 将七个碳化试件放入碳化箱内，试件间距不得小于 20mm。

2) 将二氧化碳气体通入碳化箱内，用气体分析仪控制箱内的二氧化碳浓度在 (20±3)%。碳化过程中如箱内湿度太大，应采取排湿措施。

3) 碳化 7d 后，每天将同一个试件的局部劈开，用 1% 的酚酞乙醇溶液检查碳化深订，当试件中心不显红色时，则认为箱中所有试件全部碳化。

4) 将已全部碳化的五个试件和五个对比试件按普通混凝土小型砌块试验方法 2 的 (3) 的规定进行抗压强度试验。（注）

(4) 结果计算与评定

1) 砌块的碳化系数按式 (2.2.2-13) 计算，精确至 0.01。

$$K_c = \frac{R_c}{R} \quad (2.2.2-13)$$

式中　K_c——砌块的碳化系数；

　　　R_c——五个碳化后试件的平均抗压强度，MPa；

　　　R——五个对比试件的平均抗压强度，MPa。

2) 以试件人工碳化抗压强度的算术平均值表示，精确至 0.1 MPa。

4. 干燥收缩试验

(1) 设备和仪器

1) 手持应变仪，标距 250mm；

2) 电热鼓风干燥箱；

3) 水池或水箱；

4) 测长头：由不锈钢或黄铜制成，见图 2.2.2-6；

5) 冷却干燥箱：可用铁皮焊接，尺寸应为 650mm×600mm×220mm（长×宽×高）盖子宜紧密。

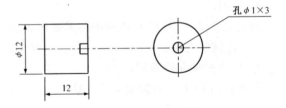

图 2.2.2-6　测长头

(2) 试件

1) 试件每组为三个砌块。

2) 用硅酸盐水泥：水泥—水玻璃浆或环氧树脂在每个试件任一条面的二分之一高度处沿水平方向粘上两个测长头，间距为 250mm。

(3) 试验步骤

1) 将测长头粘结牢固后的试件浸入室温 15~25℃的水中，水面高出试件 20mm 以上，浸泡 4d。但在测试前 4h 水温应保持为 (20±3)℃。

2) 将试件从水中取出，放在铁丝网架上滴水 1min，再用拧干的湿布拭去内外表面的水，立即用手持应变仪测量两个测长头之间的初始长度 L，精确至 0.001mm。手持应变仪在测长前需用标准杆调整或校核,要求每组试件在15min内测完。

3)将试件静置在室内,2d后放入温度(50±3)℃的电热鼓风干燥箱内,湿度用放在浅盘中的氯化钙过饱和溶液控制,当电热鼓风干燥箱容量为$1m^3$时,溶液暴露面积应不小于$0.3m^3$,氯化钙固体应始终露出液面。

4)试件在电热鼓风干燥箱中干燥3d后取出,放入室温(20±3)℃的冷却干燥箱内,冷却3h后用手持应变仪测长一次。

5)将试件放回电热鼓风干燥箱进行第二周期的干燥,第二周期的干燥及以后各周期的干燥延续时间均为2d。干燥结束后再按4)的规定冷却和测长。为保证干燥均匀,试件在冷却和测长后再放入电热鼓风干燥箱时,应变换一下位置。

反复进行烘干和测长,直到试件长度达到稳定。长度达到稳定系指试件在上述温,湿度条件下连续干燥三个周期后,三个试件长度变化的平均值不超过0.005mm。此时的长度即为干燥后的长L_0。

(4)结果计算与评定

1)每个试件的干燥收缩值,按式(2.2.2-14)计算,精确至0.01mm/m。

$$S = \frac{L - L_0}{L_0} \times 1000 \quad (2.2.2\text{-}14)$$

式中 S——试件干燥收缩值,mm/m;
　　　L——试件的初始长度,mm;
　　　L_0——试件干燥后的长度,mm。

2)砌块的干燥收缩值以三个试件干燥收缩值的算术平均值表示,精确至0.01mm/m。

5. 抗冻性试验

同普通混凝土小型砌块的试验方法5。

6. 软化系数试验

(1)设备

1)抗压强度试验设备同普通混凝土小型砌块的试验方法1;

2)水池和水箱。

(2)试件

1)试件数量为两组十个砌块。

2)试件表面处理按2.2.1.普通混凝土小型砌块试验方法2中的(2).2)及(2).3)的规定进行。

(3)试验步骤

1)从经过表面处理和静置24h后的两组试件中,任取一级五个试件浸入室温15~25℃的水中,水面高出试件20mm以上,浸泡4d后取出,在铁丝网架上滴水1min,再用拧干的湿布拭去内、外表面的水。

2)将五个饱和面干的试件和其余五个气干状态的对比试件按3.3的规定进行抗压强度试验。

(4)结果计算与评定

砌块的软化系数按式(2.2.2-15)计算,精确至0.01;

$$K_{\mathrm{f}} = \frac{R_{\mathrm{f}}}{R} \tag{2.2.2-15}$$

式中 K_{f}——砌块的软化系数；

R_{f}——五个饱和面干试件的平均抗压强度，MPa；

R——五个气干状态的对比试件的平均抗压强度，MPa。

（四）判定

1. 若受检砌块的尺寸偏差、外观质量均符合表 2.2.2-14 和 2.2.2-15 的相应指标时，则判该砌块符合相应等级。

2. 若受检的 32 块砌块中，尺寸偏差和外观质量的不合格数不超过 7 块，则判该批砌块符合相应等级。

3. 当所有项目的检验结果均符合技术要求（二）的等级时，则判该批产品为相应等级。

4. 若有以下情况之一者可进行复检：

（1）尺寸偏差和外观各项指标有 7 块不合格者；

（2）除尺寸偏差和外观质量外的其它性能指标有一项不合格者。复检时，重新取样，对不合格项进行检验，若符合相应等级时，则可判为该等级，若不符合技术要求时，则判定该产品为不合格。

四、轻集料混凝土小型空心砌块

以粉煤灰陶粒、粘土陶粒、页岩陶粒、天然轻集料、超轻陶粒、自然煤矸石和煤渣等为混凝土集料制成的小型空心砌块。

（一）取样

1. 标志

凡使用于工程的墙体材料产品，必须具有产品合格证，合格证内容包括：厂名与商标、合格证编号及出厂日期、产品标记、批量编号、砌块数量、性能检验结果及检验人员与单位签章。

2. 取样批量

以同一品种轻骨料制成的相同密度等级，相同强度等级、质量等级和同一生产工艺制成的 10000 块砌块为一批，不足 10000 块亦以一批论。

3. 检验项目

必须检验项目：抗压强度、密度，其它项目可根据需要选择，尺寸偏差和外观质量、含水率、吸水率和相对含水率、干缩率、抗冻性、放射性。

4. 各项检验项目的取样数量

尺寸偏差和外观检验：32 块，强度：5 块，密度含水率和相对含水率：3 块，干缩率：3 块，抗冻性：10 块，放射性：3 块。

（二）技术要求

1. 规格尺寸

（1）主规格尺寸为 390mm×190mm×190mm。其他规格尺寸可由供需双方商定。

（2）尺寸允许偏差应符合表 2.2.2-18 要求。

规格尺寸偏差（mm）　　　　表 2.2.2-18

项目名称	一等品	合格品	项目名称	一等品	合格品
长度	±2	±3	高度	±2	±3
宽度	±2	±3			

注：1. 承重砌块最小外壁厚不应小于30mm，肋厚不应小于25mm；
　　2. 保温砌块最小外壁厚和肋厚不宜小于20mm。

2. 外观质量

外观质量应符合表2.2.2-19要求。

外 观 质 量　　　　表 2.2.2-19

项 目 名 称	一等品	合格品
缺棱掉角 　个数 　　不多于	0	2
3个方向投影的最小尺寸/mm 　不大于	0	30
裂缝延伸投影的累计尺寸/mm 　不大于	0	30

3. 密度等级

密度等级应符合表2.2.2-20要求。

密度等级（kg/m³）　　　　表 2.2.2-20

密度等级	砌块干燥表观密度的范围	密度等级	砌块干燥表观密度的范围
500	≤500	900	810～900
600	510～600	1000	910～1000
700	610～700	1200	1010～1200
800	710～800	1400	1210～1400

4. 强度等级

强度等级应符合表2.2.2-21要求者为一等品；密度等级范围不满足要求者为合格品。

强度等级（MPa）　　　　表 2.2.2-21

强度等级	砌块抗压强度		密度等级范围
	平均值	最小值	
1.5	≥1.5	1.2	≤600
2.5	≥2.5	2.0	≤800

续表

强度等级	砌块抗压强度		密度等级范围
	平均值	最小值	
3.5	≥3.5	2.8	≤1200
5.0	≥5.0	4.0	
7.5	≥7.5	6.0	≤1400
10.0	≥10.0	8.0	

5. 吸水率、相对含水率和干缩率

（1）吸水率不应大于20%。

（2）干缩率和相对含水率应符合表2.2.2-22的要求。

干缩率和相对含水率　　　表2.2.2-22

干缩率/%	相对含水率/%		
	潮湿	中等	干燥
<0.03	45	40	35
0.03~0.045	40	35	30
>0.045~0.065	35	30	25

注：
 1. 相对含水率即砌块出厂含水率与吸水率之比：

$$W = \frac{w_1}{w_2} \times 100$$

  式中　W——砌块的相对含水率/%；
    w_1——砌块出厂时的含水率/%；
    w_2——砌块的吸水率/%。

 2. 使用地区的湿度条件：
  潮湿——系指年平均相对湿度大于75%的地区；
  中等——系指年平均相对湿度50%~75%的地区；
  干燥——系指年平均相对湿度小于50%的地区。

6. 碳化系数和软化系数

加入粉煤灰等火山灰质掺合料的小砌块，其碳化系数不应小于0.8；软化系数不应小于0.75。

7. 抗冻性

应符合表2.2.2-23的要求。

8. 放射性

掺工业废渣的砌块其放射性应符合2.2.1中烧结普通砖技术要求7的要求。

抗 冻 性　　　　表 2.2.2-23

使 用 条 件	抗冻标号	质量损失/%	强度损失/%
非采暖地区	F15	≤5	≤25
采暖地区： 相对湿度≤60% 相对湿度＞60%	F25 F35		
水位变化、干湿循环或粉煤灰掺量≥取代水泥量50%时	≥F50		

注：1. 非采暖地区指最冷月平均气温高于 -5℃ 的地区；采暖地区系指最冷月份平均气温低于或等于 -5℃ 的地区。
　　2. 抗冻性合格的砌块的外观质量也应符合 2.2.2-19 的要求。

（三）试验方法

1. 尺寸测量和外观质量检查

同普通混凝土小型空心砌块中试验方法 1。

2. 抗压强度试验

同普通混凝土小型空心砌块中试验方法 2。

3. 体积密度试验

同普通混凝土小型空心砌块中试验方法 3。

4. 含水率、吸水率和相对含水率试验

同普通混凝土小型空心砌块中试验方法 4。

5. 抗冻性试验

同普通混凝土小型空心砌块中试验方法 5。

6. 干燥收缩率试验

同 2.2.2. 三 粉煤灰小型空心砌块中试验方法 4。但试验前试件应先浸泡 48h。

7. 放射性物质检测

同 2.2.1. 一 烧结普通砖中试验方法 8。

（四）判定

1. 判定所有检验结果均符合各项技术要求某一等级指标时，则为该等级。

2. 检验后，如有以下情况者可进行复检。

（1）按表 2.2.2-18、2.2.2-19 检验的尺寸偏差和外观质量各项指标，32 个砌块中有 7 块不合格者；

（2）除表 2.2.2-18、2.2.2-19 指标外的其他性能指标有一项不合格者；

（3）用户对生产厂家的出厂检验结果有异议时。

3. 复检的抽检数量和检验项目应与前一次检验相同。

4. 复检后，若符合相应等级指标要求时，则可判定为该等级；若不符合标准要求时，则判定该批产品为不合格。

五、粉煤灰砌块

以粉煤灰、石灰、石膏和骨料等为原料,加水搅拌、振动成型、蒸气养护而制成的密实砌块。适用于民用和工业建筑的墙体和基础。

(一) 取样

1. 标志

凡用于建筑工程的产品,必须具有产品合格证,合格证应包括的内容:生产厂名、商标、产品标记、产品等级、强度等级、生产日期,产品质量检验证书检验人员及单位的签章。

2. 取样批量

以 200m³ 为一批,不足 200m³ 的亦为一批计。

3. 检验项目

必须检验项目:立方体抗压强度,其它项目可根据需要选择:尺寸偏差、外观质量、碳化性能、抗冻性能、密度、收缩值。

4. 各项检验项目的取样数量

尺寸偏差和外观质量:50 块,立方体抗压强度:3 块,碳化:5 块,抗冻:3 块,收缩:3 块,密度:3 块。

(二) 技术要求

1. 砌块的外观质量和尺寸偏差应符合表 2.2.2-24 的规定。
2. 砌块的立方体抗压强度、碳化后强度、抗冻性能和密度应符合表 2.2.2-25 的规定。
3. 砌块的干缩值应符合表 2.2.2-26 的规定。

砌块的外观质量和尺寸允许偏差 (mm)　　　　表 2.2.2-24

项　　目		指　　标	
		一等品 (B)	合格品 (C)
外观质量	表面疏松	不允许	
	贯穿面棱的裂缝	不允许	
	任一面上的裂缝长度,不得大于裂缝方向砌块尺寸的	1/3	
	石灰团、石膏团	直径大于 5 的,不允许	
	粉煤灰团、空洞和爆裂	直径大于 30 的不允许	直径大于 50 的不允许
	局部突起高度　≤	10	15
	翘曲　≤	6	8
	缺棱掉角在长、宽、高三个方向上投影的最大值≤	30	50
高低差	长度方向	6	8
	宽度方向	4	6
尺寸允许偏差	长度	+4, -6	+5, -10
	高度	+4, -6	+5, -10
	宽度	±3	±6

砌块的立方体抗压强度、碳化后强度、抗冻性能和密度　　表2.2.2-25

项　目	指　　　标	
	10 级	13 级
抗压强度 MPa	3块试件平均值不小于10.0 单块最小值8.0	3块试件平均值不小于13.0 单块最小值10.5
人工碳化后强度 MPa	不小于6.0	不小于7.5
抗冻性	冻融循环结束后，外观无明显疏松、剥落或裂缝；强度损失不大于20%	
密度 kg/m³	不超过设计密度10%	

砌块的干缩值（mm/m）　　表2.2.2-26

一等品	合格品
≤0.75	≤0.90

（三）检验方法

1. 外观检查和尺寸测量

（1）工具

1）钢尺和钢卷尺、直角尺，精度1mm；

2）钢尺和木直尺：长度超过1m，精度1mm；

3）小锤。

（2）外观检查

1）表面疏松：

目测或用小锤检查砌块表面有无膨胀、结构松散等现象。

2）裂缝

① 肉眼检查有无贯穿一面二棱的裂缝。如图2.2.2-7a中的任一条；

② 用尺测量各面上的裂缝长度。精确至1mm，如图2.2.2-7。

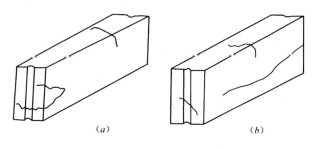

图 2.2.2-7

3）石灰团、石膏团、粉煤灰团、空洞、爆裂、局部突起用肉眼观察，并用尺测量其直径的大小。

4）翘曲

将直尺沿棱边贴放，量出最大弯曲或突出处尺寸。精确至1mm，如图2.2.2-8。

5）缺棱掉角

测量砌块破坏部分对砌块长、高、宽三个方向的投影尺寸,精确至1mm,如图2.2.2-9。

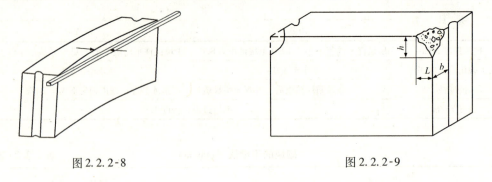

图 2.2.2-8　　　　　　　　　　　图 2.2.2-9

6) 高低差

砌块长度方向的高低差值:测某一端面两棱边与相对应的端面两棱边的高低差值,如图2.2.2-10(a);

砌块宽度方向的高低差值:测某一端两棱边与相对应的侧面两棱边的高低差值,如图2.2.2-10(b)。

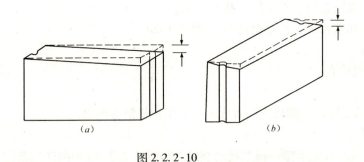

图 2.2.2-10

(3) 尺寸测量

长度:立模砌块在侧面的中间测量,平模砌块在坐浆面或铺浆面的中间测量;高度:在端面的两侧测量;宽度:在端面的中间测量。每项在对应两面各测一次,取最大值,精确至1mm。

2. 密度

(1) 仪器

台秤:最称量10g,感量1g。

(2) 试验步骤

1) 取三块砌块,每块上锯一块边长100mm或150mm的立方体试件,称其质量,精确至0.01 kg。

2) 测量试件尺寸,精确至1,计算试件体积。

(3) 结果计算与评定

密度 r(kg/m³)按式(2.2.2-16)计算:

$$r = \frac{W}{v} \qquad (2.2.2\text{-}16)$$

式中 W——试件质量,kg;

v——试件体积,m³。

取 3 个试件计算结果的算术平均值,精确至 1kg。

3. 抗压强度

(1) 试验设备

压力试验机;精度(示值的相对误差)应小于 2%,其量程应能使试件在预期破坏荷载值不小于全量程的 20%,也不大于全量程的 80%。

(2) 试件制作

取三块砌块,在每块砌块上锯一块试件,骨料最大粒径≤30mm 时,试件边长为 100mm,当骨料最大粒径≤40mm 时,试件边长为 150mm,共三块。

(3) 试验步骤

抗压试验时,将试件置于压力机加压板的中央,承压面应与成型时的顶面垂直,以每秒 0.2~0.3MPa 的加荷速度加荷至试件破坏。

(4) 结果计算与评定

1)每块试件的抗压强度(R)按式(2.2.2-17)计算,精确至 0.1MPa。

$$R = \frac{P}{F} \qquad (2.2.2\text{-}17)$$

式中 P——破坏荷载,N;

F——承压面积,mm²。

(5) 结果评定

抗压强度取 3 个试件的算术平均值。以边长为 150mm 的立方体试件为标准试件,采用边长为 100mm 立方体试件时,其结果须乘以 0.95 折数系数。

4. 碳化性能

(1) 试验仪器设备及试剂

1)二氧化碳气瓶:盛压缩二氧化碳气用;

2)碳化箱:采用常压密封容器,内部有多层放试块的搁板;

3)二氧化碳气体分析仪;

4)1%酚酞乙醇溶液:用浓度为 70%的乙醇配制;

5)碳化试验装置:同图 2.2.1-16;

6)抗压强度检验设备同 3.(1),取边长为 100mm 的立方体试件 15 个。

(2) 试验步骤

1)制作边长为 100mm 的方体试件 15 个。

2)5 块试件做抗压试验。

3)其余 10 块试件在室内放置 7 天,然后放入二氧化碳(CO_2)浓度为 60%以上的碳化箱内,试验期间,碳化箱内的湿度始终控制在 90%以下。

4)从第 4 周开始,每周取 1 块试件劈开,用 1%酚酞乙醇溶液检查碳化程度,当试件中心不呈现红色时，则认为试件已全部碳化。

5）将已全部碳化的 5 个试件，于室内放置 24~36h，按 3.（3）的规定作抗压试验，并按第 3.（4）的规定计算。

(3) 结果计算与评定

1）人工碳化系数 K_c 按式（2.2.2-18）计算：

$$K_c = \frac{R_c}{R_1} \tag{2.2.2-18}$$

式中　K_c——试件人工碳化后强度，取 5 块碳化后试件强度的算术平均值，MPa；

R_1——对比试件强度，取 5 块碳化前试件强度的算术平均值，MPa。

2）砌块的人工碳化后强度，是用人工碳化系数 K_c，乘以试件的压强度，取 3 块试件的平均值，精确至 0.1MPa。

5. 抗冻性

(1) 设备

1）冷藏室或冰箱，最低温度需达 -20℃；

2）水池或水箱；

(2) 试验步骤

1）制作边长为 100mm 的立方体试件 10 个。

2）将试件放入 10~20℃ 的水中，其间距 20mm，水面高出试件 20mm 以上。

3）试件浸泡 48h 后取出，检查并记录外观情况，然后将 5 块做冻融试验，5 块进行抗压强度试验。

4）试件应在冰箱或冷冻室达到 -15℃ 以下时放入，其间距不小于 20mm，试件在 -15℃ 以下冻 8h，然后取出放入 10~20℃ 的水中融化 4h，作为一次冻融循环，反复进行 15 次。

5）冻融循环结束后，取出试件检查并记录外观情况，按本标准 3.（3）的规定进行抗压强度试验。

(3) 结果计算

抗压强度损失率 K_m（%）按式（2.2.2-19）计算：

$$K_m = \frac{R_2 - R_m}{R_2} \times 100 \tag{2.2.2-19}$$

式中　R_2——浸泡 48h 的 5 块对比试件抗压强度平均值，MPa；

K_m——冻融循环 15 次后的 5 块试件抗压强度平均值，MPa。

6. 干缩值（快速试验方法）

(1) 仪器、设备

1）收缩试模：卧式收缩膨胀仪；

2）收缩头；

3）水池、带鼓风的烘箱；

4）无水氯化钙。

(2) 试验步骤

1）在收缩试件两端留有埋没收缩头的预留孔。

2）制作尺寸为 100mm×10×515mm 的试件 3 块。

3）检查收缩头预留孔位置是否准确，如果不符合要求，须作修理。用水泥净浆或合成树脂将收缩头固定在预留孔中。

4）24h 后将试件放入 20±2℃ 的水池中，浸泡 48h 后取出，用湿布擦去表面水，擦净收缩头上的水分，立即用收缩仪测定初始长度，记下初始百分表读数，精确至 0.01mm。

5）将上述试件放入温度为 50±2℃ 的带鼓风的烘箱中，干燥 2 天；然后在此烘箱中放入盛有氯化钙饱和溶液的瓷盘（3 块试件需放无水氯化钙 1kg，水 500mL，溶液的暴露面积为 0.2m² 以上），并应保持瓷盘内溶液中有氯化钙固相存在，烘箱内温度应保持 50±2℃，相对湿度达到 30%±2%。10 天后，每隔 1 天取出试件一次，于 20±3℃ 的室内放置 2h 后，用收缩仪测定其长度，记下百分表读数，直至两次所测长度变化值小于 0.01mm 为止，此值即为试件干燥后长度（百分表读数）。

6）在每次测量前后，收缩仪必须用标准杆校对零位读数。标准杆和试件放入收缩仪的位置，在每次测量时应保持一致。

(3) 结果计算与评定

干缩值 S（mm/m）按式（2.2.2-20）计算：

$$S = \frac{L_1 - L_2}{500} \times 1000 \qquad (2.2.2\text{-}20)$$

式中　L_1——试件初始长度（百分表读数），mm；

　　　L_2——试件干燥后长度（百分表读数），mm；

　　　500——试件长度，mm。

取 3 个试件计算结果的算术平均值，精确至 0.01mm/m。

(四) 判定规则

1. 砌块的外观和尺寸偏差符合表 2.2.2-24 的相应等级时，判为相应等级，有一项不符合规定时，判为不符合相应等级。

2. 按（三）.2 测定立方体试件的密度，作为该砌块的密度。

按（三）.3 进行抗压强度试验，所得 3 块试件的立方体强度符合有 2.2.2-25 中 13 级规定的要求时，判该批砌块的强度等级为 13 级；如果符合 10 级规定的要求，判该批砌块的强度等级为 10 级；如果不符合 10 级规定的要求，则判该批砌块不合格。

3. 复验

当用户对生厂的出厂检验结果有异议时，可会同生产厂委托产品质量监督检验机构进行复验，复验项目可以是表 2.2.2-24、表 2.2.2-25 和表 2.2.2-26 列的全部或一部分。

六、蒸压加气混凝土砌块

适用于民用与工业建筑物墙体和绝热使用的蒸压加气混凝土砌块。

(一) 取样

1. 标志

凡使用于建筑墙体的产品，必须具有产品质量合格证，合格证内容包括：生产厂名、商标、产品标记、本批产品的技术性能和生产日期，检验人员和单位签章。

2. 取样批量

同品种、同规格、同等级的砌块，以 10000 块为一批，不足 10000 块亦为一批计。

3. 检验项目

必须检验项目：立方体抗压强度、干体积密度，其它项目可根据需要选择：尺寸偏差、外观检验、干燥收缩、抗冻性、导热系数（干态）、放射性。

4. 各项检验项目的取样数量

尺寸偏差和外观检验：80 块，随机抽取 15 块砌块，制作试样；体积密度：3 组 9 块，强度级别：5 块 15 块，干缩收缩：3 组 9 块，抗冻性：组 9 块，导热系数：1 组 2 块。

（二）技术要求

1. 尺寸偏差和外观检验

砌块的规格尺寸应符合表 2.2.2-27 的要求，砌块的尺寸允许偏差和外观应符合表 2.2.2-28 的规定。

砌块的规格尺寸（mm） 表 2.2.2-27

砌块公称尺寸		
长度 L	宽度 B	高度 H
600	100 120 125 150 180 200 240 250 300	200 240 250 300

注：如需要其他规格，可由供需双方协商解决。

尺寸偏差和外观 表 2.2.2-28

项　　目			指标	
			优等品（A）	一等品（B）
尺寸允许偏差/mm	长度	L	±3	±4
	宽高	B	±1	±2
	高度	H	±1	±2
缺棱掉角	最小尺寸不得大于，mm		0	30
	最大尺寸不得大于，mm		0	70
	大于以上尺寸的缺棱掉角个数，不多于/个		0	2
裂纹长度	贯穿一棱二面的裂纹长度不得大于裂纹所在面的裂纹方向尺寸总和的		0	1/3
	任一面上的裂纹长度不得大于裂纹方向尺寸的		0	1/2
	大于以上尺寸的裂纹条数，不多于/条		0	2
爆裂、粘模和损坏深度不得大于，mm			10	30
平面弯曲			不允许	
表面疏松、层裂			不允许	
表面油污			不允许	

2. 砌块的抗压强度

砌块的抗压强度应符合表 2.2.2-29 的规定。

砌块的立方体抗压强度（MPa） 表 2.2.2-29

强 度 级 别	立方体抗压强度	
	平均值不小于	单块最小值不小于
A1.0	1.0	0.8
A2.0	2.0	1.6
A2.5	2.5	2.0
A3.5	3.5	2.8
A5.0	5.0	4.0
A7.5	7.5	6.0
A10.0	10.0	8.0

3. 砌块的强度级别

应符合表 2.2.2-30 的规定。

砌块的强度级别 表 2.2.2-30

干密度级别		B03	B04	B05	B06	B07	B08
强度级别	优等品（A）	A1.0	A2.0	A3.5	A5.0	A7.5	A10.0
	合格品（B）			A2.5	A3.5	A5.0	A7.5

4. 砌块的干体积密度

应符合表 2.2.2-31 的规定。

砌块的干密度（kg/m³） 表 2.2.2-31

干密度级别		B03	B04	B05	B06	B07	B08
干密度	优等品（A）≤	300	400	500	600	700	800
	合格品（B）≤	325	425	525	625	725	825

5. 砌块的干燥收缩、抗冻性和导热系数（干态）

应符合表 2.2.2-32 的规定。

干燥收缩、抗冻性和导热系数 表 2.2.2-32

干密度级别			B03	B04	B05	B06	B07	B08
干燥收缩值[a]	标准法/（mm/m）≤		0.50						
	快速法/（mm/m）≤		0.80						
抗冻性	质量损失/% ≤		5.0						
	冻后强度/MPa ≤	优等品（A）	0.8	1.6	2.8	4.0	6.0	8.0
		合格品（B）			2.0	2.8	4.0	6.0
导热系数（干态）/[W/(m·k)] ≤			0.10	0.12	0.14	0.16	0.18	0.20

a 规定采用标准法，快速法测定砌块干燥收缩值，若测定结果发生矛盾不能判定时，则以标准法测定的结果为准。

6. 掺用工业废渣为原料时所含放射性物质符合 2.2.1 中烧结普通砖技术要求 7 的规定。

（三）试验方法

1. 试件制备

（1）试件的制备，采用机锯或九锯，锯时不得将试件弄湿。

（2）体积密度、抗压强度、抗冻性试件，沿制品膨胀方向中心部分上、中、下顺序锯取一组，"上"块上表面距离制品顶面 30mm，"中"块在制品正中处，"下"块下表面离制品底面 30mm，制品的高度不同，试件间隔略有不同，以高度 600mm 的制品为例，试件锯取部位如图 2.2.2-11 所示。

（3）干燥收缩试件从当天出釜的制品中部锯取，试件长度方向平行于制品的膨胀方向，其锯取部位如图 2.2.2-12 所示。锯好后立即将试件密封，以防碳化。

（4）导热系数试件在制品中心锯取，试件长度方向平行于制品的膨胀方向，其锯取部位如图 2.2.2-13 所示。

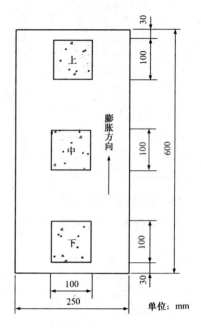

图 2.2.2-11

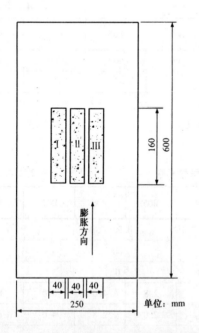

图 2.2.2-12　干燥收缩试件锯取示意图

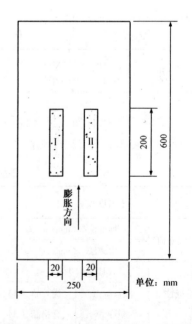

图 2.2.2-13　导热系数试件锯取示意图

(5) 试件的尺寸与偏差

1) 体积密度，抗压及抗冻试件，尺寸为 100mm×100mm×100mm 的立方体，试件允许偏差为 ±2mm。

2) 干燥收缩试件尺寸为 40mm×40mm×160mm 的长方形，其允许偏差为 −1mm。

(6) 试件观要求

1) 试件表面必须平整，不得有裂缝或明显缺陷。

2) 试件承压面的不平整度应为每 100mm 不超过 0.1mm，承压面与相邻面的不垂直度不应超过 ±1⁰。

(7) 试件根据试验要求，可以阶段升温烘至恒质，在烘干过程中，要防止出现裂缝。

2. 尺寸偏差及外观检验

(1) 量具

采用钢尺、钢卷尺、最小刻度为 1mm。

(2) 试件数量：80 块。

(3) 试验步骤

1) 尺寸测量：长度、高度、宽度分别在两个对应面的端部测量，各量二个尺寸（见图 2.2.2-14）。

2) 缺棱掉角：缺棱或掉角个数，目测：测量砌块破坏部分对砌块的长、高、宽三个方向的投影尺寸（见图 2.2.2-15）。

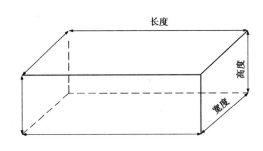

图 2.2.2-14 尺寸测量示意图

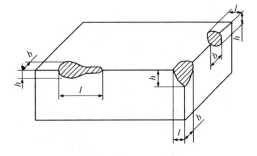

l—长度方向的投影尺寸；
h—高度方向的投影尺寸；b—宽度方向的投影尺寸

图 2.2.2-15 缺棱掉角测量示意图

3) 平面弯曲：测量变曲面的最大缝隙尺寸（见图 2.2.2-16）。

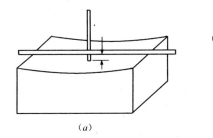
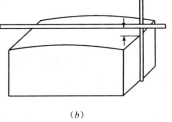

图 2.2.2-16 平面弯曲测量示意图

4) 裂纹、裂纹条数：目测长度所在面最大的影尺寸为准，如图 2.2.2-17 中 L_0。若裂纹从一面延伸至另一面，则以两个面上的投影尺寸之和为准，如图 2.2.2-15 中 $(b+h)$ 和 $(l+h)$。

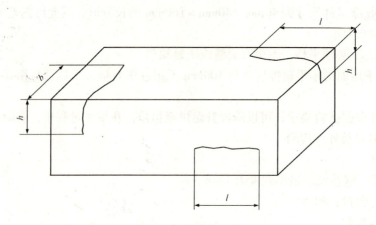

l—长度方向的投影尺寸；
h—高度方向的投影尺寸；b—宽度方向的投影尺寸

图 2.2.2-17　裂纹测量示意图

5) 爆裂、粘模和损坏深度：将钢尺平放在砌块表面，用钢卷尺垂直于钢尺，测量其最大深度。

6) 砌块表面油污、表面疏松、层裂：目测。

3. 立方体抗压强度试验

(1) 仪器设备

1) 材料试验机：精度（示值的相对误差）不应低于 ±2%，其量程的选择应能使试件的预期最大破坏荷载处在全量程的 20%~80% 的范围内；

2) 托盘天平或磅秤：称量 2000g，感量 1g；

3) 电热鼓风干燥箱：最高温度 200℃；

4) 钢板直尺：规格为 300mm，分度值为 0.5mm。

(2) 试件

试件数量 100mm×100mm×100mm 立方体试件一组 3 块，含水率为 25%~45% 下进行试验。如果含水率超过上述规定范围，则在 (60±5)℃ 下烘至所需的含水率。也可将试件浸水 6h，从水中取出，用干布抹去表面水分，在 (60±5)℃ 下烘至所要求的含水率。

(3) 试验步骤

1) 检查试件外观。

2) 测量试件的尺寸，精确至 1mm，并计算试件有受压面积 (A_1)。

3) 将试件放在材料试验机的下压板的中心位置，试件的受压方向应垂直于制品的膨胀方向。

4) 开动试验机，当上压板与试件接近时，调整球座，使接触均衡。

5) 以 (2.5±0.5) kN/s 的速度连续而均匀地加荷，直至试件破坏，记录破坏荷载

(P_1)。

(4) 结果计算与评定

1) 抗压强度按式 (2.2.2-21) 计算：

$$f_\alpha = \frac{P_1}{A_1} \tag{2.2.2-21}$$

式中 f_α——试件的抗压强度，MPa；

P_1——破坏荷载，N；

A_1——试件受压面积，mm^2。

2) 抗压强度计算精确至 0.1MPa。以 3 个试件的测值的算术均值进行评定。

4. 体积密度及含水率

(1) 仪器设备

1) 电热鼓风干燥箱：最高温度 200℃；

2) 托盘天平或磅秤：称量 2000g，感量 1g；

3) 钢板直尺：规格为 300mm，分度值为 0.5mm；

4) 恒温水槽：水温 15℃~25℃。

(2) 试件

100mm×100mm×100mm 立方体试件一组 3 块。

(3) 试验步骤

1) 取试件一组 3 块，逐块量取长、宽、高三个方向的轴线尺寸，精确至 1mm，计算试件的体积，并称取试件质量 M，精确至 1g。

2) 将试件放入电热鼓风干燥箱内，在 (60±5)℃下保温 24h，然后在 (80±5)℃下保温 24h，再在 (105±5)℃下烘至恒质 (M_0)。

(4) 结果计算与评定

1) 干体积密度按式 (2.2.2-22) 计算：

$$r_0 = \frac{M_0}{V} \times 10^\sigma \tag{2.2.2-22}$$

式中 r_0——干体积密度，kg/m^3；

M_0——试件烘干后质量，g；

V——试件体积，mm^3。

2) 含水率按式 (2.2.2-23) 计算：

$$W_s = \frac{M - M_0}{M_0} \times 100 \tag{2.2.2-23}$$

式中 W_s——含水率，%；

M_0——试件烘干后质量，g；

M——试件烘干前的质量，g。

3) 体积密度和含水率按 3 块试件测值的算术平均值进行评定，体积密度精确至 1 kg/m^3，含水率精确至 0.1%。

5. 干燥收缩

(1) 仪器设备

1) 立式收缩仪,精度为 0.01mm;

2) 收缩头,采用黄铜或不锈钢制成,如图 2.2.2-18 所示;

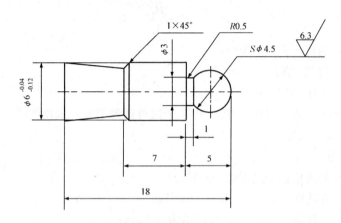

图 2.2.2-18　收缩头(单位:mm)

3) 电热鼓风干燥箱,最高温度 200℃;

4) 调温调湿箱:最高工作温度 150℃,最高相对湿度 (95±3)%;

5) 天平:称量 500g,感量 0.1g;

6) 干燥器;

7) 干湿球温度计:最高温度 100℃;

8) 恒温水槽:水温 (20±5)℃。

(2) 试件及处理

1) 40mm×40mm×160mm 一组 3 块。

2) 在试件的两个端面中心,各钻一个直径 6mm~10mm,深度 13mm 孔洞。

3) 在孔洞内灌入水玻璃水泥浆(或其他粘结剂),然后埋置收缩头,收缩头中心线应与试件中心线重合,试件端面必须平整。2h 后,检查收缩头安装是否牢固,否则重装。

(3) 试验步骤

1) 标准试验方法

① 试件放置 1d 后,浸入水温为 (20±2)℃恒温水槽中,水面应高出试件 30mm,保持 72h。

② 将试件从水中取出,用湿布抹去表面水分,并将收缩头擦干净,立即称取试件的质量。

③ 用标准杆调整仪表原点(一般取 5.00mm),然后按标明的测试方向立即测定试件初始长度,记下初始百分表读数。

④ 试件长度测试误差为 ±0.01mm,称取质量误差为 ±0.1g。

⑤ 将试件放在温度为 (20±2)℃,相对湿度为 (43±2)%的调温调湿箱中。

⑥ 每隔 4d 将试件在 (20±2)℃的房间内测定一次,直至质量变化小于 0.1%为止,

测前需校准仪器原点,要求每组试件在 10min 内测完。

⑦ 每测一次长度,应同时称取试件的质量。

2) 快速试验法

① 同(三).(1).1。

② 同(三).(1).2。

③ 同(三).(1).3。

④ 同(三).(1).4。

⑤ 将试件置于调温调湿箱内,控制箱内温度为(50±1)℃,相对湿度为(30±2)℃(当箱内湿度至35%左右时,放入盛有氯化钙饱和溶液的瓷盘,用以调节箱内湿度,如果湿度不易下降时,用无水氯化钙调节)。

⑥ 每天从箱内取出试件测长度一次。当试件取出后应立即放入无吸湿剂的干燥箱中,在(20±2)℃的房间内冷却3h后进行测试。测前须校准仪器的百分表原点,要求每组试件在10min内测完。

⑦ 按(三).(2).5、(三).(2).6)所述反复进行干燥,冷却和测试,直至质量变化小于0.1%为止。

⑧ 每测一次长度,应同时称取试件的质量。

(4) 结果计算与评定

1) 干燥收缩值按式(2.2.2-24)计算:

$$S = \frac{L_1 - L_2}{L_0 - (M_0 - L_1) - L} \times 1000 \qquad (2.2.2\text{-}24)$$

式中 S——干燥收缩值,mm/m;

L_0——标准杆长度,mm;

M_0——百分表的原点 mm;

L_1——试件初始长度(百分表读数),mm;

L_2——试件干燥后长度(百分表读数),mm;

L——二个收缩头长度之和,mm。

2) 结果评定收缩值以3块试件测值的算术平均值进行评定,精确至0.1mm/m。

6. 抗冻性试验

(1) 仪器设备

1) 低温箱或冷冻室:最低工作温度-30℃以下;

2) 恒温水槽:水温(20±5)℃;

3) 托盘天平或磅称:称量2000g,感量1g;

4) 电热鼓风干燥箱:最高温度200℃。

(2) 试件

100mm×100mm×100mm 立方体试件一组3块。

(3) 试验步骤

1) 将冻融试件放在电热鼓风干燥箱内,在(60±5)℃下保温24h,然后(80±5)℃下保温24h,再在(105±5)℃下烘至恒质。

2) 试件冷却至室温后,立即称取质量,精确到1g,然后浸入水温为(20±5)℃恒温水槽中,水面应高出试件30mm,保持48h。

3) 取出试件,用湿布抹去表面水面,放入预先降温至-15℃以下的低温箱或冷冻室中,其间距不小于20mm,当温度降至-18℃时记录时间。在(-20±2)℃下浆6h取出,放入水温为(20±5)℃的恒温水槽中,融化5h作为一次冻融循环,如此冻融循环15次为止。

4) 每隔5次循环检查并记录试件在冻融过程中的破坏情况。

5) 冻融过程中,发现试件呈明显的破坏,应取出试件,停止冻融试验,并记录冻融次数。

6) 将经15次冻融后的试件,放入电热鼓风干燥箱内,按5.1条规定烘至恒质。

7) 试件冷却至室温后,立即称取质量,精确至1g。

8) 将冻融后试件按立方体抗压强度中试验步骤有关规定,进行抗压强度试验。

(4) 结果计算与评定

1) 质量损失率按式(2.2.2-25)计算:

$$M_m = \frac{M_0 - M}{M_0} \times 100 \qquad (2.2.2\text{-}25)$$

式中 M_m——质量损失率,%;

M_0——冻融试件试验前的干质量,g;

M——经冻融试验后试件的干质量,g。

2) 冻后试件的抗压强度按2.2.2-22公式计算。

3) 抗冻性按冻融试件的质量损失率平均值和冻后的抗压强度平均值进行评定。质量损失率精确至0.1%。

7. 导热系数

按GB10294《绝热材料稳态热阻及有关特性的测定》(防护热板法)。

8. 放射性物质检验

同2.2.1.一 烧结普通砖中试验方法8。

(四) 判定规则

1. 若受检的50块砌块中,尺寸偏差和外观不符合表2.2.2-28规定的砌块数量不超过5块时,判该批砌块符合相应等级;若不符合表2规定的砌块数量超过5块时,判该批砌块不符合相应等级。

2. 以3组干体积密度试件的测定结果平均值判定砌块的体积密度级别,符合表2.2.2-31规定时则判该批砌块合格。

3. 以3组抗压强度试件测定结果平均值判定其强度级别。当强度和体积密度级别关系符合表2.2.2-29规定,同时,3组试件中各个单组抗压强度平均值全部大于表2.2.2-30规定的此强度级别的最小值时,判别该批砌块符合相应等级;若有1组或以上小于此强度级别的最小值时,判该批砌块不符合相应等级。

4. 干燥收缩和抗冻性测定结果,全部符合表2.2.2-32规定时,判定此两项性能合格。若有1组或1组以上不符合表2.2.2-32规定时,判该批砌块不合格。

5. 导热系数符合表 2.2.2-32 的规定，判定此项指标合格，否则判该批砌块不合格。

七、混凝土小型空心砌块砌筑砂浆

由水泥、砂、水以及根据需要掺入的掺合料和外加剂等组分，按一定比例，按一定比例采用机械拌和制成，用于砌筑混凝土小型空心砌块的砂浆。也可用干拌砂浆，由水泥、钙质消石灰粉、砂、拌合料以及外加剂按一定比例干混合制成的混合物。干拌砂浆在施工现场加水经机械拌合后即成为砌筑砂浆。

（一）取样

1. 标志

若使用干拌砂浆，包装袋上应清楚标明：生产单位名称、批号、强度等级、生产日期。配制砌筑砂浆的原材料应有产品合格证。

2. 取样数量

（1）现场搅拌砂浆，每砌筑一层或 $250m^3$ 砌体为一批。

（2）干拌砂浆：按同强度等级，同批号取样，每一批号 400T 为一批，不足 400T 亦一批。

3. 检验项目

必须检验项目：抗压强度，其它项目可根据需要选择：密度、稠度、分层度、抗冻性。

4. 各检验项目的取样数量

抗压强度一组六块。密度：5L 砂浆，稠度：2L 砂浆，分稠度：10L 砂浆，抗冻性：二组共 12 块。

（二）技术要求

1. 抗压强度：划分为 Mb5.0、Mb7.5、Mb10.0、Mb15.0、Mb20.0、Mb25.0 和 Mb30.0 等七个等级，其抗压强度指标相应于 M5.0、M7.5、M10.0、M15.0、M20.0、M25.0 和 M30.0 等级的一般砌块筑砂浆抗压强度指标。

2. 密度：水泥砂浆不应小于 $1900kg/m^3$，水泥混合砂浆不应小于 $1800kg/m^3$。

3. 稠度：50~80mm。

4. 分层度：10~30mm。

5. 抗冻性：设计有抗冻性要求的砌筑砂浆，经冻融试验，质量损失不应大于 5%，强度损失不应大于 25%。

（三）试验方法

1. 砂浆配合比设计与确定

1）砌筑砂浆配合比设计与确定应参照 JGJ198—2000 中的有关规定进行。

2）各强度等级的砂浆强度标准差（δ）按表 2.2.2-33 选用。

砌筑砂浆强度标准差 δ 选用值（MPa）　　　表 2.2.2-33

施工水平	Mb5.0	Mb7.5	Mb10.0	Mb15.0	Mb20.0	Mb25.0	Mb30.0
优良	1.00	1.50	2.00	3.00	4.00	5.00	6.00
一般	1.25	1.88	2.50	3.75	5.00	6.25	7.50
较差	1.50	2.25	3.00	4.50	6.00	7.50	8.00

3) 参考配合比

表 2.2.2-34 列出了三种砂浆（水泥砂浆和两种混合砂浆）的参考配合比，供参考用。

混凝土小型空心砌块砌筑砂浆参考配合比　　　表 2.2.2-34

强度等级	水泥砂浆					混合砂浆（Ⅰ）					混合砂浆（Ⅱ）					
	水泥	粉煤灰	砂	外加剂	水	水泥	消石灰粉	砂	外加剂	水	水泥	石灰膏	粉煤灰	砂	水	外加剂
Mb5.0						1	0.9	5.8	加	1.36	1	0.66	0.66	8.0	1.20	加
Mb7.5						1	0.7	4.6	加	1.02	1	0.42	0.15	6.6	1.00	加
Mb10.0	1	0.32	4.41	加	0.79	1	0.5	3.6	加	0.81	1	0.20	0.20	5.4	0.80	加
Mb15.0	1	0.32	3.76	加	0.74	1	0.3	3.0	加	0.74	1	0.9	—	4.5	0.75	加
Mb20.0	1	0.23	2.96	加	0.55	1	0.3	2.3	加	0.53	1	0.45	—	4.0	0.54	加
Mb25.0	1	0.23	2.53	加	0.54											
Mb30.0	1		2.00	加	0.52											

注：Mb5.0～Mb20.0 用 32.5 号普通水泥或矿渣水泥；Mb25.0～Mb30.0 用 42.5 号普通水泥或矿渣水泥

4) 原材料

①原材料应按不同品种分开贮存，不得混杂、防止其质量变化。原材料应进行检验合格证后，才能使用。

②所有原材料按质量计量，允许偏差不得超过表 2.2.2-35 规定范围。

砂浆原材料计量允许偏差　　　表 2.2.2-35

原材料品种	水泥	砂	水	外加剂	掺合料
允许偏差，%	±2	±3	±2	±2	±2

5) 搅拌

①砂浆必须采用机械搅拌。

②搅拌加料顺序和搅拌时间：先加细集料，掺合料和水泥干拌 1min，再加水湿拌。总的搅拌时间不得不 4min。若加外加剂、则在湿拌 1min 后加入。

③冬期施工：采用热水搅拌时，热水温度不超 80℃。

2. 砌筑砂浆抗压强度

(1) 仪器设备

1) 试模为 70.7mm×70.7mm×70.7mm 立方体，由铸铁或钢制成，应具有足够的刚度并拆装方便。度模的内表面应机械加工，其不平度为每 100mm 不超过 0.05mm。组装后各相邻面的不垂直度不应超过 $±5^0$；

2) 捣棒：直径 10mm，长 350mm 的钢棒，端部位磨圆；

3) 压力试验机：采用精度（示值的相对误差）不大于 ±2% 的试验机，其量程应能使试件的预期破坏荷载不小于全量程的 20%，也不大于全量程的 80%；

4）垫板：试验机上、下压板及试件之间可垫以钢垫板，垫板的尺寸应大于试件的承压面，其不平度应仅有每10mm不超过0.02mm。

(2) 试件的制作与养护

1）制作砌筑砂浆试件时，将无底试模放在预先铺有吸水性较好的纸的普通粘土砖上（砖的吸水率不小于10%，含水率不大于2%），试模内壁事先涂刷薄层机油或脱模剂；

2）放于砖上的湿纸，应为湿的新闻纸（或其它未粘过胶凝材料的纸），纸的大小要以能盖过砖的四边为准，砖的使用面要求平整，凡砖四个垂直面粘过水泥或其它胶结材料后，不允许再作用；

3）向试模内一次注满砂浆，用捣棒均匀由外向里按螺旋方向插捣25次，为了防止低稠度砂浆插捣后，可能留下孔洞，允许用油灰刀沿模壁插数次，使砂浆高出试模顶面6~8mm；

4）当砂浆表面开始出现麻斑状态时（约15~30min）将高出部分的砂浆沿试模顶面削去抹平；

5）试件制作后应在20±5℃温度环境下停置一昼夜（24±2h），当气温较低时，可适当延长时间，但不应超过两昼夜，然后对试件进行编号并拆模，试件拆模后，应在标准养护条件下，继续养护至28d，然后进行试压。

(3) 试验步骤

1）试件从养护地点取出后，应尽快进行试验，以免试件内部的温湿度发生显著变化。试验前先将试件擦拭干净，测量尺寸，并检查其外观。试件尺寸测量精确至1mm，并据此计算试件的承压面积。如实测尺寸与公称尺寸之差不超过1mm，可按公称尺寸进行计算。

2）将试件安放在试验机的下压板上（或下垫板上），试件的承压面应与成型时的顶面垂直，试件中心应与试验机下压板（或下垫板）中心对准。开动试验机，当上压板与试件（或上垫板）接近时，调整球座，使接触面均衡受压。承压试验应连续而均匀地加荷，加荷速度应为每秒种0.5~1.5kN（砂浆强度5MPa及5MPa以下时，取下限为宜，砂浆强度5MPa以上时，取上限为宜）当试件接近破坏而开始迅速变形时，停止调整试验机油门，直至或试件破坏，然后记录破坏荷载。

(4) 结果计算及评定

1）砂浆立方体抗压强度按式（2.2.2-26）计算：

$$f_{m,cu} = \frac{N_u}{A} \qquad (2.2.2\text{-}26)$$

式中　$f_{m,cu}$——砂浆立方体抗压强度（MPa）；

N_u——立方体破坏压力（N）；

A——试件承压面积（mm²）。

砂浆立方体抗压强度计算应精确至0.1MPa。

2）以六个试件测值的算术平均值作为该组试件的抗压强度值，平均值计算精确至0.1MPa。

当六个试件的最大值或最小值与平均值的差超过20%时，以中间四个试件的平均值作为该组试件的抗压强度。

3. 砂浆密度试验

（1）仪器设备

1）容量筒金属制成，内径108mm，净高109mm，筒壁厚2mm，容积为1L；

2）托盘天平称量5kg，感量5g；

3）钢制捣棒直径10mm，长350mm，端部磨圆；

4）砂浆稠度仪；

5）水泥胶砂振动台振幅0.85±0.05mm，频率50±3Hz；

6）秒表。

（2）试验步骤

1）首先将拌好的砂浆，测定稠度，当砂浆稠度大于50mm时，应采用插捣法，当砂浆稠度不大于50mm时，宜采用振动法。

2）试验前称出容量筒重，精确至5g，然后将容量筒的漏斗套上，（见图2.2.2-19）将砂浆拌合物装满容量筒并略有富余，根据稠度选择试验方法。

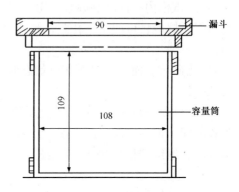

图2.2.2-19　砂浆密度测定仪

采用插捣法时，将砂浆拌合物一次装满容量筒，使稍有富余，用捣棒均匀插捣25次，插捣过程中如砂浆沉落到低于筒口，则应随时添加砂浆，再敲击5~6下。

采用振动法时，将砂浆拌合物一次装满容量筒连同漏斗在振动台上振10s，振动过程中如砂浆沉入到低于筒口，则应随时添加砂浆。

3）捣实或振动后将筒口多余的砂浆拌合物刮去，使表面平整，然后将容量筒外壁擦净，称出砂浆与容量筒总重，精确至5g。

（3）结果计算及评定

1）砂浆拌合物的质量密度δ（以kg/m^3计）按式（2.2.2-27）计算：

$$\delta = \frac{m_2 - m_1}{V} \times 1000 \ (kg/m^3) \qquad (2.2.2-27)$$

式中　m_1——容量筒质量（kg）；

　　　m_2——容量筒及试样质量（kg）；

　　　V——容量筒容积（L）。

2）质量密度由二次试验结果的算术平均值确定，计算精确至kg/m^3

4. 砂浆稠度

（1）仪器

1）砂浆稠度仪由试锥，容器和支座三部分组成（见图2.2.2-20）。试锥由钢材或铜材制成，试锥高度为145mm、锥底直径为75mm、试锥连同滑杆的重量应为300g 盛砂容器由钢板制成，筒高为180mm，锥底为内径为150mm，支座分底座，支架及稠底显示三个部分，由铸铁、钢及其它金属制成；

2）钢制捣棒直径10mm、长350mm、端部磨圆。

（2）试验步骤

1）盛浆容器和试锥表面用湿布擦干净,并用少量润滑油轻擦滑杆,后将滑杆上多余的油用吸油纸擦净,使滑杆能自由滑动。

2）将砂浆拌合物一次装入容器,使砂浆表面低于容器口约10mm左右,用捣棒自容器中心向边缘插捣25次,然后轻轻地将容器摇动或敲击5~6下,使砂浆表面平整,随后将容器置于稠度测定仪的底座上。

3）拧开试锥滑杆的制动螺丝,向下移动滑杆,当试锥尖端与砂浆表面刚接触时,拧紧制动螺丝,使齿条侧杆下端刚接触滑杆上端,并将指针对准零点上。

4）拧开制动螺丝,同时计时间,待10s立即固定螺丝,将齿条测杆下端接触滑杆上端,从刻度盘上读出下沉深度（精确至1mm）即砂浆的稠度值。

5）圆锥形容器内的砂浆,只允许测定一次稠度,重复测定时,应重新取样测定之。

（3）结果计算及评定

1）取两次试验结果的算术平均值,计算值精确至1mm;

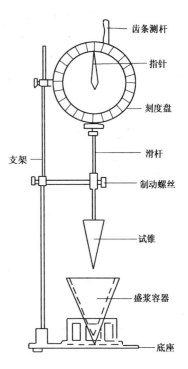

图2.2.2-20 砂浆稠度测定仪

2）两次试验值之差如大于20mm,则应另取砂浆搅拌后重新测定。

5. 砂浆分层度试验

（1）仪器

1）砂浆分层度筒（见图2.2.2-21）：内径为150mm,上节高度为200mm,下节带底净高为100mm,用金属板制成,上、下层连接处需加宽至3~5mm,并设有橡胶垫圈；

2）水泥胶砂振动台：振幅0.85±0.05mm,频率50±3Hz；

3）稠度仪、水锤等。

（2）试验步骤

1）将测定完稠度的砂浆拌合物一次装入分层度筒内,待装满后,用木锤在容器周围距离大致相等的四个不同的地方轻轻敲击1~2下,如砂浆沉落至低于筒口,则应随时添加,然后刮去多余的砂浆并用抹刀抹平；

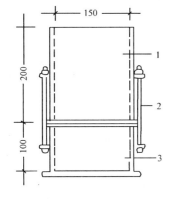

1—无底圆筒；2—连接螺栓；
3—有底圆筒
图2.2.2-21 砂浆分层度筒

2）静置30min后,去掉上节200mm砂浆,剩余的100mm砂浆倒出放在拌合锅内拌

2min，再按第三章稠度试验方法测其稠度，前后测得的稠度之差即为该砂浆的分层度值（cm）。

注：也可采用快速法测定分层度，其步骤是：

① 先测稠度；

② 将分层度筒预先固定在振动台上，砂浆一次装入分层度筒内，振动20s；

③ 然后去掉上节200mm砂浆，剩余100mm砂浆倒出放在拌合锅内拌2min，再测其稠度，前后测得的稠度之差即可认为是该砂浆的分层度值。但如有争议时，以标准法为准。

（3）结果计算及评定：

1）取两次试验结果的算术平均值作为该砂浆的分层度值；

2）两次分层度试验值之差若大于20mm，应重做试验。

6. 砂浆抗冻性试验

（1）仪器设备

1）冷冻箱（室）装入试件后能使箱（室）内的温度保持在 -15~20℃ 的范围以内；

2）篮框用钢盘焊成，其尺寸与所装试件的尺寸相适应；

3）天平或案秤称量为5kg，感量为5g；

4）溶解水槽装入试件后能使水温保持在 15~20℃ 的范围以内；

5）压力试验机精度（示值的相对误差）不大于 ±20%，量程能使试件的预期破坏荷载值不小于全量程的20%，也不大于全量程的80%。

（2）试制制作及养护

1）砂浆抗冻试件采用 70.7mm×70.7mm×70.7mm 的立方体试件，其试件组数除鉴定砂浆标号的试件之外，再制备两组（每组六块），分别作为抗冻和与抗冻试件同龄期的对比抗压强度检验试件。

2）砂浆试件的制作与养护方法同砌筑砂浆强度（2）。

（3）试验步骤

1）试件在28d龄期时进行冻融试验。试验前两天应把冻融试件和对比试件从养护室取出，进行外观检验并记录其原始状况，随后放入 15~20℃ 的水中浸泡，浸泡的水面应至少高出试件顶面20mm，该两组试件浸泡两天后取出，并用拧干的湿毛巾轻擦去表面水分，然后编号，称其重量。冻融试件置入篮框进行冻融试验，对比试件测放入标准养护室中进行养护。

2）冻或融时，篮框与容器底面或地面须架高20mm，篮框内各试件之间应至少保持50mm的间距。

3）冷冻箱（室）内的温度均应以其中心温度为标准。试件冻结温度应控制在 -15~20℃，当冷冻箱（室）内温度低于 -15℃ 时，试件方可放入。如试件放入之后，温度高于 -15℃ 时，则应以温度重新降至 -15℃ 时计算试件的冻结时间。由装完试件至温度重新降至 -15℃ 的时间不应超过2h。

4）每次冻结时间为4h，冻后即可取出并应立即放入能使水温保持在 15~20℃ 的水槽中进行溶化。此时，槽中水面应至少高出试件表面20mm，试件在水中溶化的时间不应小于4h，溶化完毕即为该次冻融循环结束。取出试件，送入冷冻箱（室）进行下一次循环试验，以此连续进行直至设计规定次数或试件破坏为止。

5）每五次循环，应进行一次外观检查，并记录试件的破坏情况，当该组试件6块中的4块出现明显破坏（分层、裂开、贯通缝）时，则该组试件的抗冻性能试验应终止。

6）冻融试件结束后，冻融试件与对比试件应同时进行称量，试压。如冻融试件表面破坏较为严重，应采用水泥净浆修补，找平台送入标准环境中养护2d后与对比试件同时进行试压。

（4）试验结果

砂浆冻融试验后应分别按下式计算其强度损失率和质量损失率。

1）砂浆试件冻融后的强度损失率：

$$\nabla f_m = \frac{f_{m1} - f_{m2}}{f_{m1}} \tag{2.2.2-28}$$

式中 ∇f_m——N次冻融循环后的砂浆强度损失率（%）；

f_{m1}——对比试件的抗压强度平均值；

f_{m2}——经N次冻融循环后的6块试件抗压强度平均值（MPa）。

2）砂浆试件冻融后的质量损失率：

$$\nabla m_m = \frac{m_0 - m_n}{m_0} \times 100 \tag{2.2.2-29}$$

式中 ∇m_m——N次冻融循环后的质量损失率，以6块试件的平均值计算（%）；

m_0——冻融循环试验前的试件质量（kg）；

m_n——N次冻融循环后的试件质量（kg）。

当冻融试件的抗压强度损失率不大于25%，且质量损失率不大于5%时，说明该组试件两项指标同时满足上述规定，则该组砂浆在试验的循环次数下，抗冻性能可定为合格，否则为不合格。

（四）判定规则

1. 实验室检验

砂浆配合比确定后，在使用前应进行实验室检验，检验项目包括抗压强度、密度、稠度和分层度，有抗冻性要求的同时进行抗冻性试验，各项指标符合技术要求后方可正式使用。

2. 施工现场检验

检验项目为抗压强度，试验结果时应满足设计强度要求时，判定为合格。

八、混凝土小型空心砌块灌孔混凝土

由水泥、集料、水以及根据需要掺入的掺合料和外加剂等组分，按一定的比例，采用机械搅拌后，用于浇注混凝土小型空心砌块砌体芯柱或其他需要填埋部位孔洞的混凝土。

（一）取样

1. 标志

配制混凝土小型空心砌块灌孔混凝土的原材料，应有相应的产品质量合格证。

2. 取样批量

每浇注一层高度或每浇注 20~25m³ 灌孔混凝土为一批。

3. 检验项目

必须检验的项目：坍落度和抗压强度。均匀性和抗冻性可根据需要选择。

4. 各项检验项目数量

抗压强度：1 组 3 块，坍落度：10L 混凝土，抗冻性：2 组 6 块。

（二）技术要求

1. 抗压强度

划分为 Cb20、Cb25、Cb30、Cb35、Cb40、五个等级，相应于 C20、C25、C30、C35、C40 混凝土的抗压强度指标。

2. 坍落度

灌孔混凝土的坍落度不宜小于 180mm。

3. 均匀性

混凝土拌合物应均匀，颜色一致、不离析、不泌水。

4. 抗冻性

设计有抗冻性要求的灌孔混凝土，按设计要求经冻融试验，质量损失不应大于 5%，强度损失不应大于 25%。

（三）试验方法

1. 灌孔混凝土配合比设计与确定

（1）配合比的计算和试配

灌孔混凝土的配合比设计和确定应参照 JGJ/T55 的有关规定进行。

（2）参考配合比，见表 2.2.2-36。

表 2.2.2-36 列出了 5 个强度等级的灌孔混凝土配合比，供参考用。

混凝土小型空心砌块灌孔混凝土参考配合比　　　　　表 2.2.2-36

强度等级	水泥强度（MPa 等级）	配合比					
		水泥	粉煤灰	砂	碎石	外加剂	水灰比
Cb20	32.5	1	0.18	2.63	3.63	√	0.48
Cb25	32.5	1	0.18	2.08	3.00	√	0.45
Cb30	32.5	1	0.18	1.66	2.49	√	0.42
Cb35	42.5	1	0.19	1.59	2.35	√	0.47
Cb40	42.5	1	0.19	1.16	1.68	√	0.45

（3）原材料

1）原材料应按不同品种分开贮存，不得混杂，防止其质量变化。原材料应进行检验合格后，才能使用。

2）灌孔混凝土的原材料应按质量计量，允许偏差不得超过表 2.2.2-37 规定的范围。

灌孔混凝土原材料计量允许偏差　　　　表 2.2.2-37

原材料品种	水泥	集料	水	外加剂	掺合料
允许偏差,%	±2	±3	±2	±2	±2

（4）搅拌

1）搅拌机应优先采用强制式搅拌机，当采用自落式搅拌机时应适当延长其搅拌时间。

2）搅拌加料顺序和搅拌时间，先加粗细集料、掺合料、水泥干拌 1min，再加水湿拌 1min，最后加外加剂搅拌，总的搅拌时间不宜少于 5min。

2. 抗压强度试验

按《普通混凝土力学性能试验方法标准》GB/T50081—2002。

3. 坍落度试验

按《普通混凝土拌合物性能试验方法标准》GB/T20080—2002。

4. 均匀性

目测。

5. 抗冻性

按《普通混凝土长期耐久性试验方法标准》GBJ82—85。

（四）判定规则

1. 实验室检验

灌孔混凝土的配合比确定后，使用前应先进行实验室检验，检验项目包括抗压强度、坍落度和均匀性，有抗冻性要求的同时进行抗冻性检验，各项指标符合要求后方可正式使用。

2. 施工现场检验

检验坍落度和抗压强度，坍落度检验应符合技术要求 2 的要求，强度检验结果满足技术要求 1 的规定为合格。

第3章 钢结构材料检验

2.3.1 金属材料力学和工艺性能试验方法

一、取样方法［《钢及钢产品力学性能试验取样位置及试样制备》（GB 2975—1998）］
（一）试样的状态
在交货状态下取样时，可以从以下两种条件中选择：
1. 产品成型和热处理完成之后取样；
2. 在热处理之前取样，试料应在与交货产品相同的条件下进行热处理。当需要矫直试料时，应在冷状态下进行，除非产品标准另有规定。
（二）取样位置
1. 一般要求
（1）应在钢产品表面切取弯曲样坯，弯曲试样应至少保留一个表面，当机加工和试验机能力允许时，应制备全截面或全厚度弯曲试样。
（2）当要求取一个以上试样时，可在规定位置相邻处取样。
2. 型钢
（1）如图 2.3.1-1 在型钢腿部切取样坯。如型钢尺寸不能满足要求，取样位置可向中部位移。对于腿部有斜度的型钢，可按图（b）和（d）在腰部1/4处取样，经协商也可从腿部取样进行机加工。
（2）腿部厚度不大于50mm 的型钢，当机加工和试验机能力允许时，应按图（g）切取拉伸样坯；若切取圆截面拉伸样坯则按图（h）。腿部厚度大于50mm 的型钢，按图（i）切取圆截面样坯。
（3）按图（j）在型钢腿部厚度方向切取冲击样坯。
3. 条钢
（1）按图 2.3.1-2（a）～（d）位置在圆钢上切取拉伸样坯，当机加工和试验机能力允许时，按图（a）取样。按图 2.3.1-2（e）～（h）位置在圆钢上切取冲击样坯。
（2）按图 2.3.1-3（a）～（d）位置在六角钢上切取拉伸样坯，当机加工和试验机能力允许时，按图（a）取样。按图 2.3.1-3（e）～（h）位置在六角钢上切取冲击样坯。
（3）按图 2.3.1-4（a）～（f）位置在矩形截面条钢上切取拉伸样坯，当机加工和试验机能力允许时，按图（a）取样。按图 2.3.1-4（g）～（i）位置在矩形截面条钢上切取冲击样坯。
4. 钢板

第 3 章 钢结构材料检验

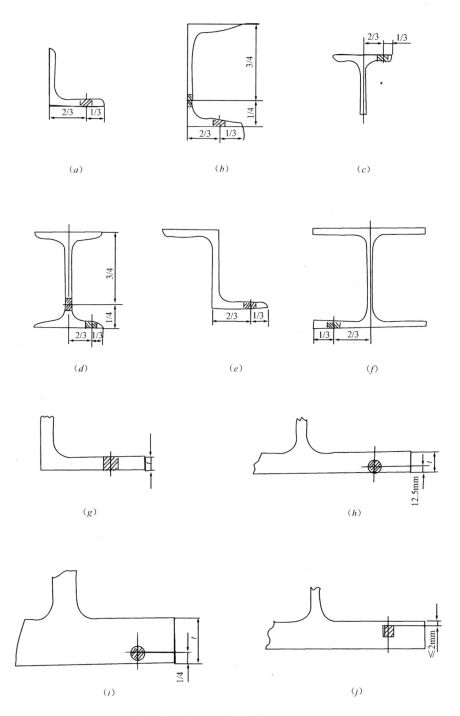

图 2.3.1-1 型钢取样位置

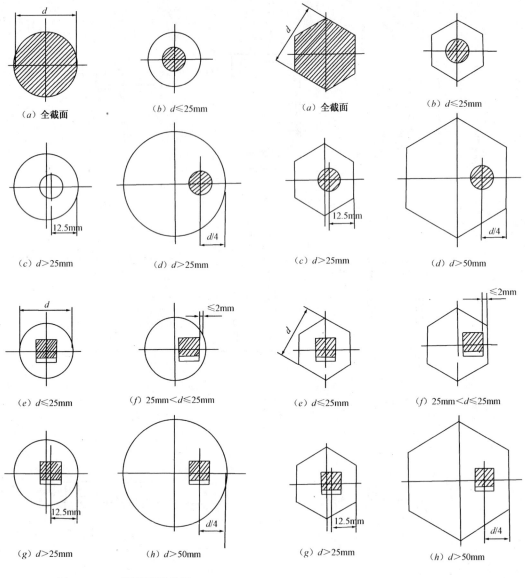

图 2.3.1-2　圆钢取样位置　　　　　图 2.3.1-3　六角钢取样位置

(1) 如图 2.3.1-5 在钢板宽度 1/4 处切取样坯。按图 2.3.1-5 (a) ~ (d) 在钢板厚度方向切取拉伸样坯，当机加工和实验机能力允许时，按图 (a) 取样。根据产品标准或供需双方协议选择图 2.3.1-5 (e) 或 (f) 规定的位置，在钢板厚度方向切取冲击样坯。

(2) 对纵轧钢板，当产品标准没有规定取样方向时，应在钢板宽度 1/4 处切取横向样坯，如钢板宽度不足，样坯中心可以内移。

5. 钢管

(1) 按图 2.3.1-6 (a) ~ (c) 位置切取拉伸样坯，当机加工和实验机能力允许时，按图 (a) 取样。如钢管尺寸不能满足要求，图 (c) 中取样位置可向中部位移。

第3章 钢结构材料检验

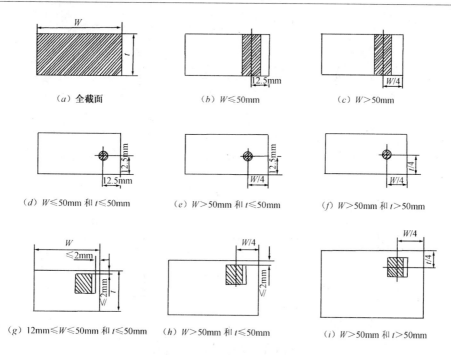

图 2.3.1-4 矩形截面条钢取样位置

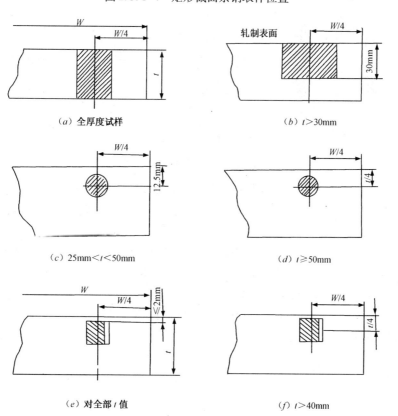

图 2.3.1-5 钢板取样位置

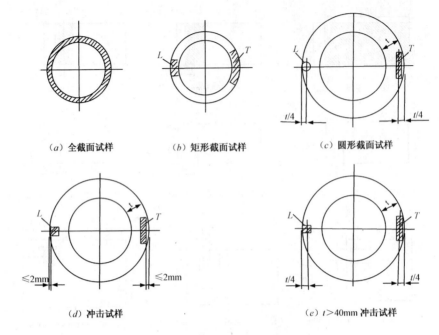

图 2.3.1-6 圆钢管取样位置

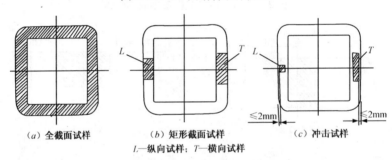

L—纵向试样；T—横向试样

图 2.3.1-7 方钢管取样位置

（2）对于焊管，当取横向试样检验焊接性能时，焊缝应在试样中部。

（3）应按图 2.3.1-6（d）或（e）位置切取冲击样坯，如果产品标准没有规定取样位置，应由生产厂提供。

如果钢管尺寸允许，应切取 10~5mm 最大厚度的横向试样，切取横向试样的钢管最小外径按 $D_{min}(mm) = (t-5) + (756.25/(t-5))$ 计算。如果钢管不能取横向冲击试样，则应切取 10~5mm 最大厚度的纵向试样。

（4）用全截面圆形钢管可作为如下试验的试样：

1）压扁试验；

2）扩口试验；

3）卷边试验；

4）环扩试验；

5）管环拉伸试验；

6）弯曲试验。

(5) 按图 2.3.1-7 (a) ~ (b) 在方形钢管上切取拉伸或弯曲样坯,当机加工和实验机能力允许时,应按图 (a) 取样。按图 2.3.1-7 (c) 在方形钢管上切取冲击样坯。

(6) 非全截面试样的取样位置应远离焊管接头。

(三) 样坯加工余量

用烧割法切取样坯时,从样坯切割线至试样边缘必须留有足够的加工余量。一般应不小于钢产品的厚度或直径,但最小不得少于 20mm。对于厚度或直径大于 60mm 的钢产品,其余加工余量可根据供需双方协议适当减少。

二、金属材料拉伸试验方法 (GB/T 228—2002)

(一) 试样制备

试样的形状与尺寸取决于被试验的钢材产品的形状与尺寸。如产品标准没有特别规定,按 [一、取样方法] 所述位置和方向切取样坯。试样应通过机加工去除由于剪切或火焰切割等影响材料性能的部分。但具有恒定横截面的产品 (型材、棒材、线材等) 可以不经机加工而进行试验。

制备试样时应避免由于机加工使钢表面产生硬化及过热而改变其力学性能。机加工最终工序应使试样的表面质量、形状和尺寸满足相应试验方法标准的要求。

1. 厚度不小于 3mm 板材、型材和直径不小于 4mm 线材、棒材试样

(1) 试样的形状:

试样原始横截面可以为圆形、方形、矩形,特殊情况时可为其它形状。矩形横截面试样,推荐其宽厚比不超过 8:1。

机加工的圆形横截面试样其平行长度 (L_c) 的直径一般不应小于 3mm。平行长度和夹持头部之间应以过渡弧连接,试样头部形状应适合于试验机夹头的夹持 (见图 2.3.1-8)。夹持端和平行长度之间的过渡弧的半径 r 应为:

圆形横截面试样: $r \geq 0.75d$;

矩形横截面试样: $r \geq 12mm$。

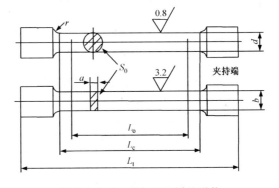

图 2.3.1-8 机加工试样的形状

(2) 试样的尺寸:

1) 机加工试样的平行长度 (L_c)

圆形横截面试样: $L_c \geq L_o + d/2$。仲裁试验: $L_c = L_o + d/2$,除非材料尺寸不足够。

矩形横截面试样: $L_c \geq L_o + 1.5\sqrt{S_o}$。仲裁试验: $L_c = L_o + 2\sqrt{S_o}$,除非材料尺寸不足够。

2) 不经机加工试样的平行长度 (L_c)

试验机两夹头间的自由长度应足够,以使试样原始标距的标记与最接近夹头间的距离不小于 1.5d 或 1.5b。

3) 原始标距 (L_0):

a) 比例试样:

比例试样原始标距 (L_0) 与原始横截面积 (S_0) 应有以下关系:

$$L_0 = k\sqrt{S_0} \tag{2.3.1-1}$$

式中比例系数 k 通常取值 5.65。当有相关规定，可以采用 11.3 的系数值。

圆形横截面比例试样和矩形横截面比例试样分别采用表 2.3.1-1 和表 2.3.1-2 的试样尺寸。

圆形横截面比例试样　　　　　　　　　　　　表 2.3.1-1

d, mm	r, mm	$k=5.65$			$k=11.3$		
		L_0, mm	L_c, mm	试样编号	L_0, mm	L_c, mm	试样编号
25	≥0.75d	5d	≥L_0+d/2 仲裁试验: L_0+2d	R_1	10d	≥L_0+d/2 仲裁试验: L_0+2d	R01
20				R_2			R02
15				R_3			R03
10				R_4			R04
8				R_5			R05
6				R_6			R06
5				R_7			R07
3				R_8			R08

注：1. 如无相关规定，优先采用 R_2、R_4 或 R_7 试样。
2. 试样总长度取决于夹持方法，原则上 $L_t > L_c + 4d$。

矩形横截面比例试样　　　　　　　　　　　　表 2.3.1-2

b, mm	r, mm	$k=5.65$			$k=11.3$		
		L_0, mm	L_c, mm	试样编号	L_0, mm	L_c, mm	试样编号
12.5	≥12	$5.65\sqrt{S_0}$	≥$L_0+1.5\sqrt{S_0}$ 仲裁试验: $L_0+2\sqrt{S_0}$	P7	$11.3\sqrt{S_0}$	≥$L_0+1.5\sqrt{S_0}$ 仲裁试验: $L_0+2\sqrt{S_0}$	P07
15				P8			P08
20				P9			P09
25				P10			P10
30				P11			P11

注：如无相关规定，优先采用比例系数 $k=5.65$ 的比例试样。

b) 非比例试样：

矩形横截面非比例试样采用表 2.3.1-3 的试样尺寸。如有相关规定，可以使用其他非比例试样尺寸。

如无具体规定试样类型，当试验设备能力不足够时，经协议厚度大于 25mm 的产品可以机加工成圆形横截面或减薄成矩形横截面比例试样。

矩形横截面非比例试样　　　　　　　　　　　　表 2.3.1-3

b, mm	r, mm	L_0, mm	L_c, mm	试样编号
12.5	≥12	50	≥$L_0+1.5\sqrt{S_0}$ 仲裁试验: $L_0+2\sqrt{S_0}$	P12
20		80		P13
25		50		P14
38		50		P15
40		200		P16

(3) 尺寸公差：

机加工试样的横向尺寸公差应符合表 2.3.1-4 的要求。

试样横向尺寸公差（mm） 表 2.3.1-4

名　　称	标称横向尺寸	尺寸公差	形状公差
机加工圆形横截面直径	3	±0.05	0.02
	>3~6	±0.06	0.03
	>6~10	±0.07	0.04
	>10~18	±0.09	0.04
	>18~30	±0.10	0.05
四面机加工矩形横截面横向尺寸	相同于圆形横截面试样直径的公差		
相对两面机加工的矩形横截面横向尺寸	3	±0.1	0.05
	>3~6		
	>6~10	±0.2	0.1
	>10~18		
	>18~30	±0.5	0.2
	>30~50		

2. 管材试样

（1）试样的形状：

试样可以为全壁厚纵向弧形试样，管段试样，全壁厚横向试样，或从管壁厚度机加工的圆形横截面试样。

可以采用不带头的纵向弧形试样和不带头的横向试样。仲裁试验采用带头试样。

（2）试样的尺寸：

1）纵向弧形试样：

纵向弧形试样适用于管壁厚度大于 0.5mm 的管材（见图 2.3.1-9），采用表 2.3.1-5 规定的试样尺寸。

为了在试验机上夹持，可以压平纵向弧形试样的两头部，但不应将平行长度（L_c）部分压平。不带头的试样，应使试样原始标距的标记与最接近的夹头间的距离不小于 $1.5b$。

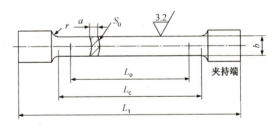

图 2.3.1-9　纵向弧形试样形状

纵向弧形试样尺寸 表 2.3.1-5

D, mm	b, mm	a, mm	r, mm	$k=5.65$			$k=11.3$		
				L_0, mm	L_c, mm	试样编号	L_0, mm	L_c, mm	试样编号
30~50	10	原壁厚	≥12	$5.65\sqrt{S_o}$	≥$L_0+1.5\sqrt{S_o}$ 仲裁试验： $L_0+2\sqrt{S_o}$ 50	S1	$11.3\sqrt{S_o}$	≥$L_0+1.5\sqrt{S_o}$ 仲裁试验： $L_0+2\sqrt{S_o}$	S01
>50~70	15					S2			S02
>70	20					S3			S03
≤100	19					S4			
>100~200	25					S5			
>200	38					S6			

注：采用比例试样时，优先采用比例系数 $k=5.65$ 的比例试样。

2）管段试样：

管段试样（见图 2.3.1-10）采用表 2.3.1-6 规定的试样尺寸。

夹持时管段试样应在其两端加入圆塞头。塞头至最接近的标距标记的距离不应小于 $D/4$（见图 2.3.1-10），仲裁试验时此距离宜为 D。塞头相对于试验机夹头在标距方向伸出的长度不应超过 D，而其形状应不妨碍标距内的变形。

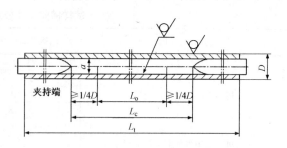

图 2.3.1-10　管段试样形状

也可以压扁管段试样两夹持头部，加或不加扁块塞头后夹持进行试验，但仲裁试验采用加配圆塞头。

管段试样尺寸　　　　　　　　　　　　　表 2.3.1-6

L_0, mm	L_c, mm	试样编号
$5.65\sqrt{S_o}$	$\geqslant L_0 + D/2$ 仲裁试验：$L_0 + 2D$	S7
50	$\geqslant 100$	S8

3）机加工横向试样：

如果相关产品标准没有特别规定，机加工横向矩形横截面试样，管壁厚度小于 3mm 时，采用表 2.3.1-7 或表 2.3.1-8 规定的试样尺寸；管壁厚度大于或等于 3mm 时，采用表 2.3.1-2 或表 2.3.1-3 规定的试样尺寸。应采用适当措施校直横向试样。

不带头的试样，应使试样原始标距的标记与最接近的夹头间的距离不小于 1.5b。

机加工横向矩形横截面试样尺寸　　　　　　　　　　　　　表 2.3.1-7

b, mm	r, mm	$k=5.65$				$k=11.3$			
		L_0, mm	L_c, mm		试样编号	L_0, mm	L_c, mm		试样编号
			带头	不带头			带头	不带头	
10	$\geqslant 20$	$5.65\sqrt{S_o}$ $\geqslant 15$	$\geqslant L_0 + b/2$ 仲裁试验： $L_0 + 2b$	$L_0 + 3b$	P1	$11.3\sqrt{S_o}$ $\geqslant 15$	$\geqslant L_0 + b/2$ 仲裁试验： $L_0 + 2b$	$L_0 + 3b$	P01
12.5					P2				P02
15					P3				P03
20					P4				P04

注：1. 优先采用比例系数 $k=5.65$ 的比例试样。若比例标距小于 15mm，建议采用表 2.3.1-8 的非比例试样。
　　2. 头部宽度 20~40mm。

机加工横向矩形横截面试样尺寸　　　　　　　　　　　　　表 2.3.1-8

b, mm	r, mm	L_0, mm	L_c, mm		试样编号
			带头	不带头	
12.5	$\geqslant 20$	50	75	87.5	P5
20		80	120	140	P6

4) 管壁厚度机加工纵向圆形横截面试样：

如相关产品标准没有具体规定机加工纵向圆形横截面试样的尺寸，应根据管壁厚度采用表 2.3.1-1 规定的试样尺寸，如表 2.3.1-9。

纵向圆形横截面试样的尺寸　　　　　　　　　　　　表 2.3.1-9

管壁厚度，mm	采用试样	管壁厚度，mm	采用试样
8～13	R7 号	>16	R4 号
>13～16	R5 号		

（二）试验仪器设备

1. 量具

测量尺寸的量具应符合表 2.3.1-10 要求。

测量尺寸的量（mm）　　　　　　　　　　　　　表 2.3.1-10

试样横截面尺寸	分辨力 不大于	试样横截面尺寸	分辨力 不大于
0.1～0.5	0.001	>2.0～10.0	0.01
>0.5～2.0	0.005	>10.0	0.05

2. 试验设备

试验机应按照 GB/T 16825 进行检定，并应为 1 级或优于 1 级准确度。

引伸计的准确度级别应符合 GB/T 12160 的要求。测定上屈服强度、下屈服强度、屈服点延伸率、规定非比例延伸强度、规定总延伸强度、规定残余延伸强度，应使用不劣于 1 级准确度的引伸计；测定其他具有较大延伸率的性能，例如抗拉强度、最大力总延伸率和最大力非比例延伸率、断裂总伸长率，以及断后伸长率，应使用不劣于 2 级准确度的引伸计。

（三）试验操作

1. 试验速率

除另有规定，试验速率取决于材料特性并应符合下列要求。

（1）测定屈服强度或规定强度试验速率：

在弹性范围至上屈服强度，试验机夹头的分离速率应尽可能保持恒定并在表 2.3.1-11 规定的应力速率的范围内。测定下屈服强度时，在试样平行长度的屈服期间应变速率应在 0.00025/s～0.0025/s 之间保持恒定。如不能直接调节应变速率，应通过调节屈服即将开始前的应力速率来调整，在屈服完成之前不再调节试验机的控制。

试验机夹头的分离速率　　　　　　　　　　　　表 2.3.1-11

材料弹性模量 E，N/mm^2	应力速率，(N/mm^2)·S^{-1}	
	最小	最大
<150000	2	20
≥150000	6	60

(2) 测定抗拉强度（R_m）的试验速率：

在塑性范围平行长度的应变速率不应超过 0.008/s。如果试验不需测定屈服强度或规定强度，在弹性范围试验机的速率也可以达到塑性范围内允许的最大速率。

2. 夹持方法

应使用合适的夹具夹持试样，并尽可能确保试样只受轴向拉力的作用。

（四）原始横截面积（S_0）的测定

根据测量的原始试样尺寸计算原始横截面积。测量每个尺寸应准确到 ±0.5%。计算原始横截面积应至少保留 4 位有效数字。

1. 圆形横截面试样

在标距的两端及中间三处两个相互垂直的方向测量直径，取各处直径算术平均值的最小值，按照式（2.3.1-2）计算截面积。

$$S_0 = \frac{1}{4}\pi d^2 \quad (2.3.1\text{-}2)$$

2. 矩形横截面试样

在标距的两端及中间三处测量宽度和厚度，按照式（2.3.1-3）计算截面积。取三处计算出的最小横截面积。

$$S_0 = a \times b \quad (2.3.1\text{-}3)$$

对于恒定横截面试样，可以根据测量的试样长度、试样质量和材料密度确定原始横截面积。试样长度的测量应准确到 ±0.5%，试样质量的测定应准确到 ±0.5%，密度应至少取 3 位有效数字。原始横截面积按照式（2.3.1-4）计算：

$$S_0 = \frac{m}{\rho L_t} \times 1000 \quad (2.3.1\text{-}4)$$

3. 圆管纵向弧形横截面试样

在标距的两端及中间三处测量宽度和壁厚，取用三处的最小横截面积。按照式（2.3.1-5）计算。计算时管外径取其标称值。

$$S_0 = \frac{b}{4}(D^2 - b^2)^{1/2} + \frac{D^2}{4}\arcsin\left(\frac{b}{D}\right) - \frac{b}{4}\left[(D-2a)^2 - b^2\right]^{1/2} - \left(\frac{D-2a}{2}\right)^2 \arcsin\left(\frac{b}{D-2a}\right)$$

$$(2.3.1\text{-}5)$$

可使用下列简化公式计算：

当 $b/D < 0.25$ 时：$S_0 = ab\left[1 + \frac{b^2}{6D(D-2a)}\right]$ \quad (2.3.1-6)

当 $b/D < 0.17$ 时：$S_0 = ab$ \quad (2.3.1-7)

4. 管段横截面试样

在一端相互垂直方向测量外径和四处壁厚，分别取其算术平均值。按照式（2.3.1-8）计算：

$$S_0 = \pi a(D - a) \quad (2.3.1\text{-}8)$$

管段试样、不带头的纵向或横向试样的原始横截面积也可以测量试样长度、试样质量和材料密度按照式（2.3.1-4）计算。

（五）原始标距（L_0）

应用小标记、细划线或细墨线标记原始标距，不得用引起过早断裂的缺口作标记。

对于比例试样，应将原始标距计算值修约至最接近 5mm 的倍数，中间数值向较大一方修约。原始标距的标记应准确到 ±1%。

如果平行长度（L_C）比原始标距长许多，例如不经机加工的试样，可以标记一系列套叠的原始标距。可以在试样表面划一条平行于试样纵轴的线，并在此线上标记原始标距。

（六）上屈服强度（R_{eH}）和下屈服强度（R_{eL}）的测定

呈现明显屈服（不连续屈服）现象的金属材料，如无特别规定，应测定上屈服强度和下屈服强度。可采用下列方法测定上屈服强度和下屈服强度。

1. 图解方法：试验时记录力-延伸曲线或力-位移曲线。从曲线图读取力首次下降前的最大力和不计初始瞬时效应时屈服阶段中的最小力或屈服平台的恒定力。将其分别除以试样原始横截面积（S_0）得到上屈服强度和下屈服强度（见图 2.3.1-11）。仲裁试验采用图解方法。

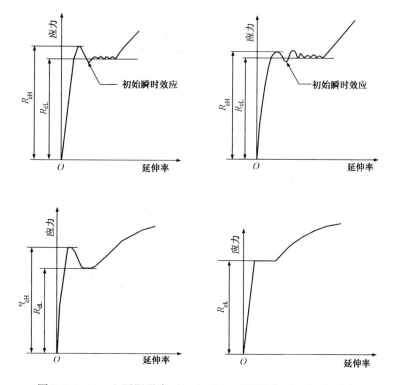

图 2.3.1-11　上屈服强度（R_{eH}）和下屈服强度（R_{eL}）的测定

2. 指针方法：试验时，读取测力度盘指针首次回转前批示的最大力和不计初始瞬时效应时屈服阶段中指示的最小力或首次停止转动指示的恒定力。将其分别除以试样原始横截面积（S_0）得到上屈服强度和下屈服强度。

3. 使用自动测试系统测定上屈服强度和下屈服强度。

（七）规定非比例延伸强度（R_p）的测定

根据力-延伸曲线图测定规定非比例延伸强度。在曲线图上，划一条与曲线的弹性直线段平行，且在延伸轴上与原点的距离等效于规定非比例延伸率，例如0.2%的直线。此平行线与曲线的交截点给出相应于所求规定非比例延伸强度的力。此力除以试样原始横截面积（S_0）得到规定非比例延伸强度（见图2.3.1-12（a））。

如力-延伸曲线图的弹性直线部分不能明确地确定，以致不能以足够的准确度划出这一平行线，推荐采用如下方法（见图2.3.1-12（b））。

试验时，当已超过预期的规定非比例延伸强度后，将力降至约为已达到的力的10%。然后再施加力直至超过原已达到的力。为了测定规定非比例延伸强度，过滞后环划一直线。然后经过横轴上与曲线原点的距离等效于所规定的非比例延伸率的点，作平行于此直线的平行线。平行线与曲线的交截点给出相应于规定非比例延伸强度的力。此力除以试样原始横截面积（S_0）得到规定非比例延伸强度。

使用自动测试系统测定规定非比例延伸强度，可以采用逐步逼近法。

日常一般试验允许采用绘制力-夹头位移曲线的方法测定规定非比例延伸率等于或大于0.2%的规定非比例延伸强度。但仲裁试验不采用此方法。

有时需要对曲线的原点进行修正，将弹性上升段的曲线走势反向延伸与延伸轴交截，交截点作为修正原点。也可以使用如下方法：在曲线图上穿过其斜率最接近于滞后环斜率的弹性上升部分，划一条平行于滞后环所确定的直线的平行线，此平行线与延伸轴的交截点即为曲线的修正原点。

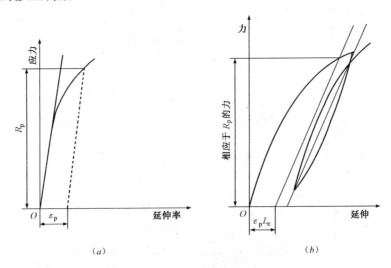

图2.3.1-12 规定非比例延伸强度（R_p）的测定

（八）抗拉强度（R_m）的测定

采用图解方法或指针方法测定抗拉强度。

对于呈现明显屈服（不连续屈服）现象的金属材料，从力-延伸或力-位移曲线图，或从测力度盘读取超过屈服阶段之后的最大力；对无明显屈服（连续屈服）现象的金属材料，从力-延伸或力-位移曲线图，或从测力度盘读取试验过程中的最大力。最大力除以试样原始横截面积（S_o）得到抗拉强度。

可以使用自动测试系统测定抗拉强度。

（九）最大力总伸长率（A_{gt}）和最大力非比例伸长率（A_g）的测定

在用引伸计得到的力-延伸曲线图上测定最大力时的总延伸（ΔL_m）。最大力总伸长率按照式（2.3.1-9）计算：

$$A_{gt} = \frac{\Delta L_m}{L_e} \times 100 \tag{2.3.1-9}$$

从最大力时的总延伸 ΔL_m 扣除弹性延伸部分即得到最大力时的非比例延伸，将其除以引伸计标距得到最大力非比例伸长率（A_g）。

若最大力时呈现一平台，取平台中点的最大力对应的总伸长率。

如果使用自动测试系统直接在最大力点测定总伸长率和相应的非比例伸长率，可以不绘制力-延伸曲线图。

（十）断后伸长率（A）的测定

将试样断裂的两部分仔细地配接在一起使其轴线处于同一直线上，确保试样断裂部分紧密接触，用分辩力优于 0.1mm 的量具测定试样断后标距（L_u），准确到 ±0.25mm。原则上，只有断裂处与最接近的标距标记的距离不小于原始标距（L_o）的三分之一时方为有效。但断后伸长率大于或等于规定值时，不管断裂位置处于何处测量均为有效。

断后伸长率（A）按下式计算：

$$A = \frac{L_u - L_o}{L_o} \times 100 \tag{2.3.1-10}$$

（十一）断面收缩率（Z）的测定

将试样断裂部分仔细地配接在一起，使其轴线处于同一直线上。对于圆形横截面试样，在缩颈最小处相互垂直方向测量直径，取其算术平均值计算断后最小横截面积；对于矩形横截面试样，测量缩颈处的最大宽度和最小厚度，两者乘积为断后最小横截面积。断后最小横截面积的测定应准确到 ±2%。

原始横截面积（S_o）与断后最小横截面积（S_u）之差除以原始横截面积的百分率即断面收缩率。

（十二）结果数值的修约

如无特殊规定，试验结果数值应按表 2.3.1-12 的要求进行修约。修约的方法按照 GB/T 8170。

试验结果数值修约　　　　　　　　　　　　　　　　　表 2.3.1-12

性　　能	范　　围	修 约 间 隔
R_{eH}、R_{eL}、R_p、R_t、R_r、R_m	≤200N/mm² >200~1000 N/mm² >1000 N/mm²	1N/mm² 5 N/mm² 10 N/mm²
A、A_t、A_{gt}、A_g		0.5%
Z		0.5%
A_e		0.05%

（十三）结果的准确度

性能测定结果的准确度取决于各种试验参数，分两类：

计量参数：例如试验机和引伸计的准确度级别，试样尺寸的测量准确度等。

材料和试验参数：例如材料的特性，试样的几何形状和制备，试验速率，温度，数据采集和分析技术等。

在缺少各种材料类型的充分数据的情况下，目前还不能准确确定拉伸试验的各种性能的测定准确度值。

（十四）试验结果处理

1. 试验出现下列情况之一时试验结果无效，应重做同样数量试样的试验。

（1）试样断在标距外或断在机械刻划的标距标记上，且断后伸长率小于规定最小值；

（2）试验期间设备发生故障，影响了试验结果。

2. 试验后试样出现两个或两个以上的缩颈以及显示出肉眼可见的冶金缺陷（例如分层、气泡、夹渣、缩孔等），应在试验记录和报告中注明。

（十五）新旧符号对照

《金属材料室温拉伸试验方法》已新修订为 GB/T 228—2002，其中术语和所用符号有较大变化，而一些产品标准还未及时进行相应的修订，因此，出现许多术语和符号不一致的地方，为方便阅读将新旧术语和符号对照列于表 2.3.1-13。

新旧术语和符号对照　　　　　　　　　　表 2.3.1-13

新符号	新符号定义	旧符号
a	矩形横截面试样厚度或管壁厚度	a_0
a_u	矩形横截面试样断后缩颈处最小厚度	a_1
b	矩形横截面试件平行长度的宽度或管的纵向剖条宽度	b_0
b_u	矩形横截面试样断后缩颈处最大宽度	b_1
d	圆形横截面试样平行长度的直径	d_0
d_u	圆形横截面试样断后缩颈处最小直径	d_1
D	管外径	D_0
L_0	原始标距	L_0, l_0
L_u	断后标距	L_1
L_c	平行长度	L_c, l
L_e	引伸计标距	L_e
L_t	试样总长度	L
r	过渡弧半径	r
m	质量	m
ρ	密度	ρ
S_0	原始横截面积	S_0, F_0
S_u	断后最小横截面积	S_1

续表

新符号	新符号定义	旧符号
Z	断面收缩率	ψ
ΔL_m	最大力总延伸	—
A (A, $A_{11.3}$)	断后伸长率	δ (δ_5, δ_{10})
A_t	断裂总伸长率	—
A_e	屈服点延伸率	δ_s
A_g	最大力非比例伸长率	δ_g
A_{gt}	最大力总伸长率	δ_{gt}
ε_p	规定非比例延伸率	ε_p
ε_t	规定总延伸率	ε_t
ε_r	规定残余延伸率	ε_r
F_m	最大力	F_b, P_b
R_{eH}	上屈服强度	σ_{sU}
R_{eL}	下屈服强度	σ_{sL}
—	（屈服点 σ_s 在新标准中没有相应定义，一般可取下屈服强度 R_{eL} 或规定非比例延伸强度 R_p）	σ_s
R_p ($R_{p0.2}$)	规定非比例延伸强度	σ_p ($\sigma_{p0.2}$ 或 $\sigma_{0.2}$)
R_t	规定总延伸强度	σ_t
R_m	抗拉强度	σ_b
E	弹性模量	E

三、金属材料弯曲试验方法（GB/T232—1999）

（一）试样制备

试验可使用圆形、方形、矩形或多边形横截面的试样。如产品标准没有特别规定，按［一、取样方法］所述位置和方向切取样坯。试样应通过机加工去除由于剪切或火焰切割等影响材料性能的部分。方形、矩形或多边形横截面试样的棱边应倒圆，倒圆半径不超过试样厚度的1/10。试样表面不应有影响试验结果的横向毛刺、划痕或损伤。

如产品标准没有特别规定，试样宽度应按照如下要求：

1. 当产品宽度不大于20mm时，试样宽度为原产品宽度；

2. 当产品宽度大于20mm，厚度小于3mm时，试样宽度为20mm±5mm；厚度不小于3mm时，试样宽度在20~50mm之间。

如产品标准没有特别规定，试样厚度或直径应按照以下要求。

1. 对于板材、带材和型材，产品厚度不大于25mm时，试样厚度应为原产品的厚度；产品厚度大于25mm时，试样厚度可以机加工减薄至不小于25mm，并保留一侧原表面。试验时试样保留的原表面应位于受拉变形一侧。

2. 直径或多边形横截面的内切圆直径不大于50mm的产品，其试样横截面应为产品的横截面。直径或多边形横截面的内切圆直径大于 50mm 的产品，应按照图 2.3.1-13 将其机加工成横截面的内切圆直径不小于 25mm 的试样。如试验设备能力不足，对于直径或多边形横截面的内切圆直径超过 30~50mm 的产品，也可按照图 2.3.1-13 机加工处理试样。试验时，试样未经机加工的原表面应置于受拉变形的一侧。除非另有规定，钢筋类产品均以其全截面进行试验。

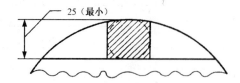 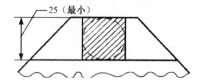

图 2.3.1-13 减薄试样横截面形状与尺寸

非仲裁试验，经协议可以用大于上述规定的宽度和厚度的试样进行试验。锻材、铸材和半成品，试样尺寸应在交货要求或协议中规定。

试样长度应根据试样厚度和所使用的试验设备确定。

（二）试验设备

试验机或压力机应配备下列弯曲装置之一。

1. 支辊式弯曲装置

支辊式弯曲装置见图 2.3.1-14。支辊长度应大于试样宽度或直径，其半径应为 1~10 倍试样厚度，且应具有足够的硬度。除另有规定，支辊间距离应按式（2.3.1-11）确定，在试验期间应保持不变。

$$l = (d + 3a) \pm 0.5a \qquad (2.3.1\text{-}11)$$

弯曲压头直径在相关产品标准中规定，弯曲压头宽度应大于试样宽度或直径，且应具有足够的硬度。

2. V 形模具式弯曲装置

V 形模具式弯曲装置见图 2.3.1-15。模具的 V 形槽角度为 $180° - \alpha$。弯曲角度在相关产品标准中规定。模具的支承棱边倒圆半径应为 1~10 倍试样厚度。弯曲压头的圆角半径为 $d/2$。模具和弯曲压头宽度应大于试样宽度或直径。弯曲压头应具有足够的硬度。

3. 虎钳式弯曲装置

虎钳式弯曲装置见图 2.3.1-16。装置由虎钳配备足够硬度的弯心组成。可以配置加力杠杆。弯心直径在相关产品标准中规定，弯心宽度应大于试样宽度或直径。

4. 翻板式弯曲装置

翻板式弯曲装置见图 2.3.1-17。翻板带有楔形滑块，滑块宽度应大于试样宽度或直径。滑块应具有足够的硬度。翻板固定在耳轴上，试验时能绕耳轴转动，耳轴连接弯曲角度指示器，指示 0°~180° 弯曲角度。翻板间距离为两翻板的试样支承面同时垂直于水平轴线时两支承面间的距离，按照式（2.3.1-12）确定：

$$l = (d + 2a) + e \qquad (2.3.1\text{-}12)$$

式中，e 可取值 2~6mm。

弯曲压头直径在相关产品标准中规定。弯曲压头宽度应大于试样宽度或直径。弯曲压头的压杆厚度应略小于弯曲压头直径，且应具有足够的硬度。

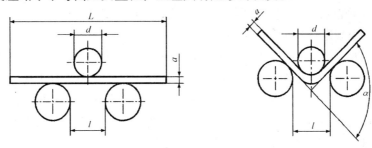

图 2.3.1-14　支辊式弯曲装置

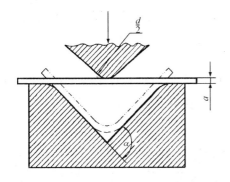

图 2.3.1-15　V 形模具式弯曲装置

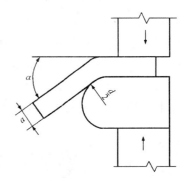

图 2.3.1-16　虎钳式弯曲装置

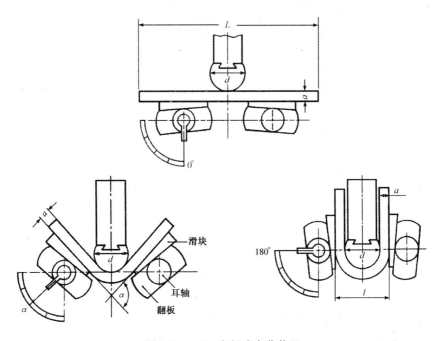

图 2.3.1-17　翻板式弯曲装置

（三）试验操作

试验一般在 10～35℃的室温范围内进行。对温度要求严格的试验，试验温度为 23℃±5℃。根据相关产品标准规定，可采用下列方法之一进行试验。

1. 试样弯曲至规定弯曲角度的试验

将试样放于两支座上，见图 2.3.1-14、图 2.3.1-15、图 2.3.1-17，试样轴线应与弯曲压头轴线垂直，弯曲压头在两支座之间的中点处对试样连续施加力使其弯曲，直至达到规定的弯曲角度。如不能直接达到规定的弯曲角度，应再将试样置于两平行压板之间，见图 2.3.1-18，连续施加力压试样两端使其进一步弯曲，直至达到规定的弯曲角度。

2. 试样弯曲至 180°角两臂相距规定距离且相互平行的试验

采用图 2.3.1-17 的方法，在力作用下可直接弯曲直至 180°角。采用图 2.3.1-14 的方法时，首先对试样进行初步弯曲（弯曲角度应尽可能大），然后再将试样置于两平行压板之间，连续施加力压试样两端使其进一步弯曲，直至两臂平行，见图 2.3.1-19。试验时可以加或不加垫块，除非产品标准另有规定，垫块厚度等于规定的弯曲压头直径。

3. 试样弯曲至两臂直接接触的试验

首先将试样进行初步弯曲（弯曲角度应尽可能大），然后将其置于两平行压板之间，连续施加力压试样两端使其进一步弯曲，直至两臂直接接触，见图 2.3.1-20。

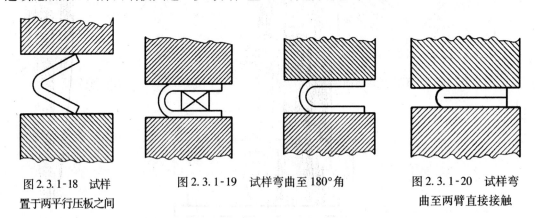

图 2.3.1-18 试样置于两平行压板之间　　图 2.3.1-19 试样弯曲至 180°角　　图 2.3.1-20 试样弯曲至两臂直接接触

采用图 2.3.1-16 所示的方法进行弯曲试验时，试样一端固定，绕弯心进行弯曲，直至达到规定的弯曲角度。

弯曲试验时，应缓慢施加弯曲力。

（四）试验结果评定

相关产品标准规定的弯曲角度认作为最小值；规定的弯曲半径认作为最大值。

应按照相关产品标准的评定弯曲试验结果。如未规定具体要求，弯曲试验后试样弯曲外表面无肉眼可见裂纹评定为合格。

四、金属材料冲击试验方法（GB/T 229—2007）

冲击试验原理是，将规定几何形状的缺口试样置于试验机两支座之间，缺口背向打击面放置，用摆锤一次打击试样，测定试样的吸收能量。

（一）试样制备

试样样坯的切取应按相关产品标准或 GB/T 2975 的规定执行,试样制备过程应使由于过热或冷加工硬化而改变材料冲击性能的影响减至最小。对于需热处理的试验材料,应在最后精加工前进行热处理,除非已知两者顺序改变不导致性能的差别。

标准尺寸冲击试样长度为 55mm,横截面为 10mm×10mm 方形截面。在试样长度中间有 V 型或 U 型缺口,如试料不够制备标准尺寸试样,可使用宽度 7.5mm、5mm 或 2.5mm 的小尺寸试样,但应在支座上放置适当厚度的垫片,以使试样打击中心的高度为 5 mm(相当于宽度 10 mm 标准试样打击中心的高度)。

对缺口的制备应仔细,以保证缺口根部处没有影响吸收能的加工痕迹。缺口对称面应垂直于试样纵向轴线。试样尺寸及偏差见图 2.3.1-21 和表 2.3.1-14。

试样标记应远离缺口,不应标在与支座、砧座或摆锤刀刃接触的面上。试样标记应避免塑性变形和表面不连续性对冲击吸收能量的影响。

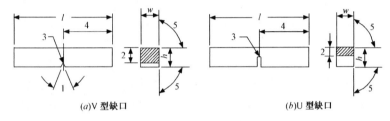

(a)V 型缺口　　　　　　　　　　(b)U 型缺口

图 2.3.1-21

试样的尺寸与偏差　　　　　　　　　表 2.3.1-14

名　称	符号及序号	V 型缺口试样		U 型缺口试样	
		公称尺寸	机加工偏差	公称尺寸	机加工偏差
长度	l	55mm	±0.60mm	55mm	±0.60mm
高度	h	10mm	±0.075mm	10mm	±0.11mm
宽度	w				
——标准试样		10mm	±0.11mm	10mm	±0.11mm
——小试样		7.5mm	±0.11mm	7.5mm	±0.11mm
——小试样		5mm	±0.06mm	5mm	±0.06mm
——小试样		2.5mm	±0.04mm	—	—
缺口角度	1	45°	±2°	—	—
缺口底部高度	2	8mm	±0.075mm	8mm[b]	±0.09mm
				5mm[b]	±0.09mm
缺口根部半径	3	0.25mm	±0.25mm	1mm	±0.07mm
缺口对称面—端部距离	4	27.5mm	±0.42mm[c]	27.5mm	±0.42mm[c]
缺口对称面—试样纵轴角度	—	90°	±2°	90°	±2°
试样纵向面间夹角	5	90°	±2°	90°	±2°

注:1. 除端部外,试样表面粗糙度应优于 $Ra\ 5\mu m$。
　　2. 如规定其他高度,应规定相应偏差。
　　3. 对自动定位试样的试验机,建议偏差用 ±0.165mm 代替 ±0.42mm。

(二) 试验仪器设备

试验机应按 GB/T 3808 或 JJG 145 进行安装及检验。所有测量仪器均应按规定的周期溯源至国家或国际标准。

摆锤刀刃半径应为 2mm 和 8 mm 两种。用符号的下标数字表示：KV_2 或 KV_8。摆锤刀刃半径的选择应参考相关产品标准。

(三) 试验操作

1. 一般要求

试样应紧贴试验机砧座，锤刃沿缺口对称面打击试样缺口的背面，试样缺口对称面偏离两砧座间的中点应不大于 0.5mm。

试验前应检查摆锤空打时的回零或空载能耗。

试验前应检查砧座跨距，砧座跨距应保证在 40 + 0.2mm 以内。

2. 试验温度

对于试验温度有规定的，应在规定温度 ±2℃ 范围内进行。如果没有规定，室温冲击试验应在 23℃ ±5℃ 范围进行。

当使用液体介质冷却试样时，试样应放置于容器中的网栅上，网栅至少高于容器底部 25 mm，液体浸过试样的高度至少 25 mm，试样距容器侧壁至少 10 mm。应连续均匀搅拌介质以使温度均匀。测定介质温度的仪器推荐置于一组试样中间处。介质温度应在规定温度 ±1℃ 以内，保持至少 5min。当使用气体介质冷却试样时，试样距低温装置内表面以及试样与试样之间应保持足够的距离，试样应在规定温度下保持至少 20 min。

对于试验温度不超过 200℃ 的高温试验，试样应在规定温度 ±2℃ 的液池中保持至少 10 min。对于试验温度超过 200℃ 的试验，试样应在规定温度 ±5℃ 以内的高温装置内保持至少 20 min。

3. 试样的转移

当试验不在室温进行时，试样从高温或低温装置中移出至打断的时间应不大于 5s。

转移装置的设计和使用应能使试样温度保持在允许的温度范围内。转移装置与试样接触部分应与试样一起加热或冷却。应采取措施确保试样对中装置不引起低能量高强度试样断裂后回弹到摆锤上而引起不正确的能量偏高指示。试样端部和对中装置的间隙或定位部件的间隙应大于 13 mm，否则，在断裂过程中，试样端部可能回弹至摆锤上。

注：对于试样从高温或低温装置中移出至打击时间在 3～5s 的试验，可考虑采用过冷或过热试样的方法补偿温度损失，过冷度或过热度参见表 2.3.1-15 和表 2.3.1-16。对于高温试样应充分考虑过热对材料性能的影响。

过冷温度补偿值　　　　　　　表 2.3.1-15

试验温度，℃	过冷温度补偿值，℃
-192 ~ < -100	3 ~ <4
-100 ~ < -60	2 ~ <3
-60 ~ <0	1 ~ <2

过热温度补偿值　　　　　　　　　　表 2.3.1-16

试验温度,℃	过热温度补偿值,℃
35 ~ <200	1 ~ <5
200 ~ <400	5 ~ <10
400 ~ <500	10 ~ <15
500 ~ <600	15 ~ <20
600 ~ <700	20 ~ <25
700 ~ <800	25 ~ <30
800 ~ <900	30 ~ <40
900 ~ <1000	40 ~ <50

4. 试验机能力范围

试样吸收能量 K 不应超过试验机实际初始势能 K_p 的 80%，如果试样吸收能超过此值，在试验报告中应报告为近似值并注明超过试验机能力的 80%。试样吸收能量 K 的下限不低于试验机最小分辨力的 25 倍。

5. 试样未完全断裂

对于试样试验后没有完全断裂，可以报出冲击吸收能量，或与完全断裂试样结果平均后报出。

由于试验机打击能量不足，试样未完全断开，吸收能量不能确定，试验报告应注明用 ×J 的试验机试验，试样未断开。

6. 试样卡锤

如果试样卡在试验机上，试验结果无效，应彻底检查试验机，否则试验机的损伤会影响测量的准确性。

7. 断口检查

如断裂后检查显示出试样标记是在明显的变形部位，试验结果可能不代表材料的性能，应在试验报告中注明。

（四）试验结果处理

读取每个试样的冲击吸收能量，应至少估读到 0.5J 或 0.5 个标度单位（取两者之间较小值）。试验结果至少应保留两位有效数字，修约方法按 GB/T 8170 执行。

五、金属应力松弛试验方法 GB/T 10120—1996

（一）试样制备

1. 切取样坯的部位、方向和数量应按相关产品标准或协议的规定。
2. 切取样坯和制备试样的方法不应影响材料的金相组织和力学性能。
3. 只有形状和尺寸相同的试样得到的试验数据才具有可比性。

（二）试验仪器设备

1. 试验机

拉伸应力松弛试验机力的示值误差不应超过 ±1%。试验机的同轴度不应大于 15%。试验机应定期校验。拉伸应力松弛试验机应能连续自动调节试验力，以便在试验期间保持试样的初始应变或变形或标距恒定。试验机应安装在无外来冲击、振动和温度稳定的环境中。

2. 加热和测温装置

加热装置应能将试样加热至规定温度,并能在试验期间保持温度恒定,温度偏差和温度梯度应符合表 2.3.1-17 要求。

温度偏差和温度梯度℃   表 2.3.1-17

温度范围	温度偏差	温度梯度	温度范围	温度偏差	温度梯度
<900	±3	3	900~1000	±4	4

温度测量仪器误差不应超过 ±1℃,分辨率不应大于 0.5℃,并应定期校验。测温热电偶应符合 JJG141 或 JJG351 中 2 级热电偶要求。热电偶冷端温度应保持恒定,偏差不超过 ±0.5℃。

3. 测量工具

测量试样横截面尺寸的量具最小分度值不应大于 0.01mm。

(三) 试验操作

1. 试样标距两端及中部各固定一支热电偶测量温度,如能满足表 2.3.1-17 规定的试验温度时,热电偶的数量可适当减少。热电偶测量端应与试样表面良好热接触,并避免加热装置直接热辐射。

2. 在 1~8h 内将试样加热至规定温度,升温期间对试样施加预拉伸力,预拉伸力不超过初始应力的 10%,且不大于 10MPa。加热过程中不得超过规定的温度范围,保温时间一般为 8~24h。加热及保温总时间应以温度达到充分稳定为准。

3. 温度达到充分稳定后,迅速无冲击地施加试验力,施加全部初始试验力的时间不应超过 10min。在施加试验力过程中不断调节总应变或总变形恒定控制系统,以保证在零时间试样的初始总应变或总变形保持恒定。在整个试验期间试样应变的波动应控制在 $±2.5×10^{-5}$ mm/mm 以内,试样的温度应控制在表 2.3.1-17 范围内。

4. 连续或定时记录试验力和温度,并监测试样的初始总应变或总变形。采用定时记录时,测量间隔应保证准确地绘出应力松弛曲线。如无其他规定,建议按下列时间间隔进行记录:5min、10min、30min、1h、2h、4h、8h、16h、24h,以后每隔 24h 记录一次,直至试验结束。

(四) 试验数据处理

1. 可以绘制剩余应力或松弛应力与时间或对数应力与时间的关系曲线;也可以绘制对数应力与对数时间的关系曲线,如图 2.3.1-22 所示。为了比较材料的相对松弛特性,可以绘制松弛率与时间的关系曲线。松弛率按下式计算:

$$R = (\sigma_0 - \sigma_\tau)/\sigma_0 \text{ 或 } R = (F_0 - F_r)/F_0$$

(2.3.1-13)

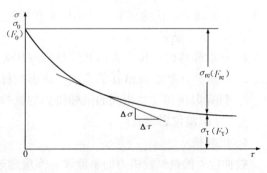

图 2.3.1-22 应力松弛曲线

式中　　　　　　R——松弛率，%；

σ_0——初始应力，MPa；

σ_τ——剩余应力，MPa；

F_0——初始试验力，kN；

F_τ——剩余试验力，kN；

$\sigma_{re} = \sigma_0 - \sigma_\tau$——松弛应力，MPa；

$F_{re} = F_0 - F_\tau$——松弛力，kN。

2. 对试验数据进行外推，可以将应力松弛曲线顺势延长。高温应力松弛试验，外推时间一般不超过试验时间的3倍，外推时，应充分考虑材料在时间、温度及应力作用下的组织变化。

2.3.2　钢　　材

钢材进场验收依据现行国家标准《钢结构工程施工质量验收规范》GB50205—2001规定。钢材进场验收分为主控项目和一般项目。检验批原则上应与各分项工程检验批一致，也可以根据工程规模及进料实际情况划分检验批。

1. 主控项目

（1）钢材、钢铸件的品种、规格、性能等应符合现行国家产品标准和设计要求。进口钢材产品的质量应符合设计和合同规定标准要求。

检查数量：全数检查。

检验方法：检查质量合格证明文件、中文标志及检验报告等。

（2）对属于下列情况之一的钢材，应进行抽样复检，其复检结果应符合现行国家产品标准和设计要求。

1）国外进口钢材；

2）钢材混批；

3）板厚等于或大于40mm，且设计有Z向性能要求的厚板；

4）建筑结构安全等级为一级，大跨度钢结构中主要受力构件所采用的钢材；

5）设计有复检要求的钢材；

6）对质量有异议的钢材。

检查数量：全数检查。

检验方法：检查复检报告。

2. 一般项目

（1）钢板厚度及允许偏差应符合其产品标准的要求。

检查数量：每一品种、规格的钢板抽查5处。

检验方法：用游标卡尺量测。

（2）型钢的规格尺寸及允许偏差应符合其产品标准的要求。

检查数量：每一品种、规格的型钢抽查5处。

检验方法：用钢尺和游标卡尺量测。

(3) 钢材的表面外观质量除应符合国家现行有关标准的规定外，尚应符合下列规定：

1) 当钢材的表面有锈蚀、麻点或划痕等缺陷时，其深度不得大于该钢材厚度负允许偏差值的 1/2；

2) 钢材表面的锈蚀等级应符合现行国家标准《涂装前钢材表面锈蚀等级和除锈等级》GB8923 规定的 C 级及 C 级以上；

3) 钢材端边或断口处不应有分层、夹渣等缺陷。

检查数量：全数检查。

检验方法：观察检查。

钢结构工程用钢材主要有碳素结构钢、低合金高强度结构钢和高层建筑结构用钢板等。相应的现行国家产品标准或行业标准主要有：

《碳素结构钢》GB/T 700—2006，

《低合金高强度结构钢》GB/T 1591—94，

《高层建筑结构用钢板》YB 4104—2000，

《焊接结构用耐候钢》GB/T 4172—2000。

各类钢材产品标准规定的检验项目主要有化学成分、力学性能和工艺性能。

一、碳素结构钢

碳素结构钢的性能应符合国家标准《碳素结构钢》GB/T 700—2006。

（一）技术要求

1. 化学成分

碳素结构钢化学成分（熔炼分析）应符合表 2.3.2-1 的规定。

碳素结构钢化学成分 表 2.3.2-1

牌号	统一数字代号[a]	等级	厚度（或直径），mm	脱氧方法	化学成分（质量分数），%，不大于				
					C	Si	Mn	P	S
Q195	U11952	—	—	F、Z	0.12	0.30	0.50	0.035	0.040
Q215	U12152	A	—	F、Z	0.15	0.35	1.20	0.45	0.050
	U12155	B							0.045
Q235	U12352	A		F、Z	0.22	0.35	1.40	0.045	0.050
	U12355	B			0.20^b			0.045	0.045
	U12358	C		Z	0.17			0.040	0.040
	U12359	D		TZ				0.035	0.035
Q275	U12752	A	—	F、Z	0.24	0.35	1.50	0.045	0.050
	U12755	B	≤40	Z	0.21			0.045	0.045
			>40		0.22				
	U12758	C	—	Z	0.20			0.040	0.040
	U12759	D		TZ				0.035	0.035

注：1. 表中为镇静钢、特殊镇静钢牌号的统一数字，沸腾钢牌号的统一数字代号如下：
   Q195F——U11950；
   Q215AF——U12150，Q215BF——U12153；
   Q235AF——U12350，Q235BF——U12353；
   Q275AF——U12750。

2. 经需方同意，Q235B 的碳含量可不大于 0.22%。

几点说明：

（1）D 级钢应有足够细化晶粒的元素，并在质量证明书中注明细化晶粒元素的含量。当采用铝脱氧时，钢中酸溶铝含量应不小于 0.015%，或总铝含量应不小于 0.020%。

（2）钢中残余元素铬、镍、铜含量应各不大于 0.30%，氮含量应不大于 0.008%。如供方能保证，可不做分析。

氮含量允许超过上述的规定值，但氮含量每增加 0.001%，磷的最大含量应减少 0.005%，熔炼分析氮的最大含量应不大于 0.012%；如果钢中的酸溶铝含量不小于 0.015% 或总铝含量不小于 0.020%，氮含量的上限值可以不受限制。

经需方同意，A 级钢的铜含量可不大于 0.35%。此时，供方应做铜含量的分析，并在质量证明书中注明其含量。

（3）钢中砷的含量应不大于 0.080%。用含砷矿冶炼生铁所冶炼的钢，砷含量由供需双方协议规定。如原料中不含砷，可不做砷的分析。

（4）在保证钢材力学性能符合本标准规定的情况下，各牌号 A 级钢的碳、锰、硅含量可以不作为交货条件，但其含量应在质量证明书中注明。

（5）在供应商品连铸坯、钢锭和钢坯时，为了保证轧制钢材各项性能达到本标准要求，可以根据需方要求规定各牌号的碳、锰含量下限。

（6）成品钢材、连铸坯、钢坯的化学成分允许偏差应符合 GB/T222 的规定。沸腾钢成品钢材和钢坯的化学成分偏差不作保证。

2. 力学性能和工艺性能

碳素结构钢拉伸和冲击性能应符合表 2.3.2-2 的规定，弯曲性能应符合表 2.3.2-3 的规定。

碳素结构钢拉伸和冲击性能 表 2.3.2-2

牌号	等级	屈服强度[a] R_{eH}, N/mm², 不小于						抗拉强度[b] R_m, N/mm²	断后伸长率 A, %, 不小于					冲击试验（V型缺口）	
		厚度（或直径），mm							厚度（或直径），mm					温度 ℃	冲击吸收功（纵向），J 不小于
		≤16	>16~40	>40~60	>60~100	>100~150	>150~200		≤40	>40~60	>60~100	>100~150	>150~200		
Q195	—	195	185	—	—	—	—	315~430	33	—	—	—	—	—	—
Q215	A	215	205	195	185	175	165	335~450	31	30	29	27	26	—	—
	B													+10	27
Q235	A	235	225	215	215	195	185	370~500	26	25	24	22	21	—	—
	B													+20	27[c]
	C													0	
	D													−20	
Q275	A	275	265	255	245	225	215	410~540	22	21	20	18	17	—	—
	B													+20	27
	C													0	
	D													20	

注：1. Q195 的屈服强度值仅供参考，不作交货条件。
   2. 厚度大于 100mm 的钢材，抗拉强度下限允许降低 20N/mm²。宽带钢（包括剪切钢板）抗拉强度上限不作交货条件。
   3. 厚度小于 25mm 的 Q235B 级钢材，如供方能保证冲击吸收功值合格，经需方同意，可不作检验。

碳素结构钢弯曲性能　　　　表 2.3.2-3

牌号	试样方向	冷弯试验 180° $B=2a^a$		
		钢材厚度（或直径）[b]，mm		
		≤60	>60~100	
		弯心直径 d		
Q195	纵	0	—	—
Q195	横	0.5a		
Q215	纵	0.5a	1.5a	2a
Q215	横	a	2a	2.5a
Q235	纵	a	2a	2.5a
Q235	横	1.5a	2.5a	3a
Q275	纵	1.5a	2.5a	3.5a
Q275	横	2a	3a	4.5a

注：1. B 为试样宽度，a 为试样厚度（或直径）。
　　2. 钢材厚度（或直径）大于 100mm 时，弯曲试验由双方协商确定。

几点说明：

（1）做拉伸和冷弯试验时，型钢和钢棒取纵向试样；钢板、钢带取横向试样，断后伸长率允许比表 2.3.2-2 降低 2%（绝对值）。窄钢带取横向试样如果受宽度限制时，可以取纵向试样。

（2）如供方能保证冷弯试验符合表 2.3.2-3 的规定，可不作检验。A 级钢冷弯试验合格时，抗拉强度上限可以不作为交货条件。

（3）厚度不小于 12mm 或直径不小于 16mm 的钢材应做冲击试验，试样尺寸为 10mm×10mm×55mm。经供需双方协议，厚度为 6~12mm 或直径为 12~16mm 的钢材可以做冲击试验，试样尺寸为 10mm×7.5mm×55mm 或 10mm×5mm×55mm 或 10mm×产品厚度×55mm。

（二）取样

1. 组批

钢材应成批验收，每批由同一牌号、同一炉号、同一质量等级、同一品种、同一尺寸、同一交货状态的钢材组成。每批重量应不大于 60t。

公称容量比较小的炼钢炉冶炼的钢轧成的钢材，同一冶炼、浇注和脱氧方法、不同炉号、同一牌号的 A 级钢或 B 级钢，允许组成混合批，但每批各炉号含碳量之差不得大于 0.02%，含锰量之差不得大于 0.15%。

2. 取样数量、取样方法

每批钢材的取样数量和取样方法见表 2.3.2-4。

（三）试验项目和试验方法

每批钢材的试验项目和试验方法应符合表 2.3.2-4 的规定。

每批钢材的试验项目和试验方法　　　　表 2.3.2-4

序号	检验项目	取样数量,个	取样方法	试验方法
1	化学分析	1/每炉	GB/T 20066	GB/T 223、GB/T 4336
2	拉伸	1	GB/T 2975	GB/T 228
3	冷弯			GB/T 232
4	冲击	3		GB/T 229

拉伸和冷弯试验，钢板、钢带试样的纵向轴线应垂直于轧制方向；型钢、钢棒和受宽度限制的窄钢带试样的纵向轴线应平行于轧制方向。

冲击试样的纵向轴线应平行轧制方向。冲击试样可以保留一个轧制面。

（四）评定

1. 当某一项试验结果不符合技术要求规定时，应从同一批钢材中任取双倍数量的试样进行不合格项目的复检。复检结果均应符合规定，否则为不合格，则整批不得交货。

2. 当夏比（V 型缺口）冲击试验结果不符合表 2.3.2-2 规定时，抽样产品应报废，再从该检验批的剩余部分取两个抽样产品，在每个抽样产品上各选取新的一组 3 个试样，这两组试样的复验结果均应合格，否则该批产品不得交货。

3. 夏比（V 型缺口）冲击吸收功值按一组 3 个试样单值的算术平均值计算，允许其中 1 个试样的单个值低于规定值，但不得低于规定值的 70%。如果没有满足上述条件，可从同一抽样产品上再取 3 个试样进行试验，先后 6 个试样的平均值不得低于规定值，允许有 2 个试样低于规定值，但其中低于规定值 70% 的试样只允许 1 个。

如果试验结果不符合上述规定时，抽样产品应报废，再从该检验批的剩余部分取两个抽样产品，在每个抽样产品上各选取新的一组 3 个试样，这两组试样的复验结果均应合格，否则该批产品不得交货。

二、低合金高强度结构钢

低合金高强度结构钢的性能应符合国家标准《低合金高强度结构钢》GB/T 1591—94。

（一）技术要求

1. 化学成分

低合金高强度结构钢化学成分（熔炼分析）应符合表 2.3.2-5 的规定。

低合金高强度结构钢化学成分　　　　表 2.3.2-5

牌号	质量等级	化学成分,%									
		C≤	Mn	Si≤	P≤	S≤	V	Nb	Ti	Al≥	Cr≤	Ni≤
Q295	A	0.16	0.80~1.50	0.55	0.045	0.045	0.02~0.15	0.015~0.060	0.02~0.20	—		
	B	0.16	0.80~1.50	0.55	0.040	0.040	0.02~0.15	0.015~0.060	0.02~0.20	—		

续表

牌号	质量等级	化学成分,%									
		C≤	Mn	Si≤	P≤	S≤	V	Nb	Ti	Al≥	Cr≤	Ni≤
Q345	A	0.20	1.00~1.60	0.55	0.045	0.045	0.02~0.15	0.015~0.060	0.02~0.20	—		
	B	0.20	1.00~1.60	0.55	0.040	0.040	0.02~0.15	0.015~0.060	0.02~0.20	—		
	C	0.20	1.00~1.60	0.55	0.035	0.035	0.02~0.15	0.015~0.060	0.02~0.20	0.015		
	D	0.18	1.00~1.60	0.55	0.030	0.030	0.02~0.15	0.015~0.060	0.02~0.20	0.015		
	E	0.18	1.00~1.60	0.55	0.025	0.025	0.02~0.15	0.015~0.060	0.02~0.20	0.015		
Q390	A	0.20	1.00~1.60	0.55	0.045	0.045	0.02~0.20	0.015~0.060	0.02~0.20	—	0.30	0.07
	B	0.20	1.00~1.60	0.55	0.040	0.040	0.02~0.20	0.015~0.060	0.02~0.20	—	0.30	0.07
	C	0.20	1.00~1.60	0.55	0.035	0.035	0.02~0.20	0.015~0.060	0.02~0.20	0.015	0.30	0.07
	D	0.18	1.00~1.60	0.55	0.030	0.030	0.02~0.20	0.015~0.060	0.02~0.20	0.015	0.30	0.07
	E	0.18	1.00~1.60	0.55	0.025	0.025	0.02~0.20	0.015~0.060	0.02~0.20	0.015	0.30	0.07
Q420	A	0.20	1.00~1.70	0.55	0.045	0.045	0.02~0.20	0.015~0.060	0.02~0.20	—	0.40	0.07
	B	0.20	1.00~1.70	0.55	0.040	0.040	0.02~0.20	0.015~0.060	0.02~0.20	—	0.40	0.07
	C	0.20	1.00~1.70	0.55	0.035	0.035	0.02~0.20	0.015~0.060	0.02~0.20	0.015	0.40	0.07
	D	0.20	1.00~1.70	0.55	0.030	0.030	0.02~0.20	0.015~0.060	0.02~0.20	0.015	0.40	0.07
	E	0.20	1.00~1.70	0.55	0.025	0.025	0.02~0.20	0.015~0.060	0.02~0.20	0.015	0.40	0.07
Q460	C	0.20	1.00~1.70	0.55	0.035	0.035	0.02~0.20	0.015~0.060	0.02~0.20	0.015	0.70	0.07
	D	0.20	1.00~1.70	0.55	0.030	0.030	0.02~0.20	0.015~0.060	0.02~0.20	0.015	0.70	0.07
	E	0.20	1.00~1.70	0.55	0.025	0.025	0.02~0.20	0.015~0.060	0.02~0.20	0.015	0.70	0.07

(1) 表中 Al 为全铝含量，如化验酸溶铝时，其含量应不小于 0.010%。

(2) Q295 的碳含量到 0.18% 也可交货。

(3) 不加 V、Nb、Ti 的 Q295 级钢，当 C≤0.12% 时，Mn 含量上限可提高 1.80%。

(4) Q345 级钢的 Mn 含量上限可提高 1.70%。

(5) 厚度≤6mm 的钢板、钢带和厚度≤16mm 的热连轧钢板、钢带的 Mn 含量下限可降低 0.20%。

(6) 在保证钢材力学性能符合标准规定的情况下，用 Nb 作为细化晶粒元素时，其 Q345、Q390 级钢的 Mn 含量下限可低于表 2.3.2-5 的下限含量。

(7) 除各牌号 A、B 级钢外，表 2.3.2-5 中的细化晶粒元素（V、Nb、Ti、Al），钢中应至少含有其中的一种；如这些元素同时使用则至少应有一种元素的含量不低于规定的最小值。

(8) 为改善钢的性能，各牌号 A、B 级钢可加入 V 或 Nb 或 Ti 等细化晶粒元素，其含量应符合表 2.3.2-5 规定。如不作为合金元素加入时，其下限含量不受限制。

(9) 当钢中不加入细化晶粒元素时，不进行该元素含量的分析，也不予保证。

(10) 型钢和钢棒的 Nb 含量下限为 0.005%。

(11) 各牌号钢的 Cr、Ni、Cu 残余元素含量各不大于 0.30%，供方如能保证可不作分析。

(12) 为改善钢的性能，Q390、Q420、Q460 级钢可加入少量 Mo 元素。

(13) 为改善钢的性能，各牌号钢可加入 RE 元素，其加入量按 0.02%~0.20% 计算。

(14) 经供需双方协商，Q420 级钢可加入 N 元素，其熔炼分析含量为 0.010%~0.020%。

(15) 供应商品钢锭、连铸坯、钢坯时，为保证钢材力学性能符合标准规定，其 C、Si 元素含量的下限可根据需方要求另订协议。

(16) 钢材、钢坯、连铸坯的化学成分允许偏差应符合 GB/T222 的规定。

2. 力学性能和工艺性能

低合金高强度结构钢拉伸、冲击和弯曲性能应符合表 2.3.2-6 的规定。

低合金高强度结构钢拉伸、冲击和弯曲性能　　　　表 2.3.2-6

牌号	质量等级	屈服点 σ_s, MPa 厚度（直径、边长），mm				抗拉强度 σ_b, MPa	伸长率 δ_5, %	V 型冲击功, AkV,（纵向）, J				180°弯曲试验 d=弯心直径 a=试样厚度（直径） 钢材厚度（直径），mm	
		≤16	>16~35	>35~50	>50~100			+20℃	0℃	-20℃	-40℃	≤16	>16~100
		不小于						不小于					
Q295	A	295	275	255	235	390~570	23					$d=2a$	$d=3a$
	B	295	275	255	235	390~570	23	34				$d=2a$	$d=3a$
Q345	A	345	325	295	275	470~630	21					$d=2a$	$d=3a$
	B	345	325	295	275	470~630	21	34				$d=2a$	$d=3a$
	C	345	325	295	275	470~630	22		34			$d=2a$	$d=3a$
	D	345	325	295	275	470~630	22			34		$d=2a$	$d=3a$
	E	345	325	295	275	470~630	22				27	$d=2a$	$d=3a$
Q390	A	390	370	350	330	490~650	19					$d=2a$	$d=3a$
	B	390	370	350	330	490~650	19	34				$d=2a$	$d=3a$
	C	390	370	350	330	490~650	20		34			$d=2a$	$d=3a$
	D	390	370	350	330	490~650	20			34		$d=2a$	$d=3a$
	E	390	370	350	330	490~650	20				27	$d=2a$	$d=3a$
Q420	A	420	400	380	360	520~680	18					$d=2a$	$d=3a$
	B	420	400	380	360	520~680	18	34				$d=2a$	$d=3a$
	C	420	400	380	360	520~680	19		34			$d=2a$	$d=3a$
	D	420	400	380	360	520~680	19			34		$d=2a$	$d=3a$
	E	420	400	380	360	520~680	19				27	$d=2a$	$d=3a$
Q460	C	460	440	420	400	550~720	17		34			$d=2a$	$d=3a$
	D	460	440	420	400	550~720	17			34		$d=2a$	$d=3a$
	E	460	440	420	400	550~720	17				27	$d=2a$	$d=3a$

(1) 进行拉伸和弯曲试验时，钢板、钢带应取横向试样；宽度小于 600mm 的钢带、

型钢和钢棒应取纵向试样。

（2）钢板和钢带的伸长率值允许比表2.3.2-6降低1%（绝对值）。

（3）Q345级钢其厚度大于35mm的钢板的伸长率可比表2.3.2-6降低1%（绝对值）。

（4）边长或直径大于50~100mm的方、圆钢、其伸长率可比表2.3.2-6规定值降低1%（绝对值）。

（5）宽钢带（卷状）的抗拉强度上限值不作交货条件。

（6）A级钢应进行弯曲试验。其他质量级别钢，如供方能保证弯曲试验结果符合表2.3.2-6规定要求，可不作检验。

（7）夏比（V型缺口）冲击试验的冲击功和试验温度应符合表2.3.2-6规定。冲击功值按一组3个试样算术平均值计算，允许其中1个试样单值低于表2.3.2-6规定值，但不得低于规定值的70%。

（8）当采用5mm×10mm×55mm小尺寸试样做冲击试验时，其试验结果应不小于规定值的50%。

（二）取样

1. 钢材应成批验收，每批由同一牌号、同一质量等级、同一炉罐号、同一品种、同一尺寸、同一热处理制度（指按热处理状态供应）的钢材组成。

A级钢或B级钢允许同一牌号、同一质量等级、同一冶炼和浇注方法、不同炉罐号组成混合批。但每批不得多于6个炉罐号，且各炉罐号C含量之差不得大于0.02%，Mn含量之差不得大于0.15%。

每批钢材重量不得大于60t。

2. 取样数量、取样方法

每批钢材的取样数量和取样方法见表2.3.2-7。

（三）试验项目和试验方法

每批钢材的试验项目和试验方法应符合表2.3.2-7的规定。

每批钢材的取样数量、取样方法、试验项目和试验方法　　　表2.3.2-7

序号	检验项目	取样数量	取样方法	试验方法
1	化学分析	1/每炉罐号	GB 222	GB 223
2	拉伸	1	2.3.1	2.3.1
3	弯曲	1		
4	常温冲击	3		
5	低温冲击	3		

（1）钢板、钢带及型钢厚度≥12mm或直径≥16mm的钢棒做冲击试验时，应采用10mm×10mm×55mm试样；厚度为6~<12mm的钢板、钢带及型钢或直径为12~<16mm

的钢棒做冲击试验时,应采用5mm×10mm×55mm小尺寸试样。冲击试样可保留一个轧制面。冲击试样的纵向轴线应平行于轧制方向。

(2) 当做厚度或直径大于20mm钢材的弯曲试验时,试样经单面刨削使其厚度达到20mm,弯心直径按表2.3.2-6规定。进行试验时,未加工面应位于弯曲外侧。如试样未经刨削,弯心直径应比表2.3.2-6所列数值增加1个试样厚度a。

(四) 评定

1. 当某一项试验结果不符合技术要求规定时,应从同一批钢材中任取双倍数量的试样进行不合格项目的复检。复检结果均应符合规定,否则为不合格,则整批不得交货。

2. 钢材的夏比(V型缺口)冲击试验结果不符合规定时,应从同一批钢材上再取一组3个试样进行试验。前后6个试样的平均值不得低于表2.3.2-6规定值,允许其中两个试样低于规定值,但低于规定值70%的试样只允许1个。

三、高层建筑结构用钢板

高层建筑结构用钢板的性能应符合冶金行业标准YB 4104—2000《高层建筑结构用钢板》。

(一) 技术要求

1. 化学成分

高层建筑结构用钢板化学成分(熔炼分析)应符合表2.3.2-8和表2.3.2-9的规定。

高层建筑结构用钢板化学成分(1) 表2.3.2-8

牌号	质量等级	厚度 mm	化学成分,%								
			C	Si	Mn	P	S	V	Nb	Ti	Als
Q235GJ	C	6~100	≤0.20	≤0.35	0.60~1.20	≤0.025	≤0.015	—	—	—	≥0.015
	D E		≤0.18								
Q345GJ	C	6~100	≤0.20	≤0.55	≤1.60	≤0.025	≤0.015	0.02~0.15	0.015~0.060	0.01~0.10	≥0.015
	D E		≤0.18								
Q235GJZ	C	>16~100	≤0.20	≤0.35	0.60~1.20	≤0.020	表2.3.2-9	—	—	—	≥0.015
	D E		≤0.18								
Q345GJZ	C	>16~100	≤0.20	≤0.55	≤1.60	≤0.020	表2.3.2-9	0.02~0.15	0.015~0.060	0.01~0.10	≥0.015
	D E		≤0.18								

注:Z为厚度方向性能级别Z15,Z25,Z35的缩写,具体在牌号中注明。

高层建筑结构用钢板化学成分(2) 表2.3.2-9

厚度方向性能级别	硫含量,% 不大于	厚度方向性能级别	硫含量,% 不大于
Z15	0.010	Z35	0.005
Z25	0.007		

(1) 允许用全铝含量来代替酸溶铝含量的要求，此时全铝含量应不小于0.020%。

(2) 残余元素 Cr、Ni、Cu 含量应各不大于0.30%。

(3) Q345GJ、Q345GJZ 中的细化晶粒元素（V、Nb、Ti、Al）至少应有其中的一种，如同时使用两种或两种以上的元素，则至少应有一种元素的含量不低于规定的最小值。

(4) 应在质量证明书中注明用于计算碳当量或焊接裂纹敏感性指数的化学成分。采用熔炼分析值并根据式（2.3.2-1）或式（2.3.2-2）计算碳当量（C_{eq}）或焊接裂纹敏感性指数（P_{cm}）。各牌号所有质量等级钢板的碳当量或焊接裂纹敏感性指数应符合表2.3.2-10的相应规定。一般以计算碳当量交货，除非另有协议规定。

$$C_{eq}(\%) = C + M_n/6 + S_i/24 + N_i/40 + C_r/5 + M_o/4 + V/14 \quad (2.3.2\text{-}1)$$

$$P_{cm}(\%) = C + S_i/30 + M_n/20 + C_u/20 + N_i/60 + C_r/20 + M_o/15 + V/10 + 5B \quad (2.3.2\text{-}2)$$

钢板的碳当量或焊接裂纹敏感性指数 表2.3.2-10

牌号	交货状态	碳当量 C_{eq}		焊接裂纹敏感性指数 P_{cm}	
		≤50mm	>50~100mm	≤50mm	>50~100mm
Q235GJ Q235GJZ	热轧或正火	≤0.36	≤0.36	≤0.26	
Q345GJ Q345GJZ	热轧或正火	≤0.42	≤0.44	≤0.29	
	TMCP	≤0.38	≤0.40	≤0.24	≤0.26

注：Z 为厚度方向性能级别 Z15，Z25，Z35 的缩写，具体在牌号中注明。

(5) 成品钢板化学成分的允许偏差应符合 GB/T 222 的规定。供方如能保证，可不进行分析。

2. 力学性能和工艺性能

高层建筑结构用钢板的拉伸、冲击和弯曲性能应符合表2.3.2-11的规定。

高层建筑结构用钢板的拉伸、冲击和弯曲性能 表2.3.2-11

牌号	质量等级	屈服点 σ_s，MPa				抗拉强度 σ_b，MPa	伸长率 δ_5，%	V型冲击功，A_{kV}纵向		180°弯曲试验		屈强比 σ_s/σ_b
		钢板厚度，mm					不小于	温度℃	J不小于	钢材厚度，mm		不大于
		6~16	>16~35	>35~50	>50~100					≤16	>16~100	
Q235GJ	C D E	≥235	235~345	225~335	215~325	400~510	23	0 -20 -40	34	2a	3a	0.80
Q345GJZ	C D E	≥345	345~455	335~445	325~435	490~610	22	0 -20 -40	34	2a	3a	0.80
Q235GJZ	C D E	—	235~345	225~335	215~325	400~510	23	0 -20 -40	34	2a	3a	0.80

续表

牌号	质量等级	屈服点 σ_s, MPa				抗拉强度 σ_b, MPa	伸长率 δ_5,%	V型冲击功,A_{kV}纵向		180°弯曲试验		屈强比 σ_s/σ_b
		钢板厚度, mm						温度℃	J不小于	钢材厚度, mm		
		6~16	>16~35	>35~50	>50~100		不小于			≤16	>16~100	不大于
Q345GJZ	C D E	—	345~455	335~445	325~435	490~610	22	0 -20 -40	34	2a	3a	0.80

注：Z 为厚度方向性能级别 Z15, Z25, Z35 的缩写，具体在牌号中注明。

（1）若供方能保证弯曲试验结果符合表 2.3.2-11 规定，可不作弯曲试验。若需方要求作弯曲试验，应在合同中注明。

（2）表 2.3.2-11 中各厚度方向性能级别的断面收缩率应符合表 2.3.2-12 规定。

各厚度方向性能级别的断面收缩率　　　　　　　　表 2.3.2-12

厚度方向性能级别	断面收缩率 ϕ_Z,%	
	三个试样平均值	单个试样值
Z15	≥15	≥10
Z25	≥25	≥15
Z35	≥35	≥25

（3）夏比（V型缺口）冲击功值按一组 3 个试样算术平均值计算，允许其中 1 个试样值低于表 2.3.2-11 规定值，但不得低于规定值的 70%。

（4）当采用 7.5mm×10mm×55mm 或 5mm×10mm×55mm 的小尺寸试样作冲击试验时，其试验结果应分别不小于表 2.3.2-11 规定值的 75% 或 50%。

3．表面质量

（1）钢板表面不允许存在裂纹、气泡、结疤、折叠、夹杂和压入的氧化铁皮。钢板不得有分层。

（2）钢板表面允许有不妨碍检查表面缺陷的薄层氧化铁皮、铁锈、由压入氧化铁皮脱落所造成的不显著的表面粗糙、划伤、压痕及其他局部缺陷，但其深度不得大于厚度公差之半，并应保证钢板的最小厚度。

（3）钢板表面缺陷允许修磨清理，但应保证钢板的最小厚度。修磨清理处应平滑无棱角。

4．超声波检验

厚度方向性能钢板应逐张进行超声波检验，检验方法按 GB/T 2970，其验收级别应在合同中注明。其他牌号的钢板根据需方要求，也可进行超声波检验。

（二）取样

1．组批

钢板应成批验收，每批钢板由同一牌号、同一炉号、同一厚度、同一交货状态的钢板组成，每批重量不大于50t。

Z25、Z35级钢板应逐张（原轧制钢板）检验厚度方向断面收缩率。Z15级钢板可根据用户要求逐张（原轧制钢板）或按批检验厚度方向断面收缩率，如果按批验收，每批应不大于25t。

2. 取样数量、取样方法

每批钢材的取样数量和取样方法见表2.3.2-14。

检验厚度方向性能的样坯应在钢板轧制方向的任一端中部截取，其大小应能制做6个拉伸试样，加工其中3个，其余3个留作备用。采用圆形试样，直径应符合表2.3.2-13的规定，试样平行长度应不小于直径的1.5倍。

圆形试样直径 　　　　　　　　　　　　　　　　　　　表2.3.2-13

板厚 a，mm	试样直径 d_0，mm	板厚 a，mm	试样直径 d_0，mm
$a < 25$	$d_0 = 6$	$a > 25$	$d_0 = 10$

试样由整个板厚加工而成（试样轴向即板厚方向），当不能直接在钢板厚度方向上加工试样或需要检查钢板靠近表面部分的厚度方向性能时，可采用焊上夹持端的全厚度拉力试样（板厚作为整个平行长度）。

试样夹持端的焊接可采用任何适宜方法（如摩擦焊、手工电弧焊等）进行，但任何焊接方法都应使热影响最小，且不得使热影响区进入平行长度之内。

（三）试验项目和试验方法

1. 钢材的试验项目和试验方法应符合表2.3.2-14的规定

钢材的取样数量、取样方法、试验项目和试验方法 　　　　表2.3.2-14

序号	检验项目	取样数量	取样方法	试验方法
1	化学分析	1/每炉罐号	GB/T 222	GB/T 223
2	拉伸	3个	2.3.1	2.3.1
3	弯曲	3个		
4	冲击	3个		
5	厚度方向性能	3个	（二）	
6	超声波探伤	逐张	—	2

厚度小于12mm的钢板应采用小尺寸试样进行冲击试验。钢板厚度 >8 ~ <12mm时，试样尺寸为7.5mm×10mm×55mm；钢板厚度 6~8mm时，试样尺寸为5mm×10mm×55mm。

2. 超声波探伤

（1）试样

波探伤原则上在钢板加工完毕后进行，也可在轧制后进行。可以在钢板任一轧制面进行检验，被检板材表面应平整、光滑、厚度均匀，不应有液滴、油污、氧化皮、腐蚀和其他污物，否则应清除。

（2）探伤仪

探伤仪的性能应符合 GB/T 8651 或 JB/T 10061 的有关规定。压电直探头的选用如表 2.3.2-15。选用探头应保证有效探测区。板厚大于 60mm 时，若双晶片直探头性能指标能达到单晶片直探头要求，也可选用双晶片直探头。

采用的超声波波型可为纵波、横波和板波。

压电直探头的选用　　　　表 2.3.2-15

板厚，mm	所用探头	探头标称频率，MHz
6～13	双晶片直探头	5
>13～60	双晶片直探头或单晶片直探头	≥2.0
>60	单晶片探头	≥2.0

（3）操作

检验可采用手工的接触法、液浸法（包括局部液浸和压电探头或电磁超声探头的自动检验法）。

1）灵敏度调整

检验灵敏度应计入对比试样与被检验钢板之间的表面耦合声能损失（dB）。

对双晶片直探头，用对比试样或在同厚度钢板上将第一次底波高度调整到满刻度的 50%，再提高灵敏度 10dB 作为检验灵敏度。

对单晶片直探头，灵敏度按对比试样平底孔的第一次反射波高等于满刻度的 50% 来校准。板厚大于探头 3 倍近场区时，检验灵敏度用计算法、通过第一次底面回波高度来确定。

2）探头扫查形式

探头沿垂直于钢板压延方向（用双晶片探头时，探头隔声层应与压延方向平行）、间距不大于 100mm 的平行线进行扫查；在钢板周围 50mm（板厚大于 100mm 时，取板厚的一半）及坡口预定线（由供需双方在合同或技术协议中确定具体位置）两侧各 25mm 内沿周边进行扫查。

可根据合同或技术协议采用其他形式的扫查或 100% 扫查。自动检验也可沿平行于钢板压延方向扫查。

3）检验速度

检验速度应不影响探伤，但在使用不带自动报警功能的探伤装置进行扫查时，检验速度应不大于 200mm/s。

（4）缺陷的测定与评定

1）在检验过程中，发现下列情况应记录：

a）缺陷第一次反射波（F_1）波高大于或等于满刻度的 50%。

b）当底面第一次反射波（B_1）波高未达到满刻度时，缺陷第一次反射波（F_1）波高与底面第一次反射波（B_1）波高之比大于或等于 50%。

c）当底面（或板端部）第一次反射波（B_1）波高低于满刻度的 50%。

发现可疑缺陷后，在周围进行扫查，以确定缺陷的延伸。缺陷的定量定位、指示长度及边界的精确测定用人工方法。可利用半波高度法确定缺陷的边界或指示长度。

2）缺陷的评定

a）单个缺陷按其表现的最大长度作为该缺陷的指示长度，若指示长度小于40mm时，则其长度可不作记录。

b）单个缺陷按其表现的面积作为该缺陷的单个指示面积。当多个缺陷的相邻间距小于100mm或间距小于相邻缺陷的指示长度（取其较大值）时，各块缺陷面积之和作为单个缺陷指示面积。

c）在任一1m×1m检验面积内，按缺陷面积占的百分比来确定缺陷密集度。

（5）钢板的探伤质量分级

钢板探伤质量分级见表2.3.2-16。在钢板周边50mm（板厚大于100mm时，取板厚的一半）可检验区域内及坡口预定线两侧各25mm内，单个缺陷的指示长度不得大于或等于50mm。

钢板探伤质量分级　　　　　表2.3.2-16

级别	不允许存在的单个缺陷的指示长度, mm	不允许存在的单个缺陷的指示面积, cm²	在任一1m×1m检验面积内不允许存在的缺陷面积百分比,%	以下单个缺陷指示面积不记, cm²
Ⅰ	≥80	≥25	>3	<9
Ⅱ	≥100	≥50	>5	<15
Ⅲ	≥120	≥100	>10	<25
Ⅳ	≥150	≥100	>10	<25

（四）评定

1. 当某一项试验结果不符合技术要求规定时，应从同一批钢材中任取双倍数量的试样进行不合格项目的复检。复检结果均应符合规定，否则为不合格，则整批不得交货。

2. 冲击试验结果不符合表2.3.2-11规定时，应从同一张钢板（或同一样坯上）再取3个试样进行试验，前后两组6个试样的算术平均值不得低于规定值，允许有2个试样小于规定值，但其中小于规定值70%的试样只允许有1个。

3. 厚度方向拉伸试验，如果试样加工不当或焊接不良，则试样应作废；若试样断裂在焊缝处或热影响区，则试验无效。此时可在同一样坯上补取试样重作试验。

当3个试样的断面收缩率的平均值或某个单个值小于表2.3.2-12规定时，则用备用的3个试样进行复验，但6个试样的平均值和3个复验试样的单个值都必须符合表2.3.2-12的规定。如果不符合，对于按批检验的钢板，允许逐张检验交货。

四、焊接结构用耐候钢

焊接结构用耐候钢的性能应符合国家标准《焊接结构用耐候钢》GB/T 4172—2000的规定。

（一）技术要求

1. 化学成分

耐候钢化学成分（熔炼分析）应符合表 2.3.2-17 的规定。

耐候钢化学成分　　　　　　　表 2.3.2-17

牌号	化学成分,%							
	C	Si	Mn	P	S	Cu	Cr	V
Q235NH	≤0.15	0.15~0.40	0.20~0.60	≤0.035	≤0.035	0.20~0.50	0.40~0.80	—
Q295NH	≤0.15	0.15~0.50	0.20~1.00	≤0.035	≤0.035	0.20~0.50	0.40~0.80	—
Q355NH	≤0.16	≤0.50	0.90~1.50	≤0.035	≤0.035	0.20~0.50	0.40~0.80	0.02~0.10
Q460NH	0.10~0.18	≤0.50	0.90~1.50	≤0.035	≤0.035	0.20~0.50	0.40~0.80	0.02~0.10

（1）Q235NH、Q295NH 的硅含量下限可以到 0.10%，Q355NH 的锰含量下限可以到 0.60%。

（2）为了改善钢的性能，各牌号均可添加一种或一种以上的微量合金元素：Ni≤0.65%、Nb 0.015%~0.050%、V 0.02%~0.15%、Ti 0.02%~0.10%、Mo≤0.30%、Zr≤0.15%、Al≥0.020%。

（3）成品钢材、钢坯的化学成分允许偏差应符合 GB/T 222 的规定。

2. 力学性能和工艺性能

耐候钢的力学性能和工艺性能应符合表 2.3.2-18 的规定。

耐候钢的力学性能和工艺性能　　　　　　　表 2.3.2-18

牌号	厚度 mm	屈服点 σ_s, MPa 不小于	抗拉强度 σ_b, MPa	断后伸长率 δ_5, % 不小于	180° 弯曲试验	V 型冲击试验		
						试样方向	等级	温度℃	J 不小于
Q235NH	≤16	235	360~490	25	$d=a$	纵向	C	0	
	>16~40	225		25			D	-20	34
	>40~60	215		24	$d=2a$				
	>60	215		23			E	-40	27
Q295NH	≤16	295	420~560	24	$d=2a$		C	0	
	>16~40	285		24			D	-20	34
	>40~60	275		23	$d=3a$				
	>60~100	255		22			E	-40	27
Q355NH	≤16	355	490~630	22	$d=2a$		C	0	
	>16~40	345		22			D	-20	34
	>40~60	335		21	$d=3a$				
	>60~100	325		20			E	-40	27
Q460NH	≤16	460	550~710	22	$d=2a$				
	>16~40	450		22			D	-20	34
	>40~60	440		21	$d=3a$				
	>60~100	430		20			E	-40	31

注：d 为弯心直径，a 为钢材厚度。

(1) 冲击试验结果按三个试样的平均值计算，允许其中一个试样单值低于表2.3.2-18规定值，但不得低于规定值的70%。

(2) 当采用5mm×10mm×55mm或7.5mm×10mm×55mm小尺寸试样作冲击试验时，其试验结果应不小于表2.3.2-18规定值的50%或75%。

3. 表面质量

钢材的表面不得有裂纹、气泡、结疤、夹杂、折叠。钢材不得有分层。如表面有上述缺陷，允许清除，清除的深度不得超过钢材厚度公差之半。清除处应圆滑无棱角，型钢表面缺陷不得横向铲除。其他不影响使用的缺陷允许存在，但均应保证钢材的最小厚度。

（二）取样

1. 组批

钢材应成批验收。每批由同一炉罐号、同一品种、同一尺寸、同一轧制制度和同一交货状态的钢材组成，重量不得超过60t。

2. 每批钢材的取样数量、取样方法见表2.3.2-19。

（三）试验项目和试验方法

每批钢材的试验项目和试验方法应符合表2.3.2-19的规定。

每批钢材的试验项目和试验方法　　　　　表2.3.2-19

序号	检验项目	取样数量	取样方法	试验方法
1	化学分析	1/每炉罐号	GB/T 222	GB/T 223
2	拉伸	3个	2.3.1	2.3.1
3	弯曲	3个		
4	冲击	3个		

厚度为6～<12mm的钢板钢带及型钢或直径为12～16mm的钢棒作冲击试验时，应采用5mm×10mm×55mm或7.5mm×10mm×55mm小尺寸试样。冲击试样可保留一个轧制面。

（四）评定

1. 当某一项试验结果不符合技术要求规定时，应从同一批钢材中任取双倍数量的试样进行不合格项目的复检。复检结果均应符合规定，否则为不合格，则整批不得交货。

2. 如果冲击试验结果不符合规定时，应从同一张（卷）或一根钢材上再取3个试样进行试验，先后6个试样的平均值应不低于表2.3.2-18的规定值。允许其中有2个试样低于规定值，但低于规定值70%的试样只允许有1个。

2.3.3 钢结构用高强度螺栓连接副

钢结构用高强度螺栓连接副有高强度大六角头螺栓连接副和扭剪型高强度螺栓连接副两种。现行国家标准《钢结构工程施工质量验收规范》GB 50205—2001 对高强度螺栓连接副进场验收规定如下：

1. 主控项目

（1）钢结构连接用高强度大六角头螺栓连接副、扭剪型高强度螺栓连接副的品种、规格、性能等应符合现行国家产品标准和设计要求。高强度大六角头螺栓连接副和扭剪型高强度螺栓连接副出厂时应分别随箱带有扭矩系数和紧固轴力（预拉力）的检验报告。

检查数量：全数检查。

检验方法：检查产品的质量合格证明文件、中文标志及检验报告等。

（2）高强度大六角头螺栓连接副应复检扭矩系数，检验结果应符合规范的规定。

检查数量：每批 8 套。

检验方法：检查复验报告。

（3）扭剪型高强度螺栓连接副应复检预拉力，检验结果应符合规范的规定。

检查数量：每批 8 套。

检验方法：检查复验报告。

2. 一般项目

（1）高强度螺栓连接副，应按包装箱配套供货，包装箱上应标明批号、规格、数量及生产日期。螺栓、螺母、垫圈外观表面应涂油保护，不应出现生锈和沾染赃物，螺纹不应损伤。

检查数量：按包装箱数抽查 5%，且不应少于 3 箱。

检验方法：观察检查。

（2）对建筑结构安全等级为一级，跨度 40m 及以上的螺栓球节点钢网架结构，其连接高强度螺栓应进行表面硬度试验，对 8.8 级的高强度螺栓其硬度应为 HRC21～29；10.9 级高强度螺栓其硬度应为 HRC32～36，且不得有裂纹或损伤。

检查数量：按规格抽查 8 只。

检验方法：硬度计、10 倍放大镜或磁粉探伤。

高强度螺栓的相关标准有：

《钢结构用高强度大六角头螺栓、大六角螺母、垫圈与技术条件》GB/T 1231—2006，

《钢结构用扭剪型高强度螺栓连接副》GB/T 3632—2008，

《钢结构工程施工质量验收规范》GB 50205—2001。

一、钢结构用高强度大六角头螺栓连接副

高强度大六角头螺栓连接副的性能应符合国家标准《钢结构用高强度大六角头螺栓、大六角螺母、垫圈与技术条件》GB/T 1231-2006。

（一）技术要求

1. 性能等级、材料及配合

螺栓、螺母、垫圈的性能等级和材料应符合表 2.3.3-1 的规定。

螺栓、螺母、垫圈的性能等级和材料　　　表 2.3.3-1

类别	性能等级	推荐材料	标准编号	适用规格
螺栓	10.9S	20MnTiB ML20MnTiB	GB/T 3077 GB/T 6478	≤M24
		35VB		≤M30
	8.8S	45、35	GB/T 699	≤M20
		20MnTiB、40Cr ML20MnTiB	GB/T 3077 GB/T 6478	≤M24
		35CrMo	GB/T 3077	≤M30
		35VB		
螺母	10H	45、35 ML35	GB/T 699 GB/T 6478	
	8H			
垫圈	35HRC~45HRC	45、35	GB/T 699	

大六角头螺栓连接副由 1 个螺栓、1 个螺母和 2 个垫圈组成，应分属同批制造，使用配合应符合表 2.3.3-2 规定。

大六角头螺栓连接副的使用配合　　　表 2.3.3-2

类别	螺栓	螺母	垫圈
型式尺寸	按 GB/T 1228 规定	按 GB/T 1229 规定	按 GB/T 1230 规定
性能等级	10.9S	10H	35HRC~45HRC
	8.8S	8H	35HRC~45HRC

2. 机械性能

（1）原材料试件机械性能

制造厂应对制造螺栓的材料取样，经与螺栓制造中相同的热处理工艺处理后，制成试件进行拉伸试验，其结果应符合表 2.3.3-3 的规定。当螺栓的材料直径≥16mm 时，根据用户要求，制造厂还应增加常温冲击试验，其结果应符合表 2.3.3-3 的规定。

原材料试件机械性能　　　表 2.3.3-3

性能等级	抗拉强度 R_m, MPa	规定非比例延伸强度 $R_{p0.2}$, MPa	断后伸长率 A, %	断后收缩率 Z, %	冲击吸收功 A_{KU2}, J
			不小于		
10.9S	1040~1240	940	10	42	47
8.8S	830~1030	660	12	45	63

(2) 螺栓楔负载

对螺栓实物楔负载试验，当拉力载荷在表2.3.3-4规定的范围内，断裂应发生在螺纹部分或螺纹与螺杆交接处。

螺栓实物楔负载试验载荷范围　　　　　表2.3.3-4

螺纹规格 d		M12	M16	M20	(M22)	M24	(M27)	M30
公称应力截面积 A_s，mm^2		84.3	157	245	303	353	459	561
性能等级	10.9S 拉力载荷，kN	87.7~104.5	163.0~195.0	255.0~304.0	315.0~376.0	367.0~438.0	477.0~569.0	583.0~696.0
	8.8S	70.0~86.8	130.0~162.0	203.0~252.0	251.0~312.0	293.0~364.0	381.0~473.0	466.0~578.0

(3) 螺栓硬度

当螺栓长度/螺纹直径 ≤3时，如不能做楔负载试验，可做拉力载荷试验或芯部硬度试验。拉力载荷应符合表2.3.3-4的规定，芯部硬度值应符合表2.3.3-5的规定。

螺栓芯部硬度值　　　　　表2.3.3-5

性能等级	维氏硬度	洛氏硬度
10.9S	312 HV30 ~ 367 HV30	33HRC ~ 39HRC
8.8S	249 HV30 ~ 296 HV30	24HRC ~ 31HRC

(4) 螺母保证载荷

螺母的保证载荷应符合表2.3.3-6的规定。

螺母的保证载荷　　　　　表2.3.3-6

螺纹规格 D		M12	M16	M20	(M22)	M24	(M27)	M30
保证载荷，kN	10H	87.7	163.0	255.0	315.0	367.0	477.0	583.0
	8H	70.0	130.0	203.0	251.0	293.0	381.0	466.0

(5) 螺母硬度

螺母硬度值应符合表2.3.3-7的规定。

螺母硬度值　　　　　表2.3.3-7

性能等级	洛氏硬度		维氏硬度
	min	max	
10H	98HRB	32HRC	222 HV30 ~ 304 HV30
8H	95HRB	30HRC	206 HV30 ~ 289 HV30

(6) 垫圈硬度

垫圈的硬度为 329HV30～436 HV30（35HRC～45 HRC）。

(7) 连接副的扭矩系数

同批连接副的扭矩系数平均值为 0.110～0.150，扭矩系数标准偏差应小于或等于 0.0100。扭矩系数保证期为自出厂之日起 6 个月，用户如需延长保证期，可由供需双方协议解决。

(8) 螺栓、螺母的螺纹

螺纹的基本尺寸按 GB/T 196 粗牙普通螺纹的规定。螺栓螺纹公差带按 GB/T 197 的 6g，螺母螺纹公差带按 GB/T 197 的 6H。螺纹牙侧表面粗糙度的最大参数值 Ra 应为 12.5μm。

(9) 表面缺陷

螺栓、螺母的表面缺陷分别按 GB/T 5779.1、GB/T 5779.2 规定。垫圈不允许有裂缝、毛刺、浮锈和影响使用的凹痕、划伤。

(10) 表面处理

螺栓、螺母、垫圈均应进行保证连接副扭矩系数和防锈的表面处理，表面处理工艺由制造厂选择。

(二) 取样

1. 出厂检验按批进行

同一性能等级、材料、炉号、螺纹规格、长度（当螺栓长度≤100mm 时，长度相差≤15mm；螺栓长度>100mm 时，长度相差≤20mm，可视为同一长度）、机械加工、热处理工艺、表面处理工艺的螺栓为同批。同一性能等级、材料、炉号、螺纹规格、机械加工、热处理工艺、表面处理工艺的螺母为同批。同一性能等级、材料、炉号、螺纹规格、机械加工、热处理工艺、表面处理工艺的螺母为同批。同一性能等级、材料、炉号、规格、机械加工、热处理工艺、表面处理工艺的垫圈为同批。分别由同批螺栓、螺母、垫圈组成的连接副为同批连接副。每批连接副数量不超过 3000 套。

2. 取样数量

每批连接副的取样数量见表 2.3.3-8。

(三) 试验项目和试验方法

1. 试验项目

每批连接副的试验项目和试验方法应符合表 2.3.3-8 的规定。

每批连接副的试验项目和试验方法　　　　表 2.3.3-8

序　号	检验项目	取样数量	试验方法
1	螺栓楔负载	8 套	本小节（三）2
2	螺母保证载荷		本小节（三）4
3	螺母硬度		本小节（三）5
4	垫圈硬度		本小节（三）6
5	连接副的扭矩系数	8 套	本小节（三）7
6	外观质量	GB/T 90.1	GB/T 90.1

2. 螺栓楔负载试验

将螺栓拧在带有内螺纹的专用夹具上（至少六扣），螺栓头下置一10°楔垫，装在拉力试验机上按表2.3.3-4规定的载荷进行楔负载试验，见图2.3.3-1。

楔垫型式与尺寸如图2.3.3-1及表2.3.3-9规定；其硬度为45HRC～50HRC。

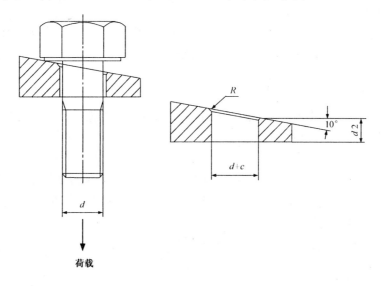

图2.3.3-1 螺栓楔负载试验

楔垫尺寸（mm） 表2.3.3-9

d	M12	M16	M20	(M22)	M24	(M27)	M30
c	0.8	1.6	1.6	3.2	3.2	3.2	3.2
R	1.2	1.4	1.4	1.6	1.6	1.6	1.6

3. 螺栓芯部硬度试验

在距螺杆末端等于螺纹直径d的截面上的1/2半径处进行，任测4点，取后3点平均值。试验方法按GB/T 230.1或GB/T 4340.1的规定。如有争议，以维氏硬度（HV30）试验为仲裁。

4. 螺母保证荷载试验

将螺母拧入螺纹芯棒（见图2.3.3-2），试验时夹头的移动速度不应超过3mm/min。对螺母施加表2.3.3-6规定的保证载荷，持续15s，螺母不应脱扣或断裂。去除载荷后，应可用手将螺母旋出，或借助扳手松开螺母（但不应超过半扣）后用手旋出。在试验中，如螺纹芯棒损坏，则试验作废。

螺纹芯棒的硬度应≥45HRC，其螺纹公差带为5h6g，但

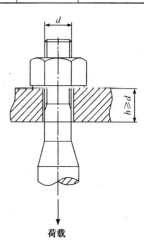

图2.3.3-2 螺母保证荷载试验

大径应控制在6g公差带靠近下限的1/4的范围内。

5. 螺母硬度试验

试验在螺母支承面进行，任测4点，取后3点平均值。试验方法按 GB/T 230.1 或 GB/T 4340.1 的规定。如有争议，以维氏硬度（HV30）试验为仲裁。

6. 垫圈硬度试验

在垫圈的表面上任测4点，取后3点平均值。试验方法按 GB/T 230.1 或 GB/T 4340.1 的规定。如有争议，以维氏硬度（HV30）试验为仲裁。

7. 连接副扭矩系数试验

（1）试验设备

试验用轴力计的最小示值应在1kN以下，示值误差不得大于预拉力的2%。扭矩扳手准确度级别应不低于 JJG 707 中规定的2级。

（2）试验操作

组装连接副时，螺母下的垫圈有倒角的一侧朝内向螺母支承面。在螺母上施拧扭矩 T，轴力计显示的螺栓预拉力 P 应控制在表2.3.3-10所规定的范围，超出该范围试验无效。扭矩系数计算公式如下：

$$k = \frac{T}{P \cdot d} \quad (2.3.3\text{-}1)$$

式中　k——扭矩系数；

　　　T——施拧扭矩（峰值），N·m；

　　　d——螺栓的螺纹公称直径，mm；

　　　P——螺栓预拉力（峰值），kN。

每一连接副只能试验一次，不得重复使用。试验时垫圈不得发生转动，否则试验无效。

试验时，应同时记录环境温度。试验所用的机具、仪表及连接副均应放置在该环境内至少2h以上。

螺栓预拉力　　　　表2.3.3-10

螺纹规格		M12	M16	M20	(M22)	M24	(M27)	M30
P, kN	10.9S	54~66	99~121	153~187	189~231	225~275	288~352	351~429
	8.8S	45~55	81~99	126~154	149~182	176~215	230~281	279~341

（四）评定

螺栓楔负载、螺母保证载荷、螺母硬度和垫圈硬度的检验合格判定数 $A_c = 0$。

8套连接副的扭矩系数平均值及标准偏差均应符合规定。

二、钢结构用扭剪型高强度螺栓连接副

钢结构用扭剪型高强度螺栓连接副的性能应符合国家标准《钢结构用扭剪型高强度螺栓连接副》GB/T 3632—2008。

（一）技术要求

1. 性能等级及材料

扭剪型高强度螺栓连接副由1个螺栓、1个螺母和1个垫圈组成。螺栓、螺母、垫圈的性能等级和推荐材料应符合表2.3.3-11的规定。

螺栓、螺母、垫圈的性能等级和推荐材料　　　　表2.3.3-11

类别	性能等级	推荐材料	标准编号	适用规格
螺栓	10.9S	20MnTiB ML20MnTiB	GB/T 3077 GB/T 6478	≤M24
		35VB 35CrMo	GB/T 3077	M27、M30
螺母	10H	45、35 ML35	GB/T 699 GB/T 6478	≤M30
垫圈	—	45、35	GB/T 699	

2. 机械性能

（1）原材料试件机械性能

制造者应对螺栓的原材料取样，经与螺栓制造中相同的热处理工艺处理后，按GB/T 228制成试件进行拉伸试验，其结果应符合表2.3.3-12的规定。根据用户要求，可增加低温冲击试验，其结果应符合表2.3.3-12的规定。

原材料试件机械性能　　　　表2.3.3-12

性能等级	抗拉强度 R_m，MPa	规定非比例延伸强度 $R_{p0.2}$，MPa	断后伸长率 A，%	断后收缩率 Z，%	冲击吸收功 A_{KV2}，J（-20℃）
			不小于		
10.9S	1040~1240	940	10	42	27

（2）螺栓楔负载

对螺栓实物楔负载试验，当拉力载荷在表2.3.3-13规定的范围内，断裂应发生在螺纹部分或螺纹与螺杆交接处。

螺栓实物楔负载试验载荷范围　　　　表2.3.3-13

螺纹规格 d		M16	M20	M22	M24	M27	M30
公称应力截面积 A_s，mm²		157	245	303	353	459	561
10.9S	拉力载荷，kN	163~195	255~304	315~376	367~438	477~569	583~696

（3）螺栓硬度

当螺栓长度/螺纹直径≤3时，如不能做楔负载试验，可做拉力载荷试验或芯部硬度试验。拉力载荷应符合表2.3.3-13的规定，芯部硬度值应符合表2.3.3-14的规定。

螺栓芯部硬度值 表 2.3.3-14

性能等级	维氏硬度	洛氏硬度
10.9S	312 HV30 ~ 367 HV30	33HRC ~ 39 HRC

(4) 螺母保证载荷

螺母的保证载荷应符合表 2.3.3-15 的规定。

螺母的保证载荷 表 2.3.3-15

	螺纹规格 D	M16	M20	M22	M24	M27	M30
	公称应力截面积 A_s，mm^2	157	245	303	353	459	561
	保证应力 S_p，MPa	1040					
10H	保证载荷 $(A_s \times S_p)$，kN	163	255	315	367	477	583

(5) 螺母硬度

螺母硬度应符合表 2.3.3-16 的规定。

螺母硬度值 表 2.3.3-16

性能等级	洛氏硬度		维氏硬度
	min	max	
10H	98 HRB	32 HRC	222 HV30 ~ 304 HV30

(6) 垫圈硬度

垫圈的硬度为 329 HV30 ~ 436 HV30 (35 HRC ~ 45 HRC)。

(7) 连接副紧固轴力（预拉力）

连接副紧固轴力应符合表 2.3.3-17 的规定。

连接副紧固轴力 表 2.3.3-17

螺纹规格		M16	M20	M22	M24	M27	M30
每批紧固轴力的平均值，kN	公称	110	171	209	248	319	391
	min	100	155	190	225	290	355
	max	121	188	230	272	351	430
紧固轴力标准偏差 σ≤，kN		10.0	15.5	19.0	22.5	29.0	35.5
可不做紧固轴力试验的螺栓最小长度，mm		50	55	60	65	70	75

(8) 螺栓、螺母的螺纹

螺纹的基本尺寸按 GB/T 196 粗牙普通螺纹的规定。螺栓螺纹公差带按 GB/T 197 的

6g，螺母螺纹公差带按 GB/T 197 的 6H。

(9) 表面缺陷

螺栓、螺母的表面缺陷应符合 GB/T 5779.1 或 GB/T 5779.2 规定。垫圈不允许有裂缝、毛刺、浮锈和影响使用的凹痕、划伤。

(10) 表面处理

螺栓、螺母、垫圈均应进行保证连接副紧固轴力和防锈的表面处理（可以是相同的或不同的），表面处理工艺由制造厂选择，经处理后连接副紧固轴力还应符合规定。

(二) 取样

1. 出厂检验按批进行。同一材料、炉号、螺纹规格、长度（当螺栓长度≤100mm 时，长度相差≤15mm；螺栓长度>100mm 时，长度相差≤20mm，可视为同一长度）、机械加工、热处理工艺、表面处理工艺的螺栓为同批。同一材料、炉号、螺纹规格、机械加工、热处理工艺、表面处理工艺的螺母为同批。同一材料、炉号、螺纹规格、机械加工、热处理工艺、表面处理工艺的螺母为同批。同一材料、炉号、规格、机械加工、热处理工艺、表面处理工艺的垫圈为同批。分别由同批螺栓、螺母、垫圈组成的连接副为同批连接副。每批数量不超过 3000 套。

2. 取样数量

每批连接副的取样数量见表 2.3.3-18。

(三) 试验项目和试验方法

1. 试验项目

每批连接副的试验项目和试验方法应符合表 2.3.3-18 的规定。

每批连接副的试验项目和试验方法 表 2.3.3-18

序号	检验项目	取样数量	试验方法
1	螺栓楔负载	8套	本小节 (三) 2
2	螺母保证载荷		本小节 (三) 4
3	螺母硬度		本小节 (三) 5
4	垫圈硬度		本小节 (三) 6
5	连接副的紧固轴力	8套	本小节 (三) 7
6	外观质量	GB/T 90.1	GB/T 90.1

试验应在室温（10℃~35℃）下进行，冲击试验应在-20℃±2℃下进行，连接副紧固轴力的仲裁试验应在 20℃±2℃下进行。

2. 螺栓楔负载试验

将螺栓拧在带有内螺纹的专用夹具上（≥1d），螺栓头下置一 10°楔垫（参见图 2.3.3-1），装在拉力试验机上按表 2.3.3-13 规定的载荷进行楔负载试验。

楔垫型式与尺寸如图 2.3.3-1 及表 2.3.3-9 规定；其硬度为 45HRC~50HRC。

3. 螺栓芯部硬度试验

在距螺杆末端等于螺纹直径 d 的截面上的 1/2 半径处进行，任测 4 点，取后 3 点平均值。试验方法按 GB/T 230.1 或 GB/T 4340.1 的规定。如有争议，以维氏硬度（HV30）试验为仲裁。

4. 螺母保证荷载试验

将螺母拧入螺纹芯棒（参见图 2.3.3-2），试验时夹头的移动速度不应超过 3mm/min。对螺母施加表 2.3.3-15 规定的保证载荷，持续 15s，螺母不应脱扣或断裂。去除载荷后，应可用手将螺母旋出，或借助扳手松开螺母（但不应超过半扣）后用手旋出。在试验中，如螺纹芯棒损坏，则试验作废。

5. 螺母硬度试验

试验在螺母支承面进行，取间隔为 120°的三点平均值作为该螺母的硬度值。试验方法按 GB/T 230.1 或 GB/T 4340.1 的规定。验收时，如有争议，应在通过螺母轴心线的纵向截面上，并尽量靠近螺纹大径处进行硬度试验。以维氏硬度（HV30）试验为仲裁。

6. 垫圈硬度试验

垫圈硬度试验应在支承面上进行。试验方法按 GB/T 230.1 或 GB/T 4340.1 的规定。验收时，如有争议，以维氏硬度（HV30）试验为仲裁。

7. 连接副的紧固轴力（预拉力）试验

（1）试验设备

试验用轴力计的最小示值应在 1kN 以下，示值误差不得大于轴力值的 2%。

（2）试验操作

将螺栓直接插入轴力计，组装连接副时，垫圈有倒角的一侧应朝向螺母支承面。连接副的紧固轴力值以螺栓梅花头被拧断时轴力计所记录的峰值为测定值。

每套连接副（一个螺栓、一个螺母和一个垫圈）只能试验一次，不得重复使用。在紧固中垫圈发生转动时，应更换连接副，重新试验。

试验时，应同时记录环境温度。试验所用的机具、仪表及连接副均应放置在该环境内至少 2h 以上。

（四）评定

螺栓楔负载、螺母保证载荷、螺母硬度和垫圈硬度的检验合格判定数 $A_c=0$。

8 套连接副的紧固轴力平均值及标准偏差均应符合规定。

三、高强度螺栓现场检验

（一）扭矩系数、紧固轴力（预拉力）复验

高强度大六角头螺栓连接副应复验扭矩系数；扭剪型高强度螺栓连接副应复验紧固轴力（预拉力）。复验用的螺栓应在施工现场待安装的螺栓批中随机抽取，每批抽取 8 套连接副进行复验。复验结果应符合 [2.3.3、一和二] 的规定。

（二）高强度螺栓拼接试件摩擦面抗滑移系数检验

（1）试验设备：

1）试验用的试验机误差应在 1% 以内。

2）试验用的贴有电阻片的高强度螺栓、压力传感器和电阻应变仪应在试验前用试验机进行标定，其误差应在 2% 以内。

（2）试件：

1)以钢结构制造批划分检验批,每批三组试件。制造批可按分部(子分部)工程划分规定的工程量每2000t为一批,不足2000t的可视为一批。选用两种及两种以上表面处理工艺时,每种处理工艺应单独分批检验。

抗滑移系数试验采用双摩擦面的二栓拼接的拉力试件(图2.3.3-3)。试件由制造厂加工,试件与所代表的钢结构构件应为同一材质、同批制作、采用同一摩擦面处理工艺和具有相同的表面状态,并应用同批同一性能等级的高强度螺栓连接副,在同一环境条件下存放。

试件钢板的厚度 t_1、t_2 应根据钢结构工程中有代表性的板材厚度来确定,同时应考虑在摩擦面滑移之前,试件钢板的净截面始终处于弹性状态;板宽 b 可参照表2.3.3-19规定取值。L_1 应根据试验机夹具的要求确定。试件板面应平整,无油污,孔和板的边缘无飞边、毛刺。

板宽 b (mm) 表2.3.3-19

螺栓直径 d	16	20	22	24	27	30
板宽 b	100	100	105	110	120	120

2)试件的组装顺序应符合下列规定:

先将冲钉打入试件孔定位,然后逐个换成装有压力传感器或贴有电阻片的高强度螺栓,或换成同批经预拉力复验的扭剪型高强度螺栓。

紧固高强度螺栓分初拧、终拧。初拧应达到螺栓预拉力标准值的50%左右。终拧后,螺栓预拉力应符合下列规定:

a. 对装有压力传感器或贴有电阻片的高强度螺栓,采用电阻应变仪实测控制试件每个螺栓的预拉力值应在 $0.95P \sim 1.05P$(P 为高强度螺栓设计预拉力值)之间;

b. 不进行实测时,扭剪型高强度螺栓的预拉力(紧固轴力)可按同批复验预拉力的平均值取用。

在试件侧面画出观察滑移的直线。

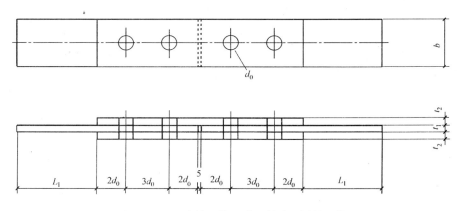

图2.3.3-3 摩擦面抗滑移系数检验拼接试件

(3) 试验操作：

将组装好的试件置于拉力试验机上，试件的轴线应与试验机夹具中心严格对中。

加荷时，应先加10%的抗滑移设计荷载值，停1min后，再按3~5kN/s加荷速度平稳加荷。直拉至滑动破坏，测得滑移荷载 N_v。

在试验中当发生以下情况之一时，所对应的荷载可定为试件的滑移荷载：

1）试验机发生回针现象；
2）试件侧面画线发生错动；
3）X—Y 记录仪上变形曲线发生突变；
4）试件突然发生"嘣"的响声。

根据测得的滑移荷载 N_v 和螺栓预拉力 P 的实测值，按下式计算抗滑移系数，宜取小数点二位有效数字。

$$\mu = \frac{N_v}{n_f \cdot \sum_{i=1}^{m} P_i} \tag{2.3.3-2}$$

式中　　N_v——试验测得的滑移荷载，kN；

n_f——摩擦面面数，取 $n_f = 2$；

$\sum_{i=1}^{m} P_i$——试件滑移一侧高强度螺栓预拉力实测值（或同批螺栓连接副的预拉力平均值）之和（取三位有效数字，kN）；

m——试件一侧螺栓数量，取 $m = 2$。

第4章 木结构材料检验

木结构材料主要包括木材、胶合剂和钢连接件。

2.4.1 木 材

一、技术要求

（一）方木和原木结构木材

1. 方木和原木结构应根据木构件的受力情况，按表2.4.1-1～2.4.1-3规定的等级检查方木、板材以及原木构件的木材缺陷限值。

承重木结构方木材质标准　　　　　　　　　　　表2.4.1-1

项次	缺陷名称		材质等级		
			Ⅰa	Ⅱa	Ⅲa
			受拉构件或拉弯构件	受弯构件或压弯构件	受压构件
1	腐朽		不允许	不允许	不允许
2	木节：在构件任一面任何150mm长度上所有木节尺寸的总和。不得大于所在面宽的		1/3（连接部位为1/4）	2/5	1/2
3	斜纹：斜率不大于%		5	8	12
4	髓心		应避开受剪面	不限	不限
5	裂缝	（1）在连接部位的受剪面上	不允许	不允许	不允许
		（2）在连接部位的受剪面附近，其裂缝深度（有对面裂缝时用两者之和）不得大于材宽的	1/4	1/3	不限

注：1. Ⅰa等材料不允许有死节，Ⅱa、Ⅲa等材允许有死节（不包括发展中的腐朽节），对于Ⅱa等材直径不应大于20mm，且每延米中不得多余1个，对于Ⅲa等材直径不应大于50mm，且每延米中不得多余2个。
　　2. Ⅰa等材不允许有虫眼，Ⅱa、Ⅲa等材允许有表层的虫眼。
　　3. 木节尺寸按垂直于构件长度方向测量。木节表现为条状时，在条状的一面不量（图2.4.1-1）；直径小于10mm的木节不计。

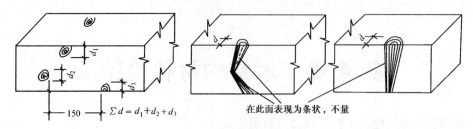

图 2.4.1-1　木节量法

承重木结构板材材质标准　　　　　　　　　　　　　　　表 2.4.1-2

项次	缺陷名称	材质等级		
		Ⅰa	Ⅱa	Ⅲa
		受拉构件或拉弯构件	受弯构件或压弯构件	受压构件
1	腐朽	不允许	不允许	不允许
2	木节：在构件任一面任何150mm长度上所有木节尺寸的总和。不得大于所在面宽	1/4（连接部位为1/5）	1/3	2/5
3	斜纹斜率不大于（%）	5	8	12
4	髓心	不允许	不限	不限
5	裂缝（在连接部位的受剪面及其附近）	不允许	不允许	不允许

注：同表 2.4.1-1。

承重木结构原木材质标准　　　　　　　　　　　　　　　表 2.4.1-3

项次	缺陷名称		材质等级		
			Ⅰa	Ⅱa	Ⅲa
			受拉构件或拉弯构件	受弯构件或压弯构件	受压构件
1	腐朽		不允许	不允许	不允许
2	木节	在构件任一面任何150mm长度上沿周长所有木节尺寸的总和，不得大于所测部位原木周长的	1/4	1/3	不限
		每个木节的最大尺寸，不得大于所测部位原木周长的	1/10（连接部位为1/12）	1/6	1/6
3	扭纹：斜率不大于（%）		8	12	15

续表

项次	缺陷名称		材质等级		
			Ⅰa	Ⅱa	Ⅲa
			受拉构件或拉弯构件	受弯构件或压弯构件	受压构件
4	裂缝	在连接的受剪面上	不允许	不允许	不允许
		在连接部位的受剪面附近,其裂缝深度(有对面裂缝时用两者之和)不得大于原木直径的	1/4	1/3	不限
5	髓心		应避开受剪面	不限	不限

注:1. Ⅰa、Ⅱa 等材不允许有死节,Ⅲa 等材允许有死节(不包括发展中的腐朽节),直径不应大于原木直径的 1/5,且每 2m 长度内不得多于 1 个。
2. 同表 2.4.1-1 注 2。
3. 木节尺寸按垂直于构件长度方向测量。直径小于 10mm 的木节不量。

2. 木构件的含水率应符合下列要求
(1) 原木或方木结构应不大于 25%;
(2) 板材结构及受拉构件的连接板应不大于 18%;
(3) 通风条件较差的木构件应不大于 20%;
注:上述含水率为木构件全截面的平均值。
3. 木桁架、木梁(含檩条)及木柱的允许偏差应符合表 2.4.1-4 的规定。

木桁架、梁、柱制作的允许偏差　　　　表 2.4.1-4

项次	项目		允许偏差(mm)	检验方法
1	构件截面尺寸	方木构件高度、宽度	-3	钢尺量
		板材厚度、宽度	-2	
		原木构件梢径	-5	
2	结构长度	长度不大于 15m	±10	钢尺量桁架支座节点中心间距,梁、柱全长(高)
		长度大于 15m	±15	
3	桁架高度	跨度不大于 15m	±10	钢尺量脊节点中心与下弦中心距离
		跨度大于 15m	±15	
4	受压或压弯构件纵向弯曲	方木构件	$L/500$	拉线钢尺量
		原木构件	$L/200$	
5	弦杆节点间距		±5	钢尺量
6	齿连接刻槽深度		±2	
7	支座节点受剪面	长度	-10	钢尺量
		宽度　方木	-3	
		原木	-4	

续表

项次	项目		允许偏差（mm）	检验方法
8	螺栓中心间距	进孔处	±0.2d	钢尺量
		出孔处 垂直木纹方向	±0.5d 且不大于 4B/100	
		出孔处 顺木纹方向	±1d	
9	钉进孔处的中心间距		±1d	
10	桁架起拱		+20 -10	以两支座节点下弦中心线为准，拉一水平线，用钢尺量跨中下弦中心线与拉线之间距离

注：d 为螺栓或钉的直径；L 为构件长度；B 为板束总厚度。

（二）胶合木结构木材

1. 应根据胶合木结构构件对层板目测等级的要求，按表 2.4.1-5～2.4.1-6 的规定检查木材缺陷限值。

胶合木结构层板材质标准　　　　表 2.4.1-5

项次	缺陷名称		材质等级		
			Ⅰb 与 Ⅰbt	Ⅱb	Ⅲb
1	腐朽，压损，严重的压应木，大量含树脂的木板，宽面上的漏刨		不允许	不允许	不允许
2	木节	1）突出于板面的木节 2）在层板较差的宽面任何 200mm 长度上所有木节尺寸的总和不得大于构件面宽的	不允许 1/3	不允许 2/5	不允许 1/2
		（2）在木板指接及其两端各 100mm 范围内	不允许	不允许	不允许
3	斜纹：斜率不大于（%）		5	8	15
4	髓心		不允许	不限	不限
5	裂缝： 1）含树脂的振裂 2）窄面的裂缝（有对面裂缝时，用两者之和）深度不得大于构件面宽的 3）宽面上的裂缝（含劈裂、振裂）深 b/8，长 2b，若贯穿板厚而平行于板长 1/2		不允许 1/4 允许	不允许 1/3 允许	不允许 不限 允许

续表

项次	缺陷名称	材质等级		
		Ⅰb与Ⅰbt	Ⅱb	Ⅲb
6	翘曲、顺弯或扭曲≤4/1000，横弯≤2/1000，树脂条纹宽≤b/12，长≤l/b，干树脂囊宽3mm，长<b，木板测边漏刨长3mm，刃具撕伤木纹，变色但不变质，偶尔的小虫眼或分散的针孔状虫眼，最后加工能修整的微小损棱。	允许	允许	允许

注：1. 木节是指活节、健康节、紧节、松节及节孔；
    2. b——木板（或拼合木板）的宽度；
    3. Ⅰbt级层板位于梁受拉区外层时在较差的宽面任何200mm长度上所有木节尺寸的总和不得大于构件面宽的1/4，在表面加工后距板边13mm的范围内，不允许存在尺寸大于10mm的木节及撕伤木纹；
    4. 构件截面宽度方向由两块木板拼合时，应按拼合后的宽度定级。

边翘材横向翘曲的限值（mm）   表2.4.1-6

木板厚度 (mm)	木板宽度（mm）		
	≤100	150	≥200
20	1.0	2.0	3.0
30	0.5	1.5	2.5
40	0	1.0	2.0
45	0	0	1.0

2. 当采用弹性模量与目测配合定级时，尚应检测层板的弹性模量，弹性模量的测定按下列规定进行：

（1）以一块木板为试件，试件应在每个工作班的开始、结束和生产过程中每隔4h各取一片；

（2）将木板平卧放置在距端头75mm的两个辊轴上，其中之一能在垂直木板方向上旋转；

（3）在跨度中点加载，荷载准确度应在±1%以内；

（4）在加载中用读数能达到0.025mm的仪表测量挠度；

（5）在进行适当的预加载后，将仪表调到0读数；

（6）最后荷载应以试件的应力不超过10MPa为限，读出最后荷载下的挠度；

（7）根据最后荷载和挠度求得弹性模量；

（8）在测试的100个试件中，有95个试件的弹性模量高于规定值即被认可。

（三）轻型木结构木材

1. 应根据设计要求的树种、等级按表2.4.1-7~2.4.1-9的规定检查规格材的材质和木材含水率（≤18%）。

轻型木结构用规格材材质标准

表 2.4.1-7

项次	缺陷名称	材质等级						
		Ic	IIc	IIIc	IVc	Vc	VIc	VIIc
1	振裂与干裂	允许个别长度不超过600mm，不贯通，参见劈裂要求		贯通：长度不超过600mm；不贯通：长度超过1/4构件长900mm或1/4构件长干裂：无限制，贯通干裂参见劈裂要求	贯通——全长不贯通——L/3三面振裂——L/6干裂无限制，贯通干裂参见劈裂要求	不贯通——L/3贯通和三面振裂——L/3	材面——不长于600mm，贯通干裂同劈裂	贯通：600mm长；不贯通：900mm长度或不大于L/4
2	漏刨	构件的10%轻度漏刨[3]		轻度漏刨不超过构件的10%的5%，包含长达600mm的散布漏刨[4]	散布漏刨构件有不超过构件的10%的重度漏刨[5]，或长度漏刨[4]	任何面上的散布漏刨构件中，宽面含不超过10%的重度漏刨[4]	构件的10%轻度漏刨[3]	轻度漏刨不超过构件的5%，包含长达600mm的散布漏刨[5或重度漏刨[4]
3	劈裂	b/6		1.5b	b/6	2b	b	1.5b
4	斜纹：斜率不大于（%）	8	10	12	25	25	17	25
5	钝棱	h/4 和 b/4，全长或等效，如果每边钝棱不超过h/2或b/3，L/4		h/3 和 b/3，全长或等效，如果每边钝棱不超过2h/3或b/2，L/4	h/2 和 b/2，全长，如果每边钝棱不超过7h/8或3b/4，L/4	h/3 和 b/3，全长或每个面等效，如果每边钝棱不超过3b/4，≤L/4	h/4 和 b/4，全长或每个面等效，如果每边b/3或b/3，L/4	h/3 和 b/3，全长或每个面等效，不超过2h/3或b/2，≤L/4
6	针孔孔眼	每25mm的节孔允许48个针孔眼						
7	大虫眼	每25mm的节孔允许12个6mm的大虫眼						
8	腐朽——材心[17]a	不允许		当 h > 40mm 时，不允许，否则 h/3 或 b/3	1/3 截面[13]	1/3 截面[15]	不允许	h/3 或 b/3
9	腐朽——白腐[17]b	不允许		1/3 体积	无限制	无限制	不允许	1/3 体积
10	腐朽——蜂黄腐[17]c	不允许		1/6 材宽[13]	100%坚实	100%坚实	不允许	b/6
11	腐朽——局部片状腐[17]d	不允许		1/6 材宽[13],[14]	1/3 截面	1/3 截面	不允许	L/3
12	腐朽——不健材	不允许		最大尺寸 b/12 和 50mm长，或等效的多个小尺寸[13]	最大尺寸 b/12 和 50mm截面，深入部分b/6长度[15]	1/3 截面，深入材面[15]	不允许	最大尺寸 b/12 和 50mm长，或等效的小尺寸[13]
13	扭曲，横弯和顺弯	1/2 中度		轻度	中度	1/2 中度	1/2 中度	轻度

第4章 木结构材料检验

续表

项次	缺陷名称	木节和节孔[16] 高度(mm)	材质等级 Ic 健全节、卷入节和均布节[8] 材边	材心	Ic 非健全节、松节和孔	IIc 健全节、卷入节和均布节 材边	材心	IIc 非健全节松节和节孔[10]	IIIc 任何木节 材边	材心	IIIc 节孔[11]	IVc 任何木节 材边	材心	IVc 节孔[12]	Vc 任何木节 材边	材心	Vc 节孔[12]	VIc 健全节、卷入节和均布节	VIc 非健全节松节和节孔[10]	VIc 任何木节	VIIc 节孔[11]
14	木节和节孔	40	10	10	10	13	13	13	16	16	16	19	19	19	19	19	19	—	—	—	—
		65	13	13	13	19	19	19	22	22	22	32	32	32	32	32	32	19	16	25	19
		90	19	22	19	25	38	25	32	51	32	44	64	44	44	64	44	32	19	38	25
		115	25	38	22	32	48	29	41	60	35	57	76	48	57	76	48	38	25	51	32
		140	29	48	25	38	57	32	48	73	38	70	95	51	70	95	51	—	—	—	—
		185	38	57	32	51	70	38	64	89	51	89	114	64	89	114	64	—	—	—	—
		235	48	67	32	64	93	38	83	108	64	114	140	76	114	140	76	—	—	—	—
		285	57	76	32	76	95	38	95	121	76	140	165	89	140	165	89	—	—	—	—

注:
1. 目测分等应考虑构件所有材面以及两端。表中,b—构件宽度,h—构件厚度,L—构件长度。
2. 除本注解已说明,缺陷定义祥见国家标准《锯材缺陷》GB/T4832—1995。
3. 一系列漏刨不超过1.6mm 的漏刨,小于刨光的表面之间。
4. 全长深度不超过3.2mm的漏刨或全为糙面。
5. 全面散布漏刨或局部的漏刨面或局部全为钝棱(仅在宽面)。
6. 离材端全部漏刨或局部分占据材面的5%。含有该类缺陷出现不允许一次。
7. 见表2.4.1-8和表2.4.1-9,顺劈允许值是横弯曲。
8. 卷入节是指被树脂或树皮包围不与周围木材连生的木节,小节孔直径之和与单个节孔直径相等。
9. 每1.2m 有一个或数个小节孔,小节孔直径之和与单个节孔直径相等。
10. 每0.9m 有一个或数个小节孔,小节孔直径之和与单个节孔直径相等。
11. 每0.6m 有一个或数个小节孔,小节孔直径之和与单个节孔直径相等。
12. 每0.3m 有一个或数个小节孔,小节孔直径之和与单个节孔直径相等。
13. 仅允许许宽度为40mm。
14. 假如构件窄面均有局部片状腐,长度限制为节孔尺寸的2倍。
15. 不得破坏钉入边。
16. 节孔可以全部或部分贯通构件。除非特别说明,节孔的测量方法同节子。
17. 腐朽:
 a. 材心腐蚀是指某些树种沿髓心发展的局部腐朽,用目测鉴定。心材腐朽存在于活树中,在被砍伐的木材中不会发展。
 b. 白腐是指树木中白色或白色斑点的小壁孔腐蚀或斑点。白腐菌引起在活树中,在使用时不会发展。
 c. 蜂窝腐类似白腐但包囊孔更大。含有蜂窝孔的构件较未含蜂窝腐的构件不易腐蚀。
 d. 局部片状腐是指柏木树中槽状或壁孔状的区域。所有引起局部片状腐的木腐菌在树木砍伐后不再生长。

规格材的允许扭曲值　　　　　　　表2.4.1-8

长度（m）	扭曲程度	高度（mm）					
		40	65和90	115和140	185	235	285
1.2	极轻	1.6	3.2	5	6	8	10
	轻度	3	6	10	13	16	19
	中度	5	10	13	19	22	29
	重度	6	13	19	25	32	38
1.8	极轻	2.4	5	8	10	11	14
	轻度	5	10	13	19	22	29
	中度	7	13	19	29	35	41
	重度	10	19	29	38	48	57
2.4	极轻	3.2	6	10	13	16	19
	轻度	6	5	19	25	32	38
	中度	10	19	29	38	48	57
	重度	13	25	38	51	64	76
3	极轻	4	8	11	16	19	24
	轻度	8	16	22	32	38	48
	中度	13	22	35	48	60	70
	重度	16	32	48	64	79	95
3.7	极轻	5	10	14	19	24	29
	轻度	10	19	29	38	48	57
	中度	14	29	41	57	70	86
	重度	19	38	57	76	95	114
4.3	极轻	6	11	16	22	27	33
	轻度	11	22	32	44	54	67
	中度	16	32	48	67	83	98
	重度	22	44	67	89	111	133
4.9	极轻	6	13	19	25	32	38
	轻度	13	25	38	51	64	76
	中度	19	38	57	76	95	114
	重度	25	51	76	102	127	152
5.5	极轻	8	14	21	29	37	43
	轻度	14	29	41	57	70	86
	中度	22	41	64	86	108	127
	重度	29	57	86	108	143	171
≥6.1	极轻	8	16	24	32	40	48
	轻度	16	32	48	64	79	95
	中度	25	48	70	95	117	143
	重度	32	64	95	127	159	191

规格材的允许横弯值 表 2.4.1-9

长度（m）	扭曲程度	高度（mm）						
		4040	65	90	150 和 140	185	235	285
1.2 和 1.8	极轻	3.2	3.2	3.2	3.2	1.6	1.6	1.6
	轻度	6	6	6	5	3.2	1.6	1.6
	中度	10	10	10	6	5	3.2	3.2
	重度	13	13	13	10	6	5	5
2.4	极轻	6	6	6	3.2	3.2	1.6	1.6
	轻度	10	10	10	8	6	5	3.2
	中度	13	13	13	10	10	6	5
	重度	19	19	19	16	13	10	6
3.0	极轻	10	8	6	5	5	3.2	3.2
	轻度	19	16	13	11	10	6	5
	中度	35	25	19	16	13	11	10
	重度	44	32	29	25	22	19	16
3.7	极轻	13	10	10	8	6	5	5
	轻度	25	19	17	16	13	11	10
	中度	38	29	25	25	21	19	14
	重度	51	38	35	32	29	25	21
4.3	极轻	16	13	11	10	8	6	5
	轻度	32	25	22	19	16	13	10
	中度	51	38	32	29	25	22	19
	重度	70	51	44	38	32	29	25
4.9	极轻	19	16	13	11	10	8	6
	轻度	41	32	25	22	19	16	13
	中度	64	48	38	35	29	25	22
	重度	83	64	51	44	38	32	29
5.5	极轻	25	19	16	13	11	10	8
	轻度	51	35	29	25	22	19	16
	中度	76	52	41	38	32	29	25
	重度	102	70	57	51	44	38	32
6.1	极轻	29	22	19	16	13	11	10
	轻度	57	38	35	32	25	22	19
	中度	86	57	52	48	38	32	29
	重度	114	76	70	64	51	44	38
6.7	极轻	32	25	22	19	16	13	11
	轻度	64	44	41	38	32	25	22
	中度	95	67	62	57	48	38	32
	重度	127	89	83	76	51	51	44
7.3	极轻	38	29	25	22	19	16	13
	轻度	76	51	30	44	38	32	25
	中度	114	76	48	67	57	48	41
	重度	152	102	95	89	76	64	57

2. 用作楼面板或屋面板的木基结构板材应进行集中静载与冲击荷载试验和均布荷载试验，其结果应满足表2.4.1-10和2.4.1-11的规定。结构用胶合板每层单板所含的木材缺陷不应超过2.4.4-12的要求。

木基结构板材在集中静载和冲击荷载作用下应控制力学指标　　　　表2.4.1-10

用途	标准跨度（最大允许跨度）（mm）	试验条件	冲击荷载（N·m）	最小极限荷载[2]（kN）		0.89kN集中静载作用下的最大挠度[3]（mm）
				集中静载	冲击后集中静载	
楼面板	400（410）	干态及湿态重新干燥	102	1.78	1.78	4.8
	500（500）	干态及湿态重新干燥	102	1.78	1.78	5.6
	600（610）	干态及湿态重新干燥	102	1.78	1.78	6.4
	800（820）	干态及湿态重新干燥	122	2.45	1.78	5.3
	1200（1220）	干态及湿态重新干燥	203	2.45	1.78	8.0
屋面板	400（410）	干态及湿态	102	1.78	1.33	11.1
	500（500）	干态及湿态	102	1.78	1.33	11.9
	600（610）	干态及湿态	102	1.78	1.33	12.7
	800（820）	干态及湿态	122	1.78	1.33	12.7
	1200（1220）	干态及湿态	203	1.78	1.33	12.7

注：1. 单个试验的指标。
2. 100%的试件应能承受表中规定的最小极限荷载值。
3. 至少90%的试件的挠度不大于表中的规定值。在干态及湿态重新干燥试验条件下，楼面板在静载和冲击荷载后静载的挠度，对于屋面板只考虑静载的挠度，对于湿态试验条件下的屋面板，不考虑挠度指标。

木基结构板材在均布荷载作用下应控制力学指标　　　　表2.4.1-11

用途	标准跨度（最大允许跨度）（mm）	试验条件	性能指标[1]	
			最小极限荷载[2]（kPa）	最大挠度[3]（mm）
楼面板	400（410）	干态及湿态重新干燥	15.8	1.1
	500（500）	干态及湿态重新干燥	15.8	1.3
	600（610）	干态及湿态重新干燥	15.8	1.7
	800（820）	干态及湿态重新干燥	15.8	2.3
	1200（1220）	干态及湿态重新干燥	10.8	3.4
屋面板	400（410）	干态	7.2	1.7
	500（500）	干态	7.2	2.0
	600（610）	干态	7.2	2.5
	800（820）	干态	7.2	3.4
	1000（1020）	干态	7.2	4.4
	1200（1220）	干态	7.2	5.1

注：1. 单个试验的指标。
2. 100%的试件应能承受表中规定的最小极限荷载值。
3. 每批试件的平均挠度应不大于表中的规定值。4.79 kPa均布荷载作用下的楼面最大挠度；或1.68 kPa均布荷载作用下的屋面最大挠度。

结构胶合板每层单板的缺陷限值 表 2.4.1-12

缺 陷 特 征	缺 陷 尺 寸（mm）
实心缺陷：木节	垂直木纹方向不得超过 76
空心缺陷：节孔或其他孔眼	垂直木纹方向不得超过 76
劈裂、离缝、缺损或钝棱	$L<400$，垂直木纹方向不得超过 40 $400 \leqslant L \leqslant 800$，垂直木纹方向不得超过 30 $L>800$，垂直木纹方向不得超过 25
上、下面板过窄或过短	沿板的某一侧边或某一端头不超过 4，其长度不超过板材的长度或宽度的一半
与上、下面板相邻的总板过窄或过短	$\leqslant 4 \times 200$

注：L—缺陷长度。

（四）木材的其他物理力学性能应符合有关设计要求

二、试验方法

（一）木材的材质及缺陷采用目测法

（二）木材物理力学性能试验方法总则

1. 试样制作要求和检查

（1）试样各面均应平整，端部相对的两个边棱应与试样端面的年轮大致平行，并与另一相对的边棱相垂直，试样上不允许有明显的可见缺陷，每试样必须清楚地写上编号。

（2）试样制作精度，除在各项试验方法中有具体的要求外，试样各相邻面均应成准确的直角。试样长度允许误差为 ±1mm，宽度和厚度允许误差为 ±0.5mm，但在试样全长上宽度和厚度的相对偏差，应不大于 0.2mm。

（3）试样相邻面直角的准确性，用钢直角尺检查。

2. 试样含水率的调整

经气干或干燥室处理后的试条或试样毛坯所制成的试样，应置于相当于木材平衡含水率为 12% 的环境条件中，调整试样含水率到平衡。为满足木材平衡含水率 12% 环境条件的要求，当室温为 20 ±2℃ 时，相对湿度应保持在 65% ±5%；当室温低于或高于 20 ±2℃ 时，需相应降低或升高相对湿度，以保证达到木材平衡含水率 12% 的环境条件。

3. 实验室要求

实验室应保持温度 20 ±2℃ 和相对湿度 65% ±5%。如实验室不能保持这种条件时，经调整含水率后的试样，送实验室时应先放入密闭容器中，试验时才取出。

4. 试验设备的校正

试验机、其他精密计量仪器和测试量具，应按照国家计量部门的检定规程定期检定，试验机的示值误差不得超过 ±1.0%。

（三）木材含水率

木材含水率的测定一般采用烘干法。如试样为含有较多挥发物质（树脂、树胶）的木材，用烘干法测定含水率会产生过大误差时，宜采用真空干燥法。

1. 烘干法测定木材含水率

(1) 试验设备

天平，称量应准确至 0.001g。

烘箱，应能保持在 103±2℃。

玻璃干燥器和称量瓶。

(2) 试样

试样通常在需要测定含水率的试材、试条上或在物理力学试验后的试样上，按该项试验方法的规定部位截取。试样尺寸约为 20mm×20mm×20mm。

附在试样上的木屑、碎片等必须清除干净。

(3) 试验步骤

取到的试样应立即称量，准确至 0.001g。

将同批试验取得的含水率试样，一并放入烘箱内，在 103±2℃ 的温度下烘 8h 后，从中选定 2~3 个试样进行第一次试称，以后每隔 2h 试称一次，至最后两次称量之差不超过 0.002g 时，即认为试样达到全干。

将试样从烘箱中取出，放入装有干燥剂的玻璃干燥器内的称量瓶中，盖好称量瓶和干燥器盖。

试样冷却至室温后，自称量瓶中取出称量。

(4) 结果计算

试样的含水率，按下式计算，准确至 0.1%。

$$W = \frac{m_1 - m_0}{m_0} \times 100 \tag{2.4.1-1}$$

式中　W——试样含水率，%；

　　　m_1——试样试验时的质量，g；

　　　m_0——试样全干时的质量，g。

2. 真空干燥法测定木材含水率

(1) 试验设备

天平，称量应准确至 0.001g。

真空干燥箱，真空度范围 0~760mm Hg，漏气量≤10mm Hg/h，升温范围室温~200℃，恒温误差≤2℃。

(2) 试样

取自试材、试条或物理力学试验后试样的 20mm×20mm×20mm 含水率木块，应沿纹理劈成约 2mm 厚的薄片。取自顺纹抗拉强度试验试样破坏后有效部分的木片，不必再劈开。

(3) 试验步骤

将劈成薄片的试样，全部放入称量瓶中称量，准确至 0.001g。

称量后，将放试样的称量瓶置于真空干燥箱内，在加温低于 50℃ 和抽真空的条件下，使试样达全干后称量，准确至 0.001g。

(4) 结果计算

试样含水率，应按下式计算，准确至 0.1%。

$$W = \frac{m_2 - m_3}{m_3 - m} \times 100 \tag{2.4.1-2}$$

式中　W——试样含水率，%；
　　　m_2——试样和称量瓶试验时的质量，g；
　　　m_3——试样全干时和称量瓶的质量，g；
　　　m——称量瓶的质量，g。

（四）木材密度

木材的密度分为气干密度、全干密度和基本密度。

1. 气干密度

(1) 试样

1) 试样尺寸为 20mm×20mm×20mm，试样制作要求和检查、试样含水率的调整按总则规定。

2) 研究强度与密度的关系时，密度试样应在强度试样试验后未破坏部位截取，也可和强度试样在同一试条上连续截取。

3) 当一树种试材的年轮平均宽度在 4mm 以上时，试样尺寸应增大至 50mm×50mm×50mm，制作试样的试块，从试材髓心以外南北方向连续截取，并留足干缩和加工余量。

(2) 试验步骤

1) 在试样各相对面的中心位置，分别测出弦向、径向和顺纹方向尺寸，准确至 0.01mm。允许使用其他测量方法测量试样体积，准确至 0.01cm。称出试样质量，准确至 0.001g。

2) 将试样放入烘箱内，开始温度 60℃ 保持 4 h，再按含水率测定方法的规定进行烘干和称量。

3) 试样全干质量称出后，立即于试样各相对面的中心位置，分别测出弦向、径向和顺纹方向尺寸，准确至 0.01mm。

(3) 结果计算

1) 试样含水率为 W% 时的气干密度，应按下式计算，准确至 0.001g/cm³。

$$\rho_w = \frac{m_w}{V_w} \tag{2.4.1-3}$$

式中　ρ_w——试样含水率为 W% 时的气干密度，g/cm³；
　　　m_w——试样含水率为 W% 时的质量，g；
　　　V_w——试样含水率为 W% 时体积，cm³。

2) 试样的体积干缩系数，应按下式计算，准确至 0.001%。

$$K = \frac{V_w - V_0}{V_0 W} \times 100 \tag{2.4.1-4}$$

式中　K——试样的体积干缩系数，%；
　　　V_0——试样全干时的体积；
　　　W——试样含水率，%。

3) 试样含水率为 12% 时的气干密度，应按下式计算，准确至 0.001 g/cm³。

$$\rho_{12} = \rho_w [1 - 0.01(1-K)(W-12)] \tag{2.4.1-5}$$

式中　ρ_{12}——试样含水率为 12% 时的气干密度，g/cm³；
　　　K——试样的体积干缩系数，%；

W——试样含水率，%；

ρ_w——试样含水率为 $W\%$ 时的气干密度，g/cm^3。

试样含水率在9%~15%范围内按上式计算有效。

2. 全干密度

试样全干时的密度按下式计算，准确至 $0.001\ g/cm^3$。

$$\rho_0 = \frac{m_0}{V_0} \tag{2.4.1-6}$$

式中　ρ_0——试样全干时的密度，g/cm^3；

　　　m_0——试样全干时的质量，g。

3. 基本密度

试样用饱和水分的湿材制作。尺寸为 $20mm \times 20mm \times 20mm$。试样制作要求和检查按总则规定。试样从制作到测定过程，应始终保持表面湿润。当试材的年轮平均宽度在4mm以上时，试样尺寸应增大至 $50mm \times 50mm \times 50mm$，制作试样的试块，从试材髓心以外南北方向连续截取，并留足加工余量。

在试样各相对面的中心位置，分别测出弦向、径向和顺纹方向尺寸，准确至 $0.01\ mm$，据此计算出饱水状态时的体积。

将试样放入烘箱内，按含水率测定方法的规定进行烘干和称量。

基本密度按下式计算，准确至 $0.001\ g/cm^3$。

$$\rho_y = \frac{m_0}{V_{max}} \tag{2.4.1-7}$$

式中　ρ_y——试样的基本密度，g/cm^3；

　　　m_0——试样全干时的质量，g；

　　　V_{max}——试样饱和水分时的体积，cm^3。

（五）木材顺纹抗压强度

1. 试验设备

示值误差不超过 $\pm 1\%$、并具有球面滑动支座的试验机。

测试量具，测量尺寸应准确至 $0.1mm$。

测定木材含水率的试验设备。

2. 试样

试材锯解及试样截取按总则的规定进行。

试样尺寸为 $30mm \times 20mm \times 20mm$，长度为顺纹方向。试样制作要求和检查、试样含水率的调整，分别按总则规定进行。当树种试材的年轮平均宽度在4mm以上时，试样尺寸应增大至 $75mm \times 50mm \times 50mm$。供制作试样的试条，从试材髓心以外南北方向连续截取，并按试样尺寸留足干缩和加工余量。

3. 试验步骤

（1）在试样长度中央，测量宽度及厚度，准确至 $0.1mm$。

（2）将试样放在试验机球面活动支座的中心位置，以均匀速度加荷，在 $1.5 \sim 2.0min$ 内使试样破坏，即试验机的指针明显地退回为止，准确至 $100N$。

(3) 试样破坏后,30mm 的用整个试样,长 75mm 的立即在试样中部截取长约 10mm 的木块一个,进行称量,准确至 0.001g,然后测定试样含水率。

4. 结果计算

(1) 试样含水率为 W% 时的顺纹抗压强度,应下式计算,准确至 0.1MPa。

$$\sigma_w = \frac{P_{max}}{b \cdot t} \tag{2.4.1-8}$$

式中　σ_w——试样含水率为 W% 时的顺纹抗压强度,MPa;

　　　P_{max}——破坏荷载,N;

　　　b——试样宽度,mm;

　　　t——试样厚度,mm。

(2) 试样含水率为 12% 时的顺纹抗压强度,应按下式计算,准确至 0.1MPa。

$$\sigma_{12} = \sigma_w [1 + 0.05(W - 12)] \tag{2.4.1-9}$$

式中　σ_{12}——试样含水率为 12% 时的顺纹抗压强度,MPa;

　　　W——试样含水率,%。

试样含水率在 9% ~ 15% 范围内,按上式计算有效。

(六) 木材抗弯强度

1. 试验设备

试验机:示值误差不得超过 ±1.0%,试验装置的支座及压头端部的曲率半径为 30mm,两支座间距离应为 240mm;

测试量具:测量尺寸应准确至 0.1mm;

天平:称量应精确至 0.001g;

烘箱:应能保持在 103 ±2℃;

玻璃干燥器和称量瓶等。

2. 试样

试材锯解及试样截取按总则的规定进行。

试样尺寸为 300mm × 20mm × 20mm,长度为顺纹方向。试样制作要求和检查、试样含水率的调整,按总则的有关规定进行。允许与抗弯弹性模量的测定用同一试样,先测定弹性模量,后进行抗弯强度试验。

3. 试验步骤

(1) 抗弯强度只作弦向试验。在试样长度中央,测量径向尺寸为宽度,弦向为高度,准确至 0.1mm。

(2) 采用中央加荷,将试样放在试验装置的两支座上,沿年轮切线方向(弦向)以均匀速度加荷,在 1 ~ 2min 内使试样破坏,准确至 10N。

(3) 试验后,立即在试样靠近破坏处,截取约 20mm 长的木块一个,测定试样含水率。

4. 结果计算

(1) 试样含水率为 W% 时的抗弯强度,应下按式计算,准确至 0.1MPa。

$$\sigma_{bw} = \frac{3P_{max}l}{2bh^2} \tag{2.4.1-10}$$

式中 σ_{bw}——试样含水率为 $W\%$ 时的抗弯强度,MPa;
P_{max}——破坏荷载,N;
l——两支座间跨距,mm;
b——试样宽度,mm;
h——试样高度,mm。

(2) 试样含水率为12%时的抗弯强度,应按下式计算,准确至0.1MPa。

$$\sigma_{b12} = \sigma_w [1 + 0.04(W - 12)] \tag{2.4.1-11}$$

式中 σ_{b12}——试样含水率为12%时的抗弯强度,MPa;
W——试样含水率,%。

试样含水率在9%~15%范围内,按上式计算有效。

(七) 木材抗弯弹性模量

木材受力弯曲时,在比例极限应力内,按荷载与变形的关系确定木材抗弯弹性模量。

1. 试验设备

试验机:示值误差不得超过±1.0%,试验装置的支座及压头端部的曲率半径为30mm,两支座间距离应为240mm。

测试量具:测量尺寸应准确至0.1mm。

百分表:应准确至0.01mm,量程为0~10mm。

天平:称量应精确至0.001g;

烘箱:应能保持在103±2℃;

玻璃干燥器和称量瓶等。

2. 试样

试材锯解及试样截取按总则有关规定的执行。

试样尺寸为300mm×20mm×20mm,长度为顺纹方向。试样制作要求和检查、试样含水率的调整,分别按总则的有关规定进行。允许与抗弯强度试验用同一试样,先测定弹性模量,后进行抗弯强度试验。

3. 试验步骤

(1) 采用弦向加荷,在试样长度中央,测量径向尺寸为宽度,弦向为高度,准确至0.1mm。

(2) 两点加荷,用百分表测量试样变形,试验装置如图2.4.1-2。

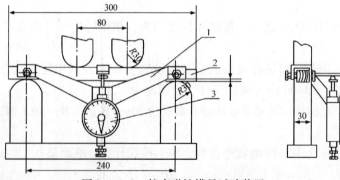

图2.4.1-2 抗弯弹性模量试验装置
1—百分表架;2—试样;3—百分表

（3）测量试样变形的下、上限荷载，一般取 300~700N。试验机以均匀速度先加荷至下限荷，立即读百分表指示值，读至 0.005mm，然后经 20s 加荷至上限荷载，再记录百分表读数，随即卸荷。如此反复四次。每次卸荷，应稍低于下限，然后再加荷至下限荷载。

（4）对于甚软木材，下、上限荷载可取 200~400N，自下限至上限的加荷时间可取 15s。为保证加荷范围不超过试样的比例极限应力，试验前，可在每批试样中，选 2~3 个试样进行观察试验，绘制荷载—变形图，在其直线范围内确定上、下限荷载。

（5）抗弯弹性量测定后，如不进行抗弯强度试验，应立即于试样中部截取约 20mm 长的木块一个，测定试样含水率。

4. 结果计算

（1）根据后三次测得的试样变形值，分别计算出上、下限变形平均值。上、下限荷载的变形平均值之差，即为上、下限荷载间的变形值。

（2）试样含水率为 $W\%$ 时的抗弯弹性模量，应按下式计算，准确至 10MPa。

$$E_w = \frac{23Pl^3}{108bh^3f} \qquad (2.4.1-12)$$

式中　E_w——试样含水率为 $W\%$ 时的抗弯弹性模量，MPa；

　　　P——上、下限荷载之差，N；

　　　l——两支座间跨距，mm；

　　　b——试样宽度，mm；

　　　h——试样高度，mm。

　　　f——上、下限荷载间的试样变形值，mm。

5. 试样含水率为 12% 时的抗弯弹性模量，应按下式计算，准确至 10MPa。

$$E_{12} = E_w [1 + 0.015(W - 12)] \qquad (2.4.1-13)$$

式中　E_{12}——试样含水率为 12% 时的抗弯弹性模量，MPa；

　　　W——试样含水率，%。

试样含水率在 9%~15% 范围内，按上式计算有效。

（八）木材顺纹抗剪强度

由加压方式形成的剪切力，使试样一表面对另一表面顺纹滑移，以测定木材顺纹抗剪强度。

1. 试验设备

试验机，示值误差不得超过 ±1.0%，并具有球面滑动压头。

木材顺纹抗剪试验装置，见图 2.4.1-3。

测试量具，测量尺寸应准确至 0.1mm。

天平：称量应精确至 0.001g；

烘箱：应能保持在 103±2℃；

玻璃干燥器和称量瓶等。

2. 试样

试材锯解及试样截取，按总则的规定进行。

试样形状、尺寸见图 2.4.1-4，试样受剪面应为径面或弦面，长度为顺纹方向。

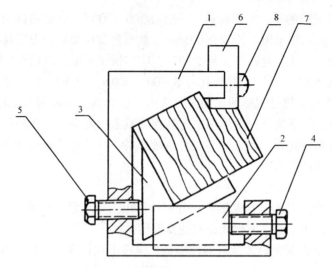

1—附件主杆；2—楔块；3—L型垫块；4、5—螺杆；
6—压块；7—试样；8—圆头螺钉

图 2.4.1-3　木材顺纹抗剪试验装置

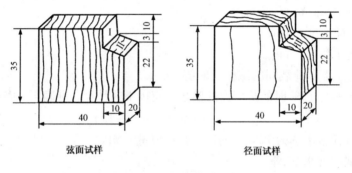

图 2.4.1-4　顺纹抗剪试样

试样制作要求和检查、试样含水率的调整，分别按总则的规定进行。

试样缺角的部分角度应为 106°40′，应采用角规检查，允许误差为 ±20′。

3. 试验步骤

（1）测量试检受剪面的宽度和长度，准确至 0.1mm。

（2）将试样装于试验装置（图 2.4.1-3）的垫块 3 上，调整螺杆 4 和 5，使试样的顶端和 I 面上部巾紧试验装置上部凹角的相邻两则面，至试样不动为止。再将压块 6 置于试样斜面 II 上，并使其侧面紧靠试验装置的主体。

（3）将装好试样的试验装置放在试验机上，使压块 6 的中心对准试验机上压头的中心位置。

（4）试验以均匀速度加荷，在 1.5~2min 内使试样破坏，将荷载读数填写入附录 A（补充件）记录表中，准确至 10N。

（5）将试样破坏后的小块部分，立即测定含水率。

4. 结果计算

(1) 试样含水率为 $W\%$ 时的弦面或径面顺纹抗剪强度,应按下式计算,准确至 0.1MPa。

$$\tau_w = \frac{0.96 P_{max}}{bl} \quad (2.4.1\text{-}14)$$

式中 τ_w——试样含水率为 $W\%$ 时的弦面或径面顺纹抗剪强度,MPa;

P_{max}——破坏荷载,N;

b——试样受剪面宽度,mm;

l——试样受剪面长度,mm;

(2) 试样含水率为 12% 时的弦面或径面顺纹抗剪强度,应按下式计算,准确至 0.1MPa。

$$\tau_{12} = \tau_w [1 + 0.03(W - 12)] \quad (2.4.1\text{-}15)$$

式中 τ_{12}——试样含水率为 12% 时的弦面或径面的顺纹抗剪强度,MPa;

W——试样含水率,%。

试样含水率在 9% ~ 15% 范围内,按上式计算有效。

(九) 木材的顺纹抗拉强度

沿试样顺纹方向,以均匀速度施加拉力至破坏,以求出木材的顺纹抗拉强度。

1. 试验设备

试验机:示值误差不得超过 ±1.0%,试验机的十字头行程不小于 400mm,夹钳的钳口尺寸为 10 ~ 20mm,并具有球面活动接头,以保证试样沿纵轴受拉,防止纵向扭曲。

测试量具:测量尺寸应准确至 0.1mm。

天平:称量应精确至 0.001g;

烘箱:应能保持在 103 ± 2℃;

玻璃干燥器和称量瓶等。

2. 试样

试材锯解及试样截取,按总则的规定进行。试样形状、尺见图 2.4.1-5。

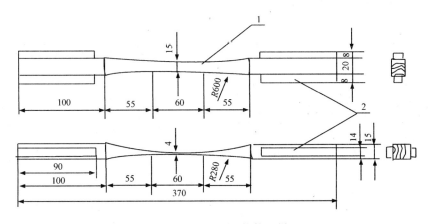

图 2.4.1-5 顺纹抗拉试样

1—试样;2—木夹垫

试样制作要求和检查、试样含水率的调整，分别按总则的规定。

试样纹理必须通直，年轮的切线方向应垂直于试样有效部分（指中部60mm一段）的宽面。试样有效部分与两端夹持部分之间的过渡弧表面应平滑，并与试样中心线相对称。

软质木材试样，必须在夹持部分的窄面，附以90mm×14mm×8mm的硬木夹垫，用胶粘剂固定在试样上。硬质木材试样，可不用木夹垫。

3. 试验步骤

（1）在试样有效部分中央，测量厚度和宽度，准确至0.1mm。

（2）将试样两端夹紧在试验机的钳口中，使试样宽面与钳口相接触，两端靠近弧形部分露出20~25mm，竖直地安装在试验机上。

（3）试验以均匀速度加荷，在1.5~2min内使试样破坏，准确至100N。

（4）如拉断处不在试样有效部分，试验结果应予舍弃。

（5）试样试验后，立即在有效部分选取一段，测定含水率。

4. 结果计算

（1）试样含水率为W%时的顺纹抗拉强度，应按下式计算，准确至0.1MPa。

$$\sigma_w = \frac{P_{max}}{tb} \tag{2.4.1-16}$$

式中 σ_w——试样含水率为W%时的顺纹抗拉强度，MPa；

P_{max}——破坏荷载，N；

b——试样宽度，mm；

t——试样厚度，mm；

（2）试样含水率为12%时，阔叶材的顺纹抗拉强度应按下式计算，准确至0.1MPa。

$$\sigma_{12} = \sigma_w [1 + 0.015(W - 12)] \tag{2.4.1-17}$$

式中 σ_{12}——试样含水率为12%时的顺纹抗拉强度，MPa；

W——试样含水率，%。

试样含水率在9%~15%范围内，按上式计算有效。

当试样含水率在9%~15%范围内时，对针叶材可取$\sigma_{12} = \sigma_w$。

（十）木材的横纹抗压强度

木材的横纹抗压强度是从木材横纹抗压试验的荷载—变形图上，确定比例极限荷载计算出木材横纹抗压比例极限应力。木材横纹抗压强度包括木材横纹全部抗压试验和木材横纹局部抗压试验。

1. 试验设备

试验机，其示值误差不得超过±1.0%，并具有球滑动支座。试验机应有记录装置，记录荷载的刻度间隔应不大于50N/mm；记录试样变形的刻度间隔应不大于0.01mm/mm。试验机的记录装置不能利用时，应用准确至0.01mm的如图2.4.1-6试验装置测量试样变形；

测试量具：测量尺寸应准确至0.1mm。

天平：称量应精确至0.001g；

烘箱：应能保持在103±2℃；

玻璃干燥器和称量瓶等。

2. 试样

木材横纹全部抗压试验的试样尺寸为 30mm×20mm×20mm，长度为顺纹方向。当一树种试材的年轮平均宽度在 4mm 以上时，试样尺寸应增大至 75mm×50mm×50mm。供制作试样的试条，从试材髓心以外部分均匀截取，并按试样尺寸留足干缩和加工余量。

木材横纹局部抗压试验的试样尺寸为 60mm×20mm×20mm，长度为顺纹方向。当一树种试材的年轮平均宽度在 4mm 以上时，试样尺寸应增大至 150mm×50mm×50mm。供制作试样的试条，从试材髓心以外均匀分布截取，并按试样尺寸留足干缩和加工余量。

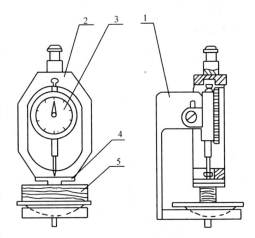

图 2.4.1-6 横纹抗压试验装置
1—支座；2—框架；3—百分表；
4—压头（可拆装）；5—试样

3. 试验步骤

（1）分别用径向和弦向试样进行试验。测量试样的长度和长度中央的宽度，准确至 0.1mm。弦向试验时，试样的宽度为径向；径向试验时，试样的宽度为弦向。

（2）木材横纹全部抗压试验时，将试样放在试验机的球面滑动支座中心处。弦向试验时，在试样径面加荷；径向试验时，在试样弦面加荷。试验以均匀速度加荷，在 1~2min 内达到比例极限荷载。

木材横纹局部抗压试验时，在 60mm×20mm×20mm 试样的受压面上，距两端 20mm 处划两条垂直于长轴的平行线。对 150mm×50mm×50mm 的试样，在受压面上距两端 50mm 处划线。将试样放在试验机的球面滑动支座上，使试样中心位于支座中心。对 60mm×20mm×20mm 的试件用 30mm×20mm×10mm 的加压钢块；对 150mm×50mm×50mm 的试样加压钢块的长、宽、厚为 70mm×50mm×10mm。弦向试验时，在试样径面上加荷；径向试验时，在试样弦面上加荷。试验以均匀速度加荷，在 1~2min 内达到比例极限荷载。

（3）试验后，对长 30mm 的用整个试样，长 75mm 的试样立即在中部截取约 10mm 长的木块一个，测定试样含水率。

4. 结果计算

（1）试样含水率为 $W\%$ 时，径向或弦向的横纹全部抗压比例极限应力应按下式计算，准确至 0.1MPa。

$$\sigma_{yw} = \frac{p}{b \cdot l} \tag{2.4.1-18}$$

式中 σ_{yw}——试样含水率为 $W\%$ 时的横纹全部抗压比例极限应力，MPa；

p——比例极限荷载，N；

l——试样长度，mm。

（2）试样含水率为12%时径向弦向的横纹全部抗压比例极限应力应按下式计算，准确至0.1 MPa。

$$\sigma_{yw} = \sigma_{yw} [1 + 0.045(W - 12)] \qquad (2.4.1-19)$$

式中 σ_{y12}——试样含水率为12%时的横纹全部抗压比例极限应力，MPa；
W——试样含水率，%。

试样含水率在9%~15%范围内，按上式计算有效。

（3）试样含水率为W%时径向或弦向的横纹局部抗压比例极限应力，应按下式计算，准确至0.1 MPa。

$$\sigma_{yw} = \frac{p}{a \cdot b} \qquad (2.4.1-20)$$

式中 σ_{yw}——试样含水率为W%时的横纹局部抗压比例极限应力，MPa；
p——比例极限荷载，N；
a——加压钢块宽度，mm；
b——试样宽度，mm。

（4）试样含水率为12%时径向或弦向的横纹局部抗压比例极限应力，应按下式计算，准确至0.1 MPa。

$$\sigma_{y12} = \sigma_{yw} [1 + 0.045(W - 12)] \qquad (2.4.1-21)$$

式中 σ_{y12}——试样含水率为W%时的横纹局部抗压比例极限应力，MPa；
W——试样含水率，%；

试样含水率在9%~15%范围内，按上式计算有效。

（十一）木材冲击韧性

木材无疵小试样的冲击韧性采用摆锤式冲击试验机测定。在试样中央施加冲击荷载，使试样产生弯曲破坏，以此确定木材的冲击韧性

1. 试验设备

测量精度为1%的摆锤式冲击试验机，试样支座和摆锤冲头端部的曲率半径为15mm，两支座间的距离为240mm，支座高应大于20mm。

测试量具，测量尺寸应准确至0.1mm

2. 试样

试样尺寸为300mm×20mm×20mm，长度为顺纹方向。

3. 试验步骤

（1）冲击韧性只作弦向试验。在试样长度中央，测量径向尺寸为宽度，弦向为高度，准确至0.1 mm。

（2）将试样对称地放在试验机支座上，使试验机摆锤冲击于试样长度中央的径面上，必须一次冲断，记录吸收能量，准确至1J。

4. 结果计算

试样的冲击韧性，应按下式计算，准确至1kJ/m²：

$$A = \frac{1000Q}{b \cdot h} \qquad (2.4.1-22)$$

式中　A——试样的冲击韧性，$1kJ/m^2$；
　　　Q——试样吸收能量，J；
　　　b——试样宽度，mm；
　　　h——试样高度，mm。

（十二）木材硬度

木材具有抵抗其他刚体压入的能力，用规定半径的钢球，在静荷载下压入木材以表示其硬度。

1. 试验设备

试验机：示值误差不超过±1%。

电触型硬度试验设备，包括一个半径为5.64±0.01 mm钢半球端部的压头。允许使用具相同半径钢半球端头的其他类型试验设备。

天平：称量应精确至0.001g；

烘箱：应能保持在103±2℃；

玻璃干燥器和称量瓶等。

2. 试样

试样尺寸为70mm×50mm×50mm，长度为顺纹方向。

3. 试验步骤

（1）试验前，必须严格检查试验设备指示深度的准确性。

（2）每一试样应分别在两个弦面，任一径面和任一端面上各试验一次。

（3）将试样放于试验机支座上，并使试验设备的钢半球端头正对试验面的中心位置。然后以每分钟3~6 mm的均匀速度将钢压头压入试样的试验面，直至压入5.64mm深为止，准确至10N。对于加压试样易裂的树种，钢半球压入的深度，允许减至2.82mm。

（4）试验后，应立即在试样端面的压痕处，截取约20mm×20mm×20mm的木块一个，测定试样含水率。

4. 结果计算

（1）试样含水率为W%时的硬度，应按下式计算，准确至10N。

$$H_W = KP \qquad (2.4.1\text{-}23)$$

式中　H_W——试样含水率为W%时的硬度，N；
　　　P——钢半球压入试样的荷载，N；
　　　K——压入试样深度为5.64 mm或2.82mm时的系数，分别等于1或4/3。

（2）试样两个弦面的试验结果取平均值，连同一个径面和一个端面的试验结果，作为该试样各面的硬度。

（3）试样含水率为12%时的硬度，应按下式计算，准确至10N。

$$H_{12} = H_W [1 + 0.03(W - 12)] \qquad (2.4.1\text{-}24)$$

式中　H_{12}——试样含水率为12%时的硬度，N；
　　　W——试样含水率，%。

试样含水率在9%~15%范围内，按上式计算有效。

2.4.2 胶 合 剂

一、技术要求

承重结构用胶,应保证其胶合强度不低于木材顺纹抗剪和横纹抗拉的强度。胶结件的耐水性和耐久性,应与结构的用途和使用年限相适应,并应符合环境保护的要求。

使用中可能受潮的构件及重要的建筑物应采用耐水胶;承重结构用胶除应具有出厂质量证明文件外,产品使用前尚应检验其胶粘能力。

二、试验方法

(一)胶粘能力检验

1. 一般规定

(1)用于检验承重木结构所用胶粘剂的胶粘能力。

(2)本方法是根据木材用胶粘结后的胶蜂顺木纹方向的抗剪强度进行判别。

(3)当采用本方法检验胶粘剂的胶粘能力时,应遵守下列规定:

1)用于胶合的试条,应采用气干密度不小于 $0.47g/cm^3$ 的红松或云杉或材性相近的其他软木类木材如栎木、水曲柳制作。若需采用其他树种木材时,应得到技术主管部门的认可。

2)木材胶合时,在温度为 $20\pm2℃$、相对湿度为 $50\%\sim70\%$ 的条件下,应控制木材的含水率在 $8\%\sim10\%$。

3)胶液粘度使用相应的粘度计测定,连续测量 3 次。并以平均值表示测量结果。测定过程中,胶液的温度应始终保持在 $20\pm2℃$。胶液的工作活性根据其粘度的测定结果确定,承重结构用胶的胶液应符合该胶种产品标准规定的要求。

4)检验每一批号的胶粘剂,应采用胶合成的两对试条来制作试件。每对试条应制成 4 个试件:两个试件作干态试验;两个试件作湿态试验。根据每种状态 4 个试件的试验结果,按检验结果的判定规则进行判别。

2. 试条的胶合及试件制作

(1)试条由两块已刨光的 25mm×60mm×320mm 木条组成(见图 2.4.2-1a),木纹应与木条的长度方向平行,年轮与胶合面成 44°~90°角,不得采用有木节、斜(涡)纹、虫蛀、裂纹或有树脂溢出的木材。

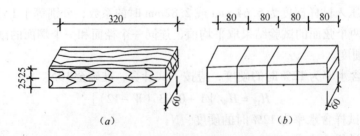

图 2.4.2-1 试条的形状与尺寸

(2) 试条胶合前，胶合面应重新细刨光而达到保证洁净和密合的要求，边角应完整。胶面应在刨光后 2h 内涂胶，涂胶前，应清楚胶合面上的木屑和污垢。涂胶后应放置 15min 再叠合加压，压力可取 $0.4 \sim 0.6 \text{N/mm}^2$，在胶合过程中，室温宜为 $20 \sim 25 \text{℃}$。试条在室温不低于 16℃ 的加压状态下应放置 24h，卸压后养护 24h，方可加工试件。

(3) 加工试件时，应将试条截成四块（图 2.4.2-1b）。按图 2.4.2-2 所示的形式和尺寸制成 4 个顺纹剪切的条件。

制成后的试件应用钢角尺和游标卡尺进行检查，试件端面应平整，并应与侧面相垂直，试件剪面尺寸的允许偏差为 ±0.5mm。

3. 试验要求

(1) 试件应置于专门的剪切装置（图 2.4.2-3）中，并在木材试验机上进行试验，试验机测力盘读数的最小分格不应大于 150N。

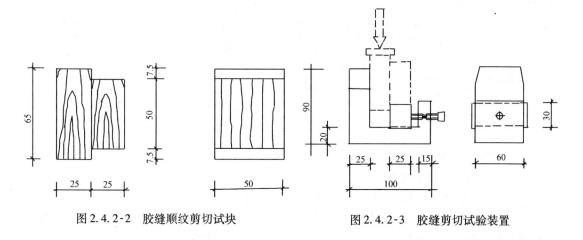

图 2.4.2-2 胶缝顺纹剪切试块　　图 2.4.2-3 胶缝剪切试验装置

(2) 干态试验应在胶合后第三天进行，至迟不晚于第五天；湿态试验室在试件浸水 24h 后立即进行。

(3) 试验前，应用游标尺测试件剪切面尺寸，准确读到 1/10mm。试件装入剪切装置时，应调整螺丝，使试件的胶缝处于正确的受剪位置。试验时，应使试验机球座式压头与试件顶端的钢垫块对中，采用匀速连续加荷方式，应控制从开始加荷到试件破坏的时间能在 $3 \sim 5\text{min}$ 内。

试件破坏后，应记录荷载最大值，并应测量试件剪切面上沿木材剪坏的面积，精确至 3%。

4. 试验结果的整理与计算

(1) 试件的剪切强度应按下式计算：

$$F_\text{v} = \frac{Q_\text{u}}{A_\text{v}} \tag{2.4.2-1}$$

式中　F_v——剪切强度（N/mm^2），计算准确到 0.1N/mm^2；

　　　Q_u——荷载最大值（N）；

　　　A_v——剪切面面积（mm^2）。

(2) 试件剪切面沿木材部分破坏的百分率应按下式计算：

$$P_\mathrm{V} = \frac{A_\mathrm{t}}{A_\mathrm{v}} \tag{2.4.2-2}$$

式中　P_V——剪切面沿木材部分破坏的百分率（%），计算准确到1%；

　　　A_t——剪切面沿木材破坏的面积（mm²）。

5. 检验结果的判定规则

(1) 一批胶抽样检验结果，应按下列规则进行判定：

1) 若干态和湿态的试验结果均符合表2.4.2-1的要求，则判该批胶为合格品。

2) 试验中，如有个试件不合适，则须以加倍数量的试件进行二次抽样试验，此时若仍有一个试件不合格，则应判该胶不能用于承重结构。

3) 若试件强度低于表2.4.2-1的规定值，但其沿木材部分破坏率不小于75%，仍可认为该批胶为合格品。

承重胶合木结构用胶胶粘力的最低要求　　　　表2.4.2-1

试件状态	胶缝顺纹剪切强度值（N/mm²）	
	红松等软木松类	栎木或水曲柳
干态	5.9	7.8
湿态	3.9	5.4

(2) 对常用的耐水性胶种，可仅作干态试验，但仍应按判定规则进行判别。

(二) 胶粘耐久性快速测定法

1. 本方法适用于评估耐水性胶粘剂的胶粘耐久性。

2. 本方法是根据提高环境强度以加速度胶粘剂老化的原理，以试验破坏模式与室外暴露自然老化作用结果相似为条件，对胶粘的耐久性进行定性评估。

3. 用于测定耐久性的胶液，应是胶粘能力检验合格的胶液。

4. 用于耐久性测定的试条，应用软木松类木材制作，试条应全部取自同一段木材，且不得有木节、斜（涡）纹、虫蛀、裂纹、髓心和有树脂溢出等缺陷，试条截面上的年轮应与胶合面成60°~90°。

5. 一次耐久性测定，需以8对试条进行胶合，加工成32个胶缝顺纹剪切试件，制成后的试件应用钢角尺和游标卡尺进行检查，试件端面应平整，并应与侧面相垂直，试件剪面尺寸的允许偏差为±0.5mm。

6. 胶粘耐久性测定的方法如下：

(1) 试件应按下列步骤进行处理：

1) 在20℃水中，浸泡试件48h；

2) 在-20℃的冰箱中，存放试件9h；

3) 在室温为20±2℃、相对湿度为65±3%的条件下，存放15h；

4) 在+70℃烘箱中，存放10h.

完成以上四步骤为一个循环，应连续进行8个循环的处理。

(2) 对完成8个循环的试件，应立即按胶粘能力检验规定的干湿方法进行试验室破坏。若试件破坏后，其剪切面有75%以上的面积系沿木材部分破坏，则认为该胶粘剂的胶粘耐久性满足使用要求。

（3）若处理因故中断，应将试件冰冻保存，否则该批试件不得继续用于试验。

2.4.3 钢连接件

钢连接件应符合相应的产品标准，具体见第2篇第3章钢结构材料试验。

第三篇
建筑结构施工工序和实体质量检验

第1章 建筑工程的施工质量检验

建筑工程的质量验收可分为两种情况,一是按验收规范规定的程序所进行的工序、检验批、分项工程、分部工程和单位工程的检验均满足验收规范的要求;二是当所检验的检验批、分项工程、分部工程和单位工程的检验结果不符合验收规范的合格规定时,应由有资质的检测单位检测鉴定,并依据检测鉴定的结果来确定是否能够验收。这两种情况的验收的依据均是《建筑工程施工质量验收统一标准》GB50300—2001和与其相配套的各专业工程验收规范。

3.1.1 建筑工程质量验收规范的规定

1. 现行的建筑工程质量验收规范系列标准体系的指导思想

现行的建筑工程质量验收规范编制是将有关房屋工程的施工及验收规范和其工程质量检验评定标准合并,组成新的工程质量验收规范体系,以统一房屋工程质量的验收方法、程序和质量指标。该系列标准体系体现了"验评分离、强化验收、完善手段和过程控制"的指导思想。

验评分离:是将原验评标准中的质量检验与质量评定的内容分开,将原施工及验收规范中的施工工艺和质量验收的内容分开,将验评标准中的质量检验与施工规范中的质量验收衔接,形成工程质量验收规范。原施工及验收规范中的施工工艺部分作为企业标准,或行业推荐性标准;原验评标准中的评定部分,主要是为企业操作工艺水平进行评价,可作为行业推荐性标准。

强化验收:是将施工规范中的验收部分与验评标准中的质量检验内容合并起来,形成一个完整的工程质量验收规范,作为强制性标准,是建设工程必须完成的最低质量标准,是施工单位必须达到的施工质量标准,也是建设单位验收工程质量所必须遵守的规定。其规定的质量指标都必须达到。

完善手段:主要包括三个方面。一是完善了材料、构配件和设备的进场检测与验收;二是改进了施工阶段的抽样检验;三是对涉及安全与功能的分部工程实施的抽样检测。

过程控制:是根据工程质量的特点进行的质量管理。工程质量验收贯穿于施工全过程中。一是体现在建立过程控制的各项制度;二是施工单位应设置控制的要求,强化中间控制和合格控制,强调施工必须有操作依据,并提出了综合施工质量水平的考核作为质量验收的要求;三是工序检验、工序、工种和专业间的交接检验及检验批、分项、分部、单位工程的验收等。

2. 建筑工程施工工序检验和验收

(1)建筑工程施工工序检验

建筑工程是由地基基础、主体结构、建筑装修和设备安装等分部工程构成的。各分部工程又可按工种、材料和施工工序划分为分项工程，而分项工程则是由一道道工序实施完成的。各道工序的质量不仅影响本道工序而且还会影响下道工序的施工和质量。因此，各道工序的质量控制是整个施工质量过程控制最基本的和最重要的。施工单位对每道工序均应按相应的技术标准进行质量控制。使之达到建筑工程施工质量验收规范的要求。施工单位应根据建筑结构工程的特点，有的放矢地制订每道工序的操作工艺要求、应达到的质量标准，并对每道工序完成后进行质量检查。相关各专业工种之间，还应进行交接检验，以确认是否满足下道工序和相关专业的施工要求。

各工序的质量检验体现了施工单位的预控、过程控制和自行检查评定。只有在施工单位自检合格的基础上才能填写检验批验收报验单；再由监理单位的专业监理工程师组织施工方质量检查员等进行抽样检验，以确认所验检验批的质量。

(2) 建筑工程工序质量的验收控制

工序质量的过程统计控制是施工单位的自身质量控制，通过施工工序的班组和质量检查员进行实施。在统计控制的过程中发现问题、及时纠正处理，施工技术负责人和该工序的班组长一起分析原因、制订纠正措施等。而建筑工程工序质量的验收控制应是由建设单位或建设单位的代表监理单位的专业工程师进行组织，与施工单位及分包单位一起对该工序的施工质量进行抽样检验、评定。建筑工程工序质量的验收应是在施工单位自检合格的基础上进行的。

建筑工程工序质量的验收控制的依据是《建筑工程施工质量验收统一标准》GB50300—2001及其相配套的专业验收规范规定的验收标准。

3. 建筑结构工程检验批的质量检验和验收

《建筑工程施工质量验收统一标准》GB50300—2001把建筑工程的质量验收划分为单位（子单位）工程、分部（子分部）工程、分项工程和检验批。所谓单位工程是指"具备独立施工条件并能形成独立使用功能的建筑物及构筑物。"分部工程是根据专业性质和建筑部位来确定的，比如地基基础分部工程、主体结构分部工程、装修分部工程、给排水分部工程、电气分部工程等。分项工程是在每个分部（子分部）工程中根据不同工种、材料、施工工艺、设备类别等进行划分的。比如主体结构中的混凝土结构子分部所包含的分项工程为模板、钢筋、混凝土、预应力、现浇结构，装配式结构等。对于分项工程还可以按楼层、施工段、变形缝等划分为一个或若干个检验批。

上面介绍的建筑工程质量验收的划分，对于实际工程是由一道道工序组合起来完成的，作为建筑工程的验收应从检验批开始。所谓检验批应是按同一的生产条件或按规定的方式汇总起来供检验用的，由一定数量样本组成的检验体。比如现浇钢筋混凝框架结构的第一层柱钢筋检验批、柱模板检验批，若结构体型比较大还可以按施工段来进一步划分，如把一层中施工段轴线柱钢筋安装划分为一个检验批等等，其目的是为了便于及时验收。

检验批是工程质量验收的最小单位，是分项工程及至整个建筑工程质量验收的基础。对于检验批的质量验收，根据验收项目对该检验批质量影响的重要性又分为主控项目和一般项目，主控项目是对检验批的基本质量起决定性作用的检验项目，因此必须全部符合有关专业工程验收规范的规定。一般项目的质量标准较主控项目有所放宽，但也不允许出现严重缺陷和过大的超差。

检验批的质量验收，是施工单位自行检查评定的基础上，由施工单位填好"检验批质量验收记录"，然后由监理工程师组织施工单位专业质量（技术）负责人进行抽样检验，并按有关专业验收规范的质量标准，确认所验检验批的质量。达不到专业验收的规范质量标准的检验批应视质量事故的情况进行返修或重做，对于返修或重做的检验批完成后还应进行重新验收。

对于分项工程的工程验收则是在分项工程所含的检验批验收合格的基础上进行的，分项工程验收合格的标准是所含的检验批均符合合格质量的规定，所含的检验批的质量验收记录完整。

4. 分部工程的抽样检验

《建筑工程施工质量验收统一标准》规定"对涉及结构安全和使用功能的重要分部工程应进行抽样检测"。分部工程的抽样检测均是在各分项工程验收合格的基础上进行的，是对重要项目进行验证性的检验，其目的是为了加强该分部工程重要项目的验收，真实的反映该分部工程重要项目的质量指标，确保结构安全和达到使用功能的要求。

在《混凝土结构工程施工质量验收规范》GB50204—2002中规定，对影响结构安全的混凝土强度和主要受力构件的钢筋保护层厚度进行实体抽样检测。

5. 建筑工程质量不符合要求时的处理

《建筑工程施工质量验收统一标准》规定，当建筑工程质量不符合要求时，应按下列规定进行处理：（1）经返工重做或更换器具、设备的检验批，应重新进行验收；（2）经有资质的检测单位检测鉴定能达到设计要求的检验批，应予以验收；（3）经有资质的检测单位检测鉴定能达不到设计要求、但经原设计单位核算认可能够满足结构安全和使用功能的检验批，可予以验收；（4）经返修或加固处理的分项、分部工程，虽然改变外形尺寸但仍能满足安全使用要求，可按技术处理方案和协商文件进行验收。

3.1.2 建筑工程质量检验

建筑工程的质量验收的两种情况，无论是按验收规范规定的程序所进行的施工工序、检验批、分项工程、分部工程和单位工程的检验均满足验收规范要求的正常验收，还是所检验的检验批、分项工程、分部工程和单位工程的检验结果不符合验收规范的合格规定由有资质的检测单位检测鉴定的非正常验收，其依据均是《建筑工程施工质量验收统一标准》GB50300—2001和相应的专业工程验收规范。

了解和掌握建筑结构工程质量的验收检验，包括施工过程的工序、检验批、分项工程、分部工程、单位工程质量验收检验和实体结构的抽样检验等，对于搞好建筑结构工程质量的验收时非常重要的。本编的第2～第5章介绍了砌体结构、混凝土结构、钢结构和木结构施工质量验收规范有关工序检验和实体检验的内容、抽样数量、检验方法和评价指标等。

这里要说明的是，对于对新建结构工程的施工质量有怀疑以及出现质量事故等，需要通过现场检测来确定该结构工程的实际施工质量或分析出现事故的原因。这种对新建结构工程的施工质量检测的依据是《建筑工程施工质量验收统一标准》GB50300—2001 和相应的专业工程验收规范的要求；包括检验内容、项目、抽样数量、检验方法和评价指标等。对其检测结果应评价是否满足设计和验收合格标准的要求。

第2章 钢筋混凝土结构工程施工工序和实体质量检验

钢筋混凝土结构工程施工工序质量检验主要包括模板、钢筋、预应力、混凝土、现浇结构和装配成结构分项工程中的施工工序质量检验。钢筋混凝土结构实体检验主要是混凝土强度和梁、板、悬挑构件的钢筋保护层厚度。

3.2.1 模板分项工程的施工工序质量检验

（1）模板安装工序完成后应对该工序的施工质量进行检验，其主要检验项目、检验数量、检验方法及其允许偏差指标等列于表3.2.1-1。

模板安装工序施工质量检验项目、数量和方法　　表3.2.1-1

项目类别	序号	检验内容	检验数量	检验要求或指标	检验方法
主控项目	1	模板承载力和安装要求	全数	安装现浇结构的上层模板及其支架时，下层楼板应具有承受上层荷载的承载能力，或加设支架；上、下层支架的立柱应对准，并铺设垫板	对照模板设计文件和施工方案进行观察
主控项目	2	模板隔离剂	全数	模板隔离剂应涂刷均匀，不得沾污钢筋和混凝土接槎处	观察
一般项目	1	模板安装	全数	（1）模板的接缝不应漏浆；在浇筑混凝土前，木模板应浇水湿润，但模板内不应有积水； （2）模板与混凝土的接触面应清理干净并涂刷隔离剂，但不得采用影响结构性能或妨碍装饰工程施工的隔离剂； （3）浇筑混凝土前，模板内的杂物应清理干净； （4）对清水混凝土工程及装饰混凝土工程，应使用能达到设计效果的模板	观察
一般项目	2	预制构件模板安装偏差	首次使用及大修后的模板应全数检查，使用中的模板应定期检查，并根据使用情况不定期抽查	允许偏差范围 项目：板、梁　允许偏差(mm)：±5 薄腹梁、桁架　允许偏差(mm)：±10 长度 柱　允许偏差(mm)：0，-10 墙板　允许偏差(mm)：0，-5	钢尺量两角边，取其中较大值

续表

项目类别	序号	检验内容	检验数量	检验要求或指标			检验方法
一般项目	2	预制构件模板安装偏差	首次使用及大修后的模板应全数检查，使用中的模板应定期检查，并根据使用情况不定期抽查	宽度	板、墙板	0，-5	钢尺量一端及中部，取其中较大值
					梁、薄腹梁、桁架、柱	+2，-5	
				高(厚)度	板	+2，-3	钢尺量一端及中部，取其中较大值
					墙板	0，-5	
					梁、薄腹梁、桁架、柱	+2，-5	
				侧向弯曲	梁、板、柱	l/1000且≤15	拉线、钢尺量最大弯曲处
					墙板、薄腹梁、桁架	l/1500且≤15	
				板的表面平整度		3	2m靠尺和塞尺检查
				相邻两板表面高低差		1	钢尺检查
				对角线差	板	7	钢尺量两个对角线
					墙板	5	
				翘曲	板、墙板	l/1500	调平尺在两端量测
				设计起拱	薄腹梁、桁架、梁	±3	拉线、钢尺量跨中

注：l为构件长度（mm）。

(2) 模板拆除工序检验，主要包括底模及其支架拆除时的混凝土强度应满足设计要求、后浇带模板和后张法预应力混凝土结构构件模板应满足施工技术方案要求等。

3.2.2 钢筋分项工程的施工工序质量检验

钢筋分项工程的施工工序质量检验包括原材料进场复检和见证取样送样检验、钢筋加工、钢筋连接和钢筋安装等。

(1) 钢筋材料的进场复检内容和要求列于表3.2.2-1。

钢筋原材料质量检验项目、数量和方法　　　　　　　　　表3.2.2-1

项目类别	序号	检验内容	检验数量	检验要求或指标	检验方法
主控项目	1	力学性能	按进场的批次和产品的抽样检验方案	必须符合《钢筋混凝土用热轧带肋钢筋》GB1499等有关标准的规定	检查产品合格证、出厂检验报告和进场复验报告
主控项目	2	抗震性能	按进场的批次和产品的抽样检验方案	对有抗震设防要求的框架结构，其纵向受力钢筋的强度应满足设计要求；当设计无具体要求时，对一、二级抗震等级，检验所得的强度实测值应符合下列规定： （1）钢筋的抗拉强度实测值与屈服强度实测值的比值不应小于1.25； （2）钢筋的屈服强度实测值与强度标准值的比值不应大于1.3	检查进场复验报告
主控项目	3	化学性能（当发现钢筋脆断、焊接性能不良或力学性能显著不正常时）	对该批钢筋进行化学分析检验	必须符合有关钢材化学成分的要求	化学分析
一般项目	1	外观	全数检查	钢筋应平直、无损伤，表面不得有裂纹、油污、颗粒状或片状老锈	观察

（2）钢筋加工质量检验项目、数量和方法等要求列于表3.2.2-2。

钢筋加工质量检验项目、数量和方法　　　　　　　　　表3.2.2-2

项目类别	序号	检验内容	检验数量	检验要求或指标	检验方法
主控项目	1	受力钢筋的弯钩和弯折	每个工作班同一种类型钢筋，同一种加工设备加工的抽取不少于3件	（1）HPB235级钢筋末端应作180°弯钩，其弯弧内直径不应小于钢筋直径的2.5倍，弯钩的弯后平直部分长度不应小于钢筋直径的3倍； （2）当设计要求钢筋末端需作135°弯钩时，HRB335、HRB400级钢筋的弯弧内直径不应小于钢筋直径的4倍，弯钩的弯后平直部分长度应符合设计要求； （3）钢筋作不大于90°的弯折时，弯折处的弯弧内直径不应小于钢筋直径的5倍	钢尺

续表

项目类别	序号	检验内容	检验数量	检验要求或指标	检验方法
主控项目	2	箍筋的末端	每个工作班同一种类型钢筋，同一种加工设备加工的抽取不少于3件	除焊接封闭环式箍筋外，箍筋的末端应作弯钩，弯钩形式应符合设计要求；当设计无具体要求时，应符合下列规定： （1）箍筋弯钩的弯弧内直径除应满足本表序号1的要求外，尚应不小于受力钢筋直径； （2）箍筋弯钩的弯折角度：对一般结构，不应小于90°；对有抗震等要求的结构，应为135°； （3）箍筋弯后平直部分长度：对一般结构，不宜小于箍筋直径的5倍；对有抗震等要求的结构，不应小于箍筋直径的10倍	钢尺
一般项目	1	钢筋调直	每个工作班同一种类型钢筋，同一种加工设备加工的抽取不少于3件	当采用冷拉方法调直钢筋时，HPB235级钢筋的冷拉率不宜大于4%，HRB335级、HRB400级和RRB400级钢筋的冷拉率不宜大于1%	观察和钢尺检查
一般项目	2	钢筋加工形状尺寸	每个工作班同一种类型钢筋，同一种加工设备加工的抽取不少于3件	项目 / 允许偏差（mm） 受力钢筋顺长度方向全长的净尺寸 / ±10 弯起钢筋的弯折位置 / ±20 箍筋内净尺寸 / ±5	钢尺

（3）钢筋连接质量检验项目、数量和方法等要求列于表3.2.2-3。

钢筋连接质量检验项目、数量和方法　　　　表3.2.2-3

项目类别	序号	检验内容	检验数量	检验要求或指标	检验方法
主控项目	1	纵向受力钢筋的连接方式	全数	应符合设计要求	观察
主控项目	2	机械连接		应按国家现行标准《钢筋机械连接通用技术规程》JGJ 107的规定进行抽样检测	核查检测报告

续表

项目类别	序号	检验内容	检验数量	检验要求或指标	检验方法
主控项目	3	焊接连接	应按国家现行标准《钢筋焊接及验收规程》JGJ 18 的规定进行抽样检测		核查检测报告
一般项目	1	钢筋接头位置	全数	钢筋的接头宜设置在受力较小处;同一纵向受力钢筋不宜设置两个或两个以上接头;接头末端至钢筋弯起点的距离不应小于钢筋直径的10倍	观察和钢尺检查
一般项目	2	焊接、机械连接接头外观检查	全数	应按国家现行标准《钢筋焊接及验收规程》JGJ 18、《钢筋机械连接通用技术规程》JGJ 107 的规定	观察
一般项目	3	受力钢筋采用机械连接或焊接接头设在同一构件内	在同一检验批内,梁、柱和独立基础应抽构件的 10%,且不少于 3 件,对墙、板应抽 10% 有代表性的自然间,且不少于 3 间,对大空间结构,墙可按相邻轴线间高度 5m 左右划分检查面,板可按纵横轴线划分检查面,抽查 10%,且均不少于 3 面	纵向受力钢筋机械连接接头及焊接接头连接区段的长度为 35 倍 d(d 为纵向受力钢筋的较大直径)且不小于 500mm,凡接头中点位于该连接区段长度内的接头均属于同一连接区段。 同一连接区段内,纵向受力钢筋的接头面积百分率应符合设计要求;当设计无具体要求时,应符合下列规定: (1)在受拉区不宜大于 50%; (2)接头不宜设置在有抗震设防要求的框架梁端、柱端的箍筋加密区;当无法避开时,对等强度高质量机械连接接头,不应大于 50%; (3)直接承受动力荷载的结构构件中,不宜采用焊接接头;当采用机械连接接头时,不应大于 50%	观察和钢尺检查
一般项目	4	纵向受力钢筋绑扎搭接	在同一检验批内,梁、柱和独立基础应抽构件的 10%,且不少于 3 件,对墙、板应抽 10% 有代表性的自然间,且不少于 3 间,对大空间结构,墙可按相邻轴线间高度 5m 左右划分检查面,板可按纵横轴线划分检查面,抽查 10%,且均不少于 3 面	同一构件中相邻纵向受力钢筋的绑扎搭接接头宜相互错开。绑扎搭接接头中钢筋的横向净距不应小于钢筋直径,且不应小于 25mm。 钢筋绑扎搭接接头连接区段的长度为 $1.3l_1$(l_1 为搭接长度),凡搭接接头中点位于该连接区段长度内的搭接接头均属于同一连接区段。同一连接区段内,纵向钢筋搭接接头面积百分率为该区段内有搭接接头的纵向受力钢筋截面面积与全部纵向受力钢筋截面面积的比值	观察和钢尺检查

续表

项目类别	序号	检验内容	检验数量	检验要求或指标	检验方法
一般项目	4	纵向受力钢筋绑扎搭接	在同一检验批内，梁、柱和独立基础应抽构件的10%，且不少于3件，对墙、板应抽10%有代表性的自然间，且不少于3间，对大空间结构，墙可按相邻轴线间高度5m左右划分检查面，板可按纵横轴线划分检查面，抽查10%，且均不少于3面	图3.2.2 钢筋绑扎搭接接头连接区段及接头面积分率 注：图中所示搭接接头同一连接区段内的搭接钢筋为两根，当各钢筋直径相同时，接头面积百分率为50%。 同一连接区段内，纵向受拉钢筋搭接接头面积百分率应符合设计要求；当设计无具体要求时，应符合下列规定： （1）对梁类、板类及墙类构件，不宜大于25%； （2）对柱类构件，不宜大于50%； （3）当工程中确有必要增大接头面积百分率时，对梁类构件，不应大于50%；对其他构件，可根据实际情况放宽	观察和钢尺检查
	5	构件纵向受力钢筋搭接长度范围内的箍筋	在同一检验批内，梁、柱和独立基础应抽构件的10%，且不少于3件，对墙、板应抽10%有代表性的自然间，且不少于3间，对大空间结构，墙可按相邻轴线间高度5m左右划分检查面，板可按纵横轴线划分检查面，抽查10%，且均不少于3面	在梁、柱类构件的纵向受力钢筋搭接长度范围内，应按设计要求配置箍筋。当设计无具体要求时，应符合下列规定： （1）箍筋直径不应小于搭接钢筋较大直径的0.25倍； （2）受拉搭接区段的箍筋间距不应大于搭接钢筋较小值的5倍，且不应大于100mm； （3）受压搭接区段的箍筋间距不应大于搭接钢筋较小直径的10倍，且不应大于200mm； （4）当柱中纵向受力钢筋直径大于25mm时，应在搭接接头两个端面外100mm范围内各设置两个箍筋，其间距宜为50mm	钢尺

（4）钢筋安装质量检验项目、数量和方法等要求列于表3.2.2-4。

钢筋安装质量检验项目、数量和方法　　　　表 3.2.2-4

项目类别	序号	检验内容	检验数量	检验要求或指标			检验方法
主控项目	1	受力钢筋的品种、级别、规格和数量	全数	钢筋安装时，受力钢筋的品种、级别、规格和数量必须符合设计要求			观察和钢尺
一般项目	1	钢筋安装位置偏差	在同一检验批内，对梁、柱和独立基础，应抽查构件数量的 10%，且不少于 3 件；对墙和板，应按有代表性的自然间抽查 10%，且不少于 3 间；对大空间结构，墙可按相邻轴线间高度 5m 左右划分检查面，板可按纵、横轴线划分检查面，检查 10%，且均不应少于 3 面	项目		允许偏差 (mm)	钢尺检查
				绑扎钢筋网	长、宽	±10	钢尺检查
					网眼尺寸	±20	钢尺量连续三档，取最大值
				绑扎钢筋骨架	长	±10	钢尺检查
					宽、高	±5	钢尺检查
				受力钢筋	间距	±10	钢尺量两端、中间各一点，取最大值
					排距	±5	
					保护层厚度 基础	±10	钢尺检查
					保护层厚度 柱、梁	±5	钢尺检查
					保护层厚度 板、墙、壳	±3	钢尺检查
				绑扎箍筋、横向钢筋间距		±20	钢尺连续三档，取最大值
				钢筋弯起点位置		20	钢尺检查
				预埋件	中心线位置	5	钢尺检查
					水平高差	±3, 0	钢尺和塞尺检查
				注：1. 检查预埋件中心线位置时，应沿纵、横两个方向量测，并取其中的较大值； 2. 表中梁类、板类构件上部纵向受力钢筋保护层厚度的合格点率应达到 90% 及以上，且不得有超过表中数值 1.5 倍的尺寸偏差			

（5）在浇注混凝土之前，应进行钢筋隐蔽工程验收，其检验内容列于表 3.2.2-5。

钢筋隐蔽工程质量检验项目、数量和方法　　　　表 3.2.2-5

检验内容	检验数量	检验要求或指标	检验方法
1. 纵向受力钢筋的品种、规格、数量、位置等； 2. 钢筋的连接方式、接头位置、接头数量、接头面积百分率等； 3. 箍筋、横向钢筋的品种、规格、数量、间距等； 4. 预埋件的规格、数量、位置等	全数	同表 3.1.2-1～3.1.2-4 的检验要求或指标	现场检查和核验有关资料

3.2.3 预应力分项工程的施工工序质量检验

预应力分项工程的施工工序检验主要包括原材料进场复验、制作与安装、张拉和放张、灌浆及封锚等方面。

（1）预应力原材料进场复验内容和要求等列于表3.2.3-1。

预应力原材料进场复验质量检验项目、数量和方法　　　表3.2.3-1

项目类别	序号	检验内容	检验数量	检验要求或指标	检验方法
主控项目	1	力学性能	按进场的批次和产品的抽样检验方案确定	应符合 GB/T5224 等有关标准的规定	检查产品合格证、出厂检验报告和进场复检报告
主控项目	2	无粘结预应力筋的涂包质量	每60t 为一批，每批抽取一组试件	应符合无粘结预应力钢绞线标准的规定	观察、检查产品合格证、出厂检验报告和进场复验报告
主控项目	3	预应力筋用锚具、夹具和连接器	按进场的批次和产品的抽样检验方案确定	应符合 GB/T14370 等的规定	检查产品合格证、出厂检验报告和进场复检报告
主控项目	4	孔道灌浆用水泥	按同一厂家、同一等级、同一品种、同一批号且连续进场的水泥，袋装不超过200t 为一批，散装不超过500t 为一批，每批抽样不少于一次	应采用普通硅酸盐水泥，其质量应符合国家标准《硅酸盐水泥、普通硅酸盐水泥》GB175 的规定	检查产品合格证、出厂检验报告和进场复检报告
一般项目	1	预应力筋使用前的外观检查	全数	（1）有粘结预应力筋展开后应平顺，不得有弯折，表面不应有裂纹、小刺、机械损伤、氧化铁皮和油污等；（2）无粘结预应力筋护套应光滑、无裂缝，无明显褶皱	观察
一般项目	2	预应力筋用锚具、夹具和连接器使用前的外观检查	全数	其表面应无污物、锈蚀、机械损伤和裂纹	观察
一般项目	3	预应力混凝土用金属螺旋管尺寸和性能	按进场批次和产品抽样检验方案	预应力混凝土用金属螺旋管的尺寸和性能符合《预应力混凝土用金属螺旋管》JG/T3013 的规定	产品合格证、出厂检验报告和进场复验报告
一般项目	4	预应力混凝土用金属螺旋管使用前的外观检查	全数	外表面应清洁、无锈蚀，不应有油污、孔洞和不规则的褶皱，咬口不应有开裂或脱扣	观察

(2) 预应力筋的制作与安装工序质量检验项目、数量和方法及要求等列于表 3.2.3-2。

预应力筋制作与安装质量检验项目、数量和方法　　　表 3.2.3-2

项目类别	序号	检验内容	检验数量	检验要求或指标	检验方法
主控项目	1	品种、级别、规格和数量	全数	预应力筋安装时，其品种、级别、规格、数量必须符合设计要求	观察、钢尺检查
	2	模板隔离剂	全数	先张法预应力施工时应选用非油质类模板隔离剂，并应避免沾污预应力筋	观察
	3	预应力筋的损伤	全数	施工过程中应避免电火花损伤预应力筋；受损伤的预应力筋应予以更换	观察
一般项目	1	预应力筋下料	每工作班抽查预应力筋总数的3%，且不少于3束	（1）预应力筋应采用砂轮锯或切断机切断，不得采用电弧切割； （2）当钢丝束两端采用镦头锚具时，同一束中各根钢丝长度的极差不应大于钢丝长度的1/5000，且不应大于5mm。当成组张拉长度不大于10m的钢丝时，同组钢丝长度的极差不得大于2mm	观察、钢尺检查
	2	预应力筋端部锚具制作	对挤压锚，每工作班抽查5%，且不应少于5件；对压花锚，每工作班抽查3件，对钢丝镦头强度，每批钢丝检查6个镦头试件	（1）挤压锚具制作时压力表油压应符合操作说明书的规定，挤压后预应力筋外端应露出挤压套筒 1～5mm； （2）钢绞线压花锚成形时，表面应清洁、无油污，梨形头尺寸和直线段长度应符合设计要求； （3）钢丝镦头的强度不低于钢丝强度标准值的98%	观察
	3	后张法有粘结预应力筋预留孔道	全数	后张法有粘结预应力筋预留孔道的规格、数量、位置和形状除应符合设计要求外，尚应符合下列规定： 1. 预留孔道的定位应牢固，浇筑混凝土时不应出现移位和变形； 2. 孔道应平顺，端部的预埋锚垫板应垂直于孔道中心线； 3. 成孔用管道应密封良好，接头应严密且不得漏浆； 4. 灌浆孔的间距：对预埋金属螺旋管不宜大于30m；对抽芯成形孔道不宜大于12m； 5. 在曲线孔道的曲线波峰部位应设置排气兼泌水管，必要时可在最低点设置排水孔； 6. 灌浆孔及泌水管的孔径应能保证浆液畅通	观察

续表

项目类别	序号	检验内容	检验数量	检验要求或指标	检验方法
一般项目	4	预应力筋束形控制点竖向位置偏差	在同一检验批内，抽查各类型构件中预应力筋总数的5%，且对各类型构件均不少于5束，每束不应少于5处	束形控制点的竖向位置允许偏差 　截面高（厚）度（mm）：$h \leq 300$　$300 < h \leq 1500$　$h > 1500$ 　允许偏差（mm）：±5　±10　±15 注：束形控制点的竖向位置偏差合格点率应达到90%及以上，且不得有超过表中数值1.5倍的尺寸偏差	钢尺
一般项目	5	无粘结预应力筋的铺设	全数	无粘结预应力筋的铺设除应符合本表序号4的要求外，尚应符合下列要求： （1）无粘结预应力筋的定位应牢固，浇筑混凝土时不应出现移位和变形； （2）端部的预埋锚垫板应垂直于预应力筋； （3）内埋式固定端垫板不应重叠，锚具与垫板应贴紧； （4）无粘结预应力筋成束布置时应能保证混凝土密实并能裹住预应力筋； （5）无粘结预应力筋的护套应完整，局部破损处应采用防水胶带缠绕紧密	观察
一般项目	6	后张法有粘预应力筋防锈措施	全数	浇筑混凝土前穿入孔道的后张法有粘结预应力筋，宜采取防止锈蚀的措施	观察

（3）预应力筋张拉和放张工序检验项目、数量、方法和要求列于表3.2.3-3。

预应力筋张拉和放张质量检验项目、数量和方法　　表3.2.3-3

项目类别	序号	检验内容	检验数量	检验要求或指标	检验方法
主控项目	1	预应力筋张拉或放张时的混凝土强度	全数	预应力筋张拉或放张时，混凝土强度应符合设计要求；当设计无具体要求时，不应低于设计的混凝土立方体抗压强度标准值的75%	检查同条件养护试件试验报告

续表

项目类别	序号	检验内容	检验数量	检验要求或指标	检验方法
主控项目	2	预应力筋的张拉力、张拉或放张顺序及张拉工艺	全数	预应力筋的张拉力、张拉或放张顺序及张拉工艺应符合设计及施工技术方案的要求，并应符合下列规定： （1）当施工需要超张拉时，最大张拉应力不应大于国家现行标准《混凝土结构设计规范》GB50010的规定； （2）张拉工艺应能保证同一束中各根预应力筋的应力均匀一致； （3）后张法施工中，当预应力筋是逐根或逐束张拉时，应保证各阶段不出现对结构不利的应力状态；同时宜考虑后批张拉预应力筋所产生的结构构件的弹性压缩对先批张拉预应力筋的影响，确定张拉力； （4）先张法预应力筋放张时，宜缓慢放松锚固装置，使各根预应力筋同时缓慢放松； （5）当采用应力控制方法张拉时，应校核预应力筋的伸长值；实际伸长值与设计计算理论伸长值的相对允许偏差为±6%	检查张拉记录
主控项目	3	实际建立的预应力值与设计规定值的偏差	对先张法施工，每工作班抽查预应力筋总数的1%，且不少于3根；对后张法施工，在同一检验批内，抽查预应力筋总数的3%，且不少于5束	预应力筋张拉锚固后实际建立的预应力值与工程设计规定检验值的相对允许偏差为±5%； 对先张法施工，检查预应力筋应力检测记录；对后张法施工，检查见证张拉记录	
主控项目	4	张拉过程中对预应力筋的要求	全数	张拉过程中应避免预应力筋断裂或滑脱；当发生断裂或滑脱时，必须符合下列规定： （1）对后张法预应力结构构件，断裂或滑脱的数量严禁超过同一截面预应力筋总根数的3%，且每束钢丝不得超过一根；对多跨双向连续板，其同一截面应按每跨计算； （2）对先张法预应力构件，在浇筑混凝土前发生断裂或滑脱的预应力筋必须予以更换	观察、检查张拉记录
一般项目	1	锚固阶段张拉端预应力筋的内缩量	每工作班抽查预应力筋总数的3%，且不少于3束	锚固阶段张拉端预应力筋的内缩量应符合设计要求；当设计无具体要求时，应符合如下规定：	钢尺检查

续表

项目类别	序号	检验内容	检验数量	检验要求或指标			检验方法
一般项目	1			锚具类别		内缩量限值（mm）	
				支承式锚具（镦头锚具等）	螺帽缝隙	1	
					每块后加垫板的缝隙	1	
				锥塞式锚具		5	
				夹片式锚具	有顶压	5	
					无顶压	6~8	
	2	先张法预应力筋张拉后与设计位置的偏差	每工作班抽查预应力筋总数的3%，且不少于3束	先张法预应力筋张拉后与设计位置的偏差不得大于5mm，且不得大于构件截面短边边长的4%			钢尺检查

（4）灌浆及封锚施工工序质量检验项目、数量、方法和要求列于表3.2.3-4。

灌浆及封锚质量检验项目、数量和方法　　表3.2.3-4

项目类别	序号	检验内容	检验数量	检验要求或指标	检验方法
主控项目	1	后张法有粘结预应力筋张拉后的灌浆	全数	后张法有粘结预应力筋张拉后应尽早进行孔道灌浆，孔道内水泥浆应饱满、密实	观察、检查灌浆记录
	2	锚具的封闭保护	在同一检验批内，抽查预应力筋总数的5%，且不少于5处	锚具的封闭保护应符合设计要求；当设计无具体要求时，应符合下列规定： （1）应采取防止锚具腐蚀和遭受机械损伤的有效措施； （2）凸出式锚固端锚具的保护层厚度不应小于50mm； （3）外露预应力筋的保护层厚度；处于正常环境时，不应小于20mm；处于易受腐蚀的环境时，不应小于50mm	观察、钢尺检查
一般项目	1	后张法预应力筋锚固后的外露部分处理	在同一检验批内，抽查预应力筋总数的3%，且不少于5束	后张法预应力筋锚因后的外露部分宜采用机械方法切割，其外露长度不宜小于预应力筋直径的1.5倍，且不宜小于30mm	观察、钢尺检查

续表

项目类别	序号	检验内容	检验数量	检验要求或指标	检验方法
一般项目	2	灌浆用的水泥浆的水灰比等	同一配合比检查一次	灌浆用水泥浆的水灰比不应大于0.45，搅拌后3h泌水率不宜大于2%，且不应大于3%，泌水应能在24h内全部重新被水泥浆吸收	检查水泥浆性能试验报告
一般项目	3	灌浆用水泥浆的抗压强度	每工作班留置一组边长为70.7mm的立方体试件	灌浆用水泥浆的抗压强度不应小于30N/mm²	检查水泥浆试件强度试验报告。注：1. 一组试件由6个试件组成，试件应标准养护28d；2. 抗压强度为一组试件的平均值，当一组试件中抗压强度最大值或最小值与平均值相差超过20%时，应取中间4个试件强度的平均值

3.2.4 混凝土分项工程的施工工序质量检验

混凝土分项工程的施工工序质量检验应包括水泥、混凝土中掺用外加剂、粉煤灰，普通混凝土所用的粗细骨料和拌合用水等原材料，配合比设计，混凝土施工等工序的质量检验。

（1）混凝土所用原材料的检验是保证浇注混凝土强度、性能等满足设计和验收要求的重要环节，其主要检验项目、数量、方法和要求列于表3.2.4-1。

混凝土原材料质量检验项目、数量和方法　　　　　表3.2.4-1

项目类别	序号	检验内容	检验数量	检验要求或指标	检验方法
主控项目	1	水泥进场复验	按同一生产厂家、同一等级、同一品种、同一批号且连续进场的水泥，袋装不超过200t为一批，散装不超过500t为一批，每批抽样不少于一次	水泥进场时应对其品种、级别、包装或散装仓号、出厂日期等进行检查，并应对其强度、安定性及其他必要的性能指标进行复验，其质量必须符合现行国家标准《硅酸盐水泥、普通硅酸盐水泥》GB175等的规定。当在使用中对水泥质量有怀疑或水泥出厂超过三个月（快硬硅酸盐水泥超过一个月）时，应进行复验，并按复验结果使用。钢筋混凝土结构、预应力混凝土结构中，严禁使用含氯化物的水泥	检查产品合格证、出厂检验报告和进场复验报告

续表

项目类别	序号	检验内容	检验数量	检验要求或指标	检验方法
主控项目	2	混凝土中掺用外加剂质量	按进场的批次和产品的抽样检验方案确定	混凝土中掺用外加剂的质量及应用技术应符合现行国家标准《混凝土外加剂》GB8076、《混凝土外加剂应用技术规范》GB50119等和有关环境保护的规定。预应力混凝土结构中，严禁使用含氯化物的外加剂。钢筋混凝土结构中，当使用含氯化物的外加剂时，混凝土中氯化物的总含量应符合现行国家标准《混凝土质量控制标准》GB50164的规定	检查产品合格证、出厂检验报告和进场复验报告
主控项目	3	混凝土中氯化物和碱的总含量	同一工程中原材料检查一次	混凝土中氯化物和碱的总含量应符合现行国家标准《混凝土结构设计规范》GB50010和设计的要求	检查原材料试验报告和氯化物、碱的总含量计算书
一般项目	1	混凝土中掺用矿物掺合料质量	按进场的批次和产品的抽样检验方案确定	混凝土中掺用矿物掺合料的质量应符合现行国家标准《用于水泥和混凝土中的粉煤灰》GB1596等的规定。矿物掺合料的掺量应通过试验确定	检查出厂合格证和进场复验报告
一般项目	2	普通混凝土所用的粗、细骨料	按进场的批次和产品的抽样检验方案确定	普通混凝土所用的粗、细骨料的质量应符合国家现行标准《普通混凝土用碎石或卵石质量标准及检验方法》JGJ53、《普通混凝土用砂质量标准及检验方法》JGJ52的规定。注：1. 混凝土用的粗骨料，其最大颗粒粒径不得超过构件截面最小尺寸的1/4，且不得超过钢筋最小净间距的3/4。2. 对混凝土实心板，骨料的最大粒径不宜超过板厚的1/3，且不得超过40mm	检查进场复验报告
一般项目	3	拌制混凝土用水	同一水源检查不应少于一次	拌制混凝土宜采用饮用水；当采用其他水源时，水质应符合国家现行标准《混凝土拌合用水标准》JGJ63的规定	检查水质试验报告

（2）混凝土配合比设计质量检验项目、数量、方法和要求列于表3.2.4-2。

混凝土配合比设计质量检验项目、数量和方法　　　　　表3.2.4-2

项目类别	序号	检验内容	检验数量	检验要求或指标	检验方法
主控项目	1	配合比设计	每一工程检查一次	混凝土应按国家现行标准《普通混凝土配合比设计规程》JGJ55 的有关规定,根据混凝土强度等级、耐久性和工作性等要求进行配合比设计。 对有特殊要求的混凝土,其配合比设计尚应符合国家现行有关标准的专门规定	检查配合比设计资料
一般项目	1	开盘鉴定	至少留置一组标准养护试件	首次使用的混凝土配合比应进行开盘鉴定,其工作性应满足设计配合比的要求。开始生产时至少留置一组标准养护试件,作为验证配合比的依据	检查开盘鉴定资料和试件强度试验报告
一般项目	2	测定砂、石含水率	每工作班检查一次	混凝土拌制前,应测定砂、石含水率并根据测试结果调整材料用量,提出施工配合比	检查含水率测试结果和施工配合比通知单

(3) 混凝土施工工序质量检验项目、数量、方法和要求列于表3.2.4-3。

混凝土施工质量检验项目、数量和方法　　　　　表3.2.4-3

项目类别	序号	检验内容	检验数量	检验要求或指标	检验方法
主控项目	1	混凝土强度等级	取样与试件留置应符合下列规定: 1. 每拌制 100 盘且不超过 100m³ 的同配合比的混凝土,取样不得少于一次; 2. 每工作班拌制的同一配合比的混凝土不足 100 盘时,取样不得少于一次; 3. 当一次连续浇筑超过 1000m³ 时,同一配合比的混凝土每 200m³ 取样不得少于一次;4. 每一楼层、同一配合比的混凝土,取样不得少于一次;5. 每次取样应至少留置一组标准养护试件,同条件养护试件的留置组数应根据实际需要确定	结构混凝土的强度等级必须符合设计要求。用于检查结构构件混凝土强度的试件,应在混凝土的浇筑地点随机抽取	检查施工记录及试件强度试验报告
主控项目	2	抗渗混凝土试件	同一工程、同一配合比的混凝土,取样不应少于一次,留置组数可根据实际需要确定	对有抗渗要求的混凝土结构,其混凝土试件应在浇筑地点随机取样	检查试件抗渗试验报告

续表

项目类别	序号	检验内容	检验数量	检验要求或指标	检验方法
主控项目	3	原材料每盘称重偏差	每工作班抽查不应少于一次	原材料每盘称量的允许偏差 | 材料名称 | 允许偏差 | |---|---| | 水泥、掺合料 | ±2% | | 粗、细骨料 | ±3% | | 水、外加剂 | ±2% | 注：1. 各种衡器应定期校验，每次使用前应进行零点校核，保持计量准确； 2. 当遇雨天或含水率有显著变化时，应增加含水率检测次数，并及时调整水和骨料的用量	复称
主控项目	4	混凝土运输、浇筑及间歇	全数	混凝土运输、浇筑及间歇的全部时间不应超过混凝土的初凝时间。同一施工段的混凝土应连续浇筑，并应在底层混凝土初凝之前将上一层混凝土浇筑完毕。 当底层混凝土初凝后浇筑上一层混凝土时，应按施工技术方案中对施工缝的要求进行处理	观察、检查施工记录
一般项目	1	施工缝	全数	施工缝的位置应在混凝土浇筑前按设计要求和施工技术方案确定。施工缝的处理应按施工技术方案执行	观察、检查施工记录
一般项目	2	后浇带	全数	后浇带的留置位置应按设计要求和施工技术方案确定。后浇带混凝土浇筑应按施工技术方案进行	观察、检查施工记录
一般项目	3	养护措施	全数	混凝土浇筑完毕后，应按施工技术方案及时采取有效的养护措施，并应符合下列规定： （1）应在浇筑完毕后的12h以内对混凝土加以覆盖并保湿养护； （2）混凝土浇水养护的时间：对采用硅酸盐水泥，普通硅酸盐水泥或矿渣硅酸盐水泥拌制的混凝土，不得少于7d；对掺用缓凝型外加剂或有抗渗要求的混凝土，不得少于14d； （3）浇水次数应能保持混凝土处于湿润状态；混凝土养护用水应与拌制用水相同； （4）采用塑料布覆盖养护的混凝土，其敞露的全部表面应覆盖严密，并应保持塑料布内有凝结水； （5）混凝土强度达到1.2N/mm² 前，不得在其上踩踏或安装模板及支架。 注：1. 当日平均气温低于5℃时，不得浇水； 2. 当采用其他品种水泥时，混凝土的养护时间应根据所采用水泥的技术性能确定； 3. 混凝土表面不便浇水或使用塑料布时，宜涂刷养护剂； 4. 对大体积混凝土的养护，应根据气候条件按施工技术方案采取控温措施	观察、检查施工记录

3.2.5 现浇结构分项工程的质量检验

现浇结构分项工程的质量检验应包括外观质量和构件尺寸偏差等。
(1) 现浇结构外观质量检验项目、数量、方法和要求列于表 3.2.5-1。

现浇结构质量检验项目、数量和方法　　　　表 3.2.5-1

项目类别	序号	检验内容	检验数量	检验要求或指标				检验方法
主控项目	1	外观质量	全数	现浇结构的外观质量不应有严重缺陷。对已经出现的严重缺陷,应由施工单位提出技术处理方案,并经监理(建设)单位认可后进行处理。对经处理的部位,应重新检查验收。现浇结构外观质量缺陷				观察、检查技术处理方案
				名称	现象	严重缺陷	一般缺陷	
				露筋	构件内钢筋未被混凝土包裹而外露	纵向受力钢筋有露筋	其他钢筋有少量露筋	
				蜂窝	混凝土表面缺少水泥砂浆面形成石子外露	构件主要受力部位有蜂窝	其他部位有少量蜂窝	
				孔洞	混凝土中孔穴深度和长度均超过保护层厚度	构件主要受力部位有孔洞	其他部位有少量孔洞	
				夹渣	混凝土中夹有杂物且深度超过保护层厚度	构件主要受力部位有夹渣	其他部位有少量夹渣	
				疏松	混凝土中局部不密实	构件主要受力部位有疏松	其他部位有少量疏松	
				裂缝	缝隙从混凝土表面延伸至混凝土内部	构件主要受力部位有影响结构性能或使用功能的裂缝	其他部位有少量不影响结构性能或使用功能的裂缝	
				连接部位缺陷	构件连接处混凝土缺陷及连接钢筋、连接件松动	连接部位有影响结构传力性能的缺陷	连接部位有基本不影响结构传力性能的缺陷	
				外形缺陷	缺棱掉角、棱角不直、翘曲不平、飞边凸肋等	清水混凝土构件有影响使用功能或装饰效果的外形缺陷	其他混凝土构件有不影响使用功能的外形缺陷	
				外表缺陷	构件表面麻面、掉皮、起砂、沾污等	具有重要装饰效果的清水混凝土构件有外表缺陷	其他混凝土构件有不影响使用功能的外表缺陷	

续表

项目类别	序号	检验内容	检验数量	检验要求或指标	检验方法
一般项目	1	外观质量	全数	现浇结构的外观质量不宜有一般缺陷，对已经出现的一般缺陷，应由施工单位按技术处理方案进行处理，并重新检查验收。	观察、检查技术处理方案

（2）现浇结构分项工程结构构件尺寸偏差检验项目、数量、方法和要求列于表3.2.5-2。

结构构件尺寸偏差质量检验项目、数量和方法　　　表3.2.5-2

项目类别	序号	检验内容	检验数量	检验要求或指标	检验方法
主控项目	1	尺寸偏差	全数	现浇结构不应有影响结构性能和使用功能的尺寸偏差。混凝土设备基础不应有影响结构性能和设备安装的尺寸偏差。对超过尺寸允许偏差且影响结构性能和安装、使用功能的部位，应由施工单位提出技术处理方案，并经监理（建设）单位认可后进行处理。对经处理的部位，应重新检查验收。	量测、检查技术处理方案
一般项目	1	尺寸偏差	按楼层、结构缝或施工段划分检验批。在同一检验批内，对梁、柱和独立基础，应抽查构件数量的10%，且不少于3件；对墙和板，应按有代表性的自然间抽查10%，且不少于3间；对大空间结构，墙可按相邻轴线间高度5m左右划分检查面，板可按纵、横轴线划分检查面，抽查10%，且均不少于3面；对电梯井，应全数检查。对设备基础，应全数检查	现浇结构和混凝土设备基础拆模后的尺寸偏差应符合表1、表2的要求： **表1　现浇结构尺寸允许偏差** | 项　　目		允许偏差（mm）
---	---	---
轴线位置	基础	15
	独立基础	10
	墙、柱、梁	8
	剪力墙	5
垂直度	层高 ≤5m	8
	层高 >5m	10
	全高（H）	$H/1000$ 且 ≤30
标高	层高	±10
	全高	±30
截面尺寸		+8，-5		钢尺检查（轴线位置）；经纬仪或吊线、钢尺检查（垂直度层高）；经纬仪、钢尺检查（全高）；水准仪或拉线、钢尺检查（标高）；钢尺检查（截面尺寸）

续表

项目类别	序号	检验内容	检验数量	检验要求或指标			检验方法
一般项目	1	尺寸偏差	按楼层、结构缝或施工段划分检验批。在同一检验批内，对梁、柱和独立基础，应抽查构件数量的10%，且不少于3件；对墙和板，应按有代表性的自然间抽查10%，且不少于3间；对大空间结构，墙可按相邻轴线间高度5m左右划分检查面，板可按纵、横轴线划分检查面，抽查10%，且均不少于3面；对电梯井，应全数检查。对设备基础，应全数检查	电梯井	井筒长、宽对定位中心线	+25，0	钢尺检查
					井筒全高（H）垂直度	$H/1000$ 且 ≤ 30	经纬仪、钢尺检查
					表面平整度	8	2m靠尺和塞尺检查
				预埋设施中心线位置	预埋件	10	钢尺检查
					预埋螺栓	5	
					预埋管	5	
				预留洞中心线位置		15	钢尺检查

注：检查轴线、中心线位置时，应沿纵、横两个方向量测，并取其中的较大值。

表2　混凝土设备基础尺寸允许偏差

项　　目		允许偏差（mm）	检验方法
坐标位置		20	钢尺检查
不同平面的标高		0，-20	水准仪或拉线、钢尺检查
平面外形尺寸		±20	钢尺检查
凸台上平面外形尺寸		0，-20	钢尺检查
凹穴尺寸		±20，0	钢尺检查
平面水平度	每米	5	水平尺、塞尺检查
	全长	10	水准仪或拉线、钢尺检查
垂直度	每米	5	经纬仪或吊线、钢尺检查
	全高	10	
预埋地脚螺栓	标高（顶部）	+20，0	水准仪或拉线、钢尺检查
	中心距	±2	钢尺检查
预埋地脚螺栓孔	中心线位置	10	钢尺检查
	深度	+20，0	钢尺检查
	孔垂直度	10	吊线、钢尺检查

续表

项目类别	序号	检验内容	检验数量	检验要求或指标		检验方法
		预埋活动地脚螺栓锚板		标高	±20.0	水准仪或拉线、钢尺检查
				中心线位置	5	钢尺检查
				带槽锚板平整度	5	钢尺、塞尺检查
				带螺纹孔锚板平整度	2	钢尺、塞尺检查
				注：检查坐标、中心线位置时，应沿纵、横两个方向量测，并取其中的较大值		

3.2.6 装配式结构分项工程的质量检验

装配式结构分项工程的质量检验主要是预制构件的结构性能检验及装配式构件施工，其中装配式结构的外观质量及对缺陷的处理，应符合表3.2.5-2和表3.2.5-3。

（1）装配式结构预制构件质量检验项目、数量和要求列于表3.2.6-1。

装配式结构预制构件质量检验项目、数量和方法　　　表3.2.6-1

项目类别	序号	检验内容	检验数量	检验要求或指标	检验方法
主控项目	1	构件标识	全数	预制构件应在明显部位标明生产单位、构件型号、生产日期和质量验收标志。构件上的预埋件、插筋和预留孔洞的规格、位置和数量应符合标准图或设计的要求	观察
	2	外观质量	全数	预制构件的外观质量不应有严重缺陷。对已经出现的严重缺陷，应按技术处理方案进行处理，并重新检查验收	观察、检查技术处理方案
	3	尺寸偏差	全数	预制构件不应有影响结构性能和安装、使用功能的尺寸偏差。对超过尺寸允许偏差且影响结构性能和安装、使用功能的部位，应按技术处理方案进行处理，并重新检查验收	量测、检查技术处理方案

续表

项目类别	序号	检验内容	检验数量	检验要求或指标	检验方法
一般项目	1	外观质量	全数	预制构件的外观质量不宜有一般缺陷。对已经出现的一般缺陷，应按技术处理方案进行处理，并重新检查验收	观察、检查技术处理方案
一般项目	2	构件尺寸偏差	同一工作班生产的同类型构件，抽查5%且不少于3件	见下表	见下表

预制构件尺寸的允许偏差及检验方法

项　目		允许偏差（mm）	检验方法
长　度	板、梁	+10，−5	钢尺检查
	柱	+5，−10	
	墙板	±5	
	薄腹梁、桁架	+15，−10	
宽度、高（厚）度	板、梁、柱、墙板、薄腹梁、桁架	±5	钢尺量一端及中部，取其中较大值
侧向弯曲	梁、柱、板	$l/750$ 且 ≤20	拉线、钢尺量最大侧向弯曲处
	墙板、薄腹梁、桁架	$l/1000$ 且 ≤20	
预埋件	中心线位置	10	钢尺检查
	螺栓位置	5	
	螺栓外露长度	+10，−5	
预留孔	中心线位置	5	钢尺检查
预留洞	中心线位置	15	钢尺检查
主筋保护层厚度	板	+5，−3	钢尺或保护层厚度测定仪量测
	梁、柱、墙板、薄腹梁、桁架	+10，−5	
对角线差	板、墙板	10	钢尺量两个对角线
表面平整度	板、墙板、柱、梁	5	2m靠尺和塞尺检查
预应力构件预留孔道位置	梁、墙板、薄腹梁、桁架	3	钢尺检查
翘曲	板	$l/750$	调平尺在两端量测
	墙板	$l/1000$	

注：(1) l 为构件长度（mm）；(2) 检查中心线、螺栓和孔道位置时，应沿纵、横两个方向量测，并取其中的较大值；(3) 对形状复杂或有特殊要求的构件，其尺寸偏差应符合标准图或设计的要求

（2）装配或结构性能检验项目、数量、方法和要求列于表3.2.6-2。

装配或结构性能检验项目、数量和方法　　　　　表3.2.6-2

项目类别	序号	检验内容	检验数量	检验要求或指标	检验方法
主控项目	1	钢筋混凝土构件和允许出现裂缝的预应力混凝土构件进行承载力、挠度和裂缝宽度检验；不允许出现裂缝的预应力混凝土构件进行承载力、挠度和抗裂检验；预应力混凝土构件中的非预应力杆件按钢筋混凝土构件的要求进行检验。对设计成熟、生产数量较少的大型构件，当采取加强材料和制作质量检验的措施时，可仅作挠度、抗裂或裂缝宽度检验；当采取上述措施并有可靠的实践经验时，可不作结构性能检验	对成批生产的构件，应按同一工艺正常生产的不超过1000件且不超过3个月的同类型产品为一批。当连续检验10批且每批的结构性能检验结果均符合本规范规定的要求时，对同一工艺正常生产的构件，可改为不超过2000件且不超过3个月的同类型产品为一批。在每批中应随机抽取一个构件作为试件进行检验	预制构件应按标准图或设计要求的试验参数及检验指标进行结构性能检验	按《混凝土结构工程施工质量验收规范》GB50204附录C规定的方法采用短期静力加载检验

（3）装配或结构施工质量检验项目、数量、方法和要求列于表3.2.6-3。

装配或结构施工质量检验项目、数量和方法　　　　　表3.2.6-3

项目类别	序号	检验内容	检验数量	检验要求或指标	检验方法
主控项目	1	外观尺寸偏差及结构性能	按批检查	进入现场的预制构件，其外观质量、尺寸偏差及结构性能应符合标准图或设计的要求	检查构件合格证
主控项目	2	预制构件与结构之间的连接	全数	预制构件与结构之间的连接应符合设计要求。连接处钢筋或埋件采用焊接或机械连接时，接头质量应符合国家现行标准《钢筋焊接及验收规程》JGJ18、《钢筋机械连接通用技术规程》JGJ107的要求	观察，检查施工记录
主控项目	3	接头和拼缝	全数	承受内力的接头和拼缝，当其混凝土强度未达到设计要求时，不得吊装上一层结构构件；当设计无具体要求时，应在混凝土强度不小于10N/mm² 或具有足够的支承时方可吊装上一层结构构件。已安装完毕的装配式结构，应在混凝土强度到达设计要求后，方可承受全部设计荷载	检查施工记录及试件强度试验报告

续表

项目类别	序号	检验内容	检验数量	检验要求或指标	检验方法
一般项目	1	预制构件码放和运输	全数	预制构件码放和运输时的支承位置和方法应符合标准图或设计的要求	观察
	2	预制构件吊装控制尺寸	全数	预制构件吊装前，应按设计要求在构件和相应的支承结构上标志中心线、标高等控制尺寸，按标准图或设计文件校核预埋件及连接钢筋等，并作出标志	观察，钢尺检查
	3	预制构件吊装	全数	预制构件应按标准图或设计的要求吊装。起吊时绳索与构件水平面的夹角不宜小于45°，否则应采用吊架或经验算确定	观察
	4	预制构件安装就位后措施	全数	预制构件安装就位后，应采取保证构件稳定的临时固定措施，并应根据水准点和轴线校正位置	观察，钢尺检查
	5	装配式结构中的接头和拼缝	全数	装配式结构中的接头和拼缝应符合设计要求；当设计无具体要求时，应符合下列规定： 1. 对承受内力的接头和拼缝应采用混凝土浇筑，其强度等级应比构件混凝土强度等级提高一级； 2. 对不承受内力的接头和拼缝应采用混凝土或砂浆浇筑，其强度等级不应低于C15或M15； 3. 用于接头和拼缝的混凝土或砂浆，宜采取微膨胀措施和快硬措施，在浇筑过程中应振捣密实，并应采取必要的养护措施	检查施工记录及试件强度试验报告

3.2.7 混凝土结构实体检验

1. 混凝土结构实体检验的内容

对混凝土结构而言，施工中影响安全的最主要因素为混凝土的强度和钢筋的位置。混凝土强度的重要性是毋庸置疑的，但目前用标养强度在混凝土分项工程中的验收并不反映实际结构中的混凝土强度，因此还有进一步控制的必要。钢筋作为工厂化规模生产的产品，质量一般能有保证。影响结构抗力的最大原因是施工中钢筋的移位，特别是负弯矩钢筋下移造成的质量问题是我国施工中的通病，甚至还有过悬臂构件折断而造成伤亡事故的。

《混凝土结构工程施工质量验收规范》GB50204—2002规定："结构实体检验的内容应包括混凝土强度、钢筋保护层厚度以及工程合同约定的项目；必要时可检验其他项目"。这表明实体检验有三个层次：

必查项目：结构混凝土强度及钢筋保护层厚度；

协商项目：根据工程需要由合同事先规定，如防水、抗渗、屏蔽（防辐射）等；

增加项目：为解决某些特殊目的（如质量纠纷、安全隐患、事故处理等）而经各方协商后确定。

对于后两种情况，由于规范没有具体规定，有关各方应事先明确检验方案（抽样方案、检测方法、质量指标、验收条件、非正常情况处理等）以避免实际执行时发生意见分歧而影响验收效果。

2. 混凝土结构实体检验的方式

《混凝土结构工程施工质量验收规范》GB50204—2002 规定了混凝土结构实体检验的部位、组织实施和检验资质。

（1）检验部位应以"涉及混凝土结构安全的重要部位"为确定的原则，由施工、监理（建设）各方共同协商确定。具体执行时应考虑以下因素：

在承载抗力中起关键作用的构件和部位；

有代表性的结构构件和部位；

施工控制差，可能有安全隐患的构件和部位；

检测手段可以实现并便于操作的构件和部位。

（2）检验的组织实施"结构实体检验应在监理工程师（建设单位项目专业技术负责人）见证下，由施工项目技术负责人组织实施"。施工单位是实体检验的组织者，具体由施工项目技术负责人负责。这是因为施工单位对质量情况清楚，并且也有能力投入必要的人员、设备、实验室来进行这项工作。监理（建设）单位通过见证起到监督的作用。这是保证实体检验公正、客观，并能为各方共同确认（验收）的必要条件。这里的见证广义地指：参与确定取样部位和数量；见证现场取样；检测试验时旁站；试验结果的审核和对检验结果的确认。

（3）检验资质"承担结构实体检验的试验室应具有相应的资质"。这是为了保证检验结果的科学性和准确性。一般工地试验室均可承担实体检验的任务而不必外聘检测单位。我国近年已建立和落实了试验室资质认证的制度。凡正式确认有资格承担有关项目检测的试验室，都可承担相应的检验。

3. 结构混凝土强度检测

（1）试件取样

对混凝土结构工程中，每种强度等级均留置同条件养护试件。其数量不应少于 3 组（非统计法），不宜少于 10 组（统计法）。一般情况下多取一些试件，可以通过计算标准差而采用较为宽松的验收条件（方差未知统计法）。取样位置由各方商定后随机抽取，其原则前已说明不再重复。但应注意取样时间和部位的分散布置，以使检验具有较好的代表性。

（2）制作与养护

试件应在监理（建设）方到场的情况下在浇筑地点（混凝土入模处）制备，使结构实体试件与标养试件的组成成分完全一致，保证其真实性。试件拆模后放置在靠近相应构件或部位的适当位置，并采取与实际结构相同的养护方法。由于温度和湿度条件与实际结构十分接近，故反映了结构混凝土强度。但由于试件比表面积大于实际结构，故强度数值可能偏低。

(3) 等效养护龄期

混凝土强度增长取决于其成熟度，取基本相当于标养条件的数值并取整，确定日平均气温（气象台站所报日最高、最低温度的平均值）累积达到600℃·d时为等效养护龄期，进行试件的强度试验。等效养护龄期不应小于14d，因为龄期太短强度增长不稳定；但也不宜大于60d，这是为防止试件失水过多而影响验收。0℃及其以下时不计龄期，即不考虑此时混凝土强度的增长。

(4) 试验及强度代表值的修正

同条件养护试件的强度试验同标养试件一样按《普通混凝土力学性能试验方法标准》GB/T50081—2002 执行。三个一组试件的强度代表值的确定方法也同样按《混凝土强度检验评定标准》GBJ107—87 执行。但是考虑养护条件差异对强度的影响，综合考虑各种因素，同条件养护试件强度的代表值应乘以折算系数。根据试验研究的统计分析，一般情况下建议折算系数取1.10。但也可根据各地的具体情况，经试验统计作适当调整，调整范围一般为±0.05。

(5) 结构混凝土强度的验收

根据同条件养护试件强度代表值，可以按《混凝土强度检验评定标准》GBJ107—87 验收结构混凝土强度。当同一强度等级的试件达到10组或以上时，用统计法（方差未知）；不足时用非统计法，但必须不少于3组。

(6) 冬期施工和加热养护

我国北方地区日平均温度连续5d稳定低于5℃时，按冬期施工考虑，其结构混凝土强度验收的方法正在进行试验研究，将反映在《建筑工程冬期施工规程》JGJ104 的修订中。目前工程中经常遇到的问题是，当养护龄期已到60d但成熟度尚不足600℃·d时试验，但60d后应用塑料布遮掩试件，防止试件继续失水影响强度。

加热养护促进了混凝土早期强度的迅速增长，因此考虑成熟度时应对早期养护的温度"加权"考虑。具体方法尚在试验研究过程中，成熟后即可纳入规范作出统一规定。

在规范尚未正式列入这部分内容期间，其等效养护龄期可根据具体的工程情况及前述原则，由监理（建设）、施工等各方面共同协商确定。

(7) 其他检测方法的应用

《混凝土结构工程施工质量验收规范》GB50204—2002 规定："对混凝土强度的检验，也可根据合同的约定，采用非破损或局部破损的检测方法，按国家现行有关标准的规定进行"。同时还规定："当未能取得同条件养护试件强度、同条件养护试件强度被判为不合格……时，应委托具有相应资质等级的检测机构按国家有关标准的规定进行检测"。这意味着用同条件养护试件强度判断结构混凝土强度并不是唯一可行的方法，也可以采用其他各种非破损或局部破损的检测方法。但应注意的是，考虑到混凝土组成成分变化的影响，检测及判断宜作适当的调整。

4. 钢筋保护层厚度的检验

(1) 检验范围及数量

鉴于钢筋移位造成的影响主要是受弯构件，特别是悬臂构件的负弯矩钢筋。因此确定只检验梁类、板类构件,特别是悬挑构件应作为检验的重点。

检验数量,梁、板各为工程中有关构件总数的2%且不少于5件。当有悬挑构件时,其所占比例不宜少于其中的50%。因此,在施工图审查以后就应根据构件总数计算抽样数量,作出抽检的计划,以保证能够完成规范的要求。

抽查的部位由监理(建设)、施工等各方根据结构构件的重要性共同选定。一般情况下悬挑构件查根部的负弯矩钢筋;梁、板支座处查负弯矩钢筋;跨中查正弯矩钢筋。因为这些部位都是钢筋受力最大的部位。在整个施工过程中,应合理布置检查点,尽量从开工到竣工检查及结构的各个部位,保证检验的代表性。

(2) 检测方法

对于梁类构件,检查全部纵向受力钢筋的保护层厚度;对板类构件抽取不少于6根纵向受力钢筋检查。

可以采用钢筋保护层厚度测定仪检查;也可以采用剔凿后直接量测的局部破损方法检查;最好是以仪器作普查手段而配合以局部破损的方法进行校准,以提高精度。剔凿可在混凝土初凝成型而尚未形成强度以前进行,比较方便。也可用电钻钻透保护层混凝土到达钢筋表面后量测孔深而得。量测精度要求为1mm。

(3) 允许偏差及验收条件

在钢筋分项工程中,钢筋保护层厚度的允许偏差为梁±5mm;板±3mm。考虑施工扰动的影响,在实体检验时对梁为+10、-7mm;板为+8、-5mm,有了扩大且偏向正偏差方向。允许偏差数值的确定取决于对结构受力性能的影响和现实施工技术水平。

以检查的合格点率作为验收指标。梁、板类构件的钢筋保护层厚度检查合格点率分别达到90%及其以上时为合格。由于该项目的重要性,比其他项目的要求(80%)提高了。

此外,对于超差值也有限制,当有检查点最大偏差大于允许偏差值的1.5倍时,该类构件仍不能通过验收。这是考虑到这样大的偏差可能给结构性能造成严重影响之故。

(4) 复式抽样再检

为防止抽样偶然性带来的错判,减少生产方的风险。规定当合格点率不足90%但大于80%时,可再抽取相同数量的试件检查。以两次抽检的总合格点率重新进行合格与否的判断。这实际上是在一定条件下扩大抽样比例来减小错判风险,给施工方面更大的合格的机会。

第3章 砌体结构工程施工工序质量检验

砌体结构工程施工工序质量检验主要包括砌筑砂浆、砖砌体工程、混凝土小型砌块砌体工程、砌体工程、配筋砌体工程、填充墙砌体工程等分项工程中的施工工序质量检验。

3.3.1 砌筑砂浆分项工程的施工工序质量检验

砌筑砂浆分项工程的施工工序质量检验项目、数量、方法和要求列于表3.3.1-1。

砌筑砂浆质量检验项目、数量和方法　　　　　表3.3.1-1

项目类别	序号	检验内容	检验数量	检验要求或指标	检验方法
原材料	1	水泥性能	检验批应以同一生产厂家、同一编号为一批	水泥进场使用前，应分批对其强度、安定性进行复验。 当在使用中对水泥质量有怀疑或水泥出厂超过三个月（快硬硅酸盐水泥超过一个月）时，应复查试验，并按其结果使用。 不同品种的水泥，不得混合使用	检查产品合格证、出厂检验报告和进场复验报告
	2	砂浆用砂的含泥量	按进场的批次和产品的抽样检验方案确定	砂浆用砂不得含有有害杂物。砂浆用砂的含泥量应满足下列要求： （1）对水泥砂浆和强度等级不小于M5的水泥混合砂浆，不应超过5%； （2）对强度等级小于M5的水泥混合砂浆，不应超过10%； （3）人工砂、山砂及特细砂，应经试配能满足砌筑砂浆技术条件要求	检查进厂复验报告
	3	砂浆其他用料	按配制批次	（1）配制水泥石灰砂浆时，不得采用脱水硬化的石灰膏； （2）消石灰粉不得直接使用于砌筑砂浆中	观察
	4	拌制砂浆用水	同水源检查不应少于一次	拌制砂浆用水，水质应符合国家现行标准《混凝土拌合用水标准》JGJ63的规定	检查水质报告
	5	外加剂	按进场的批次和产品的同样检验方案的确定	凡在砂浆中掺入有机塑化剂、早强剂、缓凝剂、防冻剂等，应经检验和试配符合要求后，方可使用	有机塑化剂应有砌体强度的型式检验报告

续表

项目类别	序号	检验内容	检验数量	检验要求或指标	检验方法
砂浆配合比	1	配合比设计	每一工程检查一次	砌筑砂浆应通过试配确定配合比。当砌筑砂浆的组成材料有变更时，其配合比应重新确定	检查配合比设计资料
	2	砂浆代换	有代换时	施工中当采用水泥砂浆代替水泥混合砂浆时，应重新确定砂浆强度等级	检查代换资料和新的配合比设计
现场拌制	1	材料计量	每工作班查不少于一次	砂浆现场拌制时，各组分材料应采用重量计量	观察、检查施工记录
	2	搅拌时间	全数	砌筑砂浆应采用机械搅拌，自投料完算起，搅拌时间应符合下列规定： 1. 水泥砂浆和水泥混合砂浆不得少于 2min； 2. 水泥粉煤灰砂浆和掺用外加剂的砂浆不得少于 3min； 3. 掺用有机塑化剂的砂浆，应为 3~5min	观察、检查施工记录
砂浆使用	1	使用时间	全数	砂浆应随拌随用，水泥砂浆和水泥混合砂浆应分别在 3h 和 4h 内使用完毕；当施工期间最高气温超过 30℃时，应分别在拌成后 2h 和 3h 内使用完毕。 注：对掺用缓凝剂的砂浆，其使用时间可根据具体情况延长	观察、检查施工记录
砂浆强度	1	砂浆强度	每一检验批且不超过 250m³ 砌体的各种类型及强度等级的砌筑砂浆，每台搅拌机应至少抽检一次	砌筑砂浆试块强度验收时其强度合格标准必须符合以下规定： 同一验收批砂浆试块抗压强度平均值必须大于或等于设计强度等级所对应的立方体抗压强度；同一验收批砂浆试块抗压强度的最小一组平均值必须大于或等于设计强度等级所对应的立方体抗压强度的 0.75 倍 注：①砌筑砂浆的验收批，同一类型、强度等级的砂浆试块应不少于 3 组。当同一验收批只有一组试块时，该组试块抗压强度的平均值必须大于或等于设计强度等级所对应的立方体抗压强度。 ②砂浆强度应以标准养护，龄期为 28d 的试块抗压试验结果为准	在砂浆搅拌机出料口随机取样制作砂浆试块（同盘砂浆只应制作一组试块），最后检查试块强度试验报告单

3.3.2 砖砌体工程施工质量检验

砖砌体工程施工质量检验项目、数量和方法及要求列于表 3.3.2-1。

砖砌体工程施工质量检验项目、数量和方法　　　表3.3.2-1

项目类别	序号	检验内容	检验数量	检验要求或指标			检验方法
主控项目	1	砖和砂浆	每一生产厂家的砖到现场后，按烧结砖15万块、多孔砖5万块、灰砂砖及粉煤灰砖10万块各为一验收批，抽检数量为1组。砂浆试块的抽检数量按表3.3.1-1进行	砖和砂浆的强度等级必须符合设计要求			检查砖和砂浆试块试验报告
	2	砂浆饱满度	每检验批抽查不应少于5处	砌体水平灰缝的砂浆饱满度不得小于80%			用百格网检查砖底面与砂浆的粘结痕迹面积。每处检测3块砖，取其平均值
	3	砖砌体转角处和交接处的砌筑	每检验批抽20%接槎，且不应少于5处	砖砌体的转角处和交接处应同时砌筑，严禁无可靠措施的内外墙分砌施工。对不能同时砌筑而又必须留置的临时间断处应砌成斜槎。斜槎水平投影长度不应小于高度的2/3			观察
	4	砌筑留槎	每检验批抽20%接槎，且不应少于5处	非抗震设防及抗震设防烈度为6度、7度地区的临时间断处，当不能留斜槎时，除转角处外，可留直槎，但直槎必须做成凸槎。留直槎处应加设拉结钢筋，拉结钢筋的数量为每120mm墙厚放置φ6拉结钢筋（120mm厚墙放置2φ6拉结钢筋），间距沿墙高不应超过500mm；埋入长度从留槎处算起每边均不应小于500mm，对抗震设防烈度6度、7度的地区，不应小于1000mm、末端应有90°弯钩。			观察和尺量检查
	5	砖砌体允许偏差	轴线查全部承重墙柱；外墙垂直度全高查阳角，不应少于4处，每层每20m查一处；内墙按有代表性自然间抽10%，但不应少于3间，每间不应少于2处，柱不少于5根	项次	项目	允许偏差（mm）	检验方法
				1	轴线位置偏移	10	用经纬仪和尺检查或用其他测量仪器检查

续表

项目类别	序号	检验内容	检验数量	检验要求或指标				检验方法
主控项目	5	砖砌体允许偏差	轴线查全部承重墙柱；外墙垂直度全高查阳角，不应少于4处，每层每20m查一处；内墙按有代表性自然间抽10%，但不应少于3间，每间不应少于2处，柱不少于5根	2	垂直度	每层	5	用2m托线板检查
						全高 ≤10m	10	用经纬仪、吊线和尺检查，或用其他测量仪器检查
						全高 >10m	20	
一般项目	1	砖砌体组砌方法	外墙每20m抽查一处，每处3～5m，且不应少于3处；内墙按有代表性的自然间抽10%，且不应少于3间。	砖砌体组砌方法应正确，上、下错缝，内外搭砌，砖柱不得采用包心砌法。合格标准：除符合本条要求外，清水墙、窗间墙无通缝；混水墙中长度大于或等于300mm的通缝每间不超过3处，且不得位于同一面墙体上				观察
	2	砖砌体灰缝	每步脚手架施工的砌体，每20m抽查1处	砖砌体的灰缝应横平竖直，厚薄均匀。水平灰缝厚度宜为10mm，但不小于8mm，也不应大于12mm				用尺量10皮砖砌体高度折算
	3	砖砌体的尺寸偏差	抽检数量	项次	项目		允许偏差（mm）	检验方法
			不应少于5处	1	基础顶面和楼面标高		±15	用水平仪和尺检查
			有代表性自间然10%，但不应少于3间，每间不应少于2处	2	表面平整度	清水墙、柱	5	用2m靠尺和楔形塞尺检查
						混水墙、柱	8	
			检验批洞口的10%，且不应少于5处	3	门窗洞口高、宽（后塞口）		±5	用尺检查
			检验批的10%，且不应少于5处	4	外墙上下窗口偏移		20	以底层窗口为准，用经纬仪或吊线检查
			有代表性自然间10%，但不应少于3间，每间不应少于2处	5	水平灰缝平直度	清水墙	7	拉10m线和尺检查
						混水墙	10	
			有代表性自然间10%，但不应少于3间，每间不应少于2处	6	清水墙游丁走缝		20	吊线和尺检查，以每层第一皮砖为准

3.3.3 混凝土小型空心砌块砌体工程的施工质量检验

混凝土小型空心砌块砌体工程施工质量检验项目、数量、方法和要求列于表3.3.3-1

混凝土小型空心砌块砌体工程施工质量检验项目、数量和方法　　表3.3.3-1

项目类别	序号	检验内容	检验数量	检验要求或指标	检验方法
主控项目	1	砌块和砂浆强度	每一生产厂家，每1万块小砌块至少应抽检一组。用于多层以上建筑基础和底层的小砌块抽检数量不应少于2组。砂浆试块的抽检数量按表3.3.1-1进行	小砌块和砂浆的强度等级必须符合设计要求	查小砌块和砂浆试块试验报告
主控项目	2	砂浆饱满度	每检验批不应少于3处	砌体水平灰缝的砂浆饱满度，应按净面积计算不得低于90%；竖向灰缝饱满度不得小于80%，竖缝凹槽部位应用砌筑砂浆填实；不得出现瞎缝、透明缝	用专用百格网检测小砌块与砂浆粘结痕迹，每处检测3块小砌块，取其平均值
主控项目	3	砌筑方式	每检验批抽20%接槎，且不应少于5处	墙体转角处和纵横墙交接处应同时砌筑。临时间断处应砌成斜槎，斜槎水平投影长度不应小于高度的2/3	观察
主控项目	4	砌体轴线偏移和垂直度偏差	同表3.3.1-1主控项目5	同表3.3.1-1主控项目5	同表3.3.1-1主控项目5
一般项目	1	水平灰缝厚度和竖向灰缝宽度	每层楼的检测点不应少于3处	墙体的水平灰缝厚度和竖向灰缝宽度宜为10mm，但不应大于12mm，也不应小于8mm	用尺量5皮小砌块的高度和2m砌体长度折算
一般项目	2	墙体尺寸允许偏差	同表3.3.1-1一般项目3	同表3.3.1-1一般项目3	同表3.3.1-1一般项目3

3.3.4 石砌体工程的施工质量检验

石砌体工程的施工质量检验项目、数量、方法和要求列于表3.3.4-1。

石砌工程施工质量检验项目、数量和方法　　表3.3.4-1

项目类别	序号	检验内容	检验数量	检验要求或指标								检验方法
主控项目	1	石材及砂浆强度	同一产地的石材至少应抽检一组。砂浆试块的抽检数量同表3.3.1-1	石材及砂浆强度等级必须符合设计要求								料石检查产品质量证明书，石材、砂浆检查试块试验报告。
	2	砂浆饱满度	每步架抽查不应少于1处	砂浆饱满度不应小于80%								观察
	3	石砌体轴线位置及垂直度偏差	外墙，按楼层（或4m高以内）每20m抽查1处，每处3延长米，但不应少于3处；内墙，按有代表性的自然间抽查10%，但不应少于3间，每间不应少于2处，柱子不应少于5根	石砌体的轴线位置及垂直度允许偏差								检验方法
						允许偏差（mm）						
				项次	项目	毛石砌体		料石砌体				
								毛料石		粗料石		细料石
						基础	墙	基础	墙	基础	墙	墙、柱
				1	轴线位置	20	15	20	15	15	10	10	用经纬仪和尺检查，或用其他测量仪器检查
				2	墙面垂直度 每层		20		20		10	7	用经纬仪、吊线和尺检查或用其他测量仪器检查
					全高		30		30		25	20	

续表

项目类别	序号	检验内容	检验数量	检验要求或指标	检验方法
一般项目	1	石砌体一般尺寸允许偏差	外墙，按楼层（4m高以内）每20m抽查1处，每处3延长米，但不应少于3处；内墙按有代表性的自然抽查10%，但不应少于3间，每间不应少于2处，柱子不应少于5根	见下方石砌体一般尺寸允许偏差表	见下方
一般项目	2	组砌形式	外墙，按楼层（或4m高以内）每20m抽查1处，每处3延长米，但不应少于3处；内墙，按有代表性的自然间抽查10%，但不应少于3间	石砌体的组砌形式应符合下列规定： （1）内外搭砌，上下错缝，拉结石、丁砌石交错设置； （2）毛石墙拉结石每0.7m²墙面不应少于1块	观察

石砌体的一般尺寸允许偏差

| 项次 | 项目 | 允许偏差（mm） | | | | | | 检验方法 |
| | | 毛石砌体 | | 料石砌体 | | | | |
		基础	墙	基础	墙	基础	墙	墙、柱
1	基础和墙砌体顶面标高	±25	±15	±25	±15	±15	±15	±10	用水准仪和尺检查
2	砌体厚度	+30	+20 -10	+30	+20 -10	+15	+10 -5	+10 -5	用尺检查
3	表面平整度 清水墙、柱	—	20	—	20	—	10	5	细料石用2m靠尺和楔形塞尺检查，其他用两直尺垂直于灰缝拉2m线和尺检查
3	表面平整度 混水墙、柱	—	20	—	20	—	15	—	
4	清水墙水平灰缝平直度	—	—	—	—	—	10	5	拉10m线和尺检查

3.3.5 配筋砌体工程施工质量检验

配筋砌体工程施工质量检验项目、数量、方法和要求列于表3.3.5-1。

配筋砌体工程施工质量检验项目、数量和方法　　　　表3.3.5-1

项目类别	序号	检验内容	检验数量	检验要求或指标				检验方法
主控项目	1	钢筋品种规格	每批	钢筋的品种、规格和数量应符合设计要求				检查钢筋的合格证书、钢筋性能试验报告、隐蔽工程记录
	2	混凝土和砂浆强度	各类构件每一检验批砌体至少应做一组试块	构造柱、芯柱、组合砌体构件、配筋砌体剪力墙构件的混凝土或砂浆的强度等级应符合设计要求				检查混凝土或砂浆试块试验报告
	3	构造柱与墙体连接处	每检验批抽20%构造柱，且不少于3处	构造柱与墙体的连接处应砌成马牙槎，马牙槎应先退后进，预留的拉结钢筋应位置正确，施工中不得任意弯折。合格标准：钢筋竖向移位不应超过100mm，每一马牙槎沿高度方向尺寸不应超过300mm。钢筋竖向位移和马牙槎尺寸偏差每一构造柱不应超过2处				观察
	4	构造柱位置及垂直度偏差	每检验批抽10%，且不应少于5处	构造柱尺寸允许偏差				检验方法
				项次	项目		允许偏差（mm）	
				1	柱中心线位置		10	用经纬仪和尺检查或用其他测量仪器检查
				2	柱层间错位		8	用经纬仪和尺检查或用其他测量仪器检查
				3	柱垂直度	每层	10	用2m托线板检查
						≤10m	15	用经纬仪和尺检查或用其他测量仪器检查
						全高 >10m	20	

续表

项目类别	序号	检验内容	检验数量	检验要求或指标	检验方法
主控项目	5	配筋混凝土空心砌块砌体芯柱	每检验批抽10%，且不应少于5处	对配筋混凝土小型空心砌块砌体，芯柱混凝土应在装配式楼盖处贯通，不得削弱芯柱截面尺寸	观察
一般项目	1	水平缝内钢筋	每检验批抽检3个构件，每个构件检查3处	设置在砌体水平灰缝内的钢筋，应居中置于灰缝中。水平灰缝厚度应大于钢筋直径4mm以上。砌体外露面砂浆保护层的厚度不应小于15mm	观察检查，辅以钢尺检测
	2	钢筋防腐	每检验批抽验10%的钢筋	设置在潮湿环境或有化学侵蚀性介质的环境中的砌体灰缝内的钢筋应采取防腐措施。合格标准：防腐涂料无漏刷（喷浸），无起皮脱落现象	观察
	3	钢筋网及放置间距	每检验批抽10%，且不应少于5处	网状配筋砌体中，钢筋网及放置间距应符合设计规定。合格标准：钢筋网沿砌体高度位置超过设计规定一皮砖厚不得多于1处	钢筋规格检查钢筋网成品，钢筋网放置间距局部剔缝观察，或用探针刺入灰缝内检查，或用钢筋位置测定仪测定
	4	竖向受力钢筋保护层	每检验批抽检10%，不应少于5处	组合砖砌体构件，竖向受力钢筋保护层应符合设计要求，距砖砌体表面距离不应小于5mm；拉结筋两端应设弯钩，拉结筋及箍筋的位置应正确。合格标准：钢筋保护层符合设计要求；拉结筋位置及弯钩设置80%及以上符合要求，箍筋间距超过规定者，每件不得多于2处，且每处不得超过一皮砖	支模前观察与尺量检查
	5	受力筋搭接长度	每检验批每类构件抽20%（墙、柱、连梁），且不应少于3件	配筋砌块砌体剪力墙中，采用搭接接头的受力钢筋搭接长度不应小于35d，且不应少于300mm	尺量检查

3.3.6 填充墙砌体工程施工质量检验

填充墙砌体工程施工质量检验项目、数量、方法和要求列于表3.3.6-1。

填充墙砌体工程施工质量检验项目、数量和方法　　表3.3.6-1

项目类别	序号	检验内容	检验数量	检验要求或指标					检验方法
主控项目	1	砌筑材料强度	按表3.2.1-1~3.2.5-1相关要求	砖、砌块和砌筑砂浆的强度等级应符合设计要求					检查砖或砌块的产品合格证书、产品性能检测报告和砂浆试验报告
一般项目	1	填充墙砌体一般尺寸偏差		填充墙砌体一般尺寸允许偏差					检验方法
				项次	项　目		允许偏差(mm)		检验方法
				1	轴线位移		10		用尺检查
				1	垂直度	小于或等于3m	5		用2m托线板或吊线、尺检查
						大于3m	10		
				2	表面平整度		8		用2m靠尺和楔形塞尺检查
				3	门窗洞口高、宽（后塞口）		±5		用尺检查
				4	外墙上、下窗口偏移		20		用经纬仪或吊线检查
	2	砌体块材不应混砌	在检验批中抽检20%，且不应少于5处	蒸压加气混凝土砌块砌体和轻骨料混凝土小型空心砌块砌体不应与其他块材混砌					外观检查
	3	砂浆饱满度	每步架子不少于3处，且每处不应少于3块	填充墙砌体的砂浆饱满度					检验方法
				砌体分类		灰缝	饱满度及要求		
				空心砖砌体		水平	≥80%		采用百格网检查块材底面砂浆的粘结痕迹面积
						垂直	填满砂浆，不得有透明缝、瞎缝、假缝		
				加气混凝土砌块和轻骨料混凝土小砌块砌体		水平	≥80%		
						垂直	≥80%		

续表

项目类别	序号	检验内容	检验数量	检验要求或指标	检验方法
一般项目	4	拉结筋或网片位置	在检验批中抽检20%，且不应少于5处	填充墙砌体留置的拉结钢筋或网片的位置应与块体皮数相符合。拉结钢筋或网片应置于灰缝中，埋置长度应符合设计要求，竖向位置偏差不应超过一皮高度	观察和用尺量检查
	5	砌筑时的错缝	在检验批的标准间中抽查10%，且不应少于3间	填充墙砌筑时应错缝搭砌，蒸压加气混凝土砌块搭砌长度不应小于砌块长度的1/3；轻骨料混凝土小型空心砌块搭砌长度不应小于90mm；竖向通缝不应大于2皮	观察和用尺检查
	6	灰缝厚度和宽度	在检验批的标准间中抽查10%，且不应少于3间	填充墙砌体的灰缝厚度和宽度应正确。空心砖、轻骨料混凝土小型空心砌块的砌体灰缝应为8～12mm。蒸压加气混凝土砌块砌体的水平灰缝厚度及竖向灰缝宽度分别宜为15mm和20mm	用尺量5皮空心砖或小砌块的高度和2m砌体长度折算
	7	砌至接近梁、板底时的留置空隙	每验收批抽10%填充墙片（每两柱间的填充墙为一墙片），且不应少于3片墙	填充墙砌至接近梁、板底时，应留一定空隙，待填充墙砌筑完并应至少间隔7d后，再将其补砌挤紧	观察检查

第4章 钢结构工程施工工序质量检验

钢结构工程施工质量检验，包括原材料及成品进场、钢结构焊接工程、紧固件连接工程、钢零件及钢部件加工工程、钢构件组装工程、钢构件预拼装工程、单层钢结构安装工程、多层及高层钢结构安装工程、钢网架结构安装工程、压型金属板工程、钢结构涂装工程等分项工程的施工工序质量检验。

3.4.1 原材料及成品进场检验

钢结构各分项工程施工用的主要材料、零（部）件、成品件、标准件等产品均需要检验合格后才能投入使用。

（1）钢结构工程施工所用钢材检验项目、数量、方法和要求列于表3.4.1-1。

钢结构工程的钢材质量检验项目、数量和方法　　　表3.4.1-1

项目类别	序号	检验内容	检验数量	检验要求或指标	检验方法
主控项目	1	钢材、钢铸件的品种、规格、性能	全数	钢材、钢铸件的品种、规格、性能等应符合现行国家产品标准和设计要求。进口钢材产品的质量应符合设计和合同规定标准的要求	检查质量合格证明文件、中文标志及检验报告等
主控项目	2	钢材的复验	全数	对属于下列情况之一的钢材，应进行抽样复验，其复验结果应符合现行国家产品标准和设计要求。 （1）国外进口钢材； （2）钢材混批； （3）板厚等于或大于40mm，且设计有Z向性能要求的厚板； （4）建筑结构安全等级为一级，大跨度钢结构中主要受力构件所采用的钢材； （5）设计有复验要求的钢材； （6）对质量有疑义的钢材	检查复验报告
一般项目	1	钢板厚度	每一品种、规格的钢板抽查5处	钢板厚度及允许偏差应符合其产品标准的要求	用游标卡尺量测
一般项目	2	型钢尺寸	每一品种、规格的钢板抽查5处	型钢的规格尺寸及允许偏差符合其产品标准的要求	用钢尺和游标卡尺量测
一般项目	3	钢材外观质量	全数	钢材的表面外观质量除应符合国家现行有关标准的规定外，尚应符合下列规定： （1）当钢材的表面有锈蚀、麻点或划痕等缺陷时，其深度不得大于该钢材厚度负允许偏差值的1/2；	观察

续表

项目类别	序号	检验内容	检验数量	检验要求或指标	检验方法
一般项目	3	钢材外观质量	全数	（2）钢材表面的锈蚀等级应符合现行国家标准《涂装前钢材表面锈蚀等级和除锈等级》GB8923规定的C级及C级以上； （3）钢材端边或断口处不应有分层、夹渣等缺陷	观察

（2）钢结构工程焊接材料质量检验项目、数量、方法和要求列于表3.4.1-2。

焊接材料质量检验项目、数量和方法　　　　表3.4.1-2

项目类别	序号	检验内容	检验数量	检验要求或指标	检验方法
主控项目	1	材料品种、规格和性能	全数	焊接材料的品种、规格、性能等应符合现行国家产品标准和设计要求	检查焊接材料的质量合格证明文件、中文标志及检验报告等
主控项目	2	重要钢结构的焊接材料复验	全数	重要钢结构采用的焊接材料应进行抽样复验，复验结果应符合现行国家产品标准和设计要求	检查复验报告
一般项目	1	焊钉及焊接瓷环规格尺寸	按量抽查1%，且不应少于10套	焊钉及焊接瓷环的规格、尺寸及偏差应符合现行国家标准《圆柱头焊钉》GB10433中的规定	用钢尺和游标卡尺量测
一般项目	2	焊条外观质量	按量抽查1%，且不应少于10包	焊条外观不应有药皮脱落、焊芯生锈等缺陷；焊剂不受潮结块	观察

（3）钢结构连接用紧固标准件质量检验项目、数量、方法和要求列于表3.4.1-3。

连接用紧固标准件质量检验项目、数量和方法　　　　表3.4.1-3

项目类别	序号	检验内容	检验数量	检验要求或指标	检验方法
主控项目	1	标准件品种规格性能	全数	钢结构连接用高强度大六角头螺栓连接副、扭剪型高强度螺栓连接副、钢网架用高强度螺栓、普通螺栓、铆钉、自攻钉、拉铆钉、射钉、锚栓（机械型和化学剂型）、地脚锚栓等紧固标准件及螺母、垫圈等标准配件，其品种、规格、性能等应符合现行国家产品标准和设计要求。高强度大六角头螺栓连接副和扭剪型高强度螺栓连接副出厂时应分别随箱带有扭矩系数和紧固轴力（预拉力）的检验报告	检查产品的质量合格证明文件、中文标志及检验报告等
主控项目	2	高强度大六角螺栓连接副	每批抽取8套	高强度大六角头螺栓连接副应规定检验其扭矩系数，其检验结果应符合规定	检查复验报告
主控项目	3	扭剪型高强度螺栓连接副	每批抽取8套	扭剪型高强度螺栓连接副应按规定检验预拉力，其检验结果应符合规定	检查复验报告

续表

项目类别	序号	检验内容	检验数量	检验要求或指标	检验方法
一般项目	1	高强度螺栓连接副规格	按包装箱数抽查5%,且不应少于3箱	高强度螺栓连接副,应按包装箱配套供货,包装箱上应标明批号、规格、数量及生产日期。螺栓、螺母、垫圈外观表面应涂油保护,不应出现生锈和沾染赃物,螺纹不应损伤	观察
一般项目	2	螺栓球节点	按规格抽查8只	对建筑结构安全等级为一级,跨度40m及以上的螺栓球节点钢网架结构,其连接高强度螺栓应进行表面硬度试验,对8.8级的高强度螺栓其硬度应为HRC21~29;10.9级高强度螺栓其硬度应为HRC32~36,且不得有裂纹或损伤	硬度计、10倍放大镜或磁粉探伤

（4）钢结构焊接球质量检验项目、数量、方法和要求列于表3.4.1-4。

焊接球质量检验项目、数量和方法　　　　　表3.4.1-4

项目类别	序号	检验内容	检验数量	检验要求或指标	检验方法
主控项目	1	所采用原材料	全数	焊接球及制造焊接球所采用的原材料,其品种、规格、性能等应符合现行国家产品标准和设计要求	检查产品的质量合格证明文件、中文标志及检验报告等
主控项目	2	焊缝	每一规格按数量抽查5%,且不应少于3个	焊接球焊缝应进行无损检验,其质量应符合设计要求,当设计无要求时应符合本规范中规定的二级质量标准	超声波探伤或检查检验报告
一般项目	1	直径等尺寸	每一规格按数量抽查5%,且不应少于3个	焊接球直径、圆度、壁厚减薄量等尺寸及允许偏差应符合规定	用卡尺和测厚仪检查
一般项目	2	外观质量	每一规格按数量抽查5%,且不应少于3个	焊接球表面应无明显波纹及局部凹凸不平不大于1.5mm	用弧形套模、卡尺和观察检查

（5）钢结构螺栓球质量检验项目、数量、方法和要求列于表3.4.1-5。

螺栓球质量检验项目、数量和方法　　　　　　　表 3.4.1-5

项目类别	序号	检验内容	检验数量	检验要求或指标	检验方法
主控项目	1	原材料品种规格、性能	全数	螺栓球及制造螺栓球节点所采用的原材料,其品种、规格、性能等应符合现行国家产品标准和设计要求	检查产品的质量合格证明文件、中文标志及检验报告等
主控项目	2	外观质量	每种规格抽查5%,且不应少于5只	螺栓球不得有过烧、裂纹及褶皱	用10倍放大镜观察和表面探伤
一般项目	1	螺纹尺寸	每种规格抽查5%,且不应少于5只	螺栓球螺纹尺寸应符合现行国家标准《普通螺纹基本尺寸》GB196中粗牙螺纹的规定,螺纹公差必须符合现行国家标准《普通螺纹公差与配合》GB197中6H级精度的规定	用标准螺纹规
一般项目	2	直径、圆度	每种规格抽查5%,且不应少于3只	螺栓球直径、圆度、相邻两螺栓孔中心线夹角等尺寸及允许偏差	用卡尺和分度头仪检查

（6）钢结构封板、锥头和套筒质量检验项目、数量、方法和要求列于表 3.4.1-6。

封板、锥头和套筒质量检验项目、数量和方法　　　　　　　表 3.4.1-6

项目类别	序号	检验内容	检验数量	检验要求或指标	检验方法
主控项目	1	原材料品种、规格、性能	全数	封板、锥头和套筒及制造封板、锥头、套筒所采用的原材料,其品种、规格、性能等应符合现行国家产品标准和设计要求	检查产品的质量合格证明文件、中文标志及检验报告等
主控项目	2	外观质量	每种抽查5%,且不应少于10只	封板、锥头、套筒外观不得有裂纹、过烧及氧化皮	用放大镜观察检查和表面探伤

（7）钢结构金属压型板质量检验项目、数量、方法和要求列于表 3.4.1-7。

金属压型板质量检验项目、数量和方法　　　　　　　表 3.4.1-7

项目类别	序号	检验内容	检验数量	检验要求或指标	检验方法
主控项目	1	原材料品种、规格、性能	全数	金属压型板及制造金属压型板所采用的原材料,其品种、规格、性能等应符合现行国家产品标准和设计要求	检查产品的质量合格证明文件、中文标志及检验报告等

续表

项目类别	序号	检验内容	检验数量	检验要求或指标	检验方法
主控项目	2	泛水板、包角板和零配件	全数	压型金属泛水板、包角板和零配件的品种、规格以及防水密封材料的性能应符合现行国家产品标准和设计要求	检查产品的质量合格证明文件、中文标志及检验报告等
一般项目	1	规格及尺寸偏差	每种规格抽查5%，且不应少于3件	压型金属板的规格尺寸及允许偏差、表面质量、涂层质量等应符合设计要求和本规范的规定	观察和用10倍放大镜检查及尺量

（8）钢结构涂装材料质量检验项目、数量、方法和要求列于表3.4.1-8。

涂装材料质量检验项目、数量和方法　　　　表3.4.1-8

项目类别	序号	检验内容	检验数量	检验要求或指标	检验方法
主控项目	1	材料品种、规格和性能	全数	钢结构防腐涂料、稀释剂和固化剂等材料的品种、规格、性能等应符合现行国家产品标准和设计要求	检查产品的质量合格证明文件、中文标志及检验报告等
主控项目	2	防火涂料品种和性能	全数	钢结构防火涂料的品种和技术性能应符合设计要求，并应经过具有资质的检测机构检测符合国家现行有关标准的规定	检查产品的质量合格证明文件、中文标志及检验报告等
一般项目	1	型号、名称和颜色	按桶数抽查5%，且不应少于3桶	防腐涂料和防火涂料的型号、名称、颜色及有效期应与其质量证明文件相符。开启后，不应存在结皮、结块、凝胶等现象	观察

3.4.2　钢结构焊接工程质量检验

钢结构焊接工程可按相应的钢结构制作或安装工程检验批的划分原则划分为一个或若干个检验批。

碳素结构钢应在焊缝冷却到环境温度、低合金结构钢应在完成焊接24h以后，进行焊缝探伤检验。

焊缝施焊后应在工艺规定的焊缝及部位打上焊工钢印。

（1）钢构件焊接工程质量检验项目、数量、方法和要求列于表3.4.2-1。

钢构件焊接工程质量检验项目、数量和方法   表 3.4.2-1

项目类别	序号	检验内容	检验数量	检验要求或指标	检验方法
主控项目	1	焊接材料	全数	焊条、焊丝、焊剂、电渣焊熔嘴等焊接材料与母材的匹配应符合设计要求及国家现行行业标准《建筑钢结构焊接技术规程》JGJ81 的规定。焊条、焊剂、药芯焊丝、熔嘴等在使用前，应按其产品说明书及焊接工艺文件的规定进行烘焙和存放	检查质量证明书和烘焙记录
主控项目	2	焊工	全数	焊工必须经考试合格并取得合格证书。持证焊工必须在其考试合格项目及其认可范围内施焊	检查焊工合格证及其认可范围、有效期
主控项目	3	焊接工艺	全数	施工单位对其首次采用的钢材、焊接材料、焊接方法、焊后热处理等，应进行焊接工艺评定，并应根据评定报告确定焊接工艺	检查焊接工艺评定报告
主控项目	4	全焊透一、二级焊缝内部缺陷检验	全数	设计要求全焊透的一、二级焊缝应采用超声波探伤进行内部缺陷的检验，超声波探伤不能对缺陷作出判断时，应采用射线探伤，其内部缺陷分级及探伤方法应符合现行国家标准《钢焊缝手工超声波探伤方法和探伤结果分级法》GB11345 或《钢熔化焊对接接头射线照相和质量分级》GB3323 的规定。 焊接球节点网架焊缝、螺栓球节点网架焊缝及圆管 T、K、Y 形节点相关线焊缝，其内部缺陷分级及探伤方法应分别符合国家现行标准《焊接球节点钢网架焊缝超声波探伤方法及质量分级法》JBJ/T3034.1、《螺栓球节点钢网架焊缝超声波探伤方法及质量分级法》JBJ/T3034.2、《建筑钢结构焊接技术规程》JGJ81 的规定。 一级、二级焊缝的质量等级及缺陷分级应符合表 1 的规定。 **表 1　一、二级焊缝质量等级及缺陷分级** | 焊缝质量等级 | | 一级 | 二级 | |---|---|---|---| | 内部缺陷超声波探伤 | 评定等级 | Ⅱ | Ⅲ | | | 检验等级 | B 级 | B 级 | | | 探伤比例 | 100% | 20% |	检查超声波或射线探伤记录

续表

项目类别	序号	检验内容	检验数量	检验要求或指标	检验方法
主控项目	4	全焊透一、二级焊缝内部缺陷检验	全数	内部缺陷射线探伤：评定等级 Ⅱ／Ⅲ；检验等级 AB级／AB级；探伤比例 100%／20%。注：探伤比例的计数方法应按以下原则确定：（1）对工厂制作焊缝，应按每条焊缝计算百分比，且探伤长度应不小于200mm，当焊缝长度不足200mm时，应对整条焊缝进行探伤；（2）对现场安装焊缝，应按同一类型、同一施焊条件的焊缝条数计算百分比，探伤长度应不小于200mm，并应不少于1条焊缝	检查超声波或射线探伤记录
主控项目	5	熔透的对接和角对接组合焊缝	资料全数检查；同类焊缝抽查10%，且不应少于3条	T形接头、十字接头、角接接头等要求熔透的对接和角对接组合焊缝，其焊脚尺寸不应小于$t/4$，设计有疲劳验算要求的吊车梁或类似构件的腹板与上翼缘连接焊缝的焊脚尺寸为$t/2$，且不应大于10mm。焊脚尺寸的允许偏差为0~4mm	观察检查，用焊缝量规抽查测量
主控项目	6	焊接表面质量	每批同类构件抽查10%，且不应少于3件，被抽查构件中，每一类型焊缝按条数抽查5%，且不应少于1条；每条检查1处，总抽查数不应少于10处	焊缝表面不得有裂纹、焊瘤等缺陷。一级、二级焊缝不得有表面气孔、夹渣、弧坑裂纹、电弧擦伤等缺陷。且一级焊缝不得有咬边、未焊满、根部收缩等缺陷	观察或使用放大镜、焊缝量规和钢尺检查，当存在疑义时，采用渗透或磁粉探伤检查
一般项目	1	焊前预热或焊后热处理的焊缝	全数	对于需要进行焊前预热或焊后热处理的焊缝，其预热温度或后热温度应符合国家现行有关标准的规定或通过工艺试验确定。预热区在焊道两侧，每侧宽度均应大于焊件厚度的1.5倍以上，且不应小于100mm；后热处理应在焊后立即进行，保温时间应根据板厚按每25mm板厚1h确定	检查预、后热施工记录和工艺试验报告
一般项目	2	焊缝外观质量	每批同类构件抽查10%，且不应少于3件，被抽查构件中，每一类型焊缝按条数抽查5%，且不应少于1条，每条检查1处，总抽查数不应少于10处	二级、三级焊缝外观质量标准应符合要求，三级对接焊缝应按二级焊缝标准进行外观质量检验	观察或使用放大镜、焊缝量规和钢尺检查

续表

项目类别	序号	检验内容	检验数量	检验要求或指标	检验方法
一般项目	3	焊缝尺寸偏差	每批同类构件抽查10%，且不应少于3件，被抽查构件中，每种焊缝按条数各抽查5%，但不应少于1条，每条检查1处，总抽查数不应少于10处	焊缝尺寸允许偏差应符合要求	用焊缝量规检查
一般项目	4	角焊缝	每批同类构件抽查10%，且不应少于3件	焊成凹形的角焊缝，焊缝金属与母材间应平缓过渡；加工成凹形的角焊缝，不得在其表面留下切痕	观察
一般项目	5	焊缝感观	每批同类构件抽查10%，且不应少于3件，被抽查构件中，每种焊缝按数量各抽查5%，总抽查处不应少于5处	焊缝感观应达到：外形均匀、成型较好，焊道与焊道、焊道与基本金属间过渡较平滑，焊渣和飞溅物基本清除干净	观察

（2）钢结构焊钉（栓钉）焊接工程质量检验项目、数量、方法和要求列于表3.4.2-2。

焊钉（栓钉）焊接工程质量检验项目、数量和方法　　　表3.4.2-2

项目类别	序号	检验内容	检验数量	检验要求或指标	检验方法
主控项目	1	焊接工艺	全数	施工单位对其采用的焊钉和钢材焊接应进行焊接工艺评定，其结果应符合设计要求和国家现行有关标准的规定。瓷环应按其产品说明书进行烘焙	检查焊接工艺评定报告和烘焙记录

续表

项目类别	序号	检验内容	检验数量	检验要求或指标	检验方法
主控项目	2	焊钉焊接后的弯曲试验	每批同类构件抽查10%，且不应少于10件；被抽查构件中，每件检查焊钉数量的1%，但不应少于1个	焊钉焊接后应进行弯曲试验检查，其焊缝和热影响区不应有肉眼可见的裂纹	焊钉弯曲30°后用角尺检查和观察
一般项目	1	焊钉根部焊脚	按总焊钉数量抽查1%，且不应少于10个	焊钉根部焊脚应均匀，焊脚立面的局部未熔合或不足360°的焊脚应进行修补	观察

3.4.3 钢结构紧固件连接工程

用于钢结构制作和安装中的普通螺栓、扭剪型高强度螺栓、高强度大六角头螺栓、钢网架螺栓球节点用高强度螺栓及射钉、自攻钉、拉铆钉等连接工程称为紧固件连接工程。其验收可按相应的钢结构制作或安装工程检验批的划分原则划分为一个或若干个检验批。

（1）钢结构普通紧固件连接工程质量检验项目、数量、方法和要求列于表3.4.3-1。

普通紧固连接工程质量检验项目、数量和方法　　　　表3.4.3-1

项目类别	序号	检验内容	检验数量	检验要求或指标	检验方法
主控项目	1	螺栓拉力复验	每一规格螺栓抽查8个	普通螺栓作为永久性连接螺栓时，当设计有要求或对其质量有疑义时，应进行螺栓实物最小拉力载荷复验，其结果应符合现行国家标准《紧固件机械性能螺栓、螺钉和螺柱》GB3098的规定	检查螺栓实物复验报告
主控项目	2	自攻钉、拉铆钉、射钉规格与尺寸	按连接节点数抽查1%，且不应少于3个	连接薄钢板采用的自攻钉、拉铆钉、射钉等其规格尺寸应与被连接钢板相匹配，其间距、边距等应符合设计要求	观察和尺量检查
一般项目	1	螺栓紧固	按连接节点数抽查10%，且不应少于3个	永久性普通螺栓紧固应牢固、可靠，外露丝扣不应少于2扣	观察和用小锤敲击检查
一般项目	2	自攻钉、钢拉铆钉、射钉与连接钢板紧固及排列	按连接节点数抽查10%，且不应少于3个	自攻螺钉、钢拉铆钉、射钉等与连接钢板应紧固密贴，外观排列整齐	观察或用小锤敲击检查

（2）钢结构高强度螺栓连接工程质量检验项目、数量、方法和要求列于表3.4.3-2。

高强度螺栓连接工程质量检验项目、数量和方法　　　　表3.4.3-2

项目类别	序号	检验内容	检验数量	检验要求或指标	检验方法
主控项目	1	抗滑移系数	每批抽8套	钢结构制作和安装单位应进行高强度螺栓连接摩擦面的抗滑移系数试验和复验，现场处理的构件摩擦面应单独进行摩擦面抗滑移系数试验，其结果应符合设计要求	检查摩擦面抗滑移系数试验报告和复验报告
	2	终拧扭矩	按节点数抽查10%，且不应少于10个；每个被抽查节点按螺栓数抽查10%，且不应少于2个	高强度大六角头螺栓连接副终拧完成1h后、48h内应进行终拧扭矩检查	观察
	3	连接副终拧扭矩	按节点数抽查10%，且不应少于10个；被抽查节点中梅花头未掉掉的扭剪型高强度螺栓连接副全数进行终拧扭矩检查	扭剪型高强度螺栓连接副终拧后，除因构造原因无法使用专用扳手终拧掉梅花头者外，未在终拧中拧掉梅花头的螺栓数不应大于该节点螺栓数的5%。对所有梅花头未拧掉的扭剪型高强度螺栓连接副应采用扭矩法或转角法进行终拧并作标记，且应进行终拧扭矩检查	观察
一般项目	1	连接副初拧、复拧	全数检查资料	高强度螺栓连接副的施拧顺序和初拧、复拧扭矩应符合设计要求和国家现行行业标准《钢结构高强度螺栓连接的设计施工及验收规程》JGJ82的规定	检查扭矩扳手标定记录和螺栓施工记录
	2	连接副终拧螺栓丝扣外露	按节点数抽查5%，且不应少于10个	高强度螺栓连接副终拧后，螺栓丝扣外露应为2~3扣，其中允许有10%的螺栓丝扣外露1扣或4扣	观察
	3	螺栓连接摩擦面	全数	高强度螺栓连接摩擦面应保持干燥、整洁，不应有飞边、毛刺、焊接飞溅物、焊疤、氧化铁皮、污垢等，除设计要求外摩擦面不应涂漆	观察
	4	高强度螺栓扩孔	被扩螺栓孔全数检查	高强度螺栓应自由穿入螺栓孔。高强度螺栓孔不应采用气割扩孔，扩孔数量应征得设计同意，扩孔后的孔径不应超过1.2d（d为螺栓直径）	观察及用卡尺检查

续表

项目类别	序号	检验内容	检验数量	检验要求或指标	检验方法
一般项目	5	高强度螺栓与球节点	按节点数抽查5%，且不应少于10个	螺栓球节点网架总拼完成后，高强度螺栓与球节点应紧固连接，高强度螺栓拧入螺栓球内的螺纹长度不应小于1.0d（d为螺栓直径），连接处不应出现有间隙、松动等未拧紧情况	普通扳手及尺量检查

3.4.4 钢结构钢零件及钢部件加工工程

钢结构制作及安装中钢零件及钢部件加工可分为切割、矫正和成型、边缘加工管和球加工以及制孔等。

（1）钢零件及钢部件切割质量检验项目、数量、方法和要求列于表3.4.4-1。

钢零件及钢部件加切割工程质量检验项目、数量和方法　　　表3.4.4-1

项目类别	序号	检验内容	检验数量	检验要求或指标	检验方法
主控项目	1	钢材切割面或剪切面	全数	钢材切割面或剪切面应无裂纹、夹渣、分层和大于1mm的缺棱	观察或用放大镜及百分尺检查，有疑义时作渗透、磁粉或超声波探伤检查
一般项目	1	气割的允许偏差	按切割面数抽查10%，且不应少于3个	气割的允许偏差应符合表1的规定。 **表1　气割的允许偏差（mm）** | 项目 | 允许偏差 | | --- | --- | | 零件宽度、长度 | ±3.0 | | 切割面平面度 | 0.05t，且不应大于2.0 | | 割纹深度 | 0.3 | | 局部缺口深度 | 1.0 | 注：t为切割面厚度	观察或用钢尺、塞尺检查
一般项目	2	机械剪切的允许偏差	按切割面数抽查10%，且不应少于3个	机械剪切的允许偏差应符合表2的规定。 **表2　机械剪切的允许偏差（mm）** | 项目 | 允许偏差 | | --- | --- | | 零件宽度、长度 | ±3.0 | | 边缘缺棱 | 1.0 | | 型钢端部垂直度 | 2.0 |	观察或用钢尺、塞尺检查

（2）钢结构钢零件及钢部件矫正和成型质量检验项目、数量、方法和要求列于表3.4.4-2。

钢结构零件及钢部件矫正和成型质量检验项目、数量和方法　　　　表3.4.4-2

项目类别	序号	检验内容	检验数量	检验要求或指标					检验方法
主控项目	1	矫正环境要求	全数	碳素结构钢在环境温度低于-16℃、低合金结构钢在环境温度低于-12℃时,不应进行冷矫正和冷弯曲。碳素结构钢和低合金结构钢在加热矫正时,加热温度不应超过900℃。低合金结构钢在加热矫正后应自然冷却					检查制作工艺报告和施工记录
主控项目	2	热加工成型的温度要求	全数	当零件采用热加工成型时,加热温度应控制在900~1000℃,碳素结构钢和低合金结构钢在温度分别下降到700℃和800℃之前,应结束加工,低合金结构钢应自然冷却					检查制作工艺报告和施工记录
一般项目	1	矫正后的钢材表面	全数	矫正后的钢材表面,不应有明显的凹面或损伤,划痕深度不得大于0.5mm,且不应大于该钢材厚度负允许偏差的1/2					观察和实测检查
一般项目	2	冷矫正和冷弯曲的最小曲率半径和最大弯曲矢高	按冷矫正和冷弯曲的件数抽查10%,且不应少于3个	冷矫正和冷弯曲的最小曲率半径和最大弯曲矢高应符合表1的规定。 表1　冷矫正和冷弯曲的最小曲率半径和最大弯曲矢高（mm）					观察和实测检查
一般项目	2	冷矫正和冷弯曲的最小曲率半径和最大弯曲矢高	按冷矫正和冷弯曲的件数抽查10%,且不应少于3个	钢材类别	图例	对应轴	矫正		弯曲	
一般项目	2	冷矫正和冷弯曲的最小曲率半径和最大弯曲矢高	按冷矫正和冷弯曲的件数抽查10%,且不应少于3个				r	f	r	f
一般项目	2	冷矫正和冷弯曲的最小曲率半径和最大弯曲矢高	按冷矫正和冷弯曲的件数抽查10%,且不应少于3个	钢板扁钢		$x-x$	$50t$	$\dfrac{l^2}{400t}$	$25t$	$\dfrac{l^2}{200t}$
一般项目	2	冷矫正和冷弯曲的最小曲率半径和最大弯曲矢高	按冷矫正和冷弯曲的件数抽查10%,且不应少于3个	钢板扁钢		$y-y$（仅对扁钢轴线）	$100b$	$\dfrac{l^2}{800b}$	$50b$	$\dfrac{l^2}{400b}$
一般项目	2	冷矫正和冷弯曲的最小曲率半径和最大弯曲矢高	按冷矫正和冷弯曲的件数抽查10%,且不应少于3个	角钢		$x-x$	$90b$	$\dfrac{l^2}{720b}$	$45b$	$\dfrac{l^2}{360b}$
一般项目	2	冷矫正和冷弯曲的最小曲率半径和最大弯曲矢高	按冷矫正和冷弯曲的件数抽查10%,且不应少于3个	槽钢		$x-x$	$50h$	$\dfrac{l^2}{400h}$	$25h$	$\dfrac{l^2}{200h}$
一般项目	2	冷矫正和冷弯曲的最小曲率半径和最大弯曲矢高	按冷矫正和冷弯曲的件数抽查10%,且不应少于3个	槽钢		$y-y$	$90b$	$\dfrac{l^2}{720b}$	$45b$	$\dfrac{l^2}{360b}$

项目类别	序号	检验内容	检验数量	检验要求或指标	检验方法
一般项目	2	冷矫正和冷弯曲的最小曲率半径和最大弯曲矢高	按冷矫正和冷弯曲的件数抽查10%，且不应少于3个	工字钢：$x-x$ 方向 $50h$，$\frac{l^2}{400h}$，$25h$，$\frac{l^2}{200h}$；$y-y$ 方向 $50b$，$\frac{l^2}{400b}$，$25b$，$\frac{l^2}{200b}$。注：r 为曲率半径；f 为弯曲矢高；l 为弯曲弦长；t 为钢板厚度	观察和实测检查
一般项目	3	钢材矫正后的允许偏差	按矫正件数抽查10%，且不应少于3件	钢材矫正后的允许偏差，应符合表2的规定。表2 钢材矫正后的允许偏差（mm）：钢板的局部平面度 $t\leqslant14$ 为1.5，$t>14$ 为1.0；型钢弯曲矢高 $l/1000$ 且不应大于5.0；角钢肢的垂直度 $b/100$ 双肢栓接角钢的角度不得大于90°；槽钢翼缘对腹板的垂直度 $b/80$；工字钢、H型钢翼缘对腹板的垂直度 $b/100$ 且不大于2.0	观察和实测检查

（3）钢零件及钢部件边缘加工质量检验项目、数量、方法和要求列于表3.4.4-3。

钢零件及钢部件边缘加工质量检验项目、数量和方法　　　　表 3.4.4-3

项目类别	序号	检验内容	检验数量	检验要求或指标	检验方法
主控项目	1	边缘加工刨削量	全数	气割或机械剪切的零件，需要进行边缘加工时，其刨削量不应小于 2.0mm	检查工艺报告和施工记录
一般项目	1	边缘加工允许偏差	按加工面数抽查 10%，且不应少于 3 件	边缘加工允许偏差应符合表 1 的规定 表 1 边缘加工的允许偏差（mm） | 项目 | 允许偏差 | |---|---| | 零件宽度、长度 | ±1.0 | | 加工边直线度 | $l/3000$，且不应大于 2.0 | | 相邻两边夹角 | ±6′ | | 加工面垂直度 | $0.025t$，且不应大于 0.5 | | 加工面表面粗糙度 | $\bigtriangledown$50 |	观察和实测检查

（4）钢结构管、球加工质量检验项目、数量、方法和要求列于表 3.4.4-4。

钢结构管、球加工质量检验项目、数量和方法　　　　表 3.4.4-4

项目类别	序号	检验内容	检验数量	检验要求或指标	检验方法
主控项目	1	螺栓球成型后表面	每种规格抽查 10%，且不应少于 5 个	螺栓球成型后，不应有裂纹、褶皱、过烧	10 倍放大镜观察检查或表面探伤
主控项目	2	钢板压成半圆球后表面	每种规格抽查 10%，且不应少于 5 个	钢板压成半圆球后，表面不应有裂纹、褶皱；焊接球其对接坡口应采用机械加工，对接焊缝表面应打磨平整	10 倍放大镜观察检查或表面探伤
一般项目	1	螺栓球加工允许偏差	每种规格抽查 10%，且不应少于 5 个	螺栓球加工的允许偏差应符合表 1 的规定。 表 1 螺栓球加工的允许偏差（mm） | 项目 | | 允许偏差 | 检验方法 | |---|---|---|---| | 圆度 | $d \leqslant 120$ | 1.5 | 用卡尺和游标卡尺检查 | | | $d > 120$ | 2.5 | | | 同一轴线上两铣平面平行度 | $d \leqslant 120$ | 0.2 | 用百分表 V 形块检查 | | | $d > 120$ | 0.3 | | | 铣平面距球中心距离 | | ±0.2 | 用游标卡尺检查 | | 相邻两螺栓孔中心线夹角 | | ±30′ | 用分度头检查 | | 两铣平面与螺栓孔轴线垂直度 | | $0.005r$ | 用百分表检查 |	

第4章 钢结构工程施工工序质量检验

续表

项目类别	序号	检验内容	检验数量	检验要求或指标			检验方法
一般项目	1	螺栓球加工允许偏差	每种规格抽查10%，且不应少于5个	球毛坯直径	$d \leq 120$	+2.0 -1.0	用卡尺和游标卡尺检查
					$d > 120$	+3.0 -1.5	
一般项目	2	焊接球加工的允许偏差	每种规格抽查10%，且不应少于5个	焊接球加工的允许偏差应符合表2的规定。 表2 焊接球加工的允许偏差			
一般项目	3	钢管杆件加工允许偏差	每种规格抽查10%，且不应少于5根	钢网架（桁架）用钢管杆件加工的允许偏差应符合表3的规定。 表3 钢网架（桁架）用钢管杆件加工的允许偏差（mm）			

表2 焊接球加工的允许偏差

项目	允许偏差	检验方法
直径	$\pm 0.005d$ ± 2.5	用卡尺和游标卡尺检查
圆度	2.5	用卡尺和游标卡尺检查
壁厚减薄量	$0.13t$，且不应大于1.5	用卡尺和测厚仪检查
两半球对口错边	1.0	用套模和游标卡尺检查

表3 钢网架（桁架）用钢管杆件加工的允许偏差（mm）

项目	允许偏差	检验方法
长度	± 1.0	用钢尺和百分表检查
端面对管轴的垂直度	$0.005r$	用百分表V形块检查
管口曲线	1.0	用套模和游标卡尺检查

（5）钢结构钢零件及钢部件制孔质量检验项目、数量、方法和要求列于表3.4.4-5。

钢零件钢部件制孔质量检验项目、数量和方法　　　表3.4.4-5

项目类别	序号	检验内容	检验数量	检验要求或指标	检验方法
主控项目	1	螺栓孔精度、孔壁表面粗糙度和孔径偏差	按钢构件数量抽查10%，且不应少于3件	A、B级螺栓孔（Ⅰ类孔）应具有H12的精度，孔壁表面粗糙度R_a，不应大于12.5μm。其孔径的允许偏差应符合表1的规定。 C级螺栓孔（Ⅱ类孔），孔壁表面粗糙度R_a，不应大于25μm，其允许偏差应符合表2的规定。	用游标卡尺或孔径量规检查

443

续表

项目类别	序号	检验内容	检验数量	检验要求或指标	检验方法
主控项目	1	螺栓孔精度、孔壁表面粗糙度和孔径偏差	按钢构件数量抽查10%，且不应少于3件	表1 A、B级螺栓孔径的允许偏差（mm） 	序号	螺栓公称直径、螺栓孔直径	螺栓公称直径允许偏差	螺栓孔直径允许偏差
---	---	---	---
1	10～18	0.00 −0.21	+0.18 0.00
2	18～30	0.00 −0.21	+0.21 0.00
3	30～50	0.00 −0.25	+0.25 0.00	 表2 C级螺栓孔的允许偏差（mm） 	项　目	允许偏差
---	---
直径	+1.0 0.0
圆度	2.0
垂直度	0.03t，且不应大于2.0		用游标卡尺或孔径量规检查
一般项目	1	螺栓孔孔距允许偏差	按钢构件数量抽查10%，且不应少于3件	螺栓孔孔距的允许偏差应符合表3的规定。 表3 螺栓孔孔距允许偏差（mm） | 螺栓孔孔距范围	≤500	501～1200	1201～3000	>3000
---	---	---	---	---
同一组内任意两孔间距离	±1.0	±1.5	—	—
相邻两组的端孔间距离	±1.5	±2.0	±2.5	±3.0 | 注：1. 在节点中连接板与一根杆件相连的所有螺栓孔为一组； 2. 对接接头在拼接板一侧的螺栓孔为一组； 3. 在两相邻节点或接头间的螺栓孔为一组，但不包括上述两款所规定的螺栓孔； 4. 受弯构件翼缘上的连接螺栓孔，每米长度范围内的螺栓孔为一组	用钢尺检查
	2	螺栓孔距超过偏差	全数检查	螺栓孔孔距的允许偏差超过表3规定的允许偏差时，应采用与母材材质相匹配的焊条补焊后重新制孔	观察

3.4.5 钢构件组装工程质量检验

（1）钢构件焊接 H 型钢质量检验项目、数量、方法和要求列于表 3.4.5-1。

钢零件钢部件制孔质量检验项目、数量和方法　　　　表 3.4.5-1

项目类别	序号	检验内容	检验数量	检验要求或指标			检验方法
一般项目	1	翼缘拼接缝和腹板拼接缝	全数	焊接 H 型钢的翼缘板拼接缝和腹板拼接缝的间距不应小于200mm。翼缘板拼接长度不应小于2倍板宽；腹板拼接宽度不应小于300mm，长度不应小于600mm			观察和用钢尺检查
一般项目	2	允许偏差	按钢构件数抽查10%，宜不应少于3件	焊接 H 型钢的允许偏差应符合表1的规定。 **表1　焊接 H 型钢的允许偏差（mm）** | 项目		允许偏差	图例
---	---	---	---
截面高度 h	$h<500$	±2.0	
	$500<h<1000$	±3.0	
	$h>1000$	±4.0	
截面宽度 b		±3.0	
腹板中心偏移		2.0	
翼缘板垂直度 Δ		$b/100$，且不应大于3.0	
弯曲矢高（受压构件除外）		$l/1000$，且不应大于10.0	
扭曲		$h/250$，且不应大于5.0	
腹板局部平面度 f	$t<14$	3.0	
	$t\geqslant 14$	2.0					用钢尺、角尺、塞尺等检查

(2) 钢构件组装质量检验项目、数量、方法和要求列于表3.4.5-2。

钢零件钢部件制孔质量检验项目、数量和方法　　　　表3.4.5-2

项目类别	序号	检验内容	检验数量	检验要求或指标	检验方法
主控项目	1	吊车梁和吊车桁架	全数	吊车梁和吊车桁架不应下挠	构件直立，在两端支承后，用水准仪和钢尺检查
一般项目	1	焊接连接组装偏差	按构件数抽查10%，且不应少于3个	焊接连接组装的允许偏差应符合表1的规定。 表1　焊接连接制作组装的允许偏差（mm） | 项目	允许偏差
---	---
对口错边 Δ	$t/10$，且不应大于3.0
间隙 a	±1.0
搭接长度 a	±5.0
缝隙 Δ	1.5
高度 h	±2.0
垂直度 Δ	$b/100$，且不应大于3.0
中心偏移 e	±2.0
型钢错位 连接处	1.0
型钢错位 其他处	2.0
箱形截面高度 h	±2.0
宽度 b	±2.0
垂直度 Δ	$b/200$，且不应大于3.0		钢尺量测

续表

项目类别	序号	检验内容	检验数量	检验要求或指标	检验方法
一般项目	2	顶紧接触面	按接触面的数量抽查10%，且不应少于10个	顶紧接触面应有75%以上的面积紧贴	用0.3mm塞尺检查，其塞入面积应小于25%，边缘间隙不应大于0.8mm
一般项目	3	杆件交点错位	按构件数抽查10%，且不应少于3个，每个抽查构件按节点数抽查10%，且不应少于3个节点	桁架结构杆件轴线交点错位的允许偏差不得大于3.0mm，允许偏差不得大于4.0mm	尺量检查

（3）钢构件端部铣平及安装焊缝坡口质量检验项目、数量、方法和要求列于表3.4.5-3。

钢构件端部铣平及安装焊缝坡口质量检验项目、数量和方法　　表3.4.5-3

项目类别	序号	检验内容	检验数量	检验要求或指标	检验方法
主控项目	1	端部铣平允许偏差	按铣平面数量抽查10%，且不应少于3个	端部铣平的允许偏差应符合表1的规定 表1　端部铣平的允许偏差（mm） <table><tr><td>项目</td><td>允许偏差</td></tr><tr><td>两端铣平时构件长度</td><td>±2.0</td></tr><tr><td>两端铣平时零件长度</td><td>±0.5</td></tr><tr><td>铣平面的平面度</td><td>0.3</td></tr><tr><td>铣平面对轴线的垂直度</td><td>$l/1500$</td></tr></table>	用钢尺、角尺、塞尺等检查
一般项目	1	安装焊坡口的允许偏差	按坡口数量抽查10%，且不应少于3条	安装焊接坡口的允许偏差应符合表2的规定。 表2　安装焊缝坡口的允许偏差 <table><tr><td>项目</td><td>允许偏差</td></tr><tr><td>坡口角度</td><td>±5°</td></tr><tr><td>钝边</td><td>±1.0mm</td></tr></table>	用焊缝量规检查
一般项目	2	外露铁平面防锈	全数	外露铣平面应防锈保护	观察

（4）钢构件外形尺寸检验项目、数量、方法和要求列于表3.4.5-4。

钢构件外形尺寸检验项目、数量和方法　　　　表 3.4.5-4

项目类别	序号	检验内容	检验数量	检验要求或指标	检验方法
主控项目	1	外形尺寸	全数	钢构件外形尺寸主控项目的允许偏差应符合表1的规定。 **表1　钢构件外形尺寸主控项目的允许偏差（mm）** | 项　目 | 允许偏差 | |---|---| | 单层柱、梁、桁架受力支托（支承面）表面至第一个安装孔距离 | ±1.0 | | 多节柱铣平面至第一个安装孔距离 | ±1.0 | | 实腹梁两端最外侧安装孔距离 | ±3.0 | | 构件连接处的截面几何尺寸 | ±3.0 | | 柱、梁连接处的腹板中心线偏移 | 2.0 | | 受压构件（杆件）弯曲矢高 | $l/1000$，且不应大于 10.0 |	用钢尺检查
一般项目	1	外形尺寸	按构件数量抽查10%，且不应少于3件	钢构件外形尺寸一般项目的允许偏差应符合《钢结构施工质量验收规范》GB50205 附录 C 中表 C.0.3～表 C.0.9 的规定	见 GB50205 附录 C 中表 C.0.3～表 C.0.9

3.4.6　钢构件预拼装工程质量检验

钢构件预拼装所用的支承凳或平台应测量找平。钢构件预拼装质量检验项目、数量、方法和要求列于表 3.4.6-1。

钢构件预拼装工程检验项目、数量和方法　　　　表 3.4.6-1

项目类别	序号	检验内容	检验数量	检验要求或指标	检验方法
主控项目	1	高强螺栓和普通螺栓连接的多层板叠	按预拼装单元全数检查	高强度螺栓和普通螺栓连接的多层板叠，应采用试孔器进行检查，并应符合下列规定： （1）当采用比孔公称直径小 1.0mm 的试孔器检查时，每组孔的通过率不应小于 85%； （2）当采用比螺栓公称直径大 0.3mm 的试孔器检查时，通过率应为 100%	采用试孔器检查

续表

项目类别	序号	检验内容	检验数量	检验要求或指标				检验方法
一般项目	1	预拼装允许偏差	按预拼装单元全数检查	预拼装的允许偏差应符合表1的规定。 **表1 钢构件预拼装的允许偏差（mm）**				
				构件类型	项目	允许偏差		检验方法
				多节柱	预拼装单元总长	±5.0		用钢尺检查
					预拼装单元弯曲矢高	$l/1500$，且不应大于10.0		用拉线和钢尺检查
					接口错边	2.0		用焊缝量规检查
					预拼装单元柱身扭曲	$h/200$，且不应大于5.0		用拉线、吊线和钢尺检查
					顶紧面至任一牛腿距离	±2.0		
				梁、桁架	跨度最外两端安装孔或两端支承面最外侧距离	+5.0 -10.0		用钢尺检查
					接口截面错位	2.0		用焊缝量规检查
					拱度	设计要求起拱	$±L/5000$	用拉线和钢尺检查
						设计未要求起拱	$L/20000$	
					节点处杆件轴线错位	4.0		划线后用钢尺检查
				管构件	预拼装单元总长	±5.0		用钢尺检查
					预拼装单元弯曲矢高	$l/1500$，且不应大于10.0		用拉线和钢尺检查
					对口错边	$t/10$，且不应大于3.0		用焊缝量规检查
					坡口间隙	+2.0 -1.0		
				构件平面总体预拼装	各楼层柱距	±4.0		用钢尺检查
					相邻楼层梁与梁之间距离	±3.0		
					各层间框架两对角线之差	$H/2000$，且不应大于5.0		
					任意两对角线之差	$\sum H/2000$，且不应大于8.0		

3.4.7 单层钢结构安装工程质量检验

单层钢结构安装工程检验批应在进场验收和焊接连接、紧固件连接、制作等分项工程验收合格的基础上进行验收。

（1）单层钢结构基础和支承面质量检验项目、数量、方法和要求列于表3.4.7-1。

基础和支承面质量检验项目、数量和方法　　　　　表3.4.7-1

项目类别	序号	检验内容	检验数量	检验要求或指标	检验方法
主控项目	1	定位轴线	按柱基数抽查10%，且不应少于3个	建筑物的定位轴线、基础轴线和标高、地脚螺栓的规格及其紧固应符合设计要求	用经纬仪、水准仪、全站仪和钢尺现场实测
主控项目	2	支承面地脚螺栓偏差	按柱基数抽查10%，且不应少于3个	基础顶面直接作为柱的支承面和基础顶面预埋钢板或支座作为柱的支承面时，其支承面、地脚螺栓（锚栓）位置的允许偏差应符合表1的规定 表1　支承面、地脚螺栓（锚栓）位置的允许偏差（mm） | 项　目		允许偏差
---	---	---
支承面	标高	±3.0
	水平度	$l/1000$
地脚螺栓（锚栓）	螺栓中心偏移	5.0
	预留孔中心偏移	10.0		用经纬仪、水准仪、全站仪和钢尺现场实测
主控项目	3	座浆垫板的允许偏差	资料全数检查，按柱基数抽查10%，且不应少于3个	采用座浆垫板时，座浆垫板的允许偏差应符合表2的规定 表2　座浆垫板的允许偏差（mm） | 项　目	允许偏差
---	---
顶面标高	0.0 -3.0
水平度	$l/1000$
位置	20.0		用水准仪、全站仪、水平尺和钢尺现场实测
主控项目	4	杯口尺寸偏差	按基础数抽查10%，且不应少于4处	采用杯口基础时，杯口尺寸的允许偏差应符合表3的规定 表3　杯口尺寸的允许偏差（mm） | 项　目	允许偏差
---	---
底面标高	0.0 -5.0
杯口深度 H	±5.0
杯口垂直度	$H/100$，且不应大于10.0
位置	10.0		观察及尺量检查

第4章 钢结构工程施工工序质量检验

续表

项目类别	序号	检验内容	检验数量	检验要求或指标	检验方法
一般项目	1	地脚螺栓尺寸偏差	按柱基数抽查10%，且不应少于3个	地脚螺栓（锚栓）尺寸的偏差应符合表4的规定。地脚螺栓（锚栓）的螺纹应受到保护 **表4 地脚螺栓（锚栓）尺寸的允许偏差（mm）** | 项 目	允许偏差
---	---
螺栓（锚栓）露出长度	+30.0 0.0
螺纹长度	+30.0 0.0		用钢尺现场实测

（2）单层钢结构安装和校正质量检验项目、数量、方法和要求列于表3.4.7-2。

安装和校正质量检验项目、数量和方法　　　　表3.4.7-2

项目类别	序号	检验内容	检验数量	检验要求或指标	检验方法
主控项目	1	运输、堆放和吊装造成构件变形	按构件数抽查10%，且不应少于3个	钢构件应符合设计要求和钢结构工程施工质量验收规范的规定。运输、堆放和吊装等造成的钢构件变形及涂层脱落，应进行矫正和修补	用拉线、钢尺现场实测或观察
	2	顶紧节点	按节点数抽查10%，且不应少于3个	设计要求顶紧的节点，接触面不应少于70%紧贴，且边缘最大间隙不应大于0.8mm	用钢尺及0.3mm和0.8mm厚的塞尺现场实测
	3	有关构件垂直度和侧向弯曲矢高的偏差	按同类构件数抽查10%，且不应少于3个	钢屋（托）架、桁架、梁及受压杆件的垂直度和侧向弯曲矢高的允许偏差应符合表1的规定 **表1 侧向弯曲矢高的允许偏差（mm）** | 项目	允许偏差	图例
---	---	---
跨中的垂直度	$h/250$，且不应大于15.0			用吊线、拉线、经纬仪和钢尺现场实测

续表

项目类别	序号	检验内容	检验数量	检验要求或指标			检验方法
主控项目		主体结构整体垂直度和整体平面弯曲偏差	对主要立面全部检查。对每个所检查的立面，除两列角柱外，尚应至少选取一列中间柱	侧向弯曲矢高 f	$l \leqslant 30\mathrm{m}$	$l/1000$，且不应大于 10.0	用吊线、拉线、经纬仪和钢尺现场实测
					$30\mathrm{m} < l \leqslant 60\mathrm{m}$	$l/1000$，且不应大于 30.0	
					$l > 60\mathrm{m}$	$l/1000$，且不应大于 50.0	
	4			单层钢结构主体结构的整体垂直度和整体平面弯曲的允许偏差应符合表2的规定 表2 整体垂直度和整体平面弯曲的允许偏差（mm） 	项目	允许偏差	图例
---	---	---
主体结构的整体垂直度	$H/1000$，且不应大于 25.0	
主体结构的整体平面弯曲	$L/1500$，且不应大于 25.0					
一般项目	1	构件中心线及标高基准点	按同类构件数抽查10%，且不应少于3件	钢柱等主要构件的中心线及标高基准点等标记应齐全			观察
	2	支座中心对定位轴线偏差	按同类构件数抽查10%，且不应少于3榀	当钢桁架（或梁）安装在混凝土柱上时，其支座中心对定位轴线的偏差不应大于10mm；当采用大型混凝土屋面板时，钢桁架（或梁）间距的偏差不应大于10mm			用拉线和钢尺现场实测
	3	钢柱安装偏差	按钢柱数抽查10%，且不应少于3件	钢柱安装的允许偏差应符合表1的规定 表1 单层钢结构中柱子安装的允许偏差（mm） | 项目	允许偏差	图例	检验方法
---	---	---	---
柱脚底座中心线对定位轴线的偏移	5.0		用吊线和钢尺检查				

续表

项目类别	序号	检验内容	检验数量	检验要求或指标				检验方法
一般项目	3	钢柱安装偏差	按钢柱数抽查10%，且不应少于3件	柱基准点标高	有吊车梁的柱	+3.0 -5.0		用水准仪检查
					无吊车梁的柱	+5.0 -8.0		
				弯曲矢高		$H/1200$，且不应大于15.0		用经纬仪或拉线和钢尺检查
				柱轴线垂直度	单层柱	$H \leq 10m$	$H/1000$	用经纬仪或吊线和钢尺检查
						$H > 10m$	$H/1000$，且不应大于25.0	
					多节柱	单节柱	$H/1000$，且不应大于10.0	
						柱全高	35.0	
	4	钢吊车梁等安装偏差	按钢吊车梁数抽查10%，且不应少于3榀	钢吊车梁或直接承受动力荷载的类似构件，其安装的允许偏差应符合表2的规定				

表2 钢吊车梁安装的允许偏差（mm）

项目	允许偏差	图例	检验方法
梁的跨中垂直度Δ	$h/500$		用吊线和钢尺检查
侧向弯曲矢高	$l/1500$，且不应大于10.0		用拉线和钢尺检查
垂直上拱矢高	10.0		

续表

项目类别	序号	检验内容	检验数量	检验要求或指标			检验方法
一般项目	4	钢吊车梁等安装偏差	按钢吊车梁数抽查10%，且不应少于3榀	两端支座中心位移 Δ	安装在钢柱上时，对牛腿中心的偏差	5.0	用拉线和钢尺检查
					安装在混凝土柱上时，对定位轴线的偏移	5.0	
				吊车梁支座加劲板中心与柱子承压加劲板中心的偏移 Δ_1		$t/2$	用吊线和钢尺检查
				同跨间内同一横截面吊车梁顶面高差 Δ	支座处	10.0	用经纬仪、水准仪和钢尺检查
					其他处	15.0	
				同跨间内同一横截面下挂式吊车梁底面高差 Δ		10.0	
				同列相邻两柱间吊车梁顶面高差 Δ		$l/1500$，且不应大于10.0	用水准仪和钢尺检查
				相邻两吊车梁接头部位 Δ	中心错位	3.0	用钢尺检查
					上承式顶面高差	1.0	
					下承式底面高差	1.0	
				同跨间任一截面的吊车梁中心跨距 Δ		±10.0	用经纬仪和光电测距仪检查；跨度小时，可用钢尺检查

续表

项目类别	序号	检验内容	检验数量	检验要求或指标		检验方法
一般项目	4	钢吊车梁等安装偏差	按钢吊车梁数抽查10%，且不应少于3榀	轨道中心对吊车梁腹板轴线的偏移 Δ	$t/2$	用吊线和钢尺检查
一般项目	5	墙架、檩条等次要构件安装偏差	按同类构件数抽查10%，且不应少于3件	墙架、檩条等次要构件安装的允许偏差应符合表3的规定 表3 墙架、檩条等次要构件安装的允许偏差（mm）		
				项 目	允许偏差	
				墙架立柱 中心线对定位轴线的偏移	10.0	用钢尺检查
				墙架立柱 垂直度	$H/1000$，且不应大于10.0	用经纬仪或吊线和钢尺检查
				墙架立柱 弯曲矢高	$H/1000$，且不应大于15.0	用经纬仪或吊线和钢尺检查
				抗风桁架的垂直度	$h/250$，且不应大于15.0	用吊线和钢尺检查
				檩条、墙梁的间距	±5.0	用钢尺检查
				檩条的弯曲矢高	$l/750$，且不应大于12.0	用拉线和钢尺检查
				墙梁的弯曲矢高	$l/750$，且不应大于10.0	用拉线和钢尺检查
				注：H为墙架立柱的高度；h为抗风桁架的高度；l为檩条或墙梁的长度		
一般项目	6	钢平台，钢梯和防护栏杆安装偏差	按钢平台总数抽查10%，栏杆、钢梯按总长度各抽查10%，但钢平台不应少于1个，栏杆不应少于5m，钢梯不应少于1跑	钢平台、钢梯、栏杆安装应符合现行国家标准《固定式钢直梯》GB4053.1、《固定式钢斜梯》GB4053.2、《固定式防护栏杆》GB4053.3和《固定式钢平台》GB4053.4的规定。钢平台、钢梯和防护栏杆安装的允许偏差应符合表4的规定 表4 钢平台、钢梯和防护栏杆安装的允许偏差（mm）		
				项 目	允许偏差	检验方法
				平台高度	±15.0	用水准仪检查
				平台梁水平度	$l/1000$，且不应大于20.0	用水准仪检查

续表

项目类别	序号	检验内容	检验数量	检验要求或指标		检验方法
一般项目	6	钢平台，钢梯和防护栏杆安装偏差	按钢平台总数抽查10%，栏杆、钢梯按总长度各抽查10%，但钢平台不应少于1个，栏杆不应少于5m，钢梯不应少于1跑	平台支柱垂直度	$H/1000$，且不应大于15.0	用经纬仪或吊线和钢尺检查
				承重平台梁侧向弯曲	$l/1000$，且不应大于10.0	用拉线和钢尺检查
				承重平台梁垂直度	$h/250$，且不应大于15.0	用吊线和钢尺检查
				直梯垂直度	$l/1000$，且不应大于15.0	用吊线和钢尺检查
				栏杆高度	±15.0	用钢尺检查
				栏杆立柱间距	±15.0	用钢尺检查
	7	焊缝组对间隙偏差	按同类节点数抽查10%，且不应少于3个	现场焊缝组对间隙的允许偏差应符合表5的规定 表5 现场焊缝组对间隙的允许偏差（mm）		尺量检查
				项目	允许偏差	
				无垫板间隙	+3.0　　0.0	
				有垫板间隙	+3.0　　-2.0	
	8	钢结构表面	按同类构件数抽查10%，且不应少于3件	钢结构表面应干净，结构主要表面不应有疤痕、泥沙等污垢		观察检查

3.4.8 多层及高层结构安装工程质量检验

多层及高层钢结构的主体结构、地下钢结构、檩条及墙架等次要构件、钢平台、钢梯、防护栏杆等安装工程的质量验收，包括基础和支承面、安装和校正等分项工程。钢结构安装检验批应在进场验收和焊接连接、紧固件连接，制作等分项工程验收合格的基础上进行验收。

（1）多层及高层钢结构的基础和支承面质量检验项目、数量、方法和要求列于表3.4.8-1。

基础和支承面质量检验项目、数量和方法　　　　表 3.4.8-1

项目类别	序号	检验内容	检验数量	检验要求或指标	检验方法
主控项目	1	定位轴线、标高、地脚螺栓的规格和位置	按柱基数抽查10%，且不应少于3个	建筑物的定位轴线、基础上柱的定位轴线和标高、地脚螺栓（锚栓）的规格和位置、地脚螺栓（锚栓）紧固应符合设计要求。当设计无要求时，应符合表1的规定 **表1　建筑物定位轴线、基础上柱的定位轴线和标高、地脚螺栓（锚栓）的允许偏差** | 项目 | 允许偏差 | 图例 | |---|---|---| | 建筑物定位轴线 | $l/20000$，且不应大于3.0 | | | 基础上柱的定位轴线 | 1.0 | | | 基础上柱底标高 | ±2.0 | | | 地脚螺栓（锚栓）位移 | 2.0 | |	采用经纬仪、水准仪、全站仪和钢尺实测
主控项目	2	柱支承顶面、地脚螺栓偏差	按柱基数抽查10%，且不应少于3个	多层建筑以基础顶面直接作为柱的支承面，或以基础顶面预埋钢板或支座作为柱的支承面时，其支承面、地脚螺栓（锚栓）位置的允许偏差应符合表3.4.7-1中表1的规定	用经纬仪、水准仪、全站仪、水平尺和钢尺实测
主控项目	3	座浆垫板的偏差	资料全数检查。按柱基数抽查10%，且不应少于3个	多层建筑采用座浆垫板时，座浆垫板的允许偏差应符合表3.4.7-1中表2的规定	用水准仪、全站仪、水平尺和钢尺实测
主控项目	4	杯口尺寸偏差	按基础数抽查10%，且不应少于4处	当采用杯口基础时，杯口尺寸的允许偏差应符合表3.4.7-1中表3的规定	观察及尺量检查
一般项目	1	地脚螺栓尺寸偏差	按柱基数抽查10%，且不应少于3个	地脚螺栓（锚栓）尺寸的允许偏差应符合表3.4.7-1中表4的规定。地脚螺栓（锚栓）的螺纹应受到保护	用钢尺现场实测

（2）多层及高层钢结构安装和校正质量检验项目、数量、方法和要求列于表3.4.8-2。

安装和校正质量检验项目、数量和方法　　　　表3.4.8-2

项目类别	序号	检验内容	检验数量	检验要求或指标	检验方法
主控项目	1	钢构件运输、堆放和吊装	按构件数抽查10%，且不应少于3个	钢构件应符合设计要求和验收规范的规定。运输、堆放和吊装等造成的钢构件变形及涂层脱落，应进行矫正和修补	用拉线、钢尺现场实测或观察
	2	柱安装允许偏差	标准柱全部检查；非标准柱抽查10%，且不应少于3根	柱子安装的允许偏差应符合表1的规定 表1　柱子安装的允许偏差（mm） | 项目 | 允许偏差 | 图例 | |---|---|---| | 底层柱柱底轴线对定位轴线偏移 | 3.0 | | | 柱子定位轴线 | 1.0 | | | 单节柱的垂直度 | $h/1000$，且不应大于10.0 | |	用全站仪或激光经纬仪和钢尺实测
	3	顶紧的节点	按节点数抽查10%，且不应少于3个	设计要求顶紧的节点，接触面不应少于70%紧贴，且边缘最大间隙不应大于0.8mm	用钢尺及0.3mm和0.8mm厚的塞尺现场实测
	4	钢构件的垂直度和侧向弯曲矢高	按同类构件数抽查10%，且不应少于3个	钢主梁、次梁及受压杆件的垂直度和侧向弯曲矢高的允许偏差应符合表3.4.7-2中表1中有关钢屋（托）架允许偏差的规定	用吊线、拉线、经纬仪和钢尺现场实测

续表

项目类别	序号	检验内容	检验数量	检验要求或指标	检验方法
主控项目	5	主体结构整体垂直度	对主要立面全部检查。对每个所检查的立面,除两列角柱外,尚应至少选取一列中间柱	多层及高层钢结构主体结构的整体垂直度和整体平面弯曲的允许偏差应符合表2的规定。 **表2 整体垂直度和整体平面弯曲的允许偏差(mm)** | 项目	允许偏差	图例
---	---	---
主体结构的整体垂直度	(H/2500 + 10.0),且不应大于 50.0	
主体结构的整体平面弯曲	L/1500,且不应大于 25.0			对于整体垂直度,可采用激光纬仪、全站仪测量,也可根据各节柱的垂直度允许偏差累计(代数和)计算。对于整体平面弯曲,可按产生的允许偏差累计(代数和)计算
一般项目	1	钢结构表面	按同类构件数抽查 10%,且不应少于3件	钢结构表面应干净,结构主要表面不应有疤痕、泥沙等污垢	观察
一般项目	2	构件的中心线及标高基准点等标记	按同类构件数抽查 10%,且不应少于3件	钢柱等主要构件的中心线及标高基准点等标记应齐全	观察
一般项目	3	钢构件安装偏差	按同类构件或节点数抽查 10%。其中柱和梁各不应少于3件,主梁与次梁连接节点不应少于3个,支承压型金属板的钢梁长度不应少于5m	钢构件安装的允许偏差应符合表3的规定 **表3 多层及高层钢结构中构件安装的允许偏差(mm)** | 项 目	允许偏差	图 例
---	---	---
上、下柱连接处的错口 Δ	3.0			用钢尺检查

续表

项目类别	序号	检验内容	检验数量	检验要求或指标		检验方法
一般项目	3	钢构件安装偏差	按同类构件或节点数抽查10%。其中柱和梁各不应少于3件，主梁与次梁连接节点不应少于3个，支承压型金属板的钢梁长度不应少于5m	同一层柱的各柱顶高度差 Δ	5.0	用水准仪检查
				同一根梁两端顶面的高差 Δ	$l/1000$，且不应大于10.0	用水准仪检查
				主梁与次梁表面的高差 Δ	±2.0	用直尺和钢尺检查
				压型金属板在钢梁上相邻列的错位 Δ	15.0	用直尺和钢尺检查
	4	主体结构总高度偏差	按标准柱列数抽查10%，且不应少于4列	主体结构总高度的允许偏差应符合表4的规定 **表4 多层及高层钢结构主体结构总高度的允许偏差（mm）** | 项目	允许偏差	图例
---	---	---
用相对标高控制安装	$\pm\Sigma(\Delta_h+\Delta_z+\Delta_w)$	
用设计标高控制安装	$H/1000$，且不应大于30.0 $-H/1000$，且不应小于-30.0		 注：Δ_h为每节柱子长度的制造允许偏差；Δ_z为每节柱子长度受荷载后的压缩值；Δ_w为每节柱子接头焊缝的收缩值		采用全站仪、水准仪和钢尺实测

第4章 钢结构工程施工工序质量检验

续表

项目类别	序号	检验内容	检验数量	检验要求或指标	检验方法
一般项目	5	支座中心对定位轴线的偏差	按同类构件数抽查10%，且不应少于3榀	当钢构件安装在混凝土柱上时，其支座中心对定位轴线的偏差不应大于10mm；当采用大型混凝土屋面板时，钢梁（或桁架）间距的偏差不应大于10mm	用拉线和钢尺现场实测
	6	钢吊车梁等构件安装偏差	按钢吊车梁数抽查10%，且不应少于3榀	多层及高层钢结构中钢吊车梁或直接承受动力荷载的类似构件，其安装的允许偏差应符合表3.4.7-2中表2的规定	见表3.4.7-2中表2
	7	次要构件安装偏差	按同类构件数抽查10%，且不应少于3件	多层及高层钢结构中檩条、墙架等次要构件安装的允许偏差应符合表3.4.7-2中表3的规定	见表3.4.7-2中表3
	8	钢平台、钢梯、栏杆安装	按钢平台总数抽查10%，栏杆、钢梯按总长度各抽查10%，但钢平台不应少于1个，栏杆不应少于5m，钢梯不应少于1跑	多层及高层钢结构中钢平台、钢梯、栏杆安装应符合现行国家标准《固定式钢直梯》GB4053.1、《固定式钢斜梯》GB 4053.2、《固定式防护栏杆》GB 4053.3和《固定式钢平台》GB 4053.4 的规定。钢平台、钢梯和防护栏杆安装的允许偏差应符合本规范附表3.4.7-2中表4的规定	见表3.4.7-2中表4
	9	现场焊缝组对间隙	按同类节点数抽查10%，且不应少于3个	多层及高层钢结构中现场焊缝组对间隙的允许偏差应符合表5的规定 **表5 现场焊缝组对间隙的允许偏差（mm）** | 项 目	允许偏差
---	---
无垫板间隙	+3.0　　0.0
有垫板间隙	+3.0　　-2.0		尺量检查

3.4.9 钢网架结构安装工程

钢网架结构安装应包括材料和部件进场验收和焊接连接、紧固件连接、制作等分项工程的质量检验。

（1）钢网架结构支承面顶板和支承垫块的质量检验项目、数量和方法列于表3.4.9-1。

支承面顶板和支承垫块质量检验项目、数量和方法　　　　表 3.4.9-1

项目类别	序号	检验内容	检验数量	检验要求或指标	检验方法
主控项目	1	支座定位轴线的位置	按支座数抽查10%，且不应少于4处	钢网架结构支座定位轴线的位置、支座锚栓的规格应符合设计要求	用经纬仪和钢尺实测
主控项目	2	支承面顶板的位置、标高、水平度及支座锚栓位置偏差	按支座数抽查10%，且不应少于4处	支承面顶板的位置、标高、水平度以及支座锚栓位置的允许偏差应符合表1的规定 表1　支承面顶板、支座锚栓位置的允许偏差（mm） | 项　目		允许偏差
---	---	---
支承面顶板	位置	15.0
	顶面标高	0　　-3.0
	顶面水平度	l/1000
支座锚栓	中心偏移	±5.0		用经纬仪、水准仪、水平尺和钢尺实测
主控项目	3	支承垫块的种类、规格、摆放位置	按支座数抽查10%，且不应少于4处	支承垫块的种类、规格、摆放位置和朝向，必须符合设计要求和国家现行有关标准的规定。橡胶垫块与刚性垫块之间或不同类型刚性垫块之间不得互换使用	观察和用钢尺实测
主控项目	4	支座锚栓的紧固	按支座数抽查10%，且不应少于4处	网架支座锚栓的紧固应符合设计要求	观察
一般项目	1	支座锚栓尺寸偏差	按支座数抽查10%，且不应少于4处	支座锚栓尺寸的允许偏差应符合表2的规定。支座锚栓的螺纹应受到保护 表2　地脚螺栓（锚栓）尺寸的允许偏差（mm） | 项　目	允许偏差	
---	---	---
螺栓（锚栓）露出长度	+30.0	0.0
螺纹长度	+30.0	0.0		用钢尺实测

(2) 钢网架结构总拼与安装质量检验项目、数量、方法和要求列于表 3.4.9-2。

总拼与安装质量检验项目、数量和方法　　　　表 3.4.9-2

项目类别	序号	检验内容	检验数量	检验要求或指标	检验方法
主控项目	1	小拼单元的偏差	按单元数抽查 5%，且不应少于 5 个	小拼单位的允许偏差应符合表 1 的规定 **表 1　小拼单元的允许偏差（mm）** | 项目 | | 允许偏差 | |---|---|---| | 节点中心偏移 | | 2.0 | | 焊接球节点与钢管中心的偏移 | | 1.0 | | 杆件轴线的弯曲矢高 | | $L_1/1000$，且不应大于 5.0 | | 锥体型小拼单元 | 弦杆长度 | ±2.0 | | | 锥体高度 | ±2.0 | | | 上弦杆对角线长度 | ±3.0 | | 平面桁架型小拼单元 | 跨长 ≤24m | +3.0 / −7.0 | | | 跨长 >24m | +5.0 / −10.0 | | | 跨中高度 | ±3.0 | | | 跨中拱度 设计要求起拱 | ±$L/5000$ | | | 跨中拱度 设计未要求起拱 | +10.0 | 注：L_1 为杆件长度；L 为跨长	用钢尺和拉线等辅助量具实测
主控项目	2	中拼单元的偏差	全数检查	中拼单元的允许偏差应符合表 2 的规定 **表 2　中拼单元的允许偏差（mm）** | 项目 | | 允许偏差 | |---|---|---| | 单元长度 ≤20m，拼接长度 | 单跨 | ±10.0 | | | 多跨连续 | ±5.0 | | 单元长度 >20m，拼接长度 | 单跨 | ±20.0 | | | 多跨连续 | ±10.0 |	用钢尺和辅助量具实测
主控项目	3	建筑结构安全等级为一级，跨度 40m 及以上的公共建筑钢网架结构节点承载力	每项试验做 3 个试件	对建筑结构安全等级为一级，跨度 40m 及以上的公共建筑钢网架结构，且设计有要求时，应按下列项目进行节点承载力试验，其结果应符合以下规定： （1）焊接球节点应按设计指定规格的球及其匹配的钢管焊接成试件，进行轴心拉、压承载力试验，其试验破坏荷载值大于或等于 1.6 倍设计承载力为合格 （2）螺栓球节点应按设计指定规格的球量大螺栓孔螺纹进行抗拉强度保证荷载试验，当达到螺栓的设计承载力时，螺孔、螺纹及封板仍完好无损为合格	在万能试验机上进行检验，检查试验报告

续表

项目类别	序号	检验内容	检验数量	检验要求或指标	检验方法
主控项目	4	总拼及屋面工程完成后的挠度	跨度24m及以下钢网架结构测量下弦中央一点;跨度24m以上钢网架结构测量下弦中央一点及各向下弦跨度的四等分点	钢网架结构总拼完成后及屋面工程完成后应分别测量其挠度值,且所测的挠度值不应超过相应设计值的1.15倍	用钢尺和水准仪实测
一般项目	1	钢网架表面	按节点及杆件数抽查5%,且不应少于10个节点	钢网架结构安装完成后,其节点及杆件表面应干净,不应有明显的疤痕、泥沙和污垢。螺栓球节点应将所有接缝用油腻子填嵌严密,并应将多余螺孔封口	观察
一般项目	2	安装偏差	除杆件弯曲矢高按杆件数抽查5%外,其余全数检查	钢网架结构安装完成后,其安装的允许偏差应符合表3的规定	

表3 钢网架结构安装的允许偏差(mm)

项目	允许偏差	检验方法
纵向、横向长度	$L/2000$,且不应大于30.0 $-L/2000$,且不应大于-30.0	用钢尺实测
支座中心偏移	$L/3000$,且不应大于30.0	用钢尺和经纬仪实测
周边支承网架相邻支座高差	$L/400$,且不应大于15.0	用钢尺和水准仪实测
支座最大高差	30.0	用钢尺和水准仪实测
多点支承网架相邻支座高差	$L_1/800$,且不应大于30.0	用钢尺和水准仪实测

注:L为纵向、横向长度;L_1为相邻支座间距

3.4.10 压型金属板工程质量检验

压型金属板工程质量检验包括压型金属板制作和安装两个分项工程的质量检验。

(1)压型金属板制作质量检验项目、数量、方法和要求列于表3.4.10-1。

压型金属板制作质量检验项目、数量和方法　　　表3.4.10-1

项目类别	序号	检验内容	检验数量	检验要求或指标	检验方法
主控项目	1	成型后检验	按计件数抽查5%,且不应少于10件	压型金属板成型后,其基板不应有裂纹	观察和用10倍放大镜检查

第4章 钢结构工程施工工序质量检验

续表

项目类别	序号	检验内容	检验数量	检验要求或指标	检验方法
主控项目	2	涂镀层检验	按计件数抽查5%，且不应少于10件	有涂层、镀层压型金属板成型后，涂、镀层不应有肉眼可见的裂纹、剥落和擦痕等缺陷	观察
一般项目	1	尺寸偏差	按计件数抽查5%，且不应少于10件	压型金属板的尺寸允许偏差应符合表1的规定 **表1 压型金属板的尺寸允许偏差（mm）** | 项目 | | | 允许偏差 | |---|---|---|---| | 波距 | | | ±2.0 | | 波高 | 压型钢板 | 截面高度≤70 | ±1.5 | | | | 截面高度>70 | ±2.0 | | 侧向弯曲 | 在测量长度L_1的范围内 | | 20.0 | 注 L_1为测量长度，指板长扣除两端各0.5m后的实际长度（小于10m）或扣除后任选的10m长度	用拉线和钢尺检查
一般项目	2	成型表面	按计件数抽查5%，且不应少于10件	压型金属板成型后，表面应干净，不应有明显凸凹和皱褶	观察
一般项目	3	制作偏差	按计件数抽查5%，且不应少于10件	压型金属板施工现场制作的允许偏差应符合表2的规定 **表2 压型金属板施工现场制作的允许偏差（mm）** | 项目 | | 允许偏差 | | |---|---|---|---| | 压型金属板的覆盖宽度 | 截面高度≤70 | +10.0 | −2.0 | | | 截面高度>70 | 6.0 | −2.0 | | 板长 | | ±9.0 | | | 横向剪切偏差 | | 6.0 | | | 泛水板、包角板尺寸 | 板长 | ±6.0 | | | | 折弯面宽度 | ±3.0 | | | | 折弯面夹角 | 2° | |	用钢尺、角尺检查

（2）压型金属板安装质量检验项目、数量、方法和要求列于表3.4.10-2。

压型金属板安装质量检验项目、数量和方法　　　　表 3.4.10-2

项目类别	序号	检验内容	检验数量	检验要求或指标	检验方法
主控项目	1	压型金属板等固定连接和防腐	全数	压型金属板、泛水板和包角板等应固定可靠、牢固，防腐涂料涂刷和密封材料敷设应完好，连接件数量、间距应符合设计要求和国家现行有关标准规定	观察检查及尺量
主控项目	2	压型金属板在支承构件上的搭接	按搭接部位总长度抽查 10%，且不应少于 10m	压型金属板应在支承构件上可靠搭接，搭接长度应符合设计要求，且不应小于表 1 所规定的数值 **表 1　压型金属板在支承构件上的搭接长度（mm）** | 项　目 || 搭接长度 | |---|---|---| | 截面高度 >70 || 375 | | 截面高度 ≤70 | 屋面坡度 <1/10 | 250 | | | 屋面坡度 ≥1/10 | 200 | | 墙　面 || 120 |	观察和用钢尺检查
主控项目	3	组合楼板中压型钢板与主体结构锚固	沿连接纵向长度抽查 10%，且不应少于 10m	组合楼板中压型钢板与主体结构（梁）的锚固支承长度应符合设计要求，且不应小于 50mm，端部锚固件连接应可靠，设置位置应符合设计要求	观察和用钢尺检查
一般项目	1	压型金属板安装的外观质量	按面积抽查 10%，且不应少于 10m²	压型金属板安装应平整、顺直，板面不应有施工残留物和污物。檐口和墙面下端应呈直线，不应有未经处理的错钻孔洞	观察
一般项目	2	压型金属板安装的允许偏差	檐口与屋脊的平行度：按长度抽查 10%，且不应少于 10m。其他项目：每 20m 长度应抽查 1 处，不应少于 2 处	压型金属板安装的允许偏差应符合表 2 的规定。 **表 2　压型金属板安装的允许偏差（mm）** | 项　目 || 允许偏差 | |---|---|---| | 屋面 | 檐口与屋脊的平行度 | 12.0 | | | 压型金属板波纹线对屋脊的垂直度 | L/800，且不应大于 25.0 | | | 檐口相邻两块压型金属板端部错位 | 6.0 | | | 压型金属板卷边板件最大波浪高 | 4.0 | | 墙面 | 墙板波纹线的垂直度 | H/800，且不应大于 25.0 | | | 墙板包角板的垂直度 | H/800，且不应大于 25.0 | | | 相邻两块压型金属板的下端错位 | 6.0 | 注：L 为屋面半坡或单坡长度；H 为墙面高度	用拉线、吊线和钢尺检查

3.4.11 钢结构涂装工程质量检验

钢结构涂装工程质量检验包括钢结构防腐涂料涂装和防火涂料涂装的质量检验。

（1）钢结构防腐涂料涂装工程质量检验项目、数量、方法和要求列于表 3.4.11-1。

钢结构防腐涂料涂装质量检验项目、数量和方法　　　　表 3.4.11-1

项目类别	序号	检验内容	检验数量	检验要求或指标	检验方法
主控项目	1	涂装前钢材表面除锈	按构件数量抽查10%，且同类构件不应少于3件	涂装前钢材表面除锈应符合设计要求和国家现行有关标准的规定。处理后的钢材表面不应有焊渣、焊疤、灰尘、油污、水和毛刺等。当设计无要求时，钢材表面除锈等级应符合表1的规定。 **表1　各种底漆或防锈漆要求最低的除锈等级** | 涂料品种 | 除锈等级 | |---|---| | 油性酚醛、醇酸等底漆或防锈漆 | St2 | | 高氯化聚乙烯、氯化橡胶、氯磺化聚乙烯、环氧树脂、聚氨酯等底漆或防锈漆 | Sa2 | | 无机富锌、有机硅、过氯乙烯等底漆 | Sa2$\frac{1}{2}$ |	用铲刀检查和用现行国家标准《涂装前钢材表面锈蚀等级和除锈等级》GB8923 规定的图片对照观察检查
主控项目	2	涂料涂装遍数、涂层厚	按构件数量抽查10%，且同类构件不应少于3件	涂料、涂装遍数、涂层厚度均应符合设计要求。当设计对涂层厚度无要求时，涂层干漆膜总厚度：室外应为150μm，室内应为125μm，其允许偏差为 -25μm。每遍涂层干漆膜厚度的允许偏差为 -5μm	用干漆膜测厚仪检查。每个构件检测5处，每处的数值为 3 个相距 50mm 测点涂层干漆膜厚度的平均值
一般项目	1	构件表面	全数检查	构件表面不应误涂、漏涂，涂层不应脱皮和返锈等。涂层应均匀、无明显皱皮、流坠、针眼和气泡等	观察
一般项目	2	涂层附着力测试	按构件数抽查1%，且不应少于3件，每件测3处	当钢结构处在有腐蚀介质环境或外露且设计有要求时，应进行涂层附着力测试，在检测处范围内，当涂层完整程度达到70%以上时，涂层附着力达到合格质量标准的要求	按照现行国家标准《漆膜附着力测定法》GB1720 或《色漆和清漆、漆膜的划格试验》GB9286 执行
一般项目	3	涂装完成后的标志	全数检查	涂装完成后，构件的标志、标记和编号应清晰完整	观察

（2）钢结构防火涂料涂装质量检验项目、数量、方法和要求列于表3.4.11-2。

防火涂料涂装质量检验项目、数量和方法　　　　表3.4.11-2

项目类别	序号	检验内容	检验数量	检验要求或指标	检验方法
主控项目	1	涂装前钢材表面除锈及底漆	按构件数抽查10%，且同类构件不应少于3件	防火涂料涂装前钢材表面除锈及防锈底漆涂装应符合设计要求和国家现行有关标准的规定	表面除锈用铲刀检查和用现行国家标准《涂装前钢材表面锈蚀等级和除锈等级》GB8923规定的图片对照观察检查。底漆涂装用干漆膜测厚仪检查，每个构件检测5处，每处的数值为3个相距50mm测点涂层干漆膜厚度的平均值
主控项目	2	防火涂料粘结强度	每使用100t或不足100t薄涂型防火涂料应抽检一次粘结强度；每使用500t或不足500t厚涂型防火涂料应抽检一次粘结强度和抗压强度	钢结构防火涂料的粘结强度、抗压强度应符合国家现行标准《钢结构防火涂料应用技术规程》CECS24：90的规定。检验方法应符合现行国家标准《建筑构件防火喷涂材料性能试验方法》GB9978的规定	检查复检报告
主控项目	3	防火涂料的涂层厚度	按同类构件数抽查10%，且均不应少于3件	薄涂型防火涂料的涂层厚度应符合有关耐火极限的设计要求。厚涂型防火涂料涂层的厚度，80%及以上面积应符合有关耐火极限的设计要求，且最薄处厚度不应低于设计要求的85%	用涂层厚度测量仪、测针和钢尺检查。测量方法应符合国家现行标准《钢结构防火涂料应用技术规程》CECS24：90的规定
主控项目	4	涂层表面裂纹	按同类构件数抽查10%，且均不应少于3件	薄涂型防火涂料涂层表面裂纹宽度不应大于0.5mm；厚涂型防火涂料涂层表面裂纹宽度不应大于1mm	观察和用尺量检查
一般项目	1	涂装基层	全数	防火涂料涂装基层不应有油污、灰尘和泥砂等污垢	观察
一般项目	2	涂装外观质量	全数	防火涂料不应有误涂、漏涂，涂层应闭合无脱层、空鼓、明显凹陷、粉化松散和浮浆等外观缺陷，乳突已剔除	观察

第5章 木结构工程施工工序质量检验

木结构工程施工质量检验，包括方木和原木结构、胶合木结构、轻型木结构、木结构的防护等分项工程中的施工工序质量检验。

3.5.1 方木和原木结构施工质量检验

方木和原木结构包括齿连接的方木、板材或原木屋架，屋面木骨架及上弦横向支撑组成的木屋盖，支承在砖墙、砖柱或木柱上的结构。方木和原木结构施工质量检验项目、数量、方法和要求列于表3.5.1-1。

方木和原木结构施工质量检验项目、数量和方法　　　表3.5.1-1

项目类别	序号	检验内容	检验数量	检验要求或指标	检验方法
主控项目	1	构件木材缺陷限值	分批按不同受力构件全数检查	应根据木构件的受力情况，按表1～表3规定的等级检查方木、板材及原木构件的木材缺陷限值 表1　承重木结构方木材质标准 | 项次	缺陷名称	木材等级		| |---|---|---|---|---|
		I_a	II_a	III_a
		受拉构件或拉弯构件	受弯构件或压弯构件	受压构件
1	腐朽	不允许	不允许	不允许
2	本节：在构件任一面任何150mm长度上所有木节尺寸的总和，不得大于所在面宽的	1/3（连接部位为1/4）	2/5	1/2
3	斜纹：斜率不大于（%）	5	8	12
4	裂缝：1）在连接的受剪面上；2）在连接部位的受剪面附近，其裂缝深度（有对面裂缝时用两者之和）不得大于材宽的	不允许 1/4	不允许 1/3	不允许 不限		钢尺或量角器量测

续表

项目类别	序号	检验内容	检验数量	检验要求或指标					检验方法
主控项目	1	构件木材缺陷限值	分批按不同受力构件全数检查	5	髓心	应避开受剪面	不限	不限	钢尺或量角器量测

注：1) I_a等材不允许有死节，II_a、III_a等材允许有死节（不包括发展中的腐朽节），对于II_a等材直径不应大于20mm，且每延米中不得多于1个，对于III_a等材直径不应大于50mm，每延米中不得多于2个；2) I_a等材不允许有虫眼，II_a、III_a等材允许有表层的虫眼；3) 木节尺寸按垂直于构件长度方向测量。木节表现为条状时，在条状的一面不量；直径小于10mm的木节不计

表2 承重木结构板材材质标准

项次	缺陷名称	木材等级		
		I_a	II_a	III_a
		受拉构件或拉弯构件	受弯构件或压弯构件	受压构件
1	腐朽	不允许	不允许	不允许
2	本节：在构件任一面任何150mm长度上所有木节尺寸的总和，不得大于所在面宽的	1/4（连接部位为1/5）	1/3	2/5
3	斜纹：斜率不大于（%）	5	8	12
4	裂缝：连接部位的受剪面及其附近	不允许	不允许	不允许
5	髓心	不允许	不限	不限

注：1) I_a等材不允许有死节，II_a、III_a等材允许有死节（不包括发展中的腐朽节），对于II_a等材直径不应大于20mm，且每延米中不得多于1个，对于III_a等材直径不应大于50mm，每延米中不得多于2个；2) I_a等材不允许有虫眼，II_a、III_a等材允许有表层的虫眼；3) 木节尺寸按垂直于构件长度方向测量。木节表现为条状时，在条状的一面不量；直径小于10mm的木节不计

续表

项目类别	序号	检验内容	检验数量	检验要求或指标					检验方法
主控项目	1	构件木材缺陷限值	分批按不同受力构件全数检查	表3 承重木结构原木材质标准					钢尺或量角器量测
				项次	缺陷名称	木材等级			
						I_a 受拉构件或拉弯构件	II_a 受弯构件或压弯构件	III_a 受压构件	
				1	腐朽	不允许	不允许	不允许	
				2	木节：1）在构件任一面任何150mm长度上沿圆周所有木节尺寸的总和，不得大于所测部位原来周长的	1/4	1/3	不限	
					2）每个木节的最大尺寸，不得大于所测部位原木周长的	1/10（连接部位为1/12）	1/6	1/6	
				3	扭纹：斜率不大于（%）	8	12	15	
				4	裂缝：1）在连接的受剪面上	不允许	不允许	不允许	
					2）在连接部位的受剪面附近，其裂缝深度（有对面裂缝时用两者之和）不得大于原木直径的	1/4	1/3	不限	
				5	髓心	应避开受剪面	不限	不限	
				注：1）I_a、II_a等材不允许有死节，III_a等材允许有死节（不包括发展中的腐朽节），直径不应大于原木直径的1/5，且每2m长度内不得多于1个；2）同表1注（2）；3）木节尺寸按垂直于构件长度方向测量。直径小于10mm的木节不量					
	2	木构件含水率	每批全数	应按下列规定检查木构件的含水率： （1）原木或方木结构应不大于25%； （2）板材结构及受拉构件的连接板应不大于18%； （3）通风条件较差的木构件应不大于20%。 注：本条中规定的含水率为木构件全截面的平均值					按国家标准《木材物理力学试验方法》GB1927～1943-1991的规定测定木构件全截面的平均含水率

续表

项目类别	序号	检验内容	检验数量	检验要求或指标				检验方法
一般项目	1	构件制作偏差	全数	木桁架、梁、柱制作的允许偏差				
				项次	项目		允许偏差（mm）	检验方法
				1	构件截面尺寸	方木构件高度、宽度	-3	钢尺量
						板材厚度、宽度	-2	
						原木构件梢径	-5	
				2	结构长度	长度不大于15m	±10	钢尺量桁架支座节点中心间距，梁、柱全长（高）
						长度大于15m	±15	
				3	桁架高度	跨度不大于15m	±10	钢尺量脊节点中心与下弦中心距离
						跨度大于15m	±15	
				4	受压或压弯构件纵向弯曲	方木构件	L/500	拉线钢尺量
						原木构件	L/200	
				5	弦杆节点间距		±5	钢尺量
				6	齿连接刻槽深度		±2	
				7	支座节点受剪面	长度	-10	钢尺量
						宽度 方木	-3	
						宽度 原木	-4	
				8	螺栓中心间距	进孔处	+0.2d	
						出孔处 垂直木纹方向	±0.5d 且不大于 4B/100	
						出孔处 顺木纹方向	±1d	
				9	钉进孔处的中心间距		±1d	
				10	桁架起拱		+20 -10	以两支座节点下弦中心线为准，拉一水平线，用钢尺量跨中下弦中心线与拉线之间距离
				注：d 为螺栓或钉的直径；L 为构件长度；B 为板束总厚度				

续表

项目类别	序号	检验内容	检验数量	检验要求或指标				检验方法
一般项目	2	木桁架、梁、柱安装偏差	全数	木桁架、梁、柱安装的允许偏差				
				项次	项目		允许偏差（mm）	检验方法
				1	结构中心线的间距		±20	钢尺量
				2	垂直度		$H/200$ 且不大于 15	吊线钢尺量
				3	受压或压弯构件纵向弯曲		$L/300$	吊（拉）线钢尺量
				4	支座轴线对支承面中心位移		10	钢尺量
				5	支座标高		±5	用水准仪
				注：H 为桁架、柱的高度；L 为构件长度				
	3	屋面木骨架的安装偏差	全数	屋面木骨架的安装允许偏差				
				项次	项目		允许偏差（mm）	检验方法
				1	檩条、椽条	方木截面	−2	钢尺量
						原木梢径	−5	钢尺量，椭圆时取大小径的平均值
						间距	−10	钢尺量
						方木上表面平直	4	沿坡拉线钢尺量
						原木上表面平直	7	
				2	油毡搭接宽度		−10	钢尺量
				3	挂瓦条间距		±5	
				4	封山、封檐板平直	下边缘	5	拉 10m 线，不足 10m 拉通线，钢尺量
						表面	8	
	4	木屋盖上弦平面横向支撑	整个横向支撑	木屋盖上弦平面横向支撑设置的完整性应按设计文件检查				按施工图检查

3.5.2 胶合木结构工程施工质量检验

胶合木结构工程施工质量检验项目、数量、方法和要求列于表3.5.2-1。

胶合木结构工程施工质量检验项目、数量和方法　　　　表3.5.2-1

项目类别	序号	检验内容	检验数量	检验要求或指标					检验方法
主控项目	1	构件木材缺陷	全数	应根据胶合木构件对层板目测等级的要求，按表1、表2检查木材缺陷的限值					钢尺或量角器量测
				表1　层板材质标准					
				项次	缺陷名称	木材等级			
						I_b 与 I_{bt}	II_b	III_b	
				1	腐朽，压损，严重的压应木，大量含树脂的木板，宽面上的漏刨	不允许	不允许	不允许	
				2	木节：1）突出于板面的木节 2）在层板较差的宽面任何200mm长度上所有木节尺寸的总和不得大于构件面宽的	不允许 1/3	不允许 2/5	不允许 1/2	
				3	斜纹：斜率不大于（%）	5	8	12	
				4	裂缝：1）含树脂的振裂 2）窄面的裂缝（有对面裂缝时，用两者之和）深度不得大于构件面宽的 3）宽面上的裂缝（含劈裂、振裂）深 $b/8$，长 $2b$，若贯穿板厚而平行于板边长 $l/2$	不允许 1/4 允许	不允许 1/3 允许	不允许 不限 允许	
				5	髓心	不允许	不限	不限	
				6	翘曲、顺弯或扭曲≤4/1000，横弯≤2/1000，树脂条纹宽≤$b/12$，长≤$L/6$，干树脂囊宽3mm，长<b，木板侧边漏刨长3mm，刃具撕伤木纹，变色但不变质，偶尔的小虫眼或分散的针孔状虫眼，最后加工能修整的微小损棱	允许	允许	允许	

续表

项目类别	序号	检验内容	检验数量	检验要求或指标	检验方法
主控项目	1	构件木材缺陷	全数	注：1）木节是指活节、健康节、紧节、松节及节孔；2）b——木板（或拼合木板）的宽度；l——木板的长度；3）I_{b1}级层板位于梁受拉区外层时在较差的宽面任何200mm长度上所有木节尺寸的总和不得大于构件面宽的1/4，在表面加工后距板边13mm的范围内，不允许存在尺寸大于10mm的木节及撕伤木纹；4）构件截面宽度方向由两块木板拼合时，应按拼合后的宽度定级。 表2　边翘材横向翘曲的限值（mm） 	木板厚度（mm）	木板宽度（mm）		
---	---	---	---
	≤100	150	≥200
20	1.0	2.0	3.0
30	0.5	1.5	2.5
40	0	1.0	2.0
45	0	0	1.0		钢尺或量角器量测
	2	胶缝完整性	每个树种、胶种、工艺过程至少应检验5个全截面试件	胶缝应检验完整性，并应按照表3规定胶缝脱胶试验方式进行。脱胶面积与试验方法及循环次数有关，每个试件的脱胶面积所占的百分率应小于表4所列限值。 表3　胶缝脱胶试验方法 | 使用条件类别[1]	1		2		3
胶的型号[2]	Ⅰ	Ⅱ	Ⅰ	Ⅱ	Ⅰ
试验方法	A	C	A	C	A | 注：1）层板胶合木的使用条件根据气候环境分为3类：1类—空气温度达到20℃，相对湿度每年有2~3周超过65%，大部分软质树种木材的平均平衡含水率不超过12%；2类—空气温度达到20℃，相对湿度每年有2~3周超过85%，大部分软质树种木材的平均平衡含水率不超过20%；3类—导致木材的平均平衡含水率超过20%的气候环境，或木材处于室外无遮盖的环境中；2）胶的型号有Ⅰ型和Ⅱ型两种：Ⅰ型—可用于各类使用条件下的结构构件（当选用间苯二酚树脂胶或酚醛间苯二酚树脂胶时，结构构件温度应低于85℃）；Ⅱ型—只能用于1类或2类使用条件，结构构件温度应经常低于50℃（可选用三聚氰胺脲醛树脂胶）。 表4　胶缝脱胶率（%） | 试验方法	胶的型号	循环次数		
---	---	---	---	---
		1	2	3
A	Ⅰ		5	10
C	Ⅱ	10				

续表

项目类别	序号	检验内容	检验数量	检验要求或指标	检验方法
主控项目	3	脱缝完整性（常规）	对于每个工作班应从每个流程或每10m³的产品中随机抽取1个全截面试件	每个试件脱胶面积所占百分比应小于表4和表5所列限值。 表5 脱缝脱胶率（%） | 试验方法	胶的类型	循环次数		 |---|---|---|---| |		1	2 | | B | I | 4 | 8 |	常规检验的胶缝完整性试验方法 | 使用条件类别 | 1 | 2 | 3 | |---|---|---|---| | 胶的型号 | Ⅰ和Ⅱ | Ⅰ和Ⅱ | Ⅰ | | 试验方法 | 脱胶试验方法C或胶缝抗剪试验 | 脱胶试验方法C或胶缝抗剪试验 | 脱胶试验方法A或B | 注：同表3
主控项目	4	胶缝抗剪强度	对于每个工作班应从每个流程或每10m³的产品中随机抽取1个全截面试件	每个全截面试件胶缝抗剪试验所求得的抗剪强度和木材破坏百分率应符合下列要求：1）每条胶缝的抗剪强度平均值应不小于6.0N/mm²，对于针叶材和杨木当木材破坏达到100%时，其抗剪强度达到4.0N/mm²也被认可。2）与全截面试件平均抗剪强度相应的最小木材破坏百分率及与某些抗剪强度相应的木材破坏百分率列于表6。 表6 与抗剪强度相应的最小木材破坏百分率（%） | | 平均值 | | | 个别数值 | | | |---|---|---|---|---|---|---| | 抗剪强度f_V（N/mm²） | 6 | 8 | ≥11 | 4~6 | 6 | ≥10 | | 最小木材破坏百分率 | 90 | 70 | 45 | 100 | 75 | 20 | 注：中间值可用插入法求得	试验报告
主控项目	5	木材缺陷和加工缺陷	应在每个工作班的开始、结尾和在生产过程中每间隔4h各选取1块木板	应按下列规定检查指接范围内的木材缺陷和加工缺陷： 1）不允许存在裂缝、涡纹及树脂条纹； 2）木节距端的净距不应小于木节直径的3倍； 3）I_b和I_{lm}级木板不允许有缺指或坏指，$Ⅱ_b$和$Ⅲ_b$级木板的缺指或坏指的宽度不得超过允许木节尺寸的1/3； 4）在指长范围内及离指根75mm的距离内，允许存在钝棱或边缘缺损，但不得超过两个角，且任一角的钝棱面积不得大于木板正常截面面积的1%	观察和钢尺测量

续表

项目类别	序号	检验内容	检验数量	检验要求或指标	检验方法
主控项目	6	层板接长的指接弯曲强度	根据所用树种、指接几何尺寸、胶种、防腐剂或阻燃剂处理等不同的情况，分别取至少30个试件	层板接长的指接弯曲强度应符合规定。 1. 见证试验：当新的指接生产线试运转或生产线发生显著的变化（包括指形接头更换剖面）时，应进行弯曲强度试验。 试件应取生产中指接的最大截面。 2. 常规试验：从一个生产工作班至少取3个试件，尽可能在工作班内按时间和截面尺寸均匀分布。从每一生产批料中至少选一个试件，试件的含水率应与生产的构件一致，并应在试件制成后24h内进行试验，其他要求与见证试验相同。 常规试验合格的条件是15个有效指接试件的弯曲强度标准值大于等于f_{mk}	因木材缺陷引起破坏的试验结果应剔除，并补充试件进行试验，以取得至少30个有效试验数据，据此进行统计分析求得指接弯曲强度标准值f_{mk}
一般项目	1	胶合时木板宽度方向厚度偏差	每检验批100块	胶合时木板宽度方向的厚度允许偏差应不超过±0.2mm，每块木板长度方向的厚度允许偏差应不超过±0.3mm	钢尺量测
一般项目	2	加工截面偏差	每检验批10个	表面加工的截面允许偏差： 1）宽度：±2.0mm； 2）高度：±6.0mm； 3）规方：以承载处的截面为准，最大的偏离为1/200	钢尺量测
一般项目	3	构件外观质量	每检验批当要求为A级时，应全数检查，当要求为B或C级时，要求检查10个	胶合木构件的外观质量 1. A级——构件的外观要求很重要而需油漆，所有表面空隙均需封填或用木料修补。表面需用砂纸打磨达到粒度为60的要求。下列空隙应用木材料修补。 1）直径超过30mm的孔洞； 2）尺寸超过40mm×20mm的长方形孔洞； 3）宽度超过3mm的侧边裂缝长度为40~100mm； 注：填料应为不收缩的材料符合构件表面加工的要求。 2. B级——构件的外观要求表面用机具刨光并加油漆。表面加工应达到第2项的要求。表面允许有偶尔的漏刨，允许有细小的缺陷、空隙及生产中的缺损。最外的层板不允许有松软节和空隙。 3. C级——构件的外观要求不重要，允许有缺陷和空隙，构件胶合后无须表面加工。构件的允许偏差和层板左右错位限值表7中。 表7 胶合木构件外观C级的允许偏差和错位 | 截面的高度或宽度（mm）	截面高度或宽度的允许偏差（mm）	错位的最大值（mm）
---	---	---
(h或b)<100	±2	4
100≤(h或b)<300	±3	5
300≤(h或b)	±6	6		钢尺量测

3.5.3 轻型木结构工程施工质量检验

轻型木结构是由锚固在条形基础上,用规格材作墙骨,木基结构板材做面板的框架墙承重,支承规格材组合梁或层板胶合梁作主梁或屋脊梁,规格材作搁栅、椽条与木基结构板材构成的楼盖和屋盖,并加必要的剪力墙和支撑系统。轻型木结构工程施工质量检验项目、数量、方法和要求列于表3.5.3-1。

轻型木结构工程施工质量检验项目、数量和方法　　　　表3.5.3-1

项目类别	序号	检验内容	检验数量	检验要求或指标	检验方法
主控项目	1	规格材料抗弯强度	对于每个树种、应力等级、规格尺寸至少应随机抽取15个足尺试件进行侧立受弯试验,测定抗弯强度	应满足设计要求	检查检验报告
主控项目	2	规格材料的材质和含水率	每检验批随机取样100块	材料规格材质标准、允许扭曲和允许横弯标准分别列于表1~表3。 表1 轻型木结构用规格材材质标准 | 项次	缺陷名称	材质等级 I_c	II_c	III_c
---	---	---	---	---
1	振裂和干裂	允许个别长度不超过600mm,不贯通,如贯通,参见劈裂要求	贯通:600mm长 不贯通:900mm长或不超过1/4构件长 干裂:无限制贯通干裂参见劈裂要求	
2	漏刨	构件的10%轻度漏刨[3]	轻度漏刨不超过构件的5%,包含长达600mm的散布漏刨[5],或重度漏刨[4]	
3	劈裂	b	$1.5b$	
4	斜纹:斜率不大于(%)	8	10	12
5	钝棱[6]	$h/4$ 和 $b/4$,全长或等效,如果每边的钝棱不超过 $h/2$ 或 $b/3$,$L/4$	$h/3$ 和 $b/3$,全长或等效,如果每边的钝棱不超过 $2h/3$ 或 $b/2$,$L/4$	
6	针孔虫眼	每25mm的节孔允许48个针孔虫眼,以最差材面为准		
7	大虫眼	每25mm的节孔允许12个6mm的大虫眼,以最差材面为准		
8	腐朽-材心[17]a	不允许	当 $h>40mm$ 时不允许,否则 $h/3$ 或 $b/3$			用钢尺或量角器测,并应符合《木材物理力学试验方法》GB1927~1943—1991

续表

项目类别	序号	检验内容	检验数量	检验要求或指标		检验方法
主控项目	2	规格材料的材质和含水率	每检验批随机取样100块	9 腐朽-白腐[17]b	不允许	1/3 体积	用钢尺或量角器测，并应符合《木材物理力学试验方法》GB1927—1943
				10 腐朽-蜂窝腐[17]c	不允许	1/6 材宽——坚实[13]	
				11 腐朽-局部片装腐[17]d	不允许	1/6 材宽[13][14]	
				12 腐朽-不健全材	不允许	最大尺寸 $b/12$ 和50mm长，或等效的多个小尺寸[13]	
				13 扭曲，横弯和顺弯[7]	1/2 中度	轻度	

14 木节和节孔[16]

高度(mm)	健全节、卷入节和均布节[8]		非健全节，松节和节孔[9]	健全节、卷入节和均布节		非健全节，松节和节孔[10]		任何木节		节孔[11]
	材边	材心		材边	材心	材心		材边	材心	
40	10	10	10	13	13	13		16	16	16
65	13	13	13	19	19	19		22	22	22
90	19	22	19	25	38	25		32	51	32
115	25	38	22	32	48	29		41	60	35
140	29	48	25	38	57	32		54	73	38
185	38	57	32	51	70	38		64	89	51
235	48	67	32	64	93	38		83	108	64
285	57	76	32	76	95	38		95	121	76

项次	缺陷名称	材质等级	
		IV_c	V_c
1	振裂和干裂	贯通——$L/3$ 不贯通——全长 3面振裂——$L/6$ 干裂无限制，贯通干裂参见劈裂要求	不贯通——全长 贯通和三面振裂 $L/3$
2	漏刨	散布漏刨伴有不超过构件10%的重度漏刨[14]	任何面的散布漏刨中，宽面含不超过10%的重度漏刨[4]
3	劈裂	$L/6$	$2b$

续表

项目类别	序号	检验内容	检验数量		检验要求或指标				检验方法
主控项目	2	规格材料的材质和含水率	每检验批随机取样100块	4 斜纹：斜率不大于（%）	25		25		用钢尺或量角器测，并应符合《木材物理力学试验方法》GB1927—1943
				5 钝棱[6]	$h/2$ 和 $b/2$，全长或等效不超过 $7h/8$ 或 $3b/4$，$L/4$		$h/3$ 和 $b/3$，全长或每个面等效，如果钝棱不超过 $h/2$ 或 $3b/4$，$\leq L/4$		
				6 针孔虫眼	每25mm的节孔允许48个针孔虫眼，以最差材面为准				
				7 大虫眼	每25mm的节孔允许12个6mm的大虫眼，以最差材面为准				
				8 腐朽-材心[17]a	1/3 截面[13]		1/3 截面[15]		
				9 腐朽-白腐[17]b	无限制		无限制		
				10 腐朽-蜂窝腐[17]c	100%坚实		100%坚实		
				11 腐朽-局部片状腐[17]d	1/3 截面		1/3 截面		
				12 腐朽-不健全材	1/3 截面，深入部分 1/6 长度[15]		1/3 截面，深入部分 1/6 长度[15]		
				13 扭曲，横弯和顺弯[7]	中度		1/2 中度		
				14 木节和节孔[16]高度(mm)	任何木节		节孔[12]	任何木节		节孔[12]
					材边	材心				
				40	19	19	19	19	19	19
				65	32	32	32	32	32	32
				90	44	64	44	44	64	38
				115	57	76	48	57	76	44
				140	70	95	51	70	95	51
				185	89	114	64	89	114	64
				235	114	140	76	114	140	76
				285	140	165	89	140	165	89

续表

项目类别	序号	检验内容	检验数量	检验要求或指标			检验方法
				项次	缺陷名称	材质等级	
						$Ⅵ_c$	$Ⅶ_c$
主控项目	2	规格材料的材质和含水率	每检验批随机取样100块	1	振裂和干裂	材面——不长于600mm，贯通干裂同劈裂	贯通：600mm长；不贯通：900mm长或不大于$L/4$
				2	漏刨	构件的10%轻度漏刨[3]	轻度漏刨不超过构件的5%，包含长达600mm的散布漏刨[5]，或重度漏刨[4]
				3	劈裂	b	$1.5b$
				4	斜纹：斜率不大于（%）	17	25
				5	钝棱[6]	$h/4$ 和 $b/4$，全长或每个面等效如果钝棱不超过 $h/2$ 或 $b/3$，$L/4$	$h/3$ 和 $b/3$，全长或每个面等效不超过 $2h/3$ 或 $b/2$，≤$L/4$
				6	针孔虫眼	每25mm的节孔允许48个针孔虫眼，以最差材面为准	
				7	大虫眼	每25mm的节孔允许12个6mm的大虫眼，以最差材面为准	
				8	腐朽-材心[17]a	不允许	$h/3$ 或 $b/3$
				9	腐朽-白腐[17]b	不允许	1/3 体积
				10	腐朽-蜂窝腐[17]c	不允许	$b/6$
				11	腐朽-局部片状腐[17]d	不允许	$b/6$[14]
				12	腐朽-不健全材	不允许	最大尺寸 $b/12$ 和 50mm 长，或等效的小尺寸[13]
				13	扭曲，横弯和顺弯[7]	1/2 中度	轻度

续表

项目类别	序号	检验内容	检验数量						检验要求或指标		检验方法

项目类别	序号	检验内容	检验数量	检验要求或指标	检验方法
主控项目	2	规格材料的材质和含水率	每检验批随机取样100块	14 <table><tr><td>木节和节孔[16]高度(mm)</td><td>健全节、卷入节和均布节</td><td>非健全节松节和节孔[10]</td><td>任何木节</td><td>节孔[11]</td></tr><tr><td>40</td><td>—</td><td>—</td><td>—</td><td></td></tr><tr><td>65</td><td>19</td><td>16</td><td>25</td><td>19</td></tr><tr><td>90</td><td>32</td><td>19</td><td>38</td><td>25</td></tr><tr><td>115</td><td>38</td><td>25</td><td>51</td><td>32</td></tr><tr><td>140</td><td></td><td></td><td></td><td></td></tr><tr><td>185</td><td></td><td></td><td></td><td></td></tr><tr><td>235</td><td></td><td></td><td></td><td></td></tr><tr><td>285</td><td></td><td></td><td></td><td></td></tr></table> 注：1. 目测分等应考虑构件所有材面以及二端。表中 b—构件宽度，h—构件厚度，L—构件长度； 2. 除本注解中已说明，缺陷定义详见国家标准《锯材缺陷》GB/T4823——1995； 3. 一系列深度不超过1.6mm的漏刨，介于刨光的表面之间； 4. 全长深度为3.2mm的漏刨（仅在宽面）； 5. 全面散布漏刨或局部有刨光面或全为糙面； 6. 离材端全面或部分占满材面的钝棱，当表面要求满足允许漏刨规定，窄面上损坏要求满足允许节孔的规定（长度不超过同一等级允许最大节孔直径的二倍），钝棱的长度可为305mm，每根构件允许出现一次。含有该缺陷的构件不得超过总数的5%； 7. 见表2和3，顺弯允许值是横弯的2倍； 8. 卷入节是指被树脂或树皮包围不与周围木材连生的木节，均布节是指在构件任何150mm长度上所有木节尺寸的总和必须小于容许最大木节尺寸的2倍； 9. 每1.2m有一个或数个小节孔，小节孔直径之和与单个节孔直径相等。非健全节是指腐朽节，但不包括发展中的腐朽节； 10. 每0.9m有一个或数个小节孔，小节孔直径之和与单个节孔直径相等； 11. 每0.6m有一个或数个小节孔，小节孔直径之和与单个节孔直径相等； 12. 每0.3m有一个或数个小节孔，小节孔直径之和与单个节孔直径相等； 13. 仅允许厚度为40mm； 14. 假如构件窄面均有局部片状腐，长度限制为节孔尺寸的二倍； 15. 不得破坏钉入边； 16. 节孔可以全部或部分贯通构件。除非特别说明，节孔的测量方法同节子；	

续表

项目类别	序号	检验内容	检验数量	检验要求或指标	检验方法
主控项目	2	规格材料的材质和含水率	每检验批随机取样100块	17. 腐朽（不健全材） 1）材心腐朽是指某些树种沿髓心发展的局部腐朽，用目测鉴定。心材腐朽存在于活树中，在被砍伐的木材中不会发展； 2）白腐是指木材中白色或棕色的小壁孔或斑点，由白腐菌引起。白腐存在于活树中，在使用时不会发展； 3）蜂窝腐与白腐相似但囊孔更大。含有蜂窝腐的构件较未含蜂窝腐的构件不易腐朽； 4）局部片状腐是柏树中槽状或壁孔状的区域。所有引起局部片状腐的木腐菌在树砍伐后不再生长 **表2　规格材的允许扭曲值** | 长度(m)	扭曲程度	高度（mm）					
---	---	---	---	---	---	---	---
		40	65和90	115和140	185	235	285
1.2	极轻	1.6	3.2	5	6	8	10
	轻度	3	6	10	13	16	19
	中度	5	10	13	19	22	29
	重度	6	13	19	25	32	38
1.8	极轻	2.4	5	8	10	11	14
	轻度	5	10	13	19	22	29
	中度	7	13	19	29	35	41
	重度	10	19	29	38	48	57
2.4	极轻	3.2	6	10	13	16	19
	轻度	6	5	19	25	32	38
	中度	10	19	29	38	48	57
	重度	13	25	38	51	64	76
3	极轻	4	8	11	16	19	24
	轻度	8	16	22	32	38	48
	中度	13	22	35	48	60	70
	重度	16	32	48	64	79	95
3.7	极轻	5	10	14	19	24	29
	轻度	10	19	29	38	48	57
	中度	14	29	41	57	70	86
	重度	19	38	57	76	95	114
4.3	极轻	6	11	16	22	27	33
	轻度	11	22	32	44	54	67
	中度	16	32	48	67	83	98
	重度	22	44	67	89	111	133		

续表

项目类别	序号	检验内容	检验数量	检验要求或指标						检验方法
主控项目	2	规格材料的材质和含水率	每检验批随机取样100块	4.9	极轻 轻度 中度 重度	6 13 19 25	13 25 38 51	19 38 57 76	25 51 76 102	32 64 95 127	38 76 114 152	
				5.5	极轻 轻度 中度 重度	8 14 22 29	14 29 41 57	21 41 64 86	29 57 86 108	37 70 108 143	43 86 127 171	
				≥6.1	极轻 轻度 中度 重度	8 16 25 32	16 32 48 64	24 48 70 95	32 64 95 127	40 79 117 159	48 95 143 191	

表3 规格材的允许横弯值

长度(m)	横弯程度	高度（mm）					
		40	65	90	115和140	185	235	285
1.2和1.8	极轻 轻度 中度 重度	3.2 6 10 13	3.2 6 10 13	3.2 6 10 13	3.2 5 6 10	1.6 3.2 5 6	1.6 1.6 3.2 5	1.6 1.6 3.2 5
2.4	极轻 轻度 中度 重度	6 10 13 19	6 10 13 19	5 10 13 16	3.2 8 10 13	3.2 6 10 10	1.6 5 6 6	1.6 3.2 5 6
3.0	极轻 轻度 中度 重度	10 19 35 44	8 16 25 32	6 13 19 29	5 11 16 25	5 10 13 22	3.2 6 11 19	3.2 5 10 16
3.7	极轻 轻度 中度 重度	13 25 38 51	10 19 29 38	10 17 25 35	8 16 25 32	6 13 21 29	5 11 19 25	5 10 14 21
4.3	极轻 轻度 中度 重度	16 32 51 70	13 25 38 51	11 22 32 44	10 19 29 38	8 16 25 32	6 13 22 29	5 10 19 25

第5章 木结构工程施工工序质量检验

续表

项目类别	序号	检验内容	检验数量	检验要求或指标							检验方法
主控项目	2	规格材料的材质和含水率	每检验批随机取样100块	4.9	极轻	19	16	13	11	10	8	6	
					轻度	41	32	25	22	19	16	13	
					中度	64	48	38	35	29	25	22	
					重度	83	64	51	44	38	32	29	
				5.5	极轻	25	19	16	13	11	10	8	
					轻度	51	35	29	25	22	19	16	
					中度	76	52	41	38	32	29	25	
					重度	102	70	57	51	44	38	32	
				6.1	极轻	29	22	19	16	13	11	10	
					轻度	57	38	35	32	25	22	19	
					中度	86	57	52	48	38	32	29	
					重度	114	76	70	64	51	44	38	
				6.7	极轻	32	25	22	19	16	13	11	
					轻度	64	44	41	38	32	25	22	
					中度	95	67	62	57	48	38	32	
					重度	127	89	83	76	64	51	44	
				7.3	极轻	38	29	25	22	19	16	13	
					轻度	76	51	30	44	38	32	25	
					中度	114	76	48	67	57	48	41	
					重度	152	102	95	89	76	64	57	

项目类别	序号	检验内容	检验要求或指标	检验方法
主控项目	3	木基结构板材的荷载试验	用作楼面板或屋面板的木基结构板材应进行集中静载与冲击荷载试验和均匀荷载试验,其结果应符合表4、表5的要求。 **表4 木基结构板材在集中静载和冲击荷载作用下应控制的力学指标[1]** | 用途	标准跨度(最大允许跨度)(mm)	试验条件	冲击荷载(N·m)	最小极限荷载[2] (kN) 集中静载	最小极限荷载[2] (kN) 冲击后集中静载	0.89kN集中静载作用下的最大挠度[3] (mm) | |---|---|---|---|---|---|---|
楼面板	400 (410)	干态及湿态重新干燥	102	1.78	1.78	4.8
	500 (500)	干态及湿态重新干燥	102	1.78	1.78	5.6
	600 (610)	干态及湿态重新干燥	102	1.78	1.78	6.4
	800 (820)	干态及湿态重新干燥	122	2.45	1.78	5.3
	1200 (1220)	干态及湿态重新干燥	203	2.45	1.78	8.0		

续表

项目类别	序号	检验内容	检验数量			检验要求或指标			检验方法
主控项目	3	木基结构板材的荷载试验	屋面板	400(410)	干态及湿态	102	1.78	1.33	11.1
				500(500)	干态及湿态	102	1.78	1.33	11.9
				600(610)	干态及湿态	102	1.78	1.33	12.7
				800(820)	干态及湿态	122	1.78	1.33	12.7
				1200(1220)	干态及湿态	203	1.78	1.33	12.7

注：1）单个试验的指标；2）100%的试件应能承受表中规定的最小极限荷载值；3）至少90%的试件的挠度不大于表中的规定值。在干态及湿态重新干燥试验条件下，楼面板在静载和冲击荷载后静载的挠度，对于屋面板只考虑静载的挠度，对于湿态试验条件下的屋面板，不考虑挠度指标

表5 木基结构板材在均布荷载作用下应控制的力学指标[1]

用途	标准跨度（最大允许跨度）（mm）	试验条件	性能指标[1]	
			最小极限荷载[2]（kPa）	最大挠度[3]（mm）
楼面板	400(410)	干态及湿态重新干燥	15.8	1.1
	500(500)	干态及湿态重新干燥	15.8	1.3
	600(610)	干态及湿态重新干燥	15.8	1.7
	800(820)	干态及湿态重新干燥	15.8	2.3
	1200(1220)	干态及湿态重新干燥	10.8	3.4
屋面板	400(410)	干态	7.2	1.7
	500(500)	干态	7.2	2.0
	600(610)	干态	7.2	2.5
	800(820)	干态	7.2	3.4
	1000(1020)	干态	7.2	4.4
	1200(1220)	干态	7.2	5.1

续表

项目类别	序号	检验内容	检验数量	检验要求或指标	检验方法
主控项目	3	木基结构板材的荷载试验		注：1）单个试验的指标；2）100%的试件应能承受表中规定的最小极限荷载值；3）每批试件的平均挠度应不大于表中的规定值。4.79kPa均布荷载作用下的楼面最大挠度；或1.68kPa均布荷载，作用下的屋面最大挠度	
主控项目	4	结构用胶合板的木屋缺陷	全数	结构用胶合板每层单板所含木层缺陷不应超过表6。 **表6 结构胶合板每层单板的缺陷限值** | 缺陷特征 | 缺陷尺寸（mm） | |---|---| | 实心缺陷：木节 | 垂直木纹方向不得超过76 | | 空心缺陷：节孔或其他孔眼 | 垂直木纹方向不得超过76 | | 劈裂、离缝、缺损或钝棱 | $l<400$，垂直木纹方向不得超过40 $400≤l≤800$，垂直木纹方向不得超过30 $l>800$，垂直木纹方向不得超过25 | | 上、下面板过窄或过短 | 沿板的某一侧边或某一端头不超过4，其长度不超过板材的长度或宽度的一半 | | 与上、下面板相邻的总板过窄或过短 | $≤4×200$ | 注：l——缺陷长度	观察和尺量
一般项目	1	木框架各种构件的钉连接	全数	木框架各种构件的钉连接、墙面板和屋面板与框架构件的钉连接及屋脊梁无支座时椽条与搁栅的钉连接均应符合设计要求	钢尺或游标卡尺量

3.5.4 木结构的防护

木结构的防护包括防腐、防虫和防火。防护剂应具有毒杀木腐菌和害虫的功能，而不致危及人畜和污染环境。木结构的防护检验项目、数量、方法和要求列于表3.5.4-1。

木结构防护质量检验项目、数量和方法　　　　　　　　　　　表 3.5.4-1

项目类别	序号	检验内容	检验数量	检验要求或指标	检验方法
主控项目	1	防腐的构造措施	以一幢木结构房屋或一个木屋盖为检验批全面检查	木结构防腐的构造措施应符合设计要求	根据规定和施工图逐项检查
	2	防护剂的保持量和透入度	以一幢木结构房屋或一个木屋盖为检验批。属于右列第1和第2款列出的木构件，每检验批油类防护剂处理的20个木心，其他防护剂处理的48个木心；属于右列第3款列出的木构件，检验批全数检查	木构件防护剂的保持量和透入度应符合下列规定： 1）根据设计文件的要求，需要防护剂加压处理的木构件，包括锯材、层板胶合木、结构复合木材及结构胶合板制作的构件； 2）木麻黄、马尾松、云南松、桦木、湿地松、杨木等易腐或易虫蛀木材制作的构件； 3）在设计文件中规定与地面接触或埋入混凝土、砌体中及处于通风不良而经常潮湿的木构件	采用化学试剂显色反应或 X 光衍射检测
	3	防火构造措施	以一幢木结构房屋或一个木屋盖为检验批全面检查	木结构防火的构造措施，应符合设计文件的要求	根据规定和施工图逐项检查

第四篇

建筑结构工程现场检测

第1章 建筑工程结构检测的基本原则与方法选用

建筑工程结构检测是为结构施工质量评价与安全鉴定提供可靠的数据。如果建筑工程的结构检测出了问题,那么依据结构检测结构的施工质量评定和结构安全鉴定就失去了可靠的基础,其评定与鉴定结果必然要出问题。因此,我们在介绍各类建筑结构现场检测方法之前,先讨论建筑结构检测的基本原则与方法选用。

4.1.1 明确建筑工程结构检测的目的

明确建筑工程检测的目的是非常重要的。建筑工程结构检测的目的决定结构检测的范围、内容、项目及检测抽样方案。对于建筑工程结构检测的目的,可区分为局部、专项与整体、新建工程质量与既有建筑的安全等等。

所谓局部指需要检测的部位是结构工程的若干构件、楼层,对于新建工程的楼板或地下室墙体裂缝检测以及若干构件、楼层的构件材料强度检测等均属于这一类;对于既有建筑的局部进行改造,如把某层的个别房间由办公室改为档案室,在对既有建筑结构的整体施工质量不怀疑的情况下,可仅检测需要改造的楼板构件及其受力有影响的梁、柱构件。

专项则是结构检测的一个项目,是相对于结构全面检测而言的。比如火灾程度及其影响范围的检测、钢筋保护层厚度的检测等等。

新建工程的结构质量检测是一个很宽的概念,涉及到《建筑工程施工质量验收统一标准》GB50300—2001 及各类结构工程施工质量验收规范的验收要求;包括构件材料强度、构件截面尺寸偏差,结构楼层与结构整体垂直度、构件内部与外部质量缺陷等等。应通过了解,明确通过现场检测来确认新建工程结构的哪方面的质量,还是主体结构的全面施工质量检测。

既有建筑的安全可靠性鉴定检测,对被检建筑工程应该是较全面的现状质量检测。虽然既有建筑工程结构的现状质量检测与新建工程结构施工质量的全面检测都是全面的检测,但是检测的目的并不相同;既有建筑工程的现状质量检测是为结构安全鉴定提供可靠的依据和结构计算的参数,所以在检测的抽样中对于损伤部位应作为重点;而新建工程的结构施工质量的全面检测应按照相关专业验收规范的要求进行随机抽样,不能由委托方指定。

只有明确了检测的目的,才能确定检测的范围、内容、项目及检测抽样方案,才不会出现扩大检测范围或不能满足委托方要求方面的问题。

4.1.2 了解建筑工程结构检测的对象

了解建筑工程结构检测的对象，有助于进一步确定检测的目的和内容。建筑工程结构检测的对象是新建工程还是既有建筑，工程质量存在哪些问题等，都可以通过现场察看，才能较好的了解建筑工程现状质量情况。

对建筑工程结构检测的对象的了解，应从图纸资料和现场察看两个方面进行。收集设计图纸及施工资料可以大体了解需要检测工程的结构类型、建造年代、结构体系及构造、结构构件的材料强度等级等。现场察看则可进一步了解结构的现状质量，有无地基不均匀沉降、结构损伤及损伤的部位、程度，结构有无进行过改造，使用功能有无改变以及结构现状与竣工图的差异等。

4.1.3 确认检测的范围、内容和项目

明确检测的目的和对建筑工程结构检测的对象了解后，就要与委托方商定检测的范围、内容和项目。检测的范围不能随意扩大，比如一个工程因 20 世纪 90 年代的冬季施工而使一层的钢筋混凝土柱出现沿主筋的钢筋锈蚀裂缝，该工程的检测范围应是对已发现主筋出现裂缝的构件和冬季施工部位的构件进行随机抽样；对于冬季施工部位以外的构件，应是验证性的少量抽样；而不能不加区分的同等对待而扩大范围。

检测的内容和项目要能充分反映和能达到检测的目的，不能由于委托方未明确检测内容而精简检测内容和项目。对于检测单位的能力达不到检测目的要求的，应向委托方说明，若委托方不同意检测单位对部分检测项目进行分包，则检测单位应放弃该项检测任务。

4.1.4 选择合适的抽样方案

建筑工程的结构检测与建筑材料的送样检测不同，建筑材料的送样检测是委托方送来样品，而不是检测单位从产品中随机抽样，所以，检测单位对样品是否能够代表所检测的产品质量无法核对；检测单位在检测报告中给出对建筑材料的送样检测一般是对来样负责的说明，是符合对建筑材料送样检测的实际的，是正确的；而建筑工程质量检测、特别是建筑工程结构检测不同，其检测是为了评价建筑工程或主体结构的质量，是检测单位对工程实体进行检测，是检测单位根据委托方的检测目的和检测项目、结构现状等去现场抽样，其抽样方案是由检测单位依据有关标准和被检测工程的状况来确定的；所以建筑工程的结构检测单位不是对来样负责，而是对整个结构检测结果负责。因此，建筑工程质量检测包括建筑工程结构安全与抗震性能鉴定的检测抽样，必须符合相应规范的要求和被检测工程的状况。

在《建筑结构检测技术标准》GB/T50344—2004，结合建筑结构工程检测项目的特点，给出了下列可供选择的方案：

(1) 建筑结构外部缺陷的检测，宜选用全数检测方案；

(2) 结构与构件几何尺寸与尺寸偏差的检测，宜选用一次或二次计数抽样方案；

(3) 结构连接构造的检测，应选择对结构安全影响大的部件进行抽样；

(4) 构件结构性能的实荷检验，应选择同类构件中荷载效应相对较大和施工质量相对较差构件或受到灾害影响、环境侵蚀影响构件中有代表性的构件；

(5) 按检验批检测的项目，应进行随机抽样；

(6)《建筑工程施工质量验收统一标准》GB50300 或相应专业工程施工质量验收规范规定的抽样方案。

该标准抽样方案的（2）、（5）是基于概率的考虑生产方和用户方风险的抽样方案，对评价建筑工程结构的施工质量是较为科学、合理的。但由于现行的结构专业工程的施工质量验收规范规定的抽样方案都是双百分数的抽样方案，即抽样数量为 2%、5% 或 10% 等，其判定是抽样结果的合格点率是否满足相应验收规范 80% 或 90% 等；所以，对于新建结构工程的质量检测抽样方案及其结果评价还不能应用《建筑结构检测技术标准》GB/T50344—2004 给出的基于概率的考虑生产方和用户方风险的抽样方案。

对于既有建筑的安全、可靠性检测中的结构与构件几何尺寸及尺寸偏差的检测，不是判定结构与构件几何尺寸的施工质量，而是通过对结构与构件几何尺寸的检测，给出该工程结构安全鉴定中结构与构件的几何参数取值。若均为负偏差或均为正偏差则应给出结构构件的几何尺寸的实际值；若存在正、负偏差且偏差不大则可按结构构件的几何尺寸设计值进行承载力分析。因此，对于既有建筑的安全、可靠性检测中的结构与构件几何尺寸及尺寸偏差的检测，其抽样数量可按《建筑结构检测技术标准》GB/T50344—2004 确定，但抽样结果的分析不能运用该标准的计量抽样进行判定是否合格；而是应用统计的方法给出所检测工程结构与构件几何参数的概率统计特征（平均值、方差和变异系数）和相应的取值。

《建筑结构检测技术标准》GB/T50344—2004 给出的结构连接构造的检测，应选择对结构安全影响大的部件进行抽样；这是非常重要的观点和理念。结构构造是为了提高结构的整体安全与性能，是根据结构构件对结构整体安全与性能的贡献而设置的。在实际工程中，相同结构构件所在的楼层及其位置不同对结构整体安全与性能的贡献也是有差异的。不仅如此，而且还应根据结构的现状缺陷，区分重点检测区域和一般检测区域。既使是对既有建筑的安全性鉴定，其检测也应区分重点楼层和主要受力构件等，对于重点楼层和主要抗侧力构件可采取加严抽样方案，对于一般楼层和次要受力构件可采用一般的抽样方案，对于非结构构件则可采用放宽的抽样方案等；而不是一味强调随机抽样。

4.1.5 选择合适的检测方法

《建筑结构检测技术标准》GB/T50344—2004 给出了建筑结构检测方法选择的原则是根据检测项目、检测目的、建筑结构状况和现场条件选择相适宜的检测方法。

建筑结构检测方法选择的这些原则是相辅相成、互相联系、缺一不可的。比如，建筑结构检测的目决定是全面检测还是局部或专项检测，不同检测目的决定着检测项目的多少；而建筑结构的质量状况又与建筑结构检测的目的和项目选择相联系；对建筑结构质量缺陷较为突出的楼层（或部位）的构件其检测项目可能会较现状良好的楼层要多，不仅如此，还会直接影响整个建筑结构检测项目的确定。

不同的检测项目采用不同的检测方法。就同一检测项目中有多种方法可供选择时，应根据建筑结构状况和现场条件选择相适应的方法。比如，在混凝土结构构件抗压强度检测中有回弹法、超声法、钻芯法、回弹超声综合法和钻芯修正回弹法等等可供选择，如何进行选择要根据建筑结构状况，现场条件和各种方法的适用范围等方面综合确定；比如，对于龄期不超过1000天的混凝土结构，当混凝土表面与内部较一致时，采用回弹法检测构件混凝土抗压强度；当仅对个别构件的混凝土强度有怀疑时，可采用钻芯法检测；虽龄期不超过1000天，但混凝土表面损伤严重等，应采用钻芯修正回弹法；当建筑结构现状良好且正在正常使用时，可先少量抽检，当发现存在混凝土强度比较低的构件时再扩大检测面。

4.1.6 检测项目的抽样数量应符合检测方法标准的要求

在实际检测中对每个检测项目都要严格按照相应检测方法标准的抽样数量实施，不能随意减少抽样数量。在制定有关检测方法标准的过程中，编制单位进行过大量的研究并通过了实际工程的检验，其抽样数量的确定是充分考虑了通过样本能代表所检项目质量等情况的；所检项目的抽样数量与标准给出结果推定方法是相互配套的；不仅如此，其抽样数量与推定结果是直接相连的。也就是说不按相关检测标准的抽样数量去检测，则很难保证检测结果的正确性。

对于检测单位确有研究而减少检测项目的抽样数量，应在检测方案中给以说明，并且得到委托方的认可。

本篇的各章中，较详尽的介绍了不同结构类型、不同检测项目的检测方法及其适用的范围，在实际工程的结构检测中应根据检测目的、检测项目、建筑结构的现状质量和现场条件等选用。

第2章 混凝土结构工程现场检测

混凝土结构是建筑工程应用较多的工程，所以混凝土结构工程的检测研究较为深入，其应用也较为广泛。混凝土结构工程现场检测可分为原材料的性能、混凝土强度、混凝土构件的外观质量与缺陷、尺寸与偏差、变形与损伤和钢筋配置等项工作。本章主要介绍混凝土结构工程现场检测内容，适用于现浇混凝土、预制混凝土结构及构件的质量或性能的检测。

4.2.1 混凝土强度检测方法

4.2.1.1 混凝土强度检测方法的种类

混凝土抗压强度是混凝土结构的设计、施工及验收的重要参数之一。《普通混凝土力学性能试验方法标准》GB/T 50081—2002 及《混凝土强度检验评定标准》GBJ 107—87 对混凝土试块的制作及试验方法作出了明确规定，为按试件强度进行混凝土质量监控奠定了基础。但混凝土标准试件的抗压试验对结构混凝土来说，毕竟不是取自混凝土结构实体而是一种间接测定值。由于试件的成型条件、养护条件及受力状态都不可能和结构物上的混凝土完全一致，因此，试件测量值只能作为混凝土在特定的条件下的性能反映和配合比的检验，而不能代表结构混凝土的真实状态和性能。混凝土结构的性能与状态不仅与材料的配合比有关，而且与混凝土浇筑质量和养护等有关。

需要强调的是，《混凝土强度检验评定标准》GBJ107—87 和《混凝土结构工程施工质量验收规范》GB50204—2002 均是对正常施工验收而言的，混凝土强度评定时以28天的标养试块或同条件养护试块为前提，并以试块的平均值或中值作为其强度的代表值。而依据《回弹法检测混凝土抗压强度技术规程》JGJ/T23—2001、《钻芯法检测混凝土强度技术规程》CECS 03:2007 检测所得出的强度是检测时所对应龄期的混凝土结构强度。《回弹法检测混凝土抗压强度技术规程》JGJ/T23—2001 第1.0.2 条规定："……当对结构的混凝土强度有检测要求时，可按本规程进行检测，检测结果可作为处理混凝土质量问题的一个依据……"。

此外，《混凝土强度检验评定标准》GBJ107—87 第4.3.3 条已明确规定："当对混凝土试件强度的代表性有怀疑时，可采用从结构或构件中钻取试件的方法或采用非破损检验方法，按有关标准的规定对结构或构件中混凝土的强度进行推定"；《混凝土结构工程施工质量验收规范》GB50204—2002 第7.1.4 条规定："当混凝土试件强度评定不合格时，可采用非破损或局部破损的检测方法，按有关国家现行有关标准的规定对结构构件中的混凝土强度进行推定，并作为处理的依据"。《建筑结构检测技术标准》GB/T 50344—2004 第3.1.2 条规定："当遇到下列情况之一时，应进行建筑结构工程质量的检测：

1）涉及结构安全的试块、试件以及有关材料检验数量不足；
2）对施工质量的抽样检测结果达不到设计要求；
3）对施工质量有怀疑或争议，需要通过检测进一步分析结构的可靠性；
4）发生工程事故，需要通过检测分析事故的原因及对结构可靠性的影响"。

上述这些规定均明确了工程检测在混凝土质量控制中的地位。

结构混凝土强度的现场检测可分为三种类型：

一种称为局部破损法，它以在不严重影响结构构件承载能力的前提下，在结构构件上直接进行局部破坏试验或直接取样，将试验所得的值换算成特征强度，作为检测结果。属于半破损法的有钻芯法、拔出法、射钉法、剪压法等，目前钻芯法和拔出法使用较多，我国已制订相应的《钻芯法检测混凝土强度技术规程》CECS 03：2007、《后装拔出法检测混凝土强度技术规程》CECS 69：94 等技术规程。

另一种称为非破损法，它以某些物理量与混凝土强度之间的相关性为基本依据，在不破坏结构混凝土的前提下，测出混凝土的某些物理特性，并按相关关系推算出混凝土的特征强度作为检测结果。属于非破损法的主要有回弹法、超声脉冲法、超声回弹综合法、射线法等。其中回弹法及超声回弹综合法已被广泛用于工程检测，我国已制订相应的《回弹法检测混凝土抗压强度技术规程》JGJ/T23—2001、《回弹法检测高强混凝土强度技术规程》Q/JY17—2000、《超声回弹综合法检测混凝土强度技术规程》CECS 02：2005 等技术规程；此外，贵州、江苏、山东、陕西等地还结合本地区的特点制定的地方规程。

第三种方法是局部破损法与非破损法的综合使用，这两者的综合运用，可同时提高检测效率和检测精度，因而受到广泛重视。

近年来，有关研究机构及检测机构开展了大量的专题研究、试验研究和广泛的调查研究，总结了结构检测工作中的经验和教训，引进了一些先进的抽样理论与数据处理方法，参考了国际上结构检测的先进经验，使得检测的精度与准确性都得到了提高。目前，与混凝土强度检测相关的标准都能与新修订的《建筑工程施工质量验收统一标准》GB 50300 和《混凝土结构工程施工质量验收规范》GB 50204—2002 等规范相协调；在已有建筑结构检测方面，与相关的可靠性鉴定标准相协调。

混凝土强度检测一般要根据该工程具体情况确定适合的检测方法，确定抽样检测方案，现场检测，数据处理及结果评定等步骤，现就部分关键步骤详述如下，未提及部分可参见相关技术标准或规程。

4.2.1.2 混凝土强度检测方法

现场检测前应先确定构件抽样检测的范围，然后调查拟检测构件的相关信息，以确定采用何种方法进行检测。应了解的内容一般包括：

（1）结构或构件名称、外形尺寸、数量及混凝土强度等级；

（2）水泥品种、强度等级、安定性、厂名；砂、石种类、粒径；外加剂或掺合料品种、掺量；混凝土配合比等；

（3）施工时材料计量情况，模板、浇筑、养护情况及成型日期等；

（4）必要的设计图纸和施工记录；

(5) 检测原因。

了解以上信息的目的是为构件分批和确定检测方法服务。

混凝土强度的检测,应根据检测项目、检测目的、建筑结构状况和现场条件选择适宜的检测方法。每种检测方法均有其自身的局限性,现场检测前应根据现场实际情况确定适合的检测方法,各种检测方法的适用条件如下:

采用回弹法时,被检测混凝土的表层质量应具有代表性,对标准能量为 2.707J 的回弹仪,符合下列条件的混凝土方可采用该方法进行检测:

(1) 普通混凝土采用材料、拌和用水符合现行国家有关标准;
(2) 不掺外加剂或仅掺非引气型外加剂;
(3) 采用普通成型工艺;
(4) 采用符合现行国家标准《混凝土结构工程施工及验收规范》GB50204 规定的钢模、木模及其他材料制作的模板;
(5) 自然养护或蒸气养护出池后经自然养护 7 天以上,且混凝土表层为干燥状态;
(6) 龄期为 14~1000 天;
(7) 抗压强度为 10~60MPa。

当有下列情况之一时,测区混凝土强度值不得按规程(JGJ/T23—2001)附录 A 换算,但可制定专用测强曲线或通过试验进行修正,专用测强曲线的制定方法宜符合(JGJ/T23—2001)附录 E 的有关规定:

(1) 粗集料最大粒径大于 60mm;
(2) 特种成型工艺制作的混凝土;
(3) 检测部位曲率半径小于 250mm;
(4) 潮湿或浸水混凝土。

采用超声回弹综合法时,被检测混凝土的内外质量应无明显差异,且符合下列条件的混凝土方可采用该方法进行检测:

(1) 混凝土用水泥应符合现行国家标准《硅酸盐水泥、普通硅酸盐水泥》GB175、《矿渣硅酸盐水泥、火山灰质硅酸盐水泥及粉煤灰硅酸盐水泥》GB 1344 和《复合硅酸盐水泥》GB 12958 的要求;
(2) 混凝土用砂、石骨料应符合现行行业标准《普通混凝土用砂石质量标准及检验方法》JGJ 52 的要求;
(3) 可掺或不掺矿物掺合料、外加剂、粉煤灰、泵送剂;
(4) 人工或一般机械搅拌的混凝土或泵送混凝土;
(5) 自然养护;
(6) 龄期 7~2000 天;
(7) 混凝土强度 10~70MPa。

取芯法适用于抗压强度不大于 80MPa 的普通混凝土抗压强度的检测,对于强度等级高于 80MPa 的混凝土、轻骨料混凝土和钢纤维混凝土的强度检测,应通过专门的试验确定。

采用后装拔出法时,被检测混凝土的表层质量应具有代表性,且混凝土的抗压强度和混凝土粗骨料的最大粒径不应超过相应技术规程限定的范围。

当被检测混凝土的表层质量不具有代表性时,应采用钻芯法;当被检测混凝土的龄期或抗压强度超过回弹法、超声回弹综合法或后装拔出法等相应技术规程限定的范围时,可采用钻芯法或钻芯修正法。

需要特别注意的是,即使在回弹法、超声回弹综合法或后装拔出法适用的条件下,宜进行钻芯修正或利用同条件养护立方体试块的抗压强度进行修正。

需要特别指出的是,拟采用的检测方法除应符合国家相关标准的规定外,还应告知客户,并宜得到客户对该检测方法的认可。

由于现行检测标准或规程均为推荐性标准,所采用的标准不同,抽样检测方案也会有差别。下列为相关规程对抽样数量的规定。

《回弹法检测混凝土抗压强度技术规程》JGJ/T23—2001 和《超声回弹综合法检测混凝土强度技术规程》CECS 02:2005 规定相同:按批进行检测的构件,抽检数量不得少于同批构件总数的 30% 且构件数量不得少于 10 件。抽检构件时,应随机抽取并使所选构件具有代表性。

当按《建筑结构检测技术标准》GB/T 50344—2004 的规定进行抽样检测时,应先统计各检测批的容量,根据检测类别确定样本最小容量,检测批的最小样本容量不宜小于表 4.2.1-1 的限定值。

建筑结构抽样检测的最小样本容量   表 4.2.1-1

检测批的容量	检测类别和样本最小容量			检测批的容量	检测类别和样本最小容量		
	A	B	C		A	B	C
2—8	2	2	3	501—1200	32	80	125
9—15	2	3	5	1201—3200	50	125	200
16—25	3	5	8	3201—10000	80	200	315
26—50	5	8	13	10001—35000	125	315	500
51—90	5	13	20	35001—150000	200	500	800
91—150	8	20	32	150001—500000	315	800	1250
151—280	13	32	50	>500000	500	1250	2000
281—500	20	50	80	—	—	—	—

注:检测类别 A 适用于一般施工质量的检测,检测类别 B 适用于结构质量或性能的检测,检测类别 C 适用于结构质量或性能的严格检测或复检。

规定建筑结构按检测批检测时抽样的最小样本容量,其目的是要保证抽样检测结果具有代表性。最小样本容量不是最佳的样本容量,实际检测时可根据具体情况和相应技术规程的规定确定样本容量,但样本容量不应少于表 4.2.1-1 的限定量。

对于计量抽样检测的检测批来说,表 4.2.1-1 的限定值可以是构件也可以是取得测试数据代表值的测区。例如对于混凝土构件强度检测来说,可以以构件总数作为检测批的容量,抽检构件的数量满足表 4.2.1-1 中最小样本容量的要求;在每个构件上布置若干个测区,取得测区测试数据的代表值。

4.2.1.3 回弹法检测数据处理

1. 普通混凝土

(1) 计算测区平均回弹值,应从该测区的 16 个回弹值中剔除 3 个最大值和 3 个最小值,余下的 10 个回弹值应按下式计算:

$$R_m = \frac{1}{10}\sum_{i=1}^{10} R_i \qquad (4.2.1\text{-}1)$$

式中 R_m——测区平均回弹值,精确至 0.1;

R_i——第 i 个测点的回弹值。

(2) 非水平方向检测混凝土浇筑侧面时,应按下式修正:

$$R_m = R_{ma} + R_{aa} \qquad (4.2.1\text{-}2)$$

式中 R_m——非水平状态检测时测区的平均回弹值,精确至 0.1;

R_{ma}——非水平状态检测时回弹值修正值,可按本章附录 C 采用。

(3) 水平方向检测混凝土浇筑顶面或底面时,应按下列公式修正:

$$R_m = R_m^t + R_a^t \qquad (4.2.1\text{-}3)$$
$$R_m = R_m^b + R_a^b$$

式中 R_m^t、R_m^b——水平方向检测混凝土浇筑表面、底面时,测区的平均回弹值,精确至 0.1;

R_a^t、R_a^b——混凝土浇筑表面、底面回弹值的修正值,按本章附录 D 采用。

(4) 当检测时回弹仪为非水平方向且测试面为非混凝土的浇筑侧面时,应先对回弹值进行角度修正,再对修正后的值进行浇筑面修正。

(5) 混凝土强度的计算

1) 结构或构件第 i 个测区混凝土强度换算值,可按平均回弹值 (R_m) 及平均碳化深度值 (d_m) 由本章附录 A 测区混凝土强度换算表得出,泵送混凝土还应本章附录 B 计算。当有地区测强曲线或专用测强曲线时,混凝土强度换算值应按地区测强曲线或专用测强曲线换算得出。

2) 结构或构件的测区混凝土强度平均值可根据可测区的混凝土强度换算值计算。当测区数为 10 个及以上时,应计算强度标准差。平均值及标准差应按下列公式计算:

$$m_{f_{cu}^c} = \frac{1}{n}\sum_{i=1}^{n} f_{cu,i}^c \qquad (4.2.1\text{-}4)$$

$$s_{f_{cu}^c} = \sqrt{\frac{\sum_{i=1}^{n}(f_{cu,i}^c)^2 - n(m_{f_{cu}^c})^2}{n-1}} \qquad (4.2.1\text{-}5)$$

式中 $m_{f_{cu}^c}$——结构或构件测区混凝土强度换算值的平均值(MPa),精确至 0.1 MPa;

n——对于单个检测的构件,取一个构件的测区数;对批量检测的构件,取被抽检构件测区数之和;

$s_{f_{cu}^c}$——结构或构件测区混凝土强度换算值的标准差(MPa),精确至 0.01 MPa。

3) 结构或构件的混凝土强度推定值 ($f_{cu,e}$) 应按下列公式确定:

a) 当该结构或构件测区数少于 10 个时:

$$f_{cu,e} = f_{cu,min}^c \tag{4.2.1-6}$$

式中 $f_{cu,min}^c$——构件中最小的测区混凝土强度换算值。

b) 当该结构或构件的测区强度值中出现小于 10.0 MPa 时：

$$f_{cu,e}^c < 10.0 \text{ MPa} \tag{4.2.1-7}$$

c) 当该结构或构件测区数不少于 10 个或按批量检测时，应按下列公式计算：

$$f_{cu,e} = m_{f_{cu}^c} - 1.645 s_{f_{cu}^c} \tag{4.2.1-8}$$

注：结构或构件的混凝土强度推定值是指相应于强度换算值总体分布中保证率不低于95%的结构或构件中的混凝土抗压强度值。

4) 对按批量检测的构件，当该批构件混凝土强度标准差出现下列情况之一时，则该批构件应全部按单个构件检测：

a) 当该批构件混凝土强度平均值小于 25MPa 时：

$$s_{f_{cu}^c} > 4.5 \text{MPa}$$

b) 当该批构件混凝土强度平均值不小于 25MPa 时：

$$s_{f_{cu}^c} > 5.5 \text{MPa}$$

2. 高强混凝土

(1) 回弹值的计算方法与普通混凝土类似，结构或构件第 i 个测区的混凝土强度换算值 $f_{cu,i}^c$，应根据测区回弹值的代表值（R_m）、碳化深度平均值（d_m），采用下列公式计算确定。

$$f_{cu,i}^c = -8.684 + 0.820 \times R_{m,i} + 0.00629 \times R_{m,i}^2 \tag{4.2.1-9}$$

式中 $f_{cu,i}^c$——第 i 个测区的混凝土强度换算值（MPa）；

$R_{m,i}$——第 i 个测区回弹值的代表值。

(2) 当结构或构件所用材料与制定的测强曲线所用材料有较大差异时，应用同条件试块或从结构构件测区钻取的混凝土芯样进行修正，试件数量不应少于 3 个。此时，得到的测区强度换算值应乘以修正系数。修正系数可按下列公式计算：

1) 有同条件试块时

$$\eta = \frac{1}{n} \sum_{i=1}^{n} f_{cu,i} / f_{cu,i}^c \tag{4.2.1-10}$$

2) 有混凝土芯样试件时

$$\eta = \frac{1}{n} \sum_{i=1}^{n} f_{cor,i} / f_{cu,i}^c \tag{4.2.1-11}$$

3) 没有试件修正时，取 $\eta = 1$。

式中 η——修正系数，精确至小数点后两位；

$f_{cu,i}$——第 i 个混凝土立方体试块（$150 \times 150 \times 150$mm）抗压强度值（MPa），精确至 0.1MPa；

$f_{cor,i}$——第 i 个混凝土芯样试件（$\phi 100 \times 100$mm）抗压强度值（MPa），精确至 0.1MPa；

$f_{cu,i}^c$——第 i 个立方体试块或芯样试件对应的测区混凝土强度换算值（MPa），精确至 0.1MPa；

n——试件数。

(3) 结构或构件的混凝土强度推定值 $f_{cu,e}^c$，可按下列条件确定：

1) 当按单个构件检测时，应取该构件测区中最小的混凝土强度换算值 $f_{cu,min}^c$ 作为该构件的混凝土强度推定值 $f_{cu,e}^c$。

2) 当按批抽样检测时，该批构件的混凝土强度推定值应按下列公式中的较大值作为该批构件的混凝土强度推定值：

$$f_{cu,e1} = m_{f_{cu}^c} - 1.645 S_{f_{cu}^c} \quad (4.2.1\text{-}12)$$

$$f_{cu,e2} = m_{f_{cu,min}^c} = \frac{1}{m}\sum_{j=1}^{m} f_{cu,min,j}^c \quad (4.2.1\text{-}13)$$

以上式中的各测区混凝土强度换算值的平均值 $m_{f_{cu}^c}$ 及标准差 $S_{f_{cu}^c}$ 应按下列公式计算：

$$m_{f_{cu}^c} = \frac{1}{n}\sum_{i=1}^{n} f_{cu,i}^c \quad (4.2.1\text{-}14)$$

$$S_{f_{cu}^c} = \sqrt{\frac{\sum_{i=1}^{n}(f_{cu,i}^c)^2 - n(m_{f_{cu}^c})^2}{n-1}} \quad (4.2.1\text{-}15)$$

式中 $m_{f_{cu}^c}$——同批构件测区混凝土强度换算值的平均值（MPa），精确至 0.1MPa；

n——同批构件总的测区数；

$S_{f_{cu}^c}$——同批构件测区混凝土强度换算值的标准差（MPa），精确至 0.01MPa；

$m_{f_{cu,min}^c}$——该批每个构件中最小的测区混凝土强度换算值的平均值（MPa），精确至 0.1MPa；

$f_{cu,min,j}^c$——第 j 个构件中最小测区混凝土强度换算值（MPa），精确至 0.1MPa；

m——批抽取的构件数量。

(4) 当属同批构件抽样检测时，若全部测区强度的标准差出现下列情况时，则该批构件应全部按单个构件推定强度：

1) 当该批构件混凝土强度平均值小于 50MPa 时：

$$S_{f_{cu}^c} > 4.5\text{MPa}$$

2) 当该批构件混凝土强度平均值不小于 50MPa 时：

$$S_{f_{cu}^c} > 5.5\text{MPa}$$

4.2.1.4 超声回弹综合法检测混凝土抗压强度数据处理

《超声回弹综合法检测混凝土强度技术规程》CECS 02:2005 中第四章及第五章分别给出了测区回弹值及声速值的计算方法、混凝土强度的推定方法，现将其摘录如下。

1. 测区平均回弹值的计算

测区回弹代表值应从该测区的 16 个回弹值中剔除 3 个较大值和 3 个较小值，根据其余 10 个有效回弹值按下列公式计算：

$$R = \frac{1}{10}\sum_{i=1}^{10} R_i \quad (4.2.1\text{-}16)$$

式中 R——测区回弹代表值，取有效测试数据的平均值，精确至 0.1；

R_i——第 i 个测点的有效回弹值。

2. 回弹值的修正

(1) 非水平状态下测得的回弹值，应按下列公式修正

$$R_a = R + R_{a\alpha} \quad (4.2.1\text{-}17)$$

式中 R_a——修正后的测区回弹代表值；

$R_{a\alpha}$——测试角度为 α 时的回弹修正值，按表 4.2.1-2 选用。

（2）由混凝土浇灌方向的顶面或底面测得的回弹值，应按下列公式修正：

$$R_a = R + (R_a^t + R_a^b) \quad (4.2.1\text{-}18)$$

式中 R_a^t——测顶面时的回弹修正值，按表 4.2.1-3 选用；

R_a^b——测底面时的回弹修正值，按表 4.2.1-3 选用。

非水平状态测得的回弹修正值 $R_{a\alpha}$　　　　　　　　　　表 4.2.1-2

$R_{a\alpha}$ 测试角度 R_m	回弹仪向上				回弹仪向下			
	+90°	+60°	+45°	+30°	-30°	-45°	-60°	-90°
20	-6.0	-5.0	-4.0	-3.0	+2.5	+3.0	+3.5	+4.0
30	-5.0	-4.0	-3.5	-2.5	+2.0	+2.5	+3.0	+3.5
40	-4.0	-3.5	-3.0	-2.0	+1.5	+2.0	+2.5	+3.0
50	-3.5	-3.0	-2.5	-1.5	+1.0	+1.5	+2.0	+2.5

注：1. 当测试角度 $\alpha = 0°$ 时，修正值为0；R 小于20或大于50时，分别按20或50查表；
　　2. 表中未列出数值，可用内插法求得，精确至0.1。

由混凝土浇灌的顶面或底面测得的回弹修正值 R_a^t、R_a^b　　表 4.2.1-3

测试面 R 或 R_a	顶面 R_a^t	底面 R_a^b	测试面 R 或 R_a	顶面 R_a^t	底面 R_a^b
20	+2.5	-3.0	40	+0.5	-1.0
25	+2.0	-2.5	45	0	-0.5
30	+1.5	-2.0	50	0	0
35	+1.0	-1.5			

注 1. 在测试角度等于0时，修正值为0；R 小于20或大于50时，分别按20或50查表；
　　2. 当先进行角度修正时，采用修正后的回弹代表值 R_a；
　　3. 表中未列数值，可用内插法求得，精确至0.1。

（3）在测试时，如仪器位于非水平状态，同时构件测区又非混凝土的浇灌侧面，则应对测得的回弹值先进行角度修正，然后进行顶面或底面修正。

3. 测区声速的计算方法

超声测点应布置在回弹测试的同一侧面内，每一测区布置3个测点。超声测试宜优先采用对测或角测,当被测构件不具备对测或角测条件时,可采用单侧面平测。

超声测试时,换能器辐射面应通过耦合剂与混凝土测试面良好耦合。

声时测量应精确至 0.1μs,超声测距测量应精确至 1.0mm,且测量误差不应超过 ±1%。声速计算应精确至 0.01km/s。

(1) 测区声速应按下列公式计算:

$$v = l/t_m \tag{4.2.1-19}$$

$$t_m = (t_1 + t_2 + t_3)/3 \tag{4.2.1-20}$$

式中 v——测区声速值,km/s;

l——超声测距,mm;

t_m——测区平均声时值,us;

t_1, t_2, t_3——分别为测区中3个测点的声时值。

当在混凝土浇灌方向的侧面对测时,测区混凝土中声速代表值应根据该测区中3个测点的混凝土中声速值,按下列公式计算:

$$v = \frac{1}{3} \sum_{i=1}^{3} \frac{l_i}{t_i - t_0}$$

式中 v——测区混凝土中声速代表值(km/s);

l_i——第 i 个测点的声速测距(mm)。

t_i——第 i 个测点的声时读数(μs)。

t_0——声时初读数(μs)。

当在混凝土浇灌的顶面与底面测试时,测区声速代表值应按下列公式修正:

$$v_a = \beta v \tag{4.2.1-21}$$

式中 v_a——修正后的测区声速代表值(km/s);

β——超声测试面修正系数。在混凝土浇灌顶面及底面对测或斜测时,$\beta = 1.034$;在混凝土浇筑的顶面和底面对测或斜测时,测区混凝土中声速代表值应按规程(CECS 02:2005)附录 B 第 B.2 节结算和修正。

(2) 构件第 i 个测区的混凝土强度换算值 $f_{cu,i}^c$,应根据 4.2.1-2 和 4.2.1-3 计算的修正后测区回弹值 R_{ai} 及修正后的测区声速值 v_{ai},优先采用专用或地区测强曲线推定。当无该类测强曲线时,经验证后也可按下列公式计算:

1) 粗骨料为卵石时

$$f_{cu,i}^c = 0.0056 v_{ai}^{1.439} R_{ai}^{1.769} \tag{4.2.1-22}$$

2) 粗骨料为碎石时

$$f_{cu,i}^c = 0.0162 v_{ai}^{1.656} R_{ai}^{1.410} \tag{4.2.1-23}$$

式中 $f_{cu,i}^c$——第 i 个测区混凝土强度换算值,MPa,精确至 0.1MPa;

v_{ai}——第 i 个测区修正后的回弹值,精确至 0.01km/s;

R_{ai}——第 i 个测区修正后的回弹值,精确至 0.1。

当结构或构件所采用的材料及其龄期与制定测强曲线所采用的材料及其龄期有较大差异时,应采用同条件立方体试块或从结构构件测区中钻取的混凝土芯样试样进行修正。试件数量应不少于4个。此时,得到的测区混凝土强度换算值应乘以修正系数,修正系数可按下列公式计算。

1）有同条件立方试块时

$$\eta = \frac{1}{n}\sum_{i=1}^{n} f_{cu,i}/f_{cu,i}^{c} \qquad (4.2.1\text{-}24)$$

2）有混凝土芯样试件时

$$\eta = \frac{1}{n}\sum_{i=l}^{n} f_{cor,i}/f_{cu,i}^{c} \qquad (4.2.1\text{-}25)$$

式中　η——修正系数，精确至小数点后两位；

$f_{cu,i}^{c}$——对应于第 i 个立方试块或芯样试件的混凝土强度换算值（MPa），精确至 0.1MPa；

$f_{cu,i}$——第 i 个混凝土立方体试块抗压强度值，（以边长为150mm计）MPa，精确至 0.1MPa；

$f_{cor,i}$——第 i 个混凝土芯样试件抗压强度值，（以 $\phi 100 \times 100$mm 计）MPa，精确至 0.1MPa；

n——试件数。

（3）结构或构件的混凝土强度推定值 $f_{cu,e}$ 可按下列条件确定：

1）当结构或构件的测区抗压强度换算值中出现小于 10.0MPa 的值时，该构件的混凝土抗压强度推定值 $f_{cu,e}$ 取小于 10.0MPa。

2）当按批抽样检测或测区数不少于 10 个时，该批构件的混凝土强度推定值应按下列公式计算：

$$f_{cu,e} = m_{f_{cu}^{c}} - 1.645 s_{f_{cu}^{c}} \qquad (4.2.1\text{-}26)$$

3）当按批抽样检测或测区数少于 10 个时：

$$f_{cu,e} = f_{cu,min}^{c}$$

式中的各测区混凝土强度换算值的平均值及标准差，应按下列公式计算：

$$m_{f_{cu}^{c}} = \frac{1}{n}\sum_{i=l}^{n} f_{cu,i}^{c} \qquad (4.2.1\text{-}27)$$

$$s_{f_{cu}^{c}} = \sqrt{\frac{\sum_{i=1}^{n}(f_{cu,i}^{c})^{2} - n(m_{f_{cu}^{c}})^{2}}{n-1}} \qquad (4.2.1\text{-}28)$$

式中　$f_{cu,i}^{c}$——结构或构件第 i 个测区的混凝土抗压强度换算值（MPa）；

$m_{f_{cu}^{c}}$——结构或构件测区混凝土抗压强度换算值的平均值（MPa）。精确至 0.1 MPa；

$m_{f_{cu}^{c}}$——结构或构件测区混凝土抗剪强度换算值的平均值（MPa）。精确至 0.1 MPa；

n——测区数。对单个检测的构件，取一个构件的测区数；对批量检测的构件，取被抽检构件测区数的总和。

（4）当属同批构件按批抽样检测时，若全部测区强度的标准差出现下列情况时，则该批构件应全部按单个构件检测：

1）一批构件的混凝土抗压强度平均值 $m_{f_{cu}^{c}} < 25.0$MPa，标准差 $s_{f_{cu}^{c}} > 4.50$MPa；

2）一批构件的混凝土抗压强度平均值 $m_{f_{cu}^{c}} = 25.0 \sim 50.0$MPa，标准差 $s_{f_{cu}^{c}} > 5.50$MPa。

3）一批构件的混凝土抗压强度平均值 $m_{f_{cu}^{c}} > 50.0$MPa，标准差 $s_{f_{cu}^{c}} > 6.50$MPa。

4.2.1.5 钻芯法检测混凝土抗压强度数据处理

(1) 芯样试件的混凝土强度换算值系指用钻芯法测得的芯样强度，换算成相应于测试龄期的、边长为150mm的立方体试块的抗压强度值。

(2) 芯样试件的混凝土强度换算值，应按下列公式计算：

$$f_{cu}^c = \alpha \frac{4F}{\pi d^2} \quad (4.2.1\text{-}29)$$

式中　f_{cu}^c——芯样试件混凝土强度换算值（MPa），精确至0.1MPa；

　　　F——芯样试件抗压试验测得的最大压力（N）；

　　　d——芯样试件的平均直径（mm）；

　　　α——不同高径比的芯样试件混凝土强度换算系数，应按表4.2.1-4选用。

芯样试件混凝土强度换算系数　　　表4.2.1-4

高径比（h/d）	1.0	1.1	1.2	1.3	1.4	1.5	1.6	1.7	1.8	1.9	2.0
系数（α）	1.00	1.04	1.07	1.10	1.15	1.15	1.17	1.19	1.21	1.22	1.24

(3) 高度和直径均为100mm或150mm芯样试件的抗压强度测试值，可直接作为混凝土的强度换算值。

(4) 单个构件或单个构件的局部区域，可取芯样试件混凝土强度换算值中的最小值作为其代表值。

4.2.1.6 钻芯修正

为提高混凝土检测的精度，《建筑结构检测技术标准》（GB/T 50344—2004）4.3.2条规定，在回弹法、超声回弹综合法或后装拔出法适用的条件下，宜进行钻芯修正或利用同条件养护立方体试块的抗压强度进行修正，试件或钻取芯样数量不应少于6个。

按《超声回弹综合法检测混凝土强度技术规程》（CECS 02：2005）规定检测混凝土强度时，试件或钻取芯样数量不应少于3个。

钻芯或试件修正有修正系数和修正量的两种基本形式。

修正系数的形式是，用芯样样本参数与非破损检测样本参数的比值作为修正系数 η，然后用 η 乘以非破损检测样本中的测试值得到修正后的值。相应的修正公式见式4.2.1-25。

$$f_{cu,i} = \eta \times f_{cu,i0}^c \quad (4.2.1\text{-}30)$$

式中　$f_{cu,i}$——修正后的非破损测区换算强度；

　　　$f_{cu,i0}^c$——修正前的非破损测区换算强度；

　　　η——修正系数。

修正量的形式是，用芯样样本参数与非破损检测样本参数的差值 Δ 作为修正量，然后用 Δ 与非破损检测样本中的测试值相加得到修正后的值。相应的修正公式见式（4.2.1-31）。

$$f_{cu,i} = f_{cu,i0}^c + \Delta \quad (4.2.1\text{-}31)$$

式中　Δ——修正量。

两种方法的差别在于，修正系数不仅修正了非破损样本的算数平均值，而且修正了样本的标准差。从数学角度上讲，修正量法只是对非破损测强曲线的截距进行了修正，曲线的斜率没有改变，而修正系数不仅测强曲线的截距进行了修正，对曲线的斜率也进行了修正。图4.2.1-1给出了两种修正方式的比较。

在实际的修正时，宜采用修正量法。其原因是，在修正时，钻芯法并未对非破损检测样本的标准差进行检验，只对平均值进行了比较。因此修正也应只针对平均值。

在各种修正方法中，宜选用总体修正量的方法。总体修正量方法中的芯样试件换算抗压强度样本的均值 $f_{cor,m}$；总体修正量 Δ_{tot} 和相应的修正可按式（4.2.1-32）计算：

$$\Delta_{tot} = f_{cor,m} - f_{cu,m0}^c \quad (4.2.1\text{-}32)$$

$$f_{cu,i}^c = f_{cu,i0}^c + \Delta_{tot} \quad (4.2.1\text{-}33)$$

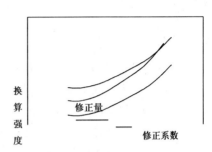

图 4.2.1-1　两种修正方式的比较示意

式中　$f_{cor,m}$——芯样试件换算抗压强度样本的均值；
　　　$f_{cu,m0}^c$——被修正方法检测得到的换算抗压强度样本的均值；
　　　$f_{cu,i}^c$——修正后测区混凝土换算抗压强度；
　　　$f_{cu,i0}^c$——修正前测区混凝土换算抗压强度。

当钻芯修正法不能满足总体修正量的方法进行修正时，可采用对应样本修正量、对应样本修正系数或——对应修正系数的修正方法；此时直径100mm混凝土芯样试件的数量不应少于6个；现场钻取直径100mm的混凝土芯样确有困难时，也可采用直径不小于70mm的混凝土芯样，但芯样试件的数量不应少于9个。——对应的修正系数，可按相关技术规程的规定计算。对应样本的修正量 Δ_{loc} 和修正系数 η_{loc}，可按式（4.2.1-34）、式（4.2.1-35）计算；

$$\Delta_{loc} = f_{cor,m} - f_{cu,m0,loc}^c \quad (4.2.1\text{-}34)$$

$$\eta_{loc} = f_{cor,m} / f_{cu,m0,loc}^c \quad (4.2.1\text{-}35)$$

式中　$f_{cor,m}$——芯样试件换算抗压强度样本的均值；
　　　$f_{cu,m0,loc}^c$——被修正方法检测得到的与芯样试件对应测区的换算抗压强度样本的均值。

相应的修正可按式（4.2.1-36）、式（4.2.1-37）计算：

$$f_{cu,i}^c = f_{cu,i0}^c + \Delta_{loc} \quad (4.2.1\text{-}36)$$

$$f_{cu,i}^c = \eta_{loc} f_{cu,i0}^c \quad (4.2.1\text{-}37)$$

式中　$f_{cu,i}^c$——修正后测区混凝土换算抗压强度；
　　　$f_{cu,i0}^c$——修正前测区混凝土换算抗压强度。

采用——对应的修正系数，钻取芯样时每个部位应钻取一个芯样，计算时，测区混凝土强度换算值应乘以修正系数。

修正系数应按下列公式计算：

$$\eta = \frac{1}{n}\sum_{i=1}^{n} f_{cu,i}/f_{cu,i}^c \quad (4.2.1\text{-}38)$$

或

$$\eta = \frac{1}{n}\sum_{i=1}^{n} f_{cor,i}/f_{cu,i}^c \quad (4.2.1\text{-}39)$$

式中　η——修正系数，精确至 0.01；

　　　$f_{cu,i}$——第 i 个混凝土芯样或立方体试件（边长为 150mm）的抗压强度值，精确至 0.1MPa；

　　　$f_{cu,i}^c$——对应于第 i 个试件或芯样部位回弹值和碳化深度值的混凝土强度换算值，精确至 0.1MPa；

　　　$f_{cor,i}$——第 i 个混凝土芯样试件的抗压强度值，精确至 0.1MPa；

　　　n——试件数。

4.2.1.7　结果评定

检测结果的评定应按所依据的检测标准进行，由于现行检测标准或规程均为推荐性标准，所采用的标准不同，检测结果也会存在差别。检测前应就拟采用的检测标准告知客户，并宜得到客户对拟采用检测标准的认可。

回弹法或超声回弹综合法数据处理及评定在前面已详述，在此就不详述了，下面重点介绍《建筑结构检测技术标准》GB/T 50344—2004 的相关规定。

计量抽样检测批的检测结果，宜提供推定区间。推定区间的置信度宜为 0.90，并使错判概率和漏判概率均为 0.05。特殊情况下，推定区间的置信度可为 0.85，使漏判概率为 0.10，错判概率仍为 0.05。

结构材料强度计量抽样的检测结果，推定区间的上限值与下限值之差值应予以限制，不宜大于材料相邻强度等级的差值和推定区间上限值与下限值算术平均值的 10% 两者中的较大值。当检测批的检测结果不能满足此要求时，可提供单个构件的检测结果，单个构件的检测结果的推定应符合相应检测标准的规定。

检测批的标准差 σ 为未知时，计量抽样检测批具有 95% 保证率的标准值（0.05 分位值）x_k 的推定区间上限值和下限值可按式（4.2.1-40）计算。

$$x_{k,1} = m - k_1 s \quad (4.2.1\text{-}40)$$
$$x_{k,2} = m - k_2 s$$

式中　$x_{k,1}$——标准值（0.05 分位值）推定区间的上限值；

　　　$x_{k,2}$——标准值（0.05 分位值）推定区间的下限值；

　　　m——样本均值；

　　　s——样本标准差；

　　　k_1 和 k_2——推定系数，取值见表 4.2.1-5。

标准差未知时推定区间上限值与下限值系数

表 4.2.1-5

样本容量	标准差未知时推定区间上限值与下限值系数					
	0.5 分位值		0.05 分位值			
	$k(0.05)$	$k(0.1)$	$k_1(0.05)$	$k_2(0.05)$	$k_1(0.1)$	$k_2(0.1)$
5	0.95339	0.68567	0.81778	4.20268	0.98218	3.39983
6	0.82264	0.60253	0.87477	3.70768	1.02822	3.09188
7	0.73445	0.54418	0.92037	3.39947	1.06516	2.89380
8	0.66983	0.50025	0.95803	3.18729	1.09570	2.75428
9	0.61985	0.46561	0.98987	3.03124	1.12153	2.64990
10	0.57968	0.43735	1.01730	2.91096	1.14378	2.56837
11	0.54648	0.41373	1.04127	2.81499	1.16322	2.50262
12	0.51843	0.39359	1.06247	2.73634	1.18041	2.44825
13	0.49432	0.37615	1.08141	2.67050	1.19576	2.40240
14	0.47330	0.36085	1.09848	2.61443	1.20958	2.36311
15	0.45477	0.34729	1.11397	2.56600	1.22213	2.32898
16	0.43826	0.33515	1.12812	2.52366	1.23358	2.29900
17	0.42344	0.32421	1.14112	2.48626	1.24409	2.27240
18	0.41003	0.31428	1.15311	2.45295	1.25379	2.24862
19	0.39782	0.30521	1.16423	2.42304	1.26277	2.22720
20	0.38665	0.29689	1.17458	2.39600	1.27113	2.20778
21	0.37636	0.28921	1.18425	2.37142	1.27893	2.19007
22	0.36686	0.28210	1.19330	2.34896	1.28624	2.17385
23	0.35805	0.27550	1.20181	2.32832	1.29310	2.15891
24	0.34984	0.26933	1.20982	2.30929	1.29956	2.14510
25	0.34218	0.26357	1.21739	2.29167	1.30566	2.13229
26	0.33499	0.25816	1.22455	2.27530	1.31143	2.12037
27	0.32825	0.25307	1.23135	2.26005	1.31690	2.10924
28	0.32189	0.24827	1.23780	2.24578	1.32209	2.09881
29	0.31589	0.24373	1.24395	2.23241	1.32704	2.08903
30	0.31022	0.23943	1.24981	2.21984	1.33175	2.07982
31	0.30484	0.23536	1.25540	2.20800	1.33625	2.07113
32	0.29973	0.23148	1.26075	2.19682	1.34055	2.06292
33	0.29487	0.22779	1.26588	2.18625	1.34467	2.05514
34	0.29024	0.22428	1.27079	2.17623	1.34862	2.04776
35	0.28582	0.22092	1.27551	2.16672	1.35241	2.04075
36	0.28160	0.21770	1.28004	2.15768	1.35605	2.03407
37	0.27755	0.21463	1.28441	2.14906	1.35955	2.02771
38	0.27368	0.21168	1.28861	2.14085	1.36292	2.02164
39	0.26997	0.20884	1.29266	2.13300	1.36617	2.01583
40	0.26640	0.20612	1.29657	2.12549	1.36931	2.01027

续表

样本容量	标准差未知时推定区间上限值与下限值系数					
	0.5 分位值		0.05 分位值			
	k (0.05)	k (0.1)	k_1 (0.05)	k_2 (0.05)	k_1 (0.1)	k_2 (0.1)
41	0.26297	0.20351	1.30035	2.11831	1.37233	2.00494
42	0.25967	0.20099	1.30399	2.11142	1.37526	1.99983
43	0.25650	0.19856	1.30752	2.10481	1.37809	1.99493
44	0.25343	0.19622	1.31094	2.09846	1.38083	1.99021
45	0.25047	0.19396	1.31425	2.09235	1.38348	1.98567
46	0.24762	0.19177	1.31746	2.08648	1.38605	1.98130
47	0.24486	0.18966	1.32058	2.08081	1.38854	1.97708
48	0.24219	0.18761	1.32360	2.07535	1.39096	1.97302
49	0.23960	0.18563	1.32653	2.07008	1.39331	1.96909
50	0.23710	0.18372	1.32939	2.06499	1.39559	1.96529
60	0.21574	0.16732	1.35412	2.02216	1.41536	1.93327
70	0.19927	0.15466	1.37364	1.98987	1.43095	1.90903
80	0.18608	0.14449	1.38959	1.96444	1.44366	1.88988
90	0.17521	0.13610	1.40294	1.94376	1.45429	1.87428
100	0.16604	0.12902	1.41433	1.92654	1.46335	1.86125
110	0.15818	0.12294	1.42421	1.91191	1.47121	1.85017
120	0.15133	0.11764	1.43289	1.89929	1.47810	1.84059

对于计量抽样检测批的判定，当设计要求相应数值小于或等于推定上限值时，可判定为符合设计要求；当设计要求相应数值大于推定上限值时，可判定为低于设计要求。

4.2.2 构件外观质量与裂缝检测

4.2.2.1 外观质量缺陷

混凝土构件制作时需要模板支撑等，待混凝土达到一定的强度时，拆除模板，混凝土开始受力，拆除模板后有时会发现蜂窝、麻面、孔洞、夹渣、露筋、裂缝、疏松区和不同时间浇筑的混凝土结合面质量差等外观质量缺陷。

混凝土构件外观缺陷，可采用目测、尺量等方法检测，外观质量与缺陷检测数量，对于建筑结构工程质量检测时宜为全部构件。混凝土构件外观缺陷的评定方法，可按《混凝土结构工程施工质量验收规范》GB50204确定，分为一般缺陷和严重缺陷。

混凝土内部缺陷或浇注不密实区域的检测，可采用超声法、冲击反射法等非破损方法，必要时可采用如钻芯等局部破损方法对非破损的检测结果进行验证。采用超声法检测混凝土内部缺陷时，可参照《超声法检测混凝土缺陷技术规程》CECS21的规定执行。

4.2.2.2 裂缝

混凝土结构易出现裂缝，宽度0.05mm以上的裂缝是人的眼睛可以看见的，裂缝检测是裂缝原因分析和危害性评定必不可少的最基本调查，结构或构件裂缝的检测，应包括裂缝的位置、裂缝的形式、裂缝走向、长度、宽度、深度、数量、裂缝发生及开展的时间过程、裂缝是否稳定，裂缝内有无盐析、锈水等渗出物，裂缝表面的干湿度，裂缝周围材料的风化剥离情况等等。裂缝的记录一般采用结构或构件的裂缝展开图和照片、录像等形式。

裂缝深度，可采用超声法检测或局部凿开检查，必要时可钻取芯样予以验证；裂缝长度采用尺量；裂缝宽度采用裂缝刻度放大镜、裂缝对比卡，裂缝宽度较大时，可采用塞尺等，同一条裂缝沿长度裂缝宽度是不同的，检测时应首先观测确定裂缝宽度最大的部位，量测裂缝的最大宽度。

裂缝的性质可分为稳定裂缝和活动裂缝两种，活动裂缝亦为发展的裂缝，对于仍在发展的裂缝应进行定期观测，在构件上作出标记，用裂缝宽度观测仪器如接触式引伸仪、振弦式应变仪等记录其变化，或骑缝贴石膏饼，观测裂缝发展变化。

4.2.3　钢筋配置与钢筋锈蚀检测

4.2.3.1　钢筋间距和保护层厚度

钢筋位置和保护层厚度采用磁感仪和雷达仪检测。磁感仪是应用电磁感应原理检测混凝土中钢筋间距、混凝土保护层厚度及直径的方法。雷达仪是通过发射和接收到的毫微秒级电磁波来检测混凝土中钢筋间距、混凝土保护层厚度的方法。

磁感仪的基本原理是根据钢筋对仪器探头所发出的电磁场的感应强度来判定钢筋的位置和深度的，磁感仪有多种型号，早期的磁感仪采用指针指示，目前常用的为数字显示或成像显示，利用随机所带的软件，可将图像传送至计算机，通过打印机输出图像。当混凝土保护层厚度为 10~50mm 时，应用校准试件来校准，电磁感应法钢筋探测仪的混凝土保护层厚度检测误差不应大于 ±1mm，钢筋间距检测误差不应大于 ±3mm。

雷达仪是利用雷达波（电磁波的一种）在混凝土中的传播速度来推算其传播距离，判断钢筋位置及保护层厚度。雷达仪也有多种型号，多数为国外生产，近年来国内厂家也在研制，近期将投入市场。雷达法可以成像，宜用于结构构件中钢筋间距的大面积扫描检测，当检测精度满足要求时，也可用于钢筋混凝土保护层厚度检测。

钢筋探测仪和雷达仪应定期进行校准，正常情况下，仪器校准有效期可为一年。发生下列情况之一时，应对仪器进行校准：

（1）新仪器启用前；

（2）检测数据异常，无法进行调整；

（3）经过维修或更换主要零配件（如探头、天线等）。

钢筋间距和保护层厚度的检测应根据构件配筋特点，确定检测区域内钢筋可能分布的状况，选择适当的检测面，检测面应清洁、平整，并应避开金属预埋件。一般情况下，板、墙类构件测量受力钢筋的间距和保护层厚度；梁、柱类构件测量箍筋的间距和主筋的保护层厚度。钢筋间距应测量至少6个值，保护层厚度数量为检测面的主筋数量。施工验收时实体检验主要针对梁类、板类构件，抽样数量为各抽取构件数量的2%且不少于5个构件进行检验；当有悬挑构件时，抽取的构件中悬挑梁类、板类构件所占比例均不宜小于

50%。既有建筑性能检测时每批构件的最小抽样数量可参见本章表 4.2.1-1。

钢筋位置检测前，应对钢筋探测仪进行预热和调零，预热可以使钢筋探测仪达到稳定的工作状态，调零时探头应远离金属物体，减少各种干扰导致读数漂移。在检测过程中，应核查钢筋探测仪的零点状态。探头在检测面上移动，直到钢筋探测仪保护层厚度示值最小，此时探头中心线与钢筋轴线应重合，在相应位置做好标记。按上述步骤将相邻的其他钢筋位置逐一标出。根据被测结构构件中钢筋的排列方向，雷达仪探头或天线应沿垂直于被测钢筋轴线方向扫描，雷达仪采集并记录被测部位的反射信号，经过处理后，雷达仪可显示被测部位的断面图象，应根据钢筋的反射波位置来确定钢筋间距和混凝土保护层厚度检测值。钢筋位置确定后可用直尺量测其距离，即为钢筋间距。钢筋位置确定后，在钢筋位置磁感议和雷达仪可非破损测量保护层厚度，对于具有饰面层的构件，应清除饰面层后在混凝土面上进行检测，或局部剔凿饰面层，测量出其厚度，仪器检测出的数值减去饰面层的厚度，即要得到的保护层厚度。当混凝土保护层厚度值过小时，有些钢筋探测仪无法进行检测或示值偏差较大，可采用在探头下附加垫块来人为增大保护层厚度的检测值，垫块对钢筋探测仪检测结果不应产生干扰，表面应光滑平整，其各方向厚度值偏差不应大于 0.1mm，所加垫块厚度在计算时应予扣除。

非破损的方法检测保护层厚度存在误差，要提高检测精度，可采用在钢筋位置的表面少量钻孔、剔凿，直接量测保护层厚度对非破损测量结果进行修正，钻孔、剔凿的时候不得损坏钢筋，实测保护层厚度采用游标卡尺量测，量测精度为 0.1mm。

混凝土保护层厚度检测结果应记录检测部位、钢筋保护层设计值、钢筋公称直径、保护层厚度检测值、厚度平均值及验证值；钢筋间距检测结果应记录检测部位、设计配筋间距、检测值、验证值，并给出被测钢筋的最大间距、最小间距和平均钢筋间距。

钢筋的混凝土保护层厚度平均检测值应按下式计算：

$$c_{m,i}^t = (c_1^t + c_2^t + 2c_c - 2c_0)/2 \tag{4.2.3-1}$$

式中 $c_{m,i}^t$——第 i 测点混凝土保护层厚度平均检测值，精确至 1mm；

c_1^t、c_2^t——第 1、2 次检测的混凝土保护层厚度检测值，精确至 1mm；

c_c——混凝土保护层厚度修正值，为同一规格钢筋混凝土保护层厚度实测验证值减去检测值，精确至 0.1mm；

c_0——探头垫块厚度，精确至 0.1mm；不加垫块时 $c_0=0$。

4.2.3.2 钢筋直径

应采用以数字显示示值的钢筋探测仪来检测钢筋公称直径，对于校准试件，钢筋探测仪对钢筋公称直径的检测误差应小于 ±1mm。当检测误差不能满足要求时，应以剔凿实测结果为准。建筑结构常用的钢筋外形有光圆钢筋和螺纹钢筋，钢筋直径是以 2mm 的差值递增的，螺纹钢筋以公称直径来表示，因此对于钢筋公称直径的检测，要求检测仪器的精度要高，如果误差超过 2mm 则失去了检测意义。由于钢筋探测仪容易受到邻近钢筋的干扰而导致检测误差的增大，因此当误差较大时，应剔凿钢筋保护层，实测钢筋直径。

钢筋的公称直径检测应采用钢筋探测仪检测并结合钻孔、剔凿的方法进行，钢筋钻孔、剔凿的数量不应少于 30% 的该规格已测钢筋且不应少于 3 处。钻孔、剔凿的时候不得损坏钢筋，实测采用游标卡尺量测，根据游标卡尺的测量结果，可通过相关的钢筋产品标准查出对应的钢筋公称直径。

4.2.3.3 钢筋锈蚀

混凝土结构中钢筋生锈需要有水和氧气与金属作用，发生电化学反应，钢筋锈蚀后，钢筋截面积减小，锈蚀产物体积膨胀2~4倍，使钢筋与混凝土的粘结力降低，锈蚀产生的膨胀力还会引起混凝土顺筋裂缝，严重时保护层剥落。

检测钢筋锈蚀的方法有剔凿法、取样法、自然电位法和综合分析判定法。

(1) 剔凿法

凿开混凝土保护层，用钢丝刷刷去浮锈，用游标卡尺测量钢筋剩余直径，主要量测钢筋截面有缺损部位的钢筋直径，以此计算钢筋截面损失率。

(2) 取样法

取样可用合金钻头、手锯或电焊截取，样品的长度视测试项目而定，若需测试钢筋的力学性能，样品应符合钢材试验要求，仅测定钢筋锈蚀量的样品其长度可为直径的3~5倍。

将取回的样品端部锯平或磨平，用游标卡尺测量样品的实际长度，在氢氧化纳溶液中通电除锈。将除锈后的试样放在天平称上称出残余质量，残余质量与该种钢筋公称质量之比即为钢筋的剩余截面率。当已知锈前钢筋质量时，则取锈前质量与称量质量之差来衡量钢筋的锈蚀率。

(3) 自然电位法

自然电位法是利用检测仪器的电化学原理来定性判断混凝土中钢筋锈蚀程度的一种方法。当混凝土中的钢筋锈蚀时，钢筋表面便有腐蚀电流，钢筋表面与混凝土表面间存在电位差，电位差的大小与钢筋锈蚀程度有关，运用电位测量装置，可大致判断钢筋锈蚀的范围及其严重程度。

钢筋锈蚀状况的电化学测定可采用极化电极原理的检测方法，测定钢筋锈蚀电流和测定混凝土的电阻率，也可采用半电池原理测定钢筋的电位。

电化学电位测定方法的测区及测点布置应根据构件的环境差异及外观检查的结果来确定测区，测区应能代表不同环境条件和不同的锈蚀外观表征，每种条件的测区数量不宜少于3个。测区面积不宜大于5m×5m，并应按确定

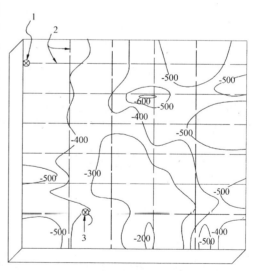

1—钢筋锈蚀检测仪与钢筋连接点；2—钢筋；
3—铜-硫酸铜半电池
图4.2.3-1 电位等值线示意图

的位置编号。在测区上布置测试网格，网格节点为测点，网格间距可为100~500mm的正方形，常用的为200mm×200mm、300mm×300mm或200mm×100mm等，根据构件尺寸和仪器功能而定。测区中的测点数不宜少于20个。测点与构件边缘的距离应大于50mm。

电化学测试结果的表达要按一定的比例绘出测区平面图，图中标出相应到点位置的钢

筋锈蚀电位,得到数据阵列,绘出电位等值线图,通过数值相等各点或内插各等值点绘出等值线,等值线差值宜为100mV。

钢筋锈蚀结果评定有下列三种方法:1)半电池电位评价;2)钢筋锈蚀电流评价;3)混凝土电阻率与钢筋锈蚀状况判别,分别见表4.2.3-1、表4.2.3-2、表4.2.3-3。

半电池电位值评价钢筋锈蚀性状的判据　　　　表4.2.3-1

电位水平（mV）	钢筋锈蚀性状
大于 -200	不发生锈蚀的概率 >90%
-200 ~ -350	锈蚀性状不确定
小于 -350	发生锈蚀的概率 >90%

钢筋锈蚀电流与钢筋锈蚀速率和构件损伤年限判别　　　　表4.2.3-2

序　号	锈蚀电流 I_{cor}（$\mu A/cm^2$）	锈蚀速率	保护层出现损伤年限
1	<0.2	钝化状态	—
2	0.2 ~ 0.5	低锈蚀速率	>15 年
3	0.5 ~ 1.0	中等锈蚀速率	10 ~ 15 年
4	1.0 ~ 10	高锈蚀速率	2 ~ 10 年
5	>10	极高锈蚀速率	不足 2 年

混凝土电阻率与钢筋锈蚀状态判别　　　　表4.2.3-3

序　号	混凝土电阻率（$k\Omega cm$）	钢筋锈蚀状态判别
1	>100	钢筋不会锈蚀
2	50 ~ 100	低锈蚀速率
3	10 ~ 50	钢筋活化时,可出现中高锈蚀速率
4	<10	电阻率不是锈蚀的控制因素

(4) 综合分析判定方法

综合分析判定方法,检测的参数可包括裂缝宽度、混凝土保护层厚度、混凝土强度、混凝土碳化深度、混凝土中有害物质含量以及混凝土含水率等,根据综合情况判定钢筋的锈蚀状况。

4.2.3.4　钢筋性能检测

结构构件中钢筋性能包括力学性能和化学成分分析等,力学性能有钢筋拉伸试验、冷弯试验,一般采用破损法,即凿开混凝土,截取钢筋试样,然后对试样进行力学试验,以此确定钢筋的屈服强度、抗拉极限强度、延伸率等,同一规格的钢筋应抽取两根,每根钢筋再分成两根试件,取一根试件作拉力试验,另一根试件作冷弯试验。在拉力试验的两根试件中，如其中一根试件的屈服点、抗拉强度和伸长率三个指标中有一个指标达不到钢筋标准中的数值，应再抽取钢筋，制作双倍（4根）试件重做试验，如仍有一根试件的一个指标达不到标准要求，则不论这个指标在第一次试件中是否达到标准要求，拉力试验项目为不合格。在冷弯试验中，如有一根试件不符合标准要求，应同样抽取双倍钢筋，重做试验。如仍有一根试件不符合标准要求，冷弯试验项目为不合格。

破损法检测钢筋的力学性能，截断后的钢筋应用同规格的钢筋补焊修复，单面焊时搭接长度为10d，双面焊时搭接长度为5d。因此，应选择结构构件中受力较小的部位截取钢筋试件，如梁、板类受弯构件中，在跨度的1/3～1/4处截取钢筋，柱类受压构件可在柱高度的中部截取钢筋。

既有结构钢筋抗拉强度的检测，也可采用非破损的检测方法，如里式硬度仪测试钢筋表面硬度来推定钢筋强度，非破损检测的钢筋强度与取样检验相结合的方法。里氏硬度测试原理是用一个具有恒定能量的冲击体弹击静止的试件，冲击体碰到试件后会产生回弹，测量回弹时冲击体的剩余能量，用这个剩余能量来表征材料的硬度，根据硬度推定材料强度。表面硬度方法具有检验效率高，测试快捷，读数方便、对产品表面损伤轻微等优点，缺点是适用于估算结构中钢材抗拉强度的范围，不能准确推定钢材的强度，测试前需凿除混凝土保护层，露出钢筋，可用钢锉打磨钢筋表面，除去表面锈斑、油漆，然后应分别用粗、细砂纸打磨，直至露出金属光泽，按所用仪器的操作要求测定钢材表面的硬度，在测试时，构件及测试面不得有明显的颤动，可参考《黑色金属硬度及相关强度换算值》GB/T 1172等标准的规定确定钢材的换算抗拉强度，但测试仪器和检测操作应符合相应标准的规定，并应对标准提供的换算关系进行验证。

4.2.4 变 形 检 测

混凝土结构或构件变形的检测可分为水平构件的挠度检测、竖直构件的倾斜检测和建筑物整体倾斜与基础不均匀沉降检测。

4.2.4.1 挠度检测

混凝土构件的挠度，可采用激光测距仪、激光扫平仪、水准仪或拉线等方法检测；

梁、板结构跨中变形测量的方法是在梁、板构件支座之间用仪器找出一个水平面或水平线，然后测量构件跨中部位、两端支座与水平线（或面）之间的距离，数值简单计算分析即是梁板构件的挠度。

采用水准仪、全站仪等测量梁、板跨中变形，其数据较拉线的方法为精确。

具体做法如下：

（1）将标杆分别垂直立于梁、板构件两端和跨中，通过仪器或拉线为基准测出同一水准高度时标杆上的读数。

（2）将测得的两端和跨中的读数相比较即可求得梁、板构件的跨中挠度值：

$$f = f_0 - \frac{f_1 + f_2}{2} \quad (4.2.4\text{-}1)$$

式中，f_0、f_1、f_2分别为构件跨中和两端水准仪的读数。

用水准仪量标杆读数时，至少测读 3 次，并以 3 次读数的平均值作为跨中标杆读数。

4.2.4.2 倾斜检测

混凝土构件或结构的倾斜，可采用经纬仪、激光定位仪、三轴定位仪或吊锤的方法检测，倾斜检测时宜区分施工偏差造成的倾斜、变形造成的倾斜、灾害造成的倾斜等。

检测墙、柱和整幢建筑物倾斜一般采用经纬仪测定，其主要步骤有：

（1）经纬仪位置的确定

测量墙体、柱以及整幢建筑物的倾斜时，经纬仪位置见图 4.2.4-1 所示，其中要求经纬仪至墙、柱及建筑物的间距，大于墙、柱及建筑物的宽度。

（2）数据测读

如图 4.2.4-1 所示，瞄准墙、柱以及建筑物顶部 M 点向下投影得 N 点，然后量出间的水平距离 a。

以 M 点为基准，采用经纬仪测出垂直角角度 α。

结果整理：根据垂直角 α，计算测点高度 H。计算公式为：

$$H = l \cdot \text{tg}\alpha \quad (4.2.4\text{-}2)$$

则墙、柱或建筑物的倾斜率 i 为：

$$i = a/H \quad (4.2.4\text{-}3)$$

墙、柱或整幢建筑物的倾斜量 Δ 为

$$\Delta = i(H + H') \quad (4.2.4\text{-}4)$$

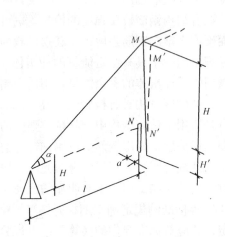

图 4.2.4-1 倾斜测量

根据以上测算结果，综合分析四角阳角的倾斜度及倾斜量，即可描述墙、柱或建筑物的倾斜情况。

4.2.4.3 基础不均匀沉降检测

混凝土结构的基础不均匀沉降，可用水准仪检测；当需要确定基础沉降的发展情况时，应在混凝土结构上布置测点进行观测，观测操作应遵守《建筑变形测量规程》JGJ/T8 的规定；混凝土结构的基础累计沉降差，可参照首层的基准线推算。

建筑物沉降观测采用水准仪测定，其主要步骤有：

（1）水准点位置

水准基点可设置在基岩上，也可设置在压缩性低的土层上，但须在地基变形的影响范围之内。

（2）观测点的位置

建筑物上的沉降观测点应选择在能反映地基变形特征及结构特点的位置，测点数不宜少于 6 点。测点标志可用铆钉或圆钢锚固于墙、柱或墩台上，标志点的立尺部位应加工成半球或有明显的突出点。

（3）数据测读及整理

沉降观测的周期和观测时间，根据具体情况来定。建筑物施工阶段的观测，应随施工进度及时进行。一般建筑，可在基础完工后或地下室墙体砌完后开始观测。观测次数和时

间间隔应视地基与加荷情况而定，民用建筑可施工完 1~5 层观测一次，工业建筑可按不同施工阶段（如回填基坑、安装柱子和屋架、砌筑墙体、设备安装等）分别进行观测，如建筑物均匀增高，应至少在增加荷载的 25%、50%、75%、和 100% 时各测一次。施工过程中如有停工，在停工时和重新开工时应各观测一次，停工期间，可每隔 2~3 个月观测一次。

建筑物使用阶段的观测次数，应视地基土类型和沉降速度大小而定。一般情况下，可在第一年观测 3~4 次，第二年观测 2~3 次，第三年后每年一次，直至稳定为止。砂土地基的观测期限一般不少于 2 年，膨胀土地基的观测期限一般不少于 3 年，粘土地基的观测期限一般不少于 5 年，软土地基的观测期限一般不少于 10 年。当建筑物基础附近地面荷载突然增减、基础四周大量积水、长时间连续降雨等情况，均应及时增加观测次数。当建筑物突然发生大量沉降、不均匀沉降或严重裂缝时，应立即进行逐日或几天一次的连续观测。

测读数据就是用水准仪和水准尺测读出各观测点的高程。水准仪与水准尺的距离宜为 20~30m。水准仪与前、后视水准尺的距离要相等。观测应在成像清晰、稳定时进行，读完各观测点后，要回测后视点，两次同一后视点的读数差要求小于 ±1mm，记录观测结果，计算各测点的沉降量，沉降速度及不同测点之间的沉降差。

沉降是否稳定由沉降与时间关系曲线判断，一般当沉降速度小于 0.1mm/月时，认为沉降已稳定。沉降差的计算可判断建筑物不均匀沉降的情况，如果建筑物存在不均匀沉降，为进一步测量，可调整或增加观测点，新的观测点应布置在建筑物的阳角和沉降最大处。

附录 A 测区混凝土强度换算表

平均回弹值 R_m	测区混凝土强度换算值 $f_{cu,i}^c$ (MPa)											
	平均碳化深度 d_m (mm)											
	0	0.5	1.0	1.5	2.0	2.5	3.0	3.5	4.0	4.5	5.0	5.5	≥6.0
20.0	10.3	10.1	—	—	—	—	—	—	—	—	—	—	—
20.2	10.5	10.3	10.0	—	—	—	—	—	—	—	—	—	—
20.4	10.7	10.5	10.2	—	—	—	—	—	—	—	—	—	—
20.6	11.0	10.8	10.4	10.1	—	—	—	—	—	—	—	—	—
20.8	11.2	11.0	10.6	10.3	—	—	—	—	—	—	—	—	—
21.0	11.4	11.2	10.8	10.5	10.0	—	—	—	—	—	—	—	—
21.2	11.6	11.4	11.0	10.7	10.2	—	—	—	—	—	—	—	—
21.4	11.8	11.6	11.2	10.9	10.4	10.0	—	—	—	—	—	—	—
21.6	12.0	11.8	11.4	11.0	10.6	10.2	—	—	—	—	—	—	—
21.8	12.3	12.1	11.7	11.3	10.8	10.5	10.1	—	—	—	—	—	—
22.0	12.5	12.2	11.9	11.5	11.0	10.6	10.2	—	—	—	—	—	—
22.2	12.7	12.4	12.1	11.7	11.2	10.8	10.4	10.0	—	—	—	—	—
22.4	13.0	12.7	12.4	12.0	11.4	11.0	10.7	10.3	10.0	—	—	—	—

续表

平均回弹值 R_m	测区混凝土强度换算值 $f_{cu,i}^c$ (MPa)												
	平均碳化深度 d_m (mm)												
	0	0.5	1.0	1.5	2.0	2.5	3.0	3.5	4.0	4.5	5.0	5.5	≥6.0
22.6	13.2	12.9	12.5	12.1	11.6	11.2	10.8	10.4	10.2	—	—	—	—
22.8	13.4	13.1	12.7	12.3	11.8	11.4	11.0	10.6	10.3	—	—	—	—
23.0	13.7	13.4	13.0	12.6	12.1	11.6	11.2	10.8	10.5	10.1	—	—	—
23.2	13.9	13.6	13.2	12.8	12.2	11.8	11.4	11.0	10.7	10.3	10.0	—	—
23.4	14.1	13.8	13.4	13.0	12.4	12.0	11.6	11.2	10.9	10.4	10.2	—	—
23.6	14.4	14.1	13.7	13.2	12.7	12.2	11.8	11.4	11.1	10.7	10.4	10.1	—
23.8	14.6	14.3	13.9	13.4	12.8	12.4	12.0	11.5	11.2	10.8	10.5	10.2	—
24.0	14.9	14.6	14.2	13.7	13.1	12.7	12.2	11.8	11.5	11.0	10.7	10.4	10.1
24.2	15.1	14.8	14.3	13.9	13.3	12.8	12.4	11.9	11.6	11.2	10.9	10.6	10.3
24.4	15.4	15.1	14.6	14.2	13.6	13.1	12.6	12.2	11.9	11.4	11.1	10.8	10.4
24.6	15.6	15.3	14.8	14.4	13.7	13.3	12.8	12.3	12.0	11.5	11.2	10.9	10.6
24.8	15.9	15.6	15.1	14.6	14.0	13.5	13.0	12.6	12.2	11.8	11.4	11.1	10.7
25.0	16.2	15.9	15.4	14.9	14.3	13.8	13.3	12.8	12.5	12.0	11.7	11.3	10.9
25.2	16.4	16.1	15.6	15.1	14.4	13.9	13.4	13.0	12.6	12.1	11.8	11.5	11.0
25.4	16.7	16.4	15.9	15.4	14.7	14.2	13.7	13.2	12.9	12.4	12.0	11.7	11.2
25.6	16.9	16.6	16.1	15.7	14.9	14.4	13.9	13.4	13.0	12.5	12.2	11.8	11.3
25.8	17.2	16.9	16.3	15.8	15.1	14.6	14.1	13.6	13.2	12.7	12.4	12.0	11.5
26.0	17.5	17.2	16.6	16.1	15.4	14.9	14.4	13.8	13.5	13.0	12.6	12.2	11.6
26.2	17.8	17.4	16.9	16.4	15.7	15.1	14.6	14.0	13.7	13.2	12.8	12.4	11.8
26.4	18.0	17.6	17.1	16.6	15.8	15.3	14.8	14.2	13.9	13.3	13.0	12.6	12.0
26.6	18.3	17.9	17.4	16.8	16.1	15.6	15.0	14.4	14.1	13.5	13.2	12.8	12.1
26.8	18.6	18.2	17.7	17.1	16.4	15.8	15.3	14.6	14.3	13.8	13.4	12.9	12.3
27.0	18.9	18.5	18.0	17.4	16.6	16.1	15.5	14.8	14.6	14.0	13.6	13.1	12.4
27.2	19.1	18.7	18.1	17.6	16.8	16.2	15.7	15.0	14.7	14.1	13.8	13.3	12.6
27.4	19.4	19.0	18.4	17.8	17.0	16.4	15.9	15.2	14.9	14.3	14.0	13.4	12.7
27.6	19.7	19.3	18.7	18.0	17.2	16.6	16.1	15.4	15.1	14.5	14.1	13.6	12.9
27.8	20.0	19.6	19.0	18.2	17.4	16.8	16.3	15.6	15.3	14.7	14.2	13.7	13.0
28.0	20.3	19.7	19.2	18.4	17.6	17.0	16.5	15.8	15.4	14.8	14.4	13.9	13.2
28.2	20.6	20.0	19.5	18.6	17.8	17.2	16.7	16.0	15.6	15.0	14.6	14.0	13.3
28.4	20.9	20.3	19.7	18.8	18.0	17.4	16.9	16.2	15.8	15.2	14.8	14.2	13.5
28.6	21.2	20.6	20.0	19.1	18.2	17.6	17.1	16.4	16.0	15.4	15.0	14.3	13.6
28.8	21.5	20.9	20.2	19.4	18.5	17.8	17.3	16.6	16.2	15.6	15.2	14.5	13.8
29.0	21.8	21.1	20.5	19.6	18.7	18.1	17.5	16.8	16.4	15.8	15.4	14.6	13.9

续表

| 平均回弹值 R_m | 测区混凝土强度换算值 $f_{cu,i}^c$ (MPa) |||||||||||||
| | 平均碳化深度 d_m (mm) |||||||||||||
	0	0.5	1.0	1.5	2.0	2.5	3.0	3.5	4.0	4.5	5.0	5.5	≥6.0
29.2	22.1	21.4	20.8	19.9	19.0	18.3	17.7	17.0	16.6	16.0	15.6	14.8	14.1
29.4	22.4	21.7	21.1	20.2	19.3	18.6	17.9	17.2	16.8	16.2	15.8	15.0	14.2
29.6	22.7	22.0	21.3	20.4	19.5	18.8	18.2	17.5	17.0	16.4	16.0	15.1	14.4
29.8	23.0	22.3	21.6	20.7	19.8	19.1	18.4	17.7	17.2	16.6	16.2	15.3	14.5
30.0	23.3	22.6	21.9	21.0	20.0	19.3	18.6	17.9	17.4	16.8	16.4	15.4	14.7
30.2	23.6	22.9	22.2	21.2	20.3	19.6	18.9	18.2	17.6	17.0	16.6	15.6	14.9
30.4	23.9	23.2	22.5	21.5	20.6	19.8	19.1	18.4	17.8	17.2	16.8	15.8	15.1
30.6	24.3	23.6	22.8	21.9	20.9	20.1	19.4	18.7	18.0	17.5	17.0	16.0	15.2
30.8	24.6	23.9	23.1	22.1	21.2	20.4	19.7	18.9	18.2	17.7	17.2	16.2	15.4
31.0	24.9	24.2	23.4	22.4	21.4	20.7	19.9	19.2	18.4	17.9	17.4	16.4	15.5
31.2	25.2	24.4	23.7	22.7	21.7	20.9	20.2	19.4	18.6	18.1	17.6	16.6	15.7
31.4	25.6	24.8	24.1	23.0	22.0	21.2	20.5	19.7	18.9	18.4	17.8	16.9	15.8
31.6	25.9	25.1	24.3	23.3	22.3	21.5	20.7	19.9	19.2	18.6	18.0	17.1	16.0
31.8	26.2	25.4	24.6	23.6	22.5	21.7	21.0	20.2	19.4	18.9	18.2	17.3	16.2
32.0	26.5	25.7	24.9	23.9	22.8	22.0	21.2	20.4	19.6	19.1	18.4	17.5	16.4
32.2	26.9	26.1	25.3	24.2	23.1	22.3	21.5	20.7	19.9	19.4	18.6	17.7	16.6
32.4	27.2	26.4	25.6	24.5	23.4	22.6	21.8	20.9	20.1	19.6	18.8	17.9	16.8
32.6	27.6	26.8	25.9	24.8	23.7	22.9	22.1	21.3	20.4	19.9	19.0	18.1	17.0
32.8	27.9	27.1	26.2	25.1	24.0	23.2	22.3	21.5	20.6	20.1	19.2	18.3	17.2
33.0	28.2	27.4	26.5	25.4	24.3	23.4	22.6	21.7	20.9	20.3	19.4	18.5	17.4
34.2	30.3	29.4	28.3	27.0	25.8	24.8	23.9	23.2	22.3	21.5	20.6	19.7	18.4
34.4	30.7	29.8	28.6	27.2	26.0	25.0	24.1	23.4	22.5	21.7	20.8	19.8	18.6
34.6	31.1	30.2	28.9	27.4	26.2	25.2	24.3	23.6	22.7	21.9	21.0	20.0	18.8
34.8	31.4	30.5	29.2	27.6	26.4	25.4	24.5	23.8	22.9	22.1	21.2	20.2	19.0
35.0	31.8	30.8	29.6	28.0	26.7	25.8	24.8	24.0	23.2	22.3	21.4	20.4	19.2
35.2	32.1	31.1	29.9	28.2	27.0	26.0	25.0	24.3	23.4	22.5	21.6	20.6	19.4
35.4	32.5	31.5	30.2	28.6	27.3	26.3	25.4	24.4	23.7	22.8	21.8	20.8	19.6
35.6	32.9	31.9	30.6	29.0	27.6	26.6	25.7	24.7	24.0	23.0	22.0	21.0	19.8
35.8	33.3	32.3	31.0	29.3	28.0	27.0	26.0	25.0	24.3	23.3	22.2	21.2	20.0
36.0	33.6	32.6	31.2	29.6	28.2	27.2	26.2	25.2	24.5	23.5	22.4	21.4	20.2
36.2	34.0	33.0	31.6	29.9	28.6	27.6	26.5	25.5	24.8	23.8	22.6	21.6	20.4
36.4	34.4	33.4	32.0	30.3	28.9	27.9	26.8	25.8	25.1	24.1	22.8	21.8	20.6
36.6	34.8	33.8	32.4	30.6	29.2	28.2	27.1	26.1	25.4	24.4	23.0	22.0	20.9

续表

平均回弹值 R_m	测区混凝土强度换算值 $f_{cu,i}^c$ (MPa)											
	平均碳化深度 d_m (mm)											
	0	0.5	1.0	1.5	2.0	2.5	3.0	3.5	4.0	4.5	5.0	5.5	≥6.0
36.8	35.2	34.1	32.7	31.0	29.6	28.5	27.5	26.4	25.7	24.6	23.2	22.2	21.1
37.0	35.5	34.4	33.0	31.2	29.8	28.8	27.7	26.6	25.9	24.8	23.4	22.4	21.3
37.2	35.9	34.8	33.4	31.6	30.2	29.1	28.0	26.9	26.2	25.1	23.7	22.6	21.5
37.4	36.3	35.2	33.8	31.9	30.5	29.4	28.3	27.2	26.5	25.4	24.0	22.9	21.8
37.6	36.7	35.6	34.1	32.3	30.8	29.7	28.6	27.5	26.8	25.7	24.2	23.1	22.0
37.8	37.1	36.0	34.5	32.6	31.2	30.0	28.9	27.8	27.1	26.0	24.5	23.4	22.3
38.0	37.5	36.4	34.9	33.0	31.5	30.3	29.2	28.1	27.4	26.2	24.8	23.6	22.5
38.2	37.9	36.8	35.2	33.4	31.8	30.6	29.5	28.4	27.7	26.5	25.0	23.9	22.7
38.4	38.3	37.2	35.6	33.7	32.1	30.9	29.8	28.7	28.0	26.8	25.3	24.1	23.0
38.6	38.7	37.5	36.0	34.1	32.4	31.2	30.1	28.3	28.3	27.0	25.5	24.4	23.2
38.8	39.1	37.9	36.4	34.4	32.7	31.5	30.4	29.3	28.5	27.2	25.8	24.6	23.5
39.0	39.5	38.2	36.7	34.7	33.0	31.8	30.6	29.6	28.8	27.4	26.0	24.8	23.7
39.2	39.9	38.5	37.0	35.0	33.3	32.1	30.8	29.8	29.0	27.6	26.2	25.0	24.0
39.4	40.3	38.8	37.3	35.3	33.6	32.4	31.0	30.0	29.2	27.8	26.4	25.2	24.2
39.6	40.7	39.1	37.6	35.6	33.9	32.7	31.2	30.2	29.4	28.0	26.6	25.4	24.4
39.8	41.2	39.6	38.0	35.9	34.2	33.0	31.4	30.5	29.7	28.2	26.8	25.6	24.7
40.0	41.6	39.9	38.3	36.2	34.5	33.3	31.7	30.8	30.0	28.4	27.0	25.8	25.0
40.2	42.0	40.3	38.6	35.6	34.8	33.6	32.0	31.1	30.2	28.7	27.3	26.0	25.2
40.4	42.4	40.7	39.0	36.9	35.1	33.9	32.3	31.4	30.5	28.8	27.6	26.2	25.4
40.6	42.8	41.1	39.4	37.2	35.4	34.2	32.6	31.7	30.8	29.1	27.8	26.5	25.7
40.8	43.3	41.6	39.8	37.7	35.7	34.5	32.9	32.0	31.2	29.4	28.1	26.8	26.0
41.0	43.7	42.0	40.2	38.0	36.0	34.8	33.2	32.3	31.5	29.7	28.4	27.1	26.2
41.2	44.1	42.3	40.6	38.4	36.3	35.1	33.5	32.6	31.8	30.0	28.7	27.3	26.5
41.4	44.5	42.7	40.9	38.7	36.6	35.4	33.8	32.9	32.0	30.3	28.9	27.6	26.7
41.6	45.0	43.2	41.4	39.2	36.9	35.7	34.2	33.3	32.4	30.6	29.2	27.9	27.0
41.8	45.4	43.6	41.8	39.5	37.2	36.0	34.5	33.6	32.7	30.9	29.5	28.1	27.2
42.0	45.9	44.1	42.2	39.9	37.6	36.3	34.9	34.0	33.0	31.2	29.8	28.5	27.5
42.2	46.3	44.4	42.6	40.3	38.0	36.6	35.2	34.3	33.3	31.5	30.1	28.7	27.8
42.4	46.7	44.8	43.0	40.6	38.3	36.9	35.5	34.6	33.6	31.8	30.4	29.0	28.0
42.6	47.2	45.3	43.4	41.1	38.7	37.3	35.9	34.9	34.0	32.1	30.7	29.3	28.3
42.8	47.6	45.7	43.8	41.4	39.0	37.6	36.2	35.2	34.3	32.4	30.9	29.5	28.6
43.0	48.1	46.2	44.2	41.8	39.4	38.0	36.6	35.6	34.6	32.7	31.3	29.8	28.9
43.2	48.5	46.6	44.6	42.2	39.8	38.3	36.9	35.9	34.9	33.0	31.5	30.1	29.1

续表

平均回弹值 R_m	测区混凝土强度换算值 $f_{cu,i}^c$ (MPa)											
	平均碳化深度 d_m (mm)											
	0	0.5	1.0	1.5	2.0	2.5	3.0	3.5	4.0	4.5	5.0	5.5	≥6.0
43.4	49.0	47.0	45.1	42.6	40.2	38.7	37.2	36.3	35.3	33.3	31.8	30.4	29.4
43.6	49.4	47.4	45.4	43.0	40.5	39.0	37.5	36.6	35.6	33.6	32.1	30.6	29.6
43.8	49.9	47.9	45.9	43.4	40.9	39.4	37.9	36.9	35.9	33.9	32.4	30.9	29.9
44.0	50.4	48.4	46.3	43.8	41.3	39.8	38.3	37.3	36.3	34.3	32.8	31.2	30.2
44.2	50.8	48.8	46.7	44.2	41.7	40.1	38.6	37.6	36.6	34.5	33.0	31.5	30.5
44.4	51.3	49.2	47.2	44.6	42.1	40.5	39.0	38.0	36.9	34.9	33.3	31.8	30.8
44.6	51.7	49.6	47.6	45.0	42.4	40.8	39.3	38.3	37.2	35.2	33.6	32.1	31.0
44.8	52.2	50.1	48.0	45.4	42.8	41.2	39.7	38.6	37.6	35.5	33.9	32.4	31.3
45.0	52.7	50.6	48.5	45.8	43.2	41.6	40.1	39.0	37.9	35.8	34.3	32.7	31.6
45.2	53.2	51.1	48.9	46.3	43.6	42.0	40.4	39.4	38.3	36.2	34.6	33.0	31.9
45.4	53.6	51.5	49.4	46.6	44.0	42.3	40.7	39.7	38.6	36.4	34.8	33.2	32.2
45.6	54.1	51.9	49.8	47.1	44.4	42.7	41.1	40.0	39.0	36.8	35.2	33.5	32.5
45.8	54.6	52.4	50.2	47.5	44.8	43.1	41.5	40.4	39.3	37.1	35.5	33.9	32.8
46.0	55.0	52.8	50.6	47.9	45.2	43.5	41.9	40.8	39.7	37.5	35.8	34.2	33.1
46.2	55.5	53.3	51.1	48.3	45.5	43.8	42.2	41.1	40.0	37.7	36.1	34.4	33.3
46.4	56.0	53.8	51.5	48.7	45.9	44.2	42.6	41.4	40.3	38.1	36.4	34.7	33.6
46.6	56.5	54.2	52.0	49.2	46.3	44.6	42.9	41.8	40.7	38.4	36.7	35.0	33.9
46.8	57.0	54.7	52.4	49.6	46.7	45.0	43.3	42.2	41.0	38.8	37.0	35.3	34.2
47.0	57.5	55.2	52.9	50.0	47.2	45.4	43.7	42.6	41.4	39.1	37.4	35.6	34.5
47.2	58.0	55.7	53.4	50.5	47.6	45.8	44.1	42.9	41.8	39.4	37.7	36.0	34.8
47.4	58.5	56.2	53.8	50.9	48.0	46.2	44.5	43.3	42.1	39.8	38.0	36.3	35.1
47.6	59.0	56.6	54.3	51.3	48.4	46.6	44.8	43.7	42.5	40.1	38.4	36.6	35.4
47.8	59.5	57.1	54.7	51.8	48.8	47.0	45.2	44.0	42.8	40.5	38.7	36.9	35.7
48.0	60.0	57.6	55.2	52.2	49.2	47.4	45.6	44.4	43.2	40.8	39.0	37.2	36.0
48.2	—	58.0	55.7	52.6	49.6	47.8	46.0	44.8	43.6	41.1	39.3	37.5	36.3
48.4	—	58.6	56.1	53.1	50.0	48.2	46.4	45.1	43.9	41.5	39.6	37.8	36.6
48.6	—	59.0	56.6	53.5	50.4	48.6	46.7	45.5	44.3	41.8	40.0	38.1	36.9
48.8	—	59.5	57.1	54.0	50.9	49.0	47.1	45.9	44.6	42.2	40.3	38.4	37.2
49.0	—	60.0	57.5	54.4	51.3	49.4	47.5	46.2	45.0	42.5	40.6	38.8	37.5
49.2	—	—	58.0	54.8	51.7	49.8	47.9	46.6	45.4	42.8	41.0	39.1	37.8
49.4	—	—	58.5	55.3	52.1	50.2	48.3	47.1	45.8	43.2	41.3	39.4	38.2
49.6	—	—	58.9	55.7	52.5	50.6	48.7	47.4	46.1	43.6	41.7	39.7	38.5
49.8	—	—	59.4	56.2	53.0	51.0	49.1	47.8	46.5	43.9	42.0	40.1	38.8

续表

平均回弹值 R_m	测区混凝土强度换算值 $f^c_{cu,i}$ (MPa)											
	平均碳化深度 d_m (mm)											
	0	0.5	1.0	1.5	2.0	2.5	3.0	3.5	4.0	4.5	5.0	5.5	≥6.0
50.0	—	—	59.9	56.7	53.4	51.4	49.5	48.2	46.9	44.3	42.3	40.4	39.1
50.2	—	—	—	57.1	53.8	51.9	49.9	48.5	47.2	44.6	42.6	40.7	39.4
50.4	—	—	—	57.6	54.3	52.3	50.3	49.0	47.7	45.0	43.0	41.0	39.7
50.6	—	—	—	58.0	54.7	52.7	50.7	49.4	48.0	45.4	43.4	41.4	40.0
50.8	—	—	—	58.5	55.1	53.1	51.1	49.8	48.4	45.7	43.7	41.7	40.3
51.0	—	—	—	59.0	55.6	53.5	51.5	50.1	48.8	46.1	44.1	42.0	40.7
51.2	—	—	—	59.4	56.0	54.0	51.9	50.5	49.2	46.4	44.4	42.3	41.0
51.4	—	—	—	59.9	56.4	54.4	52.3	50.9	49.6	46.8	44.7	42.7	41.3
51.6	—	—	—	—	56.9	54.8	52.7	51.3	50.0	47.2	45.1	43.0	41.6
51.8	—	—	—	—	57.3	55.2	53.1	51.7	50.3	47.5	45.4	43.3	41.8
52.0	—	—	—	—	57.8	55.7	53.6	52.1	50.7	47.9	45.8	43.7	42.3
52.2	—	—	—	—	58.2	56.1	54.0	52.5	51.1	48.3	46.2	44.0	42.6
52.4	—	—	—	—	58.7	56.5	54.4	53.0	51.5	48.7	46.5	44.4	43.0
52.6	—	—	—	—	59.1	57.0	54.8	53.4	51.9	49.0	46.9	44.7	43.3
52.8	—	—	—	—	59.6	57.4	55.2	53.8	52.3	49.4	47.3	45.1	43.6
53.0	—	—	—	—	60.0	57.8	55.6	54.2	52.7	49.8	47.6	45.4	43.9
53.2	—	—	—	—	—	58.3	56.1	54.6	53.1	50.2	48.0	45.8	44.3
53.4	—	—	—	—	—	58.7	56.5	55.0	53.5	50.5	48.3	46.1	44.6
53.6	—	—	—	—	—	59.2	56.9	55.4	53.9	50.9	48.7	46.4	44.9
53.8	—	—	—	—	—	59.6	57.3	55.8	54.3	51.3	49.0	46.8	45.2
54.0	—	—	—	—	—	—	57.8	56.3	54.7	51.7	49.4	47.1	45.6
54.2	—	—	—	—	—	—	58.2	56.7	55.1	52.1	49.8	47.5	46.0
54.4	—	—	—	—	—	—	58.6	57.1	55.6	52.5	50.2	47.9	46.3
54.6	—	—	—	—	—	—	59.1	57.5	56.0	52.9	50.5	48.2	46.6
54.8	—	—	—	—	—	—	59.5	57.9	56.4	53.2	50.9	48.5	47.0
55.0	—	—	—	—	—	—	59.9	58.4	56.8	53.6	51.3	48.9	47.3
55.2	—	—	—	—	—	—	—	58.8	57.2	54.0	51.6	49.3	47.7
55.4	—	—	—	—	—	—	—	59.2	57.6	54.4	52.0	49.6	48.0
55.6	—	—	—	—	—	—	—	59.7	58.0	54.8	52.4	50.0	48.4
55.8	—	—	—	—	—	—	—	—	58.5	55.2	52.8	50.3	48.7
56.0	—	—	—	—	—	—	—	—	58.9	55.6	53.2	50.7	49.1
56.2	—	—	—	—	—	—	—	—	59.3	56.0	53.5	51.1	49.4
56.4	—	—	—	—	—	—	—	—	59.7	56.4	53.9	51.4	49.8

续表

平均回弹值 R_m	测区混凝土强度换算值 $f_{cu,i}^c$ (MPa)												
	平均碳化深度 d_m (mm)												
	0	0.5	1.0	1.5	2.0	2.5	3.0	3.5	4.0	4.5	5.0	5.5	≥6.0
56.6	—	—	—	—	—	—	—	—	—	56.8	54.3	51.8	50.1
56.8	—	—	—	—	—	—	—	—	—	57.2	54.7	52.2	50.5
57.0	—	—	—	—	—	—	—	—	—	57.6	55.1	52.5	50.8
57.2	—	—	—	—	—	—	—	—	—	58.0	55.5	52.9	51.2
57.4	—	—	—	—	—	—	—	—	—	58.4	55.9	53.3	51.6
57.6	—	—	—	—	—	—	—	—	—	58.9	56.3	53.7	51.9
57.8	—	—	—	—	—	—	—	—	—	59.3	56.7	54.0	52.3
58.0	—	—	—	—	—	—	—	—	—	59.7	57.0	54.4	52.7
58.2	—	—	—	—	—	—	—	—	—	—	57.4	54.8	53.0
58.4	—	—	—	—	—	—	—	—	—	—	57.8	55.2	53.4
58.6	—	—	—	—	—	—	—	—	—	—	58.2	55.6	53.8
58.8	—	—	—	—	—	—	—	—	—	—	58.6	55.9	54.1
59.0	—	—	—	—	—	—	—	—	—	—	59.0	56.3	54.5
59.2	—	—	—	—	—	—	—	—	—	—	59.4	56.7	54.9
59.4	—	—	—	—	—	—	—	—	—	—	59.8	57.1	55.2
59.6	—	—	—	—	—	—	—	—	—	—	—	57.5	55.6
59.8	—	—	—	—	—	—	—	—	—	—	—	57.9	56.0
60.0	—	—	—	—	—	—	—	—	—	—	—	58.3	56.4

注：本表系按全国统一曲线制定。

附录 B 泵送混凝土测区混凝土强度换算值的修正值

碳化深度值 (mm)	抗压强度值 (MPa)				
0.0；0.5；1.0	f_{cu}^c (MPa)	≤40.0	45.0	50.0	55.0~60.0
	K (MPa)	+4.5	+3.0	+1.5	0.0
1.5；2.0	f_{cu}^c (MPa)	≤30.0	35.0	40.0~60.0	
	K (MPa)	+3.0	+1.5	0.0	

注：表中未列入的 $f_{cu,i}^c$ 值可用内插法求得其修正值，精确至 0.1 MPa。

附录 C 非水平状态检测时的回弹值修正值

R_{ma}	检测角度							
	向上				向下			
	90°	60°	45°	30°	-30°	-45°	-60°	-90°
20	-6.0	-5.0	-4.0	-3.0	+2.5	+3.0	+3.5	+4.0
21	-5.9	-4.9	-4.0	-3.0	+2.5	+3.0	+3.5	+4.0
22	-5.8	-4.8	-3.9	-2.9	+2.4	+2.9	+3.4	+3.9
23	-5.7	-4.7	-3.9	-2.9	+2.4	+2.9	+3.4	+3.9
24	-5.6	-4.6	-3.8	-2.8	+2.3	+2.8	+3.3	+3.8
25	-5.5	-4.5	-3.8	-2.8	+2.3	+2.8	+3.3	+3.8
26	-5.4	-4.4	-3.7	-2.7	+2.2	+2.7	+3.2	+3.7
27	-5.3	-4.3	-3.7	-2.7	+2.2	+2.7	+3.2	+3.7
28	-5.2	-4.2	-3.6	-2.6	+2.1	+2.6	+3.1	+3.6
29	-5.1	-4.1	-3.6	-2.6	+2.1	+2.6	+3.1	+3.6
30	-5.0	-4.0	-3.5	-2.5	+2.0	+2.5	+3.0	+3.5
31	-4.9	-4.0	-3.5	-2.5	+2.0	+2.5	+3.0	+3.5
32	-4.8	-3.9	-3.4	-2.4	+1.9	+2.4	+2.9	+3.4
33	-4.7	-3.9	-3.4	-2.4	+1.9	+2.4	+2.9	+3.4
34	-4.6	-3.8	-3.3	-2.3	+1.8	+2.3	+2.8	+3.3
35	-4.5	-3.8	-3.3	-2.3	+1.8	+2.3	+2.8	+3.3
36	-4.4	-3.7	-3.2	-2.2	+1.7	+2.2	+2.7	+3.2
37	-4.3	-3.7	-3.2	-2.2	+1.7	+2.2	+2.7	+3.2
38	-4.2	-3.6	-3.1	-2.1	+1.6	+2.1	+2.6	+3.1
39	-4.1	-3.6	-3.1	-2.1	+1.6	+2.1	+2.6	+3.1
40	-4.0	-3.5	-3.0	-2.0	+1.5	+2.0	+2.5	+3.0
41	-4.0	-3.5	-3.0	-2.0	+1.5	+2.0	+2.5	+3.0
42	-3.9	-3.4	-2.9	-1.9	+1.4	+1.9	+2.4	+2.9
43	-3.9	-3.4	-2.9	-1.9	+1.4	+1.9	+2.4	+2.9
44	-3.8	-3.3	-2.8	-1.8	+1.3	+1.8	+2.3	+2.8
45	-3.8	-3.3	-2.8	-1.8	+1.3	+1.8	+2.3	+2.8
46	-3.7	-3.2	-2.7	-1.7	+1.2	+1.7	+2.2	+2.7
47	-3.7	-3.2	-2.7	-1.7	+1.2	+1.7	+2.2	+2.7
48	-3.6	-3.1	-2.6	-1.6	+1.1	+1.6	+2.1	+2.6
49	-3.6	-3.1	-2.6	-1.6	+1.1	+1.6	+2.1	+2.6
50	-3.5	-3.0	-2.5	-1.5	+1.0	+1.5	+2.0	+2.5

注：1. R_{ma}小于20或大于50时，均分别按20或50查表；
    2. 表中未列入的相应于R_{ma}的修正值R_{ma}，可用内插法求得，精确至0.1。

附录 D 不同浇筑面的回弹值修正值

R_m^t 或 R_m^b	表面修正值（R_a^t）	底面修正值（R_a^b）	R_m^t 或 R_m^b	表面修正值（R_a^t）	底面修正值（R_a^b）
20	+2.5	−3.0	36	+0.9	−1.4
21	+2.4	−2.9	37	+0.8	−1.3
22	+2.3	−2.8	38	+0.7	−1.2
23	+2.2	−2.7	39	+0.6	−1.1
24	+2.1	−2.6	40	+0.5	−1.0
25	+2.0	−2.5	41	+0.4	−0.9
26	+1.9	−2.4	42	+0.3	−0.8
27	+1.8	−2.3	43	+0.2	−0.7
28	+1.7	−2.2	44	+0.1	−0.6
29	+1.6	−2.1	45	0	−0.5
30	+1.5	−2.0	46	0	−0.4
31	+1.4	−1.9	47	0	−0.3
32	+1.3	−1.8	48	0	−0.2
33	+1.2	−1.7	49	0	−0.1
34	+1.1	−1.6	50	0	0
35	+1.0	−1.5			

注：1. R_m^t 或 R_m^b 小于 20 或大于 50 时，均分别按 20 或 50 查表；
  2. 表中有关混凝土浇筑表面的修正系数，是指一般原浆抹面的修正值；
  3. 表中有关混凝土浇筑底面的修正系数，是指构件底面与侧面采用同一类模板在正常浇筑情况下的修正值；
  4. 表中未列入的相应于 R_m^t 或 R_m^b 的 R_a^t 和 R_a^b 值，可用内插法求得，精确至 0.1。

第3章 砌体结构工程现场检测

在我国既有建筑中，砌体结构房屋占有很大比重，新建的住宅建筑，仍有相当部分采用砌体结构。当遇到施工质量争议、出现工程事故以及抗震鉴定、可靠度鉴定和加层、改造时，往往需要进行现场检测。

砌体结构的检测可分为砌筑块材、砌筑砂浆、砌体强度、砌筑质量与构造以及损伤与变形等项内容。具体实施的检测工作和检测项目应根据施工质量验收或鉴定工作的需要和现场的检测条件等具体情况确定。

4.3.1 砌筑块材的检测

常用的砌筑块材有烧结普通砖、烧结多孔砖、蒸压灰砂砖、蒸压粉煤灰砖、混凝土砌块以及石材，这些材料均有相应的产品标准用于检测和评价其质量。

砌筑块材的检测可分为砌筑块材的强度及强度等级、尺寸偏差、外观质量、抗冻性能、块材的品种等检测项目，现场检测主要是对其强度进行检测。

对于砌体工程中的砌筑块材强度检测，可采用取样法、回弹法、取样结合回弹的方法检测。砌筑块材其他性能的检测和验收可参照有关产品标准的规定进行。

4.3.1.1 砌筑块材强度检测试样、测区及检验批的要求

1. 砌筑块材强度的检测，应根据设计图纸和检测的具体要求，将块材品种相同，强度等级相同，质量相近，环境相似的砌筑构件划为一个检测批，每个检测批砌体的体积不宜超过 $250m^3$。

鉴定工作需要依据砌筑块材强度和砌筑砂浆强度确定砌体强度时，砌筑块材强度的检测位置宜与砌筑砂浆强度的检测位置对应。

2. 取样检测的块材试样和块材的回弹测区，外观质量应符合相应产品标准的合格要求，不应选择受到灾害影响或环境侵蚀作用的块材作为试样或回弹测区；块材的取样试件，不得有明显的缺陷。

3. 砌筑块材强度等级的评定指标可按相应产品标准确定。

4. 砖和砌块的取样检测，检测批试样的数量应符合相应产品标准的规定，当对检测批进行推定时，块材试样的数量尚应满足《建筑结构检测技术标准》GB/T50344 有关检验批最小样本第 A 类的要求，见表 4.3.1-1。块材试样的检测方法应符合相应产品标准的规定。

建筑结构抽样检测的最小样本容量　　　　　表 4.3.1-1

检测批的容量	检测类别和样本最小容量			检测批的容量	检测类别和样本最小容量		
	A	B	C		A	B	C
2—8	2	2	3	501—1200	32	80	125
9—15	2	3	5	1201—320	50	125	200
16—25	3	5	8	3201—10000	80	200	315
26—50	5	8	13	10001—35000	125	315	500
51—90	5	13	20	35001—150000	200	500	800
91—150	8	20	32	150001—500000	315	800	1250
151—280	13	32	50	>500000	500	1250	2000
281—500	20	50	80	—	—	—	—

注：检测类别 A 适用于一般施工质量的检测，检测类别 B 适用于结构质量或性能的检测，检测类别 C 适用于结构质量或性能的严格检测或复检。

4.3.1.2 回弹法检测烧结普通砖抗压强度

烧结普通砖强度的现场检测可采用回弹法，回弹仪选用采用 HT75 型回弹仪，检测的回弹值与换算抗压强度之间换算关系应通过专门的试验确定。

回弹法检测烧结普通砖抗压强度检测操作应符合下列规定：

（1）对检测批的检测，每个检验批中可布置 5~10 个检测单元，共抽取 50~100 块砖进行检测，检测块材的数量尚应满足本章表 4.3.1-1 中 A 类检测样本容量的要求。

（2）回弹测点布置在外观质量合格砖的条面上，每块砖的条面布置 5 个回弹测点，测点应避开气孔等且测点之间应留有一定的间距。

（3）以每块砖的回弹测试平均值 R_m 为计算参数，按相应的测强曲线计算单块砖的抗压强度换算值；当没有相应的换算强度曲线时，经过试验验证后，可按式（4.3.1-1）计算单块砖的抗压强度换算值：

粘土砖： $f_{1,i} = 1.08 R_{m,i} - 32.5$ 　　　（4.3.1-1a）

页岩砖： $f_{1,i} = 1.06 R_{m,i} - 31.4$ 　　　（4.3.1-1b）

煤矸石砖： $f_{1,i} = 1.05 R_{m,i} - 27.0$ 　　　（4.3.1-1c）

（精确至小数点后一位）

式中　$R_{m,i}$——第 i 块砖回弹测试平均值；

$f_{1,i}$——第 i 块砖抗压强度换算值。

（4）按式（4.3.2-1）计算单块砖的抗压强度换算值时，可采用取样修正的方法提高检测准确度，修正用砖的数量不宜少于 6 块。

$$\Delta = f_{mi} - f_{1m,i} \quad (4.3.1-2a)$$

$$f_i = f_{1,i} + \Delta \quad (4.3.1-2b)$$

式中　f_{mi}——取样试件换算抗压强度样本的均值；

$f_{1m,i}$——被修正方法检测得到的抗压强度换算值样本的均值。

f_i——修正后砖抗压强度换算值；

$f_{1,i}$——修正前砖抗压强度换算值。

（5）抗压强度的推定，以每块砖的抗压强度换算值为代表值，按《建筑结构检测技术标准》GB/T50344 关于检测批的标准差 σ 为未知时，计量抽样检测批均值 μ（0.5分位值）的推定区间上限值和下限值可按式（4.3.1-3）计算。

$$\mu_1 = m + ks$$
$$\mu_2 = m - ks \quad (4.3.1\text{-}3)$$

式中 μ_1——均值（0.5分位值）推定区间的上限值；

μ_2——均值（0.5分位值）推定区间的下限值；

m——样本均值；

s——样本标准差；

k——推定系数，取值见表4.3.1-2。

标准差未知时推定区间上限值与下限值系数　　　表4.3.1-2

样本容量	标准差未知时推定区间上限值与下限值系数					
	0.5分位值		0.05分位值			
	k（0.05）	k（0.1）	k_1（0.05）	k_2（0.05）	k_1（0.1）	k_2（0.1）
5	0.95339	0.68567	0.81778	4.20268	0.98218	3.39983
6	0.82264	0.60253	0.87477	3.70768	1.02822	3.09188
7	0.73445	0.54418	0.92037	3.39947	1.06516	2.89380
8	0.66983	0.50025	0.95803	3.18729	1.09570	2.75428
9	0.61985	0.46561	0.98987	3.03124	1.12153	2.64990
10	0.57968	0.43735	1.01730	2.91096	1.14378	2.56837
11	0.54648	0.41373	1.04127	2.81499	1.16322	2.50262
12	0.51843	0.39359	1.06247	2.73634	1.18041	2.44825
13	0.49432	0.37615	1.08141	2.67050	1.19576	2.40240
14	0.47330	0.36085	1.09848	2.61443	1.20958	2.36311
15	0.45477	0.34729	1.11397	2.56600	1.22213	2.32898
16	0.43826	0.33515	1.12812	2.52366	1.23358	2.29900
17	0.42344	0.32421	1.14112	2.48626	1.24409	2.27240
18	0.41003	0.31428	1.15311	2.45295	1.25379	2.24862
19	0.39782	0.30521	1.16423	2.42304	1.26277	2.22720
20	0.38665	0.29689	1.17458	2.39600	1.27113	2.20778
21	0.37636	0.28921	1.18425	2.37142	1.27893	2.19007
22	0.36686	0.28210	1.19330	2.34896	1.28624	2.17385
23	0.35805	0.27550	1.20181	2.32832	1.29310	2.15891
24	0.34984	0.26933	1.20982	2.30929	1.29956	2.14510
25	0.34218	0.26357	1.21739	2.29167	1.30566	2.13229
26	0.33499	0.25816	1.22455	2.27530	1.31143	2.12037
27	0.32825	0.25307	1.23135	2.26005	1.31690	2.10924
28	0.32189	0.24827	1.23780	2.24578	1.32209	2.09881
29	0.31589	0.24373	1.24395	2.23241	1.32704	2.08903
30	0.31022	0.23943	1.24981	2.21984	1.33175	2.07982

续表

样本容量	标准差未知时推定区间上限值与下限值系数					
	0.5 分位值		0.05 分位值			
	$k(0.05)$	$k(0.1)$	$k_1(0.05)$	$k_2(0.05)$	$k_1(0.1)$	$k_2(0.1)$
31	0.30484	0.23536	1.25540	2.20800	1.33625	2.07113
32	0.29973	0.23148	1.26075	2.19682	1.34055	2.06292
33	0.29487	0.22779	1.26588	2.18625	1.34467	2.05514
34	0.29024	0.22428	1.27079	2.17623	1.34862	2.04776
35	0.28582	0.22092	1.27551	2.16672	1.35241	2.04075
36	0.28160	0.21770	1.28004	2.15768	1.35605	2.03407
37	0.27755	0.21463	1.28441	2.14906	1.35955	2.02771
38	0.27368	0.21168	1.28861	2.14085	1.36292	2.02164
39	0.26997	0.20884	1.29266	2.13300	1.36617	2.01583
40	0.26640	0.20612	1.29657	2.12549	1.36931	2.01027
41	0.26297	0.20351	1.30035	2.11831	1.37233	2.00494
42	0.25967	0.20099	1.30399	2.11142	1.37526	1.99983
43	0.25650	0.19856	1.30752	2.10481	1.37809	1.99493
44	0.25343	0.19622	1.31094	2.09846	1.38083	1.99021
45	0.25047	0.19396	1.31425	2.09235	1.38348	1.98567
46	0.24762	0.19177	1.31746	2.08648	1.38605	1.98130
47	0.24486	0.18966	1.32058	2.08081	1.38854	1.97708
48	0.24219	0.18761	1.32360	2.07535	1.39096	1.97302
49	0.23960	0.18563	1.32653	2.07008	1.39331	1.96909
50	0.23710	0.18372	1.32939	2.06499	1.39559	1.96529
60	0.21574	0.16732	1.35412	2.02216	1.41536	1.93327
70	0.19927	0.15466	1.37364	1.98987	1.43095	1.90903
80	0.18608	0.14449	1.38959	1.96444	1.44366	1.88988
90	0.17521	0.13610	1.40294	1.94376	1.45429	1.87428
100	0.16604	0.12902	1.41433	1.92654	1.46335	1.86125
110	0.15818	0.12294	1.42421	1.91191	1.47121	1.85017
120	0.15133	0.11764	1.43289	1.89929	1.47810	1.84059

当块材的抗压强度计量检测结果的推定区间的上限值与下限值之差不大于块材相邻强度等级的差值和推定区间上限值与下限值算术平均值的10%两者中的较大值时，可按检验批进行评定；否则按单个构件评定。

(6) 抗压强度的推定结果的判定，按照《建筑结构检测技术标准》GB/T50344 的规定，当设计要求相应数值小于或等于推定上限值时，可判定为符合设计要求；当设计要求相应数值大于推定上限值时，可判定为低于设计要求。

由于在《砌墙砖试验方法》GB/T2542 和《砌墙砖检验规则》JC466 中均以检验批的平均值来判断，所以也可按每块砖抗压强度换算值的平均值来计算检验批的砖抗压强度。

4.3.1.3 混凝土砌块等其他砌筑块材的强度检测

混凝土砌块、蒸压灰砂砖等其他砌筑块材的强度检测，应以取样结合回弹法检测，其中强度以取样检测为主，回弹作为材料匀质性的判别手段。当条件具备时，其他块材的抗压强度也可采用取样修正回弹的方法检测。

4.3.2 砌筑砂浆的检测

砌筑砂浆的检测可分为砂浆强度及砂浆强度等级，品种，抗冻性和有害元素含量等项目。检测时应遵守下列规定：

（1）砌筑砂浆的强度，宜采用取样的方法检测，如拔出法，筒压法，砂浆片剪切法，点荷法等。

（2）砌筑砂浆强度的匀质性，可采用非破损的方法检测，如回弹法，贯入法，超声法，超声回弹综合法等。当这些方法用于检测既有建筑砌筑砂浆强度时，宜配合有取样的检测方法。

（3）推出法，回弹法的检测操作应遵守《砌筑工程现场检测技术标准》GB/T50315规定；采用其他方法时，应遵守《砌体工程现场检测技术标准》GB/T50315的原则，检测操作应遵守相应检测方法标准的规定。

（4）遇到下列情况之一时，采用取样法中的点荷法，剪切法，冲击法检测砌筑砂浆强度时，除提供砌筑砂浆强度必要的测试参数外，还应提供受影响层的深度：

1）砌筑砂浆表层受到侵蚀，风化，剥凿，冻害影响的构件；

2）遭受火灾影响的构件；

3）使用年数较长的结构构件。

（5）工程质量评定或鉴定工作有要求时，应核查结构特殊部位砌筑砂浆的品种及其质量指标。

（6）砌筑砂浆的抗冻性能，当具备砂浆立方体试块时，应按《建筑砂浆基本性能试验方法》JGJ70的规定进行测定，当不具备立方体试块或既有结构需要测定砌筑砂浆的抗冻性能时，可按下列方法进行检测：

采用取样检测方法；将砂浆试件分为两组，一组做抗冻试件，一组做比对试件；抗冻组试件按《建筑砂浆基本性能试验方法》JGJ 70 的规定进行抗冻试验，测定试验后砂浆的强度；比对组试件砂浆强度与抗冻组试件同时测定；取两组砂浆试件强度值的比值评定砂浆的抗冻性能。

（7）砌筑砂浆中氯离子的含量，可参照标准提出的方法测定。

本节就砂浆强度现场检测常用的检测方法进行介绍。

4.3.2.1 点荷法

点荷法属取样测试方法，是通过对砌筑砂浆层试件施加集中的"点式"荷载，测定试样所能承受的"点荷值"，综合考虑试件的尺寸，利用抗拉强度与抗压强度存在的关系，计算出砂浆的立方体抗压强度。

该方法由中国建筑科学研究院提出，并为 GB/T50315 采用。

点荷法检测砂浆抗压强度操作应符合下列规定：

（1）从每个测点处，宜取出两个砂浆大片，一片用于检测，一片备用。

（2）加工或选取的砂浆试件厚度为 5～12mm，荷载作用半径为 15～25mm，大面应平整，但其边缘不要求非常规则。在砂浆试件上画出作用点，量测其厚度，精确至 0.1mm。

（3）在小吨位压力试验机上、下压板上分别安装上、下加荷头，两个加荷头应对齐。将砂浆试件水平放置在下加荷头上，上、下加荷头对准预先画好的作用点，并使上加荷头轻轻压紧试件，然后缓慢匀速施加荷载至试件破坏。试件可能破坏成数个小块。记录荷载值，精确至 0.1kN。

（4）将破坏后的试件拼接成原样，测量荷载实际作用点中心到试件破坏线边缘的最短距离即荷载作用半径，精确至 0.1mm。

（5）砂浆试件的抗压强度换算值，应按公式（4.3.2-1）计算：

$$f_{2ij} = (33.3\xi_{5ij}\xi_{6ij}N_{ij} - 1.1)^{1.09} \quad (4.3.2\text{-}1a)$$

$$\xi_{5ij} = 1/(0.05\gamma_{ij} + 1) \quad (4.3.2\text{-}1b)$$

$$\xi_{6ij} = 1/[0.03t_{ij}(0.1t_{ij} + 1) + 0.4] \quad (4.3.2\text{-}1c)$$

式中　N_{ij}——点荷载值（kN）；

ξ_{5ij}——荷载作用半径修正系数；

ξ_{6ij}——试件厚度修正系数；

γ_{ij}——荷载作用半径（mm）；

t_{ij}——试件厚度（mm）。

4.3.2.2　筒压法

本方法属取样测试方法，检测时，应从砖墙中抽取砂浆试样，在试验室内进行筒压荷载试验，测试筒压比，然后换算为砂浆强度。

该方法由山西省第四建筑工程公司等单位提出，并为 GB/T50315 采用。

筒压法检测砂浆抗压强度操作应符合下列规定：

（1）在每一测区，从距墙表面 20mm 以内的水平灰缝中凿取砂浆约 4000g，砂浆片（块）的最小厚度不得小于 5mm。各个测区的砂浆样品应分别放置并编号，不得混淆。

（2）使用手锤击碎样品，筛取 5～15mm 的砂浆颗粒约 3000g，在 105±5℃ 的温度下烘干至恒重，待冷却至室温后备用。

（3）每次取烘干样品约 1000g，置于孔径 5mm、10mm、15mm 标准筛所组成的套筛中，机械摇筛 2min 或手工摇筛 1.5min。称取粒级 5～10mm 和 10～15mm 的砂浆颗粒各 250g，混合均匀后即为一个试样。共制备三个试样。

（4）每个试样应分两次装入承压筒。每次约装 1/2，在水泥跳桌上跳振 5 次。第二次装料并跳振后，整平表面，安上承压盖。如无水泥跳桌，可按照砂、石紧密体积密度的试验方法颠击密实。

（5）将装料的承压筒置于试验机上，盖上承压盖，开动压力试验机，应于 20～40s 内均匀加荷至规定的筒压荷载值后，立即卸荷。不同品种砂浆的筒压荷载值分别为：水泥砂浆、石粉砂浆为 20kN；水泥石灰混合砂浆、粉煤灰砂浆为 10kN。

（6）将施压后的试样倒入由孔径 5mm 和 10mm 标准筛组成的套筛中，装入摇筛机摇筛 2min 或人工摇筛 1.5min，筛至每隔 5s 的筛出量基本相等。

（7）称量各筛筛余试样的重量（精确至 0.1g），各筛的分计筛余量和底盘剩余量的总和，与筛分前的试样重量相比，相对差值不得超过试样重量的 0.5%；当超过时，应重新进行试验。

（8）标准试样的筒压比，应按下式计算：

$$T_{i,j} = \frac{t_1 + t_2}{t_1 + t_2 + t_3} \tag{4.3.2-2}$$

式中　　$T_{i,j}$——第 i 个测区中第 j 个试样的筒压比，以小数计；

t_1、t_2、t_3——分别为孔径 5mm、10mm 筛的分计筛余量和底盘中剩余量。

（9）测区的砂浆筒压比，应按下式计算：

$$T_i = 1/3(T_{i1} + T_{i2} + T_{i3}) \tag{4.3.2-3}$$

式中　　T_i——第 i 个测区的砂浆筒压比平均值，以小数计，精确至 0.01；

T_{i1}、T_{i2}、T_{i3}——分别为第 i 个测区三个标准砂浆试样的筒压比。

（10）根据筒压比，测区的砂浆强度平均值应按下列公式（4.3.2-4）计算：

$$f_{2,i} = 34.58(T_i)^{2.06} \qquad\qquad (4.3.2\text{-}4a，适合与水泥砂浆)$$

$$f_{2,i} = 6.1(T_i) + 11(T_i)^2 \qquad\qquad (4.3.2\text{-}4b，适合与水泥石灰混合砂浆)$$

$$f_{2,i} = 2.52 - 9.4(T_i) + 32.8(T_i)^2 \qquad\qquad (4.3.2\text{-}4c，适合与粉煤灰砂浆)$$

$$f_{2,i} = 2.7 - 13.9(T_i) + 44.9(T_i)^2 \qquad\qquad (4.3.2\text{-}4d，适合与石粉砂浆)$$

4.3.2.3 回弹法

本方法属原位测试方法，检测时，应用回弹仪测试砂浆表面硬度，用酚酞试剂测试砂浆碳化深度，以此两项指标换算为砂浆强度。

回弹法检测砂浆抗压强度操作应符合下列规定：

（1）测位处的粉刷层、勾缝砂浆、污物等应清除干净；弹击点处的砂浆表面，应仔细打磨平整，并除去浮灰。

（2）每个测位内均匀布置 12 个弹击点，选定弹击点应避开砖的边缘、气孔或松动的砂浆，相邻两弹击点的间距不应小于 20mm。

（3）在每个弹击点上，使用回弹仪连续弹击 3 次，第 1、2 次不读数，仅记读第 3 次回弹值，精确至 1 个刻度。测试过程中，回弹仪应始终处于水平状态，其轴线应垂直于砂浆表面，且不得移位。

（4）在每一测位内，选择 1~3 处灰缝，用游标尺和 1% 的酚酞试剂测量砂浆碳化深度，读数应精确至 0.5mm。

（5）从每个测位的 12 个回弹值中，分别剔除最大值、最小值，将余下的 10 个回弹值计算算术平均值，以 R 表示。

（6）每个测位的平均碳化深度，应取该测位各次测量值的算术平均值，以 d 表示，精确至 0.5mm。平均碳化深度大于 3mm 时，取 3.0mm。

（7）第 i 个测区第 j 个测位的砂浆强度换算值，应根据该测位的平均回弹值和平均碳化深度值，分别按下列公式（4.3.2-5）计算：

$$f_{2ij} = 13.97 \times 10^{-5} R^{3.57} \quad (4.3.2\text{-}5a, d \leqslant 1.0\text{mm})$$
$$f_{2ij} = 4.85 \times 10^{-4} R^{3.04} \quad (4.3.2\text{-}5b, 1.0\text{mm} < d < 3.0\text{mm})$$
$$f_{2ij} = 6.34 \times 10^{-5} R^{3.60} \quad (4.3.2\text{-}5c, d \geqslant 3.0\text{mm})$$

式中 f_{2ij}——第 i 个测区第 j 个测位的砂浆强度值（MPa）；

d——第 i 个测区第 j 个测位的平均碳化深度（mm）；

R——第 i 个测区第 j 个测位的平均回弹值。

4.3.2.4 射钉法

本方法适用于推定烧结普通砖和多孔砖砌体中 M2.5～M15 范围内的砌体砂浆强度。检测时，采用射钉枪将射钉射入墙体的水平灰缝中，根据射钉的射入量推定砂浆强度。

射钉法检测砂浆强度时应符合下列规定：

（1）在各测区的水平灰缝上，标出测点位置。测点处的灰缝厚度不应小于 10mm；在门窗洞口附近和经修补的砌体上不应布置测点。

（2）清除测点表面的覆盖层和疏松层，将砂浆表面修理平整。

（3）应事先量测射钉的全长 l_1；将射钉射入测点砂浆中，并量测射钉外露部分的长度 l_2。射钉的射入量应按下式计算：

$$l = l_1 - l_2 \tag{4.3.2-6}$$

对长度指标 l、l_1、l_2 的取值应精确至 0.1mm。

（4）射入砂浆中的射钉，应垂直于砌筑面且无擦靠块材的现象，否则应舍去和重新补测。

（5）测区的射钉平均射入量，应按下式计算：

$$l_i = \frac{1}{n_1} \sum_{j=1}^{n_1} l_{ij} \tag{4.3.2-7}$$

式中 l_i——第 i 个测区的射钉平均射入量（mm）；

l_{ij}——第 i 个测区的第 j 个测点的射入量（mm）。

（6）测区的砂浆抗压强度，应按下式计算：

$$f_{2i} = a l_i^{-b}$$

式中 a，b——射钉常数，按表 4.3.2-1 取值。

射 钉 常 数　　　　　表 4.3.2-1

砖 品 种	a	b
烧结普通砖	47000	2.52
烧结多孔砖	50000	2.40

4.3.2.5 各测试方法比较及综合法

砌筑砂浆的检测分为取样法和原位法两大类，两大类检测方法都有其长处和不足之处。

点荷法、筒压法等取样法，取样一般会增加工作量，取样一般在砌体的角部、窗台、女儿墙等部位，在砌体中部取样可采用钻芯机取出砂浆试样。

取样检测可通过选择试件排除局部缺陷对检测结果的影响，还可以消除砌体中应力和约束对检测结果的影响以及环境因素对检测结果的影响，因此，取样检测的测试精度较高。

回弹法、贯入法等原位检测方法优点是可以现场测定，测点数量多，操作方便，缺点是测试结果离散性大，而且存在较大的系统误差。

为了提高检测精度，发挥各自优点，克服彼此缺点，可采用综合法进行检测。所谓综合法以原位测试方法为基础，取得足够多的数据。在部分原位测点对应部位取样检测，利用取样检测数据对原位测试数据进行修正。修正可采用——对应修正系数法或对应样本修正量法。综合法检测得到数据量多、检测精度高，可以更准确、全面反映砌体中砌筑砂浆强度。

4.3.2.6 强度推定

1. 数据的预处理

砂浆强度检测，尤其是原位法检测结果离散性大，虽然在原始数据中采用了稳健措施对异常值进行了剔除，即剔除最大值和最小值，但检测结果中仍可能存在异常值。这些异常值的存在将影响检测结果的真实准确性。

按现行国家标准《数据的统计处理和解释正态样本异常值的判断和处理》GB4883 中格拉布斯检验法或狄克逊检验法，检出和剔除检测数据中的异常值和高度异常值。检出水平取 0.05，剔除水平取 0.01。

不得随意舍去异常值，应检查是否系材料或施工质量变化等原因导致出现异常值。

上述砂浆强度的各种检测方法，应给出每个测点的检测强度值 f_{ij}，每个测区的强度平均值 $f_{2,i}$，并宜以测区的强度平均值作为其代表值。

2. 检测单元（检验批）砂浆强度的推定

绝大部分检测都需要提供检测单元的推定强度，供后续结构验算及加固处理时参考。

每一检测单元的强度平均值、标准差和变异系数，应分别按下列公式计算：

$$\mu_f = \frac{1}{n}\sum_{i=1}^{n} f_i \quad (4.3.2\text{-}8)$$

$$s = \sqrt{\frac{\sum_{i=1}^{n}(u_f - f_i)^2}{n-1}} \quad (4.3.2\text{-}9)$$

$$\delta = \frac{s}{\mu_f} \quad (4.3.2\text{-}10)$$

式中 μ_f——同一检测单元的强度平均值（MPa）。

n——同一检测单元的测区数；

f_i——测区的强度代表值（MPa）；

s——同一检测单元，按 n 个测区计算的强度标准差（MPa）；

δ——同一检测单元的强度变异系数。

每一检测单元的砌筑砂浆推定强度，应分别按下列规定进行推定：

1) 当测区数 n 不小于 6 时：
$$f_{2,m} > f_2$$
$$f_{2,\min} > 0.75 f_2$$

式中 $f_{2,m}$——同一检测单元，按测区统计的砂浆抗压强度平均值（MPa）；
　　f_2——砂浆推定强度等级所对应的立方体抗压强度值（MPa）；
　　$f_{2,\min}$——同一检测单元，测区砂浆抗压强度的最小值（MPa）。

2) 当测区数 n 小于 6 时：
$$f_{2,\min} > f_2$$

3) 当检测结果的变异系数 δ 大于 0.35 时，应检查检测结果离散性较大的原因，若系检测单元划分不当，宜重新划分，并可增加测区数进行补测，然后重新推定。

4.3.3 砌体强度的检测

砌体强度的检测分为间接法和直接法，间接法是通过分别测定砌体中块材和对应位置砂浆的强度，并考虑砂浆的饱满程度及砌筑质量，根据一定的计算公式和折减系数来计算砌体强度。直接法是直接测取砌体的某一单项强度（如抗压强度、抗剪强度等），砌体强度直接法检测可采用取样的方法或现场原位的方法检测。

现场原位法检测砌体强度主要有以下 4 种方法：原位轴压法、扁顶法、原位单剪法和单砖原位双剪法。其中烧结普通砌体的抗压强度，可采用扁式液压顶法或原位轴压法检测；烧结普通砖砌体的抗剪强度，可采用双剪法或原位单剪法检测。

4.3.3.1 取样方法检测砌体强度

取样检测是从砌体中切取标准试件，按照《砌体基本力学性能试验方法标准》GBJ129 检测砌体的基本力学性能，试件的切取直接影响检测结果的准确性，因此，砌体强度的取样检测应遵守下列规定：

（1）取样检测不得构成结构或构件的安全问题。

（2）取样操作宜采用无振动的切割方法，试件数量应根据检测目的确定；测试前应对试件局部的损伤予以修复，严重损伤的样品不得作为试件；

（3）试件的尺寸和强度测试方法应符合《砌体基本力学性能试验方法标准》GBJ 129 的规定；非标准试件应进行修正。对于普通砖砌体，标准试件尺寸为 240mm × 370mm × 7200mm，如果切取试件的尺寸不满足标准试件尺寸要求，需将试验值乘以换算系数 ψ，$\psi = 1/(0.72 + 20S/A)$，其中 S 是砌体试件截面周长，A 是砌体试件截面面积。

（4）可按《建筑结构检测技术标准》GB/T50344 确定砌体强度均值的推定区间。

（5）当砌体强度标准值的推定期间不满足规定要求时，也可按试件测试强度的最小值确定砌体强度的标准值，此时试件的数量不得少于 3 件，也不得大于 6 件，且不应进行数据的舍弃。

4.3.3.2 原位轴压法

原位轴压法是原位测定砌体的抗压强度，检测时应符合下列规定：

（1）在测点上开凿水平槽孔，上、下水平槽孔应对齐，两槽之间应相距 7 皮砖。开槽时，应避免扰动四周的砌体；槽间砌体的承压面应修平整。

(2) 在槽孔间安放原位压力机，在上槽内的下表面和扁式千斤顶的顶面，应分别均匀铺设湿细砂或石膏等材料的垫层，垫层厚度可取 10mm。将反力板置于上槽孔，扁式千斤顶置于下槽孔，安放四根钢拉杆，使两个承压板上下对齐后，拧紧螺母并调整其平行度；四根钢拉杆的上下螺母间的净距误差不应大于 2mm。

(3) 正式测试前，应进行试加荷载试验，试加荷载值可取预估破坏荷载的 10%。检查测试系统的灵活性和可靠性，以及上下压板和砌体受压面接触是否均匀密实。经试加荷载，测试系统正常后卸荷，开始正式测试。

(4) 正式测试时，应分级加荷。每级荷载可取预估破坏荷载的 10%，并应在 1 ~ 1.5min 内均匀加完，然后恒载 2min。加荷至预估破坏荷载的 80% 后，应按原定加荷速度连续加荷，直至槽间砌体破坏。当槽间砌体裂缝急剧扩展和增多，油压表的指针明显回退时，槽间砌体达到极限状态。

(5) 试验过程中，如发现上下压板与砌体承压面因接触不良，致使槽间砌体呈局部受压或偏心受压状态时，应停止试验。此时应调整试验装置，重新试验，无法调整时应更换测点。试验过程中，应仔细观察槽间砌体初裂裂缝与裂缝开展情况，记录逐级荷载下的油压表读数、测点位置、裂缝随荷载变化情况简图等。

(6) 根据槽间砌体初裂和破坏时的油压表读数，分别减去油压表的初始读数，按原位压力机的校验结果，计算槽间砌体的初裂荷载值和破坏荷载值。

槽间砌体的抗压强度，应按下式计算：

$$f_{uij} = N_{uij}/A_{ij} \quad (4.3.3-1)$$

式中 f_{uij}——第 i 个测区第 j 个测点槽间砌体的抗压强度（MPa）；

N_{uij}——第 i 个测区第 j 个测点槽间砌体的受压破坏荷载值（N）；

A_{ij}——第 i 个测区第 j 个测点槽间砌体的受压面积（mm²）。

槽间砌体抗压强度换算为标准砌体的抗压强度，应按下列公式计算：

$$f_{mij} = f_{uij}/\xi_{1ij} \quad (4.3.3-2)$$

$$\xi_{1ij} = 1.36 + 0.54\sigma_{0ij} \quad (4.3.3-3)$$

式中 f_{mij}——第 i 个测区第 j 个测点的标准砌体抗压强度换算值（MPa）；

ξ_{1ij}——原位轴压法的无量纲的强度换算系数；

σ_{0ij}——该测点上部墙体的压应力（MPa），其值可按墙体实际所承受的荷载标准值计算。

测区的砌体抗压强度平均值，应按下式计算：

$$f_{mi} = \frac{1}{n_1}\sum_{j=1}^{n} f_{mij} \quad (4.3.3-4)$$

式中 f_{mi}——第 i 个测区的砌体抗压强度平均值（MPa）；

n_1——测区的测点数。

4.3.3.3 扁顶法

本方法适用于原位推定普通砖砌体的受压工作应力、弹性模量和抗压强度，检测时，检测时应符合下列规定：

(1) 实测墙体的受压工作应力时，应符合下列要求：

1) 在选定的墙体上，标出水平槽的位置并应牢固粘贴两对变形测量的脚标。脚标应位于水平槽正中并跨越该槽；脚标之间的标距应相隔四皮砖，宜取 250mm。试验前应记录标距值，精确至 0.1mm。

2) 使用手持应变仪或千分表在脚标上测量砌体变形的初读数，应测量 3 次，并取其平均值。

3) 在标出水平槽位置处，剔除水平灰缝内的砂浆。水平槽的尺寸应略大于扁顶尺寸。开凿时不应损伤测点部位的墙体及变形测量脚标。应清理平整槽的四周，除去灰渣。

4) 使用手持式应变仪或千分表在脚标上测量开槽后的砌体变形值，待读数稳定后方可进行下一步试验工作。

5) 在槽内安装扁顶，扁顶上下两面宜垫尺寸相同的钢垫板，并应连接试验油路。

6) 正式测试前应进行试加荷载试验，试加荷载值可取预估破坏荷载的 10%。检查测试系统的灵活性和可靠性，以及上下压板和砌体受压面接触是否均匀密实。经试加荷载，测试系统正常后卸荷，开始正式测试。

7) 正式测试时，应分级加荷。每级荷载应为预估破坏荷载值的 5%，并应在 1.5～2min 内均匀加完，恒载 2min 后测读变形值。当变形值接近开槽前的读数时，应适当减小加荷级差，直至实测变形值达到开槽前的读数，然后卸荷。

(2) 实测墙内砌体抗压强度或弹性模量时，应符合下列要求：

1) 在完成墙体的受压工作应力测试后，开凿第二条水平槽，上下槽应互相平行、对齐。当选用 250mm×250mm 扁顶时，两槽之间相隔 7 皮砖，净距宜取 430mm；当选用其他尺寸的扁顶时，两槽之间相隔 8 皮砖，净距宜取 490mm。遇有灰缝不规则或砂浆强度较高而难以凿槽的情况，可以在槽孔处取出一皮砖，安装扁顶时应采用钢制楔形垫块调整其间隙。

2) 在槽内安装扁顶，扁顶上下两面宜垫尺寸相同的钢垫板，并应连接试验油路。

3) 正式测试前应进行试加荷载试验，试加荷载值可取预估破坏荷载的 10%。检查测试系统的灵活性和可靠性，以及上下压板和砌体受压面接触是否均匀密实。经试加荷载，测试系统正常后卸荷，开始正式测试。

4) 正式测试时，应分级加荷。每级荷载可取预估破坏荷载的 10%，并应在 1～1.5min 内均匀加完，然后恒载 2min。加荷至预估破坏荷载的 80% 后，应按原定加荷速度连续加荷，直至槽间砌体破坏。当槽间砌体裂缝急剧扩展和增多，油压表的指针明显回退时，槽间砌体达到极限状态。

当需要测定砌体受压弹性模量时，应在槽间砌体两侧各粘贴一对变形测量脚标，脚标应位于槽间砌体的中部，脚标之间相隔 4 条水平灰缝，净距宜取 250mm。试验前应记录标距值，精确至 0.1mm。按上述加荷方法进行试验，测记逐级荷载下的变形值。加荷的应力上限不宜大于槽间砌体极限抗压强度的 50%。

5) 当槽间砌体上部压应力小于 0.2MPa 时，应加设反力平衡架，方可进行试验。反力平衡架可由两块反力板和四根钢拉杆组成。

(3) 试验记录内容应包括描绘测点布置图、墙体砌筑方式、扁顶位置、脚标位置、轴向变形值、逐级荷载下的油压表读数、裂缝随荷载变化情况简图等。

(4) 数据分析

1) 根据扁顶的校验结果，应将油压表读数换算为试验荷载值。

2) 根据试验结果，应按现行国家标准《砌体基本力学性能试验方法标准》的方法，计算砌体在有侧向约束情况下的弹性模量；当换算为标准砌体的弹性模量时，计算结果应乘以换算系数 0.85。墙体的受压工作应力，等于实测变形值达到开凿前的读数时所对应的应力值。

3) 槽间砌体的抗压强度，按式下列公式计算：

$$f_{mij} = f_{uij}/\xi_{1ij} \qquad (4.3.3\text{-}5)$$

$$\xi_{1ij} = 1.36 + 0.54\sigma_{0ij} \qquad (4.3.3\text{-}6)$$

式中　f_{mij}——第 i 个测区第 j 个测点的标准砌体抗压强度换算值（MPa）；

　　　ξ_{1ij}——原位轴压法的无量纲的强度换算系数；

　　　σ_{0ij}——该测点上部墙体的压应力（MPa），其值可按墙体实际所承受的荷载标准值计算。

4) 槽间砌体抗压强度换算为标准砌体的抗压强度，应按下列公式计算：

$$f_{mij} = f_{uij}/\xi_{2ij} \qquad (4.3.3\text{-}7)$$

$$\xi_{2ij} = 1.18 + 4\frac{\sigma_{0ij}}{f_{uij}} - 4.18\left(\frac{\sigma_{0ij}}{f_{uij}}\right) \qquad (4.3.3\text{-}8)$$

式中　f_{mij}——第 i 个测区第 j 个测点的标准砌体抗压强度换算值（MPa）；

　　　ξ_{2ij}——扁顶法的无量纲的强度换算系数；

　　　σ_{0ij}——该测点上部墙体的压应力（MPa），其值可按墙体实际所承受的荷载标准值计算。

5) 测区的砌体抗压强度平均值，应按 $f_{mi} = \dfrac{1}{n}\sum\limits_{j=1}^{n} f_{mij}$ 计算。

4.3.3.4　原位单剪法

本方法适用于推定砖砌体沿通缝截面的抗剪强度，检测时应符合下列规定：

(1) 在选定的墙体上，应采用振动较小的工具加工切口，现浇钢筋混凝土传力件

(2) 测量被测灰缝的受剪面尺寸，精确至 1mm。

(3) 安装千斤顶及测试仪表，千斤顶的加力轴线与被测灰缝顶面应对齐。

(4) 应匀速施加水平荷载，并控制试件在 2~5min 内破坏。当试件沿受剪面滑动、千斤顶开始卸荷时，即判定试件达到破坏状态。记录破坏荷载值，结束试验。在预定剪切面（灰缝）破坏，此次试验有效。

(5) 加荷试验结束后，翻转已破坏的试件，检查剪切面破坏特征及砌体砌筑质量，并详细记录。

(6) 数据分析

根据测试仪表的校验结果，进行荷载换算，精确至 10N。

根据试件的破坏荷载和受剪面积，应按下式计算砌体的沿通缝截面抗剪强度：

1) 试件沿通缝截面的抗剪强度，应按下式计算：

$$f_{vij} = \frac{0.64 N_{vij}}{2 A_{vij}} - 0.7 \sigma_{0ij} \qquad (4.3.3\text{-}9)$$

式中 N_{vij}——第 i 个测区第 j 个测点的抗剪破坏荷载（N）；

A_{vij}——第 i 个测区第 j 个测点的受剪截面面积（mm²）；

f_{vij}——第 i 个测区第 j 个测点砌体沿通缝截面抗剪强度（MPa）

σ_{0ij}——该测点上部墙体的压应力（MPa），其值可按墙体实际所承受的荷载标准值计算。

2）测区的砌体沿通缝截面抗剪强度平均值，应按下式计算：

$$f_{vi} = \frac{1}{n_1} \sum_{j=1}^{n} f_{vij} \qquad (4.3.3\text{-}10)$$

4.3.3.5 砌体强度推定方法

（1）每一检测单元的强度平均值、标准差和变异系数，应分别按下列公式计算：

$$\mu_f = \frac{1}{n} \sum_{i=1}^{n} f_i \qquad (4.3.3\text{-}11)$$

$$s = \sqrt{\frac{\sum_{i=1}^{n}(u_f - f_i)^2}{n-1}} \qquad (4.3.3\text{-}12)$$

$$\delta = \frac{s}{\mu_f} \qquad (4.3.3\text{-}13)$$

式中 μ_f——同一检测单元的强度平均值（MPa）。

n——同一检测单元的测区数；

f_i——测区的强度代表值（MPa）；

s——同一检测单元，按 n 个测区计算的强度标准差（MPa）；

δ——同一检测单元的强度变异系数。

（2）砌体抗压强度标准值推定

1）当测区数 n 不小于6时：

$$f_k = f_m - k \cdot s \qquad (4.3.3\text{-}14)$$

式中 f_k——砌筑砂浆推定强度（MPa）；

f_m——同一检测单元的砌筑砂浆强度平均值（MPa）；

k——与 α、C、n 有关的强度标准值计算系数，见表4.3.3-1；

α——确定强度标准值所取得概率分布下分位数，《砌体工程现场检测技术标准》GB/T50315—2000 中取 $\alpha = 0.05$；

C——置信水平，《砌体工程现场检测技术标准》GB/T50315—2000 中取 $C = 0.60$。

计算系数　　　　　　　表4.3.3-1

n	5	6	7	8	9	10	12	15
k	2.005	1.947	1.908	1.880	1.858	1.841	1.816	1.790
n	18	20	25	30	35	40	45	50
k	1.773	1.764	1.748	1.736	1.728	1.721	1.716	1.712

注：$C = 0.60$，$\alpha = 0.05$。

2）当测区数 n 小于6时：

$$f_k = f_{mi,min} \quad (4.3.2\text{-}15)$$

式中　$f_{mi,min}$——同一检测单元中，测区砌体抗压强度的最小值（MPa）；

（3）每一检测单元的砌体抗压强度推定值，当检测结果的变异系数 δ 大于0.25时，应检查检测结果离散性较大的原因，若查明系混入不同总体的样本所致，宜分别进行统计以确定标准值。

4.3.4　砌筑质量与构造

4.3.4.1　砌筑质量检测

砌筑构件的砌筑质量检测可分为砌筑方法、灰缝质量、砌体偏差和留槎及洞口等项目。既有砌筑构件砌筑方法、留槎、砌筑偏差和灰缝质量等，可采取剔凿表面抹灰的方法检测，检测时，应检测上、下错缝，内外搭砌等是否符合要求。灰缝质量检测可分为灰缝厚度、灰缝饱满程度和平直程度等项目，其中灰缝厚度的代表值应按10皮砖砌体高度折算。灰缝的饱和程度和平直程度按《砌体工程施工质量验收规范》GB50203规定的方法进行检测。

砌筑质量通常检测项目及验收要求见表4.3.4-1。

砌体砌筑质量检测项目及要求　　　表4.3.4-1

项次	项目		允许偏差（mm）	检验方法	抽样数量
1	轴线位置偏移		10	用经纬仪和尺或用其他测量仪器检查。	—
2	垂直度	每层	5	用2m托线板检查	
		全高 ≤10m	10	用经纬仪、吊线和尺或用其他测量仪器检查。	
		全高 >10m	20		
3	基础顶面和楼面标高		±15	用水平仪和尺检查	不应少于5处
4	表面平整度	清水墙、柱	5	用2m靠尺和锲形塞尺检查	有代表自然间10%，但不少于3间，每间不少于2处。
		混水墙、柱	8		
5	门窗洞口高宽		±5	用尺检查	检验批洞口10%，但不少于5处
6	外墙上下窗口偏移		20	以底层窗口为准，用经纬仪或吊线检查	检验批10%，但不少于5处

4.3.4.2 砌体结构的构造检测

砌体结构的构造检测可分为砌筑构件的高厚比、梁垫、壁柱、预制构件的搁置长度、大型构件端部的锚固措施、圈梁、构造柱或芯柱、砌体局部尺寸及钢筋网片和拉结钢筋等项目。

砌体中拉接筋的间距和长度,可采用钢筋磁感应测定仪和雷达测定仪进行检测,检测时,首先将探头在纵横墙交接处或构造柱边缘附近的墙体垂直移动,以确定拉接筋的水平位置和间距;然后沿已确定的拉接筋的水平位置水平移动,以确定拉接筋的长度。应取2~3个连续测量值的平均值作为拉接筋的间距和长度代表值。拉接筋的直径应采用直接抽样测量的方法检测。

圈梁、构造柱或芯柱的设置,可通过测定钢筋状况判定;其尺寸可采用剔除表面抹灰的方法实测;圈梁、构造柱或芯柱的混凝土施工质量,可按混凝土的相关方法进行检测。

构件的高厚比,其厚度值应取构件厚度的实测值。跨度较大的屋架和梁支承面下的垫块和锚固措施,可采取剔除表面抹灰的方法检测。预制钢筋混凝土板的支承长度,可采用剔凿楼面面层及垫层的方法检测。

砌块砌体的灌孔率可采用超声对测的方法检测,灌孔后的砌体超声声速明显大于灌孔前的砌体超声声速,通过密布超声测点,可以检查砌块砌体的灌孔率。

4.3.5 变形与损伤

砌体结构的变形与损伤的检测可分为裂缝、倾斜、基础不均匀沉降、环境侵蚀损伤、灾害损伤及人为损伤等项目。

4.3.5.1 砌体结构裂缝的检测

砌体结构裂缝的检测应遵守下列规定:对于结构或构件上的裂缝,应测定裂缝的位置、裂缝长度、裂缝宽度和裂缝的数量;必要时应提出构件抹灰确定砌筑方法、留槎、洞口、线管及预制构件对裂缝的影响;对于仍在发展的裂缝应进行监测和定期的观测,提供裂缝发展速度的数据。

将结构或构件上的裂缝实际情况,翻样到记录纸上,得到裂缝的分布特征和形状特点示意图,必要时,可以拍摄照片和摄像,以便于对裂缝原因进行分析。裂缝宽度检测主要用10~20倍放大镜、裂缝对比卡及塞尺等工具。裂缝长度可用钢卷尺测量,裂缝不规则时,可分段测量。裂缝深度可用极薄的钢片插入进行粗测,也可钻芯或用超声仪进行检测。

裂缝的监测和定期的观测可以采用粘贴石膏饼法,将厚度10mm左右、宽约50~80mm的石膏饼牢固地粘贴在裂缝处,定期观察石膏是否裂开;也可采用粘贴应变片测量变形是否发展。

4.3.5.2 砌体结构变形的检测

砌筑构件或砌体结构的变形包括砌体倾斜、地基不均匀沉降以及建筑物倾斜等,常用的仪器有水准仪、经纬仪、激光测距仪、全站仪、吊锤、靠尺等。

基础不均匀沉降,可根据建筑物水准点进行观测用水准仪检测,观测点宜设置在建筑物四周角点、中点或转角处及沉降缝的两侧，一般沿建筑物周边每隔 10~20m 设置一点。当需要确定基础沉降的发展情况时，应在结构上布置测点进行观测，观测操作应遵守《建筑变形测量规程》JGJ/T8 的规定；结构的基础累计沉降差，可参照首层的基准线推算。

砌筑构件（墙、柱）的倾斜，可用经纬仪、激光定位仪、三轴定位仪或吊锤及 2m 托线板等方法检测，检测时宜在两个相对面同时检测，必要时，应剔除表面抹灰层，宜区分倾斜中砌筑偏差造成的倾斜、抹灰造成的倾斜、变形造成的倾斜等。

砌体结构（建筑物）的倾斜，可按标准规定的方法检测，观测点宜设置在建筑物四周角点，每个角点沿建筑物高度方向设置上、下两点或上、中、下三点作为观察点，检测时在离建筑物距离大于建筑物高度的地方放置经纬仪或全站仪，以下观测点为基准，测量其他点在相互垂直的两个方向上的水平位移。对各侧点的偏移情况，应绘制在建筑物的平面图上，以便于宜分析区分倾斜中砌筑偏差造成的倾斜、变形造成的倾斜、灾害造成的倾斜等。

4.3.5.3 砌体结构损伤的检测

对砌体结构受到的损伤进行检测时，应确定损伤对砌体结构安全性的影响。对于不同原因造成的损伤可按下列规定检测：对环境侵蚀，应确定侵蚀源、侵蚀程度和侵蚀速度；对冻融损伤、应测定冻融损伤深度、面积，检测部位宜为檐口、房屋的勒脚、散水附近和出现渗漏的部位；对火灾等造成的损伤，应确定灾害影响区域和受灾影响的构件，确定影响程度；对于人为的损伤，应确定损伤程度。砌体结构损伤的检测可以采用超声检测，必要时应进行取样验证和修正。

第4章 钢结构工程现场检测

钢结构由于具有强度高、自重轻、施工速度快等优点，故一直是人们喜爱采用的一种结构，特别是从20世纪下半叶以来，随着世界钢产量的大幅度增加，钢结构也相应更加扩展了应用范围。

钢结构构件中的型钢一般是由钢厂批量生产，并需有合格证明，因此材料的强度及化学成分是有良好保证的。检测的重点在于加工、运输、安装过程中产生的偏差与误差。另外，由于钢结构的最大缺点是易于锈蚀，耐火性差，在钢结构工程中应重视涂装工程的质量检测。钢结构工程中主要的检测内容有：

（1）构件平整度的检测；
（2）构件表面缺陷的检测；
（3）连接（焊接、螺栓连接）的检测；
（4）钢材锈蚀检测；
（5）防火深层厚度检测。

如果钢材无出厂合格证明，或对其质量有怀疑，则应增加钢材的力学性能试验，必要时再检测其化学成分。

4.4.1 构件平整度的检测

梁和桁架构件的整体变形有平面内的垂直变形和平面外的侧向变形，因此要检测两个方向的平直度。柱的变形主要有柱身倾斜与挠曲。

检查时，可先目测，发现有异常情况或疑点时，对梁、桁架可在构件支点间拉紧一根铁丝，然后测量各点的垂度与偏差；

对柱的倾斜或挠曲可用经纬仪检测，其主要步骤有：

（1）经纬仪位置的确定

测量柱的倾斜时，架设经纬仪位置至柱的距离宜大于二分之一柱高。

（2）数据测读

如图图4.4.1-1所示，瞄准柱顶部M点，向下投影得N点，然后量出水平距离Δ。

以M点为基准，采用经纬仪测出垂直角角度α。

（3）结果整理

根据垂直角α，计算测点高度H。计算公式为：

$$H = L \cdot tg\alpha$$

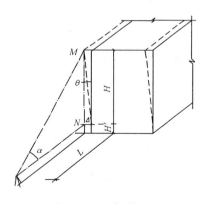

图4.4.1-1 倾斜测量

则墙、柱或建筑物的倾斜量 θ 为：

$$\theta = \Delta/H$$

墙、柱或整幢建筑物的倾斜量 Δ' 为：

$$\Delta' = \theta(H + H')$$

根据以上测算结果，综合分析四角阳角的倾斜度及倾斜量，即可描述墙、柱或建筑物的倾斜情况（图 4.4.1-1）。

4.4.2 构件表面缺陷的检测

构件的表面缺陷可用目测或 10 倍放大镜检查。如怀疑有裂缝等缺陷，可采用磁粉和渗透等无损检测技术进行检测。

4.4.2.1 磁粉检测原理及方法

借助外加磁场将待测工件（只能是铁磁性材料）进行磁化，被磁化后的工件上若不存在缺陷，则它各部位的磁特性基本一致且呈现较高的磁导率，而存在裂纹、气孔或非金属物夹渣等缺陷时，由于它们会在工件上造成气隙或不导磁的间隙，它们的磁导率远远小于无缺陷部位的磁导率，致使缺陷部位的磁阻大大增加，磁导率在此产生突变，工件内磁力线的正常传播遭到阻隔，根据磁连续性原理，这时磁化场的磁力线就被迫改变路径而逸出工件，并在工件表面形成漏磁场，如图 4.4.2-1 所示。

图 4.4.2-1 漏磁场的形成

漏磁场的强度主要取决磁化场的强度和缺陷对于磁化场垂直截面的影响程度。利用磁粉或其他磁敏感元件，就可以将漏磁场给予显示或测量出来，从而分析判断出缺陷的存在与否及其位置和大小。

将铁磁性材料的粉末撒在工件上，在有漏磁场的位置磁粉就被吸附，从而形成显示缺陷形状的磁痕，能比较直观地检出缺陷。这种方法是应用最早、最广的一种无损检测方法。磁粉一般用工业纯铁或氧化铁制作，通常用四氧化三铁（Fe_3O_4）制成细微颗粒的粉末作为磁粉。磁粉可分为荧光磁粉和非荧光磁粉两大类，荧光磁粉是在普通磁粉的颗粒外表面涂上了一层荧光物质，使它在紫外线的照射下能发出荧光，主要的作用是提高了对比度，便于观察。

磁粉检测又分干法和湿法两种：

干法：将磁粉直接撒在被测工件表面，为便于磁粉颗粒向漏磁场滚动。通常干法检测所用的磁粉颗粒较大，所以检测灵敏度较低。但是在被测工件不允许采用湿法与水或油接触时，如温度较高的试件，则只能采用干法。

湿法：将磁粉悬浮于载液（水或煤油等）之中形成磁悬液喷撒于被测工件表面，这时磁粉借助液体流动性较好的特点，能够比较容易地向微弱的漏磁场移动，同时由于湿法流动性好就可以采用比干法更加细的磁粉，使磁粉更易于被微小的漏磁场所吸附，因此湿法比干法的检测灵敏度高。

磁粉检测方法简单、实用，能适应各种形状和大小以及不同工艺加工制造的铁磁性金属材料表面缺陷检测，但不能确定缺陷的深度，而且由于磁粉检测目前还主要是通过人的肉眼进行观察，所以主要还是以手动和半自动方式工作，难于实现全自动化。

4.4.2.2　渗透检测原理及方法

将一根内径很细的毛细管插入液体中，由于液体对管子内壁的润湿性不同，就会导致管内液面的高低不同，当液体的润湿性强时，则液面在管内上升高度较大，如图4.4.2-2所示，这就是液体的毛细现象。

液体对固体的润湿能力和毛细现象作用是渗透检测的基础。图4.4.2-2中的毛细管恰似暴露于试件表面的开口型缺陷，实际检测时，首先将具有良好渗透力的渗透液涂在被测工件表面，由于润湿和毛细作用，渗透液便渗入工件上开口型的缺陷当中，然后对工件表面进行净化处理，将多余的渗透液清洗掉，再涂上一层显像剂，将渗入并滞留在缺陷中的渗透液吸出来，就能得到被放大了的缺陷的清晰显示，从而达到检测缺陷的目的。渗透检测法的检测原理如图4.4.2-3所示。

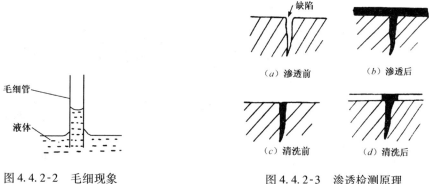

图4.4.2-2　毛细现象　　　　　　图4.4.2-3　渗透检测原理

渗透检测可同时检出不同方向的各类表面缺陷，但是不能检出非表面缺陷以及用于多孔材料的检测。

渗透检测的效果主要与各种试剂的性能、工件表面光洁度、缺陷的种类、检测温度以及各工序操作经验水平有关。

（1）方法分类

渗透检测方法主要分为着色渗透检测和荧光渗透检测两大类，这两类方法的原理和操作过程相同，只是渗透和显示方法有所区别。

着色渗透检测是在渗透液中掺入少量染料（一般为红色），形成带有颜色的浸透剂，经显像后，最终在工件表面形成以白色显像剂为背衬，以缺陷的颜色条纹所组成的彩色图案，在日光下就可以直接观察到缺陷的形状和位置。

荧光渗透检测是使用含有荧光物质的渗透液，最终在暗室中通过紫外光的照射，在工件上有缺陷的位置就发出黄绿色的荧光，显示出缺陷的位置形状。

由于荧光渗透检测比着色渗透检测对于缺陷具有更高的色彩对比度，使得人的视觉对于缺陷的显示痕迹更为敏感，所以，一般可以认为荧光法比着色法对细微缺陷检测灵敏度高。

(2) 基本操作步骤

1) 清洗和烘干：使用机械的方式（如打磨）或使用清洗剂（如机溶剂）以及酸洗、碱洗等方式将被测工件表面的氧化皮、油污等除掉；再将工件烘干，使缺陷内的清洗剂残留物挥发干净，这是非常重要的检测前提。

2) 渗透：将渗透液以涂敷在试件上，可以喷撒、涂刷等，也可以将整个工件浸入渗透液中，要保证欲检测面完全润湿。检测温度通常在 5~50℃ 之间。为了使渗透液能尽量充满缺陷必须保证有足够的渗透时间。要根据渗透液的性能、检测温度、试件的材质和欲检测的缺陷种类的不同来设定恰当的渗透时间，一般要大于 10min。

3) 中间清洗：去除多余的渗透液；完成渗透过程后，需除去试件表面所剩下的渗透液，并要使已渗入缺陷的渗透液保存下来。清洗方式为：对于水洗型渗透液可以用缓慢流动的水冲洗，时间不要过长，否则容易将缺陷中的浸透液也冲洗掉；对于不溶于水的渗透液，则需要先涂上一层乳化剂进行乳化处理，然后才能用水清洗，乳化时间的长短，以正好能将多余渗透液冲洗掉为宜；着色法最常用的渗透液要用有机溶剂来清洗。清洗过程完毕应使工件尽快干燥。

4) 显像：对完成上一工序的试件表面马上涂敷一层薄而均匀的显像剂（或干粉显像材料）进行显像处理，显像的时间一般与渗透时间相同。

5) 观察：着色检测，用眼目视即可。荧光检测，则要在暗室中借助紫外光源的照射，才能使荧光物质发出人眼可见的荧光。

(3) 检测中的注意事项

1) 操作步骤中要注意清洗一定要干净，渗透时间要足够，乳化时间和中间清洗时间不能过长，显像涂层要薄而均匀且及时，否则都可能降低检测灵敏度。

2) 检测温度高，则有利于改善渗透性能，提高渗透度；检测温度低则要适当延长渗透时间，才能保证渗透效果。

3) 渗透液的粘度要适中，当粘度过高时，渗透速度慢，但是有利于渗透液在缺陷中的保存，不易被冲洗掉；而粘度过低时的情况则恰恰相反，所以操作时应根据浸透液的性能来具体实施。

4) 由于某种原因造成显示结果不清晰，不足以作为检测结果的判定依据时，就必须进行重复检测，须将工件彻底清理干净再重复整个检测过程。

5) 渗透检测用的各种试剂多含有易挥发的有机溶剂且易燃，应注意采取防火以及适当通风、戴橡皮手套、避免紫外线光源直接照射眼睛等防护措施。

4.4.3 连接的检测

钢结构事故往往出在连接上，故应将连接作为重点对象进行检查。譬如，重庆綦江彩虹桥，于1996年建成投入使用，1999年1月4日时辰垮塌，其主要原因是该桥的主要受力拱架钢管焊接质量不合格，存在严重缺陷，个别焊缝有陈旧性裂痕。

连接板的检查包括：1) 检测连接板尺寸（尤其是厚度）是否符合要求；2) 用直尺作为靠尺检查其平整度；3) 测量因螺栓孔等造成的实际尺寸的减小；4) 检测有无裂缝、

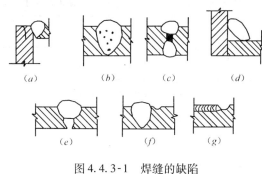

图 4.4.3-1 焊缝的缺陷
(a) 裂纹；(b) 气孔；(c) 夹渣；(d) 虚焊；
(e) 未焊透；(f) 咬边；(g) 弧坑

局部缺损等损伤。

对于螺栓连接，可用目测、锤敲相结合的方法检查。并用扭力扳手（当扳手达到一定的力矩时，带有声、光指示的扳手）对螺栓的紧固性进行复查，尤其对高强螺栓的连结更应仔细检查。此外，对螺栓的直径、个数、排列方式也要一一检查。

焊接连接目前应用最广，出事故也较多，应检查其缺陷。焊缝的缺陷种类不少，如图 4.4.3-1 所示，有裂纹、气孔、夹渣、未熔透、虚焊、咬边、弧坑等。检查焊缝缺陷时，可用超声探伤仪或射线探测仪检测。在对焊缝的内部缺陷进行探伤前应先进行外观质量检查，如果焊缝外观质量不满足规定要求，需进行修补。

4.4.3.1 焊缝外观质量检查

焊缝的外形尺寸一般用焊缝检验尺测量。焊缝检验尺由主尺、多用尺和高度标尺构成，可用于测量焊接母材的坡口角度、间隙、错位及焊缝高度、焊缝宽度和角焊缝高度。

主尺正面边缘用于对接校直和测量长度尺寸（见图 4.4.3-2a）；高度标尺一端用于测量母材间的错位及焊缝高度（见图 4.4.3-2b、c、d），另一端用于测量角焊缝厚度（见图 4.4.3-2e）；多用尺 150 锐角面上的刻度用于测量间隙（见图 4.4.3-2f）；多用尺与主尺配合可分别测量焊缝宽度及坡口角度（见图 4.4.3-2g、h）。

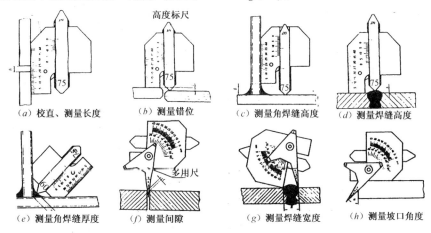

图 4.4.3-2 焊缝检验尺的使用

焊缝表面不得有裂纹、焊瘤等缺陷，其检测方法与本章第二节的方法相同。《钢结构设计规范》GB50017 规定焊缝质量等级分为一、二、三级，一级焊缝为动荷载或静荷载受拉，要求与母材等强度的焊缝，二级焊缝为动荷载或静荷载受压，要求与母材等强度的焊缝，三级焊缝是一、二级焊缝之外的贴角焊缝。一级焊缝不允许有外观质量缺陷，二、三级焊缝外观质量应符合表 4.4.3-1 的要求。

二级、三级焊缝外观质量标准（mm） 表4.4.3-1

项 目	允 许 偏 差	
缺陷类型	二级	三级
未焊满 （指不足设计要求）	≤0.2+0.2t，且≤1.0	≤0.2+0.4t，且≤2.0
	每100.0焊缝内缺陷总长≤25.0	
根部收缩	≤0.2+0.2t，且≤1.0	≤0.2+0.04t，且≤2.0
	长度不限	
咬边	≤0.05t，且≤0.5；连续长度≤100.0，且焊缝两侧咬边总长≤10%焊缝全长	≤0.1t且≤1.0，长度不限
弧坑、裂纹	—	允许存在个别长度≤5.0的弧坑、裂纹
电弧擦伤	—	允许存在个别电弧擦伤
接头不良	缺口深度0.05t，且≤0.5	缺口深度0.1t，且≤1.0
	每1000.0焊缝不应超过1处	
表面夹渣	—	深≤0.2t 长≤0.5t，且≤20.0
表面气孔	—	每50.0焊接长度内允许直径≤0.4t，且≤3.0的气孔2个，孔距≥6倍孔径

注：表内 t 为连接处较薄的板厚；三级对接焊缝应按二级焊缝标准进行外观质量检验。

T形接头、十字接头、角接接头等要求熔透的对接和角对接组合焊缝，其焊脚尺寸不应小于 $t/4$（图4.4.3-3a、b、c）；设计有疲劳验算要求的吊车梁或类似构件的腹板与上翼缘连接焊接的焊脚尺寸为 $t/2$（图4.4.3-3d），且不应大于10mm。焊脚尺寸的允许偏差为 0~4mm。

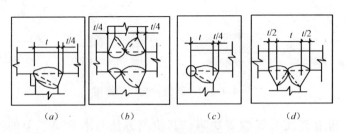

图4.4.3-3 焊脚尺寸

对接焊缝及完全熔透组合焊缝尺寸允许偏差应符合表4.4.3-2的要求，部分焊透组合焊缝和角焊缝外形尺寸允许偏差应符合表4.4.3-3的要求。

对接焊缝及完全熔透组合焊缝尺寸允许偏差（mm） 表 4.4.3-2

序号	项目	图例	允许偏差	
			一、二级	三级
1	对接焊缝余高 C		$B<20$：$0\sim3.0$ $B\geqslant20$：$0\sim4.0$	$B<20$：$0\sim4.0$ $B\geqslant20$：$0\sim5.0$
2	对接焊缝错边 d		$d<0.15t$，且$\leqslant2.0$	$d<0.15t$，且$\leqslant3.0$

对接焊缝及完全熔透组合焊缝尺寸允许偏差（mm） 表 4.4.3-3

序号	项目	图例	允许偏差
1	焊脚尺寸 h_f		$h_f\leqslant6$：$0\sim1.5$ $h_f>6$：$0\sim3.0$
2	角5焊缝余高 C		$h_f\leqslant6$：$0\sim1.5$ $h_f>6$：$0\sim3.0$

注：1. $h_f>8.0$mm 的角焊缝其局部焊脚尺寸允许低于设计要求值1.0mm，但总长度不得超过焊缝长度的10%；
　　2. 焊接H型梁腹板与翼缘板的焊缝两端在其两倍翼缘板宽度范围内，焊缝的焊脚尺寸不得低于设计值。

4.4.3.2 焊缝内部缺陷的超声波探伤和射线探伤

碳素结构钢应在焊缝冷却到环境温度，低合金结构钢应在完成焊接24h以后，进行焊接探伤检验。钢结构焊缝探伤的方法有超声波法和射线法。《钢结构工程施工质量验收规范》（GB50205—2001）规定，设计要求全焊透的一、二级焊缝应采取超声波探伤进行内部缺陷的检验，超声波探伤不能对缺陷作出判断时，应采取射线探伤，其内部缺陷分级及探伤方法应符合现行国家标准《钢焊缝手工超声波探伤方法和探伤结果分级法》（GB11345）或《钢熔化焊对接接头射线照相和质量分级》（GB3323）的规定。

焊接球节点网架焊缝、螺栓球节点网架焊缝及圆管T、K、Y形节点相差线焊缝，其内部缺陷分级与探伤方法应分别符合国家现行标准《焊接球节点钢网架焊缝超声波探伤及质量分级法》（JG/T 3034.1）、《螺栓球节点钢网架焊缝超声波探伤及质量分级法》（JG/T 3034.2）和《建筑钢结构焊接技术规程》（JGJ81）的规定。

一级、二级焊缝的质量等级及缺陷分级应符合表4.4.3-4的规定。

一、二级缝质量等级及缺陷分级　　　　　表 4.4.3-4

焊缝质量等级		一级	二级
内部缺陷 超声波探伤	评定等级	Ⅱ	Ⅲ
	检验等级	B 级	B 级
	探伤等级	100%	20%
内部缺陷 射线探伤	评定比例	Ⅱ	Ⅲ
	检验等级	AB 级	AB 级
	探伤比例	100%	20%

注：探伤比例的计数方法按以下原则确定：
1. 对工厂制作焊缝，应按每条焊缝计算百分比，且探伤长度不应小于 200mm，当焊缝长度不足 200mm 时，应对整条焊缝进行探伤；
2. 对现场安装焊缝，应按同一类型、同一施焊条件的焊缝条数计算百分比，探伤长度不应小于 200mm，并不应少于 1 条焊缝。

一、焊缝的超声波探伤

超声波是目前应用最广泛的探伤方法。超声波的波长很短、穿透力强，传播过程中遇不同介质的分界面会产生反射、折射、绕射和波形转换，超声波具有良好的方向性，可以定向发射，能在被检部位中发现缺陷。超声波探伤能测到的最小缺陷尺寸约为其波长的二分之一。超声波探伤又可分脉冲反射法和穿透法。

1. 超声探伤常用波型

激发超声波的方式不同或介质所承受的作用不同，就会产生不同的波型。所谓波型是指波的类型，它是按质点位移方向与波传播方向的关系划分的。常用于金属材料探伤的波型主要有：纵波、横波、表面波和板波等。实际应用时要依据检测对象、检测目的的不同，结合各种波型的特点进行合理地选择。

1）纵波

在交替变化的拉伸或压缩应力作用下，介质中各受力质点之间的距离同时产生交替疏密变化，其质点位移方向与波动的传播方向平行，这种波型称为纵波，通常用字母"L"表示。也有将纵波称为压缩波或疏密波。纵波的波型如图 4.4.3-4 所示。纵波一般垂直入射至探伤工件。

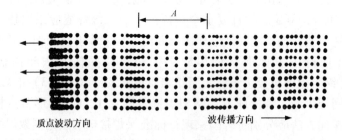

图 4.4.3-4　纵波

2）横波

在交变的剪切应力作用下，固体介质就会产生交变的剪切变形，其质点呈现具有波峰与波谷状的横向振动。质点移动的方向与波动的传播方向垂直。这种波型称为横波，通常用字母"S"表示。也有称之为剪切波或切变波。横波的波型见图4.4.3-5。横波一般斜向入射至探伤工件。

3）表面波

在受到交替变化的表面张力作用时，固体介质的表面质点就产生相应的横向振动和纵向振动。两个方向振动的合成使质点作绕其平衡位置的椭圆振动。这种质点振动在介质表面传播形成表面波，通常用字母"R"表示，如图4.4.3-6所示。由于这种波是由瑞利（Rayleigh）于1887年首先发现的，故也称表面波为瑞利波。表面波的传播深度大于一个波长时，质点振动幅度就很弱了。所以通常表面波由斜入射获得，并且一般认为，表面波探伤只能发现距工件表面两倍波长深度内的缺陷。

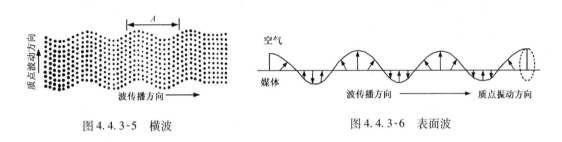

图4.4.3-5　横波　　　　　　　　　图4.4.3-6　表面波

2. 超声波声速

不同波型的超声波在不同的介质内传播，并受温度变化等因素的影响，其声速不同。在同一种固体材料中，纵波声速大于横波声速，横波声速又大于表面波声速。在液体和气体介质中只能传播纵波而不能传播横波和表面波。常见材料中纵波与横波的声速列于表4.4.3-5。

常见材料的声速　　　　　　　　表4.4.3-5

材料种类	密度 ρ kN/m³	纵波 m/s	横波 m/s
铝	27	6260	3080
铁	78	5850	3230
钢	78	5950	3230
铜	89	4700	2260
有机玻璃	11.8	2730	1460
机油	9.2	1400	—
水（20℃）	10	1500	—
空气	0.012	340	—

3. 超声探伤的分贝（dB）值

1）定义

超声探伤中最常用的是声压分贝（dB）值，其在声学测量的定义是：待测声压值 P_1 对参考声压值 P_2 之比取十进制对数后乘以 20。即：

$$dB(声压) = 20\log\frac{P_1}{P_2}$$

声压分贝值的含义是：某一信号的声压对某一参考信号的声压的比值取对数。当探伤仪荧光屏的垂直线性良好时，分贝值也就是这两个信号的回波高度 H_1 和 H_2 比值的对数值。

$$dB(声压) = 20\log\frac{P_1}{P_2} = 20\log\frac{H_1}{H_2}$$

2）常用声压分贝值与声压（波高）比值换算对照见表 4.4.3-6。

分贝值与声压（波高）值对照　　　　　　表 4.4.3-6

P_1/P_2（H_1/H_2）值	10	5	3	2	1	1/2	1/3	1/5	1/10
分贝值（dB）	20	14	9.5	6	0	-6	-9.5	-14	-20

4. 探头主要类型及型号

1）主要类型

a. 直探头：用来发射和接收纵波，它的波束垂直于被测工件表面入射，其外形结构示意见图 4.4.3-7。

b. 斜探头：通常用直探头加楔块组成，它利用楔块的不同角度可以进行波型转换，依入射角度的变化，可以在被测工件中产生纵波、横波和表面波等。通常所说的斜探头，大多数是特指横波探头，斜探头外形结构示意图见 4.4.3-8。

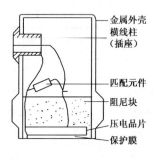

图 4.4.3-7　纵波直探头

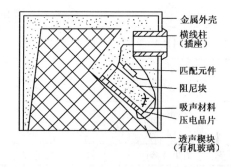

图 4.4.3-8　横波斜探头

2）探头型号

探头的标称型号就表征了它主要额定参数。探头型号的组成及排列顺序如下：

第一位表示基本频率，用数字表示，单位为 MHz。

第二位表示晶片材料，用化学元素符号的缩写表示，主要类型见表 4.4.3-7 所示。

常用压电晶片材料及代号 表4.4.3-7

压电材料	代 号
锆钛酸铅陶瓷	P
钛酸钡陶瓷	B
钛酸铅陶瓷	T
铌酸锂单晶	L
碘酸锂单晶	I
石英单晶	Q
其他压电材料	N

第三位表示晶片尺寸，用数字表示，单位为 mm。其中圆晶片表示直径；方晶片用长×宽表示。

第四位表示探头种类，用汉语拼音缩写字母表示，直探头也可以不标出。直探头代号为 Z，用斜率表示的斜探头代号为 K，用折射角表示的斜探头代号为 X。

第五位表示探头特征，斜探头钢中折射角正切值（K 值）用数字表示。钢中折射角用数字表示，单位为度。

斜探头的特征 K 值与折射角的关系见表4.4.3-8。

K 值与折射角的关系 表4.4.3-8

斜率 K（tgβ）	1	1.5	2	2.5	3
折射角（β）	45°	56°	63°	68°	72°

探头型号标称举例说明如下：

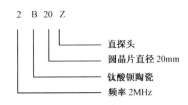

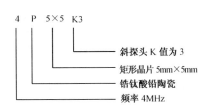

5. 探头的主要性能指标

探头的性能指标对探伤效果影响较大，通常所购探头仅提供给用户的为其标称值，而标称值与实际值常有一定差异，所以在探头投入使用前以及使用一段时间（磨损）后都应对其主要性能指标进行校验，以保证探伤结果的准确性。

1）直探头声束扩散角和声束宽度

探头所激发的声束在试件内传播具有一定的扩散,扩散角的测定方法是:

将被测探头置于带有横通孔的试件上方,横通孔距探头约 2 倍探头近场长度,左右位移探头,使所获得横通孔反射的回波高度由最大值下降 6dB,这时,记下幅度最大时的位置和下降 6dB 时的位置并绘出如图 4.4.3-9 所示,根据左右位移的距离就可算出声束扩散角 θ,这个距离也就是声束的宽度（$2X$）。

$$扩散角 \theta = \text{arctg}\frac{X}{Y}$$

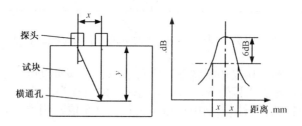

图 4.4.3-9　直探头声束扩散角测定

2）斜探头的入射点测定

斜探头声束轴线与探头楔块底面的交点称为斜探头的入射点,商品斜探头都在外壳侧面标志入射点,由于制造偏差和磨损等原因,实际入射点往往与标志位置存在偏差,因此需经常测定,其测定方法如下:

用 CSK–ZB 或 ⅡW 试块测定,将斜探头置于试块 $R100$ 圆心处,探测 $R100$ 圆弧,如图 4.4.3-10 所示。前后位移探头,使所获得的反射回波最高。此时探头壳侧面与 $R100$ 圆心的刻度线所对应的点即为入射点。

3）斜探头 K 值的测定

斜探头的标称 K 值为斜探头声束在钢中折射角的正切值。K 值与入射点等参数的准确性对缺陷定位精度影响很大,其标称值也因制造、磨损等原因与实际值往往存在差异,因此需在使用前和使用中经常测定。K 值的测定方法如下:

用 CSK–ZB 或 ⅡW 试块测定,将被测探头置于试块上,探头沿试块侧面前后移动,当对应于 $\phi50$ 圆弧面所获得最高反射回波时,斜探头的入射点所对应的试块上的角度刻度或 K 值刻度指示即为该探头的折射角或 K 值。见图 4.4.3-11。

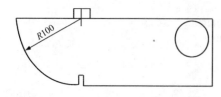

图 4.4.3-10　斜探头入射点的测定

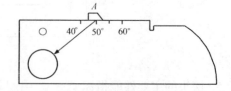

图 4.4.3-11　斜探头折射角（K 值）的测定

6. 超声波探伤仪的分类

探伤仪针对不同的检测对象、目的、方法、速度等需要，其设计制造也不尽相同。按信号的显示方式不同，可分为 A、B、C 型三种探伤仪，即人们通常所说的 A 超、B 超、C 超。

1）A 型显示探伤仪

A 型显示探伤仪以显波管为显示器，它的显示图形为一直角坐标系，水平方向的横轴反映了声波传播的时间，也就代表着传播的距离，垂直方向的纵横表示信号的幅度，因此当检测时针对所获得的信号出现的位置及幅度就可以判断出是否有缺陷以及缺陷的位置和大小。A 显示如图 4.3.3-12 所示，它是目前超声探伤中应用最多的方式。

2）B 型显示探伤仪

B 型显示探伤仪的显示是利用记忆示波器。它所显示的图像是被测对象的纵向某剖面图，如图 4.4.3-13 示意。

3）C 型显示探伤仪

C 型显示探伤仪与 B 型显示探伤仪类似，主要区别是 C 型显示探伤仪所显示的图像是被检材料某一水平截面的剖视图像，如图 4.4.3-14 所示意，图像的显示通常利用记忆示波器或用记录仪绘制。

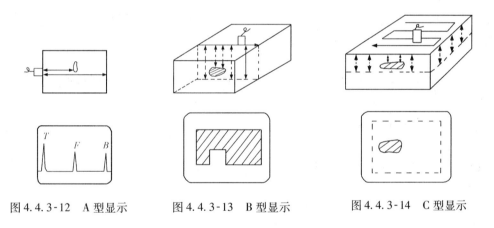

图 4.4.3-12　A 型显示　　　图 4.4.3-13　B 型显示　　　图 4.4.3-14　C 型显示

B、C 型显示探伤仪由于价格较高且复杂精密，所以目前尚未在大批量材料探伤中使用，而多数是用于科学研究的领域。

7. 超声波探伤的基本原理

钢材原材料缺陷可以采用平探头纵波探伤，探头轴线与其端面垂直，超声波与探头端面或钢材表面成垂直方向传播（图 4.4.3-15），超声波通过钢材上表面、缺陷及底面时，均有部分超声波反射回来，这些超声波各自往返的路程不同，回到探头时间不同，在示波器上将分别显示出反射脉冲，分别称为始脉冲、伤脉冲和底脉冲。当钢材中无缺陷时，则无伤脉冲。始脉冲、伤脉冲和底脉冲波之间的间距比等于钢材中上表面、缺陷和底面的间距比，由此可确定缺陷的位置。

焊缝探伤主要采用斜探头横波探伤，斜探头使声束斜向入射，斜探头的倾斜角有多种，使用斜探头发现焊缝中的缺陷与用直探头探伤一样，都是根据在始脉冲与底脉冲之间是否存在伤脉冲来判断。当发现焊缝中存在缺陷之后，根据探头在试件上的位置以及缺陷回波在显示屏上高度，由此可确定焊缝的缺陷位置和大小（图4.4.3-16）。这是因为在探伤前按一定的比例在超声仪荧光屏上作有距离-波幅曲线。

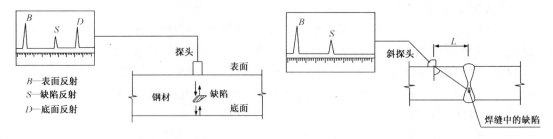

图4.4.3-15 直探头测钢材缺陷　　图4.4.3-16 斜探头探测焊缝缺陷

8. 检测条件的选择

由于焊缝中的危险缺陷常与入射声束轴线呈一定夹角，基于缺陷反射波指向性的考虑，频率不宜过高，一般工作频率采用2.0~5.0MHz，板厚较大，衰减明显的焊缝应选用更低些的频率。

探头折射角的选择应使声束能扫查到焊缝的整个截面，能使声束中心线尽可能与主要危险性缺陷面垂直。常用的探头斜率为$K1.5~K2.5$。

常用耦合剂有机油、甘油、浆糊、润滑脂和水等，从耦合剂效果看，浆糊与机油差别不大，但浆糊粘度大，并具有较好的水洗性，所以，常用于倾斜面或直立面的检测。

9. 检测前的准备

1）探测面的修整

探测面上的焊接飞溅、氧化皮、锈蚀和油垢等应清除掉，探头移动区的深坑应补焊后用砂轮打磨。探侧面的修整宽度B应根据板厚t和探头的斜率K计算确定，一般不应小于$2.5K \cdot t$。

2）斜探头入射点和斜率的测定

其测定方法详见本章探头的主要性能指标中所述内容。

3）仪器时间基线的调整

时间基线的调整包括零点校正和扫描速度调整。

在横波检测时，为了定位方便，需要将声波在斜楔块中的传播时间扣除，以便将探头的入射点作为声程计算的零点，扣除这段声程的作业就是零点校正。扫描速度的调整则是与零点校正同时进行的，可使定位更为直接。

时间基线的调整方法有如下几种：

a. 按声程调整

调整后荧光屏上的时间基线刻度与声程成正比，具体做法：

用斜探头在ⅡW标准试块（或CSK-ZB试块）上调试，使横波斜探头的入射点标记同ⅡW标准试块上$R100$圆心（试块上的"0"点）重合。这时，由于$R100$圆弧面的回波被$R100$圆心处的反射槽反射，在荧光屏上会出现$R100$圆弧面的多次回波。根据测量范围的要求，使某两个回波分别对准荧光屏上各自的相应刻度，则荧光屏上标尺零点即对应于探头入射点。见图4.4.3-17。满刻度相当于声程250mm。

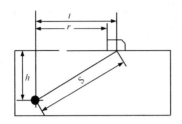 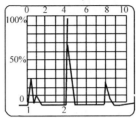

图 4.4.3-17 按声程调整横波的测定范围
1—楔内回波；2—$R100$ 的回波；3—$R100$ 二次回波

b. 按水平距离调整

调整后荧光屏上的基线刻度与反射体的水平距离成正比。由于水平距离 l 与声程 s 的关系是：

$$l = s \cdot \sin\beta \quad (\beta = \mathrm{arctg}K)$$

故可利用 CSK-ZB 试块上 $R50$ 和 $R100$ 两个圆弧面的反射进行调整，此时：

$$l_1 = 50 \cdot \sin\beta$$
$$l_2 = 100 \cdot \sin\beta$$

将斜探头对准 $R50$、$R100$，调整仪器使其回波 B_1、B_2 分别对准基线刻度 L_1、L_2 即可。

c. 按深度调整

调整后荧光屏上的基线刻度与反射体的深度 h 成正比。由于深度 h 与声程 s 的关系是：

$$h = s \cdot \cos\beta \quad (\beta = \mathrm{arctg}K)$$

故可利用 CSK-ZB 试块上 $R50$ 和 $R100$ 两个圆弧面的反射进行调整，此时：

$$h_1 = 50 \cdot \cos\beta$$
$$h_2 = 100 \cdot \cos\beta$$

将斜探头对准 $R50$、$R100$，调整仪器使其回波 B_1、B_2 分别对准基线刻度 h_1、h_2 即可。

4）距离-波幅（DAC）曲线的绘制

由于相同大小的缺陷因声程不同，回波幅度也不相同。超声波检测时要根据缺陷回波波幅高度判定缺陷是否有害，必须按不同声程回波波幅进行修正。通常用指定的对比试块来制作距离-波幅（DAC）曲线。

《钢焊缝手工超声波探伤方法和探伤结果分级》GB11345—89 中采用其附录 B 对比试块（3×40 横通孔试块）绘制 DAC 曲线，其主要步骤如下：

a. 将测试范围调整到探伤使用的最大探测范围，并按深度、水平或声程调整时基线扫描比例；

b. 依据工件厚度和曲率选择合适的对比试块，在试块上所有孔深小于等于探测深度的孔深，选取能产生最大反射波幅的横孔为第一基准孔；

c. 调节"增益"使该孔的反射波为荧光屏满幅高度的80%，将其峰值标记在荧光屏前辅助面板上。依次探测其它横孔，并找到最大反射波高，分别将峰值点标记在辅助面板上，如果做分段绘制，可调节衰减器分段绘制曲线；

d. 将各标记点连成圆滑曲线，并延伸到整个探测范围，该曲线即为 $\phi 3mm$ 横孔 DAC 曲线基准线（如图4.4.3-18）；

g. 依据表4.4.3-9规定的各线灵敏度，在基准线下分别绘出判废线、定量线、评定线，并标记波幅的分区（如图4.4.3-19）；

f. 在作上述测试的同时，可对现场使用的便携式试块上的某一参考反射体作同样测量，并将其反射波位置和峰值标记在曲线板上，以便现场进行灵敏度校验。

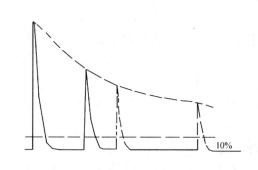

图4.4.3-18 距离-波幅（DAC）曲线的范围

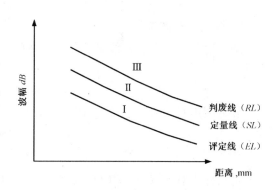

图4.4.3-19 距离-波幅曲线（DAC）示意图

距离-波幅曲线的灵敏度　　　　　　　　　　　　　　　　表4.4.3-9

级别 板厚 mm DAC	A	B	C
	8－50	8－300	8－300
判废线	DAC	DAC－4dB	DAC－2dB
定量线	DAC－10dB	DAC－10dB	DAC－8dB
评定线	DAC－16dB	DAC－16dB	DAC－14dB
备注	一般采用B级检验，原则上采用一种角度探头在焊缝的单面双侧进行		

10. 探伤作业

超声波检验应在焊缝及探伤表面经外观检查合格后进行。检验前，探伤人员应了解受检工件的材质、曲率、厚度、焊接方法、焊缝种类、坡口形式、焊缝余高及背面衬垫、沟槽等情况。

探伤灵敏度不应低于评定线灵敏度，当受检工件的表面耦合损失及材质衰减与试块不一致时，应考虑探伤灵敏度的补偿。

探伤扫查速度不应大于150mm/s，相邻两次探头移动间隔要保证至少有10%的探头宽度重叠。

为探测纵向缺陷，斜探头垂直于焊缝中心线放置在探伤面上，作锯齿形扫查见图4.4.3-20。探头前后移动的范围应保证扫查到全部焊缝截面及热影响区。在保持探头垂直焊缝作前后移动的同时，还应作10°~15°的左右转动。为探测焊缝及热影响区的横向缺陷应进行斜平行扫查（见图4.4.3-21），可在焊缝两侧边缘使探头与焊缝中心线成10°~20°作斜平行扫查。

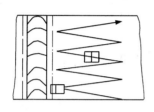

图4.4.3-20 锯齿形扫查

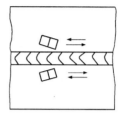

图4.4.3-21 斜平行扫查

为确定缺陷的位置、方向、形状、观察缺陷动态波形或区分缺陷讯号与伪讯号，可采用前后、左右、转角、环绕等四种探头基本扫查方式（图4.4.3-22），通过左右扫查测定缺陷指示长度，通过前后扫查并结合左右扫查找出缺陷的最高回波，通过定点转动和环绕运动推断缺陷的形状和缺陷性质。

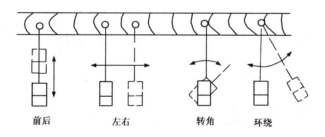

图4.4.3-22 四种基本扫查方法

对所有反射波幅超过定量线的缺陷，均应确定其位置、最大反射波幅所在区域和缺陷指示长度。当时间基线按水平距离调整时，缺陷的水平距离 l 可由缺陷最大反射波在荧光屏上的位置直接读出，缺陷的深度 h 可通过计算或作图求出（见图4.4.3-23）。

奇次波　　$h = l/k - (n-1)t$, $n = 1、3\cdots$

偶次波　　$h = nt - l/k$, $n = 2、4\cdots$

式中　n——为波次；

　　　t——为试件厚度；

　　　l——缺陷水平距离；

　　　h——缺陷深度；

k——探头斜率。

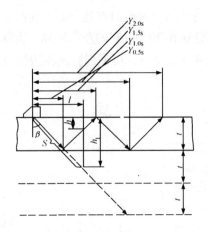

图 4.4.3-23 横波检测中缺陷位置的确定

缺陷指示长度 Δl 的测定采用 1/2 波高法。当缺陷反射波只有一个高点时，用降低 6dB 相对灵敏度测长见图 4.4.3-24；当缺陷反射波峰值起伏变化，有多个高点时，则以缺陷两端反射波降至 1/2 倍最大反射波波高之间探头的移动长度作为缺陷长度（见图 4.4.3-25）。

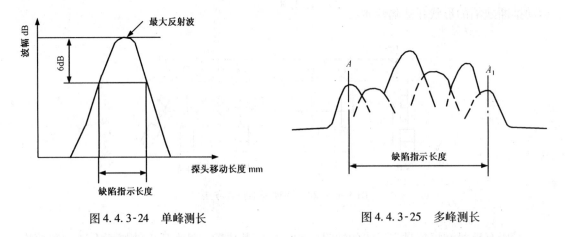

图 4.4.3-24　单峰测长　　　　　　图 4.4.3-25　多峰测长

11. 焊缝缺陷的评定

超过评定线的信号，应注意其是否具有裂纹等危害性缺陷的特征，如有怀疑时应采取改变探头角度、增加探伤面、观察动态波形、结合结构工艺特征作判定，如对波形不能准确判断时，应辅以其他检验方法作综合判定。相邻两缺陷各向间距小于 8mm 时，两缺陷指示长度之和作为单个缺陷的指示长度。最大反射波幅位于 Ⅱ 区的缺陷，其指示长度小于 10mm 时按 5mm 计。

最大反射波幅位于 Ⅱ 区的缺陷，根据缺陷指示长度按表 4.3.3-10 的要求进行评定。最大反射波幅不超过评定线的缺陷，均评为 Ⅰ 级；最大反射波幅超过评定线的缺陷，检验者判定为裂纹、未焊透等危险性缺陷时,无论其波幅和长度如何,均评定为Ⅳ级;反射波幅位于Ⅰ区的非裂纹性缺陷,均评为Ⅰ级;反射波幅位于Ⅲ区的缺陷,无论其指示长度如何,均评定为Ⅳ级。

不合格的缺陷应返修。外观缺陷的返修比较简单,对焊缝内部缺陷应用碳弧气刨刨去缺陷,为防止裂纹扩大或延伸,刨去长度应在缺陷两端各加 50mm,刨削深度也应将缺陷完全彻底清除,露出金属母材,并经砂轮打磨后施焊,返修区域修补后应按原探伤要求进行复验。同一条焊缝一般允许连续返修补焊 2 次。

缺陷的等级分类　　　　　　　　　　　　表 4.4.3-10

检验等级 板厚 mm 评定等级	A 8-50	B 8-300	C 8-300
Ⅰ	$\frac{2}{3}\delta$;最小 12	$\frac{1}{3}\delta$;最小 10,最大 30	$\frac{1}{3}\delta$;最小 10,最大 20
Ⅱ	$\frac{3}{4}\delta$;最小 12	$\frac{2}{3}\delta$;最小 12,最大 50	$\frac{1}{2}\delta$;最小 10,最大 30
Ⅲ	δ;最小 20	$\frac{3}{4}\delta$;最小 16,最大 75	$\frac{3}{4}\delta$;最小 12,最大 50
Ⅳ	超过Ⅲ级者		

注:1. δ 为坡口加工侧母材板厚,母材板厚不同时,以较薄侧板厚为准。
　　2. 管座角焊缝 δ 为焊缝截面中心线高度。

二、焊缝的射线探伤

射线探伤系指 X 射线、γ 射线和高能射线探伤而言,但目前应用较多的还是 X 射线探伤,有的也叫 X 光照像。射线探伤是检查焊缝内部缺陷的一种准确而又可靠的方法之一。它可以无损地显示出焊缝内部缺陷的形状、大小和所在位置。

1. 射线探伤的基本原理

X 射线和 γ 射线都是电磁波,它可以穿透包括金属在内的不透明物体,能使照相胶片发生感光作用,使某些化学元素和化合物发生荧光作用。当射线透过焊缝时,由于其内部不同的组织结构(包括焊接缺陷)对射线吸收能力不同,金属密度越大,钢板越厚,射线被吸收得越多。因此射线通过被检查的焊缝后,在有缺陷处和无缺陷处被吸收的程度也不同,强度的衰减有明显的差异,从而使胶片感光程度也不一样。通过缺陷处的射线对胶片感光较强,冲洗后颜色较深,无缺陷处则胶片感光变弱,冲洗后颜色较淡,这样观察底片上影像,就能判定焊缝内部有无缺陷及缺陷的种类,缺陷的大小和所在位置。进行 X 射线检验时,将 X 射线管对正焊缝,而将装有感光底片的塑料袋放置在焊缝背面,如图 4.4.3-26 所示。

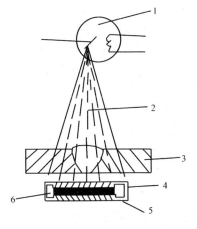

图 4.4.3-26　X 射线检验示意图

1—X 射线管;　2—X 射线;　3—焊件;
4—塑料袋;　5—感光软片;　6—铅屏;

X射线透照时间短，速度快，灵敏度高；但设备重而复杂，费用大，穿透能力小，一般透照在40mm以下的焊缝。

γ射线的穿透能力很大，可检查厚度达300mm的焊缝。将放射性元素（如镭、铀、钴等）放在三面密封，仅一面开孔的铅盒内，使用时将开口的面向着被检验的焊缝，在焊缝背面放有感光底片。通过γ射线的透视，即可发现缺陷。γ射线检验原理如图4.4.3-27所示。

γ射线设轻便，操作容易，透视时不需要电源，放射性元素使用寿命长，适合野外工作；但底片感光时间较长，透视小于50mm的焊缝时，灵敏度低，若防护不好，射线对人体危害较大。

射线检验一般都使用锅炉和压力容器等重要产品或作为超声波检验校核等。

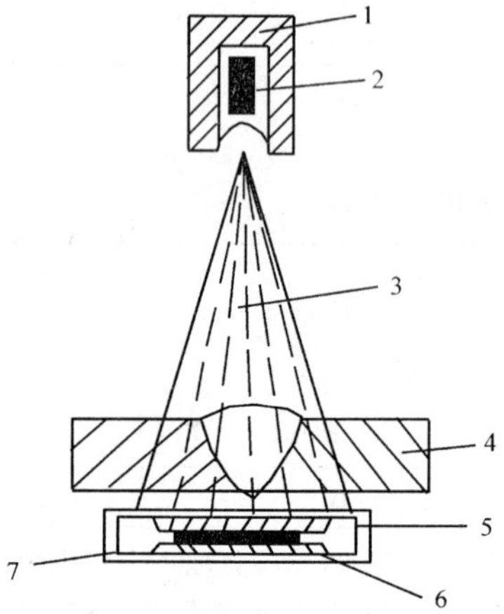

2. 底片的识别

焊缝在底片上呈现较白颜色，焊接缺陷在底片上呈现不同的黑色，较黑的斑点和条纹即是缺陷。常见焊缝内部的缺陷（如裂纹、未焊透、气孔、夹渣等）在底片上表现的特征如下：

裂纹—在底片上多呈现略带曲折的、波浪状的黑色细纹条，有时也呈直线状。轮廓较分明，两端较尖细，中部稍宽，较少有分枝，两端黑线逐渐变浅，最后消失。

图4.4.3-27 γ射线检验示意图
1—铅盒；2—放射性元素；3—γ射线；
4—焊件；5—塑料袋；6—感光软片；
7—铅屏

未焊透—在底片上多呈断续或连续的黑直线。不开坡口焊缝中的未焊透，宽度常是较均匀的；V型坡口焊缝中的未焊透，在底片上的位置多是偏离焊缝中心，呈断续或连续线状，宽度不一致，黑度不太均匀；X型坡口双面焊缝中的未焊透，在底片上呈黑色较规则的线状；角焊缝、T型接头焊缝、搭接接头焊缝中的未焊透呈断续线状。

气孔—在底片上多呈圆形或椭圆形黑点，其黑度中心处较大并均匀地向边缘减小。气孔分布特征有单个的，有密集的，有连续的等。

夹渣—在底片上多呈不同形状的点和条状。点状夹渣呈单独黑点，外观不太规则并带有棱角，黑度较均匀；条状夹渣呈宽而短的粗线条状，长条状夹渣，线条较宽，宽度不太一致。

3. 射线探伤的质量评定

射线探伤应按《钢熔化焊对接接头射线照相和质量分级》（GB3323）的规定进行。根据缺陷性质和数量，射线探伤焊缝质量分为四个等级：

(1) Ⅰ级焊缝内应无裂纹、未焊透、未熔合和条状夹渣。

(2) Ⅱ级焊缝应无裂纹、未熔合、未焊透。

(3) Ⅲ级焊缝内应无裂纹、未熔合以及双面焊和加垫板的单面焊中的未焊透。

(4) Ⅳ级焊缝是缺陷超过Ⅲ级者。

建筑钢结构的焊缝射线探伤执行标准同上,但建筑钢结构射线探伤只分二级。建筑钢结构的一级焊缝相当于上述标准的Ⅱ级焊缝标准;建筑钢结构的二级焊缝相当于上述标准的Ⅲ级焊缝标准。

建筑钢结构 X 射线检验质量标准见表 4.4.3-11。

X 射线检验质量标准　　　　表 4.4.3-11

项次	项目		质量标准	
			一级	二级
1	裂纹		不允许	不允许
2	未熔合		不允许	不允许
3	未焊透	对接焊缝及要求焊透的 K 型焊缝	不允许	不允许
		管件单面焊	不允许	深度 ≤10% δ;但不得大于 1.5mm;长度 ≤条状夹渣总长
4	气孔和点状夹渣	母材厚度(mm)	点数	点数
		5.0	4	6
		10.0	6	9
		20.0	8	12
		50.0	12	18
		120.0	18	24
5	条状夹渣	单个条状夹渣	$(1/3)\delta$	$(2/3)\delta$
		条状夹渣总长	在 12δ 的长度内不得超过 δ	在 6δ 的长度内不得超过 δ
		长状夹渣间距(mm)	$6L$	$3L$

注:δ——母材厚度(mm);

L——相邻两夹渣中较长者(mm);

点数—计算指数。是指 X 射线底片上任何 $10\times50mm^2$ 焊缝区域内(宽度小于 10mm 的焊缝,长度仍用 50mm)允许的气孔点数,母材厚度在表中所列厚度之间时,其允许气孔点数用插入法计算取整数。

气孔点数换算规定见表 4.4.3-12 的规定。

气孔点数换算表　　　　表 4.4.3-12

气孔直径(mm)	<0.5	0.6~1.0	1.1~1.5	1.6~2.0	2.1~3.0	3.1~4.0	4.1~5.0	5.1~6.0	6.1~7.0
换算点数	0.5	1	2	3	5	8	12	16	20

4.4.4　钢材锈蚀的检测

钢结构在潮湿、存水和酸碱盐腐蚀性环境中容易生锈,锈蚀导致钢材截面削弱,承载力下降。钢材的锈蚀程度可由其截面厚度的变化来反应。检测钢材厚度的仪器有超声波测厚仪和游标卡尺，精度均达 0.01mm。

超声波测厚仪采用脉冲反射波法。超声波从一种均匀介质向另一种介质传播时，在界面会发生反射，测厚仪可测出探头自发出超声波至收到界面反射回波的时间。超声波在各种钢材中的传播速度已知，或通过实测确定，由波速和传播时间测算出钢材的厚度，对于数字超声波测厚仪，厚度值会直接显示在显示屏上。

4.4.5 防火涂层厚度的检测

钢结构在高温条件下，材料强度显著降低。譬如 2001 年 9 月 11 日受恐怖袭击的美国纽约世贸中心就是典型的例子，世贸大厦采用筒中筒结构，为姊妹塔楼，地下 6 层，地上 110 层，高 417m，标准层平面尺寸 63.5m×63.5m，总面积 125 万 m^2，整个大楼可容纳 5 万人办公，相当于 5 个深圳地王大厦。外筒为钢柱，建于 1973 年，每幢楼用钢量 7800t。两座大楼受飞机撞击之后，一个在 1 小时零 2 分倒塌，另一个在 1 小时 43 分倒塌。世贸大厦看上去非常坚固，为什么受撞击后就象巧克力一样塌下去呢？据有关权威人士分析，其主要原因并非撞击时的冲击力。飞机本身重量较大，波音 757 重 100t 左右，波音 767 重 150t 左右，劫机者为了撞击大楼，将飞机开得尽可能的快，飞机撞击大楼时，时速达每小时 1000km，冲击力可达 30～45MN，撞击在 300～400m 高处，对楼根部产生很大的力矩，这一力矩比正常情况增加了 20%～30%，但这一增加的力矩应在设计的安全范围内，造成大厦倒塌的重要原因是撞击后引起的大火，燃烧引起的高温可达 1000℃，传至下部的温度也有几百度，钢柱受热后失去强度，使上层荷载塌下，并后加到下一层。在设计上，楼板只承受本层的荷载，上层塌落后荷载全部加在下层，使下层超负荷，所以整个大厦是一层层垂直塌下的，后受撞击的先塌，是因为后受撞击的大厦撞击的部位更靠近下部，钢柱的荷载更大，所以先塌。可见，耐火性差是钢结构致命的缺点，在钢结构工程中应十分重视防火涂层的检测。

薄涂型防火涂料涂层表面裂纹宽度不应大小 0.5mm，涂层厚度应符合有关耐火极限的设计要求；厚涂型防火涂料涂层表面裂纹宽度不应大小 1mm，其涂层厚度应有 80% 以上的面积符合耐火极限的设计要求，且最薄处厚度不应低于设计要求的 85%。防火涂料涂层厚度测定方法如下：

（1）测针（厚度测量仪）

测针由针杆和可滑动的圆盘组成，圆盘始终保持与针杆垂直，并在其上装有固定装置，圆盘直径不大小 30mm，以保证完全接触被测试件的表面。如果厚度测量仪不易插入被插材料中，也可使用其他适宜的方法测试。

测试时，将测厚探针（见图 4.4.5-1）垂直插入防火涂层直至钢基材表面上，记录标尺读数。

（2）测点选定

1) 楼板和防火墙的防火涂层厚度测定，可选两相邻纵、横轴线相交中的面积为一个单元，在其对角线上，按每米长度选一点进行测试。

2）全钢框架结构的梁和柱的防火层厚度测定，在构件长度内每隔3m取一截面，按图4.4.5-2所示位置测试。

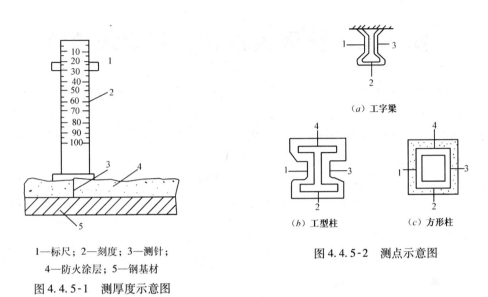

1—标尺；2—刻度；3—测针；
4—防火涂层；5—钢基材
图 4.4.5-1 测厚度示意图

图 4.4.5-2 测点示意图

3）桁架结构的上弦和下弦每隔3m取一截面检测，其他腹杆每根取一截面检测。

（3）测量结果

对于楼板和墙面，在所选择的面积中，至少测出5个点；对于梁和柱在所选择的位置中，分别测出6个和8个点。分别计算出它们的平均值，精确到0.5mm。

第5章 钢网架结构工程现场检测

网架结构是一种具有三维的空间形体，在荷载作用下具有三维受力特点的结构。相对平面结构而言，网架结构具有受力合理、重量轻、造价低等优点，因此它得到了广泛的应用和迅猛的发展。但是，随着网架大量应用的同时，也发生了一些大小不同的事故（如表4.5.0-1所示）。

网架结构工程事故　　　　　　　　　　　　　　　表4.5.0-1

工程名称	结构型式	结构尺寸（m）	发生的时间及情况	事故主要原因
深圳国际展览中心4号展厅	四点支承的四角锥螺栓球网架	21.9×27.7	1992年9月网架塌落，螺栓断裂	大雨后屋面积水，严重超载，屋面排水系统有严重缺陷
东胜市东乔玻化厂一车间	正放四角锥焊接球网架	20.4×36.0	1994年5月，暴雨后突然塌落	误用几根40Mn钢管，屋盖超载，部分焊缝质量差
天津地毯进出口公司仓库	正放四角锥螺栓球网架	48.0×72.0	1995年12月，通过阶段验收后塌落	采用的简化计算方法与实际受力不符，螺栓假拧紧，腹杆失稳

网架结构产生质量问题的主要表现形式有：杆件弯曲、杆件断裂、焊缝质量缺陷、高强螺栓断裂或从球节点中拔出、支座位移、网架挠度过大。加强对网架结构的质量检测，有助于减少因施工质量而引起的工程事故。

钢网架的检测主要内容有节点的承载力、焊缝、杆件的不平直度和网架的挠度等项目。

4.5.1 网架节点的承载力

对建筑结构安全等级为一级，跨度40m及以上的公共建筑网架结构，且设计有要求时，应对焊接球节点和螺栓球节点进行承载力检验。对已有的螺栓球节点网架，可从结构中取出节点来进行节点的极限承载力检验。在截取螺栓球节点时，应采取措施确保结构安全。

对于焊接球网架的节点承载力试验，焊接球节点应按设计采用的钢管与球焊接成试件，进行单向轴心受拉和受压的承载力检验；试件制作时必须控制钢管轴线通过球心，要求偏心不大于1mm，且要求受压试件两端钢管的端部承压面与钢管轴线垂直；受拉试件两端钢管加载连结头必须与钢管球心轴线一致,以确保试件的加载符合轴向受力状况。钢管与球的焊缝应按实际安装条件和位置施焊。

对于螺栓球网架的节点承载力试验,其主要用来检验螺栓球螺孔中的螺纹强度,而对高强螺栓,一般采用硬度试验的方法来检验其抗拉强度。当对高强螺栓的强度存有争议时,再对其进行抗拉强度检验,并以抗拉强度试验值为准。螺栓球节点应对最大的螺孔进行抗拉强度检验,检验以螺栓球螺孔与高强度螺栓配合拧入深度为 $1d$(d 为螺栓的公称直径)的情况下进行抗拉强度检验。

网架节点的承载力应符合下式要求:

$$\frac{F_U}{N_D} \geq \gamma_0 [\gamma_u]$$

式中 F_U——试验破坏荷载值,按表 4.5.1 中"试件达到承载力的检验标志"时的值计取;

N_d——承载力设计值;

γ_0——结构重要性系数;

$[\gamma_u]$——承载力检验系数的允许值,见表 4.5.1-1。

试件承载力检验系数的允许值 表 4.5.1-1

项次	试件设计受力情况	试件达到承载力的检验标志		$[\gamma_u]$
1	封板、锥头与钢管对接焊缝抗拉	与钢管等强、试件钢管母材破坏	A3	1.8
			16Mn	1.7
2	焊接球 轴向受拉 轴向受压	①当继续加荷而仪表的荷载读数却不上升时,该读数即为极限破坏值; ②荷载-变形曲线上取曲线的峰值为极限破坏值。		1.6
3	高强螺栓 轴向受拉	试件破坏	$d \leq M30$	2.3
			$d \geq M33$	2.4
4	螺栓球螺孔与高强度螺栓配合轴向受拉	螺栓达到承载力,螺孔不坏		即认为合格

4.5.2 网架焊缝质量

钢网架中焊缝的外观质量和内部缺陷可按第 4.4.2 节和第 4.4.3 节所述方法检测。由于钢网架杆件相对于普通钢结构而言,其壁厚相对较薄,用超声波检测钢网架中焊缝的质量时,应注意选前沿较小的探头进行探伤,操作与评定应按《钢结构超声波探伤及质量分级法》JG/T 203—2007 的要求进行,不可依据《钢焊缝手工超声波探伤方法和探伤结分级》GB11345-89 标准对钢网架中焊缝进行评定，各种超声波检测标准的适用范围见表 4.5.2-1。

各种超声波检测标准的适用范围　　　　　表 4.5.2-1

超声波检测标准	适用范围
《钢结构超声波探伤及质量分级法》JG/T 203—2007	母材厚度 3.5~25mm，探伤当量 $\phi 3 \times 20$
《钢焊缝手工超声波探伤方法和探伤结果分级》（GB11345-89）	母材厚度不小于 8mm 的全熔透焊缝。探伤当量 $\phi 3 \times 40$

4.5.3 网架杆件的不平直度

钢网架杆件轴线的不平直度是一项很重要的指标。杆件在安装时，因其尺寸偏差或安装误差而引起其杆件不平直。另外也会因结构计算有误，由原设计的拉杆变成压杆而引起杆件压曲，因此，必须重视对钢网架中杆件轴线不平直度的检测。钢网架中杆件轴线的不平直度，可用拉线的方法检测，其不平直度不得超过杆件长度的千分之一。

4.5.4 网架的挠度

钢网架的挠度，可采用激光测距仪或水准仪检测，每半跨范围内测点数不宜小于 3 个，且跨中应有 1 个测点，端部测点距端支座不应大于 1m。所测的挠度值不应超过相应设计值的 1.15 倍。

采用激光测距仪对钢网架的挠度检测时，应考虑杆件和节点的尺寸，使其能以相对可比较的高度来计算钢网架的挠度。另外，由于激光束的光点会随距离的加大而变粗，宜以激光束光点的中心为基准来测度其挠度。

4.5.5 钢网架质量检测鉴定工程实例

4.5.5.1 工程概况

大同某游泳馆屋盖采用焊接球网架，网架平面尺寸为 81.33m×39.33m。网架施工单位为山西省五建公司网架分公司，于 1994 年竣工，当年未发现任何质量缺陷。经过多年使用，现发现部分钢网架杆件锈蚀较为严重，为了解现阶段钢网架的性能及质量情况，业主委托国家建筑工程质量监督检验中心对钢网架进行抽样检验。网架外观及平面分别见图 4.5.5-1、图 4.5.5-2。

第 5 章 钢网架结构工程现场检测

图 4.5.5-1 网架整体外观

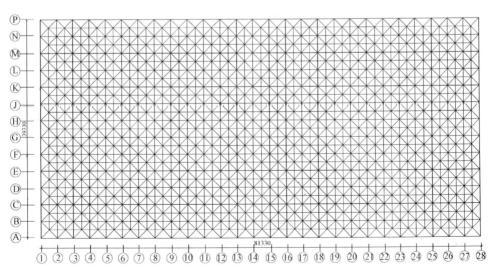

图 4.5.5-2 网架平面图

4.5.5.2 检测情况

根据该工程部分网架杆件锈蚀较为严重以及委托方的要求,确定以下检测鉴定内容:
(1) 测量钢网架杆件、球节点的锈蚀情况;
(2) 检测钢网架杆件的截面尺寸是否满足设计要求;
(3) 检测钢网架的挠度是否满足国家设计规范的要求;
(4) 检测熔透性对接焊缝内部的质量情况,重点抽检受力较大部位的焊缝质量;
(5) 抽检焊缝的外观质量(如余高、咬边、焊缝尺寸等)情况;
(6) 检查钢网架杆件是否存在弯曲(变形)以及弯曲的程度;
(7) 检查支座处的连接情况及支座的滑动或位移情况;
(8) 杆件管材力学性能检测;
(9) 根据以上各项检验结果,进行网架整体复核验算,对网架结构的安全性作出评价,并提出相应的处理意见。

一、网架杆件、球节点尺寸检测结果

用游标卡尺、外卡钳分别测量网架杆件和球节点的直径,用 CTS-30 超声测厚仪检测杆件和球节点的壁厚,部分杆件、球节点检测结果见表 4.5.5-1。网架杆件、球节点尺寸基本符合设计要求。

网架杆件、球节点尺寸检测结果　　　　　表 4.5.5-1

位　置	尺寸实测值(mm)		尺寸设计值(mm)	
	直径	壁厚	直径	壁厚
7-L 球节点	278.0	11.1	280.0	12.0
2-L 球节点	216.0	9.5	220.0	10.0
17-J 球节点	297.0	11.2	300.0	12.0
2-L-M 上弦杆	59.9	3.6	60.0	3.5
2-3-L 上弦杆	75.9	4.0	76.0	4.0
2-K-L 上弦杆	60.0	3.6	60.0	3.5
1/6-1/L-b 斜腹杆	76.0	4.4	76.0	4.0
1/6-1/K-c 斜腹杆	48.1	3.7	48.0	3.5
1/7-1/K-b 斜腹杆	48.4	3.6	48.0	3.5
1/23-1/K-1/L 下弦杆	157.0	8.3	159.0	8.0
1/23-1/24-1/K 下弦杆	60.0	3.6	60.0	3.5
1/22-1/23-1/K 下弦杆	48.6	3.7	48.0	3.5
备　注	四角锥的腹杆以锥顶为基准,从西南角起依次为 a、b、c、d,以下同。 			

二、网架锈蚀情况检测结果

该网架部分杆件严重锈蚀,有些已导致杆件锈断、锈透的部位见表 4.5.5-2 和图 4.5.5-3 至图 4.4.5-8。

杆件严重锈蚀的部位　　　　　　　表 4.5.5-2

位　　置	锈蚀情况
1/12-1/K-c 斜腹杆	下端锈断,即锈蚀深度 3.5mm
17-18-D 上弦杆	18 轴端部锈断,即锈蚀深度 3.5mm
26-27-D 上弦杆	中间部位锈透,即锈蚀深度 4.0mm
24-25-D 上弦杆	端部锈透,即锈蚀深度 4.0mm
25-26-D 上弦杆	
20-21-D 上弦杆	锈透,即锈蚀深度 3.5mm
12-13-D 上弦杆	
14-15-D 上弦杆	
1/7-1/K-b 斜腹杆	
16-17-L 上弦杆	
14-15-L 上弦杆	
1/15-1/K-b 斜腹杆	
10-11-L 上弦杆	
1/18-1/D-a 斜腹杆	
1/14-1/D-d 斜腹杆	
1/14-1/D-a 斜腹杆	
1/26-1/G 球节点	此节点处下弦杆、腹杆严重锈蚀,有凹坑
26-D 球节点	球节点及节点处杆件锈蚀严重
1/27-1/E 球节点	球节点及节点处杆件锈蚀严重
1/26-1/27-A-P 区域内	球节点及节点处杆件锈蚀较严重
1/17-1/18-1/C 下弦杆	锈蚀严重,有凹坑
7-D 球节点	此球节点起皮严重
7-8-D 上弦杆	锈蚀,有凹坑

图 4.5.5-3　26-27-D 上弦杆锈透

图 4.5.5-4　16-17-L 上弦杆锈透

第4篇 建筑结构工程现场检测

图4.5.5-5 1/12-1/K-c 斜腹杆锈断

图4.5.5-6 屋面檩条严重锈蚀

图4.5.5-7 杆件锈蚀

图4.5.5-8 球节点严重锈蚀

该网架中杆件严重锈蚀的数量较多，本次抽检中发现16个杆件已锈断或管壁锈透，其中有3个杆件的壁厚为4.0mm，13个杆件的壁厚为3.5mm。球节点及杆件锈蚀严重的部位，主要位于D轴线和L轴线的附近。

三、焊缝内部质量探伤检测结果

采用CTS-23B型超声探伤仪检测网架焊缝的内部质量状况。所检测12条焊缝，除1条焊缝存在根部未焊透外，其余11条焊缝的探伤质量符合Ⅲ级的要求。

四、网架挠度检测结果

网架挠度的检测结果见表4.5.5-3，网架尚处于起拱状态，拱度为0.05%~0.28%。

钢网架挠度检测结果　　　　表4.5.5-3

检测部位	构件竖向挠度（mm）	竖向挠度与跨度之比
2-B-N轴	-65（2-G节点）	-0.20%
7-B-N轴	-35（7-G节点）	-0.11%

续表

检测部位	构件竖向挠度（mm）	竖向挠度与跨度之比
17-B-N 轴	-18（17-G 节点）	-0.05%
26-B-N 轴	-92（26-G 节点）	-0.28%
备 注	"-"号表示网架尚处于起拱状态	

五、网架杆件弯曲变形检测结果

对目测弯曲度偏大的杆件采用拉线和钢板尺测量杆件的弯曲度，检测结果见表 4.5.5-4。

杆件弯曲变形检测结果　　　　　　　　　　　　　　表 4.5.5-4

检测位置	弯曲变形（mm）	杆件长度（mm）	弯曲度
2-B-C 上弦杆	8	2787	0.3%
3-B-C 上弦杆	7	2791	0.3%
3-A-B 上弦杆	40	2952	1.4%
1/4-1/B-d 斜腹杆	35	3218	1.1%
1/5-1/C-a 斜腹杆	53	3208	1.7%
1/7-1/E-d 斜腹杆	26	3147	0.8%
1/7-1/H-c 斜腹杆	35	3137	1.1%
1/5-1/L-b 斜腹杆	28	3208	0.9%
2-M-N 上弦杆	8	2787	0.3%
1/3-1/C-c 斜腹杆	55	3218	1.7%
10-11-G 上弦杆	70	2703	2.6%
10-A-B 上弦杆	30	2961	1.0%
1/10-1/B-a 斜腹杆	23	3208	0.7%
17-18-G 上弦杆	68	2703	2.5%
8-9-L 上弦杆	20	2705	0.7%
1/27-1/E-1/F 下弦杆	25	2784	0.9%
1/21-1/D-d 斜腹杆	72	3157	2.3%
21-A-B 上弦杆	30	2961	1.0%

所检测的 18 根杆件的弯曲度为 0.3%~2.6%，大于杆件轴线不平直度允许偏差 0.1% 的要求。

六、焊缝的外观质量与网架支座的检查

部分焊缝的外观质量存在咬边、弧坑、焊肉过高的现象（见图 4.5.5-9）。网架支座连接情况良好，未发现支座有水平位移（见图 4.5.5-10）。

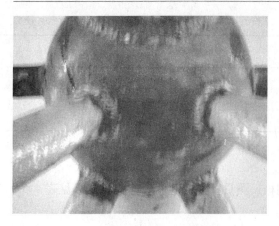
图 4.5.5-9　焊缝焊肉过高

图 4.5.5-10　网架支座

七、杆件管材化学成分检验结果

从已锈断的网架杆件中截取管材，采用钻取钢屑的办法测定杆件管材的碳（C）、硅（Si）、锰（Mn）、磷（P）、硫（S）五种元素的含量，五种元素的含量检验结果见表4.5.5-5，杆件管材化学成分满足钢材 Q235 的要求。

杆件管材化学元素检测结果　　　　　　　表 4.5.5-5

取样位置	杆件规格	化学元素含量（%）				
		C	Si	Mn	P	S
1/12-1/K-c 斜腹杆	$\phi 48 \times 3.5$	0.16	0.23	0.49	0.0098	0.045
17-18-D 上弦杆	$\phi 48 \times 3.5$	0.12	0.15	0.43	<0.005	0.041

八、杆件管材力学性能检验结果

从已锈断的网架杆件中截取管材，切割加工成条带状后，进行钢材的力学性能试验，其检验结果见表 4.5.5-6，力学性能满足钢材 Q235 的要求。

钢材力学性能试验结果　　　　　　　表 4.5.5-6

杆件规格	钢筋屈服强度（N/mm^2）	钢筋抗拉强度（N/mm^2）	伸长率（%）
$\phi 48 \times 3.5$ 斜腹杆	290	440	26
$\phi 48 \times 3.5$ 上弦杆	295	435	26

4.5.5.3　网架结构性能评定

荷载取值通过原设计图纸中所列的支座反力，经整体结构计算后求得（上弦恒载取 1.2kN/m^2，下弦恒载取 0.6kN/m^2，上弦活载取 0.7kN/m^2）；抗震设防烈度为 8 度。

一、网架杆件的强度和长细比验算

在不考虑网架杆件锈蚀后截面削弱的前提下，所有杆件的强度和长细比均满足《网架结构设计与施工规程》JGJ 7-91 的要求。

如果考虑网架杆件锈蚀后，壁厚减小 1.0mm 的情况下，有 476 个杆件的强度不满足《网架结构设计与施工规程》JGJ 7-91 的要求。

二、网架结构正常使用极限状态的验算

通过对网架结构的整体验算，跨中最大计算挠度为 106.7mm（即 $l/370$），满足《网架结构设计与施工规程》JGJ 7-91 所规定的容许挠度不应超过 $l/250$ 的要求。

三、网架状况的综合评估

该网架结构存在的主要问题是杆件普遍发生锈蚀，部分杆件已锈断或管壁已锈透，引起该网架结构严重锈蚀的原因有以下几个方面：

（1）处于潮湿的氯离子环境中。该游泳馆原有排风系统不良，游泳池采用液氯消毒，潮湿的氯离子环境加剧了网架钢构件的锈蚀。

（2）屋面保温材料具有吸水性（见图 4.5.5-11）。屋面保温材料吸水后，其保温性能急剧降低。当室外温度较低时，屋面板及钢网架上更容易聚积冷凝水，增加了网架钢构件锈蚀的概率。

（3）在对网架进行维护时，没有彻底清除原有的底漆。对钢构件的防腐涂层进行检查时，发现该网架投入使用后，曾两次对网架进行维护，但每次都未对原有防腐涂层进行彻底清除，只是简单对杆件（球节点）作覆盖处理（见图 4.5.5-12），这种做法不能有效阻止钢构件的锈蚀。

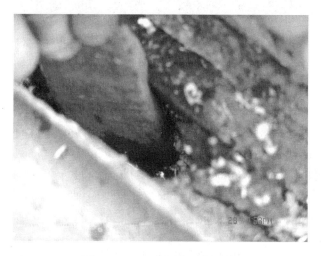

图 4.5.5-11　屋面保温层吸水

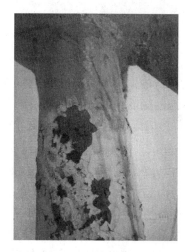

图 4.5.5-12　维护时未清除原有防腐涂层

（4）屋面存在渗漏现象。通过对网架结构杆件、球节点的锈蚀调查，发现 D 轴线、L 轴线的附近区域的钢构件锈蚀最为严重。这是因为屋面板的水平向拼接缝位于 D 轴线、L 轴线上，屋面板保温层材料具有吸水性，所吸的水份会沿屋面水平向拼接缝（见图 4.5.5-13）渗漏至檩条和钢网架上，长时间的渗漏进一步加剧该区域钢构件的锈蚀。

本次抽检中发现 16 个杆件已锈断或管壁已锈透（如果对整个网架结构的所有杆件进

行除锈处理,会有更多的杆件已锈断或管壁已锈透)。网架结构中杆件一般采用薄壁钢管,为提高其抗腐蚀性,要求管式杆件应封闭,杆件管壁锈透后,已引起水蒸汽侵入,管壁内也会产生钢材的腐蚀,因此,这部分杆件不能通过重刷防护漆或加固处理的办法,来改善其性能;另一方面,薄壁钢管的管壁锈透后,不仅截面积削弱,其刚度也随之降低,对这部分杆件应进行更换。

本次抽检中发现 18 个杆件的弯曲度为 0.3%~2.6%,大于杆件轴线不平直度允许偏差 0.1% 的要求,这部分弯曲度过大的杆件(见图 4.5.5-14),难以用机械校直的方法调直。如果对弯曲度过大的杆件、已锈断或管壁锈透的杆件进行更换,对整个网架结构会产生严重的影响。由于网架结构是空间受力体系,对弯曲度过大的杆件和已锈断或管壁已锈透的杆件进行更换,势必会引起杆件内力的重分布,各个杆件不能通过计算得到其应力,从而,增加网架结构安全的不确定度。

图 4.5.5-13 屋面板水平拼接缝

图 4.5.5-14 网架杆件严重弯曲

结构验算表明,如果考虑网架杆件壁厚锈蚀 1.0mm,该网架有 476 个杆件(约占总杆件数的 17%)的强度不满足安全使用的要求。由于各个杆件的锈蚀程度不同,为确认各个杆件是否需要加固,这就需先对整个网架进行除漆、除锈,再逐个检测杆件、球节点的锈蚀量,根据锈蚀程度统计其加固数量,其施工难度远超过新建的网架工程。

另外,该工程屋面檩条锈蚀严重,已引起屋面的塌陷;屋面保温材料具有吸水性,屋面保温材料吸水后,不仅其保温性能急剧降低,而且额外增加屋面板本身的自重。现有的屋面板及檩条已失去应有的功效。

综上所述,该网架工程的适修性很差,难以通过加固、维修的方法,从根本上解决网架的安全问题,建议将该网架拆除重建。

4.5.5.4 从本工程中应吸取的教训

本工程于 1994 年竣工,到 2005 年初停止使用,其整个使用年限仅为 10 年,远未达到国家标准规定结构设计使用年限 50 年的要求。从中应吸取的教训:

(1)游泳池采用液氯消毒,潮湿的氯离子环境加剧了网架钢构件的锈蚀。对腐蚀性环境中的钢结构，钢材不宜用普通的 Q235，而宜选用耐候钢。

（2）不注重屋面围护结构的维护，会影响主体结构的安全。该工程的屋面渗漏一直存在，由于游泳馆平时使用时有结露现象，未引起管理部门的重视，一直未对屋面渗漏进行修复处理，导致屋面板的水平向拼接缝渗漏和局部区域锈蚀严重。

（3）围护结构材料的好坏，在某种情况下也会对主体结构产生不利影响。该工程屋面板中的保温层材料具有吸水性，所吸的水分会沿屋面水平向拼接缝渗漏至檩条和钢网架上，长时间的渗漏进一步加剧该区域钢构件的锈蚀。

（4）对钢结构应加强对防腐涂层的有效维护。对该网架构件的防腐涂层进行检查时，发现该网架投入使用后，曾两次对网架进行过防腐涂层的喷刷，但每次都未对原有防腐涂层进行彻底清除，只是简单地在原有涂层上作覆盖处理，这种做法不能有效阻止钢构件的锈蚀。

第6章 木结构工程现场检测

木结构是以木材为主制作的结构，承重结构用材有原木、锯材（方木、板材、规格材）和胶合板。木结构构件连接有齿连接、螺栓连接、钉连接和齿板连接。木结构工程现场检测可分为木材的性能、木材的缺陷、尺寸与偏差、连接与构造、变形与损伤等项工作。本章主要介绍木结构工程现场检测内容，适用于木结构、木构件的质量或性能检测。

4.6.1 木材性能

木材性能的检测可分为木材的力学性能、含水率、密度和干缩率等项目。木材力学性能可分为抗弯强度、抗弯弹性模量、顺纹抗剪强度、顺纹抗压强度等检测项目。

结构检测时，需要确定木材的强度等级。当木材的材质或外观与同类木材有显著差异时或树种和产地判别不清时，可取样检测木材的力学性能，确定木材的强度等级。《木结构设计规范》GB 50005-2003 附录 C 规定，当取样检验一批木材的强度等级时，可根据其弦向静曲强度的检验结果进行判定，对于承重结构用材，应要求其检验结果的最低强度不得低于表 4.6.1-1 规定的数值。

木材强度检验标准　　　　　　　　　　　　　　　表 4.6.1-1

木材种类	针 叶 材				阔 叶 材				
强度等级	TC11	TC13	TC15	TC17	TB11	TB13	TB15	TB17	TB20
检验结果的最低强度值（N/mm²）不得低于	44	51	58	72	58	68	78	88	98

根据国家标准《木材物理力学性能试验方法总则》GB 1928—91 的有关规定，应将试验结果换算到含水率12%的数值。《木材抗弯强度试验方法》GB 1936.1—91 规定木材抗弯试样尺寸为 300mm×20mm×20mm，长向为顺纹方向，试样制作要求和检查、试样含水率的调整应按照 GB 1928-91 的相关规定进行。允许与抗弯弹性模量的测定用同一试样，先测定弹性模量，后进行抗弯强度试验。

试样含水率为 $w\%$ 时的抗弯强度，应按式 4.6.1-1 计算，精确至 0.1MPa。

$$\sigma_{bw} = \frac{3P_{max}l}{2bh^2} \quad (4.6.1\text{-}1)$$

式中　σ_{bw}——试样含水率 $w\%$ 时的抗弯强度，MPa；

　　　P_{max}——破坏荷载，N；

l——两支座间跨距,mm;
b——试样宽度,mm;
h——试样高度,mm。

试样含水率为12%时的抗弯强度,应按式(4.6.1-2)计算,精确至0.1MPa。

$$\sigma_{b12} = \sigma_w [1 + 0.04(w - 12)] \tag{4.6.1-2}$$

式中 σ_{b12}——试样含水率为12%时的抗弯强度,MPa;
$w\%$——试样含水率。

试样含水率在9%~15%范围内,按式(4.5.1-2)计算有效。

对于木结构工程检测,当工程技术资料缺失的情况下,只有通过现场取样试样才能判定木材的强度等级。现举例某工程木屋架的木材抗弯强度检测(见图4.6.1-1~图4.6.1-3),木材试样抗弯强度试样结果见表4.6.1-2。

图4.6.1-1 截取的木材
(木屋架斜杆木结断裂处截取木材试样,该杆件检测前已断裂)

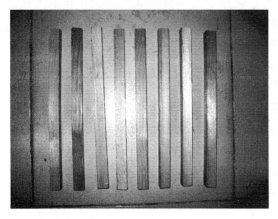

图4.6.1-2 加工后的木材试件

图4.6.1-3 木材弦向抗弯强度测试

某工程木屋架木材试样抗弯强度试验结果　　　　表 4.6.1-2

试件编号	试件尺寸（mm）	破坏荷载（N）	抗弯强度（MPa）
1	$300 \times 20 \times 20$	1637.50	73.69
2		1440.62	64.83
3		1717.19	77.27
4		1254.69	56.46
5		1870.31	84.16
6		1468.75	66.09
7		1182.81	53.23
8		1431.25	64.41
木材抗弯强度平均值		1500.39	67.51

依据《木结构设计规范》GB 50005—2003 附录 C 中木材强度检验标准（对于承重结构用材，强度等级为 TC13 的木材检验结果的抗弯强度最低值不得低于 $51\mathrm{N/mm^2}$），可以判定屋架木材强度等级为 TC13。

当评定的强度等级高于现行国家标准《木结构设计规范》GB50005 所规定的同种木材的强度等级时，取《木结构设计规范》所规定的同种木材的强度等级为最终评定等级。对于树种不详的木材，可按检测结果确定等级，但应采用该等级 B 组的设计指标。木材强度的设计指标，可依据评定的强度等级按《木结构设计规范》GB50005 的规定确定。对于《木结构设计规范》未列出树种名称的木材，应取样测定木材的抗弯强度、顺纹抗压强度、顺纹抗剪强度和抗弯弹性模量以及木材的干密度和干缩率；根据测定结果，比照性能相近的树种中的国产木材确定其强度等级和适用范围。

测定木材性能的试件应取自有代表性的五根木材，每根木材在其髓心以外的部分按每个项目截取试件 6 个。木材顺纹抗压强度的测定应遵守《木材顺纹抗压强度试验方法》GB1935 的规定，木材顺纹抗剪强度的测定应遵守《木材顺纹抗剪强度试验方法》GB1937 的规定，木材弹性模量的测定应遵守《木材弹性模量测试方法》GB1937 的规定，木材干密度的测定，应遵守《木材密度测定方法》GB1933 的规定，木材干缩率的测定，应遵守《木材干缩性能测定方法》GB1932 的规定。

木材的含水率，可采用取样的重量法测定，规格材可用电测法测定。木材含水率的重量法测定，应从成批木材中或结构构件的木材的检测批中随机抽取 5 根，在端头 200mm 处截取 20mm 厚的片材，再加工成 20mm×20mm×20mm 的试件 5 个；应按《木材含水率测定方法》GB 1931 的规定进行测定。以每根构件 5 个试样含水率的平均值作为这根木材含水率的代表值。5 根木材的含水率测定值的最大值应符合下列要求：

（1）原木或方木结构不应大于 25%；

（2）板材和规格材不应大于 20%；

（3）胶合木不应大于 15%。

木材含水率的电测法使用电测仪测定，可随机抽取 5 根构件，每根构件取 3 个截面，在每个截面的4个周边进行测定。每根构件3个截面4个周边的所测含水率的平均值，作为这根木材含水率的测定值，5根构件的含水率代表值中的最大值应符合规格材含水率不应大于20%的要求。

4.6.2 木材（构件）缺陷

木材缺陷，对于圆木和方木结构可分为木节、斜纹、扭纹、干缩裂缝、髓心和腐朽等项目；对胶合木结构，尚有翘曲、顺弯、扭曲和脱胶等检测项目；对于轻型木结构尚有扭曲、横弯和顺弯等检测项目。对承重用的木材或结构构件的缺陷需要逐根进行检测。

木材木节的尺寸，可用精度为1mm的卷尺量测，对于不同木材木节尺寸的量测应符合下列规定：（1）方木、板材、规格材的木节尺寸，按垂直于构件长度方向量测。木节表现为条状时，可量测较长方向的尺寸，直径小于10mm的活节可不量测。（2）原木的木节尺寸，按垂直于构件长度方向量测，直径小于10mm的活节可不量测。木节的评定，应按《木结构工程施工质量验收规范》GB50206的规定执行。

斜纹的检测，在方木和板材两端各选1m材长量测三次，计算其平均倾斜高度，以最大的平均倾斜高度作为其木材的斜纹的检测值。对原木扭纹的检测，在原木小头1m材上量测三次，以其平均倾斜高度作为扭纹检测值。

胶合木结构和轻型木结构的翘曲、扭曲、横弯和顺弯，可采用拉线与尺量的方法或用靠尺与尺量的方法检测；检测结果的评定可按《木结构工程施工质量验收规范》GB 50206的相关规定进行。

木结构的裂缝和胶合木结构的脱胶，可用探针检测裂缝的深度，用裂缝塞尺检测裂缝的宽度，用钢尺量测裂缝的长度。

4.6.3 尺寸与偏差

木结构的尺寸与偏差可分为构件制作尺寸与偏差和构件的安装偏差等。木结构构件尺寸与偏差的检测数量，当为木结构工程质量检测时，应按《木结构工程施工质量验收规范》GB50206的规定执行；当为已有木结构性能检测时，应根据实际情况确定，抽样检测时，抽样数量可按标准要求。木结构构件尺寸与偏差，包括桁架、梁（含檩条）及柱的制作尺寸，屋面木基层的尺寸，桁架、梁、柱等的安装的偏差等，可按《木结构工程施工质量验收规范》GB50206建议的方法进行检测。木构件的尺寸应以设计图纸要求为准，偏差应为实际尺寸与设计尺寸的偏差，尺寸偏差的评定标准，可按《木结构工程施工质量验收规范》GB 50206的规定执行。

4.6.4 木结构连接检测

木结构的连接可分为胶合、齿连接、螺栓连接和钉连接等检测项目。当对胶合木结构的胶合能力有疑义时，应对胶合能力进行检测；胶合能力可通过对试样木材胶缝顺纹抗剪强度确定。

当工程尚有与结构中同批的胶时，可检测胶的胶合能力，胶的胶合能力的检测应符合下列要求：

(1) 被检验的胶在保质期之内；

(2) 用与结构中相同的木材制备胶合试样，胶合试样的制备工艺应符合《木结构设计规范》胶合工艺的要求；

(3) 检验一批胶至少用两个试条，制成八个试件，每一试条各取两个试件作干态试验，两个作湿态试验；

(4) 试验方法，应按现行《木结构设计规范》的规定进行；

(5) 承重结构用胶的胶缝抗剪强度不应低于表4.6.4-1的数值；

对承重结构用胶胶合能力的最低要求　　　　表4.6.4-1

试件状态	胶缝顺纹抗剪强度值（N/mm²）	
	红松等软木松	栎木或水曲柳
干态	5.9	7.8
湿态	3.9	5.4

(6) 若试验结果符合表4.6.4-1的要求，即认为该试件合格，若试件强度低于表4.6.4-1所列数值，但其中木材部分剪坏的面积不少于试件剪面的75%，则仍可认为该试件合格。若有一个试件不合格，须以加倍数量的试件重新试验，若仍有试件不合格，则该批胶被判为不能用于承重结构。

当需要对胶合构件的胶合质量进行检测时，可采取取样的方法，也可采取替换构件的方法；但取样要保证结构或构件的安全，替换构件的胶合质量应具有代表性。

齿连接按下列方法检测：

(1) 压杆端面和齿槽承压面加工平整程度，用直尺检测；压杆轴线与齿槽承压面垂直度，用直角尺量测；

(2) 齿槽深度，用尺量测，允许偏差±2mm；偏差为实测深度与设计图纸要求深度的差值；

(3) 支座节点齿的受剪面长度和受剪面裂缝，对照设计图纸用尺量，长度负偏差不应超过10mm；当受剪面存在裂缝时，应对其承载力进行核算；

(4) 抵承面缝隙，用尺量或裂缝塞尺量测，抵承面局部缝隙的宽度不应大于1mm且不应有穿透构件截面宽度的缝隙；当局部缝隙不满足要求时，应核查齿槽承压面和压杆端部是否存在局部破损现象；当齿槽承压面与压杆端部完全脱开（全截面存在缝隙），应进行结构杆件受力状态的检测与分析；

(5) 保险螺栓或其他措施的设置，螺栓孔等附近是否存在裂缝；

(6) 压杆轴线与承压构件轴线的偏差，用尺量。

螺栓连接或钉连接可按下列方法检测：

(1) 螺栓和钉的数量与直径；直径可用游标卡尺量测；

(2) 被连接构件的厚度,用尺量测;
(3) 螺栓或钉的间距,用尺量测;
(4) 螺栓孔处木材的裂缝、虫蛀和腐朽情况,裂缝用塞尺、裂缝探针和尺量测;
(5) 螺栓、变形、松动、锈蚀情况,观察或用卡尺量测。

4.6.5 变形与损伤

木结构构件损伤的检测可分为木材腐朽、虫蛀、裂缝、灾害影响和金属件的锈蚀等项目;木结构的变形可分为节点位移、连接松弛变形、构件挠度、侧向弯曲矢高、屋架出平面变形、屋架支撑系统的稳定状态和木楼面系统的振动等。实际工程中检查到的木结构构件断裂和火灾烧伤照片见图4.6.5-1和图4.6.5-2。

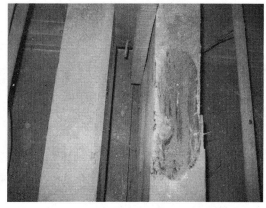

图4.6.5-1 木结构杆件断裂　　　　图4.6.5-2 木结构杆件烧伤

木结构构件虫蛀的检测,可根据构件附近是否有木屑等进行初步判定,可通过锤击的方法确定虫蛀的范围,可用电钻打孔用内窥镜或探针测定虫蛀的深度。当发现木结构构件出现虫蛀现象时,宜对构件的防虫措施进行检测。

木材腐朽的检测,可用尺量测腐朽的范围,腐朽的深度可用除去腐朽层的方法量测。当发现木材有腐朽现象时,宜对木材的含水率、结构的通风设施、排水构造和防腐措施进行核查或检测。对于受损构件要采取相应的处理措施。

木结构和构件变形可以采用尺量、拉线、水准仪等仪器进行检测,基础沉降可以采用线坠、经纬仪等仪器进行检测。木楼面系统的振动,可按相应方法检测振动幅度。

必要时可对木结构的防虫、防腐、防火措施进行检测。木结构的防虫、防腐、防火措施检测,可按《木结构工程施工质量验收规范》GB 50206、《木结构设计规范》GB50005和《建筑设计防火规范》GBJ16等标准的要求和设计图纸的要求进行检测。

参考文献：

[1] 国家标准. 建筑结构检测技术标准 GB/T 50344—2004. 北京：中国建筑工业出版社，2004
[2] 国家标准. 木结构施工质量验收规范 GB 50206—2002. 北京：中国建筑工业出版社，2002
[3] 国家标准. 木结构试验方法标准 GB/T 50329—2002. 北京：中国建筑工业出版社，2002
[4] 国家标准. 木结构设计规范 GB 50005—2003. 北京：中国建筑工业出版社，2003
[5] 国家标准. 古建筑木结构维护与加固技术规范 GB 50165—92. 北京：中国建筑工业出版社，1992

第7章 建筑结构性能试验

4.7.1 建筑结构性能试验的目的和分类

1. 建筑结构试验的目的

建筑结构试验的目的就是在结构物或试验对象（实物或模型）上，以仪器设备为工具，以各种实验技术为手段，在荷载（重力、机械扰动力、风力……）或其他因素（温度、变形沉降……）及地震作用下，通过测试与结构工作性能有关的各种参数（变形、挠度、位移、应变、振幅、频率……），从承载力、稳定、刚度、抗裂性以及结构的破坏形态等各个方面来判断结构的实际工作性能，估计结构及构件的承载能力，确定结构对使用要求的符合程度，并用以检验和发展结构的设计计算理论。

2. 建筑结构试验的分类

建筑结构试验可有许多分类方法，比如按荷载的性质，模型的尺寸等等。从我们对结构安全和性能评价来看可分为工程现场检验和试验室模型试验两大类。在工程现场检测中又可分为板或梁类构件的实荷检验和工程动力特性（周期、振型、阻尼比）试验。在试验室模型试验中可分为静力荷载（静力单调加载、伪静力加载、拟动力加载）和动力（动力特性、动力反应）荷载以及结构疲劳试验等。

4.7.2 预制构件结构性能检验

由于装配式结构的结构性能主要取决于预制构件的结构性能和连接质量。因此，在《混凝土结构工程施工质量验收规范》GB50204—2002中规定，预制构件应进行结构性能检验。结构性能检验不合格的预制构件不得用于混凝土结构。

4.7.2.1 预制构件的检验内容

1. 钢筋混凝土构件（包括预应力混凝土结构中的非预应力构件）和允许出现裂缝的预应力混凝土构件进行承载力、挠度和裂缝宽度检验。

2. 不允许出现裂缝的预应力混凝土构件进行承载力、挠度和抗裂检验。

3. 对设计成熟、生产数量较少的大型构件，当采取加强材料和制作质量检验措施时，可仅作挠度、抗裂或裂缝宽度检验；当采取上述措施并有可靠的实践经验时，可不作结构性能检验。

4.7.2.2 预制构件的检验数量

对成批生产的构件，在每批中应随机抽取一个构件作为试件进行检验。关于批的划分，一般情况下应按同一工艺正常生产的不超过1000件且不超过3个月的同类型产品为一批；当连续检验10批且每批的结构性能检验结果均满足规范规定要求时，对同一工艺正常生产的构件，可改为不超过2000件且不超过3个月的同类产品为一批。

4.7.2.3 预制构件结构性能检验的基本要求

1. 预制构件结构性能试验应满足下列条件：
（1）构件应在0℃以上的温度中进行试验；
（2）蒸汽养护后的构件应在冷却至常温后进行试验；
（3）构件在试验前应量测其实际尺寸，并检查构件表面，所有的缺陷和裂缝应在构件上标出；
（4）试验用的加荷设备及量测仪表应预先进行标定或校准，并应处于正常状态。

2. 试验构件的支承方式应符合下列要求：
（1）板、梁和桁架等简支构件，试验时应一端采用铰支承，另一端采用滚动支承。铰支承可采用角钢、半圆型钢或焊于钢板上的圆钢，滚动支承可采用圆钢；
（2）四边简支或四角简支的双向板，其支承方式应保证支承处构件能自由转动，支承面可以相对水平移动；
（3）当试验的构件承受较大集中力或支座反力时，应对支承部分进行局部受压承载力验算；
（4）构件与支承面应紧密接触：钢垫板与构件、钢垫板与支墩间，宜铺砂浆垫平；
（5）构件支承的中心线位置应符合标准图或设计的要求。

3. 试验构件的荷载布置应符合下列规定：
（1）构件的试验荷载布置应符合标准图或设计的要求；
（2）当试验荷载布置不能完全与标准图或设计的要求相符时，应按荷载效应的等效的原则换算，即使构件试验的内力图形与设计的内力图形相似，并使控制截面上的内力值相等，但应考虑荷载布置改变后对构件其他部位的不利影响。

4. 加载方法应根据标准图或设计的加载要求、构件类型及设备条件等进行选择。当按不同形式荷载组合进行加载试验（包括均布荷载、集中荷载、水平荷载和竖向荷载等）时，各种荷载应按比例增加。

（1）荷重块加载

荷重块加载适用于均布加载试验。荷重块应按区格成垛堆放，垛与垛之间间隙不宜小于50mm。

（2）千斤顶加载

千斤顶加载适用于集中加载试验。千斤顶加载时，可采用分配梁系统实现多点集中加载。千斤顶的加载值宜采用荷载传感器量测，也可采用油压表量测。

（3）梁或桁架可采用水平对顶加载方法，此时构件应垫平且不应妨碍构件在水平方向的位移。梁也可采用竖直对顶的加载方法。

（4）当屋架仅作挠度、抗裂或裂缝宽度检验时，可将两榀屋架并列，安放屋面板后进行加载试验。

5. 构件在试验前，宜进行预压，以检查试验装置的工作是否正常，同时应防止构件因预压而产生裂缝。

6. 构件应分级加载。当荷载小于荷载标准值时,每级荷载不应大于荷载标准值的20%;当荷载大于荷载标准值时,每级荷载不应大于荷载标准值的10%;当荷载接近抗裂检验荷载值时,每级荷载不应大于荷载标准值的5%;当荷载接近承载力检验荷载值时,每级荷载不应大于承载力检验荷载设计值的5%。

对仅作挠度、抗裂或裂缝宽度检验的构件应分级卸载。

作用在构件上的试验设备重量及构件自重应作为第一次加载的一部分。

7. 每级加载完成后,应持续10~15min;在荷载标准值作用下,应持续30min。在持续时间内,应观察裂缝的出现和开展,以及钢筋有无滑移等;在持续时间结束时,应观察并记录各项读数。

4.7.2.4 预制构件承载力检验

1. 预制构件承载力检验系数及施加的荷载值

对于预制构件承载力检验中选用构件的承载力检验系数和荷载取值的问题可分为按现行混凝土设计规范和按实配钢筋的承载力检验两种情况:

(1) 当按现行国家标准《混凝土结构设计规范》GB50010 的规定进行检验时,应符合下列公式的要求:

$$\gamma_u^0 \geq \gamma_0 [\gamma_u] \tag{4.7.2-1}$$

式中 γ_u^0——构件的承载力检验系数实测值,即试件的荷载实测值与荷载设计值(均包括自重)的比值;

γ_0——结构重要性系数,按设计要求确定,当无专门要求时取 1.0;

$[\gamma_u]$——构件的承载力检验系数允许值,按表 4.7.2-1 取用。

(2) 当按构件实配钢筋进行承载力检验时,应符合下列公式的要求:

$$\gamma_u^0 \geq \gamma_0 \eta [\gamma_u] \tag{4.7.2-2}$$

式中 η——构件的承载力检验修正系数,根据现行国家标准《混凝土结构设计规范》GB50010 按实配钢筋的承载力计算确定。

承载力检验的荷载设计值是指承载能力极限状态下,根据构件设计控制截面上的内力设计值与构件检验的加载方式,经换算后确定的荷载值(包括自重)。

构件的承载力检验系数允许值　　　　　　表 4.7.2-1

受力情况	达到承载能力极限状态的检验标志		$[\gamma_u]$
轴心受拉、偏心受拉、受弯、大偏心受压	受拉主筋处的最大裂缝宽度达到1.5mm,或挠度达到跨度的1/50	热轧钢筋	1.20
		钢丝、钢绞线、热处理钢筋	1.35
	受压区混凝土破坏	热轧钢筋	1.30
		钢丝、钢绞线、热处理钢筋	1.45
	受拉主筋拉断		1.50
受弯构件的受剪	腹部斜裂缝达到1.5mm,或斜裂缝末端受压混凝土剪压破坏		1.40
	沿斜截面混凝土斜压破坏,受拉主筋在端部滑脱或其他锚固破坏		1.55

续表

受力情况	达到承载能力极限状态的检验标志	$[\gamma_u]$
轴心受压、小偏心受压	混凝土受压破坏	1.50

注：热轧钢筋系指 HPB235 级、HRB335 级、HRB400 级和 RRB400 级钢筋。

2. 预制构件检验荷载实测值的确定

（1）当在规定的荷载持续时间内出现上述检验标志之一时，应取本级荷载值与前一级荷载值的平均值作为其承载力检验荷载实测值；

（2）当在规定的荷载持续时间结束后出现上述检验标志之一时，应取本级荷载值作为其承载力检验荷载实测值。

3. 当受压构件采用试验机或千斤顶加载时，承载力检验荷载实测值应取构件直至破坏的整个试验过程中所达到的最大荷载值。

4.7.2.5 预制构件的挠度检验

1. 预制构件的挠度允许值

预制构件挠度允许值也分为以下两种情况：

（1）当按现行国家标准《混凝土结构设计规范》GB50010 规定的挠度允许值进行检验时，应符合下列公式的要求：

$$a_s^0 \leqslant [a_s] \quad (4.7.2\text{-}3)$$

$$[a_s] = \frac{M_k}{M_q(\theta-1)+M_k}[a_f] \quad (4.7.2\text{-}4)$$

式中　a_s^0——在荷载标准值下的构件挠度实测值；

　　　$[a_s]$——挠度检验允许值；

　　　$[a_f]$——受弯构件的挠度限值，按现行国家标准《混凝土结构设计规范》GB50010 确定；

　　　M_k——按荷载标准组合计算的弯矩值；

　　　M_q——按荷载标准永久组合计算的弯矩值；

　　　θ——考虑荷载长期作用对挠度增大的影响系数，按现行国家标准《混凝土结构设计规范》GB50010 确定。

（2）当按构件实配钢筋进行挠度检验或仅检验构件的挠度、抗裂或裂缝宽度时，应符合下列公式的要求：

$$a_s^0 \leqslant 1.2 a_s^c \quad (4.7.2\text{-}5)$$

式中　a_s^c——在荷载标准值下按实配钢筋确定的构件挠度计算值，按现行国家标准《混凝土结构设计规范》GB50010 确定。

同时，还应符合公式（4.7.2-3）的要求。

正常使用极限状态检验的荷载标准值是指正常使用极限状态下，根据构件设计控制截面上的荷载标准组合效应与构件检验的加载方式，经换算后确定的荷载值。

(3) 直接承受重复荷载的混凝土受弯构件,当进行短期静力加荷载试验时,a_s^c 值应按正常使用极限状态下静力荷载标准组合相应的刚度值确定。

2. 预制构件挠度实测值的计算

(1) 构件挠度可用百分表、位移传感器、水平仪等进行观测。接近破坏阶段的挠度,可用水平仪或拉线、钢尺等测量。

试验时,应量测构件跨中位移和支座沉陷。对宽度较大的构件,应在每一量测截面的两边或两肋布置测点,并取其量测结果的平均值作为该处的位移。

当试验荷载竖直向下作用时,对水平放置的试件,在各级荷载下的跨中挠度实测值应按下列公式计算:

$$a_t^0 = a_q^0 + a_g^0 \tag{4.7.2-6}$$

$$a_q^0 = v_m^0 - \frac{1}{2}(v_l^0 + v_r^0) \tag{4.7.2-7}$$

$$a_g^0 = \frac{M_g}{M_b} a_b^0 \tag{4.7.2-8}$$

式中 a_t^0——全部荷载作用下构件跨中的挠度实测值(mm);

a_q^0——外加试验荷载作用下构件跨中的挠度实测值(mm);

a_g^0——构件自重及加荷设备重产生的跨中挠度值(mm);

v_m^0——外加试验荷载作用下构件跨中的位移实测值(mm);

v_l^0、v_r^0——外加试验荷载作用下构件左、右端支座沉陷位移的实测值(mm);

M_g——构件自重及加荷设备重产生的跨中弯矩值(kN·m);

M_b——从外加试验荷载开始至构件出现裂缝的前一级荷载为止的外加荷载产生的跨中弯矩值(kN·m);

a_b^0——从外加试验荷载开始至构件出现裂缝的前一级荷载为止的外加荷载产生的跨中挠度实测值(mm)。

(2) 当采用等效集中力加载模拟均布荷载进行试验时,挠度实测值应乘以修正系数 ψ。当采用三分点加载时可取 ψ 为 0.98;当采用其他形式集中力加载时,ψ 应经计算确定。

4.7.2.6 预制构件的抗裂和裂缝宽度检验

1. 预制构件的抗裂检验应符合下列公式的要求:

$$\gamma_{cr}^0 \geqslant [\gamma_{cr}] \tag{4.7.2-9}$$

$$[\gamma_{cr}] = 0.95 \frac{\sigma_{pc} + \gamma f_{tk}}{\sigma_{ck}} \tag{4.7.2-10}$$

式中 γ_{cr}^0——构件的抗裂检验系数实测值,即试件的开裂荷载实测值与荷载标准值(均包括自重)的比值;

$[\gamma_{cr}]$——构件的抗裂检验系数允许值;

σ_{pc}——由预加力产生的构件抗拉边缘混凝土法向应力值,按现行国家标准《混凝土结构设计规范》GB50010 确定;

γ——混凝土构件截面抵抗矩塑性影响系数,按现行国家标准《混凝土结构设计规范》GB50010 确定；

f_{tk}——混凝土抗拉强度标准值；

σ_{ck}——由荷载标准值产生的构件抗拉边缘混凝土法向应力值，按现行国家标准《混凝土结构设计规范》GB50010 确定；

2. 预制构件的裂缝宽度检验应符合下列公式的要求：

$$w_{s.max}^0 \leq [w_{max}] \qquad (4.7.2\text{-}11)$$

式中 $w_{s.max}^0$——在荷载标准值下，受拉主筋处的最大裂缝宽度实测值（mm）；

$[w_{max}]$——构件检验的最大裂缝宽度允许值，按表 4.7.2-2 取用。

构件检验的最大裂缝宽度允许值（mm） 表 4.7.2-2

设计要求的最大裂缝宽度限值	0.2	0.3	0.4
$[w_{max}]$	0.15	0.20	0.25

3. 试验中裂缝的观测应符合下列要求：

（1）观察裂缝出现可采用放大镜。若试验中未能及时观察到正截面裂缝的出现，可取荷载—挠度曲线上的转折点（曲线第一弯转段两端点切线的交点）的荷载值作为构件的开裂荷载实测值；

（2）构件抗裂检验中，当在规定的荷载持续时间内出现裂缝时，应取本级荷载值与前一级荷载值的平均值作为其开裂荷载实测值；当在规定的荷载持续时间结束后出现裂缝时，应取本级荷载值作为其开裂荷载实测值；

（3）裂缝宽度可采用精度为 0.05mm 的刻度放大镜等仪器进行观测；

（4）对正截面裂缝，应量测受拉主筋处的最大裂缝宽度；对斜截面裂缝，应量测腹部斜裂缝的最大裂缝宽度。确定受弯构件受拉主筋处的裂缝宽度时，应在构件侧面量测。

4. 预制构件检验时的安全注意事项

预制构件检验时必须注意下列安全事项：

（1）试验的加荷设备、支架、支墩等，应有足够的承载力安全储备；

（2）对屋架等大型构件进行加载试验时，必须根据设计要求设置侧向支承，以防止构件受力后产生侧向弯曲和倾倒；侧向支承应不妨碍构件在其平面内的位移；

（3）试验过程中应注意人身和仪表安全；为了防止构件破坏时试验设备及构件坍落，应采取安全措施（如在试验构件下面设置防护支承等）。

4.7.3 预制和现浇楼板的实荷检验

在实际建筑工程中，由于施工质量缺陷比如现浇楼板开裂或对构件承载能力是否满足要求有怀疑时，进行构件的实荷检验是较为直观和有效的。限于现场的条件并不是所有的构件都能较好地模拟实际荷载的情况。相对进行比较多的为预制和现浇楼板的实荷检验。

4.7.3.1 预制楼板的实荷检验

对预制板的实荷检验实际上是对预制板构件的性能检验，较理想的是有同批的剩余预制板，按照预制构件性能要求进行。在没有同批的剩余预制板时，可进行现场实测。在现场实荷检验中除了满足按预制构件性能检验的要求外，还应注意的是约束条件应尽量满足设计与规范的要求。这主要是按简支板设计的支座条件、两块板之间应完全脱开等。

实际工程中预制板的支座条件是很难满足的，这是由于施工工艺的硬架支模和抗震设计中对板支座处交接板的配筋和后浇混凝土等，使设计为简支板的预制板变为了有较多约束的限制转动的楼板。这种板由于设计和制作预制中未考虑负弯矩的影响而造成或支座处预制板端上部的抗弯能力不足而出现裂缝。支座约束比较强的预制板在设计荷载作用下板跨中弯矩相对有所减少。在对预制板的实荷检验中应考虑支座约束的影响。

4.7.3.2 现浇钢筋混凝土楼板的实荷检验

钢筋混凝土楼盖是整体结构中的梁板组合部件。试验的特点是受截面积大，要求施加的荷载量多，试验时，必须按结构布置、构件受力情况（简支或连续），并按其中不同构件（板、次梁、主梁）的试验要求，采取不同的荷载布置形式，使结构构件处于最不利的受力状态。

试验一般是施加均布荷载，可利用重物直接分堆施加于楼面，荷载可就地取材并按其容重计算荷载量，大面积加载时，为减少加载工作量，可采取适当措施后用水加载是较好的方法。

平面楼盖经常是多跨连续结构，为此，结构沿跨长方向加载时，为得到某跨的最不利弯矩，就需要用相当数量的重力荷载。例如，为了求得跨间的最大弯矩，就只在所研究的跨间以及隔一跨的相邻跨上加载，见图4.7.3-1（a）、（b），而为了求得最大的支座弯矩，则可按图4.7.3-1（c）、（d）、（e）所示方式加载，所产生的理论误差在2%以内。

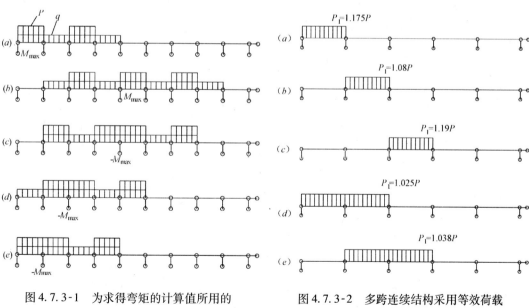

图4.7.3-1 为求得弯矩的计算值所用的
连续梁式结构的加载图
（a）在第一跨；（b）在中间跨；（c）在中间
支座；（d）在第三支座；（e）在第二支座

图4.7.3-2 多跨连续结构采用等效荷载
的加载布置图
（a）第一跨；（b）第二跨；（c）第三跨；
（d）第二支座；（e）第三支座

对于多跨连续结构，一般只需考虑五跨内荷载的相互影响，有时，为了减少荷载数量和加载工作量，往往采用等效荷载的方法。如为求五跨连续梁中的最大计算跨间弯矩，可仅加载于所试验的跨间，而其他跨间则不加荷载。此时，活载 p 的等效荷载 p_1 按图 4.7.3-2 所示的荷载图式施加。

当用跨间等效荷载加载时，应当注意检查相邻跨间负弯矩的出现，如果出现在数量上有不容许的负弯矩时，应适当更改加载方法预以抵消。

第8章 建筑结构的现场动力试验

建筑结构的动力试验，可根据测试的目的来选择下列方法：

（1）测试结构的基本振型时，宜选用环境振动法，在满足测试要求的前提下也可选用初位移等其他方法；

（2）测试结构平面内多个振型时，宜选用稳态正弦波激振法；

（3）测试空间振型或扭转振型时，宜选用多振源相位控制同步的稳态弦波激振法或初速度法；

（4）评估结构的抗震性能时，可选用随机激振法或人工爆破模拟地震法。

4.8.1 激振法

激振法又称共振法，是一种较好的测定结构动力特性的方法，在抗震试验中得到比较普遍的应用。随着起振机控制装置的改进，稳速和同步性能的不断提高，不仅可以比较准确的测得多阶平移振动的振型参数，而且可以进行扭转振型参数的测定。无论是高层房屋，或是水坝、桥梁及各种构筑物，都可以应用这一方法。近年来在我国利用这一方法对一系列的高层建筑、大型煤气罐、发射塔、海港码头和海洋石油平台等结构的动力性能进行了试验研究，取得了较好的成果。

这一方法是利用能产生稳态简谐振动的起振机，使被测建筑物发生周期性的强迫振动，同时测量建筑物振动反应的幅值（可以是位移、加速度或其它参量）。当起振机的频率（即旋转速度）由低到高的改变时，就可以记录到一组振幅—频率关系曲线（图4.8.1-1）。强迫振动的频率 p 可以从安装在起振机马达上的测速仪上读出；振幅由安装在建筑物上的测振仪记录曲线给出。根据共振原理，当起振机激振频率与结构的自振频率相重合（即 $p=f$）时，反应振幅会出现极大值，即所谓共振，并且在图4.8.1-1 的曲线上出现峰值。如果结构是多自由度体系，则会对应每一阶振型出现多个峰值。这种曲线称为共振曲线，曲线上共振峰点对应的频率 f_1、f_2……即为共振频率。在小阻尼的情况下，可以近似地认为，共振频率与结构自振频率相等。由此可见只要由实测得到 $p-A$ 曲线，则结构的自振频率就可求得，同时阻尼也可以从这条曲线中算得。

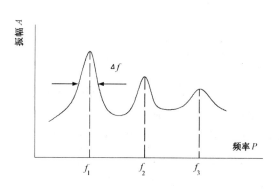

图4.8.1-1 共振曲线示意图

1. 激振设备和安装

激振法要求一种能提供稳态正弦振动的激振装置做振源。适于这种要求的起振机或激振器有下面几种类型:

机械式起振机的机械部分主要由两个带有偏心质量的圆盘构成,故也称做旋转重量偏心锤式起振机。其原理是当两偏心锤做反向水平旋转时,两个偏心质量就各自产生一个离心力 P_0 (沿半径方向):

$$P_0 = mr\omega^2 \tag{4.8.1-1}$$

式中 $m = \dfrac{G}{g}$ ——偏心质量(G 为偏心块重量);

r——偏心矩;

ω——旋转角速度(圆频率)。

如图 4.8.1-2 所示,这两个力在 x 方向的分力永远是数值相等而方向相反,彼此抵消;在与之垂直的 y 方向的两个分力则合成一个按正弦规律变化的简谐力:

$$P = 2P_0 \sin\omega t$$

于是起振机的机械出力可按下式计算:

$$P_{\max} = 2P_0 = 2\dfrac{Gr}{g}\omega^2 \tag{4.8.1-2}$$

通过改变偏心块重量 W 或调节起振机直流电机的转速 ω,就可以使起振机获得不同的激振力。通常是采用可卸换的几组重量不等的铅块来改变 G;用调速装置来调节直流电机的转速。

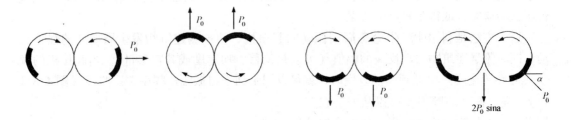

图 4.8.1-2 起振机原理

为了提高测试精度,近年研制的起振机都配有调速、稳速和数字测速装置,普遍采用了闭环反馈控制系统,使稳速精度可达到 0.5‰~0.1‰。从后面的数据分析中会看到,起振机稳速精度愈高,则测试的结果精度也愈高。从计算阻尼的公式可知,半功率带宽 $\Delta f = 2\xi f_0$(此处 ξ 为阻尼比,f_0 为自振频率)。假定被测结构的阻尼为 2.5%,自振频率为 1Hz(这相当于一般高层房屋的情形),则要求 $\Delta f = 0.5$Hz。换句话说,为了共振曲线不致失真,如果需要半功率带宽 Δf 以上部分能测出 10 个稳定的数据点的话,那么就要求频率分辨率不小于 0.005Hz,这也就是说要求起振机的稳速精度要达到 5‰以上。显然对于更小阻尼比的低频的结构,要求起振机应该有更高的稳速精度。否则就不可能测得准确的共振曲线,也就难于计算出准确的自振频率和阻尼比值。近年来除了稳速与测速精度不断得到提高以外，还研制出能多台同步运转的起振机。它不仅有利于加大激振力和方便激振点的布置，而且可以将两台起振机放置在建筑物平面的两端，使其二者反向转动时则激起扭转振动，扩大了试验用途。

起振机的位置，在结构平面上一般尽量布置在质量或刚度中心处，以激起横向或纵向的平移振型。当需要兼做扭转试验时，应尽量把两台同步起振机放在结构物的两端，使其同向旋转时激起平移振动，反向旋转时激起扭转振动。当只有一台起振机时，也可以把它放在建筑物一端，同时激起平移和扭转振动；然后再移置于房屋中部激振，相互比较分析。在沿建筑物高度方向上，尽量把起振机放到顶部，以得到更大的振幅。如使用多台同步起振机，也可将两台起振机分别布置在不同高度上，有利于激起高振型，但要防止把起振机布置在振型曲线的节点上。

起振机同建筑物要通过地脚螺栓牢固地与被测结构物联结。一种方法是按着起振机底架螺栓孔的位置事先在建筑物上预埋螺栓，一种方法是在固定位置预留一块钢板，然后在钢板上焊接固定螺栓。也有用膨胀螺栓把起振机固定在混凝土楼板上的做法。

2. 数据分析

（1）共振曲线的获得

如前所述，共振试验是在结构上作用一个按正弦变化的、作用于单一方向的力，它的频率可以精确地保持在某一值 f_c；这时对它所激起的结构进行测量，记录到相应的振幅 A_i，于是在振幅—频率曲线图上得到一个点。然后将起振机频率调到另一个值，重复进行测量，得到一系列数值，这样继续下去直到画出整个频率—位移反应曲线，即共振曲线为止。应当注意的是，测量的点数要划分得合适，在共振峰附近测点要密些，远离共振的区段可以稀些，为此在逐点测量以前应开动起振机，频率由低到高扫频一次，从反应振幅的记录曲线上就可以初步判定共振峰的位置。只要起振机频率稳定性较好，则将直接测得的数据点联结起来，就可以得到较光滑的共振曲线。为了提高精度，也可通过回归分析方法来处理这种试验曲线。

应当指出，由于大多数起振机的出力是随频率 f^2 而变化的，记录到的反应曲线是在非恒定激振力作用下的值。因此在绘制共振曲线之前要把直接记录到的，相应于各频率 f_i 的振幅值 A_i 做相应的修正，即 A_i/f_i^2。图 4.8.1-3 是根据实测记录整理的一共振曲线示例。

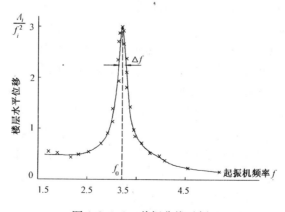

图 4.8.1-3 共振曲线示例

(2) 动力特性参数的确定

自振周期：如前所述，由共振曲线上可以求得对应于峰点的共振频率 $\omega_r = 2\pi fr$，一般认为结构的自振频率 ω_0 与 ω_r 相等。严格说由于阻尼的存在，ω 稍低于 ω_r，但差别不大，实用上就不予考虑（图 4.8.1-4）。自振周期 $T = \dfrac{2\pi}{\omega_0}$。

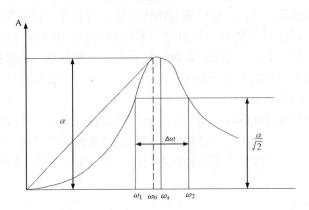

图 4.8.1-4　由共振曲线计算频率和阻尼

通常结构物具有平移、扭转、平面外空间振动等多种振型，相应于这些不同振型存在各自的自振频率。困难的问题是它们会在共振曲线上同时存在，而且无法直接区分开来。这要借助于对比横向平移激振与扭转激振得到的两组共振曲线或者参考记录到的振型形状才能识别出来。

阻尼比：振动分析中用阻尼比 ξ 代表阻尼的大小，通常用百分率表示（%）。利用共振曲线求阻尼比，首先要确定峰点的共振频率 ω_r（图 4.8.1-4），然后在最大振幅值 α 的 $1/\sqrt{2}$ 高度上引平行于横坐标的截线并与共振曲线相交于两点，得到该两点的横坐标分别为 ω_1 和 ω_2，于是阻尼比可按下式求出：

$$\zeta = \frac{\omega_2 - \omega_1}{2\omega_r} = \frac{\Delta \omega}{2\omega_r} \tag{4.8.1-3}$$

这一算式系根据单质点体系的简谐振动解求得的。但是，这一确定方法只有在小阻尼比的情况下才是正确的。

值得指出的是，通过试验来确定结构阻尼还会出现另一些困难。如不同振型的自振频率彼此很接近，则就可能很难利用上述办法来精确地确定阻尼值。在这种情况下自由衰减振动记录会出现拍的现象，用张释法求阻尼也会出现困难。

振型：结构的自振频率 ω_0 知道之后，欲求相应的振型形状，就要沿建筑物高度方向相距一定距离地点布置若干个拾振器，然后使起振机稳定在自振频率 ω_0 的情况下，记录下各点的振幅 $X(i)$，求取这些数值相对于顶点的比值就可以绘出振型形状。显然对于高阶振型拾振器测点就要相对多些；如果基础转动影响较大时，则还应扣除它的数值。当要测量的是扭转或平面外空间振型时，拾振器还要在平面上沿长度方向布置。

严格说来，要想激出一个线性系统某一正则振型，只有在广义激振力沿结构做一定分布时才有可能。然而在振型还没有确定之前并不知道合适的分布究竟应该怎样。因此这个问题的真正解决，要求不断改变力的分布以逼近它所激出的振型。这就给试验技术带来复杂的问题。事实上只能用有限个激振点来近似。

4.8.2 自由振动法

这种方法是借助外荷载使结构产生一定的初位移（或初速度），然后突然卸去荷载，结构便产生自由衰减振动，记录下振动衰减曲线，根据动力学理论就可以求出结构的自振周期和阻尼。因此普通也称它为"张拉释放"法。

图4.8.2-1是结构自由振动时位移振幅衰减曲线，可以由拾振器检测并记录下来。根据自由振动的运动方程可知，在小阻尼情形下，位移衰减曲线用下式给出：

$$x = Ce^{-\zeta\omega_0 t}\cos\omega_0' t \tag{4.8.2-1}$$

C是常数，决定于初位移值x_0或初速度v_0。由此即可求得结构的自振周期和阻尼等数值。

自振周期：由上式可知，位移衰减曲线是一简谐振动，它的频率ω_0即是结构的自振频率。于是只要在记录曲线图（图4.8.2-1）的时间坐标上，量取两个波峰之间的时间T即结构的自振周期，也可求得自振频率f_0或圆频率ω_0：

$$T = \frac{2\pi}{\omega_0} = \frac{1}{f_0} \tag{4.8.2-2}$$

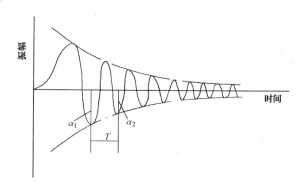

图4.8.2-1　结构自由振动时位移振幅衰减曲线

阻尼比：结构自由振动在小阻尼比情况下是振幅按对数衰减的简谐振动，因此按图25.6.7时间t时刻的波峰位移值α_1和相隔一个周期T的相邻波峰位移α_2（$t+T$时刻）可得以下关系：

$$\alpha_1 = Ce^{-\zeta\omega_0 t} \tag{4.8.2-3}$$

于是
$$\alpha_2 = Ce^{-\zeta\omega_0(t+T)} \tag{4.8.2-4}$$

$$\frac{\alpha_1}{\alpha_2} = e^{\zeta \cdot 2\pi} \tag{4.8.2-5}$$

则可得阻尼比

$$\zeta = \frac{1}{2\pi}\lambda n \frac{\alpha_1}{\alpha_2} \qquad (4:8.2\text{-}6)$$

由此可见，只要从位移记录曲线上读取任意相邻两个振幅值 α_1 和 α_2，然后用上式就可求出结构的阻尼比。由于在外力突然释放的初期会出现振动过渡状态而波形较乱，读取时应从过渡状态消失以后开始。如果读取的是相距 n 个周期时刻的两振幅 α_1 和 α_2，计算阻尼比值时只要将上式除以 n 即可。

振型：张拉释放或撞击可能同时激起几个振型，但是高振型一般阻尼较大，在短时间内就消失了，只剩下基本振型。因此采用这种方法一般得不到高振型的结果。严格说对一多质点体系，只有在每个质点上作用一个相应于振型 $X(i)$ 分布的力，然后再突然卸荷才能得到要求的振型，但实际上是难以实现的。一般只张拉一点，作为求第一振型的近似，然后沿结构物高度记录不同点的位移，量取同一时刻各点的振幅值并联接起来就得到振型形状。

在实际试验时，为了使结构物产生一个自由振动，常用的有以下几种方式：

1. 张拉释放装置

图 4.8.2-2 是常用的一种简便的张拉释放装置。开动绞盘则通过钢丝绳牵拉结构物使其产生一个初位移；当拉力足够大时钢棒被拉断，荷载突然卸掉结构便开始做自由振动。调整钢棒断面即可获得不同的初位移。对于大比例模型试验则可采用悬挂重物的办法，剪断铅丝来突然卸荷。另外也可以利用千斤顶施加推力的办法，在着力点上附加一根小梁，把小梁推断实现突然卸荷。

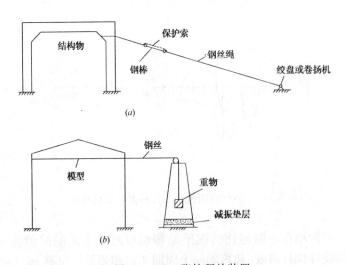

图 4.8.2-2 张拉释放装置

2. 撞击或小火箭

撞击是使结构在瞬间受到冲击，产生一个初速度，然后做自由衰减振动。通常利用打桩设备和撞击设备来施加这种冲击荷载。对于海港码头结构也可利用船舶停靠或牵引来作为冲击或张拉手段。应注意做到使作用力的全部持续时间应该尽可能比结构自振周期短，这样引起的振动才是整个初速度的函数，而不是力大小的函数。

近年来已经利用专门设计的小火箭做为冲击设备。实验中也收到较好的效果，尤其对烟囱、高桥墩一类高耸结构更为适用。小火箭由壳体和喷嘴两部分组成，底座有法兰板与建筑物固定。试验时火药点火燃烧后高压气体由喷嘴高速喷出，其反作用力通过底座给建筑物一个冲击力。故又称为反冲激振器。力的大小和作用时间可以事先计算与设计。国内已研制的有四种型号，推力分别为 10~40kN，持续作用时间均为 0.05s。

4.8.3 脉动法

利用建筑物周围大地环境的微小振动（俗称脉动）作为激励而引起结构物的脉动反应，来测定结构物的自振特性，称之脉动法，它是常用的一种方法。它不需用起振设备，又不受结构形式和大小的限制，简单易行。使用常用的宽频带测振仪，找出结构的基频是比较容易的。但如果不对随机的脉动信号进行数据处理，要得到高阶振型的自振参数，往往需要进行繁重的频谱分析计算，这就使得脉动量测所能得到的数据受到限制。近些年来随着计算技术的发展，尤其是快速傅里叶变换方法的出现以及一些专用的谱分析仪和数据的处理机相继问世，为脉动信号数据处理提供了分析手段；应用随机振动理论和数据分析方法，可以获得较完整的结构动力特性的参数，从而扩大了这种方法的应用。

1. 地面脉动的特征与反应

在任何地点、任何时间和任何情况下，用高灵敏度的测振仪都能测出地面的极微弱的震动波形来。它的幅值很广，从千分之几个 μm 到几个 μm（$1\mu m$ 即 $\mu m = 10^{-3}$mm），它的频带较宽从 0.01s 到 10s。人们把这种在没有地震条件下还存在着的大地微动统称为地面脉动或环境振动。

地面脉动的主要特征为随机性。从理论上，它几乎满足影响因素极为众多而又无一突出的随机变量的要求；从现象上，它完全满足每一段都不完全重复的随机过程的要求；只要在排除特殊干扰因素（如车辆或机械在很近的地方干扰）之后，它完全可以看作是各态历经平稳随机过程，这是少有的可以随时取样的地振动，而且时间可以任意长、次数任意多；它没有特定的传播方向，没有特定的震源。

由于地面脉动是随机的，它所包含的信息反应了地基的微幅振动特性，但这一信息中同时又包含了许多噪声，因此必须采取随机过程的处理方法，以大量数据的统计为基础，否则难以得到所需要的信息。图 4.8.3-1 所示的地表脉动在不同地基上的记录及其频谱曲线，图中分别代表四种硬软不同的地基。从图中可见，频谱具有很简单的形状，(a) 是 I 类地基，以基岩或坚硬土层为代表，主要频率成分为 0.1~0.2s 周期的振动，但有时在完整基岩上主要频率成分也很广，可以包括 0.1~0.6s 中大多数分量；(b) 是 II 类地基，以洪积层为代表，土层坚硬且较厚，主要成分为 0.3~0.4s 周期的振动；(c) 是 III 类地基，以冲积层为代表，土层松软较厚，主要成分为 0.4~0.6s 周期的振动；(d) 是 IV 类地基，以人工填土和沼泽地为代表，土层异常松软而且很厚，主要成分为 0.6~0.8s 周期的振动。同时，地基越硬，位移振幅则愈小，越软则振幅愈大。

统计各地面脉动多次测量结果发现脉动波近于"白噪声"，具有无限多个频率的振动组

成而且在 $-\infty<\omega<\infty$ 范围内各频率成分是等强的特性。并且一定的地区和地基土壤条件具有脉动卓越周期，它表征着该地区地基土壤的部分特性。日本的金井清等对地震的卓越周期曾进行过深入研究，认为脉动振动的卓越周期即为地表层的自振周期，而同一地基的脉动振动与地震动的频谱有相似的形状，因而地震动的卓越周期也是地表层的自振周期。

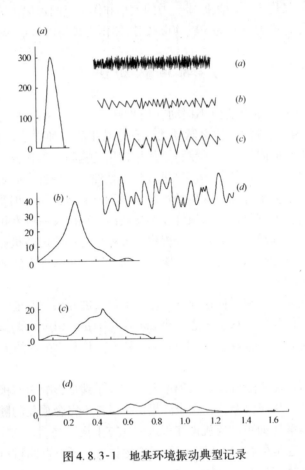

图 4.8.3-1　地基环境振动典型记录

通过建筑物的振动测量早发现建筑物上也存在类似的微幅振动，称之建筑物的脉动反应；而且发现脉动反应波形中包含着该建筑物的自振特性，在脉动波形中近似"拍"的区段振动的频率就代表结构物的自振频率。因此把这种利用建筑物脉动反应波形来确定结构自振频率的方法称之为脉动法。用脉动法测定建筑物自振频率的原理是与测定土壤的"卓越周期"相类似，也与起振机的共振法有相像之处。不难理解，建筑是坐落在地面上，地面脉动对建筑物的作用也相似于起振机是一种强迫激励，只不过这种激励不再是稳态的简谐振动而是近似于白噪声的多种频率成分组合的随机振动 $X(t)$。当地面各种频率的脉动波通过建筑物后，与建筑物自振频率相近的脉动波就被放大突出出来（类似于共振），同时也掩盖频率不相适应的部分脉动波（建筑物相似于一个滤波器）。因此脉动反应 $Y(t)$ 中最常出现的频率往往就是建筑物的固有自振频率，而"拍"振是它的一种表征形式。可以沿建筑物高度方向布置拾振器测点，把各高程点上的水平向脉动波形同时记录在一张图上,则可进行建筑物的整体脉动分析。脉动测试与分析的框图示于图4.8.3-2中。

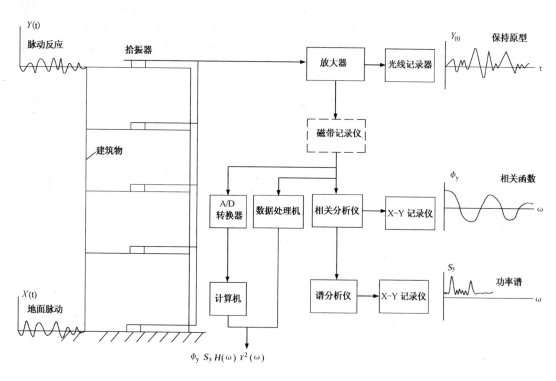

图4.8.3-2 脉动测试与分析仪器框图

这种从建筑物脉动反应波形的时程曲线上直接判求结构自振周期的方法已经沿用多年。但不难看出,如果不对随机的脉动信号进行数据处理,一般只能找到基频或较低频率,要得到其他动力参数或高阶振型数据是困难的。但随着计算机的发展,数据处理机和谱分析仪的出现,为进行随机信号处理创造了条件,提高了脉动法的精度和全面提供结构动力参数的可能性。

由于地面脉动和建筑物的脉动都是随机过程,所以一般随机振动特性要从全部事件的统计特性的研究中得出。这些统计特性包含:幅值域的平均值 E、均方值 D、方差 σ、概率 P 和概率密度 p;时差域的自相关函数 $\phi_{xx}(t)$;频率域的自动率谱 Sxx、互谱 Sxy 和凝聚函数 γ_{xy}^2。根据随机振动理论,作为输入的地面脉动随机过程的功率谱 Sxx 与作为这一输入反应的建筑物脉冲(输出)的功率谱 Sxy 存在如下的关系:

$$S_{xy}(\omega) = |H(j\omega)|^2 Sxx(\omega) \quad (4.8.3-1)$$

对于单质点线性体系和小阻尼比的情况下,频率响应函数 $|H(j\omega)|$ 可以表示如下,且注意到地面脉动近似于白噪声(即 $S_{xx}(\omega) = S_0$,常数),则

$$S_{yy}(\omega) = \frac{1}{\left[1-\left(\frac{\omega}{\omega_0}\right)\right]^2 + \left(2\zeta\frac{\omega}{\omega_0}\right)^2} S_0 \quad (4.8.3-2)$$

这表明建筑物脉动信号的功率谱代表着结构物的自振特性,功率谱图上的峰值对应着

结构的固有频率。同理，也可以对建筑物脉动信号进行相关分析、传递特性分析等，求得更多的自振参数，而且多自由度体系也可类似地应用这种方法。这就是利用建筑物脉动信号测定自振特性的主要原理与依据。在进行上述分析中我们基于两种假定：

（1）假定场面脉动的频谱是较平坦的，近似有限带宽白噪声，即它的功率谱值是一个常数。图4.8.3-3是实际测得的一个地面脉动功率谱（峰值是地面土壤的卓越频率）。

（2）假设建筑物的脉动是各态历经的平稳随机过程。由于建筑物脉动的主要特征与信号时间起点的选择关系不大，同时因为它本身动力特性的存在，因此可以认为建筑物脉动是一种平稳随机过程。实践表明又可把它看做是各态历经的，只要我

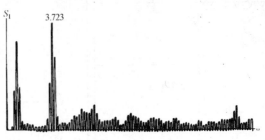

图4.8.3-3　某处地面脉动的功率谱

们有足够长的记录时间，单个样本上的时间平均可以用来描述这个过程的所有样本的平均特性。

2. 脉动信号的量测

脉动信号是通过拾振器输给放大器，一般称这种专门设计的仪器为脉动仪，它具有较高的灵敏度和适宜的频带宽，放大后的信号可以输给光线记录器记录下来。然后从记录波图上直接分析结构的自振特性。这是比较常规的脉动量测程序。

采用普通的宽频带放大器记录脉动位移信号，对于分析结构基频是可以了。但为了记取高阶自振频率就必须采取其他措施，否则从宽频放大器输出记录中是很难识别出来的。一个有效措施是直接记录结构的脉动加速度，可以提高放大器的高频灵敏度。

如果采用相关或谱分析的方法来确定自振参数，则放大器输出的信号要经过专门的数据分析仪器进行处理。一般有脱机和联机两种处理方式，前者放大器的输出信号要先经过磁带记录仪记录下来，回来以后再输给分析仪器，后者则在现场把放大器输出送给实时相关与谱分析仪进行处理，因此，联机处理也是一种实时处理方式。不过联机处理需要把量测与分析仪器都运到现场，国外已经有了为此目的设计的测振车，因此在一般的条件下多采用脱机处理方式。在量测建筑物脉动时必须注意下列几点：①脉动记录里不应有机械等有规则的干扰或仪器电源等带进的杂音，为此观测时应避开机器等以保持脉动记录的"纯洁"；②拾振器应沿高度和水平向同时布置，并放置在主要承重构件部位；③每次观测必须持续足够长的时间并且重复几次，注意观察记录是否有主谐量出现；④一般量测脉动位移，容易判别结构的基频，如果具备滤波选频分析条件则记录脉动速度会更易于识别高次频率；⑤为了分析相位确定振型，拾振器必须事先放到一点上进行归一化，把相位求得一致并记录下相对幅值比率。

3. 脉动法现场测量实例[5]

1983年9月和1984年9月，清华大学土木工程系的高层建筑动力特征实测组与香港理工学院土木及结构工程系合作对香港几幢高层建筑进行了二次现场脉动试验。共进行了五幢高层建筑的测试。下面介绍合和中心的测试结果。

(1) 建筑结构概况

合和中心是当时香港最高的建筑物。建造在香港岛的北面岩石的斜坡上，是一幢65层的圆形建筑。共有二个入口，南面入口对着坚尼石道，一进入就是第十七层。它北面的入口对着皇后大道东，进入大厦的底层。图4.8.3-4为该房屋的平、剖面图。

合和中心为钢筋混凝土框筒结构。典型平面直径为44m的圆。从58层往上，直径缩为36m。在建筑物的中间有三层中心圆的核心墙，相互之间用放射形的墙连接而加强。三个核心筒的半径分别为3.479m、6.579m、9.385m。外圆和内圆的垂直单元梁和板连接在一起，同时来抵抗水平与垂直荷载。

在17层以下，建筑平面也与高塔部分不同，除了主体圆形外还有两翼部分。如图4.8.3-4b所示。主体与两翼部分用缝隔开，圆塔部分可以独立地进行测试试验。

(2) 加速度传感器的位置

脉动测试主要集中在圆塔的主体部分。为了测量平移振动，将传感器尽可能地放在圆的中心。从65层到底层，传感器之间的层间间隔大约在10层左右。测量方向第一次是平行于内核的核心墙，第二次是垂直于内核的核心墙，它们各自相应为东西方向和南北方向。

为了测扭转振动，传感器放置在建筑物的两端。为了测垂直振动，将两对传感器放在第10层和第32层的C19和C43柱旁。另外，还有一些辅助的测点来检查两翼建筑对主体圆塔的影响。

(3) 脉动测试结果

表4.8.3-1列出了所测得的12个平移振动频率和2个扭转振动的频率及部分阻尼比。表4.8.3-2和4.8.3-3列出了东西方向6个平移振动的振型，表4.8.3-4和表4.8.3-5列出了南北方向6个平移振动的振型。表4.8.3-6和表4.8.3-7列出了扭转振动的振型。

前六个平移振动与前两个扭转振动的频率和部分阻尼比　　　　表4.8.3-1

振型	平移振动					
	南北方向					
	第一振型	第二振型	第三振型	第四振型	第五振型	第六振型
频率（Hz）	0.452	1.16	2.85	4.05	5.40	6.94~7.03
阻尼比（%）	—	—	—	—	—	—

振型	平移振动						扭转振动	
	东西方向							
	第一振型	第二振型	第三振型	第四振型	第五振型	第六振型	第一振型	第三振型
频率（Hz）	0.445	1.62	2.95	4.17	6.03~6.05	7.34~7.45	1.27	3.41
阻尼比（%）	1.4	0.75	1.0	—	—	—	0.8	0.8

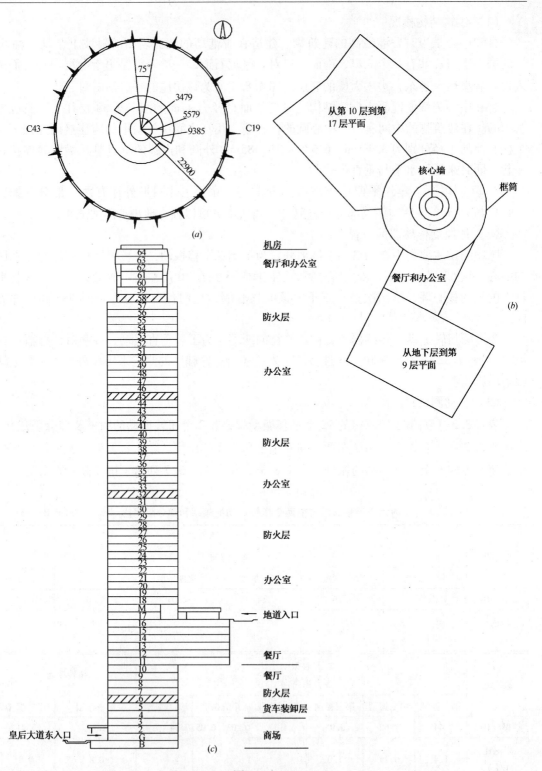

图 4.8.3-4

(a) 合和中心典型层平面图；(b) 合和中心在十七层以下的平面布置示意图；
(c) 合和中心剖面示意图

第8章 建筑结构的现场动力试验

合和中心前三阶东西方向平移振动的振型　　表 4.8.3-2

楼层	东西方向的平移振动					
	第一振型 $f=0.445$ Hz		第二振型 $f=1.62$ Hz		第三振型 $f=2.95$ Hz	
	幅值	振型	幅值	振型	幅值	振型
65 层	1.00		1.00		1.00	
57 层	0.77		0.34		-0.07	
47 层	0.57		-0.22		-0.38	
37 层	0.38		-0.51		-0.03	
29 层	0.23		-0.48		0.31	
21 层	0.11		-0.35		0.39	
10 层	0.03		-0.08		0.17	
6 层			-0.03		0.07	

合和中心第四到第六阶东西方向平移振动的振型　　表 4.8.3-3

楼层	东西方向的平移振动					
	第一振型 $f=4.17$ Hz		第二振型 $f=6.03\sim6.05$ Hz		第三振型 $f=7.34\sim7.45$ Hz	
	幅值	振型	幅值	振型	幅值	振型
65 层	1.00		1.00		0.98	
57 层	-0.35		-0.65		-0.71	
47 层	-0.07		-0.63		-0.961	
37 层	0.42		-0.18		-1.00	
29 层	0.11		-0.64		0.00	
21 层	-0.34		-0.29		0.94	
10 层	-0.30		-0.27		-0.78	
6 层	-0.15		-0.32		-0.68	

合和中心前三阶南北方向平移振动的振型　　　　　　　　　表 4.8.3-4

楼层	南北方向的平移振动					
	第一振型 $f=0.452$Hz		第二振型 $f=1.61$Hz		第三振型 $f=2.85$Hz	
	幅值	振型	幅值	振型	幅值	振型
65层	1.00		1.00		1.00	
57层	0.75		0.30		-0.08	
47层	0.58		-0.23		-0.37	
37层	0.36		-0.49		0.02	
29层	0.20		-0.46		0.32	
21层	0.10		-0.30		0.36	
10层	0.03		-0.06		0.10	
6层	0.01		0.02		0.02	

合和中心第四到第六阶南北方向平移振动的振型　　　　　　表 4.8.3-5

楼层	南北方向的平移振动					
	第一振型 $f=4.05$Hz		第二振型 $f=5.40$Hz		第三振型 $f=6.94\sim7.03$Hz	
	幅值	振型	幅值	振型	幅值	振型
65层	1.00		1.00		1.00	
57层	-0.37		-0.62		-0.54	
47层	-0.01		0.71		0.71	
37层	0.38		-0.35		-1.79	
29层	0.01		-0.60		0.61	
21层	-0.39					
10层	-0.21		0.48		-0.72	

第8章 建筑结构的现场动力试验

合和中心第一扭转振动的振型 $f=1.27\text{Hz}$ 表 4.8.3-6

楼层	幅值		振型
	C43	C19	
58层	-0.96	1.00	
45层	-0.42	0.84	
32层	-0.73	0.50	
10层	-0.02	0.06	

合和中心第二扭转振动的振型 $f=3.41\text{Hz}$ 表 4.8.3-7

楼层	幅值		振型
	C43	C19	
58层	-0.99	1.00	
45层	0.18	-0.29	
32层	1.06	-0.85	
10层	0.10	-0.18	

4. 脉动法与其他激振法实测结果的对比[4]

表 4.8.3-8 列出了用脉动法与其他激振法实测得到的结构基本周期与阻尼比。从表中实测数据的对比表明，用脉动法测得的结构自振特性与其他激振方法如起振器冲击、地震及爆破等所测得的结果符合良好，脉动法实测数据具有良好的精度和可靠性。

脉动法与其他强迫振动法实测结构自振特性的对比 表 4.8.3-8

建筑类别	编号	主要结构	激振实测结果			脉动实测结果 统计法		观测方向
			基本周期(s)	阻尼比	激振方法	周期	阻尼比	
砖石民用建筑	1	3层砖石房屋（办公室）	0.34	0.06	起振机	0.31	0.042	短轴向
	2	3层砖房屋（宿舍）	0.25	0.15	起振机	0.25	0.13	短轴向
多层钢筋混凝土框架房屋	3	13层装配式钢筋混凝土框架房屋	0.53	0.032	起振机	0.53	0.032	短轴向
	4	13层装配式钢筋混凝土框架房屋	0.725	0.029	起振机	0.70	0.029	短轴向

续表

建筑类别	编号	主要结构	激振实测结果			脉动实测结果		观测方向
			基本周期（s）	阻尼比	激振方法	统计法		
						周期	阻尼比	
多层钢筋混凝土框架房屋	5	11层浇筑钢筋混凝土框架房屋（办公室）	0.51	0.044	起振机	0.49	0.036	短轴向
	6	12层浇筑钢筋混凝土框架房屋（主结构6层，屋顶钟楼6层）	0.63	0.04	起振机	0.64	0.021	短轴向
大跨度公用建筑	7	礼堂（40m高）	0.555	0.045	起振机	0.556	0.058	沿中轴
工业建筑	8	煤矿洗选车间（8层钢筋混凝土框架结构）	0.421	0.058	冲击	0.43	0.03	纵向
	9	棉纺厂机织车间（单层钢筋混凝土排架）	0.2	0.064	起振机	0.23	0.087	沿排架向
	10	轧钢车间（单层多跨钢筋混凝土排架）	0.92	0.02	冲击	0.90	0.024	沿排架向
	11	水电站发电车间（单层单跨混凝土排架）	0.53	0.027	地震及爆破	0.534	0.022	沿排架向
	12	炼钢车间（单层单跨混凝土排架）	0.675	0.03	冲击	0.665	0.026	沿排架向
钢筋混凝土排架	13	变电站出线架	0.468	0.04	地震	0.45	0.02	沿排架向
冶金建筑	14	炼钢高炉（容量255m³）	0.318	0.03	起振机	0.318	0.015	垂直斜桥向
	15	炼钢高炉（容量1442m³）	0.455	0.022	冲击	0.431	0.04	垂直斜桥向
铁路桥梁	16	铁路桥（3跨连续桁架，120m跨度）	0.50	0.026	起振机	0.51	0.028	横向
水工建筑	17	混凝土大头坝	0.189	0.05	地震及爆破	0.193	0.05	沿河流向

4.8.4 人工震动的现场结构试验实例

1. 人工地震的产生

采用地面或地下爆炸引起地面运动的，都称之为人工地震动。人工地震动的产生可以用核爆炸或化学爆炸的方法。用爆炸方法产生的地面运动具有以下特征：地面运动加速度峰值随装药量的加大而增高，且随离爆心愈远迅速下降，而地面运动持续时间则愈长。因此，要使人工地震动特性接近天然地震，尤其是要接近强烈地面运动，满足对建筑物承受天然强地震作用的效果，必然要求装药量很大，否则人工地震与天然地震动总是相差甚远。仅以 1981 年在湖北某地进行过数次大装药量的爆炸现场试验为例，在接近爆心处，地面运动加速度峰值可高达几十个 g，但距离爆心 100 多米处，地面运动加速度的主脉冲就有两个以上，峰值虽大幅度降低，但持续时间则延长为 0.4s 以上，主脉冲作用时间也达 0.15s 左右。为改进爆炸的地震动特性，使接近于天然地震，可采用密闭爆炸和多振源连续延滞爆炸的技术，可使地面运动持续时间增加和加速度峰值随爆心距离增加的衰减规律变慢。

2. 加固的三层内框架砖房结构人工地震激振法现场试验

（1）试验方法

1981 年清华大学在湖北某地距爆心 132m 处建造两幢三层内框架砖房，其中一幢为抗震加固后房屋。图 4.8.4-1 表示了试验房屋的现场位置及其测得的地面运动加速度记录图。本项试验目的是：用接近于实际结构尺寸的试验结构对多层内框架结构在地震作用下的破坏规律及机理进行试验研究；研究多层内框架砖房的抗震加固措施的效果；探讨利用爆炸地震波对结构进行地震反应试验的试验方法。

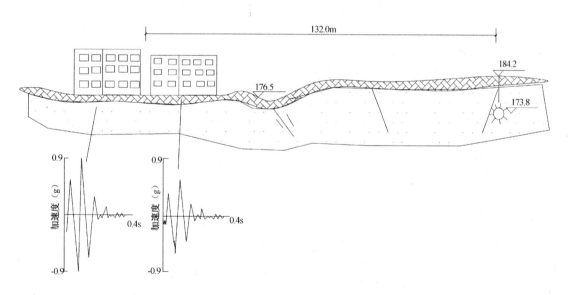

图 4.8.4-1 试验砖房离爆心位置图

本项试验采用缩尺比例为 1:2 的试验结构，对加固（608 号）和未加固（607 号）两个试验结构同时进行了试验以资对比。试验结构以在 1975 年海城地震中破坏的典型三层内框架砖房为原型，加固措施为外壁柱及基础加固。未加固砖房 607 号和加固砖房 608 号的结构图如图 4.8.4-2 所示。

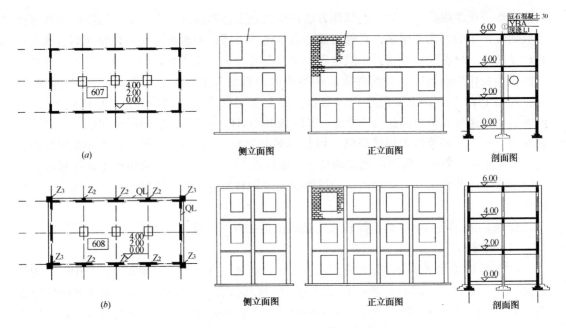

图 4.8.4-2 试验房屋结构图
（a）未加固房屋（607 号）；（b）加固房屋（608 号）

（2）试验量测

共进行了两次不同当量的爆炸试验。根据经验公式得到的两次爆炸荷载的场地地震动加速度 α，速度 V 以及当量烈度的估算值示于表 4.8.4-1。

两次爆炸荷载的估算结果　　　　表 4.8.4-1

顺　次	加速度 α（m/s^2）	速度（m/s）	当量烈度（°）
1	$0.5g$	6.73	7
2	$4.9g$	37.19	9

量测内容有：

场地地震动加速度：607 号、608 号试验结构各楼层及屋顶横轴方向的加速度；607 号、608 号各层山墙中间部位的墙体应变；607 号钢筋混凝土内柱及加固壁柱的钢筋应变。

采用 27 型电阻丝式加速度传感器，输出信号经动态应变仪放大后输入磁带记录仪，测应变的电阻应变片输出信号经动态应变仪放大后输入光线示波器。放大器及记录仪器放置在距试验结构 40m 的岩洞中。传感器、应变片与放大器之间用四芯屏蔽电缆连接。试验量测全部遥控。

在爆炸地震试验场采用远距离遥控测试的各种动态信号往往受电磁波及各种因素如温、湿度变化，测试导线过长，爆炸时产生的场效应等因素的干扰，其最主要的后果是导致记录波形基线飘移和高频白噪声的混频干扰，给试验数据的整理带来困难。为此，对记录结果作了滤波及波形校正调整。

（3）试验结果

图 4.8.4-3 分别表示了场地和 607 号与 608 号房屋的加速度、速度和位移的实测时程曲线。

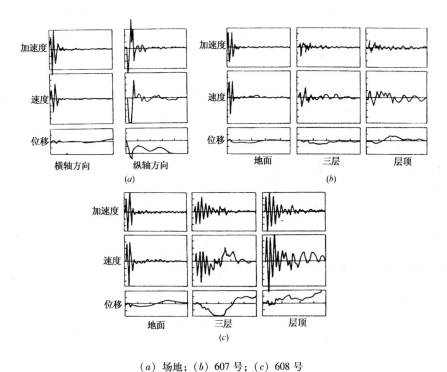

（a）场地；（b）607 号；（c）608 号

图 4.8.4-3　场地及结构的加速度、速度、位移记录

图 4.8.4-4 分别表示了 607 号砖房中柱和 608 号房屋中、边柱钢筋应变实测时程曲线。

图 4.8.4-5 表示了 608 号砖房山墙体应变的实测时程曲线。

现场试验结果表明，未加固砖房的震害与唐山地震时内框架砖房的震害基本一致，即

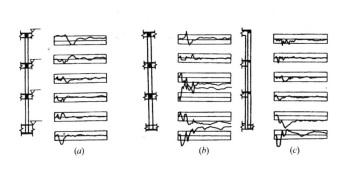

图 4.8.4-4　钢筋应变记录

（a）607 号中柱；（b）608 号中柱；（c）608 号边柱

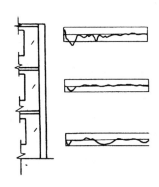

图 4.8.4-5　山墙墙体应变记录（608 号）

"上重下轻"。房屋墙体出现水平裂缝,并沿墙体最小截面处的砖缝延伸,顶层裂缝较宽并贯通墙体,底层墙体轻微开裂。加固房屋的山墙二、三层窗口的角部有斜向剪切裂缝,其中三层一侧窗口的裂缝延伸到外加构造柱的边缘。此外,钢筋混凝土内框架柱均未发现裂缝。根据在试验房屋所处地点实测的场地爆炸地震动时程曲线求得的反应谱示于图4.8.4-6中。

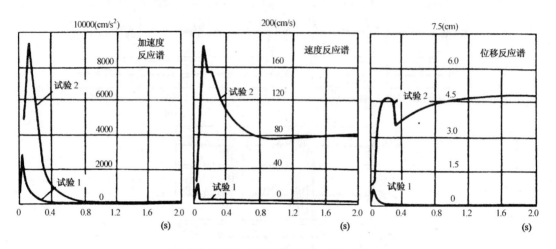

图4.8.4-6 爆炸地震动反应谱

表4.8.4-2列出了试验房屋的自振频率和阻尼比,表中同样给出了自振频率的计算值。表中的数据表明,计算结果与实测值有良好的吻合性。

试验房屋的自振频率和阻尼比　　　　表4.8.4-2

项　目	加固房屋		未加固房屋	
	一振型	二振型	一振型	二振型
试验前	7.1Hz	20.8Hz	8.3Hz	25.6Hz
试验后	6.7Hz	19.2Hz	7.7Hz	21.7Hz
计算值	7.1Hz	19.9Hz	7.9Hz	22.4Hz
实测阻尼	0.018	0.028	0.018	0.036

参考文献

[1] 沈聚敏. 日美两国的钢筋混凝土足尺结构模拟试验研究. 国际学术动态, No1, 1986
[2] 朱伯龙主编. 结构抗震试验. 北京:地震出版社, 1990
[3] 沈聚敏. 结构模型的振动台试验研究. 北京:清华大学出版社, 1990
[4] 胡聿贤著. 地震工程学. 北京:地震出版社, 1988
[5] 宝志雯, 高赞明等. 香港几幢高层建筑的脉动试验. 北京:清华大学出版社, 1985
[6] 沈聚敏, 周锡元, 高小旺, 刘晶波编著. 抗震工程学. 北京:中国建筑工业出版社, 2000

第五篇

建筑结构工程鉴定

第1章 建筑工程结构质量和安全与可靠性鉴定及抗震能力评定概述

通常，我们把建筑工程结构安全、可靠性鉴定与抗震能力评定统称为结构鉴定。实际上建筑工程结构安全、可靠性鉴定与抗震能力评定是有差异的。建筑结构的可靠性包括了结构的安全性、适用性和耐久性，所以建筑结构的可靠性是一个更为广泛的概念。而建筑抗震鉴定是建筑结构是否满足当地抗震设防烈度要求的抗震能力评定。建筑工程质量评定既包括施工质量评定又包括设计质量评定。

因此，我们在介绍建筑工程结构安全、可靠性鉴定与抗震性能评定之前，先讨论建筑结构质量评定与建筑结构鉴定的基本要求。

5.1.1 建筑结构质量评定

建筑工程质量评定应包括施工质量评定又包括设计质量评定。一般多为新建工程，也有一些既有建筑；多数只涉及结构工程的施工质量，有些也会引出设计质量的问题。

1. 新建工程的施工质量评定

对于新建工程的施工质量评定应以现行的《建筑工程施工质量验收统一标准》GB 50300—2001 和与该统一标准配套的结构工程施工质量验收规范的规定进行结构工程施工质量的评定，具体见本手册第3篇。对于既有建筑工程施工质量的评定，应以建造年代的施工验收规范作为依据。

对于既有建筑工程质量评定检测和建筑工程安全鉴定检测，虽然都是对既有建筑工程的检测，但是在检测的抽样方案和抽样结果的判定上是有差异的。

（1）对于既有建筑工程质量评定的检测应依据建造年代的验收规范的项目和抽样方案进行，其抽样样本应是随机的且不能由委托方指定；而既有建筑工程结构安全鉴定检测的检测项目应根据结构现状质量和对结构安全的影响程度确定检测项目和抽样方案，其抽样应区分重要的楼层、重要的部位或构件。

（2）既有建筑工程质量评定检测的检测结果应依据建造年代的设计文件和验收规范的评价指标进行评价；而既有建筑工程结构安全鉴定检测的检测结果是为结构安全鉴定提供计算参数，如结构构件截面尺寸的范围，房屋倾斜程度及结构分析模型的考虑，结构损伤对结构安全的影响等等。

2. 建筑工程结构设计质量的评定

建筑工程结构设计质量的评定原则为：

（1）以建造年代的设计规范为依据。我国建筑结构设计规范也是几经修改，其可靠度水平也在不断提高；相应的荷载取值也在不断向大的方面调整。用现行的设计规范去评价既有建筑结构的设计质量是无法得出正确的结论的。

（2）严格按照建造年代的设计规范和有效的设计文件（有设计变更的，应采用设计变更后的文件）进行评价。

（3）建筑工程结构设计质量的评定应包括结构布置、结构体系、结构构件承载能力和结构构造措施等方面，并应从这几方面进行综合评价。

5.1.2　建筑工程结构安全和可靠性鉴定与抗震能力评定

5.1.2.1　建筑工程结构安全和可靠性鉴定与抗震能力评定的范围

当出现下列情况时应进行建筑工程结构安全与抗震能力评定：

（1）新建工程的结构质量不满足施工质量验收规范的要求，且通过现场检测确认其构件材料强度指标等不满足设计文件的要求；需要通过安全核算等确认其结构是否满足设计规范的最低安全要求，以确定是否能够验收或需要加固处理等。

（2）新建或既有工程出现工程质量事故，需要通过检测鉴定查明工程事故的原因及提出处理方案等。

（3）既有建筑工程改变使用功能需要增大荷载或变动结构主体以及加层改造等，应对原有结构的现状质量进行检测和结构安全与抗震能力进行评定；以确认加层改造的可行性。

（4）为了保证结构的安全和耐久性，需要对既有的建筑工程结构进行安全检测鉴定与可靠性鉴定。

（5）建筑工程结构使用过程中发现安全隐患，如结构构件出现过大的变形或出现因荷载引起的裂缝等，需要通过检测鉴定，找出原因和评价其安全及提出应采取的措施等。

对于第1、2、5种情况可仅进行结构安全鉴定，若抗震设防区还应进行抗震能力的鉴定。对于第3、4种情况除进行结构安全鉴定和在抗震设防区还应进行抗震能力的鉴定和结构耐久性检测鉴定及提出为满足合理使用年限而应采取的措施等。

5.1.2.2　建筑工程结构安全、可靠性鉴定与抗震性能评定依据的标准

工程结构安全与抗震能力评定依据的标准，应根据建筑结构工程的建造年代和结构重要性以及结构安全、可靠性鉴定与抗震能力评定的类别等来决定。可分为以下几种情况：

（1）对于新建工程的结构质量不满足施工质量验收规范的要求，需要进行建筑工程结构的安全鉴定与抗震能力评定，以确认该工程是否满足设计规范的最低安全要求的，应以现行的设计规范为标准。即对于按2001、2002版的现行规范设计的建筑工程，其结构安全性评价应采用现行的设计规范，包括相应规范的荷载、地震作用取值和结构构件承载力验算及构造措施的要求等。

（2）对于按1974版或1988版设计规范设计的既有建筑工程结构进行安全检测鉴定与可靠性鉴定（不包括抗震鉴定）应以鉴定标准为准，包括《工业厂房可靠性鉴定标准》GBJ 144—90、《民用建筑可靠性鉴定标准》GB 50292—1999等。

（3）对于在抗震设防区的建筑结构抗震能力的鉴定，未经抗震设防或该地区抗震设防烈度提高了的，应按《建筑抗震鉴定标准》GB 50023—95 进行鉴定。

对于按 1978 版或 1989 版建筑抗震设计规范设计的既有建筑工程结构的抗震能力评定（不包括抗震鉴定），可以以《建筑抗震设计规范》GBJ 11—89 进行鉴定。

（4）对于既有建筑结构出现安全隐患等的安全鉴定，应以建造年代的施工验收规范和设计规范为标准来分析安全隐患出现的原因。但在对安全事故进行加固处理时，应适当提高该结构的安全性和整体抗震能力。

（5）对于既有建筑加层改造，其恒载和楼面活荷载可通过调查确定或按现行《建筑结构荷载设计规范》GB50009—2001 给出的数值；对于所采用的雪荷载及风荷载，可根据加层与改造工程后的使用年限来确定。比如，可采用 30 年、40 年和 50 年一遇的雪荷载及风荷载等。

（6）建筑加层与改造工程中的抗震鉴定采用的规范问题

关于地震作用的取值，则较为复杂，有着不同的观点。

第一种观点认为，凡是进行加层与改造的工程均应采用现行规范，现行规范地震作用的取值和抗震构造要求均较《89 规范》有很大的提高；对于按《89 规范》设计并满足该规范抗震设防要求的建筑工程，大多数均不满足现行抗震规范的要求，这就需要在改造或加层的同时对原结构进行加固，从而扩大了对原结构的加固范围。按《89 规范》设计建造的建筑工程已经使用了 10 年左右，对于现状质量较好的建筑工程，表明其施工质量满足设计要求。按《建筑结构可靠度统一标准》GB 50068—2001，我国普通房屋和构筑物的设计使用年限为 50 年，已经使用了 10 年左右的建筑工程的合理使用年限只能 40 年左右，不会由于改造或增加一、二层而延长整个结构的合理使用年限和使用的寿命。所以，凡是加层与改造的工程均应采用现行抗震设计规范进行鉴定和加层的设计是不符合既经济又安全的抗震设计原则的。

第二种观点认为，凡是进行加层与改造的工程均应采用建造设计时采用的规范，由于我国抗震设计规范颁布较晚和经历多次修订，各本规范的设计方法也有很大的差异，比如《74 规范》和《78 规范》的综合安全系数，《89 规范》和《2001 规范》基于概率的多系数的承载能力极限状态设计方法等。这在运用起来就会带来较大的困难。

根据地震作用的特点和建筑结构抗震性能的要求，对需要进行加层与改造的工程可视其不同的建造年代和加层与改造后的期望合理使用年限来综合确定：对于未经抗震设防的建筑工程，可采用《建筑抗震鉴定标准》GB50203—95，其加固与改造后的期望合理使用年限为 30 年或少于 30 年；对于按《78 规范》和《89 规范》设计的建筑工程，可采用《89 规范》，其加固与改造后的期望合理使用年限为 40 年；对于按《2001 规范》设计的建筑工程应采用《2001 规范》。应包括相应规范的地震作用取值和构造措施的要求。

为了满足不同重要性建筑和不同抗震性能设计中考虑采用不同设计基准期的需求，文献[4]进行了探讨，《建筑抗震设计手册》（按 2001 规范）在总结已有研究成果的基础上，给出了不同设计基准期构件截面验算和罕遇地震变形验算与设计基准期为 50 年的地震作用取值的关系，列于表 5.1.2-1 和表 5.1.2-2。

不同设计基准期构件截面验算与设计基准期为 50 年的地震作用取值的比   表 5.1.2-1

设计基准期（年）	30	40	50
计算值	0.74	0.88	1.0
建议取值	0.75	0.90	1.0

不同设计基准期罕遇地震变形验算与设计基准期为 50 年的地震作用取值的比   表 5.1.2-2

设计基准期（年）	30	40	50
建议取值	0.70	0.85	1.0

5.1.3 建筑结构安全鉴定和可靠性鉴定与抗震鉴定的基本要求

1. 查看现场和收集有关资料

对出现损伤的建筑工程，做好检测鉴定最基础的工作是搞好现场查看和收集有关资料。现场查看，可以大体了解损伤的范围、严重程度，以便合理的制订检测鉴定方案。根据建筑工程损伤的情况、类型来确定检测鉴定应收集的有关资料，这些资料包括建筑结构设计竣工图和所需要的施工资料等。对于因改变建筑用途而造成的结构损伤，还应收集有关改变建筑用途等审批资料和有关设计资料等。当缺乏有关资料时，应向有关人员进行调查。

2. 重视建筑结构布置和结构体系的检查

尽管建筑工程的损伤原因较为复杂，但归根结底不外于建筑材料选择不当、设计考虑欠缺、施工质量存在问题以及周围环境的影响等。在建筑工程出现损伤后的鉴定中，建筑结构的设计复核是其中的一个环节。建筑结构的设计复核应根据结构损伤的状况进行结构布置、结构体系、构造措施和构件承载能力（包括抗震承载能力）。对于结构布置和结构体系以及构造措施的鉴定，主要是依据该建筑工程建造年代所采用的设计规范进行，对于不符合相关设计要求除指出外，还应和构件承载能力验算结果一起，综合评价引起结构损伤的原因和对结构整体安全性的影响。

3. 建筑结构承载力验算

结构承载力（含抗震承载力）验算应注意选用的标准，作为对建筑结构安全的评价应以相应建造年代的标准、规范为依据。其基本原则可概括为以下几点：

（1）验算采用的结构分析方法，应符合相应建造年代的国家设计规范或鉴定标准；

（2）验算使用的计算模型，应符合其实际受力与构造情况；

（3）结构上的作用应经调查或检测核实；

（4）结构构件上作用效应的确定，应符合下列要求：

1）作用的组合、作用的分项系数及组合值系数，应按相应的国家标准《建筑结构荷载规范》、《建筑抗震设计规范》及其他相关规范的规定执行；

2）当结构受到温度、变形等作用，且对其承载力有显著影响时，应计入由此产生的附加内力；

(5) 材料强度的标准值，应根据结构的实际状态按下列原则确定：

1) 原设计文件有效，且不怀疑结构有严重的性能劣化或者发生设计、施工偏差的，可采用原设计的标准值；

2) 调查表示实际情况不符合上款要求的，应进行现场检测；

(6) 结构或构件的几何参数应采用实测值，并应计入锈蚀、腐蚀、风化、局部缺陷或缺损以及施工偏差等的影响。

在利用结构分析与设计软件进行结构验算时，所选结构分析模型与设计参数，应符合结构的实际工作情况。应用程序时应熟悉和理解程序的说明，且应在正确理解结构和计算参数的物理概念基础上，根据工程的实际情况及规范相关要求经分析后确定。如在计算地震作用时，周期折减系数需根据结构形式与填充墙的情况选取合适的系数；如考虑现浇钢筋混凝土楼板对梁的作用时，可将现浇楼面中梁的刚度放大。

4. 建筑工程抗震能力的综合评价

建筑工程的抗震性能是由结构布置、结构体系、构造措施和结构与构件抗震承载能力综合决定的。不能仅从结构构件承载能力是否满足要求这一个方面来衡量。结构布置的合理性能使结构构件的受力较为合理，在地震作用下减少扭转效应；结构体系的合理性不仅使结构分析模型的建立较为符合实际，而且使结构的传力明确、合理和不间断；结构和构件承载力应包括结构变形能力和构件承载能力，结构变形能力又分为"小震"作用下的弹性变形和"大震"作用下的弹塑性变形；结构构造与结构和构件的变形能力及结构破坏形态、整体抗震能力关系很大。对于抗震构造措施严于设计规范要求的，若仅个别构件的承载力不满足相应规范的要求，则应根据该层其他构件承载能力的情况和考虑内力重分布及相应的构造措施等进行综合评价。

5. 建筑工程加层改造的安全与抗震性能评价与加层可行性研究

建筑工程加层改造的安全与抗震性能评价是加层改造工程的基础工作之一，关系到确保加层改造工程的满足安全与抗震性能的要求和加层改造方案的合理性等。建筑工程增层方案及可行性研究是在对原有建筑结构进行安全与抗震性能评价的基础上进行的，其主要任务是：

(1) 加层的可行性评价

根据原建筑结构的安全与抗震性能是否符合原设计规范的要求及其安全裕量、地基基础承载力的情况和加层所采用的结构体系引起的地基基础、结构的加固量等进行综合分析，探讨和确定加层的可行性。

(2) 加层方案的比较和优化

根据原建筑结构的结构体系、安全与抗震性能和地基基础类型及加层后的建筑功能要求等可提出不同的加层方案，并对所提出的结构加层方案所形成的结构体系进行安全与抗震性能、经济合理及施工难度等的综合分析及其不同加层方案的比较，从中选择既经济又安全的加层方案。

在对各种不同加层方案的比较中，均应进行加层后的结构和构件的承载能力分析。而目前现行的设计规范还没有混凝土与钢结构混合的规定，也没有相应的计算程序，这就需要在对各类结构性能深入研究分析的基础上提出相应的措施和要求。

参考文献

［1］张典福，高小旺等．既有建筑质量确认性检测鉴定技术研究．工程质量，2005.5
［2］高小旺等．既有建筑安全与抗震性能检测鉴定的若干问题，建筑结构（增刊），2007
［3］高小旺，鲍蔼斌．地震作用的概率模型及其统计参数，地震工程与工程振动，1985
［4］龚思礼主编．建筑抗震设计手册（第二版）．北京：中国建筑工业出版社，2002

第 2 章 建筑结构工程安全鉴定

结构是建筑的骨架部分，而对于建筑结构性能可分为安全性、适用性和耐久性的要求。本章仅介绍结构安全性评定的问题，且重点放在现存结构的安全性评定方面。

5.2.1 建筑结构安全性问题

建筑结构的安全性是比较通俗的说法。由于在目前的评定中经常出现把建筑的安全性与建筑结构的安全性混淆和把建筑结构的安全性与结构的耐久性和适用性混淆的现象，在讨论建筑结构安全性问题之前，有必要明确界定一下建筑结构安全性问题的范围。

按照《建筑结构可靠度设计统一标准》GB 50068—2001 是：结构在规定的设计使用年限内承受可能出现的各种作用的能力。更为明确的说法是：凡属于承载能力极限状态考虑的问题均应归于结构安全性范畴，凡是不属于结构或构件承载能力极限状态的问题不宜归于结构的安全性。

按照《建筑结构可靠度设计统一标准》GB 50068—2001 的规定，承载能力极限状态是指结构或构件达到最大承载能力或不适于继续承载的变形。该标准列举的承载能力极限状态如下：

当结构或结构构件出现下列状态之一时，认为超过了承载能力极限状态：

（1）整个结构或结构的一部分作为刚体失去平衡（如倾覆）；

（2）结构构件或连接因超过材料强度而破坏（包括疲劳破坏），或因过度变形而不适于继续承载；

（3）结构转变为机动体系；

（4）结构或结构构件丧失稳定（如压屈等）；

（5）地基丧失承载能力而破坏（如失稳等）。

本手册把建筑结构的安全性问题限定在《建筑结构可靠度设计统一标准》GB 50068—2001 规定的承载能力极限状态等涉及的问题。

建筑物安全性的范围要比建筑结构安全性范围大得多，或者说建筑结构的安全问题只是建筑物安全问题中的一部分。比如建筑物的防雷击、防火、防盗、室内空气品质、装修材料的污染和环境的污染等都可归为建筑物的安全问题，但不能归为建筑结构的安全。

建筑结构还有使用安全问题，如栏杆扶手高度和栏杆的间距等。建筑结构的使用安全问题，应归于建筑结构的适用性，不应归为建筑结构的安全性，原因是，这类问题不能用承载能力极限状态衡量。

区分建筑的安全性与建筑结构的安全性，区分建筑结构的安全性与建筑结构的使用安全，并不是轻视建筑的安全和建筑结构的使用安全。其目的有两个：

（1）在进行结构安全性评定时，不能疏漏了建筑的安全和结构的使用安全；并要提醒委托方注意建筑的安全和建筑结构的使用安全的问题；

（2）建筑结构存在的安全性问题，要靠采取相应的加固措施来解决；而加固措施解决不了有些建筑的安全问题，如防火安全问题；用加固措施解决使用安全问题则会造成不必要的浪费。

关于建筑结构的安全性与适用性和耐久性的区别将以下几章讨论。

5.2.2 建筑结构安全性评定内容

建筑结构的安全性是建筑结构可靠性评定的重点，也是有关当事方最为关注的问题。国际标准 ISO 2394：1998，结构可靠性总原则建议的需要评定的结构为四种情况：

（1）结构需要改造；

（2）改变结构用途或延长设计使用年限；

（3）结构受到损伤；

（4）对结构的安全性有怀疑。

我国目前实施的建筑结构的检测与评定除了上述四种情况外，还有其他的几种情况，这几种情况可参见第4篇的相关介绍。

在此特别提出正常使用期间的检测与评定问题。这种检测与评定可以起到预防发生恶性坍塌事故、减小环境作用造成的损失。一些国家已经把定期进行检测与评定列入国家的相应法规。例如新加坡，规定 5～10 年评定一次。我国水电行业规定：水电大坝十年进行一次检测评定；我国电力部门和交通部门都有巡检的制度。对于建筑结构应该也有类似的规定。建筑结构正常使用阶段的检测与评定也应从建筑工程全寿命的质量控制的高度给予重视。

5.2.2.1 建筑结构安全性评定的内容

建筑结构的安全性评定的工作分成结构布置与结构体系、构件承载能力和结构构造评定等内容。

（1）建筑结构布置与结构体系的评定主要包括下述内容：

1）结构的形式与型式：目前常用建筑结构的主要材料区分结构形式，如混凝土结构、钢结构、木结构、砌体结构等。而用多层建筑结构、高层建筑结构、空间结构、单层结构等区分建筑结构的型式，继续细分尚有排架结构、刚架结构、拱结构、框架结构、剪力墙结构、框架-剪力墙结构、板柱-剪力墙结构、筒体结构、网架结构、悬索结构等。

2）结构布置，主要是结构平、立面布置的规则性和结构构件布置的对称性；

3）结构体系主要指结构的传力合理且不间断，应避免因部分结构或构件破坏而导致整个结果丧失抗震承载能力或重力荷载的承载能力以及结构构件设置的合理性。

（2）结构与构件承载能力评定，包括结构的整体承载能力、结构变形能力、结构整体稳定性和构件承载能力、构件稳定性以及连接件、预埋件的承载能力等。

（3）结构构造，应区分不同类型的结构，主要是增加结构的整体能力、连接的可靠性、形成空间抗侧力体系等所采取的一系列措施等，通常是指不通过计算确定的做法。

上述三项工作内容是相互关联的，结构的安全性与抗震能力是由建筑结构体系、结构与构件承载能力和结构构造措施综合决定的。

5.2.2.2 安全性评定的基本方法

建筑结构安全评定的基本方法是以设计和鉴定规范的要求为基准。通过对具体结构的建筑结构体系、结构与构件承载能力和结构构造措施的分析，综合评定结构的安全性。

（1）从结构体系方面来看，我国一些建筑结构设计规范对建筑结构的结构形式、建筑高度、层数、主要承重和抗侧力构件的布置有相应的规定，这些规定都是建筑结构评定的依据。

（2）从构件承载能力方面来看，结构评定所采用的计算公式与相应的结构设计规范提供的公式相同，但是在计算中要考虑结构的实际尺寸与偏差，构件实际材料强度和构件的损伤情况。

（3）结构的构造措施按其性能可分为分三种情况，一是涉及构件承载能力和变形能力的构造要求，二是涉及结构构件间的连接和锚固，三是涉及构件使用性能的构造要求，在结构抗震中还有非结构构件与主体结构构件的连接等。涉及构件承载能力的构造要求是构件承载能力能够按设计规范提供计算公式计算的保障，一般情况下应该按设计规范的要求进行评定。如钢筋混凝土结构构件的最小配筋率，当不满足要求时，特别是出现相应问题时，应该采取措施予以处理。对于设计构件使用性能的构造要求，原则上也应该按相应设计规范的要求评定。但是当这些构造要求不满足相应规范要求时，要看是否构成影响。当未构成影响且将来也不会构成影响时，可不进行处理。如隔墙与主体结构构件的拉结，当不满足相应规范要求时，应进行处理；但该项处理可结合装修一起进行。

5.2.2.3 其他评定方法

对于无法按现行规范标准评定的建筑，可按《危险房屋鉴定标准》规定的方法进行评定。这类房屋包括农村的房屋、历史遗留的房屋等。

5.2.2.4 结构安全评定的适用标准

关于现存结构安全性评定目前有三种观点：

（1）按建造时规范的规定进行安全性评定；

（2）按现行规范评定的规定进行安全性评定；

（3）现存建筑结构应该满足现行规范的安全水平。

第一种观点认为：现存建筑结构是按建造时规范设计与施工的，其安全性评定应该按建造时规范的规定进行评定。

但是，如果按这种观点来进行现存建筑结构安全性评定则会存在下述问题：现存结构的安全性水平多样化。以混凝土结构来说，混凝土结构设计规范有1966年版，1976年版，1989年版，2002年版；此外，我国还有1966年以前建造的混凝土结构，有20世纪30年代建造的混凝土结构，甚至有20世纪初期建造的混凝土结构。除了规范版本多之外，规范也有国籍，早期的混凝土结构都是按照国外规范设计的，如美国、德国、日本和前苏联的规范。而且许多规范已经无处可查，实际实施困难较大。砌体结构和木结构的问题就更多了，有数百年的建筑，当时根本就没有规范，只有营造工法。

因此，按第一种观点进行现存结构的安全性评定是不合适的，无法实施。第二种观点认为无论新建工程还是现存结构，其安全水平都应该是相同的，因此应该按照现行规范的规定对现存结构的安全性进行评定。

现存结构都是按照建造时有效的规范设计与施工的，现行结构设计规范普遍比过去规范更为合理，其建筑结构的安全和构造措施均有所提高，计算公式更偏于安全。因此，完全按照现行规范的规定评定现存结构的安全性，必然会造成大量现存结构大面积地加固，造成资源的浪费，增加国家和业主的经济负担。目前许多鉴定标准都采取按现行结构设计规范计算，但允许构件承载能力 R_d 低于作用效应 S_d，例如允许 $R_d/S_d=0.92$ 或 $R_d/S_d=0.88$。这样的规定很难解释，特别是难于向用户解释。国家标准规定的安全水平是安全的下限，低于规范规定的安全水平就是不安全。

比较合适的评定原则应该是：即要保证现存结构符合现行规范要求的安全水平，又要尽量减少国家和业主的经济负担，减少加固工程量。这样的评定原则符合国家可持续发展的政策，且与国际上通行的原则是一致的。特别是在逻辑上要没有问题。这就是第三种观点的基本原则。以下介绍第3种观点的评定原理及评定方法。

5.2.2.5 建筑结构的安全水平及表示方法

现行建筑结构的安全水平是由《建筑结构可靠性设计统一标准》GB50068—2001 以结构构件承载能力极限状态可靠性指标 β 的形式确定的。《建筑结构可靠性设计统一标准》GB50068—2001 规定的结构构件可靠性指标见表 5.2.2-1。

承载能力极限状态的可靠性指标 β　　　　　表 5.2.2-1

破坏类型	安全等级		
	一级	二级	三级
延性破坏	3.7 ($P_f=0.000108$)	3.2	2.7 ($P_f=0.003477$)
脆性破坏	4.2 ($P_f=0.000013$)	3.7	3.2 ($P_f=0.000687$)

注：表中 P_f 为按正态分布计算的对应失效概率。

上述 β 值对应的是承载能力的失效概率 P_f（β 对应的 P_f 值见表中括号内的数值），也就是说《建筑结构可靠度设计统一标准》规定的安全水平是以可靠性指标 β 表示的为表示形式，实际上控制的是承载能力的失效概率 P_f。

通过以上简单的介绍可以得到下述的概念：只要现存建筑结构构件的可靠性指标 β 能够符合（大于或者等于）表 5.2.2-1 的要求，或者其承载能力失效概率 P_f 能符合（小于或者等于）相应的要求，现存结构的安全性就符合现行规范规定的安全水平要求。

为了便于分析现存结构安全性评定方法，以下详细介绍可靠性指标 β 和承载能力失效概率 P_f 的概念。

现行结构设计规范的可靠度设计理论将作用效应与构件承载能力视为两个概率分布。

设计规范将作用效应视为概率分布的原因有：

（1）活荷载的变异性，设备的变更，人员的多少，物品堆放的多少及位置变化等；

（2）风和雪荷载的变异，例如基本风压是根据50年一遇，10分钟风速的平均值确定的，既然有平均值就有超过值的可能；

(3) 材料密度的不均匀性，造成恒载标准值的变异；
(4) 构件尺寸和建筑做法的偏差造成恒载值的变异；
(5) 作用效应计算模型简化带来作用效应的计算值的变异等；
(6) 施工过程造成构件内部的残余应力。

设计规范将构件承载能力视为概率分布的原因有：
(1) 材料性能的不确定性；
(2) 构件尺寸的偏差；
(3) 构件位置的偏差；
(4) 构件承载能力计算模型的不确定性。

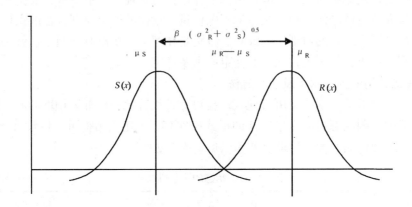

图 5.2.2-1 随机变量 $R(x)$ 与 $S(x)$ 的示意

图 5.2.2-1 给出了作用效应概率分布和构件承载能力概率分布的示意。图中 $R(x)$ 与 $S(x)$ 分别表示构件承载能力和作用效应的概率分布，μ_R 和 μ_S 分别为 $R(x)$ 和 $S(x)$ 的均值；σ_S 和 σ_R 分别为 $S(x)$ 和 $R(x)$ 均方差。

5.2.2.6 现存建筑结构的特点

与建筑结构设计阶段相比，现存建筑结构具有的不确定因素减小；存在的一些质量问题有些已经暴露等显著的特点。

所谓不确定性因素减小是指现存建筑结构与建筑结构的设计阶段相比。大致的因素可以有以下几类：

(1) 材料因素

结构设计规范使用材料强度标准值的目的之一就是要解决材料强度和性能的不确定性问题。例如钢材，不同钢厂生产的同一品种钢材的强度及性能存在差异；同一钢厂生产的同一品种钢材批号不同，其强度及性能也会存在差异。在建筑结构设计时，为了方便设计人员的工作，结构设计规范规定一个很低的强度值（产品的废品限）作为强度的标准值。现存建筑结构中使用的钢材强度和性能是确定的，多数情况钢材的强度特征值（具有95%保证率的强度值）要高于结构设计规范提供的标准值（实际上也是具有95%保证率的特征值），而且其标准差 σ 比结构设计规范考虑的标准差也要小。钢材强度的这些问题可以用图 5.2.2-2 直观地表示。

在图 5.2.2-2 中，曲线 1 为结构设计规范依据的钢材强度统计曲线示意，f_{st,k_1} 为结构设计规范提出的钢材强度标准值；曲线 2 为某现存结构中某类构件中钢材强度实际的概率分布曲线，f_{st,k_2} 为该种钢材的具有不小于 95% 保证率强度特征值；一般情况，$f_{st,k_2} > f_{st,k_1}$，曲线 2 概率分布的均方差小于曲线 1 概率分布的均方差。

砌体强度和混凝土强度也有同样的情况。

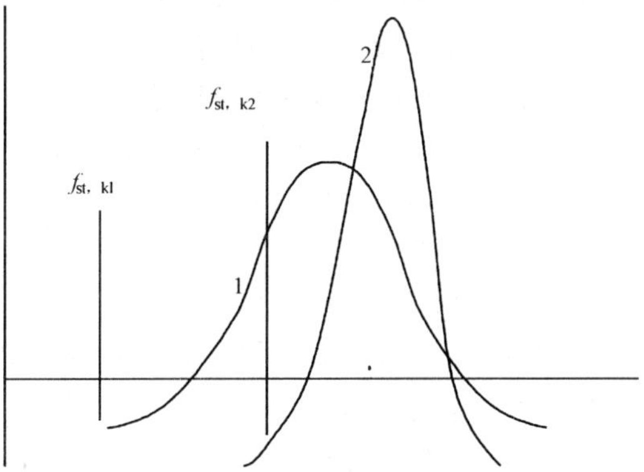

(2) 构件尺寸与相应做法

图 5.2.2-2　钢材强度特征值示意

构件尺寸不仅决定了构件的质量（一般视为恒载）也影响构件的承载能力；一些做法也对恒载有影响（如楼面做法的厚度）。结构设计时，要适当考虑构件尺寸偏小对构件承载能力的不利影响（安全系数），又要考虑尺寸偏大造成的荷重增大的可能（荷载分项系数）。实际结构的尺寸是确定的，一些做法的质量密度和尺寸也是可以确定的。因此，其不确定度减小，也就是标准差减小。

5.2.3　结构体系与构件布置的评定

本节介绍建筑结构体系与构件布置评定的重要性、评定内容与评定方法。

建筑结构的形式按材料划分有混凝土结构、钢结构、混合结构、木结构、砌体结构等；按层数分有：超高层、高层建筑，多层建筑，底层和单层建筑，层数的多少也与结构的形式有关，可分成排架结构、刚架结构、拱结构、框架结构、剪力墙结构、框架—剪力墙结构、板柱—剪力墙结构、筒体结构等；大跨结构有网架结构、索膜结构等。

本节不可能把各种结构形式的体系与构件布置的评定都予以详细的分析介绍，只能讨论结构体系与构件布置评定工作的重要性，介绍评定时宜注意的评定项目和相应的评定方法。

5.2.3.1　结构体系评定的重要性

结构体系与构件布置的评定是建筑结构安全性最重要的评定内容。建筑结构体系和构件布置存在问题，建筑结构必然出现问题或者存在结构的安全隐患。此外，建筑结构体系和构件布置还与建筑结构抗灾害能力有着密切的关系。

特别是对于现存结构来说，虽然结构质量的问题会暴露出来，但是可能存在结构体系与构件布置问题的隐患，不对现存结构进行改造等，还可能不出现问题，若改造中采取的措施不利时则可引发恶性事故。

另一问题是，结构体系与构件布置评定时一定要有图纸，当没有设计资料时应进行仔细认真地检测。

5.2.3.2 结构体系与构件布置的评定项目

结构体系与构件布置的评定可以有下述主要评定项目：
（1）基础与地基情况是否匹配；
（2）基础与结构形式是否匹配；
（3）结构形式与建筑高度与跨度是否匹配；
（4）屋盖体系与结构形式是否匹配；
（5）构件的布置是否合理；
（6）传力途径是否合理且不间断；
（7）变形缝、沉降缝、抗震缝等的设置情况等。

1. 基础与地基情况

基础除了要有足够的承载能力之外，还要保证其沉降量得到控制和沉降相对均匀。

通常基础沉降量尚处在较大的阶段，一般不能评定结构是安全的。

某宿舍楼为多层混合结构。该建筑的场地下有岩层，该岩层上的覆盖土层厚度不均匀，在建筑物一端土层极薄，而另一端土层较厚。设计上在土层较厚的部分采用了木桩，木桩未达到岩层表面（图5.2.3-1）。

该建筑建成后基础沉降不断，且沉降极不均匀。在木桩达到岩层表面的一端，基础沉降量极小，在另一端沉降量较大，房屋明显倾斜，开裂极为严重。经过两次基础加固，基础沉降的不均匀性均未得到有效的控制，至最后一次检测，房屋两端的累计沉降差已经超过了400mm。

由于该建筑为砖混结构，开裂严重，整体性较差，采用纠偏的难度较大，因此采取了拆除重建的处理措施。

2. 基础与结构形式的匹配

某两层建筑，首层为内框架结构，二层为空旷的混合结构，设计时外纵墙采用了砌筑的刚性条形基础，内框架柱下采用了独立的混凝土基础，其大致形式见图5.2.3-2。

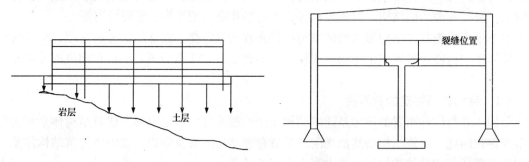

图5.2.3-1 某宿舍楼木桩情况示意　　图5.2.3-2 结构形式与基础形式示意

其墙下条形基础的宽度约为900mm，柱下基础的面积约为2m×2m。由于该建筑的主要荷载由墙体（有两层墙体），屋面荷载也是通过墙体传至基础，而通过内框架柱传至基础的荷载较少；条形基础的基底反力远远大于柱基础的基底反力。在地基性能基本相同的情况下，条形基础的沉降量远大于柱基础的沉降量，在内框架纵梁两侧的楼板上出现通长的裂缝，内框架横梁也产生了较宽的裂缝。

该房屋竣工不久就被评定具有安全隐患的工程,而后对砖墙条形基础下的地基进行了加固处理等。

3. 结构形式与建筑的层数与高度

例如,混凝土小型空心砌块墙体,其层高、层数和开间均应得到控制,这主要是墙体承压和不同烈度的抗震要求。粘土实心砖墙房屋也同样有层数和总高度的限制问题。特别是,在 7~8 层框架结构上面再盖 5~6 层的砌体结构肯定是不合适的。

框架结构也有其适用的范围。跨度过大,建筑过高框架结构也不适用。

从结构体系方面来看,所谓以设计规范的要求为基准是指结构体系按相应的结构设计规范进行评定。我国一些建筑结构设计规范对建筑结构的结构形式、建筑高度、层数、主要承重和抗侧力构件的布置有相应的规定,这些规定都是建筑结构评定的依据。

4. 屋面形式与结构体系

压型钢板拱型屋顶具有质量小节省材料的屋面形式,适用于单层大跨度的空旷的建筑,如飞机的维修库、一般的库房和单层无重载吊车的工业厂房。但是近年来使用这种屋面的建筑频频出现坍塌的事故,屋面形式与结构体系不匹配可能是造成坍塌的原因之一。

这种拱形屋面虽然质量小,但是刚度小,可产生较大的支座推力。粘土砖壁柱具有较好的抗压性能,而抗弯和抗剪能力较差。对于这种结构体系与屋面结构不匹配类的结构体系问题,即使加强了墙体的抗弯承载能力,破坏点也会下移到地基,偏心力会使地基产生破坏,并造成墙体倾斜破坏。

通常这类屋面要使用钢筋混凝土的框架结构或封闭的混凝土圈梁,并尽量消除拱形屋面的水平推力的作用。

重型屋盖使用轻型墙体或尺寸较小的承重柱会造成头重脚轻,结构抗测力刚度小。

而有重型天车,使用轻型钢屋盖,使得屋盖刚度较小,不能较好地传递水平推力,也应视为屋盖与结构不匹配。

5.2.3.3 结构体系与构件布置的评定方法

对现存结构的结构体系与构件布置评定来说,应该以现行结构设计规范为评定依据,必要时要参考已经被替代的规范和标准。

在依据现行规范标准评定现存结构的结构体系与构件布置时,有些评定项目可适当放宽。例如房屋的总高度、高宽比、楼层高度等计量评定的项目可以适当的放宽。实际上,建筑的总高度等高出现行规范规定值 1~2m 对结构的安全性不会有太大的影响。而对于一些计数评定的项目则不放宽,例如房屋的层数,原因是房屋层数高出一层的影响要明显得多。

有些结构形式在现行结构设计规范中已经被取消,有些结构已经不再使用,有些则是已经明令禁止使用。在评定时应分清这些结构形式被取消或被禁止使用的原因。

例如烧结粘土实心砖,许多城市都明令禁止使用,原因是制作烧结粘土实心砖毁坏耕地,浪费能源。而不是烧结普通粘土砖墙存在安全问题。

再如空斗墙,在新的《砌体结构设计规范》中取消了空斗墙,取消的原因是其抗震性能差。因此在对有空斗墙的现存结构安全性评定时,特别是在安全性、适用性和耐久性评定时,可以参考已经被替代的《砌体结构设计规范》(GBJ 3—88)的有关规定。在结构抗震性能的评定时,要特别予以重视,尽量增加保证结构整体性的处理措施。

我国有大量结构构件的标准图集都已作废，而现存结构中有大量这样的构件，在遇到有这类构件的现存结构评定时应该特别注意。要了解标准图集作废的原因，根据具体情况做出相应的判断，确定评定的重点工作。

在结构体系与构件布置情况评定时，应该采取图纸审查与现场检查相结合的方法。

没有设计资料会增加评定工作的难度，同时容易产生误判。应仔细进行现场调查和检测。

即使有了设计资料，现场的检查与核实也是必不可少的。检查与核实的目的至少有以下几个：

（1）确定设计资料表述的情况是否与实际情况一致，原因是两者之间存在着差异的情况是经常存在的；

（2）判定没有结构体系问题和构件布置问题的部位是不是确实没有问题，原因是，是否存在问题毕竟要根据实际情况确定，而不是依据规范的规定；

（3）核实判定出现问题的部位及其原因。

5.2.4 构造与连接的评定

现行建筑结构设计规范关于构造的规定，基本上是总结了过去的经验教训或参考国外标准确定的。因此构造与连接的评定是结构安全性评定的重要项目。

建筑结构设计规范中关于构造的规定大致有三大类：
（1）保证结构构件锚固、构件之间连接整体性的构造；
（2）保证构件承载能力、变形能力和控制构件破坏形态的构造与连接；
（3）保证构件适用性与耐久性的构造与连接。

建筑结构的构造与连接基本上要按现行结构设计规范的规定进行评定。

5.2.4.1 构造与连接的评定项目

以下分别介绍砌体结构、混凝土结构和钢结构构造与连接的评定项目：

（1）混凝土结构的评定项目

1）关于构件截面尺寸的规定，如钢筋混凝土墙的厚度、构件抗剪截面尺寸的规定等；

2）构件最小配筋率的规定，如混凝土梁与柱的最小配筋率等；

3）钢筋通长设置的规定，如框架梁和柱贯通设置钢筋的规定等；

4）钢筋锚固方式的规定，如锚固长度和弯钩等规定；

5）钢筋搭接的规定，如机械连接、焊接和绑扎连接的规定；

6）混凝土强度最低值的规定；

7）构件配箍率和箍筋加密的规定；

8）框架柱与非承重墙连接的规定等；

9）大型混凝土屋面结构与柱等的连接；

10）预制构件与其支撑构件的连接；

11）屋架支撑的设置；

12）排架柱间的柱间支撑设置；

13）排架结构的预埋件设置；
14）钢筋保护层厚度的规定等。

（2）砌体结构的评定

1）构件截面尺寸的规定，如墙体高厚比，柱截面最小尺寸的规定等；
2）配筋砌体的最小配筋率的规定；
3）预制构件的搁置长度，如门窗过梁、预制混凝土板等；
4）大型构件端头的锚固、连接或搁置措施，如梁垫的设置和屋架的锚固措施等；
5）圈梁和构造柱或芯柱的设置；
6）砌筑块材和砌筑砂浆最低强度等级的限制；
7）墙体之间以及墙体与构造柱之间的连接措施；
8）横墙间距的设置要求；
9）扶壁柱与抗风柱的设置；
10）特殊部位的砌筑要求，如地下潮湿部分的砌筑要求等；
11）某些砌体的特殊砌筑要求，如空斗墙要求实砌部分等；
12）防潮层要求及清水墙勾缝的要求等。

（3）钢结构的评定项目

1）构件截面尺寸的规定，如构件的长细比，钢材最小截面尺寸的要求等；
2）构件连接的规定，包括铆接、焊接、螺栓连接和栓钉连接等；
3）保证构件局部稳定的规定，截面宽厚比及加劲肋的设置等；
4）支座的加工要求；
5）构件之间的支撑规定；
6）构件防腐和防火措施等。

5.2.4.2　构造与连接的不符合的处理

各类建筑结构的构造与连接的评定应该以现行结构设计规范的规定为依据进行评定。对于不满足现行规范要求的构造与连接项目均应该根据不满足的情况和区分构造对结构整体安全和抗震性能的影响程度及考虑处理与加固的难易程度等因素，提出可行的不同处理措施的方案。

第3章 既有建筑结构的可靠性鉴定

5.3.1 概　　述

既有建筑结构在使用过程中，不仅需要经常性的管理和维护，而且经过若干年后，还需要及时修缮，才能全面完成其设计所赋予的功能。同时，还有不少的建筑因设计、施工、使用不当而需加固，或因用途变更而需改造，或因使用环境变化而需处理等等。要做好这些工作，首先必须对建筑物在安全性、适用性和耐久性方面存在的问题有全面的了解，才能作出安全、合理、经济、可行的方案，而建筑结构的可靠性鉴定所提供的就是对这些问题的正确评价。

既有建筑的鉴定方法是随着检测技术和结构可靠性理论的不断发展而逐步发展和完善的。

在既有建筑的鉴定方面，我国也相继颁布了一些鉴定规范，如1990年颁布了《工业厂房可靠性鉴定标准》GBJ 144—90，1995年颁布了《建筑抗震鉴定标准》GB 50023—95，1999年颁布了《民用建筑可靠性鉴定标准》GB 50292—1999等。对于《工业厂房可靠性鉴定标准》和《民用建筑可靠性鉴定标准》均未包括抗震鉴定要求的内容，对于地震区的结构还应进行抗震鉴定。

《工业厂房可靠性鉴定标准》GBJ 144—90问世以来，在既有结构的可靠性评定工作方面起到了积极的作用，特别解决了当时规范更替带来的一些问题。因此，该规范被普遍采纳。

但是该标准也存在一些问题：如把承载能力极限状态的问题与使用极限状态的问题混合评定，评定过程过于麻烦等。

《民用建筑可靠性鉴定标准》GB 50292—1999在20世纪末公布实施，其基本情况与《工业厂房可靠性鉴定标准》GBJ 144—90相似，明显的改进是把安全性（承载能力极限状态）与适用性（使用极限状态）问题明确分开，显得更为合理。但是在最后进行可靠性评定时又把两者混在一起，特别是把耐久性问题也混在安全性评定之中。

由于《工业厂房可靠性鉴定标准》GBJ 144—90和《民用建筑可靠性鉴定标准》GB 50292—1999的结构计算方法等是以现行结构设计规范的方法为基准的，虽然存在一些问题，但完全可以用于既有建筑结构的可靠性评定。

而《危险房屋鉴定标准》不能用于结构可靠性鉴定，只能用于危险房屋鉴定。

目前有些部门混淆危险房屋与结构可靠性的概念，认为只要符合危险房屋鉴定标准的要求，未被评为危险的房屋，房屋就可以使用。不危险不等于安全性符合要求。安全性不符合要求的房屋必须经过处理才能使用。因此《危险房屋鉴定标准》不能代替可靠性鉴发现的问题、听取有关人员的意见等。

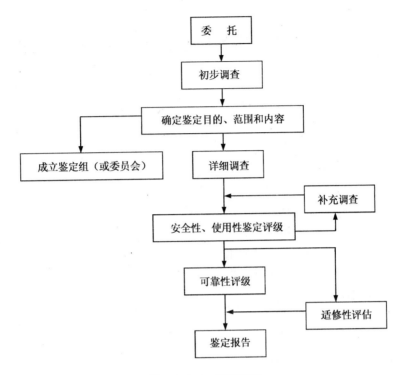

图 5.3.2-1 鉴定程序

(4) 制定详细勘查计划及检测、试验工作大纲并提出需由委托方完成的准备工作。

4. 详细勘查

被鉴定结构详细勘查可根据实际需要选择下列工作内容：

(1) 结构基本情况勘察：

1) 结构布置及结构形式；

2) 圈梁、支撑（或其他抗侧力系统）布置；

3) 结构及其支承构造；构件及其连接构造；

4) 结构及其细部尺寸，其他有关的几何参数。

(2) 结构使用条件调查核实：

1) 结构上的作用；

2) 建筑物内外环境；

3) 使用史（含荷载史）。

(3) 地基基础（包括桩基础）检查与检测：

1) 场地类别与地基土（包括土层分布记下卧层情况）；

2) 地基稳定性（斜坡）；

3) 地基变形，或其在上部结构中的反应；

4) 评估地基承载力的原位测试及室内物理力学性质试验；

定，也不能代替本篇讨论的结构安全性评定。本章以下的介绍也不包括《危险房屋鉴定标准》。

5.3.2　民用建筑的可靠性鉴定的分类和鉴定内容与评级

民用建筑可靠性鉴定采用了和88、89设计规范相配套的以概率论为基础、以结构各种功能要求的极限状态为鉴定依据的可靠性鉴定方法。

5.3.2.1　鉴定分类

民用建筑可靠性鉴定，可分为安全性鉴定和正常使用性鉴定。

1. 可靠性鉴定的范围

（1）建筑物大修前的全面检查；
（2）重要建筑物的定期检查；
（3）建筑物改变用途或使用条件的鉴定；
（4）建筑物超过设计基准期继续使用的鉴定；
（5）为制订建筑群维修改造规划而进行的普查。

2. 安全性鉴定的范围

（1）危房鉴定及各种应急鉴定；
（2）危房改造前的安全检查；
（3）临时性房屋需要延长使用期的检查；
（4）使用性鉴定中发现的安全问题。

3. 正常使用性鉴定的范围

（1）建筑物日常围护的检查；
（2）建筑物使用功能的检查；
（3）建筑物有特殊使用要求的专门鉴定。

5.3.2.2　鉴定程序及其工作内容

1. 民用建筑可靠性鉴定的程序

民用建筑可靠性鉴定的程序，应按下列框图（图5.3.2-1）进行。

2. 民用建筑可靠性鉴定的目的、范围和内容

了解民用建筑可靠性鉴定的目的、范围和内容是非常重要的，应根据委托方提出的鉴定原因和要求，经初步现场勘查后确定。

3. 初步现场勘查工作内容

初步现场勘查宜包括下列基本工作内容：

（1）收集图纸资料，如岩土工程勘察报告、设计计算书、设计变更记录、施工图、施工及施工变更记录、竣工图、竣工质检及验收文件（包括隐蔽工程验收记录）、定点观测记录、事故处理报告、维修记录、历次加固改造图纸等。

（2）了解建筑物历史情况，如原始施工、历次修缮、改造、用途变更、使用条件改变以及受灾情况。

（3）考察建筑现场，按资料核对实物 调查建筑物实际使用条件和内外环境、查看已

5) 基础和桩的工作状态（包括开裂、腐蚀和其他损坏的检查）；
6) 其他因素（如地下水抽降、地基浸水、水质、土壤腐蚀等）的影响或作用。
（4）结构构件材料性能检测：
1) 结构构件材料；
2) 连接材料。
（5）承重结构检查与检测：
1) 构件及其连接工作情况；
2) 结构支承工作情况；
3) 建筑物的裂缝分布；
4) 结构整体性；
5) 建筑物侧向位移（包括基础转动）和局部变形；
6) 结构动力特性。
（6）维护系统使用功能检查。
（7）易受结构位移影响的管道系统检查等。

5. 民用建筑可靠性鉴定评级的层次、等级划分

民用建筑可靠性鉴定评级的层次、等级划分以及工作步骤和内容为：

（1）安全性和正常使用性的鉴定评级，应按构件、子单元和鉴定单元各分三个层次。每一层次分为四个安全性等级和三个使用性等级，并应按表5.3.2-1规定的检查项目和步骤，从第一层次开始，分层进行评定：

可靠性鉴定评级的层次、等级划分及工作内容 表5.3.2-1

层次		一	二	三
层名		构件	子单元	鉴定单元
安全性鉴定	等级	a_u、b_u、c_u、d_u	A_u、B_u、C_u、D_u	A_{su}、B_{su}、C_{su}、D_{su}
	地基基础		按地基变形或承载力、地基稳定性（斜坡）等检查项目评定地基等级	地基基础评级	鉴定单元安全性评级
		按同类材料构件各检查项目评定单个基础等级	每种基础评级		
	上部承重结构	按承载能力、构造、不适于继续承载的位移或残损等检查项目评定单个构件等级	每种基础评级	上部承重结构评级	
			结构侧向位移评级		
			按结构布置、支撑、圈梁、结构件联系等检查项目评定结构整体性等级		
	围护系统承重部分	按上部承重结构检查项目及步骤评定围护系统承重部分各层次安全性等级			

续表

层次		一	二		三
层名		构件	子单元		鉴定单元
正常使用性鉴定	等级	a_s、b_s、c_s	A_s、B_s、C_s		A_{ss}、B_{ss}、C_{ss}
	地基基础		按上部承重结构和围护系统工作状态评估地基基础等级		鉴定单元正常使用性评级
	上部承重结构	按位移、裂缝、风化、锈蚀等检查项目评定单个构件等级	每种构件评级	上部承重结构评级	
			结构侧向位移评级		
	围护系统功能		按屋面防水、吊顶、墙、门窗、地下防水及其他防护设施等检查项目评定围护系统功能等级	围护系统评级	
可靠性鉴定	等级	a、b、c、d	A、B、C、D		Ⅰ、Ⅱ、Ⅲ、Ⅳ
	地基基础	以同层次安全性和正常使用性评定结果并列表达，或按本标准规定的原则确定其可靠性等级			鉴定单元可靠性评级
	上部承重结构				
	围护系统				

注：表中地基基础包括桩基和桩

1) 根据构件各检查项目评定结果，确定单个构件等级；
2) 根据子单元各检查项目及各种构件的评定结果，确定子单元等级；
3) 根据各子单元的评定结果，确定鉴定单元等级。

（2）各层次可靠性鉴定评级，应以该层次安全性和正常使用性的评定结果为依据综合确定。每一层次的可靠性等级分为四级。

（3）当仅要求鉴定某层次的安全性或正常使用性时，检查和评定工作可只进行到该层次相应程序规定的步骤。

6. 在民用建筑可靠性鉴定过程中，若发现调查资料不足，应及时补充勘查。

7. 民用建筑适修性评估，应按每种构件、每一子单元和鉴定单元分别进行，且评估结果应以不同的适修性等级表示。每一层次的适修性等级分为四级。

5.3.2.3 鉴定评级标准

1. 民用建筑安全性鉴定评级的各层次分级标准，按表5.3.2-2采用。

安全性鉴定分级标准　　　　表5.3.2-2

层次	鉴定对象	等级	分级标准	处理要求
一	单个构件或其检查项目	a_u	安全性符合本标准对a_u级的要求，具有足够的承载能力	不必采取措施
		b_u	安全性略低于本标准对a_u级的要求，尚不显著影响承载能力	可不采取措施

续表

层次	鉴定对象	等级	分级标准	处理要求
一	单个构件或其检查项目	c_u	安全性不符合本标准对 a_u 级的要求，显著影响承载能力	应采取措施
		d_u	安全性极不符合本标准对 a_u 级的要求，已严重影响承载能力	必须及时或立即采取措施
二	子单元的检查项目	A_u	安全性符合本标准对 A_u 级的要求，具有足够的承载能力	不必采取措施
		B_u	安全性略低于本标准对 A_u 级的要求，尚不显著影响承载能力	可不采取措施
		C_u	安全性不符合本标准对 A_u 级的要求，显著影响承载能力	应采取措施
		D_u	安全性极不符合本标准对 A_u 级的要求，已严重影响承载能力	必须及时或立即采取
	子单元中的每种构件	A_u	安全性符合本标准对 A_u 级的要求，不影响整体承载	可不采取措施
		B_u	安全性略低于本标准对 A_u 级的要求，尚不显著影响整体承载	可能有极个别构件应采取措施
		C_u	安全性不符合本标准对 A_u 级的要求，显著影响整体承载	应采取措施，且可能有个别构件必须立即采取措施
		D_u	安全性极不符合本标准对 A_u 级的要求，已严重影响整体承载	必须立即采取措施
	子单元	A_u	安全性符合本标准对 A_u 级的要求，不影响整体承载	可能有个别一般构件应采取措施
		B_u	安全性略低于本标准对 A_u 级的要求，尚不显著影响整体承载	可能有极少数构件应采取措施
		C_u	安全性不符合本标准对 A_u 级的要求，显著影响整体承载	应采取措施，且可能有极少数构件必须立即采取措施
		D_u	安全性极不符合本标准对 A_u 级的要求，严重影响整体承载	必须立即采取措施
三	鉴定单元	A_{su}	安全性符合本标准对 A_{su} 级的要求，不影响整体承载	可能有极少数一般构件应采取措施
		B_{su}	安全性略低于本标准对 A_{su} 级的要求，尚不显著影响整体承载	可能有极少数构件应采取措施
		C_{su}	安全性不符合本标准对 A_{su} 级的要求，显著影响整体承载	应采取措施，且可能有少数构件必须立即采取措施
		D_{su}	安全性严重不符合本标准对 A_{su} 级的要求，严重影响整体承载	必须立即采取措施

表中关于"不必采取措施"和"可不采取措施"的规定,仅对安全性鉴定而言,不包括正常使用性鉴定所要求采取的措施。

2. 民用建筑正常使用性鉴定评级的各层次分级标准,按表5.3.2-3采用。

使用性鉴定分级标准　　　　表5.3.2-3

层次	鉴定对象	等级	分级标准	处理要求
一	单个构件或其检查项目	a_s	使用性符合本标准对 a_s 级的要求,具有正常的使用功能	不必采取措施
		b_s	使用性略低于本标准对 a_s 级的要求,尚不显著影响使用功能	可不采取措施
		c_s	使用性不符合本标准对 a_s 级的要求,显著影响使用功能	应采取措施
	子单元的检查项目	A_s	使用性符合本标准对 A_s 级的要求,具有正常的使用功能	不必采取措施
		B_s	使用性略低于本标准对 A_s 级的要求,尚不显著影响使用功能	可不采取措施
		C_s	使用性不符合本标准对 A_s 级的要求,显著影响使用功能	应采取措施
二	子单元中的每种构件	A_s	使用性符合本标准对 A_s 级的要求,不影响整体使用功能	可不采取措施
		B_s	使用性略低于本标准对 A_s 级的要求,尚不显著影响整体使用功能	可能有极少数构件应采取措施
		C_s	使用性不符合本标准对 A_s 级的要求,显著影响整体使用功能	应采取措施
	子单元	A_s	使用性符合本标准对 A_s 级的要求,不影响整体使用功能	可能有极少数一般构件应采取措施
		B_s	使用性略低于本标准对 A_s 级的要求,尚不显著影响整体使用功能	可能有极少数构件应采取措施
		C_s	使用性不符合本标准对 A_s 级的要求,显著影响整体使用功能	应采取措施
三	鉴定单元	A_{ss}	使用性符合本标准对 A_{ss} 级的要求,不影响整体使用功能	可能有极少数一般构件应采取措施
		B_{ss}	使用性略低于本标准对 A_{ss} 级的要求,尚不显著影响整体使用功能	可能有极少数构件应采取措施
		C_{ss}	使用性符合本标准对 A_{ss} 级的要求,不影响整体使用功能	应采取措施

3. 民用建筑可靠性鉴定评级的各层次分级标准，应按表5.3.2-4的规定采用。

可靠性鉴定的分级标准   表 5.3.2-4

层次	鉴定对象	等级	分级标准	处理要求
一	单个构件	a	可靠性符合本标准对 a 级的要求，具有正常的承载功能和使用功能	不必采取措施
		b	可靠性略低于本标准对 a 级的要求，尚不显著影响承载功能和使用功能	可不采取措施
		c	可靠性不符合本标准对 a 级的要求，显著影响承载功能和使用功能	应采取措施
		d	可靠性极不符合本标准对 a 级的要求，已严重影响安全	必须及时或立即采取措施
二	子单元的每种构件	A	可靠性符合本标准对 A 级的要求，不影响整体的承载功能和使用功能	可不采取措施
		B	可靠性略低于本标准对 A 级的要求，但尚不显著影响承载功能和使用功能	可能有个别或极少数构件应采取措施
		C	可靠性不符合本标准对 A 级的要求，显著影响承载功能和使用功能	应采取措施，且可能有个别构件必须立即采取措施
		D	可靠性极不符合本标准对 A 级的要求，已严重影响安全	必须立即采取措施
	子单元	A	可靠性符合本标准对 A 级的要求，不影响整体的承载功能和使用功能	可能有极少数一般构件应采取措施
		B	可靠性略低于本标准对 A 级的要求，但尚不显著影响承载功能和使用功能	可能有极少数构件应采取措施
		C	可靠性不符合本标准对 A 级的要求，显著影响承载功能和使用功能	应采取措施，且可能有极少数构件必须立即采取措施
		D	可靠性极不符合本标准对 A 级的要求，已严重影响安全	必须立即采取措施
三	鉴定单元	I	可靠性符合本标准对 I 级的要求，不影响整体的承载功能和使用功能	可能有少数一般构件应在使用性或安全性方面采取措施
		II	可靠性略低于本标准对 I 级的要求，尚不显著影响承载功能和使用功能	可能有极少数构件应在使用性或安全性方面采取措施
		III	可靠性不符合本标准对 I 级的要求，显著影响承载功能和使用功能	应采取措施，且可能有极少数构件必须立即采取措施
		IV	可靠性极不符合本标准对 I 级的要求，已严重影响安全	必须立即采取措施

4. 民用建筑适修性评级的各层次分级标准，分别按表5.3.2-5及表5.3.2-6采用。

每种构件适修性评级的分级标准　　　　　表5.3.2-5

等　级	分　级　标　准
A'_r	构件易加固或易更换，所涉及的相关构造问题易处理，适修性好，修后可恢复原功能
B'_r	构件稍难加固或稍难更换，所涉及的相关构造问题尚可处理，适修性尚好，修后尚能恢复或接近恢复原功能
C'_r	构件难加固，亦难更换，或所涉及的相关构造问题较难处理，适修性差，修后对原功能有一定影响
D'_r	构件很难加固，或很难更换，或所涉及的相关构造问题很难处理，适修性极差，只能从安全性出发采取必要的措施，可能损害建筑物的局部使用功能

子单元或鉴定单元适修性评级的分级标准　　　　　表5.3.2-6

等　级	分　级　标　准
A'_r / A_r	易修，或易改造，修后能恢复原功能，或改造后的功能可达到现行设计标准的要求，所需总费用远低于新建的造价，适修性好，应予修复或改造
B'_r / B_r	稍难修，或稍难改造，修后尚能恢复或接近恢复原功能，或改造后的功能尚可达到现行设计标准的要求，所需总费用不到新建造价的70%，适修性尚好，宜予修复或改造
C'_r / C_r	难修，或难改造，修后或改造后需降低使用功能或限制使用条件，或所需总费用为新建造价70%以上，适修性差，是否有保留价值，取决于其重要性和使用要求
D'_r / D_r	该鉴定对象已严重残损，或修后功能极差，已无利用价值，或所需总费用接近、甚至超过新建的造价、适修性很差，除纪念性或历史性建筑外，宜予拆除、重建

注：本表适用于子单元和鉴定单元的适修性评定。"等级"一栏中，斜线上方的等级代号用于子单元；斜线下方的等级代号用于鉴定单元。

5.3.3　民用建筑可靠性鉴定的安全鉴定评级

5.3.3.1　构件安全性鉴定评级

一、构件安全性鉴定评级的原则

1. 单个构件安全性的鉴定评级，应根据构件的不同种类，分别鉴定。
2. 当验算被鉴定结构或构件的承载能力时，应遵守下列规定：
（1）结构构件验算采用的结构分析方法，应符合国家现行设计规范的规定。
（2）结构构件验算使用的计算模型，应符合其实际受力与构造状况。
（3）结构上的作用应经调查或检测核实，并应按标准的规定取值。
（4）结构构件作用效应的确定，应符合下列要求：
1）作用的组合、作用的分项系数及组合值系数，应按现行国家标准《建筑结构荷载规范》的规定执行。

2）当结构受到温度、变形等作用，且对其承载有显著影响时，应计入由之产生的附加内力。

(5) 构件材料强度的标准值应根据结构的实际状态按下列原则确定：

1）若原设计文件有效，且不怀疑结构有严重的性能退化或设计、施工偏差，可采用原设计的标准值。

2）若调查表明实际情况不符合上款的要求，应按规定进行现场检测，并按标准规定确定其标准值。

(6) 结构或构件的几何参数应采用实测值，并应计入锈蚀、腐蚀、腐朽、虫蛀、风化、局部缺陷或缺损以及施工偏差等的影响。

(7) 当需检查设计责任时，应按原设计计算书、施工图及竣工图，重新进行一次复核。

3. 结构构件安全性鉴定采用的检测数据，应符合下列要求：

(1) 检测方法应按国家现行有关标准采用。当需采用不只一种检测方法同时进行测试时，应事先约定综合确定检测值的规则，不得事后随意处理。

(2) 检测应按标准划分的构件单位进行，并应由取样、布点方面的详细说明。当测点较多时，尚应绘制测点分布图。

(3) 当怀疑检测数据有异常值时，其判断和处理应符合国家现行有关标准的规定，不得随意舍弃数据。

4. 当需通过荷载试验评估结构构件的安全性时，应按现行专门标准进行。若检验合格，可根据其完好程度，定为 a_u 级或 b_u 级，若检验不合格，可根据其严重程度，定为 c_u 级或 d_u 级。

结构构件可仅作短期荷载试验，其长期效应的影响可通过计算补偿。

5. 当建筑物中的构件符合下列条件时，可不参与鉴定：

(1) 该构件未受结构性改变、修复、修理或用途、或使用条件改变的影响。

(2) 该构件未遭明显的损坏。

(3) 该构件工作正常，且不怀疑其可靠性不足。

若考虑到其他层次鉴定评级的需要，而有必要给出该构件的安全性等级，可根据其实际完好程度定为 a_u 级或 b_u 级。

6. 当检查一种构件的材料由于与时间有关的环境效应或其他系统性因素引起的性能退化时，允许采用随机抽样的方法，并按现行的检测方法标准测定其材料强度或其他力学性能。

二、混凝土结构构件

混凝土结构构件的安全性鉴定，应按承载力、构造以及不适于继续承载的位移（或变形）和裂缝等四个检查项目，分别评定每一受检构件的等级，并取其中最低一级作为该构件安全性等级。

1. 当混凝土结构构件的安全性按承载能力评定时，应按表 5.3.3-1 的内容，分别评定每一验算项目的等级，然后取其中最低一级作为该构件承载能力的安全性等级。

第5篇 建筑结构工程鉴定

混凝土结构构件承载能力等级的评定　　　　表 5.3.3-1

构件类别	$R/\gamma_0 S$			
	a_u 级	b_u 级	c_u 级	d_u 级
主要构件	≥1.0	≥0.95，且<1	≥0.90，且<0.95	<0.90
一般构件	≥1.0	≥0.90，且<1	≥0.85，且<0.90	<0.85

注：1. 表中 R 和 S 分别为结构构件的抗力和作用效应；γ_0 为结构重要性系数，应按验算所依据的国家现行设计规范选择安全等级，并确定本系数的取值。
　　2. 结构倾覆、滑移、疲劳、脆断的验算，应符合国家现行有关规范的规定。

2. 当混凝土结构构件的安全性按构造评定时，应按表 5.3.3-2 的内容，分别评定两个检查项目的等级，然后取其中较低一级作为该构件构造的安全性等级。

混凝土结构构件构造等级的评定　　　　表 5.3.3-2

检查项目	a_u 级或 b_u 级	c_u 级或 d_u 级
连接（或节点）构造	连接方式正确，构造符合国家现行设计规范要求，无缺陷，或仅有局部的表面缺陷，工作无异常	连接方式不当，构造不符合国家现行设计规范要求，构造有严重缺陷
受力预埋件	构造合理，受力可靠，无变形、滑移、松动或其他破坏	构造有严重缺陷，已导致预埋件发生明显变形、滑移、松动或其他破坏

注：1. 评定结果取 a_u 级或 b_u 级，可根据其实际完好程度确定；评定结果取 c_u 级或 d_u 级，可根据其实际严重程度确定。
　　2. 构件支承长度的检查结果不参加评定，但若有问题，应在鉴定报告中说明，并提出处理建议。

3. 评定混凝土结构构件的安全性按不适于继续承载的位移或变形，应按下列评定：
1）对桁架（屋架、托架）的挠度，当其实测值大于其计算跨度的 1/400 时，应按标准验算其承载能力。验算时，应考虑由位移产生的附加应力的影响，若验算结果不低于 b_u 级，仍可定为 b_u 级，但宜附加观察使用一段时间的限制；若验算结果低于 b_u 级，可根据其实际严重程度定为 c_u 级或 d_u 级。
2）对其他受弯构件的挠度或施工偏差造成的侧向弯曲，应按表 5.3.3-3 进行评级。

混凝土受弯构件不适于继续承载的变形的评定　　　　表 5.3.3-3

检查项目	构件类别		c_u 级或 d_u 级
挠度	主要受弯构件—主梁、托梁等		$>l_0/250$
	一般受弯构件	$l_0 \leq 9m$	$>l_0/150$ 或 $>45mm$
		$l_0 > 9m$	$>l_0/200$
侧向弯曲的失高	预制屋面梁、桁架或深梁		$>l_0/500$

注：1. 表中 l_0 为计算跨度。
　　2. 评定结果取 c_u 级或 d_u 级，可根据其实际严重程度确定。

3）对柱顶的水平位移（或倾斜），当其实测值大于表5.3.3-18所列的限值时，若该位移与整体结构有关，取与上部承重结构相同的级别作为该柱的水平位移等级；若该位移只是孤立事件，则应在其承载能力验算中考虑此附加位移的影响，并根据验算结果进行评级；若该位移尚在发展，应直接定为 d_u 级。

4. 当混凝土结构构件出现表5.3.3-4所列的受力裂缝时，应视为不适于继续承载的裂缝，并应根据其实际严重程度定为 c_u 级或 d_u 级。

混凝土构件不适于继续承载的裂缝宽度的评定　　　　表5.3.3-4

检查项目	环境	构件类别		c_u 级或 d_u 级
受力主筋处的弯曲（含一般弯剪）裂缝和轴拉裂缝宽度（mm）	正常湿度环境	钢筋混凝土	主要构件	>0.50
			一般构件	>0.70
		预应力混凝土	主要构件	>0.20（0.30）
			一般构件	>0.30（0.50）
	高湿度环境	钢筋混凝土	任何构件	>0.40
		预应力混凝土		>0.10（0.20）
剪切裂缝（mm）	任何湿度环境	钢筋混凝土或预应力混凝土		出现裂缝

注：1. 表中的剪切裂缝系指斜拉裂缝，以及集中荷载靠近支座处出现的或深梁中出现的斜压裂缝；
　　2. 高湿度环境系指露天环境，开敞式房屋易遭飘雨部位，经常受蒸汽或冷凝水作用的场所（如厨房、浴室、寒冷地区不保暖屋盖等）以及与土壤直接接触的部件等；
　　3. 表中括号内的限值适用于冷拉Ⅱ、Ⅲ、Ⅳ级钢筋的预应力混凝土构件。
　　4. 对板的裂缝宽度以表面量测值为准。

5. 当混凝土结构构件出现下列情况的非受力裂缝时，也应视为不适于继续承载的裂缝，并应根据其实际严重程度定为 c_u 级或 d_u 级：

1）因主筋锈蚀产生的沿主筋方向的裂缝，其裂缝宽度已大于1mm。

2）因温度、收缩等作用产生的裂缝，其宽度已比表5.3.3.4-4规定的弯曲裂缝宽度值超出50%，且分析表明已显著影响结构的受力。

6. 当混凝土结构构件出现下列情况之一时，不论其裂缝宽度大小，应直接定义为 d_u 级：

1）受压区混凝土有压坏迹象；

2）因主筋锈蚀导致构件掉角以及混凝土保护层严重脱落。

三、钢结构构件

钢结构构件的安全性鉴定，应按承载能力、构造以及不适于继续承载的位移（变形）等三个检查项目，分别评定每一受检构件等级；对冷弯薄壁型钢结构、轻钢结构、钢桩以及地处有腐蚀性介质的工业区，或高湿、临海地区的钢结构，尚应以不适于继续承载的锈蚀作为检查项目评定其等级；然后取其中最低一级作为该构件的安全性等级。

1. 当钢结构构件（含连接）的安全性按承载能力评定时，应按表5.3.3-5的规定，分别评定每一验算项目的等级，然后取其中最低一级作为该构件承载能力的安全性等级。

钢结构构件（含连接）承载能力等级的评定　　　　表5.3.3-5

构件类别	$R/\gamma_0 S$			
	a_u级	b_u级	c_u级	d_u级
主要构件	≥1.0	≥0.95，且<1	≥0.90，且<0.95	<0.90
一般构件	≥1.0	≥0.90，且<1	≥0.85，且<0.90	<0.85

注：1. 表中 R 和 S 分别为结构构件的抗力和作用效应；γ_0 为结构重要性系数，应按验算所依据的国家现行设计规范选择安全等级，并确定本系数的取值。
　　2. 结构倾覆、滑移、疲劳、脆断的验算，应符合国家现行有关规范的规定。
　　3. 当构件或连接出现脆性断裂或疲劳开裂时，应直接定为 d_u 级。

2. 当钢结构构件的安全性按构造评定时，应按表5.3.3-6的规定评级。

钢结构构件构造安全性评定标准　　　　表5.3.3-6

检查项目	a_u级或b_u级	c_u级或d_u级
连接构造	连接方式正确，构造符合国家现行设计规范要求，无缺陷，或仅有局部的表面缺陷，工作无异常	连接方式不当，构造有严重缺陷（包括施工遗留缺陷）；构造或连接有裂缝或锐角切口；焊缝、铆钉、螺栓有变形、滑移或其他损坏

注：1. 评定结果取 a_u 级或 b_u 级，可根据其实际完好程度确定；评定结果取 c_u 级或 d_u 级，可根据其实际严重程度确定。
　　2. 施工遗留的缺陷，对焊缝系指夹渣、气泡、咬边、烧穿、漏焊、未焊透以及焊脚尺寸不足等；对铆钉或螺栓系指漏铆、漏栓、错位、错排及掉头等；其他施工遗留的缺陷可根据实际情况确定。

3. 当钢结构构件的安全性按不适于继续承载的位移或变形评定时，应遵守下列规定：

(1) 对桁架（屋架、托架）的挠度，当其实测值大于桁架计算跨度的1/400时，应按标准验算其承载力。验算时，应考虑由于位移产生的附加应力的影响，若验算结果不低于 b_u 级，仍可定为 b_u 级，但宜附加观察使用一段时间的限制；若验算结果低于 b_u 级，可根据其实际严重程度定为 c_u 级或 d_u 级。

(2) 对桁架顶点的侧向位移，当其实测值大于桁架高度的1/200，且有可能发展时应定义 c_u 级。

(3) 对其他受弯构件的挠度，或偏差造成的侧向弯曲，应按表5.3.3-7的规定评级。

(4) 对柱顶的水平位移（或倾斜），当其实测值大于表5.3.3-18所列的限值时，若该位移与整体结构有关，取与上部承种结构相同的级别作为该柱的水平位移等级；若该位移只是孤立事件，则应在其承载能力验算中考虑此附加位移的影响，并根据验算结果进行评级；该位移尚在发展，应直接定为 d_u 级。

(5) 对偏差或其他使用原因引起的柱的弯曲，当弯曲矢高实测值大于柱的自由长度的1/660时，应在承载能力的验算中考虑其所引起的附加弯矩的影响，并按验算结果进行评级。

钢结构受弯构件不适于继续承载的变形的评定　　　　表 5.3.3-7

检查项目	构件类别			c_u 级或 d_u 级
挠度	主要构件	网架	屋盖（短向）	$>l_s/200$，且可能发展
			楼盖（短向）	$>l_s/250$，且可能发展
		主梁、托梁		$>l_0/300$
	一般构件	其它梁		$>l_0/180$
		檩条等		$>l_0/120$
侧向弯曲矢高	深梁			$>l_0/660$
	一般实腹梁			$>l_0/500$

注：表中 l_0 为构件计算跨度；l_s 为网架短向计算跨度。

4. 当钢结构构件的安全性按不适于继续承载的锈蚀评定时，除应按剩余的完好截面验算其承载能力外，尚应按表 5.3.3-8 进行评级。

钢结构构件不适于继续承载的锈蚀评定　　　　表 5.3.3-8

等级	评定标准
c_u	在结构的主要受力部位，构件截面平均锈蚀深度 Δt 大于 $0.05t$，但不大于 $0.1t$
d_u	在结构的主要受力部位，构件截面平均锈蚀深度 Δt 大于 $0.1t$

注：表中 t 为锈蚀部位构件原截面的壁厚，或钢板的板厚。

四、砌体结构构件

砌体结构构件的安全性鉴定，应按承载能力、构造以及不适于继续承载的位移和裂缝等四个检查项目，分别评定每一受检构件等级，并取其中最低一级作为该构件的安全性等级。

1. 当砌体结构的安全性按承载能力评定时，应按表 5.3.3-9 的内容，分别评定每一验算项目的等级，然后取其中最低一级作为该构件承载能力的安全性等级。

砌体结构构件承载能力等级的评定　　　　表 5.3.3-9

构件类别	$R/\gamma_0 S$			
	a_u 级	b_u 级	c_u 级	d_u 级
主要构件	≥ 1.0	≥ 0.95，且 <1	≥ 0.90，且 <0.95	<0.90
一般构件	≥ 1.0	≥ 0.90，且 <1	≥ 0.85，且 <0.90	<0.85

注：1. 表中 R 和 S 分别为结构构件的抗力和作用效应；γ_0 为结构重要性系数，应按验算所依据的国家现行设计规范选择安全等级，并确定本系数的取值。

2. 结构倾覆的验算，应符合国家现行有关规范的规定。

3. 当材料的最低强度等级不符合现行国家标准《砌体结构设计规范》的要求时，即使验算结果高于 c_u 级，也应定为 c_u 级。

2. 当砌体结构构件的安全性按构造评定时,应按表5.3.3-10,分别评定两个检查项目的等级,然后取其中较低一级作为该构件构造的安全性等级。

砌体结构构件构造的安全性评定 表5.3.3-10

检查项目	a_u级或b_u级	c_u级或d_u级
墙、柱的高厚比	符合或略不符合国家现行设计规范的要求	不符合国家现行设计规范的要求,且已超过现值的10%
连接及其他构造	连接及砌筑方式正确,构造符合国家现行设计规范要求,无缺陷或仅有局部的表面缺陷,工作无异常	连接或砌筑方式不当,构造有严重缺陷(包括施工遗留缺陷),已导致构件或连接部位开裂、变形、位移或松动,或已造成其他损坏

注:1. 评定结果取a_u级或b_u级,可根据其实际完好程度确定;评定结果取c_u级或d_u级,可根据其实际严重程度确定。
  2. 构件支承长度检查结果不参加评定,但若有问题,应在鉴定报告中说明,并应提出处理建议。

3. 当砌体结构构件安全性按不适于继续承载的位移或变形评定时,应遵守下列规定:

(1) 对墙、柱的水平位移(或倾斜),当其实测值大于表5.3.3-18所列的限值时,若位移与整个结构有关,应取与上部承重结构相同的级别作为该墙、柱的水平位移等级;若该位移只是孤立事件,则应在其承载能力验算中考虑此附加位移的影响;若验算结果不低于b_u级,仍可定为b_u级;若验算结果低于b_u级,可根据其实际严重程度定为c_u级或d_u级;该位移尚在发展,应直接定为d_u级。

(2) 对偏差或其他使用原因造成的柱(不包括壁柱)的弯曲,当其矢高实测值大于柱的自由长度的1/500时,应在其承载能力验算中计入附加弯矩的影响,并根据验算结果按上进行评级。

(3) 对拱或壳体结构构件出现下列位移或变形,可根据其实际严重程度定为c_u级或d_u级:

1) 拱脚或壳的边梁出现水平位移;
2) 拱角线或筒拱、扁壳的曲面发生变形。

4. 当砌体结构的承重构件出现下列受力裂缝时,应视为不适于继续承载的裂缝,并应根据严重程度评为c_u级或d_u级:

(1) 桁架、主梁支座下的墙、柱的端部或中部、出现沿块材断裂(贯通)的竖向裂缝。

(2) 空旷房屋承重外墙的变截面处,出现水平裂缝或斜向裂缝。

(3) 砌体过梁的跨中或支座出现裂缝;或虽未出现肉眼可见的裂缝,但发现其跨度范围内有集中荷载。

(4) 筒拱、双曲筒拱、扁壳等的拱面、壳面,出现沿拱顶母线或对角线的裂缝。

(5) 拱、壳支座附近或支承的墙体上出现沿块材断裂的斜裂缝。

(6) 其他明显的受压、受弯或受剪裂缝。

5. 当砌体结构、构件出现下列非受力裂缝时,也应视为不适于继续承载的裂缝,并应根据其实际严重程度评为 c_u 级或 d_u 级:

(1) 纵横墙连接处出现通长的竖向裂缝。
(2) 墙身裂缝严重,且最大裂缝宽度已大于 5mm。
(3) 柱已出现宽度大于 1.5mm 的裂缝,或有断裂、错位迹象。
(4) 其他显著影响结构整体性的裂缝。

五、木结构构件

木结构构件的安全性鉴定,应按承载能力、构造、不适于继续承载的位移(或变形)和裂缝以及危险性的腐朽和虫蛀等六个检查项目,分别评定每一受检构件的等级,并取其中最低一级作为该构件的安全性等级。

1. 当木结构构件及其连接的安全性按承载能力评定时,应按表 5.3.3-11 的规定,分别评定每一验算项目的等级,并取其中最低一级作为该构件承载能力的安全性等级。

木结构构件及其连接承载能力等级的评定　　表 5.3.3-11

构件类别	$R/\gamma_0 S$			
	a_u 级	b_u 级	c_u 级	d_u 级
主要构件	≥1.0	≥0.95,且<1	≥0.90,且<0.95	<0.90
一般构件	≥1.0	≥0.90,且<1	≥0.85,且<0.90	<0.85

2. 当木结构构件的安全性按构造评定时,应按表 5.3.3-12 的内容,分别评定两个检查项目的等级,并取其中较低一级作为该构件构造的安全性等级。

木结构构件构造的安全性等级　　表 5.3.3-12

检查项目	a_u 级或 b_u 级	c_u 级或 d_u 级
连接(或节点)	连接方式正确,构造符合国家现行设计规范要求,无缺陷,或仅有局部表面缺陷,通风良好,工作无异常	连接方式不当,构造有严重缺陷(包括施工遗留缺陷),已导致连接松弛变形、滑移、沿剪面开裂或其他损坏
屋架起拱值	符合或略不符合国家现行设计规范规定,但未发现有推力所造成的影响	严重不符合现行设计规范的规定,且由其引起的推力,已使墙、柱等发生裂缝或侧移

注:1. 评定结果取 a_u 级或 b_u 级时,可根据其完好程度确定;评定结果取 c_u 级或 d_u 级时,可根据其实际严重程度确定。
2. 构件支承长度检查结果不参加评定,但若有问题,应在鉴定报告中说明,并提出处理建议。

3. 当木结构构件的安全性按不适于继续承载的位移(或变形)评定时,应按表5.3.3-13 的规定评级。

木结构构件不适于继续承载的变形的评定　　　表 5.3.3-13

检察项目		c_u 级或 d_u 级
最大挠度	桁架（屋架、托架）	$>l_0/200$
	主梁	$>l_0^2/3000h$，或 $>l_0/150$
	搁栅、檩条	$>l_0^2/2400h$，或 $>l_0/120$
	椽条	$>l_0/100$，或已劈裂
侧向弯曲失高	柱或其他受压构件	$>l_c/200$
	矩形截面梁	$>l_0/150$

注：1. 表中 l_0 为计算跨度；l_c 为柱的无支长度；h 为截面高度。
　　2. 表中的侧向弯曲，主要是由木材生长原因或干燥、施工不当所引起的。
　　3. 评定结果取 c_u 级或 d_u 级时，可根据其实际严重程度确定。

4. 当木结构构件具有下列斜率（ρ）的斜纹理或斜裂缝时，应根据其严重程度定为 c_u 级或 d_u 级。

　　对受拉构件及拉弯构件　　　$\rho>10\%$
　　对受弯构件及偏压构件　　　$\rho>15\%$
　　对受压构件　　　　　　　　$\rho>20\%$

5. 当木结构构件的安全性按危险性腐朽或虫蛀评定时，一般情况下，应按表 5.3.3-14 的内容进行评级；当封入墙、保温层内的木构件或其连接已受潮时，即使木材尚未腐朽，也应直接定为 c_u 级。

木结构构件危险性腐朽、虫蛀的评定　　　表 5.3.3-14

检察项目		c_u 级或 d_u 级
表层腐朽	上部承重结构构件	截面上的腐朽面积大于原截面面积的 5%，或按剩余截面验算不合格
	木桩	截面上的腐朽面积大于原截面面积的 10%
心腐	任何构件	有心腐
虫蛀		有新蛀孔；或未见蛀孔，但敲击有空鼓音，或用仪器探测，内有蛀孔

5.3.3.2　子单元安全性鉴定级别

民用建筑安全性的第二层次鉴定评级，包括地基基础、上部承重结构和围护系统的承重部分划分为三个子单元。若不要求评定围护系统可靠性，也可不将围护系统承重部分列为子单元，而将其安全性鉴定并入上部承重结构中。

当仅要求对某个子单元的安全性进行鉴定时，该子单元与其他相邻单元之间的交叉部位，也应进行检查，并应在鉴定报告中提出处理意见。

一、地基基础

地基基础（子单元）的安全性鉴定，包括地基、桩基和斜坡三个检查项目，以及基础和桩两种主要构件。

1. 当鉴定地基、桩基的安全性时，应按下列要求进行：

（1）一般情况下，宜根据地基、桩基沉降观测资料或其不均匀沉降在上部结构中的反应的检查结果进行鉴定评级。

（2）当现场条件适宜于按地基、桩基承载力进行鉴定评级时，可根据岩土工程勘察档案和有关检测资料的完整程度，适当补充近位勘探点，进一步查明土层分布情况，并采用原位测试和取原状土作室内物理力学性质试验方法进行地基检验，根据以上资料并结合当地工程经验对地基、桩基的承载力进行综合评价。

若现场条件许可，尚可通过在基础（或承台）下进行荷载试验以确定地基（或桩基）的承载力。

（3）当发现地基受力层范围内有软弱下卧层时，应对软弱下卧层地基承载能力进行验算。

（4）对建造在斜坡上或毗邻深基坑的建筑物，应验算地基稳定性。

2. 当有必要单独鉴定基础（或桩）的安全性时，应遵守下列规定：

（1）对浅埋基础（或短桩），可通过开挖进行检验、评定。

（2）对深基础（或桩），可根据原设计、施工、检测和工程验收的有效文件进行分析。也可向原设计、施工、检测人员进行核实；或通过小范围的局部开挖，取得其材料性能、几何参数和外观质量的检测数据。若检测中发现基础（或桩）有裂缝、局部损坏或腐蚀现象，应查明其原因和程度。根据以上核查结果，对基础或桩身的承载能力进行计算分析和验算，并结合工程经验作出综合评价。

3. 当地基（或桩基）的安全性按地基变形（建筑物沉降）观测资料或其上部结构反应的检查结果评定时，应按下列要求进行评定：

A_u 级，不均匀沉降小于现行国家标准《建筑地基基础设计规范》规定的允许沉降差；或建筑物无沉降裂缝、变形或位移。

B_u 级，不均匀沉降不大于现行国家标准《建筑地基基础设计规范》规定的允许沉降差，且连续两个月地基沉降速度小于每月 2mm；或建筑物上部结构砌体部分虽有轻微裂缝，但无发展迹象。

C_u 级，不均匀沉降大于现行国家标准《建筑地基基础设计规范》规定的允许沉降差，或连续两个月地基沉降速度大于每月 2mm；或建筑物上部结构砌体部分出现宽度大于 5mm 的沉降裂缝，预制构件之间的连接部位可出现宽度大于 1mm 的沉降裂缝，且沉降裂缝短期内无终止趋势。

D_u 级，不均匀沉降远大于现行国家标准《建筑地基基础设计规范》规定的允许沉降差，连续两个月地基沉降速度大于每月 2mm，且尚有变快趋势；或建筑物上部结构的沉降裂缝发展明显，砌体的裂缝宽度大于 10mm；预制构件之间的连接部位的裂缝大于 3mm，现浇结构个别部位也已开始出现沉降裂缝。

4. 当地基（或桩基）的安全性按其承载能力评定时，可根据检测或计算分析结果，采用下列标准评级：

（1）当承载力符合现行国家标准《建筑地基基础设计规范》或现行行业标准《建筑

桩基技术规范》的要求时，可根据建筑物的完好程度评为 A_u 级或 B_u 级。

（2）当承载力不符合现行国家标准《建筑地基基础设计规范》或现行行业标准《建筑桩基技术规范》的要求时，可根据建筑物损坏的严重程度评为 C_u 级或 D_u 级。

5. 当地基基础（或桩基础）的安全性按基础（或桩）评定时，宜根据下列原则进行评级：

（1）对浅埋的基础或桩，宜根据抽样或全数开挖的检查结果，按本标准第 4 章同类材料结构主要构件的有关项目评定每一受检基础或单桩的等级，并按样本中所含的各个等级基础（或桩）的百分比，按下列原则评定该种基础或桩的安全性等级：

A_u 级，不含 c_u 级及 d_u 级基础（或单桩），可含 b_u 级基础（或单桩），但含量不大于 30%；

B_u 级，不含 d_u 级基础（或单桩），可含 c_u 级基础（或单桩），但含量不大于 15%；

C_u 级，可含 d_u 级基础（或单桩），但含量不大于 5%；

D_u 级，d_u 级基础（或单桩）的含量大于 5%。

（2）对深基础（或深桩），若分析结果表明，其承载能力（或质量）符合现行有关国家规范的要求，可根据其开挖部分的完好程度定为 A_u 级或 B_u 级；若承载能力（或质量）不符合现行有关国家规范的要求，可根据其开挖部分所发现问题的严重程度定为 C_u 级或 D_u 级。

（3）在下列情况下，可不经开挖检查而直接评定一种基础（或桩）的安全性等级：

1）当地基（或桩基）的安全性等级已评为 A_u 级或 B_u 级，且建筑场地的环境正常时，可取与地基（或桩基）相同的等级。

2）当地基（或桩基）的安全性等级已评为 C_u 级或 D_u 级，且根据经验可以判断基础或桩也已损坏时，可取与地基（或桩基）相同的等级。

6. 当地基基础的安全性按地基稳定性（斜坡）项目评级时，应按下列标准评定：

A_u 级，建筑场地地基稳定，无滑动迹象及滑动史。

B_u 级，建筑场地地基在历史上曾有过局部滑动，经治理后已停止滑动，且近期评估表明，在一般情况下，不会再滑动。

C_u 级，建筑场地地基在历史上发生过滑动，目前虽已停止滑动，但若触动诱发因素，今后仍有可能再滑动。

D_u 级，建筑场地地基在历史上发生过滑动，目前又有滑动或滑动迹象。

7. 地基基础（子单元）的安全性等级，应根据本节对地基基础（或桩基、桩身）和地基稳定性的评定结果，按其中最低一级确定。

8. 在鉴定中若发现地下水位或水质有较大变化，或土压力、水压力有明显增大，且可能对建筑物产生不利影响时，应在鉴定报告中加以说明，并提出处理的建议。

9. 当在深层淤泥、淤泥质土、饱和粘性土、饱和粉细砂或其他软弱地层中开挖深层深基坑时，应对毗邻的已有建筑物（含道路、管线）采取防护措施，并设测点对基坑支护结构和已有建筑物进行监测。若遇到下列可能影响建筑物安全性的情况之一时，应立即报警。若情况比较严重，应立即停止施工，并对基坑支护结构和已有建筑物采取应急措施：

（1）基坑支护结构（或其后面土体）的最大水平位移已大于基坑开挖深度的 1/200

(1/300)，或其水平位移速率已连续三日大于3mm/d（2mm/d）。

（2）基坑支护结构的支撑（或锚杆）体系中有个别构件出现应力骤增、压屈、断裂、松弛或拔出的迹象。

（3）建筑物的不均匀沉降（差异沉降）已大于现行建筑地基基础设计规范规定的允许沉降差，或建筑物的倾斜速率已连续三日大于$0.0001H/d$（H为建筑物承重结构高度）。

（4）已有建筑物的砌体部分出现宽度大于3mm（1.5mm）的变形裂缝；或其附近地面出现宽度大于15mm（10mm）的裂缝；且上述裂缝尚可能发展。

（5）基坑底部或周围土体出现可能导致剪切破坏的迹象或其他可能影响安全的征兆（如少量流沙、涌土、隆起、陷落等）。

（6）根据当地经验判断认为，已出现其它必须加强监测的情况。

二、上部承重结构

上部承重结构（子单元）的安全性鉴定评级，应根据其所含各种构件的安全性等级、结构的整体性等级，以及结构侧向位移等级进行确定。

1. 当评定一种主要构件的安全性等级时，应根据其每一受检构件的评定结果，按表5.3.3-15的规定评级。

每种主要构件安全性等级的评定　　　　　　　　　　　　　　　表5.3.3-15

等级	多层及高层房屋	单层房屋
A_u	在该种构件中，不含c_u级和d_u级，可含b_u级，但一个子单元含b_u级的楼层数不多于$(\sqrt{m}/m)\%$，每一楼层的b_u级含量不多于25%，且任一轴线（或一跨）上的b_u级含量不多于该轴线（或该跨）构件数的1/3	在该种构件中不含c_u级和d_u级，可含b_u级，但一个子单元的含量不多于30%，且任一轴线（或一跨）上的b_u级含量不多于该轴线（或该跨）构件数的1/3
B_u	在该种构件中，不含d_u级，可含c_u级，但一个子单元含c_u级的楼层数不多于$(\sqrt{m}/m)\%$，每一楼层的c_u级含量不多于15%，且任一轴线（或一跨）上的c_u级含量不多于该轴线（或该跨）构件数的1/3	在该种构件中，不含d_u级可含c_u级，但一个子单元的含量不多于20%且任一轴线（或一跨）上的c_u级含量不多于该轴线（或该跨）构件数的1/3
C_u	在该种构件中，可含d_u级，但一个子单元含有d_u级的楼层数不多于$(\sqrt{m}/m)\%$，每一楼层的d_u级含量不多于5%，且任一轴线（或一跨）上的d_u级含量不多于1个	在该种构件中可含d_u级（单跨及双跨房屋除外），但一个子单元的含量不多于7.5%，且任一轴线（或一跨）上的d_u级含量不多于1个
D_u	在该种构件中，d_u级的含量或其分布多于C_u级的规定数	在该种构件中，d_u级的含量或其分布多于C_u级的规定数

注：1. 表中"轴线"系指结构平面布置图中的横轴线或纵轴线，当计算纵轴线上的构件数时，对桁架、屋面梁等构件可按跨统计。m为房屋鉴定单元层数。

　　2. 当计算的含有低一级构件的楼层数为非整数时，可多取一层，但该层中允许出现的低一级构件数，应按相应的比例进行折减（即以该非整数的小数部分作为折减系数）。

2. 当评定一种一般构件的安全性等级时,应根据其每一受检构件的评定结果,按表 5.3.3-16 的规定评定。

每种一般构件安全性等级的评定 　　　　　　　　　　表 5.3.3-16

等级	多层及高层房屋	单层房屋
A_u	在该种构件中,不含 c_u 级和 d_u 级,可含 b_u 级,但一个子单元含 b_u 级的楼层数不多于 $(\sqrt{m}/m)\%$,每一楼层的 b_u 级含量不多于 30%,且任一轴线(或任一跨)上的 b_u 级含量不多于该轴线(或该跨)构件数的 2/5	在该种构件中不含 c_u 级和 d_u 级,可含 b_u 级,但一个子单元的含量不多于 35%,且任一轴线(或任一跨)上的 b_u 级含量不多于该轴线(或该跨)构件数的 2/5
B_u	在该种构件中,不含 d_u 级,可含 c_u 级,但一个子单元含 c_u 级的楼层数不多于 $(\sqrt{m}/m)\%$,每一楼层的 c_u 级含量不多于 20%,且任一轴线(或任一跨)上的 c_u 级含量不多于该轴线(或该跨)构件数的 2/5	在该种构件中不含 d_u 级可含 c_u 级,但一个子单元的含量不多于 25%,且任一轴线(或任一跨)上的 c_u 级含量不多于该轴线(或该跨)构件数的 2/5
C_u	在该种构件中,可含 d_u 级,但一个子单元含有 d_u 级的楼层数不多于 $(\sqrt{m}/m)\%$,每一楼层的 d_u 级含量不多于 7.5%,且任一轴线(或任一跨)上的 d_u 级含量不多于该轴线(或该跨)构件数的 1/3	在该种构件中可含 d_u 级(单跨及双跨房屋除外),但一个子单元的含量不多于 10%,且任一轴线(或任一跨)上的 d_u 级含量不多于该轴线(或该跨)构件数的 1/3
D_u	在该种构件中,d_u 级的含量或其分布多于 C_u 级的规定数	在该种构件中,d_u 级的含量或其分布多于 C_u 级的规定数

3. 当评定结构整体性等级时,应按表 5.3.3-17 的规定,先评定其每一项检查项目的等级,然后按下列原则去定该结构整体性等级:

(1) 若四个检查项目均不低于 B_u 级,可按占多数的等级确定。
(2) 若仅一个检查项目低于 B_u 级,可根据实际情况定位 B_u 级或 C_u 级。
(3) 若不止一个检查项目低于 B_u 级,可根据实际情况定位 C_u 级或 D_u 级。

结构整体性等级评定 　　　　　　　　　　表 5.3.3-17

检查项目	A_u 级或 B_u 级	C_u 级或 D_u 级
结构布置、支撑系统(或其它抗侧力系统)布置	布置合理,形成完整系统,且结构选型及传力路线设计正确,符合现行设计规范要求	布置不合理,存在薄弱环节,或结构选型、传力路线设计不当,不符合现行设计规范要求
支撑系统(或其他抗侧力系统)的构造	构件长细比及连接构造符合现行设计规范要求,无明显残损或施工缺陷,能传递各种侧向作用	构件长细比及连接构造不符合现行设计规范要求,或构件连接已失效或有严重缺陷,不能传递各种侧向作用

续表

检查项目	A_u级或B_u级	C_u级或D_u级
圈梁构造	截面尺寸、配筋及材料强度等符合现行设计规范要求，无裂缝或其他残损，能起封闭系统作用	截面尺寸、配筋或材料强度不符合现行设计规范要求，或已开裂，或有其他残损，或不能起封闭系统作用
结构间的联系	设计合理、无疏漏；锚固、连接方式正确，无松动变形或其他残损	设计不合理、多处疏漏；或锚固、连接不当，或已松动变形，或已残损

4. 对上部承重结构不适于继续承载的侧向位移，应根据其检测结果，按下列规定评级：

（1）当检测值已超出表5.3.3-18界限，且有部分构件（含连接）出现裂缝、变形或其他局部损坏迹象时，应根据实际严重程度定为C_u级或D_u级。

（2）当检测值虽已超出表5.3.3-18界限，但尚未发现上款所述情况时，应进一步作计入该位移影响的结构内力计算分析，并按本标准第4章的规定，验算各构件的承载能力，若验算结果均不低于b_u级，仍可将该结构定为B_u级，但宜附加观察使用一段时间的限制。若构件承载能力的验算结果有低于b_u级时，应定为C_u级。

各类结构不适于继续承载的侧向位移评定 表5.3.3-18

检察项目	构件类别			顶点位移 C_u级或D_u级	层间位移 C_u级或D_u级
结构平面内的侧向位移（mm）	混凝土结构或钢结构	单层建筑		>H/400	—
		多层建筑		>H/450	>H_i/350
		高层建筑	框架	>H/550	>H_i/450
			框架剪力墙	>H/700	>H_i/600
	砌体结构	单层建筑	墙 $H≤7m$	>25	—
			墙 $H>7m$	>H/280 或 >50	—
			柱 $H≤7m$	>20	—
			柱 $H>7m$	>H/350 或 >40	—
		多层建筑	墙 $H≤10m$	>40	>H_i/100 或 >20
			墙 $H>10m$	>H/250 或 >90	
			柱 $H≤10m$	>30	>H_i/150 或 >15
			柱 $H>10m$	>H/330 或 >70	
	单层排架平面外侧倾（mm）			>H/750 或 >30	—

注：1. 表中H为结构顶点高度；H_i为第i层层间高度。
　　2. 墙包括带壁柱墙。
　　3. 框架筒体结构、筒中筒结构及剪力墙结构的侧向位移评定标准，可以当地实践经验为依据制订，但应经当地主管部门批准后执行。
　　4. 对木结构房屋的侧向位移（或倾斜）和平面外侧移，可根据当地经验进行评定。

5. 上部承重结构的安全性等级，应根据上述的评定结果，按下列原则确定：

（1）一般情况下，应按各种主要构件和结构侧向位移（或倾斜）的评级结果，取其中最低一级作为上部承重结构（子单元）的安全性等级。

（2）当上部承重结构按（1）评为 B_u 级，但若发现其主要构件所含的各种 c_u 级构件（或其连接）处于下列情况之一时，宜将所评等级降为 C_u 级。

1） c_u 级沿建筑物某方位呈规律性分布，或过于集中在结构的某部位。

2）出现 c_u 级构件交汇的节点连接。

3） c_u 级存在于人群密集场所或其他破坏后果严重的部位。

（3）当上部承重结构按（1）评为 C_u 级时，但若发现其主要构件（不分种类）或连接有下列情况之一时，宜将所评等级降为 D_u 级。

1）任何种类房屋中，有50%以上的构件为 c_u 级。

2）多层或高层房屋中，其底层均为 c_u 级。

3）多层或高层房屋的底层，或任一空旷层，或框支剪力墙结构的框架层中，出现 d_u 级；或任何两相邻层间同时出现 d_u 级；或脆性材料结构中出现 d_u 级。

4）在人群密集场所或其他破坏后果严重的部位，出现 d_u 级。

（4）当上部承重结构按上款评定为 A_u 级或 B_u 级，而结构整体性等级为 C_u 级时，应将所评的上部承重结构安全性等级降为 C_u 级。

（5）当上部承重结构在按（4）的规定作了调整后仍为 A_u 级或 B_u 级，而各种一般构件中，其等级最低的一种为 C_u 级或 D_u 级时，尚应按下列规定调整其级别：

1）若设计考虑该种一般构件参与支撑系统（或其他抗侧力系统）工作，或在抗震加固中，已加强了该种构件与主要构件锚固，应将所评的上部承重结构安全性等级降为 C_u 级。

2）当仅有一种一般构件为 C_u 级或 D_u 级，且不属于第（1）项的情况时，可将上部承重结构的安全性等级定为 B_u 级。

3）当不止一种一般构件为 C_u 级或 D_u 级，应将上部承重结构的安全性等级降为 C_u 级。

三、围护系统的承重部分

围护系统的承重部分（子单元）的安全性，应根据该系统专设的和参与该系统工作的各种构件的安全性等级，以及该部分结构整体的安全性等级进行评定。

1. 当评定一种构件的安全性等级时，应根据每一受检构件的评定结果及其构件类别，分别按表5.3.3-15 和表表5.3.3-16 进行评定。

2. 当评定围护系统承重部分的结构整体性时，可按表5.3.3-17 的规定评级。

3. 围护系统承重部分的安全性等级，可根据上述评定结果，按下列原则确定：

（1）当仅有 A_u 级和 B_u 级时，按占多数级别确定。

（2）当含有 C_u 级或 D_u 级时，若 C_u 级或 D_u 级属于主要构件时，按最低等级确定；若 C_u 级或 D_u 级属于一般构件时，可按实际情况，定为 B_u 级或 C_u 级。

（3）围护系统承重部分的安全性等级，不得高于上部承重结构的等级。

四、鉴定单元安全性评级

民用建筑鉴定单元的安全性鉴定评级，应根据其他地基基础、上部承重结构和围护系统承重部分等的安全性等级，以及与整装建筑有关的其它安全问题进行评定。

1. 鉴定单元的安全性等级，应根据子单元的评定结果，按下列原则确定：

(1) 一般情况下，应根据地基基础和上部承重结构的评定结果按其中较低等级确定。

(2) 当鉴定单元的安全性等级按上款评为 A_{su} 级或 B_{su} 级但围护系统承重部分的等级为 C_u 级或 D_u 级时，可根据实际情况将鉴定单元所评等级降低一级或二级，但最后所定的等级不得低于 C_{su} 级。

2. 对下列任一情况，可直接评为 D_{su} 级建筑：

(1) 建筑物处于有危房的建筑群中，且直接受到其威胁。

(2) 建筑物朝一方向倾斜，且速度开始变快。

3. 当新测定的建筑物动力特性，与原先记录或理论分析的计算值相比，有下列变化时，可判其承重结构可能有异常，但应经进一步检查、鉴定后再评改订建筑物的安全性等级：

(1) 建筑物基本周期显著变长（或基本频率显著下降）。

(2) 建筑物振型有明显改变（或振幅分布无规律）。

5.3.4 民用建筑正常使用性鉴定评级

5.3.4.1 构件正常使用性鉴定评级

一、构件正常使用性鉴定评级的原则

1. 单个构件正常使用性的鉴定评级，应根据其不同的材料种类分别进行评定。

2. 正常使用性的鉴定，应以现场的调查、检测结果为基本依据。

3. 当遇到下列情况之一时，结构构件的鉴定，尚应按正常使用极限状态的要求进行计算分析和验算：

(1) 检测结果需与计算值进行比较；

(2) 检测只能取得部分数据，需通过计算分析进行鉴定；

(3) 为改变建筑物用途、使用条件或使用要求而进行鉴定。

4. 对被鉴定的结构构件进行计算和验算，除应符合现行设计规范的规定外，尚应符合下列要求：

(1) 对构件材料的弹性模量、剪变模量和泊松比等物理性能指标，可根据鉴定确认的材料品种和强度等级，按现行设计规范规定的数值采用；

(2) 验算结果应按现行标准、规范规定的限值进行评级。若验算合格，可根据其实际完好程度评为 a_s 级或 b_s 级；若验算不合格，应定为 c_s 级；

(3) 若验算结果与观察不符，应进一步检查设计和施工方面可能存在的差错。

二、混凝土结构构件

混凝土结构构件的正常使用性鉴定，应按位移和裂缝两个检查项目，分别评定每一受检构件的等级，并取其中较低一级作为该构件使用等级。

1. 混凝土桁架和其他受弯构件的正常使用性按其挠度检测结果进行评定，若检测值小于计算值及现行设计规范限值时，可评为 a_s 级；若检测值大于或等于计算值，但不大于现行设计规范限值时,可评为b_s级;若检测值大于现行设计规范限值时,可评为c_s级。

2. 混凝土柱的正常使用性需要按其柱顶水平位移(或倾斜)检测结果进行评定,若该位移的出现与整个结构有关,应取与上部承重结构相同的级别作为该柱的水平位移等级;若该位移的出现只是孤立事件,则可根据其检测结果直接评级。评级所需的位移限值,可按表5.3.3-18所列的层间位移数值乘以1.1的系数确定。

3. 当混凝土结构构件的正常使用性按其裂缝宽度检测结果评定时,应符合下列要求:

(1) 若检测值小于计算值及现行设计规范限值时,可评为a_s级;

(2) 若检测值大于或等于计算值,但不大于现行设计规范限值时,可评为b_s级;

(3) 若检测值大于现行设计规范限值时,可评为c_s级;

(4) 若计算有困难或计算结果与实际情况不符,宜按表5.3.4-1或表5.3.4-2的规定评级;

(5) 对沿主筋方向出现的锈蚀裂缝,应直接评为c_s级;

(6) 若一根构件同时出现两种裂缝,应分别评级,并取其中较低一级作为该构件的裂缝等级。

钢筋混凝土构件裂缝宽度等级的评定 表5.3.4-1

检察项目	环境	构件类别		a_s级	b_s级	c_s级
受力主筋处横向或斜向裂缝宽度(mm)	正常湿度环境	主要构件	屋架、托架	≤0.15	≤0.20	>0.20
			主梁、托梁	≤0.20	≤0.30	>0.30
		一般构件		≤0.25	≤0.40	>0.40
	高湿度环境	任何构件		≤0.15	≤0.20	>0.20

预应力混凝土构件裂缝宽度等级的评定 表5.3.4-2

检察项目	环境	构件类别	评定标准		
			a_s级	b_s级	c_s级
横向或斜向裂缝宽度(mm)	正常湿度环境	主要构件	无裂缝(≤0.15)	无裂缝(>0.15且≤0.20)	无裂缝(>0.20)
		一般构件	无裂缝(≤0.20)	无裂缝(>0.20且≤0.30)	无裂缝(>0.30)
	高湿度环境	任何构件	(无裂缝)	(无裂缝)	出现裂缝

注:1. 高湿度环境系指:露天环境,开敞式房屋易遭飘雨部位,经常受蒸气或冷凝水作用的场所(如厨房、浴室、寒冷地区不保暖屋盖等)以及与土壤直接接触的部位等。
2. 对拱架和屋面梁,应分别按桁架和主梁评定。
3. 对板的裂缝宽度,以表面量侧的数值为准。
4. 表中括号内限值适用与冷拉Ⅱ、Ⅲ、Ⅳ级钢筋的预应力混凝土构件。
5. 当构件无裂缝时,评定结果取a_s级或b_s级,可根据其完好程度确定。

三、钢结构构件

钢结构构件的正常使用性鉴定，应按位移和锈蚀（腐蚀）两个项目检查，分别评定每一受检构件的等级，并以其中较低一级作为该构件使用性等级。

对钢结构受拉构件，尚应以长细比作为检查项目参与上述评级。

1. 当钢桁架或其他受弯构件的正常使用性按其挠度检测结果评定时，应按下列规定评级：

（1）若检测值小于计算值及现行设计规范限值时，可评为 a_s 级；

（2）若检测值大于或等于计算值，但不大于现行设计规范限值时，可评为 b_s 级；

（3）若检测值大于现行设计规范限值时，可评为 c_s 级。

注：允许在一般构件的鉴定中，对检测值小于现行设计规范限值的情况，直接根据其完好程度定为 a_s 级或 b_s 级。

2. 当钢柱的正常使用性需要按其柱顶水平位移（或倾斜）的检测结果评定时，可按下列原则评级：

（1）若该位移的出现与整个结构有关，应根据表5.3.3-18进行的评定，取与上部承重结构相同的级别作为该柱的水平位移等级。

（2）若该位移的出现只是孤立事件，则可根据其检测结果直接评级。评级所需的位移限值，可按表5.3.3-18所列的层间数值确定。

3. 当钢结构构件的正常使用性按其锈蚀（腐蚀）的检查结果评定时，应按表5.3.4-3的规定评级。

4. 当钢结构受拉构件正常使用性按其长细比的检测结果评定时，应按表5.3.4-4的规定评级。

钢结构构件和连接的锈蚀（腐蚀）等级评定　　　　表5.3.4-3

锈蚀程度	等级
面漆及底漆完好，漆膜尚有光泽	a_s 级
面漆脱落（包括起鼓面积），对普通钢结构不大于15%；对薄壁型钢和轻钢结构不大于10%；底漆基本完好，但边角处可能有锈蚀，易锈部位的平面上可能有少量点蚀	b_s 级
面漆脱落面积（包括起鼓面积），对普通钢结构大于15%；对薄壁型钢和轻钢结构大于10%；底漆锈蚀面积正在扩大，易锈部位可见到麻面状锈蚀	c_s 级

钢结构受拉构件长细比等级的评定　　　　表5.3.4-4

构件类别		a_s 级或 b_s 级	c_s 级
主要受拉构件	桁架拉杆	≤350	>350
	网架支座附近处拉杆	≤300	>300
一般受拉构件		≤400	>400

注：1. 评定结果取 a_s 级或 b_s 级，根据其实际完好程度确定。
2. 当钢结构受拉构件的长细比虽略大于 b_s 级的限值，但若该构件的下垂矢高尚不影响其正常使用时，仍可定为 b_s 级。
3. 张紧的圆钢拉杆的长细比不受本表限制。

四、砌体结构构件

砌体结构构件的正常使用性鉴定，应按位移、非受力裂缝和风化（粉化）等三个检查项目，分别评定每一受检构件的等级，并取其中最低一级作为该构件使用性等级。

1. 当砌体墙、柱的正常使用性需要按其顶点水平位移（或倾斜）的检测结果评定时，可按下列原则评级：

（1）若该位移的出现与整个结构有关，应根据本标准第 7.3.3 条的评定结果，取与上部承重结构相同的级别作为该构件的水平位移等级。

（2）若该位移的出现只是孤立事件，则可根据其检测结果直接评级。评级所需的位移限值，可按表 5.3.3-18 所列的层间数值乘以 1.1 的系数确定。

2. 当砌体结构构件的正常使用性按其非受力裂缝检测结果评定时，应按表 5.3.4-5 的规定评级。

3. 当砌体结构构件的正常使用性按其风化或粉化检测结果评定时，应按表 5.3.4-6 的规定评级。

砌体结构构件非受力裂缝等级的评定　　　　　　　　　　表 5.3.4-5

检察项目	构件类别	a_s 级	b_s 级	c_s 级
非受力裂缝宽度（mm）	墙及带壁柱墙	无可见裂缝	≤1.5	>1.5
	柱	无可见裂缝	无可见裂缝	出现裂缝

砌体结构构件风化或粉化等级的评定　　　　　　　　　　表 5.3.4-6

检察项目	a_s 级	b_s 级	c_s 级
块材	无风化迹象，且所处环境正常	局部有风化迹象或尚未风化，但所处环境不良（如潮湿、腐蚀性介质）	局部或较大范围已风化
砂浆层（灰缝）	无粉化迹象，且所处环境正常	局部有粉化迹象或尚未粉化，但所处环境不良（同上）	局部或较大范围已粉化

五、木结构构件

木结构构件的正常使用性鉴定，应按位移、干缩裂缝和初期腐朽等三个检查项目，分别评定每一受检构件的等级，并取其中最低一级作为该构件使用性等级。

1. 当木结构构件的正常使用性按其挠度检测结果评定时，应按表 5.3.4-7 的规定评级。

木结构构件挠度等级的评定　　　　　　　　　　　　　　表 5.3.4-7

构件类别		a_s 级	b_s 级	c_s 级
桁架（屋架、托架）		≤$l_0/500$	≤$l_0/400$	>$l_0/400$
檩条	l_0≤3.3m	≤$l_0/250$	≤$l_0/200$ 且 >$l_0/200$	>$l_0/200$
	l_0>3.3m	≤$l_0/300$	≤$l_0/250$	>$l_0/250$

续表

构 件 类 别		a_s 级	b_s 级	c_s 级
椽 条		$\leq l_0/200$	$\leq l_0/150$	$> l_0/150$
吊顶中的受弯构件	抹灰吊顶	$\leq l_0/360$	$\leq l_0/300$	$> l_0/300$
	其他吊顶	$\leq l_0/250$	$\leq l_0/200$	$> l_0/200$
楼盖梁、搁栅		$\leq l_0/300$	$\leq l_0/250$	$> l_0/250$

注：表中 l_0 为构件计算跨度实测值。

2. 当木结构构件的正常使用性按干缩裂缝检测结果评定时，应按表5.3.4-8的规定评级。

若无特殊要求，原木的干缩裂缝可不参与评级，但应在鉴定报告中提出嵌缝处理的建议。

木结构构件干缩裂缝等级的评定 表5.3.4-8

检察项目	构 件 类 别		a_s 级	b_s 级	c_s 级
干缩裂缝深度（t）	受拉构件	板材	无裂缝	$t \leq b/6$	$t > b/6$
		方材	可有微裂	$t \leq b/4$	$t > b/4$
	受弯或受压构件	板材	无裂缝	$t \leq b/5$	$t > b/5$
		方材	可有微裂	$t \leq b/3$	$t > b/3$

注：表中 b 为沿裂缝深度方向的构件截面尺寸。

3. 当发现木结构构件有初期腐朽迹象，或虽未腐朽，但所处环境较潮湿时，应直接定为 C_s 级，并应在鉴定报告中提出防腐处理和防潮通风措施的建议。

5.3.4.2 子单元正常使用鉴定评级

民用建筑正常使用性的第二层次鉴定评级，应按地基基础、上部承重结构和围护系统划分为三个子单元进行评定。当仅要求对某个子单元的使用性进行鉴定时，该子单元与其它相邻子单元之间的交叉部分，也应进行检查，并应在鉴定报告中提出处理意见。

一、地基基础

地基基础的正常使用性，可根据其上部承重结构或围护系统的工作状态进行评估。若安全性鉴定中已开挖基础（或桩）或鉴定人员认为有必要开挖时，也可按开挖检查结果评定单个基础（或单桩、基桩）及每种基础（或桩）的使用性等级。

地基基础的使用性等级，应按下列原则确定：

（1）当上部承重结构和围护系统的使用性检查未发现问题，或所发现问题与地基基础无关时，可根据实际情况定为 A_s 级或 B_s 级。

（2）当上部承重结构或围护系统所发现问题与当地地基基础有关时，可根据上部承重结构和围护系统所评的等级，取其中较低一级作为地基基础使用性等级。

（3）当一种基础（或桩）按开挖检测结果所评的等级为 C_s 级时，应将地基基础使用

性的等级定为 C_s 级。

二、上部承重结构

上部承重结构（子单元）的正常使用性鉴定，应根据其所含各种构件的使用性等级和结构的侧向位移等级进行评定。当建筑物的使用要求对振动有限制时，还应评估振动（颤动）的影响。

1. 当评定一种构件的使用性等级时，应根据其每一受检构件的评定结果，按下列规定进行评级。

（1）对主要构件，应按表5.3.4-9的规定评定。

（2）对一般构件，应按表5.3.4-10的规定评定。

每种主要构件使用性等级的评定 表 5.3.4-9

等级	多层及高层房屋	单层房屋
A_s	在该种构件中，不含 c_s 级，可含 b_s 级，但一个子单元含有 b_s 级的楼层数不多于 $(\sqrt{m}/m)\%$，且一个楼层含量不多于35%	在该种构件中不含 c_s 级，可含 b_s 级，但一个子单元的含量不多于40%
B_s	在该种构件中，可含 c_s 级，但一个子单元含 c_s 级的楼层数不多于 $(\sqrt{m}/m)\%$，且每一个楼层含量不多于25%	在该种构件中，可含 c_s 级，但一个子单元的含量不多于30%
C_s	在该种构件中，c_s 级的含量或含有 c_s 级的楼层数多于 B_s 级的规定数	在该种构件中，c_s 级的含量多于 B_s 级的规定数

注：表中 m 为建筑物鉴定单元的楼层数

每种一般构件使用性等级的评定 表 5.3.4-10

等级	多层及高层房屋	单层房屋
A_s	在该种构件中，不含 c_s 级，可含 b_s 级，但一个子单元含有 b_s 级的楼层数不多于 $(\sqrt{m}/m)\%$，且一个楼层含量不多于40%	在该种构件中不含 c_s 级，可含 b_s 级，但一个子单元的含量不多于45%
B_s	在该种构件中，可含 c_s 级，但一个子单元含 c_s 级的楼层数不多于 $(\sqrt{m}/m)\%$，且每一个楼层含量不多于30%	在该种构件中，可含 c_s 级，但一个子单元的含量不多于35%
C_s	在该种构件中，c_s 级的含量或含有 c_s 级的楼层数多于 B_s 级的规定数	在该种构件中，c_s 级的含量多于 B_s 级的规定数

注：1. 表中 m 为建筑物鉴定单元的楼层数。
    2. 当计算的含有低一级构件的楼层数为非整数时，可多取一层，但该层中允许出现的低一级构件数，应按相应的比例进行折减（即以该非整数的小数部分作为折减系数）。

2. 当上部承重结构的正常使用性需考虑侧向（水平）位移的影响时，可采用检测或计算分析的方法进行鉴定，但应按下列规定进行评级：

（1）检测取得的主要是由风荷载（可含有其他作用，但不含地震作用）引起的侧向位移值，应按表5.3.4-11评定每一测点的等级，对结构顶点，按各测点中占多数的等级确定；对层间，按各测点中最低的等级确定；并取其中较低等级作为上部承重结构侧向位移使用性等级。

（2）当检测有困难时，允许在现场取得与结构有关参数的基础上，采用计算分析方法进行鉴定。若计算的侧向位移不超出表5.3.4-11中B_s级的界限，可根据该上部承重结构的完好程度评为A_s级或B_s级。若计算的侧向位移已超出表5.3.4-11中B_s级的界限，应定为C_s级。

结构侧向（水平）位移等级的评定　　　　表5.3.4-11

检查项目	结构类型		位移限值		
			A_s级	B_s级	C_s级
钢筋混凝土结构或钢结构的侧向位移	多层框架	层间	≤H_i/600	≤H_i/450	>H_i/450
		结构顶点	≤H/750	≤H/550	>H/550
	高层框架	层间	≤H_i/650	≤H_i/500	>H_i/500
		结构顶点	≤H/850	≤H/650	>H/650
	框架-剪力墙 框架-筒体	层间	≤H_i/900	≤H_i/750	>H_i/750
		结构顶点	≤H/1000	≤H/800	>H/800
	筒中筒	层间	≤H_i/950	≤H_i/800	>H_i/800
		结构顶点	≤H/1100	≤H/900	>H/900
	剪力墙	层间	≤H_i/1050	≤H_i/900	>H_i/900
		结构顶点	≤H/1200	≤H/1000	>H/1000
砌体结构侧向位移	多层房屋（柱承重）	层间	≤H_i/650	≤H_i/500	>H_i/450
		结构顶点	≤H/750	≤H/550	>H/550
	多层房屋（墙承重）	层间	≤H_i/600	≤H_i/450	>H_i/400
		结构顶点	≤H/700	≤H/500	>H/500

注：1. 表中限值系对一般装修标准而言，若为高级装修应事先协商确定。
　　2. 表中H为结构顶点高度；H_i为第i层的层间高度。
　　3. 木结构建筑的侧向位移对建筑功能的影响问题，可根据当地使用经验进行评定。

3. 上部承重结构的使用性等级，应根据上述评定结果，按下列原则确定：

（1）一般情况下，应按各种主要构件及结构侧移所评等级，取其中最低一级作为上部承重结构的使用性等级。

（2）若上部承重结构按上款评为A_s级或B_s级，而一般构件所凭等级为C_s级时，尚应按下列规定进行调整：

1）当仅发现一种一般构件为C_s级，且其影响仅限于自身时，可不作调整。若其影响波及非结构构件、高级装修或围护系统的使用功能时,则可根据影响范围的大小,将上部承重结构所评等级调整为 B_s 级或 C_s 级。

2) 当发现多于一种一般构件为 C_s 级时,可将上部承重结构所评等级调整为 C_s 级。

4. 当需评定振动对某种构件或整个结构正常使用性的影响时,可根据专门标准的规定,对该种构件或整个结构进行检测和必要的验算,若其结果不合格,应按下列原则对所评的等级进行修正:

(1) 当振动仅涉及一种构件时,可仅将该种构件所评等级降为 C_s 级。

(2) 当振动的影响涉及整个结构或多于一种构件时,应将上部承重结构以及所涉及的各种构件均降为 C_s 级。

5. 当遇到下列情况之一时,可直接将该上部承重结构定为 C_s 级:

(1) 在楼层中,其楼面振动(或颤动)已使室内精密仪器不能正常工作,或已明显引起人体不适感。

(2) 在高层建筑的顶部几层,其风振效应已使用户感到不安。

(3) 振动引起的非结构构件开裂或其它损害,已可通过目测判定。

三、围护系统

围护系统(子单元)的正常使用性鉴定评级,应根据系统的使用功能等级及其承重部分的使用性等级评定。

1. 当评定围护系统使用功能时,应按表 5.3.4-12 规定的检查项目及其评定标准逐项评级,并按下列原则确定确定围护系统的使用功能等级:

(1) 一般情况下,可取其中最低等级作为围护系统的使用功能等级。

(2) 当鉴定的房屋对表中各项检查项目的要求有主次之分时,也可取主要项目中的最低等级作为围护系统使用功能等级。

(3) 当按上款主要项目所评的等级为 A_s 级或 B_s 级,但有多于一个次要项目为 C_s 级时,应将所评等级降为 C_s 级。

2. 当评定围护系统承重部分的使用性时,应按表 5.3.3-15 和表 5.3.3-16 的标准评定其每种构件的等级,并取其中最低等级,作为该系统承重部分使用性等级。

3. 围护系统的使用性等级,应根据其使用功能和承重部分使用性的评定结果,按较低的等级确定。

4. 对围护系统使用功能有特殊要求的建筑物,除应按本标准鉴定评级外,尚应按现行专门标准进行评定。若评定结果合格,可维持按本标准所评等级不变;若不合格,应将按本标准所评的等级降为 C_s 级。

围护系统使用功能等级的评定　　　　表 5.3.4-12

检察项目	A_s 级	B_s 级	C_s 级
屋面防水	防水构造及排水设施完好,无老化、渗漏及排水不畅的迹象	构造设施基本完好,或略有老化迹象,但尚不渗漏或积水	构造设施不当或易损坏

续表

检察项目	A_s 级	B_s 级	C_s 级
吊顶（天棚）	构造合理，外观完好，建筑功能符合设计要求	构造稍有缺陷，或有轻微变形或裂纹，或建筑功能略低于设计要求	构造不当或已损坏，或建筑功能不符合设计要求，或出现有碍外观的下垂
非承重内墙（和隔墙）	构造合理，与主体结构有可靠联系，无可见位移，面层完好，建筑功能符合设计要求	略低于 A_s 级要求，但尚不显著影响其使用功能	已开裂、变形，或已破损，或使用功能不符合设计要求
外墙（自承重墙或填充墙）	墙体及其面层外观完好，墙角无潮湿迹象，墙厚符合节能要求	略低于 A_s 级要求，但尚不显著影响其使用功能	不符合 A_s 级要求，且已显著影响其使用功能
门窗	外观完好，密封性符合设计要求，无剪切变形迹象，开闭或推动自如	略低于 A_s 级要求，但尚不显著影响其使用功能	门窗构件或其连接已损坏，或密封性差，或已有剪切变形，已显著影响使用功能
地下防水	完好，且防水功能符合设计要求	基本完好，局部可能有潮湿迹象，但尚不显著渗漏	有不同程度损坏或有渗漏
其他防护设施	完好，且防护功能符合设计要求	有轻微缺陷，但尚不显著影响其防护功能	有损坏，或防护功能不符合设计要求

注：其他防护设施系指隔热、保温、防尘、隔声、防湿、防腐、防灾等各种设施。

5.3.4.3 鉴定单元使用性评级

民用建筑鉴定单元的正常使用性鉴定评级，应根据地基基础、上部承重结构和围护系统的使用等级，以及与整装建筑有关的其它使用功能问题进行评定；按三个子单元中最低的等级确定。

当鉴定单元的使用性等级评定为 A_{ss} 级或 B_{ss} 级，但若遇到下列情况之一时，宜将所评等级降为 C_{ss} 级：

（1）房屋内外装修已大部分老化或残损。

（2）房屋管道、设备已需全部更新。

5.3.5 民用建筑可靠性评级和适修性评估

5.3.5.1 民用建筑可靠性评级

民用建筑的可靠性鉴定，应表 5.3.2-1 划分的层次，以其安全性和正常使用性的鉴定结果为依据逐层进行。

1. 当不要求给出可靠性等级时，民用建筑各层次的可靠性，可采取直接列出其安全性等级和使用性等级的形式予以表示。

2. 当需要给出民用建筑各层次的可靠性等级时，可根据其安全性和正常使用性的评定结果，按下列原则确定：

(1) 当该层次安全性等级低于 b_u 级、B_u 级或 B_{su} 级时，应按安全性等级确定。

(2) 除上款情形外，可按安全性等级和正常使用性等级中较低的一个等级确定。

(3) 当考虑鉴定对象的重要性或特殊性时，允许对评定结果作不大于一级的调整。

5.3.5.2　民用建筑适修性评估

1. 在民用建筑可靠性鉴定中，若委托方要求对 C_{su} 级和 D_{su} 级鉴定单元，或 C_u 级和 D_u 级子单元（或其中某种构件）的处理提出建议时，宜对其适修性进行评估。

2. 适修性评估按本标准第 3.3.4 条进行，并可按下列处理原则提出具体建议：

(1) 对评为 A_r、B_r 或 A'_r、B'_r 的鉴定单元和子单元（或其中某种构件），应予以修复使用。

(2) 对评为 C_r 的鉴定单元和 C'_r 子单元（或其中某种构件），应分别作出修复与拆换两方案，经技术、经济评估后再作选择。

(3) 对评为 $C_{su}-D_r$、$D_{su}-D_r$ 和 $C_u-D'_r$、$D_u-D'_r$ 的鉴定单元和子单元（或其中某种构件），宜考虑拆换或重建。

(4) 对有纪念意义或有文物、历史、艺术价值的建筑物，不进行适修性评估，而应予以修复和保存。

5.3.6　工业厂房可靠性鉴定

《工业厂房的可靠性鉴定标准》和《民用建筑可靠性评定标准》的鉴定等级标准、鉴定的层次、各层次的鉴定项目和标准、工程（单元）的综合鉴定评级等，基本上是一致的或相同的。其差别主要是围绕可靠性鉴定对象特点的差异，如工业厂房的可靠性鉴定要包括结构的支撑体系等。因此，对工业厂房的可靠性鉴定不再进行详细介绍。

5.3.6.1　鉴定等级标准

《工业厂房可靠性鉴定标准》（GBJ 144—90）及《钢铁工业建（构）筑物可靠性鉴定规程》（YBJ 219—89）的规定，将结构及构件分为子项、项目、单元三个层次、四个级别进行评定，分级标准如下：

(1) 子项（用于结构构件的单项功能）

a 级　符合国家现行规范要求，安全适用，不必采取措施；

b 级　略低于国家现行规范要求，基本安全适用，可不必采取措施；

c 级　不符合国家现行规范要求，影响安全或影响正常使用，应采取措施；

d 级　严重不符合国家现行规范要求，危及安全或不能正常使用，必须立即采取措施。

(2) 项目（用于结构构件及结构系统）

应按对项目可靠性影响的不同程度，将子项分为主要子项和次要子项两类。

A 级　主要子项应符合国家现行规范要求；次要子项可略低于国家现行规范要求，可正常使用，不必采取措施。

B 级　主要子项符合或略低于国家现行规范要求，个别次要子项可不符合国家现行规范要求，尚可保证正常使用，应采取适当措施。

C级　主要子项略低于或不符合国家现行规范要求，应采取适当措施；个别次要子项可严重不符合国家现行规范要求，应立即采取措施。

D级　主要子项严重不符合国家现行规范要求，必须立即采取措施。

（3）单元（用于厂房的整体或区段）

一级　可靠性应符合国家现行规范要求，可正常使用，极个别项目宜采取适当措施。多数项目不必采取措施。

二级　可靠性略低于国家现行规范要求，不影响正常使用，个别项目应采取措施。

三级　可靠性不符合国家现行规范要求，影响正常使用，有些项目应采取措施，个别项目必须立即采取措施。

四级　可靠性严重不符合国家现行规范要求，已不能正常使用，必须立即采取措施。

5.3.6.2　结构的鉴定评级

《工业厂房可靠性鉴定标准》GBJ 144—90 针对工业厂房的特点，把结构的鉴定平均分为结构布置、地基基础、混凝土结构、单层厂房钢结构、砌体结构。

结构布置和支撑系统的鉴定评级包括结构布置和支撑布置、支撑系统长细比两个项目。而结构布置和支撑系统组合的鉴定评级，应按结构布置和支撑布置、支撑系统长细比两个项目中的较低的等级确定。

（1）结构布置和支撑布置项目的鉴定评级

A级　结构和支撑布置合理，结构形式与构件选型正确，传力路线合理，结构构造和连接可靠，符合国家现行标准规范规定，满足使用要求；

B级　结构和支撑布置合理，结构形式与构件选型基本正确，传力路线基本合理，结构构造和连接基本可靠，基本符合国家现行标准规范规定，局部可不符合国家现行标准规范规定，但不影响安全使用；

C级　结构和支撑布置合理，结构形式、构件选型、结构构造和连接局部可不符合国家现行标准规范规定，影响安全使用，应进行处理；

D级　结构和支撑布置、结构形式、构件选型、结构构造和连接局部不符合国家现行标准规范规定，危机安全，必须进行处理；

（2）支撑系统长细比项目评级

由于支撑系统长细比项目是根据所包含单个支撑杆件长细比子项各个等级的百分比来确定的，所以先介绍支撑杆件的长细比评级划分。

1）支撑杆件的长细比评级划分

钢支撑杆件的长细比评定等级宜按表5.3.6-1划分。

钢支撑杆件长细比评级划分　　　　　　表5.3.6-1

厂房情况	支撑杆件种类	支撑杆件长细比			
		a	b	c	d
无吊车或有中、轻级工作制吊车厂房	一般支撑 拉杆	≤400	>400，≤425	>425，≤450	>450
	一般支撑 压杆	≤200	>200，≤225	>225，≤250	>250

续表

厂房情况	支撑杆件种类		支撑杆件长细比			
			a	b	c	d
无吊车或有中、轻级工作制吊车厂房	下柱支撑	拉杆	≤300	>300，≤325	>425，≤350	>350
		压杆	≤150	>150，≤200	>200，≤250	>250
有重级工作制吊车或有≥5t锻锤厂房	一般支撑	拉杆	≤350	>350，≤375	>375，≤400	>400
		压杆	≤200	>200，≤225	>225，≤250	>250
	下柱支撑	拉杆	≤200	>200，≤225	>225，≤250	>250
		压杆	≤150	>150，≤175	>175，≤200	>200

注：1. 表内一般支撑系统指除下柱支撑以外的各种支撑；
  2. 对于直接或间接承受动力荷载的支撑结构，计算单角钢受拉杆件长细比时，应采用角钢的最小回转半径。但在计算单角钢交叉拉杆件在支撑平面外的长细比时，应采用与角钢肢边平行轴的回转半径；
  3. 设有夹钳式吊车或刚性料耙式吊车的厂房中，一般支撑的长细比宜按无吊车或有中、轻级工作制吊车厂房的下柱支撑中拉杆一栏评定等级；
  4. 对于动荷载较大的厂房，其支撑杆件长细比评级宜从严；
  5. 当有经验时，一般厂房的下柱支撑杆件长细比评级可适当从宽；
  6. 下柱交叉支撑压杆长细比较大时，可按拉杆验算，并按拉杆长细比评定等级。

2）支撑系统长细比项目评级

应根据支撑系统所包含支撑杆件长细比子项各个等级的百分比，来确定的厂房支撑系统长细比项目等级。

A级 含 b 级的个数不大于厂房支撑总数的30%，且不含 c 级、d 级；

B级 含 c 级的个数不大于厂房支撑总数的30%，且不含 d 级；

C级 含 d 级的个数小于厂房支撑总数的10%；

D级 含 d 级的个数大于或等于厂房支撑总数的10%。

(3) 结构布置和支撑系统组合的鉴定评级

结构布置和支撑系统组合的鉴定评级，应按结构布置和支撑布置、支撑系统长细比两个项目中的较低的等级确定。

5.3.6.3 厂房评定单元的综合鉴定评级

厂房评定单元的综合鉴定评级分为一、二、三、四级，包括承重结构系统、结构布置和支撑系统、围护结构系统三个组合项目，并以承重结构系统为主，可分为下列情况进行评定。

(1) 当结构布置和支撑系统、围护结构系统与承重结构系统的评定等级相差不大于一级时，可以以承重结构系统的等级作为该评定单元的综合评级；

(2) 当结构布置和支撑系统、围护结构系统比承重结构系统的评定等级低二级时，可以以承重结构系统的等级降低一级作为该评定单元的综合评级；

(3) 当结构布置和支撑系统、围护结构系统比承重结构系统的评定等级低三级时，可以根据上述原则和具体情况，以承重结构系统的等级降低一级或二级作为该评定单元的综合评级；

（4）综合评定中宜结合评定单元的重要性、耐久性、使用状态等综合判定，可对上述评定结果作不大于一级的调整。

参考文献

[1] 四川建筑科学研究院主编．《民用建筑可靠性鉴定标准》GB 50292—1999
[2] 冶金建筑科学研究总院主编．《工业厂房可靠性鉴定标准》GBJ 144—90

第4章 既有建筑工程的抗震鉴定

5.4.1 概 述

建筑工程的抗震鉴定原来是指未经抗震设防的建筑物,以及该地区抗震设防烈度提高了,需要对重要的建筑物轻重缓急的进行抗震鉴定等。我国的建筑工程抗震设计规范的正式颁布为1974年,即《工业与民用建筑抗震设计规范》(试行)TJ11—74,以后又多次进行了修订,形成了《工业与民用建筑抗震设计规范》TJ11—78,《建筑抗震设计规范》GBJ11—89和现行的《建筑抗震设计规范》GB50011—2001。随着我国经济建设的发展和建筑使用功能的提高,按TJ11—74、TJ11—78和GBJ11—89规范设计的房屋中有些已经不满足建筑使用功能的要求,需要进行改造或加层,这就提出了对这些已经经过抗震设防的建筑工程进行抗震性能评价及其改造或加层的可行性研究问题,这也属于我们通常讲的建筑抗震鉴定。

这样看来,建筑抗震鉴定应主要分为两类:一类是未经抗震设防的房屋和构筑物,由于我国第一本正式颁布的抗震设计规范为1974年,在这之前建造的建(构)筑物没有可能进行抗震设计,在这类中还应包括该城市的抗震设防烈度提高了,则该城市的现有建筑都应区分轻重缓急进行抗震鉴定;另一类则是按建筑抗震设计规范进行抗震设防的建筑,这些建筑中有的由于没有按设计图纸施工而达不到现行抗震设计规范的要求,则应按抗震规范的要求进行鉴定和加固,还有的需要对经过抗震设防的建筑工程进行改造或加层而进行的检测鉴定。

这两类抗震鉴定(未经抗震设防的建筑物和已经经过抗震设防但需要进行改造或加层的建筑物)有其共同点和不同点。

其共同点都是评价确定建筑物的抗震性能,其抗震鉴定的内容、步骤、程序和采用的方法等基本一致,其目的都是确保被鉴定的建筑物的安全和能满足抗震设防目标。

其不同点是,工作对象有差异,未经抗震设防的建筑物的使用年代较经过抗震设防的建筑物要长;鉴定的依据和设防标准有差异,未经抗震设防建筑物的鉴定标准要比经过抗震设防的建筑物要低。

对于未经抗震设防的建筑抗震鉴定时对结构抗震性能的要求,要低于按设计规范进行鉴定的要求;因而,不可按未经抗震设防的建筑抗震鉴定的要求来衡量新建工程,把不合格的工程划为合格品。这里讲的建筑抗震鉴定也不包括古建筑,这主要是由于古建筑情况比较复杂,应专门进行研究。

5.4.2　现有建筑抗震鉴定的步骤

现有建筑的抗震鉴定是对房屋的实际抗震能力、薄弱环节等整体抗震性能做出全面正确的评价，应包括下列步骤：

（1）原始资料搜集，如勘察报告、施工图、施工记录和竣工图、工程验收资料等资料不全时，要有针对性地进行必要的补充实测；

（2）建筑现状的调查，了解实际情况与原始资料相符合的程度、施工质量和维护及改造或改变使用功能等状况；并注意有关的非抗震质量问题；

（3）建筑结构现场检测，应根据对建筑工程现场的检查情况和检测的目的，制定检测方案和实施现场检测，关于建筑结构的检测要求等见本手册第四篇；

（4）综合抗震能力分析，依据各类建筑结构的特点、结构布置、构造和抗震承载力等因素，采取抗震概念的宏观判断和数值的计算的综合鉴定方法；

（5）鉴定结论和治理，对建筑整体抗震性能做出评价，对不符合鉴定标准要求的未经抗震设防的建筑提出相应的维修、加固、改造或拆除重建等的抗震减灾对策；对于进行改造和加层的建筑则还应进行改造和加层后是否满足要求或需要进行加固的意见。

5.4.3　未经抗震设防建筑的抗震鉴定

5.4.3.1　抗震鉴定的基本要求

根据地震灾害经验和各类建筑物震害规律的总结以及各类建筑物抗震性能的研究成果，给出现有建筑物抗震鉴定的原则和指导思想，对现有建筑物的总体布置和关键的构造进行宏观判断，为求做到从多个侧面来综合衡量与判断现有建筑的整体抗震能力。我们把这方面的抗震鉴定称之为抗震鉴定的基本要求。

1. 现有建筑抗震鉴定和加固后的设防的目标

地震作用无论在时间、地点和强度上的随机性都是很强的，总结地震作用的特点和震害的经验、教训，以及对各类结构抗震性能的研究，从既安全又经济的抗震原则出发，世界各国的工程抗震研究者先后提出了较为一致的抗震设防的目标。这就是在多遇的小震作用下，建筑物不应发生破坏；在中等地震作用下允许建筑物发生破坏，其破坏程度应在稍加修改或不需要修改就可继续使用；在罕遇的地震作用下，允许结构发生严重破坏，但应确保主体结构的安全，防止倒塌伤人。我国《建筑抗震设计规范》给出的"小震、中震（设防烈度）和大震"的取值是在对地震危险性分析的基础上，运用概率分析的方法给出的。建筑抗震设计采用的三个烈度水准的设防目标也是与建筑设计基准期50年相一致的。对于未经抗震设防的现有建筑，除设防烈度改变的城市外，多数都是50年代至60年代的建筑，已使用了30年以上，若这类房屋的抗震设防目标同新建工程相一致，这不仅比原鉴定标准（TJ23—77）的抗震设防水平有明显的提高，而且也不符合确定抗震设防目标的原则和抗震减灾政策。

为保持原鉴定标准的水准，使鉴定标准有延续性，《建筑抗震鉴定标准》GB50023—

95 给出的现有房屋经抗震鉴定和加固后的设防标准为在遭遇相当于抗震设防烈度地震影响时，一般不致倒塌伤人或砸坏重要生产设备，经修理后仍可继续使用。这意味着：

(1) 不仅要求主体结构在设防烈度地震影响下不倒塌，而且对人流出入口处的女儿墙等可能导致伤人或砸坏重要生产设备的非结构构件，也要防止倒塌；

(2) 现有建筑的设防目标低于新建建筑；在设防烈度地震影响下，前者的目标是"经修理后仍可继续使用"，后者的目标是"经一般修理或不经修理可继续使用"，二者对修理程度的要求有明显的不同。

2. 建筑的综合抗震能力的判断

以往的抗震鉴定及加固，偏重于构件、部件的鉴定，缺乏总体抗震性能的判断。只要某部位不符合鉴定要求，则认为该部位需要加固处理，增加了房屋的加固面；或者鉴定加固后形成新的薄弱环节，抗震安全性仍不保证。例如，天津市第二毛纺厂的三层框架厂房，加固时忽视了整体观点，局部加固形成新的明显的薄弱层，导致在地震中倒塌；有的砖房加固时新增的构件引起地基不均匀沉降使墙体开裂。因此，要强调整个结构总体上所具有的抗震能力，并把结构构件分为具有整体影响和局部影响两大类，予以区别对待。前者不符合鉴定要求时，则对综合抗震能力影响较大；后者不符合鉴定要求时只影响局部，有的在判断总体抗震能力时可予以忽略，只需结合维修处理。

综合抗震能力还意味着从结构布置、结构体系、抗震构造和抗震承载力几个侧面进行综合。新建工程抗震设计时，可从承载力和变形能力两个方面分别或相互结合来提高结构的抗震性能；抗震鉴定时，若结构现有承载力较高，则除了保证结构整体性所需的构造外，延性方面的构造鉴定要求可稍低；反之，现有承载力较低，则可用较高的延性构造要求予以补充。

这里，结构的现有承载力取决于：①长期使用后材料现有的强度标准值；②构件（包括钢筋）扣除各种损伤、锈蚀后实际具有的尺寸和截面面积；③构件承受的重力荷载代表值。

在鉴定标准中引进"综合抗震能力指数"，就是力图使结构综合抗震能力的判断，有个相对的数量尺度。

3. 建筑现状良好的评定

"现状良好"是现有建筑现状调查中的重要概念，涉及施工质量和维护、维修情况。它是介于完好无损和有局部损伤需要补强、修复二者之间的一种概念。

抗震鉴定时要求建筑的现状良好，即，建筑所存在的一些质量缺陷是属于正常维修范畴之内的。现状良好可包括下列几点：

(1) 砌体墙无空臌、酥碱，砂浆饱满，支承大梁或屋架的墙体无竖向裂缝；
(2) 混凝土构件的钢筋无暴露、锈蚀，混凝土无明显裂缝和剥落；
(3) 木结构构件无明显变形、挠曲、腐朽或严重开裂，节点无松动；
(4) 钢结构构件无歪扭、锈蚀；
(5) 构件连接处、墙体交接处等连接部位无明显裂缝；
(6) 结构无明显的沉降裂缝和倾斜，基础无酥碱、松散或剥落；
(7) 建筑变形缝的间隙无堵塞。

4. 建筑重点部位与一般部位的划分

基于房屋综合抗震能力的判断，抗震鉴定时只需按结构的震害特征，对影响整体抗震性能的关键、重点部位进行认真的检查。这种部位，对不同的结构类型是不同的，对不同的烈度也有所不同。例如：

（1）多层砖房的房屋四角、底层和大房间等墙体砌筑质量和墙体交接处是重点，屋盖的整体性也有重要影响；底层框架砖房，底层是检查的重点，而内框架砖房的顶层是重点，其底层是一般部位；

（2）框架结构的填充墙等非结构构件是检查的重点；8、9度时，框架柱的截面和配筋构造是检查的重点；

（3）单层钢筋混凝土柱厂房，6、7度时天窗架是可能的破坏部位；有檩和无檩屋盖中，支承长度较小的构件间的连接也是检查的重点；8、9度时，不仅要重视各种屋盖系统的连接和支承布置，对高低跨交接处和排架柱变形受约束的部位也要重点检查。

5. 场地条件和基础类别的利弊

现有建筑的抗震鉴定，以上部结构为主，而地下部分的影响也要适当注意。例如：

（1）Ⅰ类场地的建筑，上部结构的构造鉴定要求，一般情况可降低一度采用；

（2）对全地下室、箱基、筏基和桩基等整体性较好的基础类型，上部结构的部分鉴定要求可在一度范围内适当降低，但不可全面降低；

（3）Ⅳ类场地、复杂地形、严重不均匀土层和同一单元存在不同的基础类型或埋深不同，则有关的鉴定要求相对提高；

（4）8、9度时，尚应检查饱和砂土、饱和粉土液化的可能并根据液化指数判断其危害性。

6. 建筑结构布置不规则时的鉴定要求

现有建筑的"规则性"是客观存在的，抗震鉴定遇到不规则、复杂的建筑，则需采用专门的手段来判断，并注意提高有关部位的鉴定要求。至于规则与复杂的划分，则包含诸多因素的综合要求：

沿高度方向的要求是：

（1）突出屋面的小建筑尺寸不大，局部缩进的尺寸也不大（如 $B_1/B \geq 5/6 \sim 3/4$）；

（2）抗侧力构件上下连续，不错位，无抽梁、抽柱、抽墙，且横截面面积的改变不大；

（3）相邻层质量变化不大（如 $m_1/m_2 \geq 4/5 \sim 3/5$）；

（4）相邻层刚度及连续三层的刚度变化平缓（如 $K_i/K_{i+1} \geq 0.85 \sim 0.7$，$K_i/K_{i+3} \geq 0.7 \sim 0.5$）；

（5）相邻层的楼层受剪承载力变化平缓（如 $2V_{yi}/(V_{y,i+1} + V_{y,i-1}) \geq 0.8$）；

沿水平方向的要求是：

（6）平面上局部突出的尺寸不大（如 $L \geq b$，且 $b/B < 1/5 \sim 1/3$）；

（7）抗侧力构件、质量分布在本层内基本对称布置；

（8）抗侧力构件呈正交或基本正交分布，使抗震分析可在两个主轴方向分别进行；

（9）楼盖平面内无大洞口，抗震横墙间距满足要求，可不考虑侧向力作用下楼盖平面内的变形。

7. 结构体系的合理性检验

抗震鉴定时，检查现有建筑的结构体系是否合理，可对其抗震性能的优劣有初步的判断。除了在结构布置中的规则性判别外，可有下列内容：

(1) 多层砖房、多层内框架和底层框架砖房、钢筋混凝土框架房屋，在不同烈度下有各自的最大适用高度；当房屋高度超过时，鉴定时要采用比较复杂或专门的方法；

(2) 竖向构件上下不连续等，如抽柱、抽梁或抗震墙不落地，使地震作用的传递途径发生变化，则需提高有关部位的鉴定要求；

(3) 要注意部分结构或构件破坏导致整个体系丧失抗震能力或承受重力荷载的可能性；

(4) 当同一房屋有不同的结构类型相连，如部分为框架，部分为砌体，而框架梁直接支承在砌体结构上，天窗架为钢筋混凝土，而端部由砖墙承重；排架柱厂房单元的端部和锯齿形厂房四周直接由砖墙承重等。由于各部分动力特性不一致，相连部分受力复杂，要考虑相互间的不利影响；

(5) 房屋端部有楼梯间、过街楼，或砖房有通长悬挑阳台，或厂房有局部平台与主体结构相连，或不等高厂房的高低跨交接处，要考虑局部地震作用效应增大的不利影响。

8. 构件型式的抗震检查

抗震鉴定时，要注意结构构件尺寸、长细比和截面形式等与非抗震的要求有所不同：

(1) 砌体结构的窗间墙、门洞边墙段等的宽度不宜过小，不应有砖璇式的门窗过梁，不宜有踏步板竖肋插入墙体内的梯段；

(2) 单层砖柱厂房不宜有变截面的砖柱；

(3) 钢筋混凝土框架不宜有短柱，纵向钢筋和箍筋要符合最低要求；钢筋混凝土抗震墙的高厚比也不宜过大；

(4) 单层钢筋混凝土柱厂房不应是Ⅱ形天窗架、无拉杆组合屋架；薄壁工字形柱、腹板大开孔工字形柱和双肢管柱等也不利抗震。

这些构件，或者承载力不足，或者延性明显不足，或者连接的有效性难于保证，均不利于抗震。

9. 抗震结构整体性构造的判断

建筑结构的多个构件、部件之间要形成整体受力的空间体系，结构整体性的强弱直接影响整个结构的抗震性能。可从下列方面检验：

(1) 装配式楼、屋盖自身连接的可靠性，包括有关屋架支撑、天窗架支撑的完整性；

(2) 楼、屋盖和大梁与墙（柱）的连接，包括最小支承长度，以及锚固、焊接和拉结措施等可靠性；

(3) 墙体、框架等竖向构件自身连接的可靠性，包括纵横墙交接处的拉结构造、框架节点的刚接或铰接方式，以及柱间支撑的完整性。

10. 非结构构件的震害评定

非结构构件包括围护墙、隔墙等建筑构件，女儿墙、雨篷、出屋面小烟囱等附属构件，以及各种装饰构件。对其倒塌伤人或加重震害的鉴定要求，与新建工程的设计要求大

体相当,体现为:

(1) 女儿墙等出屋面悬臂构件要锚固,无锚固时要控制最大高度;人流入口尤为重要;

(2) 砌体围护墙、填充墙等要与主体结构拉结,要防止倒塌伤人;对于布置不合理,如不对称形成扭转,嵌砌不到顶形成短柱或对柱有附加内力,厂房一端有墙一端敞口或一侧嵌砌一侧贴砌等,均要考虑其不利影响;对于构造合理、拉结可靠的砌体填充墙,可做为抗侧力构件及考虑其抗震承载力;

(3) 较重的装饰物与主体结构应有可靠连接。

11. 材料实际强度等级的最低要求

现有建筑控制材料最低强度等级的目的与新建建筑有所不同:

(1) 受历史条件的限制,对现有建筑材料强度,鉴定的要求略低于对新建建筑的设计要求;

(2) 鉴定时控制最低强度等级,不仅可使现有建筑的抗震承载力和变形能力有基本的保证,而且在一定程度上可缩小抗震验算的范围。

综合运用结构抗震的上述概念,即可对结构整体抗震性能作出第一级综合评定,从而简化抗震鉴定工作,提高效率。

5.4.3.2 现有建筑结构的检测

建筑的现状和结构构件材料的实际强度、构件与结构变形、损伤等,对于较为实际的反映结构的承载力能力是非常重要的。因此,对需要进行抗震鉴定的房屋进行现状缺陷和构件材料强度等检测,能为鉴定提出符合实际的数据。关于现有建筑结构的检测内容详见本手册第4篇。

5.4.3.3 多层砌体房屋的抗震鉴定

由于砌体结构在我国建筑工程中使用最为广泛,所以未进行抗震设防的砌体结构房屋相对也最多。这类房屋是采用粘土砖和砂浆砌筑,依靠内外砖墙的咬砌和楼、屋盖形成整体的空间受力体系,其抗震性能相对比较差。在历次的强烈地震中遭到了不同程度的破坏。因此,对砌体房屋的抗震鉴定引起了从事工程抗震和工程设计的科技工作者的高度重视,进行了大量的分析和应用研究。

在建筑抗震鉴定标准中,对多层砖房引入"综合抗震能力"的概念,将承重墙体、次要墙体、附属构件、楼盖和屋盖整体性及各种连结的要求归纳起来进行综合评价,来评价整幢房屋的综合抗震能力。并采用两级鉴定,当符合第一级鉴定时,可评为满足抗震鉴定要求;不符合第一级鉴定要求时,应由第二级鉴定做出判断,多层砌体房屋的两级鉴定框图如图5.4.3-1所示。

其综合抗震能力鉴定方法,对指导这类房屋的抗震鉴定起到了非常重要的作用。

1. 砖房现状的调查和评估

(1) 砖房现状的资料收集

尽可能全面掌握砖房的工作状况,是进行鉴定的基础。通常包括:

1) 原有勘察、设计和施工资料,了解设计施工年代,当时的材料性能,设计荷载和抗震设防标准,尽可能掌握设计计算书或设计时所使用的软件;

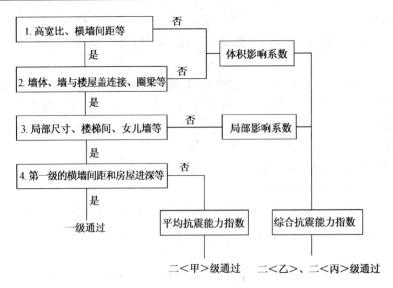

图 5.4.3-1 多层砌体房屋两级鉴定框图

2)实际房屋与原设计(竣工)图的差异,着重了解承重墙体洞口的变化,隔墙位置的变更,实际荷载的大小,以及维修、扩建、改建或加固中增加构件的数量、位置等;

3)使用维修状况,如维修次数,粉刷饰面维修情况,屋面防水层翻修情况;

4)毗邻建筑变化,如基础开挖、主要人行通道、建筑群密集情况的改变等;

5)构件已有的缺陷。

(2)砌体强度检测

抗震鉴定主要是砌筑砂浆强度等级的评估。通常采用回弹仪进行,必要时还可采用点荷测试法对回弹结果进行修正。检测时应有满足评定要求的测点。

(3)主要缺陷调查

1)墙底酥碱面积、高度和深度;

2)裂缝位置、走向、长度、宽度和深度,可根据震害特征侧重检查重点部位;

3)基础沉陷和墙体倾斜状况;

4)饰面、粉刷层剥落和空臌的部位和程度;

5)木构件腐朽和混凝土构件碳化、钢筋锈蚀程度等。

2. 综合抗震能力的第一级鉴定

第一级鉴定分两种情况。对刚性体系的房屋,从房屋整体性易损部位构造和房屋宽度、横墙间距和砌筑砂浆强度等级来判断是否满足抗震要求,当不符合第一级鉴定要求时,才进行第二级鉴定;对非刚性体系房屋,第一级鉴定只检查整体性和易引起局部倒塌的部位,并需进行第二级鉴定。下面对第一级鉴定的主要内容给予说明。

(1)刚性体系判别

质量和刚度沿平面分布大致对称、沿高度分布大致均匀,立面高差不超过一层,错层时楼板高差不超过 0.5m 的多层砖房,总高度、总长度、总宽度满足表 5.4.3-1 要求和抗震横墙最大间距满足表 5.4.3-2 的要求时,可判为刚性结构体系。

刚性结构体系高、长、宽要求 表 5.4.3-1

墙体类别	6度		7度		8度		9度		H/B	H/L
	n	1.1	n	1.2	n	1.3	1.4	1.5		
≥240 实心墙	8	24	7	22	6	19	4	13	≤2.2	≤1
180 实心墙	5	16	5	16	4	13	3	10		
240 空斗墙	3	10	3	10	3	10	—	—		
多孔砖墙	5	16	5	16	4	13	3	10		

注：表中，n 为总层数，不包括地下室和出屋面小房间；H 为室外地面（或半地下室内地面）到檐口高度（m）；B 为总宽度，不包括单面走廊的廊宽（m）；L 为底层平面的最大长度（m），对于隔开间或多开间设一道横墙的砖房，n 减少一层，H 降低 3m。

刚性体系的最大横墙间距（m） 表 5.4.3-2

楼、屋盖类别	墙 体	6度	7度	8度	9度
现浇或装配整体	≥240 实心墙	15	15	15	11
	其它墙体	13	13	10	—
装配式	≥240 实心墙	11	11	11	7
	其它墙体	10	10	7	—
木	≥240 实心墙	7	7	7	4

注：Ⅳ类场地时，表内数值相应减 3m 或一个开间的数值。

对一般的多层砖房，只要层数和高度满足要求，则很容易符合刚性结构体系的要求。这里的刚性体系不同于静力设计的刚性方案，它只是采用底部剪力法进行抗震分析并加以简化的前提。

（2）整体性判别

房屋的整体性对抗震影响较大，对于多层砖房在构造上的整体性要求，主要是墙体交接处，楼、屋盖在砖墙上的支承长度 L_b，以及圈梁设置（表 5.4.3-3）。

整体性连接要求 表 5.4.3-3

序	项 目	构 造 要 求
1	墙体布局	平面内封闭，交接处墙内无烟道等竖向孔道
2	纵横墙交接处	无明显裂缝，马牙槎砌筑时有 2φ6 拉结筋
3	预制板	座浆安置，墙上 L_b≥100mm，梁上 L_b≥80mm
4	进深梁	L_b≥180mm 且有梁垫或圈梁相连
5	木楼盖	无腐朽、开裂、且格栅、檩条在墙上 L_b≥120mm
6	木屋架	无腐朽、开裂、有下弦，墙上 L_b≥240mm，有支撑或望板

现浇楼盖可无圈梁，对装配式和木楼、屋盖砖房，实心砖墙的圈梁的设置按表5.4.3-4检查，圈梁构造按表5.4.3-5检查。空斗墙砖房的外墙每层设置，内墙隔开间设置。

圈梁设置要求　　　　　　　　　　　　　　　　表 5.4.3-4

分布	沿 高 度			沿楼层内墙拉通间距（m）			
烈度	6、7度	8度	9度	6度	7度	8度	9度
屋盖处	$N>2$ 应设置	必须设置		$S≤32$	$S_1≤8$ $S_2≤16$	$S_1≤8$ $S_2≤12$	$S≤8$
楼盖处	$S_0>8m$ 或 $N>4$ 时隔层设置	$S_0>8m$ 每层， 且 $N>3$ 隔层	$S_0>4m$ 每层， $S_0≤4m$ 隔层	$S≤32$	$S≤16$	$S≤12$	$S≤8$

注：S_0 为横墙间距；S 为圈梁的水平间距；S_1 为纵向水平间距；S_2 为横向水平间距。

圈梁构造要求　　　　　　　　　　　　　　　　表 5.4.3-5

序	项　　目	构　造　要　求
1	连接	圈梁应闭合，遇洞口应上下搭接
2	标高	与预制同一标高或紧靠板底
3	截面高度	≥120mm
4	纵向配筋	6、7度时 $4\phi 8$；8度时 $4\phi 10$；9度时 $4\phi 12$

注：圈梁未紧靠板底时，沿高度和楼层内分布的数量视具体情况宜有所增加。

（3）砖砌体的材料强度等级

多层砖房的竖向承载能力和受剪承载能力，主要决定于砖砌体中砖和砂浆的强度等级、纵横墙的连结等。因此，在多层砌体房屋的第一级鉴定中对砖砌体强度等级和砂浆的强度等级分别提出了要求。

对于砖强度等级不宜低于MU7.5，且不低于砌筑砂浆的强度等级，当砖强度等级低于MU7.5时，墙体的砂浆强度等级宜按比实际达到的强度等级降低一级采用。这一规定是基于震害和大量砖墙的抗震试验结果。如众所知，在地震作用下，多层砌体房屋中的墙体出现阶梯的X裂缝，这种裂缝是墙体砌筑砂浆的强度等级低于砖的强度等级时才能发生，出现这种裂缝墙体的承载能力得到了充分的发挥和具有一定的抗震能力。相反，若墙体砌筑砂浆的强度等级大于砖的强度等级，则裂缝又穿过砖而直接裂通，其承载能力和抗震能力会大为降低。

墙体的砌筑砂浆的强度等级，6度时或7度时三层及以下的砖砌体不应低于M0.4，当7度时超过三层或8、9度时不宜低于M1，砌块墙体不宜低于M2.5。砂浆强度等级高于砖、砌块的强度等级时，墙体的砂浆的强度等级宜按砖、砌块的强度等级采用。

（4）易损部位构件判别

多层砖房中一些部位在地震中容易损坏，虽不致引起整个房屋的倒塌，但可造成人员伤亡或局部的破坏，也应符合局部构造要求（表5.4.3-6）。

易损部位构造要求   表5.4.3-6

序	项 目	6度	7度	8度	9度
1	承重窗间墙、尽端墙最小宽度（m）	0.7	0.8	1.0	1.5
	非承重外墙、尽端墙最小宽度（m）	0.7	0.8	0.8	1.0
	支承大梁的内墙阳角墙最小宽度（m）	0.7	0.8	1.0	1.5
2	门厅、楼梯间大梁支承长度	≥490mm			
3	无锚固240女儿墙最大高度	6~8≤0.5m，刚性体系≤0.9m			
4	出屋面小建筑	8、9度时墙体用M2.5砌筑，屋盖与墙拉结			
	坡屋顶上的小烟囱	有人流处应设防倒措施，其余也宜设防倒措施			
5	隔墙与承重墙、柱连接	应设拉结，长于5m时墙顶应与梁、板拉结			
6	悬臂和一端铰接构件等的嵌固端	应保证稳定且支承构件抗震能力比一般构件提高25%			
7	房屋尽端的楼梯间和过街楼墙体	抗震能力宜比一般构件提高25%			

注：表中，大梁指跨度不小于6m的梁，出屋面小建筑包括楼、电梯间和水箱间等；悬臂构件包括阳台、雨篷、悬挑楼层等；一端铰接构件指由独立砖内柱支承的构件。

（5）纵横向墙量判别

对于刚性体系、整体性好、易损部位局部构造满足要求的多层砖房，只要依据砂浆强度按表5.4.3-7检验抗震横墙间距 L 和房屋进深 B，在规定的限值内即完成其抗震性能的鉴定。

第一级鉴定的抗震横墙间距和房屋宽度限值（m）   表5.4.3-7

楼层总数	检查楼层	砂浆强度等级																			
		M0.4		M1		M2.5		M5		M10		M0.4		M1		M2.5		M5		M10	
		L	B	L	B	L	B	L	B	L	B	L	B	L	B	L	B	L	B	L	B
		6度										7度									
二	2	6.9	10	11	15	15	15					4.8	7.1	7.9	11	12	15	15	15		
	1	6.0	8.8	9.2	14	13	15					4.2	6.2	6.4	9.5	9.4	13	12	15		
三	3	6.1	9.0	10	14	15	15	15	15			4.3	6.3	7.0	10	11	15	15	15		
	1~2	4.7	7.1	7.0	11	9.8	14	14	15			3.3	5.0	5.0	7.4	6.8	10	9.2	15		
四	4	5.7	8.4	9.4	14	14	15	15	15					6.6	9.5	9.8	12	12	12		
	3	4.3	6.3	6.6	9.6	9.3	14	13	15					4.6	6.7	6.5	9.5	8.9	12		
	1~2	4.0	6.0	5.9	8.9	8.1	12	15	15					4.1	6.2	5.7	8.5	7.5	11		
五	5	5.6	9.2	9.0	12	12	12	12	12					6.3	9.0	9.4	12	12	12		
	4	3.8	6.5	6.1	9.0	8.7	12	12	12					4.3	6.3	6.1	8.9	8.3	12		
	1~3			5.2	7.9	7.0	10	9.1	12					3.6	5.4	4.9	7.4	6.4	9.4		
六	6			8.9	12	12	12	12	12					6.1	8.8	9.2	12	12	12		
	5			5.9	8.6	8.3	12	12	12					4.1	6.0	5.8	8.5	7.8	11		
	4					6.8	10	9.2	12							4.8	7.1	6.4	9.3		
	1~3					6.3	9.4	8.1	12							4.4	6.6	5.7	8.4		
七	7			8.2	12	12	12	12	12					3.9	7.2	3.9	7.2				
	6			5.2	23	8.0	11	11	12					3.9	7.2	3.9	7.2				
	5					6.4	9.6	8.5	12							3.9	7.2	3.9	7.2		
	1~4					5.7	8.5	7.3	11									3.9	7.2		

续表

楼层总数	检查楼层	砂浆强度等级																			
		M0.4		M1		M2.5		M5		M10		M0.4		M1		M2.5		M5		M10	
		L	B	L	B	L	B	L	B	L	B	L	B	L	B	L	B	L	B	L	B
		6度										7度									
八	6~8			3.9	7.8	3.9	7.8														
	1~5			3.9	7.8	3.9	7.8														
		8度										9度									
二	2	5.3	7.8	7.8	12	10	15					3.1	4.6	4.7	7.1	6.0	9.2	11		11	
	1	4.3	6.4	6.2	8.9	8.4	12							3.7	5.3	5.0	7.1	6.4		9.0	
三	3	7.4	6.7	7.0	9.9	9.7	14	13	15					4.2	5.9	5.8	8.2	7.7		10	
	1~2	3.3	4.9	4.6	6.8	6.2	8.8	7.7	11							3.7	5.3	4.6		6.7	
四	4	4.4	5.7	6.5	9.2	9.1	12	12	12							3.3	5.8	3.3		5.9	
	3			4.3	6.3	5.9	8.5	7.6	11									3.3		4.8	
	1~2			3.8	5.1	5.0	7.3	6.2	9.1									2.8		4.0	
五	5			6.3	8.9	8.8	12	11	12												
	4			4.1	5.9	5.5	7.8	7.1	10												
	1~3			3.3	4.5	4.3	6.3	5.3	7.8												
六	6			3.9	6.0	3.9	6.0	3.9	5.9												
	5					3.9	5.5	3.9	5.9												
	4					3.2	4.7	3.9	5.9												
	1~3							3.9	5.9												

注：1. L 指240mm 厚承重墙横墙间距限值；楼、屋盖为刚性时取平均值，柔性时取最大值，中等刚性可相应换算；
    2. B 指240mm 厚纵墙承重的房屋宽度限值；有一道同样厚度的内纵墙时可取1.4 倍，有2 道时可取1.8 倍；平面局部突出时，房屋宽度可按加权平均值计算；
    3. 楼盖为混凝土面屋盖为木屋架或钢木屋架时，表中顶层的限值宜乘以0.7。

抗震墙体类别修正系数   表5.4.3-8

墙体类别	空斗墙	空心墙		多孔砖墙	小型砌块墙	中型砌块墙	实心墙		
厚度（mm）	240	300	420	190	t	t	180	370	480
修正系数	0.6	0.9	1.4	0.8	$0.8t/240$	$0.6t/240$	0.75	1.4	1.8

注：t 指小型砌块墙体的厚度。

多层砌体房屋符合上述各项规定时，可评为综合抗震能力满足抗震鉴定要求；当遇下列情况之一时，可不再进行第二级鉴定，但应对房屋采取加固或其他相应措施：

①房屋高宽比大于3，或横墙间距超过刚性体系最大值4m；
②纵横墙交接处连接不符合要求，或支承长度少于规定值的75%；
③易损部位非结构构件的构造不符合要求；
④有多项明显不符合要求。

3. 第二级鉴定
（1）第二级鉴定应采用的方法
多层砌体房屋采用综合抗震能力指数的方法进行第二级鉴定时，应根据房屋不符合第一级鉴定的具体情况,分别采用楼层平均抗震能力指数方法、楼层综合抗震能力指数方法和墙段综合抗震能力指数方法等。

1) 对于结构体系、整体性连接和易引起倒塌的部位符合第一级鉴定要求,但横墙间距和房屋宽度均超过或其中一项超过第一级鉴定限值的房屋,可采用楼层平均抗震能力指数方法进行第二级鉴定。

2) 对于结构体系、楼屋盖整体性连接、圈梁布置和构造及易引起局部倒塌的结构构件不符合第一级鉴定要求的房屋,可采用楼层综合抗震能力指数方法进行第二级鉴定。

3) 对于横墙间距超过刚性体系规定的最大值、有明显扭转效应和易引起局部倒塌的结构构件不符合第一级鉴定要求的房屋,当最弱的楼层小于1.0时,可采用墙段综合抗震能力指数方法进行第二级鉴定。

4) 房屋的质量和刚度沿高度分布明显不均匀,或7、8、9度时房屋的层数分别超过六、五、三层,可按现行国家规范《建筑抗震设计规范》的方法验算其抗震承载力。

楼层平均抗震能力指数、楼层综合抗震能力指数和墙段综合抗震能力指数应按房屋的纵横两个方向分别计算。当最弱楼层平均抗震能力指数、最弱楼层综合抗震能力指数或最弱墙段综合抗震能力指数大于1.0时,可评定为满足抗震鉴定要求;当小于1.0时,应对房屋采取加固或其他相应措施。

(2) 砖房抗震墙基准面积率

楼层平均抗震能力指数和楼层综合抗震能力指数均与楼层的纵向或横向抗震墙的基准面积率有关,下面对多层砖房的基准面积率给予介绍。

所谓多层砖房中的"面积率法"是采用房屋每一楼层总的水平地震剪力,除以该层横向或纵向各片砖墙中的水平净面积之和的总受剪承载力的结果。是用各楼层的总体验算来代替逐个墙体的验算。对于各楼层的层高相等、结构布置整齐、同一方向上砖墙的距离相同、同方向各片砖墙上的洞口大小、位置大体相同,另外各墙肢1/2层高处的平均压应力也大体相同时,才能使各楼层的总体验算与同一层内各个墙肢分别验算的结果基本一致。否则,就会有一定的误差。

1) 用楼层单位面积重力荷载代表值表达的多层砖房的层剪力

$$F_{EK} = \alpha_{max} G_{eq} \tag{5.4.3-1}$$

$$G_{eq} = 0.85 \sum G_i \tag{5.4.3-2}$$

$$G_i = q_o A_d \tag{5.4.3-3}$$

$$F(i) = \frac{G_i H_i}{\sum G_j H_j} F_{EK} \tag{5.4.3-4}$$

$$V(i) = \sum_{i=j}^{n} F(i) \tag{5.4.3-5}$$

式中　　F_{EK}——结构总水平地震作用标准值;

α_{max}——水平地震影响系数最大值;

G_{eq}——结构等效总重力荷载;

G_i、G_j——分别为集中于质点i、j的重力荷载代表值;

q_0——楼层单位面积重力荷载代表值；

A_d——房屋楼层的建筑面积；

H_i、H_j——分别为质点i、j的计算高度；

$V(i)$——第i层的地震剪力标准值。

对于各层重力代表值相等，层高大体一致时，第i层的地震剪力标准值可用下式表示：

$$V(i) = \frac{(n+i)(n-i+1)}{n(n+1)} F_{EK} = \frac{(n+i)(n-i+1)}{(n+1)} (0.85 q_0 A_a \alpha_{max}) \quad (5.4.3-6)$$

式中 n——房屋总层数。

2）楼层受剪承载力

当各片墙1/2层高处的平均压应力大体相等时，第i层横向或纵向的受剪承载力可用下式表示：

$$V_R(i) = \frac{f_v}{1.2} \sqrt{1+0.45\sigma_0/f_v} A(i)/\gamma_{RE} \quad (5.4.3-7)$$

式中 $V_R(i)$——第i层受剪承载力；

f_v——非抗震设计的砌体抗剪强度设计值；

σ_0——墙体1/2层高处的平均压应力；

$A(i)$——第i层横向或纵向墙体的净面积和；

γ_{RE}——承载力抗震调整系数。

（3）楼层最小面积率

墙体截面验算表达式为：

$$V_R(i) \geqslant \gamma_{Eh} V(i)$$

式中 γ_{Eh}为水平地震作用分项系数，取为1.3。

楼层最小面积率 ξ_0 为：

$$\xi_0 = \gamma_{Eh} \frac{(n+i)(n-i+1)}{(n+1)} (0.85 q_0 \alpha_{max}) \bigg/ \left(\frac{f_v}{1.2\gamma_{RE}} \sqrt{1+0.45\sigma/f_v} \right) \quad (5.4.3-8)$$

上面是对多层砖房"面积率法"基本思路的概要介绍。对于多层砖房的抗震鉴定中所用的砖房基准面积率，即TJ23—77标准的"最小面积率"。因新的砌体结构设计规范的材料指标和新的抗震设计规范地震作用取值改变，相应的计算公式也有所变化。为保持与TJ23—77标准的衔接，M1和M2.5的计算结果不变，M0.4和M5有一定的调整。表5.4.3-9～表5.4.3-11的计算公式如下：

$$\xi_{0i} = \frac{0.16\lambda_0 g_0}{f_{vk} \sqrt{1+\sigma_0/f_{v,m}}} \cdot \frac{(n+i)(n-i+1)}{(n+1)} \quad (5.4.3-9)$$

式中 ξ_{0i}——i层的基准面积率；

g_0——基本的楼层单位面积重力荷载代表值，取 $12kN/m^2$；

σ_0——i 层抗震墙在 1/2 层高处的截面平均压应力（MPa）；

n——房屋总层数；

$f_{v,m}$——砖砌体抗剪强度平均值（MPa），M0.4 为 0.08，M1 为 0.125，M2.5 为 0.20，M5 为 0.28，M10 为 0.40；

f_{vk}——砖砌体抗剪强度标准值（MPa），M0.4 为 0.05，M1 为 0.08，M2.5 为 0.13，M5 为 0.19，M10 为 0.27；

λ_0——墙体承重类别系数，承重墙为 1.0，自承重墙为 0.75。

同一方向有承重墙和自承重墙或砂浆强度等级不同时，基准面积率的换算方法如下：用 A_1、A_2 分别表示承重墙和自承重墙的净面积或砂浆强度等级不同的墙体净面积，ξ_1、ξ_2 分别表示按表 5.4.3-9～表 5.4.3-11 查得的基准面积率，用 ξ_0 表示"按各自的净面积比相应转换为同样条件下的基准面积率数值"，则

$$\frac{1}{\xi_0} = \frac{A_1}{(A_1 + A_2)\xi_1} + \frac{A_2}{(A_1 + A_2)\xi_2} \qquad (5.4.3\text{-}10)$$

抗震墙基准面积率（自承重墙） 表 5.4.3-9

墙体类别	总层数 n	验算楼层 i	砂浆强度等级				
			M0.4	M1	M2.5	M5	M10
横墙和无门窗纵墙	一层	1	0.0219	0.0148	0.0095	0.0069	0.0050
	二层	2	0.0292	0.0197	0.0127	0.0092	0.0066
		1	0.0366	0.0256	0.0172	0.0129	0.0094
	三层	3	0.0328	0.0221	0.0143	0.0104	0.0075
		1～2	0.0478	0.0343	0.0236	0.0180	0.0133
	四层	4	0.0350	0.0236	0.0152	0.0111	0.0081
		3	0.0513	0.0358	0.0240	0.0179	0.0131
		1～2	0.0656	0.0418	0.0293	0.0225	0.0169
	五层	5	0.0365	0.0246	0.0159	0.0115	0.0083
		4	0.0550	0.0384	0.0257	0.0192	0.0140
		1～3	0.0656	0.0484	0.0343	0.0267	0.0202
	六层	6	0.0375	0.0253	0.0163	0.0119	0.0085
		5	0.0575	0.0402	0.0270	0.0201	0.0147
		4	0.0688	0.0490	0.0337	0.0255	0.0190
		1～3	0.0734	0.0543	0.0389	0.0305	0.0282
	墙体平均压应力 σ_0（MPa）		$0.06(n-i+1)$				

续表

墙体类别	总层数 n	验算楼层 i	砂浆强度等级				
			M0.4	M1	M2.5	M5	M10
每开间有一个窗纵墙	一层	1	0.198	0.0137	0.0090	0.0067	0.0032
	二层	2	0.0263	0.0183	0.0120	0.0089	0.0061
		1	0.0322	0.0228	0.0157	0.0120	0.0089
	三层	3	0.0298	0.0205	0.0135	0.0101	0.0072
		1~2	0.0411	0.0301	0.0213	0.0164	0.0124
	四层	4	0.0318	0.0219	0.0144	0.0106	0.0077
		3	0.0450	0.0320	0.0221	0.0167	0.0124
		1~2	0.0499	0.0362	0.0260	0.0203	0.0155
	五层	5	0.0331	0.0228	0.0150	0.0111	0.0080
		4	0.0182	0.0344	0.0237	0.0179	0.0133
		1~3	0.0573	0.0423	0.0303	0.0238	0.0183
	六层	6	0.0341	0.0235	0.0155	0.0114	0.0083
		5	0.0505	0.0360	0.0248	0.0188	0.0139
		4	0.0594	0.0430	0.0304	0.0234	0.0177
		1~3	0.0641	0.0475	0.0345	0.0271	0.0209
墙体平均压应力 σ_0（MPa）			0.09 $(n-i+1)$				

抗震墙基准面积率（承重横墙） 表 5.4.3-10

墙体类别	总层数 n	验算楼层 i	砂浆强度等级				
			M0.4	M1	M2.5	M5	M10
无门窗横墙	一层	1	0.258	0.0179	0.0118	0.0088	0.0064
	二层	2	0.0344	0.0238	0.0158	0.0117	0.0085
		1	0.0413	0.0296	0.0205	0.0156	0.0116
	三层	3	0.0387	0.0268	0.0178	0.0132	0.0095
		1~2	0.0528	0.0388	0.0275	0.0213	0.0161
	四层	4	0.0413	0.0286	0.0189	0.0140	0.0102
		3	0.0579	0.0414	0.0287	0.0216	0.0163
		1~2	0.0628	0.0464	0.0335	0.0263	0.0241
	五层	5	0.0430	0.0297	0.0197	0.0147	0.0106
		4	0.0620	0.0444	0.0308	0.0234	0.0174
		1~3	0.0711	0.0532	0.0388	0.0307	0.0237
	六层	6	0.0442	0.0305	0.0203	0.0151	0.0109
		5	0.0649	0.0465	0.0323	0.0245	0.0182
		4	0.0762	0.0554	0.0393	0.0304	0.0230
		1~3	0.0790	0.0592	0.0435	0.0347	0.0270
墙体平均压应力 σ_0（MPa）			0.10 $(n-i+1)$				

续表

墙体类别	总层数 n	验算楼层 i	砂浆强度等级				
			M0.4	M1	M2.5	M5	M10
有一个门的横墙	一层	1	0.0245	0.0171	0.0115	0.0086	0.0062
	二层	2	0.0326	0.0228	0.0153	0.0114	0.0085
		1	0.0386	0.0279	0.0196	0.0150	0.0112
	三层	3	0.0367	0.0255	0.0172	0.0129	0.0094
		1~2	0.0491	0.0363	0.0260	0.0204	0.0155
	四层	4	0.0391	0.0273	0.0183	0.0137	0.0100
		3	0.0541	0.0390	0.0274	0.0210	0.0157
		1~2	0.0581	0.0433	0.0314	0.0249	0.0192
	五层	5	0.0408	0.0285	0.0191	0.0142	0.0104
		4	0.0580	0.0418	0.0294	0.0225	0.0169
		1~3	0.0658	0.0493	0.0363	0.0289	0.0225
	六层	6	0.0419	0.0293	0.0196	0.0146	0.0107
		5	0.0607	0.0438	0.0308	0.0236	0.0177
		4	0.0708	0.0518	0.0372	0.0289	0.0221
		1~3	0.0729	0.0548	0.0406	0.0326	0.0255
	墙体平均压应力 σ_0（MPa）		$0.12(n-i+1)$				

抗震墙基准面积率（承重纵墙） 表 5.4.3-11

墙体类别	总层数 n	验算楼层 i	承重纵墙（每开间有一个门或一个窗）				
			砂浆强度等级				
			M0.4	M1	M2.5	M5	M10
每开间有一个门或一个窗	一层	1	0.223	0.0158	0.108	0.0081	0.0060
	二层	2	0.298	0.0211	0.0135	0.0108	0.0080
		1	0.0346	0.0256	0.0180	0.0139	0.0106
	三层	3	0.0335	0.0237	0.0162	0.0122	0.0090
		1~2	0.0435	0.0325	0.0235	0.0187	0.0144
	四层	4	0.0357	0.0253	0.0173	0.0131	0.0096
		3	0.0484	0.0354	0.0252	0.0195	0.0148
		1~2	0.0513	0.0384	0.0283	0.0226	0.0176
	五层	5	0.0372	0.0264	0.0180	0.0136	0.0100
		4	0.0519	0.0379	0.0270	0.0209	0.0159
		1~3	0.0580	0.0437	0.0324	0.0261	0.0205
	六层	6	0.0383	0.0271	0.0185	0.0140	0.0108
		5	0.0544	0.0397	0.0283	0.0219	0.0167
		4	0.0627	0.0464	0.0337	0.0266	0.0205
		1~3	0.0640	0.0483	0.0361	0.0292	0.0231
	墙体平均压应力 σ_0（MPa）		$0.16(n-i+1)$				

这里需要指出的是，表5.4.3-9～表5.4.3-11所给出的砖房抗震墙基准面积率，是基于楼层单位面积重力荷载代表值 $q_0 = 12kN/m^2$ 给出的，当楼层单位面积重力荷载代表值为其他数值时，表中数值可乘以 $q_0/12$。

(4) 楼层平均抗震能力指数的计算

楼层平均抗震能力指数应按下式计算：

$$\beta_i = A_i / A_{bi} \xi_{0i} \lambda \tag{5.4.3-11}$$

式中 β_i——第 i 楼层的纵向或横向墙体平均抗震能力指数；

A_i——第 i 楼层的纵向或横向抗震墙在层高1/2处净截面的总面积，其中不包括高宽比大于4的墙段截面面积；

A_{bi}——第 i 楼层的建筑平面面积；

ξ_{0i}——第 i 楼层的纵向或横向抗震墙的基准面积率，应按表5.4.3-9～表5.4.3-11采用；

λ——烈度影响系数；6、7、8、9度时，分别按0.7、1.0、1.5和2.5采用。

(5) 楼层综合抗震能力指数的计算

所谓楼层综合抗震能力指数是在求得楼层平均抗震能力指数的基础上，考虑结构体系和局部倒塌部位不满足第一级鉴定要求的影响，其具体计算公式为：

$$\beta_{ci} = \psi_1 \psi_2 \beta_i \tag{5.4.3-12}$$

式中 β_{ci}——第 i 楼层的纵向或横向墙体综合抗震能力指数；

ψ_1——体系影响系数；

ψ_2——局部影响系数。

关于体系影响系数，可根据房屋不规则性、非刚性和整体性连接不符合第一级鉴定要求的程度，经综合分析后确定；也可由表5.4.3-12各项系数的乘积确定。当砖砌体的砂浆强度等级为M0.4，尚应乘以0.9。

ν 体系影响系数值　　　　表5.4.3-12

项 目	不符合的程度	ψ_1	影响范围
房屋高度比 η	$2.2 < \eta < 2.6$	0.85	上部1/3楼层
	$2.6 < \eta < 3.0$	0.75	上部1/3楼层
横墙间距	超过最大值在4m以内	0.90	楼层的 β_{ci}
		1.00	墙段 β_{cij}
错层高度	$>0.5m$	0.90	错层上下 β_{cij}
立面高度比	超过一层	0.90	所有变化的楼层
相邻楼层的墙体刚度比 λ	$2 < \lambda < 3$	0.85	刚度小的楼层
	$\lambda > 3$	0.75	刚度小的楼层
楼、屋盖构件的支承长度	比规定少15%以内	0.90	不满足的楼层
	比规定少15%～25%	0.80	不满足的楼层
圈梁布置和构造	屋盖外墙不符合	0.70	顶层
	楼盖外墙一道不符合	0.90	缺圈梁的上、下楼层
	楼盖外墙二道不符合	0.80	所有楼层
	内墙不符合	0.90	不满足的上、下楼层

注：单项不符合的程度超过表内规定或不符合的项目超过3项时，应采取加固或其他相应措施。

关于局部影响系数，可根据易引起局部倒塌各部位不符合第一级鉴定要求的程度，经综合分析后确定；也可由表 5.4.3-13 各项系数中的最小值确定。

局部影响系数值 表 5.4.3-13

项目	不符合的程度	ψ_2	影响范围
墙体局部尺寸	比规定少 10% 以内	0.95	不满足的楼层
	比规定少 10%～20%	0.90	不满足的楼层
楼梯间等大梁的支承长度 l	370mm $< l <$ 490mm	0.80	该楼层的 β_{ci}
		0.70	该墙段的 β_{cij}
出屋面小房间		0.33	出屋面小房间
支承悬挑结构构件的承重墙体		0.80	该楼层和墙段
房屋尽端设过街楼或楼梯间		0.80	该楼层和墙段
有独立砌体柱承重的房屋	柱顶有拉结	0.80	楼层、柱两侧相邻墙段
	柱顶无拉结	0.60	楼层、柱两侧相邻墙段

注：不符合的程度超过表内规定时，应采取加固或其他相应措施。

(6) 墙段综合抗震能力指数的计算

横墙间距超过刚性体系规定的最大值、有明显扭转效应和易引起局部倒塌的结构构件不符合第一级鉴定要求的房屋，当最弱的楼层综合抗震能力指数小于 1.0 时，可采用墙段综合抗震能力指数方法进行第二级鉴定。墙段综合抗震能力指数应按下式计算：

$$\beta_{cij} = \psi_1 \psi_2 \beta_{ij} \quad (5.4.3\text{-}13)$$

$$\beta_{ij} = A_{ij} / (A_{bij} \xi_{oi} \lambda) \quad (5.4.3\text{-}14)$$

式中 β_{cij}——第 i 层 j 墙段综合抗震能力指数；

β_{ij}——第 i 层 j 墙段抗震能力指数；

A_{ij}——第 i 层第 j 墙段在 1/2 层高处的净截面面积；

A_{bij}——第 i 层第 j 墙段计算及楼盖刚度影响的从属面积，可根据刚性楼盖、中等刚性楼盖和柔性楼盖按现行国家标准《建筑抗震设计规范》的方法确定。

当考虑扭转效应时，式（5.4.3-13）中尚包括扭转效应系数，其值可按国家标准《建筑抗震设计规范》GBJ11—89 的规定，取该墙段不考虑与考虑扭转时的内力比。

4. 多层砖房抗震鉴定实例

（1）建筑结构概况

某多层砖房为 5 层（半地下室一层）结构，房屋总高度 16.10m，房屋层高：地下室 2.02m，一～五层为 3.1m。地下室砖墙采用 M5 混合砂浆砌筑，其余各层砖墙采用 M2.5 混合砂浆砌筑；楼板为预制钢筋混凝土板。房屋平面图见图 5.4.3-2。该房屋建造于 1974 年，所在城市的抗震设防烈度为 8 度，运用《建筑抗震鉴定标准》对该房屋的抗震能力进行鉴定。

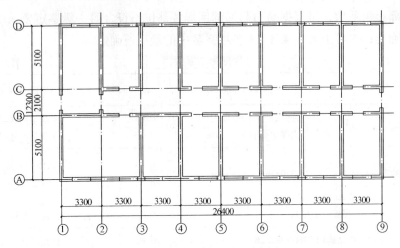

图 5.4.3-2 结构平面示意图

(2) 第一级鉴定

第一级鉴定以宏观控制和构造鉴定为主进行综合评价,其内容有刚性体系、整体性、易损部位及横墙间距与房屋宽度四大项:

1) 刚性体系判别

房屋质量和刚度沿平面分布大致对称,沿高度分布大致均匀;房屋高宽比为 1.4,总高度 16.10m,抗震横墙间距为 3.3m,满足《鉴定标准》中刚性体系的要求;通过对墙体砂浆的抽样检测,结果表明墙体砂浆的实际强度能达到原设计规定的强度要求(地下 M5 混合砂浆砌筑,地上 M2.5 混合砂浆砌筑)。

2) 整体性判断

预制板板缝有混凝土填实,板上有水泥砂浆面层;楼、屋盖构件的支承长度满足《鉴定标准》要求;3 层楼盖设有钢筋砖圈梁,5 层屋盖设有钢筋混凝土圈梁,房屋整体性较好。

3) 易损部位构造判别

墙体的局部尺寸大于 1.0m,满足《鉴定标准》要求;楼梯间梁的支承长度为 210mm,不能满足《鉴定标准》不宜小于 490mm 的要求,楼梯间支承程度不足应采取加固措施;房屋尽端设楼梯间,对房屋的抗震不利,局部影响系数值为 0.8。

4) 纵、横墙量判别

由《鉴定标准》知,地下室和 1~4 层横墙间距与房屋宽度不能满足第一级鉴定的限值,需进行第二级鉴定。

5 层　　横墙间距　　$[L] = 3.9\text{m} > 3.3\text{m}$
　　　　房屋宽度　　$[B] = 6.0 \times (1.4 + 0.8) \times 1.25 = 16.5\text{m} > 12.7\text{m}$

5 层横墙间距与房屋宽度符合第一级鉴定的限值,即 5 层满足抗震鉴定要求。

(3) 第二级鉴定

1) 抗震墙的基准面积率 (ξ_i)

抗震墙的基准面积率按《鉴定标准》中规定进行计算,当楼层单位面积重力荷载代表值 (g_0) 不是 12kN/m^2 时,表 5.3.3-9 至表 5.3.3-11 中数值可乘以 $g_0/12$。各楼层重力荷载代表值（G）、单位面积重力荷载代表值（g_0）和修正系数（α）见表5.4.3-14。

各层有关计算参数　　　　　表5.4.3-14

楼层	G（kN）	g_0（kN/m²）	$\alpha = g_0/12$
地下室	4118.1	11.7	0.98
1层	4469.2	12.7	1.06
2层	4539.9	12.9	1.08
3层	4537.0	12.9	1.08
4层	4537.0	12.9	1.08

纵墙为自承重墙。按《鉴定标准》中墙体类别为每开间有一个窗纵墙查得纵墙基准面积率，并乘以修正系数（α），按《鉴定标准》规定，自承重墙乘以1.05，各楼层纵墙基准面积率（$\xi_{i纵}$）见表5.4.3-15。

各层纵墙基准面积率　　　　　表5.4.3-15

楼层	纵墙基准面积率（$\xi_{i纵}$）
地下室	0.0271×0.98×1.05=0.0279
1层	0.0345×1.06×1.05=0.0384
2层	0.0345×1.08×1.05=0.0391
3层	0.0304×1.08×1.05=0.0345
4层	0.0248×1.08×1.05=0.0281

横墙为承重墙，按《鉴定标准》中墙体类别为无门窗墙查得横墙基准面积率，并乘以修正系数（α），各楼层横墙基准面积率（$\xi_{i横}$）见表5.4.3-16。

各层横墙基准面积率　　　　　表5.4.3-16

楼层	纵墙基准面积率（$\xi_{i纵}$）
地下室	0.0347×0.98=0.0340
1层	0.0345×1.06=0.0461
2层	0.0345×1.08=0.0470
3层	0.0393×1.08=0.0424
4层	0.0323×1.08=0.0349
5层	已通过第一级鉴定

2) 楼层综合抗震能力指数及鉴定

根据《鉴定标准》，求得各楼层纵墙综合抗震能力指数见表 5.4.3-17。各楼层横墙综合抗震能力指数见表 5.4.3-18。

各层纵墙综合抗震能力指数　　　　　表 5.4.3-17

楼层	纵墙面积（m²）	建筑平面面积 A_{bi}（m²）	纵墙基准面积率 $\xi_{i纵}$	纵墙综合抗震能力指数 β_{ci}	鉴定结果
地下室	18.3	351.4	0.0279	1.00	满足
1 层	18.3	351.4	0.0384	0.72	差 28%
2 层	18.6	351.4	0.0391	0.72	差 28%
3 层	18.6	351.4	0.0345	0.82	差 28%
4 层	18.6	351.4	0.0281	1.00	满足

各层横墙综合抗震能力指数　　　　　表 5.4.3-18

楼层	横墙面积（m²）	建筑平面面积 A_{bi}（m²）	横墙基准面积率 $\xi_{i横}$	横墙综合抗震能力指数 β_{ci}	鉴定结果
地下室	21.8	351.4	0.0340	0.97	基本满足
1 层	21.8	351.4	0.0461	0.72	差 28%
2 层	19.5	351.4	0.0470	0.63	差 37%
3 层	19.5	351.4	0.0424	0.70	差 30%
4 层	19.5	351.4	0.0349	0.85	差 15%

3) 薄弱层各墙段的抗震承载力验算

从以上分析可知：地下室和 5 层满足抗震鉴定要求，1~4 层不满足抗震鉴定要求。为进一步了解薄弱层各墙段的抗震能力，按照《建筑抗震设计规范》GBJ11—89 的要求，对该楼进行抗震承载力验算，图 5.4.3-3~图 5.4.3-6 为 1~4 层的抗震承载力验算结果。图中所列数值为墙体抗力与荷载效应之比值，如果不考虑尽端楼梯间的不利影响，则当该比值小于 0.75 时，该墙体不满足抗震要求；如果考虑端头楼梯间的不利影响，则当该比值小于 0.94 时，该墙体不满足抗震要求。（带括号的数据是各大面墙体的抗震验算结果，数字标注方向与该面墙的轴线垂直；不带括号的数据是各门窗间墙段的抗震验算结果，数字标注方向与该面墙的轴线平行）。

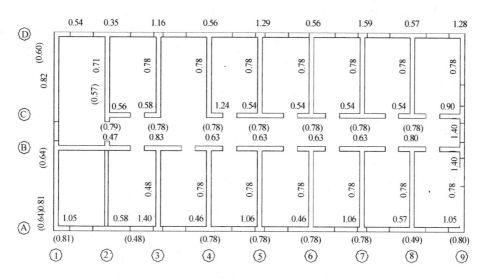

图 5.4.3-3　1 层抗震验算结果（抗力与效应之比）

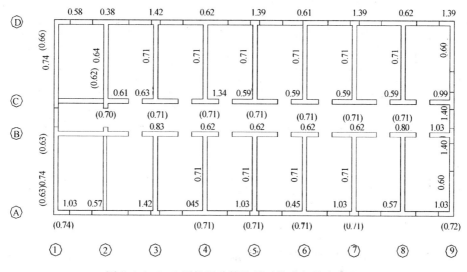

图 5.4.3-4　2 层抗震验算结果（抗力与效应之比）

（4）抗震鉴定结论

通过对该房屋的第一级和第二级的抗震鉴定，可得出以下结论：

1) 该幢楼整体性较好，但楼梯间梁支承长度不足应采取加固措施；房屋尽端设楼梯间，对房屋的抗震不利。

2) 1~4 层不满足《建筑抗震鉴定标准》GB50023—95 的要求，其中：

1 层纵、横墙抗震能力低于要求的 28%；

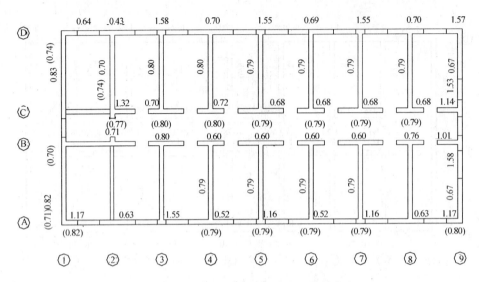

图 5.4.3-5　3 层抗震验算结果（抗力与效应之比）

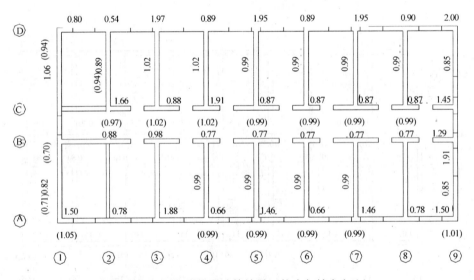

图 5.4.3-6　4 层抗震验算结果（抗力与效应之比）

2 层纵、横墙抗震能力分别低于要求的 28% 和 37%；

3 层纵、横墙抗震能力分别低于要求的 18% 和 30%；

4 层横墙抗震能力低于要求的 15%。

3) 对该房应采取必要的抗震加固措施。

5.4.3.4　多层钢筋混凝土框架房屋抗震鉴定

在我国未经抗震设防的钢筋混凝土框架房屋的数量相对于多层砌体房屋要少得多，其抗震能力较多层砌体房屋要好一些。这种类型的房屋广泛地应用于工业建筑、公共建筑、办公楼、宾馆和少量的住宅等。这类房屋由于使用功能的要求,往往出现较为薄弱的楼层,在强烈地震作用下遭到了不同程度的破坏甚至倒塌。因此,判断钢筋混凝土框架房屋的薄弱楼层,分析其抗震能力,有助于搞好这类房屋的抗震加固,提高其抗震能力和减轻地震灾害的目的。

一、多层钢筋混凝土框架房屋的震害

历次地震震害表明,多层钢筋混凝土框架房屋的震害低于多层砌体房屋。1976 年 7 月 28 日的唐山大地震,造成了唐山、天津和北京地区的多层钢筋混凝土房屋的破坏,丰富了我们对这类结构地震反应的认识。多层钢筋混凝土框架房屋的震害特征,主要表现为:

(1) 梁端底部的配筋不足或锚固长度不够,地震下梁端容易开裂或使梁延性不足;

(2) 柱上下端配筋不当,纵筋过细过稀;地震时,长柱的柱端混凝土酥裂,钢筋外露甚至纵筋压曲箍筋拉脱;短柱则出现剪切破坏;

(3) 仅考虑使用要求,相邻上、下层柱截面和配筋变化过大,形成刚度突变或承载力突变的薄弱层,地震中因变形集中而破坏,甚至倒塌;

(4) 砌体围护墙、隔墙的布置不合理,连接构造不足;地震时,或者开裂严重,或者引起扭转加重破坏,甚至形成短柱导致脆性破坏;

(5) 防震缝的震害较为普遍。在实际工作中,由于防震缝的宽度受到建筑装饰等要求的限制,往往难以满足强烈地震时的实际位移要求,从而造成相邻单元间的碰撞而产生震害。天津友谊宾馆主楼东西段间设有 150mm 宽的防震缝,满足(TJ11-74)抗震设计规范对 7 度设防区的规定,在唐山大地震影响下仍然发生了相互碰撞。在唐山大地震影响下,地震烈度为 6 度的北京市区,其民航大楼、长途电话楼、北京饭店西楼和商业部办公楼的伸缩、沉降缝处的装饰墙面损坏严重。

二、多层钢筋混凝土框架结构的逐级抗震鉴定

多层钢筋混凝土框架结构的抗震性能与结构体系、构件承载能力,结构沿竖向分布的均匀性和结构构件间的连接与构造等因素有关。

新修订的建筑抗震鉴定标准中,对多层框架结构,与多层砖房类似,引进"两级鉴定"的概念,通过对房屋的结构体系、结构构件的配筋构造、填充墙等与主体结构的连接,以及构件的抗震承载力进行综合分析,使相当一部分现有的框架结构,可采用简单的第一级鉴定方法进行抗震鉴定,少数第一级鉴定不能通过的房屋,则继续采用第二级鉴定予以判断。鉴定过程可参见图 5.4.3-7。

1. 框架结构综合抗震能力的第一级鉴定

第一级鉴定包括结构体系、材料强度、配筋构造和连接构造四大项。

(1) 结构体系的鉴定,指框架节点的连接方式(刚接、铰接)和规则性的判别。对 6 度和 7 度,只要是双向框架,则满足鉴定要求。对 8、9 度,还要判断是否满足规则性要求:①平面局部突出的尺寸不大于同一方向总尺寸的 30%;②立面局部缩进的不大于同一方向总尺寸的 25%;③楼层刚度 $K_i/K_{i+1}>0.7$,且 $K_i/K_{i+3}>0.5$;同一层内基本对称;④楼层重力 $G_i/G_{i+1}>0.5$;同一层内基本对称;⑤结构无承重的砌体相连。

(2) 框架构件的混凝土,实际达到的强度等级,7 度不低于 C13(150 号),8、9 不低于 C18(200 号)。

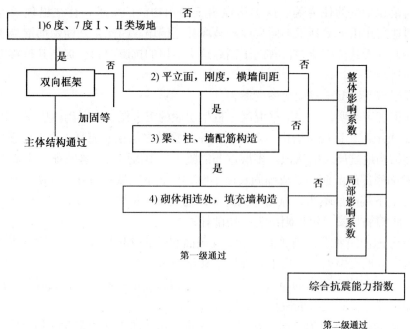

图 5.4.3-7　多层钢筋混凝土房屋的两级鉴定

（3）框架的配筋构造，对 6 度和 7 度 I、II 类场地，只要符合非抗震设计要求；梁纵筋在柱内的锚固长度：I 级钢不少于 25d，II 级钢不少于 30d，当混凝土强度等级 C13 时，各增加 5d。因为框架结构的震害表明，在一般场地上，遭受 6、7 度的地震影响时，正规设计且现状良好的框架，一般不发生严重破坏。在 7 度 III、IV 类场地和 8、9 度时，还要按表 5.4.3-19 的要求判断其配筋构造。

第一级鉴定的配筋要求　　　　　　　　　　表 5.4.3-19

项　目	鉴 定 要 求		
	7 度 III、IV 类场地	8 度	9 度
中柱、边柱纵筋	拉筋≥0.2%	总配筋≥0.6%	总配筋≥0.8%
角柱纵筋	拉筋≥0.2%	总配筋≥0.8%	总配筋≥1%
柱上、下端箍筋	$\phi 6-200$	$\phi 6-200$	$\phi 8-150$
梁端箍筋间距	同非抗震设计	200	150
短柱全高箍筋	同非抗震设计	$\phi 8-150$	$\phi 8-100$
柱截面宽度（mm）	不宜小于 300	300 400（III、IV 类场地）	400

（4）框架房屋的连接构造，主要是判断砌体与框架梁、柱连接的可靠性。具体要求是：承重山墙应有钢筋混凝土壁柱与框架梁可靠连接。填充墙每隔 600mm 有 2φ6 拉筋与柱相连，粘土砖墙长大于 6m 或空心砖墙长大于 5m，墙顶与梁还要拉结。内隔墙两端应与

柱拉结；8、9 度时，内隔墙长度大于 6m，墙顶与梁也要拉结。

（5）对于单向框架、或混凝土强度等级低于 C13，或与框架相连的承重砌体结构不符合要求，则 8、9 度时应予以加固处理。其它要求不符合，可在综合抗震能力第二级鉴定中，利用体系影响系数和局部构造影响系数进一步判断。

2. 框架结构综合抗震能力的第二级鉴定

第二级鉴定的步骤是：①选择有代表性的平面结构；②计算楼层现有的受剪承载力；③考虑构造影响得到楼层综合抗震能力指数；④判断结构的抗震性能。

所谓有代表性的平面结构，一般指两个主轴方向各选一榀；当框架与承重砌体结构相连时，还应取连接处的平面结构；当结构有明显扭转时，则取考虑扭转影响的边榀。

楼层现有的受剪承载力 V_y，可按下式计算：

$$V_y = \Sigma V_{cy} + 0.7\Sigma V_{my} + 0.7\Sigma V_{wy} \qquad (5.4.3\text{-}15)$$

式中，V_{cy}、V_{my}、V_{wy} 分别为框架柱、填充墙框架和抗震墙的层间现有受剪承载力。

框架柱层间现有受剪承载力，取现有混凝土和钢筋的强度标准值、柱和钢筋实有的（扣除损伤和锈蚀后）截面面积及对应于重力荷载代表值的轴向力，按下列两式计算的较小值采用：

$$V_{cy} = (M_{cy}^u + M_{cy}^l)/H_n \qquad (5.4.3\text{-}16)$$

或 $$V_{cy} = 0.16 f_{ck} bh_0 / (\lambda + 1.5) + f_{yvk} A_{sv} h_0/s + 0.056N \qquad (5.4.3\text{-}17)$$

对称配筋矩形偏压柱的现有受弯承载力 M_{cy}，大偏心受压时（I 级钢，$N \leqslant 0.6 f_{cmk} bh_0$，II 级钢，$N \leqslant 0.55 f_{cmk} bh_0$），

$$M_{cy} = f_{yk} A_s (h_0 - a_s) + 0.5Nh(1 - N/f_{cmk} bh) \qquad (5.4.3\text{-}18)$$

小偏心受压时，

$$M_{cy} = f_{yk} A_s (h_0 - a_s') + \xi(1 - 0.5\xi) f_{cmk} bh_0^2 - N(0.5h - a_s') \qquad (5.4.3\text{-}19)$$

对 I 级钢，$\xi = (0.2N + 0.6 f_{yk} A_s) \div (0.2 f_{nmk} bh_0 + f_{yk} A_s) \qquad (5.4.3\text{-}20)$

对 II 级钢，$\xi = (0.25N + 0.55 f_{yk} A_s) \div (0.25 f_{nmk} bh_0 + f_{yk} A_s) \qquad (5.4.3\text{-}21)$

对砖填充墙框架，先按式（5.4.3-18）～式（5.4.3-21）计算偏压柱现有受弯承载力 M_{cy}，再按式计算层间现有受剪承载力：

$$V_{my} = \Sigma(M_{cy}^u + M_{cy}^r)/H_0 + \xi_n f_{vk} \qquad (5.4.3\text{-}22)$$

以上各式中，ζ_N、f_{vk} 分别按现行《建筑抗震设计规范》和《砌体结构设计规范》计算；柱计算刚度 H_0，两侧有填充墙时取柱净高的 2/3，其它情况取柱净高；N 取对应于重力荷载代表值的轴向压力；其余符号，按现行《混凝土结构设计规范》采用。

楼层的综合抗震能力指数 β，由下式计算：

$$\beta = \Psi_1 \Psi_2 V_y / V_e \qquad (5.4.3\text{-}23)$$

式中，Ψ_1 为体系影响系数，当结构体系、梁柱箍筋、轴压比均符合现行《建筑抗震设计规范》的要求时，取 1.25；当均符合第一级鉴定的要求时，取 1.0；当均符合非抗震设计规定时，取 0.8；当结构受损伤或倾斜而修复后，尚需乘以 0.8~1.0。Ψ_2 为局部影响系数，对与承重砌体相连的框架，取 0.8~0.95；对连接不符合第一级鉴定要求的填充墙框架，取 0.7~0.95。

楼层的弹性地震剪力 V_e，规则的框架可采用底部剪力法计算，地震影响系数按现行《建筑抗震设计规范》的截面抗震验算（第一水准）取值作用分项系数取 1.0；考虑扭转影响的边榀框架，按现行《建筑抗震设计规范》规定的方法计算。

当某楼层的综合抗震能力指数 β 小于 1.0 时，该楼层需加固或采取相应的措施。

综上述，第二级鉴定是以抗震承载力计算为主，并将构造影响用影响系数的一种综合分析方法，可使抗震鉴定计算有所简化。

三、多层钢筋混凝土框架房屋鉴定实例

1. 建筑结构概况

某体育馆，修建于 20 世纪 20 年代，为坡屋顶仿古建筑。房屋建筑平面示意图如图 5.4.3-8 所示，该房屋中部（4～11 轴）为二层，两翼（1～4 轴及 11～14 轴）为三层。建筑檐口高度约为 10.516m；中部一层层高为 3.506m，二层层高为 7.010m；两翼一层层高为 3.506m，二层层高为 3.657m，三层层高为 3.353m。中部及两翼屋盖均为钢屋架系统。基础为条形混凝土基础，埋深为 1.219m。该建筑为现浇钢筋混凝土框架与局部砖砌体（4 轴及 11 轴及局部外墙）混合承重结构，房屋外墙为砖砌填充墙、两翼有部分砖砌框架填充墙和内隔墙，楼、屋面板均为现浇钢筋混凝土板。

2. 现场检测

本次现场鉴定，对砂浆强度检测采用回弹法检测，并采用贯入法进行校正；砖强度、混凝土强度鉴定均采用回弹法进行检测。经过对现场收集数据分析整理后，综合评定后推定砂浆强度为 M2.5 级，混凝土强度推定为 C11。

房屋梁、柱、楼板外观较好，无倾斜、裂缝现象。混凝土碳化现象明显，接近保护层厚度。外墙现状较好，但两翼填充墙及内隔墙现状一般，有一部分为碎砖墙。

3. 第一级鉴定

本建筑除 4 轴及 11 轴的 $B \sim E$ 轴间及外墙局部由砌体承重外，其余部位由多层钢筋混凝土框架承重。由于框架是主要受力构件，同时屋面系统为钢屋架、上部整浇钢筋混凝土屋面板挂瓦，所以本次鉴定对主体结构按框架结构进行鉴定，对屋面系统按钢筋混凝土无檩屋盖系统进行鉴定；根据《鉴定标准》中对多层钢筋混凝土房屋及屋盖系统的规定，按结构体系、混凝土构件的构造、填充墙和隔墙与主体的连接、屋盖系统及结构构件抗震承载力，对整幢房屋的综合抗震能力进行两级鉴定。符合第一级鉴定的各项规定时，可评为满足抗震鉴定要求；不符合第一级鉴定时，应由第二级鉴定做出判断。

第一级抗震鉴定是根据地震震害和工程经验所获得的基本鉴定原则和鉴定思想，对现有建筑结构的总体布置和关键构造进行宏观判断，以宏观控制和构造鉴定为主，对房屋的抗震能力进行综合评价。具体内容如下：

（1）房屋结构体系

此建筑中的框架部分结构属双向框架，梁柱节点为现浇节点，梁纵筋在柱内锚固长度基本满足非抗震锚固长度的要求，符合《建筑抗震鉴定标准》6.2.1.1 中关于框架宜为双向式框架，有整浇节点，8 度时不应为铰接节点的要求。

房屋平面两翼沿横向局部收进 4.877m，无局部突出部分，立面无明显缩进；但由于中部与两翼未设缝，这两部分之间存在错层，相连层刚度存在明显降低现象，同时承重体

系中有局部砖砌体与框架混合承重，属于结构体系不规则结构，不符合标准6.2.1.2中有关结构体系规则性的要求。

（2）混凝土强度等级

经现场检测，框架柱的混凝土强度为C11，不满足《建筑抗震鉴定标准》6.2.2中8度区不应低于C18的要求。

（3）梁、柱构造要求

《建筑抗震鉴定标准》6.2.3.1要求，框架柱纵向钢筋的总配筋率，8度时角柱不宜小于0.8%、其它柱不宜小于0.6%。

本结构中部：角柱纵向钢筋的总配筋率为0.852%，其它柱的最小纵向钢筋总配筋率为0.796%，满足要求；

两翼：角柱纵向钢筋的总配筋率为0.426%，边跨中柱的最小纵向钢筋总配筋率为0.406%，不满足要求；其它柱为0.792%，满足要求。

《建筑抗震鉴定标准》6.2.3.2要求，梁、柱的箍筋应符合：

1）在柱的上、下端，柱净高各1/6范围内，8度时，箍筋直径不应小于$\phi 6$，间距不应小于200mm；

2）在梁的两端，梁高各一倍范围内的箍筋间距，8度时不应大于200mm。

本结构柱箍筋直径为6.35mm，满足要求；角柱箍筋间距为254mm，其它柱箍筋间距为304.8mm，在柱的上、下端未加密，不满足要求。

本结构梁箍筋直径为6.35mm，箍筋间距为228.6mm，在梁两端未加密，不满足要求。

框架柱最小截面宽度为381mm，满足8度时不宜小于300mm的要求。

（4）填充墙、隔墙与主体连接

本房屋框架填充墙与主体框架梁柱间未设拉结筋，不满足要求；内隔墙间连接亦不满足要求。

（5）屋盖系统

按照《建筑抗震鉴定标准》8.2.3要求及本房屋的跨度、柱距等实际情况，屋盖支撑布置应符合：

1）上弦横向支撑在两端开间各有一道；在跨中下弦处设置通长水平系杆；在两端开间跨中设置一道竖向支撑；

2）上、下弦横向支撑及竖向支撑的杆件应为型钢；

3）横向支撑的直杆应符合压杆要求，交叉杆在交叉处不宜中断。

本房屋屋面系统为三角形钢屋架，屋面板为现浇钢筋混凝土板，现状良好，屋架仅在跨中下弦处设置了一道通长水平系杆。对于现浇钢筋混凝土屋面板可不设上弦横向支撑，但跨中需设置竖向支撑，支撑系统布置不满足要求。

（6）第一级鉴定小结

第一级鉴定总结见表5.4.4-20。

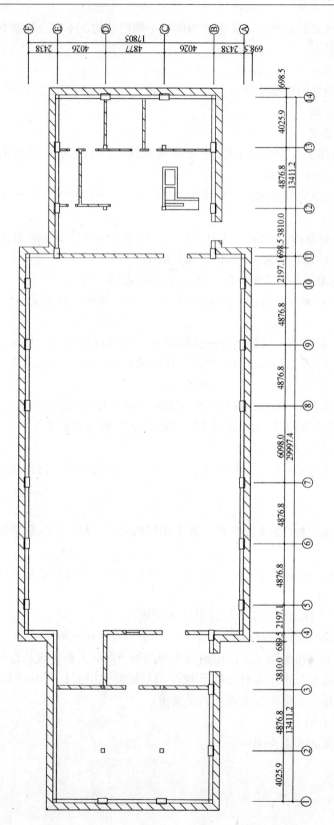

图 5.4.3-8 某体育馆一层平面示意图

系中有局部砖砌体与框架混合承重，属于结构体系不规则结构，不符合标准 6.2.1.2 中有关结构体系规则性的要求。

（2）混凝土强度等级

经现场检测，框架柱的混凝土强度为 C11，不满足《建筑抗震鉴定标准》6.2.2 中 8 度区不应低于 C18 的要求。

（3）梁、柱构造要求

《建筑抗震鉴定标准》6.2.3.1 要求，框架柱纵向钢筋的总配筋率，8 度时角柱不宜小于 0.8%、其它柱不宜小于 0.6%。

本结构中部：角柱纵向钢筋的总配筋率为 0.852%，其它柱的最小纵向钢筋总配筋率为 0.796%，满足要求；

两翼：角柱纵向钢筋的总配筋率为 0.426%，边跨中柱的最小纵向钢筋总配筋率为 0.406%，不满足要求；其它柱为 0.792%，满足要求。

《建筑抗震鉴定标准》6.2.3.2 要求，梁、柱的箍筋应符合：

1）在柱的上、下端，柱净高各 1/6 范围内，8 度时，箍筋直径不应小于 $\phi6$，间距不应小于 200mm；

2）在梁的两端，梁高各一倍范围内的箍筋间距，8 度时不应大于 200mm。

本结构柱箍筋直径为 6.35mm，满足要求；角柱箍筋间距为 254mm，其它柱箍筋间距为 304.8mm，在柱的上、下端未加密，不满足要求。

本结构梁箍筋直径为 6.35mm，箍筋间距为 228.6mm，在梁两端未加密，不满足要求。

框架柱最小截面宽度为 381mm，满足 8 度时不宜小于 300mm 的要求。

（4）填充墙、隔墙与主体连接

本房屋框架填充墙与主体框架梁柱间未设拉结筋，不满足要求；内隔墙间连接亦不满足要求。

（5）屋盖系统

按照《建筑抗震鉴定标准》8.2.3 要求及本房屋的跨度、柱距等实际情况，屋盖支撑布置应符合：

1）上弦横向支撑在两端开间各有一道；在跨中下弦处设置通长水平系杆；在两端开间跨中设置一道竖向支撑；

2）上、下弦横向支撑及竖向支撑的杆件应为型钢；

3）横向支撑的直杆应符合压杆要求，交叉杆在交叉处不宜中断。

本房屋屋面系统为三角形钢屋架，屋面板为现浇钢筋混凝土板，现状良好，屋架仅在跨中下弦处设置了一道通长水平系杆。对于现浇钢筋混凝土屋面板可不设上弦横向支撑，但跨中需设置竖向支撑，支撑系统布置不满足要求。

（6）第一级鉴定小结

第一级鉴定总结见表 5.4.4-20。

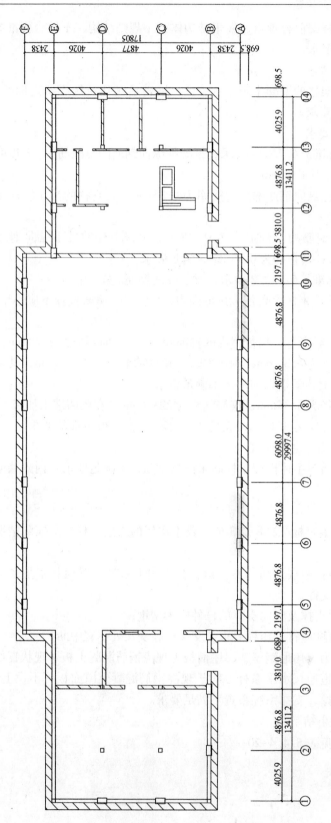

图 5.4.3-8 某体育馆一层平面示意图

第一级抗震鉴定总结　　　　　　　　　表 5.4.3-20

序号	鉴定项目	是否满足《鉴定标准》
1	房屋结构体系	混合承重，竖向刚度突变，不满足结构体系规则性的要求
2	混凝土等级	不满足
3	梁柱构造要求	两翼角柱及边跨中柱最小纵筋总配筋率不满足，其余满足；加密区箍筋间距不满足，
4	填充墙、隔墙与主体连接	不满足
5	屋面系统	缺少跨中竖向支撑，支撑布置不满足

4. 第二级鉴定

钢筋混凝土房屋采用平面结构的楼层综合抗震能力指数进行第二级鉴定。

楼层综合抗震能力指数可采用下列公式计算：

$$\beta = \psi_1 \psi_2 \xi_y$$
$$\xi_y = V_y / V_e$$

式中　β——平面结构楼层综合抗震能力指数；

ψ_1——体系影响系数；

ψ_2——局部影响系数；

ξ_y——楼层屈服强度系数；

V_y——楼层现有受剪承载力；

V_e——楼层的弹性地震剪力。

楼层的弹性抗震剪力，对规则结构可采用底部剪力法计算，地震影响系数按现行国家标准《建筑抗震设计规范》GBJ11—89 截面抗震验算的规定取值，地震作用分项系数取 1.0；楼层现有受剪承载力，为框架柱、砖填充墙和混凝土抗震墙层间现有受剪承载力之和，按照楼层抗侧力构件现有截面、配筋，取对应于重力荷载代表值作用下的轴向力和材料强度标准值进行计算。

体系影响系数可根据结构体系、梁柱箍筋、轴压比等符合第一级鉴定要求的程度和部位，按下列情况确定：

① 当各项构造均符合现行国家标准《建筑抗震设计规范》的规定时，可取 1.25；

② 当各项构造均符合第一级鉴定的规定时，可取 1.0；

③ 当各项构造均符合非抗震设计规定时，可取 0.8；

④ 当结构受损伤或发生倾斜而已修复纠正，上述数值尚宜乘以 0.8~1.0；

局部影响系数可根据局部构造不符和第一级鉴定要求的程度，采用下列三项系数选定后的最小值：

①与承重砌体相连的框架，取 0.8~0.95；

②填充墙等与框架的连接不符合第一级鉴定要求，取 0.7~0.95；

③抗震墙之间楼、屋盖长宽比超过规定值，可按超过的程度，取 0.6~0.9；

楼层综合抗震能力指数不小于 1.0 时，可评为满足抗震鉴定要求；当不符合时应采取加固或其它相应措施。

对于该体育馆,第二级鉴定采用PKPM系列程序进行辅助计算,荷载取值依据原竣工图纸,构件强度按现场检测强度值进行计算,混凝土强度等级取值为C11。

分析时按楼层整体进行计算,分别考虑中部横纵向、两翼横纵向平面结构。除框架外,考虑部分粘土砖填充墙的作用。计算结果汇总见表5.4.3-21:

第二级鉴定计算结果汇总　　　　　表5.4.3-21

部位	方向	楼层	ξ_y	ψ_1	ψ_2	β	结论
中部	横向	一层	1.329	0.85	0.90	1.017	满足
		二层	0.992	0.85	0.90	0.759	不满足
	纵向	一层	0.975	0.85	0.90	0.746	不满足
		二层	1.412	0.85	0.90	1.080	满足
两翼	横向	一层	0.964	0.80	0.90	0.694	不满足
		二层	1.123	0.80	0.90	0.809	不满足
		三层	0.985	0.80	0.90	0.709	不满足
	纵向	一层	1.007	0.80	0.90	0.725	不满足
		二层	1.173	0.80	0.90	0.845	不满足
		三层	1.083	0.80	0.90	0.780	不满足

经对该房屋进行第二级鉴定,除中部横向一层、纵向二层满足外,其余部位均不满足抗震要求;两翼横、纵向各层亦均不满足要求。房屋纵向较横向抗震能力稍好。

5. 鉴定结论和处理意见

该房屋按填充墙混凝土框架计算,承载力可以通过,但因混凝土强度较低、梁柱箍筋构造不满足、填充墙与主体无连接,房屋综合抗震能力不能满足8度抗震设防要求。特别是建筑为混合承重体系,在地震作用下若其中一个承重体系受到破坏,则将引起连锁破坏。而且该建筑钢屋架支撑系统不完善,地震时易受到破坏。

根据《建筑抗震鉴定标准》(GB50023—95)第3.0.7条:对不符合鉴定要求的建筑,可根据其不符合要求的程度、部位对结构整体抗震性能影响的大小,以及有关的非抗震缺陷等实际情况,结合使用要求、城市规划和加固难易等因素的分析,通过技术经济比较,提出相应的加固、改造或更新等抗震减灾对策。

根据房屋鉴定的结果,该房屋的结构体系不规则,混凝土强度低于C13,填充墙、隔墙与主体连接不满足,钢屋架支撑系统不完善,建议:

(1) 在房屋阴阳角转角处外墙增设纵横向相连的"L"形钢筋混凝土抗震墙。

(2) 在4轴及11轴改善承重体系,可通过增设钢筋混凝土抗震墙将砖墙承重改为框架-抗震墙承重体系,同时可增强房屋整体抗震能力。钢筋混凝土抗震墙可由基础做至看台底,为避免刚度过大,可在墙上均匀地开设一定数量的洞口。

(3) 对两端开间屋架跨中增设一道竖向支撑。

(4) 增设填充墙、隔墙与主体的连接做法。

5.4.4 建筑工程改造或加层的抗震鉴定

5.4.4.1 我国建筑抗震规范的发展

1. 我国建筑抗震规范的制订和修改

我国建筑抗震设计规范的进展,与国内大地震的发生及其经验总结,国民经济的发展以及国内抗震科研水平提高有着十分密切的关系。

新中国成立初期,鉴于当时的历史条件,除极为重要的工程外,一般建筑都没有考虑抗震设防。当时国家只作如下规定:"在8度及以下的地震区的一般民用建筑,如办公楼、宿舍、车站、码头、学校、研究所、图书馆、博物馆、俱乐部、剧院及商店等均不设防。9度以上地区则用降低建筑高度和改善建筑的平面来达到减轻地震灾害"。

建筑抗震设计标准的编制工作开始于1959年,于1964年完成了《地震区建筑设计规范草案》(以下简称《64规范》),规定了房屋建筑、水工、道桥等工程抗震设计内容。这个草案虽未正式颁发执行,但对当时工程建设以及以后规范发展起到了积极的作用。

1966年邢台地震后,编制了《京津地区建筑抗震设计暂行规定》,作为地区性的抗震设计规定。此后,我国华北、西南、华南地区大地震频繁发生,根据地震形势和抗震工作的需要,1972年国家建委下达了规范编制任务,总结了邢台地震经验和当时国内外抗震科研成果,1974年完成并颁发了全国性第一本建筑抗震设计规范,即《工业与民用建筑抗震设计规范》TJ11—74(试行)(以下简称《74规范》)。

1976年唐山大地震后,对《74规范》进行了修改,颁发了《工业与民用建筑抗震设计规范》TJ11—78(以下简称《78规范》),此后,我国为抗震科研迅速发展,并积累了丰富的抗震设计实践经验,在此基础上,制定了《建筑抗震设计规范》GBJ11—89(以下简称《89规范》)。而后又对《89规范》进行了修订,编制了《建筑抗震设计规范》GB50011—2001(以下简称《2001规范》)。

建筑抗震设计规范的不断修订,标志着我国抗震科学技术水平的提高和经济建设的发展。

2. 抗震设防标准

建筑的抗震设计,要有一个适当的设防标准。它应根据一个国家的经济力量、科学技术水平恰当地制订,并随着经济力量的增长和科学水平的提高而逐步提高。

我国《74规范》和《78规范》的设防原则是"保障人民生命财产的安全,使工业与民用建筑经抗震设防后,在遭遇相当于设计烈度的地震影响时,建筑的损坏不致使人民生命和重要设备遭受危害,建筑不需修理或经一般修理仍可继续使用",通俗说法叫做设计烈度下"裂而不倒"。制订这个标准的依据是20多年来,特别是1966年邢台地震以来的历次地震经验。我国城乡建筑绝大部分采用砖结构,砌体属脆性材料结构,在强烈地震作用下,很难保证不产生一些破坏,但是恰当地增加一些措施,就可以避免房屋倒塌,从而保障生命安全,抗震防灾的基本目标也就达到了。

随着科学研究水平的提高,地震危险性分析方法和抗震设计理论的进步,以及地震经验的积累,《89规范》对新建工程的抗震要求是:"小震不坏,中震可修,大震不倒",并将设防标准建立在概率预测的基础之上。按我国的抗震设计传统，一个地区的设防依据是设防烈度（即中震），大震和小震是相对于设防烈度而言，并非绝对意义上的大震和小震。规范根据地震危险性分析，定出一个适当的超越概率，大体上使大震的烈度高于设防烈度一度左右。按照这个烈度水准，对脆性结构着重在构造上采取措施，使遭遇这样的大震虽可能有较严重的破坏，但不致倒塌；而对一些地震时可能倒塌的延性结构则采取加强抗震薄弱环节的办法，避免倒塌。《2001 规范》在沿用《89 规范》抗震设防标准的基础上，纳入了基于性能的抗震设计。

3. 地震烈度与设防依据

地震烈度是一种对地震发生后的灾害进行评定的宏观尺度，它包含了各种因素（场地、地基、结构反应等）影响的总结果。

从 50 年代至 2001 年，我国一直以地震烈度作为抗震设防的指标。地震区域划分图按烈度划分；抗震设计规范的地震作用和抗震措施，也是以烈度作为设计依据，但在概念上与原来的烈度含义有所区别。区划图的烈度分区和设计地震作用估计均要有一个物理量同相应的烈度对应，这个物理量即峰值加速度，在我国《64 规范草案》中，相应于 7，8，9 度的数值为重力加速度的 7.5%，15%，30%；《74 规范》和《78 规范》及《89 规范》中为重力加速度的 10%，20%，40%。

国内有人赞成把地震区划和地震作用的计算同烈度概念脱开，而直接用地震地面运动参数表示，犹如日本、美国、印度等国那样，采用与烈度无关的分区办法，以免长期把衡量地震灾害后果的综合尺度与新建工程的抗震设计指标混为一谈；但也有人认为，地震烈度的采用有其历史性和习惯性，抗震设计依赖于宏观震害的经验总结，在没有足够的地面运动参数记录时，还是沿用地震烈度为宜。为了兼收两者之长，并便于过渡，《89 规范》采用了"双轨制"的办法，对一般的结构设计，仍采用现行的地震区划图，以基本烈度作为基础；而做过地震区划的城市或工程项目，可以直接用地震动参数作为设计指标。抗震构造措施，还是用地震烈度加以区分，以便与地震灾害经验有更直观的联系。而《2001 规范》依据的是《中国地震动参数区划图》（GB18306—2001），该标准提供了两张区划图：《中国地震动峰值加速度区划图》《中国地震动反映谱特征周期区划图》。

从《64 规范》至《74 规范》、《78 规范》，均采用"设计烈度"作为结构抗震设计的依据。"设计烈度"是按各建筑的重要性，在基本烈度基础上予以调整得到的。它来自 50 年代苏联规范"计算烈度"，但"计算烈度"只用于计算地震力，而"设计烈度"则既用于地震力计算又用于抗震措施。实际应用发现，这种规定要成倍提高计算的地震力，导致过高地估计地震的实际影响，造成资金浪费，甚至给设计带来困难。

《89 规范》引入"设防烈度"作为建筑的抗震设防依据。这是因为一方面考虑到一个地区要有一个统一规定的基本烈度（例如 50 年超越概率约 10% 的地震），另一方面又应该根据经济条件、社会影响等因素，对抗震设计采用的地震烈度作适当的调整，或根据地震危险性分析采用不同的概率水准。另外，我国第三代的地震区划，对一个地区将给出不同期限、不同概率水准的地震区划图，抗震设计也将过渡到按不同期限、不同概率水准的烈度（地震动参数）来确定一个地区适当的设防烈度。

《2001 规范》仍以《89 规范》引入的"设防烈度"作为建筑的抗震设防依据。

4. 场地问题

规范中的场地问题系指其选择和分类。建筑场地的选择在规范中得到反映始于《74规范》。我国历次大地震都有下列直观的经验：在高烈度地震区出现低烈度震害异常区，而低烈度区出现高烈度异常现象。这个现象包含了各种复杂的因素，有些目前还没有完全搞清楚，发现的某些规律还只是定性的而缺乏定量的依据。因此，《74规范》、《78规范》以至《89规范》对场地选择的规定是属于定性的。按照地形、地貌、土质条件、地震后果的估计等定性的描述将场地区分为有利、不利和危险地段，并要求尽量选择对建筑抗震有利的地段，避开不利地段，不宜在危险地段进行建设。

场地的分类，我国在《64规范》中就提出来了，经过《74规范》、《78规范》的实际应用，并在《89规范》中更臻完善。

《64规范》、《74规范》和《78规范》的场地类别按岩性进行区分。其区别是，《64规范》称之为地基类别，分为四类；《74规范》和《78规范》则称为场地土类别，分为三类。从地基类别改为场地土类别，是考虑到场地条件影响范围的大小。场地指建筑所在地，大体相当于厂区、居民点和自然村的区域范围，而场地土则指场地地下的岩土。I类土上的场地土即属I类；II、III类土上的场地土则按场地范围内 10-20m 深度以内的土层综合评定。考虑到当时规范没有恰当的定量指标可供参考，按四类划分的条件不够，故《74规范》、《78规范》只按三类划分。执行中，设计人员感到II、III类对应的设计反应谱差别太大，建议在II、III类之间增加一个分类级别。在《89规范》修订中，认真研究了国内外的地震经验和研究成果，认为按四类划分已具备条件，并且根据我国几个大中城市的工程地质勘察资料提供的土层剪切波速资料和国外的有关规定和研究资料，规定场地土分类主要以平均剪切波速来划分，无实测剪切波速资料的一般工程仍可采用按岩土名称和性状进行土的类型划分。《89规范》在划分场地类别时，除按场地土软硬程度外，还考虑了土覆盖层厚度因素。

5. 地震作用和抗震验算

建筑结构遭受的地震影响，在《64规范》、《74规范》和《78规范》里统称为地震荷载，即把地震对建筑的作用视为一种荷载，并表示为建筑质量与地震加速度反应乘积。《89规范》改称为地震作用，是考虑到"荷载"仅指直接作用，而地震地面运动对结构施加的作用（包括力、变形和能量反应等）属于间接作用。

50年代前期，我国抗震设计以静力法为主，后期开始将反应谱理论引入抗震设计，地震作用计算由静力理论过渡到动力理论。但规范的设计地震力远小于按实际地震反应谱计算的地震力，而满足规范设计地震力要求的房屋，在大地震发生时并不导致倒塌。其原因可能是多方面的，但主要是结构的非弹性吸能性质所致。所以提出用与结构延性吸能有关的系数，对弹性地震力予以折减，以反映结构在地震作用下的非弹性性质。《64规范》中，以振型分解反应谱法作为规范估计地震力的主要方法，并将表征设计地面运动加速度与重力加速度比值的系数（7，8，9度的为 0.025，0.05 和 0.1）k 分成两部分，C 取 1/3，k 取 3 倍的 k_c，即 $C \cdot k = k_c$，其中 k 为规范规定的地震系数，相应于 7，8，9 度的 k 为 0.075，0.15，0.3。当时最后结果虽然没有实质性变化，但引入的结构系数 C 却在概念上大大前进了一步。它向人们揭示了抗震设计的一个本质问题，即规范采用的设计地震力是经过折减的设计指标。《74 规范》、《78 规范》为了简化地震力的计算，引入了底部剪力法，并将《64 规范》的结构系数 C 发展为结构影响系数 C，它综合考虑了结构和材料非弹性性质，计算方法简化等因素。

然而，这种对结构非弹性反应的考虑，存在着两个主要问题：一是结构的非弹性变形隐含在力和强度的表达式里，这可能会给工程设计人员一种错觉，使设计人员用增强结构的强度，而忽略了用提高结构变形能力和吸能能力来达到抗震的目的；二是规范所给出的结构影响系数是表示对结构有一个总体的延性要求，但实际上，总的延性要求不能反映结构各个部件或节点的延性。近年来，对结构的非弹性变形的研究，以及实际地震灾害调查都表明，往往由于局部的延性不足，或局部提前达到屈服产生变形集中而导致结构严重破坏或倒塌。

《89 规范》对此作了相应的改进，即结构强度验算时采用较基本烈度低的地震力。同时考虑不同材料和不同受力状态的工作特征，引入了一个承载力抗震调整系数。另外，除对结构和构件进行抗震承载力验算外，对某些在地震时易倒塌的结构还要进行遭遇高于基本烈度地震时的变形验算。

与《89 规范》相比，《2001 规范》在水平地震作用计算上的修改主要是：给出了长周期和不同阻尼比的设计反应谱；增加了当结构在地震作用下的重力附加弯矩大于初始弯矩的 10% 时，应计入重力二阶效应的影响等结构分析的一些规定，以及结构楼层最小水平地震剪力控制和规则结构偶然偏心等。《2001 规范》的场地特征周期采用了设计地震分组，其场地特征周期较《89 规范》一般要延长 0.5s。

6. 抗震措施

20 世纪 60 年代以前，我国的几次大地震都发生在农村，对现代工程建设提供的直接震害经验较小，因此，《64 规范》中的抗震措施部分还不很多。1966～1975 年这 10 年间，几次大地震影响了中小城镇，对多层砖房的抗震措施提供了经验。1976 年的唐山大地震，直接发生在较大城市，并影响到天津、北京，对各类结构提供了震害经验。唐山地震以后的 10 多年内，国内不少单位对各种抗震措施又进行了大量的试验研究。规范的抗震措施内容大为丰富。其主要特点为：

（1）强调合理的概念设计

1）确定建筑形状时，应使平、立面布置规则、对称、竖向刚度、强度、质量的分布均匀连续；

2）按多道设防的原则确定结构抗侧力体系；

3）避免结构因局部削弱或突变形成薄弱部位，产生过大的应力或塑性变形的集中；

4）提高材料、构件和节点的变形能力和吸能能力，防止脆性破坏；

5）保证构件间连接的可靠性，加强结构整体性和稳定性；

6）注意非结构构件的抗震性。

（2）总体上提高抗震性能

1）多层砖房限制房屋高度，是《74 规范》开始对多层砖房提出的一个重要措施，限于当时的条件，限制较宽。《78 规范》在吸取唐山地震教训后，对无配筋的多层砖房作了较严的高度限制。《89 规范》对无构造柱的多层砖房的总高度限制就更严格了一些，即限制 7 度时不高于四层，8 度时不高于三层，9 度时不高于二层。用钢筋混凝土构造柱提高多层砖房的抗倒塌的能力，是《78 规范》在总结唐山地震经验和参考国外的经验提出来的。构造柱的作用是同圈梁一起对墙体进行约束，以防止砖墙在裂缝发生后散落而丧失承载能力。在《89 规范》中，对构造柱的设置，增加了更详细的要求。

2）钢筋混凝土柱的单层厂房是全装配式的结构，其各部分构件间连接的可靠性是十分重要的。在海城地震以前，这类房屋的震害经验不多，因此，《74 规范》在这方面的规定较少。海城地震和唐山地震中，这类房屋倒塌很多，引起了注意，《78 规范》中增加了保证房屋整体性的措施，《89 规范》中又进一步规定要加强屋面板之间、屋面板与屋架、屋架与柱之间的连接；加强屋盖支撑系统、厂房纵向支撑系统的完整性，以保证结构的稳定性。鉴于厂房围护结构极易倒塌，规范中规定了围护墙同主体结构加强连接的要求。

3）钢筋混凝土结构的抗震措施，是随着地震灾害经验及国内外的试验研究资料的不断丰富而逐渐充实的。《89 规范》中的许多规定，是遵循结构和构件的延性设计原则提出的。对框架结构，虽不能完全做到"强柱弱梁"，但应尽量延缓柱子的屈服，并使同一层的柱子不同时全部屈服。对抗震墙结构，要求能成为以受弯为主要工作特征的延性结构，避免剪切破坏或滑移破坏。对各类构件（梁、柱、墙及节点），要求通过合理选择尺寸、合理配置纵向钢筋和横向钢筋，避免剪切破坏先于弯曲破坏、混凝土的压溃先于钢筋的屈服、钢筋锚固和粘结先于构件破坏。

5.4.4.2　加层与改造工程中采用的建筑抗震规范和计算

1. 加层与改造工程中采用的建筑抗震规范

对于加层与改造工程中的抗震鉴定采用的规范问题，应是有区别的。对于恒载和楼面活荷载可通过调查确定或按现行《建筑结构荷载设计规范》GB50009—2001 给出的数值；对雪荷载及风荷载，可根据加层与改造工程后的使用年限来确定。

关于地震作用的取值，则较为复杂，有着不同的观点。

第一种观点认为，凡是进行加层与改造的工程均应采用现行规范，现行规范的地震作用的取值和抗震构造要求均较《89 规范》有很大的提高；对于按《89 规范》设计并满足该规范抗震设防要求的建筑工程，则大多数均不满足现行抗震规范的要求，这就需要在改造或加层的同时对原结构进行加固，从而扩大了对原结构的加固范围。按《89 规范》设计建造的建筑工程已经使用了 10 年左右，对于现状质量较好的建筑工程，表明其施工质量满足设计要求。按《建筑结构可靠度统一标准》GB 50068—2001，我国普通房屋和构筑物的的设计使用年限为 50 年，已经使用了 10 年左右的建筑工程的合理使用年限只能 40 年左右，不会由于改造或增加一、二层而延长整个结构的合理使用年限和使用的寿命。所以，凡是加层与改造的工程均应采用现行规范进行鉴定和加层的设计是不符合既经济又安全的抗震设计原则的。

第二种观点认为，凡是进行加层与改造的工程均应采用建造设计时采用的规范，由于我国抗震设计规范颁布较晚和经历多次修订，各本规范的设计方法也有很大的差异，比如《74 规范》和《78 规范》的综合安全系数，《89 规范》和《2001 规范》基于概率的多系数的承载能力极限状态设计方法等。这在运用起来就会带来较大的困难。

根据地震作用的特点和建筑结构抗震性能的要求，对需要进行加层与改造的工程可视其不同的建造年代和加层与改造后的期望合理使用年限来综合确定：对于未经抗震设防的建筑工程，可采用《建筑抗震鉴定标准》GB50203—95，其加固与改造后的期望合理使用年限为30年；对于按《78规范》和《89规范》设计的建筑工程，可采用《89规范》，其加固与改造后的期望合理使用年限为40年；对于按《2001规范》设计的建筑工程应采用《2001规范》。应包括相应规范的地震作用取值和构造措施的要求。

关于地震作用的取值，从概率统计方面来看，与时间变化有关的活荷载（包括楼面活荷载、雪荷载、风荷载）和地震作用等都可用随机过程来进行分析。除地震作用外的活荷载均可用平稳二项式随机过程来描述；而地震作用由于有平静期（能量积累阶段）和活跃期（能量释放阶段）之分。其随机过程的描述也比较复杂。在编制《89规范》的过程中，运用地震危险性分析方法对我国华北、西北、西南45个城市的地震危险性进行了分析，给出了各个地震烈度在50年内可能发生的超越概率，并在此基础上对地震烈度和地震作用的概率模型及其统计参数进行了分析，给出了地震烈度符合极值Ⅲ型分布和地震作用符合极值Ⅱ型分布的结论。运用地震烈度符合极值Ⅲ型分布的概率模型，对在50年设计基准期内的抗震设计"小震"与"大震"的取值进行了分析，确定了"小震"为在50年的超越概率为63.2%，其重现期为50年，也就是50年一遇的地震；设防烈度为在50年的超越概率为10%，其重现期为475年；"大震"为在50年的超越概率为2~3%，其重现期为2000年左右。《2001规范》继续沿用了《89规范》的研究成果。

为了区分不同重要性建筑和不同抗震性能设计中考虑采用不同设计基准期的需求，《建筑抗震设计手册》（按2001规范）在总结已有研究成果的基础上，给出了不同设计基准期构件截面验算和罕遇地震变形验算与设计基准期为50年的地震作用取值的关系，列于表5.4.4-1和表5.4.4-2。

不同设计基准期构件截面验算与设计基准期为50年的地震作用取值的比　　表5.4.4-1

设计基准期（年）	30	40	50
计算值	0.74	0.88	1.0
建议取值	0.75	0.90	1.0

不同设计基准期罕遇地震变形验算与设计基准期为50年的地震作用取值的比

表5.4.4-2

设计基准期（年）	30	40	50
建议取值	0.70	0.85	1.0

2. 加层与改造工程中结构承载力计算

结构承载力（含抗震承载力）验算应注意选用的标准，作为对建筑结构的安全与抗震性能的分析计算的基本原则可概况为以下几点：

（1）验算采用的结构分析方法，应符合相应的国家设计规范或鉴定标准；

（2）验算使用的计算模型，应符合其实际受力与构造情况；

(3) 结构上的作用应经调查或检测核实；

(4) 结构构件上作用效应的确定，应符合下列要求：

1) 作用的组合、作用的分项系数及组合值系数，应按相应的国家标准《建筑结构荷载规范》、《建筑抗震设计规范》及其它相关规范的规定执行；

2) 当结构受到温度、变形等作用，且对其承载力有显著影响时，应计入由此产生的附加内力；

(5) 材料强度的标准值，应根据结构的实际状态按下列原则确定：

1) 原设计文件有效，且不怀疑结构有严重的性能劣化或者发生设计、施工偏差的，可采用原设计的标准值；

2) 调查表示实际情况不符合上款要求的，应进行现场检测；

(6) 结构或构件的几何参数应采用实测值，并应计入锈蚀、腐蚀、风化、局部缺陷或缺损以及施工偏差等的影响。结构构件承载能力计算分析时应根据结构实际情况调整的参数如下：

在利用结构分析与设计软件进行结构验算时，所选结构分析模型与设计参数，应符合结构的实际工作情况。应用程序时应熟悉和理解程序的说明，且应在正确理解结构和计算参数的物理概念基础上，根据工程的实际情况及规范相关要求经分析后确定。如在计算地震作用时，周期折减系数需根据结构型式与填充墙的情况选取合适的系数；如考虑现浇钢筋混凝土楼板对梁的作用时，可将现浇楼面中梁的刚度放大。

5.4.4.3 建筑工程抗震能力的综合评价

建筑工程的抗震性能是由结构布置、结构体系、构造措施和结构与构件抗震承载能力综合决定的。不能仅从结构构件承载能力是否满足要求这一个方面来衡量。结构布置的合理性能使结构构件的受力较为合理，在地震作用下减少扭转效应；结构体系的合理性不仅使结构分析模型的建立较为符合实际，而且使结构的传力明确、合理和不间断；结构和构件承载力应包括结构变形能力和构件承载能力，结构变形能力又分为"小震"作用下的弹性变形和"大震"作用下的弹塑性变形；结构构造与结构和构件的变形能力及结构破坏形态、整体抗震能力关系很大。对于抗震构造措施严于设计规范要求的，若仅个别构件的承载力不满足相应规范的要求，则应根据该层其他构件承载能力的情况和考虑内力重分布及相应的构造措施等进行综合评价。

参考文献

[1] 中国建筑科学研究院主编. 建筑抗震鉴定标准. GB50023—95
[2] 戴国莹. 现有建筑物抗震鉴定加固技术. 建筑科学，1995
[3] 钟益村，高小旺，龙明英. 钢筋混凝土框架结构抗震鉴定和加固方法研究. 中国建筑科学研究院建筑科学研究报告，1988
[4] 龚思礼主编. 建筑抗震设计手册（第二版）. 北京：中国建筑工业出版社，2002
[5] 沈聚敏，周锡元，高小旺，刘晶波编著. 抗震工程学. 北京：中国建筑工业出版社，2000
[6] 高小旺，鲍蔼斌. 地震作用的概率模型及其统计参数. 地震工程与工程振动，1985

第 5 章 建筑结构的耐久性评定

建筑结构的耐久性评定首先要搞清耐久性的概念和耐久性的极限状态；评定工作特点是，将构件按相对环境情况进行划分，分别进行评定。实际的评定工作可分成结构耐久性状况的评定和结构剩余合理使用年限的评定。

5.5.1 耐久性与极限状态的概念

建筑结构的耐久性评定的主要工作是评定结构中是否存在达到耐久性极限状态的构件。对于达到耐久性极限状态的构件，当结构需要继续使用时，应该进行相应的修复或补强，延长构件的使用年限。对于超过耐久性极限状态的构件，在结构安全性（承载能力）和适用性评定中应考虑相应的影响；当结构需要继续使用时，应对这些构件采取补强或加固措施，保证构件的安全性、适用性和耐久性。当结构需要继续使用时，对于未达到耐久性极限状态的构件要推定剩余的耐久年数，对于耐久年数小于预期继续使用年限的构件，应采取措施延长构件耐久年数的措施。

因此，建筑结构的耐久性极限状态是结构耐久性评定的关键问题。耐久性的极限状态与耐久性的概念和构件性能劣化与损伤机理等问题有关。

5.5.1.1 耐久性的概念

按照《建筑结构可靠度设计统一标准》的规定，建筑结构在其使用寿命内的安全性和适用性都要得到保证。也就是说，建筑结构的安全性和适用性不仅仅是对设计阶段而言的，而是对建筑结构全寿命的，只要还要使用一天，其安全性和适用性就要得到保障。这一观点与国际标准的观点是一致的。

建筑结构在使用过程中除了经历荷载的作用之外，还要经受环境的作用，材料性能也随时间的推移而发生变化，特别是还要经历灾害的考验，人为的改造和破坏等。保证结构构件具有抵抗环境作用的能力和结构材料性能不随时间的推移而发生明显的变化是建筑结构耐久性所要解决的问题。更为直接的解释是，耐久性能就是在环境作用下维持建筑结构安全性和适用性的能力。

建筑结构耐久性设计的目标是，在设计使用年限内，结构和构件的承载力没有明显的降低，结构的安全性始终得到保障，在达到预期的使用年限时，少量构件因环境的作用和材料性能的劣化可能出现适用性问题，此时应该对结构或结构构件采取相应的处理措施，延长建筑结构的安全使用的年数，并使所出现的适用性问题得以恢复。

根据耐久性的概念，耐久性的极限状态应该属于结构适用性极限状态，不是构件承载力大幅度降低的状态，更不是结构寿命终止的标志。

5.5.1.2 耐久性极限状态的概念

目前一些研究人员把耐久性的极限状态与承载能力极限状态混淆，提出了"耐久性承载能力极限状态"和"耐久安全性评定"的概念。这种概念与国际上关于耐久性的概念不一致,与《建筑结构可靠度设计统一标准》的概念不一致,与本手册以下介绍的耐久性极限状态也不一致。

本手册根据《建筑结构可靠度设计统一标准》和国际上公认的概念,建议的耐久性极限状态为:

(1) 结构构件表面出现明显的损伤,这种损伤尚未对构件的承载能力构成明显的影响(或者说这种影响尚未达到可以定量考虑的程度);

(2) 构件的性能出现明显的劣化(构件没有明显的损伤),使构件产生脆性破坏的危险性增大。

这种状态是结构构件设计使用年限终结的标志。当结构需要继续使用时,对于出现这种状态的构件应采取相应的措施进行处理,处理的目的是延长构件的使用年数。此时所说的设计使用年限为经济合理的使用年限或者说是合理使用年限。

如果对于达到耐久性极限状态的构件不采取措施进行处理,构件的损伤速度加快,将会对构件的承载力构成明显的影响,经过一段时间后构件的安全性降低,构成安全问题,达到所谓"耐久安全性评定"的程度。

图 5.5.1-1 是关于建筑结构耐久性极限状态概念的示意。

图 5.5.1-1 中,β_0 是规范规定的结构安全水平。β_1 和 β_2 是结构构件初期实际的安全水平。由于现行规范提供的构件承载能力计算公式都是偏于保守的,只要设计符合规范的要求,施工质量符合设计要求,则构件的实际安全水平(β_1 和 β_2)一般要高于规范规定的限值或设计预期值(β_0)。

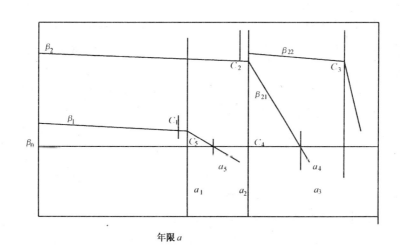

图 5.5.1-1 耐久性极限状态示意

在使用过程中,构件的实际承载力可能会略有降低,但是这种降低是不明显的,可以不予考虑。例如混凝土结构,材料强度不会明显降低,只要没有明显的损伤,构件的承载力也不会明显地变化;钢材和砌体也是如此。木材的强度可能会随使用年限的增长而降低,但是这种降低是在规范考虑的范围之内(规范规定的设计强度已经考虑了木材的长期强度问题)。

图5.5.1-1中横坐标表示年限。当构件出现了表面的损伤(曲线β_1的C_1,β_2的C_2),此时构件的承载力尚未受到明显影响,但适用性已经受到影响,结构应该进行修复或维修,设计确定的经济合理的使用年限已经结束。a_1和a_2是经济合理的使用年限(是设计预期的设计使用年限);C_1和C_2对应的状态为耐久性极限状态。

这种极限状态对应的是使用极限状态。不是"耐久安全性评定"对应的状态,更不是构件的承载能力极限状态。

在图5.5.1-1中a_4和a_5对应的状态为规范规定的承载力下限C_4和C_5,这种状态对应于构件的严重损伤,如构件截面大幅度减小,钢材锈蚀严重,材料强度大幅度下降等,构件的承载力大幅度下降,达到规范规定的安全界限,这种状况是使用过程中不允许出现的,不是耐久性评定的极限状态,是所谓"耐久安全性评定"的界限,远未达到"耐久性承载能力极限状态"。

按照"耐久安全性评定"或"耐久性承载能力极限状态"评定会带来下述问题:
(1)违背了建筑结构耐久性设计的概念;
(2)风险大;
(3)绝大多数这类问题在实际建筑中完全可以避免;
(4)绝大多数问题在建筑评定中难于实施。

从图5.5.1-1的分析中,可以看出两者的区别,结构设计规范规定的耐久性和设计使用年限的概念显然与"耐久安全性评定"和"耐久性承载能力极限状态"不同。

"耐久安全性评定"对于结构评定者来说风险过大。原因是工程结构情况复杂,相应的研究没有达到应有的深度,目前根本不可能估计到构件出现明显损伤后的发展速度和危害程度,结构有可能产生突发的脆性破坏。而以使用极限状态作为基准进行评定可以规避这种风险的。

实际上,无论是混凝土冻融损伤、钢材的锈蚀(包括钢结构、混凝土结构、木结构和砌体结构中的钢材)、混凝土的磨蚀、气蚀、腐蚀性物质的侵蚀,木材的腐朽、虫蛀和开裂、砌体的冻融损伤和有害物质侵蚀等,绝大多数构件的耐久性损伤都可以比较容易地检查到;甚至包括钢材的疲劳损伤和混凝土的疲劳损伤(疲劳问题是否归于耐久性好象还有争议)。发现问题及时处理是保障建筑结构可靠性的基本规则,以防为主、防微杜渐说的就是这个道理。以使用极限状态作为耐久性的极限状态也基于这个道理。因此可以说,"耐久性安全性评定"所要面对的极限状态的标志是比较明显的比较容易发现的。对于专业技术人员来说,当发现了这些问题,而不要求进行处理也是不现实的。也就是说,根本不能允许耐久性损伤自由发展,直至构件的承载力受到明显的影响。

因此,建筑结构耐久性评定的极限状态应该是使用极限状态。当评定时发现超过使用极限状态的问题时,应该进行结构或构件的安全性评定。这样两类问题都很清楚,两类问题都容易解决。

以下举例说明这两类问题的差异。

北京某大厦更换业主时,购买方委托检测机构对该大厦的安全性和耐久性做出评定意见。此时该大厦建成使用不过数年的时间。购买方显然不想在投入大量资金装修后不久结构出现耐久性的问题,造成经济上的浪费,考虑的是结构经济合理的使用年限。

某码头仓库的情况截然不同。该仓库原为袋装食糖的中转仓库,后改为散装化肥的中转仓库。化肥中含有对混凝土有腐蚀作用物质,且含有氯化物。用皮带运输时,化肥的粉尘在仓库中飞扬,落在混凝土构件表面,积存在混凝土屋架杆件的上面。氯化物吸水,潮湿,并使混凝土构件湿润,同时,把氯离子带入混凝土内部。五年后,该仓库混凝土构件的钢筋严重锈蚀,混凝土保护层脱落。之后,委托某研究单位进行构件表面处理,以阻止水分和氧气进入混凝土构件,延缓钢筋的锈蚀速度。五年之后,表面处理层老化,脱落,钢筋继续快速锈蚀。此时,业主找有关单位进行结构的耐久性评定。

检验单位在承接该项评定工作时向业主明确地交代,该结构已经没有耐久性可言,构件的损伤早已超过了耐久性的极限状态,目前的工作是进行结构安全性评定,当构件的承载能力不满足要求时应该对构件进行加固,并采取相应的措施阻止原构件的钢筋继续锈蚀。综合考虑加固和相应处理的费用和处理后的经济合理的使用年限,与部分构件更换或拆除重建方案进行比较,根据自己的经济实力选择合理的处理措施。当业主做出拆除的决定实施后,该结构的寿命终止。

这两个例子中的前一个是耐久性的问题,委托方要评定的是结构剩余的经济合理的使用年限,目的是保证装修工程的投入合理。后一个已经不是耐久性所能解决的问题。

5.5.2 建筑结构的耐久性问题

国际标准关于混凝土、混凝土块材和砂浆等材料的耐久性问题列于表 5.5.2-1 中。

混凝土材料的环境侵蚀情况 表 5.5.2-1

序号	劣化机理	损伤现象	损 伤 条 件
1	冻融	表面损伤	气温变化含水率高,有氯化物无排水时严重
2	硫酸盐侵蚀	膨胀,崩溃	地下水、砖、煤和海水中含有硫酸盐
3	碱骨料反应	膨胀,崩溃	硅或白云石骨料,需要水分
4	酸侵蚀	强度,崩溃	与酸性物质接触
5	石灰渗出	丧失强度	水分的迁移,渗透性
6	生物侵蚀	强度降低,剥落	与(产生酸性物质的)污水等接触
7*	收缩	开裂,损伤临近构件	水灰比高,施工时含水率高(块材)
8*	徐变	构件变形过大	—
9*	温度变形	开裂	体积大,气温高
10	磨损	表面破损	交通,风和水流等夹带颗粒

国际标准关于金属材料的耐久性问题列于表 5.5.2-2 中。

金属材料的环境侵蚀情况   表 5.5.2-2

材料	劣化机理	损伤	劣化条件
金属（全部）	电流腐蚀	多种	多孔材料中的电解液，金属的电连接
	热位移差	面层损伤	金属热膨胀系数差异
钢材	环境空气腐蚀	表面锈蚀扩展损伤	潮湿，有氧，有酸或吸潮物质加重
	海洋环境腐蚀	浪溅区桩的腐蚀	长期潮湿、有氧，有氯化物腐蚀加重
	土壤环境腐蚀	桩和管道失效	潮湿、有氧或厌氧菌，有可溶解性盐或杂散电流时严重
	钢筋的环境腐蚀	混凝土开裂剥落	潮湿、有氧，有氯化物或pH值因碳化而降低
	砌体中钢筋腐蚀	砌体开裂	潮湿、有氧，有氯化物加重
	在木材中的腐蚀	结构连接失效	潮湿、有氧
	疲劳	结构失效	循环作用
耐候钢	环境空气腐蚀	连接失效锈蚀危险	表面长期有水，海水
不锈钢	点蚀或缝隙腐蚀，晶格间的腐蚀，应力腐蚀	连接失效	某些不锈钢，在温暖含氯的空气中加重，高应力
铝合金	腐蚀（表面黑色点蚀）	表面等级降低，连接失效	某些合金，截断处表面，与碱性溶液接触，与铜或含铜溶液接触，与某些其他金属接触
铜及其合金	铜脱锌	强度降低或开裂	某些铜
	应力腐蚀	开裂或紧固件破坏	铜合金，高湿度（季节性开裂）

目前我国对钢结构的腐蚀问题已有比较成熟的经验，关于结构耐久性的研究多数针对混凝土结构，表 5.5.2-1 和表 5.5.2-2 中所列出的问题都有相应的研究，只不过有些问题的研究没有归为耐久性的范畴。

在建筑结构的耐久性问题中，耐久性的问题可以分成两大类，钢材的锈蚀（金属材料研究者将其称为腐蚀）和环境作用下非金属材料的侵蚀损伤和性能劣化。

造成非金属材料损伤的原因有物理作用如冻融作用、磨损和冲撞等，化学作用，如硫酸盐侵蚀、酸侵蚀和碱侵蚀，生物作用，如木材的虫蛀、腐朽，植物和菌类对混凝土的侵蚀等。

以下以混凝土结构的耐久性问题为主线，介绍环境的侵蚀与材料抗侵蚀能力的问题。

5.5.2.1 钢材锈蚀问题

钢材的锈蚀是电化学的过程，一般认为钢材的锈蚀必须具备三个条件：

(1) 在钢材表面存在电位差，不同电位区间形成阳极—阴极；

(2) 在阳极区段钢筋表面处于活化状态，发生钢筋失去电子的反应，铁原子失去电子后成为 Fe^{2+}，

$$Fe - 2e \rightarrow Fe^{2+} \qquad (5.5.2-1)$$

(3) 存在水分和溶解氧，在阴极，释放的电子在钢材表面与水和氧结合形成氢氧离子 OH^-，反应情况如下：

$$2H_2O + O_2 + 4e \rightarrow 4OH^- \qquad (5.5.2-2)$$

对于钢结构构件和其他结构裸露在空气环境钢材来说,上述三个条件只有第(3)个条件有时成立,有时不成立。在气候或环境干燥的情况,钢材不会锈蚀或锈蚀的速度很慢。在气候或环境潮湿的情况下,钢材锈蚀速度相对较快,钢材表面有酸性物质或吸潮物质时钢材锈蚀的速度加快。

因此对于钢结构构件和其他结构裸露在空气环境钢材来说,表面涂刷涂层是最有效的防锈措施。对于钢结构构件锈蚀机理和防锈措施,国内外都有较多的研究,本节不对钢结构的问题进行讨论,而转为讨论混凝土和砌体中的钢筋问题。

1. 钢筋锈蚀原理

钢筋锈蚀是最为广泛的混凝土结构耐久性问题。

据说,钢筋在具备上述三个锈蚀条件之后,在阳极处,Fe^{2+} 溶于混凝土的孔隙水且与 OH^- 结合形成氢氧化亚铁 $Fe(OH)_2$,其反应式如下:

$$Fe^{2+} + 2OH^- \rightarrow Fe(OH)_2 \quad (5.5.2-3)$$

氢氧化亚铁进一步与氧和水化合,生成氢氧化铁 $Fe(OH)_3$,其体积为所置代钢材的1倍,其反应式如下:

$$4Fe(OH)_2 + O_2 + 2H_2O \rightarrow 4Fe(OH)_3 \downarrow \quad (5.5.2-4)$$

氢氧化铁 $Fe(OH)_3$ 进一步与水结合形成 $Fe(OH)_3 \cdot nH_2O$,也就是铁锈。铁锈的最终体积可扩大 2~10 倍,在周围混凝土中形成很大的膨胀力。

有的资料表明:氢氧化铁 $Fe(OH)_3$ 脱水后变成疏松、多孔、非共格的红锈 Fe_2O_3,也就是:

$$2Fe(OH)_3 \rightarrow Fe_2O_3 + 3H_2O \quad (5.5.2-5)$$

在缺氧的情况下,$Fe(OH)_2$ 氧化不完全,部分形成黑锈 Fe_3O_4,也就是:

$$6Fe(OH)_2 + O_2 \rightarrow Fe_2O_3 + 6H_2O \quad (5.5.2-6)$$

钢筋的锈蚀通常从局部点蚀开始,数量逐步增多并扩展,最终联接成通常所见的大片锈蚀。

由于钢筋中的化学元素分布的不均匀性、混凝土孔隙溶液浓度的不均匀性、钢筋应力状态的差异和混凝土裂隙的影响等都会使钢筋各部分的电位不等而形成局部电池(阴极和阳极)而使上述锈蚀机理中的第(1)个条件总是成立的。

混凝土是多孔材料,混凝土孔隙中总是存在水分和氧,因此上述锈蚀机理中的第(3)个条件基本是成立的。但长期处于饱和水状态下的混凝土,其孔隙中的氧的含量不足,使上述第(3)个条件不能完全成立;干燥状态下的混凝土孔隙中的水分不足,钢筋锈蚀的速度极慢。

目前公认的理论认为:埋于新浇筑混凝土中钢筋不会锈蚀的原因在于混凝土的孔隙溶液呈高度碱性,其 pH 值大于 13,在这种条件下,钢筋表面会形成保护膜-钝化膜。受到钝化膜保护的钢筋处于钝化状态,钢筋不会锈蚀。

而关于钝化膜形成的机理,目前存在着不同的观点,由于编制本手册的目的不是专门讨论耐久性问题,以下仅予以合适的时候进行简单的提示。

目前已知主要有三种因素可以导致钝化膜失效,使钢筋具备锈蚀条件。

一是混凝土的碳化,也就是空气中的二氧化碳 CO_2 等酸性物质与混凝土孔隙溶液中的碱性物质（主要为氢氧化钙，Ca（OH）$_2$）发生化学作用，使混凝土孔隙溶液趋于中性化。如果孔隙溶液的 pH 值降至 11 以下，钝化膜就会破坏，使钢筋具备锈蚀条件。碳化过程从混凝土表面开始，逐渐向混凝土内部发展。碳化到达钢筋位置并使钢筋脱钝的时间与混凝土的密实程度、混凝土孔隙溶液中碱性物质含量、混凝土表面与钢筋之间的距离（即保护层厚度）和环境作用情况有关。

另一个可使钢筋脱钝的因素是氯离子的存在。混凝土孔隙溶液中氯离子达到能使钢筋脱钝时的浓度称为临界浓度。

混凝土中的氯离子可以有两种来源，内掺型和外侵型。外侵型是指：结构处于含有氯盐的水（海水、除冰盐等）、土壤或空气环境中时，氯离子会从混凝土表面逐渐扩散到钢筋表面并使钢筋脱钝。内掺型是指：氯离子来自配制混凝土的原材料，如带有氯盐的骨料（海砂）、水、掺合料和外加剂。冬季施工时在混凝土拌合物内掺入氯化钠作为防冻剂是内掺型氯离子的一种形式。

有的论文指出[5-2]，钝化膜保持完好需要相当于 0.2~0.3mA/m^2 的氧流量。如果氧的流量低于此值，则钝化膜的厚度会逐渐减小直至局部消失，导致钢筋非常缓慢地锈蚀。一般来说，在混凝土结构耐久性能研究中不考虑这种原因的钢筋锈蚀问题。

除了上述三种公认的原因之外，根据国家建筑工程质量监督检验中心多年来积累的经验来看，还有其他一些因素可以造成混凝土中钢筋的锈蚀。例如，交通部第四航务工程局湛江新建宿舍楼，使用了海砂，混凝土中氯离子含量极低，碳化深度较小，但钢筋锈蚀十分严重。北京某宿舍楼，使用不到一年，混凝土墙内上水管锈断，造成房间跑水。事后检测，混凝土中氯离子含量极低，碳化深度远未到水管表面。

近年来国外的一些研究表明，造成钢筋锈蚀的原因除了电化学腐蚀之外，还有化学腐蚀的因素。化学腐蚀因素可能可以成为解释上述两个工程事例钢材锈蚀的原因。但是目前并不清楚是何种化学物质在起作用。

据说土中的生物菌也能将硫或硫化物转化为硫酸引起钢筋锈蚀（生物侵蚀的一种类型）。

2. 混凝土碳化规律

由于混凝土碳化是公认造成钢筋脱钝和锈蚀的原因之一，因此有必要专门讨论混凝土的碳化规律和脱钝后钢筋锈蚀的规律。虽然《混凝土结构设计规范》GB 50010—2002 关于耐久性设计中没有明显地列出反映这些规律的计算公式，但是在确定各项规定时综合利用这些规律进行了计算校核。特别是在混凝土结构的耐久性评定时可能会用到这些规律。

与其他类型的混凝土性能试验结果相仿，混凝土碳化试验研究结果的离散性较大，这是混凝土材料的一个显著的特点。混凝土碳化规律的研究是以碳化机理为基础，同时其研究结果可以为碳化机理的研究提供证据。

试验研究和工程调研的结果均表明，混凝土的碳化深度与碳化时间之间的关系可以近似用式（5.5.2-7）表示：

$$D_c = k\sqrt{t} \tag{5.5.2-7}$$

式中 D_c——碳化深度，由混凝土构件表面到碳化界面的距离（mm）；

k——碳化系数；

t——碳化时间，在工程中设计时，碳化时间的计量单位为年，在进行快速碳化试验时，其计量单位为天。

浙江大学金伟良教授比较细致的统计[5.2-1]显示，$D_c = 4.69 t^{0.426}$，与式（5.5.2-7）的形式比较接近。由于关于混凝土碳化深度与碳化时间之间的关系还有其他的统计结果和理论模型，式（5.5.2-7）只是应用最为广泛，而且是普遍得到承认的近似公式。

在式（5.5.2-7）的基础上，碳化系数 k 则集中反映了与时间无关的影响混凝土碳化的因素。一般认为，碳化系数与混凝土的水灰比（水胶比）、水泥的水化程度、水泥品种、水泥用量、骨料情况、混凝土的应力状态和环境作用情况等多种因素有关。

水灰比（水胶比）对混凝土碳化速度的影响最为明显。表5.5.2-3列出山东省建筑科学研究院朱安民、史燕飞等人的快速碳化试验的研究和长期观测试验研究的情况[5.2-2]。总的规律是水灰比大混凝土的碳化速度快，碳化系数大。

水泥品种对碳化速度的影响 表5.5.2-3

水泥品种	水灰比（w/c）	f_{cu}（MPa）	D_{28d}（mm）	比值	D_{13a}（mm）	比值
400号矿渣水泥	0.55	20.0	22.8	2.00	11.5	2.63
	0.42	31.0	11.4	1.00	4.3	1.00
400号普硅水泥	0.55	25.0～29.0	18.4	1.84	5.8	2.32
	0.42	35.0～41.6	10.0	1.00	2.5	1.00

注：D_{28d}为快速碳化28d的碳化深度，D_{13a}为室外13年的碳化深度。

水灰比与混凝土的孔隙结构有密切的关系。水灰比大，水泥水化剩余的水分多，形成的毛细孔数量多，直径大，二氧化碳和氧容易扩散到混凝土内部，混凝土碳化速度快，钢筋锈蚀速度快。这一规律通过国内外多数研究者的研究结论证实。表5.5.2-4列出部分研究人员提供的研究规律。

水灰比对混凝土碳化的影响因子 表5.5.2-4

序号	公式提供	水灰比的影响	原模型情况
1	龚洛书	$4.07 w/c - 1.0$	参见本手册公式（5.2.1-9）
2	邸小坛	$\zeta w/c - 1.0$	$\zeta = 4.08 \sim 5.41$ 之间与水泥品种及活性相关
3	许丽萍	$(3.30 w/c - 1.0)^{0.13}$	参见本手册公式（5.2.1-8）
4	Nishi	$2.61 w/c - 1.0$	$D_c = 0.373(4.6w/c - 1.76)$ $w/c \geq 0.6$
5	依田彰彦	$4.51 w/c - 1.0$	$D_c = \alpha\beta\gamma(100w/c - 22.16)$
6	朱安民	$3.78 w/c - 1.0$	参见本手册（5.2.1-10）

注：本表将水灰比的因子以统一形式提出，便于比较。

以上研究者得到的总的规律是一致的：水灰比大，混凝土碳化快。但各研究者得出的规律还是有一定偏差的，除了混凝土碳化数据离散性较大的因素外，水泥品种和活性肯定是与混凝土碳化速度相关的因素，另一个关键的因素是水泥的水化程度。水泥的水化程度与水泥的活性和养护期有关。水泥活性大，养护期长，水泥水化的程度高；反之水泥水化的程度低。这里主要指的是保护层混凝土的养护时间。混凝土的碳化主要在于保护层，有资料表明，保护层中水泥水化一旦停止，其水化过程不会再恢复，而混凝土保护层的孔隙结构和孔隙率与水泥水化程度密切相关。表5.5.2-5列出欧洲委员会[5.2-4]提供的数据。

水灰比、水泥水化程度与毛细孔体积率关系　　　　　　　　　表5.5.2-5

水灰比（w/c）	水泥水化程度（%）								
0.2	52	44	40	—	—	—	—	—	—
0.3	80	72	64	56	48	40	—	—	—
0.4	—	100	90	80	70	60	50	40	—
0.5	—	—	—	94	81	68	55	42	—
0.6	—	—	—	—	—	100	87	74	61
0.7	—	—	—	—	—	—	—	100	80
水泥石孔隙率（%）	0	5	10	15	20	25	30	35	40
水渗透性（10^{-10}，mm/s）	—	—	—	0.1	0.5	1.0	2.6	6.0	14

表5.5.2-5的研究成果还表明：水灰比小的混凝土，保护层养护好，孔隙率小，渗透性低；养护（水泥水化程度）对水灰比大的混凝土的孔隙率改善不明显。

水泥水化程度不仅与混凝土的渗透性密切关系，还与混凝土中可碳化物质的含量有关。显然水泥水化充分，混凝土中可碳化物质含量高，混凝土碳化速度慢。

混凝土中可碳化物质与水泥的品种和水泥的用量密切相关。

表5.5.2-3列出朱安民的研究结果已经显现出水泥品种的影响程度。其他国内外学者的研究结果参见表5.5.2-6。

水泥品种影响的因子　　　　　　　　　表5.5.2-6

序号	研 究 者	研 究 结 论
1	邸小坛	普硅水泥1.0，矿渣水泥为1.30；水泥用量参数，$C^{-0.9}$
2	龚洛书	普硅水泥$k_T=1.0$，矿渣水泥$k_T=1.35\sim1.50$（与水泥标号有关）水泥用量参数，$C^{-0.964}$；$k_F=0.968+0.032F_A$（F_A，粉煤灰用量）
3	许丽萍	普硅水泥$k_T=1.0$，矿渣水泥$k_T=1.43$，水泥用量参数，$(9.311-0.0191C)\times 10^{-3}$
4	朱安民	矿渣水泥$k_T=1.0$，普硅水泥$k_T=0.5\sim0.7$；粉煤灰取代水泥量为20%时，碳化加快40%左右

水泥品种对碳化速度影响研究得出的总的规律为：用硅酸盐和普通硅酸盐水泥成型的混凝土碳化速度最慢，碳化系数小，用矿渣水泥和粉煤灰水泥成型的混凝土碳化速度快，碳化系数大。

水泥品种对碳化度影响的原因：普通硅酸盐水泥、矿渣水泥和粉煤灰水泥在水泥熟料中掺加了不同量的矿渣、粉煤灰等等，这些掺和料一方面使混凝土中实际的水泥熟料用量减少，另一方面存在着所谓二次水化的问题。二次水化使水泥熟料水化产生的氢氧化钙含量降低（关于这个问题将在硫酸盐侵蚀问题中予以详细的介绍）。上述两个原因都使混凝土中抗碳化的有效物质减少。最后一个因素是：粉煤灰等掺和料对养护的要求更高。

从上述分析情况来看，显然混凝土的水泥用量会对碳化速度有一定的影响，在一定情况下水泥用量大混凝土碳化速度慢。

欧洲的研究表明在一定范围内水泥用量与混凝土碳化深度之间有线形关系见表 5.5.2-7。

水泥用量的影响　　　　　　　　表 5.5.2-7

序号	研究者	$C=200$	$C=250$	$C=300$	$C=350$	$C=400$	$C=500$
1	欧洲	—	1.1~1.2	1.00	0.8~0.9	—	—
2	龚洛书*	1.48	1.40	1.00	0.90	0.80	0.70
3	许丽萍*	1.53	1.27	1.00	0.73	0.47	—
4	邸小坛	1.44	1.18	1.00	0.87	0.77	0.63

以 $C=300\text{kg/m}^3$ 为 1.00

混凝土的其他性质也对碳化速度有影响，如混凝土的应力状态和骨料品种和用量等，但其影响程度显然不如上述因素明显。

水灰比、水泥水化程度、水泥品种、水泥活性和各种胶凝材料的用量等综合反映了混凝土的抗碳化能力或称之为抗碳化能力的规律。但混凝土的碳化规律还应体现环境的作用情况。只有环境作用情况和混凝土抗碳化能力结合考虑才能成为对工程有用的碳化模型。这一点是耐久性研究与单纯材料性能研究和结构性能研究明显不同之处。但应当承认，单纯的抗碳化能力的研究成果是碳化规律研究的重要组成部分。

研究者中许丽萍和龚洛书的研究基本上应该归为抗碳化能力的研究，国外的一些研究也属于这类情况。以下则全面介绍许丽萍和龚洛书提供的抗碳化能力的模型。

许丽萍等提出的计算模型见式（5.5.2-8）：

$$D_c = 1042.7 k_T k_C^{0.54} k_w^{0.47} \sqrt{t} \qquad w/c > 0.6 \qquad (5.5.2\text{-}8a)$$

$$D_c = 734.5 k_T k_C^{0.83} k_w^{0.13} \sqrt{t} \qquad w/c \leqslant 0.6 \qquad (5.5.2\text{-}8b)$$

式中　k_T——水泥品种影响系数，参见表 5.5.2-4；

k_C——水泥用量影响系数，$k_C = (9.311 - 0.0191C) \times 10^{-3}$；

k_w——水灰比影响系数，$k_w = (9.844 w/c - 2.982) \times 10^{-3}$。

龚洛书提出的计算模型见式（5.5.2-9）：

$$D_c = k_{TY} k_C k_w k_{ag} k_h k_{FA} k_{con} \sqrt{t} \qquad (5.5.2\text{-}9)$$

式中 k_{TY}——水泥品种影响系数，参见表 5.2.1-4；
k_C——水泥用量影响系数，$k_C = 253C^{-0.964}$，水泥用量（kg/m³）；
k_w——水灰比影响系数，$k_w = 4.15w/c - 1.02$；
k_{ag}——骨料品种影响系数，天然骨料 1.0，人造轻骨料 0.6；
k_h——养护条件修正系数，标养 1.0，蒸养 1.85；
k_{FA}——粉煤灰取代量系数，$k_F = 0.968 + 0.032FA$（FA，粉煤灰用量）
k_{con}——混凝土品种影响系数，普通混凝土，4.24；轻混凝土 7.63。

朱安民提供的模型见式（5.5.2-10）：

$$D_c = k_{EN}k_F k_{TY}(12.1w/c - 3.2)\sqrt{t} \qquad (5.5.2-10)$$

式中 k_{TY}——水泥品种影响系数，参见表 5.2.1-4；
k_{EN}——环境影响系数，中部地区，$k_{EN} = 1.0$，南方 0.5~0.8，北方干燥地区 1.1~1.2；
k_F——粉煤灰掺量修正系数，掺量超过 15%，为 1.1。

按有关模型计算得到的普通混凝土 50 年的碳化深度预测值见表 5.5.2-8。

普通混凝土 50 年碳化深度预测（普通硅酸盐水泥） 表 5.5.2-8

水灰比（w/c）		0.35						0.40					
水泥用量（kg/m³）		200	250	300	350	400	450	200	250	300	350	400	450
50 年碳化深度估计值（mm）	许丽萍	25.5	21.8	17.9	13.8	9.5	4.7	28.0	23.9	19.6	15.2	10.4	5.2
	龚洛书	19.9	16.0	13.4	11.6	10.2	9.1	29.4	23.7	19.9	17.1	15.1	13.4
	邸小坛	11.0	9.0	7.6	6.6	5.9	5.3	15.8	12.9	11.0	9.5	8.5	7.6
		14.3	11.7	9.9	8.6	7.7	6.9	20.6	16.8	14.3	12.4	11.0	9.9
	朱安民	5.7						11.6					
水灰比（w/c）		0.45						0.50					
水泥用量（kg/m³）		200	250	300	350	400	450	200	250	300	350	400	450
50 年碳化深度估计值（mm）	许丽萍	29.6	25.2	20.7	16.0	11.0	5.5	30.7	26.2	21.5	16.7	11.4	5.7
	龚洛书	38.9	31.4	26.3	22.7	19.9	17.8	48.4	39.0	32.8	28.2	24.8	22.2
	邸小坛	20.6	16.9	14.3	12.5	11.0	9.9	25.4	20.8	17.7	15.4	13.6	12.3
		26.9	22.0	18.6	16.2	14.4	12.9	33.1	27.1	23.0	20.0	17.8	16.0
	朱安民	15.9						20.5					

续表

水灰比（w/c）	0.55						0.60					
水泥用量（kg/m³）	200	250	300	350	400	450	200	250	300	350	400	450
50年碳化深度估计值（mm） 许丽萍	31.6	27.0	22.2	17.1	11.8	5.8	32.4	27.6	22.7	17.6	12.1	6.0
龚洛书	57.9	46.7	39.2	33.8	29.7	26.5	67.5	54.4	45.6	39.3	34.6	30.8
邸小坛	30.3 35.1	24.8 32.3	21.0 27.4	18.3 23.8	16.2 21.1	14.6 19.0	39.4 45.7	28.7 37.4	24.4 31.7	21.2 27.6	18.8 24.5	16.9 22.0
朱安民	24.4						28.7					

注：朱安民的试验数据水泥用量在 250kg/m³ ~ 300 kg/m³ 之间。

表 5.5.2-8 的碳化数据差异较大，原因有以下几个：
(1) 有些情况试验数据较少，例如水灰比 0.35 的情况；
(2) 碳化数据本身离散性大，即使同样配比的混凝土环境完全相同，变异系数可达 0.3 ~ 0.4。

因此表中数据可作为估计碳化深度范围的参考资料。

环境作用情况有明显的影响，环境的情况有二氧化碳的浓度、温度和湿度。

环境中的二氧化碳浓度高混凝土碳化快，快速碳化使用的二氧化碳气体浓度为浓度 20% 的，据说快速碳化 28d（温度 20℃，相对湿度 $RH=70\%$）约相当自然界碳化 50 年（大气中的二氧化碳气体浓度约为 0.03%）。

温度高混凝土碳化速度快，温度低混凝土碳化慢，当环境温度低于 0℃ 时混凝土的碳化基本上停止。

环境湿度主要影响二氧化碳的扩散速度，体现在混凝土孔隙被水充满的程度上，当混凝土完全饱和水时，混凝土的孔隙完全被水充满，二氧化碳的扩散速度极满，混凝土的碳化基本停止。据说，混凝土完全干燥时，由于二氧化碳溶于混凝土孔隙水的量减少，混凝土碳化速度也很慢。表 5.5.2-9 提供了环境湿度与混凝土碳化速度之间的宏观关系。

环境湿度与混凝土碳化速度之间的关系 表 5.5.2-9

环境平均湿度 RH	<45%	45% ~ 65%	65% ~ 85%	85% ~ 98%	>98%
碳化相对速度	1	3	2	1	0

由于结构设计人员并不熟悉水灰、水泥用量等问题，而这些因素又都与混凝土的强度相关，纯粹为了便于结构设计人员使用，邸小坛等人经过统计得到以 $f_{cu,k}$ 为主要参数的碳化规律近似公式。这里所要指出的是：此处 $f_{cu,k}$ 并非是指 28d 标准养护的混凝土，而主要强调具有 95% 保证率；另一个要指出的是，统计公式时使用的是 f_{cu}，实际参数使用 $f_{cu,k}$，使得公式描述的碳化深度也具有相近的保证率，保证率为 95%。

$$D_c = k_{EN} k_{TY} k_h \left(\frac{60.0}{f_{cu,k}} - 1.0 \right) \sqrt{t} \qquad (5.5.2\text{-}11)$$

式中 k_{TY}——水泥品种影响系数,矿渣水泥1.3,普硅水泥1.0;

k_h——养护条件系数,28d,1.0,7d,1.5,3d,1.75;

k_{EN}——环境影响系数,按城市和室内外提供;如:北京,室内1.00,室外,0.72;西宁,室内0.80,室外0.66,贵阳,室内0.85,室外0.54;杭州,室内0.85,室外0.72。

西安建筑科技大学牛荻涛教授等人经过大量统计将上述公式中的环境作用情况完善,提出的碳化深度模型为:

$$D_c = k_c k_e k_j k_{me} k_p k_s \left(\frac{57.94}{f_{cu,k}} - 0.76 \right) \sqrt{t} \quad (5.5.2\text{-}12)$$

式中 k_c——二氧化碳浓度修正系数,商店、医院等,1.8~2.5,食堂、影剧院,1.6~2.0,办公、宿舍等,1.2~1.8,库房等1.0~1.5;

k_e——环境温度与湿度影响系数,$k_e = 2.56 \sqrt[4]{T} (1-RH) RH$;$T$,年平均温度(℃);$RH$,年平均相对湿度(%);

k_j——角部修正系数,构件角部 $k_j = 1.4$,构件平面部分1.0;

k_p——浇筑面系数,浇筑面取1.2,其他面取1.0;

k_s——构件受力状态修正系数,受压构件 $k_s = 1.0$,受拉构件 $k_s = 1.1$;

k_{me}——模型不确定性系数。

3. 碳化机理研究

碳化规律的研究主要是为了解决工程应用问题,能够简单方便使用且有一定的可信程度就可以了,而碳化机理的研究则不仅涉及相关理论水平提高的问题,还有指导碳化规律研究的意义。

碳化机理的研究首先应该从钝化膜的成因和破坏机制着手,关于这个问题将放在钢筋锈蚀速度的研究中讨论。

目前关于碳化机理的研究的主流还是建立在国外的研究基础之上,也就是氢氧化钙理论。混凝土中的氢氧化钙$Ca(OH)_2$,是钢筋钝化和脱钝的主要化学物质。

空气中的二氧化碳CO_2,与混凝土中的$Ca(OH)_2$结合,生成碳酸钙,使混凝土孔隙溶液的碱度降低。

氢氧化钙$Ca(OH)_2$是水泥的水化产物,约占水泥熟料水化产物的17%~25%。混凝土中的氢氧化钙一般可以两种形式存在,一种是以六角板结晶的形式存在于水化硅酸钙凝胶体等水化产物之间或孔隙中,另一种以饱和溶液的形式存在于混凝土孔隙中(孔隙溶液为氢氧化钙的饱和溶液)。

$Ca(OH)_2$六角板结晶与孔隙溶液中的氢氧化钙存在着一种平衡状态。当孔隙溶液中的$Ca(OH)_2$超饱和时,$Ca(OH)_2$以六角板结晶的形式从孔隙溶液中析出;当孔隙溶液中的$Ca(OH)_2$不饱和时,$Ca(OH)_2$六角板结晶则会不断溶解,补充混凝土孔隙溶液中的$Ca(OH)_2$。

所谓混凝土的碳化是指空气中的二氧化碳CO_2等可以通过毛细孔渗透(扩散)到混凝土内部,并溶于混凝土孔隙溶液中,与孔隙溶液中的$Ca(OH)_2$相互作用,形成碳酸钙

$CaCO_3$。其反应公式如下：

$$Ca(OH)_2 + CO_2 + nH_2O \rightarrow CaCO_3 + (n+1)H_2O \quad (5.5.2-13)$$

有的资料[4-1,4-2]将其表述成下述形式：

$$CO_2 + H_2O \rightarrow H_2CO_3 \quad (5.5.2-14)$$

$$Ca(OH)_2 + H_2CO_3 \rightarrow CaCO_3 + 2H_2O \quad (5.5.2-15)$$

式（5.5.2-13）表明二氧化碳 CO_2 溶解到孔隙溶液中或与水共存，与溶液中的氢氧化钙 $Ca(OH)_2$ 发生反应；式（5.5.2-14）表明二氧化碳 CO_2 与水反应，生成碳酸 H_2CO_3，之后与溶液中的氢氧化钙 $Ca(OH)_2$ 发生反应。

从目前的认知程度来看，混凝土孔隙溶液中发生式（5.5.2-14）反应的可能性不大。

上述反应俗称混凝土的碳化或中性化。由于碳化反应生成的碳酸钙 $CaCO_3$ 为非溶解性钙盐，其体积比原反应物膨胀约17%，可以阻塞部分毛细孔，对于提高混凝土的抗渗透性有益，同时使混凝土的强度有所提高。混凝土碳化的另一个特点就是使混凝土孔隙溶液的碱度降低，当混凝土孔隙溶液的pH值降到9~11时，钢筋表面的钝化膜遭到破坏，钢筋具备锈蚀条件。有的资料表明，混凝土完全碳化后孔隙溶液的pH值要降到8.5~9。

近年来有的研究者认为：水泥水化物中水化硅酸钙与 K^+ 和 Na^+ 等化合物也对钝化膜的生成有贡献。更有研究者认为：水化硅酸三钙（$3CaO \cdot 2SiO_2 \cdot 3H_2O$）是碳化所要消耗的物质，水化硅酸二钙 $2CaO \cdot SiO_2 \cdot 4H_2O$ 不是碳化所要消耗的物质。

由于上述概念的差异关于混凝土碳化机理的解释亦不相同。

水化硅酸钙也是水泥主要的水化产物，约占水泥熟料水化产物的60%。有些资料认为这些物质也对混凝土孔隙溶液的碱度有贡献。碳化要考虑水化硅酸钙的因素。

水化硅酸钙的碳化反应可用式（5.5.2-16）表示：

$$CO_2 + H_2O \rightarrow H_2CO_3 \quad (5.5.2\text{-}16a)$$

$$3CaO \cdot 2SiO_2 \cdot 3H_2O + 3H_2CO_3 \rightarrow 3CaCO_3 + 2SiO_2 + 6H_2O \quad (5.5.2\text{-}16b)$$

$$2CaO \cdot SiO_2 \cdot 4H_2O + 2H_2CO_3 \rightarrow 2CaCO_3 + SiO_2 + 6H_2O \quad (5.5.2\text{-}16c)$$

以上的介绍表明，关于混凝土的碳化机理还是值得深入研究的．研究的基础首先是促成钝化膜生成的机理或者化合物，是氢氧化钙、水化硅酸钙还是 K^+ 和 Na^+ 等化合物，还是都起作用，碳化消耗的物质，都可成为碱度降低的程度与钢筋具备锈蚀条件的监督。

显然这些机理问题的深入研究是值得深入研究的，有益于碳化规律的研究和钢筋锈蚀规律的研究。

4. 钢筋锈蚀的规律

钢筋锈蚀规律的研究的目的还是实用为主，在混凝土结构耐久性评定中需要了解钢筋锈蚀的规律，以便推断剩余的合理使用年限。

影响钢筋锈蚀程度和锈蚀速度的因素有锈蚀时间 t，混凝土保护层厚度、钢筋直径、保护层混凝土的质量（水灰比、水泥用量、水泥品种）和环境情况。

当混凝土结构处于含有氯盐的海水、岩土或空气环境中时，氯离子也会从混凝土表面逐渐扩散到钢筋表面并使钢筋脱钝。混凝土中的氯离子也可能来自配制混凝土的原材料，如带有氯盐的骨料、水以及掺合料。混凝土内的氯离子积累到能使钢筋脱钝时的浓度称为临界浓度。氯离子的临界浓度与众多因素有关而且不是一个常数，尤其与混凝土孔溶液中的氯离子和氢氧离子的比值大小有关，后者又随不同的水泥品种和用量、不同的矿物掺合料和不同的氯盐种类而异。在已经碳化的混凝土中，氯离子的临界浓度降低。对于潮湿环境和干湿交替环境下的非碳化混凝土，氯离子的临界浓度约为 0.4%～0.8%（水泥重的百分比），如为干燥环境或极为湿润的环境，则临界浓度可大于 1%。如果是碳化混凝土，干湿交替或潮湿环境下的氯离子浓度在质量较低的混凝土中可接近于零。也有资料认为，混凝土中氯化物浓度达到 $0.6～0.9 kg/m^3$，或孔隙水溶液中为 $300～1200 g/l$ 时，就足以破坏钢筋钝化膜。

5.5.2.2 化学物质的侵蚀

化学物质的侵蚀是混凝土结构耐久性中最为复杂的问题。但归纳起来，化学物质的侵蚀可分成酸侵蚀、碱侵蚀和硫酸盐侵蚀三大类。

酸性物质对混凝土中的水泥水化物有侵蚀作用，使其中的氢氧化钙变成可溶性的钙盐，使混凝土丧失强度。典型的酸性物质侵蚀的损伤特征为：混凝土呈黄色，水泥水化物剥落，粗骨料外露或剥落。

固体的碱对混凝土的侵蚀作用较小，而熔融状的碱或碱的浓溶液对水泥的水化物有侵蚀作用。其侵蚀作用主要有化学侵蚀和结晶侵蚀。化学侵蚀是碱溶液与水泥水化物之间产生化学反应，生成胶结力不强且易为碱液浸析的产物。结晶侵蚀是进入混凝土孔隙的碱溶液形成具有膨胀力的结晶体，使混凝土被胀裂并逐渐剥落。

化学侵蚀最广泛的形式是硫酸盐侵蚀。硫酸盐一般是指硫酸钠和硫酸镁等。硫酸盐溶液与水泥水化物中的氢氧化钙及水化铝酸钙发生化学反应，生成石膏和硫铝酸钙，产生体积膨胀，使混凝土被胀裂并逐渐剥落。

5.5.2.3 碱—骨料反应

碱—骨料反应是指水泥水化过程中释放出来的碱金属与骨料中的碱活性成分发生化学反应。反应形式主要有两种：碱—硅酸反应和碱—碳酸盐反应。

碱—硅酸反应是指碱性溶液与骨料中的硅酸类物质发生反应，形成凝胶体。这种凝胶体是组分不定的透明的碱—硅混合物，会与混凝土中的氢氧化钙及其他水泥水化物中的钙离子反应生成一种白色不透明的钙硅或碱—钙—硅混合物。这种混合物吸水后体积膨胀，使周围的水泥石受到较大的应力而产生裂缝。

碱—碳酸盐反应是水泥水化物中的碱与骨料中的碳酸盐发生反应。骨料中的陶土矿和结晶状岩石的存在会影响这些反应的速度。

5.5.2.4 其他损伤

除了上述问题外，混凝土还会有机械物理损伤、大气侵蚀、生物侵蚀、溶蚀等问题。

机械物理损伤包括磨损、空蚀、冲撞等。

一般建筑的混凝土地面和楼梯可出现磨损，更为典型的是混凝土路面和机场跑道，含泥砂量较大的水流也会磨损混凝土。

沿混凝土表面高速流动的气体或水流会产生负压区，在负压区的混凝土会产生空蚀损伤，损伤的特征是成片的混凝土受拉破坏。

在工业建筑中和道桥上经常出现冲撞损伤。

大气侵蚀作用除了酸雨、空气污染的损伤外，长期的雨水冲淋和风沙影响也会造成混凝土的损伤。

长期浸泡在流动的水中的混凝土，其氢氧化钙等有效成分会被水溶解并带走，使混凝土的强度减低，随后产生破坏。

生物损伤常见于海洋环境和城市排污工程。

5.5.2.5 耐久性问题的特点

混凝土结构耐久性问题具有以下三个特点：

（1）多数损伤发展的速度较慢，往往需要若干年甚至几十年的时间，这就是称这些问题为耐久性问题的原因。

（2）耐久性问题一般是多种因素共同影响的结果。如北方的海洋混凝土工程，有混凝土碳化钢筋锈蚀问题，也有氯离子侵蚀和冻融损伤问题，还有海水冲击和海砂磨损等问题，当然还有化学物质侵蚀和生物侵蚀的问题。

（3）大多数损伤是由构件表面开始的，所以有人称耐久性问题是混凝土结构的皮肤病。

5.5.3 我国混凝土结构的耐久性状况

我国混凝土结构的耐久性问题十分严重，严重的程度体现在，已经不仅仅是经济合理的使用寿命问题，而是许多结构的安全受到影响。这也是为什么许多人将耐久性问题与结构安全挂钩的客观原因。

山西省阳泉市猫脑山自来水厂蓄水池倒塌事故，是钢材锈蚀造成的典型倒塌事例。该水池绕丝预应力钢丝因锈蚀崩断，水池侧板倒伏，4000立方米的水顺山坡而下，致使山下39人死亡。

60年代末，我国西南地区使用的单槽瓦屋面，自施工完毕就有钢筋锈蚀出现，并不时有屋面板塌落的事故。最后不得不全面更换。仅贵阳重型机械厂就有数万平米的屋面进行了更换。

建设部于20世纪80年代组织进行了国内建筑混凝土结构耐久性状况的调查，调查结论为：大多数工业建筑物在使用25～30年以后即需要大修。处于有害介质环境中的建筑物使用寿命仅15～20年。民用建筑及公共建筑使用和维护条件较好，可以维持50年以上不发生耐久性问题。但其室外构件（如阳台、雨罩、挑檐等）一般使用寿命只有30～40年。

在此期间，水电部水工混凝土耐久性调查组对全国32座大型混凝土坝进行了调查，结论为：全部被查坝体存在裂缝和渗漏溶蚀破坏现象。

江苏省水科所对华东84座沿海混凝土挡潮闸进行了调查，钢筋严重锈蚀需要维修的或大修的为71座。其中有些挡潮闸胸墙、启闭桥大梁钢筋已经锈断。

上述调研所描述的状态，有些已经不仅是耐久性的问题，不是皮肤病了。

近期这类问题也没有改善。深圳、黄骅等一些沿海城市的一些建筑混凝土中掺加海砂，使用10～20年就拆除，或不断维修。

我国近年现浇混凝土结构增多，混凝土的泵送，复振等施工工艺发展，水泥标号提高，混凝土成分有了很大的变化。粉剂掺量增加，粗骨料比例减少且粒径变小，混凝土体积稳定性较差，收缩加大。此外，这类混凝土有快硬，高强，水化热大的特点，混凝土散热后的温度收缩较大。现浇混凝土结构的超静定约束使上述收缩引起的约束应力大大增加。因此，近年现浇混凝土结构的裂缝问题比较普遍，已成为影响混凝土结构质量的严重消极因素。

5.5.4 结构耐久性评估等级标准

建筑物的使用寿命与耐久年限不尽相同，有的建筑物使用寿命超过预定的耐久年限，而有的建筑物使用寿命低于耐久年限。对建筑物作耐久性鉴定，可推断其继续使用的时间。因此，建筑物的使用寿命是旧建筑物评价、鉴定中的一个重要指标，是修复、加固或改造中不可缺少的参数。

结构的剩余使用年数 Y_r 推算值是指结构经过 Y_0 年使用后，距达到耐久性极限状态 Y 的剩余的年数，即 $Y_r = Y - Y_0$。结构鉴定中耐久性评估的重点是估计结构在正常使用、正常维护条件下，继续使用是否满足下一个目标使用年限 Y_m 的要求。结构耐久性评估用结构耐久性系数表示：

$$K_n = \frac{Y_r}{Y_m}$$

结构耐久性评估等级的评定标准见表 5.5.4-1。

结构耐久性评估等级标准　　　　表 5.5.4-1

	耐久性评估			a 级	b 级	c 级	d 级
	混凝土结构	钢结构	砌体结构				
结构耐久性系数 K_n	主筋处于未碳化区（$C_t < C$）	维修保护膜尚起作用	坚硬砌体	≥1.5	1.5 > K_n ≥1.0	<1.0	
	主筋处于已碳化区（$C_t \geq C$）	维修保护膜已经不起作用	松软砌体			≥1.0	<1.0

注：当结构耐久性系数 $K_n < 1.0$ 时，应对结构进行安全性验算。表中 C 为混凝土结构构件截面受力主筋平均保护层厚度，C_t 为混凝土结构构件受力主筋侧边的平均碳化深度。

在目前缺乏有效研究成果时，剩余年限可按下述方法推断。此处的剩余年限与前述剩余年数有概念上的差异。

1. 钢筋混凝土结构的评估

（1）钢筋混凝土结构构件达到相应年限的标准

钢筋混凝土结构耐久性破坏是混凝土或钢筋随时间变化，受自然作用、化学腐蚀、集料反应、疲劳损伤等造成的累积损伤。《钢铁工业建（构）筑物可靠性鉴定规程》（YBJ 219—89）规定：当构件中一半以上的主筋处于锈蚀状态，即使通过一般维修或局部更换，已不能满足可靠性鉴定评级中的 B 级要求时，自鉴定之日算起，达到这种状态的时间 Y_r，称为该构件的剩余年限。

（2）计算自然寿命剩余年限 Y_r

混凝土结构的剩余年限，根据混凝土平均碳化深度的实测值是否超过其保护层厚度，按不同的方法推算。当平均碳化深度小于平均保护层厚度时，其剩余年限按下式推算：

$$Y_r = Y_0 \left(\frac{C^2}{C_t^2} - 1 \right) \alpha_c \beta_c \gamma_c \delta_c \tag{5.5.4-1}$$

当平均碳化深度大于或等于平均保护层厚度，且受力主筋直径不小于10mm，主筋残余截面积满足下式：

$$1 - \frac{A_{sr}}{A_{s0}} \leq 6\% \tag{5.5.4-2}$$

则剩余年限按下式推算：

$$Y_r = Y_0 \left(\frac{0.1}{1.05 - \frac{A_{sr}}{A_{s0}}} \right) \alpha_c \beta_c \gamma_c \delta_c \tag{5.5.4-3}$$

式中 C——混凝土结构构件受力主筋平均保护层厚度；
C_t——混凝土结构构件受力主筋处平均碳化深度；
Y_0——结构构件已使用年限；
α_c——混凝土材质系数，按表5.5.4-2取值；
β_c——钢筋保护层系数，按表5.5.4-3取值；
γ_c——环境影响系数，按表5.5.4-4取值；
δ_c——混凝土结构损伤系数，按表5.5.4-5取值；
A_{sr}——钢筋锈蚀后当前剩余截面面积；
A_{s0}——钢筋锈蚀前截面面积。

混凝土材质系数 α_c 表5.5.4-2

混凝土强度（MPa）	15.0	20.0	25.0	30.0	35.0	≥40
混凝土材质系数	0.85	1.00	1.15	1.30	1.45	1.60

钢筋保护层系数 β_c 表5.5.4-3

构件状态	混凝土结构保护层厚度（mm）						
	10	15	20	25	30	35	≥40
受力主筋直径 $d_i \leq 10$	0.9	1.0	1.1	1.2	1.3		
受力主筋直径 $d_i > 10$		0.8	0.9	1.0	1.1	1.2	1.3

注：当有良好的砂浆面层且厚度达到15~20mm时，上表系数可按乘1.3采用。

环境影响系数 γ_e 表 5.5.4-4

锈蚀程度分类	环境状况			
	一般区		干湿交替区	
	构件主筋直径（mm）		构件主筋直径（mm）	
	(≤10)	(>10)	(≤10)	(>10)
Ⅳ	0.6	0.7	0.4	0.5
Ⅴ	0.7	0.8	0.5	0.6
Ⅳ沿海≤5km	0.8	0.9	0.6	0.7
潮湿区、室外	0.9	1.0	0.7	0.8
一般室内	1.0	1.1	0.8	0.9
室内干燥区	1.2	1.3		

注：腐蚀程度根据《工业建筑防腐蚀规范》（GBJ 42）分类

混凝土结构损伤系数 δ_e 表 5.5.4-5

损伤程度		C/d_i		备注
		0.5~1.5	1.5~2.5	
因主筋耐久性锈蚀混凝土保护层成片脱落		0.5	0.3 且 $d<10$mm	必须检查钢筋剩余截面积，考虑折损后进行验算
构件截面角落沿主筋出现耐久性锈蚀裂缝		0.8	0.6	
保护层机械损伤	干燥区	0.9	0.8	
	潮湿区	0.3~0.8	0.3~0.6	
无损伤		1.0	1.0	

注：C 为平均保护层厚度，d_i 为主筋直径。

2. 钢结构耐久性评估

（1）钢结构构件达到耐久性年限的标准

钢结构耐久性破坏是指结构的保护膜、母材、焊缝、铆钉等随使用时间增长，由于受自然作用、化学腐蚀、疲劳损伤（重复荷载下裂纹开展、冲击断裂、连接疲劳等）、应力腐蚀、累积变形、失稳等造成的累积损伤。钢结构耐久性寿命理论有保护膜破坏耐久性理论、大气腐蚀母材断面损伤耐久性理论、大气和应力联合作用下承载能力耐久性理论、疲劳累积损伤耐久性理论、按常见钢结构耐久性破坏规律判断理论等。各种理论均根据耐久性破坏速度推算钢结构构件的剩余年限。

《钢铁工业建（构）筑物可靠性鉴定规程》（YBJ 219—89）规定：当构件主体的保护膜破坏，母材截面耐久性损伤超过10%，且通过一般维修和局部更换，已不能满足可靠性鉴定评级中的B级要求时，达到这种状态的年限 Y_{r1} 称为该钢结构的自然腐蚀剩余年限。

（2）计算自然寿命剩余年限 Y_{r1}

$$Y_{r1} = Y_0 \left(\frac{0.1 t_0}{t_0 - t_r} - 1 \right) \alpha_s \tag{5.5.4-4}$$

式中 t_0——钢结构原钢材厚度；

t_r——钢结构腐蚀后钢材的剩余厚度；

Y_{r1}——钢结构的自然腐蚀剩余年限（推算值）；

Y_0——钢结构已使用年限；

α_s——钢结构腐蚀系数，见表5.5.4-6。

钢结构腐蚀系数 α_s 表5.5.4-6

$\dfrac{t_0-t_r}{Y_0}$	≤0.01mm/年	0.01~0.05mm/年	≥0.05mm/年
α_s	1.20	1.00	0.80

当钢结构主要构件中的应力水平较高时，应按下式计算考虑应力影响下的钢结构自然腐蚀剩余年限 Y_{r2}：

$$Y_{r2} = Y_0 \left\{ \frac{0.5 t_0}{t_0 - t_r} \left[1 - \left(\frac{\sigma_0}{f_y} \right)^{\frac{1}{m}} \right] - 1 \right\} \alpha_s \tag{5.5.4-5}$$

式中 σ_0——钢结构主要杆件在常遇荷载下的主要应力；

f_y——钢结构主要杆件钢材的屈服强度；

m——考虑钢结构应力影响下腐蚀的截面形状和受力系数，见表5.5.4-7。

钢结构应力影响下的截面形状和受力系数 m 表5.5.4-7

系 数		截面形状和受力种类
m	1	薄板、受力构件、长细比小于100的受压构件
	2	薄板、受弯构件
	3	薄板、长细比大于100的受压构件

第6章 建筑结构工程质量的评定

5.6.1 概 述

建筑结构工程的质量包括结构设计质量和施工质量。建筑结构工程质量评定的对象多数为正在施工的结构工程,但也有已经交付使用的结构。

一般出现下列情况时,委托方会提出对建筑结构工程质量进行检测和评定的要求:

1. 建设工程的有关当事方怀疑结构工程质量存在问题或有迹象表明结构工程质量存在问题;有关当事方包括业主、建设方、监理、设计、施工等。例如:结构工程送样检验结果出现问题;结构构件出现裂缝、渗漏以及严重的工程事故等。

2. 建设项目的建设单位变更,原工程项目的建设单位因故退出,新接手的建设单位一般会提出对已完工部分结构工程质量进行检测和评定的要求。这样做有利于保证工程质量,避免发生质量纠纷和质量事故。

3. 工程建设项目的施工企业变更,原施工企业因故退出或分包工作结束,新进场的施工企业要对前一阶段工程的施工质量进行检查,当发现存在问题时,施工企业会提出进行结构工程施工质量的检测与评定的要求。

4. 建筑性能认证评审工作提出工程质量检测与评定要求,目前实行的建筑工程质量施工质量验收制度是建设单位、施工企业、设计与勘察机构和工程监理等几方共同进行验收。为了保证认证工作无疏漏,认证机构有时会提出由公正的第三方提供工程质量检测与评定报告。这种评定一般包括设计质量和施工质量。

5. 政府建设行政主管部门组织的质量监督抽查怀疑工程质量存在问题;此时会提出由公正的第三方进行结构工程施工质量检测和评定的要求。

6. 交付使用或已经使用多年的建筑结构出现异常问题,引发用户对结构工程质量的怀疑;这种怀疑可能包括设计质量或施工质量。

7. 其他因素造成建筑损伤,并怀疑工程质量存在问题。

8. 有关建筑结构工程施工质量问题的司法鉴定。

在上述几种情况中,多数只涉及结构工程的施工质量,有些也会引出设计质量的问题。

根据以上委托的要求,可以得到以下几点启示:

(1) 关于建筑结构工程质量的争议,不仅限于正在施工的结构工程,有些使用年数较多的建筑结构也存在质量问题的争议。因此,不应该按建筑结构是否竣工、是否使用或使用年限区分建筑结构工程质量评定问题和既有建筑性能评定问题。应该按有关当事方争议的情况确定评定的类型,争议的焦点是结构工程质量,则应该按建筑结构工程质量评定的原则和方法进行结构工程质量的评定。

（2）建筑结构工程质量的评定可以划分为建筑结构工程设计质量的评定和建筑结构工程施工质量的评定。

根据以上分析的情况，本章分别讨论建筑结构工程施工质量评定和设计质量的评定的有关问题。

5.6.2 建筑结构工程施工质量评定

5.6.2.1 建筑结构工程施工质量评定的要点

建筑结构施工质量评定的要点包括：评定的目的、评定原则和评定的方法。

1. 施工质量评定的目的

建筑结构工程施工质量评定的目的就是评定施工质量是否符合设计文件和满足相关施工验收规范的要求，也就是评定结构工程是否存在施工方面造成的质量问题。

由于建筑结构工程的施工质量是建筑结构性能的重要保障。因此，有关设计文件对于施工质量的要求是偏于严格的。也就是说：一般情况下，只要建筑结构工程的施工质量符合设计和有关验收规范的要求，结构设计的性能就可以得到保障。换言之，在这种情况下，可以不对设计要求的结构性能进行直接的评定，而认定结构的性能满足设计的要求。

当评定结果为建筑结构存在施工质量问题时，通常委托方还要提出结构性能是否受到影响的评定要求。结构的性能包括结构安全、适用和耐久性能以及抗灾害的能力。建筑结构工程施工质量的评定是建筑结构安全性的评定、适用性评定和耐久性评定的重要组成部分，也是结构抗灾害能力评定的重要组成部分。在一些特定情况下，结构工程施工质量的评定结果也是判定质量事故或坍塌事故责任方的依据。

在此还要指出的是，建筑结构施工质量存在问题可能会对建筑结构的性能构成影响，也可能由于设计者偏于保守使得施工质量问题对建筑结构的性能影响不大。无论这种影响是否存在，影响程度如何，对施工质量本身的评定都不应该被替代或被掩盖。这就是建筑结构工程施工质量评定所要掌握的重要原则之一。其根本原因在于，有关当事方争议的焦点在于建筑结构工程施工质量是否存在质量问题，而结构性能是否受到明显影响是判定质量问题是否需要处理以及如何处理的问题。

某砌体结构存在质量问题，经检测发现部分砌筑用砖强度等级和砌筑砂浆强度等级均未达到设计要求，以此为依据计算出来的墙体承载能力不能满足《砌体结构设计规范》的要求。此时建设（开发）方提出，按照《砌体工程现场检测技术标准》（GB/T 50315—2000）的规定进行砌体抗压强度的检测。其实砌体的抗压强度在《砌体结构设计规范》中给出的数值，是依据砌体块材强度等级和砌筑砂浆强度等级的计算值。而砌体结构工程中砌体抗压强度的实测值除了与砌体块材强度和砌筑砂浆强度有关外，还与砌筑砂浆的饱满度有关，而且仅检测一、二道墙体也不能全面反映该工程的砌体抗压强度。另外，砌筑用砖和砂浆强度等级不仅决定砌体的抗压强度，还决定砌体的抗剪强度。此外还与砌体的耐久性有关（砖的抗风化、砌体的抗冻性能等）。

2. 施工质量评定规则

概括地讲，建筑结构工程施工质量评定工作的规则是：以设计文件、相关结构设计规范和施工质量验收规范的技术要求为基准，对建筑结构工程检测项目的检测结果进行评价。

本手册第二篇介绍了建筑结构工程施工质量的控制与验收。建筑结构工程施工质量的评定与建筑结构施工质量的验收有共同之处也有不同之处。共同之处在于评定的内容、方法和评价指标等基本相同，都是按设计文件、相关规范的要求评定。不同之处在于：

（1）结构工程施工质量的评定不仅要面对在施的结构工程，还要面对现存的建筑结构；

（2）评定可能是部分的项目或结构工程的局部，而验收是从检验批、分项工程、子分部工程到整个结构分部工程；

（3）验收以现行有效的规范评价工程质量，工程施工质量评定要按建造时有效的规范标准评价。

因此，建筑结构工程施工质量的评定有如下规则：

（1）当设计施工图对结构工程施工质量有具体要求且其要求高于国家或行业标准的要求时，应以设计施工图的要求为基准评定建筑结构工程的施工质量；例如抗震等级为一级的总层数为六层的某钢筋混凝土框架结构柱的设计混凝土强度等级为 C35，《建筑抗震设计规范》GB50011—2001 规定的抗震等级为一级的框架柱最低强度等级为 C30；但对该工程框架柱混凝土强度评定时应以设计要求的 C35 为准。

（2）当设计施工图对结构工程施工质量没有具体要求或其要求低于国家或行业标准的要求时，应以国家或行业标准的要求为基准评定建筑结构工程的施工质量，这些标准主要是结构专业施工质量验收规范，也包括产品的标准；例如一般结构设计图纸都不标注对构件钢材缺陷的要求，而钢材的质量必须符合有关国家或行业标准规定的合格质量要求。

（3）对于《建筑工程施工质量验收统一标准》（GB 50300—2001）公布实施后建造的建筑结构工程，应按与该统一标准配套的结构工程施工质量验收规范的规定进行结构工程施工质量的评定，这些结构工程施工质量验收规范包括：

1）《砌体工程施工质量验收规范》（GB 50203—2002）；

2）《混凝土结构工程施工质量验收规范》（GB 50204—2002）；

3）《钢结构工程施工质量验收规范》（GB 50205—2001）；

4）《木结构工程施工质量验收规范》（GB 50206—2002）等。

（4）对于有特殊要求的建筑结构工程的施工质量，还应按相应的技术规程或技术规范中质量验收的规定进行评定，比如防腐建筑应遵从。

应该注意的是，在进行结构工程施工质量评定时，一般不宜涉及施工工艺的评定。只有当施工工艺对施工质量构成实际的影响时才可涉及施工工艺问题。施工工艺的因素只能作为出现施工质量问题的原因分析，不能作为施工质量评定的结果使用。

（5）对于《建筑工程施工质量验收统一标准》（GB 50300—2001）公布实施之前建造的建筑结构，应按建造时有效的结构设计规范、结构工程施工及验收规范的规定进行结构施工质量的评定。有特殊要求的建筑结构，还应按建造时有效的技术规范或技术规程的规定进行工程质量的评定。同样，这些规范或规程中关于施工工艺的规定不宜作为评定工施工质量的根据，只能用于分析出现施工质量问题的原因。

（6）对于村镇中的公用建筑，虽然建造时可能没有按相应规范和技术规范的规定进行设计与施工，也可以按照上述原则进行结构工程施工质量的评定。

（7）对于农村或城镇中的自建住宅，可参考上述原则进行工程施工质量的评定。

（8）当结构工程质量评定存在问题时，可以继续评定质量问题对结构性能的影响，但结构性能评定的结果不能掩盖或替代施工质量存在的问题。

3. 施工质量评定方法

建筑结构工程施工质量评定的基本方法是以设计规定的参数或施工质量验收规范规定的质量要求为基准，并严格按照《建筑工程施工质量验收统一标准》和结构专业的验收标准规定的抽样数量进行随机抽样，所选的检测方法应符合《建筑结构检测技术标准》GB/T50344—2004 的规定，将检验测试的结果与之比较，并进行判定；对于有允许偏差的检测项目，当设计没有特殊要求时，按验收规范或施工及验收规范的规定进行评定。

（1）以设计文件要求为基准，将检测结果与之比较进行评定。这类项目有构件材料强度、结构布置与构造等。

例：混凝土强度的评定，设计文件要求的混凝土强度等级为 C20，实际检测得到的混凝土推定强度为 $f_{cu,e} = 25\mathrm{MPa}$，则可评定测试龄期的混凝土强度符合设计（C20）混凝土的强度要求。

（2）以设计文件要求的参数为基准，按验收规范允许偏差评定。这类项目主要是结构构件的截面尺寸、层高与标高、轴线等实际尺寸与设计文件的偏差。

例：设计要求的现浇钢筋混凝土柱的截面尺寸为 400mm×400mm，实测截面尺寸为 405mm×398mm。按照《混凝土结构工程施工质量验收规范》（GB 50204—2002）的规定，现浇混凝土构件截面尺寸的允许偏差为 +8mm 和 −5mm。所抽检的每根柱截面尺寸偏差为一个样本，若所抽检的钢筋混凝土柱的截面尺寸的偏差范围均在允许偏差 +8mm 和 −5mm 内或合格点率不小于 80%，则该工程的钢筋混凝土柱的截面尺寸符合设计和验收规范的要求。

（3）以验收规范为依据的评定。这类项目主要是结构构件的内部和外观质量等。包括钢结构的焊缝质量、混凝土结构的密实、砌体结构的砌筑砂浆饱满度等。

5.6.2.2 施工质量评定中的混凝土强度评定

关于混凝土强度的评定有两个比较特殊的问题，其一为混凝土立方体抗压强度标准值 $f_{cu,k}$ 与结构混凝土强度的检测推定值 $f_{cu,e}$ 之间的关系问题，这个问题在其他材料强度评定中同样存在；其二为混凝土标号 R 与 $f_{cu,k}$ 之间关系问题。

1. $f_{cu,k}$ 与 $f_{cu,e}$ 之间的关系

目前在我国，混凝土的强度等级是依据混凝土立方体抗压强度标准值 $f_{cu,k}$ 确定的。《混凝土结构设计规范》（GBJ 10—89）规定：混凝土强度等级应按立方体抗压强度标准值确定；立方体抗压强度标准值系指按照标准方法制作和养护的边长为 150mm 的立方体试件在 28d 龄期，用标准试验方法测得的具有 95% 保证率的抗压强度值。

在对结构或构件混凝土强度进行检测时，由于结构混凝土难以满足"按照标准方法制作和养护"的条件，一般来说测试龄期又不是 28d，因此，关于结构混凝土强度的检测都是给出立方体抗压强度标准值 $f_{cu,k}$ 的推定值 $f_{cu,e}$。

因此，$f_{cu,e}$与$f_{cu,k}$存在着一定的差别，主要差别在于：

（1）龄期差异，$f_{cu,k}$是龄期28天的强度，$f_{cu,e}$是测试龄期的强度；

（2）养护和成型条件的差异，$f_{cu,k}$对应的是按标准方法制作和养护的混凝土强度，$f_{cu,e}$对应的是结构现场养护和现场成型条件下的混凝土强度；

（3）$f_{cu,k}$是立方体强度，$f_{cu,e}$是依据相应测试方法的测强曲线换算得到的立方体强度。

上述三个差异中，（1）和（2）是各种检测方法所面对的共性问题，是本节所要讨论的问题；（3）所面对的是某些检测方法的个性问题，在相应的检测方法中已有讨论，本节不再讨论。

由于$f_{cu,e}$与$f_{cu,k}$存在着（1）和（2）的差异，似乎将$f_{cu,e}$乘以一个系数便可得到$f_{cu,k}$。关于这个系数，有截然不同的两种观点。一种观点认为，该系数应该大于1.0；另一种观点认为该系数应小于1.0。

持有第一种观点的技术人员以《混凝土结构设计规范》和《钻芯法检测混凝土强度技术规程》中的一些系数则被作为消除这些差异的提高系数。

1）《混凝土结构设计规范》（GBJ10—89）在确定混凝土标准强度时使用了0.88的系数；

2）《钻芯法检测混凝土强度技术规程》（CECS 03：88）在条文说明中提到[3]：据对试验用墙板的取芯试验证明，龄期28天的芯样试件强度换算值也仅为标准强度的86%，为同条件养护试块的88%。

两本标准的两个系数十分接近，有些技术人员认为将$f_{cu,e}$除以0.88（或乘以1.14）是比较妥当的。特别是，当$f_{cu,e}$是28d的推定强度时，将$f_{cu,e}$除以0.88可以得到$f_{cu,k}$。

实际上，两本标准的两个系数虽然一致，但反映的问题却截然不同。在此仅讨论《混凝土结构设计规范》的系数。关于钻芯法的问题在本手册第4篇已经予以说明。

先看看设计规范的系数的由来。《混凝土结构设计规范》（GBJ 10—89）在通过$f_{cu,k}$确定结构混凝土抗压强度标准值和抗拉强度标准值时使用了0.88的系数。例如，经过大量试验研究得到的统计结果为：棱柱体试件的抗压强度约为$0.76f_{cu}$[3]，规范在确定结构混凝土抗压强度标准值时使用的关系为$f_{ck}=0.67f_{cu,k}$。0.67与0.76之比为0.88。规范对该系数的解释为[5]：系数0.88为结构中混凝土强度与试件混凝土强度的比值。

依本手册编者所见，设计规范所强调的结构中混凝土强度与试件混凝土强度的差异主要是加荷速度、长期强度和尺寸效应等因素对结构混凝土强度影响，而不是标养与非标养试件强度差别，也不是因养护或成型条件差异造成的试件与结构混凝土强度的差异。

加荷速度对混凝土强度有明显的影响。对于尺寸相同、养护和成型条件相同且龄期相同的混凝土来说，加荷速度快混凝土强度高，加荷速度慢混凝土强度则相对较低。我国工程院院士、清华大学陈肇元教授曾进行过大量不同加荷速度下混凝土强度的试验研究，其研究成果已在《人防工程设计规范》中体现。在许多关于混凝土的专著中都论述到加荷速度对混凝土强度的影响问题。加荷速度对混凝土强度的影响已有定论。

《混凝土结构设计规范》（GBJ10—89）课题组在确定混凝土立方体强度、棱柱体抗压强度和抗拉强度时均是采用相对较快的加荷速度，一般在几分钟之内就完成了试验。在实际结构中，荷载增加得相对较慢，一般要几个月、几年甚至更长的时间才能达到较高的应力值,因此结构混凝土的强度要比加荷速度相对较快的试件混凝土强度低。

前苏联著名学者 A. A. 格沃滋杰夫在其著作中[5]提出了混凝土的长期强度的问题:当混凝土中的应力超过一定数值时,混凝土的抗压或抗拉强度随持荷时间增长而降低。也就是说,当混凝土中的应力较高但未达到短期强度值时,在持荷过程中(混凝土应力不增加)混凝土会发生破坏。A. A. 格沃滋杰夫提出混凝土的长期强度极限的修正系数为:

$$\eta = a - b \lg t \tag{5.6.2-1}$$

式中　　η——混凝土在长期荷载作用下极限强度与短期强度之比;
　　　　a、b——系数,$a = 0.92$,$b = 0.04$;
　　　　t——破坏时间,以昼夜计。

尺寸对混凝土的强度也有影响,试件尺寸大混凝土的强度低。大量的试验表明,在混凝土配合比、成型养护条件、龄期和加荷速度相同时,200mm 立方体混凝土试件的抗压强度要低于 150mm 立方体混凝土试件的抗压强度。如以 200mm 立方体混凝土试件的抗压强度为 100,150mm 立方体混凝土试件的抗压强度约为 105。

试件截面尺寸不大于 200mm,结构构件的尺寸大于此值较多,因此结构中的混凝土强度要低于试件的混凝土强度。

《混凝土结构设计规范》(GBJ10—89)中没有针对加荷速度、荷载持续时间和尺寸效应的专门的系数。

综合上述三项因素,《混凝土结构设计规范》(GBJ10—89)在确定结构混凝土抗压和抗拉强度标准值时,以试块强度为基准,考虑 0.88 的强度降低系数是合适的。考虑此系数后所得到的标准强度值与其他国家规范给出的特征强度值也是比较接近的。

由于目前各种检测方法所得到混凝土立方体推定强度 $f_{cu,e}$ 都是对应 150mm 立方体试件的强度(加荷速度较快,未考虑长期强度和尺寸效应等问题),因此《混凝土结构设计规范》的这个系数不能作为 $f_{cu,e}$ 的提高系数。

虽然 $f_{cu,e}$ 与 $f_{cu,k}$ 存在着上述差别,但是,依据 $f_{cu,e}$ 及《混凝土结构设计规范》提供的结构混凝土相应的强度设计值来进行已有结构的安全性和适用性评定时,《混凝土结构设计规范》所要求的可靠度是可以得到保证的,因此在实际工作中没有必要由 $f_{cu,e}$ 去推算 $f_{cu,k}$。

其原因在于,在确定《混凝土结构设计规范》各种计算公式和强度关系时,其试验依据的是与构件同条件养护和成型的同龄期的试块(立方体试块和棱柱体试块)。例如,在确定混凝土轴压柱的承载能力试验时,混凝土试件的混凝土强度是用与试件同龄期、同样条件养护和同条件成型的立方体试块确定的,而不是用标准方法成型和养护的、龄期 28 天的试块确定的。

因此,按 $f_{cu,e}$ 计算混凝土的设计强度是完全可行的。

在解决了实用的问题后,剩下的就是所谓合格评定问题,产生这个问题的原因。还是所谓标养和标准成型的问题。很多人认为这是《混凝土强度检验评定标准》(GBJ 107—87)带来的问题。实际上不然,GBJ 107—87 还是要求试块的养护条件和成型条件尽量与结构混凝土一致。

该规范的规定如下:

1) 检验评定混凝土强度用的混凝土试件,其标准成型方法、标准养护条件及强度试验方法均应符合现行国家标准《普通混凝土力学性能试验方法》的规定。

2) 当检验结构或构件拆模、出池、出厂、吊装、预应力筋张拉或放张,以及施工期间需短暂负荷的混凝土强度时,其试件的成型方法和养护条件应与施工中采用的成型方法和养护条件相同。

《普通混凝土力学性能试验方法》(GBJ 81—85) 相应的规定为:根据试验目的不同,试件可采用标准养护或与构件同条件养护。确定混凝土特征值,标号或进行材料性能研究时应采用标准养护。检验现浇混凝土工程或预制构件中混凝土强度时,试件应采用同条件养护。

由此可见这两本标准并没有刻意要求所谓的标准养护。实际上标准成型与养护以及28d龄期的要求适合于混凝土性能的研究、检验水泥性能或进行混凝土配合比质量的检验。

结构混凝土强度的检验最好还是用同条件养护、成型条件基本一致的试块。从另一方面来看,结构混凝土没有采取标准养护,非要推定一个客观上不存在数值,即使推定出来也没有意义。

关于28d龄期强度的问题。由于推定28d龄期强度难度较大。所以一般认为检测龄期混凝土强度符合要求就可认定结构混凝土强度符合设计要求等级混凝土的强度要求,也就是认定其合格。

其他结构也存在类似的问题,例如砌体结构,也是以28d龄期的砌体强度作为设计的依据。

应该承认的是:标准强度可能是结构设计规范解决结构设计阶段材料强度不确定性(不能准确确定)的一种方法,28d强度更是如此。进行合格评定时,无法准确得到28d的强度也只能取测试龄期的强度作为评定的依据,同时不做合格与否的评定,只是评定其强度是否达到设计要求。

2. 关于 R 与 $f_{cu,k}$ 的关系

《混凝土强度检验评定标准》(GBJ 107—87) 提供的 R 与 $f_{cu,k}$ 的关系见表5.6.2-1。

R 与 $f_{cu,k}$ 的关系 表5.6.2-1

混凝土标号	100	150	200	250	300	400	500	600
混凝土强度等级	C8	C13	C18	C23	C28	C38	C48	C58

目前在大多数已有混凝土结构工程施工质量评定中都采纳了 GBJ 107—87 提供的换算关系。本手册编者认为,这种换算关系是有条件的,不是通用的规则。

R 与 $f_{cu,k}$ 的差异源于三个方面:

(1) R 依据边长为 200mm 的立方体试块确定,$f_{cu,k}$ 依据边长为 150mm 的立方体试块确定,试验结果表明,同样的混凝土,150mm 的立方体试块的抗压强度约为边长为 200mm 的立方体试块抗压强度的 1.05 倍;

(2) R 所用的计量单位为:千克力每平方厘米(kgf/cm^2);$f_{cu,k}$ 所使用的计量单位为牛顿每平方毫米(兆帕斯卡,N/mm^2),两者之间的换算关系为:$1\ kgf/cm^2 = 0.0981\ N/mm^2$。

根据这两个关系，将相应的换算计算结果列在表 5.6.2-2 中的前 3 行。

R 与 $f_{cu,k}$ 的换算关系　　　　　　　　表 5.6.2-2

200mm, kgf/cm²	100	150	200	250	200	400	500	600
150mm, kgf/cm²	105	158	210	263	315	420	525	630
150mm N/mm²	10.3	15.4	20.1	25.8	30.9	41.2	51.5	61.8
$f_{cu,k}$ ($\sigma=2.0$)	7.0	12.2	17.3	22.5	27.6	37.9	48.2	58.5
$f_{cu,k}$ ($\sigma=3.0$)	5.4	10.5	15.7	20.8	26.0	36.3	46.6	56.9
$f_{cu,k}$ ($\sigma=4.0$)	3.7	8.9	14.0	19.2	24.3	34.6	44.9	55.2
$f_{cu,k}$ ($\sigma=5.0$)	2.1	7.2	12.4	17.5	22.7	33.0	43.3	53.6

（3）R 是立方体抗压强度的平均值，$f_{cu,k}$ 是立方体抗压强度具有 95% 保证率的特征值，两者之间还相差 1.645σ，将 $\sigma=2.0$MPa、3.0MPa、4.0MPa 和 5.0MPa 代入表 5.2.2-2 中，得到相应的 $f_{cu,k}$ 值，分别见表 5.6.2-2 的后 4 行。

可以看到，只有当 $\sigma=2.0$MPa 时，表 5.6.2-2 所列出的换算关系才与表 5.6.2-1 所列出的情况比较吻合，而其他情况 $f_{cu,k}$ 远远低于表 5.6.2-1 给定的强度等级对应的数值。也就是说，如果按照表 5.6.2-2 的换算关系评定，大多数情况，施工单位要承受较大的风险。

因此，建议在进行建筑结构工程施工质量评定时，当设计要求的为混凝土标号 R 时，应该按 200mm 立方体抗压强度的平均值进行评定。

具体评定方法：将用现在检测方法得到的混凝土换算强度平均值换算成 200mm 立方体抗压强度的平均值，$f_{cu,200}=0.95f_{cu,150}$；然后进行计量单位换算，$R_{20}=f_{cu,200}/0.0981$。用 R_{20} 与 R 相比进行评定。

考虑到 kgf/cm² 为非法定的计量单位，实际评定时也可以 150mm 立方体抗压强度的平均值为基准，具体数值可参考表 5.6.2-2 第 3 行的数据。

《混凝土强度检验评定标准》（GBJ 107—87）提供的 R 与 $f_{cu,k}$ 的换算关系可能受到《钢筋混凝土工程施工及验收规范》（GBJ 204—83）某些规定的影响。该规范规定：混凝土的试配强度 $R_{配}=R_{标}+\sigma$。但检验时还是以 $R_{标}$ 为基准进行检验（$R_{标}$ 即为 R）。《混凝土强度检验评定标准》（GBJ 107—87）可能认为 R 是 200mm 立方体具有 85% 保证率的特征值，实际上 R 是 200mm 立方体抗压强度的平均值。$R_{配}$ 是《钢筋混凝土工程施工及验收规范》（GBJ 204—83）对混凝土配置时所采取的保险措施，$R_{配}$ 不能代替 R，R 为设计要求的混凝土标号。

按 $R_{配}$ 是 200mm 立方体具有 85% 保证率的特征值，计算得到 $R_{配}$ 与 $f_{cu,k}$ 的关系见表 5.6.2-3。可以看到，这一关系与表 5.6.2-1 提供的换算关系基本一致。

$R_配$与$f_{cu,k}$的关系　　　　　　　表5.6.2-3

200mm, kgf/cm²	100	150	200	250	200	400	500	600
150mm, kgf/cm²	105	158	210	263	315	420	525	630
150mm N/mm²	10.3	15.4	20.1	25.8	30.9	41.2	51.5	61.8
$f_{cu,k}$ ($\sigma=4.0$)	7.7	12.8	17.5	23.2	28.3	38.6	48.9	59.2

这里要强调的是：$R_配$ 不是 R。

5.6.3 不同建造年代施工质量验收规范的演变、进展与主要差异

我国的建筑工程施工质量验收规范几经修订，以混凝土结构验收规范为例，先后有《钢筋混凝土工程施工及验收规范》GBJ 10—65、《钢筋混凝土工程施工及验收规范》GBJ 204—83、《混凝土结构工程施工及验收规范》GB 50204—92 和现行的《钢筋混凝土工程施工质量验收规范》GB 50204—2002。这些施工质量验收规范都是与当时的结构设计规范相配套的，同时也反映了当时的经济状况和施工技术与质量水平。应该说随着我国经济的发展、施工技术水平的提高，其施工质量的要求也在不断的提高。因此，不能用现行的结构施工质量验收规范来评价采用当时建造年代的施工质量。

1. 《建筑安装工程质量检验评定标准》（试行）（GBJ22—66）只有 16 个分项，每个分项分为"质量要求"、"检验方法"和"质量评定"三个部分。

2. 《建筑安装工程质量检验评定标准》（TJ301—74）。内容较 1966 年的标准有了较大的变化，适用范围包括建筑工程（TJ301—74）、管道工程（TJ302—74）、电气工程（TJ303—75）、通风工程（TJ304—74）、通用机械设备安装工程（TJ305—75）、容器工程（TJ306—77）、工业管道安装工程（TJ307—77）、自动化仪表安装工程（TJ308—77）、工业窑炉砌筑工程（TJ309—77）及钢筋混凝土预制构件工程（TJ321—76）等。建筑工程（TJ301—74）的分项工程也增加为 32 个。每个分项工程是通过主要项目、一般项目和有允许偏差项目来检验评定其质量等级。其中主要项目必须符合标准的规定；一般项目应基本符合标准的规定；有允许偏差的项目，其抽查的点（处、件）数中，有 70% 达到本标准的要求为合格（而 1966 年标准为 80%），有 90% 达到本标准的要求为优良。一个分部工程中，有 50% 及其以上分项工程的质量评为优良，且无加固补强者，则该分部工程的质量应评为优良，不足 50% 者，评为合格。

3. 《建筑安装工程质量检验评定统一标准》GBJ300—88、建筑工程 GBJ301—88、建筑采暖卫生与煤气工程 GBJ302—88、建筑电气安装工程 GBJ303—88、通风与空调工程 GBJ304—88 和电梯安装工程 GBJ310—88 等质量检验评定标准，组成一个建筑安装工程质量检验评定标准系列。分项工程的质量检验评定分为保证项目、基本项目和允许偏差项目。

(1) 分项工程合格的标准为

1) 保证项目必须符合相应质量检验评定标准的规定。

2) 基本项目抽检的处（件）应符合相应质量检验评定标准的合格规定。

3) 有允许偏差项目抽检的点数中，建筑工程有 70% 及以上，建筑设备安装工程有

80%及其以上的实测值应在相应的质量检验评定标准的允许偏差范围内。

（2）分项工程优良的标准为：

1）保证项目必须符合相应质量检验评定标准的规定。

2）基本项目抽检的处（件）应符合相应质量检验评定标准的合格规定；其中有50%及其以上的处（件）符合优良规定，该项即为优良；优良项数占检验50%及其以上。

3）有允许偏差项目抽检的点数中，建筑工程有90%及其以上的实测值应在相应的质量检验评定标准的允许偏差范围内。

4. 施工技术与质量验收规范

50年代中期的《建筑安装工程施工及验收暂行技术规范》，其基本内容是翻译原苏联国家规范的全部条文。1961~1963年，对《建筑安装工程施工及验收暂行技术规范》进行了修订，在内容方面作了删改和补充，对文字也作了较大的增减变动，并将其各篇章分别单独列为《土方工程施工及验收规范》、《地基基础工程施工及验收规范》、《砌体工程施工及验收规范》、《混凝土工程施工及验收规范》、《木结构工程施工及验收规范》、《钢结构工程施工及验收规范》、《装饰装修工程施工及验收规范》及《水电安装工程施工及验收规范》等，并于1966年陆续颁发施行。1972年前后，又普遍组织了一次大的修订工作，1982年又进行了修订，基本形成了目前《建筑工程施工及验收规范》系列规范的体系。这个系列规范，多数在1991~1999年之间又修订了一次。

这些规范的每一次修订，都对我国建筑工程施工管理工作和工程质量管理工作有很大的推动，使我国工程建设标准化工作更加完善，科学技术水平也不断提高，基本保证了工程建设的顺利进行。

5. 现行的建筑工程质量验收规范系列标准体系

（1）现行的建筑工程质量验收规范系列标准体系的指导思想

本次编制是将有关房屋工程的施工及验收规范和其工程质量检验评定标准合并，组成新的工程质量验收规范体系，以统一房屋工程质量的验收方法、程序和质量指标。

验评分离：是将原验评标准中的质量检验与质量评定的内容分开，将原施工及验收规范中的施工工艺和质量验收的内容分开，将验评标准中的质量检验与施工规范中的质量验收衔接，形成工程质量验收规范。施工及验收规范中的施工工艺部分作为企业标准，或行业推荐性标准；验评标准中的评定部分，主要是为企业操作工艺水平进行评价，可作为行业推荐性标准。

强化验收：是将施工规范中的验收部分与验评标准中的质量检验内容合并起来，形成一个完整的工程质量验收规范，作为强制性标准，是建设工程必须完成的最低质量标准，是施工单位必须达到的施工质量标准，也是建设单位验收工程质量所必须遵守的规定。其规定的质量指标都必须达到。

完善手段：以往不论是施工规范还是验评标准，对质量指标的科学检测重视不够，以至评定及验收中，科学的数据较少。为改善质量指标的量化，在这次修订中，努力补救这方面的不足，主要是从三个方面着手改进。一是，完善了材料、构配件和设备的进场检测与验收；二是，改进了施工阶段的抽样检验；三是，对涉及安全与功能的分部工程实施的抽样检测。

过程控制：是根据工程质量的特点进行的质量管理。工程质量验收是在施工全过程控制的基础上。一是，体现在建立过程控制的各项制度；二是，在基本规定中，设置控制的要求，强化中间控制和合格控制，强调施工必须有操作依据，并提出了综合施工质量水平的考核。作为质量验收的要求；三是，工序检验、工序、工种和专业间的交接检验及检验批、分项、分部、单位工程的验收等。

（2）质量验收规范标准水平的确定

标准编制中水平的确定是标准修订的一个重要内容，以往都是以全国平均先进水平为准。这次是施工规范和验评标准的合并，而新的验收标准只规定合格一个质量等级，又要求不能将现行的施工及验收规范、检验评定标准的规定降低。验收规范的质量指标又取消了70%合格，90%优良的允许偏差项目，新标准又规定各项质量指标必须全部达到。所以，必须讲明新验收标准的水平，虽只一个合格等级，但其标准是提高了，不是降低了，而且提高的幅度还比较大。新验收标准的水平确定在全国管理先进水平上，而不是像以往规范、标准的水平确定在全国平均先进水平上。

（3）同一个对象只能制订一个标准，以减少交叉，便于执行。这次质量验收规范的修订，基本能实现这个目标。现在建筑工程施工质量验收规范系列，满足了一个对象一个标准的目标。在这个系列中，14本验收规范都是独立的，不会发生交叉。

1)《建筑工程施工质量验收统一标准》GB50300—2001；
2)《建筑地基基础工程施工质量验收规范》GB50202—2002；
3)《砌体工程施工质量验收规范》GB50203—2002；
4)《混凝土结构工程施工质量验收规范》GB50204—2002；
5)《钢结构工程施工质量验收规范》GB50205—2001；
6)《木结构工程施工质量验收规范》GB50206—2002；
7)《屋面工程质量验收规范》GB50207—2002；
8)《地下防水工程质量验收规范》GB50208—2002；
9)《建筑地面工程施工质量验收规范》GB50209—2002；
10)《建筑装饰装修工程质量验收规范》GB50210—2001；
11)《建筑给水排水及采暖工程施工质量验收规范》GB50242—2002；
12)《通风与空调工程施工质量验收规范》GB50243—2002；
13)《建筑电气工程施工质量验收规范》GB50303—2002；
14)《电梯工程施工质量验收规范》GB50310—2002；
15)《智能建筑工程施工质量验收规范》GB50339—2003。

6. 验收规范修改的主要内容

（1）在建筑工程质量验收的划分上，增加了子单位工程、子分部工程和检验批。原GBJ300—88验评标准，质量验收的划分只有单位工程、分部工程和分项工程。这次质量验收规范的编制，结合建设工程的单位工程的规模大和施工单位专业化的实际情况，为了大型单体工程能分期分批验收，一个单位工程可将能形成独立使用功能的部分作为一个子单位工程验收，只要能满足使用要求，一个单位工程可分为几个子单位工程分期验收。

同时，由于工程体量的增大，工程复杂程序的增加，参与建设的专业公司不断增多，增加了子分部工程的验收,就是按材料种类、施工特点、施工程序、专业系统及类别等,将能形成验收质量指标,对工程质量做出评价,既及时得到质量控制,又给承担施工单位做出评价。

原"验评标准"中只有分项工程,但一个分项工程分为几次的分批验收,没有一个明确的说法,致使在叙述时,经常发生混淆。这次修订时,对分层验收的明确为检验批,就是将一个分项工程分为几个检验批来验收,这样层次就分清了。

(2)检验批只设主控项目和一般项目2个质量指标,原"验评标准"的分项工程设有保证项目、基本项目和允许偏差项目三个指标。实际情况是允许偏差项目中,有重要的,也有次要的,如柱、墙的垂直度,梁、板构件钢筋保护层厚度等,对工程的结构质量有较大影响,应严格控制。检验批改为2个质量指标后,可将重要的允许偏差列入主控项目,必须达到规定指标。

(3)增加了涉及安全与功能的分部工程实施的抽样检测的项目。

(4)增加了施工过程工序的验收。以往对一些过程工序质量只进行一般查看,由于其不是工程的本身质量,不列入验收内容。这些项目在以往的验收中,在一定程序上给予弱化。实际这些项目对工程质量影响很大,有的是直接的,有的是间接的,但其影响都很重要,这次"质量验收规范"都将其列为验收的分项工程或子分部工程,应该按规定进行验收。其主要是:土方工程的有支护土方子分部所含各分项工程,排桩、降水、排水、地下连续墙、锚杆、土钉墙、水泥土桩、沉井与沉箱、钢及钢筋混凝土支撑等。作为基础勤务员的子分部工程来验收。钢筋混凝土工程的模板工程,也作为分项工程来验收。电梯工程的设备进场验收,土建交接检验等项目也作为分项工程来验收。

(5)进一步完善了施工质量验收的程序和组织

在验收过程中规定,必须是施工单位先自行检查评定合格后,再交付验收,检验批、分项工程由项目专业质量检查员,组织班组长等有关人中,按照施工依据的操作规程(企业标准)进行检查、评定,符合要求后签字,交监理工程师验收,分项工程由专项项目技术负责人签字,然后交监理工程师验收签认。对分部(子分部)工程完工后,由总承包单位组织分包单位的项目技术负责人,专业质量负责人,专业技术负责人,质量检查员,分包单位的项目经理等有关人员进行检查评定,达到要求各方签字,然后交监理单位进行验收,监理单位应由总监理工程师组织专业监理工程师、总承包单位、分包单位的技术、质量部门负责人、专业质量检查人员、项目经理等人员进行验收,地基基础还应请勘察单位参加。总监理工程师认为达到验收规范的要求后,签字认可。

(6)不合格工程的处理更加明确了。这是与GBJ300—88验评标准比较而言的。当建筑工程质量不符合要求时处理,多数是发生在检验批,也有可能发生在分项或分部(子分部)工程。对不符合要求的处理分为五种情况。

1)经返工重做或更换器具、设备的,应重新进行验收;

2)当不符合验收要求,须经检测鉴定时,经有资格的检测单位检测鉴定能够达到设计要求的检验批,应予以验收;

3)经有资格检测单位检测鉴定达不到设计要求,但经原设计单位核算,认可能够满足结构安全和使用功能的检验批,也可予以验收。

4)经检测单位检测鉴定达不到设计要求,建设单位同意加固或返修处理。经过加固补强或返修处理的分项、分部工程,虽改变外形尺寸,但仍能满足结构安全和使用功能,可按技术处理方案或协商文件进行验收。

5)经过返修或加固处理仍不能达到满足结构安全和使用要求的分部工程、单位工程(子单位工程),严禁验收。

7. 验收规范的主要差异

我国建筑工程施工质量的修订适应了我国建筑工程的技术发展和质量控制的要求,应该说验收的层次划分越来越合理、验收的程序和组织更加完善,验收的指标设定更加科学,验收的标准在不断提高。

(1)现行的验收规范在验收层次划分上较以往的验收标准增加了检验批、子分部工程和子单位工程。

(2)检验批的合格质量指标分为主控项目和一般项目,原"验评标准"的分项工程设有保证项目、基本项目和允许偏差项目三个指标。

(3)验收规范中验收项目的标准在逐渐提高。虽然新的验收规范只要合格标准,但其合格质量的标准较以往规范、标准的水平提高了。

(4)现行的验收规范实施了验评分离。将验评标准中的质量检验与质量评定的内容分开,将现行的施工及验收规范中的施工工艺和质量验收的内容分开,将验评标准中的质量检验与施工规范中的质量验收衔接,形成了现行的建筑工程质量验收规范。

(5)为了更好的落实"建筑工程质量管理条例"中参建单位职责的规定,进一步完善了施工质量验收的程序和组织。

5.6.4 关于既有建筑工程质量评定检测与建筑工程安全鉴定检测的差异

虽然既有建筑工程质量评定检测与建筑工程安全鉴定检测都是对既有建筑工程的检测,但是在检测的抽样方案和抽样结果的判定上是有差异的。

(1)对于既有建筑工程质量评定的检测应依据建造年代的验收规范的项目和抽样方案进行,其抽样样本应是随机的且不能由委托方指定;而既有建筑工程结构安全鉴定检测的检测项目应根据结构现状质量和对结构安全的影响程度确定检测项目和抽样方案,其抽样应区分重要的楼层、重要的部位或构件。

(2)既有建筑工程质量评定检测的检测结果应依据建造年代的设计文件和验收规范的评价指标进行评价;而既有建筑工程结构安全鉴定检测的检测结果是为结构安全鉴定提供计算参数,如结构构件截面尺寸的范围、房屋倾斜程度及结构分析模型的考虑,结构损伤对结构安全的影响等等。

5.6.5 建筑结构工程设计质量的评定

在我们实施对建筑工程的检测鉴定中,也出现过因设计不满足建设方的使用要求而产生的结构不安全和建筑功能达不到要求的问题。比如某酒店的局部展厅,根据功能要求建设方提出的楼面活荷载为 $4.5kN/m^2$,而设计单位取用一般宾馆的楼面活荷载 $2.5kN/m^2$,

其设计结果相应框架梁的配筋不满足安全要求；虽然该工程的施工质量比较差，其混凝土强度的检测结果不满足设计要求，但不能因此而推卸设计者的责任。

5.6.5.1 建筑工程结构设计质量的评定原则

建筑工程结构设计质量的评定原则可简要概括为以下几点：

（1）以建造年代的设计规范为依据。我国建筑结构设计规范也是几经修改，其可靠度水平也在不断提高；相应的荷载取值也在不断向大的方面调整。用现行的设计规范去评价既有建筑结构的设计质量是无法得出正确的结论的。

在依据设计标准的问题上，还有国家标准、行业标准、地方标准和中国建筑标准化协会标准不一致和不协调的问题，对于这方面的问题，应以强制性的标准和严于国家强制性的标准的地方标准为主。

（2）严格按照建造年代的设计规范和有效的设计文件（有设计变更的，应采用设计变更后的文件）进行评价。有效的设计文件是工程施工必须遵守的，应是与结构的实际相吻合的，是全面反映了结构设计的质量；特别是在设计周期相对比较短的情况下，其设计变更相对比较多。

（3）建筑工程结构设计质量的评定应包括结构布置、结构体系、结构构件承载能力和结构构造措施等方面，并应从这几方面进行综合评价。

5.6.5.2 建筑工程结构设计质量的评定内容

建筑工程结构设计质量的评定的内容包括结构布置、结构体系、结构构件承载能力和结构构造措施等方面。

（1）建筑结构布置与结构体系的评价，应着重评价建筑结构布置与结构体系的合理性；当发现其不满足相应规范要求时，应评价其是否采取了措施以及所采取措施的合理性。比如结构布置的规则性，当结构平面布置不规则但采取了考虑扭转效应的分析和相应的加强措施且满足规范的安全要求时，则认为该设计满足相应规范的要求。

（2）建筑结构的设计质量评价的承载力验算，其计算模型的选取应符合结构的受力特点；所采用的计算程序应经过鉴定；结构构件承载力计算参数应采用设计文件的数值，而不应采用实际工程的检测结果；结构所承受的荷载应以符合建造年代的设计规范设计文件为准，当设计文件的荷载取值小于建造年代的设计规范时应以设计规范为准。

（3）结构构造措施的评价应以建造年代的标准规范为依据给出是否满足要求的结论，对于不满足规范要求的还应给出不满足的程度及其是否采取补救措施以及补救措施的有效性。比如，多层砌体房屋的局部尺寸由于开窗位置而得不到满足，当采取了设置混凝土边框等加强措施后，可视加强措施的情况给出加强措施有效性的评价。

（4）对于抗震设防区结构抗震设计质量的评价是结构设计质量评价的重要内容之一；应以建造年代的抗震设计规范和相应的设防烈度为依据进行评价。作为结构抗震设计质量的评价本身不应考虑评价时当地的设防烈度提高或降低；而作为结构抗震的安全性，比如当地设防烈度提高了，则应以评价时提高了的抗震设防烈度为依据。

（5）对已经建成的建筑结构设计质量评价，除指出其不符合建造年代的设计规范的问题外，还应评价所存在的问题对结构安全和耐久性的影响以及综合评价是否满足相应设计规范最低的安全要求；同时，还应给出是否需要采取必要的加固措施。

图书在版编目（CIP）数据

建筑结构工程检测鉴定手册/高小旺 邸小坛主编. —北京：中国建筑工业出版社，2008
 ISBN 978-7-112-10106-1

Ⅰ.建… Ⅱ.①高…②邸… Ⅲ.①结构工程—检测—技术手册②结构工程—鉴定—技术手册 Ⅳ.TU3-62

中国版本图书馆 CIP 数据核字（2008）第 072714 号

责任编辑：蒋协炳
责任设计：肖广惠
责任校对：汤小平

建筑结构工程检测鉴定手册
高小旺　邸小坛　主编
　　＊
中国建筑工业出版社出版、发行（北京西郎百万庄）
各地新华书店、建筑书店经销
北京永峥排版公司制版
北京蓝海印刷有限公司印刷
　　＊
开本：787×1092 毫米　1/16　印张：46¾　字数：1135 千字
2008 年 11 月第一版　2008 年 11 月第一次印刷
印数：1—3,000 册　　定价：**110.00 元**
ISBN 978-7-112-10106-1
(16909)

版权所有　翻印必究
如有印装质量问题，可寄本社退换
（邮政编码：100037）